Educação Ambiental e Sustentabilidade

Educação Ambiental e Sustentabilidade

2ª edição revisada e atualizada

EDITORES
ARLINDO PHILIPPI JR
MARIA CECÍLIA FOCESI PELICIONI

Manole

Copyright © 2014 Editora Manole Ltda., conforme contrato com os editores.

PROJETO GRÁFICO E CAPA
Nelson Mielnik e Sylvia Mielnik

FOTOS DA CAPA
Ana Maria da Silva Hosaka e
Opção Brasil Imagens

DIAGRAMAÇÃO
Acqua Estúdio Gráfico

PRODUÇÃO EDITORIAL
Editor gestor: Walter Luiz Coutinho
Editora: Ana Maria Silva Hosaka
Produção editorial: Pamela Juliana de Oliveira
Marília Courbassier Paris
Rodrigo de Oliveira Santos

APOIO TÉCNICO EDITORIAL
Daniel Luzzi
Mary Lobas de Castro
Renata Ferraz de Toledo

REALIZAÇÃO
Programa de Pós-Graduação em Saúde
Pública, FSP/USP
Programa de Pós-Graduação em Ambiente,
Saúde e Sustentabilidade, FSP/USP
Departamento de Saúde Ambiental e
Departamento de Prática de Saúde Pública,
FSP/USP

APOIO INSTITUCIONAL
Faculdade de Saúde Pública, USP

Dados Internacionais de Catalogação na Publicação (CIP)
(Câmara Brasileira do Livro, SP, Brasil)

Educação ambiental e sustentabilidade/editores
Arlindo Philippi Jr, Maria Cecília Focesi Pelicioni. -- 2. ed rev. e atual.. -- Barueri,
SP: Manole, 2014. -- (Coleção ambiental, v.14)

Vários autores.
Bibliografia.
ISBN 978-85-204-3200-6

1. Desenvolvimento sustentável 2. Ecologia humana 3. Educação ambiental
I. Jr, Arlindo Philippi. II. Pelicioni, Maria Cecília Focesi. III. Série.

13-08646   CDD-304.2

Índices para catálogo sistemático:
1. Educação ambiental e sustentabilidade
304.2

Todos os direitos reservados.
Nenhuma parte deste livro poderá ser reproduzida, por qualquer
processo, sem a permissão expressa dos editores.
É proibida a reprodução por xerox.

A Editora Manole é filiada à ABDR – Associação Brasileira de Direitos Reprográficos.

1ª edição – 2005; reimpressões – 2006; 2008; 2011
2ª edição – 2014; reimpressão – 2016

Editora Manole Ltda.
Avenida Ceci, 672 – Tamboré
06460-120 – Barueri – SP – Brasil
Fone: (11) 4196-6000 – Fax: (11) 4196-6021
www.manole.com.br
info@manole.com.br

Impresso no Brasil
Printed in Brazil

CONSELHO EDITORIAL CONSULTIVO

Adriana Marques Rossetto (UFSC); Alaôr Caffé Alves (USP); Aldo Roberto Ometto (USP); Alexandre Hojda (Uninter); Alexandre Oliveira Aguiar (Uninove); Ana Lucia Nogueira de Paiva Britto (UFRJ); Andre Tosi Furtado (Unicamp); Angela Maria Magosso Takayanagui (USP); Antoninho Caron (FAE); Antonio Carlos Rossin (USP); Arlindo Philippi Jr (USP); Augusta Thereza Alvarenga (USP); Blas Enrique Caballero Nuñez (UFPR); Beat Gruninger (BSD); Carlos Alberto Cioce Sampaio (UFPR); Carlos Eduardo Morelli Tucci (Unesco); Claude Raynaut (UBordeaux II); Claudia Ruberg (UFS); Cleverson V. Andreoli (Sanepar); Daniel Angel Luzzi (USP); Delsio Natal (USP); Dimas Floriani (UFPR); Enrique Leff (Unam/Unep); Fausto Miziara (UFG); Francisco Arthur Silva Vecchia (USP); Francisco Suetonio Bastos Mota (UFCE); Frederico Fábio Mauad (USP); Gilberto de Miranda Rocha (UFPA); Gilda Collet Bruna (UPMackenzie); Hans Michael Van Bellen (UFSC); Héctor Ricardo Leis (UFSC); Horácio Hideki Yanasse (Inpe); Isabella Fernandes Delgado (Fiocruz); Jalcione Pereira de Almeida (UFRGS); Joana Maria Rocha (UFSC); Leila da Costa Ferreira (Unicamp); Leo Heller (UFMG); Liliane Garcia Ferreira (MPESP); Lineu Belico dos Reis (USP); Manfred Max-Neef (Uach); Marcelo de Andrade Roméro (USP); Marcelo Pereira de Souza (USP); Márcia Faria Westphal (USP); Marcos Reigota (Uniso); Maria Carmen Lemos (UMichigan); Maria Cecília Focesi Pelicioni (USP); Maria do Carmo Sobral (UFPE); Maria José Brollo (IG/SMA/SP); Maria Luiza Leonel Padilha (USP); Mario Thadeu Leme de Barros (USP); Mary Dias Lobas de Castro (UMC); Nemésio Neves Batista Salvador (UFSCar); Oscar Parra Barrientos (Eula, Chile); Oswaldo Massambani (USP); Patricia Marra Sepe (SVMA/SP); Paula Raquel da Rocha Jorge (UPM); Paula Santana (UCoimbra); Paulo Cesar Duque Estrada (PUC-Rio); Reynaldo Luiz Victoria (USP); Ricardo Toledo Silva (USP); Rita Ogera (SVMA/SP); Roberto Pacheco (UFSC); Roberto Coutinho (UFPE); Roberto Luiz do Carmo (Unicamp); Ronaldo Lopes Oliveira (UFBA); Selma Simões Castro (UFG); Sérgio Martins (UFSC); Severino Soares Agra Filho (UFBA); Sonia Maria Viggiani Coutinho (USP); Stephan Tomerius (UTrier); Sueli Gandolfi Dallari (USP); Tadeu Fabrício Malheiros (USP); Tânia Fisher (UFBA); Tércio Ambrizzi (USP); Valdir Fernandes (UP); Valdir Frigo Denardin (UFPR); Vânia Gomes Zuin (UFSCar); Vicente Fernando Silveira (RF); Vicente Rosa Alves (UFSC); Vilma Sousa Santana (UFBA); Wagner Costa Ribeiro (USP); Zulimar Márita (UFMA).

EDITORES
Arlindo Philippi Jr
Maria Cecília Focesi Pelicioni

AUTORES

Alice Mari M. de Souza
Faculdade de Saúde Pública, USP

André Francisco Pilon
Faculdade de Saúde Pública, USP

Andréa Focesi Pelicioni
Secretaria do Verde e do Meio Ambiente do
Município de São Paulo

Angela Maria B. Cuenca
Faculdade de Saúde Pública, USP

Antonio Carlos Gil
Universidade Municipal de São Caetano do Sul

Arlindo Philippi Jr
Faculdade de Saúde Pública, USP

Attilio Brunacci
Consultor na área de educação ambiental

Carlos Alberto Cioce Sampaio
Universidade Regional de Blumenau

Carlos Malzyner
Universidade de Guarulhos

Carmen Beatriz Taipe-Lagos
Faculdade de Saúde Pública, USP

Cássio Silveira
Universidade Federal de São Paulo

Clarissa de Lacerda Nazário
Secretaria Municipal de Saúde de São Paulo

Claudia Arneiro Gulielmino
Colégio Jardim São Paulo

Cláudio Gastão Junqueira de Castro
Faculdade de Saúde Pública, USP

Cristiane Mansur de Moraes Souza
Universidade Regional de Blumenau

Daniel Luzzi
Faculdade de Saúde Pública, USP

Daniel Manchado Cywinski
Consultor em gestão, educação e comunicação
ambiental

Delsio Natal
Faculdade de Saúde Pública, USP

Edson Vanderlei Zombini
Faculdade de Saúde Pública, USP

Eliane Aparecida Ta Gein
Faculdade de Saúde Pública, USP

Elvino Antonio Lopes Rivelli
Rivelli Advogados

Fabiola Zioni
Faculdade de Saúde Pública, USP

Helena Maria Campos Magozo
Secretaria Municipal de Saúde de São Paulo

Isabel Jurema Grimm
Universidade Federal do Paraná

Ivan Carlos Maglio
Empresa PPA Ltda.

João Vicente de Assunção
Faculdade de Saúde Pública, USP

José Estorniolo Filho
Faculdade de Saúde Pública, USP

José Luiz Negrão Mucci
Faculdade de Saúde Pública, USP

Júlio Cesar Rosa
Faculdade de Saúde Pública, USP

Lineu José Bassoi
Cetesb, SP

Luzia Neide Coriolano
Universidade Estadual do Ceará

Marcos Reigota
Universidade de Sorocaba

Maria Cecília Focesi Pelicioni
Faculdade de Saúde Pública, USP

Maria Claudia Mibielli Kohler
Centro Universitário Senac

Maria do Carmo A. Alvarez
Faculdade de Saúde Pública, USP

Maria Helena da Cruz Sponton
Secretaria Municipal de Saúde de São Paulo

Maria Izabel Simões Germano
Faculdade de Saúde Pública, USP

Mariana Ferraz Duarte
Centro de Pesquisa e Documentação em
Cidades Saudáveis

Mary Lobas de Castro
Universidade Mogi das Cruzes

Nicolina Silvana Romano-Lieber
Faculdade de Saúde Pública, USP

Paula Schimidt Guolo
Colégio Regina Mundi

Paulo Roberto Urbinatti
Faculdade de Saúde Pública, USP

Pedro Manuel Leal Germano
Faculdade de Saúde Pública, USP

Renata Ferraz de Toledo
Faculdade de Educação, USP

Renato Rocha Lieber
Faculdade de Engenharia de Guaratinguetá,
Unesp

Ricardo Pasin Caparrós
Centro Universitário Senac

Rosely Ferreira dos Santos
Universidade Estadual de Campinas

Sandra Costa de Oliveira
Faculdade de Saúde Pública, USP

Sandra Rodrigues Gaspar
Prefeitura Municipal de Santo André

Sidnei Garcia Canhedo Jr.
Optalert, Austrália

Sílvio de Oliveira Santos
Faculdade de Saúde Pública, USP

Sonia Tucunduva Philippi
Faculdade de Saúde Pública, USP

Tadeu Fabrício Malheiros
Escola de Engenharia de São Carlos, USP

Victor Jun Arai
Shen Estudos de Medicina Chinesa

Wanda Maria Risso Günther
Faculdade de Saúde Pública, USP

Os capítulos expressam a opinião dos autores, sendo de sua exclusiva responsabilidade.

Sumário

Apresentação. XV
Os Editores

PARTE I – INTRODUÇÃO

Capítulo 1
Bases Políticas, Conceituais, Filosóficas e Ideológicas da
Educação Ambiental. 3
Maria Cecília Focesi Pelicioni e Arlindo Philippi Jr

PARTE II – FUNDAMENTAÇÃO AMBIENTAL

Capítulo 2
Introdução às Ciências Ambientais. 15
José Luiz Negrão Mucci

Capítulo 3
Ciências Sociais e Meio Ambiente. 37
Fabiola Zioni

Capítulo 4
Saúde Ambiental. 57
Arlindo Philippi Jr e Tadeu Fabrício Malheiros

Capítulo 5
Epidemiologia Aplicada à Educação Ambiental 85
Delsio Natal, Carmen Beatriz Taipe-Lagos,
Júlio Cesar Rosa e Paulo Roberto Urbinatti

Capítulo 6
Poluição Atmosférica 147
João Vicente Assunção e Tadeu Fabrício Malheiros

Capítulo 7
Poluição das Águas 193
Lineu José Bassoi

Capítulo 8
Poluição do Solo 215
Wanda Maria Risso Günther

Capítulo 9
Saneamento Básico para a Saúde Integral e a Conservação
do Ambiente 237
Edson Vanderlei Zombini e Maria Cecília Focesi Pelicioni

Capítulo 10
Política e Gestão Ambiental: Conceitos e Instrumentos 259
Ivan Carlos Maglio e Arlindo Philippi Jr

Capítulo 11
A Dimensão Humana do Desenvolvimento Sustentável 307
Attilio Brunacci e Arlindo Philippi Jr

Capítulo 12
Evolução da Legislação Ambiental no Brasil: Políticas de Meio
Ambiente, Educação Ambiental e Desenvolvimento Urbano 335
Elvino Antonio Lopes Rivelli

SUMÁRIO **XI**

PARTE III – FUNDAMENTAÇÃO EM EDUCAÇÃO AMBIENTAL

Capítulo 13
A ocupação Existencial do Mundo: uma Proposta
Ecossistêmica 357
André Francisco Pilon

Capítulo 14
Movimento Ambientalista e Educação Ambiental 413
Andréa Focesi Pelicioni

Capítulo 15
Educação Ambiental: Pedagogia, Política e Sociedade 445
Daniel Luzzi

Capítulo 16
Educação Ambiental como Instrumento de Participação. 465
Mary Lobas de Castro e Sidnei Garcia Canhedo Jr.

Capítulo 17
Promoção da Saúde e do Meio Ambiente: uma Trajetória
Técnico-Política. 477
Maria Cecília Focesi Pelicioni

Capítulo 18
A Subjetividade no Processo Educativo: Contribuições
da Psicologia à Educação Ambiental. 491
Helena Maria Campos Magozo

PARTE IV – MÉTODOS E ESTRATÉGIAS DE EDUCAÇÃO AMBIENTAL

Capítulo 19
Princípios e Técnicas de Comunicação. 507
Sílvio de Oliveira Santos

Capítulo 20
Ambientar Arte na Educação 537
Eliane Aparecida Ta Gein

Capítulo 21
Arte: Espaço de Investigação, Construção e Humanização 551
Maria Helena da Cruz Sponton

Capítulo 22
O Vídeo: Reflexões sobre a Linguagem e o seu
Uso na Educação. 579
Clarissa de Lacerda Nazário

Capítulo 23
Planejamento e Avaliação de Projetos em Educação Ambiental . .597
Carlos Malzyner, Cássio Silveira e Victor Jun Arai

Capítulo 24
Métodos e Técnicas de Pesquisa em Educação Ambiental. 627
Antonio Carlos Gil

Capítulo 25
A Construção de Projetos em Educação Ambiental:
Processos Criativos e Responsabilidade nas Intervenções 653
Cássio Silveira

Capítulo 26
Educação para o Ecodesenvolvimento:
Monitoramento de Indicadores Socioambientais 671
Isabel Jurema Grimm, Carlos Alberto Cioce Sampaio,
Cristiane Mansur de Moraes Souza e Luzia Neide Coriolano

Capítulo 27
Planejamento Estratégico no Processo de Gestão 703
Cláudio Gastão Junqueira de Castro

Capítulo 28
Informação em Saúde e Ambiente: Acesso e Uso 731
Angela Maria B. Cuenca, Maria do Carmo A. Alvarez,
Alice Mari M. de Souza e José Estorniolo Filho

Capítulo 29
A Sustentabilidade é Sustentável?
Educando com o Conceito de Risco.........................765
Renato Rocha Lieber e Nicolina Silvana Romano-Lieber

Capítulo 30
A Universidade Formando Especialistas em
Educação Ambiental.....................................787
*Maria Cecília Focesi Pelicioni, Mary Lobas de Castro e
Arlindo Philippi Jr*

Parte V – estudos aplicados à educação ambiental

Capítulo 31
Intervenção em Saúde, Educacão e Meio Ambiente............801
*Claudia Arneiro Gulielmino, Daniel Manchado Cywinski,
Mariana Ferraz Duarte, Paula Schimidt Guolo,
Ricardo Pasin Caparrós e Sandra Rodrigues Gaspar*

Capítulo 32
Agenda 21 como Instrumento para Gestão Ambiental.........817
Maria Claudia Mibielli Kohler e Arlindo Philippi Jr

Capítulo 33
Educação Ambiental em Unidades de Conservação............841
Renata Ferraz de Toledo e Maria Cecília Focesi Pelicioni

Capítulo 34
Alimentos e suas Relações com a Educação Ambiental 863
Pedro Manuel Leal Germano e Maria Izabel Simões Germano

Capítulo 35
A Educação Nutricional e a Pirâmide Alimentar..............911
Sonia Tucunduva Philippi

Capítulo 36
Educação Ambiental para uma Escola Saudável 925
Maria Cecília Focesi Pelicioni

Capítulo 37
Responsabilidade Social da Gestão e Uso dos Recursos Naturais:
o Papel da Educação no Planejamento Ambiental 949
Marcos Reigota e Rozely Ferreira dos Santos

Capítulo 38
Educação Ambiental para Promoção da Saúde
com Trânsito Saudável 965
Sandra Costa de Oliveira e Maria Cecília Focesi Pelicioni

Índice Remissivo 987
Anexo: dos Editores e Autores 991

Apresentação

O livro *Educação Ambiental e Sustentabilidade* – 2ª edição revisada e atualizada – resulta de esforços despendidos na docência e pesquisas associadas à educação ambiental, a partir dos esforços de professores e pesquisadores da Universidade de São Paulo, em especial das Faculdade de Saúde Pública, Faculdade de Arquitetura e Urbanismo, Escola Politécnica e Faculdade de Direito, entre outras, além de profissionais de instituições com responsabilidades no tema no estado de São Paulo e no país. Ao trazer a público os resultados de estudos, pesquisas, prestação de serviços e ensino desenvolvidos por esses profissionais desde 1994, a partir dos cursos de Educação Ambiental com sua expansão para pesquisas relacionadas a programas de pós-graduação, esta publicação, revisada e atualizada, dá mais um passo no sentido de estender o alcance do conhecimento de problemas ambientais, bem como de soluções que realmente considerem e priorizem a qualidade do meio ambiente.

Com essa finalidade, a obra traz capítulos escritos por professores e profissionais de notória especialização e atuação na área. Foi estruturada em cinco partes: Introdução; Fundamentação Ambiental; Fundamentação em Educação Ambiental; Métodos e Estratégias de Educação Ambiental e Estudos Aplicados à Educação Ambiental, incluindo novos e modernos temas.

A primeira parte apresenta bases políticas, conceituais, filosóficas e ideológicas da educação ambiental, e discute suas relações com a sustentabilidade, enquanto processo político na ação transformadora da sociedade.

XVI | EDUCAÇÃO AMBIENTAL E SUSTENTABILIDADE

Na segunda parte, estão caracterizadas as ciências ambientais e a relação da sociedade com o meio ambiente ao longo da história, além de aspectos epidemiológicos e de saneamento. Desenvolve, ainda, questões relativas a impactos ambientais provocados pela poluição do ar, da água e do solo e conceitos relacionados à política e gestão ambiental, englobando discussões sobre sustentabilidade e legislação ambiental brasileira.

Os fundamentos da educação ambiental estão na terceira parte, nos quais são discutidos a ocupação existencial do mundo e os diferentes modelos de cultura. Contextualiza-se o surgimento do movimento ambientalista e da educação ambiental e os principais eventos relacionados ao tema. Inclui um panorama da situação socioeconômica, política e cultural atual, e procura mostrar como a educação ambiental, instrumento político e pedagógico de participação, pode contribuir para alterar esse quadro e melhorar as condições de vida da população como um todo. Traz a importância da promoção da saúde e sua relação com a educação e o meio ambiente para a melhoria da qualidade de vida humana. As contribuições da psicologia à educação ambiental, estão também aí abordadas.

A quarta parte trata de possíveis métodos e estratégias de educação ambiental, começando com princípios e técnicas de comunicação, indicando como selecioná-las e utilizá-las adequadamente. Na sequência, são apresentadas sugestões de como relacionar a arte à educação ambiental por meio de oficinas culturais, da utilização de linguagens visuais, musicais e teatrais, além de focalizar o uso do vídeo em atividades educativas.

Destaca-se aqui, a metodologia do trabalho científico utilizada em educação ambiental, incluindo sugestões de diferentes formas de planejamento e avaliação de projetos, métodos e técnicas de pesquisa, evidenciando a responsabilidade dos educadores nos processos de intervenção.Tema bastante atual, indica formas de trabalhar com indicadores socioambientais visando a educação para o ecodesenvolvimento. Posteriormente, discute o planejamento estratégico no processo de gestão, e indica modalidades e normas para publicação, tratando-se da informação em saúde e ambiente. Apresenta interessante questionamento em relação à sustentabilidade a partir do conceito de risco.

Por fim, a quinta parte mostra o papel da universidade na capacitação de recursos humanos e relata pesquisas e experiências em educação ambiental, tais como uma proposta de intervenção relacionando saúde, educação e meio ambiente e a importância da Agenda 21 como instrumento de gestão, na qual a educação ambiental deve estar sempre presente. Aborda ainda a forma como a educação ambiental vem sendo desenvolvida em unidades de conservação, no trânsito e em escolas buscando torná-los cada vez mais saudáveis. Demonstra as relações dos alimentos com a educação ambiental e introduz a importância da alimentação saudável com a colaboração da pirâmide alimentar na educação nutricional. Finalizando, são discutidos a responsabilidade social e o papel da educação ambiental na utilização dos recursos naturais.

Esta é a contribuição que professores, pesquisadores e profissionais da área ambiental novamente colocam à disposição da comunidade científica e profissional brasileira, com o objetivo de estimular a geração, a apropriação e o avanço do conhecimento na construção de um país melhor para os seus cidadãos.

Arlindo Philippi Jr
Maria Cecília Focesi Pelicioni

PARTE I

Introdução

Capítulo 1
Bases Políticas, Conceituais, Filosóficas e Ideológicas da Educação Ambiental
Maria Cecília Focesi Pelicioni e Arlindo Philippi Jr

Bases Políticas, Conceituais, Filosóficas e Ideológicas da Educação Ambiental

1

Maria Cecília Focesi Pelicioni
Assistente social e sanitarista, Faculdade de Saúde Pública – USP

Arlindo Philippi Jr
Engenheiro civil e sanitarista, Faculdade de Saúde Pública – USP

A educação ambiental vai formar e preparar cidadãos para a reflexão crítica e para uma ação social corretiva, ou transformadora do sistema, de forma a tornar viável o desenvolvimento integral dos seres humanos.

Ela se coloca em uma posição contrária ao modelo de desenvolvimento econômico vigente no sistema capitalista selvagem, no qual os valores éticos, de justiça social e de solidariedade não são considerados, em que a cooperação não é estimulada, mas prevalece o lucro a qualquer preço, a competição, o egoísmo e os privilégios de poucos em detrimento da maioria da população.

A educação ambiental exige um conhecimento aprofundado de filosofia, da teoria e história da educação, de seus objetivos e princípios, já que nada mais é do que a educação aplicada às questões de meio ambiente. Sua base conceitual é fundamentalmente a educação e, complementarmente, as ciências ambientais, a História, as ciências sociais, a Economia, a Física, as ciências da saúde, entre outras.

As causas socioeconômicas, políticas e culturais geradoras dos problemas ambientais só serão identificadas com a contribuição dessas ciências. No entanto, a educação ambiental não pode ser confundida com elas. Assim, educação ambiental não é Ecologia, mas utilizará os conhecimentos ecológicos sempre que for preciso.

É impossível mudar a realidade sem conhecê-la objetivamente. Dessa forma, o desenvolvimento de um processo de educação ambiental implica que se realize, logo de início, um diagnóstico situacional, a partir do qual deverão ser estabelecidos os objetivos educativos a serem alcançados.

Não se trata apenas de entender e atuar sobre a problemática ecológica e na manutenção do equilíbrio dos ecossistemas como ocorreu, historicamente, até a década de 1970. Trata-se, isso sim, de estabelecer relação de causa e efeito dos processos de degradação com a dinâmica dos sistemas sociais.

A Ecologia, desde seu surgimento, só tem se ocupado do equilíbrio entre os ecossistemas, do meio ambiente natural e do estudo das relações entre os seres vivos e não vivos, sem estabelecer relação entre estes e o sistema socioeconômico. Embora reconhecesse os resultados da ação antrópica, havia a preocupação com os efeitos, mas não com os fatores que os causavam, nem com a identificação de estratégias para mudança, prevalecendo, portanto, uma visão extremamente reducionista.

Na opinião do embaixador João Clemente Baena Soares (2000, p.VIII), ex-Secretário Geral da Organização dos Estados Americanos (OEA), "a educação ambiental teve início de modo empírico para atender à tensão e à pressão do momento. O ritmo alucinante da tragédia ambiental da modernidade não lhe deu o tempo necessário à maturação e decantação dos currículos". As ações desenvolvidas tinham, então, o objetivo de corrigir danos concretos e urgentes.

A educação conservacionista, ideia que antecedeu à educação ambiental, sempre teve como foco o manejo dos recursos naturais. Seu conteúdo baseia-se nas ciências biológicas e na crença de que a tecnologia tem potencial para solucionar os problemas gerados mundialmente, indicando como causas a falta de conhecimentos e de comportamentos adequados da população. Ela persiste e até hoje é utilizada por alguns educadores para desenvolver atividades pontuais.

Aos poucos foi ficando claro que a Ecologia, por si só, não dá conta de reverter, impedir ou minimizar os agravos ambientais, os quais dependem de formação ou mudanças de valores individuais e sociais que devem expressar-se em ações que levem à transformação da sociedade por meio da educação da população.

A educação ambiental, por conseguinte, utiliza subsídios da Ecologia e de diferentes áreas, como a Geografia, a História, a Psicologia, a Sociologia, entre outras, mas tem como base a educação e a Pedagogia na identificação dos métodos de trabalho.

BASES POLÍTICAS, CONCEITUAIS, FILOSÓFICAS E IDEOLÓGICAS DA EDUCAÇÃO AMBIENTAL | 5

De acordo com Mello e Souza (2000, p.3-4),

> Além das resistências sociais normais, do descaso de muitos e da indiferença de tantas empresas e instituições, constata-se o fato preocupante de haver, mesmo entre os interessados, confusão de discurso, imprecisão de conceitos, omissão de áreas de estudo. [...] A educação ambiental sofre com essas ambivalências, essas omissões teóricas e o singular fracionamento de significações; seu propósito é danificado. O objetivo de contribuir para a melhoria da consciência crítica, em relação à crise ecológica, registra o dano. Pulveriza e debilita a ação corretiva.

Desde meados do século XX, a consciência ecológica vem aumentando, ganhando apoio, gerando políticas públicas e leis ambientais.

Na década de 1970 tornou-se evidente que a educação ambiental é essencial para alterar o quadro de destruição em todo o planeta.

A Conferência de Tbilisi (Geórgia, ex-URSS), em 1977, mostrou a necessidade da abordagem interdisciplinar para o conhecimento e a compreensão das questões ambientais por parte da sociedade como um todo.

Nunca como disciplina, mas, de acordo com Mello e Souza (2000, p.25),

> Como a síntese criativa de uma abordagem nova, de caráter transdisciplinar, sustentada pelas informações e saber acumulados, dispersos pelas diversas especialidades. Teria de ser um ponto de cruzamento e não de dispersão destas informações.

Essa visão contextualizadora vem superar a fragmentação do conhecimento decorrente das especialidades que tiveram origem no pensamento de Descartes e Bacon.

O verdadeiro sentido da educação ambiental enquanto processo político, até então confundida com Ecologia, começou a tomar vulto na década de 1980, em meio a um grande debate político, quando alguns movimentos – entre os quais o estudantil – começaram a reivindicar a democratização do poder no Brasil, depois de longo período de ditadura militar.

A consciência ecológica continua a ser estimulada e muitos textos escritos, principalmente por autores recém-chegados à área, ainda a apresentam equivocadamente, como objetivo único ou principal da educação ambiental.

No entanto, sabe-se que a consciência ecológica não garante uma ação transformadora. Para que a educação ambiental se efetive, é preciso que conhecimentos e habilidades sejam incorporados e, principalmente, atitudes sejam formadas a partir de valores éticos e de justiça social, pois são essas atitudes que predispõem à ação.

Consciência ecológica sem ação transformadora ajuda a manter a sociedade tal qual ela se encontra.

Embora em alguns grupos esse equívoco permaneça até hoje, Reigota (1998) considera que, atualmente, a crise de identidade da educação ambiental já foi superada. "A especificidade da educação ambiental brasileira, além da sua diversidade, é ter muito claro o seu compromisso político, a sua pertinência filosófica, a sua qualidade pedagógica e uma constante renovação" (p.25).

Desde agosto de 1981, quando foi sancionada a Lei Federal n. 6.938, que dispõe sobre a Política Nacional do Meio Ambiente, incluindo as finalidades e os mecanismos de formulação e execução, a educação ambiental foi considerada um de seus alicerces, devendo se voltar a todos os níveis de ensino, inclusive a educação da comunidade, a fim de capacitá-la para a participação ativa na defesa do meio ambiente (Brasil, 1981).

Conforme a Lei Federal n. 9.795, de 1999, que dispõe sobre a Política Nacional de Educação Ambiental, todos têm direito à educação ambiental, componente essencial e permanente da educação nacional, que deve ser exercida de forma articulada em todos os níveis e modalidades de ensino, sendo de responsabilidade do Sistema Nacional do Meio Ambiente (Sisnama), do Sistema Educacional, dos meios de comunicação, do Poder Público e da sociedade em geral (Brasil, 1999).

Em seu art. 5º, a Lei estabelece entre seus objetivos fundamentais:

- O incentivo à participação individual e coletiva, permanente e responsável na preservação do equilíbrio do meio ambiente, entendendo-se a defesa da qualidade ambiental como um valor inseparável do exercício da cidadania (IV).

- O fortalecimento da cidadania, autodeterminação dos povos e solidariedade como fundamentos para o futuro da humanidade (VII).

Portanto, como prática democrática, a educação ambiental prepara para o exercício da cidadania por meio da participação ativa individual e coletiva, considerando os processos socioeconômicos, políticos e culturais que a influenciam.

BASES POLÍTICAS, CONCEITUAIS, FILOSÓFICAS E IDEOLÓGICAS DA EDUCAÇÃO AMBIENTAL | **7**

Educar no caminho da cidadania responsável exige novas estratégias de fortalecimento da consciência crítica, a fim de habilitar grupos de pressão para uma ação social comprometida com a reforma do sistema capitalista.

A reflexão crítica deve gerar a práxis, isto é, ação – reflexão – ação; e a educação ambiental, ao formar para a cidadania ativa e igualitária, vai preparar homens e mulheres para exigir direitos e cumprir deveres, para a participação social e para a representatividade, de modo a contribuir e influenciar a formulação de políticas públicas e a construção de uma cultura de democracia.

Da teoria crítica destaca-se a abordagem sociocultural, da qual Paulo Freire é um dos precursores e que coloca o ser humano como sujeito e objeto da história, pela possibilidade que tem de transformá-la, ao mesmo tempo em que sofre a influência de fatores sociopolíticos, econômicos e culturais.

Guimarães (2000, p.21), partindo da concepção de Gramsci sobre embate hegemônico na sociedade capitalista, refere que:

> Podem ser delineadas duas grandes linhas de propostas para a educação: uma vinculada aos interesses populares de emancipação, de igualdade social e melhor qualidade de vida que se reflete em melhor qualidade ambiental, e outra que assume prioritariamente os interesses do capital, da lógica do mercado, defendida por grupos dominantes. E é neste momento de estruturação de uma nova ordem mundial em um contexto neoliberalizante, que se faz fundamental qualificar a Educação Ambiental demonstrando se ela aponta para uma proposta popular emancipatória ou se é compatível com um projeto que reforça a exclusão social.

A sociedade capitalista urbano-industrial e seu atual modelo de desenvolvimento econômico e tecnológico têm causado crescente impacto sobre o ambiente, e a percepção deste fenômeno tem ocorrido de maneiras diferentes por ricos e pobres.

A população de baixa renda tem vivido com maior intensidade os impactos dos problemas ambientais. Tal fato acaba por aumentar suas dificuldades cotidianas expressas pela falta de água, energia, espaços habitacionais seguros, alimentação, entre outros.

A humanidade necessita de uma nova concepção científica, um novo projeto civilizatório que leve em consideração a questão da universalidade do ser humano dentro de um processo histórico em que necessariamente deve-se estabelecer a ética da promoção da vida, o que exige reflexões e ações sobre as desigualdades, sobre a pobreza, sobre a exclusão da maioria ao acesso a bens e serviços, sobre as práticas e relações de consumo. Isso impõe a reconstrução de paradigmas e das relações do ser humano com a natureza e uma reflexão contínua a partir da sua ação (Philippi Jr e Pelicioni, 2002, p.3).

Em 1997, na Conferência Internacional Ambiente e Sociedade: Educação e Sensibilização do Público para a Sustentabilidade, realizada em Tessalônica, Grécia, foi proposta a reorientação da educação para a sustentabilidade, declarando que este conceito deveria abarcar não só o meio ambiente como também a pobreza, a habitação, a saúde, a segurança alimentar, a democracia, os direitos humanos e a paz, resultando em um imperativo moral e ético, no qual o conhecimento tradicional e as diferenças culturais deveriam ser respeitados. A educação e a formação da consciência pública foram consideradas pilares da sustentabilidade, junto à legislação, à economia e à tecnologia implicando integração de esforços e coordenação de setores fundamentais, rápida e radical mudança de condutas e estilo de vida, bem como nos padrões de produção e consumo (Pelicioni, 2000).

A redução das desigualdades sociais é primordial para se atingir plenamente a sustentabilidade em todas as suas dimensões; isso poderá ocorrer com a modificação da distribuição de renda no país.

É importante ressaltar que a realidade é cheia de contradições e conflitos, assim, torna-se fundamental para o conjunto da sociedade o atendimento às diversas necessidades locais.

A ênfase dada em muitos discursos, inclusive ambientalistas, sobre a importância da responsabilidade individual e para a necessidade de mudança de comportamento, desloca e fragiliza a discussão das verdadeiras causas dos problemas ambientais, escamoteando o modelo de sociedade de consumo vigente, a tecnologia por ela produzida e as relações de poder existentes, que provocaram o consequente desequilíbrio na distribuição de renda e no acesso a bens e serviços.

Uma educação ambiental crítica precisa levar em conta os interesses das classes populares historicamente excluídas.

A concepção de Brandão (1994, p.43 e 48) é de educação popular como:

> Um trabalho pedagógico de construção de hegemonia popular [...] é a possibilidade de a educação ser não apenas comprometida e militante, ou ser não apenas participante e libertadora, mas ser, ela própria, uma mobilizada antecipação de libertação. Um trabalho educativo que, antes de lograr realizar

BASES POLÍTICAS, CONCEITUAIS, FILOSÓFICAS E IDEOLÓGICAS DA EDUCAÇÃO AMBIENTAL | 9

aquilo de que participa, luta por realizar em si mesmo aquilo que sonha concretizar no horizonte da vida social.

A reflexão crítica, como já foi dito, deve conduzir às mudanças necessárias da realidade, objetivando a melhoria da qualidade de vida para todos os seres vivos e, com isso, garantir a sustentabilidade.

Segundo Freire (1992, p.77-8),

O conhecimento mais crítico da realidade, que adquirimos através de seu desvelamento, não opera por si só, a mudança da realidade. [...] Ao desvelá-la, contudo, dá-se um passo para superá-la desde que se engajem na luta política pela transformação das condições concretas em que se dá a opressão.

Para Guimarães (2000, p.69),

A práxis pedagógica, como dimensão educativa de ação política, constituir-se-á como uma ação criativa sobre as relações de dominação vigentes nesse modelo de sociedade, produtora da miséria social e, em um maior espectro, da miséria ambiental responsável pela crise ecológica planetária da atualidade.

Em documento que analisa a educação ambiental, Reigota (2003), refere que, no Brasil, ela é considerada por um grande número de educadores

Uma educação política que visa a uma participação cidadã na busca de soluções para os problemas ecológicos locais, regionais e mundiais. Essa participação do cidadão é compreendida como a ação autônoma de indivíduos e grupos, no plano nacional e mundial. (p.38)

Segundo o mesmo autor,

A educação ambiental não deve perder de vista os complexos desafios (políticos, ecológicos, sociais e econômicos) que se apresentam a curto, médio e longo prazos. Por sua vez, os valores da autonomia, da cidadania e da justiça social são considerados princípios básicos da educação. [...] A autonomia caracteriza as pessoas que têm consciência nítida de sua especificidade em determinada sociedade. A ideia de cidadania, baseada na igualdade política entre todos os membros de uma nação, enriqueceu-se. Com a exigência do direito à diferença, que resulta de uma participação política cada vez mais importante, grupos sociais se organizaram com base em proposições especí-

10 EDUCAÇÃO AMBIENTAL E SUSTENTABILIDADE

ficas e romperam com a hegemonia do discurso único (homossexuais, negros, mulheres, indígenas, jovens, idosos etc). [...] A questão da justiça social é uma questão atual em uma sociedade como o Brasil, que é caracterizado por enormes desigualdades sociais, econômicas e culturais. Essa sociedade não irá tornar-se justa se não houver uma distribuição equitativa dos bens sociais e culturais que produz. As diversas ações que visam a alcançar uma sustentabilidade mundial só estarão em condições de enfrentar os desafios políticos e ecológicos de nossa época se incluírem, em sua argumentação, a exigência dessa justiça. (p.39-42)

É claro que inúmeros fatores têm contribuído para agravar a crise ambiental. No entanto, já é ultrapassado acreditar que os impactos ambientais sejam exclusivamente causados pela explosão demográfica ou pela crescente urbanização e industrialização, sem analisar o contexto histórico e social, no qual esses fatores emergiram.

Entender a utopia como ingenuidade seria, e é, muito leviano. A nossa utopia está incluída no movimento (nacional e internacional) por uma sociedade (local e global) mais justa e ecologicamente sustentável. Escolhemos o espaço político da educação para alimentar, difundir, discutir, elaborar e deglutir as nossas utopias, bem como as alheias. Escolhemos também o espaço da produção teórica, acadêmica e científica para ampliar nossa perspectiva de intervenção e possibilidades de mudança (Reigota, 2000, p.8).

A educação ambiental deve, portanto, capacitar os indivíduos ao pleno exercício da cidadania

Possibilitando a formação de uma base conceitual suficientemente diversificada técnica e culturalmente, de modo a permitir que sejam superados os obstáculos à utilização sustentável do meio [...] nos níveis formais e informais tem procurado desempenhar esse difícil papel, resgatando valores como o respeito à vida e à natureza, entre outros, de forma a tornar a sociedade mais justa e feliz (Pelicioni, 2000, p.19).

É essa visão crítica que leva a ponderar os fatos, estimular as pesquisas científicas, compreender e relacionar as causas e consequências, como está ocorrendo no caso das mudanças climáticas, dos alimentos transgênicos e do uso indiscriminado de agrotóxicos, e não pode deixar que interesses de ordem econômica, política ou cultural interfiram na tomada de decisões sobre assuntos polêmicos como estes. Infelizmente, não têm sido avaliados adequadamente os custos para a saúde e para o meio ambiente quando se faz opção por essas alternativas. Somente por meio da educação ambiental desenvolvida a partir de bases políticas, conceituais, filosóficas e ideológicas, como aqui elencadas, é que se poderão agregar novas e positivas formas de abordagem e planejamento para o processo de desenvolvimento local e nacional com sustentabilidade.

REFERÊNCIAS

BRANDÃO, C.R. Os caminhos cruzados: formas de pensar e realizar a educação na América Latina. In: GADOTTI M.; TORRES C.A. *Educação popular: utopia latino-americana.* São Paulo: Cortez/Edusp, 1994, p.23-49.

BRASIL. Lei n. 6.938 de 31 de agosto de 1981. Dispõe sobre a política nacional de meio ambiente, seus fins e mecanismos de formulação e aplicação e dá outras providências. [on-line]. *Diário Oficial da República Federativa do Brasil,* Brasília (DF), 02 set 1981. Seção 1, p. 16509. Disponível em: http://www.senado.gov.br/legbras/. Acessado em: 19 ago. 2003.

_____. Lei n. 9.795 de 27 de abril de 1999. Dispõe sobre a educação ambiental, institui a política nacional de educação ambiental e dá outras providências. *Diário Oficial República Federativa do Brasil,* Brasília (DF); 28 abr 1999. Seção 1, p.1.

FREIRE, P. *Pedagogia do oprimido.* 20.ed. Rio de Janeiro: Paz e Terra, 1992.

GUIMARÃES, M. *Educação ambiental: no consenso um embate?* Campinas: Papirus, 2000 (Coleção Papirus Educação).

MELLO E SOUZA, N. *Educação ambiental: dilemas da prática contemporânea.* Rio de Janeiro: Thex/Universidade Estácio de Sá, 2000.

PELICIONI, M.C.F. *Educação em saúde e educação ambiental: estratégias de construção da escola promotora da saúde.* São Paulo, 2000. Tese (Livre-docência). Faculdade de Saúde Pública da USP.

PHILIPPI JR, A.; PELICIONI, M.C.F. Alguns pressupostos da educação ambiental. In: PHILIPPI JR, A. PELICIONI, M.C.F. (eds.). *Educação ambiental: desenvolvimento de cursos e projetos.* 2.ed. São Paulo: Signus, 2002, p.3-5.

REIGOTA, M. Educação ambiental: fragmentos de sua história no Brasil. In: NOAL, F.O.; REIGOTA, M.; BARCELOS, V.H.L. *Tendências da educação ambiental brasileira.* Santa Cruz do Sul: Edunisc, 1998, p.11-25.

_____. Apresentação. In: LOUREIRO, C.F.B.; LAYRARGUES, P.P.; CASTRO, R.S. (orgs). *Sociedade e meio ambiente: a educação ambiental em debate*. São Paulo: Cortez, 2000.

_____. A educação ambiental: uma busca da autonomia, da cidadania e da justiça social: o caso da América Latina. In: ZIAKA, Y.; SOUCHON, C.; ROBICHON, P. *Educação ambiental: seis proposições para agirmos como cidadãos. Aliança por um mundo responsável, plural e solidário*. São Paulo: Instituto Polis, 2003 (Cadernos de Proposições para o Século XXI, 3).

SOARES, J.C.B. Prefácio. In: MELLO e SOUZA, N. *Educação ambiental: dilemas da prática contemporânea*. Rio de Janeiro: Thex/Universidade Estácio de Sá, 2000.

PARTE II

Fundamentação Ambiental

Capítulo 2
Introdução às Ciências Ambientais
José Luiz Negrão Mucci

Capítulo 3
Ciências Sociais e Meio Ambiente
Fabiola Zioni

Capítulo 4
Saúde Ambiental
Arlindo Philippi Jr e Tadeu Fabrício Malheiros

Capítulo 5
Epidemiologia Aplicada à Educação Ambiental
Delsio Natal, Carmen Beatriz Taipe-Lagos, Júlio Cesar Rosa e Paulo Roberto Urbinatti

Capítulo 6
Poluição Atmosférica
João Vicente Assunção e Tadeu Fabrício Malheiros

Capítulo 7
Poluição das Águas
Lineu José Bassoi

Capítulo 8
Poluição do Solo
Wanda Maria Risso Günther

Capítulo 9
Saneamento Básico para a Saúde Integral e a Conservação do Ambiente
Edson Vanderlei Zombini e Maria Cecília Focesi Pelicioni

Capítulo 10
Política e Gestão Ambiental: Conceitos e Instrumentos
Ivan Carlos Maglio e Arlindo Philippi Jr

Capítulo 11
A Dimensão Humana do Desenvolvimento Sustentável
Attilio Brunacci e Arlindo Philippi Jr

Capítulo 12
Evolução da Legislação Ambiental no Brasil: Políticas de Meio Ambiente, Educação Ambiental e Desenvolvimento Urbano
Elvino Antonio Lopes Rivelli

Introdução às Ciências Ambientais | 2

José Luiz Negrão Mucci
Biólogo, Faculdade de Saúde Pública – USP

Desde o aparecimento da forma mais primitiva de vida na Terra, o planeta vem sofrendo alterações. Aquele pequeno e rudimentar ser unicelular que evoluiu no rico meio de cultura representado pela enorme massa líquida que hoje constitui os oceanos, ao encontrar condições favoráveis, multiplicou-se por meio de um processo de divisão simples até dominar praticamente todo o meio hídrico. Tal processo, embora aparentemente simples, deu origem a uma cadeia de alterações no ambiente físico, químico e biológico, tornando-o cada vez mais adequado para organismos mais complexos que, por meio da seleção natural, sobreviveram ou desapareceram ao longo do processo evolutivo.

Se a própria evolução biológica é responsável por alterações consideráveis na estrutura do planeta, por que o aparecimento da espécie humana é considerado como o marco do início da degradação ambiental? O que tem o *Homo sapiens sapiens* – que aparece nesse cenário há apenas alguns milhões de anos, no Pleistoceno – de tão especial que, ao mesmo tempo em que o torna apto a sobreviver em todas as regiões da Terra, faz dele o maior poluidor entre todos os seres vivos?

A resposta está no fato de que, sendo dotado de juízo, raciocínio e poder de abstração, o ser humano plasma o meio em que se encontra de modo a torná-lo adequado a sua sobrevivência. De fato não há, nos dias de hoje, regiões da Terra em que ele não possa habitar.

Além do mais, é necessário considerar que, embora a taxa de crescimento populacional esteja virtualmente decrescendo em todos os lugares, em 1925 existiam apenas dois bilhões de habitantes no mundo e estima-se que em 2025 a população mundial será de dez bilhões de habitantes. Nota-se que a população mundial será aproximadamente duas vezes maior do que a atual. Isso é preocupante, pois os seres vivos já consomem, no presente, algo em torno de 40% do material orgânico produzido anualmente pela atividade fotossintética vegetal. O que ocorrerá quando a população dobrar?

Dessa forma, o atendimento das necessidades básicas de todo esse contingente humano, atual e futuro, exige e exigirá cada vez mais a utilização de recursos do meio ambiente, alterando a maior parte dos ecossistemas, o que nos força a considerar a água, o ar e o solo não só como componentes da biosfera capazes de suportar uma determinada biota, mas, principalmente, como recursos que podem e devem ser explorados, respeitando-se a sua capacidade de suporte e os aspectos culturais das regiões que ocupam.

Atualmente, os vários estados e regiões do Brasil enfrentam graves problemas referentes tanto à preservação quanto à utilização de tais recursos naturais. Nas páginas que se seguem procede-se uma breve análise da situação ambiental de cada um dos recursos acima, e são propostas medidas de conservação e controle da degradação. Tais medidas estão contidas nas ações de saneamento básico, ou seja, tratamento de água, coleta, tratamento e disposição final de esgoto e resíduos sólidos, que são os principais problemas de poluição de origem antrópica e, portanto, podem servir de base para discussões de aspectos ambientais relevantes em educação ambiental.

O RECURSO NATURAL ÁGUA

Desde a época das antigas civilizações até os dias atuais, as cidades vêm sendo construídas nas proximidades de grandes rios ou lagos. Isso pode ser explicado pelo fato de os recursos hídricos serem utilizados tanto para a retirada de água para abastecimento como também para receber e diluir dejetos.

Essa estreita relação da humanidade com a água faz com que esse recurso natural seja considerado infinito. Isso pode ser tomado como verdadeiro sob o ponto de vista quantitativo, isto é, enquanto o sol acumular energia suficiente para aquecer a Terra e, dessa maneira, fazer com que o elemento que cobre mais de 97% do planeta evapore e sofra condensação nas camadas superiores da atmosfera, para que depois sob a forma líquida retorne à superfície, teremos água em abundância. Porém, no que se refere à qualidade, o quadro certamente se agravará, pois a atividade industrial lança ao ar uma variedade de substâncias que, ao receber grandes quantidades de energia, proveniente de raios, transformam-se em compostos, muitos dos quais têm natureza ainda desconhecida. Tudo isso sem mencionar o nitrogênio e o enxofre, que podem fazer o pH da água, que se precipita sobre a Terra, cair até 2,0, dando origem à chuva ácida. Embora esse fato não inviabilize o uso da água para consumo humano, provoca danos materiais e ecológicos consideráveis, confirmando o caráter finito desse recurso natural, pelo menos do ponto de vista qualitativo. É ainda imperativo lembrar que a água não se distribui uniformemente no planeta e que em apenas algumas situações ela pode ser utilizada sem nenhum tipo de tratamento prévio.

Mesmo considerando-se a intensa expansão da atividade industrial no Brasil, o principal problema relacionado à poluição hídrica em nosso país ainda está ligado aos dejetos de origem doméstica (esgoto sanitário), uma vez que em muitas regiões o esgoto não passa por nenhum tipo de tratamento, sendo lançado *in natura* nos corpos receptores (a região metropolitana de São Paulo trata apenas 10% de seus resíduos líquidos). O baixo índice de tratamento de esgotos faz com que o número de mananciais com qualidade da água adequada para o abastecimento público após o tratamento, normalmente realizado pelas companhias de saneamento, seja cada vez menor.

A esse respeito, a Organização Mundial da Saúde (OMS), em publicação de 2008, ressalta que uma em cada quatro pessoas da população mundial não tem acesso à água potável e 40% não dispõem de serviços de saneamento.

No Brasil, os resultados da Pesquisa Nacional por Amostra de Domicílios (PNAD), divulgados em 2008 pelo Instituto de Pesquisa Econômica Aplicada (Ipea), mostram que a rede de abastecimento de água aumentou 0,7% entre 2007 e 2008.

Autodepuração Natural

Os ecossistemas aquáticos são relativamente capazes de assimilar uma certa quantidade de material poluente e mineralizá-la. Isso ocorre, como já mencionado, graças a processos de oxidação (respiração aeróbia) que reduzem a matéria orgânica a seus componentes mais simples.

Obviamente, para que esse fenômeno possa acontecer, algumas condições devem ser satisfeitas: a vazão do corpo receptor precisa ser maior do que a do resíduo nele descarregado e deve haver certo intervalo de espaço e tempo entre os vários lançamentos em um mesmo corpo hídrico para que a sedimentação e a oxidação possam acontecer. É necessário lembrar que todos os elementos intervenientes no processo são de natureza biológica e sofrem a influência de todos os fatores ambientais que limitam a sobrevivência e a distribuição dos seres vivos, ou seja: pH, temperatura, correnteza etc. (Rocha, 1996; Mucci, 1986 e 1993). Como se vê, a autodepuração consome o oxigênio dissolvido (OD) da água; logo, quanto maior a quantidade de esgoto, maior será a demanda bioquímica de oxigênio (DBO), isto é, a quantidade de oxigênio necessária para degradar certo teor de matéria orgânica. Assim, em muitos casos, o oxigênio se exaure e o ambiente se torna anaeróbio, inviabilizando a sobrevivência de organismos que respiram o oxigênio livre, propiciando a formação de gases malcheirosos.

Essa é exatamente a situação que se verifica em rios importantes como o Tietê, no trecho que cruza a cidade de São Paulo, Rio Pinheiros e ainda em algumas porções das represas Guarapiranga e Billings (Rocha, 1976 e 1984). O mesmo pode ser dito em relação a trechos do lago do Parque Ibirapuera – SP (Mucci, 1989). A esse respeito deve-se ressaltar que a maior parte dos episódios de mortandade de peixes que frequentemente são veiculados pelos meios de comunicação ocorre em virtude da anóxia do ambiente aquático causada pela poluição por esgoto sanitário, apenas uma pequena porcentagem tem como causa a presença de tóxicos na água.

A Água como Veículo de Doenças

Os despejos líquidos de origem doméstica são constituídos principalmente de resíduos de alimentos, fezes e urina. Sendo assim, a probabilidade de a água que contém esses dejetos tornar-se um veículo de doenças é bastante grande, já que em regiões sem saneamento básico, em geral, o mesmo corpo d'água que recebe esgotos é utilizado como manancial para o abastecimento de populações humanas. Cabe, portanto, esclarecer as diferenças entre poluição e contaminação. Poluir significa provocar no recurso natural qualquer alteração que torne impossível o seu uso para a finalidade a que se destina, enquanto contaminar quer dizer alterar o recurso natural de forma a aumentar o risco de ele se tornar veículo de doenças.

Existem vários agravos à saúde relacionados à contaminação da água, entre os quais podemos citar: leptospirose, cólera, doenças diarreicas em geral, hepatite, poliomielite etc.

As doenças relacionadas com a água são importantes fatores de elevação da mortalidade infantil em países em desenvolvimento e facilmente evitáveis com simples medidas de saneamento, como disposição adequada de dejetos líquidos. Infelizmente, as doenças associadas a saneamento deficiente ainda são responsáveis por 3,1% do total das mortes em relação a todas as causas de mortalidade no Brasil, como atestam os dados de pesquisa da OMS publicada em 2010.

Além dos patogênicos de natureza biológica, a água pode ser contaminada por matéria inorgânica, como é o caso dos metais pesados (cobre, mercúrio, entre outros), este último podendo ser assimilado e acumulado pelo organismo de vários animais, inclusive do ser humano. Estudos mostram que para a espécie humana a concentração letal de mercúrio no sangue é de 0,002 ppm, para uma ingestão prolongada da substância por um indivíduo de 70 Kg (Rocha, 1994).

Uma análise do teor de mercúrio em peixes da represa Billings mostrou, segundo o mesmo autor no trabalho antes citado, que os bagres apresentavam 0,425 mg/L do metal e o *Micropogon furnieri* continha 0,7925 miligramas de mercúrio por litro (medidos em base úmida). Note-se que o limite estabelecido no Brasil para esse elemento em pescados é de 0,05mg/L.

Aumento dos Níveis de Nutrientes na Água – Eutrofização

Já foi mencionado anteriormente que a autodepuração natural reduz a matéria orgânica a seus componentes mais simples, em geral compostos de nitrogênio e fósforo, ditos nutrientes, elementos essenciais para o desenvolvimento de algas. Assim, desde que exista iluminação suficiente para que a fotossíntese ocorra, haverá o crescimento em taxa exponencial desses vegetais.

Nessa situação, as cianobactérias (o mais primitivo grupo de algas e, por isso mesmo, o pioneiro em áreas de águas poluídas) se reproduzem intensamente, cobrindo o lago ou reservatório, transformando suas águas em algo semelhante a uma sopa de ervilhas, de modo que a penetração da luz fica limitada a uma camada superficial do corpo d'água, abaixo da qual se estabelece a anaerobiose, uma vez que a fotossíntese não mais repõe o oxigênio. Se essa já não fosse uma consequência suficientemente catastrófica, não devemos esquecer que vários gêneros de cianobactérias produzem substâncias tóxicas que podem causar problemas gástricos e dermatológicos, principalmente em crianças e idosos que usem a água para beber ou para banhar-se, já que algumas dessas toxinas não são destruídas pelo tratamento convencional de águas.

O Ser Humano Degrada – o Ser Humano Busca a Recuperação

Quando se tem em mente que os processos naturais de recuperação da qualidade da água levam tempo para acontecer e dependem de condições ambientais que não se pode controlar, o ser humano trata de pesquisar meios de tratamento de resíduos por ele gerados que imitem os processos naturais, mas que levem menos tempo para ocorrer. Assim surgiram os processos biológicos de tratamento de esgoto: os filtros biológicos, as lagoas de estabilização ou lagoas de águas residuárias e o lodo ativado. No entanto, embora nos processos artificiais os fenômenos ocorram mais rápido, há também nesses casos, como na autodepuração natural, a liberação de nutrientes no meio. Para eliminar os problemas da eutrofização existe ainda o tratamento terciário, que envolve a utilização de processos físicos e químicos que neutralizam os compostos nitrogenados e fosfatados. O tratamento terciário é custoso e, portanto, não é utilizado rotineiramente.

Sabe-se que é impossível não haver a produção de resíduos líquidos em uma comunidade humana, então, como se pode minimizar os problemas de poluição hídrica nas cidades? Há apenas duas maneiras: educando a população de modo que ela não encare os corpos d'água como único destino possível para todos os seus dejetos, sejam eles sólidos ou líquidos, ou tratando os despejos líquidos antes de lançá-los no corpo receptor.

As técnicas de tratamento existem e são conhecidas, sua aplicação depende do montante de recursos que se deseja investir e da qualidade que se pretende para o resíduo tratado.

O RECURSO NATURAL AR

A atmosfera, camada gasosa que envolve a Terra, compreende a troposfera (camada mais baixa na qual ocorrem as trocas gasosas entre o ar e os seres vivos), a estratosfera e a ionosfera (camada mais alta). Como todo recurso natural, o ar apresenta importantes características ecológicas que são apresentadas abaixo, modificadas a partir de Rocha (1996):

- Contém componentes importantes para a maioria dos seres vivos, tais como o oxigênio (respiração), o gás carbônico (fotossíntese) e outros gases.
- Contém uma população não característica, mas muitos organismos o utilizam para locomoção e suporte, como insetos, aves, sementes aladas, mamíferos alados etc.
- É um importante meio de dispersão para várias sementes, pólen e esporos.
- Protege contra radiações perigosas à saúde (ultravioleta).
- Difunde-se na água e no solo, possibilitando a vida aeróbia.

Como se pode perceber, a finalidade básica do recurso natural ar é a manutenção da vida; dessa forma, quando fala-se em poluição do ar, tem-se em mente a emissão de compostos que o tornem perigoso ou nocivo à saúde, inconveniente ao bem-estar público, danoso aos materiais e à vida animal ou vegetal.

Fontes de Poluição do Ar

Os escapamentos dos veículos, as chaminés das fábricas e as queimadas lançam constantemente no ar grandes quantidades de substâncias prejudiciais à saúde e podem ser consideradas como as principais fontes de poluição do ar.

Efeitos da Poluição do Ar

Além dos efeitos mencionados antes, há ainda consequências da poluição do ar que podem se manifestar sobre vários elementos. Um exemplo é como a poluição atmosférica afeta materiais pela abrasão, provocada por partículas sólidas transportadas pelo ar, e pelo ataque químico, que provoca o escurecimento da prata em virtude da ação do gás sulfídrico. Tais reações químicas sofrem sempre a interferência da umidade relativa do ar e da temperatura. A poluição do ar afeta ainda os vegetais, pois certos poluentes podem penetrar diretamente em suas células; por outro lado, outros poluentes que chegam ao solo com as chuvas podem ser absorvidos pelas raízes. Quanto aos efeitos sobre os animais, são medidos por meio de índices de mortalidade, morbidade e testes de toxicidade em laboratório. Eis alguns resultados de experimentos compilados por Rocha (1996): concentrações de 0,25 ppm de NO_2 por 4 horas ao longo de 6 dias provocaram alterações na estrutura do colágeno dos pulmões de coelhos. A exposição por 2 horas a doses de 15 a 20 ppm de dióxido de nitrogênio alterou o tecido do coração, pulmões, fígado e rins de macacos.

Os principais impactos ao meio ambiente são a redução da camada de ozônio, o efeito estufa e a precipitação de chuva ácida.

A Redução da Camada de Ozônio

A camada de ozônio que protege os seres vivos dos efeitos nocivos dos raios ultravioleta do sol está situada na faixa de 15 e 50 Km de altitude. Os clorofluorcarbonetos (CFCs) são compostos altamente nocivos a esse escudo natural da Terra. O CFC é uma mistura de átomos de cloro e carbono. Presente no ar poluído, o CFC é transportado até elevadas altitudes quando é bombardeado pelos raios solares, ocasionando a separação do cloro e do carbono. O cloro, por sua vez, tem a capacidade de destruir as moléculas de ozônio. Um único átomo de cloro é suficiente para destruir milhares de moléculas de ozônio (O_3), gerando uma descontinuidade através da qual os raios ultravioleta passam e chegam a atingir a superfície terrestre. Recentes trabalhos mostram que embora o problema em relação à camada de ozônio ainda persista, a descontinuidade vem diminuindo de forma lenta, graças, principalmente, a dispositivos legais que restringem o uso de gases nocivos à camada de ozônio, como o CFC. No Brasil, esse gás já vem sendo substituído pelo hidrofluorcarboneto (HFC), que não causa impacto negativo na camada de ozônio.

Dados da Agência Espacial Norte-Americana (Nasa) comprovam essa diminuição, mostrando que entre 2009 e 2010 a descontinuidade da camada de ozônio sofreu uma redução, passando de 21,6 para 19 milhões de quilômetros quadrados.

Efeito Estufa

O efeito estufa pode ser entendido como a elevação da temperatura da Terra provocado pela introdução de excessivas quantidades de gases estranhos na atmosfera. O principal agente causador do efeito estufa é o gás carbônico (CO_2) resultante da combustão do carvão, madeira e petróleo. Esse efeito é semelhante ao dos vidros fechados de um carro exposto ao sol. O vidro permite a passagem dos raios solares, acumulando calor no interior do veículo, que fica cada vez mais quente. A consequência desse fenômeno é a alteração do clima, o que favorece a ocorrência de furacões, tempestades e até terremotos ou o degelo das calotas polares.

Em nosso país o problema vem aumentando. É preciso lembrar que além do dióxido de carbono, gases como o metano, os óxidos de nitrogênio, os clorofluorcarbonetos e outros são também considerados gases de efeito estufa (GEE). Um inventário publicado em 2008 pela Companhia de Tecnologia de Saneamento Ambiental (Cetesb) informou que a emissão de tais gases em São Paulo no ano de 2005 foi de 139.811 gigagramas (Gg) de gás carbônico equivalente (CO_2-eq). No mesmo ano as emissões no Brasil atingiram 2.192.602 Gg CO_2-eq. A referida publicação mostra ainda que entre 1990 e 2008 houve um aumento de 58% na emissão de GEE em nível nacional.

Chuva Ácida

A queima incompleta dos combustíveis fósseis pelas indústrias e pelos veículos produz o gás carbônico, além de outras formas oxidadas de nitrogênio e de enxofre que são liberados para a atmosfera. O dióxido de enxofre e o vapor d'água combinam-se para formar o ácido sulfúrico que se dilui na água da chuva. As principais consequências da chuva ácida são o desgaste do solo, da vegetação e dos monumentos.

Principais Episódios de Poluição Atmosférica e seus Efeitos à Saúde Humana

A seguir são apresentados os principais episódios de poluição do ar e seus efeitos sobre a saúde humana registrados na literatura: na cidade de Donora, Pensilvânia, nos Estados Unidos, em 1948, uma elevação nos níveis de dióxido de enxofre e material em suspensão, durante cinco dias, provocou irritação no trato respiratório de 45% da população. Em Londres, Inglaterra, no ano de 1952, um aumento na concentração dos mesmos poluentes atmosféricos citados no caso anterior, também durante cinco dias, causou aumento da mortalidade e de doenças respiratórias de idosos. No Brasil houve um episódio importante na cidade de Bauru, em São Paulo, no ano de 1952, quando durante duas semanas houve o lançamento no ar de pó de mamona por uma indústria de óleo vegetal, que provocou doença respiratória (bronquite) em 150 pessoas, com quinze óbitos.

Controle da Poluição do Ar

O controle da poluição do ar pode ser feito por meio de medidas legais ou técnicas, conforme cada situação. De modo geral, podem ser empregadas medidas ligadas ao planejamento territorial exigindo a mudança de local de fontes ou receptores para um local mais adequado, pode-se minimizar ou eliminar emissões pelo uso de formas energéticas menos poluentes, minimizar ou eliminar emissões originadas pela queima de combustíveis, utilizar altas chaminés para a dispersão de poluentes ou, quando nenhuma dessas medidas for efetiva, deve-se utilizar a melhor tecnologia disponível em equipamentos antipoluição.

O RECURSO NATURAL SOLO

O solo é formado pela alteração da rocha-mãe ou matriz, provocada pela interação de processos de natureza física, química e biológica que levam à degradação dessa rocha.

Depois da degradação da rocha matriz e consequente liberação de seus componentes inorgânicos para a superfície, o ambiente torna-se propício ao desenvolvimento de organismos mais evoluídos, os quais alteram constantemente a estrutura física e química do solo. Assim, é considerado mais fértil o solo que apresente mais de 50% de Ca, K e Mg. Aqueles nos quais predominam o alumínio e o hidrogênio são, de acordo com Rocha (1996), considerados pouco férteis ou não férteis.

A atividade biológica propriamente dita ocorre na camada superficial e, por essa razão, é rica em detritos animais e vegetais. Esse material da superfície, rico em substâncias orgânicas, recebe o nome de húmus.

O solo sofre uma evolução que envolve desde os fenômenos que degradaram a rocha matriz até a atividade dos seres vivos, dando origem a camadas bem distintas conhecidas como horizontes, podendo o próprio solo ser considerado uma entidade viva. Assim, em um solo bem formado é possível distinguir-se as seguintes camadas: horizonte A, horizonte B e horizonte C.

Organismos do Solo

Como já vimos, o solo tem vida, e ela é mantida, entre outros fatores, pela atividade dos organismos que habitam esse recurso natural.

Sendo assim, no horizonte A podemos encontrar terrículos (material digerido e excretado por minhocas). Aí também predominam as bactérias nitrificantes: *Nitrosomona sp, Nitrobacter sp* e *Rhizobium sp*, além de fungos como *Aspergillus flavus* e *Aspergillus niger*, que acidificam o solo e as bactérias *Pseudomonas sp* e *Aerobacter sp*, que degradam a lignina.

O horizonte B acumula ferro e coloides argilosos provenientes da camada superior.

No horizonte C, o material originado pela decomposição da rocha mistura-se ao produto da atividade microbiana e da decomposição dos seres vivos.

A respeito da importância da atividade dos organismos do solo, Rocha (1996) lembra que os macroinvertebrados participam ativamente da ciclagem de nutrientes e mantêm o equilíbrio desse ecossistema. Assim, por exemplo, 500 miriápodes (piolhos-de-cobra, lacraias) por metro quadrado representam uma biomassa de 12,5 kg, metabolizando 263 kcal/m^3/dia. Já a formiga *Formica cinerea* transporta partículas do solo mais profundo, misturando-as com folhas decompostas na superfície, reciclando, assim, algo em torno de 20 toneladas de subsolo/acre.

Usos do Solo

O solo pode sofrer vários tipos de usos ou ocupações. A mais inofensiva é a ocupação tribal, que quase não causa impacto ao recurso natural, uma vez que os indígenas têm o costume de mudar constantemente o local de suas habitações, o que permite que o solo se recupere. O mesmo não pode ser dito a respeito da ocupação urbana. A construção de cidades leva ao desmatamento, à impermeabilização do solo e à canalização de rios e córregos, alterando todo o regime hídrico da bacia (afetando a evaporação da água, a evapotranspiração e a reposição da água do lençol freático).

A ocupação industrial provoca a poluição da água e do ar, já comentada, e a própria poluição do solo, pois este passa a ser usado como receptor de resíduos sólidos e líquidos.

A Disposição de Resíduos Sólidos no Solo

Sobre a disposição de lixo no solo, Rocha (1996) assinala que um levantamento feito no Brasil ao final dos anos 1980 mostrava que apenas 64,4% do lixo doméstico eram tratados. Desse total, 30,4% eram dispostos a céu aberto, 15,2% ia para aterros controlados ou lixões, 13,3% eram dispostos em aterros sanitários (lixo coberto com terra, mas com técnica adequada), 3,5% eram despejados em corpos hídricos ou em manguezais, 3,1% eram destinados às usinas de compostagem e 0,8% eram incinerados.

Os Aterros Sanitários

Nesse tipo de disposição final, os resíduos sólidos são espalhados, compactados e cobertos com terra. Nos aterros ditos sanitários a compactação e cobertura das camadas de lixo com terra é feita diariamente.

Se o espalhamento, a compactação e a cobertura com terra ocorrem semanalmente, fala-se em aterro controlado. Quando o resíduo é lançado diretamente no solo, sem compactação ou cobertura, fala-se, simplesmente, em lançamento ao solo. Essa medida é totalmente inadequada, pois o ambiente assim criado propicia o desenvolvimento de insetos e ratos que podem transmitir inúmeras doenças. Além disso, muitas pessoas tentam reaproveitar alguns objetos do lixo e podem adoecer por manusear diretamente material contaminado.

No caso dos aterros sanitários, em cada camada de lixo coberta com terra (chamada tecnicamente de célula), acontece a decomposição de uma parcela da matéria orgânica presente no lixo, por isso esta prática de disposição final é, em parte, considerada como um processo de tratamento de resíduos sólidos.

Para a construção de um aterro sanitário o solo deve ser impermeabilizado de modo a proteger o lençol subterrâneo, e devem ser instalados drenos para água e gases.

Quando bem planejado e operado, esse método é o mais adequado, pois além de não deixar o lixo exposto, permite a recuperação da terra e o local pode ser usado posteriormente como área verde.

Compostagem

No processo de compostagem, o lixo rico em matéria orgânica é decomposto em fornos cuja temperatura chega a 70°C e depois é exposto ao ambiente, sendo periodicamente revolvido. O processo dá origem ao húmus pela desintegração da matéria orgânica vegetal e/ou animal, tornando-se fonte de energia para os microrganismos, os quais liberam substâncias que serão utilizadas pelas plantas e, portanto, pode ser utilizado como adubo. O húmus melhora a qualidade física e química do solo e contém sais minerais nutrientes para as plantas.

Disposição de Lixo ao Ar Livre

O lixo disposto ao ar livre constitui um sério problema de saúde pública, uma vez que propicia o desenvolvimento de vetores como artrópodes e roedores que transmitem doenças como leptospirose e peste bubônica.

Além disso, o lixo disposto sem proteção, graças ao seu elevado teor de umidade e matéria orgânica, facilita o desenvolvimento de uma grande variedade de patogênicos que podem chegar ao ser humano por via direta ou indireta.

Uso do Solo para Atividades Extrativistas

O extrativismo é uma das atividades que causa maior impacto no recurso natural solo. Tanto o extrativismo por explosão como por escavação alteram fortemente a estrutura do solo, facilitando a erosão e a perda de fertilidade.

Por outro lado, a implantação de projetos que envolvem grandes obras de engenharia e, consequentemente, revolvem grandes quantidades de terra já estão alterando o perfil da incidência de doenças no Brasil.

Na região norte do Brasil existem corpos d'água muito usados pelas populações da área, nos quais o *S. mansoni* era frequentemente encontrado e, mesmo assim, não havia casos da doença. Com o advento dos grandes projetos citados, a esquistossomose voltou a aparecer. A explicação está no fato de que, anteriormente, a água dos lagos da região era pobre em cálcio, o que tornava impossível que o caramujo *Biomphalaria sp* (hospedeiro intermediário do *S. mansoni*) construísse a concha, portanto ele não sobrevivia, o ciclo não se fechava e a doença não se manifestava. Porém os grandes revolvimentos de solo provocados pelas obras fez com que quantidades expressivas de terra rica em cálcio chegasse até a água. Assim, com o cálcio novamente disponível, o caramujo voltou a se desenvolver normalmente, fechando o ciclo da doença.

Esse caso é um típico exemplo de como a atividade antrópica altera o ambiente, facilitando o surgimento de doenças.

Agricultura e Pecuária

Essas atividades pressupõem o desmatamento de extensas áreas, o que causa grandes prejuízos ecológicos.

Inúmeros trabalhos mostram que a remoção da cobertura vegetal natural altera significativamente a estrutura física do solo, pois o impacto das chuvas sobre ele é bem maior. Dessa forma, abrem-se grandes fendas, fazendo com que a água que se infiltra e carrega consigo nutrientes dissolvidos não seja reabsorvida pelas plantas. Há, portanto, uma queda de fertilidade.

Não se deve esquecer também que o uso do solo para a agricultura implica, quase sempre, o estabelecimento de monoculturas. Nesse caso o ecossistema se torna pobre em diversidade de espécies vegetais (o que obviamente diminui também a diversidade animal) e reduz o número de outras espécies predadoras que controlam o crescimento de espécies nocivas, estabelecendo-se, então, as pragas.

Para o controle dessas pragas aplicam-se agrotóxicos. Embora muitas dessas substâncias sejam proibidas atualmente no Brasil, há outras que são livremente utilizadas e aplicadas por pessoas sem a menor noção do risco que elas representam à saúde e sem usar nenhum tipo de proteção.

Muitos desses agrotóxicos são substâncias nocivas ao cérebro ou ao fígado e provocam, na maior parte das situações, lesões irreversíveis que, nos casos mais graves, podem levar ao óbito.

Nota-se, então, que o uso do recurso natural solo deve ser feito de maneira que se atinja o máximo de sua potencialidade, sem exauri-lo. Isso só se consegue por meio de pesquisas que possibilitem a exata caracterização de cada tipo de solo, determinando-se, assim, o tipo mais adequado de uso para cada um. Ao mesmo tempo, a população deve ser sensibilizada no sentido de não desmatar e não dispor resíduos de forma indiscriminada e sem planejamento.

Pode-se dizer que, nos dias de hoje, essa mobilização já é feita, não só pelas entidades de pesquisa e universidades, mas também por organizações não governamentais bastante ativas como a SOS Mata Atlântica, em São Paulo, e muitas outras.

AS CIDADES

A urbanização (criação de cidades) é, sem dúvida, a intervenção humana que maior impacto causa no meio natural. Nos ecossistemas que não sofreram alteração pelo ser humano existe uma perfeita troca de energia entre todos os seus componentes, sejam eles vivos ou não. Já nas cidades, há uma total alteração desse equilíbrio, que se inicia pela remoção da cobertura vegetal, alterando a dinâmica das populações de organismos, bem como o ciclo da água e dos nutrientes no solo. Tal processo de degradação quase sempre culmina com a total impermeabilização da superfície pela pavimentação.

À medida que a população aumenta, as inter-relações entre o meio físico e os aspectos biológicos, psicológicos e sociais se tornam cada vez mais complexas. Para tentar entender essa complexidade, foi criado o conceito de ecossistema urbano. A esse respeito, Sobral (1996) em seu livro *O meio ambiente e a cidade de São Paulo*, cita a obra *Urbanization and environment: the physical geography of the city*, de 1972, na qual os autores propõem o conceito de ecossistema urbano:

> A cidade deve ser vista como um sistema aberto que perpetua a cultura urbana por meio da troca e da conversão de grandes quantidades de materiais e energia. Essas funções requerem uma concentração de trabalhadores, um sistema de transportes elaborado e uma área de influência que forneça os recursos requeridos pela cidade e absorva seus produtos. (p.XIII)

É possível, portanto, estabelecer interessante analogia entre o ambiente natural e o urbano: sabe-se que ambos os ambientes têm seu equilíbrio baseado na produção e no consumo, respectivamente representados no ambiente natural pela fotossíntese e pela respiração, ou seja, a fixação de energia luminosa e biodegradação. Nesse caso, o desequilíbrio leva à poluição, às alterações na dinâmica do sistema e ao estresse. Quando isso se dá por causas naturais, o desequilíbrio é quase sempre reversível. A analogia não deve ir além desses aspectos, já que as cidades, ao contrário dos ambientes naturais, não são autossustentáveis.

Por outro lado, no caso do ambiente urbano, a produção é representada pela importação de alimentos das zonas rurais e a geração de energia é artificial. O consumo promove a geração de resíduos, o que implica o uso de processos de tratamento e disposição final. Aqui, o desequilíbrio induz à superpopulação, déficit habitacional, desemprego e doenças. Esses desequilíbrios, geralmente, são fontes de alterações estruturais irreversíveis que diminuem a qualidade de vida.

Nesse contexto, os problemas do ambiente urbano, que geralmente são consequência da superpopulação, estão diretamente relacionados com habitação, poluição atmosférica e da água, a coleta, tratamento e disposição final de resíduos sólidos. Esses problemas são sucintamente analisados a seguir, sempre que possível, com um enfoque especial para a cidade de São Paulo.

O Problema das Habitações

A boa qualidade da habitação é um dos itens considerados pela OMS para a aferição dos níveis de qualidade de vida das populações humanas. Os principais aspectos, de acordo com *Our planet, our health* – Report of the WHO Commission on Health and Environment, Geneva, 1992 (adaptado) são:

- Estrutura da habitação (proteção contra frio e calor extremos, ruído e poeira).
- Grau de abastecimento de água quantitativa e qualitativamente adequado.
- Disposição e posterior manejo adequados de resíduos sólidos, líquidos e excretas.
- Qualidade da área em que se localiza a habitação.
- Excesso de habitantes (risco de transmissão de doenças e acidentes domésticos).
- Poluição no ambiente doméstico decorrente da queima de combustível para o preparo de alimentos ou aquecimento.

- Presença de vetores e/ou hospedeiros intermediários de agentes etiológicos.
- A habitação como ambiente de trabalho (aspectos de saúde ocupacional).

Pode-se perceber que grande parte das habitações populares de São Paulo e outras cidades do Brasil não contempla vários desses requisitos.

A Poluição Atmosférica

Em São Paulo, as estações medidoras da poluição do ar operadas pela Cetesb monitoram os níveis de material particulado (MP), dióxido de enxofre (SO_2), óxidos de nitrogênio (NO_x), hidrocarbonetos (HC), ozônio (O_3) e monóxido de carbono (CO). A análise dos dados coletados mostra, em quase toda a cidade, o padrão primário anual, isto é, a concentração de poluentes que, quando ultrapassada, pode prejudicar a saúde da população. No caso de partículas inaláveis, a legislação estabelece um valor de $50\mu g/m^3$ que é frequentemente ultrapassado (Sobral, 1996). É interessante notar que em locais arborizados, como o Parque do Ibirapuera, os teores de poeiras inaláveis são bastante reduzidos.

Quanto ao SO_2 na atmosfera resultante da queima de combustível fóssil em veículos ou indústrias, a Cetesb relata que 71% desse poluente é proveniente de veículos a diesel. Quanto às indústrias, as 162 mais poluidoras contribuíam com 92% das emissões de SO_2 de origem industrial e em 1995 foram notificadas para que em cinco anos se adaptassem ao padrão de 80 $\mu g/m^3$. Não se deve esquecer que o dióxido de enxofre e o NO_x também se combinam com a água, formando o ácido sulfúrico ou ácido nitroso ou nítrico, formando a chuva ácida. A chuva é considerada ácida quando apresentar pH inferior a 5,6.

De acordo com Sobral, a chuva em São Paulo é ácida. Tal afirmação baseia-se nos resultados da análise de 404 amostras de chuva coletadas na cidade entre 1984 e 1990, que revelaram que a maior parte delas apresentava pH entre 4,2 e 4,5.

Para os hidrocarbonetos, o padrão brasileiro é muito elevado, chegando a ser dez vezes maior que os padrões americanos. As concentrações de NO_x estão próximas do padrão nacional anual de 160 $\mu g/m^3$ de ar. O ozônio também excede, com frequência, o padrão de 160 $\mu g/m^3$.

O nível máximo de CO permitido pela legislação brasileira é de 9 ppm/8h e também é quase sempre ultrapassado. Os veículos automotores são os principais responsáveis pela poluição por CO. Apesar de todas as medidas para o controle da poluição do ar, a situação ainda é séria por causa da ação sinérgica de todos eles, refletindo negativamente sobre a saúde da população de crianças e idosos.

A Poluição Hídrica

Na cidade de São Paulo, toda a carga orgânica é lançada nos rios Tietê e Pinheiros, sendo a maior parte sem nenhum tipo de tratamento. Sobral (1996) mostra que apenas 18% do esgoto da cidade de São Paulo é captado por coletores e posteriormente tratado.

O mesmo trabalho reproduz números publicados pelo jornal *A Folha de São Paulo* no ano de 1994, indicando a carga de poluição em termos de DBO que o rio Tietê recebia naquela época: carga orgânica – 1.100 toneladas/dia, esgotos domésticos – 700 toneladas/dia e esgotos industriais – 400 toneladas/dia.

É importante ressaltar que o governo vem adotando, já há algum tempo, medidas para recuperar a qualidade do referido rio, tais como: retirada do lodo de fundo para reduzir a quantidade de matéria orgânica disponível, alargamento da calha dos rios Tietê e Pinheiros em alguns pontos da cidade e o mapeamento da localização das principais fontes poluidoras, bem como do tipo de poluente que é lançado no corpo hídrico.

Mesmo levando-se em conta tais medidas, os dados expostos são alarmantes, mas estaria a solução dos problemas de poluição das águas nas grandes cidades na dependência exclusiva de medidas de natureza técnica? A leitura atenta dos tópicos anteriores deste capítulo deixa claro que a resposta a essa questão é negativa. Cabe aos cidadãos não só exigir uma ação positiva dos órgãos governamentais, mas também contribuir com uma mudança pessoal de comportamento em relação à disponibilidade e ao uso dos recursos naturais, além de promover ações que induzam novas posturas da comunidade como um todo, ante os problemas do meio ambiente, o que pode ser feito por meio de atitudes relacionadas ao dia a dia de cada um.

Os Resíduos Sólidos

O problema dos resíduos sólidos na cidade de São Paulo vem se agravando ao longo dos anos. No ano 2000, na região metropolitana de São Paulo, foram coletadas 83.066,9 toneladas de lixo por dia (IBGE, 2010). Sabe-se, ainda, que o aumento na quantidade foi acompanhado de uma alteração na composição do lixo. A matéria orgânica tem grande importância, mas houve, até 1969, um aumento gradativo na proporção de papel, que a partir daí vem declinando, de acordo com dados da Secretaria de Serviços e Obras da Prefeitura Municipal de São Paulo, do ano de 1992.

O conhecimento dessa composição é importante para o planejamento e o gerenciamento dos resíduos sólidos. Assim, se a matéria orgânica é a maior fração do lixo de uma cidade, a compostagem pode ser considerada uma alternativa válida. Por outro lado, se a maior parte do lixo é formada de material inerte, pode-se pensar em um programa de coleta seletiva e reciclagem.

No município de São Paulo, os resíduos sólidos são classificados de acordo com a sua origem, como segue, modificado de Sobral (1996):

- Domiciliar: coletado nas residências, estabelecimentos comerciais etc., até o limite de 100 litros/unidade/dia.

- Varrição: lixo resultante dos serviços de varrição dos logradouros públicos.

- Hospitalar ou de serviços de saúde: lixo proveniente de hospitais, farmácias, clínicas, clínicas veterinárias, casas de detenção, aeroportos etc.

- Feiras e mercados: resíduos da limpeza de ruas de feira e mercados. Hoje é recolhido como resíduo domiciliar.

- Particulares: resíduos não tóxicos ou perigosos com volume de até 100 litros/dia. De indústrias, de conjuntos habitacionais, *shopping centers* e outros de grande porte com serviço particular de coleta, serviços de saúde de outros municípios etc.

Após todo o circuito de coleta, o lixo é transportado para a destinação final e/ou tratamento (usinas de compostagem, aterros ou incineração). A pesquisa nacional de saneamento básico, realizada pelo IBGE em 2008 e publicada em 2010, mostra que do total dos resíduos sólidos gerados no

Brasil, 50,8% é disposto ao ar livre, 22,5% vai para aterros controlados e 27,7% para aterros sanitários.

Tal situação é grave, uma vez que já são poucas as áreas adequadas para a construção de aterros novos e os já existentes estão próximos de sua capacidade máxima.

O sério problema da disposição final do lixo no Brasil chama a atenção para o fato de que é cada vez mais importante a minimização do lixo na origem, incentivando-se as medidas de reaproveitamento e reciclagem, para que a produção de resíduos sólidos seja diminuída. Aqui, mais uma vez, a educação ambiental tem importância primordial no sentido de promover uma mudança de comportamento da população diante da decisão sobre o que ainda tem ou não tem utilidade e pode ou não continuar a ser usado.

CONSIDERAÇÕES FINAIS

Os tópicos aqui apresentados discutem de maneira bastante geral os problemas de poluição e os métodos de controle, com o intuito de embasar programas de educação ambiental. No entanto, o conteúdo destas páginas não deve induzir o leitor ao raciocínio simplista de que para cada tipo de poluição existe um processo de tratamento. Não se trata de uma equação matemática que, se resolvida corretamente, produz invariavelmente um único resultado. Os ecossistemas, como antes mencionado, são complexos e seu funcionamento depende de inúmeras variáveis. Por essa razão, muitas vezes, ao resolvermos um determinado problema de poluição estamos, mesmo sem saber, causando outro tipo de desequilíbrio que pode levar longos períodos de tempo para se manifestar e, quando isso ocorrer, talvez não sejamos mais capazes de relacionar o seu surgimento à nossa intervenção anterior. Dessa forma, nunca é demais enfatizar que a melhor maneira de controlar a poluição é evitar que ela ocorra. Como fazê-lo? Um bom começo é meditar sobre algumas questões: que tipo de planeta desejamos habitar? Que tipo de planeta podemos ter? Por que transformar os oceanos na cloaca da humanidade? Quanta diversidade de espécies desejamos manter?

Seja qual for a resposta, percebe-se que o problema centra-se em uma questão de valores, ou seja, queremos realmente que a Ecologia tenha mais peso do que a Economia no balizamento de nossa decisão?

De certo modo, cada um de nós respondeu, ou está respondendo a essas perguntas adotando um comportamento e um modo de vida que nos pareça adequado e tentando mudá-lo, na medida do possível.

Finalmente, espera-se que a esta altura o leitor tenha em mente que a solução dos problemas ambientais passa pela mudança de comportamento baseada no conhecimento (educação), pois sem o suporte do conhecimento, qualquer ação ou intervenção do ser humano no meio em que vive se torna frágil e ineficaz.

REFERÊNCIAS

[CETESB] COMPANHIA DE TECNOLOGIA DE SANEAMENTO AMBIENTAL – *Primeiro inventário de emissões antrópicas de gases de efeito estufa diretos e indiretos do estado de São Paulo*. 2008.

[IBGE] INSTITUTO BRASILEIRO DE GEOGRAFIA E ESTATÍSTICA – *Pesquisa nacional de saneamento básico*, 2010.

MUCCI, J.L.N. *Levantamento ecológico sanitário da água do lago do Parque Ibirapuera – SP*. São Paulo, 1989. 40p. [Relatório não publicado].

_____. *A dinâmica da autodepuração de águas residuárias da industrialização do palmito*. São Paulo, 1986. Dissertação (Mestrado). Departamento de Ecologia Geral do Instituto de Biociências da USP.

_____. *A influência da decomposição da vegetação na qualidade da água de reservatórios*. São Paulo, 1993. Tese (Doutorado). Faculdade de Saúde Pública da USP.

[NASA] NATIONAL AERONAUTICS AND SPACE ADMINISTRATION. *The Ozone Resource Page*. Disponível em: http://www.nasa.gov/vision/earth/environment/ozone_resource_page.html. Acessado em: jun. 2011.

ROCHA, A.A. *Limnologia: aspectos ecológicos – sanitários e a macrofauna bentônica da Represa Guarapiranga na região metropolitana de São Paulo*. São Paulo, 1976. Tese (Doutorado). Depto. de Zoologia do Instituto de Biociências da USP.

_____. *Ecologia: os aspectos ecológicos – sanitários e de saúde pública da Represa Billings na região metropolitana de São Paulo, uma contribuição à sua recuperação*. São Paulo, 1984. Tese (Livre-docência). Faculdade de Saúde Publica da USP.

_____. *A problemática da água*. In: LEITE, J.L. (org.) *Problemas-chave do meio ambiente*. Salvador: Universidade Federal da Bahia/Expogeo, 1994. p. 91-114.

_____. *Ciências do ambiente, saneamento e saúde pública*. São Paulo: Faculdade de Saúde Pública da Universidade de São Paulo, 1996.

SOBRAL, H.R. *O meio ambiente e a cidade de São Paulo*. São Paulo: Makron Books, 1996.

[WHO] WORLD HEALTH ORGANIZATION. *Our planet, our health: report of the WHO comission on health and environment*. Geneva, 1992.

_____. *Progress on drinking water and sanitation: special focus on sanitation*, 2008.

_____. *The millennium development goals report*, 2010.

Ciências Sociais e Meio Ambiente

3

Fabiola Zioni
Socióloga, Faculdade de Saúde Pública – USP

A modernidade constitui o cenário no qual emergem as ciências sociais e, mais recentemente, a questão ambiental. Com o termo modernidade pretende-se definir um processo que se inicia por volta do século XV, na Europa, marcado por profundas transformações em todas as dimensões da vida humana – da produção, da sociabilidade, da representação simbólica do mundo, das relações sociais e de poder – fenômeno que, ao longo de 500 anos, se estendeu por todo o planeta, transformando os diferentes contextos (físicos e sociais) em que, progressivamente, foi acontecendo.

Esse processo tem maior visibilidade na organização capitalista das relações de produção e consumo, mas não pode ser confundido com ela. Ainda que contemporâneos e bastante relacionados, a modernidade não se reduz ao curso de expansão capitalista, mesmo que este venha moldando todos os campos da atividade humana.

Por modernidade entende-se algo maior do que o *ethos* de uma sociedade marcada pelo uso intensivo de energia e tecnologia e pela racionalização da vida. Entende-se, ainda, como um projeto histórico de construção e representação da vida social que se desenvolveu a partir de dois pilares: o pilar da emancipação e o pilar da regulação (Santos, 2000), projeto esse criador e criatura, não só das sociedades modernas e contemporâneas, como também das formas hegemônicas de conhecimento e representação do mundo – social e natural – dessas sociedades: o conhecimento científico e a razão.

A MODERNIDADE

De acordo com Touraine (1995), o projeto da modernidade baseia-se na afirmativa de que o homem é o que faz e que, portanto, deve existir uma correspondência cada vez mais estreita entre a produção, tornada mais eficaz pela ciência, a tecnologia ou a administração; a organização da sociedade, regulada pela lei, e a vida pessoal, animada pelo interesse, mas também pela vontade de se liberar de todas as opressões. Sobre o que repousa essa correspondência de uma cultura científica, de uma sociedade ordenada e de indivíduos livres, senão sobre o triunfo da razão?

> É a razão que anima a ciência e suas aplicações; é ela também que comanda a adaptação da vida social às necessidades individuais ou coletivas; é ela, finalmente, que substitui a arbitrariedade e a violência pelo estado de direito e pelo mercado. A humanidade, agindo segundo suas leis, avança simultaneamente em direção à abundância, à liberdade e à felicidade.

Essa afirmação central vem sendo questionada pelos críticos da modernidade, inclusive o autor.

Data do ano 2000 a crítica contundente (e ainda atual) de Santos (2000, p.23),

> Basta rever até que ponto as grandes promessas da modernidade permaneceram incumpridas ou que o seu cumprimento redundou em efeitos perversos. No que respeita à promessa da igualdade [...] mais pessoas morreram de fome no nosso século que em qualquer dos séculos precedentes. A distância entre países ricos e pobres e no mesmo país não tem cessado de aumentar.

No que respeita à promessa de liberdade, continua esse autor,

> As violações de direitos humanos em países vivendo formalmente em paz e democracia, assumem proporções avassaladoras. Quinze milhões de crianças trabalham em regime de cativeiro na Índia, a violência policial e prisional atinge o paroxismo no Brasil e na Venezuela, enquanto os incidentes raciais na Inglaterra aumentaram 276% entre 1989 e 1996; a violência sexual contra mulheres, a prostituição infantil, os meninos de rua, a discriminação contra os toxicodependentes, contra portadores de HIV, são apenas algumas manifestações da diáspora da liberdade.

No que respeita à promessa de paz perpétua [...] enquanto no século XVIII morreram 4,4 milhões em 68 guerras, no nosso século morreram 99 milhões em 237 guerras [...] Finalmente, a promessa da dominação da natureza foi cumprida de modo perverso sob a forma de destruição da natureza e de crise ecológica. Apenas dois exemplos: nos últimos 50 anos o mundo perdeu cerca de um terço de sua cobertura florestal [...] As empresas multinacionais detêm hoje direitos de abate de árvores em 12 milhões de hectares de floresta amazônica. A desertificação e a falta de água são os problemas que mais irão afetar os países do Terceiro Mundo na próxima década. Um quinto da humanidade não tem hoje acesso à água potável.

Nessas citações encontram-se, de maneira resumida, as principais críticas contra as consequências de um modelo de produção e consumo que, considerando-se portador e representante legítimo e universal da racionalidade, prometeu libertar o homem do reino das necessidades por meio do uso científico dos recursos naturais e econômicos do planeta, da adaptação do conhecimento científico à produção, processos que criariam riquezas incessantemente. Mais do que críticas, tais dados representam evidências empíricas de que as promessas da modernidade não se cumpriram, de que a razão e a ciência não só não foram capazes de promover a emancipação, como também criaram situações irracionais, agindo somente ou principalmente no sentido da criação e da manutenção da ordem. Para Santos (2000), esses excessos e déficits da modernidade aconteceram pelo fato de o pilar de regulação ter se tornado hegemônico em relação ao pilar de emancipação, principalmente em função do tipo de ciência e direito desenvolvidos a partir do século XIX. Para um melhor entendimento dos argumentos do autor se faz necessária uma reconstrução do processo histórico de formação das sociedades contemporâneas.

A FORMAÇÃO DOS ESTADOS NACIONAIS: A RAZÃO CONTRA O DOGMA E A EMERGÊNCIA DO CAPITALISMO

Por volta do século IV da Era Cristã, o Império Romano, que controlava quase a totalidade do mundo conhecido pelos europeus na época, entrou em crise, vítima de suas próprias contradições, do esgotamento do modelo escravista de produção.

A invasão de povos originários do norte da Europa e da Ásia (chamados de bárbaros pelos romanos) implicou o abandono das cidades e a consequente ruralização da sociedade e da economia. Resumidamente, encontram-se nesse processo as origens do sistema feudal que conformou as sociedades europeias entres os séculos IV e XVI, aproximadamente.

O sistema feudal caracterizou-se por se basear em uma economia agrária autossuficiente, ou seja, as inúmeras e extensas propriedades territoriais que compunham o mapa da Europa, nesse período, apresentavam uma economia de subsistência e eram praticamente autônomas do ponto de vista político. Cada feudo podia ser considerado uma unidade autônoma, sob o aspecto da produção de bens e manutenção da ordem. Nesse contexto, as rotas comerciais marítimas, que caracterizaram o mundo antigo, por pouco não foram de todo suprimidas em decorrência do avanço dos povos islâmicos, no século VIII. Com a consolidação do feudalismo, a Europa passou a ser marcada pela quase completa extinção da prática do comércio e das trocas monetárias.

As relações de poder da sociedade feudal basearam-se nas relações de suserania e vassalagem. Assim como os servos da gleba prestavam vassalagem em relação ao senhor feudal (proprietário da terra), por intermédio do trabalho nos campos e/ou de parte da produção, os senhores feudais também se submetiam às antigas casas monárquicas ou às casas feudais mais poderosas. No entanto, gozavam de inúmeros poderes em suas unidades territoriais. Em outras palavras, a sociedade feudal caracterizava-se por uma descentralização do poder. Os grandes senhores feudais tinham, na esfera local, efetivamente mais poder do que os próprios reis.

Essa situação, em que cada feudo tinha condições de cunhar sua moeda, fazer guerra, cobrar impostos e taxas, administrar a justiça, começou a se transformar quando, por volta do século XI, com a afirmação das cidades comerciais italianas, foram lentamente restabelecidas as rotas mercantis marítimas ao longo do Mediterrâneo. Ao mesmo tempo, no norte da Europa, fortalecia-se um intenso comércio nas cidades de Flandres, formado na esteira das invasões normandas que abriram várias rotas ligando os extremos do mar Báltico. Por todas as partes renascia o comércio no continente europeu e retomavam-se práticas de trocas mercantis. A ordem feudal baseada na produção rural autossuficiente ia sendo aos poucos minada pela intensificação do comércio.

A partir de vários pontos de passagem de rotas comerciais desenvolveram-se centros urbanos, os burgos; seus habitantes, os burgueses, trabalhadores livres (comerciantes, banqueiros, artesãos) não se ajustavam à ordem essencialmente agrária e autossuficiente do sistema feudal predominante na época.

Ao mesmo tempo, percebia-se que a descentralização política não colaborava para o desenvolvimento do comércio. Em virtude da fragmentação do poder, viajantes e mercadores eram vítimas de ladrões ou soldados eventualmente desmobilizados dos exércitos feudais. O comércio também se ressentia da multiplicidade e da arbitrariedade de taxas e impostos, assim como das desvantagens de câmbio em função da diversidade de moedas em um mesmo território.

Esses comerciantes, origem da burguesia como classe social, paulatinamente, foram criando alianças com as antigas casas reais, financiando seus exércitos, fornecendo membros para um futuro corpo administrativo real, emprestando dinheiro para a corte, tornando-se visivelmente indispensáveis para o contexto social da época, como já o eram do ponto de vista econômico.

Por volta do século XVI, atingindo seu auge no século XVII, os territórios europeus, antes ocupados e definidos, administrados a partir das propriedades feudais, tinham adquirido outra configuração.

Os antigos feudos foram transformados em territórios unificados e integrados, sob um único comando (o poder real) a partir de certos critérios, tais como uma mesma língua e religião, costumes comuns, um único exército e uma única moeda, uma única justiça. Com a revolução comercial e com a emergência do capitalismo comercial, constituíram-se os Estados Nacionais, tipo de organização política que se estendeu universalmente, passou por várias fases, encontrando-se em processo de questionamento nas sociedades contemporâneas.

Estado–Ciência–Poder

Esse processo histórico compreendido entre os séculos XV e XVIII corresponde ao início da era moderna, caracterizada pelas revoluções comercial e científica e pela formação dos Estados Nacionais em sua forma de Estado absolutista.

Assim como as bases econômicas, políticas e sociais da época tinham sido transformadas pelo ressurgimento comercial, as representações culturais e simbólicas também se tornaram alvo de profunda crítica e transformação. O Renascimento, a revolução científica, a Reforma Protestante, geraram uma quantidade de informação, de conhecimentos e demandas que implodiram as antigas representações sobre a natureza e a sociedade.

Da mesma maneira que a expansão ultramarina não pudera conviver com uma visão tradicional do mundo físico, também uma nova representação de sociedade se fazia necessária ou se colocava independentemente da tradição e da filosofia escolástica, pilares da sociedade feudal.

Foi nesse contexto que a razão e a ciência começaram a ser invocadas como forma de explicação da sociedade, como princípios para orientar a organização social.

Nesse momento da formação da modernidade, ciência e razão buscaram encontrar uma boa ordem, isto é, um conhecimento sobre a sociedade que garantisse a felicidade dos homens ou, conforme Santos (2000), que fizesse uma síntese entre a emancipação e a regulação, boa ordem esta que, ainda segundo o autor, justificou o despotismo esclarecido e as ideias liberais que conduziriam à Revolução Francesa.

As teorias sobre o contrato social, de Hobbes, Locke e Rousseau, ainda que bastante diferentes entre si, podem ser consideradas fruto do debate sobre o direito natural racionalista (da antiga ordem) e a ciência moderna; a universalidade da nova ordem jurídica igualava-se às pretensões de verdade da nova ciência (Santos, 2000).

Guardadas as diferenças entre os autores do contrato social, pode-se afirmar que todos romperam com a ideia escolástica, segundo a qual a sociedade decorria da ordem natural das coisas, e buscaram um princípio racional que explicasse a origem da sociedade e fornecesse elementos para uma boa ordem social.

Se em Rousseau a preocupação com a emancipação foi mais central do que em Locke e Hobbes, se no primeiro existe a preocupação de identificar certeza e justiça, como elementos da liberdade de escolha, preocupação que não se destaca nos demais, persiste ainda o fato de que as origens das ciências sociais passam necessariamente por esse período e por esses autores.

Uma explicação das origens da sociedade, que escapasse da vontade divina e buscasse leis históricas para demonstrar essas origens, evidenciou que, embora as ciências sociais só viessem a se constituir formalmente no século XIX, seus primeiros passos podiam ser encontrados ainda antes do Iluminismo do século XVIII.

Os autores do contrato social, principalmente Hobbes, constituíram as bases principais de justificativa e legitimidade do Estado absoluto, formação específica do Estado Nacional à época da revolução comercial. Porém, de acordo com Foucault (2000), outras disciplinas científicas podem ser apontadas como elementos importantes na estratégia de formação e consolidação do poder do Estado.

Ao demonstrar a correspondência entre a medicina urbana francesa, preocupada com o controle do ambiente urbano, da doença na cidade, e as preocupações do Estado com o controle do pobre, do elemento causador do pânico das cidades, Foucault destaca o poder disciplinador da ciência.

Conforme Santos (2000, p.52), Foucault vai mais além,

> Ao afirmar que a partir do século XVIII, o poder do Estado – aquilo a que ele chama de poder jurídico ou legal – tem se defrontado com uma outra forma de poder que gradualmente vai-se deslocando e que o autor designa por poder disciplinar.

Na atualidade, o conhecimento científico produzido nas ciências sociais e aplicado por profissionais nas escolas, hospitais etc. seria o dominante. Para Santos (2000), não existiria incompatibilidade entre o poder disciplinar e o jurídico, havendo mesmo uma interpenetração entre eles.

Dessa discussão é importante destacar que o desenvolvimento científico, o desenvolvimento do conhecimento por meio da razão e do método caminham junto ao desenvolvimento do capitalismo; caminhar este que oscila entre a emancipação (liberdade) e a regulação (ordem) e no qual, no século XIX, quando a trajetória da modernidade se enredou no desenvolvimento do capitalismo, a ciência moderna teve um papel central nesse processo.

Finalizando e, mais uma vez, citando Santos (2000, p.137):

> A análise dos três fundadores do pensamento político moderno mostra a extensão e complexidade das pretensões regulatórias e emancipatórias da modernidade, como também as tensões dialéticas entre elas [...] Em última instância, a tensão entre regulação e emancipação que percorre essa poderosa constelação intelectual é sentida pelos autores como uma ansiedade de justificação. Sentem-se incumbidos de justificar a nova ordem política e social [...] Mas antecipam e testemunham o fato de essa nova ordem ter simultaneamente um lado límpido de promessas sem precedentes e um lado obscuro de excessos e déficits irreversíveis.

A FORMAÇÃO DO ESTADO CONSTITUCIONAL: CIÊNCIA E CAPITALISMO CONSOLIDADOS

A revolução comercial, a expansão ultramarina e a exploração colonial, fenômenos próprios do mercantilismo, levaram a um grande acúmulo de conhecimento e riquezas. Com esse acúmulo foi possível um novo avanço no campo da utilização da energia e da produção, conhecido como Revolução Industrial.

Por volta do século XVIII e início do século XIX, a utilização de máquinas para produção de mercadoria e transporte tinha deslocado a base de riqueza do comércio para a indústria. Essa fase, que atinge seu auge no século XIX e início do século XX, é conhecida como fase do capitalismo industrial e, a exemplo da fase anterior, provocou mudanças que abalaram a estrutura política e social da época.

Marcado pela Guerra da Independência americana, pela Revolução Francesa e precedido pela Revolução Gloriosa na Inglaterra do século XVII, esse período traduziu um intenso movimento político contra o poder do Estado na sua forma absolutista.

Os processos anteriores de centralização do poder e a formação dos Estados Nacionais não significaram uma total derrota dos privilégios e costumes feudais. Durante todo o antigo regime, a nobreza e o alto clero conseguiram manter alguns de seus privilégios, cuja manutenção fazia parte de um jogo de alianças das casas monárquicas para manter sua capacidade de intervenção e garantir o absolutismo. Ao longo da revolução comercial, esses privilégios não se colocavam como obstáculo intransponível ao projeto da burguesia em ascensão. No entanto, a racionalidade exigida pela nova ordem industrial não poderia mais conviver com mudanças arbitrárias e pontuais na política econômica.

O monopólio do comércio ultramarino – uma das bases de sustentação das monarquias absolutas – começava a se tornar incongruente com uma economia voltada para a produção de mercadorias. Outros costumes de origem medieval que ainda mantinham as pessoas ligadas a determinados territórios (como a Lei dos Pobres, na Inglaterra) também impediam ou prejudicavam o desenvolvimento industrial, limitando o fornecimento de mão de obra para a indústria.

Ao mesmo tempo, marcados pela discussão iluminista sobre homem/sociedade e razão/tradição, emergiam as noções de indivíduo e cidadania, que iriam plasmar as novas representações sobre o bem-estar no mundo.

Não se pode ignorar também que, junto aos problemas sociais, sanitários e ambientais provocados pela industrialização, em meados do século IX, desenvolveram-se o movimento operário, os sindicatos, as primeiras propostas socialistas, enfim, movimentos de resistência contra a nova ordem industrial, resistência essa elaborada do ponto de vista das classes populares.

Diante dos conflitos sociais do século XIX e da emergência e consolidação da burguesia industrial, uma nova forma de organização política, de relação entre Estado e sociedade civil começou a ser desenvolvida.

A partir da noção de direitos individuais – liberdade de ir e vir, de propriedade, de credo religioso, de organização política – foram elaboradas as Constituições Nacionais que buscavam garantir o funcionamento da sociedade, partindo de leis que definissem os direitos e os deveres dos cidadãos e dos governantes. Para definir esse período histórico é suficiente, talvez, mostrar que o principal dever do Estado consistia na garantia da ordem interna das nações e da integralidade do território.

Essa característica pode explicar outros nomes conferidos ao Estado nesse período histórico: Estado guardião ou Estado liberal, este último traduzindo a doutrina econômica e filosófica hegemônica no período, o liberalismo.

Para descrever tal período é de grande clareza o texto que segue:

> O Estado constitucional do século XIX é herdeiro desta rica tradição (iluminista). Contudo, ao entrar na posse desta herança, o Estado minimizou os ideais éticos e as promessas políticas de modo a ajustar uns e outros às necessidades regulatórias do capitalismo liberal. A soberania do povo transformou-se na soberania do Estado-nação dentro de um sistema interestatal; a vontade geral transformou-se na regra da maioria (obtida entre as elites governantes) e na *raison d'état*; o direito separou-se dos princípios éticos e tornou-se um instrumento dócil da construção institucional e da regulação do mercado; a boa ordem transformou-se na ordem *tout-court*. (Santos, 2000, p.120)

A Formação das Ciências Sociais

No campo do conhecimento científico, o período foi marcado pelo ufanismo da ciência positiva e pela emergência formal das ciências sociais. Como já foi colocado, a partir da revolução científica do século XVI, desenvolveu-se um modelo de racionalidade e de conhecimento baseado na observação e experimentação, visando identificar as causas dos fenômenos, descobrir suas leis universais e destacar suas regularidades.

Esse modelo ocidental de racionalidade era entendido como a única forma válida de conhecimento, negando, assim, racionalidade a todas as outras maneiras de se ver e representar a vida, assumindo, portanto, uma dimensão totalitária que ia de encontro ao anseio de emancipação que, ironicamente, o inspirara. Deve-se a esse contexto a pretensão de que as ciências sociais tiveram de se erigir como Física Social, isto é, uma ciência capaz de conhecer as leis de funcionamento da sociedade como a Física tinha feito com a natureza.

Para conhecer os fenômenos sociais, como são conhecidos os objetos de estudo das ciências da natureza, é necessário reduzi-los às suas dimensões externas observáveis e mensuráveis. Assim o fez Durkheim quando analisou o fenômeno do suicídio. A fim de encontrar explicações para as taxas de suicídio, o autor não procurou os motivos alegados em cartas ou pelos parentes, mas tentou identificar elementos comuns a todos os casos de suicídio, procurou regularidades – sexo, idade, religião, estado civil – dimensões externas, observáveis, de fenômenos e processos sociais. Buscou, assim, aspectos que pudessem ser quantificados e identificados como causa.

Dada a dificuldade de separar dimensões objetivas e subjetivas nos fenômenos humanos, as ciências sociais não conseguiram o mesmo nível de generalização encontrado nas ciências naturais, esperando-se, porém, que seu desenvolvimento permitisse, mais tarde, alcançar o mesmo nível. De acordo com Santos (2000) e dentro de uma conhecida leitura sobre o campo das ciências sociais, essa primeira vertente seria acompanhada por outra abordagem que reivindica um estatuto metodológico próprio.

Essa vertente antipositivista, fenomenológica, argumentava que a ação humana é radicalmente subjetiva, que o comportamento humano não pode ser descrito ou explicado a partir de características objetivas, uma vez que um mesmo ato pode corresponder a diferentes sentidos. Para essa corrente seria impossível conhecer a realidade da maneira preconizada pelas ciências da natureza. Diante da especificidade de seu objeto, as ciências sociais só poderiam chegar à compreensão dos fenômenos sociais identificando as normas e os valores que os agentes conferem às suas ações.

Para conseguir seus objetivos, as ciências sociais deveriam recorrer a outros métodos, como a comparação, a interpretação, que permitiriam um conhecimento da dimensão subjetiva da ação social, ou, nos dizeres de Santos (2000, p.67),

Um conhecimento intersubjetivo, e compreensivo, em vez de um conhecimento objetivo, explicativo e nomotético [...] Essa concepção de ciência social se reconhece em uma postura antipositivista. A sua tradição filosófica é a fenomenologia em diferentes variantes, desde as mais moderadas (como a de Max Weber) até as mais extremistas (como as de Peter Winch). Contudo, revela-se mais subsidiária do modelo de racionalidade das ciências naturais do que parece. Partilha com esse modelo a distinção natureza/ser humano e, tal como ele, tem da natureza uma visão mecanicista à qual contrapõe, com evidência esperada, a especificidade do ser humano. A esta distinção vão sobrepor-se outras natureza/cultura e ser humano/animal.

Nesse trecho, o autor explica a fronteira que se estabeleceu entre o estudo do ser humano e o estudo da natureza, indicando as origens de um problema que afeta não somente o campo do conhecimento científico, mas também o campo das práticas sociais, como o demonstram a dificuldade de compreensão e a intervenção da questão ambiental, dificuldade que somente no final do século XX começou a ser seriamente tematizada.

Além dessas correntes filosóficas (positivismo e fenomenologia), desde o século XIX, as ciências sociais incorporaram a contribuição marxista:

Assim, no primeiro congresso de Sociologia, de 1894, vários sociólogos (Tönnies, Ferri etc.) discutiram as teorias de Marx e o congresso de 1900 foi inteiramente dedicado à discussão do materialismo histórico. Inicia-se então um dos debates paradigmáticos da Sociologia contemporânea, entre a teoria de Marx e a teoria de Max Weber, outro grande fundador da Sociologia, um debate sobre as origens do capitalismo, sobre o papel da economia na vida social e política, sobre as classes sociais e outras formas de desigualdade social, sobre as leis da transformação social e, em suma, sobre o socialismo (Santos, 1995, p.25).

Sem romper com a ideia de um conhecimento integral, absoluto e objetivo, a vertente marxista investiu, porém, contra a lógica formal, denunciou a contradição essência e aparência/aparência e o processo de alienação e da compreensão do mundo, que a ideologia capitalista conferia às teorias sociais.

Para Santos (1995), todas as vertentes das ciências sociais compartilham, porém, o paradigma da ciência moderna, que, segundo ele, estaria em crise e em processo de transformação, refletindo a crise das sociedades contemporâneas.

O paradigma científico da modernidade baseia-se na crença da possibilidade de conhecimento do real a partir da observação e da experimentação. Descrever um fenômeno, quantificar suas características, explicitar suas regularidades, prever seus desdobramentos são procedimentos passíveis de serem realizados pela aplicação da razão, da lógica, do método científico. No entanto, com as descobertas no campo da Física quântica, com os progressos do conhecimento nos domínios da Microfísica, da Química e da Biologia, nos últimos trinta anos, setores importantes da comunidade científica mundial passaram a procurar e a desenvolver procedimentos epistemológicos, diversos daqueles preconizados pela ciência moderna, assim como a questionar, ou a legitimar questionamentos, sobre a superioridade do conhecimento científico para orientar a vida humana e a sociedade.

Para a crítica, ao conhecimento científico foram importantes os próprios achados científicos, assim como o contexto social em que ela emergiu. Entre o final da Segunda Guerra Mundial e a década de 1980 do século XX, tanto o Estado liberal como a ciência moderna passaram a sofrer questionamento e transformação.

FORMAÇÃO E CRISE DO ESTADO SOCIAL: PARA ONDE CAMINHA A HUMANIDADE?

A Era de Ouro

O período de 1950 a 1975 viu a mudança social mais espetacular, rápida, abrangente, profunda e global já registrada na história. E foi resultado primordialmente de ações propositais com o objetivo de estreitar as diferenças que, por volta de 1950, separavam a riqueza dos povos situados no lado privilegiado das duas divisões (o Ocidente/Norte) da absoluta privação dos povos situados nos lados não privilegiados (o Leste e o Sul) (Hobsbawm, 1995, p.253).

"A mais importante dessas ações foi os governos buscarem o desenvolvimento econômico" (Arrighi, 1995). Com essas citações, pretende-se referendar a tese de que as grandes transformações dos anos 1950-1970, conhecidos como idade de ouro, só foram possíveis graças ao planejamento estatal da economia e ao desenvolvimento de políticas sociais.

A estratégia de desenvolvimento – promover a urbanização e a industrialização – produziu, em um primeiro momento, mesmo nos países que compunham o lado não privilegiado, um crescimento econômico inusitado, embora à custa da degradação ambiental. O cenário político do pós-guerra na década de 1950, com a ascensão e o prestígio dos partidos de esquerda que haviam combatido o nazismo e com a consolidação da URSS, impediu uma retomada das práticas não intervencionistas de antes da guerra. Assim sendo, os governos da Europa Ocidental foram obrigados a desenvolver políticas de intervenção na economia e de administração dos conflitos capital/trabalho. Essa combinação e o desenvolvimento tecnológico transformaram o capitalismo do pós-guerra, até o final da década de 1970, em uma espécie de casamento entre liberalismo econômico e democracia social (Hobsbawm, 1995). Segundo esse autor, a reforma do capitalismo permitiu ao Estado planejar e administrar a modernização econômica por meio da industrialização, além de garantir o pleno emprego e procurar eliminar a desigualdade com políticas de seguridade e previdência social.

Marcaram essa época, também, a criação de um mercado de consumo de bens de luxo nos países industrializados e o aumento da inserção da população dos países em desenvolvimento nos mercados nacionais.

No Brasil, a política de industrialização remontava aos tempos do presidente Getúlio Vargas, a chamada era Vargas (1930-1945). Tal política foi responsável por importantes investimentos estatais em infraestrutura: estradas e siderurgias. Ainda antes de Vargas, a expansão da economia cafeeira tinha criado as bases para a industrialização e urbanização. O café, sendo uma planta mais democrática (Hollanda, 1982), exigiria menos terra e capital do que as culturas anteriores, como o açúcar, o que favoreceria propriedades menores, diminuindo relativamente a concentração agrária. Além disso, o café exigia atividades de beneficiamento, transporte e financiamento que diversificaram a economia e a base social da Primeira República (1889-1929), promovendo o início da formação de uma classe média urbana. Acrescente-se, ainda, o fato de que, durante várias décadas, o Brasil manteve-se como o único fornecedor de café no mercado mundial, o que lhe possibilitou o controle dos preços. O lucro do ciclo cafeeiro permitiu, assim, a aplicação de capitais no setor industrial (Zioni, 1988).

A década de1950 impulsionou a criação de um parque industrial, com a autorização para o estabelecimento de indústrias automotoras no Sudeste e sua consequente modernização econômica. Ao longo do período de regime militar (1964-1985), esse modelo nacional desenvolvimentista continuou a

EDUCAÇÃO AMBIENTAL E SUSTENTABILIDADE

ser implantado, baseado na contenção salarial e na redução de investimento em políticas sociais a fundo perdido (Zioni, 1988).

Apesar desses índices e tendências para o crescimento econômico, a era de ouro pertenceu essencialmente aos países capitalistas desenvolvidos, que por todas essas décadas representaram cerca de 3/4 da produção do mundo e mais de 80% de suas exportações manufaturadas (Hobsbawm, 1995).

Limites e Contradições da Era de Ouro

Ainda que de maneira mais limitada, os países do Segundo e Terceiro Mundos – socialistas e em desenvolvimento, conforme a terminologia do período –, apresentaram taxas significativas de crescimento ao longo das décadas de 1950 a 1970.

Segundo Arrighi (1995), apesar de sucessos individuais, esses países teriam fracassado na tentativa de promover distribuição mais equitativa de riqueza na economia capitalista mundial e não mudaram a hierarquia geral da riqueza. Além de aprofundar a diferença entre pobres e ricos, as décadas de ouro produziram problemas que, desapercebidos, foram então produzidos pela própria ideologia da época:

> Porque a ideologia de processo dominante tinha como certo que o crescente domínio da natureza pelo homem era a medida mesma do avanço da humanidade. A industrialização nos países socialistas foi por isso particularmente cega às consequências ecológicas da construção maciça de um sistema algo arcaico, baseado em ferro e fumaça. Mesmo no Ocidente, o velho lema do homem de negócios do século XIX – onde tem lama tem grana (ou seja, poluição quer dizer dinheiro) – ainda era convincente. (Hobsbawm, 1995, p.257)

Outro problema ecológico gestado no período, o desgaste das fontes não renováveis de energia, como o petróleo, só se tornou objeto de atenção depois de 1973, quando os países árabes que integravam a Organização dos Países Exportadores de Petróleo (Opep) embargaram a venda de produto para o Ocidente durante a guerra árabe-israelense. A crise do petróleo de 1973 no Oriente Médio aumentara o custo da energia no processo produtivo, elevando, assim, os custos da produção. Baixar esses custos tornara-se vital.

Durante todo o período anterior, os países industrializados haviam investido em ciência e tecnologia de maneira acentuada. Áreas como informática, robótica, meios de comunicação e transporte encontravam-se em condições de oferecer um padrão tecnológico que reduzisse as necessidades de emprego de mão de obra em quase todos os ramos produtivos. Surgiram, então, as condições para a ocorrência de mudanças dramáticas no mundo do trabalho, como a terceirização, a flexibilização dos contratos de trabalho etc. A crise do petróleo marcaria, também, o início da crise dos anos de crescimento e das formas de representação do mundo que haviam sustentado esse modelo, formas próprias da modernidade, como o discurso e a prática científicos.

Além desses problemas, a intensidade do desenvolvimento de novas tecnologias, enquanto gerava crescimento econômico, da mesma forma criava limites para sua manutenção. Em um primeiro momento, o desenvolvimento tecnológico possibilitou pleno emprego e a ampliação do mercado consumidor, em termos qualitativos e quantitativos, por meio da criação de novos produtos e aumento na oferta de alimentos.

A expansão das indústrias alimentícias e farmacêuticas e os progressos da medicina contribuíram para a explosão demográfica nos países em desenvolvimento, onde as altas taxas de natalidade combinaram-se com o aumento da esperança de vida, incrementando a população desses países.

Essa situação demográfica, aliada à falta de reformas políticas profundas e à adoção de modelos econômicos concentradores de renda – como o Brasil dos anos de 1970 –, aumentou os níveis de pobreza nas regiões subdesenvolvidas.

A situação dos países em desenvolvimento, principalmente daqueles que viviam sob regimes ditatoriais, foi se tornando bastante crítica quando, no início da década de 1980, passaram da condição de importadores de capital (por meio de empréstimos financeiros ou da instalação de indústrias multinacionais) para exportadores de capital, ou seja, quando os organismos financeiros internacionais passaram a cobrar o pagamento das dívidas contraídas nos períodos anteriores.

A crise dos anos 1980 atingiu todos os países. Todavia, para aqueles em desenvolvimento, suas consequências foram paralisantes. Com exceção do Brasil e da Colômbia, todos os países da América Latina registraram índices negativos de crescimento. A consagrada expressão "década perdida" sintetiza, com propriedade, os problemas do período.

Essa década caracterizou-se pelo crescente aumento do endividamento externo, em virtude dos juros abusivos definidos pelos contratos leoninos a que se submeteram esses países. Essa situação levou o processo inflacionário a espirais crescentes, com taxas acima de três dígitos. Agravando ainda mais a baixa qualidade de vida e os índices de pobreza da região, as políticas sociais, tradicionalmente pouco abrangentes, sofreram uma redução drástica de investimento.

Esse panorama, apresentado pelos países em desenvolvimento nos anos de 1980, correspondeu aos efeitos locais da crise geral do sistema econômico mundial, provocada pelo desenvolvimento de uma nova ordem mundial conhecida por globalização da economia e pela hegemonia de propostas neoliberais para a orientação de políticas econômicas.

Os Anos da Crise

Desde os anos 1960 do século passado, o intenso desenvolvimento tecnológico ligava-se a grandes investimentos em pesquisas científicas, cujos custos só eram suportados pelas nações centrais. Para um número superior a mil cientistas e engenheiros nos Estados Unidos, o Brasil apresentava, na década anterior, a proporção de 250, a Índia 130, e a Nigéria não chegava a 30. Nos países socialistas, a inovação tecnológica voltou-se para o esforço armamentista (Hobsbawm, 1995).

Essa situação aumentava os custos de produção, dificultando a manutenção dos ritmos de crescimento econômico e o desenvolvimento industrial. Por outro lado, a pesquisa científica gerou a produção de tecnologias de capital intensivo e pouco uso de mão de obra; porém, processos, como a robótica, a informática e a própria modernização dos meios de transporte, impulsionados desde os anos 1960-1970, só tiveram seus efeitos registrados na década seguinte.

Para o mundo desenvolvido, esse novo patamar tecnológico significou uma profunda crise nos níveis de emprego. Alguns autores chegam a considerar essa nova situação como característica de desemprego estrutural. Significou, também, a aceleração de um processo de desindustrialização que também se originara em períodos anteriores.

Com a contribuição da informática, dos meios de transporte modernos e da tecnologia intensiva, foi possível a execução das diferentes fases do processo produtivo industrial em locais onde os custos eram mais baratos.

Essa situação permitiu a desterritorialização industrial que, aliada ao desemprego estrutural, afetou as bases fiscais dos Estados da Europa Ocidental, os quais, em maior ou menor grau, passaram a desenvolver políticas que, com a redução de encargos sociais e trabalhistas, buscavam aumentar o investimento econômico e a redução do déficit público pela diminuição do papel e das funções do Estado.

A redução do papel do Estado dificultou a regulação do mercado e das atividades produtivas, indispensáveis para a administração da crise ecológica, para a política de retomada de crescimento que poderia enfrentar a pobreza, a violência etc.

Ao longo desse período, contudo, a incapacidade ou a indiferença dos governos diante da questão social começaram a provocar reações fora daquelas tradicionalmente registradas em alguns meios acadêmicos ou na tradição atribuída aos movimentos de esquerda. No final do século XX sentiu-se mais claramente a necessidade de um *ethos* menos individualista de novas formas de relacionamento entre países, de novos vínculos de solidariedade que impedissem uma crise planetária. Essa nova orientação cultural foi fomentada, sobretudo, por movimentos sociais e mesmo por pesquisas científicas voltados para questões ambientais.

O Terceiro Mundo

Nos países do Terceiro Mundo, conforme foi apresentado anteriormente, a década de 1980 acentuou a pobreza estrutural da região, aumentando as diferenças regionais em vários países e, principalmente, forçou uma série de mudanças nas políticas sociais cujos resultados revelaram-se alarmantes.

No início dos anos de 1990, em virtude dos problemas vividos por esses países para pagamento da dívida externa, os organismos financeiros internacionais exigiram uma série de compromissos por parte dos governos endividados, para renegociar as condições de pagamento.

Conhecido como o Consenso de Washington, esse rol de princípios se baseou principalmente na exigência de adoção, por parte desses países, de uma plataforma de reformas. A reforma fiscal, da seguridade e da previdência sociais, da administração pública, tornaram-se centrais na discussão das políticas nacionais, a fim de obter a redução dos gastos do Estado e/ou o aumento de suas reservas.

O raciocínio que predominou na discussão dessas reformas centralizou-se muito mais em uma lógica contábil do que em uma discussão humanista, ética, filosófica ou política sobre o papel do Estado nas sociedades contemporâneas.

Ao longo do século XXI, a conjuntura econômica mundial alterou-se significativamente com a retomada do crescimento nos países da América Latina, a crise econômica e financeira nos Estados Unidos e Europa e a emergência dos BRICS – Brasil, Rússia, Índia, China e África do Sul.

Essas mudanças, ainda que tenham contribuído para a melhoria de indicadores sociais e econômicos nas regiões mais pobres, não transformaram problemas antigos de exclusão social, dominação política e, principalmente, pouco atenderam à questão ambiental.

CONSIDERAÇÕES FINAIS

O Paradigma Emergente

Diante dos impasses gerados por essa conjuntura social faz-se extremamente urgente uma rediscussão sobre normas, valores, orientações culturais e formas de conhecimento em todas as sociedades. A crise ambiental é, certamente, a maior razão para que isso ocorra com amplitude e profundidade.

Considerando-se que a crise ambiental e parte dos seus problemas sociais decorrem do paradigma científico da modernidade, vale lembrar, à guisa de conclusão, algumas observações de Santos (2000).

Discorrendo sobre a necessidade de elaboração de uma teoria pós-moderna, esse autor observa que a teoria crítica moderna pode ser considerada subparadigmática, isto é, procura desenvolver possibilidades emancipatórias dentro do paradigma dominante. Para ele, isso é impossível: "essa teoria só acredita em emancipação rompendo o paradigma moderno [...] uma teoria crítica é aquela que não reduz a realidade ao que existe, mas sim aquela que entende a realidade como um campo de possibilidades" (Santos, 2000, p.25). Esta teoria teria como tarefa definir e avaliar a natureza e o âmbito das alternativas. Tal tarefa não poderia ser alcançada pela teoria crítica moderna que acabou incluindo princípios da sociologia convencional e da ciência moderna, visto que seus pressupostos incluem a possibilidade de um conhecimento total, um princípio único de transformação social, um agente coletivo único.

O princípio único que subjaz à teoria crítica moderna repousa na inevitabilidade de um futuro socialista gerado pelo desenvolvimento constante das forças produtivas e pelas lutas de classes em que ele se traduz. Ao contrário do que sucedeu nas transições anteriores será uma maioria, a classe operária, e não uma minoria, que protagonizará a superação da sociedade capitalista. A sociologia crítica moderna interpretou esse princípio com grande liberdade e, por vezes, introduziu-lhe revisões profundas. Nesse domínio, a teoria crítica moderna partilhou com a Sociologia convencional dois pontos importantes. Por um lado, a concepção de agente histórico correspondendo por inteiro à dualidade entre estrutura e ação que subjaz a toda Sociologia. Por outro lado, ambas tiveram a mesma concepção das relações entre natureza e sociedade e ambas viram na industrialização a parteira do desenvolvimento. Não é à toa, pois, que, nesse domínio, a crise da teoria moderna se confunde em boa parte com a crise da Sociologia geral (Santos, 2000, p.26)

O autor prossegue em suas considerações sobre a teoria crítica moderna, indicando alguns aspectos que orientam uma nova reflexão nas ciências sociais, aspectos esses que vão ao encontro da temática ambiental entendida como uma das principais questões da contemporaneidade.

Santos (2000, p.27) é bastante claro ao enfatizar que,

Sem se ignorar a herança marxista, não existe um único princípio de transformação social; que o socialismo pode ser visto como um futuro possível, em concorrência com outros futuros alternativos [...] não há agentes históricos únicos nem uma forma única de dominação, são múltiplas as facetas da dominação e da opressão (a dominação patriarcal, por exemplo) [...] Na ausência de um princípio único não é possível recobrir todas as tendências sob a alçada de uma grande teoria comum [...] do que necessitamos é de uma teoria de tradução que torne as diferentes lutas mutuamente inteligíveis.

Em segundo lugar, a industrialização não é o motor do progresso nem a parteira do desenvolvimento, em uma concepção retrógrada da natureza, incapaz de ver a relação entre a degradação desta e a degradação da sociedade que ela sustenta. Em resumo, as promessas da modernidade, por não terem sido cumpridas, transformaram-se em problemas para os quais não parece haver solução.

Para resolver os problemas gerados pelos excessos e déficits de modernidade, pelo desequilíbrio entre regulação e emancipação, o autor propõe um novo paradigma que parta da crítica do conhecimento, que evolua do monoculturalismo para o multiculturalismo, de tal forma que o domínio global da ciência moderna não silencie outros saberes, um conhecimento que saiba a distinção entre objetividade e neutralidade, que procure responder à indagação feita há duzentos anos: a ciência melhora a qualidade de vida?

REFERÊNCIAS

ARRIGHI, G. A desigualdade mundial na distribuição de renda e o futuro do socialismo. In: SADER, E. (org.). *O mundo depois da queda*. São Paulo: Paz e Terra, 1995. p.85-120.

FOUCAULT, M. O nascimento da medicina social. In: FOCAULT, M. *Microfísica do poder*. São Paulo: Brasiliense, 2000. p.79-98.

HOBSBAWM, E. *A era dos extremos: o breve século XX-1914-1990*. São Paulo: Companhia das Letras, 1995.

HOLLANDA, S.B. *Raízes do Brasil*. São Paulo: Brasiliense, 1982.

SANTOS, B.S. *Pela mão de Alice: o social e o político na pós-modernidade*. São Paulo: Cortez, 1995.

_____. *A crítica da razão indolente: contra o desperdício da experiência*. São Paulo: Cortez, 2000.

TOURAINE, A. *Crítica da modernidade*. Petrópolis: Vozes, 1995.

ZIONI, F. *Mulheres e crianças primeiro: o caráter da intervenção do Estado no grupo materno-infantil da colônia ao milagre brasileiro*. São Paulo, 1988. Dissertação (Mestrado). Faculdade de Saúde Pública da USP.

Saúde Ambiental

4

Arlindo Philippi Jr
Engenheiro civil e sanitarista, Faculdade de Saúde Pública – USP

Tadeu Fabrício Malheiros
Engenheiro civil e ambiental, Escola de Engenharia de São Carlos – USP

A CRISE SOCIOAMBIENTAL E A QUESTÃO DO DESENVOLVIMENTO SUSTENTÁVEL

Um mundo em rápido e permanente processo de mudança foi o cenário das últimas seis décadas. A reestruturação das economias globais, com um crescente enriquecimento de países e paradoxalmente a baixa capacidade de distribuição desse ganho para a população, deixou passivos sociais e ambientais significativos. Refletem, dessa forma, em desafios na gestão atual dos espaços antrópicos e naturais, pois induzem situações de conflito por prioridades políticas e acabam reforçando decisões fragmentadas e de baixa efetividade.

Uma das evoluções mais animadoras dos últimos anos tem sido o amplo progresso registrado no desenvolvimento humano de muitos países em desenvolvimento e a sua emergência no cenário mundial: a "ascensão do Sul". A crescente diversidade de vozes e poderes põe em causa os princípios que nortearam os decisores políticos e serviram de base às principais instituições do pós-Segunda Guerra Mundial. Estas vozes mais fortes do Sul exigem estruturas mais representativas de governação internacional que expressem os princípios da democracia e da equidade. (UNDP, 2013)

As alterações tecnológicas e nos padrões de consumo ao longo da história, e a escala global que seus impactos alcançaram no último século, impuseram marcos significativos nas modificações dos espaços naturais. Nessa fatia mais recente da história, um grande pico na taxa de consumo de recursos naturais associado a processos acelerados de urbanização, principalmente em países em desenvolvimento, com aumento dos índices de poluição urbana, ampliaram os impactos das modificações ambientais em ordem global, como a redução da camada de ozônio, o aumento do efeito estufa e diminuição significativa de biodiversidade, entre outros.

O quadro que se apresenta à gestão dos espaços antrópicos e naturais revela um conjunto de dificuldades em um processo de círculo vicioso: sistema de planejamento que não acompanha a dinâmica das cidades; complexidade da questão ambiental e o seu papel no processo de desenvolvimento; descontinuidade de políticas, planos, programas e projetos, diminuindo ou anulando os impactos positivos esperados pelos investimentos em infraestrutura e operacionalização dos assentamentos humanos; e, finalmente, a baixa participação da sociedade nesse processo de gestão.

Essas questões, ilustradas na Figura 4.1, reforçam a urgência de revisão da forma de gestão dos espaços antrópicos e naturais e, portanto, exigem o entendimento da existência de limites, no que se refere aos padrões de consumo, produção e promoção de justiça social.

Encerram, portanto, a necessidade de priorizar esforços na promoção de mudanças na forma de planejar; do melhor entendimento do funcionamento e da inter-relação dos ecossistemas naturais e construídos e no envolvimento da comunidade no processo de gestão do seu espaço, nas dimensões local e global.

Nesse sentido, como promover, então, a revisão de padrões que possibilite navegar rumo a um equilíbrio harmônico e duradouro, no contexto das dimensões social, ambiental e econômica?

Em 1996, um grupo internacional de pesquisadores no campo do desenvolvimento sustentável se reuniu em Bellagio, Itália, para avaliar o progresso mundial após a Rio 92, em relação às ações e pesquisas para realização dos acordos estabelecidos nesse encontro (Hardi e Zdan, 1997).

Foram então propostos princípios que serviriam para guiar a avaliação no que se refere ao progresso em relação ao desenvolvimento sustentável.

Conforme Pintér et al. (2012), novas discussões e uma atualização dos Princípios de Bellagio foram realizadas a partir de avanços e principalmen-

Figura 4.1 – Aspectos que dificultam a gestão dos espaços naturais e antrópicos.

Técnicos mal preparados para trabalhar com questões complexas que envolvem aspectos ambientais

Sistemas de planejamento estáticos, centralizados e setoriais

Crise da gestão, dos espaços naturais e antrópicos

Baixa participação da comunidade no processo de gestão

Descontinuidade das ações do poder municipal

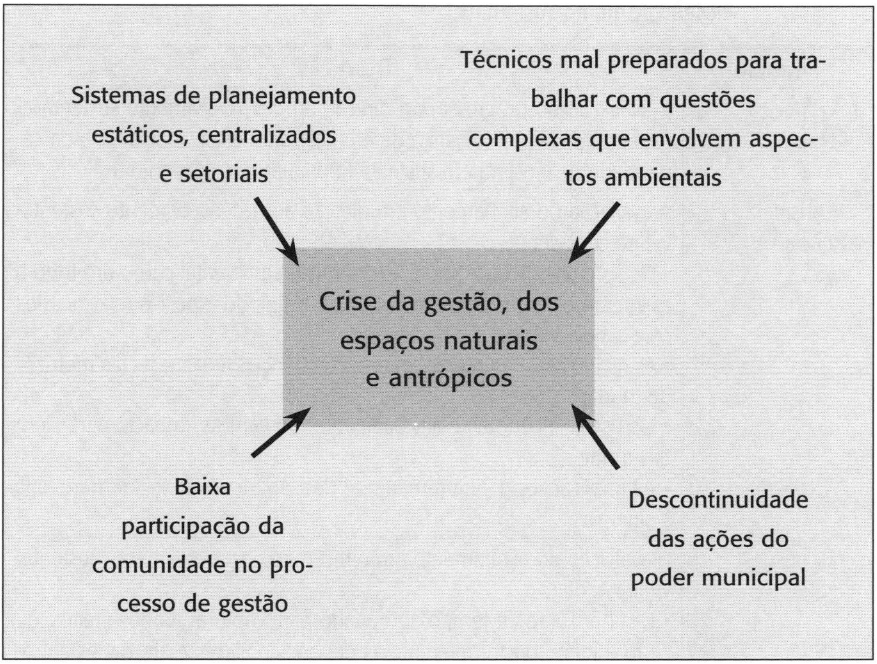

te o crescente amadurecimento na política, na ciência e na sociedade sobre desenvolvimento sustentável. Esse conjunto de princípios atualizados está descrito no Quadro 4.1, e abrange aspectos do processo de avaliação da sustentabilidade a ser aplicado a um determinado modelo de desenvolvimento adotado. Dessa forma, inclui aspectos-chave referentes ao entendimento prático do que é desenvolvimento sustentável, como também a necessidade do estabelecimento de metas para dar subsídio às políticas públicas e tomada de decisão; à metodologia do processo de avaliação, inclui reflexão sobre os padrões de consumo e produção atualmente vigentes, e impactos, visão de conjunto e conexão do local, regional e global; à necessidade de participação efetiva de todos os atores nas diversas fases do processo, transparência e acessibilidade do processo, em termos de linguagem, simplicidade e confiabilidade.

Quadro 4.1 – Princípios de Bellagio propostos para guiar processos de avaliação de desenvolvimento sustentável.

Princípio	Descrição
1: Visão de orientação	A avaliação do progresso em direção ao desenvolvimento sustentável será orientada pelo objetivo de oferecer bem-estar, mas dentro da capacidade da biosfera em sustentá-lo para as gerações futuras.
2: Considerações essenciais	A avaliação do alinhamento em direção ao desenvolvimento sustentável irá considerar: • Os sistemas de base social, econômica e ambiental como um todo e as interações entre seus componentes, incluindo aspectos relacionados com a governança; • As dinâmicas e as interações entre tendências atuais e forças motrizes de mudança; • Os riscos, incertezas e atividades que possam ter impacto para além das fronteiras; • As implicações para a tomada de decisão, devendo incluir trade-offs e sinergias.
3: Escopo adequado	A avaliação do alinhamento em direção ao desenvolvimento sustentável irá adotar: • Um horizonte de tempo apropriado para capturar ambos efeitos, de curto e longo prazo, referente às decisões políticas e atividades antrópicas atuais; • Um escopo geográfico apropriado.
4: Estrutura e indicadores	Avaliação do progresso em direção ao desenvolvimento sustentável será baseada em: • Uma estrutura conceitual que favoreça identificar os indicadores-chave para avaliação de acordo com as dimensões e alcances necessários; • Métodos de medição padronizados onde for possível, de modo a fortalecer comparabilidade; • Comparação dos valores dos indicadores com metas, sempre que possível.
5: Transparência	A avaliação dos progressos em direção ao desenvolvimento sustentável irá: • Garantir que os dados, indicadores e resultados da avaliação são acessíveis ao público e partes interessadas; • Explicar escolhas, pressupostos e incertezas que determinam os resultados da avaliação; • Divulgar as fontes de dados e métodos; • Informar todas fontes de financiamento e potenciais conflitos de interesse.

(continua)

Quadro 4.1 – Princípios de Bellagio propostos para guiar processos de avaliação de desenvolvimento sustentável. *(continuação)*

6: Comunicação efetiva	Visando a comunicação eficaz, para atrair o público mais amplo possível e minimizar o risco de uso inadequado, a avaliação do progresso em direção ao desenvolvimento sustentável irá: • Utilizar linguagem clara e simples; • Apresentar informações de forma justa e objetiva, de forma a ampliar confiança no grupo; • Usar ferramentas visuais inovadoras e gráficas para facilitar interpretação e comunicar como uma história; • Tornar os dados disponíveis na forma mais detalhada quanto confiável e viável.
7: Ampla participação	Para fortalecer sua legitimidade e relevância, a avaliação do progresso rumo ao desenvolvimento sustentável deverá: • Encontrar formas adequadas para retratar as percepções das partes interessadas, ao mesmo tempo que oferece liderança; • Envolver desde o início os usuários da avaliação, de modo que se adapte o melhor possível às suas necessidades.
8: Continuidade e capacidade	Avaliação do progresso em direção ao desenvolvimento sustentável deverá ter: • Mensurações continuadas; • Capacidade de resposta à mudança; • Investimentos para desenvolver e manter capacidade adequada ao objetivo; • Processo de aprendizagem e melhoria contínua.

Fonte: Pintér et al. (2012)

Essa discussão sobre desenvolvimento sustentável tem como um dos pilares o processo de educação ambiental, que deverá permear esse conjunto de princípios, no sentido de transformar, de forma duradoura e positiva, atitudes nas relações entre os indivíduos, dos indivíduos com a própria sociedade, e da sociedade com o seu meio ambiente.

MODIFICAÇÃO AMBIENTAL E SUSTENTABILIDADE

O estudo e a compreensão dos fatores econômicos, sociais, políticos, tecnológicos e ambientais que acompanharam a história do homem possibilitam reflexão sobre os diferentes modelos de desenvolvimento adotados e as direções a serem priorizadas neste terceiro milênio.

As modificações ambientais decorrentes do processo antrópico de ocupação dos espaços e de urbanização, que vêm acontecendo em escala global, especialmente nos dois últimos séculos, ocorrem em taxas incompatíveis com a capacidade de suporte dos ecossistemas naturais, resultando em esgotamento de recursos naturais e poluição dos ecossistemas.

Diversos estudos revelam que as modificações ambientais, impostas pelos atuais padrões de consumo e de produção das sociedades, alteraram significativamente os ambientes naturais, poluindo o meio ambiente físico, consumindo recursos naturais sem critérios adequados, aumentando o risco de exposição a doenças e atuando negativamente na qualidade de vida da população (Miranda et al., 1994; Banco Mundial, 1998; Ministério da Saúde, 1995; WHO, 1999).

Odum (1988) define ecossistema como um conjunto de fatores bióticos (componente autotrófica, que é capaz de fixar energia luminosa e produzir alimentos a partir de substâncias inorgânicas; componente heterotrófica, que utiliza, rearranja e decompõe os materiais complexos sintetizados pela componente autotrófica) e abióticos (elementos básicos e compostos do meio; fatores ausentes da presença de seres vivos, como temperatura, luz, água, entre outros), onde ocorre uma interação entre os organismos vivos e o ambiente físico, com a formação de um fluxo de energia e uma ciclagem de materiais entre as partes viva e não viva.

Em um ecossistema primevo ou primitivo, o conjunto de atividades antrópicas exerce pequena ou nenhuma alteração nas características naturais do ecossistema considerado. Isso ocorre em função de aspectos, como a relação da área total desse ecossistema considerado e a dimensão relativamente pequena da área de intervenção das atividades humanas; tipo de atividade antrópica realizada; características abióticas e bióticas do ecossistema, como tipo de solo e subsolo, chuva, radiação solar, ventos, arranjo da cadeia trófica, existência de espécies endêmicas, entre outros, que conferem maior ou menor fragilidade ao ecossistema.

No entanto, em um ecossistema rural, pode-se observar que o conjunto de atividades agropecuárias é responsável por mudanças significativas no ambiente primevo. Trata-se, primordialmente, de um ecossistema exportador, que tem como atividade principal a produção de alimentos para atendimento à demanda local (agricultura de subsistência) e à demanda das aglomerações urbanas.

Nesse ecossistema já se verifica um processo de importação energética, em forma de fertilizantes químicos, combustível para movimentação de equipamentos para preparo do solo, plantio e colheita, bombeamento de água para irrigação de culturas, transporte de insumos para a área de produção e de produtos para a área de consumo; ocorre importação biótica com a utilização de espécies vegetais e animais de outras regiões, inclusive em sistema de monocultura; retirada de vegetação primitiva para implantação das áreas de agricultura ou pastagem para pecuária.

Um ecossistema urbano pode ser definido como aquele onde as alterações ocorridas em função das intervenções antrópicas foram mais significativas, imprimindo características bastante alteradas em relação aos ambientes anteriores. As principais características do ambiente urbano são: alta densidade demográfica; relação desproporcional entre ambiente construído e ambiente natural; importação de energia para manter o sistema em funcionamento; elevado volume de resíduos; alteração significativa da diversidade biológica nativa, com retirada das florestas, importação de espécies vegetais e animais; desbalanceamento dos principais ciclos biogeoquímicos, como o ciclo da água, do carbono, do nitrogênio e do fósforo; impermeabilização do solo e alteração de cursos de água.

Estudos realizados mostram diferenças importantes encontradas entre um ambiente natural e urbano, por exemplo, no que se refere à poluição atmosférica e à características microclimáticas, e que têm relação com um maior risco de agravo à saúde e à qualidade de vida (Ehrlich et al., 1977; Odum 1988; Forattini, 1992).

As altas concentrações de material particulado, que, por exemplo, ocorrem com maior frequência nas áreas urbanas, têm diversas causas, como fontes industriais, que emitem material particulado; atividades de construção civil sem controle de poeira; ressuspensão de poeira por veículos, entre outras.

A impermeabilização excessiva do solo, como consequência da implantação de vias de circulação com asfalto, utilização de piso impermeável nos quintais das residências e indústrias; o baixo índice de áreas verdes urbanas e a construção de casas nas várzeas dos cursos de água aumentam a ocorrência de pontos de enchente e de alagamento, com reflexos negativos nas atividades urbanas e em problemas de saúde pública.

Os ambientes primevo, rural e antrópico encerram, portanto, características físicas, biológicas e sociais bastante distintas, cuja consideração torna-se importante no processo de gestão ambiental. O planejamento desses espaços deve, portanto, ser feito com enfoque integrado, pois o desbalanceamento dos fluxos de energia, de troca de recursos naturais entre esses

EDUCAÇÃO AMBIENTAL E SUSTENTABILIDADE

ambientes e o alto fluxo de mobilidade social são fatores potenciais de causa e aumento da poluição.

Assim, o entendimento dessas diferenças é também importante de ser considerado dentro do processo educacional, formal e não formal, para que a sociedade compreenda o impacto de suas ações no meio ambiente e, portanto, o resultado destas modificações no aumento do risco de agravo à saúde pública e à qualidade de vida.

DESENVOLVIMENTO TECNOLÓGICO E MUDANÇAS NOS PADRÕES DE CONSUMO

O que se observa, então, é um modo de operar os sistemas antrópicos a partir de uma visão de mundo e de progresso predominantemente calcada na busca de maior disponibilidade e transformação dos recursos naturais em bens de consumo, ampliando-se o potencial de alterações ambientais, levando a ultrapassar a capacidade de autorrecuperação dos sistemas naturais. Se essa questão já representa um macro e significativo problema de insustentabilidade, quando se mede socialmente quem sofre os impactos potenciais e reais dessa destruição dos serviços ambientais, observa-se que a distribuição não é uniforme, e em geral atinge de forma mais perversa a população mais carente.

O relatório *O Estado do Mundo 2012* destaca a crescente pressão sobre os recursos naturais do planeta nas últimas décadas e alerta também para as grandes discrepâncias entre ricos e pobres, e os respectivos padrões associados de poluição. Por exemplo, o grupo dos mais ricos do mundo (7% da população mundial) são responsáveis por 50% das emissões globais de carbono, enquanto o grupo dos mais pobres (aproximadamente 40% da população mundial) são responsáveis por 3% das emissões globais de carbono (Worldwatch Institute, 2012). E nesse contexto de desigualdades, amplia a importância da noção de justiça ambiental, podendo ser lida como o formato em que a mudança da qualidade ambiental afeta de modo desigual, e muitas vezes injusto, diferentes grupos sociais ou áreas geográficas (Acselrad et al., 2009). Assim, enquanto uma parte da sociedade se beneficia desse sistema de consumo acelerado dos recursos naturais, outra parte, e desproporcionalmente maior, sofre significativos impactos negativos das mudanças antrópicas dos ambientes naturais.

Acselrad destaca que o enfoque do movimento por justiça ambiental não se trata de uma busca por um padrão mais equitativo de poluição, mas de fortalecimento do papel de diferentes atores historicamente excluídos para construção de políticas que eliminem ou progressivamente reduzam o risco desproporcional de escolhas políticas que não olhem a integralidade do desenvolvimento (Acselrad, 2010). Assim, os processos de educação em sustentabilidade devem então ser desenhados para que incluam essa questão da crise socioambiental, em uma perspectiva de alinhamento para o desenvolvimento sustentável

Torna-se essencial, nesse sentido, compreender o papel dos padrões de consumo e de produção no processo de modificação ambiental e de consumo de recursos naturais. Um padrão de consumo pode ser definido pela qualidade e quantidade de utilização de recursos naturais para produção de bens de consumo e atendimento à demanda da sociedade para alimentação, moradia, transporte, lazer e outros. O padrão de produção é a forma de exploração e transformação dos recursos naturais para atendimento às necessidades humanas.

O que se observa, então, é que o desenvolvimento tecnológico possibilitou maior disponibilidade e controle da energia, ampliando o potencial das alterações ambientais, ultrapassando a capacidade de autorrecuperação dos sistema naturais.

Assim, enquanto no passado o fator limitante no consumo de recursos naturais era primordialmente uma questão energética, em termos de capacidade de intervenção, o que ocorre na atualidade é que o fator limitante é a quantidade disponível de determinados recursos naturais. Por exemplo, a exploração dos recursos florestais, como a madeira, está condicionada a fatores de disponibilidade, e não a aspectos de capacidade tecnológica de exploração e beneficiamento.

Dentro desse enfoque, é importante para a questão ambiental o reconhecimento de marcos na história da civilização, pois são períodos de grandes alterações nos padrões de consumo e de produção. A descoberta do fogo, a prática da agricultura, a domesticação dos animais, o transporte pelas águas, a Revolução Industrial e a era da informática são alguns exemplos.

O crescimento populacional mundial observado no último século, quando associado ao pico na taxa de consumo de recursos naturais e ao processo acelerado de urbanização, principalmente em países em desenvolvimento, resultou no aumento dos índices de poluição urbana, com modificações ambientais de ordem global, como o aceleramento do efeito estufa, redução da camada de ozônio e redução significativa de biodiversidade.

Figura 4.2 – Crescimento estimado da população mundial, em número de habitantes.

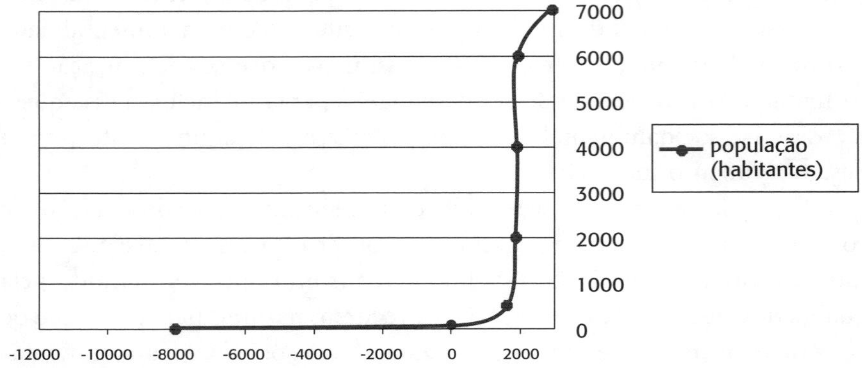

Fonte: Ehrlich (1977); WRI (1998).

No final do século XX, as mudanças sociais acompanharam os processos de transformação tecnológica e econômica, e a questão da conscientização ambiental também ganhou importância e espaço nesse processo, permeando as instituições da sociedade e com apelo político crescente. Nos últimos trinta anos ocorreram importantes mudanças no modo de pensar as questões do crescimento econômico, desenvolvimento humano e proteção ambiental.

Há um crescente consenso da necessidade da aplicação de enfoque sistêmico e harmônico para as dimensões sociais, econômicas, institucionais e ambientais, como estratégia viável para a busca de justiça social e proteção ambiental.

Para diminuir a pressão sobre os recursos naturais, é preciso combater a pobreza e, portanto, é necessário o crescimento econômico. Porém, um crescimento econômico em bases insustentáveis, que degrade os recursos naturais e aumente a desigualdade social, resultará em maior pressão sobre os estoques naturais.

O arcabouço legal brasileiro, no que se refere à proteção ambiental, mostra-se alinhado aos princípios do desenvolvimento sustentável, englobando um conjunto de políticas públicas consistente: Política Nacional do Meio Ambiente (1981), Constituição Brasileira (1988), Política Nacional de Recursos Hídricos (1997), Política Nacional de Educação Ambiental (1999), Lei de Crimes Ambientais (1999), Estatuto da Cidade (2001), Política Nacional de Saneamento Básico (2007), Política Nacional sobre Mudança do Clima

(2009) e Política Nacional de Resíduos Sólidos (2010). Soma-se a esse conjunto uma extensa lista de leis nos âmbitos estaduais e municipais, favorecendo o desenvolvimento de ações de controle ambiental, de responsabilização de agentes poluidores e de priorização no processo de educação ambiental.

O histórico de ocupação da região da floresta da Mata Atlântica, onde estão atualmente localizadas grandes metrópoles brasileiras, como São Paulo, Rio de Janeiro, Vitória, Salvador, é exemplo real de significativas modificações ambientais criadas por modelos de desenvolvimento insustentáveis.

O padrão de consumo dos primeiros habitantes do ecossistema Mata Atlântica, os coletores-caçadores, há cerca de onze mil anos, tinha como base a caça de pequenos e médios animais, a pesca, coleta de mariscos no litoral, frutas e raízes na mata. Para a caça, eles dispunham de um machado de pedra e a queimada era muitas vezes utilizada para expulsar animais de dentro da floresta para uma área descampada. A agricultura só surgiu na região da Mata Atlântica por volta de 4.000 anos atrás, com o cultivo do milho e da mandioca (Dean, 1995).

Para esse autor, o grupo indígena Tupi, que se aproximou da Mata Atlântica por volta do ano 400, foi aquele que os europeus encontraram ao desembarcar na costa brasileira. Cultivavam a mandioca, coletavam mais de uma centena de espécies de frutas da floresta, exploravam o peixe e o marisco e caçavam animais silvestres.

Os impactos das modificações ambientais desses grupos foram mais significativos que os dos primeiros ocupantes, em função de maior população e área de perturbação, na flora e na fauna, impostas pelas suas atividades; muitas áreas da Mata Atlântica já haviam sido transformadas em capoeira, ao longo da costa litorânea. Mas não tão impactante quanto as modificações impostas pelo grupo seguinte de ocupantes, portugueses e europeus em geral.

Um dos primeiros atos dos marinheiros portugueses que, a 22 de abril de 1500, alcançaram a costa sobrecarregada de floresta do continente sul-americano, nos 17 graus de latitude sul, foi derrubar uma árvore. Do tronco desse sacrifício ao machado de aço, confeccionaram uma cruz rústica – para eles, o símbolo da salvação da humanidade... Os indígenas, que inocentemente se irmanaram com eles naquela praia, não faziam ideia, tal como as árvores às suas costas, da destruição que essa invasão causaria (Dean, 1995, p.225).

A árvore do pau-brasil foi a primeira vítima, cuja extração continuou até a quase que total extinção desta madeira, um século após a chegada dos portugueses. Os impactos do padrão de consumo dos países colonizadores degradaram os sistemas social e ambiental locais das colônias, ao levar índios como escravos e grande quantidade de animais silvestres, como papagaios, felinos, macacos, para atender ao mercado europeu, que sempre teve interesse no consumo de produtos exóticos.

Assim, novos padrões de consumo foram impostos e se ampliaram com a exploração de outros recursos naturais, como madeiras nobres, o ouro e o diamante, para abastecimento dos cofres europeus e, posteriormente, os períodos de monopólio do açúcar e do café.

Mais recentemente, já na segunda metade do século XX, políticas de desenvolvimento de polos econômicos aumentaram as diferenças regionais no Brasil, principalmente em termos aparentes de oportunidades de mobilidade social; e também se observou significativa elevação nas taxas de exploração de recursos naturais, com impactos negativos generalizados no país. Como exemplo, o elevado consumo de água da Região Metropolitana de São Paulo resultou na necessidade de importação de água da bacia hidrográfica vizinha – bacia do Piracicaba, que atualmente mostra preocupação quanto aos impactos econômicos e ambientais desta solução na região.

Outros exemplos de modificação ambiental são a poluição de rios, por assoreamento e metais pesados como o mercúrio, em regiões próximas às áreas de garimpo, a erosão do solo em áreas onde a floresta foi retirada, a prática inescrupulosa da agricultura e pecuária que consomem e poluem a fina camada de solo, que a natureza levou milhares de anos para formar, polos industriais com alto potencial poluidor, instalados em áreas ambientalmente frágeis.

OS IMPACTOS NA QUALIDADE DE VIDA E SAÚDE PÚBLICA

O consumo dos recursos naturais em bases insustentáveis resulta, portanto, na degradação dos sistemas físico, biológico e social, e tem relação com o aumento do risco de agravo à saúde pública. É a ecologia da doença que estuda o inter-relacionamento dos fatores determinantes de natureza físico-química, biológica e social, como propiciatórios das condições necessárias para a ocorrência da doença e do baixo nível de qualidade de vida. (Forattini, 1992).

Os determinantes físico-químicos incluem os fenômenos naturais, por exemplo, a disponibilidade e a qualidade dos recursos hídricos, atmosféricos e solo.

Figura 4.3 – Esquema representativo dos determinantes dos agravos à saúde e à qualidade de vida da população humana.

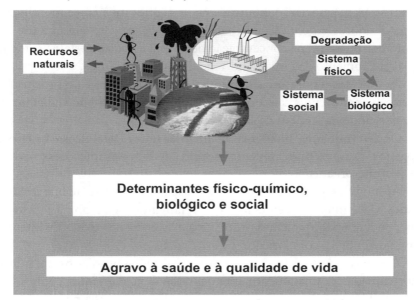

A demanda de água para as atividades humanas cresceu bastante, principalmente por causa do aumento populacional, do maior consumo *per capita* e das atividades econômicas. Desde 1940, o consumo de água aumentou mundialmente em uma média de 2,5% ao ano, inclusive superior à taxa média de crescimento populacional (UN, 1997). Essa situação torna-se mais crítica com o aumento da poluição dos recursos hídricos e a falta de uniformidade em sua distribuição.

Os níveis de poluição atmosférica têm se apresentado críticos em diversas partes do mundo, principalmente em áreas urbanas. O Relatório de Desenvolvimento Mundial de 1992 identificou a poluição por material particulado como uma grande ameaça à saúde pública.

Em meados da década de 1980, aproximadamente 1,3 bilhões de pessoas – principalmente em países em desenvolvimento – moravam em cidades que não atendiam aos padrões da Organização Mundial da Saúde (OMS), para material particulado. Estimava-se que, se os níveis de poluição fossem reduzidos abaixo dos padrões da OMS, se poderia prevenir de 300.000 a 700.000 mortes anuais (World Bank, 1995).

Estudos realizados por Saldiva et al. (1995) para a Região Metropolitana de São Paulo – RMSP, no período de maio de 1990 até abril de 1991, demonstraram associação estatisticamente significativa entre mortalidade diária de idosos e poluição por partículas inaláveis (PI), em que um aumento de 100 $\mu g/m^3$ na concentração de PI está associado estatisticamente a 13% no aumento da taxa de mortalidade diária de idosos.

As doenças respiratórias têm impacto na economia e no processo de desenvolvimento, pois causam absenteísmo nas escolas e no trabalho, sobrecarregando os serviços de saúde, entre outros.

Os determinantes biológicos incluem os fatores genéticos e os fatores exógenos, como os acidentes com mordida de rato e as infecções provocadas por microrganismos.

As modificações ambientais, como disposição inadequada de resíduos sólidos e lançamento de efluentes sem tratamento adequado nos cursos de água, podem criar ambientes propícios à existência de vetores de interesse em saúde pública, como roedores e artrópodes.

A extinção de espécies da biota dos ecossistemas brasileiros, em função das queimadas, desmatamento, fragmentação de ecossistemas, compromete o equilíbrio ecológico desses espaços e destrói o patrimônio público, aumentando a necessidade do uso de biocidas para controle de pragas urbanas e agrícolas.

Os determinantes sociais, que incluem fatores psicossociais, hábitos, estilo de vida e aspectos organizacionais, vêm ganhando mais espaço nos projetos de desenvolvimento e melhoria de qualidade de vida, embora uma cultura de pensamento cartesiano tenha relegado estes fatores para segundo plano.

O estudo das migrações, por exemplo, tem papel relevante no contexto dos determinantes sociais, como componente de variação populacional, redistribuição espacial e mudança na estrutura e na composição da população.

A exclusão social é representada pela ausência de políticas de qualidade de vida e de saúde pública, que assegurem, de maneira justa, direito, oportunidade e acesso aos cidadãos, independentemente de condições econômicas, de origem, raça, idade, entre outros. Contribui para a expulsão de parcela da população para áreas deficientes em infraestrutura de saneamento, moradia e saúde, expondo esse segmento a condições ambientais críticas.

Dessa forma, é preciso que a questão demográfica, no contexto ambiental, considere adequadamente a dinâmica do crescimento demográfico, o que inclui garantir enfoque integrado para padrões de migração, crescimento vegetativo e forma de ocupação dos espaços.

Questões Importantes na Promoção da Saúde Pública

A OMS definiu saúde como o estado de completo bem-estar físico, mental e social, e não apenas a ausência de doenças.

A VIII Conferência Nacional de Saúde Pública, realizada em 1986, marco importante na discussão no Brasil da relação saúde/doença, ampliou esse conceito, incluindo na definição de saúde o acesso a condições de vida e trabalho, bem como o acesso igualitário de todos aos serviços de promoção, proteção e recuperação da saúde, colocando como uma das questões fundamentais a integralidade da atenção à saúde e a participação social.

A OMS define saúde pública como a ciência e a arte de promover, proteger e recuperar a saúde, por meio de medidas de alcance coletivo e de motivação da população (Philippi Jr, 1988).

A saúde pública deve ter, como objetivo, o estudo e a busca de soluções para problemas que levam ao agravo da saúde e da qualidade de vida da população, considerando para tanto os sistemas sociocultural, ambiental e econômico. Assim, a prática da saúde pública necessita do conhecimento científico de diversos campos, como Engenharia, Medicina, Biologia, Educação, Sociologia, Direito, entre outras.

Compreendem as ações de saúde pública a medicina preventiva e social e as atividades de saneamento do meio.

Tanto a saúde como a doença encerram problemas que a saúde pública trata de resolver. Além de conservar e melhorar a saúde, a saúde pública se encarrega de prevenir a doença, orientando não apenas o homem doente, mas também o homem são e investigando as causas das doenças que existem no ambiente que o rodeia (Philippi Jr, 1988).

Os problemas ambientais apontados pelo Relatório de Gestão dos Problemas da Poluição no Brasil (Banco Mundial, 1998) incluem, em ordem de importância, a falta de abastecimento de água potável e falta de coleta segura de esgotos; a poluição atmosférica, principalmente por material particulado nas megacidades de São Paulo e Rio de Janeiro, afetando milhões de residentes; a poluição das águas superficiais em áreas urbanas, com impactos visuais, odor e restrição às atividades de lazer, tão imprescindíveis na busca da melhoria da qualidade de vida no meio urbano; gestão inadequada dos resíduos sólidos, aumentando a proliferação de vetores potenciais de agravo à saúde; e, finalmente, a poluição localizada acentuada, que inclui zonas industriais com baixos níveis de controle da poluição, com impactos na população do entorno e nos sistemas naturais. Esse conjunto causa danos reais, em termos de saúde humana, qualidade de vida e perdas ecológicas à sociedade brasileira, aumentado o desafio do país no seu processo de desenvolvimento sustentável.

O enfrentamento dessas questões inclui o estabelecimento de políticas integradas – sociais, econômicas, institucionais e ambientais – nos planos horizontal e vertical, que busquem maior eficácia dos sistemas de gestão para esse desenvolvimento desejado.

É dentro desse contexto que deve ser compreendido e priorizado o conjunto de sistemas que compõem o saneamento do meio, que é definido pela OMS como "o controle de todos os fatores do meio físico do homem que exercem ou podem exercer efeito deletério sobre seu bem-estar físico, mental e social" (Philippi Jr, 1988).

Os sistemas de saneamento são compostos por um conjunto de obras, equipamentos e serviços que têm por função a proteção do meio ambiente e da saúde pública, por meio de tratamento e distribuição à população de água potável, coleta, afastamento, tratamento e disposição final dos resíduos produzidos pela comunidade.

Assim, as principais atividades que compõem o saneamento do meio são:

- Sistema de abastecimento de água.
- Sistema de coleta e tratamento de águas residuárias.
- Sistema de limpeza urbana.
- Sistema de drenagem urbana.
- Controle de artrópodes e roedores de importância em saúde pública (moscas, mosquitos, baratas, ratos e outros).
- Controle da poluição das águas, do ar e do solo.
- Saneamento de alimentos.
- Saneamento nos meios de transporte.
- Saneamento de locais de reunião e recreação.
- Saneamento de locais de trabalho.
- Saneamento de escolas.

- Saneamento de hospitais.
- Saneamento de habitações.
- Saneamento no planejamento territorial.
- Saneamento em situações de emergência e outros.

Entre os sistemas de saneamento do meio, o saneamento básico assume papel de destaque, em função da capacidade de impacto na prevenção e no controle de doenças de veiculação hídrica e aquelas relacionadas a resíduos sólidos. A Política Nacional de Saneamento Básico (Lei n. 11.445/2007) reforça que o saneamento básico é formado pelos sistemas de abastecimento de água potável, esgotamento sanitário, limpeza urbana e manejo de resíduos sólidos, drenagem e manejo das águas pluviais urbanas.

O planejamento e o gerenciamento do conjunto de sistemas que compõem o saneamento do meio devem cumprir os objetivos sanitários, o que inclui o atendimento a padrões de potabilidade da água distribuída à população; a coleta, o tratamento e a destinação de resíduos com nível de eficiência que atenda a padrões legais, evitando, desse modo, o risco de agravo à saúde e à qualidade de vida e a proteção ambiental.

Os objetivos estéticos também devem ser observados, uma vez que a poluição dos ecossistemas poderá interferir nos usos desejáveis, impedindo atividades de lazer, circulação, trabalho e habitação, por exemplo.

Também são importantes os objetivos socioeconômicos, de forma que as ações representem impacto positivo nos indicadores de saúde, reduzindo, dessa forma, a demanda por serviços de saúde, maior produtividade dos setores produtivos, com reflexos positivos, portanto, para o desenvolvimento da região.

Por fim, a gestão adequada desses sistemas deve atender de forma sistêmica aos aspectos relativos à eficiência de cada componente do saneamento do meio, proteção ambiental, satisfação dos clientes – comunidade, setores industrial, institucional e comercial –, diminuindo, assim, os riscos ao pleno desenvolvimento das cidades. A questão ética – no que se refere à universalidade no atendimento e na transparência do processo de informação – e a prioridade para ações permanentes de educação ambiental para a equipe de colaboradores dos sistemas de tratamento e comunidade são pontos fundamentais quando se objetiva a excelência dessa gestão.

As ações de saneamento do meio necessitam de enfoque diferenciado conforme o local de desenvolvimento do projeto, de modo que considerem e respeitem as características locais culturais, sociais, ambientais e econômicas. Dessa forma, por exemplo, é necessária a busca de tecnologias apropriadas de saneamento em pequenas comunidades, onde a densidade demográfica é menor do que nas áreas urbanas centrais e, em geral, com capacidade financeira mais limitada, entre outras características sociais e culturais.

No planejamento dos sistemas que compõem o saneamento do meio há uma inter-relação, de forma que a implantação parcial de algumas atividades poderá comprometer a eficiência de outras. Por exemplo, na ausência de sistema de tratamento de efluentes, a consequência será a contaminação do manancial da cidade, podendo chegar à inviabilização do sistema de abastecimento de água.

Dessa forma, os benefícios esperados individualmente por cada componente do saneamento do meio poderão ser anulados ou ter um saldo negativo na ausência da implantação do conjunto, como no caso do sistema de limpeza urbana que deverá considerar, também, os resíduos sólidos gerados nos processos de tratamento de água para abastecimento e de tratamento de águas residuárias.

Saneamento Básico e sua Importância na Promoção da Saúde Pública

Ações de saneamento voltadas à melhoria da qualidade de vida das populações podem ser encontradas em diversas civilizações, ao longo da história da humanidade.

Diversas civilizações implantaram sistemas de abastecimento de água, afastamento de esgotos sanitários e drenagem urbana, a despeito de critérios de prioridades e universalização dos serviços, que variam ao longo do tempo e do espaço.

Há vários estudos que procuram abordar aspectos da relação saneamento e saúde, em que a teoria dos determinantes sociais, físico-químicos e biológicos, conforme já apresentada anteriormente, parece bastante consistente com a abordagem que vem sendo enfocada na promoção do desenvolvimento sustentável. O documento da Agenda 21 Global, que representa compromissos internacionais no esforço integrado para melhoria da qualidade de vida, aponta um conjunto sistêmico de ações sociais, como a redução da pobreza; ações de desenvolvimento econômico, como o aumento da oportunidade de emprego; ações de controle da qualidade ambiental e proteção à saúde pública, com ênfase em maiores esforços na provisão de infraestrutura de saneamento básico; entre outras.

A melhoria alcançada nos indicadores de saúde pública nos países desenvolvidos está relacionada ao conjunto de fatores econômicos, sociais e ambientais, mas tem como fator importante, principalmente, os esforços governamentais e não governamentais para melhoria das condições ambientais, em especial, a provisão de sistema de abastecimento de água, esgotamento sanitário e coleta de resíduos sólidos.

Nos países em desenvolvimento, os indicadores de desenvolvimento social e ambiental não atingiram, ainda, patamares adequados de atendimento às ações de saneamento do meio, inclusive com profundas diferenças no que se refere à universalidade do atendimento, principal consequência de ausência de políticas para a área de saúde pública.

Os modelos de desenvolvimento adotados no Brasil, ao longo de sua história, tiveram como resultados impactos sociais, econômicos e ambientais, provocando excessiva concentração de renda e riqueza, com exclusão social e aumento das diferenças regionais. Políticas que acabaram por contribuir para a explosão demográfica nos centros urbanos, cujas taxas de crescimento em algumas cidades dobraram na segunda metade do século XX, resultaram consequentemente em um aumento da demanda por infraestrutura, principalmente em ações de saneamento do meio.

Nas últimas décadas, os municípios brasileiros assistiram, então, a significativas mudanças socioeconômicas e ambientais em seus territórios, que resultaram em fatores de grande pressão sobre seu modo de funcionamento. De 2.765 municípios emancipados em 1960, com uma população total de aproximadamente 71 milhões e taxa de urbanização de 45%, o número de municípios emancipados em 2010 saltou para 5.565, com uma população de quase 191 milhões e grau de urbanização de 84,4%. Não há dúvidas que essa rápida mudança de cenários significa a necessidade de aportar imensas quantias de recursos financeiros, recursos naturais e de pessoal capacitado para suprir quase todos os tipos de infraestrutura para promoção de qualidade de vida e proteção ambiental desta população (IBGE, 1960; IBGE 2013).

O Instituto Brasileiro de Geografia e Estatística (IBGE), na Pesquisa Nacional de Saneamento Básico 2008, mostrou o quadro preocupante em que se encontravam os municípios brasileiros. Embora, em 2008, 99,4% desses municípios dispusessem de serviço de abastecimento de água e praticamente 100% tivessem coleta de lixo, somente 55,2% deles tinham coleta de esgotos,

28,5% ofereciam algum tipo de tratamento e, aproximadamente, 50,8% dos municípios dispunham seus resíduos sólidos em lixões (IBGE, 2010).

No Brasil, as grandes diferenças regionais agravam esse quadro, quando se observa que pouco menos de 13% dos municípios da região Norte e 18% da região Centro-Oeste dispõem de rede de coleta de esgotos, enquanto na região Sudeste, esse número sobe para, aproximadamente, 95% dos municípios (IBGE, 2010).

PROTEÇÃO AMBIENTAL

Dentro desse enfoque, o conjunto de ações de proteção ambiental deve ter como objetivo manter, controlar e recuperar os padrões de qualidade dos ecossistemas, de modo a promover saúde pública, qualidade de vida e ambiental.

Propõe-se o enfoque ecossistêmico na estratégia das ações de proteção ambiental, ou seja, manutenção do balanço ecológico das relações entre as componentes bióticas e abióticas, e do fluxo de energia entre elas.

A incorporação do princípio desse modelo nos processos de educação ambiental representa efetivamente a possibilidade de mudar padrões de consumo e de produção, de forma a alcançar taxas de consumo de recursos naturais e produção de resíduos compatíveis com a capacidade de absorção e recuperação dos ecossistemas.

O sistema de áreas verdes deve priorizar a manutenção de espécies florísticas que servem de alimento e *habitat* para a fauna, o que também representa aumento das áreas permeáveis no solo urbano e maior capacidade de recarga de lençol freático. Isso significa melhor funcionamento do sistema de drenagem natural, contribuição na redução do efeito estufa, conforto térmico urbano, além dos benefícios paisagísticos e de espaço de lazer.

No planejamento do sistema de limpeza pública, a priorização por processos de tratamento por compostagem dos resíduos orgânicos possibilita o retorno dessa matéria orgânica e de nutrientes para as áreas de produção de alimentos, nos cinturões verdes das cidades ou nas áreas rurais; os processos de reúso e reciclagem dos resíduos urbanos em processos industriais diminui a pressão do consumo de recursos naturais virgens.

As ações para gestão da proteção ambiental, dentro desse enfoque sistêmico, conforme ilustrado na Figura 4.4, deve incluir o planejamento para o uso adequado dos espaços antrópicos e naturais; investimentos em progra-

Figura 4.4 – Conjunto de ações para gestão do controle ambiental.

mas de capacitação profissional para preparo de recursos humanos no desenvolvimento interdisciplinar de atividades e projetos; integração de enfoque nas ações institucionais para proteção e sustentabilidade ambiental; priorização em pesquisa para desenvolvimento de tecnologias apropriadas e para melhor compreensão do funcionamento dos ecossistemas e do impacto potencial das atividades antrópicas. Esforços deverão ser empreendidos junto aos órgãos de gestão ambiental para sua melhor estruturação institucional. O estabelecimento de políticas públicas que garantam espaços efetivos de participação da comunidade no processo de planejamento e na implantação de programas de educação ambiental é condição *sine qua non* no processo de caminhar rumo ao desenvolvimento sustentável.

Para que os espaços urbanos, as áreas rurais e os ecossistemas primevos possam atender às necessidades do ser humano – fisiológicas, epidemiológicas e psicológicas –, da flora e da fauna e do meio ambiente como um todo, é preciso o ordenamento, a articulação e a provisão de equipamentos, de forma racional do espaço, destinando suas partes, recursos naturais, artificiais e humanos. Essa é a função do planejamento territorial, criando condições adequadas para a sociedade exercer suas atividades de circulação, recreação, trabalho, habitação e manutenção do equilíbrio ecológico dos ecossistemas.

É nesse sentido que a manutenção da qualidade do meio ambiente é uma das condições necessárias para a qualidade de vida. É preciso, então, planejar o espaço, de modo a garantir conservação e controle do uso de recursos naturais e artificiais; gerenciamento de resíduos; conforto térmico, acústico, visual e espacial; ou seja, condições ambientais que diminuam ou evitem o risco de exposição da população ao agravo à sua saúde.

A metodologia a ser adotada para o planejamento territorial vai depender do grau de intervenção desejado, dos recursos disponíveis, do enfoque a ser adotado. Deve ter como objetivos principais a melhoria da qualidade de vida, a universalização e a conservação dos recursos naturais.

As três fases do planejamento territorial, conforme ilustradas na Figura 4.5, são:

- Eclosão: refere-se ao conjunto de ações que visam a criar clima propício ao planejamento, organizando e preparando a comunidade para ocupar seu espaço na ação coletiva de promoção do desenvolvimento sustentável; é nesta etapa que se obtém a prioridade política, ou seja, o compromisso entre os atores da comunidade, para o desenvolvimento das atividades de planejamento e implementação do sistema; é a oportunidade e o momento para início de implantação de um processo de Agenda 21 local.

- Projeto: deve priorizar o enfoque participativo no estudo preliminar do espaço, na elaboração de diagnóstico e prognóstico e, por fim, na elaboração do plano de desenvolvimento.

- Execução: é nessa etapa que devem ser definidas prioridades em função de anseios da comunidade e de disponibilidade de recursos financeiros. Serão então elaborados e implantados planos, programas e projetos. O monitoramento e a avaliação contínua do processo de planejamento territorial, por meio de indicadores adequados, possibilita revisão do projeto e de prioridades, viabilizando, assim, caminhar em direção ao desenvolvimento sustentável.

SANEAMENTO EM SITUAÇÕES DE EMERGÊNCIA

Os sistemas de saneamento estão expostos à ocorrência de situações de emergências ambientais, como inundações, secas, deslizamentos de terra, acidentes com produtos perigosos, que se apresentam com frequência sig-

Figura 4.5 – Fases do planejamento territorial.

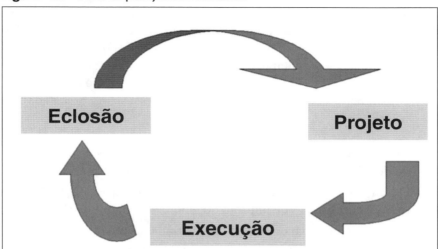

nificativa no país, colocando, dessa forma, em situação de risco a saúde pública e a qualidade de vida da população.

Uma emergência ambiental é a manifestação de um fenômeno ou evento de origem natural ou provocado pelo homem, que se apresenta em espaço e tempo limitados, ocasionando problemas nos padrões normais de vida, perdas humanas, materiais e econômicas, em função de seu impacto sobre a população, edificações, no meio ambiente e também nos sistemas de saneamento básico (OPS, 1993).

Embora seja óbvia a importância da concentração de esforços no sentido de evitar ou reduzir os impactos na saúde pública que as emergências ambientais podem causar, o que se observa, no entanto, é que instituições gestoras e a comunidade em geral têm uma ação passiva frente à ocorrência das emergências ambientais. Deve-se tal fato, possivelmente, à ideia tradicional de que esses fenômenos ocorrem de forma inevitável, que são causados, em geral, por força maior, como questões climáticas e geológicas.

Os custos resultantes dos danos produzidos por desastres na América Latina e Caribe, no período de 1972 a 1999, alcançam valores da ordem de grandeza de US$ 50 bilhões (base 1998), o que demonstra, então, a importância de concentrações de esforços para o enfrentamento e a mitigação dessa questão, no contexto da gestão das cidades e do saneamento do meio.

80 | EDUCAÇÃO AMBIENTAL E SUSTENTABILIDADE

A elaboração de um Plano de Ação de Emergência (PAE) é ferramenta essencial nesse contexto. Um PAE tem como objetivo o planejamento de ações a serem tomadas, de modo a evitar a ocorrência da emergência ambiental, ou a prescrição de um conjunto de atividades que, se executadas adequadamente, possibilitarão dar respostas mais rápidas durante o evento e, assim, minimizar os impactos na saúde pública e no meio ambiente.

O PAE representa um conjunto de atividades a serem executadas em três fases:

- Anteriormente à emergência ambiental, quando se está em um período de calma, ou, conforme a situação, em fase de alerta.

- Durante o evento, que pode ser de pequena ou longa duração, conforme as características de impacto do fenômeno em questão.

- Após o evento, quando devem ser realizadas as atividades para restabelecimento das consequências causadas pelo evento, as quais podem ser de curto, médio e longo prazos.

Uma emergência ambiental em uma área urbana, causada, por exemplo, por uma inundação, interfere no sistema viário e de transporte, pode destruir habitações, romper os sistemas de abastecimento de água, coleta de esgotos, coleta de resíduos sólidos, o sistema de iluminação é cortado, o sistema de comunicação é interrompido, impacta as instalações e os serviços de saúde, interfere nas áreas comerciais, entre outros problemas.

Um PAE tem como principais atividades o planejamento e a implementação de ações, em caráter preventivo e também durante as emergências, visando a eliminar, quando possível, ou reduzir o risco à saúde pública. Como exemplo, é apresentada a seguir uma descrição das atividades que compõem um PAE para situações de inundação, tendo em vista a representatividade das características desse tipo de emergência ambiental, com foco nos impactos nos serviços de saneamento básico:

- Primeira fase – anterior ao desastre: compreende, no mínimo, a implantação de uma coordenadoria de defesa civil para desenvolvimento do PAE, a ser composta por representantes de órgãos diversos, como a defesa civil de instâncias superiores, secretarias e unidades de saúde, planejamento, meio ambiente e serviços municipais, companhia de saneamento, corpo de bombeiros, unidade de vigilância sanitária e controle de vetores; deve-se, então, proceder análise da vulnerabilidade da região, com o levantamento de áreas de risco, histórico de ocorrências de inundações e seus impactos; mapeamento em geral, com a utilização de um Sistema de Informações Geográficas (SIG), que inclusive será útil nas etapas seguintes; proceder avaliação das áreas de risco identificadas; dar andamento às atividades necessárias ao solucionamento, de forma preventiva, para problemas levantados, como existência de áreas com problemas de drenagem, desassoreamento e limpeza dos cursos de água que compõem a bacia hidrográfica em estudo, deslocamento de população em áreas de risco e de proteção ambiental, reforço de adutoras; estabelecer e implantar as atividades necessárias e dar solução, de forma rápida e eficaz, para problemas durante a ocorrência do desastre, como lista com nomes, forma de contatos e responsabilidade dos integrantes da coordenadoria de defesa civil, para possibilitar acesso rápido, também identificação e adequação de locais para abrigo a pessoas atingidas, de locais para atendimento de serviços de saúde; preparar listagem de materiais e equipamentos, incluindo compra para estocagem ou local para aquisição em caso de emergência; finalmente, treinar a equipe de voluntários para atuarem em caso de emergência.

- Segunda fase – durante o desastre: no momento da ocorrência da emergência, deverão ser iniciadas as atividades de implantação da coordenadoria de defesa civil, implantação da coordenação de saneamento; proceder levantamento das condições sanitárias, para avaliar dimensões do problema, gravidade e necessidades; executar rápido treinamento de equipes de saneamento para apoio; alocação e distribuição de recursos materiais, tais como reservatórios domiciliares para receber água potável; plataformas, paredes, coberturas e portas para fossa seca a ser construída nos abrigos, plataforma para lixo, de forma a evitar exposição a vetores e animais, material de construção em geral, como cimento, cal e madeira, tubos de concreto, plástico ou ferro fundido, gerador de eletricidade, bomba de água; barcos, entre outros; organização e encaminhamento das pessoas para os abrigos; providenciar abastecimento de água potável; providenciar a implantação de fossas ou banheiros químicos para coleta de esgotos; acondicionamento, coleta e destinação dos resíduos sólidos; controle de vetores; limpeza de áreas prioritárias; drenagem de áreas com água estagnada; remoção e destino de carcaças de animais mortos; realização de programas de educação ambiental e em saúde.

- Terceira fase – após o desastre: compreende as atividades de restabelecimento e melhoria dos serviços de saneamento básico; implantação e restauração de outros serviços de saneamento e saúde, como controle de artrópodes e roedores; saneamento de alimentos, recuperação de hospitais e postos de atendimento médicos atingidos, vigilância epidemiológica, programas de educação ambiental e em saúde.

A elaboração e a manutenção do PAE é de caráter preventivo, representando uma forma de atuação proativa, com benefícios sociais, ambientais e econômicos. As atividades de educação ambiental devem, portanto, estar presentes nas três etapas que compreendem esse processo, atuando de forma sistêmica nessa questão, tendo em vista, mais uma vez, a relação dos padrões de consumo e de produção com a questão do risco das emergências ambientais. A questão do risco, por exemplo, dos acidentes com cargas perigosas, em estradas e no meio urbano, certamente está ligada não só às questões dos projetos dos sistemas de transporte e do gerenciamento dessas questões pelos órgãos competentes, mas também à questão do consumo de produtos perigosos para atender aos padrões atuais de produção industrial.

REFERÊNCIAS

ACSELRAD, H. Ambientalização das lutas sociais – o caso do movimento por justiça ambiental. *Estudos avançados,* v.24, n.68, 2010. Disponível em: http://www.scielo.br/pdf/ea/v23n68/10.pdf. Acessado em: jul. 2013

ACSELRAD, H.; MELLO, C.C.A.; BEZERRA, G.N. *O que é justiça ambiental.* Rio de Janeiro: Garamond, 2009

BANCO MUNDIAL. Diretoria Sub-regional. Brasil: a gestão dos problemas da poluição, a agenda ambiental marrom. [s.l], 1998 [relatório n. 16635 – BR].

[CETESB] COMPANHIA DE TECNOLOGIA DE SANEAMENTO AMBIENTAL. *Relatório de qualidade do ar no estado de São Paulo – 2002.* [online] São Paulo; 2003. Disponível em: http://www.cetesb.sp.gov.br. Acessado em: 4 ago. 2003.

DEAN, W. *A ferro e fogo: a história da devastação da Mata Atlântica brasileira.* Trad. de C. K. Moreira. São Paulo: Companhia das Letras, 1995.

EHRLICH, P.R.; EHRLICH, A.H.; HOLDREN, J.P. *Ecoscience: population, resources environment.* San Francisco: W.H. Freeman, 1977.

FORATTINI, O.P. *Ecologia, epidemiologia e sociedade*. São Paulo: Artes Médicas/ Edusp, 1992.

HARDI, P.; ZDAN, T. (eds.). *Assessing sustainable development: principles in practice*. [online]. Winnipeg (Canada): IISD – International Institute for Sustainable Development; 1997. Disponível em: http://www.iisd.ca/about/prodcat/principlesinpractice.pdf. Acessado em: 4 ago. 2001.

[IBGE] INSTITUTO BRASILEIRO DE GEOGRAFIA E ESTATÍSTICA. *Pesquisa nacional de saneamento básico 2008*. [online] IBGE. Rio de Janeiro: 2010. Disponível em: http://www.ibge.gov.br/home/estatistica/populacao/condicaodevida/pnsb2008/ PNSB_2008.pdf. Acessado em: jun. 2012.

_____. *Dados do censo demográfico 1960*. Disponível em: http://seculoxx.ibge.gov. br/populacionais-sociais-politicas-e-culturais/busca-por-temas/populacao. Acessado em: 15 jul. 2013.

_____. *Atlas do censo demográfico 2010*. Rio de Janeiro: IBGE, 2013. Disponível em: http://biblioteca.ibge.gov.br/d_detalhes.php?id=264529. Acessado em: 15 jul. 2013.

MINISTÉRIO DA SAÚDE. *Plano nacional de saúde e ambiente no desenvolvimento sustentável*. Conferência Pan-americana sobre saúde e ambiente no desenvolvimento humano sustentável. Brasília (DF), 1995.

MIRANDA, E.E.; DORADO, A.J.; ASSUNÇÃO, J.V. *Doenças respiratórias crônicas em quatro municípios paulistas*. Campinas: Ecoforça, 1994.

ODUM, E.P. *Ecologia*. Trad. de C.J. Tribe. Rio de Janeiro: Guanabara Koogan, 1988.

[OPS] ORGANIZACIÓN PANAMERICANA DE LA SALUD. *Planificación para atender situaciones de emergencia en sistemas de agua potable y alcantarillado*. Washington (DC): 1993 (cuaderno técnico 37).

PHILIPPI JR, A. (org.). *Saneamento do meio*. São Paulo: Fundacentro, 1988.

PINTÉR, L.; HARDI, P.; MARTINUZZI, A.; HALL, J. Bellagio Stamp: Principles for sustainability assessment and measurement. *Ecological Indicators*, v.17, p.20-28, doi:10.1016/j.ecolind.2011.07.001, 2012.

SALDIVA, P.H.N.; POPE, C.; SCHWARTZ, J. et al. Air pollution and mortality in elderly people: a time-series study in São Paulo, Brazil; Arch. In: *Environ Health*, 1995, v.50, p.159-63.

[UN] UNITED NATIONS. *Critical trends: global change and sustainable development*. Washington (DC), 1997.

UNDP. Disponível em: http://hdr.undp.org/en/reports/global/hdr2013/download/pt/. Acessado em: 5 jul. 2013; Relatório 2013, pág 1 - síntese.

[WHO] WORLD HEALTH ORGANIZATION. Air quality guidelines [online]. Genebra, 1999. Disponível em: http://www.who.int/peh/air/airindex.htm. Acessado em: 4 ago. 2003.

[WRI] WORLD RESOURCES INSTITUTE. *World Resources 1998-1999: a guide to the global environment – environmental change and human health*. Oxford, 1998.

WORLD BANK. *Monitoring environmental progress: a report on work in progress*. Washington, 1995.

WORLDWATCH INSTITUTE. *Estado do mundo 2012: rumo à prosperidade sustentável*. Salvador: Uma Ed., 2012. Disponível em: http://www.worldwatch.org.br/estado_2012.pdf. Acessado em: 5 jul. 2013.

Epidemiologia Aplicada à Educação Ambiental | 5

Delsio Natal
Biólogo, Faculdade de Saúde Pública – USP

Carmen Beatriz Taipe-Lagos
Bióloga, Faculdade de Saúde Pública – USP

Júlio Cesar Rosa
Biólogo, Faculdade de Saúde Pública – USP

Paulo Roberto Urbinatti
Biólogo, Faculdade de Saúde Pública – USP

INTRODUÇÃO

Neste capítulo tem-se o propósito de focalizar resumidamente alguns aspectos da Epidemiologia. Diante desse vasto campo de conhecimento, procura-se selecionar tópicos que sejam úteis na construção de um raciocínio crítico a ser aplicado por aqueles que estão especializando-se em educação ambiental.

Aos que nunca se depararam com esse tema, torna-se necessária a definição de alguns conceitos. Conceituar, a princípio, poderia representar um simples exercício teórico, pois, até certo ponto, essas divagações parecem dissipar-se na memória com o tempo. Entretanto, a preocupação não é a de decorar frases ou assimilar jargões, mas sim entender o real sentido da terminologia, para que esta possa fazer parte da simbologia de um raciocínio crítico.

Antes de definir Epidemiologia, convém ressaltar que se trata de uma disciplina estritamente ligada às ciências médicas e à saúde pública ou, mais modernamente, à saúde coletiva, levando-se à necessidade de entendimento de seu significado.

O debate epidemiológico tem sua inserção nas escolas de Medicina, principalmente no que tange à subárea da medicina preventiva. Tem feito parte de currículos de graduação de cursos de Enfermagem, Farmácia, Odontologia, Biologia, Fisioterapia, Terapia Ocupacional, entre outras modalidades biomédicas, em que aparece como disciplina ou como conteúdo de matérias mais abrangentes. Pode-se deduzir que, por permear vários campos de conhecimentos, a Epidemiologia é de caráter interdisciplinar. Observa-se que, mesmo para os profissionais clínicos, essa matéria, nem sempre valorizada, seria de extrema importância.

Quando se amplia a discussão para a saúde coletiva, a necessidade de conhecimento epidemiológico torna-se obrigatória. Mas como discutir a saúde da população sem antes entender a saúde individual ou a própria doença?

Em lugar de fornecer uma definição para doença, para que o leitor possa formalizar um consenso, melhor será propor as seguintes questões:

- Haveria alguém sem doença?
- A doença é inerente à parte física do corpo?
- O que causa a doença?
- Como se manifesta?
- Qual é seu desfecho?
- Quais profissionais lidam com a cura da doença?
- O que é propriamente a doença?
- Por que a população adoece?

Quando o debate refere-se à saúde de um indivíduo, pode-se formular outras questões:

- Seria a saúde o oposto da doença?
- Como seria uma pessoa saudável?
- Quem é mais saudável: o pobre ou o rico?
- É possível construir um conceito de saúde que seja satisfatório?
- Por que podemos afirmar que a saúde não é um fenômeno isolado?

Uma vez compreendido o binômio saúde-doença em âmbito individual, pode-se conduzir discussão similar no tocante à saúde coletiva e, nesse sentido, convém refletir sobre as seguintes questões:

- Existiria uma cidade saudável?
- As populações dos países ricos seriam mais saudáveis que as dos demais países?

- Qual é o papel da saúde pública?
- Como avaliar a saúde de uma população?
- Como desenvolver um conceito de saúde coletiva?
- O que são problemas de saúde pública?
- Em que consiste o desequilíbrio dos serviços de saúde em nosso país?

Até certo ponto, enquanto a ciência médica atua principalmente no organismo e em seus subsistemas, investigando órgãos, tecidos, células e constituintes, a saúde pública é detentora de uma visão ecológica, pois procura compreender as relações que se estabelecem entre populações, comunidades e ecossistemas. Recentemente, considerando-se as limitações do planeta Terra, a própria biosfera tem sido motivo de preocupação. A população humana, ao interagir com outras espécies e com o ambiente, recebe constantemente influências que definirão seu estado de saúde. A maneira como o homem interage com o ambiente passa a ter relação muitas vezes direta com o binômio saúde-doença. Muitos problemas emergem em situações nas quais o comportamento humano potencializa os agravos à saúde. A título de exercício, seria interessante o leitor listar intervenções antropogênicas que deterioram a saúde de grupos populacionais.

DEFINIÇÃO DE EPIDEMIOLOGIA

Tendo-se evidente a necessidade de uma visão mais abrangente para o profissional da educação ambiental, torna-se esclarecedor estabelecer a relação existente entre a saúde pública e a Epidemiologia e admitir o papel da última como propiciadora de consciência crítica.

Cabe, nessa linha de raciocínio, conceituar Epidemiologia. Para aqueles que não tiveram contato com essa disciplina, seria aconselhável interromper um pouco essa leitura e imediatamente responder à pergunta: o que é Epidemiologia?

O que bem transparece é que seria o estudo das epidemias. Em certa extensão, esse entendimento, decorrente da interpretação enganosa de etimologia, estaria correto, pois de fato essa ciência trabalha também com as epidemias. O que se coloca é que a Epidemiologia é mais abrangente. Pode-se enfocar agravos não epidêmicos por meio da ótica epidemiológica. Ademais, na Epidemiologia não se investiga apenas o efeito doença, mas objetiva-se, principalmente, a busca ou a definição de seus determinantes.

O desdobramento dos componentes da palavra derivados do grego (epi-demio-logia) esclarece melhor o conceito. *Epi* significa sobre (entende-se a ocorrência de algum processo sobre a população), *dEmos* corresponde à população afetada por algum processo mórbido, sendo o último radical relacionado a estudo. Nesse sentido, Epidemiologia seria o estudo de algum processo que ocorre sobre a população, cabendo-se inquirir que processo seria esse. Nesse contexto, a epidemiologia se preocupa não apenas com a doença que se expressa, mas também com os fatores determinantes que agem em determinado lugar (MacMahon e Pugh, 1970; Forattini, 1992; Franco e Passos, 2005).

A Associação Internacional de Epidemiologia define Epidemiologia como "o estudo dos fatores que determinam a frequência das doenças nas coletividades humanas". Os objetivos principais citados pela referida associação são:

- Descrever a distribuição e magnitude dos problemas de saúde nas populações humanas.

- Proporcionar dados essenciais para o planejamento, a execução e a avaliação das ações de prevenção, controle e tratamento das doenças, bem como estabelecer prioridades.

- Identificar fatores etiológicos na gênese das enfermidades (MacMahon e Pugh, 1970; Rouquayrol e Almeida Filho, 2003).

Como ciência, a Epidemiologia tem seu método, que consiste basicamente em uma etapa descritiva, seguida da formulação de hipóteses e, finalmente, pelo teste destas.

Para ilustração, imagina-se um suposto agravo Y que afeta a população de determinado lugar. Para estudar ou quantificar esse problema, os dados de ocorrência do agravo são recolhidos, organizados e, a partir disso, geram-se ilustrações como mapas, tabelas e gráficos. Levantam-se ainda informações de natureza qualitativa a partir de visita ao local, observação da paisagem, opinião de lideranças comunitárias ou dos moradores, entre outras estratégias. A análise dos dados e das informações que foram reunidos e trabalhados, certamente, levará o pesquisador à formulação de alguma hipótese sobre os possíveis fatores determinantes que poderiam ter associação com o agravo. Essa seguramente é a etapa mais estimulante e constitui o chamado raciocínio epidemiológico. Observa-se, portanto, que a Epidemiologia permite levantar hipóteses sobre relações entre variáveis. O agravo (ou doença) é considerado a variável dependente, por ser a consequência ou o efeito. O fator suspeito (ou determinante) é a variável independente, por ser o possível causador do agravo. Parte-se do raciocínio de que, quando o fator age, a doença deve surgir. Se ela já está presente, quando se intensifica o fator, aumentam-se os casos. Ao se levantar uma hipótese em Epidemiologia, ela deve ser testada por meio de estudos experimentais ou observacionais, cujos detalhes serão vistos mais adiante.

Para a saúde pública, a Epidemiologia passa a ser instrumento de grande valor. Por meio de metodologia científica e eminentemente comparativa, essa ciência investiga a gênese das doenças. Uma vez estabelecidos os fatores determinantes, pode-se evitá-los, monitorá-los e até mesmo intervir sobre eles, aliviando-se o impacto da doença na população. Propõe-se, para solidificar o conceito de Epidemiologia e sua importância, que o leitor responda às seguintes indagações:

- Como seria conduzida a descrição epidemiológica de um agravo à saúde?
- Como monitorar um fator determinante de uma doença?
- Como a Epidemiologia poderia ser utilizada na administração da saúde pública?
- Qual o significado de prevenção no contexto da saúde pública?

EPIDEMIOLOGIA COMO SUPORTE DA EDUCAÇÃO AMBIENTAL

Antes de voltar à discussão conceitual, julgou-se necessário despender esforços na compreensão da relação homem-ambiente, dando-se ênfase ao período recente desse processo. O que se pretende é fazer uma retrospectiva sintética da citada relação.

No segmento de tempo anterior aos últimos dez mil anos, cobrindo uma enorme extensão da evolução do *Homo sapiens*, fase denominada pré-agrícola, essa espécie mantinha uma estreita relação com a natureza. Os grupos tribais alimentavam-se de raízes, frutos, sementes e outras partes de vegetais. A caça e a pesca forneciam-lhes as proteínas. Quando os recursos da área ocupada esgotavam-se, deslocavam-se para um novo sítio. Em resumo, nessa grande fase, o comportamento dos povos da Terra obedecia ao estilo nômade-coletor-caçador. Ainda na atualidade, tribos indígenas isoladas mantêm estilo de vida semelhante. Os ecossistemas terrestres mantiveram-se praticamente intactos, pois esse modo de relacionamento não degradava exaustivamente o ambiente (Ponting, 1991).

No final da fase pré-agrícola, estimou-se que a população humana da Terra teria alcançado os cinco milhões de habitantes. Até então, há cerca de dez mil anos, a espécie humana já estaria dispersa por todos os continentes.

Estando os ecossistemas terrestres totalmente povoados, tinha-se o comportamento nômade comprometido, pois, diante da necessidade de migração, as vizinhanças já estariam tomadas, gerando conflitos e guerras. Para o referido estilo de vida, a capacidade de suporte da Terra estaria em seu limiar, o que teria funcionado como uma "força de pressão seletiva", levando as populações a adotarem uma nova maneira de relação com o ambiente. Entre vários povos e culturas surge, em diferentes lugares e em épocas distintas, a fase agrícola que continua seu desenvolvimento até os dias atuais.

No começo do domínio agrícola, o homem iniciou o processo de domesticação de plantas e animais. Essa nova relação permitiu o aumento da produção de alimentos. Surgiram as comunidades fixas, pois já não era necessário o deslocamento em busca de alimento exclusivamente pelo extrativismo (Branco, 1989; Odum e Barret, 2008).

A concentração de animais herbívoros e a composição de áreas destinadas ao plantio geraram as primeiras modificações do ambiente, dando origem à paisagem antrópica.

Com a seleção artificial de espécies produtivas e o aperfeiçoamento de técnicas, aumentaram-se as colheitas no campo, levando à disponibilidade de excedentes. Entres certos povos já não era mais necessário o empenho de todos nas plantações ou nos cuidados com os rebanhos. Uma parcela da população poderia viver de outro modo, o que induziu naturalmente à formação de agrupamentos humanos, originando as primeiras cidades. Essas passaram a desempenhar a função de aglutinar atividades comerciais, científicas, culturais e políticas. Tais características ainda hoje permeiam as cidades modernas.

Na época em que se desenvolve uma nova fase, há aproximadamente 200-300 anos, marcando o início do período industrial, a população humana da Terra teria atingido quinhentos milhões de habitantes.

Logo no início da era industrial, em virtude do estabelecimento dessa atividade junto às áreas urbanas e diante da necessidade de mão de obra, ocorreu uma grande expansão das cidades nas regiões onde a industrialização se efetivou. Esse crescimento era principalmente marcado pela migração no sentido rural-urbano. Além desse aspecto, a demografia era caracterizada pelas elevadas taxas de natalidade. Como um todo, porém, a população da Terra crescia em um ritmo lento, por causa da elevada mortalidade, principalmente por agravos profissionais e doenças infecciosas. O desenvolvimento científico era precoce e a saúde-doença era debatida à luz da teoria miasmática. Não havia ainda a consciência de saneamento e as condições de trabalho eram deploráveis.

No início do século XX, embora existissem grandes cidades, o mundo apresentava população predominantemente rural, pois apenas 14% dos habitantes viviam em áreas urbanas.

No decorrer do último século, a melhora na produção de alimento, os avanços da Medicina, o desenvolvimento e o uso generalizado de vacinas e antibióticos, entre outros progressos, teriam sido fatores que influenciaram no aumento da expectativa de vida das populações humanas. De outro lado, cresceu a consciência da importância do saneamento que passou a ser implementado em muitas nações. No balanço demográfico, apresentava natalidade alta, porém mortalidade em desaceleração. Tal comportamento produziu, ao longo do século, um expressivo crescimento populacional. Na mudança de milênio, a população do planeta teria ultrapassado os seis bilhões de habitantes, como fora anteriormente previsto (WHO, 1991).

Outra característica marcante da demografia moderna foi a brusca mudança da relação urbano-rural. Em toda a Terra, mais da metade de seus habitantes já vivem em cidades. Essa tendência, que ainda continua a se acirrar, ocorre em diferentes velocidades entre continentes e países. No Brasil, tal taxa já ultrapassou os 80%. O Estado de São Paulo possui taxa de urbanização superior a 90%.

O que se assistiu recentemente e de maneira rápida em extremo foi a expansão descomunal de muitas cidades. Por fusão de áreas urbanas, processo conhecido como conurbação, originaram-se várias megalópoles como Tóquio, Los Angeles, México, São Paulo, Rio de Janeiro, entre outras.

No mundo atual, o crescimento rápido da população humana tem exercido severa pressão sobre os resíduos de ambientes naturais que ainda subsistem. Tais ecossistemas, que podem ser considerados exemplos de autossustentabilidade, detêm biodiversidade que se mantém pouco perturbada (Benedick, 2000; Matthew e Dabelko, 2000).

A agricultura moderna, altamente produtiva, tem avançado para as áreas naturais, ocasionando perda da biodiversidade. Os terrenos agrícolas são totalmente manipulados pelo homem e funcionam com elevado gasto energético, além do artificialismo na aplicação de produtos como: adubos, herbicidas, fungicidas, inseticidas, entre outros. Os espaços intensamente utilizados para fins de produção sofrem os mais variados impactos. A degradação do solo, manifestada pela erosão, lixiviação de fertilizantes, salinização e desertificação, serve de diagnóstico do declínio rural. A expansão das pragas agrícolas e o uso obrigatório de produtos tóxicos para evitar perdas econômicas trazem, geralmente, como consequência, a contaminação dos trabalhadores, bem como dos produtos que carregarão sempre certa dosagem de venenos e serão consumidos como alimento (Bressan, 1996; Chiavenato, 1990; Nardocci et al, 2008).

As cidades, sob o ponto de vista ecológico, são ambientes totalmente modelados pelas mãos humanas, sendo obrigatoriamente dependentes de outros ecossistemas. Esse estado vem do fato de que, no ambiente urbano, a produção primária é muito restrita e a fotossíntese não é suficiente para manter o sistema. Os vegetais verdes das cidades são mantidos por necessidade ornamental e não de produção, levando à dependência de importação de alimento. Além desse aspecto, para a construção e manutenção dos aglomerados urbanos, há necessidade de importação dos mais variados recursos, como pedra, areia, cimento, madeira, petróleo, água, energia elétrica, entre outros (Branco e Rocha, 1980).

Dada a extensão da pavimentação das superfícies, nas horas de insolação, a cidade funciona concentrando as radiações e formando as chamadas "ilhas de calor" (Ribeiro et al., 2010). Em virtude da impermeabilização generalizada, as águas das chuvas não penetram no solo e, em dias de elevada precipitação, geram-se inundações, que se expressam geralmente de forma abrupta.

As cidades com falhas no saneamento ambiental exportam ruído e poluentes do ar, da água e do solo. Veículos e indústrias têm lançado na atmosfera óxidos de enxofre, de nitrogênio, HCl, O_3, CO_2, CO, CFCs, material particulado, entre outros poluentes, incrementando riscos de doenças cardiovasculares, respiratórias, neoplásicas, endócrinas. Os rios que cortam as áreas urbanas recebem efluentes domésticos e industriais, muitas vezes *in natura*. Nas periferias ou em áreas próximas às cidades, crescem os lixões a céu aberto e aterros sanitários com falhas no gerenciamento, que geram odor, propiciam a proliferação de vetores de importância sanitária e contaminam o lençol freático (Conway, 1982; Kupstas, 1997; Martins et al., 2006; Merrill, 2008; Besen et al., 2010).

A cidade, por ser ambiente importador, pressiona seus entornos e, em certas circunstâncias, até mesmo locais distantes. Torna-se patente que, para manter a "fisiologia" da cidade, uma eterna receptora de alimento, há necessidade da produção constante no meio rural. O uso excessivo do solo provoca degradação, perda da rentabilidade, inviabilização de projetos, desemprego, entre outras desagregações. A falta de opção de trabalho no campo pode significar contingente populacional propício a migrar para a cidade, instigando seu crescimento desordenado.

Não há dúvida de que as populações urbanas da Terra são hoje cúmplices da perda da biodiversidade resultante da pressão sobre o ambiente natural. Mais grave que a extinção de espécies é a destruição de *habitats* que inviabiliza a existência de numerosos organismos. A pressão constante sobre os ecossistemas naturais é vista atualmente como risco de propagação de doenças emergentes, cujos agentes podem saltar de seus ciclos enzoóticos, passando a circular na população humana (Vasconcelos et al., 1998; Dolman, 2000).

Pragas urbanas, resultantes do processo de domiciliação, como moscas, mosquitos, formigas, cupins, baratas, percevejos, escorpiões, aranhas, pombos e ratos, são exemplos da resposta biológica às modificações impostas pelo homem ao ambiente (Urbinatti e Natal 2009).

Para reflexão, convém salientar algumas questões:

- Diante da velocidade das modificações impostas pelo homem ao ambiente, quais seriam as perspectivas?

- Estaria o homem moderno adaptado ao ambiente antropogenicamente alterado?

- Algumas ações do homem têm levado à poluição do ar, do solo e da água, ao desmatamento e à desertificação. Como a natureza tem respondido a essa agressão progressiva?

- Por que o uso do DDT e de outros produtos organoclorados tem sido combatido pelos sanitaristas e ambientalistas?

- Com o progresso científico-tecnológico, estaria sendo construído um ambiente cada vez mais saudável?

- Qual a importância das áreas verdes nos centros urbanos?

Com base nessas reflexões e no texto até então exposto, pode-se discutir a importância da Epidemiologia vista como disciplina que debate o processo da geração de doença, por meio da atuação de fatores. Observa-se a infinidade de novos fatores que estão somando-se aos antigos, aos quais o homem moderno está exposto. Depreende-se que, dada a capacidade criativa ou imaginativa do homem, com o avanço científico e tecnológico, as ações humanas, muitas vezes, impactam inadvertidamente o ambiente. Grande parte dos fatores ambientais que afetam a saúde humana é de natureza antrópica, ou seja: são desencadeados pelo próprio homem.

Destaca-se, no contexto, a importância da Epidemiologia ambiental, cuja ênfase está na discussão dos fatores do meio, físicos, químicos, biológicos e psicossociais que atuam na causalidade de doenças. Os estudos epidemiológicos mensuram a intensidade e a duração da exposição para estabelecer as associações causais entre os fatores e efeito (Merrill, 2008). Se grande parte desses fatores é potencializada pela ação ou pelo comportamento humano, então, a educação ambiental, com base no conhecimento gerado pelos estudos epidemiológicos, poderá priorizar a conquista de comportamentos saudáveis, protetores da saúde e, ao mesmo tempo, atuar na reversão de comportamentos de risco. Assim, a educação ambiental necessita da Epidemiologia como base científica multidisciplinar para auxiliá-la na interpretação de fatores determinantes que agravam a qualidade de vida humana. Como tarefa, sugere-se ao leitor construir uma lista de práticas humanas que colocam a população sob o risco de adoecer.

FATORES DETERMINANTES

Nesse item se procura compreender o que leva uma doença a ocorrer, ou seja, inquirir sobre suas causas.

No cotidiano, quando se observa um acontecimento, costuma-se indagar sua causa. Ao viajar e, em certo ponto, deparar-se com um congestionamento, passa-se a refletir sobre o que teria gerado aquela situação desconfortante. Seria alguma colisão? Algum protesto interditando a estrada? Uma reforma com estreitamento da pista? Quando tais perguntas são formuladas, na realidade se está procurando pelas causas do fato que naquele momento incomoda, ou seja, o congestionamento.

Diante de uma doença ou agravo, de maneira semelhante, o pesquisador deverá investigar suas causas.

Nesse contexto é interessante refletir sobre qual seria o conceito de causa de uma doença. Enquanto, na maioria das situações, o senso comum remete a apenas uma causa para explicar um fenômeno, na Epidemiologia deve-se ampliar a questão, pois a doença não é unicausal. A questão da causalidade não é linear ou simplista.

A título de ilustração, pode-se tomar um exemplo: na periferia de uma cidade, em área de precárias condições, existe um serviço público de atendimento à saúde. Na estação quente, nota-se um aumento de afecções diarreicas em menores de cinco anos. Ao compararem-se os dados locais com os dos bairros vizinhos, fica evidente que o problema concentra-se naquele território, pois, nas outras unidades de saúde, o atendimento permanece normal. Diante dessa situação, vai-se em busca das possíveis causas ou fatores determinantes do agravo em questão. Passa-se a formular perguntas que são, na realidade, hipóteses que devem ser investigadas. Haverá alguma contaminação da água? Há na região esgoto a céu aberto? Há pontos de proliferação de moscas? Há problemas nutricionais? Haveria problemas de higiene doméstica? Ao investigar essas hipóteses como possíveis determinantes, chega-se à conclusão de que todos estão presentes e depara-se, portanto, com a multiplicidade causal. A doença aumenta, muito possivelmente, pelo sinergismo que se estabelece entre vários fatores.

Se a ocorrência da doença é devida à influência de vários fatores, então cabe ao epidemiólogo investigar essas particularidades para entender melhor a assim chamada rede multicausal. Ela pode ser explicada como uma série de fatores determinantes que, atuando no tempo e em determinado espaço, induz à ocorrência do agravo em estudo. A população que vive nesse território pode ser referenciada como sob risco. Convém nesse contexto refletir sobre o significado epidemiológico de risco. Pode-se definir risco como a probabilidade de ocorrência de uma doença, agravo, óbito ou condição relacionada à saúde, em uma população, durante um período de tempo determinado (MacMahon e Trichopoulos, 1996; Brownson e Petitti, 1998; Almeida Filho e Rouquayrol, 2006).

Contudo, com o objetivo de prevenir a doença, devem-se levar em consideração os fatores genéticos e avaliar a interação da suscetibilidade genética com a exposição a fatores. Assim, quando se investiga a etiologia da doença, está-se questionando o quanto da incidência de uma doença se deve a fatores genéticos e o quanto a fatores ambientais e como a interação desses fatores potencializa o risco da doença e sua expressão.

A contribuição da biologia molecular, relacionada ao estudo da saúde dos determinantes das doenças nas populações humanas, centraliza-se na identificação dos genes responsáveis pela doença hereditária, na esperança de que esta identificação forneça uma pista dos fatores genéticos nos casos não hereditários (Forattini, 2005; Gordis, 2010).

Esse conceito não implica individualmente certeza alguma. O que se pretende transmitir é que não há garantia de que uma pessoa que vive situação de risco irá adoecer, mas sim de que ela tem uma chance maior que outra vivendo em situação diferente. Quando a abordagem é populacional, o risco significa um incremento mensurável da ocorrência da doença. A Epidemiologia começou a se configurar como ciência há aproximadamente um século e meio. Entre outros pioneiros, destaca-se John Snow, muito citado em compêndios sobre esse tema, que em meados do século XIX desenvolveu e aplicou o raciocínio epidemiológico no estudo da cólera em Londres. Por aquele tempo, a doença dizimava populações de cidades europeias. Em muitas situações, a fatalidade da doença era tida como algo normal que o homem devesse passar ou até mesmo um castigo para purificação. Ainda não se conheciam os microrganismos e a ciência estava em seu limiar, misturando-se com a religião, as crendices e o misticismo. Para a maioria, incluindo-se o meio científico, a doença era proveniente dos maus ares, pois acreditavam que era de origem miasmática. O grande mérito de Snow foi desprender-se da Medicina individual e puramente clínica e passar a focalizar a doença na população. Observou o comportamento das pessoas, visualizou o cenário onde o fenômeno acontecia, registrou as ocorrências de cólera no tempo e distribuiu os casos em um mapa. Não foi difícil proceder a uma análise da situação e levantar suspeitas, não do ar, mas da água. Nesse período, quando ainda não se conheciam os micróbios, esse médico extraordinário desvendou a transmissão da trágica doença e exigiu das autoridades a tomada de medidas preventivas. Fica claro, nesse exemplo histórico, que a Epidemiologia é fundamental para a discussão dos fatores determinantes de qualquer doença (MacMahon e Pugh, 1970).

Como tarefa, recomendam-se as seguintes questões:

- Qual a importância do saneamento ambiental?
- Pensando-se em saúde pública, por que é importante conhecer a rede multicausal das doenças?
- Escolha uma doença ou agravo e enumere suas possíveis causas.
- Desenvolva o conceito de erradicação.

A EVOLUÇÃO DA CONCEPÇÃO CAUSAL

O homem sempre se preocupou em tentar entender a doença ou a saúde e os fatores determinantes relacionados. Arbitrariamente, pode-se dividir a história em períodos que foram marcados por ideias que predominaram (Fox et al., 1970; Lilienfeld e Stolley, 1994; Last, 2001).

Período Miasmático

Essa fase pode ser considerada a maior, pois perpetuou-se por milhares de anos, cobrindo os primórdios das civilizações até o século XIX. Acreditava-se no domínio de forças externas como fator determinante da doença. Era algo que vinha do ar e atingia as pessoas, fazendo com que adoecessem. Esse "fluido" ou "miasma" podia incorporar, trazendo sofrimento, doença e morte. Se abandonasse o corpo, a saúde se restabelecia. A ideia era compartilhada pelo público geral e científico e acrescia-se de fundamentos de cunho religioso e místico. A doença era interpretada como consequência da desobediência do homem ou até mesmo como castigo. A palavra malária, que se refere à doença que ainda hoje assola milhares de pessoas no mundo, tem etimologia desdobrada em duas partes: mal e ares. Acreditava-se que sua causa era decorrente de ares carregados ou malcheirosos dos pântanos. Logicamente, desconhecia-se o papel desempenhado pelos mosquitos anofelinos que são os vetores. Esses sim é que emergiam dos charcos, picavam o homem e transmitiam-lhe a doença. Como evidente nesse exemplo, nota-se que, mesmo no período miasmático, já se faziam associações interessantes e corretas, pois hoje sabe-se que a malária está associada às planícies de rios e terrenos encharcados, que são os típicos criadouros de anofelinos. No período miasmático predominava a ideia unicausal, pois o miasma era o fator exclusivo responsável pela doença.

Determinismo Biológico

A ciência evoluiu muito no século XIX. Com o desenvolvimento da física óptica e das lentes, foi possível um avanço da Biologia. Passou-se a enxergar o mundo dos micróbios, nunca antes visto ou imaginado. A aplicação desse novo campo de pesquisa na área da Medicina aconteceu logo.

Foi o início do desenvolvimento da Microbiologia e da Bacteriologia. Pesquisadores descobriam micróbios associados às doenças que estudavam. Descreviam e classificavam esses agentes, atribuindo nomes científicos. Foi um período de grande progresso da Medicina.

À medida que as doenças eram estudadas juntamente a seus agentes, passou-se a acreditar cada vez mais que toda doença deveria ter como determinante algum agente biológico. Bastaria descobrir e caracterizar o agente, e então combatê-lo, que o problema de saúde seria resolvido. Outro fator positivo desse período foi que provocou um grande avanço no conhecimento de drogas com propriedades microbicidas. Houve como consequência um grande avanço das terapias por antibióticos, bem como a descoberta e melhor conhecimento desses medicamentos.

Comparando-se com o período anterior, houve ganho extraordinário no avanço do método científico, dando-se um salto da concepção miasmática para a biológica. Passa-se para um período de puro determinismo biológico unicausal. O micróbio era o provocador único da doença. O período biológico domina o final do século XIX e penetra o seguinte, sendo ideia bastante propagada em sua primeira metade. Para complementação, sugere-se refletir sobre:

- A quais riscos está submetido um indivíduo que se automedica com antibióticos?
- Que cuidados as autoridades da saúde e a população devem ter na comercialização e no uso dos medicamentos?

A Multicausalidade

O determinismo puramente biológico começou a ruir quando os estudiosos das doenças perceberam que havia infecção sem doença. Para isso, a compreensão da tuberculose, agravo que historicamente sempre acompanhou o homem, foi de grande importância. A existência de portadores sãos do bacilo incomodou o meio científico. Se era possível ao agente conviver com o hospedeiro sem provocar quadro clínico, então o que motivava a doença não era exclusivamente o agente biológico, mas outros fatores que deveriam estar atuando. Surge a multicausalidade, que preconiza que a doença não é consequência exclusiva da ação de um único agente, mas de um conjunto de fatores que deve interagir para que ela ocorra. Para as doenças infecciosas, fica compreendido que o micróbio é condição necessária para desenvolver a doença, porém, não é suficiente. Entre outros fatores determinantes, pode-se citar o estado imunitário deficiente, má alimentação, excesso de trabalho e fatores climáticos. Além de explicar muito bem as doenças infecciosas, essa concepção foi excelente quando aplicada às doenças não infecciosas, que possuem epidemiologia complexa e também são desencadeadas pela atuação de múltiplos fatores (MacMahon e Pugh, 1970; Friedman, 1994).

Mesmo considerando-se que essa maneira de conceber a determinação das doenças possa representar um grande passo no aprimoramento da saúde pública, ela ainda possui suas limitações. Fatores foram colocados lado a lado sem que se pudesse visualizar o real papel de cada um. A fatores fortes atribuía-se importância equivalente a outros de pouca expressão.

Um Modelo Ecológico

Como crítica aos fatores desagregados da multicausalidade surge a seguinte proposta. Não se refuta a ideia multicausal, porém, entende-se que os fatores são provenientes de três categorias: agente, hospedeiro e ambiente. Compreende-se que a saúde ou a doença estão na dependência das interações estabelecidas entre as referidas categorias. Preconiza-se a existência de um suposto equilíbrio dessas três partes que leva à saúde. Por outro lado, qualquer ruptura do sistema ou sua desestabilização seria suficiente para gerar um estado de doença (Fox et al., 1970; Kilbourne e Smillie, 1969).

Na categoria do agente estão os fatores necessários para o desencadeamento do processo mórbido. Em uma subclassificação dos agentes segundo sua natureza é possível reconhecer: agentes biológicos, químicos e físicos.

Como questões, pode-se sugerir:

- Esquematize o quadro de uma doença cujos agentes biológicos sejam protozoários, bactérias ou vírus. Para cada doença cite: o agente etiológico, o modo de transmissão, a profilaxia e o tratamento.

- Enumere problemas que podem ser provocados no organismo humano mediante a exposição a agentes físicos e químicos. Como evitá-los?

- Elabore um quadro que contenha exemplos reais de agentes segundo a referida classificação.

- Quais seriam os agentes das seguintes doenças ou agravos: gripe, dengue, escabiose, hipertensão, saturnismo, câncer de pele e escorbuto?

Na Epidemiologia, o hospedeiro que ocupa a discussão central é o próprio homem. Nesse aspecto, essa ciência é antropocêntrica. Muitas características do homem podem constituir fatores que ajudam a propiciar a doença. Citamos algumas delas: sexo, idade, condição socioeconômica, ocupação, raça, etnia, entre outras.

A seguir, para treino, trabalhe os seguintes desafios:

- Componha uma lista de doenças que são favorecidas pela baixa condição socioeconômica.
- Algumas doenças incidem muito mais no homem que na mulher; quais seriam os possíveis motivos?
- Qual a diferença entre raça e etnia?
- Cite exemplos de doenças infantis.
- Compare a importância em saúde pública de doenças geriátricas no mundo desenvolvido e no subdesenvolvido.

O que se discutiu anteriormente já é suficiente para se demonstrar que fatores associados ao hospedeiro podem, em diversas circunstâncias, desequilibrar o pressuposto sistema, provocando doenças. Muitos outros exemplos poderiam ser dados, cabendo ao leitor, caso haja interesse, estender maiores investigações sobre esse assunto.

O ambiente é, sem dúvida, importante componente do sistema em discussão. Sob o ponto de vista ecológico, não se pode conceber esses elementos isoladamente. Entre o agente, o hospedeiro e o ambiente, a alteração de qualquer natureza pode provocar desequilíbrio. Fatores ambientais associados às doenças podem ser de origem física e biológica. Há autores que incluem fatores sociais na discussão do ambiente, pois o homem pode produzir um ambiente social. Neste capítulo, como foi visto, preferiu-se enquadrar as questões sociais quando se discutiu o hospedeiro. O meio físico é propiciador de numerosos fatores que podem, em certas situações, favorecer ou estimular a doença. Dada a natureza deste capítulo, que aborda a questão da Epidemiologia ambiental, procura-se explorar um pouco mais essas variáveis (Hill, 1965; Rostand, 1992; Merrill, 2008).

O clima: variações anuais de temperatura podem ter influência sobre várias doenças. Praticamente todas aquelas que são transmitidas por vetores têm, nos períodos mais quentes do ano, o favorecimento da transmissão. Insetos, como mosquitos e moscas, proliferam-se mais intensamente em temperaturas mais altas, quando estas aumentam suas densidades. Agentes patogênicos são então transmitidos com mais facilidade, em razão da maior frequência de contatos desses vetores com o homem ou com seu alimento. Muitos agentes infecciosos de transmissão respiratória, como vírus e bactérias, têm sua veiculação aumentada no inverno. A temperatura mais baixa altera o comportamento humano. Vive-se mais confinado e pessoas doentes eliminam os agentes, principalmente na tosse ou no espirro. Ambientes sem circulação de ar são favoráveis à manutenção de microscópicas gotículas em suspensão, que contêm o agente biológico. Respirar esse ar "carregado" já é suficiente para se infectar. Até agravos não infecciosos podem ter associação com a temperatura. Nos meses quentes, as pessoas andam mais desnudas e se expõem mais à luz solar. Frequentam praias e piscinas e tomam banho de sol, às vezes por longas horas. Os agressivos raios solares podem provocar queimaduras graves e câncer. As áreas de latitudes elevadas, onde o inverno é muito prolongado e a paisagem fica vários meses coberta de gelo ou neve, podem ser favoráveis a outros tipos de agravos. Confinada aos ambientes internos por longos meses, a população sofre de tédio, que pode gerar problemas de ordem psicológica e até ocorrência de suicídio. A pluviosidade também pode ser sazonal em muitas áreas do planeta. Em ambientes antrópicos, onde o saneamento é precário, pode ocorrer maior contaminação biológica das fontes e dos reservatórios de água. Agentes biológicos resistentes aos rigores ambientais podem sobreviver por meses nessas coleções aquáticas. Águas contaminadas, quando se prestam para o abastecimento, colocam populações sob o risco de diversas enfermidades, entre elas, muitas de natureza diarreica. Chuvas intensas podem provocar inundações em áreas urbanas. A água invade as habitações, carregando inúmeras impurezas. A leptospirose é uma doença que tem sua transmissão acirrada em períodos de inundação. Trata-se de uma zoonose que com frequência contamina a população de ratos. Eles eliminam o agente por meio da urina. Sendo resistente, o agente sobrevive como contaminante ambiental. A inundação repentina espalha o agente pela área atingida. Nesse momento catastrófico, não há como fugir das águas. O homem acaba por se contaminar por intermédio da entrada do agente em algum ferimento da pele.

A topografia pode ter associação com determinadas doenças. Aquelas que dependem da água em seu quadro epidemiológico têm área de transmissão, em geral, próxima ao corpo aquático que está, na maior parte das vezes, estabelecido em fundos de vales ou planícies de inundação de rios. A malária está usualmente ligada aos charcos que se formam nas imediações do leito principal dos rios. Esses "braços mortos" podem ser excelentes criadouros de anofelinos, que são mosquitos vetores da doença. O mesmo é válido para a esquistossomose, pois os caramujos hospedeiros intermediários se proliferam em águas paradas como aquelas citadas. Na própria área urbana, a já citada leptospirose ocorre com maior frequência nos fundos de vales sujeitos às inundações. Montanhas de elevada altitude, onde a pressão atmosférica é menor, fazem bem para aqueles que sofrem de pressão baixa, ao passo que terrenos baixos, onde a pressão atmosférica é maior, ajudam na saúde dos hipertensos.

O meio biológico também pode estar correlacionado com a saúde ou a doença. No mundo contemporâneo, cada vez mais a preservação do ambiente é vista como importante para a sobrevivência humana. Reservas, parques e estações ecológicas são mantidos, visando à proteção da biodiversidade. Reconhece-se que espécies silvestres de animais ou plantas podem conter importantes princípios ativos, muitos ainda desconhecidos, que servirão de base para a síntese de medicamentos. Nas áreas urbanas, a manutenção de espaços verdes torna-se cada vez mais necessária, pois funcionam como "tampão" para equilibrar o clima e amenizar a poluição. Por outro lado, áreas nativas podem comportar fatores perigosos ao homem. Agentes biológicos fazem parte de biocenoses naturais. Circulam geralmente entre os vertebrados e possuem estratégias de passagem de um animal a outro. Concebem-se, assim, os chamados focos naturais desses agentes. Toda vez que o homem penetra o ambiente natural, ele corre o risco de se infectar com algum agente, muitos deles desconhecidos. Componentes biológicos do ecossistema natural podem contribuir para a manutenção de espécies vetoras de doenças perigosas. É o caso dos gêneros *Haemagogus* e *Aedes*, vetores da febre amarela silvestre, que têm por criadouros buracos em árvores que acumulam água. Outro caso refere-se ao subgênero *Kerteszia* do gênero *Anopheles*, vetor de malária, que se prolifera no pequeno conteúdo aquático das imbricações das folhas de plantas *Bromeliaceae*.

Quando o ambiente natural é pressionado pelo homem, geralmente por meio da exploração de recursos naturais ou desmatamento para implantação de ecossistemas mais produtivos, ocorre o rompimento do equilíbrio, com possibilidade de transmissão desses agentes ao homem. Dessa forma, podem surgir doenças novas ou as chamadas emergentes. Em ambientes impactados pela ação antrópica, como áreas de garimpo, abertura de estradas, implantação de hidrelétricas, instalação de projetos agrícolas ou de pecuária, é comum haver desequilíbrio do componente biológico. Nesse contexto, espécies raras podem tornar-se abundantes. Vetores como os da malária, quando proliferam descontroladamente, contribuem para aumentar o risco de transmissão. No ambiente antrópico rural, muitas vezes, o homem facilita o surgimento de riscos epidemiológicos por meio de suas atividades. Na agricultura, o homem artificializa acentuadamente o ambiente. Para manter sua plantação produtiva, aduba o terreno com químicos e combate ervas daninhas com herbicidas. Para evitar o ataque direto às suas plantas da voracidade de insetos fitófagos, pulveriza inseticidas. Na luta contra a contaminação da lavoura por fungos, aplica outros produtos sintéticos, e assim por diante. O que se pretende ressaltar é que, para manter seu sistema biológico produtivo, o agricultor provoca séria contaminação ambiental que acaba por colocar em risco a saúde dele próprio, de seus ajudantes e de toda a população que posteriormente irá ingerir alimento contaminado. Na pecuária, mantém seus rebanhos em condição artificial. Se extensiva, cobre grandes áreas com a monocultura do capim, simplificando o meio biológico. É sabido que o intenso pastoreio provoca danos irreversíveis ao terreno, por causa do pisoteio, que facilita a perda de camadas superficiais por erosão e abertura de sulcos ou ravinas e até voçorocas. Diminui-se a capacidade de suporte desses terrenos para manter as comunidades biológicas. Esses ambientes desequilibrados são propícios à proliferação de pragas entomológicas, que dali podem invadir áreas agrícolas. Na pecuária intensiva, os animais confinados podem gerar problemas, principalmente em virtude do acúmulo de esterco e seu manejo, que nem sempre é feito corretamente. É comum a proliferação intensa de moscas, que dali voam para comunidades humanas. Ressalta-se que, de maneira geral, muitas espécies desses dípteros podem servir de vetor mecânico a inúmeras infecções. O combate aos insetos que atacam os rebanhos exige aplicação de venenos por diversas estratégias, que logicamente contaminam esses animais e seus produtos. Nas áreas urbanas, a simples falta do componente biológico pode ser um impacto à saúde humana. Cidades sem verde, em áreas de clima quente, tornam-se insuportáveis. A radiação do calor liberado pelas superfícies pavimentadas e pelas construções de concreto eleva nas horas de sol a temperatura a vários graus, provocando as chamadas ilhas de calor. A temperatura excessiva é prejudicial à saúde e contribui para a multiplicação de insetos e outras pragas urbanas que aumentam em temperaturas elevadas. As áreas verdes do meio urbano contribuem amenizando a poluição, diminuindo o ruído e constituindo áreas de lazer ou relaxamento, o que melhora a qualidade de vida. O meio urbano pode comportar numerosas espécies ditas indesejáveis ou taxadas de pragas. São animais vertebrados ou artrópodes que evoluíram mediante processo de domiciliação, passando a viver no próprio ambiente humano, quase sempre representando riscos. É o caso de ratos, pombos, baratas, aranhas, escorpiões, mosquitos, moscas etc. Essa fauna urbana está relacionada a doenças como a leptospirose, infecções diarreicas diversas, acidentes por picadas etc.

A população humana vive, em sua quase totalidade, em um meio artificialmente modificado. Quer rural ou urbano, o ambiente antrópico deve exercer notável influência sobre a saúde e o bem-estar. A melhora na qualidade de vida muito tem a ver com consciência, valores, atitudes e ações, frente aos problemas ambientais que se apresentam na modernidade.

Para melhor consolidar o conteúdo teórico, solicita-se a resolução das seguintes questões:

- Eleja uma doença e discuta as interações com base na tríade ecológica (agente-hospedeiro-ambiente).
- As doenças tropicais são determinadas exclusivamente pelo clima quente. Critique essa afirmativa.
- A atividade humana sobre os ecossistemas tem levado a uma diminuição da biodiversidade. Comente sobre os aspectos negativos desse fato, em relação ao tema.
- Caracterize dois dos principais problemas ambientais da cidade de São Paulo.
- Quais os problemas de saúde que a inversão térmica pode gerar?
- Defina doenças emergentes e cite exemplos.
- Discuta a importância da educação ambiental no modelo baseado na tríade ecológica.

A Influência Sociológica

Essa desponta como crítica ao período anterior, visto como demasiadamente ecológico. De fato, mediante discussão ecológica bem argumentada, encontra-se explicação para a grande parte dos processos que desencadeiam a doença ou mantêm a saúde. Não é nenhuma crítica à Ecologia que, sem dúvida, já se consagrou como uma ciência, possuidora de métodos precisos para avaliações das inter-relações que se processam na natureza entre o vivo e o não vivo. O que se coloca é o perigo de se parafrasear, utilizando-se de um sequenciamento de ideias e conceitos da referida ciência, a ponto de provocar convencimento de que o vilão da doença é a própria natureza. Se em outro período explicavam-se as doenças sob o prisma do determinismo unicausal biológico, um novo passo teria sido dado, mas em direção a um determinismo puramente ecológico. É no início da década de 1970 que a Epidemiologia recebe a influência dos movimentos sociais e vê nascer uma abordagem nesse sentido. Se a ênfase do modelo anterior recaía sobre o ambiente, volta-se agora a uma centralização na discussão do hospedeiro, no caso, o homem. Seriam então as próprias contradições da espécie humana que gerariam conflitos estimuladores dos fatores de risco. As desigualdades das classes sociais, que levam, de um lado, ao superenriquecimento de minorias, e, de outro, à geração da pobreza em massa no polo oposto da estrutura social, são vistas como as grandes desencadeadoras dos fatores associados às doenças. O homem adoece porque a sociedade é injusta. Nessa ótica, as populações só alcançariam um estado de saúde satisfatório se ocorresse uma substancial transformação social, o que seria inaceitável para as elites dominantes.

De forma semelhante ao ocorrido no período anterior, parte-se nesse novo contexto para o determinismo social. De fato, para os defensores dessa escola, a quase totalidade das doenças passa a ser discutida no viés do prisma social (Trostle, 2005).

Não é difícil entender que a mortalidade infantil tenha uma incidência maior entre a população mais pobre. A população em que esse evento incide com mais força é geralmente reconhecida por ter baixo nível educacional, não possuir acesso adequado aos serviços de saúde, apresentar com frequência deficiência calórico-proteica etc. Nesse contexto, a morte ocorre justo em um período da vida que não deveria acontecer, ceifando-a com precocidade. Na visão sociológica da Epidemiologia, o grande motivador do processo seria a marginalização desses grupos que ficariam vulneráveis. Impera um tipo de reducionismo, ficando esquecido que a população pobre também habita um ambiente e que agentes infecciosos, que provavelmente levaram as crianças a óbito, eram adaptados ao ambiente deteriorado habitado. É muito possível que tenha havido contaminação hídrica ou de alimento. Moscas poderiam estar envolvidas no processo de transmissão mecânica, ocorrida em um período chuvoso e de excesso de calor, de algum agente letal. É óbvio que a transmissão em última instância esteve na dependência de fatores ecológicos. Por outro lado, não se pode negar que esse ambiente foi estruturado com todas as suas características perversas em decorrência da população que nele habitava. As seguintes questões merecem ser discutidas:

- A existência da riqueza estaria condicionada à permanência da pobreza?
- Compare as doenças mais frequentes dos países industrializados com aquelas das nações periféricas. Como seriam explicadas as diferenças?
- Discuta a relação entre: doença, analfabetismo e tipo de moradia.
- Por que as doenças degenerativas afetam preferencialmente as comunidades mais ricas?
- O principal motivo das doenças para grande parte da população mundial é a pobreza. Critique essa afirmação.

Atualidades – a Busca de uma Visão Racional

A compreensão da causalidade segue sofrendo várias influências nas décadas finais do século XX e continua sua evolução no presente.

Marcou importância o desenvolvimento da Epidemiologia clínica, que se fundamentou em discutir questões técnicas, dando pouca ou nenhuma importância às influências sociais, sendo por isso muito criticada.

O desenvolvimento dos computadores e dos *softwares* permite processamento rápido de enorme quantidade de informação, facilitando grandemente o trabalho da Epidemiologia, mas afasta o pesquisador do campo e restringe sua capacidade de observação direta da realidade, limitando as investigações a uma visão puramente quantitativa. As associações demonstradas estatisticamente passam a ser demasiadamente valorizadas.

O avanço da Biologia e o estudo cromossômico, que leva ao conhecimento da sequência gênica, tem contribuído com o aumento do conhecimento da etiologia de muitas doenças, mas, por outra parte, estimula uma visão reducionista, agora molecular, levando à sensação de que, por intermédio da decifração do código genético, muitos problemas de saúde serão solucionados.

Sensoriamento remoto, sistemas de informação geográfica, sistemas de posicionamento global e estatísticas espaciais, quando aplicados à Epidemiologia, permitem uma nova concepção na análise espacial das doenças, mas essas inovações não podem ser vistas como substitutas do exame *in loco*, prática da tradicional Epidemiologia paisagística, que é fundamental para a apreensão de particularidades, que só são evidenciadas pela visão direta da realidade. É na visita técnica do local que se representa o cenário da doença que o pesquisador consegue reunir informações qualitativas, passando a compreender melhor as inter-relações que definem as redes multicausais.

O conflito entre o determinismo ecológico e social, aliado às inovações científicas das últimas décadas, não deve ser visto como impedimento, mas sim como estimulador do debate e do desenvolvimento da Epidemiologia.

HISTÓRIA NATURAL DA DOENÇA E A ABRANGÊNCIA DA PREVENÇÃO

Sendo compreensível que a doença é consequência da ação de fatores, é coerente reconhecer que, quando estes atuam, a doença tem chances de manifestar-se. Se no tópico anterior a preocupação estava circunscrita a entender os fatores determinantes, aqui o enfoque será na doença propriamente dita. O que se coloca é: em que circunstância esse processo surge, evolui, provoca seus danos e desaparece?

Na ciência epidemiológica, focaliza-se a doença no desencadeamento de sua gênese, muito antes de sua própria configuração. Fica marcada a grande diferença da Epidemiologia quando comparada com a clínica, cujo centro de interesse recai, principalmente, a partir da manifestação do agravo. Atesta-se que, para um fator possuir natureza causal, deve atuar temporalmente antes que a doença se instale. De outra maneira, se a doença surgir antes da atuação de um fator suspeito, tal fator não é causal.

Ao se imaginar uma doença que incida em uma dada área, os casos aparecem clinicamente, as manifestações se evidenciam e, finalmente, vem a cura, a sequela, a morte ou a emigração, e os casos deixam de existir naquela população. Quando se descreve a sequência de acontecimentos desde o período antes de seu início até seu desfecho, tem-se o relato da história natural da doença. O que se pretende deixar claro é que toda doença tem sua dinâmica de aparecimento e extinção nos indivíduos afetados. Não há, geralmente, simultaneidade no surgimento dos casos, cada um aparece em um devido tempo.

Tendo-se demonstrado que, do ponto de vista populacional, a doença é um processo dinâmico, pois os casos aparecem e desaparecem na população, nesse tópico a abordagem será individual para facilitar a compreensão da história natural. Essa estratégia será tomada, porém, sem perder a noção de que o indivíduo a ser considerado é componente de uma população e que, de igual maneira, outros elementos podem ser vítimas do mesmo processo (Leser et al., 2002; Breilh, 1991; Hernandez e Noyola, 1998; Rouquayrol e Almeida Filho, 2003; Pereira, 2005).

Período Pré-patogênico e a Prevenção Primária

Quando se discute a história natural de uma suposta doença Y, sob o ponto de vista individual, reconhece-se um primeiro período chamado pré-patogênico. Trata-se daquele lapso de tempo existente antes que um estímulo ou fator desencadeante do processo da doença Y possa interagir com um determinado hospedeiro humano a ser considerado. Nesse período não há, portanto, a doença; mas se ela ainda não existe, por que se preocupar?

Supondo que o indivíduo em estudo seja saudável e nunca tenha se deparado com o estímulo, mas que outros componentes da população na qual ele está inserido têm sido acometidos, não fica difícil deduzir que fatores associados à doença estão atuando e que o indivíduo considerado vive uma situação de risco.

Assim sendo, é no período pré-patogênico que atuam as chamadas condições preexistentes. Essas nada mais são do que fatores que, de alguma forma, mediante sua atuação, aumentam as chances da doença surgir. É sabido que, quando um fator está presente, na maioria das vezes apenas poucos elementos são atingidos. Nesse sentido, a atuação do fator aumenta o risco do agravo acontecer. Entende-se, dessa forma, por que muitos epidemiologistas preferem usar o termo fator de risco. Outros termos são verdadeiros sinônimos do conceito que procuramos transmitir, como causa, fator causal, determinante, variável independente etc.

É no período pré-patogênico que se adotam as medidas de prevenção primária. Nesse contexto, esse tipo de prevenção tenta trabalhar a causalidade da doença. Como já é conhecido, podem ser muitos os fatores associados às doenças. Se a pretensão é evitá-las, tem-se que suprimir fatores que facilitam o estímulo a entrar em ação (Braveman e Tarimo, 1994; Carr et al., 2007; Miller 2007).

A prevenção primária é usualmente dividida em dois níveis. Dessa maneira, é na prevenção primária de primeiro nível que se adotam as medidas de promoção à saúde. Esse termo é bastante adequado, pois, nesse momento da história natural, supostamente não se pensa em doença. As estratégias adotadas aqui são de caráter inespecífico e muito abrangente. Atingem naturalmente os fatores determinantes de uma variedade de doenças. Medidas dessa natureza extrapolam o setor saúde e são tomadas ou ocorrem visando à melhora da qualidade de vida. Autores de Epidemiologia citam, como exemplo de promoção à saúde, investimentos em saneamento básico, educação, habitação, vestuário etc. Pode-se partir do princípio de que a promoção à saúde ocorre como consequência do desenvolvimento de determinada realidade geográfica, mas é necessária maior discussão do significado de desenvolvimento. Uma maneira simples de entender o referido conceito é desdobrá-lo em três componentes: econômico, social e ambiental. O que se pretende dizer é que o simples desenvolvimento econômico pode não gerar melhora na qualidade de vida. Se a economia melhora, mas de forma centralizada, beneficiando uma minoria, entende-se que o restante da população deva passar por um processo de empobrecimento. Diferenças marcantes na polarização entre a riqueza e a pobreza geram conflitos sociais com possibilidade do acirramento de inúmeros fatores provocadores de doenças. De outro lado, o desenvolvimento deve ocorrer, respeitando-se o meio ambiente na concepção moderna de desenvolvimento autossustentado. Significa dizer que o modelo de desenvolvimento adotado não deve comprometer as gerações futuras por meio da exaustão dos recursos naturais ou poluição. Ressalta-se que ambientes em desequilíbrio são propícios ao desencadeamento de muitas doenças (Cima, 1991; Goodland, 1995; Yarnell 2007).

Ainda no período pré-patogênico, em um segundo nível da prevenção primária, tem-se a proteção específica. O termo "específica" refere-se à preocupação em proteger a população de uma doença bem definida. O fator desencadeante está prestes a entrar em contato com o homem e é preciso fazer alguma coisa para impedir ou bloquear essa interação. Nas doenças infecciosas, uma excelente arma desse tipo de proteção é a vacina. Ela nada mais é do que a provocação de uma barreira imunológica. É claro que a vacina não impede o contato com o agente, mas, uma vez que esse contato tenha ocorrido, o agente é incapaz de se viabilizar no organismo do novo hospedeiro. Para as poucas doenças vacináveis, essa estratégia artificial tem produzido resultados surpreendentes. É o caso da erradicação da circulação do vírus da varíola no planeta, ocorrida na década de 1970. Outras doenças têm sido bastante reduzidas em locais onde campanhas vacinais são levadas a efeito com seriedade, como poliomielite, sarampo, coqueluche etc. No início desse novo milênio, uma série de novas vacinas está sendo colocada à disposição, evidenciando que, no período que se inicia, seguramente, haverá grande progresso nessa área. Embora a vacina possa se constituir em boa estratégia de controle de doenças, ela não é a solução definitiva. O que se coloca é que há muitas doenças com boas vacinas e que continuam sendo problema de saúde pública.

Uma alternativa, ainda para doenças infecciosas, é o estabelecimento de uma barreira física para evitar o contato com o agente. O uso de luvas ou máscaras em procedimentos cirúrgicos ou odontológicos evita que o profissional se exponha a possíveis agentes infecciosos do organismo doente. Essas medidas, comuns não só no tratamento de humanos como também na medicina veterinária, têm garantido a segurança no trabalho e evitado a infecção com doenças de elevada periculosidade, como diversas formas de hepatite, meningites, aids etc.

Para agravos não infecciosos, medidas específicas são comumente tomadas, no intuito de garantir a saúde no ambiente de trabalho. A colocação de uma barreira para evitar que a mão deslize para a prancha de uma máquina ou o uso de botas pelo trabalhador rural para evitar picadas de serpentes são exemplos simples de proteção específica.

No terreno de controle de vetores, têm-se muitos outros exemplos de proteção específica. Quando se reporta ao combate do *Aedes aegypti* nas cidades, entende-se que a luta é contra a dengue. Se a febre amarela urbana voltar, o combate ao mesmo mosquito servirá também para evitar essa outra doença. De igual forma, pode-se entender que o combate ao *Anopheles darlingi* na Amazônia é medida de controle de malária, ou, se o objetivo for diminuir a transmissão da filariose em algumas cidades do Nordeste e do Norte, deve-se implementar estratégias de controle do *Culex quinquefasciatus*. Se a proposta é combater zoonoses, como a raiva e a leptospirose, há que se levar em consideração, respectivamente, o controle de morcegos e ratos.

Fica evidente que as medidas de proteção específica são bastante artificiais. A vacina é útil e tem evitado a mortalidade por várias doenças, mas parece que cada vez mais o homem torna-se dependente dessa tecnologia. Até que ponto o não enfrentamento direto das infecções pelo sistema imunológico interfere na própria evolução humana? Seria ideal que as cidades fossem limpas o suficiente para evitar que ratos se proliferassem e colocassem a população sob risco de leptospirose. Seria louvável a garantia de uma qualidade ambiental que impedisse a concentração de criadouros de mosquitos nas cidades ou que as águas residuais fossem limpas a ponto de inviabilizar a proliferação de *Culex quinquefasciatus*. É notável que, quando fracassa a promoção à saúde, as medidas de proteção específica passam a requerer maior importância.

Período Patogênico e a Prevenção Secundária

De maneira semelhante à prevenção primária, a prevenção secundária pode ser dividida em mais dois níveis, correspondendo, na sequência ora em discussão, aos terceiro e quarto níveis. A forma secundária de prevenção implica atuação na história natural em momentos em que a doença já está em processo de desenvolvimento.

Em primeiro lugar será considerada a prevenção secundária no terceiro nível. Nessa fase da história natural, o estímulo desencadeante da doença já está em ação. Isso implica dizer, para as doenças infecciosas, que o agente infectante já está vivendo no organismo do futuro doente. Embora a infecção esteja seguindo seu curso, a enfermidade ainda não evidenciou sua forma clínica. Esse período de tempo, que varia muito nas diferentes doenças, é reconhecido como a fase silenciosa da doença ou o período de incubação. Para infecções alimentares, provocadas por bactérias produtoras de toxinas, o período de incubação dura poucas horas. Em doenças transmitidas por vias respiratórias, como o sarampo, dura poucos dias. A malária tem incubação de duração entre vinte e trinta dias. Doenças infecciosas crônicas, como esquistossomose e Chagas, apresentam incubação muito longa, medida em anos ou décadas. Nas doenças não infecciosas é um pouco mais difícil entender o período escondido. Naquelas provocadas por intoxicações, como é o caso de metais pesados, o indivíduo expõe-se ao elemento (agente), às vezes por muitos anos, sem apresentar problema algum. É comum o agente estar acumulando-se em algum tecido, mas a concentração ainda estar abaixo de um limiar e os danos ainda não se evidenciarem. Para essa situação usa-se o termo "período de latência" que, de alguma maneira, é muito parecido ao período de incubação das doenças infecciosas.

Como descobrir esses doentes ocultos? Pode-se exercer a prevenção nessa fase? Os atingidos ainda mostram-se saudáveis, trabalham, estudam, viajam ou divertem-se, mas, se nenhuma ação for tomada, muitos deles evoluirão para a forma clínica e ficarão definitivamente doentes. É por esse motivo que, mesmo nessa fase da história natural, as providências que puderem ser tomadas contra a doença serão vistas como de caráter preventivo. Mas, se nem mesmo o acometido tem conhecimento de que está com uma doença em curso, como proceder à prevenção? É importante ressaltar que, para qualquer doença, deve existir um contingente de pessoas no período de incubação ou latência. É nesse contexto que a saúde pública tem a preocupação de descobrir esses elementos. A pesquisa direta na população é o procedimento que indicará quais são os doentes em potencial, ou seja, aqueles na incubação ou latência.

Na atualidade existem inúmeras técnicas e recursos que, com grau relativamente alto de especificidade e sensibilidade na análise dos mais variados tipos de materiais colhidos do "suspeito", ou por intermédio de exames diretos, irão permitir uma avaliação aproximada da situação. Essa procura pode ser desencadeada pelos serviços de saúde pública, sempre que a situação exigir. Nesse caso, a busca é puramente ativa, estando a equipe de investigadores buscando a informação e detectando os casos problemáticos.

Há que se considerar que muitas pessoas, preocupadas com sua própria saúde, procuram o serviço médico para realizar uma análise investigatória na procura de alguma coisa ou algum indicativo ou início de doença. Esse procedimento, reconhecido na literatura inglesa como *checkup*, é muito comum em classes sociais mais abastadas ou entre determinados profissionais, como executivos ou políticos. Nesse contexto, geralmente é feito um exame detalhado e de alta tecnologia. É muito provável o descobrimento de irregularidades escondidas, às vezes já consideradas de alto risco para o suposto indivíduo saudável. Na área cardiológica é comum encontrar alguma válvula prestes a ruir ou uma artéria na qual se acumularam placas de colesterol. Nesse caso, é altamente recomendável que o "suposto saudável" fique internado para tratamento preventivo de emergência.

Exames periódicos a partir de determinada faixa etária são indicados para prevenção de alguns tipos de câncer, como os do colo do útero, das mamas e da próstata. Nessas condições, a detecção do tumor precoce é extremamente importante, pois a sua remoção e tratamentos correlatos permitem evitar a complicação da doença.

A prevenção secundária de terceiro nível é tarefa bastante relacionada à medicina preventiva. Pode-se deduzir que, uma vez que a prevenção primária não tenha funcionado a contento, o problema irá deslocar-se para o terreno da Medicina. Fica evidente que, quando a doença está em fase de instalação, como foi retratado, embora de forma imperceptível, já está afetando os indivíduos de um corpo populacional e que cada um deles passa a ter necessidades de atendimento.

Avançando na história natural, atinge-se o período de manifestação clínica da doença, entendendo-se, portanto, que o problema evoluiu para a provocação de sintomas. O paciente sofre alguma irregularidade em seu organismo e, naturalmente, vai em busca de solução. Para doenças ou agravos leves, muitas vezes a solução é caseira. Toma-se chá ou remédio de ervas e espera-se pelo resultado. No Brasil é hábito a busca da cura na farmácia e o abuso da automedicação, facilitada pela venda livre de medicamentos. Mas quando o quadro persiste e o incômodo torna-se mais evidente, é natural a opção pelo serviço médico. A rede de serviço público, os prontos-socorros e os hospitais constituem as principais portas de entrada dos pacientes no sistema de saúde.

O diagnóstico da doença é, na maioria das vezes, feito na fase de manifestação clínica, quando os sintomas ajudam nessa caracterização. Em muitos casos, além dos sintomas, é necessária a análise de materiais, como sangue, fezes, amostras de tecidos etc. Há laboratórios especializados em análise clínica, que, na atualidade, dispõem cada vez mais de técnicas precisas. Os resultados de exames provenientes desses laboratórios ajudam o serviço médico na definição correta dos casos. Uma vez diagnosticada a doença, o paciente entra em tratamento. É esse tratamento que é reconhecido como prevenção secundária de quarto nível ou limitação da incapacidade. Não é controverso entender por que se continua a referir a respeito da prevenção. Se o tratamento visa a resgatar a cura, certamente está prevenindo a morte ou a instalação de sequelas.

No Brasil há muitos conflitos na Medicina curativa. Convive-se, ao mesmo tempo, com equipamentos de alta tecnologia, comparáveis aos de países do primeiro mundo e com serviços sucateados, que funcionam na base da precariedade. Enquanto as elites têm acesso a serviços privados de primeira qualidade, a grande massa da população precisa recorrer a instituições públicas ou filantrópicas, nas quais as condições de instalações e recursos deixam a desejar, além de ter de esperar dias ou meses para agendar uma consulta e, no momento desta, enfrentar longas filas ou ser destratado por funcionários estressados e revoltados.

Pode-se questionar por quais motivos, no Brasil, muitos hospitais e outros serviços de atendimento vivem lotados e não conseguem absorver a demanda? Recai sobre essas instituições um complexo nó do sistema de saúde, constituindo um verdadeiro ponto de estrangulamento. Observa-se com frequência a exploração pela mídia dessa triste tragédia quando, por exemplo, a televisão sensacionalista focaliza um paciente que morre em um pronto-socorro sem ter recebido a mínima assistência, depois de ter passado por vários pontos da rede sem ter sido atendido. Não é raro a equipe televisiva penetrar no interior para captar imagens de equipamentos fora de uso, por falta de manutenção ou por não ter funcionários habilitados para operá-los. Colhem-se imagens do teto que está para desabar e mostra-se a unidade de terapia intensiva que foi desativada. Transmite-se a mensagem de que é o hospital o vilão do fracasso da saúde pública, sendo o responsável pela mortalidade e sofrimento da população. É nesse contexto que a população marginalizada vai à busca da solução alternativa. Prolifera-se a crença no terreno místico. Seitas surgem arrebanhando e explorando multidões, prometendo e, muitas vezes, indiretamente, vendendo a cura.

Convêm algumas reflexões:

- Por quais motivos no Brasil há grande aporte de doentes em busca da cura?
- A prevenção primária que traz qualidade de vida e saúde tem sido encarada seriamente nas políticas públicas neste país?
- Na esfera administrativa, como seria a fórmula mais racional no investimento de recursos financeiros?
- Qual a consciência política das autoridades no que tange à importância da promoção da saúde?
- Como a população percebe essa importância?
- No âmbito da educação ambiental, quais seriam as ações que poderiam ser praticadas para mudar esse quadro?

Período do Desfecho e a Prevenção Terciária

Na última fase da história natural da doença, no período após a fase clínica, irá naturalmente ocorrer um desfecho. Quais as alternativas desse desfecho? Quando um organismo adoece, a evolução final do processo levará a uma das seguintes possibilidades: morte, recuperação ou sequela.

Aos que morreram deverá ser preenchida uma declaração de óbito. Esse documento possui vários campos para recolhimento de informações, como estado civil, idade, sexo, ocupação, local de residência, causa da morte, entre outras. Convém salientar que toda estatística de mortalidade, no país e fora dele, é feita com base na informação originalmente levantada na referida declaração. A não consciência da importância do preenchimento correto da declaração de óbito prejudica as estatísticas de mortalidade. O médico ou outro profissional de saúde deve prestar atenção ao preencher o campo sobre causa da morte. É a partir do sequenciamento correto do preenchimento desse item que se explicita a causa básica que levou o indivíduo à morte. Em Epidemiologia pode-se, a partir da análise do efeito (a morte), estudar seus fatores determinantes e, portanto, a informação correta sobre mortalidade é de grande valor.

Para algumas doenças infecciosas de alta transmissibilidade, é de extrema importância que o caixão seja lacrado para evitar contato e passagem do agente para pessoas no período do cerimonial. Os cemitérios devem estar alocados em áreas que não provoquem impactos como a contaminação do ambiente. Áreas de fundo de vale, com lençol freático aflorante, são desaconselhadas por atrasarem a decomposição, prolongando-a por vários anos e levando à contaminação das águas subterrâneas. Cemitérios tradicionais, com suas tumbas, estátuas e oratórios, permitem a proliferação de artrópodes, como baratas e escorpiões, que podem daí invadir áreas habitadas. Cemitérios tipo jardim são os mais saudáveis, desde que bem localizados topograficamente. O manejo adequado de cadáveres e o sepultamento em local digno é, sem dúvida, uma forma de prevenir doenças e garantir a qualidade de vida.

Os recuperados voltam para o contingente dos saudáveis. Continuarão correndo o risco de adquirir novas doenças ou sofrer recaída. Infecções que conferem resistência permanente, como o sarampo, não devem voltar mais ao acometido sob a forma clínica. De maneira bastante generalizada, todas as pessoas que adoeceram ou sofreram algum agravo ficam com alguma marca, muitas vezes imperceptível fisicamente, mas registrada na memória imunológica ou nas lembranças, embora algumas medidas possam ser tomadas em relação aos mortos e curados, é referente aos sequelados a ênfase da prevenção no período do desfecho da história natural. Essa é categorizada como prevenção terciária de quinto nível.

Muitos agravos, após a recuperação, deixam deformações físicas permanentes. Doenças cujos agentes têm tropismo para os tecidos do sistema nervoso podem provocar danos irreversíveis. É o caso das encefalites por arbovírus, da malária cerebral, das meningites, da poliomielite e outras. Acidentes do cotidiano, associados à violência ou à saúde do trabalhador, com frequência provocam sequelas. Em traumatismos leves pode haver total recuperação, ao passo que aqueles mais graves, que afetam o tecido nervoso, podem produzir um estado permanente de limitação. Muitas enfermidades congênitas, como as malformações, afetam de imediato o feto e a criança já nasce com problema. Em outro sentido, pode-se mencionar os traumas psicológicos, decorrentes principalmente de doenças graves que, uma vez tendo sido curadas, deixam um resíduo de insegurança ou temor pela sua possível volta. O envelhecimento, por si só, é fator que progressivamente vai provocando uma série de restrições nas esferas visual, auditiva e de locomoção (Kennie, 1993).

A prevenção terciária de quinto nível objetiva reintegrar a vítima da sequela a uma aproximação de vida normal no âmbito familiar ou social e procura ainda estimulá-la a tornar-se produtiva, por meio de uma ocupação. A fisioterapia e a terapia ocupacional têm papel fundamental nessa estratégia de prevenção.

Certamente, uma das maiores barreiras desse quinto nível de prevenção prende-se às questões educativas. O público de maneira geral não está preparado para o convívio com pessoas que evidenciam algo anormal e tende naturalmente a rejeitá-las. Há poucos exemplos de empregadores que se predispõem a investir em um ambiente ergonômico adequado para utilizar essa força de trabalho usualmente marginalizada.

A Engenharia e a Robótica vêm, nos últimos tempos, desempenhando papel de extrema importância no desenvolvimento de novos equipamentos que tentam resgatar funções perdidas, de maneira cada vez mais aproximada à de um organismo saudável. Prevê-se um grande desenvolvimento nessa área. Infelizmente, a tecnologia avançada é geralmente cara, levando favorecimento às populações do primeiro mundo e à minoria privilegiada dos países pobres e em desenvolvimento.

A organização do ambiente deve estar voltada a facilitar a vida de pessoas limitadas. Calçadas rebaixadas, elevadores especiais, corrimãos, sanitários adaptados, acesso livre de obstáculo a veículos de transporte urbano e bancos reservados são alguns exemplos que, quando implementados, significam consciência e respeito da sociedade a essa parcela sofrida da população.

Doenças Infecciosas

As doenças infecciosas surgem no contexto das relações ecológicas, reconhecidas como parasitismo. A seguir é fornecido um esboço das situações que desencadeiam os processos geradores dessas doenças, que têm, em sua etiologia, um agente infeccioso vivo.

Quadro Geral

Esse quadro é composto por quatro componentes: agente, fonte, novo hospedeiro e ambiente. A transmissão do patógeno ocorre mediante uma sequência de acontecimentos que envolvem:

- A saída do agente de sua fonte.
- A transposição de uma barreira ambiental.
- A penetração no novo hospedeiro.

Esse conhecimento subsidia a base científica para a identificação da população de risco e o estabelecimento de estratégias promovedoras da saúde (Forattini, 1976; Almeida Filho e Rouquayrol, 2006; Heller, 1997; Batista et al., 2001; Webber, 2005; Magnus, 2008).

Agente

É representado por uma diversidade de patógenos de natureza biológica, como vírus, bactérias, protozoários, helmintos, entre outros. É importante conhecer as adaptações desses agentes, que variam em gradiente na relação com o hospedeiro. A seguir abordam-se algumas dessas adaptações (Veronesi, 2010; Chin, 2001; Neves, 2007):

- Infectividade – capacidade que o agente possui de se multiplicar. Agentes com baixa infectividade são de difícil transmissão. Exemplo: o bacilo da hanseníase. Agentes de elevada infectividade se transmitem com mais facilidade. Exemplo: os vírus da *influenza*.
- Patogenicidade – capacidade que o agente possui de produzir sintomas. Em um evento epidêmico seria representada pelo percentual de infectados que expressaram um quadro clínico. Exemplo: o vírus da raiva.
- Virulência – capacidade que o agente possui de gerar casos graves ou danos no organismo infectado. A virulência que leva ao óbito pode ser avaliada por meio da taxa de letalidade, valor representado pelo percentual que evolui para morte entre os doentes graves. Exemplos: hantavírus, vírus ebola, vírus da febre amarela e *Bacillus anthracis*.
- Poder imunogênico – capacidade que o agente possui relativa ao surgimento de reação imunitária no hospedeiro. Há aqueles de baixo poder imunogênico. Exemplo: protozoários do gênero *Plasmodium*. Há

patógenos de elevado poder imunogênico e que provocam imunidade duradoura. Exemplo: vírus do sarampo.

* Resistência ao ambiente – capacidade de sobrevivência dos agentes no ambiente. Há agentes que são rapidamente inativados quando lançados ao meio. Esses são sensíveis às oscilações do ambiente. Exemplo: agentes transmitidos pelas vias respiratórias como os vírus da gripe. Há agentes que possuem elevada resistência às intempéries por possuírem cistos, esporos ou ovos, com sobrevida de meses e até anos.

Fonte

Fonte ou reservatório é o lugar onde o agente etiológico aloja-se e de onde pode ser liberado, permitindo a infecção de um novo hospedeiro.

As fontes podem ser vivas ou inanimadas. Entre as vivas tem-se o exemplo do homem, na transmissão de plasmódios humanos. Entre as inanimadas tem-se o exemplo de objetos contaminados pelos agentes das conjuntivites.

Há várias modalidades de doenças infecciosas com nomes apropriados. Quando o agente propaga-se dentro de uma mesma espécie, sendo o homem essa espécie, a doença é conhecida como antroponose. A tuberculose seria um exemplo. Muitos agentes transmitem-se entre animais e essas doenças são conhecidas como zoonoses. Outros agentes podem ser liberados nos dois sentidos: do animal para o homem e do homem para o animal e essas doenças são designadas como anfixenoses. As plantas podem servir de fontes ao homem e, nesse caso, as doenças são reconhecidas como fitonoses; a exemplo da blastomicose.

Muitos dos agentes biológicos são dotados de mecanismo eficiente de via de eliminação a partir da fonte. Tomando-se alguns exemplos, tem-se: saída pelas vias aéreas, como na gripe; pelas fezes, como na cólera; pela urina, como na leptospirose; pelo sangue, como na dengue.

Novo Hospedeiro

O novo hospedeiro pode possuir distintas formas de reação à penetração do patógeno:

* Refratariedade – significa incompatibilidade absoluta entre o agente e o novo hospedeiro, como ocorre com alguns *Plasmodium* de aves ao contato com eritrócitos do homem.

- Resistência – o agente infectante encontrará no novo hospedeiro uma barreira imunológica. Essa resistência pode ser devida à vacinação, aos anticorpos de uma prévia infecção ou passivamente recebidos pela amamentação. A idade e o hábito alimentar podem ter relação com a resistência dos organismos às infecções. Crianças e idosos tendem a ser mais vulneráveis às infecções. Uma dieta deficiente pode implicar perda de resistência.

- Suscetibilidade – um indivíduo na situação de suscetível é "porta aberta" para a recepção do agente infeccioso, seguindo a doença sua evolução natural. Para certos patógenos, quando os suscetíveis se acumulam na população, há o risco de ocorrência de surto ou epidemia.

Ambiente

Para que haja transmissão, o agente deverá atravessar a barreira ambiental e atingir o organismo do novo hospedeiro. Entre esses mecanismos, destacam-se:

- Passagem direta da fonte para o novo hospedeiro – o agente é frágil ao ambiente, sendo necessário o contágio direto. Exemplo: doenças sexualmente transmissíveis.

- Passagem rápida pelo ambiente – o agente é de baixa resistência ao ambiente; porém, permanece viável no meio externo em curto período. Exemplo: as infecções respiratórias, a tuberculose, as meningites. Essas doenças podem ser epidêmicas ou pandêmicas, como ocorre com a *influenza*.

- Passagem demorada pelo ambiente – o agente permanece viável por tempo prolongado no ambiente, onde sobrevive nas formas de: ovos, cistos, esporos, entre outros mecanismos. Nesse grupo estão arroladas as doenças de contaminação ambiental, que são comuns em lugares de condições precárias de saneamento, como nos países pobres, onde o crescimento da população não foi acompanhado de infraestrutura, sendo a água o principal veículo de contaminação.

Seguem alguns fatores que, na atualidade, têm contribuído com a proliferação e a persistência das doenças infecciosas:

- Resistência aos antibióticos.
- Uso abusivo de antibióticos.

- Uso indiscriminado de inseticidas.
- Crescimento populacional.
- Urbanização.
- Poluição.
- Crise social.
- Fome.
- Artificialismo da vida.
- Excesso de tecnologia.
- Desmatamento.
- Alterações climáticas.
- Aquecimento global.
- Redução da camada de ozônio.
- Guerras, entre outros.

Doenças Não Infecciosas

Doenças não infecciosas possuem agentes etiológicos físicos e químicos. Por terem etiologia não biológica não estabelecem relações hospedeiro-parasita. Exemplos: a posição ereta humana e os desvios na coluna vertebral, falhas gênicas e as deficiências físicas e mentais, alimentos gordurosos e as doenças cardiovasculares. Observa-se que esses agravos são decorrentes das relações do homem com fatores endógenos ou do ambiente externo (Saldiva et al., 1992; Spivery, 1994; Watson et al., 1996; Pereira et al., 2010).

Quadro Geral

De maneira semelhante às doenças infecciosas, admite-se para as não infecciosas a existência de um quadro geral, caracterizado por uma estrutura epidemiológica similar à que fora explicada para aquele grupo de doenças (Forattini, 1976; Leser et al., 2002; Rouquayrol e Almeida Filho, 2003).

Fonte

Para algumas doenças, como as associadas à poluição do ar, a fonte pode ser identificada nas proximidades dos lugares onde são registrados os casos. Exemplo: as chaminés de um complexo industrial. Os veículos a motor são fontes que comprometem o ar das cidades e também provocam ruídos que afetam os aparelhos auditivos das pessoas. Observa-se que esses exemplos se atribuem às fontes extrínsecas, pois estão fisicamente no ambiente externo do organismo (WHO, 2001). Para outros agravos, as fontes confundem-se com o próprio organismo, como se estivessem encerradas em seu interior, sendo designadas como fontes intrínsecas. Os distúrbios psicológicos ou mentais, assim como os agravos de natureza genética, podem ser decorrentes de fontes internas, muitas vezes de difícil identificação (Molak, 1996).

Agente

O agente pode ser de natureza: física (exemplos – radiações de alta energia, como ultravioletas, raios X e raios gama e a geração de neoplasias); química (exemplos – organoclorados e as intoxicações, poluentes atmosféricos e problemas pulmonares e circulatórios). Em uma explicação complementar, um indivíduo que trabalha em uma central nuclear corre o risco de ser exposto à radioatividade. No ar urbano poluído é possível distinguir agentes agressivos, como: monóxido de carbono, óxidos de nitrogênio e enxofre, ozônio, materiais particulados, entre outros (OPS, 1985).

Em certas condições, é a ausência do agente o fator motivador do problema de saúde. Para doenças carenciais, a falta de uma vitamina ou de um elemento irá determinar um estado de desnutrição. É bem conhecido que a falta de iodo provoca o bócio; entre inúmeros exemplos.

As fontes extrínsecas liberam agentes para o ambiente. Uma indústria que lança efluentes em um rio coloca em risco o ecossistema aquático e o homem, ao usar o peixe como alimento. Nesses exemplos, o agente provém do ambiente externo para o corpo atingido. Um agente, ao ter sua origem fora, é denominado agente extrínseco.

As fontes ditas intrínsecas liberam o agente na intimidade do corpo; assim, se a fonte é intrínseca, só poderá produzir agente intrínseco. A uma falha genética pode ser atribuída uma doença hereditária.

Suscetível

Nas doenças não infecciosas, a suscetibilidade varia em gradiente, pois existem pessoas que se enquadram entre as de elevada suscetibilidade até aquelas com este caráter extremamente baixo, reconhecidas como resistentes. Essas variações são evidentes no ambiente de trabalho, pois, entre operários com o mesmo grau de exposição, alguns são acometidos nos primeiros anos de trabalho, outros demoram mais, e determinado contingente se aposenta sadio. De certa maneira, não é errado admitir que todos os indivíduos devam ser dotados de algum grau de suscetibilidade a determinado agente. Nessa linha de raciocínio, na identificação dos suscetíveis, pode-se incluir todos aqueles que interagem com a fonte ou que são expostos à atuação do agente (Ramazzini, 1985; Zavariz e Glina, 1992; Zavariz e Glina, 1993).

A exposição aos agentes extrínsecos pode expressar-se como:

- De forma intensa e abrupta – o caso de uma explosão atômica ou de um vazamento em uma central nuclear quando toda uma população entraria em contato com o material radioativo. Essa relação da população com o agente assume as características de um acidente, revelando muitas vezes proporções dramáticas.

- De maneira leve, contínua e duradoura – o agente estaria permanentemente no ambiente atingindo a população. A exposição ao ar poluído em uma metrópole seria um exemplo. Entre os expostos haverá sempre uma fração que adoecerá.

- De maneira leve, intermitente e duradoura – seria o caso em que as pessoas, de tempo em tempo, receberiam uma carga do agente. Como exemplos: o operário que se expõe no local de trabalho, o faz durante cada turno, enquanto se prolongar seu tempo de serviço em determinada empresa; assim como o fumante que entra em contato com os agentes da fumaça toda vez que acende um cigarro.

Ambiente

A poluição ambiental, principalmente por atividade antrópica, tem atingido todo o planeta, porém, com maior intensidade as regiões mais habitadas, evidenciando as áreas de risco (Branco, 1989; Ponting, 1991; Wild, 1995; Watson et al., 1996; Molak, 1996; Luhmann, 1990).

As condições climáticas, como temperatura, chuvas, vento e inversão térmica, atuam ao influenciar na concentração ou na dispersão dos agentes poluidores, aumentando os agravos respiratórios, metabólicos e cardiovasculares (Gordis, 1988; Gutberlet, 1996).

A redução da camada de ozônio e a exposição às radiações ultravioletas aumentam a incidência de câncer de pele.

O cenário atual apresenta-se com o homem em convívio com as doenças infecciosas ao lado das não infecciosas; com tendência de agravamento das doenças ligadas aos hábitos de vida. Nesse quadro, a saúde pública torna-se complexa, sendo a Epidemiologia instrumento para o planejamento e a gestão do ambiente.

QUANTIFICAÇÃO DA DOENÇA OU ÓBITO

Já foi considerado, nos capítulos anteriores, que a doença ou o óbito são consequências da atuação de fatores associados aos referidos eventos. Também foi abordado que a preocupação central da Epidemiologia é a compreensão da inter-relação entre fatores e uma determinada doença em estudo. Assim, a doença surge onde atuam diversos fatores, o que implica que seja produzida a partir de uma rede multicausal.

Por causa da complexidade das interações que ocorrem na rede multicausal seria muito difícil sua compreensão total de uma única vez. Na prática, o epidemiólogo procura entender a força de cada fator. Interessa saber, diante da atuação natural de um determinado fator Y, bem específico, conhecido e definido, o quanto da doença X se terá a mais, se de fato tal fator for mesmo o causador da doença. Torna-se necessário, portanto, contar ou estimar a ocorrência ou a frequência da doença, pois assim pode-se avaliar o impacto sobre a saúde da população, quando o fator está atuando.

A Epidemiologia é uma ciência comparativa. Dados sobre doenças de uma única localidade pouco significam, a não ser que seja possível compará-los com os de outro local. Assim, não é rara a situação em que se passa a colher informações sobre doenças de várias localidades e, a seguir, comparar esses dados. Dessa forma, é de extrema importância a avaliação da frequência da doença.

A expressão frequência da doença pode ser realizada na forma absoluta ou relativa. A seguir é feito breve comentário a respeito dessas duas estratégias de contagem para verificação de qual é a mais apropriada para estudos epidemiológicos.

A primeira forma representa a contagem bruta, que é simplesmente enumerar o fenômeno. Os valores absolutos podem ser úteis para efeito administrativo em determinada área de cobertura de um serviço de saúde. Para planejamento, é interessante saber quantas pessoas estão sendo acometidas, ou quantos doentes crônicos de aids ou de tuberculose estão inscritos em um programa de controle para, a partir daí, estimar-se a demanda de equipamentos, medicamentos, recursos humanos, leitos hospitalares etc., que serão necessários para o atendimento adequado. Para comparações epidemiológicas temporais ou espaciais, não se aconselha o uso de valores absolutos, pois eles não permitem estabelecer comparações.

Se valores absolutos são desaconselháveis para uso epidemiológico, basta transformá-los em relativos, ou seja: em coeficientes (ou taxas) ou em índices (ou razões) que representam as medidas mais usadas em Epidemiologia na quantificação da doença ou óbito, sendo considerados indicadores epidemiológicos (Laurenti et al., 1987; Laurenti, 1996; Almeida Filho e Rouquayrol, 2006).

O que são coeficientes e como construí-los? Ao se dispor do valor absoluto da doença Y que está disseminada em uma determinada área geográfica, basta dividir esse valor pela população daquela área para obter-se um coeficiente. Decorre que, no numerador, se coloca o evento estudado (dados sobre morbidade ou mortalidade) e no denominador, a população supostamente sob risco. Como exemplo, se a intenção for calcular o coeficiente geral de mortalidade infantil em uma localidade, será necessário colher informações sobre todos os óbitos ocorridos em menores de um ano naquela área, em um determinado período de tempo, geralmente um ano. A seguir, divide-se o número encontrado pela população de nascidos vivos da mesma área e ano. Nota-se, para o caso, que, no numerador, se coloca o número de óbitos e no denominador, a população sob risco. Em uma área onde as condições ambientais são boas é esperado encontrar um coeficiente de mortalidade infantil baixo, quando comparado a lugares onde o ambiente é problemático, com falta de infraestrutura de saneamento básico e problemas sociais.

Sendo o numerador menor que o denominador e pelo fato de doença ou morte usualmente serem fenômenos raros, os coeficientes obtidos diretamente do cociente já discutido são números fracionários expressos em decimais, às vezes com várias casas depois da vírgula. Para facilitar a leitura e as comparações, pode-se multiplicá-los por cem, mil, dez mil e até cem mil, dependendo da raridade do evento. Dessa forma, eles ficam com a aparência de números inteiros, facilitando as comparações. Coeficientes que serão comparados devem ser multiplicados sempre pelo mesmo valor (múltiplo de dez) para evitar distorções (Rouquayrol e Almeida Filho, 2003).

Os índices diferem dos coeficientes por serem estimados a partir de um cociente em que numerador e denominador têm a mesma unidade. No numerador coloca-se o evento mais específico que se quer considerar, enquanto, no denominador, coloca-se o valor geral, de modo que o primeiro é subconjunto do segundo. Os índices nada mais são do que verdadeiras proporções, sendo expressos sob a forma de percentual. Como ilustração, pode-se estimar a mortalidade proporcional por afecções respiratórias, obtendo dados sobre óbitos atribuídos ao referido agravo em uma determinada área e ano e dividindo esse valor pelo número total de óbitos na mesma área e ano. Se a área em estudo tem o ar muito poluído por causa da presença de um complexo industrial, muito possivelmente a mortalidade pela referida causa terá uma proporção elevada em relação ao total de óbitos. Em outra área onde as condições do ar atmosférico são boas, é esperado encontrar uma baixa proporção.

Como foi visto na história natural, as doenças aparecem, têm seu período de duração e, finalmente, um desfecho. Ao imaginar um agravo qualquer, tem-se em um determinado intervalo de tempo, em uma população, muitos indivíduos não acometidos, outros entrando em contato com o agente, pessoas no período de incubação, outros com manifestação clínica, elementos em processo de recuperação, alguns adquirindo sequela ou até mesmo morrendo. A melhor compreensão dessa dinâmica é importante para a orientação das medidas de controle. De maneira geral, a doença só é diagnosticada na fase clínica, que é quando aparecem os sintomas, quando recursos médicos passam a ser necessários. O diagnóstico correto é importante em âmbito individual, pois o acometido terá chances de se medicar e recuperar sua saúde. Além desse aspecto, o diagnóstico correto é de extrema importância para a Epidemiologia. Uma vez definido e registrado o caso, servirá como fonte para estatísticas de saúde por intermédio de sua contagem e relativização (Arouca, 1976).

Ao se escolher um período para estudo, por exemplo, um mês, um semestre ou um ano, e se for possível colher informações nesse período sobre quantos casos novos da doença surgiram, estima-se sua incidência. Se simplesmente são contados os casos, será obtida a incidência avaliada em número absoluto. Como já foi visto, melhor será, para efeitos comparativos, usar a informação sobre a população de risco e estimar o coeficiente de incidência que é usualmente expresso por mil, dez mil ou cem mil habitantes (Laurenti et al., 1987; Almeida Filho e Rouquayrol 2006). Se de outra maneira for selecionado um período, como um dia, uma semana, um mês ou um ano, e sendo possível obter dados de quantos casos estão ocorrendo (casos novos + antigos) nesse período, estima-se assim a prevalência da doença. Levando-se em consideração a população exposta, transforma-se o absoluto em relativo, estimando-se o coeficiente de prevalência que deverá ser multiplicado por um múltiplo de dez para facilitar a leitura ou comparações (Opas, 2002).

Estimativas de incidência e prevalência de doenças são de grande valor para a avaliação do estado de saúde de uma população, podendo ser usadas como indicadores. A título de exercício, pode-se imaginar algumas indagações:

- Qual seria a utilidade desse conhecimento quando se pensa em planejamento ambiental?
- Poderia a educação ambiental interferir nesses indicadores em uma dada área?
- Discuta alguns indicadores que refletem condições ambientais.

MÉTODO EPIDEMIOLÓGICO

Sendo a Epidemiologia reconhecida como ciência, reúne uma série de conceitos e formas próprias de raciocínio. Até aqui já foram abordados vários aspectos dessa linguagem que o leitor necessita assimilar. Uma das características que mais marcam a Epidemiologia é, sem dúvida, seu método. Por estar centrada na discussão ou na compreensão dos fatores determinantes e de como eles geram doenças ou agravo, quando se permeia sua metodologia, entende-se melhor o real significado dessa disciplina. O que se propõe a partir daqui é uma apresentação bastante resumida de alguns desenhos de estudo que são disponibilizados aos investigadores e, por meio de uma visão geral das alternativas, compreender melhor quais são os verdadeiros objetivos da Epidemiologia, para que se destina, quando deve ser levada em consideração ou qual embasamento fornece para a compreensão da própria saúde pública no controle das doenças. Não é propósito apresentar detalhes das alternativas metodológicas, para tal, recomenda-se o exame de livros clássicos de Epidemiologia. Considera-se, entretanto, que mesmo uma visão simplificada ajudará aos que lidam com questões ambientais a ter uma percepção mais crítica da realidade e seus riscos à saúde (Gail e Benichou, 2001; Lieber e Lieber, 2001; Oleckno, 2008).

Estudo Descritivo

Trata-se do estudo da frequência na população de qualquer doença ou agravo. Essa descrição difere muito daquela que é feita na Medicina, quando o profissional da área procura entender o quadro clínico de um doente e passa a medir parâmetros, como temperatura, pressão sanguínea, batimentos cardíacos e solicita uma série de exames clínicos, para complementar as informações sobre o quadro do paciente. O que se faz na Epidemiologia é restringir-se a descrever a doença, porém, na população. Mas como visualizar a doença que incide ou é prevalente em um grupo populacional?

O desenho básico do estudo epidemiológico descritivo consiste em explorar os caracteres relativos ao tempo, à pessoa e ao lugar, o que remete a três perguntas: quando, quem e onde. O que se faz na prática são distribuições de frequência, procurando entender qual é o perfil epidemiológico do agravo (Mac Mahon et al., 1960; Lvovsky, 2001; Lima Costa et al., 2002).

A exploração da variável tempo permite estudar tendências da ocorrência da doença ao longo de décadas, como visto nos estudos seculares. É excelente para estudar a sazonalidade das doenças, ao se distribuir, por exemplo, os dados mês a mês, cobrindo o período de um ano. Com base no estudo das tendências do passado e mediante a elaboração dos chamados diagramas de controle, obtém-se um referencial para se acompanhar como uma doença está se apresentando na atualidade, se permanece em forma endêmica ou se está evoluindo para uma epidemia. Essas distribuições prestam-se ainda para avaliação de impactos ambientais sobre doenças, para avaliação de eficiência de vacinas na população, para aferição do poder curativo de novas drogas, entre outras utilidades.

Estudos, levando-se em consideração o tipo de pessoa acometida, apresentam-se geralmente em tabelas ou gráficos, evidenciando distribuições segundo sexo, faixa etária, condições socioeconômicas, estado civil, etnias, entre outros atributos. Prestam-se à investigação de exposição de grupos humanos a determinados fatores, como idade, hábitos, exposição de trabalho, vícios etc.

O lugar na Epidemiologia descritiva é estudado mediante a elaboração de mapas das doenças ou de distribuição de fatores suspeitos. De maneira geral, o que se procura investigar é se existe sobreposição cartográfica de fatores e doenças. Uma vez encontrada uma dessas relações, haverá indicativo de associação entre as referidas variáveis. Das distribuições locais às mais amplas, cobrindo territórios maiores como países ou continentes, a geografia das doenças é muito elucidativa na discussão epidemiológica. O mapeamento torna-se ferramenta útil na verificação da expansão ou retração geográfica e é muito proveitoso para alertar viajantes em relação às áreas de risco.

Formulação de Hipótese

Com base nos estudos e descritivos, de natureza quantitativa, da distribuição de agravos, mediante as respostas às questões: quando, quem e onde, cujos dados são apresentados sob a forma de gráficos, tabelas e mapas, é que são geradas as hipóteses sobre a determinação da doença.

Em livros clássicos de Epidemiologia, autores preocupam-se em apresentar algumas estratégias do raciocínio que levam à formulação de hipóteses. Sem ignorar a importância desse aspecto teórico, no contexto desse capítulo, pode-se admitir que não há uma "receita" específica para se conduzir esse raciocínio. A hipótese deve surgir na mente do pesquisador preocupado com a questão e que se debruça sobre os dados na tentativa de melhor compreender as inter-relações (Mac Mahon et al., 1960; Rouquayrol, 1986; Almeida Filho e Rouquayrol, 2006).

Fato curioso da Epidemiologia é que essa ciência não é fechada. Os dados quantitativos organizados e apresentados segundo o método descritivo não satisfazem plenamente. O epidemiólogo vai em busca de informações complementares, quase sempre de natureza qualitativa. Empreende visitas técnicas, observa, fotografa e filma a paisagem, coleta informações de moradores do local investigado, entre outras alternativas. Além dessas estratégias, levanta dados geográficos, econômicos, sociais, sempre que necessário. Busca fortalecer aspectos teóricos em outras disciplinas, como a clínica, a Ecologia, a Geologia, entre outras ciências. Em certas circunstâncias, um único dado qualitativo pode servir de elo sobre o qual deverá fluir o raciocínio gerador de uma hipótese.

Do que foi comentado, pode-se deduzir que a Epidemiologia não é uma ciência isolada, mas sim tem forte característica interdisciplinar. O bom epidemiólogo deve ser um leitor aberto para invadir outros campos e extrair conteúdos importantes para formalizar suas hipóteses de determinação. A título de exercício, recomenda-se ao leitor explicitar uma possível hipótese de natureza epidemiológica.

Estudo Experimental

Trata-se de tipo de estudo destinado a testar hipóteses epidemiológicas. O experimento é a forma mais direta de se comprovar hipóteses, dadas as chances de se controlar possíveis variáveis intervenientes.

O procedimento típico de um experimento é selecionar dois grupos de pessoas voluntárias e, em um deles, aplicar o fator em estudo e, no outro, um placebo. Coletam-se, então, os resultados e os analisam.

Pode-se reconhecer um experimento quando se observa que a variável independente está sendo controlada pelo pesquisador. Mais explicitamente, a hipótese pode ser colocada como segue: estaria a variável X (fator) associada à variável Y (agravo)? No caso de um experimento, é o pesquisador que aplica e dosa a força do fator. Por outro lado, a ocorrência dos efeitos (variável Y) foge totalmente da vontade do pesquisador (Rouquayrol, 1986; Rothman, 1987; Hulley e Cummings, 1988).

O método epidemiológico permite testar fatores supostamente causais, além daqueles protetores como vacinas e medicamentos. Entretanto, sobretudo quando o fator é possivelmente causal, fazer experimentos utilizando-se seres humanos feriria diretamente os princípios éticos. Mesmo para os fatores terapêuticos e preventivos, o uso de seres humanos nos ditos ensaios deve ser feito com muita cautela e seguindo-se os princípios da ética. Alerta-se que, quando se aplica qualquer princípio ativo pela primeira vez em um grupo humano, nunca se sabe o que acontecerá, pois efeitos colaterais indesejáveis podem vir à tona (Gart et al., 1986; Fletcher et al., 1991, 1996; Saldiva et al. 1992).

Uma alternativa interessante para a Epidemiologia experimental é utilizar-se de animais no lugar de pessoas. Nessa situação, o problema principal é a extrapolação dos resultados para a espécie humana.

Observa-se, portanto, as dificuldades em se testar hipóteses epidemiológicas por meio de experimentação. É em virtude dessas restrições que os epidemiólogos desenvolveram uma série de alternativas para estudo, sem que seja necessária a aplicação direta do fator suspeito sobre grupos humanos, pois este está sendo naturalmente aplicado. Esses estudos podem ser chamados de naturais, pois já estão estruturados, necessitando-se apenas do reconhecimento de sua existência. Por outro lado, em razão da não intervenção direta do pesquisador na manipulação da variável independente, os procedimentos limitam-se a analisar a situação, sendo também categorizados como estudos analíticos. A seguir, serão apresentados alguns desenhos desses estudos.

Estudo Ecológico

Os estudos ecológicos abordam geralmente lugares. Por seu próprio desenho, torna-se necessário um número razoável dessas unidades ambientais para que um tratamento estatístico adequado seja conduzido. Para cada unidade levantam-se dados sobre a intensidade da variável independente (fator em estudo). De outra sorte, também para cada área, colhem-se informações sobre a ocorrência do agravo (variável dependente), estimando-se indicadores gerais. Um tratamento estatístico poderá indicar se existe ou não correlação entre elas (Morgenstern, 1982).

O dilema que se coloca é se um teste como o de correlação é suficiente ou não para se testar uma hipótese. De qualquer maneira, o interessante é a leitura dos resultados que podem indicar: correlação positiva, ausente ou negativa, na dependência do resultado do teste. Dessa forma, passa-se a discutir a causalidade em um nível estatístico de relação.

Existem outras variações de estudos ecológicos, recomenda-se ao leitor a procura de compêndios mais completos de Epidemiologia. Sugere-se, para maior familiarização com esse tipo de estudo, imaginar situações reais em que tais estudos seriam possíveis.

Estudo Seccional

É um estudo de desenho muito simples para se discutir uma hipótese. Basta levantar dados de prevalência de uma doença X em uma área ou situação em que um suposto fator Y atua e comparar com a prevalência da mesma doença onde tal fator esteja ausente. Fica evidente que se o fator for de fato causal a primeira prevalência deverá ser mais alta. O cociente entre os valores permite calcular a razão de prevalência (RP). Quanto maior for a RP, maior será a indicação de que o fator é causal. Por outro lado, a subtração dos valores leva à estimativa da diferença de prevalência (DP). A DP corresponde à prevalência exclusivamente devida à atuação do fator.

Os estudos seccionais, também chamados de corte transversal, são de certa maneira rápidos, sendo geralmente feitos em uma semana ou um mês. Cálculos estatísticos são necessários na avaliação dos resultados, porém, não serão aqui abordados.

Estudo de Coortes

Determina-se uma relação causal entre exposição e doença em uma tendência temporal prospectiva ou retrospectiva. Montam-se grupos segundo a exposição ou não ao fator em estudo. Durante um período de tempo de observação contam-se os casos novos da doença que forem aparecendo. Entre os expostos estima-se a incidência (Ie) da doença em questão. Entre os não expostos obtém-se outra incidência representada por (Io).

Quanto maior for a (Ie) em relação a (Io), mais pode-se acreditar que o fator é causal. Para refinar essa discussão é possível obter-se o cociente representado por Ie/Io. O valor resultante, definido como risco relativo é representado por RR.

Os valores reais de RR irão variar de zero ao infinito positivo. Valores de RR menores que 1 podem significar fator protetor. Valores próximos a 1 serão interpretados como fator sem ação sobre a doença. Resultados maiores que 1, e quanto mais se distanciarem desse valor, indicam que o fator deve ser de risco. Observa-se que RR é um número puro que quantifica a "força" do fator.

Outra relação interessante é obtida por uma subtração (Ie - Io). Obtém-se, assim, o chamado risco atribuído (RA). Esse risco indica o valor da incidência estritamente relacionada ao fator da hipótese, pois subtraiu-se a incidência entre os não expostos (Io), que ocorreu em função da atuação de todos os outros fatores, inerentes à multicausalidade da doença.

Assunto que não será tratado, porém deve ser lembrado, é que existem tratamentos estatísticos para tomadas de decisão em relação à aceitação ou refutação das hipóteses.

Ressalta-se que os estudos de coortes são de seguimento temporal, demandando período de observação, para que as incidências se expressem. Assim, as coortes podem ser seguidas ao longo do futuro (estudos prospectivos) ou com base em registros do passado (coortes retrospectivas) (Florey e Leeder, 1982; Gordis, 2010; Benseñor e Lotufo, 2005).

Como exercício, recomenda-se:

- Imaginar alguns estudos possíveis de coortes destinados a discutir as relações entre fatores ambientais antropogênicos e a saúde humana.
- Enumerar possíveis vantagens e desvantagens de estudos desse tipo.
- Evidências de relação causal, a partir de um único estudo de coortes, seriam suficientes para suscitar medidas de controle sobre o fator?

Estudo de Casos-controles

Estima-se uma relação causal entre exposição e doença em uma tendência temporal retrospectiva. Parte-se de grupos de doentes e não doentes e procuram-se informações sobre a exposição ao fator, no passado, contido na hipótese nesses grupos. Pode-se, assim, estimar a taxa de exposição entre os doentes (ted) e a taxa de exposição entre os não doentes (tend). Quanto maior for ted em relação à tend, mais se poderá acreditar que o fator da hipótese é de fato de risco.

Nos estudos de casos-controles, na impossibilidade de se calcular incidência, não se poderia estimar diretamente o RR. Em seu lugar, o que se calcula é um risco aproximado conhecido em inglês como *odds ratio* e representado como OR. A demonstração da estimativa de OR pode ser consultada em livros de Epidemiologia. Sua interpretação é a mesma que a do RR.

O fato de se trabalhar com um grupo em que os elementos já expressaram a doença (grupo de doentes) implica que o fator suspeito já atuou no passado. Em virtude dessa característica do estudo, ele será sempre retrospectivo. Além do mais, por tratar-se de estudo que demanda um tempo, é de natureza longitudinal (Schlesselman, 1982).

Sugere-se, para reforçar os aspectos teóricos, as seguintes questões:

- Discuta vantagens e desvantagens desse estudo.
- Imagine uma situação em que se poderia desenvolver um estudo de casos-controles.
- Compare esse tipo de estudo com um de natureza experimental.

SUSTENTABILIDADE E USO DO CONHECIMENTO EPIDEMIOLÓGICO

A aplicação do conhecimento epidemiológico no controle de doenças gera preocupação relativa à efetividade das ações. O que se assiste tradicionalmente, na maioria das vezes, são tomadas de medidas isoladas de combate, descoordenadas, que nem sempre levam ao resultado esperado. Para muitas doenças de importância em saúde pública medidas precipitadas são implementadas quando o problema atinge proporções dramáticas, transformando-se em ameaça à população, gerando clamor popular e controvérsias políticas.

A Epidemiologia passou a ser aplicada nas políticas públicas de saúde e no processo de gestão, recomendando-se sua utilização no planejamento e no estabelecimento das prioridades dos sistemas de serviços de saúde de acordo com as necessidades, na alocação racional dos recursos financeiros e na orientação de programas preventivos primários e secundários desses serviços (Franco e Passos, 2005; Gordis, 2010).

No sentido de se implementar o controle de maneira mais sólida, pode-se utilizar os princípios da abordagem ecossistêmica (IDRC, 2003) empregados como estratégias para gerar desenvolvimento em comunidades humanas, garantindo saúde e qualidade de vida. Trata-se de sistema de organização dos espaços habitados com base conceitual alicerçada na ideia de desenvolvimento sustentado. Dentro dessa proposta, o principal desafio passa a ser a ideia de conciliar desenvolvimento econômico-social e, ao mesmo tempo, garantir proteção ao ambiente.

O desenvolvimento sustentando pode ser definido como uma maneira de se garantir a sobrevivência do homem, sem comprometer as gerações futuras. No que concerne ao controle de doenças, o que se busca é um modelo de gestão ambiental em que o ecossistema seja preservado e a doença mantenha-se em baixo nível de ocorrência ou até mesmo possa ser extinta.

A sustentabilidade só pode ser compreendida na sua dimensão global e, dessa forma, para efeito didático, foi desdobrada em seus componentes social, econômico e ambiental. Segundo essa concepção e a título de exemplo, uma região ou país que se esforçasse na ênfase exclusiva ao desenvolvimento econômico, esquecendo-se dos demais componentes, não chegaria ao *status* de sustentável. Em outra suposição, mesmo que houvesse uma política socioeconômica, mas levada a efeito com base na superexploração do ambiente, o sistema estaria fadado ao colapso no futuro.

Em ecossistema sob severa influência humana ou dominado pelo homem, pode-se deduzir a impossibilidade de separação entre os seus componentes econômicos, sociais e aqueles de natureza ecológica. O que ocorre na realidade é uma verdadeira fusão, configurando, como resultante, um sistema socioecológico em que se alcançaria uma relativa justiça na distribuição da renda. É nesse grau de complexidade que, para implementar o controle às doenças, não se pode ser reducionista, combatendo-se apenas as causas diretamente associadas ao agravo. Há que se inserir no contexto o homem e suas complexas relações, procurando abordar uma visão muito mais abrangente.

A conquista da sustentabilidade, em seu aspecto teórico, só seria atingida por intermédio da implantação de medidas coordenadas de controle sob a ótica de uma abordagem ecossistêmica. É nesse ponto que se torna necessária uma melhor compreensão do real significado desse tipo de enfoque.

Para melhor compreensão, imagine que o ecossistema seja formado por uma organização estrutural, composta de unidades menores. Basta admitir, nesse contexto, que cada unidade pode ser definidao como: um todo que pertence a um todo maior, representado pelo próprio ecossistema. Um exemplo desse tipo de sistema na organização de um país seria: indivíduos-famílias-cidade-país. Decorre que um conjunto de indivíduos forma uma família; as cidades seriam compostas por conjuntos de famílias; um conjunto de cidades entraria na composição de um país. O que se depreende é que, por tratar-se de um sistema, uma possível interferência em qualquer nível pode afetar tanto esferas inferiores como superiores. Com esse funcionamento, ao se admitir uma campanha educativa voltada exclusivamente para atingir famílias, ela estará indiretamente afetando os indivíduos, assim como terá também repercussão tanto nas cidades como no país.

Torna-se necessário entender que qualquer atuação do homem nos sistemas socioecológicos, por serem holárquicos, pode gerar uma rede de influência, com *loops* positivos e também com possibilidades de *loops* negativos. Como exemplo, tomemos uma região pioneira que inicia seu desenvolvimento centrado em atividades como:

- Desmatamento para implantação de agricultura.
- Funcionamento de sistema de irrigação.
- Exploração de minérios.

Como *loops* positivos, pode-se imaginar que haverá, a partir do início da colonização, como consequência dessas atividades, melhora das condições socioeconômicas da região, gerando prosperidade. Uma população mais próspera construirá mais estradas, as quais facilitarão a circulação de mercadorias, gerando progresso. Muito provavelmente, a população mais abastada exigirá mais escolas. Considerando-se o funcionamento desse sistema ao longo de anos, espera-se encontrar, como produto, uma população com um nível melhor de escolaridade e, possivelmente, com mais aptidão para resolver problemas sociais e de saúde pública. É nessa fase que o cidadão torna-se consciente e passa a reconhecer que o modelo de desenvolvimento implantado produz também *loops* negativos, como a degradação ambiental, consequente do desmatamento, o estresse sobre o ambiente provocado pelos desvios das águas para irrigação e a poluição originada na mineração.

A ilustração do parágrafo anterior chama a atenção para o fato de que é possível interferir no sistema. A lógica correta seria a de estimular *loops* positivos e inibir aqueles negativos, mas pensar em intervenções intencionais em sistemas complexos gera incertezas em relação às consequências nas quais os níveis maiores e aqueles menores poderão ser "abalados". Também é difícil prever se haverá risco de estabelecimento de novos *loops* negativos. Pode-se deduzir que, diante de uma intervenção, há sempre um alto nível de incerteza em relação às possíveis consequências. Como poderemos tomar decisões diante de uma situação de incerteza? Como saberemos se estamos ou não na direção correta?

A título de ilustração, pode-se imaginar uma cidade situada próxima à planície de inundação de um rio. Um córrego que atravessa a área urbana recebe diretamente os efluentes domésticos e industriais, atravessa parte do trecho plano da várzea e deságua em uma lagoa antes de cair no rio principal. O corpo d'água carregado de matéria orgânica e outros poluentes possui concentração de oxigênio muito baixa, formando excelente criadouro para mosquitos *Culex quinquefasciatus*. A espécie prolifera tanto nas margens do córrego, no interior da cidade, como também nas outras extensões do córrego, inclusive na lagoa que também é poluída. Adultos desse mosquito abrigam-se em vegetação de gramíneas e bosques nas proximidades de todo o sistema aquático referido. Dado seu comportamento endofílico e antropofílico, à noite invadem a comunidade, provocando sério incômodo e transformando-se em um problema epidemiológico.

No intuito de atuar sobre o problema, e de acordo com o que foi visto na compilação deste capítulo, haveria três diferentes maneiras de enfrentamento, que serão sumarizadas a seguir, como ilustração.

136 EDUCAÇÃO AMBIENTAL E SUSTENTABILIDADE

- Estratégia química: na situação exposta, na forma mais tradicional, pode-se montar uma equipe para combater os mosquitos alados com inseticida espacial nos períodos mais críticos, ao mesmo tempo em que os criadouros seriam tratados com larvicidas. Dessa forma, todas as vezes que a densidade do mosquito aumentasse e a população reclamasse, os serviços de aplicação seriam acionados.

- Manejo integrado: nessa ótica, procura-se adequar estratégias integradas. Assim, além da possibilidade de emprego de armas químicas, seria plausível manipular o ambiente, retirando-se a vegetação e os entulhos do leito do córrego para melhorar o fluxo da água, impedindo a estagnação. A vegetação das margens poderia ser aparada para evitar sua utilização como abrigo de mosquitos adultos. Como modificação ambiental, os trechos mais críticos do leito poderiam ser canalizados na forma aberta ou fechada, lembrando-se que esta última estratégia pode favorecer inundações. Outra opção seria o emprego de um larvicida biológico, como o *Bacillus sphaericus*, nos pontos mais favoráveis à proliferação do mosquito. A população seria orientada a não jogar lixo no córrego, bem como a deixar portas e janelas abertas ao entardecer. Estimular os moradores a telar janelas e portas, usar mosquiteiros, além de uma série de outras possibilidades, seriam consideradas estratégias razoáveis. Ao aplicar-se o manejo integrado, seria necessário operacionalizar os trabalhos por meio de um programa de controle que nunca poderia ser desativado.

- Abordagem ecossistêmica: se for idealizada a aplicação do manejo integrado por meio de uma abordagem ecossistêmica visando à sustentabilidade, além daquelas já explanadas, outras intervenções teriam de ser conduzidas. As indústrias seriam estimuladas a investir no tratamento de seus resíduos para evitar que fossem lançados diretamente no córrego e, após um prazo, esse programa teria de estar implantado obrigatoriamente. Com a cooperação da comunidade e do poder público, seria instalado um tronco coletor que conduziria todo o esgoto doméstico a uma estação de tratamento. O efluente tratado voltaria ao córrego e, nessa forma purificada, poderia alimentar a lagoa natural e, posteriormente, dirigir-se para o rio principal. O fundo de vale na área urbana, agora com águas limpas, não serviria mais de criadouro ao *Culex quinquefasciatus* e poderia ser reorganizado paisagisticamente e destinado ao lazer em que a própria comunidade assumiria responsabilidades quanto à preservação e aos cuidados dessa área. A lagoa, próxima à área urbana, também com águas limpas e livre da espécie problema, poderia transformar-se em algum projeto de criação de peixes ou ser utilizada para a implantação de um clube de campo. Observar que, a partir de um problema, no caso a infestação por mosquito, pode-se, por intermédio da abordagem ecossistêmica, conquistar vários *loops* positivos, que, de certa forma, contribuem para a melhora geral da qualidade de vida da comunidade. Deve-se alertar, entretanto, e sempre lembrando que o sistema é holístico, que as interferências podem gerar *loops* negativos de difícil previsão. No exemplo citado, se a estação de tratamento de esgoto implantada for à base de lagoas, esse próprio sistema pode ser favorável à proliferação de *Culex quinquefasciatus*. Haverá, dessa forma, necessidade de monitoramento, porém, a área problema será muitas vezes menor do que a original. O córrego de águas límpidas e corrente que atravessa a cidade poderá proporcionar criadouros de borrachudos (*Simullidae*), que são também importantes provocadores de incômodo. A lagoa na várzea, tendo suas águas com menos matéria orgânica e mais oxigenadas, poderá propiciar o desenvolvimento de mosquitos associados a macrófitas, como *Mansonia* e *Coquillettidia* que são bastante antropofílicos. Caso a área seja malarígena, deve-se acompanhar a evolução da população anofélica que seguramente pode ser beneficiada.

É possível depreender que a intervenção em sistemas ecológicos é tarefa de grande responsabilidade. De certa forma, a equipe técnica, geralmente externa à comunidade, não consegue por si só compreender ou assimilar as complexas interações e eleger com segurança os pontos nos quais se deve intervir. É diante dessa situação, e como conduta mais segura, que se aconselha o envolvimento da comunidade no processo, desde a fase inicial de estudo. Assim, os membros da comunidade que está sendo afetada devem fazer parte do processo de identificação de importantes elementos do sistema e, ainda, devem ajudar a definir os problemas e suas soluções. Dessa forma, e reconsiderando que o sistema é holárquico, mesmo que os membros da comunidade da região afetada possam estar de acordo com uma intervenção, será necessário prestar atenção para os sistemas maiores, dos quais o sistema em estudo é parte.

Sob o ponto de vista prático, como trabalhar a implantação da ideia de desenvolvimento sustentado? É nesse sentido que se torna necessário ressaltar que o processo só ocorrerá como consequência do firme estabelecimento de inter-relações da equipe técnica com a comunidade. Como frases de reforço, pode-se citar: "a participação da comunidade sem a ciência é política" ou "ciência sem a participação da comunidade não passa de um exercício acadêmico".

O trabalho deve ser, portanto, participativo. Desde os estudos de planejamento, a equipe técnica deve procurar envolver a comunidade. Logo de início, o diagrama de influências ou rede multicausal, uma espécie de esquema que mostra as principais inter-relações que se estabelecem no sistema holárquico, deve ser produzido com a comunidade. No passo seguinte, discute-se com seus membros o que deverá ser mudado e quais serão as estratégias para implementar as mudanças. Todo o trabalho deve ser seguido mediante monitoramento por meio de indicadores. Nota-se que a Epidemiologia, vista como ciência que investiga as relações causais, passa a ser de grande importância no esclarecimento de elos dos diagramas de influências.

A implantação do controle de uma doença sob a ótica de uma abordagem ecossistêmica pode ser colocada como um desafio a todos que pretendem amenizar os problemas que ofendem a saúde humana, contribuindo para o estabelecimento de um ambiente mais saudável e uma melhor qualidade de vida.

SOCIEDADE SUSTENTÁVEL, EPIDEMIOLOGIA E EDUCAÇÃO AMBIENTAL

Há corrente teórica que continua a defender o Tratado de Educação Ambiental para Sociedades Sustentáveis e Responsabilidade Global, elaborado durante encontro internacional, em 1992, na cidade do Rio de Janeiro (Sato, 2002). Não é finalidade apontar os princípios dessa proposta, para tal, uma visão condensada poderá auxiliar nas reflexões sobre o tema.

A palavra desenvolvimento, entre outros significados, implica: adiantamento, crescimento, aumento e progresso. Trata-se de estágio econômico, social e político de uma comunidade, caracterizado por altos índices de rendimento dos fatores de produção, ou seja, os recursos naturais, o capital e o trabalho (Ferreira, 2009).

Na cidade do Rio de Janeiro, em 1992, foi realizada a Conferência das Nações Unidas sobre Meio Ambiente e Desenvolvimento. Importantes documentos foram ratificados: Agenda 21, Declaração do Rio de Janeiro, Convenção sobre Mudanças Climáticas, Declaração sobre Florestas e a Convenção sobre Biodiversidade, que foi assinada por 161 nações, exceto os Estados

Unidos. O Congresso Nacional Brasileiro a ratificou, entrando em vigor em 1993. Os principais objetivos da convenção são a conservação da biodiversidade, a utilização sustentável dos seus recursos e a repartição equitativa e justa dos benefícios derivados da utilização dos recursos genéticos.

Os países do Hemisfério Norte buscam matéria-prima no Hemisfério Sul por causa do declínio dos seus recursos naturais, uma vez que dependem de certas substâncias na farmacologia, cosmetologia, entre outras áreas (Moreira, 1999). Fatos que estimulam o bioimperialismo, que representam os interesses dos países ricos, sem a justa distribuição dos recursos decorrentes desta atividade (Philippi Jr, 2004).

A Convenção da Biodiversidade foi aprovada na Conferência das Nações Unidas para o Meio Ambiente e Desenvolvimento no Rio de Janeiro em 1992; em janeiro de 2011, somava a adesão de 193 países, dentre eles o Brasil (CBD, 2013). O objetivo é a conservação da diversidade biológica, o uso sustentável de seus componentes e a repartição justa e equitativa dos benefícios oriundos da utilização dos recursos genéticos, incluindo o acesso adequado a esses recursos e a transferência apropriada de tecnologias, levando em conta todos os direitos sobre tais recursos e tecnologias mediante o financiamento justo. A convenção adota em conformidade com a Carta das Nações Unidas e com os princípios de Direito Internacional o direito dos países de explorar de modo soberano seus próprios recursos conforme suas políticas ambientais, com a responsabilidade de assegurar que as atividades dentro de sua jurisdição ou controle não provoquem danos ao ambiente de outros Estados (CBD, 2013).

A biodiversidade gera conflitos entre os países que possuem recursos biológicos e os que detêm tecnologia para usá-los. A biotecnologia atual constitui um conjunto de técnicas fundamentadas na biologia molecular e na manipulação do material genético dos organismos. A finalidade é a elaboração de produtos e processos adequados a objetivos específicos para aplicações em diversas áreas, tais como energia, saúde, meio ambiente, pecuária, entre outras.

Na conferência da Biodiversidade, realizada em outubro de 2010 em Nagoya, Japão, foi efetivado um plano estratégico para a biodiversidade, que resultou no Protocolo de Nagoya. Esse Protocolo estabelece que os benefícios provenientes da utilização dos recursos genéticos, bem como as aplicações e comercializações, sejam compartilhadas de maneira justa e equitativa com a nação de origem (CBD, 2013).

O Brasil, por sua rica biodiversidade, é alvo constante da biopirataria. A fauna e a flora são preferidas por biopiratas do planeta, sendo a Floresta Amazônica um dos ecossistemas que mais sofre essa prática.

Seguindo-se essa linha de raciocínio, podem ser feitas algumas reflexões, por exemplo:

- O desenvolvimento sustentável serviria a quais grupos de interesse?
- Quais seriam os benefícios a serem atingidos?
- Empreender esforços nesse sentido seria mesmo importante para o futuro da humanidade?
- A preservação da Amazônia interessaria às multinacionais ou aos países industrializados?
- Que retorno o Brasil teria ao investir em políticas públicas que garantissem a sustentabilidade daquela região?

A globalização pode trazer consequências tanto positivas como negativas para a saúde. Um impacto positivo pode ser o crescimento econômico e elevado nível da qualidade de vida de alguns países ou a disseminação de novas tecnologias médicas e efetivas. Entretanto, impactos negativos são evidenciados no incremento da dispersão da população em busca de oportunidades e, com isso, disseminação de doenças emergentes e reemergentes. Soma-se a esse panorama a dispersão de algumas ideias e comportamento, tais como o consumo de bebidas alcoólicas, entorpecentes, hábitos alimentares, entre outros promotores de doenças não infecciosas e problemas de saúde pública (Carr et al., 2007).

A política global da humanidade, baseada em um modelo socioeconômico desequilibrado, está comprometendo rapidamente a capacidade de suporte necessária à manutenção da vida no planeta. A miséria se intensifica no mundo, privando as pessoas do acesso ao alimento, à saúde, à educação, ao transporte, à habitação, entre outros (Rosa, 2003). Para combater essa situação caótica, cada sociedade deve se organizar de acordo com sua cultura, ambiente e história, definindo seus próprios modelos de produção e consumo (Diegues, 1992).

Para Rodrigues (1996), uma sociedade sustentável pode ser definida como a que vive e se desenvolve integrada à natureza, considerando-a um bem comum. O que se preconiza é o respeito à diversidade biológica e sociocultural. Essa estratégia de desenvolvimento está centrada no exercício responsável e consequente da cidadania, o que implicaria distribuição equitativa das riquezas geradas. Não se utilizaria recursos além da sua capacidade de renovação, o que desencadearia processo favorável à garantia de condições dignas de vida para as gerações atuais e futuras.

Como última reflexão, seria interessante especular qual seria o real papel da Epidemiologia e da educação ambiental na contribuição para a construção da sociedade sustentável. Que o desafio a essa resposta não se prenda à teoria, porém, sirva como estímulo aos empreendedores das políticas e aos que irão executar as ações, que garantirão a melhora da qualidade ambiental, fator decisivo à conquista de um padrão almejado.

REFERÊNCIAS

ALMEIDA FILHO, N.; ROUQUAYROL, M.Z. *Introdução à epidemiologia*. 4.ed. Rio de Janeiro: Guanabara Koogan, 2006.

AROUCA, A.S.S. A história natural da doença. In: *Rev Centro Brasileiro de Estudo de Saúde – Saúde em Debate*. n.1, p.15-19, 1976.

BATISTA, R.S.; GOMES, A.P.; IGREJA, R.P. et al. *Medicina tropical: abordagem atual das doenças infecciosas e parasitárias*. Rio de Janeiro: Cultura Médica, 2001.

BENEDICK, R.E. Human population and environmental stresses in the twenty-first century. In: *Environ Report Change Security Project Rep.* n.6, p.5-18, 2000.

BESEN, G.R.; GÜNTHER, W.M.R; RODRIGUES, A.C. et al. Resíduos sólidos: vulnerabilidades e perspectivas – a insustentabilidade da geração excessiva de resíduos sólidos. In: SALDIVA, P. et al. *Meio ambiente e saúde: o desafio das metrópoles*. São Paulo: Ex-Libris Comunicação Integrada, 2010. p.106-23.

BENSEÑOR, I.M.; LOTUFO, P.A. *Epidemiologia: abordagem prática*. São Paulo: Sarvier, 2005.

BRANCO, S. *Ecossistêmica: uma abordagem integrada dos problemas do meio ambiente*. São Paulo: Edgard Blücher, 1989.

BRANCO, S.M.; ROCHA A.A. *Ecologia: educação ambiental: ciências do ambiente para universitários*. São Paulo: Cetesb, 1980.

BRAVEMAN, P.; TARIMO, E. *Screening in primary health care: Setting priorities with limited resources*. Geneva: WHO, 1994.

BREILH, J. *Epidemiologia, economia, política e saúde*. São Paulo: Unesp/Hucitec, 1991.

BRESSAN, D. *Gestão racional da natureza*. São Paulo: Hucitec, 1996.

BROWNSON, R.C.; PETITTI, D.B. *Applied Epidemiology – Theory to practice*. New York: Oxford University, 1998.

CARR, S.; UNWIN, N.; PLESS-MULLOLI, T. *An introduction to public health and epidemiology*. 2.ed. New York: McGraw-Hill, 2007.

[CBD] CONVENTION ON BIOLOGICAL DIVERSITY. Disponível em: http://cbd.int. Acessado em: jul. 2013.

CHIAVENATO, J.J. *O massacre da natureza*. 3.ed. São Paulo: Moderna, 1990.

CHIN, J. El control de las enfermedades transmisibles. *Informe Oficial de la Asociación Estadounidense de Salud Pública*, Publicación Científica y Técnica N. 581, OPS/OMS/2001. 17.ed.

[CIMA] COMISSÃO INTERMINISTERIAL PARA A PREPARAÇÃO DA CONFERÊNCIA DAS NAÇÕES UNIDAS SOBRE MEIO AMBIENTE E DESENVOLVIMENTO. *O desafio do desenvolvimento sustentável*. Relatório do Brasil para a Conferência das Nações Unidas sobre meio ambiente e desenvolvimento. Brasília, DF, 1991.

CONWAY, R.A. *Environmental risk analysis for chemicals*. New York: Van Nostrand Reenhoed, 1982.

DIEGUES, A.C.S. Desenvolvimento Sustentável ou Sociedades Sustentáveis – da crítica dos modelos aos novos paradigmas. In: *Revista São Paulo em Perspectivas*. v.6, n.1-2, p.22-29, 1992.

DOLMAN, P. Biodiversity and ethics. In: *Environmental Science for Environmental Management*. 2.ed. London: Pearson Education, 2000. p.119-48.

FERREIRA, A.B.H. *Novo dicionário da língua portuguesa*. Curitiba: Positivo, 2009.

FLETCHER, R.H.; FLETCHER, S.W.; WAGNER, E.H. *Clinical Epidemiology: the essentials*. 3.ed. Baltimore: Williams & Wilkins, 1996.

_____. *Epidemiologia clínica: bases científicas da conduta médica*. Porto Alegre: Artes Médicas, 1991.

FLOREY, C.V.; LEEDER, S.R. *Methods of cohort studies of chronic airflow limitation*. Copenhagen: WHO Regional Office for Europe, 1982.

FORATTINI, O.P. *Conceitos básicos de epidemiologia molecular*. São Paulo: Edusp, 2005.

_____. *Ecologia, epidemiologia e sociedade*. São Paulo: Artes Médicas/Edusp, 1992.

_____. *Epidemiologia Geral*. São Paulo: Edgard Blücher/Edusp, 1976.

FOX, J.; HALL, C.E.; ELVEBACK, L.R. *Epidemiology, man and disease*. London: The Mack Millan Company – Mac Millan, 1970.

FRANCO, L.J.; PASSOS, A.D.C. (orgs.). *Fundamentos de epidemiologia*. Barueri: Manole, 2005.

FRIEDMAN, G.D. *Premer of epidemiology*. 4.ed. New York: McGraw-Hill, 1994.

GAIL, M.H.; BENICHOU, J. *Encyclopedia of epidemiologic methods*. Chichester: John Weley, 2001.

GART, J.J.; KREWSKI, D.; LEE, P.N. et al. *Statistical methods in cancer research*. Lyon: IARC, 1986. v3. The design and analysis of long-term animal experiments. (IARC Scientific Publications, 79).

GOODLAND, R. The concept of environmental sustainability. In: *Annual Review of Ecology, Evolution and Systematics*. n.26, p.1-24, 1995.

GORDIS, L. *Epidemiologia*. 4.ed. Rio de Janeiro. Revinter, 2010 (Revisão Técnica Paulo Cauhy Petry).

_____. *Epidemiology and health risc assessment*. Oxford: Oxford University, 1988.

GUTBERLET, J. *Cubatão: desenvolvimento, exclusão social e degradação ambiental*. São Paulo: Edusp, 1996.

HELLER, L. *Saneamento e saúde*. Brasília: Opas/OMS. 1997.

HERNANDEZ, F.; LOYOLA, I. *El milagro invisible*. México: Gerencia de Instituciones en Salud, 1998.

HILL, A.B. The environment and disease: association or causation?. In: *Proceeding of the Royal Society of Medicine*. n.58, p.295-300, 1965.

HULLEY, S.B.; CUMMINGS, S.R. *Designing clinical research: an epidemiologic approach*. Baltimore: Williams & Wilkins, 1988.

[IDRC] INTERNATIONAL DEVELOPMENT RESEARCH CENTRE. Disponível em: http://www.idrc.ca. Acessado em: 2003.

KENNIE, D.C. *Preventive care for elderly people*. Cambridge: Cambridge University, 1993.

KILBOURNE, E.D.; SMILLIE, W. *Human ecology and Public Health*. 4.ed. London: Collier-MacMillan, 1969.

KUPSTAS, M. *Ecologia em debate*. São Paulo: Moderna, 1997.

LAST, J.M. *A dictionary of epidemiology*. 4.ed. New York: Oxford University, 2001.

LAURENTI, R. Medidas das doenças. In: FORATTINI, O.P. *Epidemiologia geral*. São Paulo: Artes Médicas, 1996. p.51-81.

LAURENTI, R.; MELLO JORGE, M.H.P.; LEBRÃO, M.L. et al. *Estatísticas de saúde*. 2.ed. São Paulo: EPU, 1987.

LESER, W.; BARBOSA, V.; BARUZZI, R.G. et al. *Elementos de epidemiologia geral*. São Paulo: Atheneu, 2002.

LIEBER, R.R.; LIEBER, N.S.R. Riscos *versus* causalidade na educação ambiental [resumo]. In: *Anais do VII Congresso Paulista de Saúde Pública*. Santos: APSP, 2001, p.193.

LILIENFELD, D.E.; STOLLEY, P.D. *Foundations of epidemilogy*. 3.ed. New York: Oxford University, 1994.

LIMA COSTA, M.F.; GUERRA, H.L.; FIRMO, J.O.A. et al. Um estudo epidemiológico de efetividade de um programa educativo para o controle da esquistossomose em Minas Gerais. In: *Revista Brasileira de Epidemiologia*. v.5, n.1, p.116-28, 2002.

LVOVSKY, K. *Health and environment*. Washington (DC): World Bank, 2001. (Environmental Strategy Papers).

LUHMANN, N. Technology, environment, and social risk: a systems perspective. In: *Industrial Crisis Quarterly*. n.4, p.223-231, 1990.

MACMAHON, B; PUGH, T.F. *Epidemiology principles and methods*. Boston: Little-Brown, 1970.

MACMAHON, B.; PUGH, T.F.; IPSEN, J. *Epidemiologic Methods*. Boston: Little-Brown, 1960.

MACMAHON, B.; TRICHOPOULOS, D. *Epidemiology, principles and methods*. 2.ed. Boston: Little-Brown, 1996.

MAGNUS, M. *Essentials of infectious desease epidemiology*. Boston: Jones and Bartlett, 2008.

MARTINS, L.C.; PEREIRA, L.A.A.; LIN, C.A. et al. The effects of air pollution on cardiovascular diseases: lag structures/ Efeitos da poluição do ar nas doenças cardiovasculares: estruturas de defasagem. In: *Revista de Saúde Pública*. v.40, n.4, p.677-683, ago. 2006.

MATTHEW, R.A.; DABELKO, G.D. Environment, Population, and Conflict: Suggesting a few steps forward. In: *Environmental Change and Security Program Report*. n.6, p.99-103, 2000.

MERRILL, R.M. *Environmental epidemiology principles and methods*. Boston: Jones and Bartlett, 2008.

MILLER, R.E. *Epidemioloy for health promotion and desease prevention professionals*. New York: The Haworth, 2007.

MOLAK, V. *Fundamentals of risk analysis and risk management*. Cincinnati: Lewis, 1996.

MOREIRA, E.C.P. *A tutela jurídica da biodiversidade: uso e proteção dos recursos genéticos brasileiros e do conhecimento tradicional à luz do direito ambiental*. São Paulo, 1999. Dissertação (Mestrado). Pontifícia Universidade Católica de São Paulo.

MORGENSTERN, H. Uses of ecologic analysis in epidemiologic research. In: *American Journal of Public Health*. n.72, p.1336-44, 1982.

NARDOCCI, A.C.; ROCHA, A.A.; RIBEIRO, H. et al. Saúde ambiental e ocupacional. In: ROCHA, A.A.; CESAR, C.L.G. (eds.). *Saúde pública bases conceituais*. São Paulo: Atheneu, 2008. p.69-101.

NEVES, D.P. *Parasitologia humana*. 11.ed. São Paulo: Atheneu, 2007.

ODUM, E.P.; BARRET, G.W. *Fundamentos de ecologia*. São Paulo: Cengage Learning, 2008. 612 p.

OLECKNO, W.A. *Epidemiology concepts and methods*. Illinois: Waveland, 2008.

_____. *Indicadores básicos de saúde no Brasil: conceitos e aplicações*. Brasília (DF): Opas, 2002.

[OPS] ORGANIZACIÓN PANAMERICANA DE LA SALUD. Centro Panamericano de Ecología Humana y Salud. *Evaluación epidemiológica de riesgos causados por agentes químicos ambientales: generalidades*. Washington DC: OPS, 1985.

PEREIRA, L.A.A.; ASSUNÇÃO, J.V.; SANTOS, U.P. et al. O ar da cidade, ruído e as desigualdades na saúde. In: SALDIVA, P. et al. *Meio ambiente e saúde: o desafio das metrópoles*. São Paulo: Ex-Libris Comunicação Integrada, 2010. p.144-161.

PEREIRA, M.G. *Epidemiologia teoria e prática*. 8.ed. Rio de Janeiro: Guanabara Koogan, 2005.

PHILIPPI JR, A. *Questões de direito ambiental*. São Paulo: USP-FSP-NISAN/Signus, 2004. 431p.

PONTING, C. *A green history of the world: the environment and collapse of great civilizations*. New York: Penguin, 1991.

RAMAZZINI, B. *As doenças dos trabalhadores*. São Paulo: Fundacentro, 1985.

RIBEIRO, H.; ALVES FILHO, A.P.; SETTE, D.M. et al. Alterações no clima urbano. In: SALDIVA, P. et al. *Meio ambiente e saúde: o desafio das metrópoles*. São Paulo: Ex-Libris Comunicação Integrada, 2010. p.66-87.

RODRIGUES, V.R. (coord.). *Muda o mundo, Raimundo! Educação ambiental no ensino básico do Brasil*. Brasília: Fundo Mundial para a Natureza – WWF, 1996.

ROSA, J.C. Vida no planeta azul. *Jornal do Conselho Regional de Biologia*, São Paulo. 2003.

ROSTAND, D.G. Hypertension and renal disease in blacks: Role of genetic and/or environmental factors? *Adv Nephrol*. v. 21, p. 99-116, 1992.

ROTHMAN, K.J. *Epidemiologia moderna*. Madrid: Ediciones Diaz de Santos, 1987.

ROUQUAYROL, M.Z. *Epidemiologia e saúde*. 2.ed. Rio de Janeiro: Médica e Científica, 1986.

ROUQUAYROL, M.Z.; ALMEIDA FILHO, N. *Epidemiologia e saúde*. 6.ed. Rio de Janeiro: MEDSI, 2003.

SALDIVA, P.H.N.; KING, M.; DELMONTE, V.L.C. et al. Respiratory alterations due to air pollution: an experimental study in rats. In: *Environmental Research*. v.57, n.1, p.19-33, 1992.

SATO, M. *Educação ambiental*. São Paulo: Rima, 2002.

SCHLESSELMAN, J.J. *Case-control studies*. New York: Oxford University, 1982.

SPIVERY, G.H. The epidemiological method. In: WILLIAM. M.D. (ed.). *Environmental Epidemiology. Effects of environmental chemicals on human health*. California Departament of Health Services – Advances in chemistry series 241. American Chemical Society. Washington DC, 1994.

TROSTLE, J.A. *Epidemiology and culture*. New York: Cambridge University, 2005.

URBINATTI, P.R.; NATAL, D. Artrópodes de importância em saúde pública. In: GIATTI, L. (org.). *Fundamentos de saúde ambiental*. Manaus: Edua, 2009. p.257-92.

VASCONCELOS, P.F.C.; TRAVASSOS DA ROSA, A.P.A.; PINHEIRO, P.F. et.al. Arboviruses pathogenic for man in Brazil. In: TRAVASSOS DA ROSA et. al. (eds.). *An overview of arbovirology in Brazil and neighbouring countries*. Belém: Instituto Evandro Chagas, 1998. p.72-99.

VERONESI, R. *Tratado de infectologia*. 4.ed. São Paulo: Atheneu, 2010.

WATSON, R.T.; ZINYOWERA, M.C.; MOSS, R.H. (Project Administrator – DOKKEN, D.J.) *Climate change 1995 – Impacts, adaptations and mitigation of climate change: Scientific-Technical Analyses*. Published for the Intergovernmental Panel on Climate Change. Cambridge: University, 1996.

[WHO] WORLD HEALTH ORGANIZATION. *Environmental Health Criteria 221: Zinc*. International Programme on Chemical Safety, Geneva, 2001.

_____. *Environmental Health in urban development*. Geneva, 1991. (WHO – Technical Report Series – 807).

WEBBER, R. *Communicable desease epidemiology and control a global perspective*. 2.ed. London: CABI, 2005.

WILD, A. *Soils and the environment. An introduction*. Cambridge: Cambridge University, 1995.

YARNELL, J. *Epidemiology and prevention a systems-based approach*. New York: Oxford University, 2007.

ZAVARIZ, C.; GLINA, D.M.R. Avaliação clínico-neuropsicológica de trabalhadores expostos a mercúrio metálico em indústrias de lâmpadas elétricas. In: *Revista de Saúde Pública*. n.26, p.356-365, 1992.

_____. Efeitos da exposição ocupacional ao mercúrio em trabalhadores de uma indústria de lâmpadas elétricas localizada em Santo Amaro, São Paulo, Brasil. In: *CAD Saúde Pública*. Rio de Janeiro, n.9, p.117-29, 1993.

Poluição Atmosférica | 6

João Vicente de Assunção
Engenheiro químico e sanitarista, Faculdade de Saúde Pública – USP

Tadeu Fabrício Malheiros
Engenheiro civil e ambiental, Escola de Engenharia de São Carlos – USP

A poluição do ar acompanha o ser humano desde os mais remotos tempos, quando seus antepassados descobriram o fogo. O descobrimento do uso controlado do fogo talvez tenha sido sua primeira grande intervenção ambiental, pois, ao prover calor para seu conforto e proteção, gerava em seu abrigo uma atmosfera tóxica.

Estudos arqueológicos mostram que o uso do fogo nas cavernas oferecia maior risco de exposição aos homens pré-históricos, uma vez que se tratava de ambientes confinados (WHO, 1999).

Figura 6.1 – Uso do fogo como marco na história da civilização.

Fonte: Cepis (2003).

A partir da Revolução Industrial, em meados do século XVIII, com a introdução da máquina a vapor pelo inglês James Watt, deu-se início ao uso intensivo de combustíveis, passando-se da utilização da biomassa para o carvão mineral. Ocorreram também o incremento do uso de processos industriais, com a introdução da máquina de fiar e tecer, que substituiu parte da mão de obra, e o desenvolvimento do trem e do navio a vapor.

A descoberta do petróleo, a partir do século XIX, possibilitou novo impulso na capacidade energética e, finalmente, no fim do século XX, o uso econômico do gás natural.

No entanto, o problema da poluição atmosférica passou a ser sentido de forma acentuada quando as pessoas começaram a viver em assentamentos urbanos de grande densidade demográfica, com o crescimento acelerado da população mundial, passando de 1,5 bilhão de pessoas, no início do século XX, para 7 bilhões de pessoas no século XXI (UN, 2010). Com relação às inovações tecnológicas, ocorridas principalmente nesse último período, merecem destaque como agentes poluidores os processos industriais, a metalurgia e o automóvel. A situação mostra-se ainda mais preocupante quando se observa que aproximadamente 80% dessa população vive nas regiões menos desenvolvidas (África, Ásia – exceto Japão –, América Latina e Caribe e Malásia, Micronésia e Polinésia) (UN, 2010).

Figura 6.2 – Projeção do crescimento da população mundial.

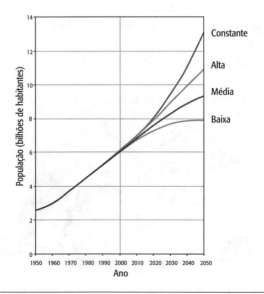

Fonte: UN (2001).

Atualmente, a poluição do ar é um problema mundial que ocasiona concentração de poluentes na atmosfera e ultrapassa o limite da capacidade de autodepuração desse ecossistema, causando preocupação com a redução da camada de ozônio e as mudanças climáticas. A Figura 6.4 ilustra o aumento de alguns gases na atmosfera no período pós-Revolução Industrial. Segundo a Organização Meteorológica Mundial, a concentração média de CO_2 na atmosfera em 2011 foi de 391 ppm, sendo que os níveis pré-industriais estavam em 280 ppm. Para o CH_4 e o NO_2 os valores médios foram, respectivamente, de 1.813 ppb e 324 ppb em 2011, sendo que os níveis pré-industriais eram de 700 ppb e 270 ppb (WMO, 2012).

Figura 6.3 – Poluição urbana.

Fonte: Cepis (2003).

Como resultado dos atuais padrões de consumo e de vida, houve um aumento do tempo de permanência das pessoas em interiores (residência, local de trabalho), bem como maior permanência em meios de transportes, principalmente em situações de congestionamento, tornando importante considerar a dose de poluentes respirados nesses ambientes fechados e não só a dose inspirada ao ar livre.

Estatísticas de países ricos revelam que as pessoas permanecem, em média, cerca de 90% do seu tempo em interiores; 5% em meios de transporte e 5% ao ar livre, enquanto, em países mais pobres, a permanência ao ar livre gira em torno de 21% (Usepa, 1989).

Figura 6.4 – Crescimento das concentrações de gases causadores de efeito estufa.

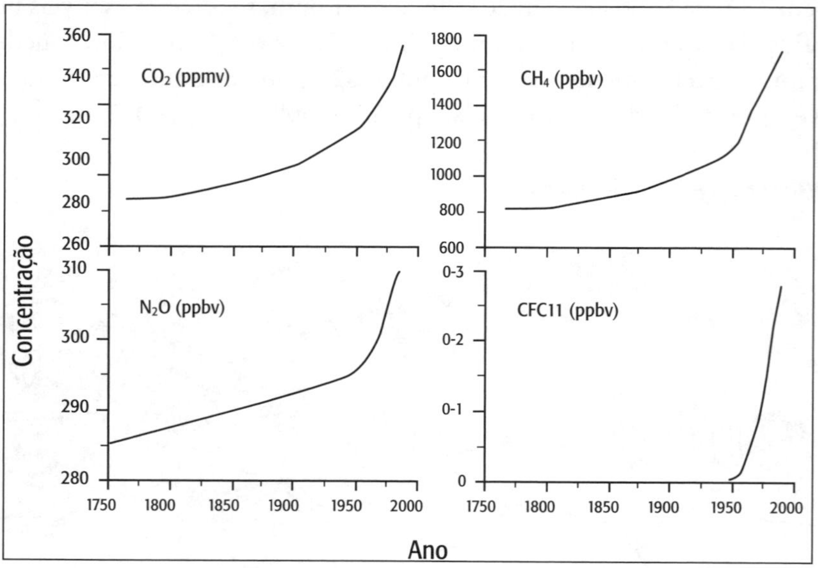

Fonte: Maskell et al. (1993).

Para alcançar níveis adequados de qualidade do ar, é preciso atuar no sentido de eliminar ou minimizar a geração de resíduos, definir e aplicar formas corretas de tratamento e de disposição dos resíduos gerados e desconcentrar os grupos humanos e suas atividades econômicas poluidoras, de forma a ganhar tempo e espaço para a autodepuração. Em última análise, isso significa mudanças no estilo de vida da sociedade e da sua relação com a natureza.

A reunião internacional ocorrida em 1992 no Rio de Janeiro – Conferência das Nações Unidas sobre o Meio Ambiente e o Desenvolvimento –, teve como resultado a Agenda 21, que, com relação à poluição do ar, tratou principalmente de medidas para prevenir e mitigar a poluição global e a poluição urbana. Esse conjunto de eventos internacionais, entre outros, indica que o século XX terminou com um importante movimento para uma nova ordem mundial rumo ao desenvolvimento sustentável e o início de sistemas de gestão ambiental estruturados, assim como uma população em processo de sensibilização sobre a necessidade de ações pessoais que produzam menos resíduos.

Neste novo milênio, devem ser empreendidos esforços no sentido de que o desenvolvimento sustentável deixe de ser somente um conceito utópico e se torne realidade.

EFEITOS DA POLUIÇÃO DO AR

Os efeitos da poluição do ar se caracterizam tanto pela alteração de condições consideradas normais como pelo aumento de problemas já existentes. Eles podem ocorrer em âmbito local, regional e global. Esses efeitos podem manifestar-se na saúde, no bem-estar da população, na vegetação e na fauna, sobre os materiais, as propriedades da atmosfera, passando pela redução da visibilidade; alteração da acidez da água da chuva – chuva ácida; aumento da temperatura da Terra – efeito estufa; modificação da intensidade da radiação solar – por exemplo, o aumento da incidência de radiação ultravioleta sobre a Terra, causado pela redução da camada de ozônio, entre outros (Assunção, 2000).

Nesse sentido, o estudo dos poluentes atmosféricos permite abordagem transversal às diversas atividades humanas, favorecendo compreensão da pressão que a ação antrópica, associada a fatores naturais, exerce sobre a qualidade ambiental. Assim, fortalece o papel do monitoramento da qualidade ambiental e impactos na saúde pública para o desenho de políticas integradas. Por exemplo, o excesso de morbidade associado ao aumento da concentração de determinados poluentes sobrecarrega os serviços de saúde e os custos associados, e encurta a vida da população mais suscetível, privando indivíduos e famílias de diretos fundamentais: vida e saúde.

Efeitos Relacionados à Saúde

Situações Graves

Eventos de graves consequências, ocorridos principalmente no século XX, demonstraram que a poluição do ar constitui uma ameaça grave à saúde pública. Tais eventos, denominados episódios agudos de poluição do ar, caracterizam-se pela pequena duração, de minutos a alguns dias, e por provocar consequências graves.

Muitos desses episódios ocorreram como resultado da permanência de condições desfavoráveis à dispersão dos poluentes por vários dias, como inversão térmica, ausência de chuvas, ventos calmos aliados à emissão contínua de poluentes e topografia desfavorável – um vale, por exemplo. Os principais foram:

- Vale do Mosela, Bélgica – ocorrido em dezembro de 1930, tendo como consequência sessenta mortes, em um episódio com duração de cinco dias, com ocorrência de inversão térmica e ausência de ventos em região com indústrias metalúrgicas (Guimarães, 1992).

- Londres, Inglaterra – em dezembro de 1952, com duração de cinco dias, que resultou em cerca de 4 mil mortes. As principais vítimas foram idosos (Guimarães, 1992). Esse incidente é um exemplo clássico, que ocorreu em razão da presença de altas concentrações de fumaça (*smoke*) e dióxido de enxofre na atmosfera, e também em consequência da presença de condições meteorológicas desfavoráveis, tais como inversão térmica, calmaria e neblina (*fog*). Ocorreram também outros episódios agudos em Londres, ocasionando a morte de centenas de pessoas. Em 1957, mais um episódio ocasionou a morte de oitocentas pessoas e, em 1962, outro episódio levou setecentas pessoas ao óbito (Guimarães, 1992).

- Bhopal, Índia – em 12 de março de 1984, onde houve liberação acidental de isocianato de metila, resultando na morte de cerca 2 mil pessoas.

O primeiro *smog* fotoquímico de que se tem notícia no Brasil ocorreu na cidade de São Paulo, em 1972. Foi provocado por emissões de veículos e indústrias, inversão térmica e ausência de vento e de chuvas, quando a cidade ficou coberta por uma densa névoa (Assunção, 2000).

Em 1976, um episódio crítico de poluição do ar ocorrido na cidade de Santo André, região do ABC paulista, de características industriais, perdurou por uma semana, ocasionado por inversão térmica, pela ausência de vento e de chuva, aliadas à presença de altas concentrações de dióxido de enxofre e material particulado emitidos pelas indústrias da região, em especial as siderúrgicas e as fundições. Nesse caso, não se têm informações sobre possíveis mortes ocasionadas pelo episódio, mas foi verificado, na ocasião, um aumento significativo de hospitalizações no período, principalmente por doenças e problemas respiratórios (Mendes e Wakamatsu, 1976).

Outro exemplo importante se refere à região de Cubatão, em São Paulo, parque industrial de grande porte, que no início da década de 1980 registrou altos níveis de poluição de ar, principalmente por material particulado. A situação tornou-se demasiadamente crítica, com impactos na população e no ecossistema local, em especial na floresta pluvial da Serra do Mar, o que exigiu esforços do governo, empresas e sociedade para a reversão desse problema. O monitoramento da qualidade do ar realizado pela Secretaria do Meio Ambiente do Estado de São Paulo em Cubatão indica queda significativa nos níveis de determinados poluentes já nas décadas de 1980 e 1990. Porém, observa-se que ainda se apresentam acima dos padrões de qualidade do ar (Cetesb, 2012).

Agravos à Saúde

De forma geral, os agravos à saúde podem ir desde o desconforto até a morte, passando pelo aumento da taxa de morbidade (doenças); aumento da procura do sistema de saúde (centros de saúde, hospitais, prontos-socorros); maior número de absenteísmo no trabalho; irritação dos olhos e das vias respiratórias; redução da capacidade pulmonar; diminuição do desempenho físico; redução da capacidade da atenção; dor de cabeça; alterações motoras; alterações enzimáticas; doenças do aparelho respiratório (asma, bronquite, enfisema, edema pulmonar, pneumoconioses); danos ao sistema nervoso central; efeitos teratogênicos; alterações genéticas e câncer; associação com mortalidade intrauterina (Assunção, 2000).

Conforme a WHO (1999), os efeitos do material particulado na saúde dependem do tamanho da partícula e de sua concentração e podem variar durante o dia, conforme as flutuações nas concentrações de partículas de diâmetros diferentes, principalmente aquelas com menor diâmetro. Incluem efeitos agudos, como o aumento da mortalidade diária e o aumento nos atendimentos dos centros de serviços de saúde. Os efeitos a longo prazo também incluem aumento da mortalidade e morbidade respiratória, mas há ainda poucos estudos sobre os efeitos do material particulado para esses casos.

Conforme Miranda et al. (1994, p.11),

> Estudos nacionais de morbidade têm mostrado as doenças respiratórias com uma participação importante no conjunto de manifestações apresentadas. [...] em estudo abrangendo todos os hospitais do Vale do Paraíba a participação das doenças respiratórias alcançou 11,4%.

Romieu (1992) informa que as variações na média diária (24 horas) do poluente partículas totais em suspensão (PTS) têm sido associadas ao aumento da morbidade, mortalidade e redução nas funções pulmonares, e que estudos mostram que um aumento de 100 $\mu g/m^3$ na concentração média de PTS está associado a 4% de aumento na mortalidade no dia seguinte.

Estudos realizados por Saldiva et al. (1995) para a região metropolitana de São Paulo, no período de maio de 1990 até abril de 1991, demonstraram uma associação estatisticamente significativa entre mortalidade diária de idosos e poluição por partículas inaláveis (PI), em que um aumento de 100 $\mu g/m^3$ na concentração de PI estava associado estatisticamente a 13% no aumento da taxa de mortalidade diária de idosos. Foi observado também que a associação é maior nos meses de verão. Conforme Saldiva et al. (1995, p.162),

> Esse fato pode ser devido à ocorrência de doenças infecciosas ser menos comum no verão, possibilitando que os efeitos da poluição sejam de mais fácil observação; pode ser devido ao maior número de atividades externas, que resultam em maior exposição à poluição atmosférica; ou pode ser simplesmente resultado de imprecisão estatística.

A ocorrência das doenças respiratórias tem vários fatores determinantes, como clima e meteorologia (temperatura, ventos, insolação, inversão térmica, entre outros), topografia, uso e ocupação do solo (poluentes urbanos, poluentes agroindustriais, queimadas urbanas e agrícolas, poeira do solo, frota de veículos), condições de vida (assistência à saúde, educação para a saúde, tabagismo, fatores emocionais, atividades ocupacionais), e atributos individuais (condições de gestação, nascimentos prematuros, tipo de amamentação, predisposição genética), e sua ação conjunta poderá resultar no aparecimento da doença (Miranda et al., 1994).

No estudo feito por Miranda et al. (1994, p.70), chegou-se à conclusão de que:

> Além da temperatura, do mês e do ano, podem ser evidenciados – com nível de significância estatística – outros fatores ambientais contribuindo para o aumento das doenças respiratórias crônicas, no caso de São José dos Campos e Campinas [...] com índices de incidência de risco bem superiores aos dois outros municípios, característicos de uma situação de progressiva degradação da qualidade ambiental e de predominância das atividades urbanas e industriais.

Ribeiro (2000) realizou estudo, em 1998, para a cidade de São Paulo a fim de avaliar o impacto dos programas de controle da poluição na saúde respiratória. A autora analisou dados de concentrações de dióxido de enxofre e material particulado, no período de 1986 e 1998, em três regiões vizinhas anteriormente estudadas – Tatuapé, Osasco e Juquitiba. Foram aplicados, para o estudo, questionários para crianças entre 11 e 13 anos de idade, as quais deveriam ter estudado em escolas das regiões pesquisadas também no período de coleta dos dados de qualidade do ar. Em 1998, conforme a autora, não foram utilizados dados da região de Juquitiba, em razão do equipamento de coleta não ter funcionado nesse período. No entanto, como a região ainda apresentava características rurais, foi considerado que a qualidade do ar no local ainda se apresentava boa. Nas outras duas áreas, os níveis de concentração de dióxido de enxofre apresentaram redução significativa nos últimos anos, como resultado de ações dos setores governamental e empresarial, na implantação de equipamentos de controle de poluição do ar, restrição da quantidade de enxofre no combustível e uso de combustíveis mais limpos, como o gás natural.

A Figura 6.5 ilustra os resultados observados para as concentrações dos poluentes dióxido de enxofre e material particulado para Osasco e Tatuapé. Em 1998, dos 35 sintomas identificados pelos questionários, Osasco apresentou maior prevalência em 18 deles; Tatuapé em 13 e Juquitiba em 5. Embora Juquitiba ainda apresente características de área rural, para o período do estudo, 27 sintomas demonstraram aumento, para Osasco 24, e para Tatuapé 16.

Figura 6.5 – Concentrações de dióxido de enxofre e material particulado, nos anos de 1986 e 1998, para Osasco e Tatuapé.

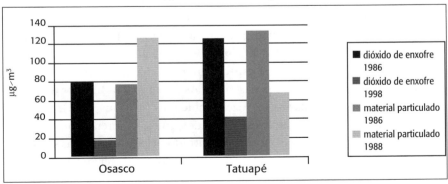

Fonte: Ribeiro (2000).

EDUCAÇÃO AMBIENTAL E SUSTENTABILIDADE

Nesse sentido, o estudo indica necessidade de controle integrado da poluição atmosférica para vários poluentes e aplicação de outras ações de promoção da saúde pública, como campanhas de vacinação e educação ambiental, de modo a alcançar maior eficácia nos programas sociais e de melhoria ambiental (Ribeiro, 2000).

Outros estudos também apontam associação estatística significativa entre diferentes níveis de poluição urbana e problemas de saúde pública, reforçando que quando aplicados aos crescentes números da população vivendo em cidades, os custos associados são elevados e contribuem negativamente para que essas regiões possam alavancar desenvolvimento sustentável (OPS, 2000; Smith e Jantunen, 2002; WHO, 2006; Usepa, 2008; Chiarelli et al., 2011; Ebisu et al., 2011).

Poluentes Altamente Tóxicos

Além dos poluentes clássicos e que usualmente são regulamentados (material particulado, monóxido de carbono, dióxido de enxofre, ozônio, óxidos de nitrogênio, hidrocarbonetos totais), existem muitos outros e que são mais agressivos à saúde humana, podendo provocar danos a longo prazo como benzeno, dioxinas, furanos, hidrocarbonetos policíclicos aromáticos, vários metais etc.).

•   Dioxinas e furanos – as dibenzoparadioxinas policloradas (PCDD) e os dibenzofuranos policlorados (PCDF) comumente denominados dioxinas e furanos, ou genericamente de dioxinas, são duas classes de compostos aromáticos tricíclicos, de função éter, com estrutura quase planar e que possuem propriedades físicas e químicas semelhantes. Os átomos de cloro se ligam aos anéis benzênicos possibilitando a formação de um grande número de congêneres: 75 para as dioxinas e 135 para os furanos, totalizando 210 compostos. Os isômeros com substituições de cloro na posição 2,3,7,8 têm interesse especial em relação à saúde em razão de sua toxicidade, estabilidade e persistência. As dioxinas e os furanos têm sido encontrados em todas as matrizes ambientais (ar, água, solo). Existem também dioxinas e furanos bromados, mas ocorrem com menor frequência. Nesse caso, o cloro é substituído pelo bromo. Essas substâncias são de formação não intencional e os processos térmicos (200ºC a 450ºC, principalmente) são os principais causadores de sua formação, como incineração de lixo, normalmente em quantidades muito pequenas, mas que persistem no ambiente por muitos anos e, quando inalado ou ingerido pelo ser humano em quantidade suficiente, vão causar várias complicações graves a longo prazo (WHO, 2010; Assunção e Pesquero, 1999). Pertencem à classe dos poluentes orgânicos persistentes (POPs) produzidos não intencionalmente e são regulados pela Convenção de Estocolmo sobre POPs (Secretariat of Stockholm Convention, 2011).

• Hidrocarbonetos policíclicos aromáticos (HPA) – são compostos formados por dois ou mais anéis aromáticos condensados, contendo átomos de carbono e hidrogênio que podem estar arranjados em linha reta, angular ou na forma de *cluster*. Quando contém átomos de outros elementos, como nitrogênio, oxigênio e enxofre, são denominados genericamente de compostos policíclicos aromáticos. Sua formação se dá principalmente por combustão incompleta ou pirólise de matéria orgânica. Dos muitos HPA que podem existir, dezessete deles são considerados prioritários por causa do seu potencial tóxico, sendo vários reconhecidos como carcinogênicos. Exemplos de HPA: acenafteno, acenaftileno, antraceno, fenantreno, benzo[a]antraceno, benzo[a]pireno, benzo[e]pireno, benzo[b]fluoranteno, benzo[k]fluoranteno, benzo[ghi]perileno, criseno, dibenzo[a,h]antraceno, fluoranteno, fluoreno, indeno[1,2,3-cd]pireno, pireno, e naftaleno. Combustão veicular, em especial veículos a diesel e a gasolina, queima de madeira e carvão, incêndios florestais e queimadas, vários processos industriais são importantes fontes de emissão desses compostos (Iarc, 2005).

• As dioxinas e furanos e os hidrocarbonetos policíclicos aromáticos podem estar presentes tanto na fase sólida (no material particulado), como na fase gasosa, dependendo das condições ambientais e da massa molecular de cada um, sendo que os mais leves estarão mais na fase gasosa e os mais pesados mais na fase sólida.

Alterações nos Materiais

O primeiro efeito visível e de reconhecimento popular é a deposição de partículas – principalmente poeira e fuligem – nas edificações e monumentos, sujando-os, o que exige, portanto, maior frequência de limpeza ou de pintura (Assunção, 2000).

A corrosão de partes metálicas sofre a ação de diversos fatores como umidade e temperatura, mas é aumentada pela ação da poluição do ar, principalmente pelos gases ácidos, em especial o dióxido de enxofre (SO_2).

Dentre os metais, os ferrosos (ferro e aço) são mais suscetíveis à corrosão por poluentes atmosféricos, mas os não ferrosos também apresentam o processo da corrosão (Godish, 1997).

O ataque aos materiais de construção não metálicos ocorre principalmente pela ação do dióxido de enxofre (SO_2), que reage com os carbonatos na presença de umidade, formando sulfatos, mais solúveis, causando deterioração do material. O gás carbônico (CO_2), na presença de umidade, forma o ácido carbônico que converte a pedra calcária em bicarbonato, que é solúvel em água e pode ser lixiviado pela chuva. O mármore de monumentos e estátuas sofre efeitos idênticos aos dos materiais de construção, afetando, portanto, a memória cultural (Assunção, 2000; Boubel et al., 1994; Godish, 1997).

A borracha também é afetada pela poluição do ar, em especial pelo ozônio (O_3), que ataca a borracha natural e a borracha sintética de butadieno-estireno. Os efeitos são a perda de elasticidade e o enfraquecimento. Alguns tipos de borracha, como a de silicone, são mais resistentes ao ozônio (Assunção, 2000; Boubel et al., 1994; Godish, 1997).

Os tecidos e corantes são também afetados pela poluição do ar não só pela deposição de partículas (sujeira), mas também pela redução da sua resistência, desbotando e reduzindo a sua vida útil pela maior frequência de lavagem que se faz necessária nas atmosferas poluídas. Nos grandes centros urbanos, é típico o escurecimento do colarinho das camisas claras com pouco tempo de uso. O ataque ao couro e ao papel igualmente se verifica com a desintegração da superfície e o enfraquecimento do material, e, nas tintas, a poluição do ar causa escurecimento, descoloração e sujeira. As partículas, os gases ácidos, como dióxido de enxofre e dióxido de nitrogênio, gás sulfídrico e os oxidantes como o ozônio são os principais agressores (Assunção, 2000; Boubel et al., 1994; Godish, 1997).

Danos à Vegetação

Segundo Godish (1997), a indução da injúria pela poluição do ar e a subsequente expressão do sintoma são dependentes de vários fatores físicos e biológicos. Das quatro rotas principais (raiz, caule, folhas e estruturas reprodutoras), a folha é o alvo principal, porque é o ponto de troca gasosa.

A sensibilidade das plantas aos poluentes atmosféricos é bastante variável, indo de altamente tolerante a muito sensível. Os principais efeitos da poluição do ar na vegetação são: alteração do crescimento e da produtivi-

POLUIÇÃO ATMOSFÉRICA | **159**

dade, colapso foliar, envelhecimento precoce, descoloração, clorose e outras alterações da cor, necrose do tecido foliar. Os mecanismos envolvem a redução da penetração da luz, com consequente redução da capacidade fotossintetizadora, reduções essas ocasionadas pela deposição de partículas nas folhas; pela penetração de poluentes pelas raízes após deposição de partículas no solo ou dissolução de gases no solo; pela penetração dos poluentes através dos estômatos, pequenos poros na superfície das plantas, em geral, nas folhas e na parte inferior onde se dá a troca de gases ($O_2 - CO_2$), que são a principal porta de entrada (Calvert e Englund, 1984).

Fatores extrapoluição devem ser considerados na análise da vegetação presumivelmente danificada pela poluição do ar. Os principais a serem considerados são a quantidade e os tipos de nutrientes presentes, a umidade, a temperatura, a idade das plantas e a presença de insetos e doenças.

Os principais poluentes presentes na atmosfera e importantes fitotóxicos são o ozônio e o peroxiacetilnitrato (PAN), formados no *smog* fotoquímico, o dióxido de enxofre e, de menor importância, os óxidos de nitrogênio. Os fluoretos são altamente fitotóxicos, mas não estão presentes de forma frequente na atmosfera urbana (Calvert e Englund, 1984).

Outro fator que deve ser levado em consideração é a presença de vários poluentes ao mesmo tempo, que pode aumentar o efeito ou mesmo alterar o aspecto visual em relação àquele resultante da exposição a um poluente específico. Diversas espécies de plantas têm sido utilizadas como bioindicadoras. Uma espécie indicadora é um indivíduo sensível à poluição do ar e que exibe um sintoma de injúria foliar típico.

Efeitos Globais

Os efeitos da poluição do ar em escala global, ou seja, em todo o planeta Terra, estão atualmente caracterizados pela redução da camada de ozônio, pelo aceleramento do efeito estufa e, em menor escala, pela deposição ácida (chuva ácida). A grande emissão de poluentes à atmosfera, que caracteriza o estilo de vida da sociedade moderna e desenvolvida, faz prever a possibilidade de ocorrência de outros efeitos globais, tendo em vista que o aumento da concentração de poluentes na atmosfera vem ocorrendo em relação a diversos poluentes (Assunção, 2000).

Redução da Camada de Ozônio

O ozônio se distribui diferentemente nas várias camadas da atmosfera, sendo maior sua concentração na estratosfera, entre 20 e 30 km de altitude. Na troposfera, o ozônio causa preocupação em relação a seus efeitos à saúde e à vegetação, mas, na estratosfera, ele é um filtro para as radiações ultravioletas, em especial na faixa B (UVB), de comprimento de onda de 280 a 320 nm. A redução da camada de ozônio estratosférico vem sendo tema de intensas pesquisas, pois foi observado que sua concentração na estratosfera tem diminuído, sobretudo desde 1995, em especial na Antártida, dando origem ao chamado buraco de ozônio, que ocorre na primavera austral, nos meses de setembro e outubro.

> A constituição da camada de ozônio, há cerca de 400 milhões de anos, permitiu o desenvolvimento de vida na Terra, já que o ozônio, um gás rarefeito cujas moléculas se compõem de três átomos de oxigênio, impede a passagem de grande parte da radiação ultravioleta emitida pelo Sol. (MMA, 2003)

A teoria atualmente aceita é de que o ozônio da estratosfera está sendo eliminado em grande parte pelo cloro e pelo bromo presentes em várias substâncias de alta estabilidade química, que permanecem na atmosfera por dezenas de anos, em especial as substâncias denominadas clorofluorcarbonos (CFCs). Outros agentes dessa destruição são os óxidos de nitrogênio, as erupções vulcânicas, o gás *halon* que foi utilizado em sistemas de proteção contra incêndio, o brometo de metila, que é utilizado como fumigante e inseticida, e o tetracloreto de carbono, amplamente empregado na produção de CFCs e como solvente.

Os CFCs foram muito utilizados como gás refrigerante em sistemas de refrigeração (geladeiras, *freezers*, balcões, câmaras frigoríficas etc.) e em sistemas de ar-condicionado. Outros usos incluem a produção de espumas, agindo como agente expansor, agente de limpeza de dispositivos eletrônicos e propelente de aerossóis (embalagens tipo *spray*). Atualmente seu uso é muito restrito, pois vêm sendo substituídos por outras substâncias. Nos *sprays* têm sido trocados por gás butano ou propano e na refrigeração e em sistemas de condicionamento de ar entram em cena os hidrofluorcarbonos (HFCs), como a substituição do CFC 12 pelo HCFC134a nas geladeiras domésticas e no condicionador de ar de automóveis.

A eliminação ou a substituição de CFCs é ditada pelo Protocolo de Montreal sobre substâncias que destroem a camada de ozônio, adotado em

Montreal em 16 de setembro de 1987. A produção dos CFCs foi proibida a partir de 1º de janeiro de 1995, nos países desenvolvidos, e teve de ser eliminada até 2010 nos países em desenvolvimento. A produção do brometo de metila deve ser eliminada até 2015 nos países em desenvolvimento.

No Brasil, o Ministério da Saúde proibiu, em 1989, o uso de CFCs como propelente de aerossóis, exceto em casos essenciais, como em uso medicinal. Em 1994, apresentou o Programa Brasileiro de Eliminação de Substâncias Destruidoras da Camada de Ozônio, que foi aprovado pelos gestores do Protocolo de Montreal.

A Resolução Conama n. 13, de dezembro de 1995, estabeleceu entre outras medidas uma gradativa eliminação do uso das substâncias destruidoras da camada de ozônio (SDO) e aprovou a antecipação da eliminação das SDO no Brasil em relação aos prazos dispostos no Protocolo de Montreal. Assim, ficou proibido, em todo o território nacional, o uso dessas substâncias em novos sistemas, equipamentos e produtos, nacionais e importados, ressalvadas aquelas aplicações caracterizadas como de uso essencial pelo Protocolo de Montreal.

Algumas ações foram antecipadas em unidades da federação que baixaram legislações específicas. Em 1994 foi proibida no Rio Grande do Sul a liberação de CFC para a atmosfera; em 1995 foi proibida no Rio de Janeiro a emissão de CFC na manutenção e na desativação de sistemas de refrigeração e na manutenção de sistemas de ar-condicionado; e, no mesmo ano, foi criado no estado de São Paulo o Programa Estadual para a Proteção da Camada de Ozônio.

Em setembro de 2000, foi aprovada a Resolução Conama n. 267, que manteve as proibições do uso das substâncias controladas da Resolução Conama n. 13/95, e estabeleceu-se a redução ano a ano das importações de CFC-12 no Brasil, até sua proibição total a partir de 2007.

Comemora-se o Dia do Ozônio na data de 16 de setembro, dia em que o Protocolo de Montreal foi aprovado, como um dos meios de disseminação e divulgação das atividades de proteção da camada de ozônio desencadeadas no país.

O ozônio da estratosfera – ozônio bom – é um filtro natural para as radiações ultravioleta do Sol, protegendo a Terra, portanto, de níveis indesejáveis dessa radiação. Raios ultravioleta em excesso, principalmente na faixa do UV-B (280 a 320 nanômetros de comprimento de onda), têm como efeitos prováveis a maior incidência de catarata, doenças da pele, como queimaduras e câncer; causam prejuízo ao sistema imunológico; reduzem a camada de gordura com aumento de infecções fúngicas e bacterianas; provocam o envelhecimento mais rápido da pele por sua degeneração elástica; trazem efeitos negativos na vegetação, com prejuízos à agricultura, a redução da fotossíntese do fitoplâncton, com consequente redução do seu crescimento e aumento da concentração de gás carbônico na atmosfera, contribuindo, portanto, para o efeito estufa indiretamente. Muitos outros efeitos negativos poderão advir desse desequilíbrio ambiental (Assunção, 1993).

Efeito Estufa

As mudanças climáticas são provavelmente a grande preocupação ambiental da última década do século passado e da presente década. Segundo a Convenção-Quadro das Nações Unidas sobre a Mudança do Clima (adotada em 1992), as mudanças climáticas são entendidas como uma mudança de clima que possa ser direta ou indiretamente atribuída à atividade humana, que altere a composição da atmosfera mundial e que se some àquela provocada pela variabilidade climática natural observada ao longo de períodos comparáveis.

O efeito estufa antropogênico significa o aumento da temperatura da Terra provocado pela maior retenção, na atmosfera, da radiação infravermelha por ela refletida, em decorrência do aumento da concentração de determinados gases que têm essa propriedade, como o gás carbônico (CO_2), o metano (CH_4), os clorofluorcarbonos (CFCs) e o óxido nitroso (N_2O). A camada de gases que envolve a Terra tem função importante na manutenção da vida no planeta, pela retenção de calor que ela proporciona, havendo, portanto, um efeito estufa natural por essa camada. O problema surgido é o aumento dessa retenção pela maior e crescente concentração desses gases que absorvem radiação infravermelha (calor) (Assunção, 2000).

Em 1992 foi estabelecida a Convenção-Quadro das Nações Unidas sobre Mudança do Clima, com um processo permanente de revisão, discussão e troca de informações, possibilitando a adoção de compromissos adicionais em resposta às mudanças no conhecimento científico e nas disposições políticas.

A primeira revisão de adequação dos compromissos foi conduzida na primeira sessão da Conferência das Partes, que ocorreu em Berlim, em 1995 (COP-1). As Partes decidiram que o compromisso dos países desenvolvidos de voltar suas emissões para os níveis de 1990 até o ano 2000 era inadequado para atingir o objetivo de longo prazo da convenção, que consiste em impedir uma interferência antrópica perigosa no sistema climático.

Figura 6.6 – O problema do aceleramento do efeito estufa.

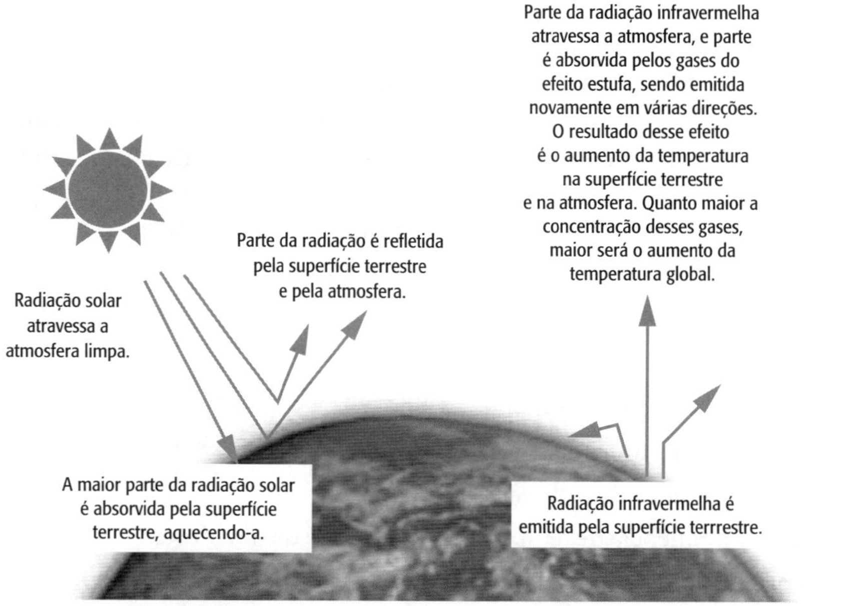

Parte da radiação infravermelha atravessa a atmosfera, e parte é absorvida pelos gases do efeito estufa, sendo emitida novamente em várias direções. O resultado desse efeito é o aumento da temperatura na superfície terrestre e na atmosfera. Quanto maior a concentração desses gases, maior será o aumento da temperatura global.

Parte da radiação é refletida pela superfície terrestre e pela atmosfera.

Radiação solar atravessa a atmosfera limpa.

A maior parte da radiação solar é absorvida pela superfície terrestre, aquecendo-a.

Radiação infravermelha é emitida pela superfície terrrestre.

Fonte: Usepa (2003).

Em dezembro de 1997 foi realizado em Kyoto, no Japão, uma conferência que culminou na decisão por consenso de adotar-se um protocolo segundo o qual os países industrializados reduziriam suas emissões combinadas de gases de efeito estufa em pelo menos 5% em relação aos níveis de 1990 até o período entre 2008 e 2012. O Protocolo de Kyoto foi aberto para assinatura em 16 de março de 1998 e entrou em vigor em 2005. As regras detalhadas para sua implementação foram acordadas no encontro da COP 7, realizado em Marrakesh (Marrocos), cujo prazo estabelecido foi de 2008 a 2012. Em dezembro de 2012, na COP 18, realizada em Doha (Qatar), um novo conjunto de compromissos foi acordado para o período de 2012 a 2013. No primeiro período, 37 países industrializados e a União Europeia se comprometeram a reduzir 5% na média em relação aos níveis de emissão em 1990. Nesse segundo compromisso, a meta de redução é de 18% em relação a 1990. Deve-se destacar, no entanto, que a composição dos países em relação às metas é diferente para os dois períodos do compromisso, ou seja, no primeiro período, parte dos países mais ricos foram os que assumiram grande parte das reduções, especialmente por ter significativa contribuição nas emissões ao longo da história (UNFCCC, 2013).

O gás carbônico é considerado o principal responsável pelo efeito estufa, participando com cerca de 55%. Sua concentração no início do século XX era de cerca de 290 ppm e agora, no início do século XXI, está em torno de 391 ppm (WMO, 2012). Sua principal fonte de emissão é a queima de combustíveis fósseis e as queimadas. A atmosfera terrestre permite a entrada de energia solar incidente (ondas curtas), mas o aumento da concentração de gases de efeito estufa reduz a saída de parte da radiação emitida pela Terra (ondas longas), promovendo descompensação do balanço térmico, com resultante aquecimento da atmosfera.

Alguns dos principais efeitos adversos sinalizados e já percebidos nos dias atuais são:

- Aumento do nível do mar.
- Alteração no suprimento de água doce.
- Maior número de ciclones.
- Maior frequência de tempestades de chuva e de neve fortes.
- Forte e rápido ressecamento do solo.

Figura 6.7 – Faixa prognosticada de elevação média da temperatura da superfície entre os anos 1990 e 2100.

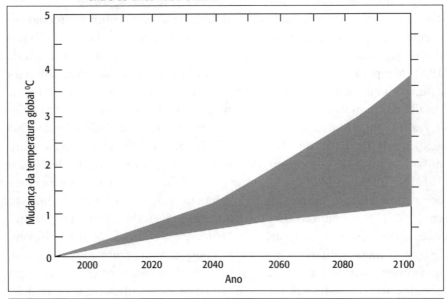

Fonte: MCT (1999).

Dados obtidos em amostras de árvores, corais, glaciares e outros métodos indiretos sugerem que as atuais temperaturas da superfície da Terra estão mais quentes do que em qualquer época dos últimos 600 anos.

A partir dos dados disponíveis até 1990 e da tendência de emissões à época, sem a implementação de políticas específicas para redução de emissões, a projeção do International Panel on Climate Change (IPCC) era que o aumento da temperatura média na superfície terrestre seria entre 1 e 3,5°C no decorrer dos próximos 100 anos, enquanto o aumento observado no século XIX foi entre 0,3 e 0,6°C (IPCC apud MCT, 1999).

A alteração da temperatura da Terra é lenta e teria sido de cerca de 0,6°C nos últimos 100 anos, mas existem previsões de acréscimos significativos se a emissão desses gases continuar a crescer na taxa atual, podendo resultar em aumentos de 1 a 5,8°C até o fim do século XXI, o que ocasionaria maior degelo das calotas polares, com consequente elevação do nível dos mares, entre 9 e 88 cm, inundando áreas costeiras; alterações climáticas; com efeitos deletérios à agricultura e à vegetação em geral; além do aumento de tormentas, secas e inundações, pragas e doenças tropicais. Outras consequências significativas podem ocorrer em muitos sistemas ecoló-

Figura 6.8 – Faixa de aumento prognosticado para o nível do mar até 2100.

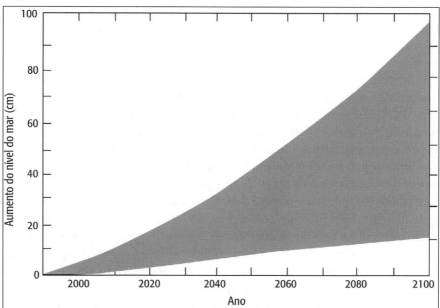

Fonte: MCT (1999).

gicos e nos sistemas econômicos, afetando o fornecimento de alimentos e os recursos hídricos, bem como a saúde humana (IPCC, 2001). Há incerteza sobre a origem do aquecimento recente da Terra, e alguns cientistas postulam a maior influência de processos naturais cíclicos de aquecimento e resfriamento. A hipótese mais aceita atualmente é a da influência das emissões atmosféricas (Assunção, 2000; WMO, 2013).

Chuva Ácida

O termo chuva ácida foi utilizado pela primeira vez por Robert Angus Smith para referir-se ao efeito que emissões industriais tinham nas chuvas na Inglaterra, no século XIX.

A chuva ácida provém da lavagem da atmosfera pelas chuvas que arrastam os óxidos de enxofre e de nitrogênio nela presentes e outros elementos ácidos, alterando a acidez da água (redução do pH) pela formação de ácidos (sulfuroso, sulfúrico, nitroso e nítrico), com consequências indesejáveis para o meio ambiente, e em especial para as plantas e para a vida aquática. Ocorre também a deposição seca, sendo atualmente utilizado o termo deposição ácida para denominar ambos os fenômenos, em vez de chuva ácida. Sua ação, apesar de ser sentida no âmbito mundial, tem se apresentado mais no âmbito regional ou mesmo transfronteiriço, como entre os Estados Unidos e o Canadá e entre países da Europa. China e Índia são dois países onde a poluição do ar está muito alta atualmente e preocupam também em relação à chuva ácida.

Normalmente a chuva tem pH (acidez) próximo de 5,6 por causa do gás carbônico (CO_2) já presente no ar. A chuva é considerada ácida quando seu pH for menor que 5,6. Na região oeste dos Estados Unidos, 60 a 70% da acidez da chuva era atribuída aos ácidos sulfúrico e sulfuroso e o restante principalmente aos ácidos nítrico e nitroso e a outros agentes. Tal situação tende a se reverter por meio da utilização de combustíveis mais limpos e pelo uso de sistemas de controle da poluição do ar.

No Brasil já se sente uma preocupação em relação a esse problema. No entanto, os valores até aqui conhecidos não indicam a existência de chuva ácida severa. Um fato que contribui para que a chuva ácida não seja intensa no Brasil é, em grande parte, a origem hidráulica da nossa energia elétrica, sendo pequena a utilização de termelétricas movidas a combustíveis fósseis (em especial carvão e óleo), como acontece nos países desenvolvidos.

Na cidade de Niterói, medições realizadas em curto período em 1986 mostraram valores de pH variando de 4,3 a 5,3. Na Floresta da Tijuca, na cidade do Rio de Janeiro, o pH da chuva apresentou média ponderada de 4,7.

Também na Amazônia têm sido observados valores de pH da chuva abaixo do nível normal, similares aos verificados em regiões altamente urbanizadas, como Rio de Janeiro e São Paulo, por causa das condições naturais e da emissão de substâncias ácidas nas queimadas.

Regiões com termelétricas a carvão mineral são fortes candidatas a apresentar águas de chuva ácidas, sendo de interesse o estudo desses locais nesse aspecto.

O AR, A ATMOSFERA E OS NÍVEIS DE REFERÊNCIA

O ar é um elemento essencial para o ser humano, que dele não pode prescindir por mais de alguns poucos minutos, pois utiliza-o como fonte de oxigênio, para troca térmica e como receptor dos gases da respiração, principalmente o gás carbônico, da transpiração (suor), de gases corporais em geral e de gases e partículas de suas atividades diárias normais, como o cozimento de alimentos (Guimarães, 1992).

Cerca de 10.000 litros de ar por dia passam pelos pulmões de uma pessoa adulta. Esse ar, ao atingir as partes mais profundas do aparelho respiratório, entra em contato muito íntimo com os alvéolos pulmonares, cuja superfície é muito extensa. Caso fosse possível abrir cada alvéolo e colocá-los um ao lado do outro, formaríamos uma área de aproximadamente 95 m^2, ou seja, a área útil de um apartamento de tamanho médio. O ar, através dos alvéolos, vai, então, entrar em contato com a corrente sanguínea, fornecendo o oxigênio necessário à vida humana. Esse oxigênio é provido pela atmosfera, que é a denominação dada à camada de gases que envolve a Terra e que se estende até a altitude de 9.600 km.

A atmosfera seca é constituída de cerca de 78% em volume de nitrogênio, 20,9% de oxigênio, 0,9% de argônio, 0,035% de dióxido de carbono (gás carbônico) e vários outros gases em pequenas concentrações, conforme ilustrado na Tabela 6.1.

A atmosfera contém quantidades bastante variáveis de vapor de água, dependendo do local, hora, estação do ano etc., chegando a 0,02% em volume nas regiões áridas e 4% em regiões equatoriais úmidas. Contém ainda partículas sólidas e líquidas em suspensão (aerossóis), de composição química e concentrações variáveis, inclusive matéria viva (pólens, microrganismos etc.).

Tabela 6.1 – Exemplo de composição da atmosfera seca e limpa.

Constituinte	Fórmula	% em volume	ppm
Nitrogênio	N_2	78,08	780.800
Oxigênio	O_2	20,95	209.500
Argônio	Ar	0,93	9300
Dióxido de carbono	CO_2	0,0358	358*
Neônio	Ne	0,0018	18
Hélio	He	0,00052	5,2
Metano	CH_4	0,00017	1,7
Criptônio	Kr	0,00011	1,1
Hidrogênio	H_2	0,00005	0,5
Óxido nitroso	N_2O	0,00003	0,3
Ozônio	O_3	0,000004	0,04

* Em 2011, a concentração média de CO_2 na baixa troposfera era de 391 ppm (WMO, 2012).

Fonte: Masters (1997).

A atmosfera é dividida em troposfera, a camada da atmosfera que vai do solo até a altitude de cerca de 10 a 12 km (5 a 8 km sobre os polos e podendo chegar a 18 km sobre o Equador); estratosfera, camada que vai desde a troposfera até cerca de 50 km de altitude; quimiosfera, camada localizada acima da estratosfera; e ionosfera, localizada acima da quimiosfera. Setenta e cinco por cento da massa da atmosfera está contida dentro da altitude de até 10 km, ou seja, basicamente na troposfera, e 99% da massa de ar está contida dentro da altitude de 33 km, envolvendo, portanto, a troposfera e parte da estratosfera. A densidade e a pressão da atmosfera diminuem com a altitude, e a temperatura varia dependendo da altitude considerada. Na troposfera, o normal é a queda da temperatura com a altitude. Processos, em geral naturais, podem alterar essa condição por pouco tempo, ocasionando o fenômeno denominado inversão térmica, muito prejudicial à dispersão dos poluentes.

A camada de ozônio localiza-se na estratosfera, entre 20 e 30 km de altitude aproximadamente. Esta camada vem sendo destruída pela ação antrópica, em especial, pelo cloro presente nos CFCs, conforme já discutido anteriormente.

POLUIÇÃO ATMOSFÉRICA | **169**

Ar limpo é um conceito relativo. A vida é adaptada a determinadas concentrações normais de substâncias na atmosfera.

No entanto, quando ocorre alteração nesses níveis considerados normais, alguns efeitos poderão ser observados, seja no ser humano, seja em outras formas de vida, e até mesmo em materiais inertes. A poluição do ar ocorre quando a alteração da composição qualitativa ou quantitativa da atmosfera resulta em danos reais ou potenciais.

Com base nesse conceito, pressupõe-se a existência de níveis de referência para diferenciar a atmosfera poluída da atmosfera não poluída. O nível de referência deveria ser o nível máximo de poluentes na atmosfera que não ocasionasse efeitos indesejáveis.

Em geral, esses níveis são estabelecidos a partir de dados científicos de dose-resposta, obtidos por meio de estudos toxicológicos e/ou epidemiológicos, ou mesmo de estudo de efeitos em vegetais e materiais inertes, e também de informações de episódios ocorridos em diversas regiões do globo.

A Organização Mundial da Saúde estabeleceu alguns níveis de referência, os quais estão mostrados na Tabela 6.2.

Tabela 6.2 – Níveis máximos de poluentes recomendados pela Organização Mundial da Saúde.

Indicador	Concentração máxima recomendada ($\mu g/m^3$)	Tempo de exposição
Dióxido de enxofre (SO_2)	20	24 horas
Dióxido de nitrogênio (NO_2)	40	Anual
Dióxido de nitrogênio (NO_2)	200	1 hora
Monóxido de carbono (CO)	10.000	8 horas
Ozônio (O_3)	100	8 horas
Material particulado – MP10	20	Anual
Material particulado – MP10	50	24 horas
Material particulado – MP2,5	10	Anual
Material particulado – MP2,5	25	24 horas

Fonte: WHO (2006).

Os níveis de referência são fixados em função do risco de exposição e de seus custos associados. Ou seja, quanto menor o risco desejável, maior será o custo de controle e de investimento em tecnologia. Uma cidade que deseja, por exemplo, emissão zero necessitará de veículos elétricos e irá impor custos muito altos para o setor industrial, inclusive impedindo a instalação de certos tipos de processos industriais, cujos resultados podem impactar na economia local, talvez com a diminuição da oferta de emprego.

Assim, um padrão de qualidade do ar define legalmente o limite máximo para a concentração de um componente atmosférico que garanta a proteção da saúde e do bem-estar das pessoas. Os padrões de qualidade do ar são baseados em estudos científicos dos efeitos produzidos por poluentes específicos e são fixados em níveis que possam propiciar uma margem de segurança adequada (WHO, 1999, 2006; Cetesb, 2001).

No Brasil, os Padrões de Qualidade do Ar estão definidos pelo Conama por meio da Resolução Conama n. 003, de 28 de junho de 1990, válidos para todo o território nacional. Os poluentes considerados nesse documento foram: partículas totais em suspensão (PTS), dióxido de enxofre (SO_2), monóxido de carbono (CO), ozônio (O_3), fumaça, partículas inaláveis e dióxido de nitrogênio (NO_2). Foram estabelecidos padrões primários, destinados à proteção da saúde pública, e padrões secundários, para proteção do meio ambiente em geral e do bem-estar da população. Os valores fixados por essa resolução estão mostrados na Tabela 6.3.

Os padrões primários de qualidade do ar representam as concentrações de poluentes que, ultrapassadas, poderão afetar a saúde da população. Podem ser entendidos como níveis máximos toleráveis de concentração de poluentes atmosféricos, constituindo metas de curto e médio prazos (Conama, 1990).

São padrões secundários de qualidade do ar as concentrações de poluentes atmosféricos abaixo das quais se prevê o mínimo efeito adverso sobre o bem-estar da população, assim como o mínimo dano à fauna e à flora, aos materiais e ao meio ambiente em geral. Podem ser entendidos como níveis desejados de concentração de poluentes, constituindo meta de longo prazo (Conama, 1990).

O objetivo do estabelecimento de padrões secundários é criar uma base para uma política de prevenção da degradação da qualidade do ar. Devem ser aplicados às áreas de preservação (p.ex., parques nacionais, áreas de proteção ambiental, estâncias turísticas etc.). Não se aplicam, pelo menos a curto prazo, às áreas de desenvolvimento, onde devem ser aplicados os padrões primários.

Tabela 6.3 – Padrões Nacionais de Qualidade do Ar segundo a Resolução Conama n. 003, de 28 de junho de 1990.

Poluente	Padrão primário $(\mu g/m^3)$	Padrão secundário $(\mu g/m^3)$	Período de exposição
Partículas totais em suspensão	240	150	24 horas
	80	60	Anual
Partículas inaláveis	150	150	24 horas
	50	50	Anual
Fumaça	150	100	24 horas
	60	40	Anual
Dióxido de enxofre (SO_2)	365	100	24 horas
	80	40	Anual
Monóxido de carbono (CO)	40.000*	40.000*	1 hora
	10.000**	10.000**	8 horas
Ozônio (O_3)	160	160	1 hora
Dióxido de nitrogênio (NO_2)	320	190	1 hora
	100	100	Anual

* Correpondente a 35 ppm; ** correspondente a 9 ppm.
Fonte: Conama (1990).

Como prevê a Resolução Conama n. 003/90, a aplicação diferenciada de padrões primários e secundários requer que o território nacional seja dividido em classes I, II e III, conforme o uso pretendido. A mesma resolução prevê ainda que, enquanto não for estabelecida a classificação das áreas, os padrões aplicáveis serão os primários.

Em 2013, São Paulo aprovou padrões mais rigorosos para o estado, válidos a partir de 24 de abril de 2013, pelo Decreto n. 59.113 (São Paulo, 2013). A Tabela 6.4 apresenta os valores aprovados.

A implementação desses novos padrões segue processo escalonado por metas intermediárias, cujos prazos serão ajustados conforme avaliações periódicas. Por exemplo, para o poluente material particulado com diâmetro aerodinâmico equivalente de corte de 10 micrômetros (MP_{10}), o padrão para concentrações médias de 24 horas consecutivas tem quatro etapas: meta 1 – 120 $\mu g/m^3$; meta 2 – 100 $\mu g/m^3$; meta 3 – 75 $\mu g/m^3$; padrão final – 50 $\mu g/m^3$ (São Paulo, 2013).

Esse escalonamento permite aos gestores públicos, empresas e sociedade civil implementar gradualmente os padrões mais rigorosos, sem comprometer a viabilidade e a capacidade atual instalada dos sistemas de licenciamento ambiental, planejamento do uso do solo, sistemas de transporte e sistemas de controle ambiental das empresas, entre outros.

Tabela 6.4 – Padrões de qualidade do ar aprovados pelo Decreto n. 59.113 para o estado de São Paulo.

Indicador	Concentração maxima recomendada ($\mu g/m^3$)	Tempo de Exposição
Dióxido de enxofre (SO_2)	20	24 horas
Dióxido de nitrogênio (NO_2)	40	Anual
Dióxido de nitrogênio (NO_2)	200	1 hora
Monóxido de carbono (CO)	9 ppm	8 horas
Ozônio (O_3)	100	8 horas
Partículas Totais em Suspensão (PTS)	80	Anual
Partículas Totais em Suspensão (PTS)	240	24 horas
Material particulado – MP10	20	Anual
Material particulado – MP10	50	24 horas
Material particulado – MP2,5	10	Anual
Material particulado – MP2,5	25	24 horas
Fumaça – FMC	20	Anual
Fumaça – FMC	50	24 horas

Fonte: São Paulo (2013).

DISPERSÃO ATMOSFÉRICA

O movimento dos poluentes na atmosfera denominado dispersão atmosférica é determinado principalmente pelas condições meteorológicas, como a turbulência mecânica, provocada pelo vento na sua instabilidade direcional e de velocidade; a turbulência térmica, resultante de parcelas de ar superaquecido que ascendem da superfície terrestre, sendo substituídas pelo ar mais frio em sentido descendente, no perfil vertical de temperatura da atmosfera e também pela topografia e rugosidade do terreno na região.

Os poluentes lançados na atmosfera sofrem o efeito de processos complexos, sujeitos a vários fatores, que determinam sua concentração no tempo e no espaço. Assim, a mesma emissão, sob as mesmas condições de lançamento no ar, pode produzir concentrações diferentes em um mesmo local, dependendo das condições meteorológicas presentes: chuva, condições de inversão térmica, rugosidade e características do terreno e de outras condições locais.

Os fatores meteorológicos que influenciam o fenômeno são, principalmente, a velocidade e a direção dos ventos, a intensidade da radiação solar e o regime de chuvas.

A topografia da região exerce papel importante no comportamento dos poluentes na atmosfera. Fundos de vale são locais propícios para o aprisionamento dos poluentes, principalmente quando da ocorrência de inversões térmicas, que impedem a subida dos poluentes, transformando esses locais em verdadeiras câmaras de concentração e de reação, sobretudo na ocorrência do *smog* fotoquímico.

As chuvas influenciam a qualidade do ar de maneira acentuada, sendo um importante agente de autodepuração da atmosfera, especialmente em relação às partículas presentes, bem como aos gases solúveis ou reativos com a água. Não se deve esquecer, no entanto, de que a lavagem da atmosfera significa a transposição dos poluentes para o solo e para as águas superficiais, podendo ocasionar efeitos deletérios, em especial as águas de chuva consideradas ácidas (chuvas ácidas).

É comum observar diferentes formatos das plumas (fumaça) que saem de uma chaminé, mesmo para condições de emissão idênticas. Isso se deve às várias condições de estabilidade da atmosfera.

Os movimentos verticais de massas de ar dependem, fundamentalmente, do perfil vertical de temperatura, ou seja, da variação da temperatura do ar com a altitude. Ar seco resfria-se à taxa de $1°C$ para cada 100 metros de subida na atmosfera (taxa adiabática seca). Ar úmido resfria-se à taxa de aproximadamente $0,65°C$ para cada 100 metros de subida na atmosfera (taxa adiabática úmida). Quando a temperatura do ar aumenta com a altitude, diz-se que há inversão térmica, fenômeno de origem natural e não decorrente da poluição do ar.

Figura 6.9 – Dispersão de poluentes emitidos por uma chaminé.

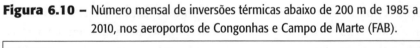

Fonte: Adaptado de Malheiros (2002).

A Figura 6.10 reforça a importância desse fenômeno no contexto da Região Metropolitana de São Paulo.

Figura 6.10 – Número mensal de inversões térmicas abaixo de 200 m de 1985 a 2010, nos aeroportos de Congonhas e Campo de Marte (FAB).

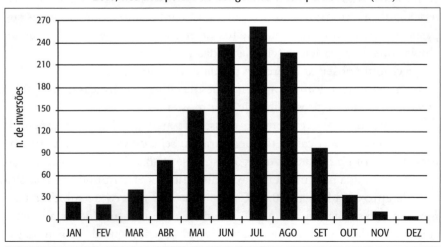

Fonte: Cetesb (2011).

A turbulência da atmosfera exerce um papel importante no transporte e na difusão e consequente diluição da poluição no ar. Essa turbulência é determinada pela velocidade do vento e pelo gradiente térmico na vertical.

A reatividade dos poluentes na atmosfera é outro fator importante para sua transformação no ar, modificando sua concentração e, ao mesmo tempo, produzindo outras substâncias ou radicais livres.

Por exemplo, os óxidos de nitrogênio (NO_x) e os hidrocarbonetos (HC) podem reagir fotoquimicamente na atmosfera, sob ação da radiação solar, em especial os raios ultravioleta, e produzir substâncias denominadas oxidantes fotoquímicos, em especial o ozônio, muito frequente na atmosfera da cidade de São Paulo.

Outro exemplo é a reação dos óxidos de enxofre (SO_x) com amônia, que formam partículas de sulfato de amônio, aerossóis de tamanho pequeno, próximo do comprimento de onda da luz visível e que têm grande capacidade de reduzir a visibilidade da atmosfera.

Assim, a concentração do poluente na atmosfera varia conforme a quantidade, as características e as condições da emissão, as condições meteorológicas, a topografia da região, a rugosidade do terreno, a presença de edificações próximas à fonte de emissão, a reatividade do poluente e a ocorrência de chuva.

PRINCIPAIS POLUENTES ATMOSFÉRICOS

Poluente atmosférico é toda e qualquer forma de matéria sólida, líquida ou gasosa e de energia que, presente na atmosfera, pode torná-la poluída. Ondas sonoras e eletromagnéticas são poluentes atmosféricos na forma de energia.

Os poluentes atmosféricos em forma de matéria podem ser classificados inicialmente em função do estado físico em dois grupos: material particulado e gases.

Material Particulado

As partículas sólidas ou líquidas emitidas por fontes de poluição do ar ou mesmo aquelas formadas na atmosfera são denominadas material particulado e, quando suspensas no ar, são denominadas aerossóis. As partículas de maior interesse para a saúde pública são as pequenas, ou seja, as inaláveis, que são aquelas com poder de penetração maior que 50% no trato respiratório médio e inferior. As partículas inaláveis possuem diâmetro aerodinâmico equivalente (diâmetro que incorpora a densidade da partícula pela comparação com a velocidade de queda de uma partícula de densidade 1 g/cm³) menor que 10 micrômetros (1 micrômetro é igual a um milionésimo de metro ou 1 milésimo de milímetro). O material particulado pode ser classificado, segundo método de formação, em poeiras (poeira de cimento, poeira de amianto, poeira de algodão, poeira de rua), fumos (fumos de chumbo, fumos de alumínio, fumos de zinco, fumos de cloreto de amônia), fumaça – partículas da combustão de combustíveis fósseis, materiais asiáticos ou madeira, contêm fuligem, partículas líquidas e, no caso de madeira e carvão, uma fração mineral (cinzas) –, névoas – partículas líquidas.

Gases

São poluentes na forma molecular, quer como gases permanentes – como o dióxido de enxofre, o monóxido de carbono, o ozônio e os óxidos nitrosos –, quer como aqueles na forma gasosa transitória de vapor, como os vapores orgânicos em geral (vapores de solventes por exemplo).

Outra classificação utilizada é aquela que leva em conta a formação dos poluentes. Nessa classificação, os poluentes em forma de matéria podem ser poluentes primários, emitidos já na forma de poluentes, e poluentes secundários, que são formados na atmosfera por reações químicas ou mesmo fotoquímicas, como é o caso da formação de ozônio no *smog* fotoquímico.

FONTES DE POLUIÇÃO DO AR

Fonte de poluição do ar pode ser qualquer processo, equipamento, sistema, máquina, empreendimento etc. que possa liberar ou emitir matéria ou energia para a atmosfera, de forma a torná-la poluída. Essas fontes podem ser subdivididas em fixas e móveis.

As emissões para a atmosfera podem vir de ações naturais e de ações antrópicas, ou seja, pela ação do homem.

As emissões naturais provêm de erupções vulcânicas que lançam partículas e gases para a atmosfera, como os compostos de enxofre (gás sulfídrico – H_2S e dióxido de enxofre – SO_2); decomposição de vegetais e animais; ação do vento causando ressuspensão de poeira do solo e de areia; ação biológica de microrganismos no solo; formação de metano principalmente nos pântanos (gás grisu); aerossóis marinhos; descargas elétricas na atmosfera, dando origem ao ozônio; incêndios florestais naturais que lançam grandes quantidades de material particulado (fumaça e cinzas), gás carbônico (CO_2), monóxido de carbono (CO), hidrocarbonetos (HC) e outros gases orgânicos, e óxidos de nitrogênio (NO_x); outros processos naturais, como as reações na atmosfera entre substâncias de origem natural.

Entre as fontes antrópicas, estão os diversos processos e operações industriais; a queima de combustível na indústria e para fins de transporte nos veículos a gasolina, álcool, diesel ou qualquer outro tipo de combustível, e para aquecimento em geral e cozimento de alimentos; queimadas; queima de lixo ao ar livre; incineração de lixo; limpeza de roupas a seco; poeira fugitiva em geral provocada pela movimentação de veículos, principalmente em vias sem pavimentação; poeiras provenientes de demolições na construção civil e movimentações de terra em geral; comercialização e armazenamento de produtos voláteis, como gasolina e solventes; equipamentos de refrigeração e ar-condicionado e embalagens tipo aerossol; pintura em geral; estações de tratamento de esgotos domésticos e industriais e aterros de resíduos.

Os veículos são atualmente a principal fonte de emissão de poluentes para a atmosfera, em especial nos grandes centros urbanos. Na América Latina merece destaque a poluição do ar na Cidade do México, em São Paulo, no Rio de Janeiro e em Santiago do Chile. Na região metropolitana de São Paulo os veículos contribuem com cerca de 97% da emissão de CO, 77% dos HC e 82% dos NO_x e os veículos a diesel têm contribuição significativa pela emissão de SO_2 e material particulado fino. Para reduzir essa emissão o município de São Paulo e alguns limítrofes adotaram uma operação denominada rodízio de veículos. Isso também tem ocorrido em outras grandes cidades, como na Cidade do México, em Santiago do Chile, Roma e Paris.

Carros a álcool e a gasolina (motor do ciclo Otto) são importantes emissores de CO, NO_x e HC, enquanto os veículos com motor de ciclo diesel, em especial caminhões e ônibus, são emissores de SO_2 e de NO_x e material particulado (fuligem), mas também emitem, em menor grau, CO e HC.

Figura 6.11 – Poluição veicular.

Fonte: Cepis (2003).

Um exemplo do conjunto de fontes e emissões dos poluentes clássicos é mostrado na Tabela 6.5.

Tabela 6.5 – Fontes e poluentes clássicos emitidos na região Metropolitana de São Paulo em 2010 para veículos e 2008 para fontes industriais (mil toneladas por ano).

Fonte	CO	HC	NOx	MP*	SOx
Escapamento de automóveis a gasolina	74,92	5,12	4,82	nd**	3,11***
Escapamento de automóveis a álcool	13,81	1,46	1,16	nd**	3,11***
Escapamento de automóveis sistema flex	21,32	2,41	2,07	nd**	3,11***
Escapamento de veículos comerciais leves a gasolina	8,71	0,62	0,60	nd**	3,11***
Escapamento de veículos comerciais leves a etanol	1,25	0,13	0,11	nd**	3,11***
Escapamento de veículos comerciais leves com sistema flex	0,97	0,11	0,09	nd**	3,11***
Escapamento de veículos comerciais leves a diesel	0,46	0,12	2,39	nd**	3,11***

(*continua*)

Tabela 6.5 – Fontes e poluentes clássicos emitidos na região Metropolitana de São Paulo em 2010 para veículos e 2008 para fontes industriais (mil toneladas por ano). *(continuação)*

Fonte	CO	HC	NOx	MP*	SOx
Escapamento de motocicletas a gasolina	24,99	4,57	0,97	nd**	3,11***
Escapamento de motocicletas com sistema flex	0,06	0,01	0,01	nd**	3,11***
Escapamento de caminhões leves a diesel	0,26	0,08	1,49	0,06	3,11***
Escapamento de caminhões médios a diesel	1,30	0,41	7,36	0,28	3,11***
Escapamento de caminhões pesados a diesel	4,69	1,19	26,96	0,69	3,11***
Ônibus urbanos movidos a diesel	3,00	0,81	16,80	0,52	3,11***
Ônibus rodoviários movidos a diesel	0,70	0,19	3,98	0,12	3,11***
Fontes industriais	4,18	4,7	15,43	3,06	5,59
Total	160,61	35,37	84,25	4,8	8,7
Participação dos veículos (%)	97	77	82	40	36

* Material particulado; ** Não determinado; *** Todos os veículos a diesel e gasolina. *Fonte:* Cetesb (2012).

PREVENÇÃO, CONTROLE E GESTÃO DO AR

Medidas de prevenção e correção devem ser tomadas para atingir o desenvolvimento sustentável. A busca de soluções para o problema da poluição do ar deve começar pela prevenção. Prevenção significa evitar a geração de poluentes, com a utilização de processos industriais mais limpos, combustíveis mais limpos, medidas de redução de consumo de produtos poluidores e de energia, enquanto controlar se refere a medidas de tratamento da emissão de poluentes.

É sabido que poluição significa perda de matéria-prima e/ou de energia. Uma caldeira que emite fumaça preta está trabalhando com eficiência baixa, desperdiçando combustível e, ao mesmo tempo, lançando mais poluentes no ar, que visualmente observa-se pela fumaça preta saindo das chaminés, além de monóxido de carbono, hidrocarbonetos e outros.

Um automóvel desregulado emite mais poluentes e, ao mesmo tempo, consome mais combustível. Assim, prevenir e controlar a poluição, em última análise, significa reduzir perdas de combustível e de matérias-primas.

É na prevenção que a população pode atuar mais intensamente, reduzindo o uso de veículos particulares, privilegiando o transporte coletivo, que, por seu turno, deve ser do tipo menos poluente, estar mais disponível e confortável para que a população possa ficar satisfeita ao utilizá-lo. Menor produção de lixo pela população e o uso de eletrodomésticos e lâmpadas mais eficientes, em termos de consumo de energia, são medidas de grande importância.

Medidas tecnológicas são importantes, mas não têm conseguido resolver o problema, como é o caso dos veículos automotores, sendo necessária a atuação consciente e ambientalmente correta da população. Ninguém, em sã consciência, poderá questionar a importância da ciência e da tecnologia para o bem-estar da humanidade, para o seu conforto e até para sua própria sobrevivência. A evolução da ciência e da tecnologia constitui a própria evolução do homem desde o período das cavernas, propiciando sua adaptação ao meio e a busca da sobrevivência, da satisfação, do conforto e do bem-estar. O início foi a busca do abrigo para as intempéries e da alimentação, depois o combate a doenças e pragas, até o conhecimento de outras regiões do planeta e do universo.

Para a prevenção e o controle da poluição do ar, usam-se medidas que envolvem desde o planejamento do assentamento de núcleos urbanos e industriais e do sistema viário até a ação direta sobre a fonte de emissão. A prevenção está ligada à tríade "reduzir, reutilizar e reciclar".

Pode-se considerar que o processo de poluição do ar ocorre em quatro fases:

1) Geração.
2) Emissão.
3) Transporte, difusão, transformação, remoção.
4) Recepção.

Imagine, por exemplo, um incinerador de resíduos. Na queima do lixo, tem-se a formação dos poluentes, pela chaminé temos a emissão, no ar esses poluentes são transportados, difundidos, transformados e finalmente atingem os receptores, quais sejam as pessoas, a vegetação, os animais, os materiais ou qualquer parte do meio ambiente, onde exercem seus efeitos.

A geração de poluentes está intimamente ligada ao consumismo. Quanto mais se consome, mais tem de ser produzido e mais poluição estará envolvida. Logicamente, o nível de poluição dependerá dos meios utilizados e cuidados envolvidos na produção do bem ou serviço.

A produção pode ser feita, em muitos casos, com a não geração de determinados poluentes. Estes podem ser totalmente eliminados pela substituição de combustíveis, matérias-primas e reagentes que entram no processo, mudança de equipamentos e de processos. Um exemplo típico é a eliminação da emissão de compostos de chumbo por veículos a gasolina quando o chumbo tetraetila, um aditivo antidetonante, deixou de ser adicionado à gasolina, sendo substituído por álcool etílico (etanol) anidro.

A substituição de combustíveis com enxofre por combustíveis sem esse elemento elimina a formação e a emissão de compostos de enxofre na atmosfera. O gás natural é praticamente isento de enxofre e pode substituir os óleos combustíveis que contêm teores mais altos de enxofre.

Na prática, a diminuição da quantidade de poluentes gerados é mais fácil de ser conseguida que sua eliminação. Isso pode ser obtido com a adoção das seguintes medidas: operação dos equipamentos dentro de sua capacidade nominal; operação e manutenção adequada de equipamentos produtivos, caldeiras, fornos, veículos etc.; armazenamento adequado de materiais pulverulentos e/ou fragmentados, evitando a ação dos ventos sobre eles; adequada limpeza do ambiente; utilização de processos, equipamentos, operações, matérias-primas, reagentes e combustíveis de menor potencial poluidor.

Essas medidas necessitam, sem dúvida, de adequada conscientização dos responsáveis pelas fontes poluidoras, e a participação da população é de fundamental importância no processo. A educação ambiental da população e dos empresários é de grande relevância para que a ação de controle funcione. Não adianta ter boas leis se a população não estiver engajada no processo e se os meios empresariais não estiverem motivados para essa ação.

Depois de esgotados todos os esforços com as medidas anteriormente mencionadas, sem que tenha sido conseguida a redução necessária na emissão ou na concentração no ambiente, deve-se então utilizar os equipamentos para tratamento das emissões (equipamentos de controle de poluentes – filtros). Pode ser também que a escolha recaia na implantação desses equipamentos, porque são mais econômicos, mais disponíveis ou mais viáveis para casos específicos.

Sempre em conjunto com o equipamento de controle de poluição industrial existe um sistema de exaustão (captores, dutos, ventilador e chaminé), cuja função é captar, concentrar e conduzir os poluentes a serem filtrados, com posterior lançamento do residual no ar.

Os equipamentos de controle de poluição do ar são divididos de acordo com o tipo de poluente a ser considerado, ou seja, equipamentos de controle de material particulado e equipamentos de controle de gases.

No caso de veículos, um exemplo de dispositivo de tratamento de emissões muito conhecido pela população é o conversor catalítico (catalisador), que reduz a emissão de monóxido de carbono, óxidos de nitrogênio e de compostos orgânicos.

Por outro lado, o planejamento urbano permite uma melhor distribuição espacial das fontes potencialmente poluidoras do ar que aumenta a distância fonte-receptor e diminui a concentração de atividades poluidoras próximas a núcleos residenciais, inibe a implantação de fontes de alto potencial poluidor em regiões críticas e localiza as fontes preferencialmente a jusante dos ventos predominantes na região, em relação a assentamentos residenciais. Também propicia o controle da circulação de veículos em áreas congestionadas, bem como permite melhorias no sistema viário. Nesse caso, deve-se tomar cuidado porque a melhoria do sistema viário pode ter efeito contrário ao esperado, propiciando ainda mais o uso do transporte individual com o automóvel.

No que se refere à diluição, deve-se enfatizar que a utilização de chaminés altas objetiva a redução da concentração do poluente ao nível do solo, sem a redução da quantidade emitida. Trata-se, portanto, de medida cuja eficácia depende da distribuição espacial das fontes e das condições meteorológicas e topográficas da região. É uma técnica recomendável como medida adicional para melhoria das condições de dispersão dos poluentes residuais na atmosfera, mas somente após a tomada de outras medidas para reduzir a geração de poluentes ou sua emissão.

Planos de gestão do ar devem considerar a necessidade de manter níveis baixos em regiões onde a qualidade do ar é boa e corrigir situações onde a qualidade do ar já apresenta níveis considerados inadequados. Em regiões ainda não poluídas, pode-se estabelecer limites de comprometimento da qualidade do ar por cada fonte ou conjunto de fontes e não simplesmente se basear no padrão de qualidade do ar. Em regiões com altos níveis de poluição do ar, medidas têm de ser tomadas para reduzir as emissões e, ao mesmo tempo, evitar ou dificultar a instalação de novas fontes nessas localidades.

Para saber quanto deve ser reduzido, existem metodologias como a do modelo *Rollback* simples, ou modelo proporcional, que assume que a concentração no ar é diretamente proporcional às emissões. Assim, uma redução de emissão trará benefícios à qualidade do ar proporcionais à redução conseguida. Matematicamente esse modelo é descrito por: $C = B + k.E$, em que C é a concentração do poluente no ar, B é o nível de *background* (concentração de fundo) do poluente, ou seja, um nível mínimo do qual não é possível reduzir mais, k é uma constante de proporcionalidade e E é a emissão do poluente na região. Esse modelo considera emissões igualmente distribuídas na região, poluente não reativo e condições de emissão que possam ser representadas por um valor médio (valor k).

A gestão do ar envolve mecanismos administrativos, legais, técnicos, tecnológicos, econômicos e socioculturais, bem como necessita da participação da sociedade.

O controle da poluição do ar por monóxido de carbono, por exemplo, necessita do uso de medidas tecnológicas representadas pelas ações da indústria automobilística no desenvolvimento de automóveis, caminhões e ônibus com menor emissão, bem como pelo uso de sistemas de tratamento de emissões como o conversor catalítico.

No Brasil, essas ações têm sido adotadas para atender às exigências do Programa de Controle da Poluição por Veículos Automotores (Proconve), que teve início em 1986. Mas, além das medidas tecnológicas, outras medidas relativas à circulação e ao uso e à conservação dos veículos devem ser colocadas em prática, como é o exemplo do sistema de rodízio de veículos em São Paulo, já mencionado anteriormente, que proibiu a circulação de veículos em determinados dias nas regiões mais complicadas em termos de poluição do ar ou de trânsito.

A gestão do ar necessita também do monitoramento sistemático da qualidade do ar na região, de forma a acompanhar sua evolução ou mesmo para verificar a eficácia de programas implantados. Isso pode ser feito utilizando-se métodos passivos, mecânicos ou automáticos. Normalmente, são escolhidos alguns indicadores específicos para determinada região, em decorrência dos poluentes que podem estar presentes em nível significativo e de seus possíveis efeitos.

A determinação sistemática da qualidade do ar em geral é feita, inclusive, por problemas de ordem prática, limitada a um restrito número de poluentes, definidos de acordo com sua importância e com os recursos materiais e humanos disponíveis. De forma geral, a escolha recai sempre sobre um grupo de poluentes que servem como indicadores de qualidade do ar, consagrados universalmente: dióxido de enxofre, poeira em suspensão, monóxido de carbono, ozônio e dióxido de nitrogênio. A razão da escolha desses parâmetros como indicadores de qualidade do ar está ligada a sua maior frequência de ocorrência e aos efeitos adversos que causam ao meio ambiente (WHO, 1999; Cetesb, 2002).

Figura 6.12 – Redução das emissões em veículos a gasolina, com a implantação do Proconve.

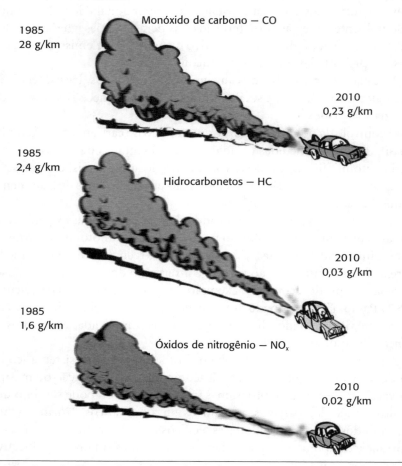

Fonte: adaptada de Cetesb (2011); Usepa (2003).

Os principais objetivos do monitoramento da qualidade do ar são (WHO, 1999; Cetesb, 2002):

- Fornecer dados para ativar ações de emergência durante períodos de estagnação atmosférica, quando os níveis de poluentes na atmosfera possam representar risco à saúde pública.
- Avaliar a qualidade do ar à luz de limites estabelecidos para proteger a saúde e o bem-estar das pessoas.

- Acompanhar as tendências e mudanças na qualidade do ar ocasionadas pelas emissões de poluentes.

A Resolução Conama n. 003/90 especifica os seguintes indicadores e respectivos métodos de medição:

- Partículas totais em suspensão (PTS): amostrador de grande volume (*hi-vol* PTS ou AGV-PTS).
- MP_{10} (partículas inaláveis): separação inercial seguida de filtração em amostrador de grande volume $(AGV-MP_{10})$.
- Fumaça: refletância (método da OPS/OMS).
- Dióxido de enxofre: método da pararosanilina.
- Dióxido de nitrogênio: luminescência química.
- Ozônio: luminescência química.
- Monóxido de carbono: infravermelho não dispersivo.

Em relação a fontes industriais, um bom exemplo foi o plano de controle de dióxido de enxofre na região metropolitana de São Paulo, lançado em 1982, cuja estratégia estabeleceu em 66% a redução global necessária, com o uso do modelo *Rollback* simples.

Em 1982, 79% das emissões de dióxido de enxofre eram provenientes da queima de combustíveis em fontes estacionárias e as concentrações de dióxido de enxofre no ar se aproximavam dos 1.000 $\mu g/m^3$ (valor de 24 horas). A dificuldade, a curto prazo, da redução do teor de enxofre no óleo diesel induziu a fixação em 80% o nível de redução pretendido nas emissões desse poluente, por fontes estacionárias de combustão, a ser atingido até dezembro de 1985. Essa meta foi atingida em julho de 1986. O efeito da aplicação dessa estratégia na qualidade do ar foi bastante efetivo. As concentrações de dióxido de enxofre passaram a atender ao padrão de qualidade do ar.

A gestão da qualidade do ar inicia-se, em geral, com o atendimento a reclamações de incômodos causados pela poluição do ar, levando posteriormente ao estudo de poluentes atmosféricos e seus efeitos. Mas foi somente após o aumento excessivo na taxa de morbidade e mortalidade durante o período de expansão econômica do pós-guerra que se deu início a um efetivo processo de controle da poluição em diversos países.

O problema da poluição do ar da cidade de Cubatão – que já foi chamada de Vale da Morte – pode ser citado como exemplo maior da degradação da qualidade do ar no Brasil e também como exemplo da capacidade brasileira de reverter a situação. A qualidade do ar de Cubatão era determinada quase exclusivamente por fontes industriais, sendo críticos os níveis de material particulado em suspensão registrados na região no começo da década de 1980, atingindo um pico da ordem de 1.000 $\mu g/m^3$, média de 24 horas, em termos de material particulado, em 1983.

Além dos possíveis danos à saúde da população, a encosta da Serra do Mar, nas proximidades das indústrias, teve sua vegetação gravemente afetada e foi alvo de programa de revegetação por parte do governo do estado.

A região foi considerada em vigilância permanente, e, em relação à poluição do ar, foram exigidos limites de emissão dentro da melhor tecnologia prática disponível. O esforço realizado livrou Cubatão do incômodo título de Vale da Morte, apesar de ainda ser necessário o prosseguimento de medidas que venham a melhorar ainda mais a qualidade do ar da região, em especial nos locais de maior densidade populacional. No monitoramento da qualidade do ar em Cubatão, na área industrial, foram observadas concentrações diárias máximas de 229 e 194 $\mu g/m^3$ de MP10 em 2011, respectivamente nas estações de Vila Parisi e Vale do Mogi. O padrão de qualidade do ar estadual é de 50 $\mu g/m^3$. As médias anuais de MP10 nas duas estações em 2011 foram de 99 e 61 $\mu g/m^3$, respectivamente, e o padrão de qualidade do ar estadual é de 20 $\mu g/m^3$ (Cetesb, 2011; São Paulo, 2013).

No estado de São Paulo, o grande desafio atual é o controle do poluente ozônio, que se forma na atmosfera a partir de reações fotoquímicas entre óxidos de nitrogênio (NO_x) e compostos orgânicos voláteis, como os hidrocarbonetos. O desafio é grande nesse caso porque a ação deve ser dirigida aos poluentes precursores da reação, e não está bem caracterizado o nível de redução a ser aplicado em cada poluente para reduzir a concentração do ozônio no ar e alcançar o índice satisfatório. Deve-se ressaltar que emissões naturais – emissões biogênicas – também participam da reação de formação de ozônio.

O número de dias com ultrapassagem do padrão de ozônio na RMSP em 2011 foi de 96. No interior, diversas estações de monitoramento também revelam problemas com níveis de ozônio em várias cidades, tais como Jundiaí e Paulínia, com 23 ultrapassagens, São José dos Campos, com 11 ultrapassagens, e Piracicaba, com 5 ultrapassagens.

Destaca-se também como problema as concentrações de partículas inaláveis finas MP2,5 observadas na rede de monitoramento da Cetesb. Os dados de concentrações médias anuais da RMSP e interior de 2011, das cidades monitoradas, foram todos superiores aos padrões sugeridos pela Organização Mundial da Saúde e foram adotados pelo estado de São Paulo pelo Decreto n. 59.113 de 23 de abril de 2013 (Cetesb, 2011; São Paulo, 2013).

Isso revela a necessidade de permanente investimento em capacitação técnica e tecnológica do sistema de gestão da qualidade do ar, de modo a acompanhar e informar sobre as prioridades em termos de poluentes. Isso se deve principalmente à própria dinâmica dessa questão, uma vez que conforme determinados poluentes vão sendo controlados, outros assumem maior relevância em um contexto urbano cada vez mais populoso.

Além das ações normais, é necessário que sejam previstas ações para serem colocadas em prática em caso de ocorrência de condições anômalas – situações de emergência –, favorecidas em regiões onde as emissões são altas, em decorrência de condições meteorológicas adversas, como a inversão térmica de baixa altitude, tempo seco e ventos fracos (calmaria), que podem estar presentes ao mesmo tempo e por vários dias. Essas ações visariam proteger a população de danos agudos a sua saúde e do aumento das taxas de mortalidade.

Finalmente, e de suma importância na gestão da qualidade do ar, ressalta-se a urgência de inserção da questão da qualidade do ar nas diversas atividades de planejamento, sejam no campo da energia, na ampliação da disponibilidade de fontes mais limpas, da agricultura, no uso de práticas não poluentes, por exemplo, proibindo o uso das queimadas, ou no contexto urbano, favorecendo os transportes limpos, como veículos elétricos, bicicletas, e incentivando maior uso dos transportes coletivos, em especial, com combustíveis limpos.

REFERÊNCIAS

ASSUNÇÃO, J.V. *Viabilidade e importância da redução da emissão de clorofluorcarbonos (CFCs) por reciclagem e controle no uso*. São Paulo, 1993. Tese (Doutorado). Faculdade de Saúde Pública da USP.

_____. Poluição do ar. In: CASTELLANO, E.G.; CHAUDHRY, F.H. (Eds.). *Desenvolvimento sustentado: problemas e estratégias*. São Carlos: EESC-USP, 2000, p.139-68.

ASSUNÇÃO, J.V.; PESQUERO, R.C. Dioxinas e furanos: origens e riscos. *Revista Saúde Pública*, n.33, p.523-30, 1999.

BOUBEL, R.W.; FOX, D.L.; TURNER, D.B.; STERN, A.C. *Fundamentals of air pollution*. 3.ed. San Diego: Academic Press, 1994.

CALVERT, S.; ENGLUND, H.M. (Eds.). *Handbook of air pollution technology*. New York: John Wiley, 1984.

[CEPIS] CENTRO PANAMERICANO DE INGENIERÍA SANITARIA. *Curso de orientación para el control de la contaminación del aire*. Peru. Disponível em: http://www. cepis.ops-oms.org. Acessado em: 4 jun. 2003.

[CETESB] COMPANHIA DE TECNOLOGIA DE SANEAMENTO AMBIENTAL DO ESTADO DE SÃO PAULO. *Relatório de qualidade do ar no Estado de São Paulo – 2000*. São Paulo: Cetesb, 2001.

_____. *Relatório de qualidade do ar no Estado de São Paulo – 2001* [online]. São Paulo: Cetesb, 2002. Disponível em: http://www.cetesb.sp.gov.br. Acessado em: 5 jul. 2002.

_____. *Relatório de qualidade do ar no Estado de São Paulo – 2010* [online]. São Paulo: Cetesb, 2011. Disponível em: http://www.cetesb.sp.gov.br. Acessado em: 12 abr. 2013.

_____. *Relatório de qualidade do ar no Estado de São Paulo – 2011* [online]. São Paulo: Cetesb, 2012. Disponível em: http://www.cetesb.sp.gov.br. Acessado em: 12 abr. 2013.

CHIARELLI, P.S.; PEREIRA, L.A.A.; SALDIVA, P.H.N.; FERREIRA FILHO, C.; GARCIA, M.L.B.; BRAGA, A.L.F. MARTINS, L.C. The association between air pollution and blood pressure in traffic controllers in Santo André, São Paulo, Brazil. *Environmental Research*, n.111, p.650-655, 2011.

[CONAMA] CONSELHO NACIONAL DO MEIO AMBIENTE. Resolução n. 003, de 28 de junho de 1990. Dispõe sobre a ampliação do monitoramento e controle dos poluentes atmosféricos. Legislação federal sobre o meio ambiente. Taubaté: Vana, 1999.

EBISU, K.; HOLFORD, T.R.; BELANGER, K.D.; LEADERER, B.P.; BELL, M.L. Urban land-use and respiratory symptoms in infants. *Environmental Research*, n.111, p.677–684, 2011.

GODISH, T. *Air quality*. Chelsea: Lewis Publishers, 1997.

GUIMARÃES, F.A.; GALVÃO FILHO, J.B.; CAMPOS, M.A.V. *Plano de ação de emergência para prevenção de episódios críticos de poluição do ar em Cubatão*. São Paulo: Cetesb, 1984.

[GTI] GRUPO DE TRABALHO INTERINSTITUCIONAL. *Revisão dos padrões de qualidade do ar e aprimoramento da gestão integrada da qualidade do ar no Estado de São Paulo*. Disponível em: http://www.cetesb.sp.gov.br/tecnologia/camaras/gt_ar/RelatorioFinal-GT-NOV2010/Relatório%20GT%20Final.pdf. Acessado em: 12 abr. 2013.

GUIMARÃES, F.A. Poluição do ar. In: PHILIPPI JR, A. *Saneamento do meio*. São Paulo: Fundacentro, 1992, p.155-93.

[IARC] INTERNATIONAL AGENCY FOR RESEARCH ON CANCER. *Some non-heterocyclic polycyclic aromatic hydrocarbons and some related exposures/IARCWorking Group on the Evaluation of Carcinogenic Risks to Humans.* Lyon, 2005 (IARC monographs on the evaluation of carcinogenic risks to humans; v. 92). Disponível em: http://monographs.iarc.fr/ENG/Monographs/vol92/mono92.pdf. Acessado em: 7 maio 2013.

[IPCC] INTERGOVERNMENTAL PANEL ON CLIMATE CHANGE. *Climate Change 2001: Synthesis Report. A Contribution of Working Groups I, II and III to the Third Assessment Report of the Intergovernmental Panel on Climate Change* [WATSON, R.T.; CORE WRITING TEAM (eds.)] Cambridge University Press e New York. 398p. Disponível em: http://www.grida.no/climate/ipcc_tar/vol4/english/002. htm. Acessado em: 14 abr. 2004.

MALHEIROS, T.F. *Indicadores ambientais de desenvolvimento sustentável local: um estudo de caso do uso de indicadores da qualidade do ar.* São Paulo, 2002. Tese (Doutorado). Faculdade de Saúde Pública da USP.

MASKELL, K.; MINTZER, I.M.; CALLANDER, B.A. Basic Science of climate change. *Laucet*, n. 342, p.1027-31, 1993.

MASTERS, G.M. *Introduction to environmental engineering and science.* 2.ed. New Jersey: Prentice Hall; 1997

[MCT] MINISTÉRIO DA CIÊNCIA E TECNOLOGIA. Banco Nacional de Desenvolvimento Econômico e Social. *Efeito estufa e a convenção sobre mudança do clima.* Brasília, 1999.

MENDES, R.; WAKAMATSU, C.T. *Avaliação dos efeitos agudos da poluição do ar sobre a saúde, através do estudo da morbidade diária em São Caetano do Sul: estudo preliminar.* São Paulo: Cetesb, 1976.

MIRANDA, E.E.; DORADO, A.J.; ASSUNÇÃO, J.V. *Doenças respiratórias crônicas em quatro municípios paulistas.* Campinas: Ecoforça, 1994.

[MMA] MINISTÉRIO DO MEIO AMBIENTE. Governo anuncia programa para evitar destruição da camada de ozônio. 2003. Disponível em: http:// www.mma. gov.br/ascom/ultimas/index.cfm?id=651. Acessado em: 10 ago. 2004.

[OPS] ORGANIZACIÓN PANAMERICANA DE LA SALUD. *La salud y el ambiente en el desarrollo sostenible.* [online] Washington: OPS, 2000. Disponível em: http://www2.paho.org/hq/dmdocuments/9275315728.pdf. Acessado em: 12 abr. 2013.

RIBEIRO, H. Air pollution and respiratory disease in São Paulo (1986-1998). In: *IX International Symposium in Medical Geography*, 2000. Canada: Université de Montréal, 2000.

RIBEIRO, H.; ASSUNÇÃO, J.V. Historical overview of air pollution in São Paulo metropolitan area Brazil: influence of mobile sources and related health effects. In:

SUCHAROV, L.B.; BREBBIO, C.A. *Urban transport VII: Urban transport and the environment in the 21st century*. Southampton: WIT Press, 2001, p.351-60.

ROMIEU, I. Epidemiological studies of the health effects of air pollution due to motor vehicles. In: MAGE, D.; ZALI, O. (Eds.). *Motor vehicle air pollution: public health impact and control measures*. Geneva: World Health Organization, 1992.

SALDIVA, P.H.N.; POPE, C.; SCHWARTZ, J.; DOCKEY, D.W.; LICHTENFELDS, A.J.; SALGE, J.M. et al. Air pollution and mortality in elderly people: a time-series study in São Paulo, Brazil. *Arch Environ Health*, n.50, p.159-63, 1995.

SÃO PAULO (Estado). Decreto n. 59.113, de 23 de abril de 2013. Estabelece novos padrões de qualidade do ar e dá providências correlatas. *Diário Oficial do Estado de São Paulo*. São Paulo, 24 abr. 2013.

SMITH, K.R.; JANTUNEN, M. Why particles? *Chemosphere*, n.49, p. 867-871, 2002.

[SC] SECRETARIAT OF STOCKHOLM CONVENTION. Stockholm Convention on Persistent Organic Pollutants (POPs) as amended in 2009 and 2011: text and Annexes. 2011. Disponível em: http://chm.pops.int/Convention/ConventionText/tabid/2232/Default.aspx. Acessado em: 7 maio 2013.

[UNFCCC] UNITED NATIONS FRAMEWORK CONVENTION ON CLIMATE CHANGE. Kyoto Protocol. Disponível em: http://unfccc.int/kyoto_protocol/items/2830.php. Acessado em: 12 abr. 2013.

[UN] UNITED NATIONS. Department of Economic and Sical Affairs. *World Population Prospects – the 2010 Revision (Wall Chart)*. Disponível em: http://esa.un.org/undp/wpp/other-information/wall-chart.htm. Acessado em: 12 abr. 2013.

[USEPA] UNITED STATES ENVIRONMENTAL PROTECTION AGENCY. *Greenhouse gases*. Disponível em: http://yosemite.epa.gov/oar/globalwarming.nsf/content/climate.html. Acessado em: 4 jun. 2003.

_____. *EPA's Report on the Environment EPA/600/R-07/045F*. Washington, DC: Usepa, 2008. Disponível em: http://www.epa.gov/roe. Acessado em: 12 abr. 2013.

_____. *Report to Congress on indoor air quality: Volume 2. EPA/400/1-89/001C*. Washington, DC, 1989.

[WHO] WORLD HEALTH ORGANIZATION. *Air quality guidelines* [online]. Genebra, 1999. Disponível em: http://www.who.int/peh/air/airindex.htm. Acessado em: 4 ago. 2001.

_____. *WHO Air quality guidelines for particulate matter, ozone, nitrogen dioxide and sulfur dioxide. Global update 2005. Summary of risk assessment*. [online] Genebra, 2006. Disponível em: http://www.euro.who.int/document/e90038.pdf. Acessado em: 12 abr. 2013.

_____. *Dioxins and their effects on human health. Fact sheet N°225, May 2010*. Disponível em: http://www.who.int/mediacentre/factsheets/fs225/en/. Acessado em: 7 maio 2013.

[WMO] WORLD METEOROLOGICAL ORGANIZATION. The State of Greenhouse Gases in the Atmosphere Based on Global Observations through 2011. *Greenhouse Gas Bulletin*, n. 8, nov. 2012. Disponível em: http://www.wmo.int/pages/prog/arep/gaw/ghg/documents/GHG_Bulletin_No.8_en.pdf. Acessado em: 12 abr. 2013.

_____. A summary of current climate change findings and figures. *Information Note*, mar. 2013. Disponível em: http://www.unep.org/climatechange/Publications/Publication/tabid/429/language/en-US/Default.aspx?ID=6306. Acessado em: 12 abr. 2013.

Bibliografia Consultada

APSIMON, H.; PEARCE, D.; OZDEMIROGLU, E. *Acid rain in Europe: counting the cost*. London: Earthscan, 1997.

[CETESB] COMPANHIA DE TECNOLOGIA DE SANEAMENTO AMBIENTAL. *Ação da Cetesb em Cubatão: situação em janeiro de 1991*. São Paulo, 1991.

DANIELLO, J.A. *Integração indústria/comunidade. Trabalho apresentado ao Seminário sobre Eliminação de Odores em Fábricas de Papel e Celulose*. São Paulo, 1985. Associação Brasileira dos Fabricantes de Celulose e Papel.

FARHAT, S.C.L. *Efeitos da poluição atmosférica na cidade de São Paulo sobre doenças do trato respiratório inferior em uma população pediátrica*. São Paulo, 1999. Tese (Doutorado). Faculdade de Medicina da USP.

FERNÍCOLA, N.A.G.G.; LIMA, E.R. Avaliação do grau de exposição das amostras populacionais de São Paulo (Brasil) ao monóxido de carbono. *Revista Saúde Pública*, v.13, n.152, 1979.

HAAG, P.H. (Coord.). *Chuvas ácidas*. Campinas: Fundação Cargill, 1985.

KIRCHOFF, V.W.J.H. A redução da camada de ozônio: efeitos sobre o Brasil. *Engenharia Ambiental*, v.2, n.7, p.32-5, 1989.

KUNO, R.; CAMPOS, A.E.M.; QUEIROZ JR. *Níveis de carboxiemoglobina em grupos populacionais na Região Central da Cidade de São Paulo*. São Paulo: Cetesb, 1991. 22p.

MELLO, W.Z.; MOTTA, J.S.T. Acidez na chuva. *Ciência Hoje*, v.6, n.34, p.40-3, 1987.

MESQUITA, A.L.S.; SANTOS, J.C.D.; QUEIRÓZ, L.A. *Estratégias alternativas para o controle de dióxido de enxofre na Região da Grande São Paulo*. Trabalho apresentado ao 11°Congresso Brasileiro de Engenharia Sanitária e Ambiental. Fortaleza, 1981.

NEFUSSI, N.; ASSUNÇÃO, J.V.; TOLEDO, M.P.; CASTELLI, A.S. *Comparação entre emissões de poluentes de veículos a álcool e a gasolina.* Trabalho apresentado ao 11ºCongresso Brasileiro de Engenharia Sanitária e Ambiental. Fortaleza, 1981.

OLIVEIRA, S.; SAGULA, M. *Episódio agudo de poluição do ar em Cubatão entre os dias 10 e 11 de agosto de 1984.* São Paulo: Cetesb, 1984.

PEREIRA, L.A.; LAOMIS, D.; CONCEIÇÃO, G.M.; BRAGA, A.L.; ARCAS, R.M.; KISHI, H.S. et al. Association between air pollution and intrauterine mortality in São Paulo, Brazil. *Environ Health Perspect*, n.106, p.325-9, 1998.

POMPÉIA, S.L.; PRODELLA, D.Z.A.; MARTINS, S.E.; SANTOS, R.C.; DINIZ, K.M. A semeadura aérea na Serra do Mar em Cubatão. *Ambiente: Revista Cetesb de Tecnologia.* v,1, n.3, p.13-9, 1989.

RIBEIRO, H. *Ilha de calor na cidade de São Paulo: sua dinâmica e efeitos na saúde da população.* São Paulo, 1996. Tese (Livre-Docência). Faculdade de Saúde Pública da USP.

SCHINDLER, D.W. Effects of acid rain on freshwater ecosystems. *Sci*, n.239, p.149, 1988.

SMITH, K.R. Fuel combustion, air pollution exposure, and health: the situation in the developing countries. Annual Review of Energy and Environment. *Annual Reviews Inc.*, Palo Alto, CA, n.18, p.529-566, 1993.

SOBRAL, H.R. Air pollution and respiratory diseases in children in São Paulo, Brazil. *Social Science and Medicine*, n.29, p.959-64, 1989.

TRESHOW, M. Effect of air pollutants on plants. In: CALVERT, S.; ENGLUND, H.M. *Handbook of air pollution technology.* New York: John Wiley, 1984, p.7-24.

Poluição das Águas 7

Lineu José Bassoi
Engenheiro civil, Companhia Ambiental do Estado de São Paulo

NOÇÕES DE HIDROLOGIA

A gestão ambiental voltada para os recursos hídricos envolve duas dimensões significativas: uma referente à quantidade de água e outra relacionada com a sua qualidade. Nesse sentido, convém observar que os elementos químicos se deslocam na natureza pelo ar, pelo solo e pela água, e assim descrevem caminhos que são cíclicos. A manutenção desses caminhos é básica para o equilíbrio dos ecossistemas. Tais caminhos cíclicos são conhecidos como ciclos biogeoquímicos.

Entre os mais importantes estão os ciclos do nitrogênio, do fósforo, do carbono e da água. O caminho que a água descreve na natureza nada mais é do que o ciclo hidrológico, sendo este o grande veículo de transporte e de relações entre os demais ciclos descritos. A hidrologia é a ciência que estuda o comportamento, a ocorrência e a distribuição de água na natureza. Ocupa-se a ciência da hidrologia da ocorrência e do movimento da água na Terra e acima de sua superfície. Trata das várias formas que ocorrem e da transformação entre os estados líquido, sólido e gasoso na atmosfera e nas camadas superficiais das massas terrestres. Dedica-se também ao mar, que é a fonte e o reservatório de toda a água que ativa a vida do planeta.

A Importância da Água

A água é um recurso natural essencial, seja como componente de seres vivos ou como meio de vida de várias espécies vegetais e animais, seja como elemento representativo de valores sociais e culturais, seja como fator de produção de bens de consumo e produtos agrícolas.

A água é o constituinte inorgânico mais abundante na matéria viva. No homem, representa 60% do seu peso; nas plantas, atinge 90% e, em certos animais aquáticos, esse percentual chega a 98%.

Como fator de consumo nas atividades humanas, a água também tem um papel importante. No Brasil consumimos, em média, 246 m^3/habitante/ano, considerados todos os usos da água, inclusive na agricultura e na indústria.

Como fator de produção de bens, a larga utilização na indústria e, notadamente, na agricultura, é um exemplo da importância desse recurso natural.

Em nível mundial, a agricultura consome cerca de 69% da água captada; 23% é utilizada na indústria e os restantes 8% destinam-se ao consumo doméstico. No Brasil, esses percentuais são, respectivamente, 70, 20 e 10%.

Em termos globais, as fontes de água são abundantes. No entanto, quase sempre são mal distribuídas na superfície da Terra. Mesmo no Brasil, que possui a maior disponibilidade hídrica do planeta, com cerca de 13,8% do deflúvio médio mundial (5.744 km^3/ano), essa situação não é diferente, visto que 68,5% dos recursos hídricos estão localizados na região Norte, onde habitam cerca de 7% da população brasileira; 6% estão na região Sudeste, com quase 43% da população e o maior parque industrial da América Latina. Na região Nordeste, onde vivem 29% da população, estão disponíveis apenas 3% dos recursos hídricos.

A Água no Planeta Terra

A água é a substância mais abundante no planeta. Distribuída nos seus estados líquido, sólido e gasoso pelos oceanos, rios e lagos, nas calotas polares e geleiras, no ar e no subsolo, a água é o elemento mais importante para a sobrevivência da espécie humana bem como de toda a vida na Terra. A água dos oceanos representa cerca de 96% do total disponível na Terra. Se somado às águas salgadas subterrâneas e à de lagos de água salgada, totaliza 98% da água do planeta, a princípio, indisponível para diversos usos. Da água doce restante, aproximadamente 2% do total, cerca de 70% está na forma de gelo e na atmosfera e 30% está distribuída nas águas subterrâneas, a maior parte em grandes profundidades e, portanto, inacessíveis, e nas águas superficiais. Isso significa que o estoque de água doce do planeta e que, de alguma forma, pode estar disponível para o uso do homem é de cerca de 0,3%, ou 4 milhões de km³ e se encontra principalmente no solo. A parcela disponibilizada nos cursos de água é a menor de todas; exatamente de onde retiramos a maior parte para uso nas mais diversas finalidades e onde, invariavelmente, lançamos os resíduos desta utilização.

Tabela 7.1 – Água no planeta.

Corpo de Água		Volume (milhões de km³)	% do total	% de água doce
Oceanos		1.338	96,5	
Geleiras e capa de gelo		24,1	1,74	68,7
Água subterrânea	Total	23,4	1,7	
	Doce	10,5	0,76	30,1
	Salgada	12,9	0,94	
Lagos total		0,176	0,013	
Lagos de água doce		0,091	0,007	0,26
Umidade do solo		0,017	0,001	0,05
Rios		0,002	0,0002	0,006
Atmosfera		0,013	0,001	0,04
Gelo no solo		0,300	0,022	0,86
Biosfera		0,001	0,0001	0,003

Fonte: Adaptada de Gleick (1996); Sheneider (1996).

O Ciclo Hidrológico

O movimento cíclico da água do mar para a atmosfera e desta, por precipitação, para a terra, onde é reunida nos cursos de água para, daí, voltar ao mar é reportado como ciclo hidrológico. Tal ordem cíclica de eventos realmente ocorre, porém não de maneira tão simplista. O ciclo pode experimentar um curto-circuito em vários estágios. Por exemplo, a precipitação pode ocorrer diretamente sobre o mar, lagos ou cursos de água. Além disso, não há nenhuma uniformidade no tempo em que um ciclo ocorre. Durante as secas, pode parecer que esse ciclo cessou de vez; durante os períodos de cheias, pode parecer que tal ciclo será contínuo. Também a intensidade e a frequência do ciclo dependem da geografia e do clima, uma vez que ele opera como resultado da radiação solar, a qual varia com a latitude e a estação do ano. Finalmente, as várias partes do ciclo podem ser de tal ordem complicadas que o homem só tem condições de exercer algum controle em sua última parte, quando a chuva já caiu sobre a terra e está empreendendo seu caminho de volta ao mar.

A Figura 7.1, a seguir, esquematiza o ciclo hidrológico.

Figura 7.1 – O ciclo hidrológico.

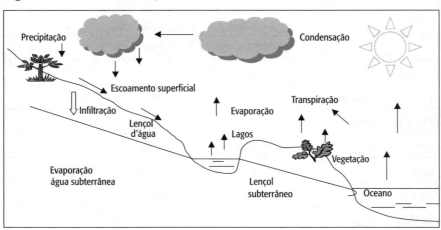

Em virtude da radiação solar, a água do mar evapora e as nuvens de vapor de água se movem sobre áreas terrestres. A precipitação ocorre sobre a terra em forma de neve, granizo e chuva. Então, a água começa a fluir de volta ao mar. Parte dela se infiltra no solo e, por percolação, atinge a zona saturada do solo abaixo do nível do lençol freático, ou de superfície freática. Nessa zona, ela flui vagarosamente por meio de aquíferos para os canais dos rios ou, algumas vezes, diretamente para o mar. A água infiltrada também alimenta a vida das plantas superficiais; parte dela é absorvida pelas raízes dessas plantas e, depois de assimilada, é transpirada a partir da superfície das folhas.

A água remanescente na superfície do solo evapora parcialmente, transformando-se em vapor de água, porém a maior parte aglutina-se em riachos ou em regatos e corre como escoamento superficial para os canais dos rios. As superfícies dos rios e lagos também experimentam evaporação e, daí, mais água é removida. Finalmente, a água remanescente que não infiltrou nem evaporou volta ao mar por meio dos canais dos rios. A água subterrânea, que se move muito mais lentamente, ou emerge nos canais dos rios ou chega à linha costeira, e daí flui para dentro do mar. Então, todo o ciclo se inicia outra vez.

CONCEITUAÇÃO DE POLUIÇÃO

O conceito de poluição das águas deve associar o uso com a qualidade.

Assim, pode-se definir poluição das águas, de uma forma bastante simples, mas abrangente, como "qualquer alteração das suas características físicas, químicas ou biológicas que prejudique um ou mais de seus usos preestabelecidos". O termo "usos preestabelecidos" deve-se ao fato de que toda a água disponível, para ser utilizada, deve estar associada a usos atuais ou futuros, os quais deverão estar compatíveis com a sua qualidade, também atual ou futura.

Classificação das Águas

Na esfera federal, foi a Portaria Minter n. GM 0013, de 15.01.76 que, inicialmente, regulamentou a classificação dos corpos de água superficiais, com os respectivos padrões de qualidade e os padrões de emissão para efluentes.

Em 1986, a Portaria GM 0013 foi substituída pela Resolução n. 20 do Conselho Nacional do Meio Ambiente (Conama), que estabeleceu uma nova classificação, tanto para as águas doces como para as águas salobras e salinas do território nacional. Em 17.03.2005 foi editada a Resolução Conama n. 357 que revogou a Resolução Conama n. 20 e introduziu nova classificação para as águas doces, salinas e salobras no território nacional, abrangendo treze classes:

Águas Doces

Classe especial – águas destinadas:

- Ao abastecimento para consumo humano, com desinfecção.
- À preservação do equilíbrio natural das comunidades aquáticas.
- À preservação dos ambientes aquáticos em unidades de conservação de proteção integral.

Classe 1 – águas que podem ser destinadas:

- Ao abastecimento para consumo humano, após tratamento simplificado.
- À proteção das comunidades aquáticas.
- À recreação de contato primário, tais como natação, esqui aquático e mergulho, conforme Resolução Conama n. 274, de 2000.
- À irrigação de hortaliças, que são consumidas cruas, e de frutas, que se desenvolvam rentes ao solo e sejam ingeridas cruas sem remoção de película.
- À proteção das comunidades aquáticas em terras indígenas.

Classe 2 – águas que podem ser destinadas:

- Ao abastecimento para consumo humano, após tratamento convencional.
- À proteção das comunidades aquáticas.
- À recreação de contato primário, tais como natação, esqui aquático e mergulho, conforme Resolução Conama n. 274, de 2000.
- À irrigação de hortaliças, plantas frutíferas e de parques, jardins, campos de esporte e lazer, com os quais o público possa vir a ter contato direto.
- À aquicultura e à atividade de pesca.

Classe 3 – águas que podem ser destinadas:

- Ao abastecimento para consumo humano, após tratamento convencional ou avançado.
- À irrigação de culturas arbóreas, cerealíferas e forrageiras.
- À pesca amadora.

POLUIÇÃO DAS ÁGUAS | **199**

- À recreação de contato secundário.
- À dessedentação de animais.

Classe 4 – águas que podem ser destinadas;

- À navegação.
- À harmonia paisagística.

Águas Salinas

Classe especial – águas destinadas:

- À preservação dos ambientes aquáticos em unidades de conservação de proteção integral.
- À preservação do equilíbrio natural das comunidades aquáticas.

Classe 1 – águas que podem ser destinadas:

- À recreação de contato primário, conforme Resolução Conama n. 274, de 2000.
- À proteção das comunidades aquáticas.
- À aquicultura e à atividade de pesca.

Classe 2 – águas que podem ser destinadas:

- À pesca amadora.
- À recreação de contato secundário.

Classe 3 – águas que podem ser destinadas:

- À navegação.
- À harmonia paisagística.

Águas Salobras

Classe especial – águas destinadas:

- À preservação dos ambientes aquáticos em unidades de conservação de proteção integral.
- À preservação do equilíbrio natural das comunidades aquáticas.

Classe 1 – águas que podem ser destinadas:

- À recreação de contato primário, conforme Resolução Conama n. 274, de 2000.
- À proteção das comunidades aquáticas.
- À aquicultura e à atividade de pesca.
- Ao abastecimento para consumo humano após tratamento convencional ou avançado.
- À irrigação de hortaliças, que são consumidas cruas, e de frutas, que se desenvolvam rentes ao solo e sejam ingeridas cruas sem remoção de película, e à irrigação de parques, jardins, campos de esporte e lazer, com os quais o público possa vir a ter contato direto.

Classe 2 – águas que podem ser destinadas:

- À pesca amadora.
- À recreação de contato secundário.

Classe 3 – águas que podem ser destinadas:

- À navegação.
- À harmonia paisagística.

Para cada uma dessas classes são estabelecidas dezenas de indicadores ou parâmetros de qualidade físicos, químicos e biológicos, com seus respectivos valores. Tais valores devem ser atendidos para assegurar os usos preestabelecidos das águas.

USOS MÚLTIPLOS DAS ÁGUAS

Nenhum recurso natural, com exceção talvez do ar, apresenta tantos usos legítimos quanto a água. A utilização da água, tanto para as necessidades do homem como para a preservação da vida, pode ser englobada em grandes grupos:

- Abastecimento público.
- Abastecimento industrial.

- Atividades agropastoris, incluindo a irrigação e a dessedentação de animais.
- Preservação da fauna e da flora aquáticas.
- Recreação.
- Geração de energia elétrica.
- Navegação.
- Diluição e transporte de poluentes.

Abastecimento Público

É o uso mais nobre da água. Para esse uso, é considerada a água para beber, higiene pessoal, limpeza de utensílios, lavagem de roupas, pisos e banheiros, cozimento de alimentos, irrigação de jardins, combate a incêndio etc. Em termos percentuais, a utilização de água para abastecimento público está entre 8 e 13% em função do desenvolvimento social da população dos países.

Salvo condições especiais, caso de residências isoladas, ou ausência do Poder Executivo, como ocorre em muitas áreas periféricas de cidades, a água de abastecimento público é fornecida por meio de um sistema de abastecimento. Esse sistema engloba captação e tratamento, a reservação e distribuição. Essas operações normalmente são executadas por um órgão da administração municipal ou uma concessionária de águas e esgotos.

Abastecimento Industrial

A água é utilizada pela indústria, em diversas situações, para a fabricação de seus produtos: lavagem de matérias-primas, caldeiras para a produção de vapor, refrigeração de equipamentos, lavagem de equipamentos e pisos nas áreas de produção, composição dos produtos, reações químicas, higiene dos funcionários e combate a incêndio, entre outros usos. Em cada uma dessas situações, a água deve atender a padrões mínimos de qualidade, de forma a atender às exigências de cada uso. Em termos percentuais, países de alta renda têm, no uso industrial, o percentual de até 60% de toda a água utilizada. Nos países de baixa e média renda esse percentual é de 10%.

Atividades Agropastoris

Nesse setor, as águas são utilizadas para a dessedentação de animais e para a irrigação, desde hortaliças até grandes áreas de lavouras de porte, onde são consumidas grandes quantidades de água.

A irrigação é a fonte de maior uso de água no mundo, atingindo 82% do seu consumo em países de baixa e média renda. Em países de alta renda, esse percentual é de 30%. No Brasil, atualmente são irrigados cerca de 3 milhões de hectares, sendo aproximadamente 455 mil hectares no Estado de São Paulo, onde são consumidos 4,3 x 10^9 m³/ano, segundo os dados oficiais. No entanto, a utilização de água para irrigação sem o devido registro é muito grande, o que eleva consideravelmente esse valor.

A irrigação é uma forma de uso consumptivo da água; isto é, parte da água utilizada para esse fim não retorna ao corpo de água original, havendo, portanto, redução da disponibilidade hídrica do manancial. Deve-se atentar também ao fato de que a água que retorna da irrigação tem qualidade inferior àquela captada, haja vista o carreamento de solo, de fertilizantes e agrotóxicos, o que irá alterar a qualidade da água do manancial.

Preservação da Fauna e da Flora

Para a preservação da fauna e da flora deve-se ter em mente que a qualidade das águas adquire fundamental importância. Os diversos parâmetros utilizados para classificar as águas dentro dos seus vários usos têm seus valores muito rígidos para garantir a vida aquática, desde os microrganismos até os peixes, aves e outros animais. Para determinados parâmetros, como o mercúrio e o cádmio, os limites admissíveis para a preservação da vida aquática são mais restritivos do que aqueles relativos ao padrão de potabilidade da água.

Assim, todas as alterações da qualidade das águas, principalmente as provocadas pela ação do homem, precisam ser cuidadosamente avaliadas e as medidas preventivas devem ser tomadas, de modo a não interferir de forma prejudicial na vida aquática.

Recreação

O uso da água para a recreação envolve duas situações: quando há o contato direto com a água – contato primário –, caso da natação, do mergulho, do esqui aquático, entre outros; e quando não há o contato, caso dos esportes náuticos com a utilização de barcos, além da pesca esportiva.

Nesses casos, notadamente naqueles de contato primário, a qualidade das águas está diretamente relacionada com a presença de microrganismos patogênicos que provocam agravos à saúde humana.

Além das duas situações descritas, o uso para fins paisagísticos também se insere nesse contexto.

Geração de Energia Elétrica

O emprego das águas para fins de geração de energia elétrica é muito desenvolvido no Brasil. O país detém o terceiro lugar na produção de energia hidrelétrica, com 10% da produção mundial, atrás do Canadá e dos EUA, cada um com 14% da produção mundial.

O uso das águas para essa finalidade não modifica sua qualidade; no entanto, altera a vida e o ambiente aquáticos.

Navegação

A navegação é um tipo de uso da água que vem se difundindo muito nos últimos anos, principalmente pela construção das barragens geradoras de energia elétrica.

A hidrovia Tietê-Paraná, por exemplo, possui cerca de 2.400 km de trechos navegáveis, considerados 1.642 km nos rios Paraná e Tietê, e 758 km nos seus afluentes principais. O comboio-tipo admitido para a hidrovia do Tietê é de 2.400 t, o que equivale a 120 caminhões com carga de 20 t, a um custo pelo menos três vezes menor por t. Isso explica a enorme vantagem desse modelo de transporte.

Diluição e Transporte de Efluentes

Este é o uso menos nobre das águas, sendo, muito embora, um dos mais empregados pelo homem. O volume da água nos rios é de cerca de 0,00009% da disponibilidade de água na biosfera. É dos rios que o ser humano subtrai a maior parte da água para o seu consumo e para outros usos nobres. E nesses mesmos rios o homem lança seus efluentes poluídos, quer de natureza doméstica, quer de origem industrial. Por isso, tem especial importância a forma com que os nossos efluentes são tratados e a maneira como os dispomos no meio ambiente, em função da grande possibilidade de se estar prejudicando o uso das águas receptoras.

PRINCIPAIS FONTES DE POLUIÇÃO

As fontes de poluição das águas, pelos seus mais diversos usos, podem ser agrupadas da seguinte maneira:

- Poluição natural.
- Poluição devida aos esgotos domésticos.
- Poluição devida aos efluentes industriais.
- Poluição devida à drenagem de áreas agrícolas e urbanas.

Essas fontes estão associadas ao tipo de uso e ocupação do solo. Cada uma delas possui características próprias quanto aos poluentes que carreiam. Já a grande diversidade de indústrias, com os tipos de matérias-primas e processos industriais utilizados, faz com que haja uma variabilidade mais intensa nos contaminantes lançados aos corpos de água.

Poluição Natural

A poluição natural ocorre com o arraste, pelas águas das chuvas, de partículas orgânicas e inorgânicas do solo, de resíduos de animais silvestres, de folhas e galhos de árvores e vegetação em decomposição. Ocorre também pelas características do solo por onde percolam as águas subterrâneas que abastecem o corpo de água superficial. Esse tipo de poluição dificilmente altera as características das águas de forma a torná-las impróprias para o uso mais nobre, que é o abastecimento público. Quando um corpo de água apenas sofre o impacto da poluição natural, suas águas apresentam características físicas, químicas e biológicas que atendem aos padrões de qualidade mais restritivos, sendo comum serem utilizadas para o abastecimento público após simples desinfecção, precedida ou não de filtração.

Poluição Devida aos Esgotos Domésticos

Os esgotos domésticos, tratados ou não, quando lançados em um corpo de água, irão provocar alteração nas suas características físicas, químicas e biológicas. Essa alteração será maior ou menor, dependendo do grau de tratamento a que se submete o esgoto, ou então do nível de diluição proporcionado pelo corpo receptor.

Nos esgotos domésticos de uma cidade, além da fração residencial, podem ser englobados ainda os esgotos provenientes das seguintes atividades econômicas: postos de combustíveis, lavanderias, açougues, padarias, supermercados, laboratórios e farmácias, oficinas mecânicas, lava-rápidos, restaurantes e lanchonetes, hospitais e prontos-socorros, consultórios médicos e dentários e outras atividades. Provêm, inclusive, de indústrias de pequeno porte que, de alguma forma, estarão gerando, além dos esgotos sanitários, parcelas características daquela atividade específica.

A Tabela 7.2 apresenta os percentuais de coleta de esgotos no Brasil, o que mostra a precariedade da situação.

Tabela 7.2 – Percentuais de coleta de esgotos no Brasil.

Domicílios atendidos por rede coletora de esgotos	
REGIÃO	Percentual
Sudeste	71,4
Nordeste	16,3
Norte	7,3

Fonte: MME/MMA/SRH/ANEEL (1999).

Poluição Devida aos Efluentes Industriais

As atividades industriais geram efluentes com características qualitativas e quantitativas bastantes diversificadas. Dependendo da natureza do processo industrial, os seus efluentes podem conter elevadas concentrações de matéria orgânica, sólidos em suspensão, metais pesados, compostos tóxicos, microrganismos patogênicos, substâncias teratogênicas, mutagênicas, cancerígenas etc.

As Tabelas 7.3 e 7.4 mostram as características quantitativas e qualitativas (equivalente populacional) de alguns efluentes industriais:

Tabela 7.3 – Características quantitativas.

FONTES DE DESPEJOS	VAZÃO ESPECÍFICA
Esgotos domésticos	120 a 160 L/hab.dia
Abatedouro bovino	1.500 a 2.000 L/boi
Abatedouro avícola	17 a 20 L/ave
Fabricação de cerveja	6 L/L cerveja
Fabricação de refrigerantes	2 a 4 L/L refrigerante
Fabricação de álcool	15 L restilo/L álcool
Laticínios – queijos	20 L/kg queijo
Laticínios – leite	1 L/L leite
Fabricação de couros	800 a 1.000 L/couro
Fabricação de papel	50 a 100 L/kg papel

Tabela 7.4 – Características qualitativas.

FONTES DE DESPEJOS	EQUIVALENTE POPULACIONAL – CARGA ORGÂNICA
Abatedouro bovino	55 hab./boi
Abatedouro avícola	200 hab./1.000 aves
Fabricação de cerveja	175 hab./m^3 cerveja
Fabricação de álcool	7 hab./L álcool (sem restilo)

(continua)

Tabela 7.4 – Características qualitativas. *(continuação)*

FONTES DE DESPEJOS	EQUIVALENTE POPULACIONAL – CARGA ORGÂNICA
Laticínios – queijos	2 hab./kg queijo
Laticínios – leite	20 hab./1.000 L leite
Fabricação de couros	40 hab./pele bovina
Fabricação de papel	460 hab./t papel

Poluição Devida a Drenagens de Áreas Agrícolas e Urbanas

Em geral, o deflúvio superficial urbano contém todos os poluentes que se depositam na superfície do solo. Na ocorrência de chuvas, os materiais acumulados em valas e bueiros são arrastados pelas águas pluviais para os cursos de água superficiais, constituindo-se em uma fonte de poluição tanto maior quanto mais deficiente for a limpeza pública.

Já o deflúvio superficial agrícola apresenta características diferentes. Seus efeitos dependem muito das práticas agrícolas utilizadas em cada região e da época do ano em que se realizam as preparações do terreno para o plantio, a aplicação de fertilizantes, de defensivos agrícolas e a colheita. A contribuição representada pelo material proveniente da erosão de solos intensifica-se quando ocorrem chuvas em áreas rurais.

MÉTODOS DE TRATAMENTO DE ÁGUAS RESIDUÁRIAS

O campo da engenharia sanitária tem evoluído rapidamente no desenvolvimento de métodos para o tratamento de águas residuárias. Isso ocorre principalmente em virtude das exigências cada vez maiores dos órgãos públicos de controle do meio ambiente, como resposta ao interesse da saúde pública, às crescentes condições adversas causadas pelas descargas de águas residuárias e a uma maior cobrança da sociedade na defesa do meio ambiente.

Tipos de Processos de Tratamento

Um sistema de tratamento de águas residuárias é constituído por uma série de operações e processos que são empregados para a remoção de substâncias indesejáveis da água ou para sua transformação em outras formas aceitáveis.

Os processos de tratamento são reunidos em grupos distintos, a saber:

*   Processos físicos.
*   Processos químicos.
*   Processos biológicos.

A remoção de substâncias indesejáveis de uma água residuária envolve a alteração de suas características físicas, químicas e/ou biológicas. A utilização de qualquer um desses processos poderá concorrer para essas alterações.

Processos Físicos

Os processos físicos são assim definidos por causa dos fenômenos físicos que ocorrem na remoção ou na transformação de poluentes das águas residuárias. Basicamente, esse processos são utilizados para separar sólidos em suspensão nas águas residuárias. Também podem ser empregados para equalizar e homogeneizar um efluente. Nesse caso estão incluídos:

*   Remoção de sólidos grosseiros.
*   Remoção de sólidos sedimentáveis.
*   Remoção de sólidos flutuantes.
*   Remoção da umidade de lodo.
*   Homogeneização e equalização de efluentes.
*   Diluição de águas residuárias.

Os processos físicos utilizados para essas finalidades envolvem dispositivos ou unidades de tratamento como:

*   Grades.
*   Peneiras estáticas, vibratórias ou rotativas.
*   Caixas de areia.
*   Tanques de retenção de materiais flutuantes.

POLUIÇÃO DAS ÁGUAS | **209**

- Decantadores.
- Leitos de secagem de lodo.
- Filtros prensa e a vácuo.
- Centrífugas.
- Adsorção em carvão ativado.

Essas unidades e dispositivos têm funções bem definidas. A utilização de uma muitas vezes substitui ou incorpora a de outras, dependendo das características das águas residuárias.

As grades e as peneiras, de um modo geral, são utilizadas para a remoção de sólidos grosseiros. Sua função básica é proteger equipamentos, tubulações e unidades do sistema de tratamento.

As caixas de areia são empregadas para a remoção de partículas de areia. Sua função básica é também proteger equipamentos e tubulações contra abrasão e unidades do sistema contra assoreamento.

Os tanques de retenção de materiais flutuantes, quando necessários, são utilizados para a remoção de gorduras, óleos, graxas e outras substâncias com densidade menor que a da água.

Os decantadores têm como finalidade remover sólidos sedimentáveis, em suspensão na água residuária.

Os leitos de secagem de lodo são unidades de desidratação parcial do lodo, ao ar livre, às vezes cobertas, utilizadas para pequenos volumes. A mesma finalidade têm os equipamentos mecânicos, como centrífugas e filtros prensa.

A adsorção em carvão ativado costuma ser empregada para a remoção de sólidos dissolvidos nas águas residuárias, quer de natureza orgânica, que causam cor, quer de natureza inorgânica, como os metais pesados.

Processos Químicos

São os processos nos quais a utilização de produtos químicos é necessária para aumentar a eficiência de remoção de um elemento ou substância, modificar seu estado ou estrutura, ou simplesmente alterar suas características químicas. Quase sempre seu emprego é conjugado a processos físicos e, algumas vezes, a processos biológicos. Os principais são:

- Coagulação-floculação.
- Precipitação química.

- Oxidação.
- Cloração.
- Neutralização ou correção do pH.

Utilizam-se esses processos na remoção de sólidos em suspensão coloidal ou mesmo dissolvidos, substâncias que causam cor e turbidez, substâncias odoríferas, metais pesados e óleos emulsionados.

Processos Biológicos

São considerados processos biológicos de tratamento de águas residuárias aqueles que dependem da ação de microrganismos aeróbios ou anaeróbios. Os fenômenos inerentes à respiração e à alimentação desses microrganismos são predominantes na transformação da matéria orgânica, sob a forma de sólidos dissolvidos e em suspensão, em compostos simples, como sais minerais, gás carbônico, água e outros.

Os processos biológicos procuram reproduzir, em dispositivos racionalmente projetados, os fenômenos biológicos observados na natureza, condicionando-os em área e tempo economicamente justificáveis. Dividem-se em aeróbios e anaeróbios. Os processos biológicos usuais são:

- Lodos ativados e suas variações.
- Filtro biológico anaeróbio ou aeróbio.
- Lagoas aeradas.
- Lagoas de estabilização facultativas e anaeróbias.
- Digestores anaeróbios de fluxo ascendente.

O processo de lodos ativados é constituído de um reator biológico (tanque com água), no qual uma massa de microrganismos em suspensão utiliza a matéria orgânica, presente nos esgotos afluentes ao tanque, como fonte de alimento para seu processo de crescimento. O efluente desse reator é submetido a um processo de sedimentação, no qual a massa de microrganismos é separada da água tratada e continuamente recirculada ao reator biológico. Para o desenvolvimento desse processo é necessária a introdução de oxigênio por meio de difusores de ar ou aeradores superficiais.

A grande concentração de lodo biológico mantida no tanque de aeração permite que o processo de tratamento ocorra em um período de tempo curto, se comparado com o processo natural de depuração que ocorre em um corpo de água.

As lagoas de estabilização facultativas ou anaeróbias são grandes tanques escavados no solo. Neles, as águas residuárias são tratadas por processos naturais controlados basicamente pela vazão dos efluentes. As lagoas anaeróbias são dimensionadas para receber elevadas cargas orgânicas e funcionam sem oxigênio livre (dissolvido). As lagoas facultativas possuem uma camada superior, onde ocorre o desenvolvimento de algas e microrganismos aeróbios que se mantêm como em uma simbiose. Enquanto as algas realizam a fotossíntese, consumindo o gás carbônico e liberando oxigênio, os microrganismos oxidam a matéria orgânica, utilizando o oxigênio e liberando o gás carbônico. Na camada do fundo, o processo anaeróbio se desenvolve como em uma lagoa anaeróbia.

As lagoas aeradas são providas de aeradores ou dispositivos de introdução de oxigênio, que suprem a ausência de algas que ali não proliferam por causa da intensa agitação da massa líquida.

Nos filtros biológicos aeróbios, que são tanques com enchimento de pedras ou elementos plásticos, ocorre o desenvolvimento de uma fina camada de microrganismos aeróbios. A água residuária, percolando pelo filtro e em contato com o filme biológico, tem sua matéria orgânica adsorvida pela massa biológica, onde é estabilizada pelos microrganismos.

Os digestores anaeróbios de fluxo ascendente são unidades compactas de tratamento. Por meio da retenção e da concentração do lodo desenvolve-se neles o processo anaeróbio em condições otimizadas, diminuindo o tempo e acelerando o processo de degradação da matéria orgânica.

Classificação dos Sistemas de Tratamento

Os sistemas de tratamento de águas residuárias, englobando um ou mais dos processos descritos, são classificados em função do tipo de material a ser removido e da eficiência de sua remoção, em:

Tratamento Preliminar

Tem a finalidade de remover sólidos grosseiros; é aplicado normalmente a qualquer tipo de água residuária. Consiste em grades, peneiras, caixas de areia, caixas de retenção de óleos e graxas.

Tratamento Primário

Recebe essa denominação nos sistemas de tratamento de águas residuárias de natureza orgânica, muito embora seja utilizado para qualquer tipo de despejo. Tem a finalidade de remover resíduos finos em suspensão dos efluentes. Consiste em tanques de flotação, decantadores, fossas sépticas e floculação/decantação.

Tratamento Secundário

É utilizado para a depuração de águas residuárias por meio de processos biológicos e tem a finalidade de reduzir o teor de matéria orgânica solúvel nos despejos. Consiste em lodos ativados e suas variações, filtros biológicos, lagoas aeradas, lagoas de estabilização, digestor anaeróbio de fluxo ascendente e sistemas de disposição no solo, além de outros.

Tratamento Terciário

É um estágio avançado de tratamento de águas residuárias. Visa à remoção de substâncias não eliminadas nos níveis desejados nos tratamentos anteriores, como nutrientes, microrganismos patogênicos, substâncias que causam cor nas águas etc. Consiste em lagoas de maturação, cloração, ozonização, radiações ultravioleta, filtros de carvão ativo e precipitação química em alguns casos.

Tratamento de Lodos

Utilizado para todos os tipos de lodos, visa à sua desidratação ou adequação para disposição final. Consiste em leitos de secagem, centrífugas, filtros prensa, filtros a vácuo, prensas desaguadoras, digestão anaeróbia ou aeróbia, incineração e disposição no solo.

Tratamento Físico-químico

Basicamente utilizado para a remoção de sólidos em todas as suas formas e para a alteração das características físicas e químicas das águas residuárias. Consiste em coagulação/floculação, precipitação química, oxidação e neutralização.

REFERÊNCIAS

DERÍSIO, J.C. *Introdução ao controle de poluição ambiental*. 2.ed. São Paulo: Signus, 2000.

MARA, D.D.; SILVA, A.S. *Tratamento biológico de águas residuárias: lagoas de estabilização*. Rio de Janeiro: ABES, 1979.

METCALF, E. *Wastewater engineering treatment disposal reuse*. 3.ed. New York: McGraw-Hill, 1992.

[MME/MMA/SRH/ANEEL] MINISTÉRIO DAS MINAS E ENERGIA. MINISTÉRIO DO MEIO AMBIENTE. SECRETARIA DE RECURSOS HÍDRICOS. AGÊNCIA NACIONAL DE ENERGIA ELÉTRICA. *O estado das águas no Brasil: perspectivas de gestão e informações de recursos hídricos*. Brasília (DF), 1999.

MOTA, S. *Preservação de recursos hídricos*. Rio de Janeiro: ABES, 1988.

OGERA, R.C. *Remoção de nitrogênio do esgoto sanitário pelo processo de lodo ativado por batelada*. Campinas, 1995. Dissertação (Mestrado). Faculdade de Engenharia Civil da Unicamp.

PESSOA, C.A.; JORDÃO, E.P. *Tratamento de esgotos domésticos*. Rio de Janeiro: ABES, 1982. v.1

VAZOLLER, R.F.; GARCIA, A.D. *Microbiologia de lodos ativados*. São Paulo: Cetesb, 1989. p.1-22. (Série manuais Cetesb).

VON SPERLING, M. *Lagoas de estabilização*. Belo Horizonte: Universidade Federal de Minas Gerais. Departamento de Engenharia Sanitária e Ambiental, 1996. (Princípios do tratamento biológico de águas residuárias, 3).

TEIXEIRA, W.; TOLEDO, M.C.M.; FAVICHILD, T.R.; TAIOLLI, F. *Decifrando a Terra*. 2.ed. 3.reimpressão. São Paulo: Companhia Editora Nacional, 2009.

Poluição do Solo

8

Wanda Maria Risso Günther
Engenheira civil e socióloga, Faculdade de Saúde Pública – USP

O solo é um recurso natural e como tal deverá ser utilizado. Porém, é um recurso limitado e cada vez mais considerado como parte importante do ambiente. A alteração de sua qualidade natural pode comprometer seu uso atual e futuro e provocar impactos econômicos, sociais, ambientais e à saúde humana.

A definição de solo contempla diversas abordagens, dependendo da especialidade de quem o define. Assim, o seu conceito é diferente para o pedólogo, o geólogo, o agrônomo, o engenheiro, o ecólogo, o botânico e outros, sempre dentro da visão específica de cada campo de atuação, baseado nas diferentes utilidades desse recurso.

Segundo o dicionário *Aurélio*, "solo é a porção da superfície da terra, terreno, chão, parte inconsolidada do manto de intemperismo e que contém matéria orgânica e vida bacteriana, que possibilitam o desenvolvimento das plantas" (Ferreira, 1999, p.1880).

A Associação Brasileira de Normas Técnicas (ABNT, 1995) define solo como: "um corpo tridimensional que forma a camada superior da crosta terrestre e que apresenta propriedades diferentes da camada de rocha inferior, ou dos materiais que lhe deram origem, como resultado das interações entre o clima, o material original, os organismos vivos e o homem". Os especialistas em meio ambiente preferem o conceito que abrange a definição de litosfera, a qual inclui toda a camada superficial da Terra que estiver sujeita à ação do clima, incluindo todos os líquidos, minerais, gases, microrganismos e constituintes orgânicos presentes. Dentro do enfoque ambiental e sanitário, a definição adotada pela Comunidade Europeia torna-se bastante apropriada: "O solo é o principal suporte para a vida e o bem-estar, constituindo-se em um recurso natural vital e limitado, embora facilmente destrutível" (Castro Neto et al., 2000, p.2).

O solo é formado por três processos fundamentais:

* Alteração da rocha matriz (magmática ou ígnea, sedimentar ou metamórfica), mediante fenômenos de transformação como a diagênese, metassomatismo, metamorfismo, intemperismo, sob a ação de agentes internos ou externos. O tipo de rocha original determina a formação do solo, sua fertilidade, estrutura, textura, porosidade e influencia a presença de vida da biota.

* Contribuição de matéria orgânica a partir dos seres vivos, vegetais e animais. Toda matéria orgânica existente no solo ou nele depositada sofre decomposição aeróbia ou anaeróbia e integra-se como seu constituinte.

* Movimentação da água através do solo.

Assim, a constituição do solo pode ser considerada como uma mistura heterogênea entre: os minerais originários das rochas matrizes em diferentes estágios de alteração, a matéria orgânica, a água, o ar e a biota. Esses materiais variam muito quanto à forma, tipologia, distribuição e ocorrência, em virtude do local e da profundidade, resultando nos diferentes tipos de solo.

Na composição do solo, é reconhecida uma formação mineral, com teores variáveis de água e gases, habitada por microrganismos vivos. A atividade biológica do solo acontece, sobretudo, em sua camada mais superficial, na qual é maior a presença de detritos animais e vegetais, portanto de matéria orgânica.

A biota do solo é composta por microrganismos autóctones e alóctones, destacando-se a presença de bactérias, protozoários, actinomicetos e fungos, algas, artrópodos e oligoquetos. Esses seres vivos desenvolvem atividades importantes para o solo, como a decomposição da matéria orgânica, a participação nos ciclos biogeoquímicos ou a fotossíntese. Alguns fungos e actinomicetos decompõem a celulose e a quitina, enquanto os artrópodos e os oligoquetos recirculam a terra, permitindo a entrada de ar e água. Nesse aspecto, o solo deve ser considerado como um meio vivo, complexo e dinâmico.

As propriedades físicas, químicas e biológicas do solo são determinadas pelo processo geológico de formação e dependem fortemente dos tipos de minerais e da sua forma, dos organismos vivos que habitam seu interior e superfície, dos processos de erosão, eólicos e de inundações, do nível de água subterrânea, do regime de chuvas, da radiação solar, das atividades antrópicas desenvolvidas, entre outras (Castro Neto et al., 2000).

O MEIO SUBSUPERFÍCIE

O meio abaixo da superfície da terra é composto de materiais porosos (ex. areia, cascalhos e argila), água e ar, e nas camadas mais elevadas, material orgânico. A camada mais alta da terra é uma fina camada de solo que ancora provisões: suprimento de água, nutrientes e vegetação.

Para trabalhar com as questões de poluição e contaminação do solo, assim como para atenuar os riscos decorrentes, é necessário compreender os mecanismos que governam o transporte e o destino dos poluentes na subsuperfície.

Zona Insaturada

Na zona insaturada, a água ocorre como fina camada na superfície de grãos ou partículas e nos pequenos interstícios entre grãos não completamente preenchidos. Os espaços são preenchidos com ar, cuja composição é modificada por processos biológicos do solo. A respiração de bactérias existentes no solo e nas raízes de plantas e os ácidos orgânicos presentes aumentam a dissolução de materiais minerais (Helmond e Fechner, 1994).

O movimento da água na zona insaturada é causado pela gravidade e pela pressão entre poro e água, podendo surgir diferentes situações e resultar em movimento ascendente ou descendente.

A camada superior da zona insaturada é usualmente denominada de solo, constituindo-se em uma zona ocupada e significativamente modificada pela biota, incluindo raízes de plantas, micróbios e animais. A sua natureza física e química é determinada pelo clima, pelo tipo de ocorrência de vegetação na área e pelas características do material geológico de onde o solo é originário.

A Figura 8.1 mostra as camadas típicas ou horizontes que se apresentam em solo com umidade e clima temperado (Helmond e Fechner, 1994).

Figura 8.1 – Representação dos horizontes do solo.

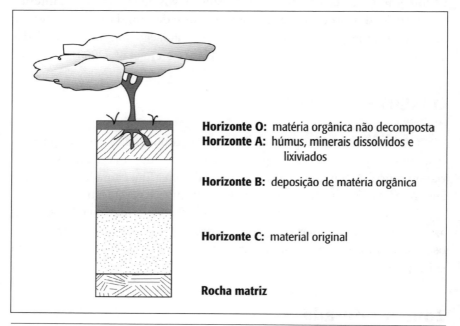

Fonte: Helmond e Fechner (1994).

Segundo Helmond e Fechner (1994), os horizontes são descritos como:

- Horizonte O: camada superior, frequentemente composta de materiais de plantas não decompostas e parcialmente decompostas.
- Horizonte A: abaixo do horizonte O, onde componentes minerais e orgânicos são lixiviados através da passagem da água. Esse processo temporário produz o enriquecimento dos poros com elementos como cálcio, potássio, sódio, sílica, ferro e alumínio. A dissolução é facilitada tanto pela acidez conferida aos poros de água pelo dióxido de carbono (da respiração, raízes e decomposição microbiana da matéria orgânica) quanto pelos ácidos orgânicos, produzidos durante a decomposição de material orgânico, que ajudam na solubilização de elementos como ferro e alumínio. Os materiais minerais podem dissolver-se

completamente (como acontece com carbonato de cálcio) ou podem resultar em um material secundário.

* Horizonte B, ou zona de deposição: onde são depositados o material orgânico dissolvido e o ferro e alumínio solubilizados anteriormente. Essa deposição é facilitada pela decomposição de ácidos orgânicos e sua adsorção pelas partículas; esses dois processos tendem a imobilizar metais, que facilmente precipitam.

* Horizonte C, ou material original: é o material original de onde foi originado o perfil do solo.

Essa descrição dos horizontes é extremamente generalizada e não inclui muitos outros tipos de solos. Por exemplo, solo turfa, predominantemente formado pela decomposição parcial de restos de plantas. Em muitas áreas mornas e úmidas, a lixiviação e a decomposição da matéria orgânica ocorrem muito rapidamente e a biomassa, mais do que as partículas de solo, pode se tornar a maior depositária de nutrientes de plantas (Helmond e Fechner, 1994).

O solo é composto de grãos que estão reunidos de modo a se tocarem entre si, deixando espaços vazios, os quais são preenchidos por ar ou água. Denomina-se textura o tamanho relativo dos grãos do solo. Chama-se granulometria a medida da textura. Estrutura do solo é a disposição relativa dos grãos em relação aos poros (Castro Neto et al., 2000). Em decorrência da origem mineralógica do solo e dos mecanismos de intemperismo e transporte, ele pode constituir-se em areias, siltes ou argilas, classificando-se em solo arenoso, siltoso ou argiloso, ou combinações desses, dependendo da granulometria e da ocorrência de partículas de diversos tamanhos.

A estrutura de um solo, sua granulometria e tipo de material do qual é constituído determinam suas propriedades físicas, químicas e biológicas e influem nos mecanismos de atenuação e transporte dos poluentes.

Zona Saturada

A zona saturada é formada por material poroso onde todos os espaços, ou praticamente todos, são preenchidos por água. Uma formação que contenha água subterrânea e seja suficientemente permeável para transmiti-la em quantidade utilizável é chamada de aquífero, o qual pode ser não confinado, semiconfinado ou confinado (Castro Neto et al., 2000), podendo ser explorado para diferentes usos: abastecimento público, industrial e agrícola, entre outros, conforme a Figura 8.2.

Figura 8.2 – Representação esquemática de aquíferos.

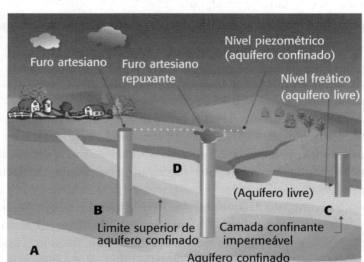

Fonte: Instituto Geológico Mineiro (2003).

Aquíferos não confinados podem variar seu nível de água por não ter a parte superior limitada por camada de argila ou de outro material impermeável. Denomina-se superfície freática a superfície livre de um aquífero não confinado, a qual está submetida à pressão atmosférica; portanto, seu nível é dinâmico.

O aquífero confinado está limitado por camadas, superior e inferior, constituídas de material muito menos permeável; logo, encontram-se submetidos à pressão, a qual é caracterizada pela superfície piezométrica.

Aquífero artesiano é o aquífero confinado no qual a água flui para fora de poços, sem necessidade de bombeamento, em função da pressão a que está submetido.

No entanto, as águas subterrâneas possuem um fluxo de escoamento, com direção, sentido e velocidade das águas. É um fenômeno que promove

POLUIÇÃO DO SOLO | **221**

a diluição dos poluentes e o arraste destes para áreas não atingidas diretamente, de fundamental importância para a questão da contaminação das águas subterrâneas.

FUNÇÕES DO SOLO

O solo desempenha várias funções importantes, entre as quais se destacam (Castro Neto et al., 2000; Derísio, 2000):

- Substrato essencial para a vida terrestre.
- Elemento de fixação e nutrição da vida vegetal.
- Substrato essencial para a produção de alimentos e matérias-primas.
- Fundação e suporte para edificações, estradas e outras obras de engenharia.
- Recurso mineral, utilizado no setor da construção civil e na manufatura de diversos produtos.
- Maior reservatório natural de água doce e elemento de armazenamento de água para diversos fins (abastecimento público, geração de energia, controle de inundações).
- Elemento de armazenamento de combustíveis fósseis.
- Receptor de resíduos.
- Fator de controle natural dos ciclos de elementos e energia dos ecossistemas.

Cada uma dessas funções provoca alterações no ambiente, podendo modificar sua topografia, remover a camada vegetal, torná-lo propício à erosão, ou introduzir substâncias ou elementos não naturais, denominados poluentes, que alteram a qualidade natural do solo.

POLUIÇÃO DO SOLO

Na atualidade, o tema poluição do solo tem despertado, a um só tempo, interesse e preocupação de especialistas, de autoridades e da sociedade. Não só pelos aspectos ambientais e de saúde pública inerentes, como também, e principalmente, pela ocorrência de episódios críticos de poluição em âmbito mundial, o que introduziu a questão das áreas contaminadas.

O motivo de tal preocupação é o fato de que o solo, uma vez degradado e/ou contaminado, trará consequências ambientais, sanitárias, econômicas, sociais e políticas que poderão limitar ou até inviabilizar seu uso posterior. Assim, a preocupação com a sua preservação, proteção, controle e recuperação do solo tem sido ampliada nas últimas décadas, período em que eventos de áreas contaminadas passaram a ser detectados.

Por tradição, o solo tem sido utilizado como receptor de substâncias resultantes das atividades humanas, principalmente para a disposição final de resíduos. A Revolução Industrial, que introduziu os processos de transformação em larga escala com o emprego de tecnologia, foi um marco não apenas na mudança das atividades humanas e nas relações sociais, como também contribuiu significativamente com o incremento do consumo e com a consequente geração de resíduos. Tais resíduos encontraram no solo a alternativa mais imediata e menos onerosa para seu destino, sem nenhuma preocupação, na época, com os impactos ambientais negativos que poderiam decorrer do novo uso desse compartimento ambiental. Por sua vez, o modelo de desenvolvimento adotado pela economia contemporânea, baseado no crescente consumo de bens e serviços, impõe o desenvolvimento contínuo de novos produtos, que demanda um uso intensivo dos recursos e insumos e gera, cada vez mais, resíduos como externalidade desse processo. Embora tecnologias também tenham sido desenvolvidas para o tratamento dos resíduos gerados, elas não têm sido empregadas como seria desejável, principalmente por questões de custo e disponibilidade, obrigando a disposição de grande contingente de resíduos sólidos no solo. A disposição inadequada dos resíduos provoca a liberação descontrolada de poluentes para o ambiente e sua consequente acumulação no solo e nos sedimentos, contribuindo para sua poluição ou contaminação.

O solo pode ser poluído ou contaminado por seu uso como receptor de resíduos na disposição final, como área de armazenamento ou processamento de produtos químicos, ou por derramamento ou vazamento de produtos, o que caracteriza a poluição pontual ou localizada. Pode também ser impactado regionalmente, caracterizando a poluição difusa, mediante deposição pela atmosfera, inundação ou mesmo por práticas agrícolas indiscriminadas (Castro Neto et al, 2000). Uma vez no solo, os poluentes e/ou contaminantes sofrem constante migração descendente, podendo atingir as águas subterrâneas, prejudicando sua qualidade e pondo em risco as populações que se utilizam do recurso hídrico.

Nesse sentido, o tema poluição do solo tem sido muito discutido e o conceito de proteção do solo, bastante enfatizado. Nos países desenvolvidos, a temática da qualidade do solo integra a agenda política além da ambiental, sendo motivo de políticas públicas com enfoque na minimização dos impactos ambientais e econômicos e, mais recentemente, na redução dos riscos à saúde humana.

Quanto aos aspectos ambientais, a ênfase é dada quanto:

- Aos cuidados em relação à poluição do solo, associada principalmente ao contato da água com o solo, tanto superficial como subsuperficialmente.
- À preservação da qualidade da água.
- À poluição do solo e o uso posterior a que será destinado esse meio.

FONTES DE POLUIÇÃO DO SOLO

A poluição do solo pode ser natural ou artificial.

Poluição Natural

A poluição natural, não associada à atividade humana, pode se dar por meio de:

- Erosão.
- Desastres naturais (inundações, terremotos, maremotos, vendavais).
- Atividades vulcânicas.
- Áreas com elementos inorgânicos (principalmente os metais) ou com irradiação natural.

Entre os fatores naturais, a erosão é o mais comum e pode ser evitada ou minimizada. Ela é causada pela ação das águas e do vento, o que resulta na remoção das partículas do solo, podendo causar os chamados sulcos ou valas de erosão. Quando atingem grandes proporções, são denominadas voçorocas. O impacto das gotas de chuva sobre o solo causa o deslocamento das partículas, de regiões altas para as baixas, provocando desbarrancamento, avalanches e assoreamento de corpos d'água. O tipo de solo local, o clima e a declividade do terreno são fatores diretamente associados à erosão. Como consequência, têm-se: a modificação de relevo, a remoção da camada superficial e fértil do solo, o risco às edificações e obras civis, o assoreamento de corpos d'água, com possibilidade de inundações.

A erosão do solo pode ter início no desmatamento e ser agravada pela não utilização imediata da área desmatada, pois a vegetação, por meio das raízes funciona como elemento fixador do solo. O desmatamento também causa erosão por atividade eólica (ventos).

Poluição Artificial

A poluição artificial, ou de origem antrópica, pode ocorrer por:

- Urbanização e ocupação do solo.
- Atividades agropastoris, ligadas à agricultura e pecuária.
- Atividades extrativas: mineração.
- Armazenamento de produtos e resíduos, principalmente os perigosos.
- Acidentes no transporte de cargas: derrame ou vazamento de produtos ou resíduos perigosos.
- Lançamento de águas residuárias:
  - Esgotos sanitários.
  - Efluentes industriais.
- Disposição de resíduos sólidos de origem:
  - Domiciliar.
  - Resíduos da limpeza urbana.
  - Resíduos de serviços de saúde.
  - Resíduos especiais.
  - Resíduos industriais, de maior significância em termos de poluição.

A urbanização crescente pela qual têm passado as cidades, destacadamente nos países em desenvolvimento, e o uso desordenado do espaço, decorrente da ausência de planejamento e zoneamento urbano, resultam na ocupação aleatória do solo, a qual não tem respeitado sua vocação natural.

A fixação de moradias em locais sem acesso a infraestrura de saneamento básico ou em áreas de risco, o adensamento populacional em determinadas áreas e a presença de vazios urbanos em outras e, principalmente, a instalação de processos produtivos industriais em meio a áreas de ocupação urbana residencial ou de lazer representam alguns fatores que impactam o solo de forma negativa e contribuem para a diminuição da qualidade de vida da população local. Esse último fator também resulta na exposição da população aos fatores de risco decorrentes do processamento industrial, apresentando-se como um problema ambiental e de saúde pública relevante.

Entre as atividades agropastoris, destaca-se a utilização de fertilizantes ou de adubos químicos e defensivos agrícolas na produção de alimentos. Os denominados agrotóxicos podem apresentar problemas ambientais e de contaminação do solo, por sua aplicação inadequada ou em demasia, por causa da presença de impurezas nos produtos aplicados ou por levarem a uma acidificação do terreno. Como consequência da utilização de agrotóxicos, tem-se a persistência no solo, o acúmulo na cadeia alimentar, a contaminação das águas e alimentos e o acúmulo de embalagens não destruídas. A Lei Federal n. 9.974, de 6 de junho de 2000, que dispõe sobre o destino de resíduos e embalagens de agrotóxicos (Brasil, 2000), estabelece, de forma inovadora, que a responsabilidade pelo destino desses resíduos e embalagens deve ser compartilhada entre os três agentes envolvidos na questão: as empresas produtoras, os revendedores e os consumidores, de forma integrada e complementar.

As atividades extrativas de mineração figuram com enorme potencial de degradação dos solos em decorrência da extensão que normalmente abrange a área de extração ou lavra. Além da modificação da paisagem que ocorre nas áreas, deve-se considerar também o rejeito da mineração, resíduos não aproveitados, e que, em geral, são deixados sobre o solo descaracterizado. Nesse sentido, é exigido plano de recuperação para as áreas degradadas pela atividade mineradora.

Os locais de armazenamento de produtos ou de resíduos, em especial os perigosos, quando não projetados e operados dentro das normas técnicas, podem causar poluição do solo, seja decorrente de vazamentos ou derramamentos, seja de acidentes ou operação inadequada. Destacam-se nesse item a contaminação do solo e das águas subterrâneas por postos de revenda e bases de distribuição de combustíveis.

Acidentes no transporte de cargas perigosas têm origem nas condições de manutenção das estradas, na situação em que se encontram os veículos de transporte, na capacitação do motorista para atuar nesse tipo de transporte e na fiscalização deficiente. Esses acidentes, embora pontuais, podem ter seus impactos ampliados se os poluentes ou contaminantes atingirem os corpos de água, em razão do escoamento superficial ou da infiltração no solo, o que pode inviabilizar sua utilização para abastecimento público.

O inadequado lançamento no solo de águas residuárias, representados por esgotos sanitários e efluentes industriais, provoca a poluição dos mananciais superficiais, do solo e das águas subterrâneas. Incorpora substâncias ou elementos ao solo, provocando alterações na composição e reduzindo a biodiversidade. Isso porque a concentração dos poluentes presentes nos efluentes pode tornar o ambiente incompatível com a sobrevivência de muitas espécies animais e vegetais. Os efeitos das águas residuárias no solo, de um modo geral, são os mesmos que os apresentados pelos resíduos sólidos e serão mais aprofundados no próximo item.

Entre os fatores de poluição do solo de origem antrópica, o de maior importância, em consequência dos impactos decorrentes, é a disposição indiscriminada de resíduos sólidos. Isso se reflete na bibliografia que trata da poluição ambiental, na qual, geralmente, o item poluição do solo encontra-se substituído pelo item poluição por resíduos sólidos.

A questão dos resíduos sólidos permite introduzir a educação ambiental como instrumento para se trabalhar a participação social como mecanismo de minimização de resíduos e, em última análise, de prevenção e controle da poluição ambiental.

Disposição de Resíduos Sólidos

Hoje em dia, o gerenciamento adequado dos resíduos sólidos é considerado um dos maiores desafios enfrentados pelos governos municipais, responsáveis por essa área.

Por um lado, tal fato se deve à falta de infraestrutura necessária ao bom atendimento dos serviços e à dificuldade de acesso a algumas localidades; por outro, à ausência de políticas para o setor que privilegiem soluções regionais e conjuntas, como também a carência de profissionais preparados e de informações confiáveis e atualizadas. Constituem dificuldades para que as instituições públicas prestem os serviços necessários e que atendam satisfatoriamente a população.

Não obstante, a falta de gerenciamento dos resíduos sólidos, principalmente na etapa de disposição final, tem colaborado para o incremento da poluição ambiental e contribuído de forma importante para o incremento de diversos agravos que podem acometer a população exposta.

Os resíduos sólidos urbanos (RSU) caracterizam-se pela sua geração contínua e inesgotável, sofrendo variações em sua composição ao longo do tempo. A quantidade dessa categoria de resíduos gerados em uma localidade é influenciada não só pelas condições econômicas e atividades desenvolvidas, como também pela cultura e hábitos da população local, entre outros fatores.

A geração de resíduos sólidos tem crescido em nosso país. É um crescimento que se atribui ao aumento da população urbana, à melhoria do poder de compra devido à estabilização da moeda dada pelo programa político-econômico de sucessivos governos e a incentivos governamentais para o consumo. Deve-se atribuí-lo também à evolução tecnológica e à diversificação da produção de bens e produtos, que introduzem novas necessidades no modo de vida contemporâneo, além da incorporação do uso de materiais descartáveis e de estratégias de mercado como a obsolescência programada.

Nesse contexto, não só a quantidade de resíduos sólidos urbanos aumentou, como também sua qualidade tem sido modificada gradativamente. Hoje, encontra-se no lixo comum volume cada vez maior de materiais não degradáveis, dentro do chamado lixo seco, os quais apresentam a possibilidade da reutilização ou da reciclagem. Da mesma forma, esses resíduos, quando não separados da massa de lixo a ser manejada, podem acarretar problemas ambientais e de saúde pública. Por exemplo: o plástico, por suas características, tem sido o material preferido para a confecção de embalagens descartáveis. No entanto, quando descartado, pode acarretar problemas, seja para o processo de incineração, seja para o local de disposição final, pois, mesmo aterrado, permanecerá por muito tempo no solo, sem sofrer degradação.

Culturalmente, os resíduos sempre foram afastados da proximidade da população que os gerou. Costumavam ser abandonados na periferia da área urbana, lançados em encostas, em depressões ou fundos de vale, ou aterrados em terrenos circunvizinhos, com o objetivo de afastá-los da visão da população, até onde não pudessem mais ser percebidos. A retirada dos resíduos elimina das proximidades os incômodos imediatos decorrentes do lixo: odor e impacto visual.

A remoção dos resíduos, envolvendo as etapas de coleta e transporte, é exigida de maneira mais imediata pela população. Embora demandando considerável parcela dos recursos arrecadados pela limpeza pública, a remoção normalmente é efetuada mesmo quando os resíduos são simplesmente afastados do local de geração e dispostos inadequadamente em depósitos a céu aberto, os chamados lixões.

O gerenciamento dos resíduos sólidos urbanos compreende diversas etapas: acondicionamento, coleta, transporte, tratamento, valorização e disposição final. Todas elas possuem interfaces significativas com o meio ambiente. Assim, seu gerenciamento adequado é importante para minimizar riscos de poluição ambiental e impactos sanitários, que resultam em deterioração da qualidade de vida da população local.

Os sistemas de tratamento normalmente empregados no país têm deixado a desejar quanto aos impactos à vizinhança, de modo especial a difusão de odores desagradáveis nas imediações das usinas de triagem e compostagem. Ou, então, no caso da dispersão de poluentes atmosféricos, entre eles os materiais particulados e certos gases gerados na combustão dos resíduos, como nas unidades de incineração. Tais anomalias decorrem, de modo geral, da tecnologia ultrapassada dos equipamentos de tratamento utilizados ou de um certo descaso com sua operação, manutenção e conservação. Elas têm contribuído para que a opinião pública se coloque frontalmente contra a instalação de quaisquer unidades de tratamento ou disposição final de resíduos sólidos nas proximidades de suas moradias. Nesse caso, o que conta são os efeitos negativos que a população é capaz de associar a essas instalações. Esse fato tem dificultado a aceitação da população quanto à implantação de unidades de tratamento e disposição final de resíduos sólidos urbanos, mesmo quando se trate de unidades que empreguem tecnologia avançada e que serão manejadas dentro de criterioso rigor operacional.

Entretanto, a etapa que acarreta maior quantidade de problemas sanitários e ambientais, principalmente poluição do solo, é a disposição final dos resíduos no solo. De certa maneira, os agravos ao meio ambiente não são percebidos de imediato e de forma direta, sendo seu efeito menos visível, se não invisível, mas gradativo e muitas vezes cumulativo. Por isso, normalmente não são considerados prioritários, e a solução é deixada para segundo plano pela maioria dos serviços municipais de limpeza pública.

Aspecto importante a ser considerado é a disponibilidade de áreas que atendam aos critérios exigidos para disposição de resíduos no solo. Paradoxalmente, onde se produz maior quantidade de resíduos é mais difícil con-

POLUIÇÃO DO SOLO | **229**

seguir área adequada (solo disponível e apropriado) à sua disposição. Nesses locais, o terreno é mais caro, mais raro e os conflitos para seu uso são mais intensos.

Portanto, a disposição final dos resíduos sólidos apresenta-se como a etapa mais problemática do seu gerenciamento, reclamando urgentes providências para sua solução.

O lixão, ou disposição de resíduos a céu aberto, caracteriza-se como uma forma de disposição final inadequada; traz como consequência uma série de impactos negativos, sendo totalmente condenável dos pontos de vista sanitário, ambiental e social. Os impactos causados tendem a agravar aspectos da poluição ambiental e produzir agravos à saúde da população local, deteriorando a qualidade de vida e contribuindo para a desvalorização econômica de áreas do entorno.

Em termos ambientais, a disposição inadequada dos resíduos sólidos pode contribuir para:

- Poluição do ar, por meio de:
  - Espalhamento dos materiais particulados (poeiras) e materiais leves, ocasionado pelo vento.
  - Liberação de gases e odores, decorrente da decomposição biológica anaeróbia da matéria orgânica contida no lixo, encontrando-se entre eles gases inflamáveis (metano) e de odores desagradáveis (mercaptanas, gás sulfídrico).
  - Desprendimento de fumaça e emanação de gases de combustão incompleta, pela característica de degradação e pela fácil combustão dos resíduos sólidos. Esse fato é agravado quando os resíduos são queimados ao ar livre.
- Poluição das águas, por meio da:
  - Geração de chorume, resultante da decomposição bioquímica dos resíduos. O chorume escorre superficialmente, podendo atingir os mananciais de águas superficiais (lagos, rios etc.), percola e se infiltra no solo, podendo alcançar os aquíferos subterrâneos, poluindo-os e/ou contaminando-os.
  - Geração de líquidos percolados (além do chorume), onde as águas pluviais, de nascentes e córregos não desviados, contribuem significativamente para o volume resultante. Esses líquidos, que percolam pela massa de resíduos, carreando matéria orgânica e diversos

poluentes que se encontram no lixo, também poderão atingir recursos hídricos superficiais e subterrâneos, poluindo-os e/ou contaminando-os.

- Poluição do solo, por meio da:
  - Infiltração de líquidos percolados, carreando poluentes e espalhando-se pelo solo até a denominada área de influência, poluindo-o e/ou contaminando-o.
  - Degradação superficial do solo no local da disposição descontrolada, restringindo seus usos futuros.
- Poluição visual:
  - Agravando aspectos estéticos e gerando desconforto para a população vizinha.
- Impactos negativos sobre a fauna e a flora de ecossistemas locais:
  - Quando são transformados em pontos de despejo de resíduos.
- Impactos econômicos:
  - Desvalorização de áreas do entorno e do próprio local de disposição final.
  - Riscos de desabamentos, com possíveis perdas humanas e materiais por causa da instabilidade dos resíduos depositados em encostas ou áreas não estáveis, agravados em períodos de chuva, que provoca erosão na massa de resíduos não compactados. Isso também pode decorrer da tentativa de se espalhar e/ou compactar os resíduos depositados em encostas, de cima para baixo, sem cuidado.
  - Assoreamento do leito de escoamento de córregos, ou entupimento dos sistemas de drenagem de águas pluviais, contribuindo para os episódios das enchentes; tal evento decorre da diminuição da área de vazão quando os resíduos são lançados em cursos de água ou arrastados pelas chuvas, em decorrência de seu abandono em terrenos baldios ou nas vias públicas.

Em relação aos aspectos sanitários, o principal problema da disposição inadequada dos resíduos sólidos é a presença de vetores, de importância à saúde pública. Eles são capazes de se proliferar no lixo e transmitir diversas enfermidades ao homem, por diferentes vias de transmissão.

Os resíduos sólidos urbanos, por suas características e composição, favorecem a atração, alimentação e proliferação de insetos, artrópodes e roe-

POLUIÇÃO DO SOLO | **231**

dores, que desempenham a função de reservatório e/ou vetor (mecânico ou biológico) de diversas doenças. Sua presença representa um significativo problema sanitário pela considerável morbidade e até mortalidade que causam, além de danos e acidentes que provocam.

Os principais vetores encontrados no lixo são ratos, moscas, mosquitos e baratas. Todos eles encontram condições adequadas de abrigo e alimentação no lixão e se proliferam com uma facilidade surpreendente. São animais perfeitamente adaptáveis ao ambiente doméstico, passando a conviver em sintonia com a população. Caso falte alimento ou as condições do lixão se alterem (quando o lixo é coberto, por exemplo), esses animais abandonam esse ambiente e invadem os domicílios vizinhos, como forma de suprirem suas necessidades básicas: abrigo, alimento e água.

O rato, entre eles, se destaca por apresentar quatro vias distintas de transmissão de doenças: a urina (leptospirose ou doença de Weil); as fezes (salmoneloses); a mordida (febres por mordedura de rato); e os ectoparasitas (pulgas) que ele abriga (peste bubônica e tifo murino).

Além disso, o rato chega a atacar e a matar crianças, mendigos e inválidos e a danificar e contaminar cereais armazenados em sacarias (armazéns), legumes e frutas, assim como os alimentos em pocilgas, canis e instalações avícolas.

As moscas (*Musca domestica*), que se desenvolvem em matéria orgânica em decomposição, encontradas com facilidade nos lixões, também podem atuar como vetor de inúmeras doenças. Mesmo por veiculação mecânica (os agentes patogênicos encontram-se na parte externa do corpo das moscas), esses insetos podem abrigar em seu corpo mais de cem espécies diferentes de agentes patogênicos, tais como: bactérias, vírus e protozoários.

Os mosquitos – que diferem das moscas pela característica de transmitirem agentes etiológicos pela picada – proliferam-se em água estagnada, igualmente muito comum em recipientes (latas, vidros, pneus etc.), ou em poças, no lixão. Os mosquitos domésticos (*Culex pipiens fatigans*), denominados pernilongos, não transmitem doenças pela picada, como o mosquito do gênero *Anopheles*, transmissor da malária, ou o barbeiro, transmissor do protozoário (*Trypanossoma cruzi*) que causa a doença de Chagas, ou ainda o *Aedes aegypti*, transmissor da dengue; mesmo assim, o mosquito adulto é doméstico e de hábitos noturnos, causando incômodo, impedindo as pessoas de conciliarem o sono, aumentando sua irritabilidade e diminuindo o rendimento no trabalho no dia seguinte.

As baratas causam inúmeros problemas: mau cheiro, danos a livros e vestimentas e problemas estéticos; transmitem diversas doenças causadas por bactérias ou protozoários.

Uma prática comum em relação aos resíduos sólidos é a alimentação de porcos com a matéria orgânica presente no lixo. Essa atividade, condenada do ponto de vista sanitário, pode ser responsável pela transmissão da cisticercose ou triquinose, quando se ingere a carne de porco mal cozida.

Em termos sociais, a disposição descontrolada de resíduos sólidos traz como decorrência o aparecimento de catadores, pessoas que, em busca do valor econômico de certos resíduos, efetuam a reciclagem informal do lixo. São expostas aos riscos de acidentes com materiais perfurantes ou cortantes e ao contato direto com resíduos infectantes e/ou perigosos, pois operam em condições totalmente indesejáveis de trabalho. Esta condição de trabalho informal é totalmente condenável e tem que ser resolvida na causa e não nos efeitos, principalmente com a erradicação dos lixões. Felizmente, a catação informal de resíduos nos lixões tem diminuído também pela inserção de organizações de catadores (associação ou cooperativa), que operam na triagem e beneficiamento de resíduos recicláveis em espaços apropriados para esse fim.

São problemas de saúde pública que tendem a se agravar à medida que a urbanização e o desenvolvimento tecnológico produzam volumes crescentes de resíduos sólidos, cada vez mais complexos e perigosos e sempre quando o gerenciamento desses resíduos não seja realizado de forma adequada.

Todos esses aspectos negativos dos lixões podem ser agravados se, juntamente com os resíduos domiciliares e da limpeza urbana, forem dispostos ainda os resíduos de serviços de saúde e/ou resíduos industriais perigosos. Nesse caso, as possibilidades de contaminação ambiental, incluindo-se a contaminação do solo, podem ser aumentadas. O risco de transmissão de enfermidades é ampliado pela presença dos resíduos infectantes, tornando-se mais problemático o contato dos catadores com esses materiais, o mesmo acontecendo em seu entorno, pela exposição da população a seus efeitos.

Os resíduos sólidos, quando encaminhados para disposição no solo, carecem de instalações ambientalmente adequadas para recebê-los, como os aterros sanitários para resíduos não perigosos e os aterros Classe I, para determinados resíduos que apresentam características de periculosidade. Os aterros para resíduos precisam ser projetados segundo normas técnicas específicas, empregando-se critérios para localização, projeto, operação e monitoramento. Os aterros para resíduos perigosos são mais restritivos em relação às exigências técnicas e critérios ambientais que os aterros sanitários.

A disposição inadequada de resíduos sólidos pode ocasionar a degradação no solo, enquanto que o depósito incorreto de resíduos perigosos pode resultar no surgimento das denominadas *áreas contaminadas*. A ocorrência crescente de episódios de áreas contaminadas, especialmente em regiões brasileiras urbano-industriais, representa graves riscos à vida e à saúde da população, ao meio ambiente e aos ecossistemas, constituindo um sério problema de saúde pública (Günther, 1998).

Considerando-se que é bastante elevado o dispêndio de recursos materiais, físicos, econômicos e humanos tanto para remediar áreas contaminadas como para proteger e recuperar, quando ainda é possível, a saúde de grupos da população expostos à contaminação ambiental, torna-se importante o estabelecimento de uma política de vigilância ambiental para a questão das áreas contaminadas, contemplando ações que integrem aspectos ambientais, sociais, econômicos, políticos e de saúde.

Dessa forma, a minimização de resíduos, que engloba as etapas de redução na fonte, reciclagem e tratamento, com sua posterior disposição final adequada, pode ser considerada uma estratégia preventiva para a poluição/contaminação representada pelos resíduos sólidos. Trata-se de estratégia que visa reduzir a quantidade e toxicidade dos resíduos antes de sua colocação no solo, com a finalidade de diminuir os eventos de poluição e ou/contaminação ambiental.

Nesse sentido, a Lei n. 12.305, de 02 de agosto de 2010, que estabelece a Política Nacional de Resíduos Sólidos (PNRS), assim como seu Decreto Regulamentador n. 7.404/2010, trazem princípios, instrumentos e metas importantes para a gestão dos resíduos sólidos, consequentemente para a diminuição de áreas contaminadas e melhoria da qualidade do solo. A meta trazida pela PNRS, de extinção dos *lixões* até 2014, embora possa encontrar dificuldade em seu cumprimento no prazo estabelecido, em âmbito nacional, já tem provocado mudanças paradigmáticas. A obrigatoriedade de implementação da logística reversa para determinadas categorias de resíduos, assim como o princípio da responsabilidade compartilhada pelo ciclo de vida do produto têm ampliado a discussão em torno da questão dos resíduos sólidos, entre todos os atores envolvidos na cadeia de produção, distribuição, consumo, gerenciamento e logística reversa. Tais aspectos contribuirão para mudanças importantes no cenário da gestão dos resíduos sólidos, no país, nas próximas décadas.

MEDIDAS DE CONTROLE DA POLUIÇÃO DO SOLO

O controle da poluição do solo compreende medidas preventivas e medidas corretivas. As medidas preventivas devem ser empreendidas antes da ocorrência do evento de poluição, para reduzir seus riscos. São práticas que englobam a seleção de áreas adequadas, do ponto de vista ambiental e sanitário, para a instalação dos empreendimentos, e a identificação das técnicas e procedimentos mais apropriados para o desenvolvimento das atividades. A escolha da área deve considerar aspectos como:

- O regulamento de uso e ocupação do solo na região.
- A legislação sobre áreas de proteção ambiental.
- A topografia.
- Tipo de solo e vegetação.
- Risco de ocorrência de inundações.
- Características do subsolo.
- Proximidade de recursos hídricos.
- Proximidade de núcleos residenciais.

Quanto às técnicas e procedimentos operacionais, merece destaque, ultimamente, o emprego das denominadas tecnologias limpas e os processos de ciclos fechados, que reutilizam os resíduos no próprio processo produtivo, como acontece com o reuso de água.

O controle corretivo da poluição do solo baseia-se na intervenção, empregando-se técnicas de engenharia e procedimentos operacionais na execução de sistemas de prevenção e controle da contaminação das águas subterrâneas, da erosão e demais ocorrências, como deslizamentos e inundações. As medidas corretivas visam controlar e reduzir os impactos e recuperar as áreas degradadas e/ou contaminadas, com ênfase nos bens a proteger, dos quais a saúde humana é o principal. Para o controle da erosão pode-se empregar:

- Manutenção da cobertura vegetal, mediante replantio.
- Utilização de árvores como quebra-ventos.
- Cobertura do solo com materiais, como serragem, por exemplo.

- Alteração da declividade.
- Técnicas de caráter mecânico: aração, plantio em curvas de nível, drenagem para desvio de águas pluviais; muros de arrimo.

Para o controle da poluição decorrente da disposição de resíduos no solo, torna-se fundamental planejar e executar seu gerenciamento adequado. Águas residuárias e resíduos sólidos devem ser gerenciados de acordo com sistemas de prevenção e controle que considerem os respectivos fluxos, desde as fontes geradoras até os locais de disposição final. O princípio da minimização de resíduos, assim como a hierarquia de resíduos, trazida pela Lei n. 12.305/2010, devem ser contemplados no seu efetivo gerenciamento. Ambos os conceitos visam dispor no solo somente os rejeitos, após terem sido esgotadas todas as possibilidade de redução, reutilização, reciclagem, valoração e tratamento dos resíduos sólidos, nessa ordem. No Brasil, assim como já acontece na União Europeia, a tendência é o desenvolvimento e implantação de tecnologias e sistemas de recuperação e tratamento de resíduos, cada vez mais eficientes e eficazes, enquanto que a disposição de rejeitos no solo aponta para a minimização dos impactos, tanto pela redução da quantidade e periculosidade, como pelo depósito somente em estruturas ambientalmente adequadas, licenciadas e controladas.

Quando uma área for identificada como contaminada, há necessidade do gerenciamento específico para o caso. Este prevê a caracterização dos contaminantes envolvidos, a identificação dos mecanismos de poluição e das vias de propagação dos contaminantes e a identificação das populações expostas, atividades essas baseadas em análise de risco. Quando o risco não for aceitável, há necessidade de intervenção na área, no sentido de sua recuperação, podendo chegar à necessidade de isolamento do local ou de remediação do sítio contaminado. Em todos os casos, o uso posterior da área é restringido e ficará condicionado ao resultado da recuperação.

Nesse sentido, é importante o apoio ao desenvolvimento de novas tecnologias e procedimentos de gerenciamento, como também a participação da sociedade para a definição e implementação de alternativas de solução, que sejam mais amigáveis em termos sociais, ambientais e econômicos. Tais medidas implicam, direta ou indiretamente, na melhoria da qualidade ambiental e do solo, em especial, e em menor risco ambiental e sanitário que levam ao bem-estar e qualidade de vida, contribuindo para a sustentabilidade.

REFERÊNCIAS

[ABNT] ASSOCIAÇÃO BRASILEIRA DE NORMAS TÉCNICAS. NBR 6502 – Rochas e solos. Rio de Janeiro: 1995.

BRASIL. Lei n. 9974, de 6 de junho de 2000. Dispõe sobre a pesquisa, a experimentação, a produção, a embalagem e a rotulagem, o transporte, o armazenamento, a comercialização, a propaganda comercial, a utilização, a importação, a exportação, o destino final dos resíduos e embalagens, o registro, a classificação, o controle, a inspeção e a fiscalização de agrotóxicos, seus componentes e afins e dá outras providências. Brasília (DF); 2000.

CASTRO NETO, P.P.; ROCCA, A.C.; CASARINI, D.C.P.; DIAS, C. *Poluição do solo*. São Paulo: Cetesb, 2000.

DERÍSIO, J.C. *Introdução ao controle de poluição ambiental*. 2.ed. São Paulo: Signus, 2000.

FERREIRA, A.B.H. *Novo Aurélio Século XXI: o dicionário da língua portuguesa*. 3.ed. Rio de Janeiro: Nova Fronteira, 1999.

GÜNTHER, W.M.R. *Contaminação de resíduos sólidos por metais pesados decorrentes de processos industriais: estudo de caso*. São Paulo, 1998. Tese (Doutorado). Faculdade de Saúde Pública da Universidade de São Paulo.

HELMOND, H.F.; FECHNER, E.J. *Chemical fate and transport in the environmental*. Cambridge, Massachusetts: Academic Press, 1994.

INSTITUTO GEOLÓGICO MINEIRO. *Água subterrânea: conhecer para preservar o futuro*. Disponível em: http://www.igm.pt/edicoes_online/diversos/agua_subterranea/reservatorios.htm. Acessado em: 9 set. 2003.

Saneamento Básico para a Saúde Integral e a Conservação do Ambiente

9

Edson Vanderlei Zombini
Mestre em Ciências, Faculdade de Saúde Pública – USP

Maria Cecília Focesi Pelicioni
Assistente social e sanitarista, Faculdade de Saúde Pública – USP

A saúde é determinada por fatores genéticos, biológicos e psicossociais. Resulta da interação entre o desenvolvimento social e o meio ambiente e está diretamente relacionada ao modo de viver das pessoas e a sua relação com o ambiente em que vivem.

Para a manutenção da saúde e da qualidade de vida da população é indispensável salubridade do meio que, por sua vez, é determinada em grande parte pela existência ou não de saneamento local.

Entende-se por saneamento básico o conjunto de medidas, serviços e instalações que garantem o abastecimento de água, o esgotamento sanitário, a limpeza urbana, o manejo de resíduos sólidos e a drenagem de águas pluviais. Visa proporcionar níveis crescentes de salubridade de um determinado ambiente, em benefício da população que habita esse espaço, o que vai produzir efeitos muito positivos sobre o bem-estar e a saúde.

O saneamento básico contribui diretamente na melhoria da saúde da população pois reduz a incidência de doenças decorrentes da falta desses serviços (OMS, 2006).

O conhecimento da relação entre saneamento ambiental e o processo saúde-doença é antigo. As melhorias sanitárias promovidas a partir do século XVIII, na Europa e na América do Norte, desempenharam um papel importante no controle de doenças como o tifo e a cólera, que estão relacionadas à falta de abastecimento de água e de dispositivos para dispensação das excretas. Tais medidas exerceram efeitos diretos na diminuição da ocorrência de tais doenças pois contribuíram para elevar o nível de higiene pessoal e comunitário, como também, o estado nutricional da população (Brasil, 2004).

Ainda hoje, a presença de doenças como desnutrição infantil, cólera, leptospirose, malária e dengue também estão condicionadas às condições do ambiente e higiene, à extrema pobreza e à deficiência no acesso ao saneamento básico.

É importante frisar que apesar da evolução dos recursos tecnológicos no diagnóstico e tratamento das enfermidades que acometem o ser humano, foi graças à melhoria nas condições de vida da população, ocorrida a partir do século XX, que permitiu uma grande redução na mortalidade por doenças relacionadas ao saneamento.

No Brasil, uma parcela significativa da população ainda não tem acesso aos benefícios do saneamento ambiental.

A desigualdade social existente no país, com áreas de extrema pobreza, falta de água em quantidade e qualidade adequada para o consumo além do precário ou inexistente esgotamento sanitário contribuem para a deposição de excretas em locais inadequados, tais como na água, nos alimentos, nos utensílios domésticos e nas mãos. Isso acaba por tornar mais frequente diarreias, parasitoses intestinais e doenças relacionadas ao saneamento em geral, elevando com isso as taxas de mortalidade, particularmente em crianças.

A qualidade da moradia e o seu entorno, isto é, o local onde vivemos é fundamental para a promoção da nossa saúde.

Esses ambientes saudáveis incluem desde o local de instalação, o processo de construção, a qualidade e segurança dos materiais utilizados, a composição espacial da moradia, bem como o contexto global em que estão inseridos, as condições sanitárias dos domicílios e do sistema público de saneamento, a segurança pública, o desenvolvimento de ações e a manutenção de hábitos psicossociais sadios.

No processo de criação de ambientes favoráveis à saúde, faz-se necessário também implementar políticas públicas para a oferta de infraestrutura de saneamento, além do desenvolvimento de um processo educativo que busca a oportunidade de aprimoramento dos conhecimentos, mudanças de atitudes e de comportamentos de risco que sejam duradouras e eficazes.

Esse processo deve partir sempre do conhecimento do modo de vida e dos valores das pessoas a serem contempladas com as melhorias.

A educação deve promover o comprometimento da população nas ações de saneamento básico, garantindo, assim, a universalização e a sustentabilidade de tais ações, criando, também, condições para que se mantenha viva durante todo o planejamento das ações (Brasil, 2009a).

Nesse sentido, a escola, um espaço favorável ao exercício contínuo de ensinar e aprender, é um *locus* de grande valor para preparar crianças, jovens, educadores e pessoas da comunidade para tomar parte das decisões políticas que envolvam a saúde do meio ambiente e outros determinantes favoráveis à melhoria da qualidade de vida, tais como o saneamento básico.

Torna-se fundamental a educação ambiental para o êxito de uma política de meio ambiente. Ela deve promover o acesso à informação de ação conscientizadora. Objetiva o preparo dos cidadãos para uma reflexão situacional e para a mobilização social a fim de garantir a participação na transformação da realidade em defesa do meio ambiente, tornando viável o desenvolvimento pleno dos seres humanos (Philippi Jr e Pelicioni, 2005).

Dentre as estratégias para orientar a participação popular nos processos de educação ambiental para o saneamento é imprescindível: desenvolver uma ação educativa continuada de professores para que estes estejam aptos a trabalhar com seus alunos questões relacionadas à saúde ambiental, e principalmente à saúde e ao saneamento, desde o ensino fundamental; professores capazes de formar cidadãos ativos e agentes transformadores da realidade sanitária do país; estimulando a elaboração de seus próprios materiais educativos, utilizando as estruturas comunicadoras existentes como jornais, panfletos, cartilhas, revistas em quadrinho, rádios comunitárias e multimídias, entre outros.

A elaboração de recursos didáticos, baseados em princípios pedagógicos, em conjunto com a comunidade, favorece o aprendizado coletivo e a adequação da linguagem a cada realidade com o objetivo de difundir, disponibilizar e compartilhar informações sobre saúde, desencadeando debates e intervenções sobre saneamento.

A oportunidade de participação da população nas questões relacionadas ao saneamento é assegurada pela Lei n. 11.445 de 2007, que estabelece as diretrizes nacionais da Política de Saneamento Básico. Atribui à União, estados, Distrito Federal e municípios a competência comum para elaborarem uma política e um plano de saneamento básico que garanta a todos o acesso contínuo a serviços de boa qualidade. Garante o controle social nos processos de formulação de políticas relacionadas aos serviços públicos de saneamento básico (Brasil, 2008; Brasil, 2009c), determina que o saneamento básico contemple serviços, infraestruturas e instalações operacionais de abastecimento de água potável, esgotamento sanitário; limpeza urbana e manejo de resíduos sólidos e drenagem e manejo das águas pluviais urbanas (Brasil, 2008; Brasil, 2009a).

Uma política pública de saneamento, para ser eficaz, deve ser norteada pelos seguintes princípios (Brasil, 2004):

- Universalidade: o abastecimento de água potável, esgotamento sanitário, manejo de resíduos sólidos e manejo das águas pluviais deve abranger toda a população.

- Equidade: equivalência na qualidade dos serviços de saneamento independentemente das condições socioeconômicas dos usuários e urbanística do local a ser implantado.

- Integralidade: as ações deverão contemplar o abastecimento de água, o esgotamento sanitário, a limpeza pública, a drenagem pluvial e o controle de vetores.

- Participação e controle social: envolve o direito da população em participar na formulação das políticas, no planejamento e na avaliação da prestação dos serviços de saneamento básico, atendendo, assim, às reais necessidades da comunidade.

- Intersetorialidade: integração do desenvolvimento urbano entre saúde pública, área ambiental e recursos hídricos.

- Qualidade dos serviços: os serviços deverão ser de boa qualidade, incluindo regularidade, eficiência, segurança e continuidade.

- Acesso: os custos da tarifa deverão ser compatíveis com o poder aquisitivo do usuário.

- Titularidade municipal: reconhecimento e respeito à autonomia de cada município na elaboração do projeto de saneamento mais viável.

HOMEM E MEIO AMBIENTE

A preservação da vida humana passa necessariamente pela preservação do ambiente, estabelecendo um equilíbrio entre os seres humanos e o meio.

A respiração, mecanismo fisiológico vital, é um bom exemplo dessa inter-relação. O ser humano, ao respirar, absorve o oxigênio e expele o gás carbônico, que por sua vez é utilizado na respiração das plantas que expelem o oxigênio. Assim, a existência de um ser vivo está atrelada à existência do outro.

O ambiente natural é dotado de uma fantástica capacidade de se autorrecuperar. Em condições normais, as plantas extraídas crescerão novamente, a água suja será purificada e as espécies se repovoarão. No entanto, atitudes irresponsáveis do homem podem romper esse equilíbrio.

Cuidar da natureza é cuidar da vida.

O aumento populacional, particularmente nos grandes centros urbanos, associado ao desenvolvimento econômico e industrial representou a princípio uma melhoria na qualidade de vida da população. No entanto, uma economia de mercado que requer e estimula o aumento de consumo desenfreado faz com que a produção industrial retire cada vez mais recursos da natureza para ser utilizado como matéria prima e energia, gerando, consequentemente, resíduos sólidos, líquidos e gasosos que podem contaminar o solo, a água e o ar. A extração abusiva dos recursos naturais, sem dar tempo para que a natureza se recomponha, associada à falta de reciclagem dos resíduos industriais e à disposição inadequada das sobras de consumo, gera pressões sobre o meio ambiente, podendo deteriorá-lo. Uma das consequências disso é o desaparecimento de espécies da flora e da fauna em decorrência da alteração da paisagem e do desequilíbrio ecológico, além de expor a população a riscos que podem afetar negativamente a sua saúde (Cutolo, 2009).

As crianças são mais vulneráveis aos riscos ambientais, pois ingerem mais água, mais comida e respiram mais ar em relação ao seu peso corporal. Portanto, ficam mais expostas às substâncias tóxicas do que os adultos. Ademais, o fato de permanecerem mais próximas do chão ao brincar, levando tudo à boca por sua curiosidade natural, aumenta o grau de exposição.

A cada ano morrem mais de 3 milhões de crianças menores de 5 anos por causas relacionadas ao meio ambiente. Dessas mortes, 40% são decorrentes da falta de água potável para beber (Valenzuela et al., 2011; OMS, 2006).

Como dito anteriormente, a implantação do saneamento ambiental, ao propiciar melhoria no nível de higiene do indivíduo e do seu entorno, reduz o contato da população com grande variedade de agentes patogênicos, diminuindo, assim, a possibilidade de adoecimento por diversas causas.

Os objetivos das ações de saneamento não têm como princípio único os benefícios gerados para a saúde, pois há uma substancial redução de gastos na assistência às pessoas com doenças decorrentes da falta de saneamento, possibilitando o destino de recursos para outras áreas mais prioritárias. Além disso, o indivíduo não acometido por essas doenças se mantém mais tempo produtivo no mercado de trabalho. O mesmo acontece com as crianças que, quando saudáveis, apresentam melhor rendimento escolar, diminuindo a possibilidade do fracassso e reprovação escolar.

Agrega-se a esses ganhos coletivos o ganho individual decorrente da valorização do imóvel no mercado imobiliário, que passa a dispor de serviços de saneamento.

Todos esses fatores proporcionam uma melhoria na qualidade de vida da população beneficiada.

Na manutenção da higidez do ambiente em que vivemos e na preservação da maior parte do metabolismo dos seres vivos é imprescindível que haja água de boa qualidade, um recurso natural renovável, porém, escasso em algumas regiões do planeta. É necessária para o consumo, a preparação de alimentos, a higiene pessoal e doméstica, a agricultura, a produção de energia e o lançamento de dejetos de origens doméstica e industrial dos centros urbanos e, principalmente, para garantir a vida.

ÁGUA

Cerca de mais de dois terços da superfície da Terra está coberta por água dos mares e oceanos, no entanto, a água doce representa apenas 2,7% dos cerca de 38 milhões de km^3 da disponibilidade hídrica do planeta. Destas águas, 77,2% encontram-se em estado sólido nas geleiras; 22,4% estão armazenados em aquíferos e lençóis subterrâneos, sendo que a metade se encontra a mais de 800 m de profundidade; 0,36% em rios, lagos e pântanos; e 0,04% na atmosfera. Portanto, a quantidade de água doce disponível para o consumo humano, presente nos lagos, rios e aquíferos de menor profundidade representa menos de 1% da disponibilidade hídrica do planeta. As reservas de água doce estão distribuídas irregularmente no mundo, sendo mais abundante nas Américas e menos na África, Ásia e Europa (Valenzuela et al., 2011).

O Brasil detém 11% dos recursos hídricos mundiais e 50% do total dos recursos da América do Sul. Contudo, estão distribuídos de forma irregular pelo país. Na região amazônica está 71,1% do recurso hídrico do Brasil e 8% do mundial, em contraposição à região nordeste em que é bastante escassa. Nas regiões sul e sudeste, apesar da existência de muitos rios, estes se encontram bastante poluídos com dejetos domésticos e industriais (Cutolo, 2009).

Dentre os múltiplos uso da água, destacam-se três categorias principais: uso doméstico, uso industrial e irrigação. A atividade agrícola é a que consome o maior volume de água, respondendo por mais de 70% das captações anuais de água em todo o mundo. No Brasil, a agricultura é responsável pelo consumo de 61%, a indústria por 18% e o uso doméstico por 21% da água doce utilizada.

A renovação da água se dá por meio de seu ciclo natural, ou seja, da evaporação de rios e represas que cria nuvens e, por meio da chuva, devolve à terra este elemento. No solo a água se infiltra, repondo os reservatórios naturais de superfície (rios e represas) e subterrâneos. No entanto, o uso e o desperdício desses reservatórios pelo homem em ritmo superior à capacidade de reposição estão promovendo o esgotamento da água no planeta, evidenciado pelo desaparecimento de terras inundáveis e a diminuição de rios e represas.

O consumo de água depende de vários fatores, como hábitos adquiridos ao longo da vida, o poder aquisitivo das pessoas, o nível de educação em saúde, características climáticas e dos sistemas de abastecimento.

A água como dito anteriormente é essencial para a vida. Ela representa 78% do peso corporal da criança ao nascer e 60% do organismo humano adulto (Behman et al., 2002).

O acesso à água potável é um direito humano básico. A população deve ter acesso à água em quantidade e qualidade satisfatórias. A maior parte da população brasileira reside em municípios com rede de abastecimento de água segura para consumo. Esse fato é acompanhado de uma diminuição da mortalidade por diarreia em crianças. No entanto, ressalta-se que 20% da população ainda não recebe água tratada (Barcellos et al., 2011).

A poluição das águas causa prejuízo à saúde humana e limitação aos múltiplos usos da água, além de interferir sobre a fauna e a flora aquáticas. Quando não tratado adequadamente, o esgoto sanitário pode transferir para o meio aquático patógenos como bactérias, vírus, protozoários e helmintos. Estes podem causar doenças como as descritas no Quadro 9.1.

244 | EDUCAÇÃO AMBIENTAL E SUSTENTABILIDADE

Quadro 9.1 – Agentes infecciosos presentes em águas residuárias domésticas* sem tratamento e doenças a eles associados.

Organismo	Doenças
Escherichia coli	Diarreia
Legionella pneumophila	Pneumonia
Leptospira	Leptospirose (febre e icterícia)
Salmonella typhi	Febre tifoide
Shigella	Shiguelose (disenteria)
Vibrio cholerae	Cólera (diarreia muito forte e desidratação intensa)
Yersinia enterocolitica	Diarreia
Adenovírus	Doenças respiratórias
Enterovírus (pólio, *echo* e *coxsackie*)	Diarreia, meningite, paralisia, conjuntivite
Rotavírus	Diarreia
Vírus da hepatite A	Hepatite
Entamoeba histolytica	Amebíase (disenteria)
Giardia lamblia	Giardíase (diarreia)
Ascaris lumbricoides	Ascaridíase
Taenia saginata	Teníases (ingestão de carne bovina)
Taenia solium	Teníases (ingestão de carne suína)
Enterobius vermiculares	Enterobíase (prurido anal)

Fonte: Cutolo e Rocha (2002).

* Águas residuárias são definidas como aquelas de origem doméstica e da rede municipal de esgotos que não contêm quantidades apreciáveis de efluentes industriais. São formadas principalmente por fezes e urina.

Nos países em desenvolvimento, 80% de todas as doenças e pelo menos um terço das mortes estão associadas à falta de qualidade da água (Opas, 2001).

As crianças pequenas, em virtude da imaturidade do sistema imunológico, apresentam maior risco às doenças veiculadas pela água não potável.

Isso implica cuidado redobrado para que sempre seja ingerida água potável que não ofereça nenhum risco à saúde. Na impossibilidade de acesso à água potável, existem diversos tratamentos disponíveis para reduzir os patógenos, melhorando a qualidade e a segurança da água, no entanto, nada substitui o direito de morar em um local que tenha saneamento. A medida de maior eficácia é a fervura da água para o consumo, outra opção é a desinfecção química com o uso do cloro que só funciona se utilizado na medida certa e com determinada frequência. Nos casos de água turva, deve-se clarificá-la por meio da decantação, sedimentação e filtragem antes do tratamento químico ou fervura.

As águas contaminadas podem causar inúmeras doenças pelos seguintes motivos (Opas, 2001):

- Enfermidades relacionadas à falta de água em quantidade suficiente para a higiene pessoal e doméstica: impetigo, conjuntivite, tracoma, piolho e escabiose.
- Enfermidades por contato com a água (pelo contato com a pele ou mucosa): esquistossomose e leptospirose.
- Enfermidades transmitidas por vetores aquáticos (a água serve como ambiente de reprodução para os insetos vetores de doenças): malária, dengue e febre amarela.
- Enfermidades disseminadas pela água (os patógenos infectam os seres humanos por meio das vias respiratória e mucosa): pneumonia por *legionella pneumophilia*.
- Enfermidades transmitidas pela água (pela ingestão de água contaminada): cólera, febre tifoide, hepatite A e verminoses.

A água é um recurso natural limitado. A escassez e a contaminação da água comprometem a existência humana. Assim, a proteção das fontes de água deve ser uma preocupação constante dos gestores e da população em geral.

Uma medida racional para diminuir o gasto de água é a disponibilização do uso de águas residuárias (aquelas de origem doméstica formadas principalmente por fezes e urina que não foram lançadas nos rios e lagos) previamente tratadas, para fins não potáveis, como lavagem de pavimentação, irrigação de parques e campos desportivos e industriais, irrigação paisagística, em fontes ornamentais, para a proteção contra incêndio, para descargas de banheiros etc. Essa atitude é uma alternativa frente ao consumo acentuado de água diante do crescimento populacional urbano.

Investimentos em sistemas de abastecimento de água em quantidade e qualidade satisfatórias possibilitam o desenvolvimento econômico e a diminuição da pobreza, uma vez que a redução dos efeitos nocivos à saúde acompanha uma redução de gastos na assistência e tratamento dos agravos decorrentes do consumo de água de má qualidade.

No último censo realizado pelo IBGE em 2010, 82,9% dos domicílios brasileiros estavam ligados à rede geral de distribuição de água. Portanto, em quase 20% de domicílios brasileiros os habitantes ainda consumiam água não tratada (IBGE, 2010).

A extensão do fornecimento de água à população tem que ser necessariamente acompanhada de um adequado sistema de esgotamento sanitário, uma vez que na maioria das grandes cidades o esgoto produzido tem sido despejado nos recursos hídricos que servem à comunidade.

ESGOTO

O adensamento populacional urbano tem como consequência uma produção excessiva de dejetos humanos que são lançados nos cursos de água, fazendo com que estes não suportem o acúmulo de matérias orgânicas e inorgânicas, ultrapassando a sua capacidade de autodepuração natural (a eliminação de impurezas). Tais contaminantes levam à escassez da disponibilidade de água de boa qualidade para o consumo.

Se por um lado o processo de urbanização crescente permite um maior acesso aos serviços públicos e recursos tecnológicos, por outro, coloca a população em contato maior com os agentes infecciosos, particularmente aquela mais pobre, que na maioria das vezes fica à margem desses benefícios.

A falta de proteção aos mananciais e a deficiência ou ausência de tratamento das águas residuais são fatores que também colocam em risco a saúde da população que permanecerá exposta a agentes químicos, físicos e biológicos que predispõem à disseminação de doenças (Brasil, 2004).

O esgoto é fonte de agentes patogênicos como bactérias e parasitas que são transmitidos pela água. No Brasil, a maior parte da população é abastecida por rede de água, sem que necessariamente sejam promovidos a coleta e o tratamento do esgoto. Em diversos municípios brasileiros a população não tem nenhum banheiro no domicílio, deixando assim o solo vulnerável a contaminantes que poderão alcançar as nascentes e os poços.

As estatísticas mostram que a inexistência de banheiros nos domicílios, apesar da cobertura da rede de abastecimento de água, pode aumentar em quase o dobro as taxas de mortalidade por diarreias (Barcellos et al., 2011). Daí a importância da combinação do consumo de água de boa qualidade com a coleta e o tratamento adequado do esgoto para a garantia de uma boa saúde.

O lançamento de esgotos sem tratamento prévio nos rios continua sendo até hoje uma alternativa muito utilizada para afastar e dispor os dejetos em várias cidades do país. A utilização dessas águas, sem tratamento prévio, leva à transmissão de infecções por helmintos intestinais (*Ascaris lumbricoides, Trichuris trichiura, Ancylostoma duodenalis*), por bactérias como as que causam a diarreia, disenteria, febre tifoide e cólera, e também por vírus como os da hepatite A e dos chamados enterovírus que podem causar conjuntivites e paralisias. A vulnerabilidade para essas doenças ocorre tanto para os que manipulam essas águas ou trabalham no processo de irrigação do solo na produção agrícola, quanto para os consumidores de alimentos aí cultivados (Cutolo, 2009).

As condições climáticas, o nível socioeconômico, a falta de educação e os hábitos de higiene são elementos que, associados à falta de saneamento básico e à baixa qualidade de água, contribuem para a disseminação desses agentes infecciosos e, em alguns casos, podem se alastrar acometendo grande número de pessoas, como o ocorrido no ano de 2011, em que uma epidemia de conjuntivite causada por um enterovírus atingiu cerca de 429 mil habitantes da cidade de São Paulo (SMS/SP, 2011).

Caso semelhante ocorreu na cidade de Guarujá, onde no veraneio de 2011 um aumento do número de casos de diarreia foi observado. Nesse município a água distribuída estava imprópria para o consumo, de acordo com laudos elaborados pelo Instituto Adolfo Lutz (Folha de São Paulo, 2011).

Cabe lembrar que o *habitat* do enterovírus é o intestino humano; sendo posteriormente eliminado pelas fezes. O aumento do número de pessoas nos balneários nos meses de veraneio faz com que grande quantidade de esgoto seja lançado ao mar, superando a sua capacidade de autodepuração. O contato com a areia e a água de praia imprópria para o banho pode ser facilitador na transmissibilidade dessa doença.

O risco de infecção pela contaminação da água e do solo por esses agentes se faz não só de imediato, mas também tardiamente, uma vez que conseguem sobreviver na natureza por longo período, conforme apresentado no Quadro 9.2.

EDUCAÇÃO AMBIENTAL E SUSTENTABILIDADE

Quadro 9.2 – Tempo de sobrevida de patógenos no solo.

Patógeno	Tempo de sobrevivência
Bactérias	2 meses
Vírus	3 meses
Protozoários	2 dias
Helmintos	2 anos

Fonte: Sanepar (2011).

Nessas condições, o contato direto com o solo, a ingestão da água ou de alimentos contaminados podem causar doenças no homem.

Os aspectos negativos da falta de tratamento adequado do esgoto não se restringem somente à saúde da população. O despejo de esgoto em locais impróprios, como rios, represas e mares, pode causar grande degradação ambiental, acabando com os ecossistemas, comprometendo a flora e a fauna nativas.

Dados do Censo 2010 divulgados pelo IBGE revelam que a maior carência no país na área de saneamento básico continua sendo a coleta de esgoto (IBGE, 2010). Apenas 55,4% dos 57 milhões de domicílios brasileiros estavam ligados à rede geral do esgoto; outros 11,6% utilizavam fossa séptica (forma de saneamento considerada adequada pelo IBGE); os demais 32,9%, que representam 18,9 milhões de domicílios, ou não tinham saneamento básico ou usavam soluções alternativas (como o despejo em rios, fossas rudimentares etc.), tidas como inapropriadas (IBGE, 2010). Além da grande quantidade de esgoto que escoa nos rios e represas, grande quantidade de resíduos também é lançada diariamente no interior desses recursos hídricos.

RESÍDUOS SÓLIDOS

O consumo desenfreado e insustentável exige o aumento na produção de bens e na utilização de minerais não renováveis extraídos do solo: metais como ferro, cobre e alumínio; minerais energéticos como urânio, carvão, petróleo e gás natural; materiais para construção como areia e cascalho. Tal fato, além de reduzir consideravelmente as reservas naturais de minérios, aumenta a quantidade e a variedade de resíduos no processo de industrialização. Os resíduos se acumulam e permanecem durante centenas de anos contaminando o solo, as águas de superfície e subterrânea e o ar, colocando em perigo a saúde dos seres vivos.

Também conhecido pela população como lixo, constitui-se como um dos grandes problemas ambientais do mundo. O homem despeja na natureza cerca de 30 bilhões de toneladas de lixo por ano. Grande parte desses resíduos acaba indo para os cursos d'água que abastecem represas e cidades. Além do estrago ambiental e dos danos à saúde, a contaminação desses cursos d'água está reduzindo os reservatórios de água potável em diversas regiões do mundo.

No Brasil, no início da década de 1970, todo o lixo recolhido semanalmente de uma família média composta de cinco pessoas cabia em uma lata vazia de 18 L forrada com sobras de jornal. Era reutilizada por vários anos, pois, após ser esvaziada sobre o caminhão de recolhimento de lixo era devolvida ao morador.

Hoje, o Brasil produz cerca de 183 mil toneladas de lixo por dia, com uma média de geração de resíduos de 1 a 1,15 kg/habitante/dia. A cidade de São Paulo gera mais de 17 mil toneladas de lixo todos os dias (Jacobi e Besen, 2011).

Há uma relação bastante clara entre o nível de saúde da população e o acondicionamento, a coleta e a disposição final de resíduos. O acúmulo de lixo pode levar à transmissão de doenças por facilitar a proliferação de agentes infecciosos e animais peçonhentos, em função da potencialidade de transmissão de doenças por vetores como moscas, mosquitos, baratas e roedores, que encontram nos resíduos sólidos os alimentos e as condições adequadas de proliferação. A coleta e a destinação adequada de resíduos reduziriam em 90% a presença de moscas, 65% de ratos e 45% de mosquitos (Defensoria da Água, 2009). A epidemia de dengue é um bom exemplo de doença relacionada ao excesso de resíduos no meio urbano.

A separação, a coleta e o tratamento correto do lixo geram menos resíduos, preservam os recursos naturais e promovem mais saúde e qualidade de vida. A responsabilidade pela destinação final do lixo é das prefeituras, no entanto, cabe à população adotar medidas para reduzir o consumo de tudo o que for desnecessário e conter o desperdício, reutilizar materiais recicláveis e contribuir para a coleta seletiva, possibilitando assim uma sensível redução das quantidades de resíduos a serem dispostos no interior e no entorno das moradias e também nos lixões e aterros sanitários. Dessa forma, a população assume uma participação ativa no processo de conservação do meio ambiente. Exemplo de tais medidas é a separação dos resíduos produzidos nas residências, utilizando sobras de comida para alimentar animais domésticos, reutilizando recipientes para o plantio e acondicionamento de alimentos e usando revistas e jornais como papéis de embrulho, evitando-se assim o uso desenfreado de sacolas plásticas (Brasil, 2009b; Fuzaro e Ribeiro, 2007).

A Importância do Incentivo à Reutilização de Objetos, à Coleta Seletiva e à Reciclagem

Na coleta seletiva há o recolhimento de materiais recicláveis: papéis, plásticos, vidros, metais e orgânicos, previamente separados na fonte geradora e que podem ser reutilizados ou reciclados. Ela tem também como vantagens a diminuição da extração dos recursos naturais; a redução do consumo de energia e água nos processos de industrialização e consequente diminuição do custo final da produção; a geração de empregos; o prolongamento da vida útil dos aterros sanitários; a diminuição da poluição do solo, da água e do ar (além do odor exalado, os resíduos produzem grande quantidade de gás metano, a segunda maior fonte de gases de efeito estufa) (Sema, 2009; Defensoria da Água, 2009).

A coleta seletiva pode ser realizada de duas formas:

• Remoção porta a porta: consiste na coleta de materiais recicláveis gerados nos domicílios por veículos de coleta. Os moradores dispõem os materiais em frente aos domicílios e estes são coletados em dias e horários programados. Nesse caso, os materiais recicláveis poderão ser acondicionados em um único vasilhame para que sejam separados por tipo em unidades de triagem ou então, ser pré-separados nos domicílios pelos próprios moradores.

• Remoção por intermédio de postos de entrega voluntária (PEV): nesse caso a população deposita seus materiais recicláveis em pontos predeterminados para posterior remoção. Plástico, papel, vidro e metal são depositados separadamente em recipientes próprios. Em geral, os PEVs são instalados em lugares cobertos e de fácil acesso, como supermercados, hospitais, escolas, terminais de transporte público e conjuntos habitacionais.

Quanto mais Materiais são Reciclados, mais Recursos Naturais são Preservados

A reciclagem é o processo de transformação de um material cuja a utilidade inicial terminou em outro material que poderá ter nova utilidade por meio de processo industrial ou artesanal (Sema, 2009). Gera economia de matérias-primas, água e energia, polui menos o ambiente e alivia os aterros sanitários, preservando terrenos que podem ser destinados à construção de moradias, praças, escolas e outros.

Os materiais recicláveis, chamados também de sucatas, são compostos de papel, papelão, vidro, metal e plástico. Os não recicláveis, também chamados de lixo, são compostos de matérias orgânicas (restos de alimentos e papel de banheiro) e por materiais que não apresentam condições favoráveis à reciclagem, seja pelo estado de degradação do objeto ou por não haver interesse econômico local para tal reciclagem (Fuzaro e Ribeiro, 2007).

A separação dos materiais que podem ser reutilizados ou reciclados pode ser realizada na moradia, na escola, na igreja, na empresa, ou em qualquer outro lugar (Sema, 2009).

A reciclagem de resíduos, além de evitar a contaminação do solo, economiza espaço nos aterros sanitários preservando terrenos que podem ser destinados à construção de moradias, praças, escolas e outros. Porém, seu maior benefício é a redução do lixo que se acumula diariamente nos grandes centros urbanos. É dever de todos diminuir cada vez mais os resíduos sólidos, ou seja, embalagens, objetos e restos de alimentos que são jogados no lixo. Com isso, consegue-se uma substancial economia de gastos com limpeza pública, além de se obter melhoria substancial no nível de salubridade do ambiente.

Algumas medidas são úteis no controle da produção de resíduos (Defensoria da Água, 2009):

*   Medidas pré-consumo: estimular as indústrias a utilizarem matérias-primas recicláveis, reduzindo assim a exploração de recursos naturais, dimi-

nuindo o uso de embalagens e o uso de bolsas plásticas. Essa fase do pré-consumo é fundamental para a redução do lixo produzido.

- Medidas durante o consumo: consumir somente o necessário, evitando o desperdício. Evitar produtos descartáveis e trocas desnecessárias.
- Medidas pós-consumo: tratar corretamente o lixo gerado.

A reciclagem traz uma série de benefícios ambientais, entre eles destacam-se: (Inmetro, 2002; Jacobi e Besen, 2011):

- A reciclagem de uma tonelada de aparas de papel poupa o corte de 10 a 20 árvores; economiza água e energia em relação ao processo realizado com a utilização da matéria-prima virgem (transformação da celulose da madeira em papel); reduz os custos de produção, uma vez que as aparas são matérias-primas mais baratas que a celulose.
- A reciclagem do plástico, que deriva de um dos produtos do petróleo, a nafta, além de poupar o recurso energético natural, diminui os resíduos desse produto que chega a permanecer na natureza até 120 anos para degradar.
- A extração excessiva de metais do solo destrói enormes extensões de terra no processo de escavação, promovendo o desmatamento, a remoção da camada orgânica do solo e a contaminação dos rios nas áreas mineradas. Leva à erosão do solo, tornando as terras improdutíveis.
- A utilização de materiais orgânicos no processo de compostagem (processo de formação do adubo orgânico a partir de restos de alimentos, estercos de animais e resíduos de origem domiciliar e industrial, principalmente papéis) diminui a presença de insetos e animais, contribui para a redução do lixo a ser coletado, ajuda a cidade a ficar mais limpa e incentiva a formação de hortas e jardins nas residências. A matéria orgânica gerada nas residências representa 50% do lixo coletado e disposto em aterros sanitários. Apenas 3% são aproveitados em processos de compostagem. Ao se decompor, essa matéria emite gases de efeito estufa, contribuindo para o aquecimento global e as mudanças climáticas.
- A reciclagem do vidro reduz a extração da areia, um recurso não renovável.

É preciso lembrar que os efeitos da disposição de resíduos no solo se dão a curto, médio e longo prazo, pois alguns desses materiais levam vários anos para a sua completa decomposição, como apresentado no Quadro 9.3.

Quadro 9.3 – Tempo para a decomposição de alguns resíduos.

Resíduo	Tempo
Chiclete	5 anos
Lata de alumínio	Mais de 1.000 anos
Madeira	Meses a muitos anos
Lata de aço	10 anos
Plástico	Meses a dezenas de anos
Vidro	10.000 anos
Restos orgânicos	Dias a meses
Papel	Meses a anos
Filtro de cigarro	Meses a muitos anos

Fonte: Sema (2009).

A presença de lixeiras em quantidades e locais estratégicos, onde o fluxo de pessoas é mais intenso, é uma forma de acolhimento dos materiais descartados. A coleta de resíduos sólidos deve ser realizada com frequência. Em países tropicais, recomenda-se que seja feita a cada dois dias, evitando-se assim a decomposição dos materiais acumulados (Brasil, 2009c).

A disposição de resíduos sólidos em lugares impróprios pode dificultar o escoamento das águas pluviais (águas de chuva) levando a enchentes com grandes prejuízos à população.

DRENAGEM DE ÁGUAS PLUVIAIS

A falta de estrutura de drenagem de águas pluviais pode ocasionar grandes problemas como enchentes, desmoronamentos e erosão do solo. Um dos fatores que influencia o fluxo das águas pluviais é a excessiva pavimentação do solo e a falta de áreas verdes, dificultando a drenagem, aumentando a quantidade de água que escorre pelas galerias, bocas de lobo, ou mesmo pela superfície (Brasil, 2009c).

O lixo depositado nas bocas de lobo ou nas vias de escoamento promove o seu entupimento e consequentemente o transbordamento das águas, podendo causar inundações.

A presença de lixo acumulado em terrenos baldios ou ainda nas ruas pode indicar que a coleta de lixo não está sendo satisfatória e/ou que a população não tem consciência da adequada disposição dos resíduos produzidos.

Promover a diminuição da produção de resíduos, a adequada coleta e destinação de lixo e a manutenção e limpeza das redes de drenagem das águas pluviais reduz a possibilidade de entupimento nas vias de drenagem de águas pluviais, além de contribuir para a melhoria das condições sanitárias da comunidade, reduzindo a incidência de doenças.

CONSERVAÇÃO DO MEIO AMBIENTE COMO MEDIDA DE MANUTENÇÃO DA SAÚDE GLOBAL DO INDIVÍDUO

A ocupação imobiliária errática e desordenada do espaço físico, o acúmulo de resíduos em locais inadequados, a poluição de rios e represas, a impermeabilização de grande parte do solo produzem efeitos indesejáveis na paisagem da cidade e no seu meio ambiente. Resultam em carência de áreas verdes, erosão e alteração do ciclo natural das águas e da fertilidade do solo.

Tal fato contribui para a degradação de ecossistemas, inundações e açoreamentos, comprometendo a qualidade da água, o plantio e a pesca, consequentemente diminuindo a oferta de alimentos à população e aumentando a exposição a agentes infecciosos.

A deposição inadequada de resíduos, a alteração dos cursos dos rios, o aterramento de áreas alagadas pelas cheias necessárias às plantas e à fertilidade do solo, o calçamento das ruas tornando impermeável às águas das chuvas, os empoçamentos de água de chuva provocados pela inadequação de serviço de drenagem pluvial, as inundações e os deslizamentos das encostas são problemas que trazem grandes prejuízos para a população, dentre eles perdas materiais e a ocorrência de doenças infecciosas como a leptospirose, transmitida pela urina do rato contaminado que se mistura à água suja das enchentes e do esgoto, a dengue, entre outras.

Dentre as doenças relacionadas ao abastecimento inseguro de água e à falta de saneamento podem-se citar ainda a diarreia, as infestações parasitárias intestinais, as doenças de pele, a desnutrição, a anemia, a intoxicação por pesticida, a hepatite A, a cólera e a esquistossomose. Os episódios frequentes de diarreias e as parasitoses intestinais podem levar ao comprometimento no crescimento e desenvolvimento das crianças.

Além dos contaminantes biológicos, merece atenção especial a contaminação da água com produtos químicos industriais, com os agrotóxicos, os metais pesados decorrentes do desgaste de materiais da própria rede de distribuição e também da atividade de extração mineral.

Para proteger os recursos hídricos é preciso que algumas medidas urgentes sejam tomadas: evitar invasões nas áreas de nascente dos rios; acabar com o despejo de resíduos que carregados pelos rios prejudicam o fluxo das águas; aumentar as áreas verdes para reduzir a impermeabilização do solo; aumentar a coleta e tratamento do esgoto.

O nível de saúde da população depende muito das condições ambientais em que ela vive, pois sabe-se que a poluição ambiental é causa da maioria das doenças e de agravos à saúde. Intervenções em saneamento ambiental, particularmente em ações que privilegiam o saneamento básico, são medidas que poderão garantir uma grande melhoria no nível de saúde e consequentemente da qualidade de vida da população. Essa situação depende sobretudo da intensidade com que as pessoas participam das decisões que tentam reverter as condições adversas de vida.

A oportunidade de obter informações corretas necessárias para analisar de forma crítica situações indesejáveis do cotidiano, na tentativa de solucioná-las em prol de resultados positivos à saúde, vai favorecer o processo participativo e colaborar na construção de um novo modelo de atenção à saúde que, em vez de empreender esforços para o tratamento da doença, atua nos determinantes da saúde, privilegiando a preservação da saúde integral.

REFERÊNCIAS

BARCELLOS, C. et al. Desenvolvimento de indicadores para um sistema de gerenciamento de informações sobre saneamento, água e agravos à saúde relacionados. In: *Trata Brasil*. São Paulo, Disponível em: http://www.tratabrasil.org.br/novo_site/cms/templates/trata_brasil/util/pdf/Agua.pdf . Acessado em: 15 ago. 2011.

BEHMAN, R.E., KLIEGMAN, R.M., JENSON, H.B. *Tratado de Pediatria*. Rio de Janeiro: Guanabara koogan, 2002.

BRASIL. Ministério da Saúde. Organização Pan-Americana da Saúde. *Avaliação de impacto na saúde das ações de saneamento: marco conceitual e estratégia metodológica*. Brasília, 2004.

_____. Ministério das Cidades. Secretaria Nacional de Saneamento Ambiental. Plano Nacional de Saneamento Básico. *Pacto pelo Saneamento Básico – mais saúde, qualidade de vida e cidadania*. Resolução recomendada n. 62 de 3 de dezembro de 2008. Disponível em: http://www.cidades.gov.br/plansab. Acessado em: 15 mar. 2011.

_____. *Diretrizes para ações de Educação Ambiental e Mobilização Social em Saneamento*. Brasília, 2009a.

_____. *Experiências em Educação Ambiental e Mobilização Social em Saneamento – Experiências selecionadas*. Brasília, 2009b.

_____. Programa de Educação Ambiental e Mobilização Social em Saneamento (PEAMSS). *Caderno metodológico para ações de educação ambiental e mobilização social em saneamento*. Brasília, 2009c.

CUTOLO, A.S. *Reuso de águas residuárias e saúde pública*. São Paulo: Annablume; Fapesp, 2009.

CUTOLO, A.S.; ROCHA, A.A. O uso de águas residuárias na cidade de São Paulo. *Saúde e Sociedade*. v. 11, n. 2, p. 89-105, 2002.

DEFENSORIA DA ÁGUA. *Mais vida, menos lixo – reflexões e propostas para políticas públicas de tratamento de lixo*. São Paulo: SEEL-SP, 2009.

FOLHA DE SÃO PAULO. "Qualidade de vida no Guarujá é insatisfatória em 37 pontos". *Jornal Folha de São Paulo*. 15/03/2011. Disponível em: http://www1.folha. uol.com.br/fsp/cotidian/ffl503201101.htm. Acessado em: 01/08/2013.

FUZARO, J.A.; RIBEIRO, L.T.. *Coleta seletiva para prefeituras*. São Paulo: SMA/ CPLEA, 2007.

[IBGE] INSTITUTO BRASILEIRO DE GEOGRAFIA E ESTATÍSTICA. *Censo 2010*. Rio de Janeiro, 2010. Disponível em: http://www.ibge.gov.br/home/. Acessado em: 29 jan. 2012.

[INMETRO] INSTITUTO NACIONAL DE METROLOGIA, NORMALIZAÇÃO E QUALIDADE INDUSTRIAL. *Meio ambiente e consumo*. Coleção educação para o consumo responsável. Brasília, 2002. Disponível em: http://www.idec.org.br/uploads/ publicacoes/publicacoes/inmetro_meioambiente.pdf. Acessado em: 4 jan. 2012.

JACOBI, P.R.; BESEN, G.R. Gestão de resíduos sólidos em São Paulo: desafios da sustentabilidade. *Estudos Avançados*, v. 25, n. 71, p. 135-158, 2011.

[OPAS] ORGANIZAÇÃO PAN AMERICANA DE SAÚDE. *Água e Saúde*. 2001. Disponível em: http://www.opas.org.br/sistema/fotos/agua.pdf. Acessado em: 29 maio 2011.

[OMS] ORGANIZACIÓN MUNDIAL DE LA SALUD. *Guias para la calidad del agua potable*. Geneve, 2006. Disponível em: http://www.who.int/water_sanitation_health/dwq/gdwq3_es_intro.pdf. Acessado em: 29 maio 2011.

PHILIPPI JR; A. PELICIONI, M.C.F. *Educação Ambiental e Sustentabilidade*. Barueri: Manole; 2005.

SANEPAR. *Avaliação de parâmetros para secagem e desinfecção do lodo de esgoto em condições artificiais (estufa)*. 2011. Disponível em: http://www.sanepar.com.br/sanepar/sanare/v15/avalaparampag77.html. Acessado em: 25 ago. 2011.

[SEMA] SECRETARIA DO MEIO AMBIENTE DE SÃO PAULO. *Coleta seletiva*. Imprensa oficial do Estado de São Paulo, 2009.

[SMS/SP] SECRETARIA MUNICIPAL DA SAÚDE DE SÃO PAULO. *Coordenadoria de Vigilância em Saúde. Centro de Controle de Doenças. Equipe de Doenças Oculares Transmissíveis*. Informe n. 10/2011 – conjuntivites no Município de São Paulo, 2011. Disponível em: http://www.prefeitura.sp.gov.br/cidade/secretarias/upload/chamadas/informe_conjuntivite_n10_1307540700.pdf. Acessado em: 14 ago. 2011.

VALENZUELA, P.M.; MATUS, M.S.; ARAYA, G.I.; PARIS, E. Pediatria ambiental: um tema emergente. *J Pediatr*. v. 87, n. 2, p. 89-99, 2011.

Política e Gestão Ambiental: Conceitos e Instrumentos | 10

Ivan Carlos Maglio
Engenheiro civil, Empresa PPA Ltda.

Arlindo Philippi Jr
Engenheiro civil e sanitarista, Faculdade de Saúde Pública – USP

Alguns conceitos básicos são fundamentais para a compreensão plena dos principais aspectos relacionados com a política e com a gestão ambiental.

A política ambiental situa-se na dimensão social das políticas públicas; sua compreensão envolve o entendimento dos conceitos de política e gestão pública.

POLÍTICA E GESTÃO PÚBLICA

A política é definida como a ciência dos fenômenos referentes ao Estado. Uma política é estruturada a partir da formulação de princípios, objetivos e normas de conduta, que são definidos e articulados para o cumprimento da missão institucional de um determinado país. Portanto, de *per* si, a política é normativa e não operacional.

Política, por conseguinte, é a definição de objetivos e princípios, articulados e integrados, que orientam a ação concreta, por meio de programas, leis, regulamentos e decisões, e dos métodos a serem utilizados para sua implementação por parte de um governo, instituição ou grupo social.

O conceito de políticas públicas é, em sua aplicação corrente, compreendido como o conjunto de princípios, normas e diretrizes que orientam as ações tomadas e implementadas pelo Estado, por intermédio do Poder Legislativo, do Poder Executivo e do Poder Judiciário. As políticas públicas são compreendidas, então, como aquelas que estão no universo da ação do Estado. Outra utilização da qualificação de política pública é o caráter vinculatório (obrigatório para todos) de qualquer decisão do poder político.

Na concepção ideológica liberal, o Estado, como poder social constitucionalmente definido, tem por finalidade a realização do bem comum, do interesse público. Por sua vez, os interesses públicos podem ser entendidos, em um Estado democrático, como os valores que, em um dado período, a sociedade aceita e se propõe realizar.

O Poder Executivo é aquele que, segundo a organização constitucional do Estado, tem a seu cargo a execução das leis, o governo e a responsabilidade sobre administração pública, embora deva ter em conta as contribuições das instituições não governamentais.

A gestão pública consiste na administração de uma política com vistas à sua implementação por intermédio de uma determinada instituição. Estrutura-se com o estabelecimento de objetivos e metas específicos a serem alcançados por uma instituição, mediante ações e investimentos, providências institucionais, jurídicas e financeiras. No caso da gestão das políticas públicas, estas são tradicionalmente implementadas por meio dos órgãos da administração pública, embora possam contar com parcerias de instituições não governamentais e com a ação de segmentos da comunidade.

As políticas públicas compreendem dois grandes conjuntos de ações: as políticas econômicas e as políticas sociais. Esses dois conjuntos, embora não únicos, representam as principias esferas de atuação do poder político na atualidade.

No Estado contemporâneo, o processo decisório desenvolve-se, em um primeiro momento, mediante a escolha de uma alternativa política entre outras possíveis e, em seguida, na sua implementação concreta. São envolvidas nesse processo as esferas do Poder Legislativo e do Poder Executivo, incluindo os órgãos da administração pública.

A concretização de uma política pública abrange a escolha de determinados princípios e distintas linhas de atuação; supõe também o enfrentamento e a priorização de diferentes aspectos. As políticas gerais devem ser especificadas em políticas setoriais ou pontuais, e são resultantes do processo decisório, envolvendo variados segmentos sociais, organizações diversas e o próprio Estado.

No Estado democrático de direito, qualquer decisão precisa estar em conformidade com a lei. Desse modo, as políticas públicas são estruturadas em legislações específicas. Ao Poder Judiciário compete zelar pela aplicação das leis.

No Brasil, a Constituição de 1988 estabeleceu as seguintes políticas públicas dentro das políticas da ordem econômica e financeira: princípios gerais da atividade econômica; política urbana; política agrícola e fundiária e reforma agrária. Dentro da ordem social: seguridade social; educação, cultura e desporto; ciência e tecnologia; comunicação social; meio ambiente; família, criança, adolescente e idoso; e índios.

POLÍTICA E GESTÃO AMBIENTAL

Os objetivos da política ambiental incidem sobre todos os aspectos econômicos, sociais e ambientais. Na esfera governamental, ela é parte do conjunto de políticas públicas; mesmo tendo seus próprios objetivos, depende da orientação política geral do governo e sofre a repercussão dos efeitos das demais políticas públicas.

Ao instituir uma política ambiental, é necessário que o governo estabeleça os objetivos, defina as estratégias de ação, crie as instituições e estruture a legislação que a contém e orienta sua aplicabilidade. Esse universo de implementação da política constitui o sentido da gestão ambiental.

A gestão ambiental é, portanto, a implementação pelo governo de sua política ambiental, por intermédio da administração pública, mediante a definição de estratégias, ações, investimentos e providências institucionais e jurídicas, com a finalidade de garantir a qualidade do meio ambiente, a conservação da biodiversidade e o desenvolvimento sustentável.

É preciso salientar que existem várias outras definições para a gestão ambiental, como se pode discutir a partir dos exemplos que seguem.

O conceito original, segundo a Lei n. 6.938/81, diz respeito à administração, pelo governo, do uso dos recursos ambientais, por meio de ações ou medidas econômicas, investimentos e providências institucionais e jurídicas, com a finalidade de manter ou recuperar a qualidade do meio ambiente, assegurar a produtividade dos recursos e o desenvolvimento social.

Segundo Selden (1973), mantém-se a visão sob o ângulo das ações governamentais: a condução, a direção e o controle pelo governo do uso dos recursos naturais, mediante determinados instrumentos, o que inclui medidas econômicas, regulamentos e normalização, investimentos públicos e financiamento, requisitos interinstitucionais e judiciais.

Ainda, a Encyclopaedia Britannica (1978), realça a visão de gestão relacionando-a ao uso racional de recursos naturais, por meio do controle apropriado do meio ambiente físico que possibilite o seu uso sem comprometer a manutenção das comunidades biológicas, essenciais ao necessário equilíbrio na relação homem/natureza.

Já Hurtubia (1980) coloca a perspectiva da gestão ambiental relacionada ao uso produtivo de recursos naturais em atividades primárias, ou seja, a tarefa de administrar o uso produtivo de um recurso renovável sem reduzir a produtividade e a qualidade ambiental, normalmente em conjunto com o desenvolvimento de uma atividade.

Outro enfoque relaciona a gestão ambiental ao conceito de capacidade suporte dos ecossistemas: tentativa de avaliar valores-limite das perturbações e alterações que, uma vez excedidos, resultam em recuperação bastante demorada do meio ambiente, e a tentativa de manter os ecossistemas dentro de suas zonas de resiliência[1], de modo a maximizar a recuperação dos recursos do ecossistema natural para o homem, assegurando sua produtividade prolongada e de longo prazo (IMC, 1982).

Em uma visão mais moderna, a gestão ambiental é a condução harmoniosa dos processos dinâmicos e interativos que ocorrem entre os diversos componentes do ambiente natural e social, determinados pelo padrão de desenvolvimento almejado pela sociedade (Agra Filho e Viegas, 1995).

Nessa perspectiva, a gestão ambiental desenvolve-se a partir da formulação de uma política ambiental, na qual estejam definidos os instrumentos de gestão a serem utilizados (controle ambiental, avaliação de impactos ambientais, planejamento ambiental, objetos de conservação ambiental, planos de gestão etc.). Como elementos dessa política, devem ser também definidos os critérios de uso, manejo e controle da qualidade dos recursos ambientais.

Nos últimos anos, o conceito de gestão vem sendo utilizado para incluir, além da gestão pública do meio ambiente, os programas de ação desenvolvidos por empresas e instituições não governamentais, para administrar suas atividades dentro dos modernos princípios de proteção do

---

[1] Em Física, resiliência é a capacidade de um corpo recuperar sua forma e seu tamanho original, após ser submetido a uma tensão que não ultrapasse o limite de sua elasticidade. Em Ecologia, esse conceito aplica-se à capacidade de um ecossistema retornar a seu estado de equilíbrio dinâmico, após sofrer uma alteração ou agressão. Adjetivo: resiliente.

meio ambiente, podendo complementar a ação pública em aspectos não relacionados com a ação normativa e de controle, que é exclusiva da instância governamental.

Dessa forma, o conceito de gestão ambiental tem evoluído na direção de uma perspectiva de gestão compartilhada entre os diferentes agentes envolvidos e articulados em seus diferentes papéis. Parte-se do princípio de que a responsabilidade pela proteção ambiental é de toda a sociedade e não apenas do governo. Essa concepção pressupõe a busca de uma postura proativa de todos os agentes inseridos no processo de administração da política ambiental.

No modelo do desenvolvimento sustentável, todas as partes interessadas têm papéis a compartilhar, e o governo deve tornar-se multifacetado e flexível para acomodar e promover esse novo modelo.

O conceito de desenvolvimento sustentável surgiu em 1987 na Comissão Mundial do Meio Ambiente e Desenvolvimento das Nações Unidas. Essa comissão definiu-o como um modelo de desenvolvimento baseado na conservação e na utilização racional de recursos naturais, que tem por objetivo atender às necessidades das gerações atuais e garantir as necessidades das gerações futuras. A partir desse conceito, promover a sustentabilidade, em suas dimensões ambientais, sociais e econômicas, passou a ser o foco central da gestão ambiental.

A EVOLUÇÃO DA POLÍTICA E DA GESTÃO AMBIENTAL NO BRASIL

A questão ambiental deu um grande salto desde a primeira Conferência Mundial das Nações Unidas sobre o Meio Ambiente, realizada em Estocolmo em 1972, que orientou a necessidade do controle da poluição em escala mundial. A partir desse evento foram criadas diversas agências ambientais em todo o mundo, destacando-se a criação da Environmental Protection Agency (EPA), nos EUA.

No Brasil, um dos reflexos foi a criação da Secretaria Especial do Meio Ambiente (Sema), no ano de 1973, que surgiu como uma resposta às recomendações da conferência de Estocolmo. Órgão vinculado ao Ministério do Interior, a Sema recebeu, entre outras atribuições, a de coordenar as ações governamentais relativas à proteção ambiental e ao uso dos recursos naturais.

A emergente preocupação com o meio ambiente no país surgia em decorrência do acelerado processo de industrialização na década de 1960, quando a política ambiental se subordinava às necessidades do desenvolvimento econômico, objetivo central e preponderante do governo (Verocai, 1991).

A industrialização rápida e desordenada foi a grande propulsora do desenvolvimento econômico durante essa década, mas trouxe como consequência a também rápida deterioração das condições sanitárias dos grandes centros urbano-industriais. Em decorrência, as diretrizes de gestão ambiental nesse período foram direcionadas para o controle da poluição provocada pelo processo de produção das fábricas.

Embora não houvesse na época uma política ambiental formalizada em lei, sua existência podia ser percebida pela preocupação em controlar a poluição industrial mediante padrões de qualidade estabelecidos para alguns componentes do meio ambiente, em especial o controle da qualidade das águas e do ar. Os primeiros programas de controle ambiental passaram a ser aplicados pela Sema e, a partir de 1974, foram criados órgãos estaduais de meio ambiente nos Estados de São Paulo e do Rio de Janeiro.

No período de 1975 a 1979, a política governamental, expressa no segundo Plano Nacional de Desenvolvimento, definiu como prioridades o controle da poluição industrial e a necessidade de ordenamento territorial por meio do zoneamento das atividades industriais.

Marcos dessa política são o Decreto-lei n. 1.413, de 14 de agosto de 1975, e a sua regulamentação pelo Decreto n. 76.389, de 3 de outubro de 1975, que estabeleceram como obrigação pelas indústrias instaladas no Brasil a adoção de medidas preventivas e corretivas da poluição, e definiram como áreas críticas de poluição, as regiões metropolitanas de São Paulo, Rio de Janeiro, Recife, Salvador, Porto Alegre e Curitiba, incluindo também as regiões de Cubatão e Volta Redonda e as bacias hidrográficas do Alto e Médio Tietê, do Paraíba do Sul, do rio Jacuí e do estuário do Guaíba, e de Pernambuco (Brasil, 1975).

Para fazer frente a esses objetivos, foram, então, criados sistemas de licenciamento ambiental nos estados mais atingidos pela poluição. No caso de São Paulo, o então Centro Tecnológico de Saneamento Básico, criado em 1968 e já conhecido pela sigla Cetesb, foi reformulado em 1973, passando a ser chamado de Companhia Estadual de Tecnologia de Saneamento Básico e Defesa do Meio Ambiente. Ampliando seus objetivos e evoluindo ainda mais em suas diretrizes, a Cetesb, no ano de 1976, passou a chamar-se

Companhia de Tecnologia de Saneamento Ambiental, sempre mantendo aquela mesma sigla que caracterizou essa importante agência de controle ambiental.

Ainda no Estado de São Paulo, foi aprovada a Lei n. 997, de 31 de maio de 1976, que instituiu o sistema de prevenção e controle da poluição do meio ambiente (São Paulo, 1976) e estabeleceu as diretrizes para a operacionalidade do sistema de proteção, dispondo sobre alguns conceitos básicos, tais como:

- O conceito de poluição do meio ambiente e de fontes poluidoras.
- As exigências para construção, ampliação e funcionamento de fontes poluidoras.
- As regras para a aplicação de penalidades por infrações à lei, estabelecendo critérios segundo o grau de gravidade.
- A determinação de medidas de emergência em casos de episódios críticos de poluição que colocassem em risco vidas humanas e atividades econômicas.

Essa mesma lei foi regulamentada pelo Decreto n. 8.468, de 8 de setembro de 1976 (São Paulo, 1976), que pode ser sintetizado nos tópicos relacionados com a implantação do sistema de gestão ambiental descritos a seguir:

- Definiu as competências da Cetesb e os objetivos da proteção ambiental e estabeleceu a classificação das águas, os padrões de qualidade e os padrões de emissão, para o controle da poluição das águas.
- Estabeleceu as normas para a utilização e preservação do ar, regiões de controle de qualidade do ar, proibições e exigências gerais, padrões de emissão e de projeto para fontes fixas e os planos de emergência para os episódios críticos para o controle da poluição do ar.
- Conceituou a poluição do solo.
- Estabeleceu as licenças ambientais: licenças de instalação e de funcionamento, e os registros de licenças e respectivos custos.
- Estabeleceu as regras de fiscalização e as sanções: tipos de infrações e respectivas penalidades, procedimentos administrativos, recolhimento de multas e modalidades de recursos cabíveis.

Assim, com a criação das agências de proteção estaduais, a gestão ambiental nacional foi orientada mediante a concepção de comando e controle ambiental das atividades econômicas, a serem licenciados pelo setor ambiental governamental.

Esse conceito de gestão ambiental, baseado no controle das atividades econômicas pelo governo, foi formulado a partir de um conjunto de mecanismos de controle ambiental e aplicado mediante o o atendimento a padrões de controle de poluição preestabelecidos, que devem ser atendidos pelo setor das atividades econômicas. O comando e o controle são exercidos pela aplicação do princípio do *enforcement*, que representa a capacidade de aplicação de sanções e penalidades pelo órgão governamental a atividades econômicas, quando do não atendimento da legislação (EPA, 1992).

Ainda como reflexo do Decreto-lei n. 1.413/75 sobre as áreas críticas de poluição, foram desenvolvidos instrumentos de ordenamento territorial consolidados na Lei n. 6.803/80, a qual definiu categorias de uso para a instalação de indústrias poluidoras. Surgem nas regiões metropolitanas de São Paulo e Rio de Janeiro as leis de zoneamento industrial (Brasil, 1975).

Especificamente no estado de São Paulo, duas classes de leis marcam o período de 1975-1980: as leis de zoneamento industrial da região metropolitana (Leis ns. 1.817/78 e 3.811/83) e as leis de proteção dos mananciais (Leis ns. 898/75 e 1.172/76). Todas resultaram de esforços de desenvolvimento e aplicação de instrumentos de planejamento territorial pela Empresa Paulista de Planejamento Metropolitano S.A. (Emplasa) (São Paulo, 1975, 1976).

A lei de zoneamento industrial da região metropolitana definiu como categorias de zonas de uso industrial as zonas de uso predominantemente industrial (Zupi), as zonas de uso estritamente industriais (ZEI) e as zonas de uso diversificado (Zudi). Essas zonas de uso foram delimitadas tendo por base as zonas industriais existentes e projetando a localização de novas áreas destinadas à implantação futura de indústrias, segundo diferentes tipologias industriais. Esse importante esforço de planejamento metropolitano vem orientando a implantação de atividades fabris até o presente momento. Como é um instrumento aplicado em articulação com o licenciamento ambiental, daí resulta um sistema de controle de atividades que permite combinar o controle ambiental e a localização planejada das atividades industriais. Dessa maneira, é um dispositivo que contribui para minimizar os efeitos negativos do crescimento urbano e industrial.

Nessa mesma direção, a lei de proteção aos mananciais de 1975 criou um instrumento de planejamento aplicado à gestão das bacias hidrográficas, definidas como mananciais para o abastecimento de água na região metropolitana, em 54% do seu território. Estabeleceu também o controle de atividades permitidas ou não permitidas nessas áreas, articulado a limites de densidades máximas permitidas e índices urbanísticos, de acordo com a posição das atividades na bacia.

Uma nova lei de mananciais aprovada em 1997 ampliou a área de abrangência de proteção para todas as bacias hidrográficas dos mananciais de interesse regional do Estado de São Paulo e estabeleceu diretrizes e normas para a sua proteção e recuperação ambiental. Mais recentemente foram desenvolvidas leis específicas para as bacias hidrográficas do Guarapiranga e Billings na Região Metropolitana de São Paulo, que definem as áreas de proteção e recuperação dos mananciais para essas bacias hidrográficas, e dá outras providências correlatas.

Os instrumentos e os dispositivos de gestão ambiental, introduzidos por essas leis estaduais, representam a criação de mecanismos de planejamento que ampliaram o alcance da política de comando e controle, porém, com aplicação limitada a determinadas regiões do país, especialmente às regiões metropolitanas.

Em 1997 foi aprovada a Lei n. 9.509, que instituiu a política estadual do meio ambiente e incorporou, no seu art. 2º, o conceito do desenvolvimento sustentável:

> A Política Estadual do Meio Ambiente tem por objetivo garantir a todos, da presente e das futuras gerações, o direito ao meio ambiente ecologicamente equilibrado, bem de uso comum do povo e essencial à sadia qualidade de vida, visando a assegurar, no Estado, condições ao desenvolvimento sustentável, com justiça social, aos interesses da seguridade social e à proteção da dignidade da vida humana.

Um destaque dessa legislação é a formalização do Sistema Estadual de Administração da Qualidade Ambiental, Proteção, Controle e Desenvolvimento do Meio Ambiente e Uso Adequado dos Recursos Naturais (Seaqua), com o objetivo de organizar, coordenar e integrar as ações de órgãos e entidades da administração direta, indireta e fundacional instituídas pelo poder público, assegurada a participação da coletividade, para a execução da Política Estadual do Meio Ambiente. Outro importante destaque é o reconhecimento dos sistemas municipais de meio ambiente, que, em articulação com o Seaqua, poderão emitir normas e padrões municipais editados complementarmente à legislação federal e estadual, observados os limites federais e estaduais.

A POLÍTICA NACIONAL DO MEIO AMBIENTE

No Brasil, uma política nacional ambiental foi fixada de forma plena, pela primeira vez, no ano de 1981, por meio da Lei n. 6.938, de 31 de agosto de 1981, que definiu os princípios e os objetivos, estabeleceu o Sistema Nacional do Meio Ambiente (Sisnama), bem como um conjunto de instrumentos de gestão a serem executados e que atualmente se encontram em diferentes estágios de desenvolvimento e aplicação.

Essa importante lei institucionalizou o atual Sisnama e integrou os esforços de todas as esferas de governo envolvidas com a questão ambiental, cumprindo destacar a criação do Conselho Nacional do Meio Ambiente (Conama).

O Sisnama e os Conselhos de Meio Ambiente

A Lei n. 6.938/81, enquanto Política Nacional de Meio Ambiente, formulou a estrutura e a linha de administração pública ambiental nacional, concebida como um sistema de gestão que harmoniza e articula as ações governamentais sobre a questão ambiental, de forma descentralizada e articulada entre o nível federal e os níveis estaduais e municipais.

A estrutura federal do Sisnama é formada pelo Ministério do Meio Ambiente, seu órgão central, pelo Instituto Brasileiro do Meio Ambiente e dos Recursos Naturais Renováveis (Ibama), seu órgão executivo, e pelo Conama, conselho de caráter consultivo e deliberativo.

O Conama é presidido pelo ministro do meio ambiente e integrado pelo presidente do Ibama e por representantes de ministérios, de governos estaduais, confederações da indústria, do comércio e da agricultura, confederações nacionais de trabalhadores, Instituto Brasileiro de Siderurgia (IBS), Associação Brasileira de Engenharia Sanitária e Ambiental (Abes) e entidades ambientalistas não governamentais, sendo duas escolhidas pela Presidência da República e cinco outras associações ambientalistas repre-

POLÍTICA E GESTÃO AMBIENTAL: CONCEITOS E INSTRUMENTOS | **269**

sentando cada uma das regiões do país. Recentemente foi aprovada a inclusão de um representante da Associação Nacional de Municípios e Meio Ambiente (Anamma).

As competências de caráter deliberativo do Conama envolvem:

- O estabelecimento de critérios e normas para o licenciamento ambiental, para os padrões de qualidade ambiental, para as unidades de conservação, áreas críticas de poluição e o controle de poluição veicular.

- A determinação para realizar estudos ambientais sobre as consequências de projetos públicos ou privados, podendo apreciar estudos de impacto ambiental (EIA), em casos especiais.

- As penalidades aplicadas pelo Ibama, em grau de recurso.

- A homologação de acordos sobre as medidas de interesse para a proteção ambiental.

- A perda de benefícios fiscais e incentivos de crédito, para os infratores da legislação ambiental.

O Sisnama prevê uma estruturação semelhante, em âmbito estadual e local, baseada em órgãos de coordenação (as Secretarias) e de execução (os órgãos técnicos) e conselhos ambientais, que deverão contar com a participação de representantes de entidades não governamentais.

Essas premissas foram confirmadas e ampliadas pela Constituição de 1988, que estendeu as responsabilidades ambientais dos estados e dos municípios, ao lhes atribuir, juntamente à União, competência executiva comum para zelar pela qualidade do meio ambiente e pela proteção dos recursos naturais (art. 23, V). A Constituição estabeleceu, ainda, competência legislativa concorrente para os três níveis de governo para o trato da matéria ambiental (art. 24, VI a VIII) (Brasil, 1988).

Os conselhos de meio ambiente, na estrutura de gestão ambiental, representam um importante diferencial do Sisnama, pois conferem ao sistema transparência nas decisões, participação de agentes e órgãos não governamentais na tomada de decisão sobre questões relacionadas com a gestão ambiental, níveis de negociação direta entre representantes de governo e da sociedade civil e um maior acompanhamento das ações do poder público.

Objetivos e Princípios da Política Nacional do Meio Ambiente

A Política Nacional do Meio Ambiente, estabelecida pela Lei n. 6.938/81, tem como objetivo principal: a preservação, a melhoria e a recuperação da qualidade ambiental, propícia à vida, visando assegurar, no país, condições de desenvolvimento socioeconômico aos interesses da segurança nacional e à proteção da vida humana (art. 2º), considerando os seguintes princípios:

- Ação governamental na manutenção do equilíbrio ecológico, considerando o meio ambiente patrimônio público a ser protegido em função do uso coletivo.
- Racionalização, planejamento e fiscalização do uso dos recursos ambientais.
- Proteção dos ecossistemas, com a preservação de áreas representativas;
- Controle e zoneamento das atividades econômicas.
- Incentivo a estudos e pesquisas.
- Acompanhamento da situação da qualidade ambiental.
- Recuperação de áreas degradadas e proteção das áreas ameaçadas de degradação.
- Educação ambiental, formal e informal.

Os demais objetivos da Política Nacional são (art. 4º):

- Compatibilizar o desenvolvimento com a preservação da qualidade ambiental e do equilibro ecológico.
- Definir áreas prioritárias para a ação governamental relativa à qualidade do equilíbrio ecológico.
- Estabelecer critérios e padrões de qualidade ambiental e normas relativas ao uso e manejo dos recursos ambientais.
- Difundir tecnologias de manejo do meio ambiente e divulgar dados e informações ambientais.
- Desenvolver pesquisas e tecnologias nacionais orientadas para o uso racional dos recursos naturais.

- Formar uma consciência pública sobre a necessidade de preservar a qualidade ambiental.
- Preservar e restaurar os recursos ambientais com vistas à sua disponibilidade permanente e à manutenção do equilíbrio ecológico.
- Impor ao poluidor e ao predador a obrigação de recuperar os danos causados e de indenizar por eles, e, ao usuário, a obrigação de contribuir pela utilização de recursos naturais com fins econômicos.

Pelos princípios e objetivos expostos, pode-se verificar que a formulação da política ambiental definiu como meta harmonizar a proteção do meio ambiente com o desenvolvimento econômico, resultando em orientações para a gestão ambiental no sentido de garantir a qualidade ambiental. O meio ambiente passa a ser reconhecido como patrimônio público a ser protegido, por meio do uso racional dos recursos naturais.

Antes do estabelecimento da Lei n. 6.938/81, a abordagem da política ambiental subordinava a questão da proteção ambiental ao desenvolvimento econômico. Por intermédio desse instrumento legislativo, essa política evoluiu para uma nova abordagem em que se busca um maior equilíbrio entre o ambiente e o desenvolvimento, fortalecendo a aplicação das medidas de controle e mitigação dos seus efeitos.

Trata-se de um novo enfoque em que a qualidade ambiental passa a ser reconhecida como um fator importante para a qualidade de vida do homem. A partir daí, os órgãos ambientais de governo passaram a receber a atribuição de regular os efeitos nocivos do desenvolvimento econômico.

A Constituição Federal de 1988

A Constituição de 1988, no art. 225, que trata do meio ambiente, recepcionou a Lei n. 6.938/81 e seus instrumentos e estabeleceu o seguinte princípio:

Todos têm direito ao meio ambiente ecologicamente equilibrado, bem de uso comum do povo e essencial à sadia qualidade de vida, impondo-se ao Poder Público e à coletividade o dever de defendê-lo e preservá-lo para as presentes e futuras gerações.

A Lei dos Crimes Ambientais

Em 12 de fevereiro de 1998 foi aprovada a Lei dos Crimes Ambientais (Lei n. 9.605/98). Esta lei disciplinou o capítulo de meio ambiente da Constituição Federal quanto ao estabelecimento de punições civis, administrativas e criminais para as condutas lesivas ao meio ambiente. Por meio dela, são uniformizadas as penalidades antes dispersas em várias leis e as infrações são claramente definidas. Como destaque dessa nova legislação estão a possibilidade de responsabilização penal da pessoa jurídica, e também da pessoa física autora e coautora da infração, e as medidas de controle da atuação de funcionários de órgãos de controle ambiental (Brasil, 1988).

Os Instrumentos de Gestão Ambiental da Política Nacional do Meio Ambiente

Para a execução da Política Nacional do Meio Ambiente foi estabelecido um conjunto de instrumentos de gestão ambiental, referidos na Lei n. 6.938/81, que vem sendo regulamentado por resoluções do Conama e, posteriormente, pelo capítulo de meio ambiente da Constituição de 1988. Esses instrumentos podem ser aplicados pelos três níveis da administração pública nacional e encontram-se em diferentes estágios de aplicação. Os principais são descritos a seguir.

O Licenciamento Ambiental e o Controle das Atividades Poluidoras

O licenciamento de atividades poluidoras é constituído por um conjunto de leis e decretos, normas técnicas e administrativas que consubstanciam as obrigações e as responsabilidades dos empresários, do poder público ou de outros agentes promotores de projetos, com vistas à autorização para a implantação de qualquer empreendimento, seja potencial ou efetivamente capaz de alterar as condições do meio ambiente.

Ao definir o licenciamento e/ou a revisão das atividades efetivas ou potencialmente poluidoras como um dos instrumentos da Política Nacional do Meio Ambiente, a Lei n. 6.938/81 estabeleceu que

A construção ou instalação e funcionamento de estabelecimentos e atividades utilizadoras de recursos ambientais, consideradas efetiva ou potencialmente poluidoras, bem como os capazes de, sob qualquer forma, causar degradação ambiental, dependerão de prévio licenciamento por órgão estadual competente, integrante do Sisnama e do Ibama em caráter supletivo, sem prejuízo de outras licenças exigíveis (art. 10º).

O sistema de licenciamento ambiental funciona como um processo de constante acompanhamento das consequências para o ambiente de uma atividade que se pretenda desenvolver, desde a fase de planejamento do empreendimento. O sistema consiste na emissão de três licenças sucessivas e na verificação de restrições determinadas em cada uma delas, que condicionam a execução do projeto, incluindo as medidas de controle ambiental e as regras operacionais, tendo em vista seu desempenho em relação ao meio ambiente.

A legislação estabelece as condições para a implantação dos regulamentos de comando e controle que configuram o sistema de licenciamento e o controle das atividades poluidoras, que são complementadas pelas normas e padrões de qualidade ambiental. Estes últimos estabelecem as quantidades de concentração de substâncias que podem ser lançadas no ar, na água e no solo.

Em resumo, os principais mecanismos da política de comando e controle são, portanto, as licenças e permissões, as normas e os padrões de qualidade ambiental, a fiscalização e a aplicação de penalidades.

As licenças previstas, estabelecidas pela Lei n. 6.938/81, são:

* Licença prévia (LP): a ser expedida na fase de planejamento e concepção de um novo empreendimento; deve conter os requisitos básicos a serem atendidos nas fases de localização, instalação e operação da atividade. Sua concessão depende das informações sobre o estágio de concepção do projeto, sua caracterização e justificativa, a análise dos possíveis impactos sobre o ambiente e as medidas que serão adotadas para o controle e a mitigação desses impactos ou dos riscos ambientais. Dessa forma, estabelece as condições para a viabilidade do empreendimento do ponto de vista da proteção ambiental. Em projetos de maior complexidade e com possíveis impactos ambientais relevantes, os órgãos de controle poderão exigir a realização de estudo de impacto ambiental e relatório de impacto ambiental (EIA/Rima), como condição para obter a licença prévia, que é geralmente acompanhada de condicionantes de validade e programas ambientais para a mitigação de impactos am-

bientais. Esse instrumento foi normatizado pela Resolução n. 1/86 do Conama e regulamentado pela Resolução Conama n. 237/97.

- Licença de instalação (LI): a ser emitida de acordo com as especificações do projeto executivo; deve conter o plano de controle ambiental do empreendimento. Requer também a apresentação de informações detalhadas do projeto mediante plantas, *layouts*, unidades que o compõem, métodos construtivos, processos e tecnologias, sistemas de tratamento e disposição de efluentes, corpos receptores etc. A concessão da licença de instalação autoriza o início da implantação do empreendimento.

- Licença de operação (LO): a ser expedida em fase anterior à operação; após o atendimento dos requisitos e condicionantes necessários, autoriza o início da atividade licenciada e o funcionamento de seus equipamentos de controle ambiental, de acordo com o previsto na licenças prévia e na licença de instalação. Autoriza a operação do empreendimento.

Face ao tempo decorrido desde sua instituição pela Lei n. 6.938/81, faz-se necessária a revisão e a atualização do licenciamento ambiental, diante do excesso de burocratização e juridismo dele decorrente. Outro fato é que esse instrumento foi pensado exclusivamente para fontes poluidoras industriais e, posteriormente, foi estendido para outros tipos de empreendimentos. Por outro lado, grandes projetos de desenvolvimento sempre são precedidos de EIA e, portanto, com exceção da licença prévia que atesta a viabilidade ambiental do empreendimento, a manutenção da sequência de licenças consecutivas poderia ser reorganizada para o cumprimento de programas ambientais e com a demonstração de atendimento de condicionantes pelos empreendedores por meio de auditorias ambientais.

Ao mesmo tempo, cresce a tendência para que a avaliação ambiental seja realizada nos estágios anteriores à formulação dos projetos, isto é, na fase de avaliação das políticas, planos e programas. Na verdade, já são muito significativos os prejuízos decorrentes de projetos paralisados por causa de litígios judiciais decorrentes de condicionantes de licenciamento ou de não atendimento de medidas requeridas na avaliação ambiental, e há também um crescente processo de ampliação da pesquisa em gestão ambiental e em formação de recursos humanos.

Fiscalização Ambiental

Os mecanismos de comando e controle, utilizados no sistema de licenciamento e de controle ambiental, adotados no Brasil, têm na fiscalização a base para que tanto o Sisnama – por intermédio do Ibama –, quanto os sistemas ambientais estaduais e municipais, tenham o poder de polícia para fazer cumprir os requerimentos legais, especialmente no que diz respeito aos padrões de emissão e à imposição de multas aos infratores.

Apenas a existência dos requerimentos ambientais não garante automaticamente os resultados esperados. É necessário desenvolver esforços para encorajar e induzir mudanças de comportamento necessárias para levar ao cumprimento dos requerimentos.

O poder de *enforcement* já referido, que pode ser traduzido como a capacidade do poder público de fazer cumprir a lei, é a base do sistema de comando e controle.

A avaliação das políticas de fiscalização ambiental indica que a capacidade de fazer cumprir a lei é um dos principais problemas enfrentados pelos órgãos ambientais em geral. Quando o poder de *enforcement* não existe ou é baixo, o único incentivo para o cumprimento das normas é a consciência social ou os mecanismos de mercado, os quais consistem em aplicar sanções econômicas para garantir o cumprimento da lei.

O conjunto de ações necessárias ao atendimento da legislação e dos requerimentos envolvem:

- Inspeções usadas para aferir o nível de cumprimento de medidas de controle e detectar violações dos padrões ambientais exigidos.
- Negociações para desenvolver cronogramas de atendimento e ajustes que viabilizem o cumprimento dos regulamentos.
- Ações legais, necessárias à imposição do cumprimento ou consequências para as violações da lei, ou colocar em risco a saúde pública ou a qualidade ambiental.
- Promoção de programas educacionais, assistência técnica e outras medidas para encorajar o cumprimento dos requerimentos.
- Divulgação do desempenho ambiental.

Os três primeiros itens são aplicados com mais ênfase pelos sistemas estaduais de licenciamento, porém os dois últimos ainda devem merecer maior destaque no desempenho futuro dos órgãos de controle.

Um objetivo central em programas de fiscalização ambiental é mudar o comportamento social para que os requerimentos sejam cumpridos. Atingir esse objetivo envolve motivação, estímulo à mudança de atitudes, remoção de barreiras e redução de fatores que encorajem o não cumprimento da legislação.

Qualidade Ambiental

A expressão qualidade ambiental pode ser conceituada como um juízo de valor atribuído à condição do meio ambiente em um determinado momento. A qualidade do ambiente refere-se ao resultado dos processos dinâmicos e interativos dos componentes do sistema ambiental, os quais compreendem os seus componentes físicos, bióticos, sociais e econômicos. Define-se como o estado do meio ambiente em uma determinada área ou região, como é percebido objetivamente em função da medição de qualidade de alguns de seus componentes, ou mesmo subjetivamente em relação a determinados atributos, como a beleza da paisagem, o conforto, o bem-estar.

A Lei n. 6.938/81 estabeleceu os padrões ambientais nacionais para analisar a qualidade do ar e das águas. Tais padrões podem ser também definidos em âmbito estadual e municipal por meio de normas específicas, desde que respeitados os padrões nacionais.

Os padrões de qualidade, segundo a ABNT (NBR n. 9.896/87), são constituídos por um conjunto de parâmetros e respectivos limites, como concentrações de poluentes, em relação aos quais os resultados dos exames de uma amostra de água ou de ar são comparados, aquilatando-se sua qualidade para um determinado fim. Os padrões são estabelecidos com base em critérios científicos que avaliam o risco para uma dada vítima e o dano causado pela exposição a uma dose conhecida de um determinado poluente.

- Padrões ambientais: os padrões ambientais fixam o nível ou o grau de qualidade exigido pela legislação ambiental, para parâmetros de um determinado componente ambiental. "Em sentido restrito, padrão é o nível ou grau de qualidade de um elemento (substância, produto ou serviço), que é próprio ou adequado a um determinado propósito. Os padrões são estabelecidos pelas autoridades, como regra para medidas

POLÍTICA E GESTÃO AMBIENTAL: CONCEITOS E INSTRUMENTOS | **277**

de quantidade, peso, extensão ou valor dos elementos" (Verocai, 1997). Na gestão ambiental, são de uso corrente os padrões de qualidade ambiental dos componentes do meio ambiente, do ar, da água e do solo, bem como os padrões para a emissão de poluentes.

- Parâmetros: os parâmetros são os valores atribuídos a qualquer das variáveis de um componente ambiental que lhe confira uma situação qualitativa ou quantitativa. Valor ou quantidade que caracteriza ou descreve uma população estatística. Nos sistemas ecológicos, medida ou estimativa quantificável do valor de um atributo de um componente do sistema.

Padrões de Qualidade do Ar

Os padrões de qualidade do ar definem os limites máximos para a concentração de poluentes na atmosfera, de forma a garantir a proteção da saúde e do ambiente. O estabelecimento normativo de padrões de qualidade do ar pelo Conama são baseados em estudos científicos dos efeitos produzidos por poluentes específicos, e estes são fixados de forma a propiciar uma margem de segurança adequada para a saúde humana e para o ambiente.

Os primeiros padrões de qualidade do ar, estabelecidos no Brasil em 1976, foram definidos pelo Conama, com a revisão da Portaria n. 231/76 do antigo Ministério do Interior, instituindo, no ano de 1989, o Programa Nacional de Controle da Qualidade do Ar (Pronar), que estabeleceu os padrões nacionais válidos até os dias atuais.

O Pronar estabeleceu os padrões de qualidade do ar, considerados uma ação complementar de controle ambiental. Classificou-os em:

- Padrões primários: níveis máximos de tolerância e concentração de poluentes que, uma vez ultrapassados, põem em risco a saúde da população.

- Padrões secundários: níveis desejáveis de poluentes, abaixo dos quais são mínimos os efeitos adversos ao meio ambiente.

O programa estabeleceu, ainda, o enquadramento do território nacional em três classes:

- Classe I: para as áreas de preservação, onde a qualidade do ar deve ser mantida no seu estado natural.

- Classe II: áreas de desenvolvimento, onde a qualidade do ar precisa atender aos padrões secundários.
- Classe III: áreas onde o nível de degradação seja limitado pelos padrões primários de qualidade do ar.

O Pronar prevê a criação de uma rede nacional de monitoramento da qualidade do ar e o inventário nacional das fontes e dos poluentes do ar.

A Resolução Conama n. 3, de 28 de junho de 1990, definiu os padrões primários e secundários para os níveis de partículas em suspensão, fumaça, partículas inaláveis, dióxido de enxofre (SO_2), monóxido de carbono (CO), ozônio (O_3) e dióxido de nitrogênio (NO_2), determinando que, enquanto os estados não definem as áreas das classes I, II e III, adotam-se os padrões primários de qualidade do ar (Conama, 1990).

Os padrões primários de qualidade do ar definem as concentrações de poluentes que, se ultrapassadas, poderão afetar a saúde da população. Podem ser entendidos como os níveis máximos toleráveis de concentração de poluentes atmosféricos.

Os padrões secundários de qualidade do ar definem as concentrações de poluentes atmosféricos abaixo das quais se prevê o mínimo de efeitos adversos sobre o bem-estar da população, assim como o mínimo de dano à fauna e à flora, aos materiais e ao meio ambiente em geral.

O objetivo do estabelecimento de padrões secundários é o de formular a base para uma política de prevenção da degradação da qualidade do ar. Devem ser aplicados às áreas de preservação (por exemplo: parques nacionais, áreas de proteção ambiental, estâncias turísticas etc.).

Como prevê a própria Resolução Conama n. 3/90, a aplicação diferenciada de padrões primários e secundários requer que o território nacional seja dividido em classes I, II e III, conforme o uso pretendido. A mesma resolução prevê ainda que, enquanto não for estabelecida a classificação das áreas, os padrões aplicáveis serão os primários.

Essa mesma resolução fixou novos critérios para o estabelecimento de planos de emergência em episódios críticos, indicando os limites de poluentes para os níveis de atenção, alerta e situações de emergência.

A Legislação do Estado de São Paulo (Decreto Estadual n. 8.468 de 08.09.1976) também estabelece padrões de qualidade do ar e define critérios para episódios agudos de poluição do ar, mas abrange um número menor de parâmetros. Os parâmetros fumaça, partículas inaláveis e dióxido de nitrogênio não têm padrões e critérios estabelecidos na legislação estadual. Os parâmetros comuns às legislações federal e estadual têm os mesmos padrões e critérios, com exceção dos critérios de episódio para ozônio, mais rigorosos para o nível de atenção ($200\mu g/m^3$) na legislação estadual (Cetesb, 2012).

Padrões de Qualidade das Águas

Os padrões de qualidade das águas são constituídos por um conjunto de parâmetros e respectivos limites, em relação aos quais os resultados dos exames de uma amostra de água são comparados, aquilatando-se a qualidade da água para um determinado fim. Os padrões são estabelecidos com base em critérios científicos que avaliam o risco para uma dada vítima e o dano causado pela exposição a uma dose conhecida de um determinado poluente. Estabelecem os limites máximos (ou mínimos, conforme a natureza do constituinte) para garantir os usos desejados para um determinado corpo d'água, protegendo-o dentro de um grau de segurança. Assim, o padrão de qualidade para um determinado uso deve ser, no mínimo, igual ao critério de qualidade para esse uso.

Em relação aos padrões de qualidade das águas, o principal regulamento nacional foi estabelecido pela Resolução Conama n. 20/86, que definiu a classificação das águas em doces, salobras e salinas (Conama, 1986). No caso das águas doces definiu cinco classes, a saber:

- Classe especial: águas destinadas ao abastecimento doméstico, sem prévia ou simples desinfecção, e destinadas à preservação das comunidades aquáticas.

- Classe 1: águas destinadas ao abastecimento doméstico após o tratamento simplificado, e também destinadas à proteção das comunidades aquáticas, à irrigação de hortaliças, à aquicultura e à recreação de contato primário.

- Classe 2: águas destinadas ao abastecimento doméstico após o tratamento convencional e demais usos de classe 1.

- Classe 3: águas destinadas ao abastecimento doméstico após tratamento convencional, à irrigação de culturas arbóreas, cerealíferas e forrageiras e de animais.

- Classe 4: águas destinadas à navegação, à harmonia paisagística e outros usos menos exigentes.

A Resolução n. 20/86 foi atualizada por meio da Resolução Conama n. 357, de 17 de março de 2005, que alterou as classificações das águas e forneceu as diretrizes ambientais para o enquadramento dos corpos d'água, bem como estabelece as condições e os padrões de lançamento de efluentes, e dá outras providências.

Os interessados na aplicação concreta dos padrões de qualidade das águas e na análise de qualidade dos corpos d'água devem acompanhar as resoluções específicas do Conama, que estão em constante evolução em função dos avanços no conhecimento sobre o tema.

Padrões de Qualidade dos Solos

Quanto aos padrões de qualidade dos solos, até o momento não existe uma definição normativa a esse respeito na legislação ambiental nacional.

Monitoramento da Qualidade Ambiental

O monitoramento é um processo de acompanhamento da qualidade ambiental de um determinado elemento – ar, água ou solo – em uma área específica. Muitos elementos que compõem o meio ambiente podem ser medidos por meio de métodos científicos, em função de parâmetros e respectivos padrões de qualidade ambiental, estabelecidos por normas legais (a exemplo das resoluções do Conama) ou por instituições de pesquisa.

Uma rede de monitoramento se compõe de vários pontos de amostragem e de medição, nos quais se colhem amostras para análise, com o objetivo de se aferir sua respectiva situação de qualidade. Das águas, no caso de uma bacia hidrográfica, ou do ar, em uma determinada bacia aérea, no caso da qualidade do ar.

Os resultados das análises indicam, para cada um dos parâmetros exigidos, quais padrões de qualidade foram obedecidos ou foram ultrapassados (ou desobedeceram) aos padrões de qualidade da água estabelecidos por regulamentos.

O monitoramento ambiental é destinado a apoiar as ações de controle ambiental e/ou os impactos ambientais decorrentes de ações do homem sobre o meio ambiente, com o objetivo de divulgar os resultados à população, envolvendo atividades de campo, laboratório, produção de normas técnicas e padrões específicos.

O monitoramento de determinados ambientes, tais como bacias hidrográficas, regiões de planejamento territorial, espaços especialmente protegidos, permite aferir os efeitos das pressões sobre o ambiente e/ou os resultados das medidas mitigadoras (ações de controle ambiental). Possibilita aferir a situação da qualidade ambiental, em consequência das ações realizadas sobre todas as diversas fontes poluidoras e/ou os impactos ambientais dos empreendimentos que operam em uma área ou região.

As informações para o monitoramento da qualidade ambiental podem ser caracterizadas por quatro fontes primárias, conforme mostra o quadro abaixo, que apresenta também as vantagens e as desvantagens de cada modalidade.

Especialmente quanto ao automonitoramento, trata-se de importante modalidade ainda pouco empregada pelos sistemas de licenciamento e controle ambiental públicos. Poderiam ser mais utilizados se fossem selecionados os empreendimentos de maior porte e com maiores condições de incorporar tal instrumento, como as grandes indústrias petroquímicas, as siderúrgicas, indústrias de alumínio, papel e celulose, grandes empresas mineradoras, e também alguns complexos agroindustriais, como os de laranja, cana, café e soja.

Por meio do automonitoramento, o próprio empreendedor realiza as medições junto às suas fontes de emissões e descargas e promove a análise da situação dos padrões de qualidade ambiental que permitem, mediante relatórios, avaliar as informações sobre a natureza das descargas de poluentes e/ou os resultados da operação do empreendimento.

O automonitoramento possibilita a redução de custos de inspeção pelos órgãos ambientais e divide-os com o empreendedor. Entretanto, requer programas de auditoria e verificação de seus resultados pelos órgãos ambientais. Por outro lado, só pode cobrir parte do universo das fontes poluidoras, cujos empreendedores têm maior capacidade de gestão ambiental dos seus empreendimentos.

A modalidade de apoios comunitários em monitoramento, por sua vez, é uma importante forma de detectar infrações não percebidas nas inspeções. Elas incluem violações em locais isolados ou atos ilegais de organizações. Os programas de educação ambiental podem auxiliar e treinar os cidadãos para detectar e reportar problemas ambientais, fornecendo ferramentas simples e orientações adequadas para a verificação de não conformidades, mais facilmente observáveis.

Quadro 10.1 – Monitoramento da qualidade ambiental.

Monitoramento da qualidade ambiental		
Fontes de informação	Vantagens	Desvantagens
Inspeções conduzidas por técnicos de órgãos ambientais	Proveem relevantes informações	São dispendiosas em termos de recursos e requerem objetivos e metas planejadas. Requerem medições realizadas junto às fontes poluidoras dos empreendimentos
Automonitoramento e relatórios realizados pelo próprio agente/ fonte poluidora	Proveem extensas informações. Dividem os custos de monitoramento com os empreendedores. Amplia o nível de gerenciamento dedicado à fonte poluidora	Dependem da integridade e da capacidade do empreendedor em prover dados acurados sobre a fonte poluidora ou as ações causadoras de impactos no ambiente. Ampliam o papel e os custos da comunidade regulada
Apoio de cidadãos e organizações comunitárias.	Pode detectar violações não verificadas nas inspeções ou no automonitoramento. Permite a participação da comunidade e de ONGs e a educação ambiental	Esporádica, não permite controlar o grau, a frequência e a qualidade da informação recebida. Somente algumas violações são percebidas pelo cidadão, por causa da falta de meios apropriados
Monitoramento de área realizado por órgãos ambientais ou instituições parceiras	Útil para detectar possíveis desconformidades ou anormalidades nos padrões ambientais. Útil para determinar os resultados das ações de controle ambiental e/ou para indicar necessidade de formular ações corretivas e mitigadoras	Dificuldades de prover correlações entre as desconformidades nos padrões e as fontes geradoras de poluição. Dificuldades de obter informações precisas. Utilização intensiva de recursos em áreas com presença de múltiplas fontes poluidoras (empreendimentos)

Nos EUA são promovidos programas com organizações comunitárias para monitorar rios, lagos e estuários. Algumas ONGs italianas criaram *kits* simples de análise de água, que são utilizáveis em campanhas educativas.

Na Região Metropolitana de São Paulo, a ONG Pró-Tietê, a SOS Mata Atlântica e a rede de ONGs da bacia do Guarapiranga desenvolvem programas de monitoramento educativo, para acompanhar os resultados dos programas oficiais de despoluição das águas.

Porém, essa modalidade é mais aplicável no acompanhamento da comunidade e na fiscalização de resultados de programas ambientais. Tal modalidade não substitui o programa de monitoramento oficial dos órgãos de controle ambiental ou dos próprios empreendedores. Também as municipalidades com estrutura de controle ambiental podem realizar trabalhos de monitoramento de área, complementando as redes de monitoramento de competência estadual ou federal.

Unidades de Conservação e Biodiversidade

Todo um conjunto de instrumentos da política ambiental destina-se à proteção dos espaços territoriais especialmente protegidos pelo poder público nas esferas federal, estadual e municipal, elencados pela Resolução n. 11 desde 1987, sob a denominação de Unidades de Conservação. Tal elenco compreende as estações e as reservas ecológicas, as áreas de proteção ambiental, especialmente suas zonas de vida silvestre e corredores ecológicos, os parques nacionais, estaduais e municipais, as reservas biológicas, as florestas nacionais, os monumentos naturais, os jardins botânicos, os hortos florestais, as áreas de relevante interesse ecológico, as cavernas e as reservas extrativistas (Conama, 1987).

Em 18 de Julho de 2000, foi aprovada a Lei n. 9.985, a qual regulamenta o art. 225, § 1º, I a III e VII da Constituição Federal, e institui o Sistema Nacional de Unidades de Conservação da Natureza (SNUC) e dá outras providências. O SNUC é constituído pelo conjunto das unidades de conservação federais, estaduais e municipais. As unidades de conservação dividem-se em dois grupos, com características específicas: as unidades de proteção integral e as unidades de uso sustentável.

Um destaque importante é o art. 36, que prevê que nos casos de licenciamento de empreendimentos de significativo impacto ambiental, assim considerado pelo órgão ambiental competente, com fundamento em EIA/Rima, o empreendedor é obrigado a apoiar a implantação e a manutenção de unidade de conservação do grupo de proteção integral, de acordo com o regulamento dessa Lei. O montante de recursos a ser destinado pelo empreendedor para essa finalidade não pode ser inferior 0,5% dos custos totais previstos para a implantação do empreendimento, sendo o percentual fixado pelo órgão ambiental licenciador, de acordo com o grau de impacto ambiental causado pelo empreendimento.

A Convenção da Biodiversidade, assinada pelo Brasil durante a Conferência das Nações Unidas sobre Meio Ambiente e Desenvolvimento em junho de 1992 – a Rio 92 – fortaleceu a necessidade de se estabelecer uma política de defesa da diversidade biológica por meio da proteção e da conservação dos ecossistemas naturais e das espécies da flora e da fauna.

A biodiversidade é a variedade total de classes genéticas, espécies e ecossistemas. Está em mudança contínua à medida que a evolução traz novas espécies, ao passo que novas condições ecológicas causam desaparecimento de outras. As atividades humanas estão cada vez mais acelerando o esgotamento e a extinção de espécies e modificando as condições para evolução. A diversidade biológica deve ser considerada uma questão de princípio, pois todas as espécies, independentemente de seu valor de utilização, são dignas de respeito, uma vez que todas elas são componentes do sistema de sustentação da vida, da produção e da sobrevivência no planeta.

Assim, uma política ambiental consequente e eficaz abrange, não apenas ações de controle da poluição e degradação ambiental, ações corretivas em situações de risco emergente, mas também incorpora ações previstas voltadas para a conservação de recursos naturais, tanto os bióticos, com especial atenção à biodiversidade, quanto os abióticos, a fim de manter sistemas e processos naturais. Tal concepção procura satisfazer as necessidades do homem em relação aos recursos biológicos da natureza, ao mesmo tempo em que assegura a sustentabilidade, a longo prazo, da riqueza biótica da Terra (UICN/Pnuma/WWF, 1991).

Cabe registrar também que a atual política ambiental considera em primeiro plano a conservação da biodiversidade, por intermédio de medidas de conservação situadas no âmbito dos biomas. Tais ações incluem territórios de domínio privado. Nesse sentido, um dos principais instrumentos de política – o zoneamento ambiental – constitui expediente fundamental para a defesa da biodiversidade.

Planejamento Ambiental e Zoneamento Ambiental

O planejamento ambiental é um processo dinâmico e permanente, destinado a identificar e organizar em programas coerentes o conjunto das ações requeridas para a gestão ambiental de uma determinada área ou espaço territorial.

Trata-se de formular proposições e diretrizes para a implementação de medidas que garantam a qualidade de vida presente e futura por meio da conservação e do uso do meio ambiente, concebendo e influenciando as decisões a respeito de atividades econômicas e de forma a não ameaçar a integridade dos sistemas naturais existentes.

O processo de planejamento pode dar-se em diferentes contextos:

- Global, quando considera todos os setores de atividades de modo integrado.

- Setorial, quando se destina a uma área ou a um setor governamental ou privado específico.

- Nacional, regional ou municipal, dependendo do âmbito administrativo das ações a serem desenvolvidas.

- Sistemas ambientais peculiares, tais como bacias hidrográficas, ecossistemas naturais com fragilidade ambiental reconhecida, como florestas naturais, áreas úmidas etc.

O ordenamento ambiental enfatiza os aspectos que podem ser representados espacialmente. Seu objetivo é organizar e orientar o uso dos recursos ambientais de uma determinada área e a distribuição das atividades humanas.

Entende-se por zoneamento a destinação factual ou jurídica da terra a diversas modalidades de uso humano. Como instituto jurídico, o conceito se restringe à destinação administrativa fixada ou reconhecida. O zoneamento ambiental propõe-se ao controle legal da distribuição do uso dos recursos ambientais. É parte do processo de ordenamento, visa ao controle legal da distribuição dos usos dos recursos ambientais e estabelece as respectivas restrições e limites de exploração, mediante a fixação de normas para as diferentes zonas de uso.

Outros instrumentos, além do zoneamento ambiental, são aplicáveis ao planejamento de projetos e podem ser considerados formas particulares de planejamento ambiental, como a avaliação de impacto ambiental (AIA) e o licenciamento ambiental de atividade poluidoras.

Educação Ambiental

Entende-se por educação ambiental os processos por meio dos quais o indivíduo e a coletividade constroem valores sociais, conhecimentos, habilidades, atitudes e competências voltadas para a conservação do meio ambiente, bem de uso comum do povo, essencial à sadia qualidade de vida e sua sustentabilidade. Essa definição consta da Lei n. 9.795, de 27 de abril de 1999, que dispõe sobre a educação ambiental e institui a Política Nacional de Educação Ambiental no país.

Como um dos instrumentos previstos na legislação ambiental nacional, as tarefas de educação ambiental que vêm sendo desenvolvidas pelos órgãos de controle ambiental têm se pautado pela transmissão dos conhecimentos que os técnicos da área do meio ambiente foram acumulando em sua área de atuação e transferindo-os aos demais agentes da sociedade, em face dos temas relevantes para a gestão ambiental.

Essa atividade tem como premissa sua realização em parceria com outras instituições, especialmente as Secretarias de Educação, para o desenvolvimento da educação ambiental formal, e com outras instituições públicas, privadas e ONGs, no caso da educação não formal.

Por sua vez, os órgãos ligados ao Sisnama vêm, de maneira geral, direcionando seus programas de forma a viabilizar a difusão de informações, a ampliação do conhecimento de aspectos ambientais relevantes e a estimulação da participação da sociedade na solução de problemas ambientais, na perspectiva da gestão ambiental, que envolve o controle da poluição, as unidades de conservação e as campanhas de mobilização, tais como, entre outras, a Operação Praia Limpa, efetuada no litoral paulista.

Uma tendência crescente é a utilização de práticas não formais de educação ambiental, cada vez mais vinculada a um melhor aproveitamento de medidas não estruturais em projetos ambientais específicos. Por exemplo, em programas de saneamento básico, quando se instalam redes de esgotos e infraestrutura de saneamento em áreas carentes. Nesse caso, a comunidade, por meio da educação ambiental, é levada a ampliar seu conhecimento sobre o papel dos equipamentos instalados, potencializando, dessa maneira, os respectivos resultados e os objetivos sanitários. Essas tarefas são geralmente desenvolvidas em parcerias com organizações comunitárias e disseminadas por intermédio da capacitação de agentes multiplicadores dentro das próprias comunidades.

Verifica-se, ainda, a existência de um campo enorme de aplicação da educação ambiental, relacionada com a disseminação de boas práticas ambientais no treinamento de técnicos de órgãos públicos, privados e organizações comunitárias.

As orientações do capítulo 36 da Agenda 21 – que trata da promoção de educação, conscientização pública e treinamento –, são um guia fundamental para o desenvolvimento e o aperfeiçoamento de uma política de educação ambiental.

As áreas abrangidas por esse capítulo envolvem:

- A reorientação da educação no sentido do desenvolvimento sustentável.

- A ampliação da conscientização pública.

- O incentivo ao treinamento.

- A educação, na qual se incluem a educação formal, a conscientização pública e o treinamento, deve ser reconhecida como um processo. Esse processo faz com que as pessoas e as sociedades possam atingir seu potencial máximo. Tanto a educação formal quanto a não formal são indispensáveis na mudança de atitude de cada um, capacitando a avaliar os problemas relativos ao desenvolvimento sustentável e a dedicar-se à sua solução.

Em que se diferenciam a educação, entendida como processo pedagógico, e a educação ambiental? Quais assuntos ou conceitos devem ser objeto da educação ambiental? Existe uma fronteira que as delimita? São interrogações que encontram resposta na Agenda 21.

Com efeito, esse documento posiciona a educação básica como fornecedora do alicerce, tanto para a educação ambiental como para a educação voltada ao desenvolvimento.

Em relação à educação ambiental inserida no ensino formal, a discussão levada avante no Brasil em anos anteriores já havia incorporado o consenso de que ela deveria estar integrada e ser desenvolvida em todas as matérias, em uma perspectiva metodológica interdisciplinar.

Do ponto de vista do conteúdo, a educação ambiental formal e a não formal devem tratar das dimensões físico-bióticas, socioeconômicas e culturais do meio ambiente e do desenvolvimento humano, inclusive da dimensão espiritual. Devem ainda levar em conta o fomento à integração dos conceitos de meio ambiente e de desenvolvimento e a análise das causas dos maiores problemas ambientais no contexto local.

Quanto à maneira de desenvolver a educação ambiental, a Agenda 21 orienta no sentido da constituição de grupos consultivos para coordenar as atividades educativas, incluindo a participação de grupos representativos de pessoas comprometidas com a questão ambiental e de ONGs de cunho ambientalista.

O documento também recomenda às autoridades educacionais que utilizem a colaboração dos órgãos do governo da área ambiental e das entidades ambientalistas fora do governo para implantarem programas de estágio ou reciclagem de professores, administradores e planejadores educacionais, bem como de educadores que se dediquem ao ensino não formal, aproveitando a experiência de todas essas instituições.

Avaliação de Impacto Ambiental (AIA)

A avaliação de impacto ambiental (AIA) é um instrumento de política e gestão ambiental de empreendimentos, formado por um conjunto de procedimentos capaz de assegurar, desde o início do processo, que se faça um exame sistemático dos impactos ambientais de uma proposta (projeto, programa, plano ou política) e de suas alternativas, e que os resultados sejam apresentados de forma adequada ao público e aos responsáveis pela tomada de decisão, e por eles considerados. Além disso, os procedimentos devem garantir a adoção das medidas de proteção do meio ambiente determinadas, no caso de decisão sobre a implantação do projeto (Verocai, 1997).

A AIA foi introduzida como instrumento de política na legislação federal pela Lei n. 6.938/81 e regulamentada pelo Decreto n. 88.351, de 1º de junho de 1983, tendo sido, pois, incluída na Política Nacional do Meio Ambiente.

No processo de avaliação de impacto, o conceito de poluição foi ampliado para o conceito de impacto ambiental, englobando não apenas os efeitos da poluição, mas também os efeitos ambientais das ações geradas pelas atividades de desenvolvimento econômico, tais como, perda de florestas, riscos e impactos à saúde e à economia da população, alterações para as atividades econômicas etc. Como registrado anteriormente, esse instrumento foi implementado em 1986, a partir da aprovação da Resolução Conama n. 1/86 (Conama, 1986).

O conceito de impacto engloba qualquer alteração decorrente de ações de projeto nos aspectos bióticos e abióticos, sociais, econômicos e culturais do ambiente. É o que se deve deduzir do que estabelece a referida resolução, como se verificará em seguida.

Para o Conama, então, impacto ambiental é qualquer alteração das propriedades físicas, químicas e biológicas do meio ambiente, causada por qualquer forma de matéria ou energia resultante das atividades humanas que, direta ou indiretamente, afetem:

- A saúde, a segurança e o bem-estar da população.
- As atividades sociais e econômicas.
- A biota.
- As condições estéticas e sanitárias do meio ambiente.
- A qualidade dos recursos ambientais.

A título de exemplos, outros conceitos vêm ampliar o entendimento de impacto ambiental:

> Impacto ambiental pode ser visto como parte de uma relação de causa e efeito. Do ponto de vista analítico, o impacto ambiental pode ser considerado como a diferença entre as condições ambientais que existiriam com a implantação de um projeto proposto e as condições ambientais que existiriam sem essa ação. (Dieffy, 1985)

A exigência de aplicação da AIA foi consagrada por preceito constitucional, de acordo com o inciso IV do § 1º do art. 228 da Constituição Federal de 1988:

> Para assegurar a efetividade desse direito, incumbe ao Poder Público: [...] IV--exigir na forma da lei, para instalação de obra ou atividade potencialmente causadora de significativa degradação do meio ambiente, estudo prévio de impacto ambiental a que se dará publicidade. (Brasil, 1988)

Tanto o licenciamento ambiental quanto a AIA são instrumentos que auxiliam o planejamento e a aprovação de projetos de empreendimentos individuais, mas não são adequados para promover a integração de aspectos ambientais nos processos de planejamento, formulação de política ou programação que, em geral, originam os grandes projetos de desenvolvimento ou infraestrutura. Essa integração de aspectos ambientais no processo de planejamento é exatamente a função da avalição ambiental estratégica, analisada no final deste capítulo.

No caso brasileiro, os procedimentos adotados na AIA de projetos causadores de impacto ambiental significativo, regulamentados pela Resolução Conama n. 1/86, já consagram as diretrizes e os procedimentos de avaliação ambiental para os projetos com impactos ambientais expressivos. Porém, a avaliação ambiental é ainda pouco utilizada quando se trata de avaliar políticas, planos e programas; e é nesse aspecto que se concentra a avalição ambiental estratégica.

ASPECTOS DO DESENVOLVIMENTO DE CONCEITOS DE POLÍTICA AMBIENTAL

Com o crescente aumento da poluição em escala global, a gestão ambiental tomou um novo rumo a partir da década de 1980. Buscou-se evoluir da política de comando e controle para uma maior responsabilização por suas ações por parte dos agentes econômicos governamentais e privados. São exemplificadoras as políticas de gestão implantadas em alguns países, baseadas na aplicação do princípio poluidor-pagador, ou do usuário-pagador, especialmente no âmbito da comunidade europeia – Overseas European Community Development (OECD) (Barde, 1991; Bernstein, 1993).

Os países industrializados adotaram instrumentos econômicos para introduzir mais flexibilidade, eficiência e absorção dos custos gerados pelas medidas de controle de poluição. Esses instrumentos podem funcionar como incentivos às empresas poluidoras para escolherem seus próprios meios de controle da qualidade ambiental e medidas mitigadoras antipoluição.

Na teoria, os instrumentos econômicos têm a capacidade de regular a poluição de acordo com mecanismos de mercado e diminuir a regulação e o envolvimento do governo. Na prática, entretanto, eles não eliminam a necessidade dos padrões ambientais, do monitoramento ambiental e controle, bem como outras formas de participação do governo na gestão da qualidade ambiental.

Instrumentos Econômicos de Gestão Ambiental

Os instrumentos econômicos de gestão começaram a ser desenvolvidos a partir dos anos de 1980, embora já fossem tradicionais na teoria econômica, com experiências aplicadas de modo esparso, resultantes da crítica ao modelo de regulação por instrumentos de comando e controle.

Os princípios que os regem tomam por base o princípio poluidor-pagador (PPP) e, mais recentemente, usuário-pagador.

Princípio Poluidor-Pagador (PPP)

Esse princípio é o conceito mais utilizado na formulação de instrumentos econômicos de política ambiental. O PPP, ambiental e aplicado como diretriz pelos países membros da OECD, é entendido com a seguinte definição:

> Princípio a ser aplicado para a imputação de custos das medidas de prevenção e de controle da poluição, que favoreçam o emprego racional de recursos limitados do meio ambiente, evitando-se as distorções do comércio internacional. (Barde, 1991; Bernstein, 1993)

Nesse caso, a aplicação do princípio atribui ao poluidor a responsabilidade pelas despesas relativas aos serviços públicos executados pelo Estado para que as condições do meio ambiente permaneçam aceitáveis. Assim, o custo das medidas deverá repercutir sobre os custos dos bens e dos serviços que estão na origem da poluição, gerados na produção ou no consumo.

Segundo o PPP, o poluidor deve arcar com o ônus financeiro proporcional às alterações que provoca no ambiente. No princípio usuário-pagador, o usuário deve pagar o custo social total decorrente do seu consumo, incluindo a diminuição da oferta e os custos de tratamentos eventualmente necessários (por exemplo, cobranças por volume e toxicidade de resíduos gerados, compra de certificados de permissões de poluição do ar, sistema de pagamento pela quantidade de lixo produzido), ou mesmo incluindo os custos indiretos, como as taxas que recaem sobre o uso de produtos, a exemplo do consumo de combustíveis fósseis.

As modalidades de instrumentos econômicos adotadas nos países desenvolvidos são: cobranças variáveis, mercados de licenças negociáveis, subsídios, sistemas de depósito-restituição (caução) e incentivos para o cumprimento da legislação (*enforcement*). Para uma visão dos mecanismos econômicos passíveis de aplicação em âmbito nacional, ver Philippi Jr e Marcovich (1999) no artigo *Mecanismos institucionais para o desenvolvimento sustentável*.

Para detalhar os conceitos de gestão ambiental aplicados, analisa-se a seguir alguns dos mais importantes instrumentos econômicos, no primeiro caso, a cobrança ou a taxação de poluição, usada sobre as emissões no ar, água ou solo, ou, ainda, sobre os produtos.

Cobrança ou Taxação de Poluição

O ponto de partida para o mecanismo da taxação é a constatação de que os custos ambientais não são espontaneamente assumidos pelos poluidores e, portanto, não são incluídos nos custos de produção.

Assim, nessa modalidade, a cobrança deve ser realizada mediante taxação ou tarifação sobre os processos produtivos poluidores, de modo que estes passem a internalizar os danos ambientais causados.

Em linhas gerais, o efeito do aumento de custo no processo produtivo força uma redução dos níveis de produção, até o ponto em que a quantidade produzida sem controle de poluição seja aquela assimilável pelo meio ambiente. Dessa maneira, o agente poluidor é forçado a implantar sistemas de controle de poluição para produzir volumes maiores de produção.

Em 1920, na sua célebre obra *The Economics of Welfare*, o economista inglês A. C. Pigou propôs a taxação das atividades poluentes em função das externalidades. A poluição é o exemplo mais notável de externalidade negativa, uma vez que o poluidor, ou melhor, a empresa poluidora, não incorre em nenhum custo adicional tanto pela diminuição do bem-estar da população, quanto pela redução da produtividade de outras empresas atingidas da mesma forma pela poluição causada por terceiros.

A ineficiente alocação de um recurso natural, por sua vez, é uma consequência da falta de seu valor de mercado e isso interfere em sua utilização por toda a sociedade.

Se fixadas a um nível igual ao custo social ótimo, as taxas permitem um ajustamento automático das atividades poluidoras e maximizam os ganhos coletivos. Entretanto, a determinação dessas taxas exige maior conhecimento dos custos necessários para abater a poluição, além de avaliação monetária dos custos sociais calculados em função dos danos ambientais causados.

Como o PPP se baseia sobre uma lógica econômica, apresenta certas dificuldades e ambiguidades de interpretação. Essas dificuldades têm exigido uma melhor definição do princípio e seu campo de aplicação, a saber:

- *Quanto a quem paga?* A resposta não é tão clara quanto parece à primeira vista. Se a origem da poluição é indefinida, como no caso dos pesticidas usados na agricultura, a responsabilidade será compartilhada; será do fabricante do produto e também do agricultor que os utiliza em excesso e sem cuidados. Porém, será mais eficiente e mais eficaz se agir sobre um agente econômico e tecnológico que tem o poder de reduzir a poluição. Agir sobre o poluidor físico, muitas vezes, não é eficaz, a exemplo dos automóveis. O usuário de um veículo poderá regular o motor, mas não poderá evitar a quantidade de poluentes lançada por ele sem a instalação dos catalisadores.

- *Clarificar as relações entre o PPP, princípio econômico, e a responsabilidade por danos ambientais, princípio jurídico.* A responsabilidade objetiva poderá existir mesmo na ausência do fato gerador. Por exemplo, na ação do Ministério Público em São Paulo decorrente dos danos à vegetação da Serra do Mar em Cubatão, todas as empresas do polo petroquímico foram responsabilizadas. O PPP, por sua vez, não visa definir quem é o responsável, mas sim com que medidas econômicas e administrativas se deve agir, em relação às várias fontes de poluição, embora haja uma tendência a estender sua aplicação para a indenização de danos ambientais.

- *O PPP e o direito ambiental.* O PPP, como princípio econômico, está absorvido de fato como um princípio geral do direito ambiental. É parte integrante da Ata Única Europeia e de numerosos textos jurídicos legais nacionais e internacionais. Na legislação paulista sobre gestão de recursos hídricos, a cobrança está colocada como um dos principais instrumentos, inclusive definindo as condições de aplicação (Seção III, art. 14, Lei n. 7.663/91).

- *Como o poluidor deve pagar?* Para tal são usadas regulamentações, taxas e tarifas. Observa-se que o PPP não é apenas um princípio de taxação de poluição, mas é frequentemente assimilado como um método de controle baseado em regras, taxas e tarifas. No caso dos estados brasileiros, a regulamentação federal para a cobrança de poluição de recursos hídricos e o fato de que a questão da competência para a criação de taxas ou impostos é da esfera federal têm dificultado a implantação desse princípio no âmbito dos sistemas estaduais.

Todavia, como princípio fundamental, o PPP deverá evoluir e ser aprimorado, tanto para a resolução de problemas específicos da poluição local como para os problemas específicos da poluição global do planeta. Seus fundamentos econômicos são sólidos e contribuem diretamente para a busca de um processo de desenvolvimento sustentável, que exige, entre outros, o destaque dado aos dispositivos de tarifação dos recursos naturais para assegurar uma melhor gestão dos recursos e sua transmissão para as gerações futuras.

Mecanismos de Mercado ou Licenças Negociáveis

Outro instrumento utilizado são os mecanismos de mercado ou as licenças ambientais negociáveis. O incentivo de direitos de emissão enquadra-se como mecanismo de mercado de controle de poluição, na medida em que procura ir ao encontro do interesse privado para induzir a adoção de soluções de controle, tendo sido implantado nos EUA a partir de 1975.

O programa de negociação de emissões utiliza três políticas, interligadas por um elemento comum, conhecido como crédito de redução de emissões. Assim, se alguma empresa decidir controlar suas emissões em um percentual maior do que aquele exigido para atender suas necessidades legais, ela poderá solicitar à autoridade de controle que registre esse controle excedente. Os créditos de redução de emissões são títulos que podem ser negociados para atendimento das políticas de controle apresentadas a seguir:

- Política de direitos de emissão: essa política foi implantada para resolver os conflitos entre o crescimento econômico e a observação dos padrões ambientais em áreas que estão fora ou no limite desses padrões de qualidade. Permite-se que novas fontes de poluição sejam implantadas e operem em áreas que não estejam atendendo aos padrões de qualidade, desde que estas adquiram créditos de redução de emissões de fontes preexistentes.

- Política do conceito bolha: permite que as fontes de poluição existentes satisfaçam os planos estaduais de controle. Elas podem atender ao padrão desejado adotando uma tecnologia que controle as emissões a um nível menor que o requerido, desde que sejam adquiridos créditos de redução de emissão que compensem a diferença.

- Política do conceito malha: permite que os créditos de redução de emissão, ganhos com o controle de fontes de poluição em um mesmo complexo industrial, sejam reutilizados no controle de suas emissões.

Caução ou Seguros Ambientais

O sistema de caução consiste no estabelecimento de uma caução associada à garantia da aplicação dos procedimentos de recuperação ambiental de áreas degradas ou ao cumprimento das regras ambientais. Pode, ainda, estar articulado com um processo de reciclagem ou com a devolução de embalagens, sendo uma possibilidade a ser desenvolvida para as atividades minerais.

POLÍTICA E GESTÃO AMBIENTAL APÓS A RIO 92

A realização da Conferência da ONU sobre Meio Ambiente e Desenvolvimento, conhecida como Rio 92, colocou a problemática ambiental como uma questão central para a perspectiva de futuro para a humanidade, com implicações em todas as dimensões políticas, sociais e econômicas, especialmente quanto à necessidade de garantir a sustentabilidade dos recursos naturais como base do processo de desenvolvimento econômico e social.

A conceituação do desenvolvimento de caráter sustentável pressupõe que a sua perspectiva seja baseada em uma equação em que crescimento econômico, equidade social com distribuição de renda e sustentabilidade ambiental estejam em harmonia (Relatório Brundtland, 1987).

Muitas convenções fundamentais para a evolução da questão ambiental foram aprovadas durante a conferência Rio 92, tais como a Convenção do Clima e a Convenção da Biodiversidade, cujos documentos centrais são a Declaração do Rio de Janeiro e a Agenda 21.

A partir da Rio 92 vem ganhando cada vez mais importância a concepção biocêntrica e ecológica, que dedica especial atenção à conservação da biodiversidade, a fim de manter os sistemas e os processos naturais da Terra. Tal concepção procura satisfazer as necessidades do homem em relação aos recursos biológicos da natureza, ao mesmo tempo em que busca assegurar a sustentabilidade, a longo prazo, da riqueza biótica da Terra (UICN/Pnuma/WWF, 1991).

Conforme assinalado em páginas anteriores, a diversidade biológica passa a ser valorizada como uma questão de princípio, levando-se em conta que todas as espécies, independentemente de seu valor de uso, são dignas de respeito. Todas elas compõem o sistema de sustentação da vida, da produção e da sobrevivência nossa e do planeta.

A responsabilidade pela conservação ambiental se transforma em um desafio, no qual todos os agentes têm responsabilidades em seus diferentes setores de atuação. Reconhece-se, cada vez mais, a importância do envolvimento de agentes públicos, privados e organizações não governamentais na gestão ambiental. É cada vez maior a importância conferida ao comportamento ambiental proativo de cada cidadão e das instituições. O desempenho ambiental de instituições privadas e de todos os setores governamentais, não apenas do chamado setor ambiental, passa a ser reconhecido na formulação de políticas.

Entre os novos desafios colocados pela perspectiva do desenvolvimento ambientalmente sustentável, em escala mundial, está a necessidade de pensar global e agir localmente, sintetizando a busca de eficientes práticas de gestão ambiental locais, abertas à participação da sociedade. Assim, reconhece-se a importância cada vez maior da participação da sociedade na concepção e na execução das políticas públicas ambientais.

Ainda com a Rio 92 fomentam-se novas abordagens de política e gestão ambiental para incrementar a participação dos setores privados, tais como a introdução dos sistemas de gestão da qualidade ambiental, conhecido como o sistema ISO 14.000, os instrumentos de pressão de mercado e as auditorias ambientais.

Políticas Preventivas

Um bom exemplo de uma política de prevenção da adoção de novas abordagens, enfatizando o caráter preventivo e integrado dos mecanismos de gestão ambiental, nos é fornecido pelo Pollution Prevention Program, introduzido pela EPA, a agência americana, a partir dos anos 1990.

O programa utiliza o conceito de ciclo geral da produção e não apenas os procedimentos usuais de controle ambiental das fontes poluidoras, por meio do controle dos efluentes finais do processo de produção (controle de fim de tubo).

O Pollution Prevention Act (1990), aprovado pelo congresso americano, define a prevenção da poluição como um conjunto de mecanismos e incentivos que levem os sistemas de produção, os processos ou as práticas a reduzirem ou eliminarem a geração de poluentes ou dejetos na origem e no interior desse processo, e que protejam os recursos naturais mediante conservação e uso eficiente.

Esse novo conceito passa a avaliar o processo de produção industrial como um sistema a ser valorizado considerando as perdas de matéria-prima, energia, produtos químicos, água etc.

O programa utiliza como método de abordagem a avaliação integrada (multimeios) de todo o tipo de geração de poluentes na água, no ar ou no solo, usando uma escala de priorização para o gerenciamento ambiental, a saber:

- Não gerar poluição ou perda de recursos e insumos em todo o processo.
- Reciclagem.
- Controle e tratamento dos resíduos.
- Disposição final.

Nesse método, a disposição final de resíduos somente é admissível se não houver tecnologia de controle ou tecnologias de tratamento disponíveis. Só se parte para o tratamento de resíduos se não houver condição de reciclar, minimizar ou reutilizar subprodutos. E o objetivo principal, a ser perseguido no gerenciamento ambiental, é a redução máxima possível da poluição e da perda de insumos e recursos em todo o processo produtivo.

Sistema de Gestão da Qualidade Ambiental

Essa abordagem é também conhecida por melhoria contínua da qualidade ambiental e tem como característica essencial a análise, a medição e a promoção de melhorias ambientais contínuas, por meio da gestão da qualidade, constituída de ciclos sequenciais que envolvem avaliação e definição da política de gestão, planejamento, implementação e revisão.

O conceito de sistema de gestão da qualidade ambiental, definido com uma norma internacional para o meio ambiente, série ISO 14.000, foi formulado pela International Organization for Standardization (ISO). Tem por objetivo a certificação ambiental das empresas, obtida a partir de determinados requisitos, de acordo com a norma britânica BS 7.750 da British Standards Institution citado por Moreira (2001), que é a base para o sistema ISO 14.000.

O processo prevê que as empresas que buscam a certificação definam os requisitos que envolvem os seguintes aspectos:

- Política ambiental.
- Sistema de gestão.
- Objetivos e metas ambientais.
- Controle de impactos ambientais, de implantação e de operação.

- Programas de gestão ambiental.
- Documentação e manual de gerenciamento ambiental.
- Controle operacional.
- Registros de gestão ambiental.
- Revisões e processos de auditoria ambiental.

Os estímulos de natureza comercial para a imagem das empresas, quando da obtenção de certificações a partir da implantação de sistemas de gestão ambiental, representam um novo instrumento de gestão ambiental direcionado para o setor produtivo. As certificações representarão um elemento enriquecedor das práticas de gestão, com repercussões positivas para a regulação ambiental realizada por intermédio do Sisnama.

A utilização voluntária de políticas de gestão ambiental diminuirá, em certa medida, a pressão sobre o controle e o licenciamento ambiental, que poderá utilizar-se dos mecanismos de gestão ou adotar mecanismos de autocontrole e automonitoramento das empresas.

No quadro nacional, a modernização dos procedimentos de gestão ambiental das empresas começa a ser implantada pelas empresas privadas com certo atraso em relação aos países desenvolvidos. As corporações multinacionais são fortemente pressionadas pelo mercado globalizado para adotar o sistema de certificação ambiental. Também a competitividade torna mais premente para as empresas nacionais exportadoras a necessidade da certificação ambiental.

Modelo GEO Cidades

O modelo GEO Cidades é fundamentado na aplicação da estrutura de análise ambiental FPEIR[2] (força motriz, pressão, estado, impacto, resposta) divulgada pela Organização para a Cooperação e Desenvolvimento Econômico (OCDE), que é adotada internacionalmente, a partir dos seguintes conceitos:

---

[2] O modelo FPEIR é usado pela European Environment Agency (EEA) na elaboração de seus relatórios de avaliação do ambiente europeu e refere-se à estrutura denominada força motriz (ou atividades humanas) – pressão – estado – impacto – resposta (FPEIR) ou, em inglês, *driving force – pressure – state – impact – response (DPSIR)*.

- Força motriz: atividades humanas, tais como a produção, o consumo, os transportes, a construção.

- Pressão sobre o meio ambiente: diz respeito às causas dos problemas ambientais.

- Estado do meio ambiente: diz respeito às condições do meio ambiente resultantes dos problemas ambientais.

- Impacto: refere-se aos efeitos adversos aos ecossistemas, à qualidade de vida, à sociedade e à economia.

- Resposta: relaciona-se às ações estabelecidas para melhorar o estado do meio ambiente.

O modelo FPEIR pressupõe um sistema de gestão ambiental contínuo e processual que organiza a gestão ambiental, seja de um empreendimento, ou, principalmente, que seja aplicável em um determinado contexto territorial.

Para a aplicação desse modelo é fundamental estabelecer-se indicadores que têm como objetivo refletir as tendências de evolução do sistema ambiental, permitir o monitoramento da aplicação das medidas de política ambiental e avaliar sua própria eficácia.

O papel dos indicadores, nas auditorias ambientais de empresas e em aglomerados urbanos, consiste na medição e na monitorização de determinados parâmetros ambientais importantes na avaliação do desempenho das medidas e das políticas ambientais, na avaliação do grau de degradação do ambiente e, mais recentemente, na avaliação do progresso rumo ao desenvolvimento sustentável.

Avaliação Ambiental Estratégica

A avaliação ambiental estratégica (AAE) é um instrumento de gestão ambiental utilizado mundialmente para avaliar os impactos das ações estratégicas do ponto de vista da sustentabilidade ambiental. Essa expressão deve ser entendida como um procedimento sistemático e contínuo de avaliação da qualidade e das consequências ambientais de visões e intenções alternativas de desenvolvimento, incorporadas em iniciativas de política, planos e programas (PPP), assegurando, de antemão, a integração efetiva de considerações biofísicas, econômicas, sociais e políticas em processos públicos de tomada de decisão.

Explicitada dessa maneira, sua abrangência é definida de acordo com a ação estratégica a ser avaliada e, como procedimento de análise, utiliza os métodos e as técnicas de avaliação de impacto ambiental, aplicando-os, porém, em decisões estratégicas, juntamente à formulação de políticas, planos ou programas e antes de estas serem transformadas em projetos e ações concretas, as quais, por sua vez, demandam maior detalhamento e definição de características dimensionais.

Em outros termos, o objetivo determinante da AAE é avaliar o quanto antes os impactos ambientais de uma ação estratégica na mesma escala de abordagem e junto à definição da ação estratégica[3], ou seja, quando a ação está sendo planejada. Os procedimentos adotados, de forma geral, guardam semelhanças com os procedimentos utilizados em processos de avaliação de impacto ambiental de projetos, todavia sofrem variações conforme mais ou menos formalidade requerida pela legislação ou diretrizes de cada país.

De acordo com o Ministério do Meio Ambiente, para aplicar a AAE, é fundamental definir antecipadamente o que se deve entender por significativo ou relevante para a avaliação a ser realizada. Na verdade, não só é impossível avaliar todas as virtuais implicações de uma determinada estratégia, como ainda é naturalmente diverso o entendimento dos vários agentes que participam dos processos públicos de avaliação. Nesse sentido, é fundamental garantir que seja formulado o termo de referência que deverá estabelecer previamente quais temas (fatores críticos)[4] deverão ser abordados e como estes deverão ser analisados, em que grau de profundidade e com quais indicadores de análise. Enfim, o roteiro e os contornos das análises e das avaliações a serem realizadas.

Ainda segundo o Ministério do Meio Ambiente, bem como a proposta de Guia para AEE em elaboração desde 2011[5], a definição do conteúdo da avaliação ambiental e a sequência dos prazos e das etapas são questões que

---

[3] O Dicionário Aurélio registra que o termo estratégico é utilizado como sendo a arte de aplicar os meios disponíveis com vistas à consecução de objetivos específicos, ou ainda, arte de explorar condições favoráveis com o fim de alcançar objetivos específicos.

[4] Fatores críticos para a decisão (FCD). Constituem os temas fundamentais em que a AAE deve se debruçar. Os FCD identificam os aspectos que deverão ser considerados pela decisão na concepção de sua estratégia e das ações que os implementem de forma a melhor atender objetivos ambientais e de sustentabilidade.

[5] Guia de apoio às diretrizes para avaliação ambiental estratégica – versão final (Resultante das discussões com os especialistas convidados, durante a Reunião Técnica, de 6 de outubro de 2010 – em revisão para publicação).

POLÍTICA E GESTÃO AMBIENTAL: CONCEITOS E INSTRUMENTOS | **301**

devem ser definidas em cada contexto: federal, regional ou local em que a AAE será aplicada. Seu conteúdo deverá ser tão amplo quanto possível, mas deve focar, sobretudo, as questões mais significativas para o objeto da AAE (fatores críticos) e adotar uma avaliação integrada e compatível com a importância e o impacto da decisão estratégica a ser tomada.

O manual nacional de AAE produzido pelo Ministério do Meio Ambiente explica que o roteiro prévio e o termo de referência devem ser objetivos; esclarece também que devem ser predefinidos tanto os fatores críticos ambientais – que poderão receber as maiores pressões decorrentes da decisão – quanto a seleção das ações ou o conjunto de ações importantes que compõem a política ou o plano, ou são por estes desencadeados, sem dispersar-se na avaliação de temas pouco relevantes ou em ações secundárias.

Por fim, a avaliação deve ser a mais profunda possível naqueles impactos potenciais pré-identificados em função do cruzamento dos fatores ambientais mais significativos, a título de exemplo, os riscos de perdas de vegetação, *habitats*, qualidade de recursos hídricos e biodiversidade, *versus* a geração de uma diretriz de incentivo à criação de um vetor que leve à ocupação do solo e ao risco de expansão urbana.

Por outro lado, é fundamental assegurar a transparência do processo de decisão, uma vez que a AAE, tal como a AIA, é, sobretudo, um processo público de avaliação, ou seja, não se trata de uma avaliação exclusivamente técnica, mas deve incluir a participação dos agentes sociais que estarão sujeitos aos impactos ambientais decorrentes da decisão estratégica.

RIO+20

Passados vinte anos da Conferência Rio 92, a Conferência da Organização das Nações Unidas (ONU) sobre o Meio Ambiente aprovou, em junho de 2012, o documento "O futuro que queremos".

Ainda por ser melhor avaliada, a Conferência Rio+20 reconheceu a necessidade de se definir indicadores de desenvolvimento mais amplos que o produto interno bruto (PIB), usado para medir a geração de riquezas em cada país. Nesse sentido, os países participantes solicitaram à Comissão de Estatística das Nações Unidas que inicie um programa de trabalho sobre o tema, em consulta com outras organizações dentro e fora do Sistema ONU e com base em iniciativas já existentes.

302 EDUCAÇÃO AMBIENTAL E SUSTENTABILIDADE

Outro importante resultado esperado da Conferência Rio+20, que era a definição dos objetivos para o desenvolvimento sustentável (ODS), foi postergado para 2015. Nesse sentido, foi apenas formado um grupo de trabalho para definir os ODS de forma consistente com as metas do milênio, com vistas à validação e à implementação a partir de 2015. O processo intergovernamental deverá ser aberto a todas as partes interessadas.

Em 2000, ONU, ao analisar os maiores problemas mundiais, estabeleceu oito objetivos do milênio (ODM), a serem alcançados até 2015. Estes objetivos referem-se ao combate à pobreza e à fome e à promoção da educação, da igualdade de gênero e de políticas de saúde, saneamento, habitação e meio ambiente. Para atingir esses objetivos, a ONU apresentou um conjunto de dezoito metas, a serem monitoradas por 48 indicadores.

Foi consenso entre os países participantes da Rio+20 a avaliação de que os padrões de produção, distribuição e consumo mundiais estão rapidamente atingindo um ponto em que as tensões sociais e os impactos ambientais põem em risco a própria continuidade e a estabilidade do sistema mundial. Essa situação é reconhecida desde a Conferência Rio 92, e foi objeto de vários acordos multilaterais, que acertaram na identificação do problema, mas que, por questões político-econômicas e por falta de adequada capacidade institucional em âmbito global, não foram devidamente implementados. Ou seja, reiterou-se os compromissos já assumidos, mas sem adotar medidas capazes de produzir resultados efetivos.

As medidas podem ser agrupadas em duas grandes vertentes, complementares e interligadas: a economia verde, vista como meio para o alcance do desenvolvimento sustentável e a erradicação da pobreza; e a governança global para o desenvolvimento sustentável, com o fortalecimento do Programa das Nações Unidas para o Meio Ambiente e a criação de um fórum político de alto nível voltado à integração entre as dimensões sociais, ambientais e econômicas do desenvolvimento global.

Em ambos os casos é enfatizada a importância da participação dos atores não governamentais, quer na tomada de decisões políticas globais quer, especialmente, na criação e na implementação de soluções práticas dentro do cenário proposto. O papel do setor privado como motor de inovação e geração de riqueza é enfatizado, ao mesmo tempo em que se ressalta a importância do seu engajamento com as partes interessadas e o respeito às diretrizes dadas pela ciência, pela tecnologia e pelas políticas públicas. É enfatizado o papel da ONU e das instituições financeiras multilaterais – como o Banco Mundial e o Fundo Monetário Internacional (FMI) – que devem incorporar às suas políticas e práticas as considerações que integram as dimensões social, ambiental e econômica.

REFERÊNCIAS

AGRA FILHO, S; VIEGAS, O. *Plano de gestão e programas de monitoramento costeiro*. Brasília (DF): Ministério do Meio Ambiente, 1995. 85p.

BARDE, J.P. *Économie et politique de l'environemant*. 2.ed. Paris: Presses Universitaires, 1991.

BERNSTEIN, D.J. *Alternative aproaches to pollution control and waste management: regulatory and economic instruments*. Washington (DC): The World Bank, 1993. (Urban Management Program, 3).

BRASIL. Decreto-lei n. 1.413, de 14 de agosto de 1975. Dispõe sobre o controle do meio ambiente provocado por atividades industriais. *Diário Oficial da República Federativa do Brasil*, Brasília (DF), 14 de agosto de 1975. Seção 1, p.010289.

_____. Congresso Nacional. *Constituição da República Federativa do Brasil*. São Paulo: Imprensa Oficial do Estado, 1988.

_____. Lei n. 9.605, de 12 de fevereiro de 1998. Dispõe sobre as sanções penais e administrativas derivadas de condutas e atividades lesivas ao meio ambiente e dá outras providências. *Diário Oficial da República Federativa do Brasil*. Brasília (DF); 13 fev 1998. Seção 1, p.1.

[CETESB] COMPANHIA ESTADUAL DE TECNOLOGIA E SANEAMENTO AMBIENTAL. *Cetesb 25 anos: uma história passada a limpo*. São Paulo, 1994.

_____. *Qualidade do ar*, 2012. Disponível em: http://sistemasinter.cetesb.sp.gov.br/Ar/ar_indice_padroes.asp. Acessado em: 21 ago. 2012.

[CNUMAD] CONFERÊNCIA DAS NAÇÕES UNIDAS SOBRE MEIO AMBIENTE E DESENVOLVIMENTO. *Agenda 21*. Rio de Janeiro: Centro de Informações das Nações Unidas no Brasil, 1992.

_____. *Convenção da biodiversidade*. Rio de Janeiro: Centro de Informações das Nações Unidas no Brasil, 1992.

[CONAMA] CONSELHO NACIONAL DO MEIO AMBIENTE. Resolução n. 1, de 23 de janeiro de 1986. Dispõe sobre critérios básicos e diretrizes gerais para o

304 EDUCAÇÃO AMBIENTAL E SUSTENTABILIDADE

Relatório de Impacto Ambiental – Rima. [online] *Diário Oficial da República Federativa do Brasil*, Brasília (DF), 17 fev 1986. Disponível em: www.mma.gov.br/port/conama/res/res86/res0186.html. Acessado em: 12 mar 2002.

_____. Resolução n. 20, de 18 de junho de 1986. Dispõe sobre a classificação das águas doces, salobras e salinas do território nacional. [online]. *Diário Oficial da República Federativa do Brasil*, Brasília (DF), 30 jul 1986. Disponível em: www.mma.gov.br/port/conama/res/res86/res2086.html. Acessado em: 12 mar 2002.

_____. Resolução n. 11, de 03 de dezembro de 1987. Dispõe sobre as Unidades de Conservação, várias categorias e sítios ecológicos de relevância cultural. [online] *Diário Oficial da República Federativa do Brasil*, Brasília (DF), 18 mar 1988, Seção 1, p.4563. Disponível em: www.mma.gov.br/port/conama/res/res87/res1187.html. Acessado em: 12 mar 2002.

_____. Resolução n. 3, de 28 de junho de 1990. Dispõe sobre os padrões de qualidade de ar, previstos no Pronar. [online] *Diário Oficial da República Federativa do Brasil*, Brasília, (DF), 28 ago 1990. Seção 1, p.15937-9. Disponível em: www.mma.gov.br/port/conama/res/res90/res0390.html. Acessado em: 12 mar 2002.

_____. *Resoluções 1984/91.* 4.ed. Brasília: Ibama, 1992.

DIEFFY, P.J.B. *The development and practice of EIA concepts in Canada.* Ottawa: Environment Canada, 1985. (Occasional Papers 4).

[EPA] ENVIRONMENTAL PROTECTION AGENCY. *Office of enforcement: principles of environmental enforcement.* Washington (DC), 1992.

_____. *Pollution prevention strategy.* Washington (DC), 1994.

HURTUBIA, J. Ecología y desarrollo: evolución y perspectivas del pensamiento ecológico. In: *Estilos de desarrollo y medio ambiente.* México: Fondo de Cultura Económica, 1980.

[IMC] INTERIM MEKONG COMMITTEE. *Environmental impact assessment guidelines of application to tropical river basin development.* Bangkok: Mekong Secretariat, 1982. 123 p.

MOREIRA, S.M. *Estratégia e implantação do sistema de gestão ambiental (modelo ISO 14000).* Belo Horizonte: Desenvolvimento Gerencial, 2001.

[ONU] ORGANIZAÇÃO DAS NAÇÕES UNIDAS. Comissão Mundial sobre o Meio Ambiente e Desenvolvimento. *Nosso futuro comum.* 2.ed. Rio de Janeiro: Fundação Getúlio Vargas, 1991.

_____. *The future we want.* Disponível em: www.uncsd2012.org/content/documents. Acessado em: 16 jul 2012.

PHILIPPI JR, A.; MARCOVITCH, J. Mecanismos institucionais para o desenvolvimento sustentável. In: PHILIPPI JR, A; MAGLIO, I.C.; COIMBRA, J.A.A.; et al. *Municípios e meio ambiente: perspectivas para a municipalização da gestão ambiental.* São Paulo: Anamma, 1999.

SÃO PAULO (Estado). *Lei n. 898, de 18 de dezembro de 1975.* Dispõe sobre a proteção dos mananciais da Região Metropolitana da Grande São Paulo [online]. Disponível em: www.ambiente.sp.gov.br/leis_internet/uso_solo/protecao_manan/lei_est89875.htm. Acessado em: 12 mar 2002.

_____. *Lei n. 1172, de 17 de novembro de 1976.* Delimita as áreas de proteção relativas aos mananciais, cursos e reservatórios de água a que se refere o artigo 2° da Lei n. 898/75, e estabelece normas de restrição ao uso do solo em tais áreas. [online]. Disponível em: www.ambiente.sp.gov.br/leis_internet/uso_solo/proteção_manan/lei_est117276.html. Acessado em: 12 mar. 2002.

_____. *Lei n. 997, de 31 de maio de 1976.* Dispõe sobre o controle da poluição do meio ambiente. [online]. Disponível em: www.ambiente.sp.gov.br/leis_internet/estadual/leis/997_76.html. Acessado em: 12 mar. 2002.

_____. *Decreto Estadual n. 8.468,* de 08 de Setembro de 1976. Aprova o regulamento da Lei n. 997, de 31 de maio de 1976, que dispõe sobre a prevenção e o controle da poluição do meio ambiente. [online]. Disponível em: www.ambiente.sp.gov.br/leis_internet/76_8468.doc. Acessado em: 12 mar 2002.

[SMA] SECRETARIA DO MEIO AMBIENTE. *Uma nova política de mananciais: diretrizes e normas de proteção e recuperação das bacias hidrográficas dos mananciais de interesse regional do Estado de São Paulo.* São Paulo, 1997.

_____. Coordenadoria de Educação Ambiental. *Educação Ambiental: documentos oficiais.* São Paulo, 1994 (Série Documentos).

SELDEN, M. et al. *Studies on environment.* Washington (DC). Environmental Protection Agency; 1973. 113p (EPA 600/5 - 73 - 012 a).

[UICN/PNUMA/WWF] UNIÃO INTERNACIONAL PARA A CONSERVAÇÃO DA NATUREZA. PROGRAMA DAS NAÇÕES UNIDAS PARA O MEIO AMBIENTE. FUNDO MUNDIAL PARA A NATUREZA. *Cuidando do planeta Terra: uma estratégia para o futuro da vida.* São Paulo, 1991.

USA. *Pollution Prevention Act: HR. 5931.* Washington (DC): Congresso Americano, 1990.

VEROCAI, I. (org.). *Vocabulário básico de meio ambiente.* Rio de Janeiro: Secretaria de Estado do Meio Ambiente, 1997.

Bibliografia Consultada

BOBBIO, N.; MATTEUCCI, N.; PASQUINO, G. *Dicionário de política*. Brasília (DF): UnB, 1987.

GILBERT, M.J. *Sistema de gestão da qualidade*. Rio de Janeiro: Imam, 1995.

KLING, J.D. *Pollution prevention: EPA's new central environmental ethic remarks*. Califórnia, 1993.

LIBANORI, A. Incentivos econômicos para controlar a poluição. *Ambiente: Revista Cetesb de Tecnologia*, v.5, n.1, p.21-25, 1991.

MAGLIO, I.C. A política ambiental e o desenvolvimento. *Ambiente: Revista Cetesb de Tecnolologia*, v.5, n.1, p.41-46, 1991.

PIERCE, D.W. *World without end: economics, environment and sustainable development*. New York: Oxford University Press, 1993.

PNUMA. *Metodologia para a elaboração de Relatórios GEO Cidades*. Publicado pelo Programa das Nações Unidas para o Meio Ambiente, Escritório Regional para a América Latina e o Caribe. Copyright © 2004, Programa das Nações Unidas para o Meio Ambiente e Consórcio Parceria 21.

REIS, M.J.L. *ISO 14000 gerenciamento ambiental: um novo desafio para sua competitividade*. Rio de Janeiro, 1996.

SEARA FILHO, G. Educação ambiental: questões metodológicas. *Ambiente: Revista Cetesb de Tecnologia*, v.6, n.1, 1992.

VEROCAI, I. *A política e a gestão ambiental no Brasil*. Rio de Janeiro, 1991. [não publicado]

VITAE CIVILIS. *Restam os ganchos*. Disponível em: http://vitaecivilis.org/vc2012/index.php/en/midia/noticias/324-restam-os-ganchoshttp://vitaecivilis.org/vc2012/index.php/en/midia/noticias/324-restam-os-ganchos. Acessado em: 10 jul. 2012.

A Dimensão Humana do Desenvolvimento Sustentável | 11

Attilio Brunacci
Filósofo, Consultor na área de educação ambiental

Arlindo Philippi Jr
Engenheiro civil e sanitarista, Faculdade de Saúde Pública – USP

A concepção de desenvolvimento sustentável tem suas raízes fixadas na Conferência das Nações Unidas sobre o Meio Ambiente Humano (Cnumad), realizada em Estocolmo, Suécia, em junho de 1972.

Esses dois vocábulos ainda não tinham formado a parceria que hoje se tornou sobejamente conhecida de todos. Isso porque o principal objeto das discussões ocorridas nesse evento estava centrado na defesa do meio ambiente humano, no bojo de um problema global mais amplo: os ditames do modelo de desenvolvimento econômico dos países do Primeiro Mundo. Estes, em determinado estágio da sua industrialização, viram-se na perspectiva da escassez dos recursos naturais, surpreendendo-se diante das limitações do meio ambiente no que dizia respeito à destinação final dos rejeitos – sólidos, líquidos e gasosos – tanto do processo industrial quanto dos hábitos de consumo da população.

Tal ênfase na defesa do meio ambiente humano, face à questão ambiental do modelo de desenvolvimento de cunho predatório, foi resultado de um despertar da consciência ecológica em nível global, que buscou ir além das questões de âmbito local ou regional, as quais, nas décadas de 1950 e de 1960, já incomodavam as agências estatais de controle ambiental das nações industrializadas e incrementavam as atividades dos movimentos ambientalistas.

Nessa mesma ocasião, vozes de alerta começavam a fazer-se ouvir, culminando com o brado do Clube de Roma ecoado por meio de seu relatório

Limites de Crescimento Econômico, escrito por Donella H. Meadows, pioneira na luta pela sustentabilidade, juntamente de outros autores.

Esse relatório causou verdadeiro impacto no mundo científico porque, nas palavras de Diaz (2002), "rompeu definitivamente com a filosofia do crescimento ilimitado, prevendo que se chegaria ao limite do desenvolvimento global antes de 100 anos", se não mudassem as tendências sociais e econômicas da população mundial.

Cumpre ressaltar que, nessa conferência, havia um significativo interesse dos países industrializados e economicamente desenvolvidos em querer manter um controle sobre os efeitos da poluição ambiental e sobre a exploração dos recursos naturais, inclusive em uma tentativa de submeter aos seus caprichos as perspectivas de ajuda financeira, de comércio e de crescimento econômico dos países do Terceiro Mundo.

A esse respeito, Coimbra (2002, p.47), em seu livro *O outro lado do meio ambiente*, destaca:

> Houve confronto entre os países industrializados, do que resultaram claras duas constatações: os problemas ambientais não podem ser colocados da mesma maneira entre os dois grupos de países, pois contra o ecologismo estético dos ricos levantava-se a miséria dos pobres; as economias desenvolvidas exportam para as economias periféricas (os países dependentes) os problemas ambientais juntamente com as suas tecnologias predatórias.

Em um clima de discussão em torno da defesa do meio ambiente humano, como que ocorrida na contramão do modelo vigente no Hemisfério Norte, a surpresa no evento de Estocolmo ficou por conta da delegação do Brasil que escandalizou uma considerável parcela de brasileiros, incluindo profissionais e técnicos dos órgãos de controle ambiental e, principalmente, os militantes do incipiente movimento ambientalista das décadas de 1960 e de 1970.

Com efeito, levando consigo um pacote de ideias que tinham como pano de fundo a situação política do nosso país naqueles tempos de regime militar, o governo brasileiro se fez presente nesse fórum mundial que congregou representantes de 113 países, cerca de 250 entidades internacionais e mais de mil jornalistas do mundo inteiro. Diante de tão significativa plateia, a delegação do Brasil defendeu a tese do desenvolvimento econômico a qualquer preço, sem nenhuma restrição, mesmo que fossem restrições de natureza ambiental.

Essa posição oficial continua sendo lembrada nos dias de hoje e ainda causa arrepios nos meios ambientalistas e sanitaristas brasileiros. Aliás, criou uma celeuma que durou muitos anos, como se pode deduzir da notícia publicada em 1991 no jornal *O Estado de São Paulo* com o título: "Frase causa polêmica em 1972".

Com esse título, a edição do dia 19 de maio de 1991 reportava-se a um editorial do *The New York Times*, de 13 de fevereiro de 1972, que criticava vigorosamente uma frase atribuída ao então ministro do Planejamento do governo Médici, João Paulo dos Reis Velloso. "Vamos à poluição", publicava aquele editorial citado em *O Estado*, dando a entender que quanto maior a poluição, maior o progresso.

Esse tipo de raciocínio envolveu o país em uma das mais desconfortáveis situações diplomáticas da sua história. Dizia o *Estadão*: "por causa dessa frase, a delegação brasileira que participou da reunião de 1972 enfrentou olhares acusadores e teve dificuldades para convencer os outros países de que também era a favor do controle da poluição".

Nessa mesma notícia do jornal paulista defendeu-se o ex-ministro Reis Velloso: "Isso foi uma tolice que surgiu naquela época por causa de uma interpretação do jornal norte-americano. O que procurei dizer era que a miséria era o maior agente de destruição ambiental e o Brasil não iria abrir mão de indústrias modernas a pretexto de que elas eram poluidoras [sic]".

O resgate desse fato da década de 1970, que mostra a intervenção e a intenção da delegação brasileira em Estocolmo, tem como objetivo, de um lado, registrar os propósitos de uma política desenvolvimentista *lato sensu* implementada por um regime de governo militar de caráter paternalista; de outro, salientar que a realidade política do país mudou a partir do retorno de pleno regime democrático no final da década de 1980 e que provocou um recrudescimento da consciência de cidadania. Essa consciência levou o povo a participar das decisões políticas, inclusive no campo da questão ambiental nas suas relações com o modelo do desenvolvimento econômico até então adotado. Em outras palavras e usando o linguajar de hoje, a partir de 1980 o Brasil deu um grande salto qualitativo.

Tal resgate também serviu de exemplo para mostrar o cenário de confronto de vários mundos – atrasados, subdesenvolvidos, menos desenvolvidos, em desenvolvimento ou outra nomenclatura qualquer que Sachs (2000), citando outro autor, diz tratar-se de eufemismos pertencentes ao arsenal da diplomacia terminológica, naquela Conferência das Nações Unidas sobre o Meio Ambiente Humano.

Cabe salientar, todavia, que, apesar do confronto, prevaleceu um consenso mediante o qual, no dizer de Leff (2001), foram assinalados os limites da racionalidade econômica e os desafios da degradação ambiental ao projeto civilizatório da modernidade.

A afirmação desse autor vem justificar esse modo de pensar a respeito das raízes históricas da ideia do desenvolvimento sustentável. E não poderia ser de outra maneira, uma vez que tal ponto de vista se baseou na *Declaração sobre o Meio Ambiente Humano* proclamada em Estocolmo.

> A Conferência das Nações Unidas sobre o Meio Humano, reunida em Estocolmo de 5 a 16 de junho de 1972, e atenta à necessidade de um critério e de princípios comuns que ofereçam aos povos do mundo inspiração e guia para preservar e melhorar o meio ambiente humano, proclama que (Declaração n. 1): *O homem é, a um tempo, resultado e artífice do meio que o circunda, o qual lhe dá o sustento material e o brinda com a oportunidade de desenvolver-se* intelectual, moral, social e espiritualmente. (Leff, 2001, grifo dos autores)

O teor dessa proclamação, raiz da proposta do desenvolvimento sustentável, permite supor que se tratava de uma ideia à procura de um conceito. Passados quinze anos, esse conceito surgiu e se materializou em 1987 no documento chamado *Nosso futuro comum*, produto final de três anos de estudos da Comissão Mundial sobre Meio Ambiente e Desenvolvimento.

A referida comissão mundial foi instituída no ano de 1984, a pedido do secretário-geral da Organização das Nações Unidas. Composta por representantes de 21 países e presidida por Gro Harlem Brundtland, primeira-ministra da Noruega, tinha por objetivo, conforme registra Leff (2001), "avaliar os avanços da degradação ambiental e a eficácia das políticas ambientais para enfrentá-los".

Conhecido também como Relatório Brundtland, o documento refletiu com clareza a mudança de perspectiva da problemática ambiental em relação aos acontecimentos de Estocolmo. Foi esse relatório que cunhou o termo desenvolvimento sustentável, conceituando-o da seguinte maneira: "é o desenvolvimento que satisfaz as necessidades das gerações atuais sem comprometer a capacidade das gerações futuras de satisfazer as suas próprias necessidades".

No contexto do modelo tradicional de desenvolvimento, essa definição deve ser entendida como um processo de mudança radical em que os recursos da natureza, a gestão dos investimentos, as diretrizes da evolução tecnológica e as mudanças institucionais tornem concreto o pleno atendimento das necessidades do hoje e do amanhã.

No relatório da comissão interministerial brasileira para a Conferência do Rio de Janeiro, publicado em dezembro de 1991 com o título *O Desafio do Desenvolvimento Sustentável*, encontra-se registrado que:

> O desenvolvimento sustentável seria atingido pela retomada do crescimento e melhor distribuição de seus benefícios, pela racionalização do uso de energia e o atendimento das necessidades básicas das populações, pela estabilização dos níveis demográficos e a conservação da base de recursos, pela reorientação da tecnologia no sentido da redução de seu impacto ecológico e a incorporação de critérios ambientais nas decisões econômicas. (Cima, 1991, p.182)

Um dos autores do conceito definido no Relatório Brundtland, e principal arquiteto desse documento histórico, chama-se Jim MacNeill (MacNeill et al., 1992), possivelmente o pai do conceito de desenvolvimento sustentável. Na época, secretário-geral da Comissão Mundial sobre Meio Ambiente e Desenvolvimento, MacNeill é formado em ciências (Física e Matemática), em Economia e Ciências políticas. Antes de fazer parte da comissão em 1984, foi durante seis anos diretor de meio ambiente da Organização para a Cooperação e Desenvolvimento Econômico (OCDE).

Em seu livro *Para Além da Interdependência*, publicado em inglês no ano de 1991, MacNeill (1992, p.15) inicia suas considerações salientando as espantosas conquistas em bem-estar humano nas últimas décadas do século XX. Sem especificar quais e quantos foram os beneficiários dessas espantosas conquistas, ele afirma ainda ser mais excitante o potencial para progressos futuros. E prenuncia:

> Muitas tecnologias novas ou atualmente despontando em biologia, materiais, construção, monitoração de satélites e outras áreas oferecem grandes promessas para o aumento da produção de alimentos, o desenvolvimento de mais benignas formas de energia, elevação da produtividade industrial, conservação das reservas básicas de capital natural da Terra e administração do meio ambiente.

Logo em seguida, porém, ele ressalva:

> Os progressos passados foram acompanhados pelo enorme recrudescimento na escala de impacto humano sobre a Terra. Desde 1990, a população mun-

dial mais do que triplicou. Sua economia cresceu 20 vezes. O consumo de combustíveis fósseis aumentou 30 vezes e a produção industrial 50 vezes. A maior parte desse crescimento, cerca de quatro quintos dele, aconteceu a partir de 1950.

O contraponto que o autor registra nesse parágrafo serviu, certamente, para justificar o acréscimo do adjetivo sustentável que qualifica o tipo de desenvolvimento por ele definido no Relatório Brundtland. Com efeito, no pensar dele, se o crescimento ocorrido continuar nessa elevada proporção (ou seria desproporção?), ele se tornará insustentável.

Com a autoridade concedida pela sua formação acadêmica de economista e pela experiência em questões ambientais, MacNeill et al. (1992, p.16) dogmatiza:

> A partir da II Guerra Mundial, os governos estiveram preocupados com a interdependência econômica, com a conjugação de economias nacionais e regionais em um sistema global. Mas o mundo avançou agora da interdependência econômica para a interdependência ecológica – e até, para além, desta, para um entrelaçamento de ambas.

E reforça seu dogma com exemplos:

> Os sinais da Terra são inconfundíveis. O aquecimento global é uma forma de *feedback* do sistema ecológico terrestre para o sistema econômico do mundo. Outras formas são o buraco no ozônio, a chuva ácida na Europa, a degradação do solo na África e na Austrália e a perda de espécies na Amazônia. Ignorar hoje um sistema é comprometer os outros. A economia mundial e a ecologia terrestre estão agora interligadas – até que a morte as separe, para citar um dos líderes industriais do Canadá. Esta é a nova realidade do século [...] que suscita questões fundamentais acerca do modo como são tomadas as decisões econômicas e políticas, e suas implicações para a sustentabilidade.

São afirmações e pontos de vista que nos dão a entender que o autor estava envolvido nos preparativos da Cnumad, que seria realizada no Rio de Janeiro em 1992, cujo objetivo era exatamente a busca do entrelaçamento da economia com a ecologia.

A DIMENSÃO HUMANA DO DESENVOLVIMENTO SUSTENTÁVEL | **313**

Com as raízes e nutrientes em Estocolmo, com a seiva nos três anos de estudos na Comissão Mundial sobre Meio Ambiente e Desenvolvimento, o conceito de desenvolvimento sustentável frutificou na Conferência do Rio de Janeiro em 1992 que, de certa maneira, consagrou seu emprego a partir da *Declaração do Rio de Janeiro* sobre meio ambiente e desenvolvimento, cujo princípio n. 1 reza: "Os seres humanos constituem o centro das preocupações do desenvolvimento sustentável. Têm direito a uma vida saudável e produtiva em harmonia com a natureza" (Cnumad, 1997).

Como se pode observar, esse princípio ratifica e legitima o *pensamento* do princípio n. 1 da Conferência de Estocolmo no ano de 1972, empregando então, porém, a expressão neológica que seria institucionalizada pelo fato de ter sido incorporada na Agenda 21.

A Agenda 21, amplamente difundida, é um documento elaborado e aprovado na Conferência do Rio de Janeiro que contém um programa de alcance mundial para estabelecer determinadas diretrizes no processo de crescimento econômico e desenvolvimento social, fundamentados nos princípios da sustentabilidade. Por seu intermédio, foi prefigurada, no dizer de Leff (2001), "uma política para a mudança global que busca dissolver as contradições entre meio ambiente e o desenvolvimento".

Nesse particular, contudo, é preciso abrir aqui um parêntese para registrar a posição do presidente George Bush em relação às conquistas da Conferência do Rio de Janeiro em 1992. O registro se baseia nas afirmações de Al Gore (1993), então vice-presidente dos Estados Unidos e que esteve presente na Rio 92.

No prefácio do seu livro *A Terra à procura de equilíbrio*, publicado em 1993, Al Gore manifestava entusiasmo diante dos debates ocorridos no certame do Rio de Janeiro, nos quais prevalecia a preocupação com a partilha de um objetivo comum que deixava transparecer a força de uma decisão unânime. Todavia, ao lado do seu entusiasmo, ele registrou no prefácio o seu desconforto quanto à posição do governo de seu próprio país:

A busca criativa de formas mais eficientes para reconciliar a proteção do ambiente global com os imperativos do progresso econômico foi para os participantes um desafio que eles sabiam merecer o seu máximo esforço. E foi isso que tanto os desapontou em relação à atuação do presidente Bush no Rio de Janeiro; ele não conseguiu reconhecer este grande desafio moral e ficou surdo perante o grito de ajuda que o mundo enviou aos Estados Unidos.

Ante a repercussão desse fórum mundial e o profundo alcance do documento, a expressão desenvolvimento sustentável e, na esteira de seu conteúdo, a ideia da sustentabilidade foram imediatamente incorporadas à retórica oficial e vieram enriquecer o vocabulário dos discursos acadêmicos, as propostas dos políticos e empresários, as ideias dos profissionais e militantes da área ambiental, assim como as teses dos sociólogos e economistas. Graças à eficácia dos meios de comunicação, a expressão desenvolvimento sustentável começou a fazer parte do linguajar cotidiano dos mais diferentes segmentos da população.

Cumpre salientar, todavia, que a Agenda 21 limitou-se a reproduzir, um sem-número de vezes, os termos desenvolvimento e sustentável, sem a preocupação com maiores aprofundamentos conceituais, dando a entender que continuava em vigor a definição cunhada no *Nosso futuro comum*, da Comissão Mundial sobre Meio Ambiente.

Acontece, porém, que o conceito definido em 1987, no decorrer do tempo se revelou, de certa maneira, um tanto sintético em relação ao conteúdo e meio genérico quanto às possibilidades de um correto entendimento. Talvez em decorrência de um possível sintetismo, o alcance de todo o seu significado e as reais intenções de seus autores não tivessem sido explicitados na íntegra.

Sintético e genérico de um lado e, de outro, repetido à exaustão sem submeter a outras análises mais profundas, a expressão desenvolvimento sustentável, a exemplo de determinadas expressões, acabou ingressando nas fileiras de um processo de repetição irracional. Virou um discurso com a força de uma retórica oficial, sem, todavia, clarear exatamente o que quer dizer, dando margem às mais diversas interpretações, muitas vezes motivadas pelos interesses ou pelas ideologias de cada um. Em consequência, percorrendo um labirinto de ideias, costuma correr o risco de transformar-se em um bordão que acaba por confundir o entendimento completo. E se os termos forem ambíguos, prevalece a lei do antiquíssimo ditado latino que diz: *quot capita tot sententiae* (quantas cabeças, tantas sentenças), bastante conhecido entre nós.

Para ilustrar esse julgamento, recorreu-se a um exercício de pesquisa de campo e buscou-se, com várias pessoas, saber se elas já tinham ouvido falar ou lido algo a respeito de desenvolvimento sustentável e qual a percepção de cada uma a respeito desse assunto. Foram escolhidas de modo aleatório, mas com o critério de serem pessoas de várias áreas de atividade ou de diferentes formações acadêmicas, sem nenhuma, ou com pouca, familiaridade com as ciências ambientais.

As percepções reveladas por elas não deixam dúvidas quanto ao entendimento e à sentença de cada cabeça. Alertando que os seus nomes foram aqui trocados para proteger a privacidade, estas foram as respostas, *ipsis verbis*:

- Marcelo, professor universitário: "desenvolvimento sustentável é o desenvolvimento possível do ponto de vista econômico, em contraposição ao desenvolvimento social, como consequência de uma política neoliberal."

- Rafael, advogado e professor de Direito: "é o desenvolvimento que não para com o desenvolvimento econômico, mas busca outras formas de desenvolvimento; usa de maneira racional os recursos naturais, como possivelmente buscar outras fontes de matéria-prima para não esgotar determinados recursos. Não por amor à natureza... É um grau sofisticado de capitalismo."

- Ricardo, procurador regional do Trabalho: "desenvolvimento sustentável é o país desenvolver econômica e socialmente de tal forma que não necessite da interferência de fatores externos. Em outras palavras, o Brasil produzir tudo o que necessita para a população sem interferência externa."

- Luiz Antônio, deputado estadual em São Paulo: "é o desenvolvimento de uma região ou estado com vistas ao futuro."

- Ruth, jornalista: "é um projeto de desenvolvimento econômico em um determinado lugar ou região, usando os recursos naturais (não os recursos humanos) com a única preocupação de não os exaurir, não por respeito ao meio ambiente, mas para não exaurir a fonte de lucro (matéria-prima, por exemplo). A coisa mais forte que me vem à cabeça é a preocupação com a exaustão dos recursos; a ênfase é um processo de desenvolvimento que não exaure os recursos para não interromper o processo produtivo."

- Waldemar, psicólogo clínico: "desenvolvimento sustentável é o investimento que se faz com recursos de uma fonte durável, procurando manter essa durabilidade; caso contrário, não pode ser sustentável, interrompendo o desenvolvimento."

- Edgard, empresário do ramo da publicidade: "desenvolvimento sustentável, ou autossustentável, é a empresa crescer com os recursos que ela mesma gera."

- José Luiz, comerciante: "é o desenvolvimento de uma empresa que se sustenta para não depender de terceiros em termos financeiros".

- Vitório, engenheiro e empresário: "desenvolvimento é seguir uma linha de raciocínio lógico, um caminho a ser seguido cujo objetivo está na dependência daquilo que a pessoa se propõe a realizar".

- Éverton, sindicalista: "desenvolvimento sustentável, logo de cara me vem à cabeça a ideia de coisa permanente, duradoura; por exemplo, uma economia estável. Se é o caso do meio ambiente, é uma preocupação ligada à qualidade de vida, algo que deve ser preservado".

- Francisco, educador: "a própria expressão já diz: é a pessoa ter uma certa base que a sustenta, que sustenta seus anseios, seus caminhos, dentro de determinadas regras ou limites. Trata-se de uma expressão entendida pelo viés econômico".

- Yara, economista: "desenvolvimento sustentável tem a ver com o crescimento econômico de forma controlada, sem o comprometimento da biodiversidade local".

- Augusto, trabalhador: "é o desenvolvimento de uma região ou estado tendo em vista o futuro".

- Leandro, empresário da indústria da construção civil: "é desenvolver atividades que não tenham risco de, no curso do tempo, virem a ser perniciosas à sociedade como um todo".

- Eduardo, sociólogo: "é a garantia de acesso a dignas condições de vida a todas as pessoas através das gerações".

- Luíza, procuradora de Justiça: "conciliação e harmonia total do meio ambiente com a sociedade, com ênfase no social, em que devem ser incluídas a economia e a ecologia".

- Silas, vereador em uma cidade do interior de São Paulo: "um município, quando consegue ser verdadeiramente sustentável, consegue ter um dos melhores níveis de vida para a população. Quando se tem uma estrutura de cultura, o meio ambiente está subjacente nesse contexto, estão subjacentes o aspecto social, a educação ambiental etc".

- Otávio, engenheiro e administrador público: "é o desenvolvimento que integra a questão social e ambiental ao crescimento econômico. Desenvolvimento sem o adjetivo leva a pensar apenas no crescimento econômico".

- Mário, deputado estadual em São Paulo: "para usar uma expressão mais conhecida, é 'ensinar a pescar e não dar simplesmente o peixe'. Sendo governo, desenvolvimento sustentável é fornecer condições básicas para determinada comunidade ou região a fim de organizar-se adequadamente e prosseguir sozinha na direção de uma vida melhor ou de uma organização própria."

Mais do que apenas uma questão de percepção subjetiva, portanto sujeita aos matizes da cultura ou dos interesses de cada um, apresenta-se a seguir um fato ocorrido em Jericoacoara, uma pequena cidade do Ceará. Trata-se de um exemplo concreto que mostra claramente como o conceito de desenvolvimento sustentável pode revelar-se totalmente ambíguo e gerar posições antagônicas em uma mesma comunidade. Foi o que aconteceu com um administrador público que, em nome do desenvolvimento sustentável, começou a implementar nessa cidade um projeto de melhorias para a população. O início do projeto provocou forte polêmica por parte da comunidade que, em nome da proteção ambiental, tomou a iniciativa de denunciar os trabalhos. Essa polêmica foi publicada na seção "Denúncia do Leitor", em uma edição da *Revista Terra* dedicada ao ecoturismo:

O fim de Jeri?
As obras de requalificação urbana de Jericoacoara (CE), parte do Plano Diretor do Governo Estadual, podem descaracterizar nosso santuário ecológico. Os tratores invadiram o vilarejo mexendo na terra, dando início à substituição das casas nativas por pousadas, piscinas e outras construções modernas. O projeto do governo põe fim às normas que protegem Jeri, e o Ibama, responsável pela fiscalização, criou um parque nacional em uma área que já era reservada à preservação. Pode ser o fim do pacato destino dos ecoturistas. Ass. S.O.S. Jeri.

A defesa:

A coordenadora do Projeto de Desenvolvimento Urbano e Gestão de Recursos Hídricos, Lana Aguiar de Araújo, responde: "As obras são necessárias para permitir o desenvolvimento sustentável da vila. Nosso objetivo é brindar o morador com um posto de saúde, creche, centro de cultura, mercado público, quadra de esportes e um estacionamento para organizar o tráfego de *buggies*. Mas, diante dos protestos, nós e o Banco Mundial vamos paralisar as obras, privando a comunidade de usufruir dessas melhorias".

A objetividade impede que se entre no mérito da polêmica, por não conhecer Jericoacoara e, principalmente, por estar a cerca de 3.400 quilômetros de distância do local. De qualquer maneira, é preciso indagar-se se todas essas melhorias não poderiam ser feitas respeitando as condições ambientais da vila. Aparentemente, o entendimento do conceito de desenvolvimento sustentável tende mais para o econômico do que para o ecológico.

Com certeza, o "pomo da discórdia" revelado pelos depoimentos aqui referidos não está no enunciado em si que, conforme aludido anteriormente, se mostrou a um só tempo sintético e genérico. A base das interpretações díspares está na maneira como esse enunciado, fora do cenário da Cnumad, é apreendido pelas pessoas. É preciso levar em conta que o seu entendimento está condicionado a determinados fatores pessoais de cada um, como a formação profissional, a intensidade dos próprios interesses, a educação e o grau de cultura, o cabedal de conhecimento sobre as questões ambientais. Igualmente, a esses fatores juntam-se o ramo da atividade empresarial, ideias estereotipadas ou preconcebidas. Entendimento que se torna mais frágil e vulnerável à medida que o evento da Rio 92 vai se distanciando no tempo.

Pode-se observar sem dificuldade que poucas percepções manifestadas pelos entrevistados se identificaram com as propostas da Agenda 21; outras se afastaram dos propósitos desse documento. Às vezes, o entendimento pende mais para o econômico, às vezes sobressai o ecológico, às vezes as interpretações se embaralham.

Passível das mais variadas versões, a expressão desenvolvimento sustentável tem sido muito criticada por parte de diversos teóricos que estão comprometidos com a defesa da causa ambiental. São críticas que têm como fundamento a possibilidade de um entendimento pragmático e imediatista que conduz ao risco de se implantar um programa de sustentabilidade do desenvolvimento como sendo um sutil desdobramento de uma política moldada por um sistema capitalista ainda conservador e predatório. Em outras palavras, um entendimento que traz subjacente, como ditame maior, o fator lucro, e não o respeito à natureza e aos recursos naturais, por conseguinte, distante dos reais objetivos da Rio 92 e dos propósitos da Agenda 21.

Tais considerações dão a entender que o conceito de sustentabilidade necessita de uma exegese tão mais urgente quão mais se afasta da Conferência do Rio de Janeiro.

Preocupam-se esses teóricos com a possibilidade de que, em um cenário abertamente capitalista, os recursos da natureza devam necessariamente ser sustentáveis pelo fato de se constituírem estratégicas reservas de matérias-primas como importante elo da cadeia produtiva. Com que finalidade? Servir tão e somente aos interesses econômicos, protegidos pelas leis do mercado e inseridos em uma sociedade fortemente marcada por um consumismo exacerbado e ávido de produzir, de consumir e de gerar lixo. Na lógica dos princípios econômicos de viés capitalista, mesmo que declare não existir antagonismo entre a conservação do meio ambiente e o desenvolvimento, os recursos naturais seriam valores medidos pelos mecanismos de mercado.

Esses teóricos estão cobertos de razão quando dizem que a economia de mercado não é o essencial para a manutenção da vida.

Por conseguinte, é falso querer implantar um processo de desenvolvimento sustentável que seja regido por princípios econômicos, e não por valores ecológicos, máxime em um cenário conservador – e hoje, digamos, globalizado – em que, no pensamento de Coimbra (2002), a Economia determina os rumos da Ecologia, como infelizmente ocorre de hábito quando deveria ser exatamente o oposto, ou seja, a Economia atrelada à Ecologia, "dado que a Economia" – esclarecem os autores – "não respeita os limites impostos pela natureza e seu jogo é desenfreado, mutante, inseguro e perigoso."

Trata-se de um braço do sistema neoliberal aplicado à proteção dos recursos naturais, trazendo como consequência uma radical inversão de valores em que o desenvolvimento sustentável se limita a ser apenas um meio para se atingir o crescimento econômico estabelecido como um fim, quando deveria ser exatamente o oposto.

Isso quer dizer que o verdadeiro significado de sustentável deveria esclarecer que a natureza é fundamental e a economia funciona como seu parasita. Necessariamente se conclui que o desenvolvimento sustentável deveria evidenciar que o crescimento do mercado e dos modos de produção à custa dos recursos naturais sem limites corre acelerado no caminho da crise de sustentabilidade. Assim, se faz necessária e urgente uma mudança radical de paradigma; isto é, que os mercados e os modos de produção se transformem na lógica do retorno à natureza, e não na lógica do retorno ao investimento, na lógica do lucro e da acumulação do capital.

E, nessa lógica do retorno à natureza com seus recursos, deverá estar incluída prioritariamente a proteção do seu mais rico patrimônio, que é o ser humano e seus bens culturais e morais, paisagísticos e sociais; o ser humano a um só tempo agente e beneficiário do desenvolvimento econômico. Em outros termos, a lógica de um humanismo que, em suma, proteja a natureza como seu bem maior.

Shiva (1989, p.8), física, filósofa e diretora do Instituto de Pesquisa de Políticas Ambientais na cidade de Dehra Dun (Índia), na conferência realizada em 1989 na Convenção Científica Internacional da Cidade de Siena (Itália), dizia:

> Na natureza, sustentável envolve a recuperação dos sistemas da natureza e a sujeição às suas leis naturais de retorno. Sustentável, para o mercado, envolve a garantia de suprimentos de matéria-prima, o escoamento da produção, a acumulação de capital e o retorno do investimento.

É importante, portanto, que o educador ambiental se dê conta de que existe uma cilada no percurso que conduz ao modelo do desenvolvimento sustentável. Com certa frequência, há que se deparar com aqueles que se colocam em uma posição intransigente do crescimento econômico sem limites. Seus argumentos se baseiam na ideia de que o conceito de recurso natural não deve ser visto de modo estático, nem os processos industriais que os transformam em produtos podem ser os únicos culpados pelos desequilíbrios ambientais que, por sinal, começaram bem antes da industrialização como entende-se hoje. Podemos ficar tranquilos – e aí a armadilha de tocaia – porque o desenvolvimento científico e os avanços tecnológicos serão capazes de descobrir e de explorar novos recursos. Quem alerta para esse engodo é Seara Filho (1987, p.41), que o contrapõe afirmando que tal modo de pensar e de agir

> É fruto de uma visão que encara a mãe-Terra como fonte gratuita de matérias-primas, supostamente inesgotáveis, e o homem como mero fator de produção. Acontece, diz ele, que nem a natureza é infinita – temos uma Terra somente –, nem o homem nasceu apenas para produzir e consumir. Os anseios de seu espírito e a busca de significado para sua existência ultrapassam a preocupação com a posse de bens materiais.

Fugindo um pouco das considerações de ordem teórica, um exemplo prático e atual vem ilustrar o assunto sobre o qual estamos refletindo. Trata-se de uma notícia publicada na edição de maio de 2003 da mesma *Revista Terra*, já citada anteriormente. Esse periódico traz informações baseadas no relatório *Água para Todos, Água para Vida*, divulgado pela ONU em março de 2003. O documento resultou do Fórum de Kyoto, que reuniu estadistas, corporações e organizações não governamentais em um "confronto ideológico" – na expressão da revista –, como decorrência do diagnóstico sobre a crise mundial da água indicado pela ONU, assim como das possíveis soluções de caráter nitidamente mercadológico. Diz a notícia:

> Segundo o documento (da ONU), a falta de água potável atinge 1,1 bilhão de pessoas no mundo – quase 20% do total, 2,4 bilhões não têm acesso a água encanada e rede de esgoto. Em 2050, serão 7 bilhões de pessoas em 60 países sofrendo com a escassez da água.
>
> A fim de discutir alternativas para o problema, nada menos do que cinco fóruns aconteceram simultaneamente em várias partes do mundo. Um oficial, em Quioto, no Japão, e quatro alternativos, em Florença (Itália), Cotia (Brasil), Nova York (EUA) e Nova Délhi (Índia). Em todos, o tema central foi o da privatização da água.
>
> No Japão, a ONU, as multinacionais, o FMI (Fundo Monetário Internacional) a OMC (Organização Mundial do Comércio) e o Banco Mundial defenderam a entrada de capital privado nos serviços de saneamento e geração de energia. Nesse caso, as leis de mercado regulariam o preço e a distribuição da água. Nos fóruns alternativos, ONGs e movimentos sociais defenderam que a água é um direito fundamental a ser garantido a todas as pessoas, assim como o ar, de modo que não poderia ser privatizada. O Brasil, detentor de 12% das reservas de água no planeta, por enquanto resiste às pressões do capital. O país defendeu o controle público dos recursos hídricos em Quioto.

Na atual conjuntura mundial e brasileira, circunscrita ao bem orquestrado impacto dos meios de comunicação de massa, é difícil raciocinar e deliberar sem sofrer a influência de um modelo capitalista pragmático; modelo que impingiu certos estereótipos e conceitos de desenvolvimento praticados na nossa sociedade imbuída de um consumismo exacerbado, constantemente fortalecido pelos geniais estímulos da publicidade.

Daí porque essas considerações sobre as controvérsias em torno da polivalência semântica da expressão desenvolvimento sustentável levam a tecer algumas considerações sobre o conceito de desenvolvimento.

O conceito de desenvolvimento, tal como entendido atualmente, foi surgindo aos poucos após a Revolução Industrial, intensificado de maneira significativa a partir dos anos 1940, principalmente no período que se seguiu ao término da Segunda Guerra Mundial.

O termo é empregado não só para exprimir um crescimento econômico duradouro, como também para caracterizar as mudanças estruturais que ocorrem em um determinado país durante o espaço de tempo em que ele passa de uma sociedade tradicionalmente agrária para uma organização industrial moderna.

No caso específico do Brasil, suas dimensões continentais autorizam a afirmar que o país deverá continuar com uma forte vocação rural e que seu extraordinário parque fabril não anulou o processo tradicional de produção agrícola. E nesse processo deve-se incluir o extenso território agricultável, onde se encontra, a exemplo de muitas outras paragens do mundo globalizado, o homem em sua faina de produzir cada vez mais e com maior rapidez apenas com fins de lucro, "mais do que para sanar a fome endêmica de grandes camadas da população", no dizer de Seara Filho (1987).

Transição dolorosa, irreversível até, em termos de meio ambiente, uma vez que é conduzida por uma dilatada e turva ótica economicista, que dá margem para o mesmo Seara Filho (1987, p.41) deduzir incisivo:

> O fator produtividade tomou a dianteira em uma escala que privilegia a quantidade em detrimento da qualidade. Para produzir mais, tornou-se necessário desnudar de sua camada vegetal protetora extensas regiões da Terra. Mais ainda, pareceu imprescindível o uso de fertilizantes químicos, de herbicidas e de inseticidas que empobrecem as terras e matam espécies vegetais e animais de importância capital para o equilíbrio do meio ambiente. É como se os defensores do progresso a qualquer custo nunca tivessem ouvido falar de ecossistemas.

Entretanto, salienta-se que, nos países em desenvolvimento ou subdesenvolvidos, o desenvolvimento costuma ser confundido com o processo de industrialização, identificando-se, por conseguinte, com modernização, progresso, crescimento econômico. Por esse motivo, não raro o seu conceito ainda é confundido com a ideia de crescimento econômico, uma vez que, identificado com o incremento da industrialização e com a descoberta de novas tecnologias de produção, ele gera muitas oportunidades de emprego e renda que resultam em uma série de benefícios meramente financeiros para os que estão empregados.

Nessa perspectiva, a industrialização, sem dúvida, pode apresentar-se como um processo desejável, visto que traz empregos para aqueles que não mais encontram espaço de subsistência na lavoura ou no campo.

Em princípio, pois, pode-se dizer que o desenvolvimento identificado com o crescimento econômico iria ser a redenção do ser humano, satisfazendo-lhe todas as necessidades materiais.

Todavia, como significativa parte das fábricas se instalaram nas cidades ou nos seus arredores, tal fenômeno redentor acarretou também inúmeros problemas associados a uma urbanização compacta e a problemas de ocupação desordenada do espaço urbano. Todos conhecem de sobejo o exemplo da Região Metropolitana de São Paulo.

Historicamente, o tempo se encarregou de mostrar que surgiram necessidades de ordem social que deveriam igualmente contribuir com seu peso no processo de desenvolvimento; daí nasceu o conceito de desenvolvimento social com todas as suas exigências, e não apenas o simples desenvolvimento econômico. Como desdobramento, surgiu, da mesma forma, a necessidade de agregar a dimensão cultural, abrindo caminho para agregar a dimensão ambiental que, mais tarde, seria consagrada na Conferência de Estocolmo, estendendo-se até os dias de hoje.

Na verdade, ao lado dos problemas sociais advindos da urbanização maciça, emergiram igualmente muitos outros sérios problemas de caráter ambiental: poluição atmosférica, poluição das águas e do solo por causa dos esgotos domiciliares e industriais, geração descontrolada de resíduos sólidos das fábricas e das moradias, desmatamento da periferia urbana, ocupação antrópica desordenada, ruídos enervantes e inúmeras outras fontes de estresse, as quais foram incorporadas na vida de cada dia.

Capra (1982) dizia que esses múltiplos riscos que geraram um meio ambiente doentio – comprometendo a saúde das pessoas – não é uma simples casualidade decorrente do progresso tecnológico. Trata-se, isso sim, de características integrantes de um sistema econômico obcecado com o crescimento e a expansão, e que continua a intensificar sua alta tecnologia em uma tentativa de aumentar a produtividade.

Por essa razão, as conclusões da Conferência de Estocolmo provocaram grandes mudanças na conceituação de desenvolvimento, invadindo inclusive a seara da política, uma vez que aquele evento de 1972 foi realizado não apenas sob os auspícios da ONU, mas também com chefes de Estado e representantes, em uma soma de mais de uma centena de países.

Isso não significa, entretanto, que a viabilidade econômica deixa de ser uma dimensão importante do desenvolvimento, assim como importante dimensão política, sem a qual, aliás, seria inútil acreditar em propostas espetaculares se depois não fosse possível implantá-las pela via política.

Sachs (2000, p.28) pondera que:

> Econômica, social, ecológica, política, as dimensões foram aumentando e mais do que nunca, o desenvolvimento aparece como um conceito pluridimensional. É, portanto, absurdo atrelá-lo à economia. É preciso inverter a relação. A economia é uma disciplina muito importante para o estudo do desenvolvimento. Os objetivos econômicos são fundamentais, mas não são o carro chefe do desenvolvimento. A economia deve ser recolocada em sua função instrumental.
> [...]
> O horizonte temporal em anos, quando muito em décadas, os ecólogos pensam-no numa escala de tempo totalmente diferente, em séculos, milênios, dezenas de milênios. Assim, evidentemente a descoberta da dimensão ambiental significou uma revolução no pensamento. Isso aplica-se também à escala espacial. Não pode-se falar unicamente da economia local ou nacional. Tem que se pensar o planeta, e, por que não?, a biosfera.

Sachs completa chamando a descoberta da dimensão ambiental de "revolução ambiental", pelo fato de ter trazido significativas mudanças na maneira de pensar, e explica por quê:

> Primeiro, pela modificação já apresentada das escalas de tempo e de espaço; e segundo, pela ampliação da reflexão ética. Pensar o ecodesenvolvimento, significa pensar o desenvolvimento subordinado às finalidades social e ética. A finalidade ética é a solidariedade com a geração presente. O segundo imperativo ético é o da solidariedade com as gerações futuras. (Sachs, 2000)

A expressão "geração futura" nos remete ao conceito de desenvolvimento sustentável definido no Relatório Brundtland: "é o desenvolvimento que satisfaz as necessidades das gerações atuais, sem comprometer a capacidade das gerações futuras de satisfazer as suas próprias necessidades".

O vocábulo sustentável, qualificando o tipo de desenvolvimento que se deseja, deve ser aplicado à realidade ambiental do presente. Entretanto, tem uma forte conotação com o futuro, dando a entender algo passível de ser sustentado porque pode manter-se de pé, porque tem uma base sob si mesmo.

Os estudiosos que se dedicam a fundo a elaborar pesquisas e escrever tratados a respeito das questões ambientais entendem e proclamam, com razão, que a sustentabilidade do desenvolvimento está umbilicalmente vinculada à qualidade de vida humana, vivida dentro dos limites estabelecidos pela capacidade de suporte dos ecossistemas naturais e urbanos; por conseguinte, na capacidade de manter o equilíbrio ecológico. Em outras palavras, trata-se da qualidade de vida que leva em consideração a capacidade do planeta Terra, tanto no que diz respeito aos cuidados e às limitações dos recursos naturais, renováveis e não renováveis, quanto no que tange às contingências dos espaços ambientais em que são despejados ou depositados os resíduos de origem industrial ou os provenientes dos hábitos de consumo da população.

A expressão "qualidade de vida" merece algumas considerações quanto aos seus vínculos com o meio ambiente. Coimbra (2002, p.18) descreve o meio ambiente como sendo

> Aquele conjunto amplo de fatores e processos de realidades complexas em que os indivíduos e as comunidades estão imersos. O ambiente rodeia de forma permanente e cambiante os seres vivos e não vivos que o compõem, notadamente o homem.

Apesar da clareza desse enunciado e, possivelmente, de muitos outros de igual peso, ainda vamos encontrar muitas pessoas que insistem em achar – diga-se de passagem, uma insistência hereditária cultural – que o homem, nas suas inter-relações ambientais, comporta-se como "sujeito" das transformações da natureza, a qual, por sua parte, permanece estática, comportando-se apenas como o "objeto" das transformações.

Coimbra (2002, p.73) entrevê alguma coisa a mais, além desse modo atávico de pensar:

> Vislumbramos que os demais seres naturais, impulsionados por um desígnio do Criador, apresentam constantes desafios ao espírito humano, numa espécie de relação dialética, daí resultando o desenvolvimento do Homem e a redenção final da Terra. Este modo de considerar a interação Homem-Natureza permite-nos concluir que o primeiro não é totalmente sujeito ativo, como a segunda

não é exclusivamente objeto passivo. À medida que o Homem opera mudanças sobre a Natureza, ele simultaneamente é modificado por ela. Por conseguinte, cada um dos termos dessa relação tem sua participação peculiar nos procedimentos de que resultarão os índices de qualidade de vida; e se o Homem quiser assegurar níveis satisfatórios para a sua existência, deverá cuidar, ao mesmo tempo, de condições satisfatórias para o ambiente em que vive.

Em conversa pessoal, relata:

Na minha maneira de pensar, sustentabilidade é a condição ou o resultado do equilíbrio nas relações entre uma determinada sociedade humana [com a expressão 'determinada sociedade humana' o autor dá a entender que as sociedades são diferenciadas e tem cada uma as suas peculiaridades que devem ser respeitadas] e o meio natural em que ela vive e se organiza, de modo que as demandas e ofertas recíprocas atendam às necessidades dos ecossistemas naturais e sociais sem prejuízo das gerações futuras, dos sistemas vivos e dos ecossistemas do planeta Terra.

Sustentabilidade, portanto – e voltamos às propostas da Agenda 21 –, necessariamente deve ser entendida como um atributo que, no dizer de Sachs (2000), acrescenta ao conceito pluridimensional de desenvolvimento a dimensão do meio ambiente ou, caso prefira, de postular desenvolvimento em harmonia com a natureza, em vez de crescimento fundamentado na apropriação dos recursos, menosprezando as externalidades negativas constituídas pelos malefícios resultantes da produção e do consumo.

Referindo-se à sua participação na Conferência de Estocolmo, o autor diz que

O termo ecodesenvolvimento, lançado em seguida à Conferência das Nações Unidas sobre o Meio Ambiente, correspondia às preocupações de subordinar o desenvolvimento aos objetivos sociais e éticos integrando, ao mesmo tempo, as restrições ambientais e buscando em nível instrumental soluções economicamente eficientes. (Sachs, 2000, p.47)

Esse testemunho leva a refletir sobre a certeza de que as modificações e os estragos ambientais provocados pelo ser humano em décadas recentes trazem a sina de pavimentar um caminho sem retorno, que pode conduzi-lo tanto à sua felicidade quanto à sua ruína.

Curioso é que a Declaração dos Direitos do Homem, documento adotado no ano de 1948 pela Assembleia Geral das Nações Unidas, retrata com fidelidade os postulados atuais da sustentabilidade do desenvolvimento humano, mesmo não a tendo declarado explicitamente – como era de se esperar nas condições da realidade ambiental daquela época. Com efeito, ao declarar que todos os seres humanos nascem livres e iguais em dignidade e direitos, determina que as liberdades e os direitos especificados na declaração devem ser garantidos, sem nenhuma discriminação.

Preconiza ainda que, entre os direitos civis consignados, incluem-se os direitos econômicos e sociais, quais sejam, o direito ao trabalho, a um padrão de vida adequado, à educação e à participação na vida cultural. São atributos esses que, hoje, estão incorporados na pluridimensionalidade constitutiva do autêntico desenvolvimento das pessoas.

A Declaração dos Direitos do Homem, fica claro, não deixa de ser uma sutil, mas profética, vertente ambiental, considerando-se que, naqueles tempos, a problemática ambiental, apesar de já existir, não se encontrava no auge da exacerbação e da consciência coletiva.

> Passados mais de sessenta anos, é ainda preciso insistir que os seres humanos – e não a economia – constituem o centro e a razão de ser do processo de desenvolvimento. Em função das contingências ambientais que se seguiram no decorrer desse período, isso hoje significa, no dizer de Guimarães (2001): advogar um novo estilo de desenvolvimento que seja ambientalmente sustentável no acesso e no uso dos recursos naturais e na preservação da biodiversidade; socialmente sustentável na redução da pobreza e das desigualdades sociais e promotor da justiça e da equidade; culturalmente sustentável na conservação do sistema de valores, práticas e símbolos de identidade que, apesar de sua evolução e sua reatualização permanentes, determinam a integração nacional através dos tempos; politicamente sustentável ao aprofundar a democracia e garantir o acesso e a participação de todos nas decisões de ordem pública. Este novo estilo de desenvolvimento tem por norte uma nova ética do desenvolvimento, ética na qual os objetivos econômicos do progresso estão subordinados às leis de funcionamento dos sistemas naturais e aos critérios de respeito à dignidade humana e de melhoria da qualidade de vida das pessoas.

Naturalmente, não é intenção desses autores desmerecer o conceito de desenvolvimento sustentável formulado na Comissão Mundial sobre Meio Ambiente e Desenvolvimento. Entretanto, segundo o léxico gramatical, uma definição mais consistente precisa ser um enunciado que esclareça o sentido exato de um vocábulo ou de uma locução, mediante indicação de suas características genéricas e específicas, de seus objetivos, inserindo o vocábulo ou a locução no entendimento de determinado assunto. A precisão exigida elimina ou, pelo menos, diminui o risco de equívocos, ressaltando, todavia, que a equivocidade muitas vezes nasce do grau de entendimento de quem lê ou escuta algo.

Sendo assim, todos esses pré-requisitos adverbiais, preconizados por Guimarães (2001) para caracterizar o novo estilo, são delineados por Coimbra (2002, p.51) com a seguinte definição, a qual atende aos requisitos do léxico gramatical:

> Desenvolvimento é um processo contínuo e progressivo, gerado na comunidade e por ela assumido, que leva as populações a um crescimento global e harmonizado de todos os setores da sociedade, por meio do aproveitamento dos seus diferentes valores e potencialidades, de modo a produzir e distribuir os bens e serviços necessários à satisfação das necessidades individuais e coletivas do ser humano por meio de um aprimoramento técnico e cultural, e com o menor impacto ambiental possível.

É bem provável que essa definição analítica faça parte de outras tantas de igual peso semeadas pelos estudiosos da questão ambiental. Todavia, sua leitura permite várias ilações, e não passou despercebida a ausência do adjetivo sustentável, certamente omitido de forma intencional pelo autor. É possível que, em uma linha de coerência com o conteúdo expresso nessa definição, Coimbra (2002) manifeste a convicção de que o autêntico desenvolvimento humano só pode ser concebido como sustentável e, portanto, dispensa qualquer qualificativo; isso porque deve conter em si as características e os objetivos a ele inerentes e que são a sua razão de existir; ou seja, contém em si os meios de erradicar a pobreza, de elevar a receita e de intensificar as oportunidades de emprego, dentro do maior respeito para com o meio ambiente natural ou artificial. Se não houver esses ingredientes, o desenvolvimento servirá para escamotear o mero crescimento econômico que não agrega os valores sociais e ecológicos e cujas consequências o povo sente na própria pele.

Cabe ainda salientar que esse enunciado abrange todos os elementos constitutivos do meio ambiente como sendo fatores integrantes da vida com qualidade, dando a entender que a garantia da sustentabilidade do presente traz subjacente a garantia da sustentabilidade das gerações futuras; não faz diferença temporal entre o presente e o futuro. Afinal, o futuro se baseia no presente. Se este se pautar pelo verdadeiro desenvolvimento, aquele necessariamente será o seu desdobramento.

Em 1987, ocasião em que foi publicado o *Nosso Futuro Comum*, a Comissão Mundial sobre Meio Ambiente e Desenvolvimento lançou uma campanha institucional com o *slogan*: "Pensar globalmente, agir localmente". Diga-se de passagem, esse mote tinha sido já empregado por Berkemüller (1984) em seu livro *Educación Ambiental sobre el Bosque Lluvoso,* uma publicação da International Union for Conservation of Nature (IUCN). Nessa oportunidade, Berkemüller estava vinculado ao Centro de Manejo de Áreas Silvestres Estratégicas, da Escuela de Recursos Naturales de la Universidad de Michigan (EUA).

A mensagem, evidente por si mesma, dizia respeito à importância da conscientização quanto aos problemas ambientais de abrangência global, no sentido de conduzir a ações práticas em âmbito local, ou seja, na realidade concreta em que cada cidadão vive.

As considerações e propostas que acompanharam até aqui o presente capítulo pretenderam ser subsídios teóricos que giravam em torno de um "pensar globalmente". Foram ponderações de caráter universal, no âmbito do planeta. Elas se prestam a uma tomada de consciência ecológica por parte de cada indivíduo que vive em qualquer quadrante da Terra.

Julga-se que o agir local possa ocorrer nos limites de uma cidade, por exemplo, onde esse indivíduo tem oportunidade de pôr em prática as suas convicções e seus conhecimentos de cunho ecológico.

Qualquer que seja a dimensão ou importância de uma cidade considerada uma organização político-administrativa de um país, é a *celula mater* do planeta Terra. O seu conceito nos remete à nossa condição de cidadãos, seja como homem e mulher do povo ou como administrador público, seja como profissional ou político; isto é, nos remete à condição daquele indivíduo que vive na cidade e com ela mantém – ou deveria manter – profundas relações de direito e dever como expressão maior do exercício da cidadania. Afinal, no dizer de Coimbra (2002), a cidade

> É o lugar que o Homem adotou para centro de convivência e trabalho, organizando nela o tempo e o espaço, como a cultura e a conveniência lhe inspiram, transformando-a intensamente – quase sempre de maneira desordenada – no seu ambiente.

EDUCAÇÃO AMBIENTAL E SUSTENTABILIDADE

É, pois, no seu ambiente que se encontram os elementos da natureza – água, ar, solo, seres bióticos e seres abióticos – que, submetidos à ação do próprio homem, constituem-se em um ecossistema artificial a ser necessariamente incluído na sustentabilidade do desenvolvimento.

Voltando, então, à tônica da importância do agir local, sabe-se que, se de uma lado existem problemas ambientais globais, como as mudanças climáticas, a escassez da água potável, a diminuição da camada de ozônio etc., por outro lado eles sempre têm repercussões locais, assim como tem repercussões locais uma série de problemas de âmbito regional. Entretanto, não é tarefa difícil constatar que a maioria dos problemas ambientais é de índole local que repercute diretamente na saúde e na qualidade de vida dos habitantes do lugar.

Atenção Primária Ambiental (2002) é o título de um pequeno manual que a Organização Pan-Americana da Saúde (Opas) lançou no Brasil no ano de 2002, com o propósito de apresentar os avanços alcançados na conceituação da atenção primária ambiental nos países das Américas. Traz um enfoque ao nível local no desenvolvimento de uma estratégia que leva a sociedade civil e as organizações locais a conhecerem, identificarem e solucionarem problemas ambientais que prejudicam a saúde, limitando, por consequência, a qualidade de vida e o desenvolvimento sustentável (Opas, 2002).

Problemas urbanos e problemas rurais, classificação trazida pelo manual, são velhos conhecidos de todos.

- Problemas do espaço urbano: poluição atmosférica, degradação acústica, poluição das águas e carência de água potável e de rede de esgoto, resíduos sólidos (industriais e domiciliares), uso indevido do solo, vetores de doenças, ruas sem pavimentação, segurança e qualidade dos alimentos, lixões, falta de áreas verdes, manejo inadequado de canais de drenagem, desastres naturais e emergências químicas.

- Problemas na área rural: falta de saneamento básico, manejos de resíduos, erosão, desmatamento e uso de agrotóxicos.

Todavia, mais importante do que apenas uma relação de problemas, o documento da Opas traz uma série de propostas práticas, bem como a ressalva de que a estratégia não pretende ser a solução de todos os problemas ambientais em âmbito local, porque, muitas vezes, requerem a participação de instâncias superiores.

De qualquer maneira, a comunidade que registra o documento pode oferecer as seguintes contribuições concretas:

- Elaboração de diagnósticos ambientais participativos (incluindo a avaliação de impacto ambiental).
- Apoio à fiscalização ambiental (cumprimento da legislação).
- Vigilância ambiental (denúncia e fiscalização primária de indústrias poluidoras, lugares de venda a varejo de alimentos etc.).
- Programa de manejo de resíduos (reciclagem, eliminação de lixo etc.).
- Elaboração de planos estratégicos participativos.
- Elaboração e execução de projetos.
- Campanhas de saúde pública e de educação ambiental (reciclagem, economia de energia, controle de vetores etc.).
- Ações preventivas (desastres naturais e emergências químicas).
- Ações de manejo ambiental (preservação de áreas protegidas, proteção e conservação da fauna e da flora etc.).
- Campanhas de reflorestamento, construção e cuidado de áreas verdes e locais de lazer.
- Planos e programas de conservação de espécies.
- Controle da erosão do solo.

Além disso, conclui o manual, "a comunidade pode participar de outras ações ambientais de caráter mais complexo, com a coordenação, apoio e orientação de profissionais ou organismos técnicos".

Estariam essas ações propostas pela Opas fora do alcance de todos, talvez incluídas no catálogo das ideias utópicas?

Utopia é o título de um livro escrito pelo humanista Thomas Morus (1477-1535), chanceler da Inglaterra no reinado de Henrique VIII que, por sinal, mandou matá-lo porque se opunha aos desejos do monarca de interferir junto ao papa para anular seu casamento.

O nome do livro é uma referência a uma ilha imaginária, com um sistema sociopolítico ideal. Por extensão, utopia passou a designar, segundo o dicionário *Houaiss* da língua portuguesa, "qualquer descrição imaginativa de uma sociedade ideal, fundamentada em leis justas e em instituições político-econômicas verdadeiramente comprometidas com o bem-estar da coletividade".

Qualquer cidadão, e principalmente o educador, pertence à espécie daqueles que se envolvem com as questões ambientais entrando pela porta da utopia, e não pela porta dos negócios e das oportunidades. E isso faz a diferença no processo do desenvolvimento sustentável e na implantação de um novo paradigma, de uma nova ordem econômica e social no mundo e no Brasil da pós-modernidade.

Pelo menos deve-se atualmente chegar perto de uma "ilha" utópica, não necessariamente para nosso usufruto, mas, necessariamente, para usufruto da geração do futuro.

Shiva (1989) encerrou sua conferência na Convenção Científica Internacional com o lúcido pensamento de um ancião americano que dizia que o dinheiro não é conversível em vida: "apenas quando você tiver cortado a última árvore, pescado o último peixe e poluído o último rio, vai descobrir que não pode comer dinheiro".

REFERÊNCIAS

AL GORE. *A Terra à procura do equilíbrio: ecologia e espírito humano*. Trad. Isabel Nunes. Lisboa: Presença, 1993.

BERKEMÜLLER, R. *Educación ambiental sobre el bosque lluvoso*. Ann Arbor: IUCN, 1984.

CAPRA, F. *O ponto de mutação: a ciência, a sociedade e a cultura emergente*. São Paulo: Cultrix, 1982.

[CIMA] COMISSÃO INTERMINISTERIAL PARA PREPARAÇÃO DA CONFERÊNCIA DAS NAÇÕES UNIDAS SOBRE MEIO AMBIENTE E DESENVOLVIMENTO. *O desafio do desenvolvimento sustentável: relatório do Brasil para a Conferência das Nações Unidas sobre Meio Ambiente e Desenvolvimento*. Brasília (DF), 1991.

[CNUMAD] CONFERÊNCIA DAS NAÇÕES UNIDAS SOBRE MEIO AMBIENTE E DESENVOLVIMENTO. *Agenda 21*. 2.ed. Brasília (DF): Senado Federal, 1997.

COIMBRA, J.A. *O outro lado do meio ambiente*. Campinas: Millenium, 2002.

DIAZ, A.P. *A educação ambiental como projeto*. 2.ed. Trad. Fátima Murad. Porto Alegre: Artmed, 2002.

GUIMARÃES, R.P. A ética da sustentabilidade e a formulação de políticas de desenvolvimento. In: VIANA, G.; SILVA, M.; DINIZ, N. (orgs.) *O desafio da sustentabilidade: um debate socioambiental no Brasil*. São Paulo: Fundação Perseu Abramo, 2001.

LEFF, E. *Saber ambiental: sustentabilidade, racionalidade, complexidade, poder.* Trad. Lúcia Mathilde E. Orth. Petrópolis: Vozes, 2001.

MACNEILL, J.; WINSEMIUS, P.; YAKUSHIJI, T. *Para além da interdependência.* Trad. Álvaro Cabral. Rio de Janeiro: Jorge Zahar, 1992.

[OPAS] ORGANIZAÇÃO PAN-AMERICANA DA SAÚDE. *Atenção primária à saúde (APA).* Washington (DC), 2002.

REVISTA TERRA. Denúncia do leitor. *Revista Terra,* jul./2002, Editora Peixes, São Paulo.

SACHS, I. *Desenvolvimento e direitos humanos.* Alagoas: Universidade Federal de Alagoas, 2000. (Série Sustentabilidade em Questão)

SEARA FILHO, G. Apontamentos de introdução à educação ambiental. In: *Ambiente Revista Cetesb de Tecno*logia, São Paulo, v.1, n.1, p.40-44, 1987.

SHIVA, V. *Os novos limites físicos, sociais e éticos do desenvolvimento.* Trad. Maria Paula Miranda. Siena, 1989. [Apostila da aula magna proferida na Universidade Convenção Científica Universal, 1989 out 31- nov 2; Siena (IT)].

[UICN/PNUMA/WWF] UNIÃO INTERNACIONAL PARA A CONSERVAÇÃO DA NATUREZA; PROGRAMA DAS NAÇÕES UNIDAS PARA O MEIO AMBIENTE; FUNDO MUNDIAL PARA A NATUREZA. *Cuidando do planeta Terra.* São Paulo, 1992.

Evolução da Legislação Ambiental no Brasil: Políticas de Meio Ambiente, Educação Ambiental e Desenvolvimento Urbano

12

Elvino Antonio Lopes Rivelli
Advogado, Rivelli Advogados

A matéria ambiental, pode-se dizer sem medo de errar, foi uma das que promoveram uma mudança mais radical e importante no mundo moderno. Ela foi a responsável pela modificação das percepções do mundo, fazendo com que o homem atual despertasse para a grande verdade: a natureza é finita e o uso sem escrúpulos dos recursos ambientais ameaça a vida humana, repetindo-se, por óbvio, o que aconteceu com alguns dos povos da Antiguidade.

EVOLUÇÃO HISTÓRICA NO BRASIL

No Brasil, desde o século XIX, já existiam legislações que disciplinavam o meio ambiente no mundo do Direito. Pode-se citar, como exemplo, a Lei n. 1, de 1º de outubro de 1828, que já tecia considerações de cunho ambiental e atribuía à polícia o dever de zelar pelos poços, tanques, fontes, aquedutos, chafarizes e quaisquer outras construções de benefício comum dos habitantes, bem como a plantação de árvores para preservação de seus limites à comodidade dos viajantes.

Tais legislações obedeciam às peculiaridades da época e todas visavam à proteção da saúde. Assim é que, só em São Paulo, se encontram referências de cunho eminentemente ambiental nas seguintes legislações:

- Lei n. 18, de 9 de abril de 1835.
- Posturas da Vila de Serra Negra, de 18 de abril de 1863.
- Posturas n. 100 da Cidade de Sorocaba, datada de 28 de abril de 1865.
- Lei Provincial de Itapetininga – Resolução n. 38, de 10 de abril de 1866.
- Posturas de São Bento de Sapucahy Mirim – Resolução n. 41, de 26 de julho de 1867.
- Posturas de Santos – Resolução n. 103, de 3 de maio de 1870.
- Posturas de Pirassununga – Resolução n. 89, de 2 de maio de 1871.
- Posturas de São Vicente – Resolução n. 10, de 5 de fevereiro de 1878.
- Lei Provincial de Sorocaba – Resolução n. 6, de 24 de março de 1880.
- Posturas de Caçapava – Resolução n. 35, de 18 de junho de 1884.

Os legisladores da época impunham toda a sorte de restrições, por exemplo, que as roupas dos hospitais somente poderiam ser lavadas nos pontos mais baixos dos rios, no local em que os habitantes da região não mais se serviriam daquelas águas. Previam, ainda, que os animais, meio de transporte da época, eram proibidos de matar a sede nas fontes cujas águas fossem utilizadas para consumo humano.

Os resíduos eram igualmente proibidos de serem dispostos ou armazenados, junto às fontes próprias para o consumo humano.

Outra característica da legislação da época e que durou até o final do Império, é que os problemas que afetavam a saúde pública eram tratados somente por médicos e inspetores, profissionais que nas vilas e cidades cuidavam da parte preventiva e curativa da saúde da população. Em São Paulo, na década de 1950, por exemplo, ainda vigorava a prática dos inspetores da saúde vistoriarem preventivamente as residências, para verificar as condições sanitárias do local.

Posteriormente, com o advento do Brasil República, as medidas de proteção à saúde demandavam a estruturação de órgãos próprios. Fruto de tal conceito foi a organização do Serviço Sanitário do Estado de São Paulo, por meio da Lei n. 12, de 28 de outubro de 1891. Quase quatro anos após, em 2 de março de 1894, foi publicado o Decreto n. 233, que criou o Código Sanitário do Estado de São Paulo, legislação que, em seu art. 311, pela primeira vez, utilizou a palavra poluição: "a água destinada aos usos domésticos deverá ser potável e inteiramente insuspeita de poluição".

O referido código já tecia regras específicas às fábricas e oficinas, classificando-as como incômodas, perigosas e insalubres (aquelas que poderiam modificar negativamente o meio sanitário) e a possibilidade de sua permanência junto aos núcleos habitacionais.

Desde aquela época já se previa a relocalização das fábricas que não pudessem exercer suas funções próximas às habitações, sendo, portanto, obrigadas a se transferirem a, pelo menos, dois mil metros de distância do núcleo habitacional. Como se vê, desde 1894, a legislação não confere o direito adquirido em se tratando de matéria ambiental, e isso porque a ninguém é permitido poluir (Política Nacional do Meio Ambiente – PNMA). Infelizmente, o poder público da época, ao exigir que as fábricas incompatíveis fossem relocalizadas por força do incômodo que causavam com o seu funcionamento, não se preocupou com o zoneamento, permitindo, assim, que outros núcleos habitacionais fossem criados no entorno dos mesmos empreendimentos incômodos e insalubres, culminando com nova relocalização quando o problema já se tornava insuportável.

Outra peculiaridade no código sanitário de 1894 é quanto aos esgotos e o seu lançamento em cursos d'água: previa aquela legislação que, na falta de canalização de esgotos, os resíduos poderiam ser lançados nos rios, porém, depois de purificados, ainda que os recursos técnicos existentes à época fossem insuficientes ou mesmo inexistentes para certos tipos de resíduos.

Interessante notar, também, que o legislador exigia que o lançamento dos esgotos deveria ser sempre no meio do rio, onde a corrente é mais forte e à jusante da população, para permitir o processo de autodepuração.

Com o passar do tempo, com os problemas ambientais se agravando a cada dia, a consciência ambientalista foi se fazendo mais presente no país. O poder público, por força da legislação da época – aliada aos problemas de degradação e destruição significativa do meio ambiente –, começou a se estruturar e modernas legislações começaram a surgir, recolhendo em uma única norma todas as regras relativas ao meio ambiente (água, ar e solo).

EVOLUÇÃO HISTÓRICA EM SÃO PAULO

Assim, em 31 de maio de 1976, no estado de São Paulo, foi publicada a Lei n. 997, que conferiu à Companhia de Tecnologia de Saneamento Ambiental (Cetesb)[1], órgão delegado do governo do estado, o poder de polícia administrativo para exercer o controle preventivo e corretivo das fontes de poluição das águas, do ar e do solo, definindo como poluição a presença, o lançamento ou a liberação de toda e qualquer forma de energia nas águas, no ar e no solo em desconformidade com os padrões estabelecidos ou que causem inconvenientes ao bem-estar público, danos a flora e fauna, e materiais que possam ser impróprios, nocivos ou ofensivos à saúde, prejudiciais ao uso e gozo da propriedade e às atividades normais da comunidade.

Trata-se efetivamente da primeira legislação brasileira que procurou integrar, em uma só regra jurídica, toda a preocupação com o controle da poluição das águas, do ar e do solo, além de fixar padrões específicos.

Sua regulamentação, aprovada pelo Decreto n. 8.468, de 08 de setembro de 1976, define, ainda, que por poluição se entende toda obra, atividade, instalações, empreendimentos, processos, dispositivos, móveis ou imóveis, meios de transporte que, direta ou indiretamente, causem ou possam causar poluição ao meio ambiente. Além disso, exige que todas as fontes poluidoras enumeradas em seu art. 57 sejam submetidas ao prévio licenciamento ambiental, que deverá ser renovado. São elas:

- Atividades de extração e tratamento de minerais, excetuando-se as caixas de empréstimo.

- Atividades industriais e de serviços, elencadas no anexo 5.

- Operação de jateamento de superfícies metálicas ou não metálicas, excluídos os serviços de jateamento de prédios ou similares.

- Sistemas de saneamento, a saber:
  - Sistemas autônomos públicos ou privados de armazenamento, transferência, reciclagem, tratamento e disposição final de resíduos sólidos.
  - Sistemas autônomos públicos ou privados de armazenamento, afastamento, tratamento, disposição final e reúso de efluentes líquidos, exceto os implantados em residências unifamiliares.

---

[1] A Cetesb teve sua denominação alterada para Companhia Ambiental do Estado de São Paulo, pela Lei n. 13.542, de 8 de maio de 2009, assumindo ainda todas as atribuições até então executadas pela Secretaria de Estado do Meio Ambiente (SMA), como autorizar a supressão de vegetação e intervenções em áreas de preservação permanente e outras ambientalmente protegidas; emitir licenças de localização relativas ao zoneamento industrial metropolitano, entre outras.

- Sistemas coletivos de esgotos sanitários:
  - elevatórias.
  - estações de tratamento.
  - emissários submarinos e subfluviais.
  - disposição final.
- Estações de tratamento de água.
- Usinas de concreto e concreto asfáltico, inclusive instaladas transitoriamente, para efeito de construção civil, pavimentação e construção de estradas e de obras de arte.
- Hotéis e similares que queimem combustível sólido ou líquido.
- Atividades que utilizem incinerador ou outro dispositivo para queima de lixo e materiais, ou resíduos sólidos, líquidos ou gasosos, inclusive os crematórios.
- Serviços de coleta, armazenamento, transporte e disposição final de lodos ou materiais retidos em unidades de tratamento de água, esgotos ou de resíduos industriais.
- Hospitais, inclusive veterinários, sanatórios, maternidades e instituições de pesquisas de doenças.
- Todo e qualquer loteamento ou desmembramento de imóveis, condomínios horizontais ou verticais e conjuntos habitacionais, independentemente do fim a que se destinam.
- Cemitérios horizontais ou verticais.
- Comércio varejista de combustíveis automotivos, incluindo postos revendedores, postos de abastecimento, transportadores revendedores retalhistas e postos flutuantes.
- Depósito ou comércio atacadista de produtos químicos ou de produtos inflamáveis.
- Termoelétricas.

A nova redação do citado art. 57 do Regulamento da Lei n. 997/76, aprovado pelo Decreto n. 8.468/76, excluiu de seu licenciamento os condomínios verticais localizados fora dos municípios litorâneos, cuja implantação não implique na abertura de vias internas de circulação.

Permitiu, ainda, à Cetesb definir critérios para dispensar do licenciamento os condomínios horizontais e verticais com fins residenciais, inclusive aqueles situados na zona litorânea, considerando o número de unidades a serem implantadas e os sistemas de coleta e tratamento de efluentes a serem adotados.

Outra novidade introduzida na legislação ora examinada é que as fontes poluidoras relacionadas no Anexo 9 do mencionado regulamento poderão submeter-se apenas ao licenciamento ambiental procedido pelo município, desde que este tenha implementado o Conselho Municipal de Meio Ambiente e possua, em seus quadros ou à sua disposição, profissionais habilitados, além de obrigatoriamente ter legislação ambiental específica em vigor[2].

Com tal possibilidade, o estado poderá preocupar-se mais com os grandes poluidores, além de chamar os municípios à parceria, o que sem dúvida será um grande ganho sob a ótica ambiental.

Impõe, também, ao infrator de suas disposições, penalidades cada vez mais gravosas:

- Advertência.
- Multa (que varia conforme sua gravidade, de 10 até 10.000 vezes o valor da Ufesp – Unidade Fiscal do Estado de São Paulo).
- Multa diária.
- Interdição temporária ou definitiva da fonte poluidora.
- Suspensão de financiamentos ou benefícios fiscais.

Definiu que responderá pela infração quem, por qualquer modo, a cometer, concorrer para sua prática ou dela se beneficiar.

POLÍTICA NACIONAL DO MEIO AMBIENTE

A Lei n. 6.938 foi publicada em 31 de agosto de 1981 e dispõe sobre a PNMA, seus fins e mecanismos de formulação e aplicação. Nela encontram-se os mesmos princípios adotados anteriormente para o estado de

---

[2] A partir de 2010, a Cetesb implantou o Sistema de Licenciamento Simplificado (Silis), que é informatizado e apoiado na certificação digital. Nele é possível obter licenciamento ambiental de empreendimentos de baixo potencial poluidor via internet, sendo emitido um único documento em vez das licenças prévias, de instalação e operação, inclusive sua renovação.

São Paulo, porém, com termos mais amplos e gerais, visando compatibilizar a matéria ambiental para todo o país. Desta feita, meio ambiente foi definido como sendo o conjunto de condições, leis, influências e interações de ordem física, química e biológica que permite, abriga e rege a vida em todas as suas formas, além de ter introduzido a expressão "degradação da qualidade ambiental", definindo-a como a alteração adversa das características do meio ambiente.

A PNMA tem por objetivo a preservação, a melhoria e a recuperação da qualidade ambiental propícia à vida, visando a assegurar, no país, condições ao desenvolvimento socioeconômico, aos interesses da segurança nacional e à proteção da dignidade da vida humana, atendidos os seguintes princípios:

- Ação governamental na manutenção do equilíbrio ecológico, considerando o meio ambiente um patrimônio público a ser necessariamente assegurado e protegido, tendo em vista o uso coletivo.
- Racionalização do uso do solo, do subsolo, da água e do ar.
- Planejamento e fiscalização do uso dos recursos ambientais.
- Proteção dos ecossistemas, com a preservação de áreas representativas.
- Controle e zoneamento das atividades potencial ou efetivamente poluidoras.
- Incentivos ao estudo e à pesquisa de tecnologias orientadas para o uso racional e a proteção dos recursos ambientais.
- Acompanhamento do estado da qualidade ambiental.
- Recuperação de áreas degradada.
- Proteção de áreas ameaçadas de degradação.
- Educação ambiental a todos os níveis do ensino, inclusive a educação da comunidade, objetivando capacitá-la para participação ativa na defesa do meio ambiente.

Para a PNMA é considerado poluidor toda pessoa física ou jurídica, de direito público ou privado, responsável, direta ou indiretamente, por atividade causadora de degradação ambiental. Além disso, é obrigado, independentemente de culpa, a indenizar ou reparar os danos causados ao meio ambiente (responsabilidade objetiva).

EDUCAÇÃO AMBIENTAL E SUSTENTABILIDADE

Confere ao Ministério Público da União e dos estados a legitimidade para propor ação de responsabilidade civil e criminal por danos causados ao meio ambiente.

No que tange à matéria penal ambiental, previa em seu art. 15 (revogado pela Lei Federal n. 9.605, de 12 de fevereiro de 1.998 – Lei de Crimes Ambientais) que o poluidor que expusesse a perigo a incolumidade humana, animal ou vegetal, ou estivesse tornando mais grave a situação de perigo existente, ficaria sujeito à pena de reclusão de um a três anos e multa de 100 a 1.000 vezes o maior valor de referência (MVR) da época.

Na legislação paulista, o valor da penalidade é dobrado, desde que:

- Resulte em dano irreversível à fauna, à flora e ao meio ambiente.
- Resulte em lesão corporal grave.
- A poluição seja decorrente de atividade industrial ou de transporte.
- Se o crime for praticado à noite, em domingo ou feriado.

Previu, ainda, que incorreria no mesmo crime a autoridade competente que deixasse de promover as medidas tendentes a impedir a prática das condutas anteriormente descritas.

Criou o Conselho Nacional do Meio Ambiente (Conama) (arts. 6º, II, e 8º), cuja finalidade é assessorar, estudar e propor ao Conselho de Governo, diretrizes de políticas governamentais para o meio ambiente e os recursos naturais e deliberar, no âmbito de sua competência, sobre normas e padrões compatíveis com o meio ambiente ecologicamente equilibrado e essencial à sadia qualidade de vida. Compete, ainda, ao Conama, estabelecer normas e padrões gerais que poderão ser suplementados pelos estados (Constituição Federal – art. 24, §§ 1º e 2º).

São instrumentos da PNMA (art. 9º):

- O estabelecimento de padrões de qualidade ambiental.
- O zoneamento ambiental.
- A avaliação de impactos ambientais.
- O licenciamento e a revisão de atividades efetiva ou potencialmente poluidoras.
- Os incentivos à produção e à instalação de equipamentos e a criação ou absorção de tecnologia, voltados para a melhoria da qualidade ambiental.

EVOLUÇÃO DA LEGISLAÇÃO AMBIENTAL NO BRASIL | **343**

- A criação de espaços territoriais especialmente protegidos pelo poder público federal, estadual e municipal, tais como áreas de proteção ambiental, de relevante interesse ecológico e reservas extrativistas.
- O sistema nacional de informações sobre o meio ambiente.
- O Cadastro Técnico Federal de atividades e instrumentos de defesa ambiental.
- As penalidades disciplinares ou compensatórias ao não cumprimento das medidas necessárias à preservação ou correção da degradação ambiental.
- A instituição do Relatório de Qualidade do Meio Ambiente, a ser divulgado anualmente pelo Instituto Brasileiro do Meio Ambiente e dos Recursos Naturais Renováveis – Ibama.
- A garantia da prestação de informações relativas ao meio ambiente, obrigando-se o poder público a produzi-las, quando inexistentes.
- O Cadastro Técnico Federal de atividades potencialmente poluidoras e/ou utilizadoras dos recursos ambientais.

Quanto aos pedidos de licenciamento, sua renovação e a respectiva concessão (art. 10), a PNMA impôs que serão publicados no Diário Oficial do estado e em periódico regional ou local de grande circulação, para permitir que a população vizinha e contrária à instalação e operação do empreendimento possa defender-se.

É importante destacar que essas legislações, como a maioria das legislações ambientais brasileiras, foram criadas sob a égide de constituições federais que se preocupavam apenas com a proteção à saúde. No entanto, tal fato não proibiu a edição de outras importantes legislações, como Código Florestal, Código de Saúde Pública, Código das Águas e Código da Pesca, marcos fundamentais na questão legal do meio ambiente. Somente em 1988, com a atual Constituição, o tema foi tratado deliberadamente, preenchendo uma lacuna, alvo de críticas de vários juristas com relação às legislações ambientais existentes até então, além de ter recepcionado, quase na sua totalidade, a Lei federal n. 6.938/81 – Política Nacional do Meio Ambiente, bem como as demais legislações ambientais. Importante observar também que a Constituição assumiu o tratamento da matéria em termos amplos e modernos, abordando-a não somente no título "Da Ordem Social" (Capítulo VI do Título VIII), art. 225, mas fazendo referências ambientais em vários outros de seus artigos.

POLÍTICA NACIONAL DE EDUCAÇÃO AMBIENTAL

Após seis anos aguardando ser votada, em 27 de abril de 1999, foi sancionada a Lei federal n. 9.795, que instituiu a Política Nacional de Educação Ambiental (PNEA), dispondo sobre o art. 225, VI, da Constituição Federal, no qual está previsto que incumbe ao poder público promover a educação ambiental (EA) em todos os níveis de ensino e a conscientização pública para a preservação do meio ambiente.

Não resta dúvida que somente por meio da conscientização e respectiva ação transformadora a questão ambiental será mais sedimentada, ganhando mais e mais adeptos. E, como grande aliada, a educação ambiental, complementando as disposições legais previstas na PNMA (art. 2º, X) é a melhor ferramenta ao alcance de todos, razão pela qual deverá ser incentivada e implementada em todos os meios possíveis.

Obviamente, só a existência da legislação não é garantia de nenhuma mudança efetiva na ordem das coisas. Mas, ao mesmo tempo, é necessário frisar que a lei pode facilitar e reforçar iniciativas e ações de mudança efetiva. É nesse sentido que a PNEA deve ser apreciada, como um instrumento útil ao desenvolvimento das atividades de educação ambiental presentes e futuras. Cabe aos agentes dessas ações a dupla tarefa simultânea de zelar pelo cumprimento da referida lei e propiciar as alterações que venham a suprir suas carências.

Em seu art. 1º define que a EA compreende os processos por meio dos quais o indivíduo e a coletividade constroem valores sociais, conhecimentos, habilidades, atitudes e competências voltadas para a conservação do meio ambiente, que é bem de uso comum do povo e essencial à sadia qualidade de vida e sua sustentabilidade.

Como nas demais legislações ambientais já citadas, a PNEA prevê que compete ao poder público (art. 3º, I):

a) Definir as políticas públicas que incorporem a dimensão ambiental.
b) Promover a educação ambiental em todos os níveis de ensino.
c) Além de promover o engajamento da sociedade na conservação, recuperação e melhoria do meio ambiente.

No que diz respeito à educação ambiental, definiu, também, que cabe às instituições educativas promover a EA de maneira integrada aos programas educacionais que desenvolvem (art. 3º, II).

EVOLUÇÃO DA LEGISLAÇÃO AMBIENTAL NO BRASIL | 345

E, demonstrando que a conscientização por meio da educação deverá envolver todos, indistintamente, previu que às empresas, às entidades de classe, às instituições públicas e privadas caberá promover programas destinados à capacitação dos trabalhadores, visando à melhoria e ao controle efetivo sobre o ambiente de trabalho, bem como sobre as repercussões do processo produtivo no meio ambiente (art. 3º, V). Instituiu a PNEA (art. 6º) definindo seus objetivos fundamentais, como o desenvolvimento de uma compreensão integrada do meio ambiente em suas múltiplas e complexas relações, que envolvem aspectos ecológicos, psicológicos, legais, políticos, sociais, econômicos, científicos, culturais e éticos, bem como o incentivo à participação individual e coletiva, permanente e responsável, na preservação do equilíbrio do meio ambiente, entendendo-se a defesa da qualidade ambiental como valor inseparável do exercício da cidadania (art. 5º).

Reconheceu a educação ambiental como componente essencial e permanente da educação nacional, distinguindo juntamente a seu caráter formal o caráter não formal, ou seja, a educação ambiental não oficial que já vinha sendo praticada por educadores, por pessoas de várias áreas de atividades e mesmo entidades, obrigando o poder público em todas as suas esferas a incentivá-la (arts. 3º e 13).

Determinou, ainda, que cabe aos estados, Distrito Federal e municípios, na esfera de sua competência e áreas de sua jurisdição, definir diretrizes, normas e critérios para a EA dentro das diretrizes da PNEA (art. 16). Isso quer dizer que os entes públicos deverão implementar suas políticas de educação ambiental por meio de leis locais e programas específicos.

Como um dos objetivos da educação ambiental é disseminar a defesa da qualidade ambiental como um valor inseparável do exercício da cidadania, é necessário que todos os setores sociais sejam envolvidos nos programas, projetos e atividades promovidos em seu nome.

O único ponto discordante do texto legal aqui tratado está disposto no art. 10 da PNEA, que excluiu a implantação da EA como disciplina específica no currículo de ensino, facultando a sua criação somente para os cursos de pós-graduação, quando se fizer necessário (§§ 1º e 2º).

O legislador optou pela criação da disciplina somente para os cursos de pós-graduação pelo fato de que, embora desde cedo a consciência ambiental do cidadão brasileiro deva ser formada, isso ocorrerá primeiro na família e depois na escola, devendo ser incorporada como filosofia de vida.

Hoje em dia, considerando a preocupação ambiental em todo o mundo, entende-se que tal disposição deveria ser revista; nesse caso, a melhor forma de conseguir o desenvolvimento da consciência ambiental seria unir esforços com os educadores em todos os níveis de ensino, e não apenas nos cursos de pós-graduação, haja vista que, se for moldando a criança desde cedo, mais positiva será sua cooperação e disseminação da filosofia ambientalista, não só na família como também na sociedade. É sabido que os exemplos aprendidos pela criança desde cedo nas escolas agregam frutos positivos para o restante da vida do cidadão.

A regulamentação da lei deu-se por meio do Decreto n. 4.281, de 25 de junho de 2002, o qual criou o órgão gestor previsto no art. 14 da PNEA, definindo sua responsabilidade pela coordenação da PNEA e estabelecendo que os Ministros de Estado do Meio Ambiente e da Educação serão os responsáveis pela sua direção.

Criou, também, um comitê assessor para assessorar o órgão gestor, integrado por um representante dos seguintes órgãos, entidades ou setores (art. 4º):

- Setor educacional-ambiental, indicado pelas Comissões Estaduais Interinstitucionais de Educação Ambiental.
- Setor produtivo patronal, indicado pelas Confederações Nacionais da Indústria, do Comércio e da Agricultura, garantida a alternância.
- Setor produtivo laboral, indicado pelas Centrais Sindicais, garantida a alternância.
- Organizações não governamentais que desenvolvam ações em educação ambiental, indicado pela Associação Brasileira de Organizações não Governamentais – Abong.
- Conselho Federal da Ordem dos Advogados do Brasil – OAB.
- Municípios, indicado pela Associação Nacional dos Municípios e Meio Ambiente – Anamma.
- Sociedade Brasileira para o Progresso da Ciência – SBPC.
- Conselho Nacional do Meio Ambiente – Conama, indicado pela Câmara Técnica de Educação Ambiental, excluindo-se os já representados neste Comitê.
- Conselho Nacional de Educação – CNE.
- União Nacional dos Dirigentes Municipais de Educação – Undime.
- Instituto Brasileiro do Meio Ambiente e dos Recursos Naturais Renováveis – Ibama.

- Associação Brasileira de Imprensa – ABI.
- Associação Brasileira de Entidades Estaduais de Meio Ambiente – Abema.

Previu acertadamente que a participação dos representantes no comitê assessor não enseja qualquer tipo de remuneração, sendo considerado serviço de relevante interesse público, podendo, ainda, o órgão gestor solicitar assessoria de órgãos, instituições e pessoas de notório saber, na área de sua competência, em assuntos que necessitem de conhecimento específico.

ESTATUTO DA CIDADE

Regulamentando os arts. 182 e 183 da Constituição Federal, foi publicada a Lei Federal n. 10.257, em 10 de junho de 2001, também conhecida como Estatuto da Cidade, estabeleceu diretriz geral da política urbana, uma vez que a Constituição de 1988, pela primeira vez na história constitucional do país, dedicou um capítulo específico à política urbana.

Na essência, o texto constitucional elege o plano diretor como paradigma do cumprimento da função social da propriedade, mas represa sua eficácia quando remete a fixação das diretrizes da política e a aplicação de penalidades à regulamentação em lei federal. É isso que faz o Estatuto da Cidade: dotar o poder público de base legal para as ações dos governos locais.

Constitui-se, dessa forma, um avanço social sem precedentes, que tem por finalidade promover o planejamento urbano de forma sustentável, tendo como objetivo principal a qualidade de vida das pessoas que moram em aglomerados urbanos e em cidades com mais de vinte mil habitantes, bem como busca a proteção ambiental como forma de melhorar a qualidade de vida nesses núcleos urbanos.

A construção do Estatuto da Cidade foi longa e difícil, entretanto, nele estão garantidos princípios há muito desejados. Reuniu importantes instrumentos urbanísticos, tributários e jurídicos que podem garantir efetividade ao plano diretor, responsável pelo estabelecimento da política urbana na esfera municipal e pelo pleno desenvolvimento das funções sociais da cidade e da propriedade urbana, como preconiza o art. 182 da Constituição Federal.

O município, enquanto poder público, com o advento do Estatuto da Cidade, assume importante papel, adquire a função de protagonista por ser o principal responsável pela formulação, implementação e avaliação permanentes de sua política urbana, estabelecida no plano diretor, visando garantir, a todos, o direito à cidade e a justa distribuição dos benefícios e ônus decorrentes do processo de urbanização.

Reservou, ainda, à sociedade, novo papel, uma vez que está convocada a examinar com atenção suas práticas e, ao revê-las, consagrar renovados comportamentos e ações. Ao viver e participar ativamente do que exigiu constar em lei, aprovada por seus representantes, estará avaliando continuamente sua aplicação para reforçar suas virtudes e corrigir os possíveis defeitos da legislação ora estabelecida. O processo é permanente, em especial por se tratar de instrumentos previstos pela lei que sejam aplicados em cidades, considerados organismos dinâmicos. O Estatuto da Cidade é, portanto, a esperança de mudança positiva no cenário urbano, pois reforça a atuação do poder público local com poderosos instrumentos que, se utilizados com responsabilidade, permitirão ações consequentes para a solução ou minimização dos graves problemas observados nas atuais cidades brasileiras.

Como finalidade principal, o Estatuto da Cidade regula o uso da propriedade urbana em prol do bem coletivo, da segurança e do bem-estar dos cidadãos, procurando, ainda, o equilíbrio ambiental (art. 1º, parágrafo único).

Seu art. 2º estabelece várias diretrizes para a consecução da política urbana. São elas:

- Garantia do direito à cidade sustentável, entendido como o direito à terra urbana, à moradia, ao saneamento ambiental, à infraestrutura urbana, ao transporte e aos serviços públicos, ao trabalho e ao lazer, para as presentes e futuras gerações.

- Gestão democrática por meio da participação da população e de associações representativas dos vários segmentos da comunidade na formulação, execução e acompanhamento de planos, programas e projetos de desenvolvimento urbano.

- Cooperação entre os governos, a iniciativa privada e os demais setores da sociedade no processo de urbanização, em atendimento ao interesse social.

- Planejamento do desenvolvimento das cidades, da distribuição espacial da população e das atividades econômicas do município e do território sob sua área de influência, de modo a evitar e corrigir as distorções do crescimento urbano e seus efeitos negativos sobre o meio ambiente.

EVOLUÇÃO DA LEGISLAÇÃO AMBIENTAL NO BRASIL | **349**

- Oferta de equipamentos urbanos e comunitários, transporte e serviços públicos adequados aos interesses e necessidades da população e às características locais.
- Ordenação e controle do uso do solo, de forma a evitar:
  - Utilização inadequada dos imóveis urbanos.
  - A proximidade de usos incompatíveis ou inconvenientes.
  - O parcelamento do solo, a edificação ou o uso excessivos ou inadequados em relação à infraestrutura urbana.
  - A instalação de empreendimentos ou atividades que possam funcionar como polos geradores de tráfego, sem a previsão da infraestrutura correspondente.
- A retenção especulativa de imóvel urbano, que resulte na sua subutilização ou não utilização.
- A deterioração das áreas urbanizadas.
- A poluição e a degradação ambiental.
- Integração e complementaridade entre as atividades urbanas e rurais, tendo em vista o desenvolvimento socioeconômico do município e do território sob sua área de influência.
- Adoção de padrões de produção e consumo de bens e serviços e de expansão urbana compatíveis com os limites da sustentabilidade ambiental, social e econômica do município e do território sob sua área de influência.
- Justa distribuição dos benefícios e ônus decorrentes do processo de urbanização.
- Adequação dos instrumentos de política econômica, tributária e financeira e dos gastos públicos aos objetivos do desenvolvimento urbano, de modo a privilegiar os investimentos geradores de bem-estar geral e a fruição dos bens pelos diferentes segmentos sociais.
- Recuperação dos investimentos do poder público de que tenha resultado a valorização de imóveis urbanos.
- Proteção, preservação e recuperação do meio ambiente natural e construído, do patrimônio cultural, histórico, artístico, paisagístico e arqueológico; audiência do poder público municipal e da população interessada nos processos de implantação de empreendimentos ou atividades com efeitos potencialmente negativos sobre o meio ambiente natural ou construído, o conforto ou a segurança da população.

350 EDUCAÇÃO AMBIENTAL E SUSTENTABILIDADE

- Regularização fundiária e urbanização de áreas ocupadas por população de baixa renda mediante o estabelecimento de normas especiais de urbanização, uso e ocupação do solo e edificação, consideradas a situação socioeconômica da população e as normas ambientais.

- Simplificação da legislação de parcelamento, uso e ocupação do solo e das normas edilícias, com vistas a permitir a redução dos custos e o aumento da oferta dos lotes e unidades habitacionais.

- Isonomia de condições para os agentes públicos e privados na promoção de empreendimentos e atividades relativos ao processo de urbanização, atendido o interesse social.

Um grande passo em matéria urbanística previsto na Lei Federal n. 10.257/2001 é que a cidade crescerá de acordo com a vontade da maioria, além de pôr um fim na especulação imobiliária (art. 5º): vazios urbanos que não têm ocupação alguma poderão ser utilizados para moradia dos desabrigados.

Disciplina, inclusive, o usucapião especial coletivo de imóvel urbano, o qual deverá ser declarado por sentença judicial, que servirá de título de registro no registro de imóvel competente. Busca o legislador, com tal medida, atender ao anseio da população carente de moradia que se vê obrigada a apoderar-se de áreas e utilizar o direito de posse.

O art. 7º prevê a cobrança do Imposto Predial e Territorial Urbano (IPTU) progressivo no tempo, permitindo ao Executivo municipal, desapropriar o imóvel, indenizando o proprietário com títulos da dívida pública, caso este não tenha quitado o débito, decorridos cinco anos. Sem dúvida, é um instituto que causará muita polêmica no meio jurídico.

Outra interessante inovação que o Estatuto da Cidade veio trazer é aquela prevista nos arts. 21 e 24, pois possibilita ao proprietário urbano ceder o direito de superfície de seu terreno, mediante escritura pública registrada. Trata-se de salutar figura jurídica para legalizar fatos já corriqueiros, principalmente na população mais pobre da cidade.

O Estatuto da Cidade disciplina o plano diretor e garante a gestão democrática da cidade mediante vários instrumentos (arts. 44 e 45). E nas disposições gerais apresenta, ainda, importantes artigos de cunho tributário, elencando as ações em que o prefeito poderá ser responsabilizado por improbidade administrativa, além de alterar vários dispositivos legais, principalmente os da Lei n. 6.015/73, que dispõe sobre os registros públicos, entre eles o registro de imóveis.

Sem dúvida, trata-se de uma lei que veio trazer muitas novidades para a administração pública urbana, sem falar nas inovações no campo jurídico. Mas, antes de tudo, sua importância ressalta a preocupação com o meio ambiente global, pois em muitos de seus artigos a questão ambiental está claramente presente. Haja vista que entre os instrumentos adotados e/ou recepcionados pelo Estatuto da Cidade, este prevê o zoneamento ambiental já mencionado na PNMA, bem como a necessidade de estudo prévio de impacto ambiental, que deverá ser acompanhado, agora, de um estudo de impacto de vizinhança (art. 36), outra novidade no mundo jurídico ambiental, mas, sem dúvida, salutar. O interesse ambiental de determinado imóvel ou área da cidade autoriza o poder público a realizar operações urbanas para alcançar melhorias ambientais e transferir o direito de construir do proprietário para outras regiões da cidade, objetivando a preservação do bem de interesse ambiental.

Esse estudo de impacto aliado ao uso da propriedade urbana em prol do bem coletivo, da segurança e do bem-estar dos cidadãos, junto ao equilíbrio ambiental, coloca como uma das diretrizes da política urbana a ordenação e controle do uso do solo visando a evitar a poluição e a degradação ambiental.

CONSIDERAÇÕES FINAIS

Somente com o exame das legislações aqui tratadas, verifica-se que a legislação ambiental no Brasil muito evoluiu desde as primeiras preocupações ambientais contidas na Lei n. 1, de 1º de outubro de 1828, no entanto, ainda não foi o bastante, pois muito precisará ser feito para seu aperfeiçoamento e enriquecimento.

Atualmente, o profissional do Direito, especialista na matéria, já sente a falta de um código ambiental que consolide toda a legislação esparsa. Somente quando a legislação ambiental estiver codificada estará no mesmo nível da legislação civil, penal, processual, comercial, trabalhista e outras, facilitando, consequentemente, seu trato e guindando-a à importância que merece. Pode parecer extremismo, mas trata-se da realidade. Ainda hoje é comum encontrar profissionais do direito que menosprezam a questão ambiental, sem falar em vários segmentos da sociedade que ainda encaram a questão como sendo somente mais um entrave que o poder público criou para dificultar e onerar suas atividades. Não há, ainda, no Brasil, a conscientização de que somente com os limites impostos pela legislação ambiental, a vida nesta nação continuará a ser possível nas próximas décadas. Ninguém, ainda, deu-se conta de que os recursos naturais são finitos e, se não forem bem cuidados, a recuperação de uma área degradada, além de muito mais onerosa, torna-se praticamente impossível, em especial se for considerado que será difícil aquela área ficar exatamente igual à sua forma original. Não foi ainda percebido, de forma clara, que a natureza é fundamental para a sobrevivência do homem.

Além da codificação, também se faz necessária a criação de um foro privilegiado, cujos juízes, advogados e demais profissionais do Direito estejam bem familiarizados com a questão ambiental. Desvinculando a matéria jurídica processual ambiental dos foros tradicionais, aí, sim, será um marco jurídico importante para o meio ambiente.

Claro que não basta somente isso, mister se faz que todas as esferas governamentais amparem a questão ambiental com a seriedade e importância que ela demanda, inclusive dotando economicamente as instituições públicas voltadas ao meio ambiente de meios que permitam o investimento maciço em equipamentos específicos, bem como para sua subsistência. Os instrumentos jurídicos, ainda que não codificados, já existem, falta apenas maior empenho, divulgação da problemática ambiental, promoção da conscientização de toda a população e, principalmente, dos habitantes dos estados e municípios mais populosos do Brasil, onde estão localizados os grandes centros, ainda, poluidores por excelência.

Quando essa consciência ambiental ganhar um sólido lastro, poder-se-á entender que finalmente a legislação ambiental evoluiu como o esperado, tornando o país ambientalmente sustentável não só para o presente, mas para as futuras gerações.

REFERÊNCIAS

BRASIL. *Constituição Federal Brasileira: emenda constitucional de 1969*. São Paulo: Saraiva, 1969.

_____. *Constituição Federal Brasileira: 1988*. São Paulo: Saraiva, 1988.

MACHADO, P.A.L. *Direito ambiental brasileiro*. São Paulo: Malheiros, 2003.

MCCORMICK, J. *Rumo ao paraíso: a história do movimento ambientalista*. Rio de Janeiro: Relume Dumará, 1992.

MILARÉ, E. *Direito do ambiente*. São Paulo: RT, 2001.

PETERS, E.L.; PIRES, P.T.L. *Manual de direito ambiental*. Curitiba: Juruá, 2001.

[UNESCO] ORGANIZAÇÃO DAS NAÇÕES UNIDAS PARA A EDUCAÇÃO, A CIÊNCIA E A CULTURA. *As grandes orientações da Conferência de Tbilisi*. Brasília (DF): Instituto Brasileiro do Meio Ambiente, 1997.

PARTE III

Fundamentação em Educação Ambiental

Capítulo 13
A Ocupação Existencial do Mundo: uma Proposta Ecossistêmica
André Francisco Pilon

Capítulo 14
Movimento Ambientalista e Educação Ambiental
Andréa Focesi Pelicioni

Capítulo 15
Educação Ambiental: Pedagogia, Política e Sociedade
Daniel Luzzi

Capítulo 16
Educação Ambiental como Instrumento de Participação
Mary Lobas de Castro e Sidnei Garcia Canhedo Jr.

Capítulo 17
Promoção da Saúde e do Meio Ambiente:
uma Trajetória Técnico-Política
Maria Cecília Focesi Pelicioni

Capítulo 18
A Subjetividade no Processo Educativo: Contribuições
da Psicologia à Educação Ambiental
Helena Maria Campos Magozo

A Ocupação Existencial do Mundo: uma Proposta Ecossistêmica

13

André Francisco Pilon

Pedagogo, Faculdade de Saúde Pública – USP

O SALÁRIO DE DEUS E O TRABALHO DO HOMEM

A partir de uma parábola – Deus teria feito, na expectativa de bons resultados, um elevado investimento na sua criação –, são discutidos os crescentes e múltiplos agravos à qualidade de vida no atual sistema de coisas, abrangendo aspectos éticos, políticos, econômicos, culturais e ambientais.

Deus, ao criar o mundo, contemplou-o com sua graça, mas não trabalhou "de graça". Seu salário adviria dos bons frutos da criação e, nesse sentido, confiando na grandeza da sua obra, na linguagem atual, teria emitido uma promissória contra si mesmo, oferecendo, como garantia, o próprio universo criado.

Galáxias deram origem a estrelas, planetas abrigaram a vida: plantas (flores e frutos), pássaros (plumas e cantos), animais de diferentes espécies; na Terra, até seres humanos, ditos inteligentes, multiplicaram-se por toda a parte, abrangendo quatro dimensões de estar no mundo: íntima, interativa, social e biofísica.

Nesse planeta, os ecossistemas ficaram à mercê do livre arbítrio e da concupiscência dos homens, cujas guerras, produção e consumo efêmeros e predatórios ameaçaram o patrimônio natural e cultural, culminando na tragédia de um mundo insalubre, injusto, violento e sem beleza, em que muitos duvidam se vale a pena viver.

Na ilusão da expansão ilimitada, o bem comum sucumbiu a uma devastadora rede de interesses de produtores e consumidores egocêntricos (Chermayeff e Tzonis, 1971), que buscaram legitimar o gozo imediato e, se possível, exclusivo, de recursos, posições e recompensas, na selvageria e ganância dos mais fortes.

Esmagado pelas calamidades do dia a dia, o homem comum sucumbe sob a rede das artimanhas políticas e econômicas que envolvem o mundo, acelerando-se o círculo vicioso da pobreza, da deterioração cultural e ambiental, da derrocada dos valores que distinguiriam a condição humana do estado de necessidade das bestas selvagens.

Os princípios e as ideias, os valores e a comunicação genuína são substituídos por jargões, *slogans* e propaganda interesseira. O declínio cultural reflete-se na perda de sensibilidade e capacidade crítica para discernir e implementar valores estéticos, éticos e culturais essenciais ao bem-estar e à qualidade de vida.

A educação não crítica, que busca colocar remendos em tecidos corrompidos, inadvertidamente contribui para legitimar o poder como domínio e exploração, a riqueza como exploração predatória, o crescimento como expansão ilimitada, o trabalho como especialização segmentada (O'Sullivan, 1987).

A liberdade para (que se distingue da liberdade de) vai além da ausência de coerção externa (Fromm, 1983), apoia-se em um foro íntimo, exige discernimento e capacidade para atuar. Em uma escola, colocar um piano à disposição dos alunos não significa que todos têm liberdade "de" tocá-lo; a liberdade "para" depende de saber tocá-lo.

As salvaguardas públicas não resistem à degradação cultural de um povo. Sem liberdade para exercer a cidadania, as normas prescritas tornam-se meras categorias formais e nada significam. Além dos códigos, estruturas e instituições, dos direitos e deveres estatuídos, estão os processos e condições que os sustentam.

Anomalias nas condições de vida de largas parcelas da população, espaços coletivos degradados e segregados, precariedade dos serviços públicos, transporte caótico e penoso, mercantilização de meios de comunicação, lazer e cultura, precariedade de moradia e de trabalho, são altamente adversos à saúde física, mental e social.

A inclusão no atual sistema só agrava o processo, os que conseguem ser incluídos passam ideologicamente para o outro lado, debitando o círculo vicioso da exclusão, da desigualdade, da pobreza, às diferenças de ori-

A OCUPAÇÃO EXISTENCIAL DO MUNDO: UMA PROPOSTA ECOSSISTÊMICA | **359**

gem, a condições pessoais, não às contradições das propostas de desenvolvimento e crescimento.

Conflitos e tensões são interpretados e simbolicamente resolvidos, de forma mágica e virtual, no espaço dramático-narrativo dos *mass media* (Macé, 2001), mediante uma participação ilusória, cujas consequências maiores, além de reduzir as antinomias e dilemas coletivos à pirotecnia televisiva, sujeitam os indivíduos à passividade.

O espaço público reduz-se a um gigantesco *shopping mall* de liberdades e prazeres imediatos, no qual as massas, fascinadas, circulam ao redor do imenso carrossel do consumo, controladas e conduzidas pela propaganda oportunista, sem outra preocupação além dos jogos do mercado e do incremento de lucros.

Faces da mesma moeda, a capacidade de escolha e decisão é afetada, do lado da demanda, pela redução do campo cultural e o embotamento das funções cognitivo-sensitivas; do lado da oferta, pela manipulação da informação e do gosto do consumidor segundo estratégias de *marketing* e propaganda.

Variados interesses conjugam diferentes estratégias para explorar carências básicas; a deterioração do entorno físico e cultural agrava o controle existencial além do limiar de resiliência possível, impedindo o desenvolvimento de condições para superar situações adversas, levando à doença, à criminalidade, à violência e à morte.

Na busca da objetividade, a complexidade é reduzida ao que aparece na superfície, às bolhas do caldo efervescente, sem atentar para o fogo que as origina. Nesse processo, a totalidade da experiência humana torna-se anômala, a marginalização permeia a sociedade, gerando desamparo, abandono, desespero e violência.

A globalização torna-se fator de rebaixamento seletivo e crescente exclusão. Questões éticas, direitos e deveres, equidade, justiça e paz, ambientes saudáveis, liberdade pessoal e coletiva, dependem de um *upgrade* das formas coletivas de estar no mundo (*upgrade*, expressão aqui utilizada para significar uma mudança de paradigma).

Futuros alternativos (Galt, 1997; O'Connor e McDermott, 1997), conhecimentos, compreensão e ação solidária, habilidades, respostas diferenciadas e articuladas face à complexidade das coisas, envolvem questões como: quem está produzindo a nossa vida? somos produto ou produtores? consumimos ou somos consumidos? (Bastos, 2001).

Na Figura 13.1, o mundo apresenta-se como uma complexa teia de eventos, que manifestam a textura da totalidade.

Figura 13.1 – O mundo apresenta-se como uma complexa teia de eventos que manifestam a textura da totalidade.

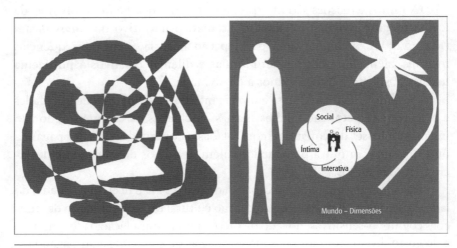

Fonte: Pilon (1998).

A CONSTRUÇÃO DO MUNDO NO MODELO ECOSSISTÊMICO DE CULTURA

O mundo não é classificável em diferentes espécies de objetos, mas em diferentes espécies de conexões (Figura 13.1). Ele aparece como complexo tecido de eventos, no qual conexões de diferentes tipos alternam-se, imbricam-se, combinam-se, determinando, assim, a textura da totalidade (Heisenberg, 1958).

"Estar no mundo" (Binswanger, 1957) não é apenas sobreviver, mas implica a relação do homem consigo mesmo; a relação do homem com seus semelhantes; a relação do homem com a sociedade em geral; e a relação do homem com seu meio ambiente, dimensões essas que se constituem mutuamente.

Uma catedral ou um artefato cósmico dependem de um campo dinâmico, do concurso de quatro dimensões de mundo, que conjuga a subjetividade das pessoas (dimensão íntima), as redes de relações (dimensão interativa), a sociedade e a cultura (dimensão social), os organismos, o entorno, a matéria e energia (dimensão biofísica).

Diferentes configurações, formadas pela imbricação das diferentes dimensões de mundo, induzem eventos, sofrem seu impacto e influenciam configurações futuras. No diagnóstico e prognóstico das situações é necessário verificar em que medida essas configurações favorecem ou desfavorecem a qualidade de vida.

Configurações dinâmicas e complexas expressam as conexões e rupturas entre as diferentes dimensões de mundo (íntima, interativa, social e biofísica), como elas se combinam para gerar os eventos (favoráveis ou desfavoráveis), sofrer suas consequências (desejadas ou indesejadas) e manter ou transformar o *status quo*.

Aspectos subjetivos (dimensão íntima), redes de relações (dimensão interativa), políticas públicas (dimensão social), matéria e energia (dimensão biofísica) estariam imbricados em termos de configurações mais ou menos propícias à geração (no espaço e no tempo), de eventos favoráveis ou não à qualidade de vida.

Políticas públicas, condições ambientais, qualidade de vida, capacitação das pessoas e grupos, desenvolvimento de redes e cidadania, requerem a conjugação de papéis doadores e receptores que envolvem as diferentes dimensões de mundo (íntima, interativa, social e biofísica), para sua sustentação no tempo e no espaço.

No modelo ecossistêmico (Quadros 13.1 e 13.2), cada dimensão apoia e é apoiada pelas demais, mantém sua identidade (princípio da singularidade) e o intercâmbio com as demais (princípio da reciprocidade), resultando em autoestima e criatividade (dimensão íntima), acolhimento e coesão (dimensão interativa), equidade e justiça (dimensão social), equilíbrio e diversidade (dimensão biofísica).

Quadro 13.1 – Configuração de campo no modelo ecossistêmico de cultura.

DIMENSÕES	DOADORAS E RECEPTORAS			
Em equilíbrio	Íntima	Interativa	Social	Biofísica
Íntima	Autocuidado	Acolhimento	Salvaguarda	Bem-estar
Interativa	Cooperação	Coesão	Associativismo	Espaços
Social	Cidadania	Organização	Equidade	Sustentabilidade
Biofísica	Cuidado	Sustentação	Sobrevivência	Equilíbrio

Leitura vertical (colunas): o que cada dimensão doa a si mesma e às demais.

Leitura horizontal (linhas): o que cada dimensão recebe de si mesma e das demais.

EDUCAÇÃO AMBIENTAL E SUSTENTABILIDADE

Há interação, *feedback* e enriquecimento mútuo; como receptoras e doadoras, essas dimensões se influenciam mutuamente, levando as pessoas, os grupos, a sociedade e o meio ambiente a um equilíbrio dinâmico, em que todas as dimensões são solidárias, sem perder sua identidade e características próprias.

No modelo não ecossistêmico (Quadros 13.3 e 13.4), anomalias, rupturas e isolamento afetam a trama que mantém essas dimensões, em prejuízo de todas elas, tornando difícil a compreensão e o trato dos problemas. Com exceção de indivíduos resilientes (que superariam situações adversas, sem alterar o sistema), a vida coletiva é irremediavelmente afetada.

Quadro 13.2 – Enlaces entre as dimensões de mundo no modelo ecossistêmico de cultura.

	Papel da dimensão íntima em face de si mesma e das demais dimensões
01.	*Do sujeito para o sujeito* → Autoconhecimento, autoestima, reflexão, controle existencial
02.	*Do sujeito para o grupo* → Cooperação, trabalho em equipe, respeito pelo outro
03.	*Do sujeito para a sociedade* → Participação política, econômica, social e cultural
04.	*Do sujeito para o ambiente* → Preservação, cuidado, fruição equilibrada
	Papel da dimensão interativa em face si mesma e das demais dimensões
05.	*Do grupo para o sujeito* → Abertura, escuta, inclusão, diálogo, consideração
06.	*Do grupo para o grupo* → Manutenção de clima democrático, liderança compartilhada
07.	*Do grupo para a sociedade* → Apoio às políticas públicas, vigilância, advocacia
08.	*Do grupo para o ambiente* → Organização de atividades conjuntas para sua salvaguarda
	Papel da dimensão social em face de si mesma e das demais dimensões
09.	*Da sociedade para o sujeito* → Legislação, comunicação, serviços, apoio à cidadania
10.	*Da sociedade para o grupo* → Políticas solidárias, apoio aos nichos socioculturais
11.	*Da sociedade para a sociedade* → Harmonização na diversidade, equidade, direitos e deveres
12.	*Da sociedade para o ambiente* → Sustentabilidade, políticas ecossistêmicas, legislação
	Papel da dimensão biofísica em face de si mesma e das demais dimensões
13.	*Do ambiente para o sujeito* → Condições para subsistência e bem-estar físico e mental
14.	*Do ambiente para o grupo* → Espaços e conforto para associações
15.	*Do ambiente para a sociedade* → Condições de existência e qualidade de vida
16.	*Do ambiente para o ambiente* → Equilíbrio, autorregeneração

A OCUPAÇÃO EXISTENCIAL DO MUNDO: UMA PROPOSTA ECOSSISTÊMICA | **363**

Quadro 13.3 – Configuração de campo no modelo não ecossistêmico de cultura.

DIMENSÕES	ISOLADAS E COMPETIDORAS			
Em conflito	Íntima	Interativa	Social	Biofísica
Íntima	Solipsismo	Subordinação	Massificação	Sujeição
Interativa	Manipulação	Fanatismo	Desagregação	Dispersão
Social	Tirania	Corporativismo	Totalitarismo	Extinção
Biofísica	Predação	Danificação	Espoliação	Selvageria

Leitura vertical (colunas): o que cada dimensão infringe a si mesma e às demais.
Leitura horizontal (linhas): o que cada dimensão perde em si mesma e nas demais.

Quadro 13.4 – Rupturas entre as dimensões de mundo no modelo não ecossistêmico de cultura.

	Alienação da dimensão íntima em face de si mesma e das demais dimensões
01.	*O sujeito se autodestrói* → Autismo, individualismo, solipsismo, megalomania
02.	*O sujeito destrói o grupo* → Manipulação, sujeição e utilização do grupo em benefício próprio
03.	*O sujeito destrói a sociedade* → Tirania, absolutismo, totalitarismo
04.	*O sujeito destrói o ambiente* → Predação, invasão, poluição, destruição
	Alienação da dimensão interativa em face de si mesma e das demais dimensões
05.	*O grupo destrói o sujeito* → Controle, domínio, pressão ou coação
06.	*O grupo se autodestrói* → Fanatismo, sectarismo, imobilismo, cristalização
07.	*O grupo destrói a sociedade* → Corporativismo, guetos, monopólio de privilégios
08.	*O grupo destrói o ambiente* → Predação, invasão, poluição, destruição
	Alienação da dimensão social em face de si mesma e das demais dimensões
09.	*A sociedade destrói o sujeito* → Massificação, cooptação, uniformização
10.	*A sociedade destrói o grupo* → Desagregação, cooptação, arregimentação, marginalização
11.	*A sociedade se destrói/aniquila* → Cristalização, imobilismo, burocracia
12.	*A sociedade destrói o ambiente* → Degeneração (ação antrópica), perda da biodiversidade

(continua)

364 EDUCAÇÃO AMBIENTAL E SUSTENTABILIDADE

Quadro 13.4 – Rupturas entre as dimensões de mundo no modelo não ecossistêmico de cultura. *(continuação)*

Alienação da dimensão biofísica em face de si mesma e das demais dimensões
13. *O ambiente destrói o sujeito* → Desastres, catástrofes naturais
14. *O ambiente destrói o grupo* → Desagregação, contágio, catástrofes naturais
15. *O ambiente destrói a sociedade* → Cataclismos, epidemias, desastres naturais
16. *O ambiente se autodestrói* → Entropia, caos, catástrofes naturais

Há oposição e conflito, as diferenças são ignoradas, rejeitadas, estereotipadas ou exacerbadas; manipulação, ruptura, anomia, espoliação e violência associam-se a ganâncias desenfreadas, produção e consumo predatórios, descaracterização estética, desertificação, desmatamento, poluição.

Para a geração de eventos favoráveis à qualidade de vida é necessário:

- Definir as configurações responsáveis pelos eventos (atuais e potenciais).
- Definir o espaço de vida da população envolvida.
- Definir aspectos políticos, econômicos, educacionais e psicossociais.
- Definir as estratégias de intervenção.

A geração de eventos implica a análise das configurações atuais e o planejamento das configurações futuras (Quadro 13.5), tendo em vista o campo dinâmico em que se dão as relações entre as diferentes dimensões de mundo (ofertas e demandas) em diferentes áreas: política, economia, educação, comunicação, cultura, trabalho, lazer, saúde, ambiente, cidadania etc.

Quadro 13.5 – Geração de eventos na abordagem ecossistêmica. Modelo para diagnóstico – prognóstico

Estágios do projeto	Papel das variáveis nas quatro dimensões de mundo*			
	Íntima 1-2-3-4-5	Interativa 1-2-3-4-5	Social 1-2-3-4-5	Biofísica 1-2-3-4-5
Diagnóstico de situação	Cognição, afeto, *locus* de controle, habilidades, expectativas, crenças, desejos, autoestima	Acolhimento, coesão, clima, participação, autonomia	Políticas públicas, sociedade, cultura, economia, "estilos" coletivos de vida	Ecossistemas, ambiente natural e construído, aspectos biológicos, físicos, químicos
Dinâmica do processo	Sensibilização, promoção de autoestima, habilidades (cognição, afetividade)	Apoio aos grupos primários (família, pares) e secundários (redes, associações, comunidades)	Movimentos sociais, advocacia, ação social, mudanças culturais, políticas, econômicas	Desenvolvimento de ambientes saudáveis, equilíbrio corporal, "engenharia" ambiental
Avaliação de resultados	Bem-estar subjetivo, controle existencial, proatividade	Desenvolvimento dos nichos socioculturais, convívio, solidariedade	Equidade, cidadania, participação social, elevação cultural, responsabilidade	Equilíbrio ambiental, equilíbrio corporal, biodiversidade, ecúmenos

* Os algarismos indicam uma escala de intensidade ou campo de variação, a ser verificado na situação real.

O modelo ecossistêmico de cultura tem características próprias (Quadro 13.6), leva em conta um conjunto abrangente de fatores econômicos, políticos, sociais, éticos e ambientais, devendo, por isso, ser considerado um hólon ou totalidade dinâmica incorporada ao próprio universo de vida, no qual todos são protagonistas, como a seguir é explicitado para as diferentes dimensões:

• Dimensão íntima: os sujeitos, como mediadores entre variáveis subjetivas (aspectos cognitivos e afetivos) e variáveis objetivas (condições de vida), horizontes cognitivos e afetivos, *locus* de controle existencial, habilidades, autoestima, motivos, expectativas, crenças, desejos etc.

EDUCAÇÃO AMBIENTAL E SUSTENTABILIDADE

*   Dimensão interativa: os grupos primários e de referência, as redes de relações (familiares, colegas, amigos, pares, associados), como *locus* de acolhimento, apoio mútuo, trocas afetivas, significados comuns, liderança compartilhada, diálogo, coesão e inclusão.

*   Dimensão social: a coletividade como responsável por direitos e deveres, políticas públicas, normas de equidade e qualidade de serviços, trabalho, segurança, cultura, comunicação, educação, cidadania, saúde, ambiente, transporte, moradia, lazer.

*   Dimensão biofísica: o entorno, os seres e as coisas como fatores de equilíbrio ante o ambiente natural e construído, os ecossistemas (matéria e energia), os cenários, logradouros, vias, ecúmenos, *habitats* (estética, funcionalidade, salubridade).

Quadro 13.6 – Características do modelo ecossistêmico de cultura.

---

*   Um modelo ecossistêmico de cultura é uma configuração dinâmica, em que todas as dimensões do mundo (íntima, interativa, social e biofísica) estão associadas entre si em termos de doação e recepção.
*   Um modelo ecossistêmico de cultura caracteriza-se pelos princípios de singularidade (promoção da identidade de cada dimensão) e comunalidade (promoção da reciprocidade entre todas).
*   Ética, educação, saúde, ambientes saudáveis e qualidade de vida são expressões do modelo ecossistêmico de cultura, nele se originam de forma endógena e nele prosperam.
*   Eventos fortes e sustentáveis em ética, educação, saúde, meio ambiente e qualidade de vida demandam projetos orientados por paradigmas inerentes ao modelo ecossistêmico de cultura.
*   Princípios de ética, educação, saúde e qualidade de vida costumam sofrer artificiosa manipulação nos modelos não ecossistêmicos de cultura em benefício da preservação do próprio *status quo*.
*   Princípios de ética, educação, saúde e qualidade de vida não prosperam na vigência de modelos não ecossistêmicos de cultura, não ultrapassando a condição de remendos em tecidos corrompidos.
*   Modelos não ecossistêmicos de cultura destroem a singularidade e a reciprocidade entre as quatro dimensões de mundo, produzindo os mais variados agravos à qualidade de vida.

Para enfrentar os problemas da atualidade é preciso uma avaliação crítica dos atuais projetos de desenvolvimento econômico, social e cultural, dos padrões de produção e consumo, e seus reflexos nos ambientes naturais e construídos, na qualidade de vida, no engajamento cívico e na participação democrática.

Mudanças sistêmicas englobam indústria, agricultura, serviços, transporte, habitação, alimentação, água, energia etc., usualmente vinculados a poderosos interesses, investimentos estabelecidos e instituições públicas e legislação complacentes, que, em seu conjunto, opõem forte resistência a mudanças.

As estratégias de desenvolvimento baseadas em megaprojetos distanciam-se das necessidades humanas fundamentais e do princípio do relacionamento correto, que respeita a integridade, a resiliência e a beleza dos ambientes naturais e construídos e deveria constituir o cerne de uma nova ordem econômica (Brown e Garver, 2009).

É preciso caminhar da noção de violência urbana à compreensão da violência dos processos de urbanização, baseada nos interesses imobiliários, na concentração dos empregos em locais determinados pelo poder econômico, em prejuízo de áreas onde reside a maioria da população.

Um dos principais erros conceituais é fazer ciência para solucionar problemas pontuais e localizados, sem tratar o fenômeno geral, que teria a possibilidade de resolver tais problemas (Volpato, 2013).

Em sociedades "assimétricas", o quadro jurídico e as decisões políticas são afetados pelas diferenças de poder entre pessoas físicas e jurídicas, pelas manobras de poderosos *lobbies* sobre os assuntos de Estado, pelas corporações de negócios que promovem os interesses de seus acionistas nos mercados financeiros.

Tal assimetria se reflete na falta de justiça social e econômica, na expansão desordenada das grandes cidades, na especulação imobiliária, na aquisição ou grilagem de terras, no desmatamento, no uso intensivo de pesticidas, na poluição dos rios por mercúrio, no consumismo, violência, corrupção e criminalidade.

O trabalho de advogados e tribunais fica condicionado ao próprio sistema em que estão inseridos; estratégias legais e ilegais confundem-se no jogo de interesses políticos e econômicos; poderosos *lobbies* promovem megaprojetos, sob o pretexto de desenvolvimento e criação ilusória de mais empregos.

Questões sobre valores, princípios e objetivos devem ser levadas ao debate público. A justiça ambiental deve ir além dos consórcios maliciosos e dos estados corruptos ou lenientes.

Em um caldeirão efervescente, os problemas surgem como bolhas superficiais e fragmentadas, mas não devem ser confundidos ou reduzidos a elas, eles expressam algo mais profundo, um desequilíbrio fundamental entre as dimensões de mundo, gerando rupturas, isolamento, injúrias, espoliação, manipulação, predação e violência.

Hoje em dia, a definição dos problemas está reduzida às "bolhas do caldeirão" (Figuras 13.2 e 13.3), a realidade é distorcida por políticas públicas fragmentadas, formatos acadêmicos tradicionais, manchetes espetaculares dos *mass media*, interesses de mercado e preconceitos do senso comum.

Ao ignorar o caldo efervescente, limitamo-nos às bolhas-problema de superfície, às noticias do dia; na tentativa de pinçá-las, desperdiçamos recursos, confundimos o público, geramos uma exclusão de base, caracterizada pela alienação, gerando mais desamparo, abandono, desespero e violência.

O desenvolvimento e avaliação de políticas públicas, programas de ensino e projetos de pesquisa deveriam contribuir para a transição de um modelo não ecossistêmico para um modelo ecossistêmico de cultura (Pilon, 2010), tendo em vista novos paradigmas de crescimento, poder, riqueza, trabalho e liberdade.

Figuras 13.2 e 13.3 – Os problemas básicos estão no bojo do caldeirão efervescente, não nas bolhas que aparecem na superfície.

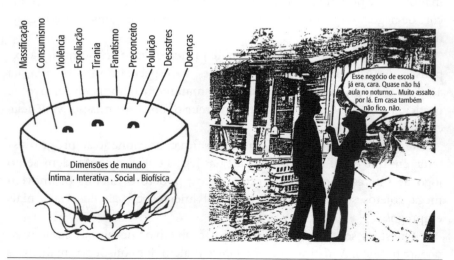

Fonte: Pilon (1998)

O foco não deve ser o comportamento individual, mas a sua interdependência com os sistemas econômico e político vigentes, com o impacto generalizado dos *mass media*, do marketing e da publicidade na formação da opinião pública, não só sobre produtos e serviços, mas principalmente sobre os estilos de vida prevalentes.

Procedimentos legais não evitam a obsolescência planejada de produtos, nem a obsolescência percebida pelo consumismo induzido; como consequência, na ausência de um pacto global, estudos de impacto ambiental sobre o descarte de bens de consumo, que ainda poderiam estar em uso, não recebem a consideração devida.

Problemas complexos exigem uma ação unificada e concertada, envolvendo pessoas físicas e jurídicas em pé de igualdade, instituições científicas e técnicas, organizações sociais e comunitárias. Em vez de projetar as tendências atuais no futuro, é preciso definir as metas desejáveis e explorar novos caminhos para alcançá-las.

A crítica que se faz à sustentabilidade é que deixa as coisas como estão, não chega à raiz dos problemas. Como fazer face aos interesses corporativos e privilégios nas esferas pública e privada, quando, na prática, "enxugamentos" e terceirizações têm levado à perda do controle financeiro, administrativo e técnico de serviços e obras?

Questões interdependentes operam em conjunto; o crescimento das megacidades, por exemplo, é acompanhado por novas formas de exclusão e violência; nas favelas e guetos marginalizados os critérios de autorrealização (criminosa ou não) refletem os mesmos valores da sociedade global (vencer a qualquer custo).

A escala e o crescente caráter global e privado dos investimentos atuais têm demonstrado que cidadãos comuns, governos e organizações não governamentais têm se revelado impotentes para controlar a ciclópica expansão urbana, o desflorestamento, a multiplicação de rodovias e barragens em áreas antes prístinas.

Deve-se considerar o impacto social, cultural e ambiental dos projetos de desenvolvimento apoiados nos atuais sistemas de produção, transporte e consumo, que aumentam a poluição, o desperdício e o uso abusivo de recursos, que reforçam estilos de vida predatórios e nos deixam à beira de um abismo.

Muitas políticas que orientam a tomada de decisões sobre problemas considerados de difícil solução, e que usualmente atribuímos a causas externas, são, elas mesmas, a causa desses problemas, contribuindo para seu agravamento. É o que ocorre em diferentes áreas, como energia, transporte, produção e consumo.

A opção por rodovias, em prejuízo das ferrovias; a opção pelo transporte individual, em prejuízo do transporte coletivo; a opção pelo petróleo como fonte principal de energia; a opção pelos bens materiais como fonte de qualidade de vida, com exclusão de outras dimensões da existência humana (íntima, interativa, social e biofísica).

Cidades saudáveis possuem ambientes seguros e limpos (incluindo a moradia); ecossistemas estabilizados e sustentáveis; comunidades fortes, solidárias e não autodestrutivas; ampla participação e controle públicos nas questões de qualidade de vida e atendimento às necessidades básicas.

Devem prover economia diversificada, vital e inovadora, variada gama de experiências e recursos, contatos, interação e comunicação; acesso universal aos cuidados de saúde/doença, alto nível de saúde pública, preservação da memória e do entorno urbano, respeitando a herança cultural e biológica dos cidadãos (WHO, 1992).

A qualidade de vida é mais uma questão de processos do que de produtos. Depende da cultura vigente, do meio ambiente, da organização social (saúde, educação, trabalho, lazer), das redes de apoio, do clima familiar, da vizinhança, dos grupos de filiação e referência, dos possíveis espaços de vivência alternativos.

Anomalias no projeto de vida de largas parcelas da população são devidas a espaços coletivos degradados e segregados, inadequação de serviços públicos, transporte penoso e caótico, mercantilização de meios de comunicação social, lazer e cultura, precariedade de moradia e de trabalho e má distribuição de renda.

Tais fatores conjugam-se para criar situações altamente adversas, situações-limite à saúde física, mental e social; nas periferias das grandes cidades (e mesmo em seu centro) grupos de jovens, vítimas de um complexo de problemas, refugiam-se na criminalidade e no consumo de drogas como alternativa de vida.

Questões atuais e passadas, ao longo do histórico de vida de milhões de pessoas, são responsáveis por agravos e experiências traumáticas, que se repetem ao longo de gerações sucessivas, diminuindo as perspectivas de futuro e as condições e habilidades para lidar com os problemas cotidianos de vida.

O capital social é um bem coletivo, que intervém na vida social na forma de um respeito a obrigações mútuas e a normas de comportamento

A OCUPAÇÃO EXISTENCIAL DO MUNDO: UMA PROPOSTA ECOSSISTÊMICA | **371**

que geram relações de confiança e transcendem as meras preocupações de interesse, para criar o marco moral do grupo envolvido (Bonfim, 2002).

As questões transcendem os indivíduos embora os impliquem em determinados momentos de suas vidas; sinais clínicos ou de alerta, geralmente apontados na área de saúde mental, são meros indicadores de questões mais profundas, como vemos no elenco de sinais divulgado pela Associação Americana de Psicologia (APA, 2000):

> Ter pouco ou nenhum prazer com a vida; sentir-se desvalido ou extremamente culpado; chorar muito sem razão; afastar-se dos demais; experimentar ansiedade severa, pânico ou medo; passar por mudanças extremas de humor; experimentar mudanças no padrão alimentar ou de sono; ter muito pouca energia; perder interesse em atividades agradáveis ou "hobbies"; ter demasiada energia, perder concentração ou abandonar planos; sentir-se facilmente irritado ou zangado; experimentar pensamentos descontrolados ou agitação; ouvir vozes ou ver imagens não ouvidas ou vistas por outras pessoas; achar que outros estão conspirando contra si; causar dano a si mesmo ou a outrem.

Para que a população possa assumir responsabilidades no processo de mudança, recente estudo recomenda (Rockefeller Foundation, 2002):

- Considerar as pessoas e os grupos como componentes essenciais de sua própria mudança, ao invés de objetos da mudança.
- Apoiar o diálogo e o debate dos assuntos fundamentais de preocupação, ao invés de elaborar, testar e distribuir mensagens.
- Introduzir as mensagens com sensibilidade no diálogo e debate, ao invés de repassar de forma didática informações de peritos e técnicos.
- Enfocar as normas sociais e políticas, a cultura e os apoios ambientais, não comportamentos individuais.
- Negociar com as pessoas o melhor modo de levar adiante um processo participativo (alianças), ao invés de tentar persuadi-las a fazerem algo.
- Enfatizar o papel central das pessoas afetadas pelas questões em pauta, ao invés de dirigir o processo por peritos e técnicos de agências externas.

O PAPEL FORMADOR DA UNIVERSIDADE

O conhecimento humano enfrenta diferentes dilemas ante as formas de estar no mundo, associadas a valores, expectativas e vínculos: identidade-isolamento *versus* ipseidade-alteridade; domínio-sujeição *versus* compromisso-integração; abertura-investigação *versus* controle-instrumentação.

Os fundamentos teóricos do ensino e da pesquisa devem enfocar as relações entre as pessoas e o mundo que as circunda, especialmente o mundo da vida, e examinar os paradigmas que informam as maneiras em que se dão essas relações, no âmbito da ciência, da cultura, da sociedade, da política e da economia (Whatmore, 2008).

Os problemas ambientais estão associados ao universo de vida (Figuras 13.4 e 13.5): dar um sentido moral e cultural à existência, desenvolver uma genuína comunicação entre as pessoas, construir novos paradigmas ante novas realidades, questionando epistemológica e axiologicamente as posi-

Figuras 13.4 e 13.5 – As formas de satisfação das necessidades básicas do ser humano dependem da cultura, que se estende por todas as esferas de vida (círculo maior escuro).

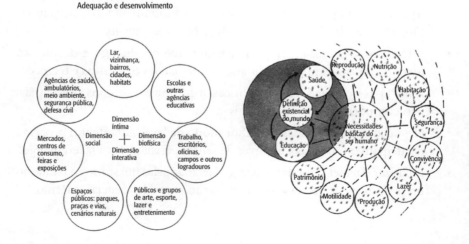

Fonte: Pilon (1998).

ções cientificistas estéreis, ingênuas ou maliciosamente vinculadas ao atual sistema de coisas.

Uma deontologia da atividade científica não seleciona arbitrariamente os elementos da realidade e não os deforma, não seleciona de forma aleatória as palavras e as suas definições, não apresenta como certos e precisos fenômenos cuja própria natureza exclui precisamente a precisão, não determina de maneira arbitrária o que é importante ou essencial; respeita a liberdade de discussão e de crítica, pratica o bom uso dos juízos de valor (Aron, 1970).

A universidade exerce função mediadora entre os espaços de produção e aplicação do conhecimento, articulando-os, desenvolvendo habilidades, instrumentos e técnicas operatórias em uma realidade constituída por diferentes grupos e atores sociais, por questões culturais e éticas que permeiam a totalidade das relações homem-mundo, afetando a forma de satisfazer necessidades em diferentes espaços de vida.

Na busca da resolução ilusória de questões pontuais, a ênfase nas informações muitas vezes enfatiza demasiadamente o papel das novas tecnologias de informação e comunicação, sacrificando a complexidade das questões em nome de uma pretensa objetividade, reduzindo as coisas às bolhas de superfície, sem atentar para o caldo efervescente.

Os princípios organizadores do conhecimento apoiam-se nas relações entre os fenômenos, no reconhecimento de sua complexidade, nos saltos qualitativos e nos processos dialéticos entre realidades subjetivas e objetivas. A prescrição cede lugar à invenção e à descoberta, o compromisso com a problematização vai além da definição e solução de problemas.

É preciso questionar os fundamentos da razão, tomando uma distância crítica face às estruturas e processos de percepção, codificação e interpretação da realidade. A consciência possível das situações-problema e das possíveis ações saneadoras depende das características das diferentes culturas ao longo da história.

Educação, formação, informação e instrução têm conotações diferentes. A educação implica intercâmbio e transformação dos elementos do universo conceitual dos interlocutores, em termos de originalidade, criatividade e autonomia, favorecendo o desenvolvimento do conhecimento, tanto popular como erudito (Figuras 13.6 e 13.7).

Entender um problema é compreender as relações entre as coisas e o contexto em que se dão essas relações. Pessoas com valores diferentes inter-

Figuras 13.6 e 13.7 – A educação implica intercâmbio e transformação dos elementos do universo conceitual dos interlocutores.

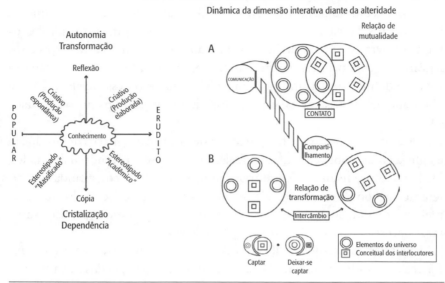

Fonte: Pilon (1998).

pretam a mesma evidência de formas diferentes (Kahan, 2012); a informação tem um papel menor ante as emoções, aos valores e à ética (Etzioni, 2003; Dietz, 2011). Caiu por terra o ideal iluminista de que o pecado, os vícios e a maldade resultariam apenas da ignorância e que, uma vez informadas, as pessoas optariam pelo bem comum.

A educação não coloca remendos em tecidos rotos, mas constrói um novo tecido, uma nova trama, em que os fios se entrelaçam sob uma nova configuração. Consciência crítica implica a crítica da própria consciência, o reconhecimento de antinomias, ambiguidades e conflitos, imanentes às formas de pensar, sentir e agir.

É necessário compreender e responder às necessidades das pessoas; associar a informação às formas de intervenção; utilizar meios de comunicação com o público; influenciar pessoas com poder de decisão e informação; articular diferentes setores e territórios; encorajar participação e autonomia; prover apoio técnico-administrativo, informação, educação, serviços, ação comunitária, desenvolvimento organizacional e medidas reguladoras ambientais e econômicas (Catford, 1992).

O pluralismo construtivo (Unesco, 1999) não ignora, nivela ou suprime as diferenças, mas aceita a diversidade, a transforma e enriquece em termos de um sentido moral e cultural para a existência, opondo-se à visão reducionista, em que: a) informação passa a significar conhecimento; b) esquemas operacionais e táticos assumem o lugar da ação-reflexão; c) identifica-se, classifica-se, reduzindo atos, situações e valores implicados; d) toma-se o possível pelo provável, excluindo o possível-impossível, o imaginário, o utópico e a transgressão; e) reduz-se o risco ao aleatório, o jogo à previsão; f) o diferente passa a ser indiferente, o que é complexo é apresentado como simples, o que é plural torna-se único, repetitivo e monótono (Lefebvre, 1970).

NICHOS SOCIOCULTURAIS E PROCESSOS EDUCATIVOS

A geração de eventos fortes e duradouros em relação ao ambiente, à saúde e à qualidade de vida implica uma abordagem conjugada, que envolve capacitação pessoal (dimensão íntima), redes de apoio (dimensão interativa), políticas públicas (dimensão social) e ambientes saudáveis (dimensão biofísica).

Reflexão sobre a complexidade, reconstrução de paradigmas, investigação experimental, conhecimento crítico, abordagem dialógica, discussão e compromisso, envolvem processos heurístico-hermenêuticos nos nichos socioculturais de ensino-aprendizagem, que abrangem as quatro dimensões de mundo:

- Dimensão íntima: desenvolvimento de consciência crítica face ao projeto de vida pessoal e coletivo e seus aspectos cognitivos e afetivos (conhecimentos, valores, afetos, conflitos, crenças, compromissos).

- Dimensão interativa: formação e convivência em diferentes grupos, formas de organização e de atuação solidária, clima e cooperação em grupos de trabalho, desempenho de papéis de tarefa e processo.

- Dimensão social: elaboração de políticas públicas, direitos e deveres, participação popular, ética, cidadania, parcerias, advocacia e testemunho público, comunicação social, prestação de serviços.

376 EDUCAÇÃO AMBIENTAL E SUSTENTABILIDADE

- Dimensão biofísica: qualidade do entorno de vida e de trabalho, equilíbrio ambiental e necessidades vitais, desenvolvimento de fatores ambientais favoráveis à prática profissional e à qualidade de vida.

A exploração da realidade interna e externa nos nichos socioculturais de ensino-aprendizagem implica revisão de paradigmas e desenvolvimento de habilidades e experiências que propiciem novas formas de ver e estar no mundo, em termos de melhor compreensão das situações e redefinição e encaminhamento dos problemas.

Nos nichos socioculturais descobre-se e discute-se a configuração do campo gerador dos eventos (Lewin, 1951), que atuando sobre variáveis relevantes e gerando configurações alternativas. Investiga-se o que é estranho, o que se pretende entender e o que parece familiar e inteligível (Gadamer, 1977; Rosenwald, 1986).

Em vez de colocar remendos em tecidos já rotos, elabora-se um novo tecido. Os princípios organizadores do conhecimento reconhecem as relações entre os fenômenos, sua complexidade e os saltos qualitativos no *continuum* subjetivo-objetivo.

Objetos intermediários[1] contribuem para estabelecer novos vínculos entre os sujeitos e os objetos de conhecimento, aprofundando a visão das coisas e ampliando os horizontes cognitivos e afetivos, diminuindo as resistências que surgem no discurso diretivo ante a definição e o encaminhamento dos problemas, tendo em vista metodologias de trabalho heurístico-hermenêuticas (Quadro 13.7).

---

[1] Objetos intermediários facilitam a expressão das relações sujeito-objeto e a análise em grupo de conteúdos e processos, revelando formas coletivas de conhecer, sentir e agir em termos do próprio sujeito, do grupo, da cultura e do entorno de vida. Fornece subsídios epistemológicos e antropológicos para a análise e discussão das formas de estar no mundo que afetam a qualidade de vida. Nos nichos socioculturais de ensino-aprendizagem, processos heurístico-hermenêuticos podem contribuir para revelar e transformar as visões de mundo, como, por exemplo, a apresentação de ilustrações ou conjuntos de objetos que despertem curiosidade (tampinhas unidas por um elástico, conchas, pedregulhos etc.); os participantes anotam suas percepções em tiras de papel (não identificadas) e em seguida as compartilham (Pilon, 1998).

A OCUPAÇÃO EXISTENCIAL DO MUNDO: UMA PROPOSTA ECOSSISTÊMICA | **377**

Quadro 13.7 – Descrição dos processos heurístico-hermenêuticos nos nichos socioculturais de ensino-aprendizagem.

a) Os participantes registram suas percepções por meio da apresentação dos objetos intermediários (dimensão íntima); em seguida as compartilham no grupo (dimensão interativa); não há procedimentos que garantam *a priori* os fundamentos de nenhum registro, a não ser em termos de autenticidade e espontaneidade.

b) Uma vez compartilhados, são exploradas a originalidade e diversidade de conteúdos e processos associados aos registros dos participantes nas quatro dimensões de mundo, possibilitando uma visão ampliada da experiência e a construção pelo grupo de novos horizontes cognitivos, afetivos e conativos.

c) O referencial cognitivo no qual os participantes constroem novas percepções é afetado diretamente pela ampliação da experiência no grupo, ante os novos horizontes de conhecimento, sentimento e ação que se constituem nas diferentes etapas de trabalho no nicho sociocultural de ensino-aprendizagem.

d) São revistos os métodos e instrumentos de legitimação da realidade; critérios e evidências para definição dos problemas são revistos sob nova ótica, em termos das transformações coletivas que sustentam as mudanças individuais e das mudanças individuais que apoiam as transformações coletivas.

e) Os horizontes de percepção são alterados pela apropriação coletiva da experiência; o envolvimento no diálogo dentro do grupo leva os sujeitos além de suas posições iniciais, na direção de novos questionamentos, mediante o enriquecimento do intercâmbio nas dimensões íntima e interativa.

f) A reflexão, em virtude do excesso de significados, não se cristaliza sob forma reificante; graças à distância crítica desenvolvida no nicho sociocultural, novas propostas de trabalho são elaboradas em resposta a novos questionamentos, no contínuo do espaço-tempo.

Qualidade de vida implica mais processos do que produtos (Pienaar et al., 1984). Subjetividade e objetividade, educação, responsabilidade e compromisso abrangem todos os níveis da experiência. O conhecimento das pessoas, coisas e situações depende dos respectivos nichos socioculturais; cognição, afeto, ação e a realidade subjacente são interdependentes.

Prescrição, autossuficiência e pensamento paradigmático devem ser revistos em benefício da criatividade e do crescimento mútuo. Interconexão, isonomia e flexibilidade envolvem interdisciplinaridade e transdisciplinaridade, habilidades para reconhecer o sentido das mudanças e as implicações de uma ideia nas situações mais complexas nos nichos ecológicos de geração de conceitos (Posner, 1983).

As Diferentes Abordagens do Processo Educativo

Horizontes de compreensão, sentimento e ação são delineados pela cultura que permeia a educação em geral (formal, não formal e informal), pelos meios de comunicação social, entretenimento e propaganda, com suas mensagens, programas, currículos e áreas de aplicação, pelos equipamentos oferecidos, do quadro-negro ao computador.

Questões relativas à disciplinaridade, multidisciplinaridade, interdisciplinaridade e transdisciplinaridade deverão ser discutidas: a disciplinaridade e o aumento das especializações supõem separação, domínio, dualismo, competição e hierarquia (O'Sullivan, 1987); a multidisciplinaridade permanece nas fronteiras entre as áreas de conhecimento, sem transcendê-las.

A educação centrada nas necessidades, motivos e percepções das pessoas é mais autorizadora, menos autoritária, normativa, racionalizada e racionalizadora. Além das categorias da razão lógica, o pensamento simbólico acessa uma realidade mais profunda e humana, em que nem a razão é excluída nem o mito prevalece isolado.

Diferentes correntes de pensamento (positivismo, funcionalismo, estruturalismo, fenomenologia, pragmatismo), como uma porta giratória, propõem diferentes concepções de homem, mundo, conhecimento, sociedade e cultura (Mizukami, 1986), que fundamentam as diferentes abordagens do processo educativo (Quadro 13.8).

Relações afetivas e instrumentais dependem do significado da situação, que varia no tempo e no espaço para diferentes pessoas, em diferentes situações e em diferentes contextos (Figuras 13.8 e 13.9). O conceito da mente como espelho do mundo, o conhecimento normativo e instrumentalizado, as competências restritas a tecnologias educativas ignoram a dimensão dramática da existência, a configuração total do campo dinâmico dos fenômenos, em seus aspectos subjetivos-objetivos.

Situações-problema e ações saneadoras dependem das diferentes configurações em que se imbricam as quatro dimensões de mundo, cujo grau de sustentação mútua, em termos de doação e recepção, alcança o seu equilíbrio no modelo ecossistêmico de cultura.

A educação é uma esperança e um perigo: ela pode questionar, inovar e criar, desenvolver autoconfiança e capacidade de organização, reconhecer as poderosas forças que impulsionam os estilos de vida; mas pode também levar à aceitação do *status quo* como algo normal, estiolando a curio-

A OCUPAÇÃO EXISTENCIAL DO MUNDO: UMA PROPOSTA ECOSSISTÊMICA | 379

Quadro 13.8 – Características das abordagens do processo educativo.

> • Abordagem tradicional. Separa sujeitos e objetos de conhecimento, propõe a transmissão do acervo de conteúdos científicos mediante processos apoiados no raciocínio lógico, pressupõe que a razão deve orientar a ação e que existe uma realidade cognoscível e acessível por métodos científicos, baseados em análise-síntese, indução-dedução, observação e experimentação controladas. Apoia-se em correntes racionalistas de pensamento, cujo apogeu deu-se nos séculos XVIII e XIX, com o Iluminismo e o Positivismo.
>
> • Abordagem comportamentalista. Separa sujeitos e objetos de conhecimento, condiciona o ambiente para que ocorram comportamentos observáveis e controláveis (ensino e aprendizagem "programados"), mediante recompensas (reforço positivo) ou cessação de condições aversivas (reforço negativo). Elimina as punições, de efeito apenas suspensivo (não corretivo) dos comportamentos indesejáveis. Promove o autocontrole em termos das variáveis presentes no entorno, visando à edificação de uma sociedade planejada.
>
> • Abordagem humanista. Reflete correntes políticas, pedagógicas e psicológicas, sob o primado do sujeito, em termos de singularidade, originalidade, criatividade e liberdade de pensamento, sentimento e ação. Ante o *status quo* social, político, econômico e pedagógico, busca desenvolver formas diferenciadas de estar no mundo, originalidade e satisfação pessoal em termos de um projeto de vida alternativo, buscando desenvolver a autonomia dos nichos socioculturais e o autogoverno, pessoal e coletivo.
>
> • Abordagem cognitivista. Busca desenvolver as funções cognitivas, afetivas e conativas, favorecendo o desenvolvimento dos esquemas mentais para conhecer e agir sobre o mundo, o raciocínio abstrato e as habilidades práticas, valorizando a construção do pensamento lógico-abstrato, o amadurecimento ético, entrelaçando ação e reflexão ante os desafios progressivos enfrentados ao longo do processo de desenvolvimento e maturação. A construção do homem e do mundo resulta de um processo de desafios recíprocos e o conhecimento reflete a qualidade das relações que o sujeito estabelece com os objetos.
>
> • Abordagem sociocultural. Desenvolve o papel dos sujeitos como protagonistas do projeto de vida pessoal e coletivo, mediante a tomada de consciência de suas circunstâncias de vida e do papel histórico que lhes cabe desempenhar no mundo em que vivem. Promove a análise e a ação coletiva sobre os fatores culturais, sociais, políticos e econômicos, a apropriação do discurso e a emancipação em termos críticos, valorizando o exercício da cidadania e a passagem do estado de sujeição (opressão) ao estado de autonomia e soberania.

sidade, a inovação, fazendo as pessoas esperarem passivamente pelos outros para agir, quando a ação deve ser coletiva (Unece, 2013).

Semelhanças e Desigualdades: a "Desigualdade Desigual"

Nas periferias urbanas, grandes parcelas da população, carentes de formação e informação, sem recursos internos e externos para a construção

Figuras 13.8 e 13.9 – Construção recíproca das quatro dimensões de mundo (doação e recepção).

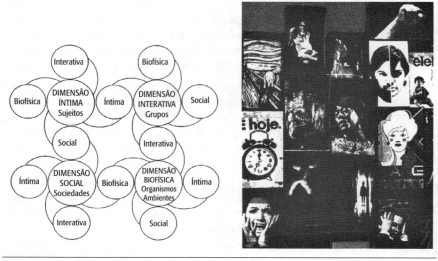

Fonte: Pilon (1998).

do seu capital social, são aliciadas pela publicidade, comunicação de massa e caprichos do mercado, que as condiciona a consumir como forma de existir, gerando desamparo, desespero e violência.

Nesse contexto, subculturas de pobreza (Lewis, 1965) enfrentam carências básicas mediante diferentes estratégias de sobrevivência, muitas vezes contaminadas pelas fantasias de consumo da sociedade afluente, em um contexto de vida que não oferece outras alternativas a não ser relações anômalas e violentas.

A desigualdade desigual impede a singularidade e a reciprocidade, o desenvolvimento solidário das formas de estar no mundo, a busca de alternativas para a promoção da qualidade de vida, da saúde, educação, cultura e cidadania, caracterizando os modelos não ecossistêmicos de cultura.

Os processos de exclusão-inclusão levam a um círculo vicioso, em que os antigos excluídos, quando incluídos, passam a adotar os mesmos paradigmas que geraram sua exclusão, reproduzindo os padrões vigentes de produção e consumo (Chermayeff e Tzonis, 1971), e atribuindo às pessoas e não ao modelo vigente o desperdício, a poluição, a violência, a miséria, a doença e a morte.

O domínio de uns sobre outros não serve a ninguém, nem àqueles que se julgam beneficiários do *apartheid* da desigualdade desigual: políticas públicas, ação social, propostas de ensino, publicidade aberta ou camuflada, estão privilegiando "bolhas na superfície de um caldeirão efervescente".

O resgate dessa desigualdade vai além do arcabouço institucional-legal; não é apenas o Estado, mas a nação que está envolvida. Como expressão cultural, é construção histórica, que envolve luta e conflito, acesso a territórios e recursos físicos, políticos e econômicos, abrange a totalidade do homem enquanto pessoa (dimensão íntima), alteridade (dimensão interativa), cidadão (dimensão social) e corpo (dimensão biofísica).

Modelos teóricos na área da psicologia social consideram as relações dinâmicas entre sujeitos, grupos, sociedade e entorno, tendo sido objeto de aplicações em projetos de campo em educação, em saúde e promoção da saúde (Badura e Kickbush, 1991; Glanz, 1990; Katz e Peberdy, 1997), todos eles contendo significativas contribuições para a educação ambiental (Quadro 13.9).

Quadro 13.9 – Teorias em psicologia social.

- *Ação intencionada* (Ajsen e Fishbein, 1980). Avaliação pessoal das consequências, intensidade das crenças, conflitos entre atitudes e comportamentos, percepção de apoio no grupo primário.

- *Aprendizagem social* (Bandura, 1977). Dinâmica de campo (condições do entorno e percepção dessas condições), significado pessoal da conduta, observação da conduta e de suas consequências nos demais, expectativas pessoais de eficácia e confiança na obtenção de resultados, mensagens favoráveis dos meios de comunicação social.

- *Campo social* (Lewin, 1951). Espaço vital (físico-social-conceitual), estrutura e totalidade dinâmica de campo (forças atuantes, ocorrências, percepções, motivações), canalização de processos e estratégias de ação, decisões coletivas.

- *Atributiva de causalidade* (Abramson et al., 1978). Internalidade-externalidade do *locus* de controle dos eventos (atribuição a fatores internos ou externos), expectativas de controle desses fatores para alcançar resultados.

- *Contemplativa da ação* (Prochaska e Di Clemente, 1984). Progressão temporal cíclica: pré-contemplação (indiferença), contemplação (percepção e avaliação de riscos), prontidão (avaliação de custo-benefício), engajamento, manutenção ou relapso.

- *Crenças* (Rosenstock et al., 1988). Percepção de vulnerabilidade, da gravidade do risco e dos meios sociais, econômicos e técnicos de prevenção, tratamento e recuperação dos agravos potenciais.

- *Precede-procede* (Green, 1992). Fatores sociais e epidemiológicos; fatores que predispõem, possibilitam e reforçam comportamentos (sujeitos, sociedade e entorno, grupos); fatores educativos e organizacionais; fatores administrativos e políticos; fatores ambientais.

(continua)

Quadro 13.9 – Teorias em psicologia social. (*continuação*)

• *Difusão de inovações* (Rogers, 1969). Adesão por estágios sucessivos: vantagens relativas, compatibilidades culturais, complexidade das tarefas, resultados experimentais, comunicabilidade, adoção ou rejeição. Papéis inovadores das lideranças e elites sociais. • *Abordagem ecossistêmica* (Pilon, 2006). Diagnóstico e transformação dos eventos que afetam a saúde, o ambiente e a qualidade de vida mediante a análise e integração das diferentes dimensões de estar no mundo: íntima, interativa, social e biofísica.

O conceito de semelhante implica simultaneamente aproximação e diferenciação, mas existe uma desigualdade que não é fruto da variedade e da diferença, de diferentes aptidões ou vocações, mas deriva das precárias condições existentes para o desenvolvimento dos sujeitos, grupos, coletividades e dos entornos naturais e construídos.

Ações fragmentadas, mesmo com intuitos educativos (Figura 13.10), sem considerar os sujeitos e seu universo de vida, não alteram as formas de estar no mundo, de organizar a vida coletiva. Condições desiguais de acesso e distribuição de posições e recompensas afetam as políticas públicas, a gestão democrática dos recursos e os procedimentos técnicos e legais.

Figura 13.10 – Relações entre o educando e o projeto educativo nas abordagens clássica (1ª solução), ingênua (2ª solução) e transformadora (3ª solução).

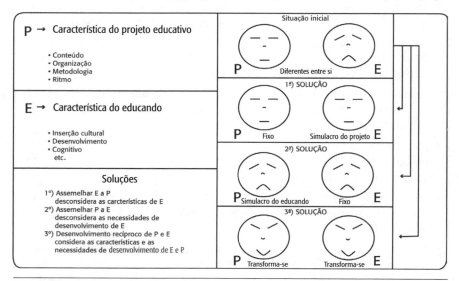

Fonte: Pilon (1998).

Sob o rótulo de progresso acelera-se a deterioração de valores, a qualidade de vida sofre o assédio de uma devastadora rede de produtores e consumidores egocêntricos (Chermayeff e Tzonis, 1971), que buscam legitimar o gozo imediato e, se possível, exclusivo, de recursos, posições e recompensas, reservando-se a si todos os direitos e aos demais todas as obrigações.

Em muitas cidades do mundo, uma guerra civil não declarada faz vítimas diárias, solapando a confiança mútua na sociedade como um todo, em função da crescente criminalidade e de toda sorte de injúria física, mental e social. A delinquência disseminada expressa não apenas problemas econômicos, mas, também, a deterioração de valores sociais e culturais (Pilon, 2007).

O exercício da cidadania pressupõe habilidades de atuação e controle, possibilidades de escolha e decisão. Dizer, por exemplo, que todos, indistintamente, têm liberdade de tocar piano, não significa que estamos sendo democráticos; só há liberdade para tocá-lo se foram implementadas políticas conducentes a uma formação específica para executar esse instrumento musical.

As dimensões de mundo sofrem o efeito benéfico ou maléfico de modelos ecossistêmicos ou não ecossistêmicos de cultura. Nesse sentido, verifica-se o equilíbrio ou o desequilíbrio entre as diferentes dimensões em diferentes modelos (ecossistêmicos, primitivos, massificados e psicóticos), bem como suas consequências nas formas coletivas de estar no mundo (Figura 13.11).

A CONFIGURAÇÃO DA DIMENSÃO BIOFÍSICA

Estamos implicados no mundo e o mundo está implicado em nós, como um holograma, o todo se configura em qualquer aspecto observado. As dimensões de mundo espelham-se mutuamente: como nas faces de um prisma, a luz, ao incidir nelas, permite leituras da realidade sob determinada dimensão, que, por sua vez, desvela outras dimensões de mundo; a conjugação das faces reconstitui o prisma, que se expressa em todas elas.

A vida e o entorno são, inicialmente, algo não consciente, depois experimentado e finalmente concebido. Wallner e Peschl (1999), distinguem, nessa ordem, os conceitos de ambiente (*Wirklichkeit*), mundo de vida (*Lebenswelt*) e realidade (*Realität*). Caverna, acidente natural topográfico, para o cientista é uma cavidade rochosa sob o solo formada pela ação das águas; para o homem primitivo tem o significado de abrigo, lar, moradia.

Figura 13.11 – As dimensões de mundo sofrem o efeito benéfico ou maléfico de modelos ecossistêmicos ou não ecossistêmicos de cultura.

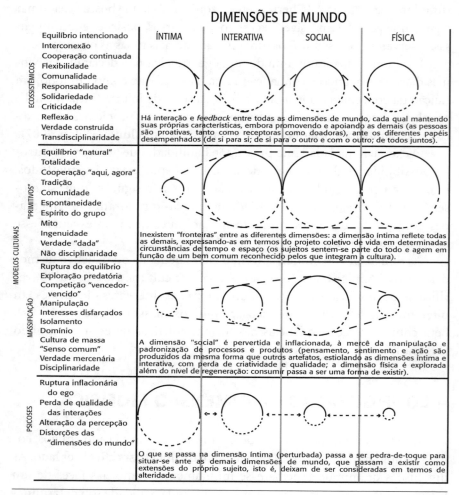

Fonte: Pilon (1998).

A dimensão biofísica é constituída por matéria e energia, partículas, ondas e campos de força, elementos físicos, químicos e biológicos; inclui e circunda todos os seres e coisas, tanto fora (ambiente) como dentro (objetos e corpos). Como fator de preexistência e coexistência, é imanente às percepções e processos vitais de sobrevivência no cotidiano da vida; é fator de consciência associado ao processo cultural (Figura 13.12).

Figura 13.12 – No espaço-tempo culturas diferentes mantiveram diferentes relações com o ambiente, em termos de sobrevivência ou extinção.

Fonte: Pilon (1998).

Monumentos, inscrições e utensílios (dimensão biofísica) revelam a sensibilidade e a inteligência de artesãos (dimensão íntima), as formas de convivência (dimensão interativa), aspectos religiosos, políticos e econômicos (dimensão social). Na cena de um crime (dimensão biofísica), vestígios materiais apontam para variáveis em outras dimensões de mundo, indicando a personalidade, o estilo de vida e outras caraterísticas dos protagonistas.

As relações do homem com a dimensão biofísica dependem dos fatos vividos e da reflexão sobre eles, envolvendo diferentes experiências, significados e paradigmas. O caminho escolhido depende das alternativas existentes, do próprio caminhante, da forma de caminhar, de fatores biopsicossociais, políticos, econômicos e culturais, que afetam a trajetória resultante (Pilon, 2006).

Na dimensão biofísica, o trajeto em uma via pública depende das intenções dos sujeitos (dimensão íntima), do apoio de grupos de referência (dimensão interativa), das regras de trânsito (dimensão social) e das próprias condições da via (dimensão biofísica), da mesma forma que, em uma partida de futebol, o resultado depende do jogador, da coesão da equipe, das regras do jogo e das condições do gramado.

Mudanças ambientais (dimensão biofísica) dependem de apoio político, envolvimento de setores públicos e privados (dimensão social); participação das pessoas e de suas redes de relações (dimensões íntima e interativa); a conjugação desses fatores favoreceu a recuperação de espaços público em Nova York, em termos de convivência, segurança e estética, resgatando a autoestima e a cidadania dos próprios moradores[2].

RECONHECENDO VALORES: PEDRINHO E O SULTÃO

Algumas correntes filosóficas veem ora o predomínio da razão, ora do sentimento, ora da sensação, ora da intuição. Em face de um animal, a razão o classificaria e o descreveria (trata-se de um felino), o sentimento o vincularia (não posso viver sem ele), a sensação o contemplaria (é bonito, é ágil), a intuição o captaria (é um ser extraordinário).

Ordem, amor, beleza e transcendência expressam valores que orientam as relações do homem com seres, coisas e situações. Cientistas classificam os espécimes (ordem), pessoas benévolas deles cuidam (amor), expositores os premiam (beleza), religiões prestam-lhes culto (transcendência). Outros, mais pragmáticos, os veem como fonte de riqueza e poder.

Valores guiam a ação, exigem realizações, demandam um esforço orientado para uma meta[3]. Manifestam-se por uma *seleção aberta* ou *preferência expressa*, ou permanecem implícitos nas próprias ações, não podendo ser detectados senão pelo exame das possíveis alternativas de conduta: dada determinada circunstância, quais seriam as opções?

Os valores transparecem nas discussões, controvérsias e debates. Se as questões não são vistas como indesejáveis ou perturbadoras, geralmente

---

[2] A cidade saudável caracteriza-se por ambiente seguro, limpo, incluindo a moradia; ecossistemas estabilizados e sustentáveis; comunidades fortes, solidárias e não autodestrutivas; ampla participação e controle públicos nas questões de qualidade de vida e atendimento às necessidades básicas; acesso a variada gama de experiências e recursos em termos de contatos, interação e comunicação; economia diversificada, vital e inovadora; acesso adequado e universal aos cuidados de saúde/doença, mantido um alto nível de saúde pública; preservação da memória urbana, da herança cultural e biológica dos cidadãos e de um entorno compatível com as características precedentes (WHO, 1992).

[3] A população migrante, radicada na periferia de uma capital do Nordeste brasileiro, vendia os poucos ovos das galinhas que criava para poder comprar refrigerantes. Estariam privilegiando alimentos energéticos em vez de proteicos? Ou estariam valorizando sua inserção social na grande cidade, mediante o consumo simbólico de produtos que a publicidade associava à vida urbana? Dever-se-ia propiciar o resgate da cultura original, incluindo os hábitos alimentares abandonados? O trabalho com as quatro dimensões de mundo poderia promover a autoestima, as redes de relações, a vida social e o entorno, de forma a melhorar a qualidade total de vida?

não existem valores importantes em jogo (há indiferença ou alheamento). Experiências bem-sucedidas desenvolvem valores: a cooperação é valorizada quando efetivamente resulta no sucesso de um projeto.

O discurso, as representações sociais, geralmente implicam valores, mas é preciso verificá-los nas condutas e ações. É necessário analisar alternativas de conduta disponíveis aos protagonistas, a fim de aferir os valores subjacentes. A intensidade dos valores pode ser medida pelo grau de indignação pública e pelo tipo de sanção aplicada quando violados.

Sob a ótica existencialista (Sartre, 1968), os valores são postos à prova, no momento da tomada de decisão e não podem ser aferidos *a priori*, evidenciando sua real intensidade em situações-limite, isto é, quando as decisões têm consequências relevantes, como nos casos de vida ou morte (mesmo levado à fogueira, Giordano Bruno conservou-se fiel à verdade).

Se há sanções fortes, prêmios ou castigos, podemos deduzir que o valor é dominante na cultura. Caso contrário, se as sanções são débeis e nada de importante ocorre, o valor será subordinado. A aplicação de sanções àqueles que o violam depende do grau de controle social da população (extensão do valor).

Pessoas-símbolo, ídolos, santos e heróis encarnam valores consagrados em diferentes culturas. Mudanças científicas e tecnológicas, industrialização e urbanização, contatos com novas culturas e subculturas produzem desequilíbrios, cuja intensidade depende da maior ou menor rapidez das mudanças e de sua extensão nos diferentes segmentos sociais.

Os valores variam em diferentes contextos, no espaço e no tempo. Quando a professora pede para Pedrinho desenhar o que mais gosta, ele desenha um sorvete. Por quê? Porque naquele momento poderia ser a coisa mais importante para ele. Alimentos são necessários, mas valores orientam a sua escolha, muitas vezes com caráter simbólico.

Ao ver a mulher e seus objetos pessoais com um estranho, o sultão exclama: — Minha mulher! Meu pão! Meu vinho! Meu livro de versos! Poderia essa ordem indicar uma escala de valores? Os valores podem ser mais centrais ou periféricos, ou estar em conflito: por que estudar tanto, quando se pode ganhar a vida de outras formas?

A novidade pode ser um valor em si. As lojas da cidade anunciam a nova direção, outras oferecem o novo sabão X. A mensagem implícita é a de que o novo é melhor do que o anterior, que as coisas velhas devem ser descartadas. O critério da novidade pode sacrificar o mérito, publicações recentes suplantando as mais antigas.

Para o resgate ou mudança de valores são necessários movimentos sociais fortes, suportes culturais e experiências alternativas em diferentes situações e contextos de vida, que propiciem condições adequadas para uma tomada de consciência das coisas, em termos de novas formas de ser e estar no mundo.

Além dos limiares mínimos de satisfação das necessidades básicas, a liberdade está associada à maturação psicossocial nas quatro dimensões de mundo; atinge sua culminação em função de valores filosóficos, políticos ou religiosos, como testemunha a vida dos santos e heróis, que optam pelo sacrifício em razão de um ideário.

Liberdade, solidariedade, cooperação, responsabilidade, espírito crítico são valores que se expressam não apenas em palavras, mas em atos ao longo da vida. É fundamental um trabalho a partir deles, abrangendo os grupos primários, famílias, escolas, oficinas, logradouros públicos, centros de cultura, educação, fé, produção, consumo, lazer, entretenimento, saúde, esportes e outros.

LINGUAGEM E COMUNICAÇÃO: PRODUZINDO EVENTOS COM PALAVRAS E IMAGENS

A comunicação envolve aspectos técnicos (qualidade da emissão/transmissão/recepção), semânticos (construção de significados) e pragmáticos (orientação da conduta). Funções básicas da comunicação, referencial, emotiva, poética, conativa, fática e metalinguística (Bougnoux, 2001) estão associadas a diferentes paradigmas e formas de estar no mundo.

Meio de representação e instrumento de ação, a linguagem (oral, escrita, gráfica, gestual, ou eletrônica) afirma, interroga, convoca, descreve, realiza ("eu juro" é uma ação, "ele jura", uma informação). O sentido envolve o que é dito (conteúdo da mensagem) e como é dito (organização e estilo da mensagem).

A mensagem está sujeita a interpretações: o que é aparente (denotação) distingue-se do implícito (conotação). Quando emissores e receptores pertencem a universos culturais distintos, há incompatibilidades entre efeitos esperados e obtidos: o sagrado para uns pode ser tomado como profano por outros, manifestações amistosas consideradas hostis.

Não há relação direta entre o volume de informações e a liberdade de decisão. A percepção, codificação, interpretação e processamento da informação depende de estruturas e operações mentais, dos horizontes cognitivos, afetivos e conativos, da capacidade crítica, de variáveis educacionais e culturais.

A mediosfera (os meios de comunicação social, como rádio, televisão, imprensa, internet) contribuem para estruturar formas de pensar, sentir e agir. Conflitos e tensões são interpretados e resolvidos simbolicamente no espaço virtual dos *media*, reduzindo os dilemas ao formato dramático-narrativo, às características dos personagens (Macé, 2001).

Apelos dramáticos, contínuos e recorrentes exploram necessidades e desejos, fascinam e despertam emoções, orientam atitudes e ações de forma menos reflexiva e mais empática. A representação do mundo e o mundo da representação se confundem, o espetáculo é convertido em vida e a vida em espetáculo (Cohen-Séat et al., 1967).

O sentido das mensagens não é imediato, nem fixo: há duplo vínculo implícito quando o próprio contexto contradiz a intenção (trabalho em equipe em organizações hierarquizadas); e explícito, quando o discurso é ambíguo (a porta está sempre aberta, mas não entre aqui por engano...; sou a favor do diálogo, mas você está me respondendo...).

A emancipação das pessoas necessita uma visão abarcadora (Jaspers, 1984) e uma ação comunicativa (Habermas, 1989). Ilusórias estratégias de poder, profundos déficits de compreensão e de sentido, têm levado à dissolução do sentido da existência humana e à redução da cultura e das relações sociais em termos de compra e venda (Evers, 1984).

TRABALHANDO COM NICHOS SOCIOCULTURAIS DE ENSINO-APRENDIZAGEM

Diálogo não é a mera discussão ou debate, exclui a demonstração de poder ou o confronto, é uma investigação cooperativa, que amplia horizontes de conhecimento, sentimento e ação, mediante novas visões de mundo e novas formas de estar nele, possibilitando aos interlocutores reexaminarem formas de pensar, sentir e agir (Batten, 1967).

A descoberta do outro em si mesmo (Ricoeur, 1991), a alteridade, é um processo dialógico, em que as identidades não se repetem, mas se transformam. A construção da ipseidade é um processo compartilhado, não aceita informação fixa sobre nada ou sobre ninguém e propicia simultaneamente a descoberta do próximo e de um novo outro em si mesmo.

Constrói-se um "si" que não é o mesmo: rompe-se o envoltório do *idem* (identidade fechada sobre si mesma) pelo desabrochar do *ipse* (identidade aberta à permanente reconstrução). "Eu e tu" caminham juntos e a abertura para o outro implica o reconhecimento de si próprio e do outro de uma maneira diferente.

"O outro é aquele que me convoca à responsabilidade" (Lévinas, 1974). Em vez da afirmação da identidade, do confronto, busca-se a ipseidade, *o encontro*, a construção do si mesmo como um outro, (o si mesmo no outro e o outro em si mesmo). O próprio ponto de vista é descoberto a partir de uma interioridade mais profunda.

Superado o receio do desconhecido, o sujeito, suporte de um processo de verdade, transforma-se, incluindo-se em ocorrências locais do processo de verdade (Badiou, 1995). Estar no mundo deixa de ser uma contingência diante da situação total, passando a ser um processo de opção e escolha, em que o sujeito coparticipa do futuro coletivo (Pilon, 2011).

Nos nichos socioculturais de ensino-aprendizagem, formação e sensibilização dependem de experiências heurístico-hermenêuticas, de um clima de liberdade e confiança, do compartilhamento de papéis de tarefa e processo, do intercâmbio de expectativas, de doação e recepção, da reconstrução coletiva de formas de ver e estar no mundo.

Um nicho é uma nova estrutura, um núcleo menor de agentes que emerge dentro do sistema e desenvolve capacidade crítica para inovar. Nos nichos socioculturais de ensino-aprendizagem, alguns princípios de trabalho deverão ser observados, conforme verifica-se no Quadro 13.5.

Para um entendimento congruente das coisas, as pessoas precisam ocupar o mesmo nicho semiótico ou semiosfera (Kull, 1998), compartilhando valores e significados comuns. Estruturas emergentes ao redor dos nichos estimulam seu ulterior desenvolvimento e o surgimento de novos nichos (Frantzeskaki e Loorbach, 2009).

Os nichos socioculturais de ensino-aprendizagem visam a desenvolver igualdade comunicativa, simetria participativa, construção de normas, veracidade e sinceridade (Habermas, 1989). As tarefas e processos dependem da direção, intensidade e momento de um campo dinâmico de forças, quase conceitual, quase social e quase físico (Lewin ,1951).

O grupo reage à natureza, intensidade e sentido das forças que se manifestam em seu interior, às relações lógicas entre a forma das situações (estrutura e dinâmica) e a forma das operações (percepção, motivação, atitudes, cognição e afeto). Questões como inclusão, afeto e controle (Shutz, 1958) afetam a qualidade da participação e o futuro do grupo.

As formas como os sujeitos se relacionam com o mundo podem ser reveladas mediante objetos intermediários, como ilustrações ou conjuntos de objetos, que despertem curiosidade (tampinhas unidas por um elástico, conchas, pedregulhos etc.), repassados entre os participantes, que anotam suas percepções em tiras de papel (não identificadas).

As anotações, distribuídas aleatoriamente entre os participantes, são lidas em voz alta, forma e conteúdo dos enunciados são compartilhados (relações sujeito-objeto e modalidades de estar no mundo); a experiência vai além das percepções iniciais dos participantes, os significados são ampliados pela contribuição de todos, em termos dos horizontes cognitivos e afetivos.

Em termos de conteúdos e processos, os modos de apreensão das coisas estão associados às formas dos sujeitos estarem no mundo; as relações sujeito-objeto podem ser, inicialmente, analisadas segundo diferentes categorias:

* Apropriação: construção de novos paradigmas e formas de estar no mundo (cognição, afeto e ação).

* Senso comum: conformidade a formas convencionais de ver as coisas (estereótipos dominantes).

* Erudição: categorização dos eventos segundo modelos acadêmicos: classificações, propriedades.

* Alienação: dependência de autoridade externa para qualificar o significado da experiência.

* Resistência: oposição ativa, incapacidade de ver as coisas sob novas óticas e de elaborar significados.

* Dogmatismo: aderência a paradigmas fixos e reduzidos para definir as experiências de vida.

Propósito das Reuniões em Grupo

As quatro variáveis que intervêm em uma reunião são:

* Propósito ou objetivo.
* Número de pessoas participantes.

- Tempo ou duração.
- Maturidade do grupo.

Os processos utilizados dependem dessas variáveis, que são interdependentes.

Toda reunião é feita com um propósito, cuja legitimação depende de um consenso no grupo. Que resultados esperam os participantes alcançar com a reunião? O que estão dispostos a oferecer (ofertas) e o que esperam receber (expectativas)? O exame de ofertas e demandas é essencial para delinear os objetivos do grupo e as formas de alcançá-los.

Laboratórios de sensibilização buscam desenvolver processos e habilidades em dinâmica de grupo. Grupos focais enfocam tarefas específicas (discussão de determinados assuntos). O propósito e a forma de organização das reuniões dependem do tamanho do grupo, como se descreve a seguir.

A dinâmica de grupo "Janela de Johary" (Luft, 1967) facilita a comunicação de como cada um percebe o outro e de como é percebido pelos demais, revelando áreas ocultas e cegas, e ampliando a área livre, conforme explicita-se no quadro seguinte:

Quadro 13.10 – Variáveis trabalhadas na Janela de Johary.

Janela de Johary	Aspectos conhecidos pelo indivíduo	Aspectos desconhecidos pelo indivíduo
Aspectos conhecidos por outros	Área livre 1 (já desvelada)	Área cega 2 (a ser desvelada)
Aspectos desconhecidos por outros	Área oculta 3 (a ser desvelada)	Área incógnita 4 (inacessível ao grupo)

1. Área livre: produto da interação espontânea do grupo no decurso das sessões, será ampliada durante as fases 1 e 2 do exercício heurístico-hermenêutico descrito.

2. Área cega: os membros do grupo, em contrapartida, poderão revelar, em feedback, àquele membro, qualquer aspecto nele observado e que julgam ser desconhecido por ele.

3. Área oculta: qualquer membro poderá, se desejar, revelar um aspecto pertinente à própria dimensão íntima que gostaria de compartilhar (algo que, até o momento, seja desconhecido dos demais).

4. Área incógnita: não poderá ser trabalhada sob os procedimentos descritos.

A OCUPAÇÃO EXISTENCIAL DO MUNDO: UMA PROPOSTA ECOSSISTÊMICA | **393**

Alternar dois subgrupos de trabalho, nas funções de expressão e verbalização e de observação e *feedback*[4], facilita a tomada de consciência pelo grupo de aspectos relevantes do processo, como se explicita em sequência:

- Círculo interno (expressão/verbalização): neste círculo a palavra estará à disposição para a discussão livre em termos de tarefas e processos (tempo: 10 min).

- Círculo externo (observação/*feedback*): neste círculo a palavra estará à disposição para a análise de papéis de tarefa e processo observados no círculo interno (tempo: 5 min).

A expressão do que cada um gostaria de oferecer ao grupo e do que esperaria receber dele pode servir de roteiro preliminar para orientação dos trabalhos em termos do que se deseja, para passar, em seguida, para "o que fazer" e "como fazer" em termos de tarefas e processos, o que exige determinados princípios (Quadro 13.11).

Quadro 13.11 – Princípios de trabalho nos nichos socioculturais de ensino e aprendizagem.

ISONOMIA DOS INTERLOCUTORES Dimensões íntima, interativa e social	Todos são interlocutores no processo de ensino-aprendizagem, a participação é democrática, não há interlocutor privilegiado em relação a qualquer outro, os papéis de tarefa e processo são compartilhados. Os interlocutores se sentem em igualdade como membros do grupo.
CONSTRUÇÃO SOLIDÁRIA DO CONHECIMENTO Dimensões íntima, interativa e social	Ninguém conhece mais ou conhece menos, todos conhecem de maneira singular, própria; o conhecimento não se esgota em si mesmo, podendo ser revisto, enriquecido e transformado. Posições e juízos *a priori* cedem lugar a posições e juízos construídos no nicho sociocultural de ensino-aprendizagem.

(continua)

---

[4] *Feedback*: processo que permite ao emissor da mensagem verificar como esta foi recebida pela audiência, que a retransmite ao emissor na forma como foi percebida pelos demais (em termos descritivos, não de mérito), e cujo teor pode ser, subsequentemente, reelaborado pelo emissor, permitindo ao emissor verificar em que medida seus efeitos corresponderam às suas intenções ao emiti-la em termos de conteúdos e processos (aspectos cognitivos, afetivos e conativos).

394 | EDUCAÇÃO AMBIENTAL E SUSTENTABILIDADE

Quadro 13.11. Princípios de trabalho nos nichos socioculturais de ensino e aprendizagem. (*continuação*)

DEFINIÇÃO DOS EVENTOS Dimensões íntima, interativa e social	A partir das contribuições convergentes e divergentes de todos os interlocutores, paradigmas serão objeto de discussão e de conhecimento delineados, ainda que de forma precária e contraditória, como hipóteses de trabalho. Os eventos poderão ser definidos sob diferentes perspectivas ante o livre exame das questões no grupo de trabalho.
ACOLHIMENTO DA COMPLEXIDADE Dimensões íntima, interativa e social	A busca de clareza, em termos conceituais e de linguagem, não deve levar à redução da complexidade dos objetos de trabalho, a reflexão transdisciplinar propiciará novas indagações e novos questionamentos. Não se buscará a resolução pontual de "problemas-bolha" de superfície, mas se definirão as questões no bojo do "caldeirão efervescente".
RECONSTRUÇÃO DE PARADIGMAS Dimensões íntima, interativa e social	As discussões visarão à ampliação dos horizontes de compreensão, em termos de conteúdos e processos, o que poderá levar à ruptura de paradigmas, de formas de conhecer e agir, a partir de novos horizontes cognitivos, afetivos e conativos. Valores, ideias e conceitos poderão ser revistos, novos paradigmas poderão ser discutidos e propostos.
ABORDAGEM DIALÓGICA Dimensões íntima e interativa	O processo implicará a circulação de experiências, a investigação solidária, o respeito às antinomias e conflitos, o compartilhamento e análise de diferentes visões de mundo. A abordagem das questões será fruto de um processo compartilhado de diálogo.
ANÁLISE ECOSSISTÊMICA DOS EVENTOS Dimensões íntima, interativa, social e biofísica	A análise dos eventos considerará variáveis nas quatro dimensões de mundo: íntima, interativa, social e biofísica. Diferentes leituras da realidade serão discutidas, em termos de compreensão e ação, levando em conta suas consequências em relação a processos e tarefas.
EXPLORAÇÃO DA DIVERSIDADE/EXAME DO CONSENSO Dimensões íntima, interativa e social	Na busca de consenso, admite-se e explora-se a diversidade no próprio grupo, em termos de convergências e divergências. As decisões coletivas levarão em conta o papel organizador das antinomias e conflitos, em termos da construção de novas visões de mundo.

Adequação do Número de Participantes

O tamanho do grupo depende das vias de comunicação na unidade espaço-tempo de interação, bem como da diversidade de pontos de vista representada por um número mínimo de participantes. Nos grupos focais as questões podem ser exploradas sob diferentes perspectivas, permitindo uma visão conjunta de determinados problemas.

O tamanho do grupo depende das vias de comunicação na unidade espaço-tempo de interação, bem como da diversidade de pontos de vista representada por um número mínimo de participantes. Nos grupos focais as questões podem ser exploradas sob diferentes perspectivas, permitindo uma visão conjunta de determinados problemas.

O tamanho de um grupo pode variar entre sete e quinze pessoas. Quanto maior for o número de pessoas presentes, menores serão as possibilidades de participação. As vias de comunicação aumentam significativamente com o advento de cada pessoa no grupo. Quais seriam os números mínimo e máximo de participantes para o melhor rendimento de tarefas e processos?

A comunicação entre duas pessoas segue dois caminhos: da pessoa A para a pessoa B e da pessoa B para a pessoa A. Se forem três pessoas, teremos seis caminhos. Se forem quatro pessoas, doze caminhos. Se forem cinco pessoas, vinte caminhos. Nos exemplos seguintes, indique os diferentes sentidos que as vias de comunicação podem percorrer.

Em grupos maiores, recomenda-se a subdivisão em subgrupos, dando mais oportunidade de interação entre os membros, inclusive para a apresentação e discussão dos respectivos relatórios em um painel geral. Cada membro, em média, terá mais oportunidade de participar, considerando suas intervenções nos subgrupos e na discussão subsequente.

A discussão em grupo é sempre mais dinâmica do que a coleta de depoimentos individuais, por causa *da reação em cadeia* que se estabelece como fruto da interação, mercê de mecanismos de *feedback* imediato. Em grupos grandes, a eficácia e eficiência aumentam com a subdivisão em subgrupos do trabalho e subsequente painel.

Em um encontro que ultrapasse um número razoável de participantes, deve-se proceder a divisão em subgrupos de trabalho e, em sequência, organizar um painel para generalização do debate, em que porta-vozes dos subgrupos apresentam e discutem os respectivos relatórios, com vistas à sua consolidação final.

Tempo Programado para Cada Reunião

Mesmo que as intervenções sejam curtas, sem discursos, os trabalhos consomem tempo, que deve ser realisticamente programado. Para colher depoimentos de quinze pessoas, por 45 minutos, em média teremos três minutos para cada uma. É suficiente? Isso depende dos propósitos da reunião, da maturidade do grupo e da complexidade do assunto.

Colher depoimentos não significa, contudo, promover a discussão dinâmica. No intervalo de tempo dado (45 min), como promover uma discussão entre quinze pessoas, dispondo cada uma, em média, mais de três minutos para participação, em termos de oportunidades de expressão e aproveitamento do tempo disponível?

Metodologia de Discussão: Aspectos da Tarefa

As reuniões têm um propósito e tarefas a cumprir; limitar-se apenas a tomar ciência de fatos consumados, sem discussão, pouco contribui para viabilizar tarefas e processos, se algo já estiver decidido, e trata-se apenas de transmitir diretrizes, então subsistiria a questão de como interpretá-las ou implantá-las.

Na discussão de qualquer problema sempre aparecem aspectos novos, favorecendo conclusões finais mais de acordo com a realidade, assinalando-se ainda que, quando participamos da tomada de decisões, as sentimos como nossas e, por isso, mais responsáveis e interessados em sua implementação.

Usualmente, tende-se a passar do problema para a solução, apesar dos prejuízos, estereótipos e simulacros[5] que afetam o senso comum; buscar informações adicionais e permitir a emergência de visões alternativas, a partir do próprio grupo, é essencial para definir os problemas e possíveis soluções. Nesse sentido sugerem-se os seguintes passos:

---

[5] Estereótipo é um conjunto de ideias admitidas sobre pessoas, coisas e situações sem análise crítica, geralmente reduzindo arbitrariamente aspectos complexos e multivariantes da realidade. Simulacro é uma forma reduzida de representar a realidade, pela aparência que revela à nossa mente.

- Identificar, definir e estabelecer a natureza e a abrangência do problema; coligir informações; verificar possíveis associações com outros problemas; analisar e avaliar.

- Estabelecer critérios ou padrões de aceitabilidade e adequação das soluções propostas às necessidades diagnosticadas.

- Formular e escolher a solução ou as soluções preferidas; testá-las previamente em situações simuladas ou por meio do estudo das consequências previsíveis.

- Elaborar um plano para executar a solução preferida; operacionalizar.

- Estabelecer programas e esquemas de controle das atividades; assumir responsabilidades, delegar atribuições e avaliar os resultados.

Metodologia de Discussão: Aspectos do Processo

Em função dos objetivos, número de participantes e tempo disponível, o processo poderá ser diretivo, semidiretivo ou não diretivo. Será diretivo ao orientar e guiar as pessoas em função de um plano prévio. Será não diretivo se as pessoas forem estimuladas a descobrir por si mesmas o que desejam alcançar e como pretendem fazê-lo.

Diretividade e não diretividade expressam uma variável contínua, não dicotômica. Há graus de diretividade e não diretividade face à tarefa e ao processo. A diretividade depende de certas condições, como:

- As ideias, informações e habilidades a serem desenvolvidas são realmente importantes para a tarefa e relevantes para o grupo (*conditio sine qua non*).

- O grupo percebe isso e, em consequência, deseja obtê-las e segui-las (aceitação ativa).

- O conteúdo de informação (alínea a) alcançou um grau de organização tal que pode ser fornecido ao grupo de forma sistêmica.

Processos não diretivos visam essencialmente a:

- Favorecer reciprocidade e autonomia.

- Ajudar o grupo a constituir a sua agenda de trabalho.

- Facilitar o processo decisório.

- Desenvolver habilidades ante papéis de tarefa e processo.
- Ajudar os membros a assumirem, cada um, responsabilidade no grupo.

As atitudes do facilitador, sua confiabilidade, proatividade (não reatividade), disponibilidade, criatividade e abertura de espírito exclui ostentação pessoal, manipulação do grupo, imposição ou domínio (incompatíveis com a liderança). A liderança emancipadora desenvolve o crescimento das pessoas, não se restringe apenas a cumprir tarefas.

Estilos de Liderança e Maturidade do Grupo

Em um aparelho receptor de rádio, qual a peça que fala? Em um automóvel, qual a peça principal? O desenvolvimento do grupo depende de tarefas e processos, da qualidade, da continuidade e da frequência das reuniões, do entrelaçamento das dimensões íntima e interativa, dos estilos de liderança e da participação comum.

A diretividade ou não diretividade está associada ao propósito ou objetivo da reunião. Se é a autonomia do grupo, a definição dos problemas e a busca de soluções caberá ao próprio grupo; a metodologia adequada será não diretiva, para que o grupo descubra por si mesmo o que deseja. A questão não está ligada à homogeneidade ou heterogeneidade do grupo.

Os estilos de liderança modulam o clima de trabalho no grupo (autocrático, democrático ou liberal); em um grupo democrático a função de liderança não é exclusiva do facilitador, sendo compartilhada entre os participantes. Diversas responsabilidades são inerentes aos papéis de liderança:

- Trazer o grupo ao tema quando ele se desvia.
- Estimular a participação dos membros do grupo, de maneira que ninguém deixe de participar.
- Criar um clima de confiança, em que os membros se sintam em liberdade para reexaminar posições e expressar o que sentem e pensam.
- Levar em consideração as necessidades dos membros do grupo.
- Resumir ideias e opiniões expressas pelos membros.

A ordem decrescente de importância dos papéis de liderança seria:

- Levar um clima de confiança.
- Estimular a participação.
- Levar em consideração as necessidades do grupo.
- Resumir ideias e opiniões.
- Trazer o grupo ao tema.

Esses papéis são concomitantes no desenvolvimento do processo e apoiam-se reciprocamente. Os dois últimos itens dependem dos primeiros.

É essencial que todos compartilhem papéis de liderança para a consecução dos objetivos do grupo. Os seguintes papéis facilitam a execução da tarefa e o desenvolvimento do processo:

O desenvolvimento dos nichos socioculturais implica processos emancipatórios (empoderamento), compartilhamento de responsabilidades em termos de tarefas e processos e desenvolvimento de liderança autóctone (Quadro 13.12; Figura 13.13). Em um receptor de rádio ou em um automóvel todas as peças são importantes, para a emissão de som ou para a locomoção. Nenhuma, isoladamente, é eficaz para o funcionamento adequado. Paz e equilíbrio são resultantes de modelos ecossistêmicos (Figura 13.14).

Figura 13.13 – Vias de comunicação entre os componentes de um grupo.

Quantas vias de comunicação existem numa reunião de 20 pessoas? Calcule pela fórmula ao lado.	$Vc = n\,(n\text{-}1)$ V_c = vias de comunicação n = pessoas presentes
Cálculo: Resultado:	

Quadro 13.12. Coesão e reciprocidade no nicho sociocultural de ensino-aprendizagem.

Assinale, para cada questão, a alternativa que, a seu juízo, melhor descreva o desempenho do seu grupo de trabalho	
A) União e solidariedade (um por todos, todos por um... cada um por si)	D) Razão de influência recíproca (influência exercida... influência recebida)
1. intensa 2. razoável 3. regular 4. precária 5. inexistente	1. tanto influencia como é influenciado 2. mais influencia do que é influenciado 3. é mais influenciado do que influencia 4. é totalmente influenciado ("vai na onda") 5. não influencia nem é influenciado
B) Intercâmbio de conhecimentos e práticas (discussão mútua, doação e recepção)	E) Compartilhamento de processos e tarefas (responsabilidades assumidas em conjunto)
1. intenso 2. razoável 3. regular 4. precário 5. inexistente	1. na totalidade das vezes 2. na maioria das vezes 3. na metade das vezes 4. na minoria das vezes 5. nunca
C) Intercâmbio de expectativas (abertura mútua, doação e recepção)	F) Dificuldades quanto ao próprio desempenho (tarefas e processos)
1. intenso 2. razoável 3. regular 4. precário 5. inexistente	1. nenhuma 2. poucas 3. próximas à média 4. muitas 5. demasiadas

Fonte: Pilon 1998a.

Box 13.1 – Exercício heurístico-hermenêutico:

Dois participantes de um grupo de trabalho encontraram-se no corredor e, casualmente, comentam algo a respeito das reuniões. O que poderiam ter comentado?

A OCUPAÇÃO EXISTENCIAL DO MUNDO: UMA PROPOSTA ECOSSISTÊMICA

Figura 13.14 – Papéis de tarefa e processo em dinâmica de grupo.

TAREFA
1. Iniciar atividade
2. Procurar informação
3. Dar informação
4. Esclarecer ou elaborar
5. Resumir
6. Procurar consenso
7. Avaliar e diagnosticar

PROCESSO
1. Estimular e apoiar
2. Atender às emoções
3. Harmonizar e conceder
4. Dirigir o trânsito
5. Contribuir com ideias ou regras
6. Relaxar tensões

Etapas na evolução de um projeto

1. Definição do estado da arte
2. Definição da problemática
3. Definição do enfoque teórico
4. Definição do objeto da pesquisa
5. Definição da população
6. Definição da metodologia adotada
7. Elaboração dos instrumentos
8. Coleta de informações
9. Análise das informações obtidas
10. Elaboração da proposta de trabalho
10.1 Definição de objetivos
10.2 Definição de tarefas e processos
11. Execução do projeto
12. Avaliação de resultados
13. Conclusões e recomendações finais
14. Referências bibliográficas
15. Divulgação em eventos e publicações científicos, meios de comunicação social

Lacunas na Informação*

Informação

	Presente	Ausente
Tem consciência	Sabe que sabe	Sabe que não sabe
Não tem consciência	Não sabe que sabe	Não sabe que não sabe

* *Adaptado de:* www.iges.net.

Fonte: Pilon (2003).

Box 13.2 – Exercício heurístico-hermenêutico: distinção entre liberdade de e liberdade para.

O diretor de uma escola anuncia que, dada a política de democratização de oportunidades, determinará a colocação de um piano no saguão para que todos, indistintamente, executem com total liberdade as peças musicais da sua predileção. Contudo, em momento algum a escola desenvolveu programas de ensino em que houvesse a oportunidade de aprendizagem do instrumento. Teriam de fato todos os alunos liberdade para tocar piano?

Figura 13.15. Papéis de tarefa e processo no nicho sociocultural.

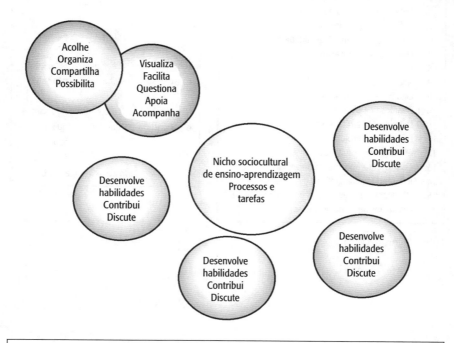

Legenda
Círculos sobrepostos: papéis desempenhados especialmente (mas não exclusivamente) pelo facilitador.
Círculos individuais: papéis dos membros do grupo, em termos de processos e tarefas.

Quadro 13.13 – Formulário para geração de eventos em quatro dimensões de mundo. Diagnóstico e prognóstico de situações associadas à qualidade de vida.

---

1. Definição dos eventos. A configuração formada pelas quatro dimensões de mundo (íntima, interativa, social e biofísica) deverá ser descrita em termos da totalidade do campo dinâmico formado pela ação recíproca de cada dimensão sobre si mesma e sobre as demais, campo esse responsável pelos eventos tal qual se apresentam (a definição dos eventos implica a definição da população e dos espaços de vida que a circunscrevem nas quatro dimensões).

1.1. Definição da população. A população deverá ser descrita mediante indicadores nas quatro dimensões de mundo: aspectos cognitivos e afetivos (dimensão íntima), dinâmica dos grupos de filiação (dimensão interativa), aspectos políticos, econômicos, sociais, educacionais e culturais (dimensão social) e aspectos sanitários, demográficos, condições físicas, idade, sexo, naturalidade, etnia etc. (dimensão biofísica).

1.2. Definição do espaço de vida. O espaço de vida deverá ser descrito sob as dimensões biofísica e social: aspectos geopolíticos, culturais, ecúmeno (urbano/rural), assentamentos, entorno natural e construído, edificações e vias públicas, logradouros, locais de moradia, trabalho, estudo, lazer e cultura, ecossistemas (solo, água, ar, flora, fauna), vetores e saneamento, serviços de utilidade pública, organizações comunitárias.

2. Definição de estratégias de intervenção. As estratégias de intervenção (capacitação da população, construção de redes de apoio, desenvolvimento de políticas públicas, geração de ambientes saudáveis) deverão considerar as quatro dimensões de mundo, ante a sua situação atual e futura, em termos de desenvolvimento dos respectivos papéis de doação e recepção, visando à alteração da configuração atual em benefício de nova configuração, favorável aos objetivos de qualidade de vida: cidadania, educação, cultura, saúde, ambiente etc.

2.1 Definição da abordagem educativa e psicossocial. Descreva os componentes educativos e psicossociais do projeto de intervenção, visando à capacitação da equipe de apoio e da população em face das quatro dimensões de mundo: desenvolvimento pessoal e controle existencial (dimensão íntima), constituição de redes de apoio (dimensão interativa), participação política, econômica, cultural, cidadania e *empowerment* (dimensão social), qualidade do entorno e das condições de vida (dimensão biofísica).

2.2. Definição de formas de implementação, seguimento e avaliação. Descreva as modalidades de trabalho junto à população, organizações públicas e privadas, meios de comunicação social e agências da comunidade, explicitando programas e atividades conjuntas, parcerias, critérios de execução, seguimento e avaliação do projeto, consequências e resultados esperados face a variáveis relevantes nas quatro dimensões de mundo (Quadros 13.14 e 13.15).

Figura 13.16 – Violência e paz em dois modelos de cultura.

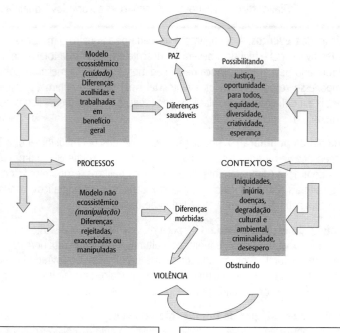

Modelo ecossistêmico
Diferenças construtivas

As diferenças são reconhecidas, aceitas e trabalhadas em termos da cultura, da qualidade de vida, da diversidade, da criatividade, do cuidado e bem-estar coletivo.

Modelo ecossistêmico
Diferenças destrutivas

As diferenças são ignoradas, rejeitadas ou manipuladas (uniformização redutora ou diferenciação por afirmação exacerbada, oposição e conflito).

Quadro 13.14 – Configuração do modelo ecossistêmico de cultura.

Dimensões doadoras	Dimensões receptoras			
	Íntima	Interativa	Social	Biofísica
	Bem-estar subjetivo	*Desenvolvimento dos grupos*	*Bem-estar coletivo*	*Equilíbrio biofísico*
Íntima (papel das pessoas) *O que as pessoas podem fazer pelas dimensões do mundo*	Tornarem-se pessoas: buscar o próprio desenvolvimento cognitivo, afetivo, ético e cultural; exercer controle existencial	Estabelecer vínculos: desenvolver solidariedade e compreensão mútua (famílias, colegas, companheiros, outros grupos sociais)	Exercer a cidadania: participar em questões de interesse público em âmbito mundial, nacional e local, assumir responsabilidades	Cuidar de si e do entorno: cuidar do ambiente natural e construído e dos seres que neles vivem
Interativa (papel dos grupos) O que os grupos podem fazer pelas dimensões de mundo	Acolher as pessoas: facilitar o acolhimento e desenvolvimento das pessoas em diferentes grupos (família, pares, associações)	Sustentar a si e a outros grupos: desenvolver processos de dinâmica de grupo (coesão, liderança, cooperação, alianças e parcerias)	Organizar a ação coletiva: apoiar movimentos sociais em prol da qualidade de vida, cidadania, educação, cultura, saúde e bem-estar social	Atuar sobre a vida e entorno: cuidar dos seres vivos e do ambiente natural e construído em âmbito local, regional e global
Social (papel público) *O que a sociedade pode fazer pelas dimensões do mundo*	Promover as pessoas: garantir às pessoas acesso a saúde, educação, abrigo, segurança, cultura, trabalho, transporte, lazer e cultura e justiça	Promover os grupos: facilitar a formação de grupos formais e informais (associações cívicas, culturais, esportivas, educacionais etc.)	Aperfeiçoar as instituições: promover políticas públicas visando ao bem-estar social (participação, acessibilidade, equidade, justiça)	Promover o entorno e a vida: promover o desenvolvimento de ambientes naturais e construídos saudáveis, estéticos e seguros

(continua)

406 EDUCAÇÃO AMBIENTAL E SUSTENTABILIDADE

Quadro 13.14 – Configuração do modelo ecossistêmico de cultura. (*continuação*)

	Dimensões receptoras			
	Íntima	Interativa	Social	Biofísica
Dimensões doadoras	*Bem-estar subjetivo*	*Desenvolvimento dos grupos*	*Bem-estar coletivo*	*Equilíbrio biofísico*
Biofísica (papel do entorno) *O que o entorno natural e construído pode fazer pelas dimensões de mundo*	Prover recursos e espaços às pessoas: satisfazer necessidades vitais, estéticas, contemplativas e de lazer; vida saudável no campo e nas cidades	Prover recursos e espaços à vida em grupos: prover locais para atividades associativas e o convívio humano (nichos socio-culturais)	Prover recursos e espaços à vida em sociedade: prover ambientes e instalações para atividades sociais, econômicas, culturais, esportivas e de lazer	Propiciar equilíbrio ecossistêmico: manter o equilíbrio vital: biodiversidade, *habitats*, nichos, flora, fauna, qualidade do ar, água, solo

Fonte: Pilon (2001)

Quadro 13.15 – Planilha de trabalho no modelo ecossistêmico de cultura.

Aplicação da abordagem ecossistêmica no desenvolvimento de projetos

1. Identificação das configurações atuais geradoras dos eventos.

1.1 Descrever os eventos em termos das configurações formadas pelas quatro dimensões de mundo: íntima, interativa, social e biofísica.

1.2 Discriminar variáveis relevantes nas quatro dimensões, explicitando fatores favoráveis (f) e fatores desfavoráveis (d) que envolvem sujeitos, grupos, sociedade e meio ambiente.

2. Desenvolvimento de configurações geradoras dos eventos.

2.1 Propiciar a emergência de novas configurações, envolvendo as quatro dimensões de mundo, de forma a incrementar os fatores favoráveis (if) e reverter os fatores desfavoráveis (rd).

2.2 Integrar sujeitos, grupos, sociedade e entorno para o desenvolvimento de projetos suscetíveis de gerar novas formas de estar no mundo, em âmbitos micro, meso e macro.

2.3 Descrever os resultados esperados em termos de objetivos nas quatro dimensões de mundo.

3. Avaliação das configurações desenvolvidas.

3.1 Avaliar os resultados obtidos; comparando os resultados esperados obtidos, discutin-do-os em face do desenvolvimento ulterior do projeto.

(continua)

A OCUPAÇÃO EXISTENCIAL DO MUNDO: UMA PROPOSTA ECOSSISTÊMICA | **407**

Quadro 13.15 – Planilha de trabalho no modelo ecossistêmico de cultura. *(continuação)*

Análise quadridimensional de fatores nas configurações atual (item 1.2) e projetada (item 2.1)					
Configurações geradoras de eventos		Dimensão íntima (pessoas)	Dimensão interativa (grupos/ redes)	Dimensão social (cidadania/ políticas)	Dimensão biofísica (natural/ construída)
Configuração atual	*[f] Fatores favoráveis*				
	[d] Fatores desfavoráveis				
Configuração potencial	*[if] Incremento de favoráveis*				
	[rd] Redução de desfavoráveis				
Resultados esperados (item 2.3) e obtidos nas quatro dimensões de mundo (itens 2.3 e 3.1)					
Dimensões		Territórios e populações		Mudanças quantitativas e qualitativas Esperadas/Obtidas	
Íntima Condições subjetivas				/	
Interativa Dinâmica dos grupos				/	
Dimensões		Territórios e populações		Mudanças quantitativas e qualitativas Esperadas/Obtidas	
Social Cidadania/Políticas públicas				/	
Biofísica Ambientes naturais e construídos				/	
Atividades programadas; abordagens psicossociais; abordagens educativas; (itens 2.1 e 2.2)					

(continua)

Quadro 13.15 – Planilha de trabalho no modelo ecossistêmico de cultura. *(continuação)*

Estratégias e mediações
Aspectos psicossociais
Aspectos educativos
Atividades programadas

REFERÊNCIAS

ABRAMSON, L.Y. et al. Learned helplessness in humans: critique and reformulation. *Abnormal Psychology,* (87):49-74, 1978.

AJSEN, I.; FISHBEIN, M. *Understanding attitudes and predicting behaviour.* Englewood Cliffs, N.J: Prentice Hall, 1980.

[APA] AMERICAN PSYCHOLOGICAL ASSOCIATION/ASSOCIAÇÃO AMERICANA DE PSICOLOGIA. *A get help guide for teens and young adults.* Washington (DC): Triggers and Signs, 2000.

ARON, R. *Main currents of sociological thought.* New York: Ancor Books, 1970.

BADIOU, A. *Um ensaio sobre a consciência do mal.* Rio de Janeiro: Relume-Damará, 1995.

BANDURA, A. *Social learning theory.* Englewood Cliffs, N.J: Prentice Hall, 1977.

BADURA, B.; KICKBUSCH, J. *Health promotion research: towards a new social epidemiology.* Copenhagen: WHO, 1991.

BASTOS, R. Psicodrama é arma para "energizar" cidade. *O Estado de São Paulo.* mar 21; cad C3, 2001.

BATTEN, T.N. *The non-directive approach on community and group work.* London: Oxford University Press, 1967.

BINSWANGER, L. *Being in the world.* London: Souvenir Press, 1957.

BONFIM, W.L.S. A dimensão política do desenvolvimento. [on line]. *O Estado de São Paulo,* 2001. Disponível em: http://www.estadao.com.br/artigodoleitor/htm/2002. Acessado em: 15 jun. 2002.

BOUGNOUX, D. *Introdução às ciências da comunicação.* Bauru: Universidade do Sagrado Coração/Edusc, 2001.

BROWN, P.G.; GARVER, G. *Right Relationship: Building a Whole Earth Economy.* San Francisco: Berrett-Koehler Publishers, 2009.

CATFORD, J. In: BUNTON, R.; MACDONALD, G. *Health promotion: disciplines and diversity*. London: Routledge, 1992.

CHERMAYEFF, S.; TZONIS, A. *Shape of community: realization of human potential*. Middlesex: Penguim Books, 1971.

COHEN-SÉAT, G. et al. *La influencia del cine y de la televisión*. México: Fondo de Cultura Económica, 1967.

EVERS, T. A face oculta dos novos movimentos sociais. *Novos estudos*, v.4, n.2, p.11-23, 1984.

FRANTZESKAKI, N.; LOORBACH, D. *A transition research perspective on governance for sustainability*. Sustainable Development: A Challenge for European Research Conference, Brussels, 2009. [on line]. Disponível em: http://ec.europa.eu/research/sd/conference/2009/papers/9/derk_loorbach_and_niki_frantzeskaki__transition_research.pdf#view=fit&pagemode=none. Acessado em: 1 dez. 2009.

FROMM, E. *O Medo à Liberdade*. Rio de Janeiro: Guanabara Koogan, 1983.

GADAMER, H.G. *Philosophical hermeneutics*. Berkeley: University of California Press, 1977.

GALT, M. et al. *Idon scenario thinking of unknown futures*. Scotland: Idon, 1997.

GLANZ, K. et al. *Health behaviour and health edu*cation. San Francisco: Josey-Bass, 1990.

GREEN, L.W.; MARSCHAL, W.K. *Health Promotion Planning: An Educational and Environmental Approach*. London: Mayfield Publi., 1992.

HABERMAS, J. *Teoría de la acción comunicativa*. Madrid: Cátedra, 1989.

HEISENBERG, W. *Physics and philosophy*. New York: Harper, 1958.

JASPERS K. *Filosofia de la existencia*. Barcelona: Planeta Agostini, 1984.

KATZ, J.; PEBERDY, A. *Promoting health: knowledge and practice*. London: Mac-Millan Press, 1997.

KULL, K. On Semiosis, Umwelt, and Semiosphere. *Semiotica*, 3/4 (120), 1998: 299-310 [on line]. Disponível em: http://www.zbi.ee/~kalevi/jesphohp.htm. Acessado em: 15 dez. 1998.

LEFEBVRE, H. *Le manifeste differentialiste*. Paris: Galimard, 1970.

LÉVINAS, E. *Autrement qu'être ou au-delà de l'essence*. Paris: Kluwer Academic, 1974.

LEWIN, K. *Field theory in social science*. New York: Harper and Row, 1951.

LEWIS, O. *La Vida*. New York: Random House, 1965.

LUFT, L. *Introdução à dinâmica de grupos*. Lisboa: Moraes, 1967.

410 | EDUCAÇÃO AMBIENTAL E SUSTENTABILIDADE

MACÉ, E. "Loft story" et le réalisme de la culture de masse. *Libération*, Paris, v.7, n.5, 2001.

MIZUKAMI, M.G.N. *Ensino, as abordagens do processo*. São Paulo: EPU, 1986.

O'CONNOR, J.; MCDERMOTT, I. *The art of systems thinking*. [s.l.]: Harper & Collins, 1997.

O'SULLIVAN, P.E. Environment science and envinonment philosophy. *Int J Environ Studies*, v.28, p. 97-107, 257-267, 1987.

PIENAAR, W.D. et al. The perception of the quality of life under conditions of rapid industrialization. *Man Environment Systems*, p.79-83, 1984.

PILON, A.F. *A construção da qualidade de vida*. São Paulo, 1998. Tese (Livre-docência). Faculdade de Saúde Pública da USP.

_____. Brasil: a formação de recursos humanos em promoção e educação em saúde: realizações e perspectivas. In: ARROYO ACEVEDO, H.V. *Formación de recursos humanos en educación para la salud y promoción de la salud: modelos y prácticas en las Américas*. San Juan: Universidade de Puerto Rico, 2001. p.33-37.

_____. A construção da qualidade de vida. In: DA MATA, S.F. *Educação ambiental. Desafio do século: um apelo ético*. Rio de Janeiro: Terceiro Milênio, 1998. p.331-4.

_____. Construindo um Mundo Melhor. Abordagem ecossistêmica da qualidade de vida. *Revista Brasileira em Promoção da Saúde*, v.19, n.2, p.100-112, 2006. Disponível em: http://www.unifor.br/notitia/file/860.pdf. Acessado em: 30 ago. 2006.

_____. The Bubbles or the Boiling Pot? An Ecosystemic Approach to Culture, Environment and Quality of Life. *Environmental Geology*, v.57, n.2, p.337-345, 2007. Disponível em: http://www.springerlink.com/content/w6l306m 214813077. Acessado em: 5 jun. 2013.

_____. Living Better in a Better World: Development and Sustainability in the Ecosystemic Model of Culture. *OIDA International Journal of Sustainable Development*, v.2, n.4, p.25-36, 2010. Disponível em: http://ssrn.com/abstract= 1713371. Acessado em: 15 jun. 2013.

_____. Living Better in a Better World: An Ecosystemic Approach for Institutional, Cultural and Educational Development and Change. *University Library of Munich, MPRA* Paper n. 30146, 2011. Disponível em: http://mpra.ub. uni-muenchen.de/30146/1/MPRA_paper_30146.pdf. Acessado em: 30 dez. 2011.

_____. The Right to the City? An Ecosystemic Approach to Better Cities, Better Life. *University Library of Munich*, MPRA Paper n. 25572. Disponível em: http:// mpra.ub.uni-muenchen.de/25572/1/MPRA_paper_25572.pdf. Acessado em: 15 jun. 2013.

PROCHASKA, J.O.; DI CLEMENTE, C.C. The transtheorical approach: crossing traditional foundations of change. Homewod, Il., Dones Jornes/Irwin; 1984.

POSNER, G.J. *The conceptual ecology of science education: a response to W. F. Connell.* [Presented at the Annual Meeting of the American Educational Research Association, 1983; apr; Montreal (CA)].

RICOEUR, P. *O si-mesmo como um outro.* Campinas: Papirus, 1991.

ROCKEFELLER FOUNDATION'S COMMUNICATION AND SOCIAL CHANGE NETWORK. *Exploring the development of indicators derived from a social change and social movement perspective.* New York; 2002. Disponível em: http://www.comminint.com/scfullevald/sld-355.html. Acessado em 18 jan. 2003.

ROGERS,E M. *Difusion of Innovations.* New York: The Free Press, 1969.

ROSENSTOCK, I.M. et al. Social learning theory and the health belief model. *Health Education Quartely*, v.15, n.2, p.175-83, 1988.

ROSENWALD, G.C. A theory of multiple case research. In: MC ADAMS, D.P. et al. *Psychobiography and life narratives.* London: Duke University Press, 1986.

SARTRE, J.P. *L'existencialisme est un humanisme.* Paris: Nagel, 1968.

SHUTZ, W.C. O inframundo interpessoal. In: *The planning of change.* New York: Holt, Rinehart, 1958.

UNECE. *Education for sustainable development: a holistic approach to envisioning change and thereby achieving transformation.* Steering Committee on Education for Sustainable Development, 2013. Disponível em: http://www.unece.org/fileadmin/DAM/env/esd/8thMeetSC/ece.cep.ac.13.2013.4e.pdf. Acessado em: 5 maio 2013.

[UNESCO] UNITED NATIONS EDUCATIONAL, SCIENTIFIC AND CULTURAL ORGANIZATION. *Towards a constructive pluralism.* Colloquium Unesco e The Commonwealth Secretariat; 1999. jan 28-30; Paris.

VOLPATO, G. L. *Ciência: da filosofia à publicação.* São Paulo: Cultura Acadêmica, 2013.

WALLNER, F.; PESCHL, F.M. Realism and general methodology phenomena. In: COHEN, R.S. *Realism and anti-realism in the philosophy of science.* New York: Kluwer Academic, 1999.

WHATMORE, S. Materialist returns: practising cultural geography in and for a more-than-human world. In, JOHNSON, N.C. (ed.) *Culture and Society: Critical Essays in Human Geography.* Ashgate, 2008. p.481-490.

[WHO] WORLD HEALTH ORGANIZATION. *Twenty steps for developing a healthy cities project.* Reg. Off. For Europe; 1992.

Bibliografia Consultada

GORAN, T. *The ideology of power and the power of ideology*. London: Verso, 1988.

PILON, A.F. Relações humanas com base em dinâmica de grupo em uma instituição de prestação de serviços *Rev. Saúde Pública*, v.21, n.4, 1987, p.348-352. Disponível em: http://www.scielosp.org/scielo.php?script=sci_arttext&pid=S0034--89101987000400009&lng=en&nrm=iso. Acessado em: 25 maio 2013.

_____. Educação, cidadania e qualidade de vida: dimensões do projeto de vida. In: *Anais do Seminário Educação Ambiental e a Nova Ordem Mundial*; 1996; Rio de Janeiro (BR): GEEA/FE/UFRJ; 1996. p.146-53.

_____. Social participation and health education for the promotion of health: how to promote strong events. In: WILKINSON, M.J. (ed.). *Proceedings of the International Health Promotion Conference. Where Social Values & Personal Worth Meet*. London: Brunel University, 1995. p.162-74.

_____. Qualidade de vida e formas de relacionamento homem-mundo. *Rev Bras Saúde Esc.*, v.2, n. 3/4, p. 117-125, 1992.

_____. Vivendo juntos. In: MARCONDES, R.S. *Saúde na escola*. São Paulo: Ibrasa, 1990. p.289-348.

WEBSTER, F. *Theories of the information society*. London: Routledge, 1995.

Movimento Ambientalista e Educação Ambiental | **14**

Andréa Focesi Pelicioni
*Geógrafa e administradora, Secretaria do Verde e do
Meio Ambiente do Município de São Paulo*

A questão ambiental, um dos temas mais discutidos da atualidade, envolve toda sorte de problemas e discussões em relação às condições socioambientais de áreas urbanizadas ou não, incluindo-se os aspectos relacionados à qualidade de vida humana, os impactos da ação humana sobre as condições climáticas, hidrológicas, geomorfológicas, pedológicas e biogeográficas, em todas as escalas de tempo e espaço (Christofoletti, 1993; Sobral e Silva, 1989).

Pode-se considerar que a degradação ambiental que hoje se apresenta seja decorrente da profunda crise social, econômica, filosófica e política que atinge toda a humanidade, resultado da introjeção de valores e práticas que estão em desacordo com as bases necessárias para a manutenção de um ambiente sadio, que favoreça uma boa qualidade de vida a todos os membros da sociedade.

Gonçalves (1990) observa que o modo de ser, de produzir e de viver dessa sociedade é fruto de um modo de pensar e agir em relação à natureza e aos outros seres humanos que remonta a muitos séculos atrás. Restringindo-se ao pensamento ocidental, percebem-se nas obras de alguns filósofos da Grécia e Roma clássicas, bem como na tradição judaico-cristã, espinha dorsal da cultura ocidental, indícios de certos valores bastante presentes nas sociedades atuais, como o antropocentrismo e a visão dicotomizada entre o ser humano e a natureza (Capra, 1987; Ponting, 1995; Thomas, 1988).

Ao final do século XVI e início do século XVII, Bacon e Descartes reforçaram e ampliaram essa visão de mundo ao atribuir às pesquisas científicas a função de proporcionar o conhecimento da fonte inesgotável de recursos. Acreditavam que quando se atingisse o saber e a verdade, poder-se-ia tornar-se senhor e possuidor da natureza. Assim, reforçaram a ideia da dominação da natureza pelos seres humanos em detrimento da relação mítica que existia até então. Ainda segundo essa visão, seria mais importante decompor o todo em partes e estudar o funcionamento de cada uma delas – em busca de regularidades, relações de causalidade e leis gerais aplicáveis a outros objetos de estudo – do que apreender a forma complexa de interação desses elementos dentro do todo orgânico (Capra, 1987; Grün, 1996; Thomas, 1988).

Por outro lado, a preocupação com a degradação ambiental não é nova. Pode-se constatar ao longo da História diversos exemplos de denúncias em relação a impactos ambientais negativos provocados pela ação humana, bem como medidas que visavam ao seu controle.

Platão, por exemplo, no ano 111 a.C., já denunciava a ocorrência de desmatamento e erosão de solos nas colinas da Ática, na Grécia, ocasionados pelo excesso de pastoreio de ovelhas e pelo corte da madeira (Darby, 1956). O crescimento demográfico, que na Idade Média alcançou o seu ápice no século XIII, trouxe consequências dramáticas para a floresta, acarretando o escasseamento da madeira e o aumento de seu preço. Para minimizar essa rarefação progressiva, no início do século XVI foram proibidas as serrarias hidráulicas na França e, por sua vez, na Inglaterra, as florestas dominiais foram protegidas (Acot, 1990).

Em 1661, o memorialista e naturalista John Evelyn, citado por McCormick (1992, p.15), deplorava a "nuvem lúgubre e infernal" que fez Londres parecer-se com "os Subúrbios do Inferno, [ao invés] de uma Assembleia de Criaturas Racionais". Esse desabafo diz respeito à poluição do ar pela queima de carvão, um problema muito sério naquela época. A poluição ácida, problema bastante frequente no mundo atual, já havia sido notada na Inglaterra do século XVII por John Evelyn e John Graunt, que indicaram ligações entre as emissões industriais e a saúde de pessoas e plantas, denunciando, inclusive, que parte da poluição inglesa estava atingindo a França; e sugeriram naquela época a elevação da altura das chaminés para dispersar a poluição.

No século XIX, o naturalista alemão Humboldt divulgou a ocorrência de alterações no regime hídrico de um lago na Venezuela, em virtude do desmatamento que ocorrera em suas margens, e o diplomata e político norte-americano, George Perkins Marsh, em 1864, na obra *Man and Nature: or Physical Geography as Modified by Human Action* ("Homem e natureza: ou geografia física modificada pela ação humana") colocava em evidência os perigos da interferência humana no ambiente (Acot, 1990).

Segundo Pádua (1997), por meio de pesquisas desenvolvidas em diversos centros de conhecimento e, em particular, pelo historiador Richard Grove, da Universidade de Cambridge, descobriu-se que a preocupação ambientalista mais profunda e consistente, de cunho político, nasceu nas áreas coloniais – no Caribe, na Índia, na África do Sul, na Austrália, na América Latina –, onde estavam sendo implantadas práticas de exploração colonial predatórias, tendo sido o Brasil um dos principais focos dessa vertente.

No Caribe e na Índia, funcionários da Companhia das Índias percebiam a insustentabilidade das formas produtivas implantadas nas colônias e alertavam para a necessidade de medidas que pudessem conferir eficácia, sustentabilidade e continuidade ao modelo de exploração colonial. No Brasil, ocorreu o contrário, a preocupação com os efeitos da degradação ambiental desenvolveu-se principalmente entre os críticos do modelo de exploração colonial, ou seja, entre aqueles que tinham uma preocupação política, em uma perspectiva de rompimento com a ordem vigente.

Pádua chama a atenção para algumas figuras-chave no ambientalismo brasileiro, como José Bonifácio de Andrada e Silva, que, no início do século XIX, condenava a escravatura e a destruição ambiental, e Joaquim Nabuco que denunciava, em 1883, o esgotamento da fertilidade dos solos no Rio de Janeiro, a decadência das antigas monoculturas no Nordeste, o aumento do flagelo da seca e a ganância da indústria extrativista na Amazônia, entre outros. Também o abolicionista André Rebouças protestava contra o desmatamento e a degradação do solo, o monopólio da terra e o coronelismo. Atribui-se a Rebouças a sugestão de criação de áreas protegidas na Ilha do Bananal e Sete Quedas (Dias, 1992; Sarmento, 1994).

Na Europa e nos Estados Unidos, as raízes de um movimento mais amplo, voltado para as questões do ambiente, podem ser discernidas, pela primeira vez, na segunda metade do século XIX. Os primeiros grupos protecionistas, por exemplo, foram criados na década de 1860, na Grã-Bretanha (McCormick, 1992).

Nesse contexto, o incremento da urbanização, da industrialização, os esforços voltados para o progresso – entendido como o aumento da produção e melhoria da produtividade por meio do emprego crescente da ciência e da tecnologia – comprometeram, em sua área de abrangência, a saúde humana e ambiental, as economias locais, bem como as estruturas sociais, na medida em que seu moto-contínuo foram a acumulação de capital e a realização do lucro, ainda que isso significasse o esgotamento e a degradação dos seres humanos e do ambiente biofísico.

As externalidades, ou seja, os subprodutos da atividade econômica e do modelo de desenvolvimento não barraram o ideário progressista que continuou vendo no progresso a qualquer custo a solução para vários problemas sociais, econômicos e políticos. Sob esse ponto de vista, o pensamento darwiniano desempenhou um papel considerável, pois as ideias relativas à seleção natural, sobrevivência e adaptação dos mais aptos também foram consideradas válidas para as sociedades humanas, tratava-se do chamado darwinismo social.

O movimento de reação a esse processo de degradação foi marcado, no século XIX, pelo surgimento dos socialismos utópicos na Inglaterra e França e outras manifestações em favor de direitos sociais e trabalhistas.

Segundo McCormick (1992), o crescimento do interesse pela História natural, naquela época, trouxe à tona várias consequências da exploração da natureza, o que levou, inicialmente, a um movimento em favor da proteção da vida selvagem e, depois, a reivindicações para que fossem proporcionadas à população oportunidades de lazer em áreas naturais, como um antídoto para o difícil cotidiano nas conurbações industriais. A melhor compreensão do ambiente natural, proveniente das pesquisas realizadas nos séculos XVIII e XIX, influenciou profundamente a visão humana quanto ao seu lugar na natureza.

A percepção da natureza como algo a ser dominado ou simples fornecedora de recursos modificou-se, portanto, deu lugar a uma visão romântica, em que se valorizava o contato com a natureza. Nos EUA, por exemplo, Henry David Thoreau apregoava a pobreza voluntária e a necessidade de se preservar espaços naturais intocados para que os seres humanos pudessem contemplar e perceber a organicidade da natureza. Por meio do chamado movimento de retorno à natureza buscou-se popularizar o sentimento de valorização da natureza selvagem e incentivar a proteção ambiental. Esse processo se estendeu, inclusive, à educação escolar que começou a integrar em seu currículo momentos de contato dos alunos com o mundo natural (Hannigan, 1995; Paehlke, 1989).

O AMBIENTALISMO NO INÍCIO DO SÉCULO XX

Nos EUA, um movimento ambientalista bipartite, representado por dois grupos politicamente rivais, os preservacionistas e os conservacionistas, começou a tomar impulso ao final do século XIX e início do século XX. Nesse período, a ênfase dos preservacionistas recaía, principalmente, sobre a necessidade de proteção de enclaves naturais contra os avanços do progresso e da degradação, por meio da instituição de áreas protegidas, daí o estímulo à constituição de parques nacionais. Já os conservacionistas, apontavam para uma perspectiva diferente, ao propor o manejo criterioso dos recursos naturais, em proveito da sociedade como um todo (Diegues, 1994; Eckersley, 1992; George, 1973).

As ideias conservacionistas também repercutiram na educação, fazendo-se presente por meio do ensino da utilização adequada dos recursos naturais – solo, água, minerais, flora, fauna e paisagens (Pelicioni, 2002).

O primeiro parque nacional do mundo, o Yellowstone National Park, foi criado em 1872, nos EUA. Seguindo a tendência mundial, em 1896, foi criado o primeiro parque brasileiro, o Parque Estadual da Cidade de São Paulo, precursor do atual Horto Florestal em São Paulo.

Uma falsa dicotomia entre o preservacionismo e o conservacionismo permanece até os dias de hoje, até mesmo dentro de universidades e de órgãos públicos brasileiros ligados à área ambiental, como o Instituto Brasileiro do Meio Ambiente e dos Recursos Naturais Renováveis (Ibama) e diversas secretarias de meio ambiente. De um lado, há aqueles que defendem a ideia de que o governo deva instituir santuários naturais protegidos nos quais nem a presença de comunidades tradicionais ou indígenas seja permitida. De outro lado, há aqueles que compreendem que os grupos humanos, inclusive nas regiões mais remotas, alteraram e conservaram os ambientes que ainda hoje permanecem com uma fisionomia natural, sem comprometer o seu equilíbrio e, como ensina Diegues (1994), a aparente virgindade dessas áreas naturais não passa de um mito.

Após algumas tentativas anteriores à Primeira Guerra Mundial realizou-se finalmente, em 1923, o Primeiro Congresso Internacional para a Proteção da Natureza, em Paris. Essa época correspondeu à fase em que a ecologia moderna se constituiu como ciência. O encontro foi considerado importante porque permitiu uma abordagem bastante ampla da temática (Acot, 1990; George, 1973).

Durante esse período destacou-se, no Brasil, a atuação do jurista carioca Alberto Torres, que abordava sob uma perspectiva política a problemática envolvida na destruição da natureza (Pádua, 1987). Na década de 1930, Torres inspirou a criação da Sociedade dos Amigos de Alberto Torres que, entre outras atividades, pregava o uso racional dos recursos naturais. A sociedade muito contribuiu para a formulação do primeiro Código de Águas e de Minas e do primeiro Código Florestal Brasileiro, os quais foram influenciados por políticas públicas conservacionistas norte-americanas, que visavam a controlar o uso dos recursos minerais e florestais (Drummond, 1997).

O historiador norte-americano Warren Pear, citado por Drummond (1997, p.24), chama a atenção para o ano de 1934, quando ocorreu no Brasil uma verdadeira revolução em termos de gestão ambiental, pois foram feitas diversas propostas quanto à gestão dos recursos naturais existentes no país. Entretanto, segundo a visão de Pear, a significativa produção de leis e instituições voltadas à proteção ambiental acabou provocando refluxos nos movimentos sociais, o que foi agravado pelo estabelecimento da ditadura do Estado Novo, em 1937, acarretando uma desmobilização generalizada.

O AMBIENTALISMO APÓS A SEGUNDA GUERRA MUNDIAL

Finda a Segunda Guerra Mundial, a Liga Suíça para a Proteção da Natureza realizou, em 1946, na Basileia, uma nova Conferência para a Proteção Internacional da Natureza e, finalmente, em 1948, criou-se a União Internacional para a Conservação da Natureza e dos Recursos Naturais (UICN), cujo objetivo era assegurar a perpetuidade dos recursos naturais, tendo como ponto de apoio bases científicas sobre a formação e dinâmica dos ecossistemas (George, 1973). Em 1951, esse organismo publicou um importante estudo intitulado *Estado da proteção da natureza no mundo em 1950*, contendo setenta relatórios sobre países diferentes. Pela intermediação da Organização das Nações Unidas para a Educação, a Ciência e a Cultura (Unesco), a UICN interveio junto a vários governos e participou de numerosos encontros internacionais (Acot, 1990). Desde 1958, o Brasil conta com representantes nessa instituição.

Para Acot (1990), a mundialização da problemática ambiental, sugerida desde o Primeiro Congresso Internacional para a Proteção da Natureza, em 1923, foi favorecida pelo desenvolvimento das comunicações durante o pós-guerra e pela tomada de consciência do público a respeito das grandes questões do momento: o término de uma guerra mundial, o desenvolvimento da Guerra Fria e a corrida armamentista que representavam ameaças à espécie humana.

Ao longo da década de 1950, os ecólogos aproximaram-se ainda mais daqueles que lutavam pela proteção da natureza. Importantes tratados de ecologia passaram a abordar sistematicamente temas relativos às consequências das atividades humanas sobre o ambiente. Exemplo disso foi a publicação de *Fundamentals of Ecology*, por Odum, em 1953, obra em que foram utilizados pela primeira vez os princípios da termodinâmica (área da Física) para descrever a estrutura e dinâmica dos ecossistemas, daí o caráter inovador da publicação (Deléage, 1991).

Com a situação político-econômica relativamente estável entre os países industrializados, as pessoas passaram, progressivamente, a levar em conta os custos crescentes do crescimento econômico descontrolado e buscaram reavaliar valores não materiais.

As décadas de 1950 e 1960 foram marcadas por um intenso ativismo público que acabou influenciando o ambientalismo. Nos EUA, por exemplo, as primeiras de tais questões diziam respeito à pobreza, ao racismo e às desigualdades de direitos civis. Os protestos de massas, as estratégias empregadas por Martin Luther King e por outros líderes para levar a cabo uma confrontação pacífica com as autoridades, a exemplo de Gandhi, educaram uma nova geração quanto à potencialidade e necessidade de tais manifestações públicas. Contudo, nesse período inicial, ainda não havia laços formais entre os movimentos por direitos civis e o ambiental (Hannigan, 1995; McCormick 1992).

McCormick (1992) destaca alguns fatores que desempenharam papéis decisivos na formação de um amplo movimento ambientalista: a tomada de consciência a respeito dos efeitos negativos da afluência (elevação do padrão de vida) no pós-guerra e das consequências dos testes atômicos, a ampla divulgação de uma série de desastres ambientais e das denúncias proferidas pela bióloga Rachel Carson, compiladas no livro *Primavera silenciosa* (*Silent Spring*), quanto à utilização de pesticidas e inseticidas sintéticos, os avanços no conhecimento científico, os estudos antropológicos a respeito dos valores e do estilo de vida dos povos tradicionais, bem como a influência de outros movimentos sociais.

Ameaças Decorrentes dos Testes Atômicos

Para o pesquisador, a primeira questão ambiental de abrangência global no pós-guerra foi o perigo de precipitação nuclear provocada por testes atômicos. Os testes tornaram-se alvo de preocupação pública em virtude das consequências da detonação da bomba de hidrogênio norte-americana realizada no atol de Bikini, no Oceano Pacífico, em 1954. A quantidade de partículas espalhadas pela explosão foi duas vezes superior à esperada, a radioatividade atingiu as ilhas Marshall e seus habitantes, contaminando cerca de 18 mil km^2 de oceano. Até hoje a população bikiniana está privada do usufruto de suas terras originais em virtude da contaminação radioativa.

Em consequência desses acontecimentos, ao final dos anos 1950, nos EUA, vários cientistas, líderes religiosos e congressistas manifestaram preocupação quanto aos perigos da precipitação nuclear em audiências públicas. Entretanto, a opinião estava dividida, pois havia, mesmo entre os cientistas, aqueles que argumentavam que a radiação era uma preocupação menor ou que poderia ser benéfica à saúde humana.

McCormick (1992) cita a opinião do professor Barry Commoner, fundador do St. Louis Committee for Nuclear Information, em 1958, que dizia que os testes nucleares e toda a discussão que suscitaram revelavam o quão pouco se sabia sobre o meio ambiente naquela época. Entre 1945 e 1962, um total de 423 detonações nucleares foram realizadas pelos seguintes países: EUA (271), URSS (124), Grã-Bretanha (23) e França (5). Apesar de os esforços em direção ao desarmamento nuclear terem começado depois dos bombardeios em Hiroshima e Nagazaki, o primeiro resultado concreto ocorreu apenas em 1963, com o Tratado de Proibição Parcial de Testes Nucleares, que pôs fim aos testes atmosféricos, mas deixou uma brecha para os testes subterrâneos.

Desastres Ambientais Causados pela Ação Humana

Em 1948, um nevoeiro sulfuroso que se formou sobre a região de Donora, centro siderúrgico da Pensilvânia (EUA), provocou a morte de vinte pessoas e deixou 43% da população doente. Quatro anos mais tarde, em Londres, uma mistura de nevoeiro e gases poluentes (*smog*) foi responsável pela morte imediata de 445 pessoas e, ao todo, mais de 4 mil pessoas morreram, principalmente em decorrência de complicações circulatórias e respiratórias de longo prazo. O acontecimento foi diretamente responsável pela aprovação da Lei do Ar Puro, em 1956. Nesse mesmo ano, foram identificados alguns casos de desordem neurológica em uma pequena comunidade de pescadores que habitava o entorno da baía de Minamata, no Japão. Desde o início da década haviam sido observadas anormalidades em polvos, peixes, pássaros e gatos. Suspeitou-se, então, que a indústria química Chisso, que havia começado sua produção em 1939, teria sido a responsável pela contaminação, pois os catalisadores que utilizava continham mercúrio e eram despejados na baía quando gastos. Somente em 1969, a indústria foi processada e, até dezembro de 1974, haviam sido registrados 798 casos oficiais, 2.800 casos aguardando verificação e 107 mortes por causa da "doença de Minamata" (Carvalho, 1989; McCormick, 1992).

Tempos depois, entre 1966 e 1972, outra série de desastres ambientais começou a ter um efeito catalisador sobre as inquietações da época. Ganharam muito destaque, por exemplo, o derramamento de petróleo causado pelo navio *Torrey Canyon* na costa inglesa e a eutrofização do lago Erie nos EUA. O petroleiro, ao chocar-se contra um recife, em março de 1967, derramou cerca de 117 mil toneladas de petróleo cru. A utilização de detergentes (não testados) para diluir o óleo aumentou o dano biológico. O incidente também afetou os contribuintes britânicos em virtude dos custos financeiros da poluição. O desastre, além de revelar a falta de preparo dos órgãos governamentais para enfrentar esse tipo de intercorrência, deixou clara a existência de lacunas na organização de pesquisas científicas e no assessoramento científico. Também, a eutrofização do lago Erie causada pelo despejo de efluentes orgânicos das cidades do entorno começou a mobilizar o povo norte-americano no sentido da proteção ambiental (McCormick, 1992).

O efeito desses e de outros tantos problemas ambientais foi atrair maior atenção do público no tocante às ameaças que recaíam sobre o meio ambiente, pois os custos potenciais de um desenvolvimento econômico descuidado eram visíveis, daí o apoio crescente a uma série de campanhas de cunho ambiental, locais e nacionais, as quais passaram a receber, progressivamente, maior cobertura dos meios de comunicação de massa.

Os Alertas do Livro *Primavera Silenciosa*

A publicação de *Primavera silenciosa* pela bióloga Rachel Carson, em 1962, foi um dos acontecimentos apontados como mais significativos para o impulso da revolução ambiental. Ao detalhar os efeitos adversos da contaminação ambiental, particularmente a decorrente da má utilização dos pesticidas e inseticidas químicos sintéticos, a obra gerou muita indignação, aumentando a consciência pública quanto aos impactos das atividades humanas sobre o meio ambiente.

Primavera silenciosa não foi a primeira advertência pública a respeito do problema dos pesticidas persistentes sobre o meio ambiente. Já haviam sido realizadas várias pesquisas e denúncias desde a década de 1940 e, a partir de 1951, segundo Acot (1990), quase a metade dos artigos publicados no *Journal of Economic Entomology* abordavam temas relativos aos pesticidas sintéticos, e uma grande proporção desses artigos tratava de seus efeitos tóxicos secundários e das resistências manifestadas pelas populações-alvo.

Impulsionado pela publicação prévia, em série, no periódico *New Yorker*, o livro vendeu meio milhão de cópias e, durante o ano de 1963, foi publicado em quinze países. *Primavera silenciosa* acabou promovendo muitas mudanças nas políticas local e nacional. Nos EUA e em alguns países europeus (Grã-Bretanha, Suécia, Dinamarca e Hungria), por exemplo, os procedimentos de registro dos pesticidas químicos foram aprimorados e vários estados norte-americanos proibiram a pulverização do DDT por aeroplanos. O debate público sobre pesticidas continuou ao longo dos anos seguintes e algumas substâncias listadas no livro foram proibidas ou sofreram restrições (McCormick, 1992).

O Desenvolvimento Científico

Os oponentes e críticos do ambientalismo apoiavam seus argumentos na falta de precisão científica existente à época. Os cientistas compreenderam a alegação tanto quanto os ambientalistas, daí o empenho para a realização de novas e substanciais iniciativas em pesquisas de âmbito internacional.

O lançamento do International Biological Programme (IBP), em julho de 1964, foi bastante importante, pois além de ter encorajado a pesquisa ecológica em muitos países e o intercâmbio de especialistas, também produziu metodologia de pesquisa confiável, estimulou outros programas de pesquisa ambiental e resultou em volumes de descobertas, tendo conferido importante aporte para a Conferência de Estocolmo, em 1972 (McCormick, 1992).

Durante a década de 1960, gradativamente, trabalhos publicados por entidades científicas e de proteção à natureza passaram a ressaltar os efeitos nocivos das atividades humanas, especialmente os decorrentes do processo industrial. Contudo, a ênfase recaía sobre os resultados dos avanços da ciência e a necessidade de ações (isoladas) para a correção dos problemas ambientais decorrentes. Ainda não se questionava, por exemplo, o modelo de desenvolvimento econômico.

Estudos Antropológicos a Respeito dos Valores e do Estilo de Vida de Povos Tradicionais

Na década de 1960, trabalhos de antropólogos como Pierre Clastres, Marshall Sahlins, Lévi-Strauss, entre outros, a respeito de comunidades tradicionais e indígenas propagaram, junto à intelectualidade de países ocidentais, novas formas de viver e se relacionar com o mundo. Mostravam que o estilo de vida desses grupos era produto de uma lógica social consciente cristalizada em práticas ecológicas, demográficas e culturais; salientavam também que o progresso técnico decorria de um desejo de ter o trabalho facilitado; enfim, suas necessidades eram autolimitadas e com isso evitavam os malefícios do poder e do controle estatal (Alphandéry et al. 1992).

Muitos aspectos da vida desses grupos se fizeram presentes no movimento *hippie*, por exemplo, a vida comunitária e solidária, o contato profundo com a natureza (mesmo que por meio das drogas), a simplicidade, o misticismo, a valorização da paz e do amor.

A Atuação Contestadora dos Movimentos Sociais

A insatisfação gerada por uma série de situações, como o crescimento desordenado das cidades, a exclusão social, o autoritarismo, a ameaça nuclear, os desastres ambientais resultantes da ação humana, entre outros problemas, foi reunindo cada vez mais pessoas em torno de questões relativas ao meio ambiente, à qualidade de vida e à cidadania.

Ao longo da década de 1960, ocorreram manifestações populares em diversos países, por exemplo, Brasil, Japão, Tchecoslováquia, EUA, em virtude de problemas como a ditadura, ocupação soviética, Guerra do Vietnã, entre outros. Na França, por exemplo, essa movimentação atingiu seu apogeu durante o ano de 1968, quando vários grupos – estudantes, artistas, intelectuais e operários – articularam uma grande greve nacional contra o *status quo* (Simonnet, 1981).

Segundo Castoriadis, o movimento ecológico colocou em xeque a estrutura de necessidades, o modo de vida das pessoas e as relações entre a humanidade e o mundo (Castoriadis e Cohn-Bendit, 1981).

A EDUCAÇÃO AMBIENTAL NA DÉCADA DE 1960

A educação ambiental (EA), na década de 1960, ainda não estava bem delineada e, por vezes, era confundida com educação conservacionista, aulas de ecologia ou atividades propostas por professores de determinadas disciplinas, que ora privilegiavam o estudo compartimentalizado dos recursos naturais e as soluções técnicas para os problemas ambientais locais, ora visavam a despertar nos jovens um "senso de maravilhamento" em relação à natureza (Pelicioni, 2002).

O termo educação ambiental parece ter surgido em 1948, em um encontro da recém-criada UICN realizado em Paris, por ocasião da apresentação de Thomas Pritchard, então diretor da instituição The Nature Conservancy Council do País de Gales, que identificava a necessidade de uma abordagem educacional para a síntese entre as ciências naturais e sociais, sugerindo que pudesse ser chamada de *environmental education* (Disinger, 1985).

Vários autores apontam a Keele Conference on Education and Countryside, realizada em 1965, na Universidade de Keele (Inglaterra) como um marco a partir do qual o termo *environmental education* (educação ambiental), que circulava em meios específicos, alcançou ampla divulgação (Martin e Wheeler, 1975).

Pouco tempo depois, em 1968, na Grã-Bretanha, implantou-se o Conselho para Educação Ambiental, voltado para a coordenação de organizações envolvidas com os temas educação e meio ambiente.

Em 1970, o Conselho para EA, fazia o seguinte alerta por meio de um relatório:

> Pessoas diferentes atribuem diversos significados [à EA], e também muitos dos que usam o termo não têm certeza do que querem dizer. Parte da confusão emerge da tendência de ministrantes de diversas disciplinas em se apropriar do termo "ambiental" para sua área, qual seja ecologia, geografia, his-

tória, arqueologia, arquitetura, planejamento, sociologia ou estudos rurais. Alguns pensam exclusivamente em termos de ambientes naturais, outros em ambiente urbano ou em qualquer estágio do ambiente construído. (apud Wheeler, 1975, p.10)

A PREOCUPAÇÃO COM A PROTEÇÃO AMBIENTAL NO BRASIL

Durante a década de 1960, ocorreu uma nova onda de produção legislativa – o novo Código Florestal, a nova Lei de Proteção aos Animais e a criação de vários parques nacionais e estaduais. Entretanto, continuavam não sendo discutidos problemas fundamentais, como o estilo de desenvolvimento que o país deveria adotar, a poluição, o zoneamento das atividades urbano-industriais, entre outros.

Como observa Drummond (1997, p.25), a disseminação da consciência ambientalista no Brasil foi

muito prejudicada pelos altos e baixos da democratização do país. A ditadura de 64 desmobilizou a cidadania, resultando em uma atuação estatal tímida e particularmente voltada para a preservação do chamado ambientalismo geográfico, naturalista.

Ou seja, ainda voltado para a criação de áreas naturais protegidas.

A PROBLEMÁTICA AMBIENTAL SUSCITA DEBATES NO MUNDO

Em setembro de 1968, com a finalidade de avaliar os problemas do meio ambiente global e sugerir ações corretivas, foi organizada pela Unesco (em colaboração com a FAO, OMS, IUCN[1] e com o Conselho Internacional das Uniões Científicas) a Conferência Intergovernamental de Especialistas sobre as Bases Científicas para Uso e Conservação Racionais dos

---

[1] FAO – Food and Agriculture Organization of the United Nations (Organização para Alimentação e Agricultura das Nações Unidas); OMS – Organização Mundial da Saúde; IUCN – International Union for Conservation of Nature and Natural Resources (União Internacional para a Conservação da Natureza)

Recursos da Biosfera ou, simplesmente, Conferência da Biosfera. Esse evento, realizado em Paris, deu continuidade ao tema da cooperação internacional em pesquisas científicas, que havia sido inicialmente abordado, em 1949, na Conferência Científica das Nações Unidas sobre a Conservação e Utilização de Recursos.

Ao final, foram elaboradas vinte recomendações, entre as quais se ressaltava a necessidade de promover a realização de mais pesquisas sobre ecossistemas, ecologia humana, poluição, recursos genéticos e naturais; desenvolver práticas de inventário e monitoramento de recursos; levar em consideração os impactos ambientais dos projetos de desenvolvimento de grande escala; criar um novo programa de pesquisa internacional sobre o ser humano e a biosfera; e desenvolver novos enfoques para a educação ambiental (McCormick, 1992).

A evolução de estudos científicos comprovava cada vez mais a existência de vários problemas ambientais que poderiam comprometer a vida no planeta. Entretanto, mesmo diante das evidências, muitos empresários, sindicatos, partidos políticos, entre outros, ainda consideravam o movimento ambientalista um modismo, uma utopia da classe média e, até mesmo, uma ameaça aos empregos dos trabalhadores e aos negócios dos donos do capital industrial (Alphandéry et al., 1992; Eckersley, 1992).

Em decorrência de uma das recomendações oriundas da Conferência da Biosfera e atendendo à solicitação dos representantes suecos presentes na XXIII Assembleia Geral da ONU (1969) no sentido da realização de uma conferência específica para que fossem discutidas questões de meio ambiente, uma vez que a Suécia estava sofrendo os efeitos da poluição gerada em outros países, a cidade de Estocolmo (Suécia), sediou a primeira Conferência das Nações Unidas sobre o Meio Ambiente Humano, em 1972. Essa foi a primeira conferência temática da ONU e reuniu representantes de 113 países.

Segundo McCormick (1992, p. 105), alguns fundamentos, iniciativas e recomendações atribuídos à conferência de 1972, na realidade, foram continuações de temas abordados pela Conferência da Biosfera, em 1968. O autor ressalta que diferentemente da conferência anterior, que havia se voltado prioritariamente para os aspectos científicos dos problemas ambientais, em Estocolmo foi "a primeira vez que as questões políticas, sociais e econômicas do meio ambiente global foram discutidas em um fórum intergovernamental, com a perspectiva de realmente empreender ações corretivas", o que produziu maior envolvimento, tanto por parte dos go-

MOVIMENTO AMBIENTALISTA E EDUCAÇÃO AMBIENTAL | **427**

vernantes e das instituições supranacionais quanto das organizações não governamentais (ONGs), mesmo tendo participado de fóruns distintos. Nessa fase, portanto, a visão conservacionista estava dando lugar a um movimento mais amplo.

De acordo com Acot (1990), nesse encontro foram "lançadas as bases de uma legislação internacional concernente ao meio ambiente, onde se uniu a proibição do armamento atômico aos grandes problemas ecológicos, e onde a discriminação racial, o *apartheid* e o colonialismo foram condenados".

O reconhecimento da profunda relação entre meio ambiente e desenvolvimento – no sentido de que as preocupações ambientais não deveriam constituir uma barreira ao desenvolvimento, porém ser parte do processo – e a recomendação da implementação de um programa de educação ambiental como elemento fundamental para o combate à crise ambiental foram alguns de seus principais resultados. Criaram-se também programas importantes como o Programa das Nações Unidas para o Meio Ambiente (PNUMA)/United Nations Environment Programme (Unep) em 1973 e o Programa Earthwatch para monitorar a poluição ambiental.

O PNUMA tinha por objetivo coordenar políticas e implementar um plano de ação mundial por meio de ações relativas à avaliação ambiental, gestão ambiental e medidas de apoio. As medidas de apoio incluíam educação, treinamento de pessoal, informação pública e assistência financeira.

No caso do Brasil e de outros países em desenvolvimento as recomendações quanto à necessidade de investimentos e medidas relativas à proteção ambiental pareciam constituir, para os representantes desses países, grandes entraves ao progresso, além uma estratégia de ingerência na autonomia interna com vistas ao congelamento do *status quo*, daí esses representantes terem resistido ao reconhecimento da problemática ambiental enquanto uma realidade a ser enfrentada de imediato.

McCormick (1992, p. 111) afirma que a Conferência de Estocolmo foi

o acontecimento isolado que mais influiu na evolução do movimento ambientalista internacional, [pois] confirmou a tendência em direção a uma nova ênfase sobre o meio ambiente humano. O pensamento progrediu das metas limitadas de proteção da natureza e conservação dos recursos naturais para a visão mais abrangente da má utilização da biosfera por parte dos humanos. A própria natureza do ambientalismo mudou: da forma popular, intuitiva e provinciana com a qual emergiu nos países mais desenvolvidos no

EDUCAÇÃO AMBIENTAL E SUSTENTABILIDADE

final dos anos 60, para uma forma de perspectivas mais racionais e globais, a qual enfatizava o esforço no sentido de uma compreensão plena dos problemas e do acordo sobre uma ação legislativa efetiva. Forçou um compromisso entre as diferentes percepções sobre o meio ambiente defendidas pelos países mais e menos desenvolvidos... Os países mais desenvolvidos foram pelo menos incentivados a começar a reinterpretar as prioridades do ambientalismo, a assumir uma visão mais ampla do caráter globalmente correlato de muitos problemas e a começar a entender quantas dessas questões estavam arraigadas em problemas políticos e sociais, particularmente nos países menos desenvolvidos... Antes de Estocolmo as prioridades ambientais foram em larga escala determinadas pelos países mais desenvolvidos; depois de Estocolmo, as necessidades dos países menos desenvolvidos tornaram-se um fator-chave na determinação das políticas internacionais. Além disso, marcou o começo de um papel novo e mais persistente para as ONGs no trabalho dos governos e das organizações intergovernamentais.

Importantes desdobramentos de Estocolmo foram as iniciativas voltadas para a recuperação da saúde ambiental do planeta, por meio do incentivo à implementação de políticas públicas, órgãos ambientais estatais, cooperação e acordos internacionais, além da ênfase na necessidade da generalização de esforços para a educação ambiental. A própria Declaração sobre o Ambiente Humano, gerada no evento, enfatizou a necessidade de mais trabalhos em educação, voltados para as questões ambientais.

O governo brasileiro, acompanhando a tendência mundial desse período, implantou em 1973, a Secretaria Especial do Meio Ambiente (Sema), vinculada à Presidência da República. Nesse mesmo ano foram criados também órgãos estaduais de controle ambiental, como a Cetesb em São Paulo e a Feema no Rio de Janeiro.

As atribuições principais da Secretaria recaíam sobre o controle da poluição, o uso racional dos recursos naturais e a preservação do estoque genético (Viola e Leis, 1992). Foi criada, na Sema, a Divisão de Divulgação e Educação Ambiental sob a chefia da jornalista Regina Gualda, no início, a única funcionária do setor. Contudo, nessa época a educação ambiental ainda era compreendida de forma bastante restrita. De acordo com Gualda, a educação ambiental era vista como "um instrumento para levar os diversos atores da sociedade a um entendimento e à percepção de que o ser humano é parte do meio ambiente, sendo importante criar atitudes adequadas com a natureza" (MEC, 1998, p.37).

Desde 1974 até 1986, a gestão da Sema coube ao Dr. Paulo Nogueira Neto, professor da Universidade de São Paulo reconhecido internacionalmente por suas realizações na área ambiental. Durante sua gestão foram implantadas 23 estações ecológicas em todas as regiões do país, perfazendo um total de 3,2 milhões de hectares (Castro, 1997).

ENCONTROS INTERNACIONAIS DE EDUCAÇÃO AMBIENTAL

Em 1975, em resposta à recomendação n° 96 da Conferência de Estocolmo, foi criado pela Unesco e pelo PNUMA o Programa Internacional de Educação Ambiental (PIEA)/International Environmental Education Programme (IEEP) a fim de promover o intercâmbio de informações e experiências em educação ambiental entre as nações e regiões do mundo, fomentar pesquisa, capacitação de pessoal, desenvolvimento de materiais e assistência técnica aos Estados-membros no desenvolvimento de programas de educação ambiental.

O PIEA, no intuito de cumprir sua missão, organizou, em 1975, em Belgrado, o Seminário Internacional sobre Educação Ambiental (International Workshop on Environmental Education) que contou com a participação de um grupo seleto composto por 81 representantes de 54 países, sendo a maioria envolvida com EA em seus locais de origem.

No Seminário de Belgrado foram formulados objetivos específicos para os trabalhos de educação ambiental, a saber:

- A conscientização e sensibilização de indivíduos e grupos em relação ao meio ambiente e seus problemas associados.
- A aquisição [construção] de conhecimentos básicos relativos ao meio ambiente, seus problemas associados, bem como a respeito da presença responsável da humanidade e seu papel nesse contexto.
- A formação de atitudes positivas em relação à proteção e melhoria do meio ambiente. Para tal, deverão ser desenvolvidos valores sociais, senso de responsabilidade e motivação para uma participação ativa.
- O desenvolvimento de habilidades para a resolução de problemas ambientais.
- A participação dos indivíduos e grupos na resolução dos problemas ambientais.

- O desenvolvimento da capacidade de avaliação a respeito das providências relativas ao meio ambiente e aos programas educativos quanto a fatores ecológicos, políticos, econômicos, sociais, estéticos e educacionais. (adaptado de Unesco/Unep, 1976)

É importante notar que essa deliberação continua válida e que as propostas educativas, por meio de um trabalho planejado e contínuo, deverão buscar contemplar todos os objetivos acima delineados e não apenas alguns deles, como se observa comumente em projetos de qualidade duvidosa, muitas vezes oriundos de instituições famosas no mercado.

A Carta de Belgrado, documento extraído do evento, se distinguiu de outras publicações da Unesco relativas à educação ambiental ao chamar a atenção para a influência da economia internacional sobre a problemática ambiental e ressaltar a necessidade de mudanças radicais no sentido de novos estilos de desenvolvimento. Esse diferencial ocorreu, principalmente, em decorrência da argumentação de representantes da América Latina[2] e de outros países em desenvolvimento que trouxeram à tona questões absolutamente centrais no trato da problemática (Pelicioni, 2002).

Em 1976, o PIEA organizou vários seminários regionais; e, finalmente, em 1977, promoveu em Tbilisi (ex-URSS) a Conferência Intergovernamental sobre Educação Ambiental (Intergovernmental Conference on Environmental Education), conhecida como Conferência de Tbilisi, cujo objetivo principal era o de suscitar o compromisso dos governos no sentido da instituição da educação ambiental enquanto área prioritária nas políticas nacionais.

Em Tbilisi foram discutidos os princípios diretores e objetivos que haviam sido delineados em Belgrado, foram apresentadas algumas experiências de trabalho e foram propostos conteúdos, estratégias de abordagem e recomendações para a implementação da educação ambiental.

Em relação ao que havia sido proposto em Belgrado, a Conferência de Tbilisi endossou e ampliou os princípios diretores da educação ambiental, porém, excluiu o objetivo específico referente à "capacidade de avaliação". Ao que parece, esse objetivo específico foi eliminado do documento final por razões políticas, uma vez que se tratava de um evento intergovernamen-

---

[2] Não havia representantes do Brasil.

tal e esse objetivo poderia potencializar críticas aos programas governamentais (Gough, 1997).

Um trecho extraído da recomendação nº 1 da Conferência (Ibama, 1997, p.105) expressa a concepção sobre a educação ambiental vigente nos dias atuais:

> Embora se considere que os aspectos biológicos e físicos constituam a base natural do meio humano, as dimensões socioculturais e econômicas e os valores éticos definem, por sua vez, as orientações e os instrumentos com os quais o homem poderá compreender e utilizar melhor os recursos da natureza para atender às suas necessidades;
>
> A educação ambiental é resultado do redirecionamento e articulação das diversas disciplinas e experiências educativas que facilitam a percepção integrada do meio ambiente, possibilitando uma ação mais racional e capaz de atender às necessidades sociais;
>
> Um dos objetivos fundamentais da educação ambiental é conseguir que os indivíduos e as coletividades compreendam a natureza complexa do meio ambiente natural e do meio criado pelo homem, resultante da interação de seus aspectos biológicos, físicos, sociais, econômicos e culturais, e que adquiram conhecimentos, valores, comportamentos e habilidades práticas para participarem, com responsabilidade e eficácia, da prevenção e solução dos problemas ambientais e da gestão da qualidade do meio ambiente;
>
> Outro propósito fundamental da educação ambiental é mostrar claramente as interdependências econômicas, políticas e ecológicas do mundo moderno, nas quais as decisões e comportamentos dos diversos países possam ter consequências de alcance internacional. Nesse sentido, a educação ambiental deverá contribuir para desenvolver um espírito de responsabilidade e solidariedade entre países e regiões, como base para uma nova ordem internacional que garanta conservação e melhoria do meio ambiente; [...]
>
> Para o desempenho dessas funções, a educação ambiental deveria sustentar uma ligação mais estreita entre os processos educativos e a realidade, estruturando suas atividades em torno dos problemas do meio ambiente em comunidades concretas.

Na Declaração da Conferência de Tbilisi (Unesco/Unep, 1978) afirmou-se também que a gestão aprimorada do ambiente deveria objetivar a redução das disparidades entre as nações e proporcionar relações internacionais baseadas na equidade, de acordo com a perspectiva de uma nova ordem internacional. Além disso, houve a recomendação de modelos de distinção entre bens essenciais e supérfluos, sob a perspectiva do meio ambiente e do desenvolvimento. Nesse sentido, ressaltou-se a importância da dimensão ética e da abordagem holística a respeito dos problemas ambientais, indicando a contribuição das ciências naturais, humanas e sociais para a análise e solução desses problemas.

No Brasil, a influência de Tbilisi se fez presente na Lei n. 6.938, de 1981, que dispõe sobre a Política Nacional do Meio Ambiente, suas finalidades e mecanismos de formulação e execução. A lei refere-se, em um de seus princípios, à educação ambiental em todos os níveis de ensino, inclusive a educação da comunidade, a fim de capacitá-la para a participação ativa na defesa do meio ambiente (Senado Federal, 1996).

A EVOLUÇÃO DO AMBIENTALISMO E DA EDUCAÇÃO AMBIENTAL NAS DÉCADAS DE 1980 E 1990

De acordo com Eckersley (1992), ao final dos anos 1970 e início dos anos 1980, principalmente nos países ocidentais do Hemisfério Norte, ampliou-se a compreensão de que problemática ambiental advinha de uma crise cultural, ou seja, uma crise na estrutura de valores sociais. Para os teóricos do ambientalismo, a crise cultural e a necessidade de renovação da estrutura de valores revelavam as intenções de se buscar formas de integrar as preocupações do movimento ecológico com outros novos movimentos sociais – paz, feminismo, desenvolvimento e ajuda ao Terceiro Mundo – a fim de se encontrar formas de superar a lógica da acumulação de capital, os valores consumistas e os sistemas de dominação.

No Brasil, em meio aos impactos da ditadura militar, a trajetória do ambientalismo se deu de modo diferente. Temas referentes ao meio ambiente começaram a ser mais frequentes na mídia das regiões Sul e Sudeste, principalmente após a Conferência de Estocolmo, bem como manifestações contra a poluição e danos ambientais empreendidas por alguns grupos, tais como a Comissão de Defesa da Billings, o Movimento Arte e Pensamento Ecológico, entre outros (Antuniassi et al., 1989). Também merece destaque a atuação da Associação Gaúcha de Proteção ao Ambiente Natural (Agapan) contra a poluição do Rio Guaíba, o uso de pesticidas, entre outras preocupações.

Apesar dessas manifestações, conforme indica Viola (1997), durante a década de 1970, o movimento ambientalista gerou um baixo impacto sobre a opinião pública brasileira. Contudo, a partir de 1981, quando o país deixou de ser o campeão mundial do crescimento econômico, o impacto sobre a sociedade e sobre a produção de ideias foi grande, marcando o crescimento da consciência ambiental e do ambientalismo no Brasil, mesmo porque observava-se claramente que o modelo de desenvolvimento adotado havia sido fortemente poluidor e degradador dos recursos naturais, além de ter provocado significativas assimetrias sociais. Uma transformação efetiva passou a acontecer durante a segunda metade da década de 1980, quando o ambientalismo brasileiro deixou de ser restrito a pequenos grupos da sociedade civil e dos órgãos estatais, para tornar-se multissetorializado, passando a impregnar outros movimentos sociais, ONGs, universidades, a mídia, as agências governamentais não especificamente ambientais e as empresas (Viola e Leis, 1991).

Essa transformação também resultou na ampliação do escopo de atuação da Sema, quando a secretaria favoreceu a disseminação da problemática ambiental dentro da estrutura estatal, promoveu a interação das agências ambientais entre si e com a comunidade científica, bem como viabilizou o funcionamento do Conselho Nacional do Meio Ambiente (Conama) (Viola e Leis, 1992).

Em agosto de 1987, foi realizado em Moscou um novo encontro internacional, o Congresso sobre Educação Ambiental e Treinamento (Congress on Environmental Education and Training) promovido pela Unesco/PNUMA/PIEA. O congresso levantou discussões a respeito das dificuldades encontradas e dos progressos alcançados pelos países no campo da educação ambiental. Enfatizou a necessidade de ampliar o acesso às informações e o fomento à pesquisa, a fim de promover o aperfeiçoamento dos métodos e estratégias voltados aos objetivos e princípios da educação ambiental, incentivar os programas educacionais, a elaboração de materiais didáticos, a reformulação de currículos escolares e o treinamento de pessoal (Dias, 1992).

De acordo com Dias (1991), o Brasil apresentou resultados incipientes em função do insuficiente envolvimento das instituições governamentais com o desenvolvimento da educação ambiental no país. Segundo o autor, "fomos salvos pela ação estocástica e voluntária de abnegados que, por esforços próprios, apresentaram seus trabalhos" (p.89).

Reigota (1994, p.16), um dos brasileiros presentes no evento, relatou o clima do encontro:

Nessa época, a então União Soviética vivia o início da *perestroika* e da *glasnost*, e temas como desarmamento, acordos de paz entre a URSS e os EUA, democracia e liberdade de opinião permeavam as discussões dos presentes. Muitos especialistas consideravam inútil falar em educação ambiental e formação de cidadãos enquanto vários países (inclusive o anfitrião) continuavam a produzir armas nucleares, impedindo a participação dos cidadãos nas decisões políticas.

No ano seguinte, a Assembleia Geral da ONU aprovou a realização de uma conferência cuja temática seria o meio ambiente e o desenvolvimento, para que se pudesse avaliar como os países haviam promovido a proteção ambiental desde 1972. Essa decisão resultou na Rio 92.

O ano de 1988 também constituiu um marco importantíssimo na política ambiental brasileira ao assegurar, na Constituição Federal (Brasil, 1997), um capítulo dedicado ao meio ambiente, onde se lê:

> Art. 225. Todos têm direito ao meio ambiente ecologicamente equilibrado, bem de uso comum do povo e essencial à sadia qualidade de vida, impondo-se ao poder público e à coletividade o dever de defendê-lo e preservá-lo para as presentes e futuras gerações.

E ainda, especificamente em relação à educação ambiental, incumbiu ao poder público o dever de "promover a educação ambiental em todos os níveis de ensino e a conscientização pública para a preservação do meio ambiente".

Em 1989, foi criado o Ibama, a partir da fusão de quatro órgãos: Sema, Superintendência do Desenvolvimento da Pesca (Sudepe), Instituto Brasileiro de Desenvolvimento Florestal (IBDF) e Superintendência do Desenvolvimento da Borracha (SUDHEVEA). De acordo com a visão de Viola (Viola e Leis, 1992) a criação do Ibama representou uma reforma conceitual-organizacional na definição da problemática ambiental, pois, pela primeira vez, associou-se a proteção ambiental ao uso conservacionista de alguns recursos naturais.

Apesar dos enormes avanços em relação ao meio ambiente, a década de 1980 também conheceu terríveis desastres ambientais. Em 1984, falhas técnicas foram responsáveis pelo vazamento de pesticidas em Bhopal (Índia), causando morte e sérias lesões em milhares de pessoas. Dois anos mais tarde, a explosão de um reator nuclear na usina de Chernobyl, na antiga União Soviética, além das mortes, doenças e da contaminação ambiental de uma vasta região, reacendeu os temores mundiais quanto ao uso da energia nuclear. Também no Brasil, em 1987, tivemos um grave episódio de contaminação radioativa por Césio-137, em Goiânia, com mortes e sequelas irreversíveis nos sobreviventes. Ao término da década de 1980, precisamente em 1989, o petroleiro Exxon Valdez provocou um grande derramamento de petróleo no Alasca. Contudo, dois anos mais tarde, a Guerra do Golfo foi responsável por um derramamento de petróleo ainda maior.

No Brasil, a década de 1990 marcou o início do processo de reforma econômica e de abertura para a economia mundial. Esse movimento, na visão de Viola (1997), vinha influenciando o ambientalismo no Brasil. O autor afirmava, na década de 1990, o seguinte:

> o processo de expansão da consciência ambiental e o processo de desenvolvimento do movimento ambientalista estão associados à ascensão das correntes globalistas e ao declínio das correntes nacionalistas dentro do ambientalismo [...] [ou seja, cada vez mais] as sociedades nacionais são [reconhecidas como] subunidades da sociedade planetária.

Finalmente, em 1992, vinte anos depois da Conferência de Estocolmo, a ONU promoveu no Rio de Janeiro a Primeira Conferência das Nações Unidas sobre Meio Ambiente e Desenvolvimento, conhecida por Rio 92, que reuniu os principais representantes de 172 países e contou com a participação massiva da sociedade civil. Esse grande acontecimento lançou as bases sobre as quais os diversos países do mundo deveriam, a partir daquela data, empreender ações concretas, no sentido da melhoria das condições sociais e ambientais, tanto em nível local quanto planetário.

Com relação à educação ambiental, o 36º capítulo da Agenda 21, intitulado Promoção do Ensino, da Conscientização e do Treinamento, explicitou a necessidade de reorientar-se a educação na direção do desenvolvimento sustentável, ampliando-se a consciência pública e o incentivo ao treinamento; propôs também bases para a ação, objetivos, atividades e meios de implementação (Secretaria do Meio Ambiente do Estado de São Paulo, 1994).

Durante o evento da Rio 92, a partir de um fórum de discussões, de caráter não oficial, realizado entre representantes de ONGs e da sociedade civil, firmou-se o Tratado de Educação Ambiental para Sociedades Sustentáveis e Responsabilidade Global (Secretaria do Meio Ambiente do Estado de São Paulo, 1993).

Esse documento reforçou os princípios orientadores da educação ambiental firmados anteriormente nos encontros internacionais de educação ambiental e chamou a atenção para as questões relativas ao atual modelo de desenvolvimento econômico e social, propondo inclusive que as comunidades planejem e implementem suas próprias alternativas às políticas vigentes. Nesse sentido, o tratado ressalta que a educação ambiental não é neutra, mas ideológica; é um ato político, baseado em valores para a transformação social.

No ano de 1997, dois eventos muito significativos marcaram a evolução da educação ambiental no Brasil: o IV Fórum de Educação Ambiental e o I Encontro da Rede de Educadores Ambientais, promovidos em Guarapari (ES), no mês de agosto, e a I Conferência de Educação Ambiental realizada em Brasília (DF), no mês de outubro.

Os encontros citados, além de terem proporcionado grande intercâmbio de experiências entre educadores de todo o mundo, resultaram na elaboração de um documento concernente às reflexões e contribuições dos brasileiros para os rumos da educação ambiental, encaminhado à Conferência Internacional sobre Meio Ambiente e Sociedade: Educação e Conscientização para a Sustentabilidade (International Conference on Environment and Society: Education and Public Awareness for Sustainability), promovida pela Unesco em dezembro de 1997, em Tessalônica, Grécia.

A Conferência de Tessalônica, como ficou conhecida, reafirmou a pertinência das deliberações definidas nas diversas conferências promovidas anteriormente pela ONU e chamou a atenção para questões críticas, relativas ao desenvolvimento da educação ambiental, como a necessidade de investir na formação de educadores, a carência de materiais didáticos, a falta de políticas nacionais e estratégias claras para a implementação da educação ambiental, a falta de avaliação nas ações executadas, as dificuldades em promover mudanças de valores por meio de práticas educativas, entre outras. Além disso, ampliou o conceito de sustentabilidade, o qual deve abarcar não só o meio ambiente, como também a pobreza, a habitação, a saúde, a segurança alimentar, a democracia, os direitos humanos e a paz, e resultar em um imperativo moral e ético no qual a diversidade cultural e o conhecimento tradicional sejam respeitados (Unesco, 1999).

Há que se notar que o nome da Conferência de Tessalônica anunciava a proposta de substituição do termo educação ambiental por educação para a sustentabilidade. Essa tentativa não era uma novidade, uma vez que bem antes desse período, em 1980, na publicação da UICN/PNUMA/WWF "Estratégia para Conservação Mundial" (*World Conservation Strategy*), já se falava no redirecionamento dos objetivos da EA para "educação para o desenvolvimento sustentável".

As propostas de alteração do termo para, por exemplo, "educação ambiental para a sustentabilidade" (*environmental education for sustainability*), educação para o desenvolvimento sustentável (*education for sustainable development*), educação para sustentabilidade (*education for sustainability*), entre outras formas, constituem um antigo objeto de controvérsias entre os educadores.

Algumas dessas propostas como a de "educação ambiental para a sustentabilidade" (Tilbury, 1995) têm o mérito de explicitar com pormenores quais são os elementos fundamentais de um trabalho educativo, pois o documento de Tbilisi, embora estabeleça objetivos e princípios diretores para o desenvolvimento da EA carece de detalhamento a esse respeito e uma melhor organização das ideias (Pelicioni, 2002).

Entretanto, uma análise acurada da educação ambiental para a sustentabilidade mostra que, na realidade, ela explicita e enfatiza determinadas ideias que já estavam presentes nas orientações de Tbilisi, as quais também mostravam a necessidade de suplantar formas ingênuas e inócuas de abordagem da EA. Em muitos sentidos trata-se, portanto, de um retorno às raízes da EA, já que há muitas semelhanças entre a proposta original de Tbilisi e a "nova" proposta.

Para Tilbury (1995) a mudança da nomenclatura teria a finalidade de estabelecer um divisor de águas em relação à "abordagem política, naturalista e científica que foi desenvolvida nos anos 70 e 80 sob o título de educação ambiental" (p.195) em vários países. Entretanto, em comunicação pessoal com essa autora, em 2001, Tilbury reconhecia que esse não era o caso de muitos trabalhos de educação ambiental desenvolvidos no Brasil e em alguns outros países que primavam pela qualidade e abordagem crítica.

EVENTOS SIGNIFICATIVOS PARA OS RUMOS DO AMBIENTALISMO E DA EDUCAÇÃO AMBIENTAL NO SÉCULO XXI

Em 2002, Johanesburgo (África do Sul) sediou o encontro da Cúpula Mundial sobre Desenvolvimento Sustentável. O evento, conhecido como

Rio+10, foi promovido pela ONU. Os representantes presentes reafirmaram o compromisso com o desenvolvimento sustentável, a erradicação da pobreza, a Agenda 21 global, o desenvolvimento humano e a construção de uma sociedade equitativa. Reconheceram que a erradicação da pobreza, as mudanças nos padrões de produção e consumo, e a proteção e gestão dos recursos naturais pra o desenvolvimento econômico e social constituem objetivos do desenvolvimento sustentável, bem como precondições (UN, 2011).

O V Congresso Ibero-americano de Educação Ambiental realizado no ano de 2006 constituiu-se em um dos encontros mais importantes relativos à educação ambiental em solo brasileiro. Além das conferências proferidas por algumas personalidades de renome no campo do ambientalismo e da educação ambiental, o congresso, promovido pelos Ministérios da Educação e do Meio Ambiente em parceria com outras instituições, propiciou muitas discussões em grupos de trabalho diversificados e ampla divulgação de pesquisas e projetos educativos desenvolvidos pelos participantes do evento em Joinville, SC.

Uma década depois do grande evento em Tessalônica, a 4ª Conferência Internacional sobre Educação Ambiental (Tbilisi+30) foi realizada em Ahmedabad, Índia, em 2007, com patrocínio do governo da Índia, Unesco e PNUMA. A declaração extraída do evento foi elaborada no contexto da "Década da Educação para o Desenvolvimento Sustentável" proposta pela ONU para o período 2005-2014.

No documento afirma-se, em linhas gerais, que a "expansão da produção e consumo coloca em risco a capacidade de suporte dos sistemas". Além desses problemas, reconhece que o "o fosso entre ricos e pobres está aumentando, a crise climática, a perda da biodiversidade, o aumento dos riscos à saúde e a pobreza são indicadores de modelos de desenvolvimento e estilos de vida insustentáveis". Por outro lado, ressalta a existência de "visões e modelos alternativos voltados a um futuro sustentável que requerem ações urgentes. Direitos humanos, equidade de gênero, justiça social e ambiente saudável devem se tornar imperativos em termos globais". Assim, educação para o desenvolvimento sustentável é tida como essencial para promover essa transformação. Em outro trecho da Declaração de Ahmedabad afirma-se que a "educação ambiental apoia e endossa a educação para o desenvolvimento sustentável" (Unevoc-Unesco, 2007).

Outros eventos significativos têm sido os congressos mundiais de educação ambiental (World Environmental Education Congress – WEEC) coordenados pela International WEEC Association, que tem por objetivo promover discussões entre atores sociais envolvidos com educação ambiental e desenvolvimento sustentável, bem como contribuir para a "Década da Educação para o Desenvolvimento Sustentável" (WEEC, s.d.).

O I Congresso Mundial de Educação Ambiental foi realizado na cidade de Espinho (Portugal), em 2003, com o patrocínio do PNUMA e Unesco e teve como tema central "Estratégias para um Futuro sustentável" (*Strategies for Sustainable Future*). O II Congresso aconteceu no Rio de Janeiro, em 2004, com discussões em torno da ideia de construção de um futuro possível (*Building a Possible Future*). Um ano depois, em Turim (Itália), no III Congresso Mundial de Educação Ambiental, a temática girou em torno de "Caminhos Educacionais para a Sustentabilidade" (*Educational Paths Towards Sustainability*). Durban (África do Sul) sediou, em 2007, o VI Congresso, cuja pauta referia-se à aprendizagem em um mundo em mudança (*Learning In a Changing World*). O V evento aconteceu em Montreal (Canadá), em 2009, com discussões em torno do tema "Terra, nossa casa comum" (*The Earth, our common home*). Em 2011, Brisbane (Austrália) recebeu os participantes do VI Congresso Mundial[3] de Educação Ambiental cujo mote era "Explore, experiencie, eduque" (*Explore, experience, educate*) (WEEC, s.d.).

Esses eventos são muito importantes para que se possa conhecer trabalhos realizados em contextos diversos e trocar experiências. Depois de realizar visitas técnicas a algumas instituições que desenvolviam atividades de educação ambiental no Canadá e na Austrália, respectivamente em 1999 e 2001, bem como participar de alguns eventos na área, essa autora pôde perceber que uma das principais características da educação ambiental desenvolvida em vários projetos brasileiros era a abordagem da educação política por meio de processos pedagógicos que promoviam reflexão proble-

---

[3] Entre os participantes estiveram alguns docentes brasileiros. O Prof. Dr. Rodolfo Antonio de Figueiredo (Universidade Federal de São Carlos) disse, em comunicação pessoal, que "as ênfases do congresso recaíram sobre o problema das mudanças climáticas, [...] necessidade de formação e ação para enfrentar este desafio planetário [...] bem como a questão da sustentabilidade das escolas e o currículo de formação das crianças". O Prof. Dr. Leandro Belinaso Guimarães (Universidade Federal de Santa Catarina) afirmou que entre os trabalhos que viu no congresso "poucos articulavam a cultura urbana ou teciam críticas ao mercado ou mostravam relações de poder-saber em jogo". Ao completar seu relato, disse: "nesse sentido, acho que, o que fazemos no Brasil, em diferentes teorizações, torna a educação ambiental mais política, mais complexa" (comunicação pessoal).

matizadora a respeito da realidade e possíveis formas de superação dos problemas socioambientais existentes (Pelicioni, 2002; 2005; 2006).

Duas décadas após a Rio-92, o Rio de Janeiro sediou novamente um encontro internacional importantíssimo: a Conferência das Nações Unidas sobre Desenvolvimento Sustentável, também conhecida como Rio+20. As necessidades prementes de medidas institucionais e acordos efetivos para promover a sustentabilidade social, ambiental e econômica no planeta geraram grandes expectativas em relação ao evento cujos temas principais em debate foram "a economia verde no contexto do desenvolvimento sustentável e da erradicação da pobreza"; e o "quadro institucional para o desenvolvimento sustentável" (UNCSD, 2011).

Os compromissos firmados na Rio+20 foram publicados em um extenso documento denominado *O Futuro que Queremos* (UN, s.d.). Já no início do texto, a pobreza foi colocada como o maior desafio global da atualidade e uma condição indispensável para o desenvolvimento sustentável. Assim, firmou-se o compromisso de libertar a humanidade da fome e da pobreza como uma medida urgente. Foram também tratadas questões como segurança alimentar, nutrição e agricultura sustentável, água e saneamento, turismo sustentável, cidades sustentáveis e assentamentos humanos, saúde e população, mudanças climáticas, educação, consumo e produção sustentáveis, biodiversidade, igualdade de gênero e empoderamento das mulheres, países menos desenvolvidos, entre outras. Ao final, foram abordados objetivos para o desenvolvimento sustentável e meios de implementação.

No ano de 2013, em Marrakech (Marrocos), foi realizado o VII Congresso Mundial de Educação Ambiental. O evento contou com 2.400 participantes originários de 105 países e teve como tema "Educação Ambiental em Cidades e Áreas Rurais: a Busca por Maior Harmonia" (WEEC, s.d).

Entre as recomendações provenientes do documento final do congresso intitulado *Call of Marrakech* podem ser citadas: aumentar o apoio a projetos por parte de autoridades públicas, instituições internacionais e doadores; reconhecer as ações de educação ambiental desenvolvidas pela sociedade civil e reforçar seu papel; desenvolver materiais adaptados e instrumentos educacionais inovadores; incentivar pesquisa e desenvolvimento em diferentes áreas da educação ambiental; levar em consideração especificidades territoriais e a mobilização de atores sociais locais na elaboração e execução de projetos de educação ambiental ressaltando o respeito à natureza, ecocidadania e valores de solidariedade (WEEC, s.d).

As necessidades prementes de medidas institucionais, acordos e ações efetivas para promover a sustentabilidade social, ambiental e econômica no planeta geram grandes expectativas. Assim, espera-se que as recomendações e os compromissos presentes nos documentos resultantes dos eventos abordados anteriormente sejam concretizados.

REFERÊNCIAS

ACOT, P. *História da ecologia*. 2.ed. Rio de Janeiro: Campus, 1990.

ALPHANDÉRY, P.; BITOUN, P.; DUPONT, Y. *O equívoco ecológico: riscos políticos da inconsequência*. São Paulo: Brasiliense, 1992.

ANTUNIASSI, M.H.R.; MAGDALENA, C.; GIANSANTI, R. *O movimento ambientalista em São Paulo: análise sociológica de um movimento social urbano*. São Paulo: Ceru, 1989.

BRASIL. *Constituição da República Federativa do Brasil 1988*. Brasília (DF): Senado Federal, Subsecretaria de Edições Técnicas, 1997.

CAPRA, F. *O ponto de mutação*. São Paulo: Cultrix, 1987.

CARVALHO, L.M. *A temática ambiental e a escola de 1º grau*. São Paulo, 1989. Tese (Doutorado). Faculdade de Educação da USP.

CASTORIADIS, C.; COHN-BENDIT, D. *Da ecologia à autonomia*. São Paulo: Brasiliense, 1981.

CASTRO, R.C.G. Um prêmio para o defensor da natureza. *Jornal da USP*, São Paulo, 24-30 nov. p.8-9, 1997.

CHRISTOFOLETTI, A. Impactos no meio ambiente ocasionados pela urbanização tropical. In: SANTOS, M.; SOUZA, M.A.A.; SCARLATO, F.C. et al. (orgs.). *O novo mapa do mundo: natureza e sociedade hoje: uma leitura geográfica*. São Paulo: HUCITEC/ANPUR, 1993. p.127-38.

DARBY, H.C. The clearing of the woodland in Europe. In: THOMAS W.L. *Man's role in changing the face of the Earth*. Chicago: University of New Mexico Press, 1956.

DELÉAGE, JP. *Une histoire de l'écologie*. Paris: Éditions La Découverte, 1991.

DIAS, G.F. Os quinze anos da Educação Ambiental no Brasil: um depoimento. *Em Aberto*, v.10 n.49, p.3-14, 1991.

_____. *Educação ambiental: princípios e práticas*. São Paulo: Gaia, 1992.

DIEGUES, A.C.S. Desenvolvimento sustentável ou sociedades sustentáveis: da crítica dos modelos aos novos paradigmas. *São Paulo Perspec.*, v.6, n.1-2, p.22-29, 1992.

_____. *O mito moderno da natureza intocada.* São Paulo: NUPAUB/USP, 1994.

DISINGER, J.F. What research says. *School Sci Mathem* 1985, v.85, n.1, p.59-68.

DRUMMOND, J.A. A visão conservacionista (1920 a 1970). In: SVIRSKY, E.; CAPOBIANCO, J.P.R. (orgs.). *Ambientalismo no Brasil: passado, presente e futuro.* São Paulo: Instituto Socioambiental/Secretaria do Meio Ambiente do Estado de São Paulo, 1997. p.19-26.

ECKERSLEY, R. *Environmentalism and political theory: toward an ecocentric approach.* London: UCL Press, 1992.

GEORGE, P. *O meio ambiente.* São Paulo: Difusão Europeia do Livro, 1973.

GONÇALVES, C.V.P. *Os (des)caminhos do meio ambiente.* 2.ed. São Paulo: Contexto, 1990.

GOUGH, A. *Education and the Environment. Policy, Trends and the Problems of Marginalisation.* Melbourne: The Australian Council for Research Ltd, 1997. 204 p.

GRÜN, M. *Ética e educação ambiental.* Campinas: Papirus, 1996.

HANNIGAN, J.A. *Environmental sociology: a social constructionist perspective.* London: Routledge, 1995.

[IBAMA] INSTITUTO BRASILEIRO DO MEIO AMBIENTE E DOS RECURSOS NATURAIS RENOVÁVEIS. *Educação ambiental: as grandes orientações de Tbilisi.* Brasília (DF): Ibama, 1997.

MARTIN, G.C.; WHEELER, K. (eds.). *Insights into environmental education.* Edinburgh: Oliver & Boyd, 1975.

MCCORMICK, J. *Rumo ao paraíso: a história do movimento ambientalista.* Rio de Janeiro: Relume-Dumará, 1992.

[MEC] MINISTÉRIO DA EDUCAÇÃO E DO DESPORTO. Coordenação de Educação Ambiental. *A implantação da educação ambiental no Brasil.* Brasília (DF): MEC, 1998.

PÁDUA, J.A. Natureza e projeto nacional: as origens da ecologia política no Brasil. In: *Ecologia e política no Brasil.* Rio de Janeiro: Espaço e Tempo/IUPERJ, 1987. p.11-62.

_____. Natureza e projeto nacional: nascimento do ambientalismo brasileiro (1820-1920). In: SVIRSKY, E.; CAPOBIANCO, J.P.R. (orgs.). *Ambientalismo no Brasil: passado, presente e futuro.* São Paulo: Instituto Socioambiental/Secretaria do Meio Ambiente do Estado de São Paulo, 1997. p.13-18.

PAEHLKE, R.C. *Environmentalism and the future of progressive politics.* New Haven: Yale University, 1989.

PELICIONI, A.F. *Educação ambiental na escola: um levantamento de percepções e práticas de estudantes de primeiro grau a respeito de meio ambiente e problemas ambientais.* São Paulo, 1998. Dissertação (Mestrado). Faculdade de Saúde Pública da Universidade de São Paulo.

_____. *Educação ambiental: limites e possibilidades de uma ação transformadora.* São Paulo, 2002. Tese (Doutorado). Faculdade de Saúde Pública da USP.

_____. Desvelando representações e práticas sociais em educação ambiental. In: RIBEIRO, H. (org.). *Olhares geográficos: meio ambiente e saúde.* São Paulo: Senac, 2005, p.163-180.

_____. *Ambientalismo e educação ambiental: dos discursos às práticas sociais. O mundo da saúde.* São Paulo, 2006. v.30, n.4, p.532-543. Disponível em: http://www.saocamilo-sp.br/novo/publicacoes/publicacoesDownload.php?ID=41&rev=s&ano=2006. Acessado em: 17 jul. 2013.

PONTING, C. *Uma história verde do mundo.* Rio de Janeiro: Bertrand Brasil, 1995.

REIGOTA, M. *O que é educação ambiental.* São Paulo: Brasiliense, 1994. (Coleção Primeiros Passos)

SARMENTO, G. *Meio ambiente: crimes e contravenções.* Maceió: Ministério Público/Coordenadoria de Defesa dos Direitos da Cidadania, 1994. (Cadernos de Defesa da Cidadania)

[SMA] SECRETARIA DO MEIO AMBIENTE DO ESTADO DE SÃO PAULO. Coordenadoria de Educação Ambiental. *Meio ambiente e desenvolvimento: documentos oficiais, Organização das Nações Unidas, Organizações não governamentais.* São Paulo, 1993. (Série documentos)

_____. Coordenadoria de Educação Ambiental. *Educação ambiental e desenvolvimento: documentos oficiais.* São Paulo, 1994. (Série Documentos)

SENADO FEDERAL. *Legislação do meio ambiente: atos internacionais e normas federais.* 3.ed. Brasília: Senado Federal, Subsecretarias de Edições Técnicas, 1996.

SIMONNET, D. *O ecologismo.* Rio de Janeiro: Moraes, 1981.

SOBRAL, H.R.; SILVA, C.C.A. Balanço sobre a situação do meio ambiente na metrópole de São Paulo. *São Paulo Perspec.,* v.3, n.4, p.2-4, 1989.

TILBURY, D. Environmental education for sustainability: defining the new focus of environmental education in the 1990s. *Environ Educ Res.,* v.1, p.195-2010, 1995.

THOMAS, K. *O homem e o mundo natural.* São Paulo: Companhia das Letras, 1988.

[UN] UNITED NATIONS ORGANIZATION. *Johannesburg Declaration on sustainable Development.* Disponível em: http://www.un.org/esa/sustdev/documents/WSSD_POI_PD/English/POI_PD.htm. Acessado em: 30 nov 2011.

_____. The future we want. Disponível em: http://daccess-ddcny.un.org/doc/ UNDOC/GEN/N11/476/10/PDF/N1147610.pdh? Open element. Acessado em: 4 maio 2013

[UNCSD] UNITED NATIONS CONFERENCE ON SUSTAINABLE DEVELOP-MENT. Disponível em: http://www.uncsd2012.org/rio20/index.html. Acessado em: 9 dez 2011.

[UNESCO] ORGANIZAÇÃO DAS NAÇÕES UNIDAS PARA A EDUCAÇÃO, A CIÊNCIA E A CULTURA. *Educação para um futuro sustentável: uma visão trans-disciplinar para ações compartilhadas.* Brasília (DF): Ibama, 1999.

[UNESCO/UNEP] UNITED NATIONS EDUCATIONAL, SCIENTIFIC AND CULTURAL ORGANIZATION. UNITED NATIONS ENVIRONMENTAL PRO-GRAMME. The Belgrade Charter. *Connect,* v.1, n.1, p.69-77, 1976.

_____. The Tbilisi Declaration. *Connect,* v.3, n.1, p.1-8, 1978.

[UNEVOC-UNESCO] INTERNATIONAL CENTRE FOR TECHNICAL AND VOCACIONAL EDUCATION AND TRAINING – UNITED NATIONS EDUCA-TIONAL, SCIENTIFIC AND CULTURAL ORGANIZATION. The Ahmedabad Declaration – 2007: A Call to action. Disponível em: http://www.tbilisiplus30.org/ Ahmedabad%20Declaration.pdf. Acessado em: 08 dez 2011.

VIOLA, E.J. Confronto e legitimação (1970 a 1990). In: SVIRSKY, E.; CAPO-BIANCO, J.P.R. (orgs.) *Ambientalismo no Brasil: passado, presente e futuro.* São Paulo: Instituto Socioambiental/Secretaria do Meio Ambiente do Estado de São Paulo, 1997. p.27-35.

VIOLA, E.J.; LEIS, H.R. Desordem global da biosfera e a nova ordem internacio-nal: o papel organizador do ecologismo. In: LEIS, H.R. (org.). *Ecologia e política mundial.* Petrópolis: Vozes, 1991. p.23-50.

_____. A evolução das políticas ambientais no Brasil, 1971-1991: do bissetoria-lismo preservacionista para o multissetorialismo orientado para o desenvolvimen-to sustentável. In: HOGAN, D.J.; VIEIRA, P.F. (orgs.). *Dilemas socioambientais e desenvolvimento sustentável.* Campinas: Editora da Unicamp, 1992. p.73-102.

[WEEC] WORLD ENVIRONMENTAL EDUCATION CONGRESS. *International Association.* Disponível em: http://www.environmental-education.org/en.html. Acessado em: 8 out 2011.

WHEELER, K. The genesis of environmental education. In: MARTIN, G.C.; WHEELER, K. (eds.). *Insights into environmental education.* Edinburgh: Oliver & Boyd, 1975. p.2-19.

Educação Ambiental: Pedagogia, Política e Sociedade

15

Daniel Luzzi
Pedagogo, Faculdade de Saúde Pública – USP

O século XXI inicia-se em meio a uma emergência socioambiental que promete agravar-se caso sejam mantidas as tendências atuais de degradação; um problema enraizado na cultura, nos estilos de pensamento, nos valores, nos pressupostos epistemológicos e no conhecimento, que configuram o sistema político, econômico e social em que vivemos. Uma emergência que, mais que ecológica, é uma crise do estilo de pensamento, do imaginário social e do conhecimento que sustentaram a modernidade, dominando a natureza e mercantilizando o mundo. Uma crise do ser no mundo, que se manifesta em toda a sua plenitude; nos espaços internos do sujeito, nas condutas sociais autodestrutivas; e nos espaços externos, na degradação da natureza e da qualidade de vida das pessoas. É nesse sentido que consideramos que a solução dos problemas do presente não se encontra na mera gestão dos recursos naturais nem na incorporação das externalidades ambientais aos processos produtivos.

A resolução requer amadurecimento da espécie humana, ruptura das hipocrisias sociais, construção de novos desejos, de novos horizontes, de novos estilos de pensamento e de sentimentos.

A humanidade chegou a uma encruzilhada que exige uma reflexão para tentar achar novos rumos e refletir sobre a cultura, as crenças, os valores e os conhecimentos em que se baseia o comportamento cotidiano, assim como sobre o paradigma antropológico social que persiste nas ações, no qual a educação tem um enorme peso. Assim, segundo Leff (2000, p. 382):

EDUCAÇÃO AMBIENTAL E SUSTENTABILIDADE

A educação deve produzir seu próprio giro copernicano, tentando formar as gerações atuais não somente para aceitar a incerteza e o futuro, mas para gerar um pensamento complexo e aberto às indeterminações, às mudanças, à diversidade, à possibilidade de construir e reconstruir em um processo contínuo de novas leituras e interpretações do já pensado, configurando possibilidades de ação naquilo que ainda há por se pensar. (tradução livre do autor)

O binômio educação/ambiente deverá então desaparecer com o tempo. A educação será ambiental, ou não será, no sentido de permitir caminharmos rumo à uma nova sociedade sustentável. Uma educação que, mais além das denominações que adquira – Educação Ambiental, Educação para o Desenvolvimento Sustentável, Educação para o Futuro Sustentável, Educação para Sociedades Responsáveis –, perca os adjetivos e como um todo se encaminhe na busca de sentido e significação para a existência humana.

É fundamental uma educação que permita desvelar os sentidos da realidade, problematizando as interpretações das diferentes forças sociais existentes, pois, ao interpretá-las, essa prática educativa abre um campo de novas possibilidades de compreensão e autocompreensão, no sentido do reposicionamento e do compromisso dos sujeitos na problemática ambiental. A maior contribuição da EA estaria no fortalecimento de uma ética socioambiental que incorpore valores políticos emancipatórios e que, com outras forças que integram o projeto de uma cidadania democrática, reforce a construção de uma sociedade justa e ambientalmente sustentável (Carvalho, 2000).

Porém, é alarmante observar que muitos programas de EA limitam sua preocupação à conservação da natureza, sem prestar a mínima atenção à vida humana. Muitas organizações ambientalistas militam em defesa do meio ambiente, mas não pelo direito de todos os cidadãos viverem com dignidade. Observamos ainda que se investem bilhões de dólares na defesa de certas espécies naturais vulneráveis ou em perigo de extinção, deixando morrer milhares de crianças ao dia por doenças evitáveis.

Surge, então, uma série de interrogações sobre a legitimidade social das ações ambientalistas. Já que estamos lutando por um mundo onde vale a pena viver, quem deve viver nele? Isso está gerando um dilema ético de primeira ordem, e começamos a nos perguntar se uma árvore vale mais que uma vida humana. Essa forma de pensar gera uma falsa crença, pois se tenta resolver os problemas do meio ambiente à margem dos problemas das pessoas que dele fazem parte.

A educação ambiental não pode nem deve estar à margem dos movimentos sociais que lutam por uma vida melhor para todos, por uma educação pública e gratuita de qualidade, pelo acesso à água potável, à moradia digna, pelo direito à saúde, ao trabalho, à cultura e à liberdade, isto é, pelo atendimento às necessidades básicas da população.

Nesse contexto, a educação ambiental tem um sentido fundamentalmente político, já que objetiva a transformação da sociedade em busca de um presente e de um futuro melhor. É uma educação para o exercício da cidadania, que se propõe a formar pessoas que assumam seus direitos e responsabilidades sociais, a formar cidadãos que adotem uma atitude participativa e crítica nas decisões que afetam sua vida cotidiana.

Essas são as ideias que norteiam este capítulo, a fim de mostrar o outro lado dos problemas socioambientais, o da espécie humana na sua luta pela sobrevivência. Procura-se destacar a complexa trama política construída em torno do desenvolvimento não sustentável e seus impactos na qualidade de vida e no ambiente do qual somos parte.

MODELO DE DESENVOLVIMENTO

O modelo de desenvolvimento predominante, além de impactar fortemente o ambiente natural, tem trazido problemas para a vida de grande número de habitantes do planeta. Diversas agências internacionais, como Organização Mundial da Saúde (OMS), Fundo das Nações Unidas para a Infância (Unicef), Organização das Nações Unidas para Agricultura e Organização (FAO) e Programa das Nações Unidas para o Desenvolvimento (PNUD), advertem que em distintas partes do mundo observam-se níveis inaceitáveis de privação na vida das pessoas.

Nos países em desenvolvimento:

*   11% da população mundial, ou seja 783 milhões de pessoas, não têm acesso a fontes de água tratada (OMS/Unicef, 2012).
*   2,5 bilhões de pessoas não têm acesso ao saneamento básico (OMS/Unicef, 2012).
*   1 bilhão de pessoas defeca ao ar livre (OMS/Unicef, 2012).

- 34,2 milhões de pessoas viviam com aids em 2011. Nesse mesmo ano, 2,5 milhões de pessoas se infectaram e 1,7 milhão morreram, das quais 230 mil eram crianças (OMS, 2011).

- 2 milhões de pessoas morrem anualmente por contaminação do ar (OMS, 2011).

- 1,5 bilhão de pessoas morrem ao ano por causa de agua poluída (Parlamento Europeu, 2011).

- 793 milhões de adultos são analfabetos.

- 870 milhões de pessoas se encontram subnutridas (FAO, 2012).

- 1,4 bilhão de pessoas vivem com menos de US$1,00 por dia (Banco Mundial, 2000).

- 2,8 bilhões de pessoas vivem com menos de US$2,00 por dia.

- 163 milhões de crianças menores de cinco anos de idade têm peso insuficiente.

- 149 milhões de crianças nos países em desenvolvimento padecem de desnutrição.

- Em 2010, 7,6 milhões de crianças menores de cinco anos morrem anualmente por causas previstas, trinta mil a cada dia (Unicef, 2012).

POBREZA

Nosso mundo se caracteriza por uma grande pobreza em meio à abundância. Quatro de cada dez crianças nascidas atualmente nos países em desenvolvimento vivem em condições de extrema pobreza. Essa pobreza condiciona todos os aspectos de sua vida, desde a desnutrição e a carência de água potável e saneamento adequado até a esperança de vida. A pobreza é a principal causa de milhões de mortes evitáveis e é a razão de as crianças estarem desnutridas, não frequentarem a escola e serem vítimas de abusos e exploração.

É certo que o balanço histórico revela que a quantidade de gente que se alimenta e mora bem é maior do que nunca. Também é verdade que o nível de vida se elevou e permite que milhões de pessoas desfrutem de moradias com água fria e quente, aquecimento e eletricidade, transporte para o trabalho, tempo para a recreação e prática de esportes, férias e outras atividades. É bem mais do que poderíamos ter imaginado no começo do século passado.

Mas como se relacionam essas conquistas com o desenvolvimento humano? O consumo é um meio essencial para que isso ocorra, porém as relações não são tão diretas. O consumo contribui para o desenvolvimento humano quando enriquece a vida das pessoas sem afetar negativamente o bem-estar do outro. Com frequência se rompem os vínculos e, quando isso ocorre, as pautas e tendências do consumo são hostis ao desenvolvimento humano. O consumo atual vai contra a base ambiental de recursos, aumenta as desigualdades e está acelerando a dinâmica do nexo consumo–pobreza–desigualdade–meio ambiente.

É evidente que a pobreza e o meio ambiente estão presos em uma espiral descendente. A degradação de recursos do passado aprofunda a pobreza de hoje, enquanto a pobreza da atualidade dificulta muito a resolução dos problemas de base, tais como a proteção da biodiversidade, os recursos agrícolas, do desflorestamento, de prevenção à desertificação, de luta contra a erosão e a reposição dos nutrientes do solo, entre outros. Os pobres se veem obrigados a esgotar os recursos naturais para sobreviver; empobrecendo-os ainda mais.

Em nossa região, a problemática ambiental está da mesma forma diretamente relacionada à pobreza e se aprofunda como produto das políticas macroeconômicas. Prova disso é o planejamento que o Banco Mundial começa a esboçar no rascunho de sua Estratégia Regional do Meio Ambiente para América Latina e Caribe do primeiro quinquênio do século XXI, em que apresenta uma política ambiental para a superação da pobreza, reconhecendo, inclusive, de alguma maneira, o impacto ambiental dos programas de ajuste estrutural.

Nas duas últimas décadas, mais de setenta países têm sido receptores de 566 programas de ajuste estrutural (SAP) do FMI e do Banco Mundial. Em 1999, estima-se que 53% dos empréstimos do banco se realizaram por meio de SAP e que há uma continuidade ascendente dessa tendência. Estudos do Banco Mundial e de ONGs demonstraram consistentemente que os SAP têm maior impacto sobre o meio ambiente. O livre comércio, a privatização, o maior investimento externo e a redução de gastos governamentais podem alterar os padrões de uso de recursos e provocar maior degradação das terras e da silvicultura, a ascendente extração de recursos não renováveis e a redução de capitais naturais (Banco Mundial, 2000).

A pobreza é um dos obstáculos mais importantes que se tem pela frente para transitar rumo a um mundo sustentável e, conforme afirmação da Unesco (1997), nas conclusões de Tessalonica, a pobreza faz com que a distribuição da educação e de outros serviços sociais seja mais difícil. Portanto, a redução da pobreza é uma meta essencial e condição indispensável para a sustentabilidade.

O próprio Banco Mundial tem reconhecido que as estimativas de 2005 em relação ao número de pessoas que viviam abaixo da linha de 1 dólar por dia estavam erradas, e que com a nova estimativa que coloca a linha internacional da pobreza em US$ 1,25, o número de 985 milhões de pessoas calculadas em 2005, na verdade ascendia a 1,4 bilhão de pessoas na mais absoluta pobreza.

Assim, se as estimativas sobre a pobreza baixaram durante um período, de 1,9 bilhão a 1,4 bilhão em 2005, o que observamos a partir do ano de 2008, ano em que começou a crise internacional, é que a pobreza volta a crescer em numerosas regiões do mundo, incluindo os habitantes dos chamados países ricos. Segundo estimativas da Oxfam, a cada minuto 100 novas pessoas se afundam na pobreza, isso significa um total de mais de 480 mil pessoas por ano, quase 2,5 milhões de pessoas desde que se iniciou a crise econômica.

Nos Estados Unidos, por exemplo, a pobreza relativa em 2011 subiu para 15% da sua população, ou seja 46,2 milhões de pessoas. Esse cálculo do U.S. Census Bureau resulta muito da sua fórmula de medição da pobreza que poderia estar maquiando uma situação muito mais grave a partir da recessão mundial.

O RISCO DE NASCER

O mero fato de nascer gera riscos para todas as crianças. As possibilidades de que uma criança consiga um desenvolvimento pleno e saudável dependem de uma vasta gama de fatores e, em alguns casos, de sorte. O certo é que as crianças hoje já nascem com uma dívida. Cada recém-nascido na Mauritânia chega ao mundo com uma dívida de US$ 997; na Nicarágua, de US$ 1.213, e no Congo, de US$ 1.872 (Unicef, 1999).

Um recém-nascido tem menos de uma possibilidade em cada dez de nascer em um lar relativamente próspero, como os desfrutados pela maioria das famílias dos países industrializados ou a minoria rica de uma nação em desenvolvimento. No entanto, 3 em cada 10 nascimentos ocorrerão em uma família em situação de pobreza extrema, e 4 em cada 10 recém-nascidos farão parte de uma família que desfruta de uma situação ligeiramente mais confortável.

A metade dos pobres do mundo é composta por crianças, e o número de crianças que nascem atualmente em condições de pobreza é maior do que em qualquer época anterior. Trata-se de um aumento sem precedentes históricos na cifra total de pessoas na pobreza (Unicef, 1999).

Por esse motivo, é que recentemente a Unicef colocou em debate um novo conceito que mede o risco das crianças, um índice complexo composto de três componentes: o primeiro relacionado com o desenvolvimento, que integra a mortalidade de crianças menores de cinco anos, o peso inferior ao normal em moderado ou estado grave e a escolaridade primária. O segundo componente ressalta o risco dos conflitos armados; e o terceiro é o risco de contrair aids.

O índice que determina esse risco aparece em uma escala que vai de zero a cem. Alguns continentes têm uma média regional de 61, como ocorre na África Subsaariana; regiões com uma média de 24, como o Oriente Médio e a África Setentrional; média de 41, como a Ásia Central; de 31, como a Ásia Sul-Oriental e Pacífico; de 10, como a América; e regiões com média de 6, como a Europa.

Para se ter uma clara ideia do que isso significa em termos de vidas humanas, na Tabela 14.1 apresentamos alguns países da América em ordem decrescente de acordo com as estimativas das respectivas taxas de mortalidade de menores de cinco anos (TMM5) de 2001 e a taxa de mortalidade infantil de menores de um ano do mesmo ano, indicadores fundamentais para medir o bem-estar das crianças.

A mortalidade infantil e de crianças menores de cinco anos é resultado de uma ampla variedade de fatores: saúde nutricional e conhecimentos básicos de saúde da mãe; cobertura de imunização; acesso a serviços de atenção materno-infantil; nível de ingressos e disponibilidade de alimentos da família; água potável e saneamento; e grau de segurança do meio ambiente infantil.

Como é possível observar na Tabela 15.1, não existe uma correlação fixa entre crescimento econômico do PIB *per capita* e dos índices de mortalidade. Essas comparações ajudam a destacar a importância de outros fatores, como as políticas elaboradas, as prioridades orçamentárias e a distribuição interna da riqueza do país na relação entre o progresso econômico e o progresso social.

Em 2011, a taxa mundial de mortalidade infantil de menores de cinco anos sofreu uma queda de 35% se comparada à de 1990. Na América Latina, entre 2002 e 2011 houve redução de quase 50% em países como Brasil

Tabela 15.1 – Taxa de mortalidade em 2001.

Países	Mortalidade infantil	Mortalidade de menores de 5 anos	PIB *per capita* – em US$ (PNUD, 2002)
Costa Rica	10	11	8.650
Chile	10	12	9.417
Argentina	18	19	12.377
Venezuela	20	22	5.794
Colômbia	25	23	6.248
México	25	29	9.023
Paraguai	26	30	4.426
Brasil	32	36	7.625
Peru	40	39	4.799

Taxa de mortalidade infantil: probabilidade de morte desde o nascimento até a idade de um ano, expressa em cada mil nascidos vivos. Taxa de mortalidade de menores de cinco anos: probabilidade de morte desde o nascimento até a idade de cinco anos, expressa cada mil nascidos vivos.

Fonte: adaptada de Unicef (2001) e Pnud (2002).

e Venezuela. No entanto, ainda em 2011, mais de 7 milhões de crianças morreram antes de completar cinco anos de idade.

Hoje, segundo estimativas da Unicef, a cada 20 segundos morre uma criança em consequência da falta de saneamento.

DESIGUALDADE SOCIAL

O problema não está na escassez de riqueza, mas na sua distribuição. O século XX tem sido testemunha do aumento do consumo em um ritmo sem precedentes, chegando a US$ 24 trilhões em 1998, o dobro do nível de 1975, e seis vezes o de 1950, refletindo o crescimento de mais de 40% do PIB mundial. Contudo, a pobreza cresceu 17% nesse período.

Segundo o Pnud (1998), o mundo se encontrava cada vez mais polarizado no fim dos anos 1990.

EDUCAÇÃO AMBIENTAL: PEDAGOGIA, POLÍTICA E SOCIEDADE | **453**

A quinta parte da população mundial, que vivia nos países de maior renda, possuía:

- 86% do PIB mundial.
- 82% dos mercados mundiais de exportação.

A quinta parte inferior somente possuía:

- 1% do PIB mundial.
- 1% dos mercados mundiais de exportação.

Nos últimos trinta anos, a participação na renda mundial dos 20% mais pobres da população mundial reduziu de 2,3 a 1,4%, enquanto a participação dos 20% mais ricos aumentou cerca de 70 a 85%.

Outro indicador da desigualdade mundial, assinalado pelo Pnud, é constituído pelo hiato da esperança de vida entre um país de rendimento econômico baixo e um país de rendimento econômico elevado, cuja média ainda é de 19 anos.

Uma pessoa nascida em Burkina Faso, África, tem por expectativa de vida 35 anos menos do que uma nascida no Japão, e uma pessoa da Índia pode ter como expectativa de vida 14 anos menos do que uma nascida nos Estados Unidos. (Pnud, 2005, p.25)

Segundo o Pnud (1998), a não ser que os governos adotem oportunamente medidas corretivas, o crescimento econômico pode ficar destorcido e defeituoso. É necessário fazer grandes esforços para evitar o crescimento sem emprego, sem raízes, sem equidade, sem a voz das comunidades, sem futuro.

O certo é que o modelo de desenvolvimento já se mostrou defeituoso, gerando um crescimento econômico:

- Sem emprego – as economias crescem sem aumentar as oportunidades de emprego, o que gera, para os trabalhadores, insegurança, longas horas de trabalho e salários muito baixos; para a sociedade, subempregos e desemprego crescentes, gerando migrações, pobreza e violência.
- Sem raízes – o processo de globalização cultural unidirecional, liderado pelo livre mercado, gera a massificação das pautas culturais, sepultando

as raízes dos povos, a história e a memória coletiva; uma verdadeira armadilha social, já que um povo que não tem memória histórica está condenado a repetir seus erros sem chance de reflexão e amadurecimento.

- Sem equidade – os frutos do crescimento econômico beneficiam principalmente os ricos, deixando milhões de pessoas imersas em uma pobreza cada vez mais profunda.

- Sem voz – crescem as economias, mas não se fortalecem as democracias no que se refere à participação das pessoas.

- Sem futuro – já que o crescimento econômico descontrolado de muitos países está acabando com os bosques, contaminando os rios, o mar, o ar, o solo, destruindo a diversidade biológica e cultural e esgotando os recursos naturais não renováveis.

As desigualdades mundiais aumentaram constantemente durante os dois últimos séculos. De acordo com o Pnud (1999a), uma análise das tendências de longo prazo na distribuição da receita mundial (entre países) indica que a distância entre o país mais rico e o país mais pobre tem aumentado da seguinte maneira:

- 3 a 1 em 1820;
- 11 a 1 em 1913;
- 35 a 1 em 1950;
- 44 a 1 em 1973;
- 72 a 1 em 1992.

Não obstante, esses dados não podem ilustrar a magnitude da tragédia humana que representam. Entre 1975 e 1997, a esperança de vida caiu em 18 países, 10 da África e 8 da Europa Oriental.

CONCENTRAÇÃO DA RIQUEZA

A concentração da riqueza atual é escandalosa e mostra uma civilização que perdeu o rumo. Segundo o Pnud (1999a), os 225 habitantes mais ricos do mundo têm uma riqueza somada superior a US$ 1 trilhão, o equivalente à receita dos 47% mais pobres da população mundial (2,5 bilhões de habitantes). A grandiosidade da riqueza dos ultrarricos é um contraste chocante com os baixos recursos do mundo em desenvolvimento.

- As três pessoas mais ricas têm ativos que superam o PIB total da África Subsaariana.
- A riqueza das 32 pessoas mais ricas supera o PIB total da Ásia meridional.
- Os ativos das 84 pessoas mais ricas superam o PIB da China, o país mais povoado do mundo, com 1,2 bilhão de habitantes.

Outro contraste surpreendente é a riqueza das 225 pessoas mais ricas, em comparação com os recursos necessários para conseguir o acesso universal aos serviços sociais básicos para todos. Estima-se que o custo de prover acesso universal ao ensino básico para todos, assistência básica de saúde para todos, assistência de saúde reprodutiva para todas as mulheres, alimentação suficiente para todos e água limpa e saneamento para todos é de aproximadamente US$ 44 bilhões ao ano. Esse valor é inferior a 4% da riqueza combinada das 225 pessoas mais ricas do mundo (Pnud, 1999a).

Hoje, estimativas da Oxfam indicam que a riqueza combinada das 100 pessoas mais ricas do mundo poderiam erradicar até quatro vezes a pobreza; 1% das pessoas mais ricas, apesar da recessão, têm incrementado a sua riqueza em 60% nos últimos 20 anos. E a crise financeira tem acelerado esse fenômeno em vez de retardá-lo.

Os US$ 8,4 bilhões investidos no resgate aos bancos, por exemplo, seriam suficientes para afastar da pobreza toda a humanidade por 50 anos e a renda em 2012 das 100 pessoas mais ricas do mundo poderia acabar quatro vezes com a pobreza mundial (Oxfam, 2013).

A América Latina é uma das regiões com maior disparidade na distribuição dos recursos entre os 20% mais ricos e os 20% mais pobres da população.

Na América Latina, 20% da população mais rica tem um ingresso *per capita* vinte vezes maior que o dos 20% da população mais pobre. Segundo a ONU, os dois países com melhor distribuição de renda são Venezuela e Uruguai. Os piores são Guatemala, Honduras, Colômbia e Brasil, nessa ordem.

Fica claro que a relação entre prosperidade econômica e desenvolvimento humano não é automática nem evidente como poderia parecer; nesse sentido servem de exemplo os países que possuem rendas *per capita* similares e índices de desenvolvimento humano muito diferentes.

Em comparação com outros continentes, segundo dados de 2009, Portugal era o país mais desigual da Europa, e os Estados Unidos eram o da América do Norte, com índices de 0,39. Nesse mesmo ano, considerando a América Latina, os países com os menores índices de desigualdade eram Venezuela, Uruguai, Peru, El Salvador, Equador e Costa Rica.

Em comparação aos anos 1990, quando o Brasil possuía o maior nível de iniquidade da América Latina, o país prosperou, mas, segundo a ONU, a América Latina ainda é a região mais desigual do mundo apesar das melhorias verificadas.

No quesito pobreza o Brasil ainda perde para os seus vizinhos: 20% dos brasileiros vivem em situação de pobreza ou indigência, percentual maior que o registrado no Uruguai, na Argentina, no Chile e no Peru. No quesito pobreza urbana, o Brasil também ficou atrás de países como Costa Rica e Panamá.

A boa notícia foi a queda do percentual de pobres no país. Em 1990, o percentual era de 41%; já em 2009, esse mesmo percentual caiu para 22% da população. Essa queda também foi registrada na Argentina e no Uruguai, onde o percentual do número de pobres é de 9% da população.

Esses dados ilustram o que foi expresso no começo deste tópico – o problema não está na escassez de riqueza, mas sim na sua má distribuição.

DÍVIDA EXTERNA

Também se impõe uma profunda reflexão sobre as dívidas externas dos países do Terceiro Mundo, já que durante dois decênios têm gerado repercussões devastadoras sobre alguns dos países mais pobres; têm impedido o crescimento econômico e desviado recursos que deviam ser utilizados para a saúde, a educação, a proteção ambiental, a moradia, a promoção do emprego e outros serviços essenciais.

Justamente por causa das condições da dívida, torna-se, para muitos, impossível reestruturar seus orçamentos para conceder prioridade às questões relacionadas com a qualidade de vida, mesmo que tenham a intenção de fazê-lo.

Os países da África Subsaariana, por exemplo, gastam mais no serviço da sua dívida, de US$ 200 bilhões, que na saúde e na educação de suas 306 milhões de crianças. Trata-se de um padrão economicamente insensato e moralmente inaceitável.

Nos anos 1970, quando os países da Organização dos Países Exportadores de Petróleo (Opep) aumentaram radicalmente os preços do petróleo e depositaram seus maiores recursos em bancos ocidentais, as instituições financeiras que deviam pagar os juros desses depósitos se lançaram velozmente à procura de empréstimos nos países em desenvolvimento. Em um mundo inundado de dinheiro, outorgaram-se a todo vapor empréstimos privados aos países em desenvolvimento, frequentemente de forma imprudente. Os países ricos e as instituições financeiras internacionais, como o Banco Mundial e o Fundo Monetário Internacional (FMI), também concederam empréstimos a países com recursos escassos e a empresários inescrupulosos que ofereciam poucas garantias.

Em razão de uma lógica matemática que somente os credores podiam achar razoável e justa, os países em desenvolvimento devedores pagaram, entre 1983 e 1990, a assustadora soma de US$ 1 trilhão. Surpreendentemente, apesar dessa imensa transferência de riqueza, o montante dessa dívida, que era de US$ 800 milhões em 1983, alcançou US$ 1,5 bilhão em 1990 e cerca de US$ 2 bilhões em 1997, em razão do pagamento de atrasos e novos créditos (Unicef, 1999).

Como exemplo, basta observar, na Tabela 15.2, o crescimento da dívida em alguns países da região.

Tabela 15.2 – Crescimento da dívida externa em países da América Latina.

América Latina	1993	1997	2001	2002
Argentina	72.209	125.052	139.783	132.00
Bolívia	3.784	4.390	4.412	4.228
Brasil	145.726	199.998	226.067	228.723
Chile	19.665	26.701	38.032	39.204
Colômbia	18.908	34.412	39.781	37.800
Cuba	8.785	10.146	11.100	12.210
México	130.500	149.028	144.543	141.000

Fonte: Cepal (2002).

Os empréstimos são essenciais para a promoção do desenvolvimento e constituem um aspecto fundamental do sistema econômico mundial. Entretanto, quando a dívida externa de um país adquire dimensões desproporcionais com relação a seu produto interno bruto e a seus recursos de exportações, em vez de estimular o crescimento, mina a vitalidade da economia.

458 | EDUCAÇÃO AMBIENTAL E SUSTENTABILIDADE

A relação PIB/dívida externa e o serviço total da dívida em porcentagem de exportações são indicadores que costumam ser considerados para analisar a gravidade da situação de um país e suas reais possibilidades de superar seus problemas. A Argentina, em 1997, tinha uma dívida externa que representava 39% de seu PIB e 58% do total das exportações (Pnud, 1999b). Ou seja, estava um pouco acima da média dos países em desenvolvimento, que se encontravam em 35%.

Tabela 15.3 – Relação do serviço da dívida em % de exportações de bens e serviços.

Países	Relação do serviço da dívida em % de exportação de bens e serviços (1985)	Relação do serviço da dívida em % de exportações de bens e serviços (1997)
Argentina	60,1	58,7
Bolívia	49,5	32,5
Brasil	39,1	57,4
Chile	48,4	20,4
Colômbia	41,9	26,6
México	43,7	32,4
Paraguai	19,7	5,0
Peru	27,7	30,9
Uruguai	42,6	15,4

Fonte: Pnud (2001).

No Brasil, a desvalorização da moeda tem afetado os resultados fiscais, em particular a dívida pública, que teve um incremento de mais de dez pontos percentuais, chegando a representar 64% do PIB (Cepal, 2002).

O relatório *O Progresso das Nações* da Unicef revelou que dos 27 países em desenvolvimento estudados, somente 9 conseguiram gastar mais em serviços sociais básicos que no serviço da dívida externa. Seis das nações africanas compreendidas no estudo dedicaram ao pagamento da dívida o dobro de recursos empregados em serviços sociais básicos.

Esses serviços, constituídos de assistência médica básica, programas de nutrição, abastecimento de água potável e saneamento e educação básica, são fundamentais para a preservação dos direitos da criança para a sobrevivência, o desenvolvimento e para a superação da pobreza.

EDUCAÇÃO AMBIENTAL: PEDAGOGIA, POLÍTICA E SOCIEDADE | **459**

Esses resultados indicam que os dirigentes mundiais deveriam renovar o compromisso e realizar esforços reais para aliviar as dívidas externas, o que teve início no Encontro Mundial a favor da infância, em 1990.

Esse estudo mostrou também por que a redução da dívida é essencial para se obter sucesso na Iniciativa 20/20[1], que conta com o respaldo da Unicef e de outros organismos internacionais, que obrigam os países em desenvolvimento a investir 20% de seu orçamento em serviços sociais básicos e os países doadores a investir 20% de sua assistência oficial em desenvolvimento (Unicef, 1999).

A campanha Jubileu 2000 realizada pelo Vaticano propôs o cancelamento da dívida impagável dos países mais pobres para o fim do século XX e recebeu grande apoio da opinião pública internacional e o respaldo de políticos e líderes religiosos do mundo inteiro. Considera-se que o empréstimo já foi pago várias vezes em bens reais e que existe uma responsabilidade compartilhada, por causa da concessão irresponsável de empréstimos; e que a severidade financeira está significando a morte de milhares de crianças, criando uma dívida moral de primeira ordem (Pnud, 1999b).

Cada dólar pago por causa dessa dívida aumenta a dívida socioambiental. Significa diminuição do salário, maior desemprego, abandono dos povos indígenas, descuido das cidades, das estradas, das águas, das florestas, abandono das crianças, do povo da rua, dos idosos, dos doentes, da educação etc.

O problema ambiental requer então, como já foi dito, uma resposta integral que vai muito mais além da gestão sustentável dos recursos naturais e do controle da poluição; requer uma nova ordem econômica internacional, uma redistribuição de recursos, uma revisão profunda das dívidas externas, dos padrões de intercâmbio econômico, das patentes internacionais; enfim, uma mudança nas regras do jogo global.

---

[1] Na Reunião Mundial para o Desenvolvimento Social, convocada pelas Nações Unidas, em Copenhague, em março de 1995, debateu-se, entre outras coisas, a relação entre crescimento econômico, pobreza e desenvolvimento social. Nessa reunião se adotou uma resolução denominada Iniciativa 20/20: 20% do gasto público total e 20% da assistência oficial para o desenvolvimento deveriam destinar-se aos serviços sociais básicos, definidos como atenção básica de saúde, ensino básico, acesso à água potável e a saneamento básico e pacotes de planejamento familiar. A ideia subjacente desse programa é que a cobertura universal de serviços sociais básicos é um dos instrumentos mais efetivos para a luta contra a pobreza.

GLOBALIZAÇÃO

A globalização está abrindo oportunidades a milhões de pessoas, entretanto, encontra-se impulsionada pela expansão dos mercados; e todos sabemos que os mercados competitivos podem ser a melhor garantia de eficiência, porém não necessariamente de equidade. Quando a ambição dos participantes no mercado pelo lucro se descontrola, desafia-se a ética dos povos e sacrifica-se o respeito pela justiça e pelos direitos humanos (Pnud, 1999a).

No Informe do Pnud (1999a), destacou-se que o objetivo da globalização do novo século não consiste em deter a expansão dos mercados, mas é necessário gerar uma globalização com ética, ou seja, com menos violações dos direitos humanos; com equidade, que implique menos disparidade dentro das nações e entre elas; com inclusão, isto é, menos marginalização dos povos e países; com segurança humana, gerando menos instabilidade social e vulnerabilidade; com sustentabilidade, implicando menos destruição ambiental; com desenvolvimento, ou seja, menos pobreza e privação.

Nesse cenário de sucessos e padecimentos humanos, deve-se encontrar um novo conceito de segurança humana, um novo paradigma; um novo modelo de desenvolvimento que:

- Coloque o ser humano no centro do desenvolvimento.
- Considere o crescimento econômico como um meio e não um fim.
- Proteja a vida das futuras gerações, e igualmente a das atuais.
- Respeite os sistemas naturais do qual dependem todos os seres vivos.

No atual modelo de desenvolvimento, tal como o expõe Bifani (1997), a sociedade rica explora ao máximo a natureza para satisfazer às necessidades luxuosas ou supérfluas, enquanto os mais necessitados a deterioram para prover-se com o mínimo requerido para a subsistência.

O século XXI começa com uma crescente tensão socioambiental, em que se podem identificar três dimensões principais (Quadro 15.1).

EDUCAÇÃO AMBIENTAL

Nesse contexto é que se defende que a EA não pode ser reduzida a uma simples visão ecologista, naturalista ou conservadora sem perder legitimidade social, por uma simples questão ética, e sem perder sua coerência, porque a resolução dos problemas socioambientais anteriormente apresentados se encontra no campo político e social, na superação da pobreza, na erradicação do analfabetismo, na geração de oportunidades, na participação ativa dos cidadãos.

O problema ambiental não se resolve com a assepsia cientificista, seja essa ecológica, biológica ou tecnológica; sua resolução está no campo da cultura, do imaginário social, dos valores e da organização política e econômica global.

A definição de educação aqui adotada deve estar estreitamente ligada à visão construída sobre a realidade em que se vive, já que toda ação é resultado de uma certa compreensão, da interpretação de algo que configure sentido; por isso, é conveniente abordar os principais problemas ambientais do presente, aprofundando suas origens e suas alternativas de solução, com uma interpretação própria do problema, a fim de avançar nessa aventura de construção de sentidos que significa aprender a aprender.

A educação ambiental marca uma nova função social da educação, não constitui apenas uma dimensão, nem um eixo transversal, mas é responsável pela transformação da educação como um todo, em busca de uma sociedade sustentável.

Muitos educadores ambientais se marginalizaram dos movimentos políticos e sociais tentando introduzir a todo custo a educação ambiental na educação formal, sem sequer refletir sobre as mudanças da educação como tal. Prova disso é o Pronunciamento Latino-Americano, um movimento livre de educadores de todo o mundo que, no Fórum Mundial de Educação, realizado em Dacar, em abril de 2000, apresentou a necessidade de buscar um sistema educativo que promova os meios necessários para que os estudantes encontrem um sentido para a existência humana, um sentido comunitário da vida: compartilhar e servir, ser mais solidário que competitivo, saber conviver privilegiando o bem-estar coletivo, respeitar as diferenças contra as tendências de exclusão e o cuidado pelos mais fracos e desprotegidos.

Cidadãos comprometidos na construção de uma sociedade multicultural e intercultural, pela abertura e valorização das diferentes formas de conhecimento, e pela aproximação à realidade, que transcende a racionalidade instrumental, entendendo-a como uma conquista sobre os próprios egoísmos, e os dos demais, como uma construção da autonomia da pessoa e de seu sentido de responsabilidade.

Quadro 15.1 – Dimensões da tensão socioambiental.

Consumo	Degradação ambiental	Pobreza
No final do milênio, a sociedade industrial moderna não somente consome recursos renováveis a uma velocidade maior do que requer o planeta para sua natural reposição, mas, além disso, gera desperdícios em um nível superior do que precisa para sua natural reciclagem.	A civilização em seu conjunto criou tecnologias capazes de manufaturar produtos não degradáveis e tóxicos para o ambiente. Centenas de milhões de quilos dessas substâncias são produzidas anualmente sem ser assimiladas por nenhum organismo vivo. Somente podem se acumular, e com isso contaminar a terra, as águas, o ar e, portanto, a cadeia de alimentos: flora, fauna e seres humanos. Esse ecossistema demorou milhões de anos para se formar e a civilização industrial o agrediu no transcurso de apenas dois séculos.	O consumo crescente de recursos naturais não está associado a uma divisão equitativa, gerando grande desigualdade. Quase a metade do mundo luta por sua sobrevivência cotidiana. Esta desigualdade está produzindo conflitos armados e grandes deslocamentos de populações das zonas rurais para centros urbanos.

Os educadores ambientais devem integrar-se aos movimentos políticos e sociais que lutam por uma vida melhor para todos, contribuindo humildemente nesse processo de diálogo permanente, tentando gerar as bases de uma educação que objetive a busca do outro, para a construção de uma pluralidade que fundamente o sentido ético da vida humana, e a presença constante da utopia e da esperança.

Esse é o desafio.

REFERÊNCIAS

BANCO MUNDIAL. *Estratégia ambiental para América Latina e o Caribe*. Washington (DC), 2000.

BIFANI, P. *Medio ambiente y desarrollo*. México: Universidad de Guadalajara; 1997.

CARVALHO, I. Los sentidos de lo ambiental. In: LEFF, E. *La complejidad ambiental*. México (DF): Siglo XXI, 2000, p. 85-105.

[CEPAL] COMISSÃO ECONÔMICA PARA AMÉRICA LATINA E O CARIBE. *Balance preliminar das economias de América Latina e o Caribe*. Santiago de Chile, 2002.

[FAO] ORGANIZAÇÃO DAS NAÇÕES UNIDAS PARA ALIMENTAÇÃO E AGRICULTURA. *Estado mundial da alimentação*. Nova York, 2002.

_____. *La subnutrición en el mundo en 2012*. Disponível em: http://www.fao.org/docrep/017/i3027s/i3027s02.pdf. Acessado em: 5 maio 2013.

LEFF, E. Pensar la complejidad ambiental. In: LEFF, E. *La complejidad ambiental*. México: Siglo XXI, 200,. p. 753.

[OMS] ORGANIZAÇÃO MUNDIAL DA SAÚDE. *ODM6, combatir el VIH/SIDA, el paludismo y otras enfermidades*. 2011. Disponível em: http://www.who.int/topics/millennium_development_goals/diseases/es/. Acessado em: 20 abril 2013.

[OMS/UNICEF] ORGANIZAÇÃO MUNDIAL DA SAÚDE/FUNDO DAS NAÇÕES UNIDAS PARA A INFÂNCIA. *Progress on Drinking Water and sanitation*, 2012. Disponível em: http://www.who.int/water_sanitation_health/monitoring/jmp2012/fast_facts/es/. Acessado em: 9 maio 2013.

[ONU-HABITAT]. PROGRAMA DAS NAÇÕES UNIDAS PARA OS ASSENTAMENTOS HUMANOS. *Estado de las ciudades de América Latina y el Caribe 2012*. Disponível em: http://www.onuhabitat.org/index.php?option=com_docman&task=cat_view&gid=362&Itemid=235. Acessado em: 11 maio 2013.

[ONU/UNESCO/BANCO MUNDIAL/OMS/OCDE/STATISTICS CANADA] *Informe de Desenvolvimento Humano 2001 e 2002*. Smeeding.

PARLAMENTO EUROPEU. Em destaque, 2011. Disponível em: http://bit.ly/142VFzb. Acessado em: 2 maio 2013.

[PNUD] PROGRAMA DAS NAÇÕES UNIDAS PARA O DESENVOLVIMENTO. *Informe sobre desenvolvimento humano*. Nova York, 1998.

_____. *Informe sobre desenvolvimento humano*. Nova York, 1999a.

_____. *Pobreza e gasto social*. Nova York, 1999b.

_____. *Informe sobre desenvolvimento humano*. Nova York, 2000.

_____. *Informe sobre desenvolvimento humano*. Nova York, 2001

_____. *Informe sobre desenvolvimento humano*. Nova York, 2002.

_____. *Informe sobre desenvolvimento humano*. Nova York, 20005.

OXFAM. Disponível em: http://www.oxfam.org/es/pressroom/pressrelease/2013-01-19/los-ingresos-en-2012-100-personas-ricas-planeta-podrian-acabar-4-veces--pobreza-mundial. Acessado em: 16 maio 2013.

[UNESCO] ORGANIZACIÓN DE LA NACIONES UNIDAS PARA LA EDUCACIÓN, LA CIENCIA Y LA CULTURA. *Educación para un futuro sustentable: una visión transdiciplinaria para la acción concertada.* Tessalonica, 1997.

_____. *Compendio Mundial de la Educación 2012.* Disponível em: http://publishing.unesco.org/details.aspx?&Code_Livre=4962&change=S. Acessado em: 15 abril 2013.

[UNICEF] FUNDO DAS NAÇÕES UNIDAS PARA A INFÂNCIA. *O progresso das nações.* Nova York, 1999.

_____. *O progresso das nações.* Nova York, 2001.

THE NEW YORK TIMES. *Soaring Poverty Casts Spotlight on "Lost Decade".* 2011. Disponível em: http://nyti.ms/Utcpts. Acessado em: 12 maio 2013.

Educação Ambiental como Instrumento de Participação

16

Mary Lobas de Castro
Bióloga, Universidade Mogi das Cruzes

Sidnei Garcia Canhedo Jr.
Biólogo, Optalert, Austrália

Historicamente, o Brasil não registra processos significativos de participação da sociedade na discussão dos problemas comuns, na tomada de deliberações de alcance geral, nem em formas mais simples de atuação política e social.

Fora do Brasil, os conceitos de participação só se tornaram viáveis e efetivos a partir do final da primeira metade do século XIX, com a afirmação dos movimentos liberais. Na verdade, os princípios básicos tirados do Liberalismo e do Iluminismo, por exemplo, a trilogia da Revolução Francesa (1789), liberdade, igualdade e fraternidade, e a Declaração dos Direitos do Homem da Revolução Americana, propiciaram uma renovação de ideias e a maturação de teses políticas inovadoras.

Sabe-se que o ideário liberal afirmava com ênfase os direitos individuais em oposição ao controle social coletivo. Não se tratava, evidentemente, de um processo destinado a enfatizar a participação de grupos ou facções no debate e nas deliberações sobre temas de interesse geral.

Apenas com a mobilização do proletariado urbano, animado pelas ideias de Marx (1818-1883) e Engels (1820-1895), formaram-se movimentos precursores dos movimentos sociais da atualidade. Um dos exemplos foi a famosa Comuna de Paris, manifestação popular ocorrida no ano de 1871, objetivando a tentativa de organização de um novo tipo de governo, a primeira revolução proletária do mundo. Posteriormente, também sob a influência da doutrina social católica, destacando-se a encíclica *rerum novarum* (1891) do Papa Leão XIII (1878-1903), estabeleceram-se grupos de interesse, grupos de pressão, sindicatos e outras formas associativas que, lentamente, evoluíram para os movimentos sociais e políticos de que se tem notícia.

A história demonstra que a formação brasileira se desenvolveu nos moldes de um modelo reconhecidamente paternalista, ou seja, a sociedade abdicando de suas reivindicações e transferindo suas responsabilidades para as classes dominantes e as oligarquias locais, paternalismo do qual, ainda hoje, temos vários resquícios. Nesse contexto, pode-se situar a história de militância política como uma luta de interesses mais ligados à manutenção das oligarquias do que à solução dos problemas da coletividade nacional como um todo.

Foi apenas com o surgimento dos sindicatos e de outros tipos de organização dos trabalhadores, seguidos, posteriormente, pelos movimentos da chamada Ação Católica, que despertaram e cresceram as lideranças no seio dos diferentes grupos sociais, destacando-se os meios operário, estudantil e universitário. Mas apenas em meados do século XX, poucos anos após o término da Segunda Guerra Mundial, é que os ideais de reconstrução do mundo destruído pela guerra incorporaram a luta pelo estabelecimento de uma nova relação de poder na sociedade.

A partir dos anos 1960, com a crescente conscientização das necessidades do meio em que viviam e atuavam, essas lideranças passaram a um ativismo mais intenso. Nessa mesma década, porém, elas começaram a ser drasticamente silenciadas pelo movimento político e militar e pelos regimes que vigeram por duas décadas (1964-1985).

Coube aos incipientes movimentos ambientalistas levantar bandeiras de renovação que o regime militar não podia simplesmente fazer baixar. Afinal, em todo o mundo havia um despertar da consciência ecológica que serviu de respaldo, ainda que não intencional, para esse tipo de rebelião apelidada de "rebelião verde", da qual o Brasil começou a participar com certa timidez.

Nos últimos vinte anos, houve, sem dúvida, um crescimento em várias formas de tomada de consciência, em enriquecedores debates e discussões e, principalmente, em uma definição de rumos para a ação política e social. Movimentos sociais recrudesceram e influíram profundamente nos rumos do país como era de se esperar, com a reação de grupos privilegiados e de oligarquias ainda poderosas.

O fato, todavia, é que hoje já se pode falar com segurança que existem formas e canais de participação da sociedade na condução de seu próprio destino e no exercício cada vez mais requisitado da cidadania, por meio da prática de seus direitos e deveres. Nesse cenário de participação, surgiu a cidadania ambiental, aliás, fundamentada na Constituição Federal de 1988, explicitada em outros documentos legais e doutrinários, exaustivamente discutida em textos da literatura especializada.

É preciso deixar claro que participar não significa apenas "o quanto" se toma parte, mas "como" se toma parte em uma intervenção consciente, crítica e reflexiva baseada nas decisões de cada um sobre situações que não só lhe dizem respeito como também dizem respeito à comunidade em que está inserido.

Assim, pode-se afirmar que todas as pessoas têm experiências anteriores e vivências que formam suas personalidades psico-socioculturais como agentes transformadores da natureza e da cultura. Sua capacidade criadora e suas potencialidades vão se tornando habilidades para intervir prontamente nos assuntos a elas relacionados. A participação, então, permite a inclusão e se constitui em uma necessidade humana básica e universal (Castro, 2000).

Na participação, contudo, a potencialidade individual deve estar a serviço de um processo coletivo, transformador, em que a população, no exercício do seu direito, conquistará autonomia por meio de uma presença ativa e decisória. Desse modo, exercerá controle sobre a autoridade constituída. A população deve provar que indivíduos ou grupos são capazes, em um dado momento, de mobilizar-se ou organizar-se para alcançar seus objetivos sociais. Trata-se de uma intervenção ativa. Um processo coletivo que deve ser transformador e, quando for o caso, capaz de impedir a legitimação de ações estatais impostas ou contrárias à melhoria da qualidade de vida e a outros interesses da população.

A divisão de poder faz parte do sistema democrático. Na prática, porém, a atuação do povo nesse poder termina na eleição de representantes da sociedade para a defesa de seus interesses. No entanto, a sociedade acompanha com muita timidez o desempenho dos representantes eleitos. Por essa razão, o poder costuma ser exercido na defesa de interesses pessoais e políticos, em detrimento dos anseios da coletividade.

Arendt (1978) diz que o poder nunca deve ser propriedade de um indivíduo; pertence a um grupo e permanece em existência apenas na medida em que o grupo conserva-se unido.

Faoro (1976), por sua vez, em sua obra *Os donos do poder*, observa que "o chefe não é um delegado, mas um gestor de negócios, e não mandatário". O autor reflete, ainda, sobre a visão do povo parasita e desmobilizado, sempre à espera de ordens, e não como responsável por uma relação de troca entre o poder público e a sociedade civil.

Assim sendo, a participação transcende a clássica fórmula de mera consulta à população, pois molda uma nova configuração da relação Estado e sociedade, já que envolve também o processo decisório. Participação, engajamento, mobilização, emancipação e democratização são as palavras-chave (Layrargues, 1999).

A análise de obras de Rousseau (1712-1778), sobre o percurso da teoria pedagógica da Escola Nova, por exemplo, *o Discurso Sobre a Origem e os Fundamentos da Desigualdade entre os Homens*, permite compreender alguns aspectos da relação entre a educação e a política. Para Rousseau (1987), há na espécie humana dois tipos de desigualdades: a física ou natural – constituída pelas diferenças etárias, biológicas, qualidades do espírito e da alma –, e a moral ou política, que depende das convenções e do consentimento dos homens, como a riqueza, a obediência e o servilismo. O autor afirma, também, que a primeira forma de desigualdade pode-se somente constatá-la, pois é contraditório e desnecessário procurar causas no que é natural. O problema estaria na segunda forma, uma vez que ela pressupõe deliberações humanas, a partir das quais foram construídas a opressão e a corrupção.

Para Chauí (1994), a sociedade brasileira é autoritária porque mantém a cidadania como privilégio de classes, caracterizando-a como se fosse uma concessão da classe dominante sobre os demais cidadãos.

Existe um campo muito vasto de possibilidades e maneiras de a sociedade participar das instâncias decisórias do poder no sentido de modificar tal situação. Seria desnecessário enumerá-las todas aqui. Um exemplo apenas pode ser tomado: o campo da questão ambiental.

Foram instituídos os conselhos de meio ambiente, que são os fóruns que permitem a participação da sociedade civil organizada e o consequente exercício do controle social sobre as políticas públicas e de governo[1] relativas ao meio ambiente. É uma instância aberta à formulação e à proposição

---

[1] Políticas de governo são aquelas que trazem propostas implementadas pelo governo e estão diretamente vinculadas à administração que está exercendo o poder e que as têm como prioridade de ação durante o seu mandato (Philippi Jr e Bruna, 2002).

de diretrizes e estratégias, do estabelecimento de meios e prioridades de atuação voltadas a atender necessidades e interesses dos diversos segmentos sociais, da avaliação das ações e da negociação sobre a aplicação dos recursos financeiros existentes.

Os conselhos de meio ambiente não deixam de ser um instrumento cuja utilização vai ao encontro do que diz Pontual (1994):

> Superar as dificuldades que se apresentam implica desenvolver uma pedagogia da participação popular, enfrentando uma série de desafios na relação cotidiana com a população, tais como: construir uma compreensão da realidade global da cidade *versus* responder demandas imediatas e particulares.

Todavia, os membros dos conselhos de meio ambiente precisam estar técnica e politicamente preparados. Esse preparo possibilita que as decisões sejam tomadas de forma transparente e independente, isto é, de forma a transferir à sociedade uma parcela do poder, principalmente a responsabilidade na gestão dos recursos e das ações. Afinal, controlar a qualidade do meio ambiente para manter e melhorar a qualidade de vida da população não é apenas responsabilidade dos governos, que elabora as normas e aplica as leis; é também, e principalmente, o compartilhamento da responsabilidade com a comunidade, que pode acionar os instrumentos de que dispõe para a defesa dos seus direitos.

O ser humano está situado no mundo e com o mundo. Dispõe de inteligência e capacidade de refletir sobre ele, com o objetivo de transformá-lo, por meio do trabalho e das ações políticas. A participação do homem como sujeito na sociedade, na cultura e na história se faz na medida em que é educado para conscientizar-se e assumir suas responsabilidades de ser humano. Por conseguinte, no dizer de Freire (1975), o homem é o objeto e o sujeito da educação, a qual é sempre um ato político transformador.

Segundo Pelicioni (2002), a educação ambiental é um processo de educação política que possibilita a aquisição de conhecimentos e habilidades, bem como a formação de atitudes que se transformam necessariamente em práticas de cidadania que garantam uma sociedade sustentável.

Em razão da complexidade da questão ambiental, surge a necessidade de que os processos educativos proporcionem condições para as pessoas adquirirem conhecimentos, habilidades e desenvolverem atitudes para poder intervir de forma participativa nos processos decisórios.

A educação ambiental, no seu aspecto de educação política, visa à participação do cidadão na busca de alternativas e soluções aos graves problemas ambientais locais, regionais e globais. Ela não deve perder de vista os inúmeros e complexos desafios políticos, ecológicos, sociais, econômicos e culturais que tem pela frente, seja no momento presente, seja no futuro, sob uma visão de médio e longo prazo. O aspecto político da educação ambiental envolve o campo da autonomia, da cidadania e da justiça social, cuja importância as transforma em metas que não podem ser conquistadas em um futuro distante, mas devem ser construídas no cotidiano das relações afetivas, educacionais e sociais (Reigota, 1997).

A Unesco (1999) tem considerado a resolução de problemas ambientais locais uma das características mais importantes da educação ambiental, como elemento aglutinador na construção da sociedade sustentável.

De acordo com Layrargues (1999), a promoção da educação ambiental, por meio da resolução de problemas locais, carrega um valor altamente positivo, pois foge da tendência desmobilizadora da percepção de problemas globais, distantes da realidade local, e parte do princípio de que é indispensável que o cidadão participe da organização e gestão de seu ambiente e dos objetivos de vida cotidiana.

Cabe à educação ambiental, como processo político e pedagógico, formar para o exercício da cidadania, desenvolvendo conhecimento interdisciplinar baseado em uma visão integrada de mundo. Tal formação permite que cada indivíduo investigue, reflita e aja sobre efeitos e causas dos problemas ambientais que afetam a qualidade de vida e a saúde da população. A interdisciplinaridade visa à superação da fragmentação dos diferentes campos do conhecimento, buscando pontos de convergência e propiciando a relação entre os vários saberes.

A educação ambiental permite, principalmente, que o indivíduo – como membro de um fórum, por exemplo o conselho de meio ambiente – e a coletividade disponham de instrumentos que lhes possibilitem compreender a complexidade do meio ambiente, não apenas dos seus aspectos biológicos e físicos, mas, ainda, dos sociais, econômicos e culturais. Por conseguinte, a resultante desse processo deverá ser, além da aquisição de conhecimentos, habilidades e valores, a mudança de comportamento por meio da participação responsável, ou seja, da prática da prevenção e solução dos problemas ambientais, mediante a gestão acertada da qualidade do meio ambiente (Castro, 2000).

A participação de atores e grupos sociais da população implica que sejam capazes de perceber claramente os problemas existentes em determinada realidade, elucidar suas causas e determinar os meios de resolvê-los. Somente desse modo, os representantes da sociedade estarão em condições de participar na definição coletiva de atividades e estratégias de melhoria da qualidade do meio ambiente.

Em 1999 foi promulgada a Lei n. 9.795, que dispõe sobre a educação ambiental e institui a Política Nacional de Educação Ambiental. Segundo esta,

Art 1º – Entendem-se por Educação Ambiental os processos por meio dos quais o indivíduo e a coletividade constroem valores sociais, conhecimentos, habilidades, atitudes e competências voltadas para a conservação do meio ambiente, bem de uso comum do povo, essencial à sadia qualidade de vida e sua sustentabilidade.

Art 5º – São objetivos fundamentais da educação ambiental:

I – o desenvolvimento de uma compreensão integrada do meio ambiente em suas múltiplas e complexas relações, envolvendo aspectos ecológicos, psicológicos, legais, políticos, sociais, econômicos, científicos, culturais e éticos;

II – a garantia de democratização das informações ambientais;

III – o estímulo e o fortalecimento de uma crítica sobre a problemática ambiental e social;

IV – o incentivo à participação individual e coletiva, permanente e responsável, na preservação do equilíbrio do meio ambiente, entendendo-se a defesa da qualidade ambiental como um valor inseparável do exercício da cidadania;

V – o estímulo à cooperação entre as diversas regiões do País, em níveis micro e macrorregionais, com vistas à construção de uma sociedade ambientalmente equilibrada, fundada nos princípios da liberdade, igualdade, solidariedade, democracia, justiça social, responsabilidade e sustentabilidade;

VI – o fomento e o fortalecimento da integração com a ciência e a tecnologia;

VII – o fortalecimento da cidadania, autodeterminação dos povos e solidariedade como fundamentos para o futuro da humanidade.

O art. 13 dessa lei trata da educação ambiental não formal e também destaca a importância do desenvolvimento de ações e práticas educativas voltadas para a sensibilização e a organização da coletividade sobre as questões ambientais e participação na defesa da qualidade do meio ambiente:

Art. 13. Entendem-se por educação ambiental não formal as ações e práticas educativas voltadas à sensibilização da coletividade sobre as questões ambientais e à sua organização e participação na defesa da qualidade do meio ambiente.

Parágrafo único. O Poder Público, em níveis federal, estadual e municipal, incentivará:

I – a difusão, por intermédio dos meios de comunicação de massa em espaços nobres, de programas e campanhas educativas, e de informações acerca de temas relacionados ao meio ambiente;

II – a ampla participação da escola, da universidade e de organizações não governamentais na formulação e execução de programas e atividades vinculadas à educação ambiental não formal;

III - a participação de empresas públicas e privadas no desenvolvimento de programas de educação ambiental em parceria com a escola, a universidade e as organizações não governamentais;

IV – a sensibilização da sociedade para a importância das unidades de conservação;

V – a sensibilização ambiental das populações tradicionais ligadas às unidades de conservação;

VI – a sensibilização ambiental dos agricultores;

VII – o ecoturismo.

Como responsabilidade do poder público, a lei determina que os governos nos âmbitos federal, estadual e municipal incentivarão a ampla participação das empresas públicas e privadas em parcerias com a escola, bem como as organizações não governamentais na formulação e na execução de programas e atividades vinculadas à educação ambiental.

Nesse sentido, os vínculos entre as organizações da sociedade civil e os órgãos públicos devem ser fortalecidos, a fim de possibilitar a descentralização das decisões, indispensável à legitimação do processo, com a participação na gerência dos recursos e das ações do governo.

É, da mesma forma, importante levar em consideração a apropriação do conhecimento científico que foi sendo acumulado no decorrer da história, assim como utilizar a grande variedade de métodos e técnicas em função dos objetivos que se pretende alcançar. Nesse processo, devem-se priorizar métodos ativos da consecução dos objetivos nos âmbitos cognitivos, afetivos e técnicos, já que a educação ambiental precisa estar voltada para a compreensão e a solução dos problemas, preparando as pessoas para uma análise reflexiva e crítica sobre eles, para a tomada de decisões e para a participação.

Essa atitude de reflexão crítica deve estar comprometida com uma ação emancipatória que permita analisar os processos de opressão que foram internalizados pela população em geral, em consequência de processos sociais repressivos de longos anos aqui no Brasil e que, por isso mesmo, impediram-na de manifestar e de fazer valer seus direitos.

A educação ambiental não formal, por sua vez, deve buscar desenvolver a sensibilidade da coletividade para a resolução das questões ambientais, estimular sua organização e participação na construção de políticas públicas saudáveis e na defesa da qualidade do meio ambiente (Pelicioni, 2002).

O desafio de uma cidadania ativa se configura como elemento determinante para a constituição e o fortalecimento de sujeitos cidadãos que, conscientes de seus direitos e deveres, assumam a importância da abertura de novos espaços de participação (Reigota, 1998). A construção dessa participação, portanto, será feita por meio da educação ambiental, que vai possibilitar às pessoas incorporarem conhecimentos, valores, novas maneiras de ser, dentro de uma nova ética, tornando-as capazes de estabelecer uma relação de causa e consequência dos problemas ambientais, discutir questões, fixar prioridades, tomar decisões, exercer sua representatividade, buscando o desenvolvimento sustentável.

A árvore da educação ambiental deve dar flores e frutos de cidadania ativa, ideal já insculpido na Constituição Federal do Brasil. Educar-se para a realidade trepidante do dia a dia. Sob o ângulo da consciência ecológica, a educação ambiental precisa traduzir-se em ações. A mobilização da comunidade não é apenas uma das formas de educação ambiental, mas aparece como manifestação dessa cidadania ativa (Coimbra, 2002).

REFERÊNCIAS

ARENDT, H. *O sistema totalitário*. Lisboa: Dom Quixote, 1978.

BRASIL. Lei n. 9.795, de 27 de abril de 1999. Dispõe sobre a educação ambiental, institui a Política Nacional de Educação Ambiental e dá outras providências. [on line] *Diário Oficial da República do Brasil*, Brasília (DF), 28 abr 1999. Seção 1, p.1. Disponível em: http://www. senado.gov.br/legbras/. Acessado em: 29 ago. 2003.

CASTRO, M.L.; GEISER, S.R.A. Educação ambiental: um caminho para a construção da participação nos conselhos de meio ambiente. In: PHILIPPI JR, A.; PELI-

CIONI, M.C.F. (eds.). *Educação ambiental: desenvolvimento de cursos e projetos.* São Paulo: Signus, 2000, p.215-22.

CHAUÍ, M. *Conformismo e resistência.* São Paulo: Brasiliense, 1994.

COIMBRA, J.A.A. *O outro lado do meio ambiente: uma incursão humanista na questão ambiental.* Campinas: Millenniun, 2002.

FAORO, R. *Os donos do poder.* Rio de Janeiro: Globo, 1976. v.2.

FREIRE, P. *Pedagogia do oprimido.* Rio de Janeiro: Paz e Terra, 1975.

LAYRARGUES, P.P. A resolução de problemas ambientais locais deve ser um tema-gerador ou a atividade-fim da educação ambiental. In: REIGOTA, M. (org.). *Verde cotidiano: o meio ambiente em discussão.* Rio de Janeiro: DPeA, 1999, p.131-48.

PELICIONI, M.C.F. *Dimensões e significados da educação ambiental.* São Paulo, 2002. Apostila do Curso de Especialização em Educação Ambiental – Faculdade de Saúde Pública da USP.

PHILIPPI JR, A.; BRUNA, G.C. *Política e gestão ambiental.* São Paulo, 2002. Apostila do Curso de Especialização em Educação Ambiental – Faculdade de Saúde Pública da USP.

PONTUAL, P. *Participação popular nos governos locais.* São Paulo: Pólis, 1994.

REIGOTA, M. Desafios à educação ambiental escolar. In: CASCINO, F.; JACOBI, P.R.; OLIVEIRA, J.F. (orgs.). *Educação meio ambiente e cidadania: reflexões e experiências.* São Paulo: Secretaria do Meio Ambiente, 1998, p.43-50.

_____. *Meio ambiente e representações sociais.* São Paulo: Brasiliense, 1997.

ROUSSEAU, J.J. *Discurso sobre a origem e os fundamentos da desigualdade entre os homens.* Trad. de Lourdes Santos Machado. São Paulo: Abril Cultural, 1987. (Os Pensadores).

[UNESCO] ORGANIZAÇÃO DAS NAÇÕES UNIDAS PARA A EDUCAÇÃO, A CIÊNCIA E A CULTURA. *Educação para um futuro sustentável: uma visão transdisciplinar para ações compartilhadas.* In: Conferência Internacional sobre Meio Ambiente e Sociedades Sustentáveis. Ibama. Brasília (DF): Ibama, 1999, p.73.

Bibliografia Consultada

BRASIL. Lei n. 6.938, de 31 de agosto de 1981. Dispõe sobre a política nacional do meio ambiente, seus fins e mecanismos de formulação e aplicação e dá outras providências [on line]. *Diário Oficial da República Federativa do Brasil,* Brasília (DF), 02 set. 1981. Seção 1, p.016509. Disponível em: http://www.senado.gov.br/legbras. Acessado em: 19 ago. 2003.

BOFF, L. *Saber cuidar: ética do humano – compaixão pela terra.* Petrópolis: Vozes, 1999.

EDUCAÇÃO AMBIENTAL COMO INSTRUMENTO DE PARTICIPAÇÃO | **475**

_____. *Depois de 500 anos: que Brasil queremos?* Petrópolis: Vozes, 2000.

CALVINO, I. *Seis propostas para o próximo milênio.* Trad. de I. Barroso. São Paulo: Companhia das Letras, 1990.

CHAUÍ, M. *Cultura e democracia.* São Paulo: Moderna, 1984.

CONSTITUIÇÕES BRASILEIRAS. Disponível em: http://www.senado.gov.br/legbras. Acessado em: 25 jun. 2002.

DEMO, P. *Participação é conquista.* São Paulo: Cortez, 2001.

DEYON, P. *O mercantilismo.* Trad. de Paulo de Salles Oliveira. São Paulo: Perspectiva, 1973.

DIAS, G.F. *Educação ambiental: princípios e práticas.* São Paulo: Gaia, 1993.

FAZENDA, I. *Interdisciplinaridade: um projeto em parceria.* São Paulo: Loyola, 1995.

PELICIONI, M.C.F.; PHILIPPI JR, A. Meio ambiente, direito e cidadania: uma interação necessária. In: PHILIPPI JR, A.; ALVES, A.C.; ROMERO, M.A. et al (eds.). *Meio ambiente, direito e cidadania.* São Paulo: Signus, 2002, p.347-51.

PHILIPPI JR, A.; SALLES, C.P.; CASTRO, M.L. et al. *Fortalecimento ambiental municipal: necessidades e perspectivas.* In: XX Congresso Brasileiro de Engenharia Sanitária e Ambiental; 1999 mai 10-14; Rio de Janeiro (BR). Rio de Janeiro: Abes, 1999, p.2549-59.

REIGOTA, M. *A floresta e a escola: por uma educação ambiental pós-moderna.* São Paulo: Cortez, 1999.

ZULAUF, W.E. *Brasil ambiental: síndromes e potencialidades.* São Paulo: Konrad-Adenauer-Stiftung), 1994. (Pesquisas, n. 3).

Promoção da Saúde e do Meio Ambiente: uma Trajetória Técnico-Política

17

Maria Cecília Focesi Pelicioni
Assistente social e sanitarista, Faculdade de Saúde Pública – USP

Diferentes ações para a promoção da saúde e para a prevenção de doenças têm sido desenvolvidas desde a década de 1970, em diferentes países, objetivando conseguir cada vez mais saúde para todos.

Tornou-se muito claro que o modelo biomédico adotado durante os últimos anos não trouxe para a saúde pública tantos avanços quanto se esperava. É evidente a incoerência entre os ganhos obtidos com o conhecimento e a prática da medicina moderna, de um lado, e o aparecimento de doenças emergentes e o incremento de doenças não transmissíveis, como as cardiovasculares e as neoplasias, de outro. Junte-se a isso o ressurgimento de outras doenças consideradas já debeladas, assim como a falta de acesso da maioria da população aos benefícios, às tecnologias e aos medicamentos de última geração que têm sido criados.

Em 1974, no Canadá, estudos foram realizados a pedido de Marc Lalonde, ministro da Saúde e Bem-Estar, a fim de identificar e analisar as causas determinantes da morbidade e mortalidade da população canadense e conhecer como essas causas influenciavam os níveis de saúde.

Foram considerados então, pela primeira vez, os problemas relacionados com a poluição e, portanto, com fatores ligados ao meio ambiente; a incompetência dos serviços de saúde que não estavam atendendo às necessidades da maioria; os comportamentos e o estilo de vida que geravam várias doenças, bem como as causas socioeconômicas, políticas e culturais que nunca haviam sido levadas a sério.

Essas ideias ganharam força e acabaram por influenciar o evento realizado em 1978 pela Organização Mundial da Saúde (OMS), em Alma-Ata (ex-URSS), onde se lançou a meta "Saúde para todos no ano 2000", a qual objetivava que todos os habitantes do planeta tivessem um nível de saúde suficiente para trabalhar de forma produtiva e participar ativamente da vida social de suas comunidades.

Para isso, três objetivos foram estabelecidos: promover um estilo de vida mais saudável, prevenir as enfermidades evitáveis e reabilitar, sempre que necessário. As ações daí decorrentes deveriam basear-se na atenção primária em saúde, na participação conjunta de profissionais e da população e também na colaboração intersetorial, com ênfase na igualdade e no direito à saúde.

A saúde está intimamente relacionada ao atendimento das necessidades básicas da população e, consequentemente, à situação de pobreza que é uma determinante significativa da saúde e das doenças. Nesse sentido, cabe ressaltar que só pode haver melhoria na saúde se houver atuação para que a pobreza seja reduzida.

O tratamento e a recuperação de doentes acarretam um custo muito alto e os recursos são insuficientes. Além disso, grande parte das pessoas ainda não tem acesso aos serviços de saúde, embora seja garantido pela Constituição Brasileira que a saúde é direito de todos e dever do Estado (Brasil, 1988, art. 225). Mesmo o grupo que tem acesso acaba ficando muitas vezes com sequelas e impedido de levar uma vida normal e produtiva. O custo da promoção da saúde e da prevenção de doenças é muito menor e traz melhores resultados.

Grande parte dos agravos da saúde está relacionada com a degradação ambiental, pois as alterações do meio ambiente interferem muito na saúde e na qualidade de vida das pessoas, destacando-se aí a poluição do ar, do solo e da água.

Saúde e meio ambiente são indissociáveis e sua manutenção saudável depende de uma constante vigilância epidemiológica e ambiental.

Isso implica a preparação do Estado para cumprir sua atribuição prevista na Constituição Federal de 1988 e da sociedade em exercer o controle social, bem como seu papel de participante e usuária, a fim de que ambos possam desenvolver, em conjunto, um sistema de monitoramento e políticas públicas de prevenção, tratamento e recuperação das doenças e manutenção da saúde.

À educação ambiental e em saúde caberá, então, preparar a população para essa participação, que deve ser muito maior do que apenas mudar seu comportamento e suas práticas, criando também condições para que os objetivos da vigilância epidemiológica ambiental sejam atingidos.

Na área ambiental, uma das mais importantes conferências internacionais ocorreu em 1972, em Estocolmo (Suécia), a Conferência das Nações Unidas sobre o Meio Ambiente Humano, na qual claramente foi estabelecida a relação da saúde/doença com o meio ambiente e com o desenvolvimento.

A partir daí, não há mais como separar as áreas da saúde e do meio ambiente, já que grande parte das doenças é decorrente da poluição da água, do ar e do solo, constituindo-se, portanto, o meio ambiente em um determinante extremamente importante da saúde humana e da qualidade de vida para todos os seres vivos.

Nesse evento, pela primeira vez, os países se reuniram para discutir as questões políticas, sociais e econômicas que interferiam no meio ambiente global, visando a empreender ações corretivas e recuperação da saúde ambiental do planeta, o que só poderia ocorrer por meio da educação ambiental.

Em 1977, em Tbilisi (Geórgia, ex-URSS), a primeira Conferência Intergovernamental sobre Educação Ambiental propôs a adoção de estratégias de atuação modernas para o estabelecimento de uma nova ordem internacional com ética, solidariedade e equidade nas relações entre as nações; uma nova ordem baseada na ideia de que a defesa e a melhoria do meio ambiente para as futuras gerações constituem um urgente objetivo da humanidade e devem contar com a participação de todos os países.

Considerou a educação como fundamental para a formação da consciência e da construção de conhecimentos que possibilitem melhor compreensão de causas e consequências dos problemas que afetam o meio ambiente no contexto de suas realidades específicas, bem como para o desenvolvimento de competências, não só para a defesa, proteção e recuperação das áreas ambientais, mas, principalmente, para a melhoria da qualidade de vida, somente alcançada por meio da transformação da realidade social vigente.

Em 1979 foi definida como promoção da saúde qualquer combinação da educação para a saúde e as intervenções organizativas, políticas, econômicas e sociais desenhadas para facilitar mudanças de conduta e ambientais que conduzam à saúde (Soto, 1997).

Desde a década de 1980 foram realizadas oito Conferências Internacionais sobre Promoção da Saúde com a participação de inúmeros países, cujos resultados foram cartas, declarações e recomendações sobre esse e outros temas também relevantes.

Destacou-se a primeira Conferência Internacional sobre Promoção da Saúde realizada em Ottawa (Canadá), em 1986, que ofereceu as bases de discussão da Promoção da Saúde no mundo todo e cujas recomendações prevalecem até hoje.

Segundo a Carta de Ottawa, documento extraído do evento, a promoção da saúde é uma forma de "conseguir saúde" para todos por meio de um processo voltado para a capacitação da população para controlar e melhorar sua saúde e deve, portanto, ensinar os povos como chegar a isso de várias maneiras, segundo suas diferentes realidades.

Estabeleceu como requisitos fundamentais para a manutenção da saúde: a paz, a educação, a moradia e alimentação, um ecossistema estável, a conservação dos recursos, a justiça social e a equidade. Isso significa que é essencial o atendimento às necessidades humanas básicas, das quais a manutenção de um meio ambiente saudável é condição *sine qua non*.

Aqui a saúde é vista em seu conceito ampliado, isto é, como resultante das condições de vida e ambientais, o que vai além da proposta de Leavell e Clark ao descrever a "história natural da doença", na qual a promoção estava restrita ao nível da prevenção primária.

No evento de Ottawa foram estabelecidas cinco áreas de intervenção social, interdependentes e prioritárias: a criação de políticas públicas voltadas para a saúde, a criação de ambientes que favoreçam a saúde, o fortalecimento de ações comunitárias, o desenvolvimento de habilidades pessoais e a reorientação dos serviços de saúde.

Foi proposto, também, o emprego de três estratégias para obtenção desses resultados:

- Mediação entre os setores sociais, econômicos, políticos, culturais e outros, uma ação coordenada entre organizações governamentais e não governamentais, empresas e mídia.

- Capacitação de todas as pessoas para realizar seu potencial de saúde e, em especial, de recursos humanos para desenvolver essa tarefa.

- Defesa da saúde, importante dimensão da qualidade de vida e divulgação das ideias da promoção.

Nessa conferência, os participantes comprometeram-se a dedicar-se ao tema da ecologia em geral e agir contra a produção de substâncias prejudiciais à saúde, a depredação dos recursos naturais, as condições ambientais de vida não saudáveis e a má nutrição, entre outras coisas.

A segunda Conferência Internacional sobre Promoção da Saúde ocorreu em Adelaide (Austrália), em 1988. Seus debates se concentraram nas necessidades e na importância das políticas públicas de saúde e meio ambiente, tendo estabelecido como prioridades, além da saúde da mulher para proteger as futuras gerações, a nutrição e segurança alimentar, e a prevenção ao tabagismo e ao alcoolismo que, cada vez mais, têm provocado doenças e mortes, além de degradar o meio ambiente.

A terceira Conferência Internacional sobre Promoção da Saúde foi realizada em Sundsvall (Suécia), em 1991, e teve como tema a criação de ambientes físicos, sociais e econômicos favoráveis à saúde e compatíveis com o desenvolvimento sustentável, conceito que começou a ganhar força desde a divulgação do Relatório Brundtland sobre o meio ambiente, em 1987, denominado *Nosso futuro comum*, documento que foi amplamente discutido em 1992, no Rio de Janeiro, na Conferência das Nações Unidas sobre Meio Ambiente e Desenvolvimento (Cnumad).

Conforme recomendado na Declaração de Sundsvall, os temas de saúde, ambiente e desenvolvimento humano não podem ser tratados separadamente. Desenvolvimento implica a melhoria da qualidade de vida e da saúde e, ao mesmo tempo, envolve a conservação, a proteção e a sustentabilidade ambiental.

O acompanhamento sistemático a respeito dos impactos que as alterações no meio ambiente produzem sobre a saúde, particularmente nas áreas de tecnologia, trabalho, produção de energia e urbanização, é essencial e deve ser seguido de ações que assegurem benefícios positivos para a saúde da população.

A proteção do meio ambiente e a conservação de recursos naturais são responsabilidades globais e devem fazer parte de qualquer estratégia de promoção da saúde.

Um dos produtos da Cnumad foi a Agenda 21 (global), planejamento estratégico que, por meio de um compromisso político partilhado internacionalmente, pretendia garantir as transformações sociais necessárias para o combate à pobreza, capacitando a população para a obtenção de meios de subsistência sustentáveis. Propôs a melhoria da qualidade de vida sobre a Terra, mostrando que os níveis e modelos de consumo e produção dos seres humanos precisam ser compatíveis com a finitude dos recursos naturais, assim como o crescimento econômico global deve ser baseado na sustentabilidade.

Ainda em 1992, na cidade de Santa Fé de Bogotá (Colômbia) houve a primeira Conferência Interamericana de Promoção da Saúde. Tornou-se um importante espaço de discussão, já que, a partir da realidade da América Latina, mostrou-se a necessidade de se alterar não apenas o estilo de vida, mas, principalmente, as condições de vida dos seres humanos no continente. Considerou a solidariedade e a equidade sociais condições indispensáveis para a obtenção da saúde e do desenvolvimento, conciliando os interesses econômicos com as propostas sociais de melhoria de qualidade de vida para todos.

Como papel da promoção da saúde, propôs identificar as causas das iniquidades e as barreiras que limitam o exercício da democracia e da participação cidadã na tomada de decisões, atuando como agente de mudanças, de forma a estimular transformações radicais nas atitudes e condutas da população e de seus dirigentes, assim como nas origens destas calamidades, de modo a diminuir as desigualdades e aumentar o poder civil (Ministério da Saúde, 1996).

A quarta Conferência Internacional sobre Promoção da Saúde, realizada em 1997, em Jacarta (Indonésia), a primeira realizada em um país em desenvolvimento, teve como tema "Novos protagonistas para uma nova era: orientando a promoção da saúde pelo século XXI adentro". Essa conferência também foi a primeira a incluir o setor privado no apoio à promoção da saúde.

Dez anos após Ottawa, esse evento ofereceu uma oportunidade para se repensar a promoção da saúde, tendo-se verificado que as determinantes da saúde aumentaram, apesar de alguns avanços obtidos.

Nessa conferência, foram incluídas na Declaração de Jacarta – a adaptação da promoção da saúde ao século XXI – estabelecendo como prioridades:

- Promover a responsabilidade social em saúde.
- Ampliar a capacidade de empoderamento das comunidades e do indivíduo.
- Ampliar, formar e consolidar alianças em prol da saúde.
- Aumentar os investimentos para o desenvolvimento da saúde.
- Assegurar a infraestrutura necessária para a promoção da saúde.

Ao começar o novo século, persistem como objetivos demonstrar e comunicar que:

- As políticas e práticas de promoção da saúde podem fazer diferença na melhoria dos níveis de saúde e qualidade de vida.
- É necessário e urgente alcançar maior equidade em saúde.

A preocupação com a equidade é vital no conceito de promoção da saúde e o fio conector das conferências prévias e suas declarações correspondentes. A compreensão dos fatores que motivam as iniquidades em saúde tem melhorado de forma apreciável, apesar das desigualdades produzidas pelas condições socioeconômicas dos países, que continuam a aumentar afetando a saúde dos povos.

Entre suas conclusões, evidenciou-se, mais uma vez, que a saúde, direito humano reconhecido, é essencial para o desenvolvimento social e econômico de uma nação, e que a pobreza é, acima de tudo, a maior ameaça à saúde, assim como a degradação ambiental em virtude do uso irresponsável dos recursos.

Com relação à educação e à participação da população, fundamentais para assegurar que as ideias da promoção se viabilizem eficazmente, deverão ser construídas pelo e com o povo, e não sobre e para o povo.

O último encontro mundial de educação ambiental do século XX foi também em 1997, na Tessalônica (Grécia), e teve como um de seus objetivos destacar a função da educação em prol da sustentabilidade, que deve abranger em seu conceito a pobreza, a habitação, a saúde, a segurança alimentar, a democracia, os direitos humanos e a paz, bem como resultar em um imperativo moral e ético, no qual a diversidade cultural e o conhecimento tradicional devem ser respeitados (Ibama/Unesco, 1999).

A Lei n. 9.795/99, que institui a Política Nacional de Educação Ambiental, regulamentada em 2002, ao definir a educação ambiental, mais uma vez relacionou as áreas de saúde com qualidade de vida, meio ambiente e sustentabilidade. De acordo com o art. 1º desse documento:

> entendem-se por educação ambiental os processos por meio dos quais o indivíduo e a coletividade constroem valores sociais, conhecimentos e habilidade, atitudes e competências voltadas para a conservação do meio ambiente, bem de uso comum do povo, essencial à sadia qualidade de vida e sua sustentabilidade. (Brasil, 1999)

A quinta Conferência Internacional sobre Promoção da Saúde foi realizada na Cidade do México (México), em 2000, e buscou, como as demais, consolidar as ideias geradas nas conferências anteriores. Esse fórum permitiu que fossem debatidas e analisadas estratégias e diretrizes destinadas a aumentar a equidade e as medidas de controle das desigualdades em âmbito mundial.

Seu tema foi "Promoção da saúde: rumo a maior equidade", dando continuidade às discussões realizadas durante a quarta conferência. O mais importante nesse evento foi que, pela primeira vez, os ministros da saúde de diversos países assinaram uma declaração, na qual:

- Reconhecem que a consecução do nível de saúde mais alto possível é um elemento positivo para o aproveitamento da vida e necessário para o desenvolvimento social, econômico e a equidade.
- Reconhecem que a promoção da saúde e do desenvolvimento social é um dever e responsabilidade central dos governos, compartilhada por todos os setores da sociedade.
- Estão conscientes de que, nos últimos anos, por meio dos esforços sustentados dos governos e sociedades em conjunto, houve uma melhoria significativa da saúde e progresso na provisão de serviços de saúde em muitos países do mundo.
- Constatam que, apesar desse progresso, ainda persistem muitos problemas de saúde que prejudicam o desenvolvimento social e econômico e que, portanto, devem ser urgentemente resolvidos para promover uma situação mais equitativa em termos de saúde e bem-estar.
- Estão conscientes de que, ao mesmo tempo, doenças novas e reemergentes ameaçam o progresso registrado na área da saúde.
- Constatam a necessidade urgente de abordar as determinantes sociais, econômicas e ambientais da saúde, sendo preciso fortalecer os mecanismos de colaboração para a promoção da saúde em todos os setores e níveis da sociedade.
- Concluem que a promoção da saúde deve ser um componente fundamental das políticas e programas públicos em todos os países na busca de equidade e melhor saúde para todos.
- Concluem as amplas indicações de que as estratégias de promoção da saúde são eficazes.

Considerando o exposto, recomendam:

- Colocar a promoção da saúde como prioridade fundamental das políticas e programas locais, regionais, nacionais e internacionais.
- Assumir um papel de liderança para assegurar a participação ativa de todos os setores e da sociedade civil na implementação das ações de

PROMOÇÃO DA SAÚDE E DO MEIO AMBIENTE: UMA TRAJETÓRIA TÉCNICO-POLÍTICA | **485**

promoção da saúde que fortaleçam e ampliem as parcerias na área da saúde.

- Apoiar a preparação de planos de ação nacionais para a promoção da saúde, se preciso, utilizando a capacidade técnica da OMS e de seus parceiros nessa área. Esses planos variarão de acordo com o contexto nacional, mas seguirão uma estrutura básica estabelecida de comum acordo durante a quinta Conferência Internacional sobre Promoção da Saúde, podendo incluir, entre outros: identificação das prioridades de saúde e estabelecimento de políticas e programas públicos para implantá-las; apoio às pesquisas que ampliem o conhecimento sobre as áreas prioritárias; mobilização de recursos financeiros e operacionais que fortaleçam a capacidade humana e institucional para o desenvolvimento, implementação, monitoramento e avaliação dos planos de ação nacionais.

- Estabelecer ou fortalecer redes nacionais e internacionais que promovam a saúde.

- Defender a ideia de que os órgãos da ONU sejam responsáveis pelo impacto em termos de saúde da sua agenda de desenvolvimento.

- Informar ao diretor-geral da OMS, para fins do relatório a ser apresentado à 107ª Sessão da Diretoria Executiva, o progresso registrado na execução dessas ações.

Foram ainda discutidos nesse evento, os seguintes temas:

- Ênfase aos fatores determinantes da saúde.
- A busca por maior equidade.
- A promoção da saúde tem fundamento científico.
- A pertinência da promoção da saúde para a sociedade.
- A promoção da saúde deve levar em conta os aspectos políticos.
- O papel da mulher no desenvolvimento sanitário.

Houve, também, uma intensa discussão sobre tabagismo, principalmente por estar afetando mais a saúde dos jovens e das mulheres.

Suas contribuições basearam-se em informes técnicos produzidos por diferentes autores, em diferentes países, a partir dos quais verificou-se a necessidade de ampliar a capacidade das comunidades em criar um meio ambiente saudável e promotor de saúde, por meio do estabelecimento de estratégias participativas que levem a atingir a equidade pretendida (Pelicioni, 2000).

A sexta Conferência Internacional sobre Promoção da Saúde foi realizada em Bangkok, Tailândia, em 2005, e teve como tema a "Promoção da Saúde em um mundo globalizado".

Nesse evento foram identificados ações, compromissos e promessas necessários para abordar as determinantes da saúde. Na Carta de Bangkok fica evidente que as políticas e as parcerias que visam a empoderar as comunidades, melhorar a saúde e a equidade na saúde deveriam ser incluídas e priorizadas nos projetos de desenvolvimento global e nacional.

Reconheceu-se que a obtenção do mais alto nível de saúde é um dos direitos fundamentais de qualquer ser humano, sem discriminação de raça, cor, sexo ou condição socioeconômica. A promoção da saúde se baseia nesse direito humano fundamental e oferece um conceito positivo e inclusivo de saúde como determinante da qualidade de vida, incluindo o bem-estar mental e espiritual.

Promoção da saúde é o processo que permite aumentar o controle sobre a saúde e suas determinantes, levando as pessoas a se mobilizarem (individual e coletivamente) para melhorar a sua saúde. Como função central da saúde pública, contribui para o enfrentamento das doenças transmissíveis e não transmissíveis, além de outras ameaças à saúde.

A sétima Conferência Internacional sobre Promoção da Saúde, realizou-se em Nairóbi, Quênia, em 2009, tendo por tema "A chamada para a ação" e os objetivos de identificar estratégias e estabelecer compromissos-chave a fim de diminuir as dificuldades de implementação em saúde e em desenvolvimento por meio da promoção em saúde.

Sendo uma estratégia essencial para melhorar o bem-estar e reduzir as iniquidades em saúde, a promoção em saúde ajuda na obtenção das metas internacionais e nacionais de saúde, com destaque para as Metas de Desenvolvimento do Milênio.

Ao implementar a promoção da saúde criam-se sociedades mais justas, que permitem que as pessoas possam levar vidas mais saudáveis, aumentando seu controle sobre sua saúde e os recursos necessários para o bem-estar coletivo.

Considerou-se nesse evento que a promoção da saúde tem demonstrado sua efetividade e provocado mudanças nos âmbitos locais, regionais, nacionais e internacionais e que pode contribuir para superar os desafios atuais de obtenção de desenvolvimento e equidade.

Aí foram ratificados os valores, os princípios e as estratégias de ação estabelecidos na Carta de Ottawa e demais conferências subsequentes.

Alguns compromissos foram então assumidos:

- Utilizar o potencial não explorado da promoção da saúde (pelos participantes).

- Integrar os princípios de promoção da saúde na agenda política e de desenvolvimento (pelos governos).

- Desenvolver mecanismos efetivos que atendam às principais necessidades de saúde e realizar intervenções (Estados-membros).

É importante e urgente construir uma infraestrutura sustentável e desenvolver capacitação em todos os níveis, realizando ações que farão a diferença: fortalecer as lideranças, obter financiamento adequado, aumentar a base de habilidades para os promotores de saúde, ampliar as abordagens usando ferramentas e métodos que elevem a qualidade das intervenções, melhorar o desempenho dos gestores pelo fortalecimento dos sistemas de informação e pela inserção das determinantes de saúde, equidade e fatores de risco.

Integrar a promoção em todas as funções dos serviços de saúde e em todos os níveis tornará o seu desempenho cada vez melhor. Para tal, é preciso, ainda, implementar uma nova política, assegurar acesso universal, construir uma base de evidências, além de estabelecer alianças e parcerias com diferentes setores.

As comunidades deverão compartilhar o poder, os recursos e a tomada de decisões, a fim de assegurar e sustentar condições para viabilizar a equidade em saúde e, por meio de financiamento, desenvolver recursos sustentáveis.

Houve grande ênfase sobre a importância da alfabetização básica em saúde, também conhecida como *health literacy*, considerada componente essencial para o desenvolvimento e a promoção da saúde. Está constituída pelas habilidades cognitivas e sociais que determinam a motivação e a capacidade dos indivíduos para adquirir, compreender e utilizar informações (corretas) para manter e promover uma boa saúde. É a capacidade que as pessoas têm para obter, processar e compreender informação básica de saúde ou de serviços, necessária para tomar decisões apropriadas. Emerge a partir de uma convergência de serviços educacionais de saúde e fatores socioculturais (Pelicioni e Mialhe, 2012).

Realizou-se em Helsinki, na Finlândia, em junho de 2013, a 8ª Conferência Internacional sobre Promoção da Saúde. Cerca de novecentos delegados representando países do mundo todo discutiram como as decisões políticas sobre saúde têm sido implementadas na prática. O ponto alto do evento e seu tema principal foi como incluir e integrar a saúde como prioridade em todas as políticas.

Ficou bastante claro que trabalhar duro e continuar a investir esforços que contribuirão para implementar a equidade em saúde para a população em geral poderá fazer diferença real na qualidade de vida dos povos. Colocar a saúde em todas as políticas é o caminho para aumentar as chances de conseguir uma vida saudável e ao mesmo tempo alcançar objetivos políticos em outras áreas.

Essa abordagem tem força para influenciar fatores importantes relacionados à saúde, tais como a pobreza, o saneamento básico, a segurança, a sustentabilidade econômica e o desenvolvimento social, de acordo com as declarações de um dos participantes, Dr. Oleg Chestnov, Diretor Assistente Geral das Doenças Não Transmissíveis e Saúde Mental da OMS.

Uma das recomendações que se destacou ao final da conferência foi a sugestão de que a população devidamente esclarecida analise criticamente e se posicione contra os interesses de mercado que mantêm um modo de produção e de consumo inadequado e insalubre (WHO, 2013).

A promoção da saúde inclui a população como um todo no contexto de sua vida cotidiana, e não apenas as pessoas ou os grupos que se apresentam em situação de risco de adoecer; o objetivo da prevenção é a ausência de doença.

Está dirigida para agir sobre as causas determinantes da saúde e não somente sobre as causas de doença. Desse modo, depende da colaboração de outros setores, da participação popular e da utilização de diferentes instrumentos: educação, informação, legislação, desenvolvimento e organização comunitária.

Os profissionais de saúde têm a responsabilidade de promover a saúde humana além da prevenção de doenças, tratamento e recuperação a que todos têm direito.

A prevenção tem como objetivo a ausência de enfermidade, e a promoção busca manter e melhorar, proteger, maximizar a saúde. Os programas da promoção, em algum momento, sempre devem incluir a prevenção de doenças.

Pela educação, as pessoas desenvolvem competências para analisar e solucionar seus problemas e assumir o controle e a responsabilidade sobre sua própria saúde e a saúde da comunidade. Isso vai fazer com que um número maior de pessoas tenha acesso aos serviços já que, com a melhoria da qualidade de vida, espera-se que um número cada vez menor de pessoas sofra agravos e necessite de atendimento, tenha menos sequelas e limitações. Assim, a verba destinada à saúde poderá abranger um número maior de pessoas e o acesso aos serviços será mais fácil.

A Organização Pan-Americana da Saúde (Opas) definiu a promoção da saúde como o resultado de todas as ações empreendidas pelos diferentes setores sociais para o desenvolvimento de melhores condições de saúde, pessoal e coletiva, para toda a população no contexto da sua vida cotidiana.

Para Soto (1997, p.16), a "promoção da saúde é uma estratégia que integra a responsabilidade política e social para criar ambientes saudáveis junto com o papel que a população deve cumprir para manter sua saúde".

Assim, a promoção da saúde vai além dos cuidados de saúde; ela coloca a saúde na agenda de prioridades dos políticos e dirigentes em todos os níveis e setores, chamando-lhes a atenção para as consequências que suas decisões podem ter no campo da saúde e suas responsabilidades políticas com a qualidade de vida.

REFERÊNCIAS

BRASIL. *Constituição da República Federativa do Brasil 1988*. Brasília (DF): Senado Federal, 1988.

_____. Ministério da Saúde. *Promoção da saúde: carta de Ottawa, Declaração de Adelaide, de Sundsvall e de Bogotá*. Brasília (DF), 1996, p.19-26.

_____. Lei n. 9.795, de 27 de abril de 1999. Dispõe sobre a educação ambiental, institui a política nacional de educação ambiental e dá outras providências. *Diário Oficial da República Federativa do Brasil*, Brasília (DF), 28 abr 1999. Seção 1, p.1.

[IBAMA/UNESCO] INSTITUTO BRASILEIRO DO MEIO AMBIENTE E DOS RECURSOS NATURAIS RENOVÁVEIS/ORGANIZAÇÃO DAS NAÇÕES UNI-

DAS PARA A EDUCAÇÃO, A CIÊNCIA E A CULTURA. *Educação para um futuro sustentável: uma visão transdisciplinar para ações compartilhadas.* Brasília (DF), 1999.

PELICIONI, M.C.F. *Educação em Saúde e Educação Ambiental. Estratégias de Construção da Escola Promotora da Saúde.* São Paulo, 2000. Tese (Livre-docência). Faculdade de Saúde Pública da USP.

PELICIONI, M.C.F.; MIALHE, F.L. Letramento em saúde e promoção da saúde. In: MIALHE, F.L.; CARTHERY-GOULART, M.T. *Educação e promoção da saúde: teoria e prática.* Santos, 2012, p.133-180.

SOTO, R.O. Concepto, princípios y objetivos. In: SOTO, R.O.; ROJAS, I.C.; SILVA, M.C. *Promoción de salud: compilaciones.* Cuba: Centro Nacional de Promoción y Educación para la salud/Minsap, 1997.

[WHO] WORLD HEALTH ORGANIZATION. *Global Conference on Health Promotion,* jun. 10-14 2013. Helsinki, Finlândia. Disponível em: http://www.youtube.com/watch?v=zfohYIWw-EO. Acessado em: 28 jun. 2013.

Bibliografia Consultada

PHILIPPI JR, A.; PELICIONI, M.C.F. (eds.). *Educação ambiental: desenvolvimento de cursos e projetos.* 2.ed. São Paulo: Signus, 2002.

Subjetividade no Processo Educativo: Contribuições da Psicologia à Educação Ambiental

18

Helena Maria Campos Magozo

Psicóloga, Secretaria Municipal de Saúde de São Paulo

A educação ambiental abarca múltiplas dimensões em sua concepção teórica, em suas práticas e no diálogo constante entre teoria e prática.

Todavia, para ser um processo coerente, transformador e radical como se propõe, ela deve partir de um desvelamento das representações, dos sentimentos e das concepções dos próprios educadores que, consciente ou inconscientemente, estarão se explicitando durante todo o processo educativo.

A proposição deste capítulo é possibilitar uma ruptura na rotina e no cotidiano das pessoas, ressignificando práticas ou, pelo menos, tornando mais conscientes as representações, os sonhos, as concepções, as coerências e incoerências que carregam em seus projetos e práticas. Ressignificado que enfatiza a dimensão da subjetividade dos educadores e dos educandos como uma dimensão fundamental, desafiante e enriquecedora em seus programas de educação relativa às questões ambientais.

Subsídios para o desenvolvimento cognitivo, afetivo e da psicologia social cotejados com princípios norteadores da educação ambiental, explicitados a seguir, sustentam as estratégias apresentadas e vivenciadas na disciplina, que sempre buscam a abertura do campo perceptivo, cognitivo, afetivo, relacional para outras possibilidades e outros aprofundamentos.

As indagações sobre o porquê de direções que parecem cristalizadas possibilitam um espaço para o diálogo a respeito do fundamento político da educação, voltada para o socioambiental, sua complexidade e a importância da constante busca de sentidos na práxis educativa.

A educação ambiental, como tema que envolve uma abordagem eminentemente interdisciplinar, não pode abdicar da especificidade dos diferentes saberes que necessitam ser dialeticamente considerados e questionados no direcionamento de uma prática que integre esses saberes e leve à superação de sua especificidade.

Para tanto, é preciso que os educadores, em última instância, se apropriem do saber acumulado e também dessa nova sensibilidade – nova por referir-se ao caráter interdisciplinar – para usá-la como ferramenta de trabalho.

As questões fundamentais da educação ambiental ligam-se essencialmente a desconstruir e reconstruir, em bases mais justas, as representações sociais a respeito do meio ambiente e do desenvolvimento econômico, do domínio da natureza, da qualidade de vida e dos padrões de consumo. Preocupam-se não apenas com o conhecimento, mas com o uso que se faz dele e com as relações sociais presentes nos diversos espaços de atuação para uma participação política cidadã.

EDUCAÇÃO AMBIENTAL: CONCEPÇÃO E PRINCÍPIOS NORTEADORES

A educação ambiental deve ser concebida em um contexto maior da educação, desvelada em seu sentido etimológico: do verbo latino *educare*, que significa transformar, conduzir de um lugar para outro, extraindo o que os indivíduos têm de melhor em si.

Uma educação transformadora envolve não só uma visão ampla de mundo, como também a clareza da finalidade do ato educativo, uma posição política (determinada concepção de homem e mundo) e uma competência técnica para implementar projetos a partir do aporte teórico formador do profissional competente.

A esse respeito, o educador Paulo Freire enfatizava a importância do educador ter sempre clareza e lucidez de suas ações e das teorias, que conscientemente ou não as subsidiam (Freire, 1979).

Desde a Conferência Intergovernamental de Tbilisi (Geórgia), promovida pela Unesco em 1977, que constituiu um marco da educação ambiental ao definir seus princípios e objetivos, o tripé informação-valores-participação fundamenta-se como indissociável na concepção e na prática educativa.

Essa indissociabilidade desmistifica a prevalência de veiculação da informação sobre as outras estratégias: a questão ambiental relaciona-se sobremaneira com uma mudança de valores, atitudes, comportamentos decorrentes de uma mudança paradigmática – o questionamento de que o desenvolvimento econômico e técnico-científico levaria a um progresso linear da humanidade, englobando um número de pessoas cada vez maior.

A degradação ambiental e suas consequências denunciaram a fragilidade de tal paradigma – transformado em crença –, e o ambientalismo vem questionar o modelo de desenvolvimento assentado apenas no consumo e na dilapidação dos recursos naturais.

Não sem razão, Morin (1998) centra o foco de sua análise na responsabilidade do pensamento, neste momento da história da humanidade, entendendo que não se deveria à carência de recursos materiais, a baixa resolutividade dos problemas a que assistimos.

No documento final da Conferência de Tbilisi (Ibama, 1998), foram propostos objetivos para a educação ambiental:

- Adquirir consciência e sensibilização pelas questões do meio ambiente global.
- Vivenciar diversidades de experiências e compreender o meio ambiente e seus problemas.
- Adquirir valores sociais, profundo interesse pelo ambiente e vontade de participar ativamente em sua melhoria e proteção.
- Desenvolver aptidões necessárias para resolver os problemas ambientais.
- Proporcionar aos grupos sociais e aos indivíduos a possibilidade de participar ativamente nas tarefas de solução dos problemas ambientais.

Definiram-se também algumas características da educação ambiental:

- Deve permitir que o ser humano compreenda a natureza complexa do meio ambiente, resultante das interações de seus aspectos biológicos, físicos, sociais e culturais; deve facilitar os meios de interpretação da interdependência desses diversos elementos no espaço e no tempo, a fim de promover uma utilização mais reflexiva e prudente dos recursos naturais para satisfazer às necessidades da humanidade.

- Deve mostrar com toda clareza as interdependências econômicas, políticas e ecológicas do mundo moderno, no qual as decisões e o comportamento de todos os países podem ter consequências de alcance internacional.

- Não pode ser uma nova disciplina; há de ser uma contribuição de diversas disciplinas e experimentos educativos ao conhecimento e à compreensão do meio ambiente, assim como à resolução de seus problemas e à sua gestão; sem o enfoque interdisciplinar não será possível estudar as inter-relações, nem abrir o mundo da educação à comunidade, incitando seus membros à ação.

Na Conferência das Nações Unidas sobre Meio Ambiente e Desenvolvimento do Rio de Janeiro, a Rio 92, o Grupo de Trabalho das Organizações Não Governamentais elaborou o *Tratado de Educação Ambiental para Sociedades Sustentáveis e Responsabilidade Global*, que confirma entre outros princípios:

- A educação ambiental não é neutra, mas ideológica; é um ato político.

- A educação ambiental deve envolver uma perspectiva holística enfocando a relação entre o ser humano, a natureza e o universo de forma interdisciplinar.

- A educação ambiental deve tratar das questões globais críticas, suas causas e inter-relações em uma perspectiva sistêmica, em seu contexto social e histórico, em seus aspectos primordiais relacionados com o desenvolvimento e o meio ambiente, tais como: crescimento populacional, paz, democracia, direitos humanos, fome, degradação da flora e da fauna.

- A educação ambiental deve promover a cooperação e o diálogo entre indivíduos e instituições, com a finalidade de criar novos modos de vida e atender às necessidades básicas de todos, sem distinções étnicas, físicas, de gênero, idade, religião ou classe social.

Tassara et al. (2001) propõem três dimensões para demarcar a história dos movimentos ambientalistas e da educação ambiental: sobrevivência, participação e emancipação.

A sobrevivência sincrônica e diacrônica do ser humano e de todas as outras espécies e sistemas naturais do planeta refletem a compreensão mais corrente de sustentabilidade. Tal sobrevivência pensada como melhoria da qualidade de vida e como acesso compartilhado aos bens produzidos pela humanidade e/ou a ela disponíveis só se atingiria por meio da plena participação de todos. Participação composta por uma esfera psicológica que nos fala da identidade e do pertencimento social, e por uma esfera política que nos fala de autonomia, interdependência e autogestão.

A sobrevivência e a participação constituem ingredientes básicos para pensar a emancipação, mas exigem o cotejo de um debate crítico, histórico e multirreferenciado sobre valores individuais e coletivos, relativos às ideias de felicidade e vida, essência e existência.

O conceito de educação ambiental da Divisão de Educação Ambiental da Secretaria Municipal do Verde e Meio Ambiente de São Paulo pode sintetizar seu caráter complexo, identificado justamente com a busca de autonomia e emancipação social:

> Educação Ambiental é o processo de construção do papel social de cada indivíduo, dentro de suas comunidades, visando à melhoria da qualidade de vida e da estrutura da sociedade. É um resgate de valores, visando mudanças de comportamento, buscando a integração do homem com o meio ambiente, o conhecimento interdisciplinar da natureza e da história e a discussão do papel do homem sobre o mundo. (*folder* da Divisão Técnica de Educação Ambiental)

A incorporação de uma mudança ética, além de uma mudança paradigmática ou conceitual proposta pelo ambientalismo, depende de processos educativos que tenham clareza do que essa proposição representa.

E com que valores trabalha a educação ambiental?

O primordial é o respeito à vida – no sentido mais amplo posto pelo movimento ambientalista –, que envolve a vida de cada um de nós, de nossos semelhantes, das outras espécies e também o respeito aos seres abióticos.

Outro valor: o uso extensivo do necessário e não o intensivo do supérfluo e também toda uma gama de valores que se voltem para um mundo mais solidário, mais cooperativo.

Sorrentino (1997), na marca dos vinte anos da Conferência de Tbilisi, levantou diferentes projetos de educação ambiental desenvolvidos no país, analisando a que se propunham, e chegou à conclusão de que tinham os seguintes objetivos:

> Propiciar autoconhecimento: a identidade do público-alvo, o que pensa esse público, o que sente; a representação que possa ter sobre o meio ambiente; a educação ambiental é fundamental para que sejam estabelecidas as estratégias

de um projeto educativo e considerada a sua dimensão interna e subjetiva, promovendo o desenvolvimento pessoal e garantindo-se o comprometimento do educando com esses objetivos. (Sorrentino, 1997, p. 4)

O índio Ailton Krenak (citado por Dallari, 2001, p. 89) advertia:

Só você tem de fazer o que você tem de fazer. Ninguém deve, ninguém pode fazer a sua parte. Você precisa assumir sua responsabilidade pessoal, ser um indivíduo para então se juntar aos outros e com eles desenvolver um fazer coletivo que é o conjunto de fazer de cada um e não a diluição da individualidade. [...] possibilitar um conhecimento interativo: o favorecimento da troca interpessoal; o respeito à expressão de cada membro do grupo está incluído no processo como elemento importante na educação para a participação. A valorização da diversidade não diz respeito somente à fauna e à flora; expressa-se também no respeito à alteridade, singularidade de cada ser humano e, mais ainda, ao direito de cada um ser o que se é.

Os atributos das relações sociais entre as pessoas envolvidas são um critério básico para a realização de uma educação de qualidade. A relação entre iguais e desiguais pode resultar em sintonia, cooperação, solidariedade, assim como em desencontros, crises que devem ser enfrentadas.

Promover enfoque interdisciplinar: a interdisciplinaridade não anula a especificidade, mas constitui-se numa atitude, numa disposição de integração de conhecimentos num outro patamar. Contempla não só a troca de conhecimentos formais, técnicos, acadêmicos, como também o saber informal, popular, das comunidades.

Paulo Freire (1979) afirmava que a vida interior e a disponibilidade dos educadores determinaria a possibilidade do vínculo educador-educando. Esse encontro dependeria da convicção do que existe de perene em nossos semelhantes.

Superar o enfoque estritamente disciplinar sem dispensar a contribuição específica de cada disciplina para o conhecimento é uma exigência fundamental para a compreensão da questão ecológica e ambiental, considerada em sua abrangência e profundidade. Tal superação requer uma postura essencialmente dialógica, tolerante, participativa e com pleno envolvimento. Além disso, demanda a valorização da diversidade cultural, social e biológica, indicado para uma forma emergente de aprendizado, fundado na curiosidade do pensar, do experimentar, do criar e do ousar, e para a humildade na aceitação das próprias deficiências, a qual exige um diálogo atento que permita apreender e aprender com o olhar do outro.

> Estimular visão global e crítica das questões ambientais: o meio ambiente e suas intercorrências sociopolíticas e econômicas devem ser considerados no entendimento, reflexão, conscientização sobre a problemática que envolve o meio ambiente. (Sorrentino, 1997, p. 4)

Morin (1998) retrata esse aspecto da análise de Sorrentino (1997) ao descrever o processo de construção de um móvel, sua venda, utilização e descarte, chamando a atenção para a importância do educador fazer uma reflexão sobre o processo de uma maneira integrada, que ultrapassa a visão segmentada de cada ator neste processo, como o lenhador, o marceneiro e o vendedor de móveis.

> Instigar o indivíduo a analisar e participar da resolução dos problemas ambientais da coletividade: a Educação Ambiental compromete-se com a ação de indivíduos críticos e da coletividade na direção de um meio ambiente mais equilibrado e que propicie uma melhor qualidade de vida. (Sorrentino, 1997, p. 4)

O conceito da participação aqui referido diz respeito ao envolvimento, ao pertencimento de um grupo, de um projeto ou empreendimento, de um desafio e/ou construção coletiva do futuro. Parte de alguns pressupostos: inclusão social, disponibilização de repertórios, criação e fortalecimento de espaços de locução; definição e aprimoramento de instâncias de decisão (Sorrentino, 1997).

Um eixo dentro do ambientalismo e que deve estar presente nas reflexões voltadas para a busca de uma nova ética nas relações e ações é o conceito de desenvolvimento sustentável, que é polissêmico. Optamos pela definição de Gutierrez (1978), que pressupõe condições básicas para a sua existência: que seja economicamente factível; ecologicamente apropriado; socialmente justo; culturalmente equitativo, respeitoso e sem discriminação de gênero.

A concretização da prática interdisciplinar pressupõe a elaboração de campos relacionais entre disciplinas, fundamentando-se nos sonhos e na expressão desejosa dos educadores, em suas referências, experiências, construções mentais e espirituais (Cascino, 1995).

O campo da prática é, muitas vezes, mais difícil de ser trilhado do que o da teoria. E nesse campo teórico a dimensão subjetiva do trabalho não pode ser desconsiderada: sem sonho ou imaginação e sem o enfrentamento das dificuldades que o desejo de mudança impõe ao ser humano, mulheres e homens não transformam e não são transformados.

Não sem razão, Alves (2000) releva a subjetividade do educador, entendendo que sua interioridade constitui-se em diferencial no processo educativo, em que as pessoas se identificam por suas visões, paixões, esperanças e horizontes utópicos.

E Boff (1997, p.9) acrescenta:

A cabeça pensa a partir de onde os pés pisam. Para compreender, é essencial conhecer o lugar social de quem olha. Vale dizer: como alguém vive, com quem convive, que experiências tem, em que trabalha, que desejos alimenta, como assume os dramas da vida e da morte e que esperanças o animam. Isso faz da compreensão sempre uma interpretação.

A busca de soluções e de alternativas socioambientais passa necessariamente pelo conhecimento da interdependência ecológica, das relações sociais e da subjetividade, como afirma Guattari (1990).

SUBJETIVIDADE E PARTICIPAÇÃO

Sawaia (2001) oferece subsídios conceituais que se prestam para contextualizar a importância que, mais recentemente, a subjetividade adquiriu dentro do processo de participação.

A partir da década de 1980, a participação adquiriu um sentido mais subjetivo e menos estrutural; a objetividade e o coletivo cedem lugar à preocupação com a individualidade e a afetividade. Coerentemente com essa posição, os valores éticos mais reconhecidos são autonomia, emancipação e diversidade, e o espaço da participação social perde as suas fronteiras rígidas, e sua temporalidade deixa de ser delimitada por ações políticas pontuais. Supera, além da dicotomia entre razão e emoção, a dicotomia entre público e privado, e o reducionismo estrutural que vê a participação como algo fora do sujeito.

Introduzir intencionalmente a subjetividade como questão central na análise e planejamento da participação é o que pode enfraquecer a possibilidade de sua manipulação com finalidades instrumentais. É ir na contracorrente do *Zeitegeist* (espírito da época) para garantir que as necessidades humanas sejam priorizadas em lugar das econômicas e políticas nas análises e planejamento da participação social. É uma opção epistemológica e ontológica, aceitando o pressuposto de que a participação é imanente à condição humana.

A participação deixa de ser um imperativo categórico que obriga à renúncia de necessidades e desejos particulares como condição para viver em sociedade. É uma necessidade, é a paixão que leva os homens a se comporem com outros homens.

Sob esse prisma, a participação se dá por necessidade, pelo desejo do homem ser feliz e livre; não é motivada por virtude política, por consciência social ou por altruísmo.

A escolha da subjetividade para compreender as questões sociais e estimular uma práxis emancipacionista – recuperando a dimensão humana esquecida pela razão positivista que prevaleceu na modernidade e que dicotomizava razão e emoção – deve carregar uma posição muito crítica e atenta em relação aos riscos da instrumentalização da subjetividade, o que pode levar ao que Sawaia (2001) chama de dogmatismo subjetivista, que desconsidera a dimensão política nos projetos educativos, ou chama de solipsismo individualista, que transforma o interior de cada indivíduo no reduto exclusivo de exercício de liberdade, justiça e felicidade contrapondo-se ao coletivo. O risco também ocorre em uma finalidade utilitarista de seu uso, buscando transformar a subjetividade em força produtiva por meio dos processos psíquicos.

Dessa forma, a identificação e a consideração das representações humanas não podem ser esquecidas no planejamento de uma cidade, nas intervenções propostas, tendo-se a clareza dos múltiplos valores e sentidos presentes na percepção e relação com o espaço, independentemente da classe social das pessoas que a habitam.

A cidade, por exemplo, deve então ser entendida como um símbolo complexo, em que se amalgamam, entrecruzam-se e tensionam-se a racionalidade geométrica da arquitetura e o emaranhado da existência humana. Tudo parece fisicamente instalado, mas está constantemente em circulação, em um processo de confronto entre igualdade e alteridade.

Quando se pensa o negativo da exclusão de uma forma linear, corre-se o risco de não considerar o que Guattari (1990) chama de cartografia dos desejos, possívelmente acessada apenas na intimidade do território de seus moradores. Por mais que sofra o processo de inserção social injusta, o cidadão cria lugares de identificação entre pares, alimentando potências de ação, e apropria-se simbolicamente da cidade, revelando uma grande gama possível de significações e ressignificações.

Não basta analisar as dimensões socioeconômicas e culturais da exclusão; é preciso ainda entender o impacto da exclusão do ponto de vista do sujeito, porque é esse sofrimento da exclusão que o movimenta no sentido de alterar ou não essa situação (Sposati, 2001).

Sawaia (2001), em suas pesquisas, levanta aspectos a serem considerados no sentido da apropriação dos sujeitos dos espaços de intervenção: o sentimento de segurança dado por um lugar fixo, de onde se parte e para onde se volta, e o sentimento de calor humano, quando os projetos contemplam a pertinência aos iguais, aos semelhantes.

SUBJETIVIDADE INDIVIDUAL E COLETIVA COMO BASE PARA UMA NOVA CULTURA EMANCIPATÓRIA

Sposati (2001), baseando-se nas formulações de Santos (1995), discute a construção de novas culturas emancipatórias, nas quais se inclui o ambientalismo ligado à participação, relacionando a busca de heterotopias com a construção de uma nova subjetividade individual e coletiva.

Uma vez que a construção democrática não invoca a homogeneidade, uma sociedade de desigualdades – como é a brasileira – supõe múltiplos modos de viver e construir a realidade. Isso não significa estar conformado com a desigualdade, mas a certeza de que é preciso, objetivamente, conhecer sua dimensão e as culturas que gera, para poder com elas dialogar na direção de um senso comum em defesa da vida, que parte das diferenças para poder superá-las.

Os múltiplos movimentos sociais em defesa de necessidades de grupos e segmentos exigem que se trabalhe a dimensão plural e se ressignifique o conceito de igualdade, incorporado à equidade. É preciso invocar a diferença para a efetiva construção de justiça.

A heterogeneidade e a possibilidade de tolerância com a diferença são componentes essenciais para um pensamento para um novo milênio.

Mais uma vez retomamos as palavras de Sposati (2001, p.14): "O princípio da universalidade neste fim de milênio só será atingido se a igualdade for combinada com a equidade; isto é, com o respeito à diferença e aos diferentes".

Nesse sentido, Santos (1995) propõe a substituição da ideia de utopia pela de heterotopia, como uma concepção múltipla, plural. O novo paradigma deve ter a capacidade de incorporar a diversidade e, ao fazer isso, constituir a unidade na diversidade. É preciso construir o lugar da diferença no elenco das conquistas humanas.

O paradigma da modernidade foi assentado na regulação, todavia a regulação como homogeneidade é uma idealização que não capta a diferença.

A subjetividade regulatória é incapaz de conhecer e de desejar saber como conhecer para além da regulação. Assim, a regulação floresce pela ignorância de um novo desejo.

Utopia ou heterotopia exigem uma nova epistemologia e uma nova psicologia, isto é, recusam o fechamento de horizontes e criam alternativas. Recusam ainda a subjetividade do conformismo e criam a vontade de lutar por alternativas.

Ao lado da regulação, existem os movimentos de emancipação nos quais se pode olhar as alterações. Paulo Freire, citado por Sposati (2001), ensinou a atentar para a resposta da não resposta ou para o exercício de enxergar os movimentos contidos naquilo que aparentemente não está dito, ou que usa outro referencial que não aquele regular a que se está habituado.

A heterotopia está na arqueologia virtual do presente, expressão cunhada por Santos (1995), pois supõe o presente como um campo de escavações, até para descobrir por que determinadas alternativas não se constituíram como tal. É na escavação de silêncios e das questões que não se fizeram plenas que pode estar o caminho para a emancipação.

O começo da construção se dá na própria discussão do novo paradigma. A questão é encontrar onde é que estão as forças, onde é que estão os pontos a serem fortalecidos para esse novo paradigma.

Esse processo supõe uma subjetividade coletiva para além da individual. Portanto, se está desenvolvendo uma proposta de alteração paradigmática, pautada na emancipação e no ambientalismo, a questão da construção da subjetividade coletiva ganha destaque.

É preciso repensar as estratégias para a construção da subjetividade coletiva. Não basta propor algo como certo, é preciso homogeneizar uma ideia não pela dominação, mas pela possibilidade da construção de um desejo do novo. Se não ocorre a incorporação do desejo no plano da subjetividade, a alteração pretendida não alcança o imaginário coletivo, o desejo da sociedade consequentemente torna-se descartável.

Um projeto ambientalista ligado à participação contém um paradigma efetivamente emancipatório se os sujeitos forem capazes de defender propostas com argumentos, com capacidade de decisão e construção coletiva. Para que isso ocorra, é preciso investir em um trabalho coletivo. Não basta analisar uma situação no plano dos técnicos. O sucesso e a abrangência do resultado supõem o trabalho com a subjetividade dos participantes.

A representação é tão parte do real como o próprio real. O modo de apreensão do real é tão importante quanto o real para a construção da mudança e de um projeto inovador.

A cultura emancipatória supõe novas formas de conhecimento efetivamente fundadas na solidariedade coletiva.

A emancipação se dá em múltiplos espaços. Não há um lugar único para esse processo. Ele é marcado também pela presença da subjetividade e ocorre nos diversos espaços da vida: doméstico, produção, espaço da comunidade, espaço da cidadania ou espaço mundial.

Um novo conhecimento no sentido da emancipação soma saber acadêmico com saber popular, provocando um novo senso comum argumentativo do desejo de mudança. O sucesso dos projetos também está na busca da alteração do senso comum e da construção da subjetividade coletiva favorável à mudança.

A metodologia dos projetos deve implicar estrategicamente o uso de técnicas que objetivem conhecer quer o senso comum dos envolvidos, quer as alterações desse senso ao longo do processo, na direção da emancipação.

Em síntese, a construção da cultura emancipatória demanda, segundo Sposati (2001, p.27-36), entre seus princípios:

A coragem de construir uma utopia, o que significa a exploração por meio da imaginação, de novas possibilidades humanas e novas formas de vontade. A utopia chama a atenção para o que não existe, é o contraponto da necessidade do que existe, só porque existe. Aquilo que não existe é (contra) parte integrante do que existe, mesmo que silenciado. Pode estar presente em uma época pelo modo como está excluído dela. A utopia indica algo radicalmente melhor, pelo qual vale a pena lutar e ao qual a humanidade tem direito.

Há uma necessidade dupla: reinventar um mapa emancipacionista, que não seja mais um mapa de regulação, e, ao mesmo tempo, reinventar uma subjetividade individual e coletiva capaz de usar e querer usar esse mapa. Para Boaventura de Souza Santos, esse é um trajeto progressista que busca uma dupla transição: a da epistemologia e a societal. É um processo de reinvenção e reconstrução.

Se não se incorporar a dimensão da felicidade, como lugar desejado, a emancipação desejada, não se alcança uma perspectiva maior que alcance e inclua a potencialidade do humano. A grande possibilidade é conseguir expandir as potencialidades, fazendo com que saiam do lugar escondido para a cena, tornando todos mais felizes.

A valorização da dimensão subjetiva no processo educativo passa necessariamente pelo resgate, por cada educador, dos sentidos e representações que o seu papel de educador assume no seu imaginário e em seu projeto de vida.

REFERÊNCIAS

ALVES, R. *Estórias de quem gosta de ensinar*. Campinas: Papirus, 2000.

BOFF, L. *A águia e a galinha: uma metáfora da condição humana*. Petrópolis: Vozes, 1997.

CASCINO, F. *Educação ambiental: princípios, história, formação de professores*. São Paulo: Gaia, 1995.

DALLARI, D. Direito da participação. In: SORRENTINO, M. (org.) *Ambientalismo e participação na contemporaneidade*. São Paulo: Educ, 2001, p.85-114.

FREIRE, P. Conscientizar para libertar. In: TORRES, C. (org.) *A práxis educativa de Paulo Freire*. São Paulo: Loyola, 1979.

GUATTARI, F. *As três ecologias*. São Paulo: Brasiliense, 1990.

GUTIERREZ, F. *Linguagem total*. São Paulo: Summus, 1978.

[IBAMA] INSTITUTO BRASILEIRO DO MEIO AMBIENTE E DOS RECURSOS NATURAIS RENOVÁVEIS. *Educação Ambiental: as grandes orientações da Conferência de Tbilisi*. Brasília: Ibama, 1998.

MORIN, E. *Ciência com consciência*. Rio de Janeiro: Bertrand Brasil, 1998.

RODRIGUES, V. (coord.) *Muda o mundo, Raimundo; educação ambiental no ensino básico do Brasil*. Brasília: World Wildlife Fund, 1996.

SANTOS, B.S. *Pela mão de Alice: o social e o político na pós-modernidade*. São Paulo: Cortez, 1995.

SAWAIA, B. Participação social e subjetividade. In: SORRENTINO, M. (org.) *Ambientalismo e participação na contemporaneidade*. São Paulo: Educ, 2001, p.115-34.

SORRENTINO, M. 20 anos de Tbilisi, cinco da Rio-92: educação ambiental no Brasil. *Cedec* n.7, 1997, p.3-5.

SPOSATI, A. Movimentos utópicos da contemporaneidade. In: SORRENTINO, M. (org.) *Ambientalismo e participação na contemporaneidade*. São Paulo: Educ, 2001, p.11-39

TASSARA, E.; TASSARA, M.; SORRENTINO, M.; TRAJBER, R. Propostas para a instrumentalização de uma educação ambiental transformadora. In: TRAJBER, R.; COSTA, L.B. (org.) *Avaliando a educação ambiental no Brasil: materiais audiovisuais*. São Paulo: Peirópolis, 2001, p. 29-51.

PARTE IV

Métodos e Estratégias de Educação Ambiental

Capítulo 19
Princípios e Técnicas de Comunicação
Sílvio de Oliveira Santos

Capítulo 20
Ambientar Arte na Educação
Eliane Aparecida Ta Gein

Capítulo 21
Arte: Espaço de Investigação, Construção e Humanização
Maria Helena da Cruz Sponton

Capítulo 22
O Vídeo: Reflexões sobre a Linguagem e o seu Uso na Educação
Clarissa de Lacerda Nazário

Capítulo 23
Planejamento e Avaliação de Projetos em Educação Ambiental
Carlos Malzyner, Cássio Silveira e Victor Jun Arai

Capítulo 24
Métodos e Técnicas de Pesquisa em Educação Ambiental
Antonio Carlos Gil

Capítulo 25
A Construção de Projetos em Educação Ambiental: Processos Criativos e Responsabilidade nas Intervenções
Cássio Silveira

Capítulo 26
Educação para o Ecodesenvolvimento: Monitoramento de Indicadores Socioambientais
Isabel Jurema Grimm, Carlos Alberto Cioce Sampaio, Cristiane Mansur de Moraes Souza e Luzia Neide Coriolano

Capítulo 27
Planejamento Estratégico no Processo de Gestão
Cláudio Gastão Junqueira de Castro

Capítulo 28
Informação em Saúde e Ambiente: Acesso e Uso
Angela Maria B. Cuenca, Maria do Carmo A. Alvarez, Alice Mari M. de Souza e José Estorniolo Filho

Capítulo 29
A Sustentabilidade é Sustentável? Educando com o Conceito de Risco
Renato Rocha Lieber e Nicolina Silvana Romano-Lieber

Capítulo 30
A Universidade Formando Especialistas em Educação Ambiental
Maria Cecília Focesi Pelicioni, Mary Lobas de Castro e Arlindo Philippi Jr

Princípios e Técnicas de Comunicação | 19

Sílvio de Oliveira Santos

Bacharel em Comunicação Social, Faculdade de Saúde Pública – USP

EDUCAÇÃO E COMUNICAÇÃO

A ação educativa engloba os processos de ensino e de aprendizagem que são mediados pelo processo de comunicação. A passagem de saberes e informações, fundamentados ou não na tarefa de ensinar, na prática só se concretiza quando estes são comunicados. Por sua vez, a comunicação engloba os conceitos de emissão e recepção da informação que está sendo veiculada. A aprendizagem só acontece quando existe a recepção da mensagem e seu posterior aproveitamento e incorporação ao universo conceitual e/ou comportamental do indivíduo. Essa recepção é, portanto, parte integrante e fundamental do processo da comunicação educativa.

A comunicação humana acontece mediante a troca de informações entre os participantes do ato de comunicação. A informação é, pois, a unidade celular da mensagem veiculada. Som, luz, cor, temperatura, textura, odor são fontes de informação que agem sobre as células receptoras sensíveis do corpo humano sob a forma de estímulos. O próprio corpo humano, em sua dinâmica funcional, também é fonte de estímulos para os receptores internos.

A palavra comunicação significa o estabelecimento de um ponto de entendimento, de compreensão, de compartilhamento de ideias, pensamentos e sentimentos comuns. Comunicar é a troca de informações entre

EDUCAÇÃO AMBIENTAL E SUSTENTABILIDADE

fonte e receptor. Em um sentido abrangente, ela pode ocorrer entre seres humanos, entre seres humanos e máquinas ou animais, entre máquinas ou entre animais. Pode dar-se ainda dentro do próprio corpo humano, na forma de estímulos nervosos ou químicos. É por isso que o conceito de comunicação, quando traduzido em definição, pode variar, pois precisamos atentar para a área em que a comunicação está sendo analisada: comunicação humana? Comunicação animal? Comunicação cibernética? Biológica? Química? Enfim, comunicação voltada para que área?

A comunicação humana exige, basicamente, pelo menos três elementos: fonte, receptor e mensagem.

- Fonte: aquele, ou aquilo que, em um dado momento quando se faz um corte no tempo, está iniciando o processo de comunicação, enviando informações.
- Receptor: aquele, ou aquilo, que capta a informação emitida pela fonte.
- Mensagem: qualquer sinal que tenha potencial de estímulo a ser percebido por alguém ou ser captado por alguma máquina, sob a forma de informação. É o elo entre as entidades envolvidas.

No ato da comunicação, a fonte transforma a ideia, o pensamento, a informação, a emoção, o sentimento que deseja compartilhar em sinais estruturados, segundo as regras de um código, de modo que possa ser transmitida. Para transmitir sua mensagem, a fonte coloca os sinais representativos de sua informação em um veículo de comunicação adequado ao tipo de mensagem e ao receptor pretendido. Esse veículo, também conhecido como canal, meio, mídia, recurso audiovisual, disponibiliza a mensagem ao receptor; este capta os sinais inseridos no veículo e os interpreta (decodifica), transformando-os em uma ideia, pensamento, informação, emoção ou sentimento semelhante, ou equivalente, aos da fonte. Nesse momento do processo, o receptor, para chegar à fase de interpretação, passa anteriormente pelas fases de atenção dirigida ao estímulo, de percepção sensorial, de reconhecimento e de agregação de significado ao estímulo. Tendo passado por essas fases, ele estará apto a interpretar o significado da informação e poderá avaliar o teor da mensagem. Uma vez avaliado o teor da mensagem, vem uma etapa na qual, de acordo com a utilidade que ele percebe na informação recebida, irá decidir como ela será armazenada. O armazenamento da informação poderá ser a curto, médio ou longo prazo, segundo sua importância para o receptor. Uma vez armazenada, a informação estará à disposição para utilização quando a oportunidade aparecer.

A avaliação da eficácia de todo esse processo por parte da fonte só pode acontecer quando o receptor, de alguma maneira, informa a fonte se a mensagem chegou e em que grau de semelhança chegou. Isso se dá quando o receptor envia uma mensagem que tem a função de resposta à fonte. Nesse momento, o receptor passa a ser fonte e a fonte passa a ser receptor. Portanto, fonte e receptor são só uma questão de ponto de vista. Dentro do processo da comunicação, os indivíduos nele envolvidos são, ao mesmo tempo, fonte e receptor; recebem e transmitem mensagens. São comunicadores. A mensagem de retorno que permite avaliações é chamada de resposta, retroalimentação ou realimentação, e conhecida na língua inglesa por *feedback*.

A retroalimentação é importante porque indica como a mensagem está sendo interpretada. Um comunicador experiente está sempre atento à retroalimentação; constantemente modifica sua mensagem à vista do que observa ou do que ouve de sua plateia ou do ouvinte.

Existe um outro tipo de retroalimentação, bastante familiar para todos. Ela é obtida por meio das próprias mensagens enviadas. Por exemplo, ao ouvir a própria voz, pode-se corrigir a má dicção. Ou então, quando a pessoa ler as palavras que ela mesma escreveu, pode modificar sua redação ou grafia.

BARREIRAS DE COMUNICAÇÃO

Se o comunicador não tem ideias precisas, se a mensagem não for adequadamente codificada ou decodificada, se a mensagem não chegar ao receptor ou não produzir a resposta desejada, o sistema estará funcionando mal. Diz-se que houve uma barreira no processo da comunicação.

As barreiras estão sempre presentes em qualquer ato de comunicar. O bom comunicador deve estar sempre atento para poder modificar sua mensagem, adequando-a à situação de comunicação, se as condições do momento assim o exigirem.

O estudo das barreiras à comunicação é de suma importância, na medida em que, conhecendo-se as possíveis causas de falhas no processo, pode-se planejar adequadamente a maneira de minimizar ou de eliminar os obstáculos e conseguir, assim, o sucesso na comunicação.

As barreiras da comunicação podem ser provenientes dos indivíduos envolvidos no processo em seus aspectos perceptuais, cognitivos, psicológicos, sociais, culturais, econômicos, morais, éticos. Da mesma forma, podem ser devidos a aspectos físicos ligados aos veículos, a aspectos situacionais que podem interferir nas diversas fases ou até mesmo a fatores externos ao processo.

Atenção

A atenção é o passo inicial para qualquer processo de comunicação. Sem ela não pode haver comunicação. Pode ser uma atenção dirigida ou subliminar. Dirigida quando o indivíduo conscientemente presta atenção ao estímulo, mesmo que seja de forma dispersiva. Subliminar se ele percebe o estímulo e não tem consciência de que isso aconteceu. Nesse caso, a informação passa a fazer parte do quadro de referência, mas o indivíduo não sabe em que momento isso ocorreu.

Aprender a prestar atenção no interlocutor e nos detalhes da mensagem é fundamental para uma boa comunicação. Prestar atenção é tarefa difícil, mas que deve ser cultivada para a melhoria da qualidade da comunicação.

Percepção

A percepção do estímulo é fundamental para o desenrolar da ação de receber uma comunicação. A formulação do estímulo é a primeira etapa para a produção de uma mensagem. Daí a importância de se compreender as características físicas e processuais da formulação e da recepção de estímulos, cuja funcionalidade seja a de troca de informações, para que se possa elaborá-los com precisão, clareza, simplicidade e objetividade.

A qualidade e o desempenho das funções sensoriais para a percepção de estímulos vindos do meio ambiente podem ser uma barreira. É preciso enxergar, ouvir, sentir, para uma boa percepção. O indivíduo que não enxerga bem poderá não ver os sinais da mensagem ou vê-los de forma incompleta ou distorcida. O mesmo pode acontecer com sua audição ou outra sensação.

É possível também que a intensidade do estímulo dificulte sua recepção. Se fraca demais, corre o risco de não ser recebida. Se forte demais, pode ser distorcida. Se muito rápida, não haverá tempo para sua percepção. Se muito demorada, pode saturar e perder sua validade.

A familiaridade com o estímulo às vezes facilita a comunicação e outras vezes dificulta. Quando alguém está acostumado a receber comunicações de uma determinada forma, adquire facilidade e rapidez para sua percepção. Haja vista a comunicação por meio de língua de sinais entre surdos, de bandeirinhas utilizadas na comunicação das manobras marítimas, ou mesmo no exemplo da aprendizagem de uma nova língua. Por outro lado, quando o estímulo é totalmente novo para o indivíduo, ele certamente terá dificuldade para perceber e reconhecer. Se assim não fosse, seria muito fácil aprender uma língua estrangeira.

A ambiguidade de alguns estímulos pode levar o receptor a ter dificuldade em agregar o significado correto, uma vez que pode ser interpretado de duas ou mais maneiras ou significados e, desse modo, confundir o receptor da mensagem.

Experiência Anterior

O esquimó tem dezenas de palavras para se referir ao que se conhece como neve. Isso porque ele sabe perfeitamente o que é neve e pode perceber a diferença entre os seus diversos tipos. Quem não vive em lugar onde neva, nunca presenciou uma nevasca ou não conhece, mesmo que indiretamente, as nuanças da neve, não precisa de tantas palavras para se referir a ela. Caso semelhante acontece com quem mora em lugar onde chove constantemente. O indivíduo que aí reside tem vários termos para se referir ao evento condensação da água da nuvem: chuva, toró, garoa, pé-d'água, chuvisco, neblina.

Barreiras Cognitivas

Dirigindo-se a atenção para um determinado estímulo, será possível percebê-lo. Após a percepção vem o reconhecimento, que é a identificação do estímulo. Uma vez reconhecido, é preciso saber qual é seu significado. É óbvio que se o receptor não sabe o significado de um sinal, não entenderá corretamente a mensagem. Assim como também é óbvio que a fonte não pode comunicar objetivamente o significado daquilo que ela desconhece.

Por exemplo, a palavra esquistossomose constitui uma informação que representa uma generalizada experiência com essa verminose. A palavra não teria significado para uma pessoa que viesse de um lugar onde não existisse esquistossomose e que nunca tivesse lido ou ouvido algo sobre ela. Quando essa pessoa tiver contato com a doença por intermédio de alguma forma de comunicação, ou contrair a doença e passar a chamá-la pelo nome, então terá assimilado o significado da palavra. Posteriormente, produzirá respostas parecidas todas as vezes que tornar a ouvir a palavra, isto é, pensará na doença e nas peculiaridades a que essa palavra se refere.

A palavra, e outros sinais, podem ter muitos significados. É preciso que fonte e receptor, em um determinado ato de comunicação, utilizem sentidos semelhantes para que a comunicação seja eficaz. Se assim não for, a fonte comunicará uma coisa e o receptor entenderá outra.

Uma mensagem pode vir agregada de várias outras mensagens que contribuem para o significado final. Por exemplo, quando alguém pronuncia uma palavra, a palavra falada é a comunicação primária. Mas, concomitantemente, existem outras: a entonação, o ritmo, a velocidade, o timbre, a intensidade, o ritmo, a expressão facial, os gestos, os movimentos do corpo, a vestimenta e os adereços usados, o local e o momento em que foi pronunciada e o papel social assumido. O significado final é o somatório de todas as informações veiculadas paralelamente à informação primária. Em um jornal, o significado não é dado somente pelas palavras impressas, mas também pelo tamanho da manchete, pela posição do texto na página e da página em relação às outras páginas, pela qualidade da impressão, da associação com fotografias, do tipo de letras utilizado, da cor da letra e da imagem que o leitor tem em relação ao jornal.

Barreiras Psicológicas

Um indivíduo motivado aprende diferentemente do não motivado. Aprende de forma mais fácil e aprende melhor. Uma pessoa que tem interesse no assunto que está sendo exposto aprenderá melhor do que aquela que está desinteressada.

Valores morais, éticos, religiosos podem levar o indivíduo à não compreensão e à não aceitação das mensagens recebidas, principalmente quando elas forem contrárias aos valores aceitos por esses indivíduos. As crenças podem provocar os mesmos efeitos citados.

Barreiras Situacionais

O emprego de uma palavra pode ter significados diferentes, dependendo da situação ou do contexto em que ele está sendo empregado. Expressões como "pegar o burrinho" podem estar se referindo a pegar o animal asinino ou pegar uma peça da mecânica de um automóvel. "Cortar a manga" significa tanto cortar a parte do braço de uma camisa como cortar a fruta da mangueira (mangueira, por sua vez, também tem vários significados). Os vocábulos, e todas as outras formas de sinais, devem ser sempre empregados dentro de um contexto. Fora dele, as palavras podem assumir outros significados que não os pretendidos. É importante colocar a mensagem dentro do contexto sociocultural no qual o indivíduo se encontra inserido.

EFICÁCIA DA COMUNICAÇÃO

Não existe uma relação simples e facilmente previsível entre o conteúdo da mensagem e sua eficácia. Há, porém, o que se poderia chamar de condições de sucesso na comunicação; ou seja, aquelas condições que devem estar presentes a fim de que a mensagem provoque a resposta desejada. Entre muitos fatores existentes, podem ser citados:

- A mensagem precisa ser formulada e transmitida de maneira a despertar a atenção do destinatário que se tem em vista.
- A mensagem precisa usar sinais comuns à experiência da fonte e do destinatário, de maneira a ser compreendida.
- A mensagem precisa despertar necessidades básicas do destinatário e sugerir algumas maneiras de satisfazê-las.
- Para satisfazer essas necessidades, a mensagem precisa sugerir um meio adequado à situação do grupo ao qual pertence o destinatário.

MEIOS DE COMUNICAÇÃO

A mensagem, por se tratar de um elemento estimulador, existe materialmente, no sentido da física, e precisa ser alocada em algum meio existente na natureza. A esse meio, pelo qual a mensagem é transmitida, chama-se canal, meio, veículo ou, simplesmente, mídia.

EDUCAÇÃO AMBIENTAL E SUSTENTABILIDADE

Mídia é a pronúncia inglesa do vocábulo latino *media* que, por sua vez, é o plural latino de *medium*, que significa meio; no plural, meios. Por influência cultural americana, a palavra mídia foi incorporada ao vocabulário brasileiro das agências de publicidade e, atualmente, é muito utilizada por todos.

Quando alguém fala, as ondas sonoras de sua voz são transmitidas pelo ar que as suporta. Quando uma pessoa vê alguém, as ondas luminosas são as portadoras da mensagem. Quando se escreve, o papel escrito é o portador da mensagem. Esse papel pode ser um folheto, jornal, revista, cartaz, faixa, fotografia, fax, mala direta etc. A esses suportes se dá o nome de mídia.

As mídias são as ferramentas utilizadas para facilitar a comunicação nas atividades educativas. A sua correta utilização fortalece as estratégias educacionais e maximiza o potencial para resultados positivos.

As mídias serão efetivas se:

*   Garantirem que os conhecimentos cheguem aos indivíduos.
*   Despertarem e mantiverem o interesse.
*   Conseguirem a compreensão de novas ideias.
*   Assegurarem a participação efetiva da população.

CLASSIFICAÇÃO DAS MÍDIAS

As mídias podem ser classificadas segundo diversos critérios: número de pessoas alcançadas, aparelho sensorial empregado pelo receptor, tecnologia utilizada para a produção do veículo da mensagem etc. Segundo o número de indivíduos alcançados, as mídias podem ser classificadas em: individual, de grupo e de público ou coletivo.

As individuais são as utilizadas visando a um determinado indivíduo. Podem ser diretas, quando a fonte está frente a frente com o receptor (também chamadas de face a face), por exemplo: aula particular, entrevista, visita domiciliar, aconselhamento, orientação. São indiretas quando a fonte não está à frente do receptor, mas está ligada a ele indiretamente; por exemplo: telefone, mala direta, fax, *e-mail*.

Mídias de grupo são as empregadas em comunicações para pequeno número de pessoas, geralmente utilizadas durante aulas, palestras, demonstrações, seminários, simpósios, discussões em grupo, teatro. Normalmente conhecidas como recursos instrucionais, audiovisuais, recursos didáticos, tecnologia informacional. São os quadros-negros, álbuns seriados, flanelógrafos, imantógrafos, diapositivos (*slides*, em inglês), transparências para retroprojetores, *data shows* e similares.

Mídias de público são aquelas dirigidas a grandes parcelas da população, que tenham pelo menos uma característica em comum a todos os integrantes da comunidade, relevante para os objetivos da comunicação, que possa enquadrá-las no público-alvo. Geralmente associadas aos meios de comunicação de massa: televisão, rádio, jornal, revistas, periódicos, cinema, cartazes de rua. Não se deve esquecer que o educador, que tem um objetivo educativo em mente, precisa delimitar o seu público. Embora use meios de comunicação de massa, pretende atingir um público específico: a população-alvo.

Os meios de comunicação individual e de grupo geralmente são utilizados com certa facilidade. Já os meios de comunicação de massa, por envolverem certa complexidade estrutural, obrigam os educadores a recorrerem a profissionais especializados da área para a produção de mensagens educativas, não deixando de ser importante que o educador trabalhe em conjunto com esses profissionais. Cabe ressaltar aqui que, muitas vezes, uma mídia usada para um grupo de indivíduos pode servir também para um indivíduo apenas, ou pode ser veiculada em meio de comunicação de massa.

Um CD-ROM pode ser utilizado em um computador para um indivíduo, um grupo, ou ser empregado na produção de um programa de televisão ou de rádio.

SELEÇÃO DE MÍDIAS

A seleção de mídias educativas é uma das etapas do processo de educar, na qual, segundo os objetivos propostos, público a que se destina, conteúdo da mensagem, recursos materiais e humanos disponíveis, opta-se por um ou outro recurso cujas características propiciem maior eficácia e eficiência na veiculação das informações e na motivação desejada.

Uma boa seleção deve levar em consideração o nível sociocultural do receptor, a fim de adequá-la à possibilidade de acesso à mídia, compreensão do nível de linguagem por parte do receptor, número de indivíduos a serem alcançados, custo, facilidade de produção da mensagem, facilidade de utilização, alcance geográfico e temporal necessário e outros fatores inerentes ao caso específico em questão.

EDUCAÇÃO AMBIENTAL E SUSTENTABILIDADE

A seleção de métodos educativos envolve, ainda, a identificação das oportunidades e situações para a educação. A Associação Americana de Saúde Pública coloca como critérios de seleção:

- Eficácia – a medida com que uma atividade consegue alcançar seu objetivo.
- Eficiência – a quantidade de recursos utilizados para atingir o objetivo.
- Adequação – o grau com que a atividade educacional pode alcançar o objetivo.
- Conveniência – a importância do método para alcançar o objetivo, em relação ao ambiente ecológico do receptor.

A fim de poder selecionar os métodos e mídias educativos mais adequados, deve-se possuir certos conhecimentos e práticas básicas:

- Crença na mídia educacional e disposição para ajudar as pessoas a aprenderem por si sós.
- Habilidade para reconhecer todas as oportunidades educacionais.
- Conhecimento do processo educacional e habilidade para determinar seletivamente situações que podem ser utilizadas para atingir os diferentes objetivos.
- Conhecimento das forças e fraquezas das diferentes mídias educacionais e habilidade para aplicar seletivamente os vários métodos ante as situações.
- Conhecimento dos recursos disponíveis da comunidade e habilidade para usá-los eficientemente.

É preciso ter em mente alguns princípios quando da seleção de métodos educacionais:

- Selecionar, preferencialmente, mais de uma mídia educativa para qualquer trabalho educativo.
- Incluir, quando necessário, recursos audiovisuais.
- Quanto mais longo o programa educativo, mais métodos educacionais devem ser utilizados.

- Deve-se sempre começar pelos métodos mais simples.
- Quanto mais complexas as causas do problema, mais mídias devem ser empregadas.

A escolha das estratégias e, portanto, dos métodos, das técnicas e das mídias deve assegurar as características do processo educacional (participativo e transformador), observando que todos os métodos, atividades e materiais são igualmente importantes e válidos, desde que adequados aos objetivos, às características dos envolvidos no processo educativo e ao tempo e recursos disponíveis.

UTILIZAÇÃO DE MÍDIAS

Após a seleção da mídia educativa, outro ponto a considerar é o seu emprego. Da correta utilização depende o sucesso de qualquer trabalho educativo. Uma mídia mal utilizada põe por terra qualquer planejamento. Pode até mesmo funcionar como um bumerangue, isto é, causar efeito negativo em vez de efeito positivo, chegando por vezes a dificultar trabalhos vindouros ao deixar resquícios perniciosos no público receptor da mensagem.

A Organização Mundial da Saúde (OMS, 1988), por exemplo, alerta para o perigo do mau uso dos meios de comunicação de massa. Uma determinada publicidade incorreta de um novo tratamento para uma enfermidade, mesmo com a intenção de cura, ou pretensão de cura, pode suscitar falsas esperanças nos pacientes que sofrem da tal enfermidade. Por sua vez, isso pode levar à descrença de novas propostas.

Alguns critérios devem ser lembrados durante a veiculação de mensagens educativas, por exemplo: a adequação e o nível de linguagem, o respeito aos costumes e crenças, evitar mensagens negativas, não impor opiniões, manter sempre o diálogo.

As novas tecnologias e os meios de comunicação mais recentes são muito atraentes, mas o mais importante não é o veículo em si, mas a forma como é utilizado.

AVALIAÇÃO DE MÍDIAS

A avaliação de mídias de caráter educativo atua como meio de controle de qualidade e serve para assegurar que cada nova ação alcance resultados tão bons ou melhores que os anteriores. O crescimento do profissional educador depende de sua habilidade em garantir evidências avaliadoras de seu desempenho, incluindo aí o uso de meios educativos, a fim de constantemente melhorar a educação de seus receptores.

A confirmação de que os objetivos foram alcançados só pode advir de dados levantados sob a forma de avaliação. Sem ela, não será possível saber se os meios de comunicação contribuíram para o alcance dos objetivos e em que grau foi a contribuição.

Além de seleção, planejamento, utilização e avaliação dos recursos de ensino, é preciso ter em mente que todo e qualquer método, técnica ou mídia pode ser utilizado, desde que não seja para manipular o homem. Deve-se ter por princípio o respeito à liberdade de pensar, imaginar, criar, opinar, de todo ser humano.

O educador é apenas um "facilitador".

MÍDIAS DE COMUNICAÇÃO EDUCATIVA

Quadro-negro

O mais conhecido de todos os recursos audiovisuais. Quando utilizado adequadamente pode tornar-se um excelente instrumento de ensino.

O quadro-negro serve para:

- Visualizar as ideias abstratas.
- Destacar os conceitos essenciais.
- Despertar e manter o interesse voltado para o assunto.
- Incentivar a participação do público.
- Organizar as ideias.
- Facilitar a anotação.
- Manter um contato quase permanente com o público.
- Dinamizar a apresentação.

O quadro-negro é fácil de ser adquirido; não exige habilidades especiais, facilita a correção e alterações nos assuntos apresentados. Os educandos também podem escrever no quadro. É econômico.

Álbum Seriado

É um recurso visual de confecção fácil e econômica, que ilustra um tema em sequência, por meio de frases escritas e/ou ilustrações. Dessa maneira, a ideia é transmitida e fixada de forma mais viva e duradoura.

Além de servir como roteiro de apresentação, facilitando assim a exposição de assuntos longos e complexos, o álbum seriado oferece, ainda, as seguintes vantagens:

- Desperta a atenção e mantém o interesse.
- Facilita a compreensão, objetivando conceitos.
- Apresenta os tópicos da exposição em sequência lógica.
- É fácil de ser transportado e instalado.
- Assegura o acondicionamento e a conservação das ilustrações, que assim poderão ser utilizadas muitas vezes.

Ao planejar o seu álbum seriado, observe o seguinte:

- Analise o plano educativo.
- Estabeleça os pontos-chave.
- Selecione ilustrações para objetivar os pontos-chave.
- Evite encher a folha com muitos detalhes e figuras.
- Use recortes de publicações, fotografias, cópias de desenhos.
- Faça desenhos simples, formados por poucos elementos.
- Faça desenhos grandes.
- Sugira ação.
- Observe a legibilidade das letras.

Álbum seriado, com folhas de papel em branco, é útil para registrar ideias que surgem em um grupo de discussão.

Embora diferentes tamanhos de folha de papel possam ser utilizados para se fazer um álbum seriado, as suas medidas mais usuais são de 68 cm x 48 cm, normalmente montado sobre um tripé e conhecido por alguns pelo nome em inglês *flip chart*.

Flanelógrafo

Trata-se de um quadro recoberto com flanela ou feltro, sobre o qual ilustrações e letreiros podem ser colocados, retirados ou deslocados de sua posição inicial, emprestando dinamismo à apresentação. Presta-se para causar impacto e suspense. As mensagens sob a forma de ilustrações e letreiros utilizadas são chamadas de flanelogravuras.

Apesar de o flanelógrafo ser quase único em sua flexibilidade, deverá ser usado preferencialmente quando suas características puderem ser exploradas da melhor forma.

A seguir, as características e vantagens do flanelógrafo:

- Atrai a atenção – por sua aparência especial e única.

- Estimula o interesse – permite a apresentação por etapas e é de inegável efeito estético.

- É muito flexível – pode ser produzido em uma variedade de formas, cores e tamanhos, adapta-se a muitos assuntos e graus de instrução.

- Objetiva conceitos – ideias difíceis de serem compreendidas poderão ser facilmente explicadas mediante o bom uso desse recurso.

- Participação – permite o uso de dramatização; possibilita ao educando colaborar ativamente no assunto, manuseando as flanelogravuras.

- Sequência – cada conceito pode ser apresentado isoladamente e ir construindo a ideia geral; o assunto é apresentado em etapas.

- Movimentação – a apresentação é dinâmica e versátil.

- É de fácil preparo e apresentação – pode ser utilizado material barato; não exige tecnologia avançada.

Imantógrafo

O imantógrafo, ou quadro magnético, é um quadro de chapa metálica, sobre o qual podem ser aplicadas peças que contenham ímãs na sua parte traseira, a fim de aderirem ao quadro. Seu uso assemelha-se ao do flanelógrafo, com a vantagem de que as peças não precisam ser removidas para serem aplicadas em outro local do imantógrafo. Elas podem simplesmente deslizar sobre o quadro, permitindo uma dinâmica de movimento interessante. Outra vantagem é que o assunto pode ser apresentado em etapas e é de fácil utilização pelo fato de as peças fixarem-se com facilidade, podendo juntar ou separar informações com rapidez e dinamismo.

Em muitos casos, o imantógrafo vem revestido com uma camada de material liso e branco que permite que se escreva sobre ele com uma caneta apropriada, à base de álcool. Também pode ser revestido com flanela ou feltro para utilizá-lo tanto como imantógrafo quanto como flanelógrafo.

Ilustração

Em seu significado mais amplo, ilustração refere-se a desenhos, gravuras, fotografias, pinturas, esquemas, gráficos, organogramas, fluxogramas empregados para ilustrar e visualizar a ideia de um apresentador ou expositor.

As ilustrações apresentam duas grandes vantagens: são fáceis de serem obtidas e são de baixo custo. Entre os valores específicos de sua utilização encontram-se:

- Reproduzem, em muitos aspectos, a realidade.
- Facilitam a percepção de detalhes.
- Reduzem ou ampliam o tamanho real dos objetos representados.
- Tornam próximos fatos e lugares distantes no espaço e no tempo.
- Permitem a visualização imediata de processos muito lentos ou rápidos.
- Podem ser apresentadas por meio de projeção (episcopia, diascopia) ou por meios eletrônicos (televisão, computador).

Mediante o emprego de ilustrações, podem-se mostrar detalhes anatômicos, esquemas de funcionamento do aparelho digestivo, circulatório e outros, vetores e agentes epidemiológicos, hábitos e práticas culturais de valor para a saúde, mecanismo da visão, e assim por diante.

Algumas técnicas de desenho contribuem para a sua eficácia em termos de comunicabilidade. O educador deve organizar um arquivo de ilustrações para ter sempre em mãos as que ajudam a apresentação de um tema frequente em suas atividades educativas.

Cartaz

Uma característica do cartaz é atrair o olhar do espectador e, em seguida, transmitir-lhe a ideia desejada. Em educação, o cartaz pode servir para motivar, instruir ou simplesmente informar. Um cartaz, por exemplo, que desperta o interesse do cliente sobre a alimentação do bebê, serve como meio de motivação; o que se destina a mostrar o modo de preservar o ambiente contra a degradação pelo lixo é de caráter instrutivo; o que mostra onde e quando haverá uma sessão de vídeo é informativo.

O cartaz educativo deve ser empregado, sempre que possível, como parte integrante de um programa educativo ou de uma campanha planejada, exercendo função determinada, juntamente a outros métodos e mídias audiovisuais, e nunca isoladamente.

A OMS (1988) indica algumas regras para afixação de cartazes:

- Colocar em lugares visíveis, onde há trânsito de pessoas, salas de espera, consultórios, corredores de hospitais.
- Não deixar o cartaz exposto por mais de um mês; caso contrário, as pessoas ficarão saturadas e deixarão de vê-los.

Em se tratando de normas para confecção de cartazes, pode-se apontar as seguintes características de um bom cartaz:

- Atrair logo os olhares.
- Dominar a atenção.
- Mostrar obviamente as coisas.
- Transmitir uma ideia ou mensagem bem definida.
- A ilustração deve ser um chamariz para sua atenção.
- As frases são curtas e diretas.
- As letras são simples e de fácil leitura.
- O tamanho das letras adequado à distância de leitura.

Um dos trabalhos mais profundos sobre o cartaz, servindo às funções de informação, sedução, educação, ambiência, estética e criação, foi realizado por Moles (1974, p.54). Segundo esse autor, o cartaz leva à "autoformação do indivíduo pela contemplação, a um nível de atividade extremamente fraca, quase passiva, mas indefinidamente renovada". A utilização de cartazes em serviços de educação em saúde foi estudada por Ward (1982).

O planejamento visual gráfico do cartaz e de outros recursos visuais é profundamente exemplificado por Milton Ribeiro.

Folheto

O folheto, assim como outros materiais impressos, é útil para um trabalho educativo. Reforça mensagens que já aprendemos de outro modo; fornece informações adicionais ou práticas para os que têm especial interesse; mostra passos a serem seguidos, a fim de atingir um objetivo educativo. Por exemplo, ensina a maneira de misturar sal e açúcar para um reidratante oral. Compartilha ainda informações para os que não tiveram oportunidade de recebê-las de outro modo.

Certas precauções devem, no entanto, ser observadas no uso do folheto, segundo Ward (1982). Mesmo com audiência alfabetizada, o material impresso sozinho não conduzirá necessariamente a um comportamento mais saudável. Em especial se vier carregado de jargões e termos técnicos, conhecidos somente por especialistas, ou com ilustrações pobres, escritas longas, sentenças complicadas, letras pequenas e mal impressas. Sua utilização requer um planejamento correto, incluindo motivação para leitura.

Lencastre (1986), que estudou o uso de impressos em um hospital, em um programa para gestantes cardíacas, mostra algumas vantagens do impresso educativo:

- Facilita a comunicação.
- Acostuma o doente à linguagem mais técnica.
- Economiza tempo do profissional.
- Facilita a compreensão da orientação dada.
- Reforça a confiança no profissional.
- O paciente sente-se valorizado pela atenção do profissional.
- Facilita a aceitação do tratamento específico.
- Leva o paciente a cumprir determinações quanto à data de retorno, às doses de medicamentos etc.
- Conduz o paciente a uma visão crítica sobre sua doença.

Conforme Condeixa e Bodra (1973),

A ação educativa, promovida pela agência de saúde, encontrará um prolongamento na informação contida no material que o cliente leva consigo. Todavia, para que isso ocorra de forma positiva é necessário considerar alguns fatores, tais como:

- o material deve estar disponível ao funcionário, em quantidade suficiente, no momento em que se dá a interação;
- como complemento de extensão da ação educativa, esse material deve ser adequado ao nível do cliente, a fim de ser aceito e compreendido;
- deve ser corretamente utilizado pelo agente de saúde como reforço da mensagem educativa que transmite.

A produção de folhetos, bem como de outros materiais impressos, deve levar em consideração determinados critérios: teste prévio, eficácia, utilização, produção, seleção, conteúdo, forma, legibilidade, possibilidade de ser lido, inteligibilidade e avaliação.

O folheto ajuda na fixação dos conhecimentos e estimula a adoção das práticas recomendadas.

Revista

As revistas podem ter emprego em diversos campos do conhecimento. Tendem a ser menos acessíveis que os jornais. Geralmente são dirigidas para público de uma área geográfica bastante extensa.

Muitas revistas veiculam informações sobre saúde, educação e meio ambiente em forma de artigos ou de propagandas. Publicações produzidas para público feminino, por exemplo, costumam apresentar artigos sobre alimentação, nutrição, cuidados com crianças, cuidados com o corpo, gestação, assuntos de saúde materna e outros. Artigos de atualidades também são apresentados: saneamento, AIDS, poluição, educação ambiental, entre outros.

Os artigos de revistas tendem a ser mais longos e detalhados que os de jornal. Apresentam também ilustrações de melhor qualidade. Revistas podem ser compartilhadas por vários leitores e servem como estímulo à discussão e ao trabalho educativo.

O educador pode, ainda, utilizar a revista como fonte de ilustrações. Elas costumam ser bem impressas, coloridas e de boa qualidade, seja em desenho ou em fotografia.

O hábito de leitura de revistas, segundo a faixa etária, é o seguinte, citado por Tahara (1998, p.25):

Faixa etária	Costumam ler revistas (%)
15 a 19	66
20 a 29	59
30 a 39	47
40 a 49	41
50 a 65	34

A história em quadrinhos ocupa lugar de destaque informando, instruindo, influenciando crianças, jovens e adultos, por intermédio de um processo informal e, até certo ponto, incontrolável. Por essa razão, é um fenômeno que não pode ser deixado de lado pelos educadores, na opinião de Anselmo (1975).

Além de seu papel educativo, a revista serve como lazer – e dos melhores –, ajudando na cura do doente, por proporcionar a ele a tranquilidade necessária à sua recuperação.

Segmentando por classes econômicas, o hábito de leitura é revelado da seguinte maneira:

Classe	Costumam ler revistas (%)
A	88
B	73
C	54
D	34
E	17

Fonte: Tahara (1998, p.25).

Diapositivo (*Slides*)

Diapositivo é o mesmo que *slide*, em inglês. Trata-se de fotografias ou desenhos transparentes, projetáveis, colocados em uma moldura individual. São organizados em sequências, de acordo com os objetivos do apresentador do tema. Essa sequência pode ser modificada a critério do apresentador. Podem ainda ser utilizados em sequências sonorizadas, com o auxílio de um gravador. Quando acompanhados de gravação sonora, o conjunto é conhecido como multimeio, multimídia, sono viso ou audiovisual, e ganham grandes impactos pela sua dinâmica.

A produção de diapositivos artesanais, confeccionados sobre material transparente, tais como acetato, plástico, celofane, e em material translúcido como o papel vegetal, barateia seu custo.

Um significativo número de estudos, comparando o emprego do diapositivo com outros meios mais dispendiosos, conclui pela superioridade desse recurso. Com efeito, ele apresenta uma grande vantagem para a retenção, quando comparado a alguns outros meios comuns de instrução.

Livro

Os livros diferem das demais categorias de materiais impressos por terem caráter mais permanente, principalmente se forem comparados com jornais, revistas e folhetos. Na sua qualidade de depositários dos dados adquiridos por meio da experiência dos homens, os livros representam um proveitoso instrumento nas mãos do educador.

O livro, além de ser uma forma de lazer, é uma preciosa fonte de informações sobre todos os assuntos que se possam imaginar. Muitos são os autores que dissecam o papel do livro na educação. A biblioteca é o lugar ideal para a procura de informações técnicas, educativas e de lazer.

Retroprojetor

É um tipo de projetor para material transparente. Sua grande vantagem consiste tanto em produzir imagens claras, sem necessitar o escurecimento do ambiente, como permitir que o apresentador permaneça voltado para a audiência.

O retroprojetor presta-se para aulas, palestras, demonstrações, exposições, discussões em grupo, dramatizações etc.

As vantagens do retroprojetor consistem em permitir que o apresentador possa:

- Manter-se de frente para o auditório.
- Operar o retroprojetor ao mesmo tempo em que manipula os materiais.
- Escrever e desenhar durante a exposição.
- Usar notas marginais na moldura das transparências, sem que sejam expostas ao público.
- Dirigir a atenção, apontando, marcando e sublinhando a mensagem projetada.
- Manter registrada a exposição.
- Fazer uso de recintos sem necessidade de escurecê-los.
- Controlar o tempo de exposição.
- Arranjar previamente os materiais, de modo a poder expor cada um no momento apropriado.
- Usar as transparências como notas visuais e guia, tanto para si como para o público.

Por ser um recurso facilmente encontrado em instituições de ensino, pelo seu relativo baixo custo e pela facilidade de uso, muitos autores têm escrito sobre o retroprojetor.

O material com a mensagem que será projetada por meio desse equipamento é chamado de transparência. Existem muitas técnicas de produção dessas transparências; algumas são custosas porque a sua produção exige um certo grau de tecnologia; outras são baratas, produzidas por processo extremamente simples. Várias técnicas de utilização são empregadas: sobreposição, máscaras, movimentação, acréscimos, retiradas de informação etc.

Jogo Educativo

O jogo apresenta muitas possibilidades de uso em educação, uma vez que sempre atraiu as pessoas como forma de lazer, embora não seja muito utilizado ainda. As escolas, em todos os níveis, podem utilizá-lo nas mais diversas disciplinas, para passar conteúdos de forma agradavelmente lúdica. Oferece imensas possibilidades dentro de um hospital, na medida em que um dos problemas dos pacientes é como "matar o tempo".

Muitos jogos bastante conhecidos podem ser adaptados a assuntos de qualquer área do conhecimento: jogo de cartas, dominó, palavras cruzadas, charadas, dados, loto, quebra-cabeças, *puzzles*.

A trama do jogo permite que as pessoas expressem seus próprios problemas e sentimentos, encontrando estímulo positivo quando realiza uma ação correta ou quando a conduta é recompensada pelo fato de ganhar.

O jogo tem grande importância para a educação porque é uma forma agradável de atingir os educandos. Durante o jogo, ou dentro do espírito do jogo, as pessoas conversam, falam com mais facilidade de sua vida cotidiana, de suas dificuldades para pôr em prática as recomendações ou hábitos educativos. Uma vez superada a fase inicial de aprendizagem, esse recurso permite perder a timidez de se expressar e ajuda os participantes a se relacionarem melhor.

Muitas vezes ele é uma outra maneira de brincar. Por exemplo, existem hospitais que fizeram experiência com a introdução de brinquedos junto a crianças na unidade de centro cirúrgico, na sala de recuperação, com o objetivo de diminuir as reações de desconforto apresentadas pelas crianças durante essa fase, e o resultado foi satisfatório. Jogos foram produzidos para gestantes, cardíacos, fumantes e utilizados durante a espera para atendimento em unidades de saúde. Jogos voltados para temas ecológicos podem facilitar o reconhecimento da flora, a orientação topográfica, a sobrevivência na mata, entre outros.

Ainda como vantagens, eles se prestam para reforço e para introduzir novas informações. Podem ser barateados pela reutilização de jogos já gastos e até pelo uso de sucatas.

Modelo

Os modelos são definidos como a representação tridimensional, identificável de coisas reais. Podem ser:

- Exatos – quando representam os objetos com as mesmas dimensões e forma em que se encontram na realidade.
- Ampliados ou reduzidos – em tamanho maior ou menor do que o objeto que está sendo representado.
- Seccionados – quando, por meio de um corte, fica visível a parte interna do objeto representado.
- Desmontáveis – quando as suas partes podem ser retiradas e recolocadas.
- Sólidos – representam apenas a parte externa do objeto.

- Animados – mostram mobilidade de algumas partes para que se entenda o mecanismo.
- Simulados – mostram como determinado mecanismo opera, embora possa ser simplificado para melhor compreensão.

Um modelo desmontável de corpo humano, por exemplo, torna possível o exame individual de cada parte. O grau de familiarização que se pode adquirir com o corpo humano, ao colocar cada parte em seu lugar apropriado, dificilmente pode ser obtido por outro recurso. Uma maquete de uma estação de tratamento de água, ou de lixo, é um exemplo de modelo, o qual pode facilitar o entendimento de seu funcionamento sem necessariamente ter de se deslocar ao local da estação em questão.

A utilização de modelos exige que alguns princípios sejam observados, tais como: envolver a necessidade de serem vistos por todos; o emprego conjunto com outros materiais; a transmissão correta de tamanho; a necessidade de exame pessoal direto dos recursos tridimensionais.

Espécime e Objeto

São objetos representativos de um grupo ou classe de elementos semelhantes. É a amostra da coisa real, destinada a representar a espécie ou qualidade do todo.

Espécime e objetos têm conceitos semelhantes, porém não idênticos. A principal diferença é que o espécime é típico de uma classe ou grupo de coisas representadas, enquanto o objeto não precisa necessariamente ser típico ou representante de uma classe, ele é válido por si só.

A utilização de espécimes e de objetos no processo de aprendizagem é de grande valia por serem elementos reais que dão maior autenticidade e concretismo à situação de ensino. Por exemplo, quando um professor mostra uma planta, uma flor, um animal, uma pedra, uma máquina, ele está usando um espécime para mostrar as características da classe que representam.

O zoológico e o jardim botânico são ricos exemplos de locais nos quais espécimes são apresentados para que se possa conhecê-los.

Quando o enfermeiro mostra o que é um "papagaio", um DIU, um preservativo, um pulmão enegrecido pela fuligem do cigarro, ele está usando o espécime como recurso didático.

Filme Educativo

Para que se possa aproveitar o filme como recurso didático é necessário que se conheça o que ele pode oferecer. Basicamente, a sua grande vantagem é a possibilidade de apresentar o movimento associado ao som. Essa vantagem é acrescida de recursos técnicos, como a câmera lenta, a câmera rápida, o *zoom*, a microfotografia e a macrofotografia.

A essas vantagens acrescentam-se, ainda, as seguintes: reduz o tempo de tentativas e erros na aprendizagem; produz mais informações e fatos; é eficiente no desenvolvimento de habilidades complexas; desperta o interesse; aumenta a participação; pode levar à leitura voluntária, após sua exibição.

A criação de uma motivação, mediante o uso de filmes é analisada por Mialaret (1973). O exemplo de um filme sobre vacinação pode provocar fenômenos psíquicos que levam a um mal-estar intelectual e que levam as pessoas a perceberem, ainda que de modo confuso e global, a existência da semente de um problema; mediante a inquietação, orienta para a busca de uma solução. O filme pode explicitar os elementos da situação, relacionar os fatos, estabelecer as decorrências de causa e efeito e trazer a solução teórica e prática do problema.

O filme possibilita o conhecimento de florestas, cidades, modos de vida de pessoas e animais, processos de trabalho, funcionamento de usinas e muitas outras coisas, sem que a pessoa tenha que se deslocar para o local em estudo. E pode ainda fazê-lo quando e onde quiser.

Depois da projeção de um filme educativo, deve-se incentivar a discussão, estimular perguntas, fazer a audiência responder perguntas, certificar-se de que ela entendeu e pedir ajuda de outros profissionais para a discussão sobre o filme.

A eficiência de um filme didático depende do modo como é utilizado. Os dados mostram que o planejamento cuidadoso de seu emprego quase dobra a eficácia do filme em termos de informações adquiridas pelos educandos que a ele assistam.

O filme educativo é empregado para:

- Introduzir um novo tópico.
- Levantar problemas para discussão.
- Dar informações sobre algum fenômeno ou processo.

- Criar um ambiente ou estado de espírito favorável à aprendizagem.
- Testar habilidades em aplicar princípios que foram ensinados previamente.

Televisão

A televisão é a mídia de maior impacto e abrangência entre todas. O vigor de sua imagem, som e dinâmica inebriam os sentidos dos telespectadores. É inegável seu papel no processo de ensinar. Apesar de alguns críticos terem uma visão apocalíptica, sabe-se que ela pode contribuir positivamente para a educação, instrução e formação dos indivíduos. Tem como desvantagem o alto custo de sua produção. Mas sempre é possível aproveitar seus programas, adequando-os aos objetivos que se tem em mente, por meio de uma visão crítica, criativa e construtivista. Muitas emissoras transmitem programas educativos em todas as áreas do saber humano. Essas apresentações podem ser utilizadas durante sua transmissão, quando se conhece previamente a programação da emissora, ou serem gravadas em videoteipe para utilizar no momento oportuno. Algumas emissoras educativas têm sua programação estruturada em conjunto com instituições de ensino ou com o próprio telespectador.

Trata-se, pois, de um recurso que não pode ser esquecido por aquele que trabalha com a educação, principalmente quando seu público é a população em geral.

Videoteipe

O videoteipe é um recurso didático bastante semelhante à televisão e de grande potencial para a educação. Normalmente, ele é utilizado por intermédio do videocassete.

Esse recurso de ensino apresenta todas as vantagens do filme educativo e dos programas educativos de televisão, acrescido, ainda, da facilidade de rever quantas vezes se queira determinada cena ou informação completa, no momento que se deseja e com facilidade de manuseio. Pode ser empregado para grupos pequenos ou individualmente. Em virtude da facilidade de manuseio, os filmes educativos estão sendo transcritos em videoteipe, por meio de um equipamento chamado telecine.

A produção de mensagens em vídeo é mais simples e barata do que as produzidas para televisão e cinema. Podem-se produzir vídeos caseiros e com qualidade suficiente para atingir os objetivos propostos. O vídeo permite que se grave um evento e se possa assisti-lo em seguida para sua avaliação. Se não for satisfatório, pode-se regravar imediatamente. A duplicação da mensagem em vídeo pode ser feita com facilidade, permitindo sua apresentação por vários usuários.

Além da eficiência técnica, o videoteipe, em termos de audiência, apresenta ainda as seguintes vantagens:

- Permite divulgar experiências inacessíveis.
- Não requer escurecimento da sala de exibição do programa.
- Possui custo de produção baixo para eventos de curta duração, tais como: operações cirúrgicas, demonstrações.
- Pode ser exibido em circuito interno.

As fitas, com os programas gravados, podem ser produzidas pelos próprios educadores: são obtidas em casas especializadas, locadoras, instituições públicas e privadas.

O videoteipe é amplamente empregado na área de recursos humanos e na área da organização e do método. É também utilizado para treinamento em serviço, na educação continuada, para dar instrução etc.

Muitas instituições de saúde têm produzido vídeos educativos. Existem produtoras especializadas em programas voltados especificamente para a educação e/ou saúde.

Recursos Informatizados

Com o advento da informática, novos recursos didáticos surgiram para facilitar o trabalho do educador. A tecnologia permite projeções em uma tela, provenientes de diversas fontes: computador, retroprojetor, diascópio (projetor de *slides*), episcópio (projetor de ilustrações originais). Tudo aquilo que vemos no monitor de um computador pode ser projetado para grupos de pessoas mediante um aparelho conectado a ele. Esse processo permite audiovisuais de alta qualidade e podem ser produzidos com o auxílio de diferentes *softwares* (PowerPoint®, Flash®, Word®, Auto-

CAD®, CorelDRAW® e muitos outros). Pode-se, com outros equipamentos, mostrar páginas de livros, ilustrações, gráficos, tabelas e qualquer outro material impresso, de forma direta, sem necessidade de transformá-los em transparências ou diapositivos. Pode-se, também, escrever e mostrar no momento da escrita.

Apesar das desvantagens em relação ao custo e à necessidade de conhecimento específico para a produção de mensagens, as novas tecnologias informatizadas apresentam inúmeras vantagens adicionais às já existentes nos recursos que lhes servem de base, tais como:

- Impacto visual da mensagem.
- Informação em tempo real, no momento de sua produção.
- Apresentação mais dinâmica e com interatividade.

Mídias Eletrônicas

Em nossa área de atuação, mídia eletrônica refere-se ao conjunto de meios de comunicação que se apropria de recursos eletrônicos ou eletromecânicos para atingir o público e possibilitar a ele o acesso aos conteúdos educativos e informacionais de saúde.

Com o desenvolvimento tecnológico sempre crescente, novos recursos didáticos que se utilizam de tecnologias eletrônicas surgiram e continuarão a surgir em ritmo cada vez mais acelerado. O computador pessoal deu início a uma enorme gama de novas tecnologias educativas. Hoje faz parte de nosso contexto recursos já conhecidos anteriormente, como o rádio, a televisão, o telefone, o cinema; agora acrescidos de CDs, DVDs, internet, celulares, *notebooks* e tantos outros. As novas tecnologias inovam a estrutura da comunicação educativa, a exemplo de *website*, #G, Bluetooth, *wireless, site, blog, e-book*, iPod, iPad, iPhone, *podcast, videocast, ringtone* e uma infinidade de novidades. Algumas dessas tecnologias possibilitam a interatividade entre a fonte e o receptor, ou receptores, das mensagens, permitindo, assim, a troca de informações entres eles em tempo real.

Graças ao seu poder de interação, atratividade, potencial e acessibilidade, as mídias eletrônicas, se bem utilizadas, poderão ser as grandes propulsoras da educação ambiental, ajudando na conscientização da população no sentido de preservação do planeta.

REFERÊNCIAS

ANSELMO, Z.A. *História em quadrinhos.* Petrópolis: Vozes, 1975.

CONDEIXA, G.G.; BODRA, J.P. *Utilização de folhetos: um projeto em tecnologia da educação.* São Paulo: Secretaria de Estado da Saúde de São Paulo, 1973.

LENCASTRE, E.F. *Impressos em programa para gestante cardíaca.* São Paulo, 1986. Tese (Doutorado). Faculdade de Saúde Pública da USP.

MIALARET, G. *Psicopedagogia dos meios audiovisuais no ensino do primeiro grau.* Petrópolis: Vozes, 1973. (Educação Prospectiva, 3).

MOLES, A.A. *O cartaz.* São Paulo: Perspectiva, 1974.

[OMS] ORGANIZAÇÃO MUNDIAL DA SAÚDE. *Education for health: a manual for health education in primary health care.* Genève, 1988.

TAHARA, M. *Mídia.* São Paulo: Global, 1998.

WARD, A. The use of posters and leaflets in a specialist health education department. *Health. Educ. J.,* v.1 n.41 p.17-20, 1982.

Bibliografia Consultada

ALMEIDA, A.M. *Mídia eletrônica.* São Paulo: Forense, 1993.

ALMEIDA, C.J.M. *Uma nova ordem audiovisual: comunicação e novas tecnologias.* São Paulo: Summus, 1988. (Novas buscas em comunicação, v.30).

ALMEIDA, J.C. *O Navegador: curso avançado de mídia.* São Paulo: Agá Junis, 1999.

BABIN, P. *A era da comunicação.* São Paulo: Paulinas, 1989.

BAGDIKIAN, B.H. *O monopólio da mídia.* São Paulo: Scritta, 1993.

BARATIN, M.; JACOB, C. (orgs.). *O poder da biblioteca.* Rio de Janeiro: UFRJ, 2000.

BERLO, D.K. *O processo da comunicação.* São Paulo: Fundo de Cultura, 1991.

BOMBONATE, P.P. Anatomia por imagem. *Epistéme,* São Paulo, v.1 n.1 p.203-218, 1996.

BORDENAVE, J.E.D. *Além dos meios e mensagens: introdução à comunicação como processo, tecnologia, sistema e ciência.* Petrópolis: Vozes, 1983.

BORZOTTO, V.H. *Mídia, educação e leitura.* São Paulo: Anhembi-Morumbi, 1999.

CAPARELLE, S. *Comunicação de massa sem massa.* São Paulo: Summus, 1982.

CASADO, A. *Os meios de comunicação social e sua influência sobre o indivíduo e a sociedade.* São Paulo: Nova Cidade, 1987.

CITELLI, A. *Comunicação e educação: a linguagem em movimento*. São Paulo: Senac, 2000.

COGO, D.M. *No ar uma rádio comunitária*. São Paulo: Paulinas, 1998.

CONTRERA, M.S. *O mito da mídia*. Porto Alegre: Annablume, 1999.

DEBRAY, R. *Curso de midiologia geral*. Petrópolis: Vozes, 1993.

DIZARD JR., W. *A nova mídia*. São Paulo: Dizard, 2000.

DONDIS, D.A. *Sintaxe da linguagem visual*. São Paulo: Martins Fontes, 2000.

ENZENBERGER, H.M. *Elementos para uma teoria dos meios de comunicação*. São Paulo: Tempo Brasileiro, 1985.

FERRÉS, J. *Televisão subliminar: socializando através de comunicações despercebidas*. Porto Alegre: Artmed, 1998.

FERREYRA, E.N. *A linguagem oral na educação de adultos*. Porto Alegre: Artmed, 1998.

FRANÇA, F.; FREITAS, S.G. *Manual da qualidade em projetos de comunicação*. São Paulo: Pioneira, 1997.

GIACOMANTONIO, M. *O ensino através dos audiovisuais*. São Paulo: Summus, 1981.

GOMEZ, G.; COZO, D.M. (orgs.). *O adolescente e a televisão*. Porto Alegre: Unisino, 1998.

HANSSEN, D.F. *Mídia, imagem e cultura*. Porto Alegre: Edipucrs, 2000.

HART, A. *Understanding the media: a practical guide*. London: Routledge, 1997.

HEILVEIL, I. *Videoterapia: o uso do vídeo na psicoterapia*. São Paulo: Summus, 1984.

HELLER, R. *Como se comunicar bem*. São Paulo: Publifolha, 1998. (Série Sucesso Profissional).

LITWIN, E. (org.). *Tecnologia educacional: política, histórias e propostas*. Porto Alegre: Artes Médicas, 1997.

LEWIS, R. *Vídeo: 101 dicas essenciais*. Rio de Janeiro: Ediouro, 1997.

LONGHI, J.T. *Manual do videocassete*. 3.ed. São Paulo: Summus, 1982.

MACHADO, A. *A arte do vídeo*. 3.ed. São Paulo: Brasiliense, 1997.

MATTELART, A. MATTELART, M. *História das teorias da comunicação*. 2.ed. São Paulo: Loyola, 1999.

MORAES, D. *O planeta mídia*. Campo Grande: Letralivre, 1988.

MCLEISH, R. *Produção de rádio: um guia abrangente de produção radiofônica*. São Paulo: Summus, 2001. (Novas buscas em comunicação, v.62).

NAPOLITANO, M. *Como usar a televisão na sala de aula*. São Paulo: Contexto, 1999.

ORTRIWANO, G.S. *A informação no rádio: os grupos de poder e a determinação dos conteúdos*. São Paulo: Summus, 1985.

PACHECO, E.D. Televisão, criança e imaginário no terceiro milênio: contribuições para a integração escola-universidade-sociedade. *Revista Comunicação e Artes*, São Paulo, v.32 n.20 p.91-104, 1997.

PENTEADO, H.D. (org.). *Pedagogia da comunicação: teorias e práticas*. São Paulo: Cortez, 1998.

POLITO, R. *Recursos audiovisuais nas apresentações de sucesso*. 3.ed. São Paulo: Saraiva, 1997.

_____. *Assim é que se fala: como organizar a fala e transmitir ideias*. São Paulo: Saraiva, 1999.

_____. *Como falar: corretamente e sem inibições*. 80.ed. São Paulo: Saraiva, 1999.

REY, M. *O roteirista profissional: televisão e cinema*. 3.ed. São Paulo: Ática, 1997.

ROBERT, H. *Como se comunicar bem*. São Paulo: Publifolha, 1999. (Série Sucesso Profissional; seu guia de estratégia pessoal).

ROUSSEAU, R.-L. *A linguagem das cores*. São Paulo: Pensamento, 1980.

SAMPAIO, R. *Propaganda de A a Z*. Rio de Janeiro: Campos, 1995.

SANDRONI, L.C.; MACHADO, L.R. *A criança e o livro*. São Paulo: Ática, 1986.

SANTAELLA, L. *Cultura das mídias*. São Paulo: Experimento, 1996.

SANTOS, S. de O. *O escolar e a televisão*. São Paulo, 1974. Dissertação (Mestrado) Faculdade de Saúde Pública da USP.

SCHWARTZ, T. *Mídia: o segundo Deus*. São Paulo: Summus, 1985.

[SEBRAE] SERVIÇO BRASILEIRO DE APOIO ÀS MICRO E PEQUENAS EMPRESAS. *Mídia para a pequena empresa*. São Paulo: [s.e.], 1999.

SERRA, F. *O que toda empresa pode fazer com o videocassete*. São Paulo: Summus, 1983.

SODRÉ, M. *Televisão e psicanálise*. São Paulo: Ática, 1987.

THOMPSON, J.B. *A mídia e a modernidade*. Rio de Janeiro: Vozes, 2001.

TISKI-FRANCKOWIACK, I.T. *Homem, comunicação e cor*. 2.ed. São Paulo: Ícone, 1991.

TORQUATO, G. *Comunicação empresarial/comunicação institucional: conceitos, estratégias, sistemas, estrutura, planejamento e técnicas*. São Paulo: Summus, 1986.

VANOYE, F. *Usos da linguagem: problemas e técnicas na produção oral e escrita*. São Paulo: Martins Fontes, 1998.

Ambientar Arte na Educação

20

Eliane Aparecida Ta Gein
Filósofa, Faculdade de Saúde Pública – USP

Risos, brincadeiras, diversão em um evento de educação ambiental? Será possível falar sobre problemas ambientais e ainda obter alegria?

Primeiramente, não é apenas de catástrofes que trata a educação ambiental; portanto, a resposta é: sim, é possível cumprir os objetivos da nova perspectiva educacional de forma alegre. E a alegria, já dizia o sábio Paulo Freire, "é o espaço pedagógico para a esperança" (Freire, 1996).

Mas qual a conexão entre educação ambiental, alegria e esperança?

Para responder recorre-se a uma velha discussão filosófica: o ser humano é fruto da sua realidade (mundo) ou é artífice (criador) dela? Atualmente, compreende-se que a realidade é construída/criada pelas pessoas, e estas, por sua vez, tornam-se pessoas na realidade, em uma relação dialética: em que ambas as partes se confrontam, negam-se e se transformam a partir dessa negação.

Muito complicado? No final das contas, isso quer dizer que as pessoas são responsáveis pelo que existe no mundo, mas também agem, em muitas ocasiões, de forma determinada pelo mundo/realidade (filosoficamente, mundo é tudo que existe, até as relações históricas).

Há muitas pessoas que não percebem essa relação dialética. Acreditam em uma História em que tudo já está previsto e é imutável; não há nada para ser modificado. Enfim, não há espaço para a transformação da realidade.

538 EDUCAÇÃO AMBIENTAL E SUSTENTABILIDADE

Aí entra o papel fundamental da educação ambiental, que vai construindo-se no mundo como educação revolucionária, alardeando o momento de inverter a ordem estabelecida, incentivando à rebeldia pacífica líderes comunitários, militantes políticos, religiosos e educadores. A educação ambiental não é neutra; tampouco aceitará a conformidade. Ela almeja a transformação de tudo que causa ou poderá causar problemas ao planeta. Solicita a intervenção de pessoas capacitadas para agir, sensibilizadas e com valores diferentes daqueles que habitam a esfera conformista.

A grande dificuldade é obter um clima coerente com tal projeto. Como construir um processo educativo em que as pessoas possam exercer suas opções éticas para resolver e prevenir problemas de forma autônoma, respeitando as necessidades orgânicas e culturais de cada pessoa? Como propiciar um espaço onde seja possível a equidade entre tantas diferenças sociais e culturais?

Somente alimentando a constante busca que há no espírito humano com algo que resgate a responsabilidade sobre a transformação e criação da realidade, estimulando a ação transformadora.

Uma das formas de proporcionar esse alimento é trazer a alegria para um meio tradicionalmente tão sisudo como a educação, transformando diversão em reflexão. A alegria resgata a esperança necessária para que as pessoas possam encarar a História como possibilidade de vir a ser o que ainda não é. E para que a alegria se estabeleça, é imprescindível que elas sintam prazer no processo educativo.

Ideologias utilizaram diversos caminhos para propagar ideias de forma prazerosa. Um desses caminhos, muito utilizado até de forma intuitiva, é a arte. Ela possui vários ramos: a dança, o teatro, a pintura, a escultura, o cinema, a música, para nomear os mais populares. A alegria nasce no poder de criar. As práticas artísticas conseguem transformar a imaginação em poder criativo e devolver às pessoas a ação transformadora, em vez de um destino inexorável.

O exercício criativo solicita autonomia daqueles que dele participam. Autonomia integradora, pois a arte só se completa no(s) outro(s), na emoção e nos sentimentos cativados pela manifestação artística, em uma grande corrente, na qual todos os elos se tocam.

A arte é banida como profana, mas utilizada pelos próprios dogmas sagrados. Daí pode-se perceber um paralelismo singular entre a condição profana da arte e a revolucionária da educação ambiental que nasceu em um meio tradicionalista.

A utilização da arte pela educação ambiental é um meio de trabalhar a alegria, o lúdico, a beleza, o agradável e o criativo na abordagem e construção dos principais conceitos da questão ambiental.

Artistas – profissionais e amadores – vivenciaram momentos em que é possível criar realidades fantásticas, expressar sentimentos reprimidos, refletir sobre os conflitos que os cercam, construir uma ponte entre o ideal e o necessário.

Haverá uma prática artística que melhor se adapte à educação ambiental? Sim; a escolha de qualquer ferramenta deve respeitar uma série de fatores. É necessário direcionar o processo levando em consideração a cultura local, as necessidades existentes, os objetivos propostos, o público-alvo e suas características fundamentais, além da própria capacidade de quem está intervindo nessa realidade para lidar com essa ferramenta.

Muitos educadores poderão arguir a impossibilidade de realizar arte por não serem artistas. Todavia, a própria arte comprova que não é necessário ser artista, na concepção clássica da palavra, para se produzir, construir ou manifestá-la. A arte nasceu da necessidade de embelezar e subverter as ações do cotidiano como andar, falar, escrever.

A palavra arte vem do latim *ars*, e corresponde à palavra grega *techné*, cujo significado é: o que é ordenado ou toda espécie de atividade humana submetida a regras.

Nos dicionários podem-se encontrar definições como: é um conjunto de preceitos para a perfeita execução de qualquer coisa; artifício, ofício ou profissão; indústria; astúcia; habilidade, travessura; magia; feitiçaria, prestidigitação. Em uma ótica filosófica, é um complexo de regras e processos para a produção de um efeito estético determinado.

Como se pode perceber, conceituar arte é uma tarefa difícil, porque tudo pode ser considerado arte. No livro *Arte é o que eu e você chamamos arte* (Morais, 1998), há centenas de definições sobre o que é ou o que poderia ser considerado arte. Algumas delas:

- "A arte é o lugar da liberdade perfeita" (André Suarês).
- "A arte é um exercício mental de liberdade" (Daniell Abadie).
- "Olhe a mim, isto basta, eu sou arte" (Ben Vautier, 1973).
- "A arte é um antidestino" (André Malraux).

Nessas definições, a arte é considerada algo possível de ser realizado, um exercício pessoal libertador, uma negação do destino que aprisiona. É

540 | EDUCAÇÃO AMBIENTAL E SUSTENTABILIDADE

essa a noção de liberdade pessoal que interessa ao processo educativo ambiental como forma de introduzir a possibilidade de transformação, em oposição aos métodos que aprisionam e diminuem o potencial humano.

Se educar é atualizar todas as potencialidades humanas, a conformidade não cabe em tal processo de transformação do estabelecido. É o momento em que se rompe com um processo que só reproduz conceitos vazios e sem valor para a existência humana. A tradição está estreitamente ligada ao conceito cartesiano da superioridade humana sobre as demais espécies vivas. É uma superioridade que impede a elaboração de sistemas sustentáveis, portanto incongruentes com a necessidade de proteger a vida e a biodiversidade, de preservar o planeta Terra e de promover a justiça social.

O que a tradição aprisiona, a arte liberta e oferece um campo para a concretização dos nossos sonhos (enquanto projetos) e desejos. A arte na educação ambiental resgata ou recria valores necessários, anuncia um mundo onde a ética é possível, onde a convivência pacífica é essencial à continuidade da vida. A arte possibilita a capacidade de antever uma nova vida, uma outra forma para a realidade. Não é um mundo paralelo; é real, pois se vive o poder de criar na arte. E criar significa o poder de traçar o próprio destino, a possibilidade de transformação da realidade massacrante e injusta. Na arte se é artista, livre, louco, diferente, humano, criativo, belo, sensível, utópico. É, enfim, a energia máxima canalizada para o poder de criação, que modifica e transforma valores e atitudes para a concretização da utopia como algo que ainda não é, mas que poderá ser se assim as pessoas determinarem.

Portanto, o desenvolvimento de oficinas de arte-educação devem ter como base as seguintes premissas:

- Todas as pessoas são criativas; o exercício da arte está implícito no espírito humano.

- A prática artística proporciona prazer e alegria que, por sua vez, constrói o ambiente necessário para a existência da esperança.

- A esperança dignifica a pessoa humana e a liberta do conformismo, devolvendo-lhe a responsabilidade sobre a existência da realidade.

- As pessoas são artífices da História e podem contribuir para a manutenção de todas as formas de vida no planeta.

OFICINAS DE ARTE-EDUCAÇÃO

Reutilizar, o Lixo que Vira Teatro![1]

Temas: recriar, criatividade, diversidade, tolerância, comportamentos, integração, reutilização, os três *r*.

Materiais:
* Restos de tecidos, toalhas velhas, véus, de preferência de várias cores.
* Canetas coloridas.
* Meias velhas, saquinhos plásticos de leite, ou saquinhos de papel.
* Botões, papéis coloridos, fitas, canudinhos usados.
* Adereços de vestuário, como: bijuterias, gravata, cachecol, chapéus, bolsas antigas.
* Instrumentos de percussão: apito, chocalho, caixa de fósforos, tampa de panela, panelas, talheres, pandeiro, entre outros.
* Restos de materiais, como embalagens, cabo de vassoura, areia, pedras, jornais.

Desenvolvimento:
É necessário frisar aos participantes que tragam objetos que estão inutilizados ou que seriam jogados fora como lixo ou sucata. Trata-se de perceber como os materiais podem ser reutilizados de maneira criativa.

Se houver mais tempo, a oficina poderá usá-lo na confecção dos objetos cênicos ou vestuário. Isso serve para exercitar a criatividade na reutilização dos materiais e a importância de se ter um novo olhar sobre o que é considerado lixo.

Escolher uma história cujo tema central se deseje discutir ou problematizar.

A história pode ser apresentada por apenas dois orientadores, um deles executa a leitura dramática, enquanto o outro manipula alguns adereços e objetos para ilustrar as atitudes dos personagens e também os momentos engraçados do texto.

---

[1] Exercício de autoria das arte-educadoras Eliane Aparecida Ta Gein e Hebe Anita Esper.

Leitura dramática é uma leitura na qual a plateia é envolvida pela voz que interpreta o texto, bastando utilizar modulações/entonações diferentes durante a sua narração, de acordo com os momentos a que se quer dar ênfase. Chama-se colorir o texto.

Por serem simples, os objetos podem ser encontrados ou produzidos por qualquer pessoa. Isso estimula a criatividade dos participantes, além de exigir pouca habilidade teatral para a manipulação porque são objetos do cotidiano, e a leitura dramática elimina a necessidade de memorizar o texto.

Após a apresentação/interpretação da história, pede-se aos participantes para recontarem a história assistida, utilizando-se outra técnica: marionetes. A manipulação de marionetes possibilita menos constrangimento aos mais tímidos, pois o manipulador fica atrás de uma cortina, improvisada com toalhas, tecidos e as próprias carteiras da sala de aula.

A marionete é feita da reutilização de vários materiais. Em localidades mais carentes pode ser utilizado o saquinho plástico ou de papel (desde que não seja muito fino), ou ainda garrafas plásticas de refrigerantes.

Para confeccionar o personagem/marionete, o ator/manipulador introduz a mão na meia, no saquinho ou na garrafa. Flexionando a palma da mão, marcam-se com uma caneta dois pontos paralelos, exatamente entre a divisa da palma da mão e do início dos dedos; esses pontos serão os olhos. Logo abaixo é marcado o local do nariz e da boca. Retira-se a mão e trabalha-se na montagem da marionete, que pode ser colagem, desenho ou costura dos olhos, boca e nariz. Cada marionete pode ser enriquecida conforme o personagem escolhido e a criatividade do seu criador.

Há a necessidade de espécie de supervisão ou acompanhamento da coordenação para que os participantes não se detenham em conceitos de estética muito rígidos; o que importa é criar o personagem. A criatividade também exige prática e, aos poucos, as pessoas vão exercendo-a, primeiro em um exercício bem simples, e depois na própria realidade.

É importante dividir os participantes em grupos e deixar claro que eles irão recriar a história assistida. Será necessário que tarefas, como montagem de personagens, elaboração de roteiro e execução dos sons, sejam distribuídas dentro de cada grupo. O resultado é apresentado no palco improvisado; serão histórias similares, mas recriadas de diversas formas.

Alguns instrumentos de percussão podem ser providenciados pela coordenação ou pelos próprios participantes. O trabalho de dramatização pode ser acompanhado por alguém que saiba tocar violão ou outro instrumento musical.

Depois de os grupos recontarem a história é o momento para uma conversa sobre tudo o que foi vivenciado, desde o recolhimento dos materiais, a criação dos objetos e figurinos, a recriação da história e a apresentação até os sentimentos ocorridos durante o processo.

Essa conversa é o momento para que a coordenação identifique os valores existentes e se houve alguma modificação neles, por exemplo, a forma de encarar o lixo, qual a visão antes e depois de tornar o lixo em algo inusitado, bonito e divertido.

Brasil, uma Visão Histórico-Ambiental[2]

Temas: exploração predatória, biodiversidade, História do Brasil, aproveitamento das riquezas naturais.

Materiais:
* Quaquer aparelho de som ou dispositivo que reproduza música.
* Jornais velhos.
* Canetas coloridas, tinta guache, lápis de cor ou giz de cera.
* Barbante de algodão cru.
* Cola, tesoura, fita adesiva.
* Algumas sucatas, como embalagens, fitas, tecidos e o que for interessante.

Desenvolvimento:
Escolher quatro músicas criadas em diferentes momentos históricos do Brasil, cujo ponto principal seja a visão ambiental que se tenha do país naquele momento. Algumas músicas já utilizadas: *Aquarela do Brasil* (Ary Barroso), *Alagados* (Herbert Viana/Gilberto Gil), *Querelas do Brasil* (Maurício Tapajós/Aldir Blanc), *A cara do Brasil* (Celso Viáfora/Vicente Barreto).

Executar cada tema, tendo o cuidado de distribuir cópias da letra a fim de que os participantes possam acompanhar cantando e dançando. A cada execução, deve ser feito um breve relato histórico ambiental, explicando alguns pontos interessantes. Deve-se promover também uma pequena dis-

---

[2] Exercício de autoria das arte-educadoras Eliane Aparecida Ta Gein e Hebe Anita Esper.

cussão sobre aquele momento e a visão ambiental percebida na letra e harmonia da música.

Após a quarta música, os participantes são divididos em quatro grupos, que confeccionarão quatro objetos tridimensionais com as sucatas, buscando sintetizar a visão histórico-ambiental da música escolhida.

Durante a elaboração desses objetos, as músicas podem ser novamente executadas para auxiliar a percepção do grupo.

Os objetos surgidos nessa oficina vão desde esculturas articuladas com jornais, até pessoas embrulhadas e caracterizadas. O estímulo acontece a partir da análise histórica e da percepção da música.

Para que todos tenham a oportunidade de apreciar o que foi criado, realiza-se uma exposição na qual os criadores explicam aos outros participantes a ideia do objeto e a relação dele com a visão histórico-ambiental do Brasil, enfatizando as características dessa visão face aos conceitos atuais da proteção ambiental.

Concurso de Paródias Ambientais[3]

Tema: criatividade, musicalidade, questão ambiental.

Materiais:
- Letras de músicas que são executadas com muita frequência.
- Qualquer aparelho de som ou dispositivo que reproduza música.
- Material para escrever: painéis ou folhas de *flip chart* ou folhas de não tecido, ou transparências e retroprojetor, ou lousa e giz.
- Folhas de papel e canetas.

Desenvolvimento:
Para demonstrar a facilidade de criar uma paródia ambiental, deve-se, primeiramente, apresentar aos participantes uma paródia ambiental sobre uma música bem conhecida. Se for necessário, pode-se executar a música original antes da paródia. A letra da paródia deve ficar bem visível para que todos os participantes acompanhem.

Depois, os participantes irão executar outras paródias de músicas conhecidas. A escolha de estilos diferentes possibilita contrastes. Divida os

---

[3] Exercício de autoria das arte-educadoras Eliane Aparecida Ta Gein e Hebe Anita Esper.

participantes em grupos, de acordo com o número de músicas apresenta-das. Os temas das paródias precisam versar sobre problemas ambientais: desperdício de água, consumo de energia, tecnologias limpas etc.

Cada grupo deve apresentar a paródia com todos os componentes cantando. Os participantes podem comentar cada trabalho apresentado.

O resultado dessa oficina depende da utilização de músicas bem divul-gadas pela mídia e da garantia de que a paródia contenha alguma reflexão sobre as questões ambientais. Pode ser feita uma pesquisa prévia com os participantes sobre as músicas que eles conhecem bem, podendo cantá-las integralmente, respeitando-se a cultura local e as possíveis influências de estilos musicais questionáveis ou estranhos à cultura local, o que se apre-senta como excelente oportunidade para uma avaliação do grupo e das in-fluências globais.

Trilha Perceptiva

Tema: percepção, confiança, sentidos, exploração, imaginação, mistério.

Materiais:
- Vasos (médios ou grandes) de plantas.
- Objetos que produzam som ao ser tocados.
- Objetos ou vegetais que tenham uma característica importante, como uma textura ou aroma marcante.
- Tecidos de texturas diferentes.
- Uma corda forte e longa.
- Pedestais para apoiar a corda.
- Vendas para olhos, na mesma quantidade do número de participantes.
- Um espelho grande ou médio.
- Uma pequena fonte de água.
- Um aparelho de som para executar música suave ou sons de mata, mar, rio, cachoeira ou pássaros (há CDs sobre os temas).
- Papel para escrever ou desenhar.
- Lápis de cor ou giz de cera.
- Tintas, canetas coloridas.
- Duas salas.
- Uma mesa e cadeiras.

Desenvolvimento:

Uma das salas deve ser preparada com mesa e cadeiras. As folhas de papel e o material para colorir devem estar dispostos sobre a mesa para que os participantes utilizem ao final da trilha.

Uma sala deve ser preparada com os objetos dispostos em uma trilha sinuosa para aproveitar o local, deixando espaço para as pessoas tocarem e sentirem estes objetos.

A corda será o guia da trilha. As pessoas com os olhos vendados se guiarão por ela; portanto, a corda precisa estar bem presa e os pedestais firmes para não acontecer acidentes ou a corda se desprender durante o exercício, impossibilitando a continuação da exploração.

Os participantes terão os olhos vendados antes de entrarem na sala; esta não pode ser vista até o final do exercício. Eles, então, são guiados até o início da corda. Cada nó indica algo para ser explorado. Todos devem manter uma mão na corda, e a exploração poderá ser feita com a mão livre, além de tentar perceber os aromas e ouvir os sons produzidos. Recomenda-se que os participantes não conversem dentro da sala.

Para um melhor resultado, deve-se espaçar a entrada na sala para evitar os choques e amontoamento de pessoas. Muitas reações de medo, de espanto, surpresa e prazer poderão ocorrer.

São necessárias, no mínimo, quatro pessoas para coordenar a atividade. A primeira encaminha o participante até o início da trilha; a segunda observa a exploração dentro da sala; a terceira recebe o participante no final, conduzindo-o até o espelho onde a venda deverá ser retirada; e a quarta levará o participante à outra sala para expressar-se, desenhando ou escrevendo algo em uma folha de papel.

Depois que todos explorarem a trilha, é o momento de expor as folhas com os desenhos e as palavras dos participantes, propiciando uma conversa sobre o que ocorreu com cada um. Somente depois disso a sala poderá ser visitada sem as vendas.

INTEGRAÇÃO

Para quebrar o clima de constrangimento no início dessas oficinas, utilizam-se jogos e brincadeiras; algumas delas já esquecidas, do tempo da adolescência ou da infância. Os jogos que proporcionem o riso são bem-vindos. Um forte vínculo social é estabelecido dentro do grupo que ri junto. Rir é franquear a alma e estar à vontade no meio dos demais. O riso iguala a todos.

Os participantes podem ser divididos em grupos, de acordo com as brincadeiras que mais gostavam na infância: algum tipo de hábito, espécies em extinção, ecossistemas, animais urbanos ou silvestres preferidos.

É importante utilizar jogos em que os nomes das pessoas sejam apresentados, como em um círculo onde cada uma se apresenta e diz que foi à feira comprar uma certa fruta ou legume. A pessoa seguinte deve repetir o nome da pessoa anterior e o que ela comprou, além de apresentar-se a todos. Os nomes da compra não podem ser repetidos. Podem ser feitas duas rodadas.

Todos podem apresentar-se escrevendo o nome com a parte posterior do quadril, como se houvesse um quadro negro atrás, utilizando o quadril como um giz. O participante deve ficar de frente para o grupo, enquanto os outros tentam adivinhar qual é o nome. O participante deve escrever bem devagar. É uma forma bastante engraçada.

A apresentação pode também ser feita musicalmente: sentados em um círculo, cada um apresenta seu nome em um certo ritmo, com movimentos de mãos ou corpo. A cada nome, todos repetem os mesmos gestos e ritmo, antes da apresentação do seguinte, para fixarem os nomes.

Após a apresentação, podem-se utilizar exercícios simples para aquecer o corpo e focar a atenção, como andar em várias direções, de lado, de costas, de lado para a direita ou esquerda, rápido, devagar, ou como se estivessem carregando objetos grandes e pequenos, ou, ainda, como se estivessem passando por vários ambientes diferentes: frio, quente, gelado, morno, cascalho, barro, óleo, poeira, água, mata, fogo.

É necessário propor pequenos problemas para o grupo resolver, como uma roda formada pelos participantes voltados de frente para o centro, que deverá ser virada ao contrário, ou seja, as costas dos participantes para o centro, sem que eles soltem as mãos. As inúmeras tentativas poderão surtir boas risadas. O segredo é passar por baixo das mãos das pessoas que estão no lado oposto da roda, como se estivesse virando a roda pelo avesso.

Jogos que exijam uma ação conjunta do grupo demonstram os prováveis líderes; eles se destacam pela iniciativa na resolução dos problemas apresentados e na realização dos exercícios propostos.

Fazer caretas é um exercício bem engraçado; mas cada careta ou expressão deve acontecer aos sinais da coordenação. Todos vão girando sobre si e a cada palma ou apito, mudam a expressão, que pode ser a reprodução de: sentimentos, de faces de animais, de elementos da natureza.

Outro jogo muito divertido é colocar uma figura, de um animal ou planta, nas costas de cada participante; ele não pode ver a figura, mas tentará adivinhá-la por meio de perguntas aos outros participantes, que deverão responder com sim ou não; por exemplo, se é um vegetal, se corre risco de extinção, se pertence a um determinado ecossistema.

Exercícios utilizados pelo teatro, música, dança, artes plásticas e até pela educação física podem ser adaptados para promover a integração dos participantes, proporcionando alegria e despertando o prazer de brincar.

REFERÊNCIAS

FREIRE, P. *Pedagogia da autonomia, saberes necessários à prática educativa.* 11.ed. São Paulo: Paz e Terra, 1996. (Coleção Leitura)

MORAIS, F. *Arte é o que eu e você chamamos arte, 801 definições sobre arte e o sistema da arte.* Rio de Janeiro: Record, 1998.

Bibliografia Consultada

BAILÃO, C.A.G. (coord.). *Gestão educação ambiental, reflexões sobre a questão ambiental e sugestões de atividades pedagógicas.* Santo André: Prefeitura Municipal, 1998.

BERGSON, H. *O riso, ensaio sobre o significado do cômico.* 2.ed. Rio de Janeiro: Zahar, 1983.

BUENO, F.S. *Dicionário escolar da língua portuguesa.* 11.ed. Rio de Janeiro: FAE, 1986.

CHAUÍ, M. *Convite à filosofia.* São Paulo: Ática, 1994.

CORNELL, J. *Brincar e aprender com a natureza, guia de atividades infantis para pais e monitores.* São Paulo: Melhoramentos/Senac, 1996.

GRAMIGNA, M.R.M. *Jogos de empresas e técnicas vivenciais.* São Paulo: Makron Books, 1999.

_____. *Jogos de empresas.* São Paulo: Makron Books, 1999.

HAM, S.H. *Environmental interpretation: a practical guide for people with big ideas and small budgets.* [s.l]: North American Press, 1992.

REALE, G.; ANTISERI, D. *História da filosofia.* São Paulo: Paulus, 1991.

SPOLIN, V. *Improvisação para o teatro*. Trad. de DK Ingrid e José AM Eduardo. São Paulo: Perspectiva, 1987.

THE EARTH WORKS GROUP. *50 coisas simples que as crianças podem fazer para salvar a Terra*. Trad. de R. Guarany. 3.ed. Rio de Janeiro: José Olympio, 1993.

Arte: Espaço de Investigação, Construção e Humanização

21

Maria Helena da Cruz Sponton

Pedagoga, Secretaria Municipal de Saúde de São Paulo

Partindo da premissa de que a arte é entendida como um caminho de conhecimento, conscientização, desenvolvimento das potencialidades do indivíduo e consequente humanização da vida, pretende-se traçar a trajetória educacional da arte, sua práxis e interface com a educação e o meio ambiente, como tema transversal.

Segundo Levy (1996, p.78), a arte é fascinante e desperta interesse em várias pessoas, embora seja difícil descrevê-la, pois está sempre no limiar da simples linguagem expressiva da técnica ou da função social muito claramente designável.

Essa citação do autor antes mencionado leva a uma reflexão aprofundada sobre a conceitualização da arte. Arte necessária e relevante no percurso da humanização da vida; arte entendida como a gênese da construção do conhecimento artístico e estético; arte transformadora da dinâmica social, histórica e cultural, instigando, mediando olhares e pensamentos individuais e coletivos; arte desvelando e trabalhando com as diferentes potencialidades criativas dos homens, aprofundando as diferentes formas de ver e ouvir no processo de apropriação do mundo.

Segundo alguns neurologistas, a arte, por não necessitar de codificação linguística, permite o acesso direto à afetividade, e às áreas límbicas que controlam impulsos, emoções e motivações. A convivência com ela possibilita a abertura de canais importantes para a solução de problemas, pois exercita o sentir, o olhar, o inovar e o criar possibilidades para melhor compreensão do universo.

Segundo Rioux (1951),

> Estudos sobre a produção artística estão fundamentados em concepções psicológicas e estéticas fazendo interface com o desenvolvimento mental dos indivíduos que estimulados, liberam suas energias trabalhando com a imaginação transformadora e projetando imagens criadas em suas mentes.

Esses aspectos são fundamentais ao pensarmos no meio ambiente e na necessidade dos indivíduos repensarem suas atitudes, despertando suas potencialidades, habilidades, sensibilidade, flexibilidade e criatividade para que possam ser usadas e validadas em diferentes situações, rompendo fatores de alienação e problemas encontrados.

Desde os primórdios da humanidade, a arte se fez presente, deixando marcas importantes na história do ser humano que conheceu e se apropriou do mundo por meio das manifestações artísticas e culturais. As descobertas da arte pré-histórica nas pinturas, esculturas e nas gravações revelam a vida coletiva e as expressões artísticas dessa sociedade, traduzindo por meio de seus símbolos gráficos, seus embates contra as forças da natureza, suas conquistas, lutas, mortes e, como resultado desse processo, houve o início de um aprendizado e consequente ensinamento da arte elaborada. A cerâmica feita por esses povos, por exemplo, era elaborada com as mais diversas técnicas, assim como assumia diferentes funções, utilidades e pinturas relacionadas ao modo de vida, rituais, mostrando diferentes grafismos e cores. Essa arte foi um elo entre nossos antepassados, perpassando vários períodos de nossa história, ainda hoje se encontram grandes ceramistas que mexem, com grande habilidade, no tão maleável e rico material proveniente da mãe-Terra.

Antigamente, a matéria-prima para a preparação das tintas era extraída da natureza, com a utilização de terra com diferentes cores, carvão, minerais diluídos em água, barro, sangue, plantas de todos os tipos e vegetais, que serviam como fixadores e gordura animal que era utilizada como aglutinante. Existem relatos acerca de outros ingredientes usados no preparo dos pigmentos, como o leite coalhado, insetos triturados e, mais tarde, vinho, cerveja, vidros moídos e múmias trituradas que davam uma cor amarronzada. Porém, análises mostram que, com a ação do tempo, umidade e luz, as cores foram desaparecendo ou ficando quase que totalmente imperceptíveis.

A arte, portanto, sempre esteve presente na história da vida humana, sendo estruturada e vista por diversas óticas, de acordo com a época e a cultura dominante. Diante dessas questões, vale a pena abordar o alcance social da arte como mediadora do homem e do mundo.

As manifestações artísticas nos diferentes períodos históricos da sociedade nos levam às suas distintas dimensões: sociais, econômicas, religiosas, históricas e culturais. O fato de esses aspectos serem de maior ou menor relevância está intimamente ligado ao nível do desenvolvimento dos povos.

O que fica claro é que a arte tem uma função específica e fundamental na existência do homem, que implica a origem do processo de construção do conhecimento e consequente desenvolvimento da sua função simbólica e imagética.

Por entendermos que o homem é um animal simbólico, diferente dos outros animais, reportamo-nos a Ernst Cassirer que define que o homem é mais que *Homo sapiens*, é um animal simbólico que inventa e cria símbolos para interpretar o mundo. Isso porque a capacidade humana de simbolizar abrange não só a razão como também a linguagem, a arte, a religião e o mito. Sem esse simbolismo a vida do homem ficaria na esfera das suas necessidades biológicas e seus interesses práticos, não teria acesso ao mundo ideal, possibilitado também pela arte.

A construção do conhecimento também se dá pela arte, pois entendemos que por meio dela é possível desenvolver a percepção, a imaginação, a memória, a atenção, o raciocínio, o juízo, o pensamento e a linguagem, que são elementos do processo de cognição.

Por exemplo, a obra *Café*, do modernista Cândido Portinari, que está no Museu Nacional de Belas Artes do Rio de Janeiro, datada de 1935, o simbólico e o cultural são visíveis. Portinari retrata trabalhadores na colheita e ensacamento do café, com imagens de pés, mãos, braços e pernas musculosas, grandes e rudes, simbolizando a força e a vida difícil do trabalhador rural. Essa pintura permite ao público conhecer e identificar a mensagem do autor, que dá ênfase à dimensão social e política do país na década de 1930, com a figura autoritária do feitor, usando botas e em posição de comando.

É fato, portanto, que a cultura, assim como a arte, também nasce com o homem que, ao simbolizar, criar e atribuir significados, se torna humano, organizando, construindo e transformando o mundo, com base em seus valores, necessidades e significações. Também na perspectiva da artista plástica e teórica, Fayga Ostrower, é possível reconhecer que o potencial consciente e sensível de cada um se realiza sempre de formas culturais.

Essas afirmações nos levam a concluir que a arte e a cultura são fatores integrantes da essência do ser humano, unindo gerações e mostrando ao mundo as diversas formas de vida. Todavia, é preciso nesse momento analisar a trajetória educacional da arte refletindo e entendendo seus desdobramentos nas diferentes concepções de educação que influenciaram diretamente a práxis pedagógica.

A ARTE E SUA TRAJETÓRIA EDUCACIONAL

O ensino e a aprendizagem da arte sempre existiram e passaram por movimentos de transformação.

Quando D. João VI veio para o Brasil, uma de suas providências foi fundar a Academia de Belas Artes, trazendo com a Missão Francesa artistas renomados para ensinarem a arte. O aprendizado nessa época era calcado em cópia de modelos vivos e do natural com repetições mecânicas, sem nenhuma expressão; muito pelo contrário, as expressões tinham que ser contidas e o resultado do trabalho perfeito, fotográfico.

Com a proclamação da República, a escola tradicional, influenciada por modelos ingleses, belgas e americanos, surgiu com metas de preparar, adestrar os indivíduos para o trabalho e para a indústria, enfatizando, dessa maneira, o ensino do desenho: desenho do natural, geométrico, decorativo e desenho pedagógico, que até hoje é conhecido e utilizado em faixas decorativas, elipses, desenhos esquemáticos da figura humana, e assim por diante.

A Semana de Arte Moderna, realizada em 1922, no Teatro Municipal de São Paulo, teve como missão levar os artistas e o público a apreciarem o novo, a arte moderna, a produção nacional. Em relação à práxis pedagógica, esse movimento trouxe contribuições inovadoras, como o respeito pela arte infantil, que passou a ser vista com seu valor estético ligado à espontaneidade e à liberação dos fatores emocionais e expressivos. Esse momento do modernismo foi altamente prodigioso para a arte brasileira, contando com a sensibilidade aguçada de Tarsila do Amaral, que pintou o *Abaporu* (homem que come), criando grande impacto a ponto de inspirar Oswald de Andrade a redigir o *Manifesto Antropofágico:* "Só a antropofagia nos une. Socialmente. Economicamente. Filosoficamente".

Em 1930, o canto orfeônico foi instituído nas escolas, desenvolvendo um repertório de hinos patrióticos e músicas folclóricas. As apresentações em grupo eram feitas em grandes espaços, traduzindo o civismo exacerbado, resultado do momento político e social do país – esse movimento teve a liderança do compositor e regente Heitor Villa Lobos.

A partir dos anos 1950, o ensino de trabalhos manuais e o canto orfeônico, que já existiam, passaram a compor o currículo escolar. Nas festas comemorativas, as danças, poesias e pequenas representações teatrais aconteciam, mas de maneira rígida, imitativa e repetitiva, sem nenhum valor expressivo.

Anteriormente, no início do século XIX, surgiu a escola nova que defendeu a livre expressão, em resposta às cópias e aos modelos prontos. Os teóricos John Dewey (1859-1952), Herbert Read (1893-1968) e Viktor Lowenfeld (1903-1960) deram o aporte com suas afirmações e análises, passo principal para se repensar a arte e suas expressões.

Esse movimento possibilitou o surgimento de várias escolas particulares, extracurriculares, como a famosa Escolinha de Arte do Brasil, em 1948, situada no Rio de Janeiro e fundada por Augusto Rodrigues, com Noemia de Araújo Varela. Difundiu o "Movimento da educação através da arte", fundamentado nas ideias de Herbert Read, preconizando a livre expressão e a liberdade de criar, pensar e exprimir esses pensamentos. O processo do educando era o mais importante e não se dava a devida atenção ao produto final. O que importava era a criação, o desenvolvimento dos processos básicos da criatividade: fluência, flexibilidade, originalidade, pensamento divergente e elaboração.

A proposta era excelente. Ocorreu, entretanto, que as instituições educacionais não a entenderam bem e deformaram o seu conteúdo, psicologizando e deixando que o aluno ficasse somente na experimentação dos materiais, nos exercícios de sensibilização. Na realidade, correu para a inexistência total de uma construção de conhecimentos, um deixar fazer sem instrumentalizar a ação, valorizando somente o processo, em detrimento do produto gerador de novos processos.

Com a Lei de Diretrizes e Bases da Educação Nacional (Lei n. 5.692/71), a arte tornou-se obrigatória, como atividade, no primeiro e segundo graus. As escolas, contudo, além de não oferecerem espaços adequados para o desenvolvimento das atividades, disponibilizavam ao educador uma carga horária ineficiente, tornando a atividade mero anteparo para outras disciplinas. Outro aspecto dessa história foi a falta de professores habilitados, pois as faculdades específicas só foram implantadas em 1973, com isso, o desenvolvimento dos conteúdos ficava a cargo de leigos ou do próprio educador da série. Assim, a maioria das atividades acabava sendo permeada por pinturas de livre expressão, desenhos mimeografados ou xerocados, sucatas utilizadas em montagens de peças para decorações comemorativas, como cestinhas, corações, cocares no dia do índio etc. Isso leva a pensar na educação bancária que esses educandos tiveram, pois, como disse o educador Freire (1983), "era uma educação com modelos e valores impostos". O mais sério é que os alunos das classes economicamente desfavorecidas foram obrigados a assimilar valores e culturas de outras classes sociais, sem que fossem resgatadas e respeitadas suas manifestações artísticas e culturais, importantes eixos na descoberta da diversidade cultural do país.

No ensino superior, a situação também foi semelhante, pois, durante algum tempo, formaram-se educadores em apenas dois anos, sem tempo hábil para possibilitar um olhar crítico sobre as questões pertinentes à área, sem nenhum incentivo à pesquisa, sem reflexão sobre o que é ensinar e aprender e com falta de bibliografia em português.

Atualmente, apesar de haver ainda muitas distorções, o educador já é estimulado a refletir sobre seu papel de mediador e instrumentalizador das ações dos educandos, entendendo a importância do desenvolvimento do processo artístico e de sua função provocativa, estimuladora, observadora, sabendo intervir e auxiliar na construção de novos conhecimentos. Conforme cita Freire et al. (1996), condutas de intervir, encaminhar e devolver são ingredientes básicos do ensino e para que isso se concretize é fundamental o uso dos instrumentos metodológicos: a observação, o registro, a reflexão, a avaliação e o planejamento.

A observação como instrumento do ensino da arte, exercita o olhar atento, disciplinado e aguçado do educador, fornecendo dados para o registro das constatações, descobertas, saberes já construídos, fases do desenvolvimento e outros aspectos importantes do educando. Diante desses registros é que o educador se reporta a teóricos, refletindo e avaliando as ações que irão alicerçar novos planejamentos.

Esse é um processo contínuo, no qual o educador está constantemente se preparando para mediar a trajetória educacional dos educandos.

Existe, portanto, a necessidade de se desenvolver a conscientização das escolas, famílias, instituições culturais e os mais variados espaços públicos e privados da importância da arte na construção de um mundo melhor, com base na criação, percepção, reflexão e sensibilidade apropriadas pelas leituras simbólicas das diferentes manifestações artísticas. Como afirmou o artista Paul Klee, "a arte não reproduz o visível, mas torna visível, tendo em vista que a arte não serve para copiar as coisas que já existem, mas para criar as que ainda não existem".

REFLEXÃO SOBRE AS TRANSFORMAÇÕES SIGNIFICATIVAS NO ENSINO DA ARTE

Com a nova Lei de Diretrizes e Bases (Lei n. 9.394/96) e os Parâmetros Curriculares Nacionais de Arte, divulgados em 1998, exige-se a construção imediata de um novo modelo no ensino da arte. Ensino ressignificado, refletido e repensado sobre qual arte está sendo oferecida aos alunos. Leitura de imagens para uma releitura, praticamente uma cópia de modelos, como na concepção tradicional de educação? Apresentação de pintores, escultores, gravadores todos eruditos, em detrimento da cultura do povo, da comunidade onde se atua? Interdisciplinaridade, espaço no qual a arte passa a ser simplesmente uma estratégia, à mercê das outras áreas, desrespeitando seus conteúdos próprios e fundamentais na leitura e transformação do mundo? Não, não é essa visão que se deslumbra para ser colocada em prática. É o momento de se tornar um educador explorador, procurando fundamentar teoricamente as práticas utilizadas, refletindo e discutindo o seu papel de mediador do processo expressivo, percebendo e acolhendo a necessidade de se tornar aprendiz, vivenciando, apreciando e refletindo sobre os aspectos artísticos e culturais.

O educador tem que ter contato com museus, exposições, cinema, vídeos, teatros, apresentações musicais, manifestações folclóricas, bem como acesso à internet, pois, do contrário, terá muita dificuldade em desenvolver um trabalho que atenda aos interesses e desejos dos alunos.

No ensino das artes visuais, a meta é formar cidadãos capazes de ler, produzir e contextualizar as imagens, habilidades que estão inter-relacionadas. Essa trilogia corresponde ao processo de como se aprende e se ensina a disciplina arte.

A imagem visual, hoje, tem uma força inacreditável na vida das pessoas e leva a comportamentos estereotipados e manipulados. A todo momento as pessoas se deparam com cartazes publicitários, propagandas políticas, *outdoors*, mídia expressa e impressa, internet, campanhas, faixas etc., enfim, todo um material que provoca uma poluição visual e adentra suas vidas sem que tenham, às vezes, tempo ou conhecimento para ler, analisar e selecionar os que realmente têm algo importante para dizer. Diante desse fato, tem-se a certeza da importância de preparar indivíduos que tenham subsídios suficientes para fazer uma leitura crítica dessa realidade.

Diante dessas questões, o primeiro passo é ensinar a olhar e ver. Alguns teóricos fazem a distinção entre esses dois momentos. Segundo eles, o olhar vem primeiro para depois se conseguir ver, mas o que acontece com grande parte das pessoas é que só olham, sem uma apreensão real da realidade.

Ler e compreender as imagens requer a montagem de uma rede de articulações entre seus elementos: cor, forma, ritmo, movimento, volume, perspectiva aliados aos vários significados que cada pessoa dá, segundo seus saberes.

Estudos sobre esse processo de leitura surgiram com Feldman em 1970, Housen em 1983 e Parsons em 1992. Para Parsons (1992), as obras de arte precisam não apenas ser compreendidas, mas também percebidas, pois são produtos de mentes. Com essa visão fez um estudo dos estágios do desenvolvimento estético dos indivíduos.

Considerações dos cinco estágios:

Preferência: pré-operacional:

- A criança dá preferência à cor e ao tema.
- Gosta de quase todas as imagens.
- Não faz distinção entre o que está vendo e o que recorda.
- Dá preferência ao que gosta (egocentrismo).
- Nessa fase ainda está construindo o que é um quadro e como funciona a representação.

Tema: operacional e operações concretas:

- Relaciona os vários elementos da imagem.
- O tema é sempre um objeto físico que identifica no quadro.
- Não percebe a relação entre a motivação e a expressão do artista.
- Tem reações negativas a algumas obras.
- Com o início do realismo, nas operações concretas, passa a comparar o tema com o mundo real.
- Gostar e julgar são ideias, agora, independentes.

Expressividade:

- O tema passa a ser algo mais geral e também íntimo.
- O realismo passa a ser visto como uma simples habilidade.

ARTE: ESPAÇO DE INVESTIGAÇÃO, CONSTRUÇÃO E HUMANIZAÇÃO | 559

- A expressão é o fator mais forte na análise.
- A expressividade não é relacionada com a técnica.

Forma/estilo:

- Há interesse pela organização e estilo da obra.
- A interpretação se processa em um diálogo coletivo.

Juízo:

- Distinção mais clara do juízo e da interpretação.
- O valor dos estilos é algo notório.

Diante disso, o educador tem que ter claro que o desenvolvimento estético é totalmente diferente para a criança e para o adulto. Ao trabalhar com a leitura, deve-se ser cauteloso, não expondo o material para uma apreciação e leitura sem conhecer os saberes dos educandos, bem como impondo suas verdades e significações. Essas posturas provocam um retorno ao espontaneísmo ou à concepção autoritária de educação.

Quando se fala de imagens não se pode esquecer que a arte sempre se valeu das novas tecnologias. Portanto, a fotografia, o cinema, o *design* gráfico, o vídeo, o *scanner,* o xerox, a câmera digital e os *slides* devem, se possível, fazer parte do universo dos educandos, e o educador precisa estar preparado para manejá-los. Esse é um fato que deve ser pensado, pois, cada vez mais, esses recursos tornam-se imprescindíveis.

A internet, por exemplo, é um instrumento que abre um caminho para o conhecimento e para a descoberta de outros mundos, de novas culturas, de diferentes expressões artísticas e, por conseguinte, para novos saberes.

Os museus virtuais podem ser levados para dentro de diversos espaços, dando oportunidade a todos de se colocar diante de uma obra de arte, apreciando e conhecendo suas dimensões sociais, religiosas, históricas etc. O museu Casa de Portinari, na cidade de Brodowski, elaborou um material educativo com 32 obras de "Candinho", selecionadas por temáticas: natureza morta, paisagem e figura humana. A estratégia utilizada foi a elaboração de uma história sobre uma viagem com aventuras e brincadeiras pelo mundo do pintor. O trabalho é de uma riqueza enorme e pode ser visualizado pelo acesso ao site: www.portinari.org.br.

Podemos concluir afirmando que ensinar a ver e ler imagens diversificadas, respeitando a pluralidade cultural existente no país é fundamental para a transformação da sociedade. Segundo Osborne (1970), isso é possível, como é possível ensinar a ler livros, "a apreciação das artes não é um ramo de conhecimento teórico, tampouco uma satisfação emocional, mas uma aptidão adquirida".

PLURALIDADE CULTURAL

A diversidade de culturas existentes nas diferentes regiões do Brasil é algo inconcebível para outros povos. Por essa razão, esse é um aspecto fundamental a ser abordado no trabalho de arte, uma vez que tem a ver com a história de cada grupo, de cada região. A nossa cultura é muito vasta e rica, apresentando diversidades de classes sociais, de variedades raciais, e com uma gama enorme de manifestações.

Diante disso, o educador tem que reforçar essa pluralidade cultural, resgatando, incentivando e registrando a história dos povos espalhados pelo território nacional.

Em novembro de 2000 foi realizado, em Brasília, o V Congresso Nacional de Arte-Educação na Escola para Todos e o VI Festival Nacional de Arte sem Barreiras. Nesse evento, o holandês Franciscus van der Poel Ofm apresentou uma pesquisa sobre a cultura popular no Vale do Jequitinhonha, citando algumas frases significativas em relação às diversidades culturais do país e o respeito que se deve ter.

Enquanto na farmácia existem remédios sintéticos, a medicina popular continua utilizando as plantas medicinais, os chás e as rezas; enquanto a mídia toca músicas americanas, o samba de roda, a catira e os acalantos continuam; enquanto nas lojas os vasilhames de plástico e alumínio imperam, as panelas de pedra e de barro subsistem em vários locais do Brasil.

Nessas entrelinhas, foi possível perceber o quanto a população é resistente, é ética em relação aos seus costumes, às suas maneiras de ser e também no resgate de suas manifestações artísticas e culturais provenientes de suas origens.

Essa multiculturalidade, sinônimo de pluralidade cultural, foi enfatizada nos Parâmetros Curriculares do Ministério da Educação e Cultura (1997/1998), como inter-relação das culturas com seus códigos próprios.

Barbosa (1991), em seu livro *A imagem no ensino da arte*, propõe que se resgate a herança artística e estética dos educandos, não só tomando como princípio o seu meio ambiente, mas também fazendo uma ressalva muito pertinente aos educadores, sobre a necessidade de conduzir esse processo adequadamente para não criar guetos culturais e grupos atados aos códigos de suas próprias culturas, sem dar oportunidade para a decodificação de outras; para não se tornar, enfim, um processo intercultural irrefletido e estigmatizado.

A proposta pedagógica deve enfatizar a cultura do povo, deixando claro, porém, que todos têm direito a ter acesso a todas as outras culturas, independentemente da classe social. Dessa forma, é fundamental dar ênfase aos relacionamentos e às comparações entre os diversos movimentos da arte, socialização das histórias das sociedades, modos de vida, meio ambiente, materiais utilizados, técnicas, condutas sociais etc.

Os museus estão sendo repensados com outra ótica. Estão deixando de ser apenas os grandes templos culturais e contando com setores educativos que atendem a todos, orientando as visitas, possibilitando o fazer artístico e planejando estratégias lúdicas para a apreciação das obras.

É o momento exato de despertar os educandos, dando-lhes possibilidade da construção do olhar, do ver e do pensar sobre diferentes obras de museus, praças, ruas, escolas, para que possam se tornar leitores e apreciadores da arte.

A ARTE COMO FATOR DE INCLUSÃO

A abordagem sobre o direito de todos terem acesso à arte e à cultura faz lembrar a mostra do Redescobrimento do Brasil 500 anos realizada em 2000, que deixou claro que a arte não é excludente, muito pelo contrário. Nesse evento, ficou evidente que os trabalhos da arte negra e indígena mostram o refinamento dessas obras com características marcantes, expondo seus modos de vida e processos de apropriação do mundo. Entre plumas, penas, buritis, búzios, conchas, fios, cerâmicas, madeiras e bronzes, as pessoas se deparavam com uma pluralidade cultural estampada naqueles registros estéticos.

Além de mostrar a arte dessas sociedades, a exposição contou com trabalhos de pacientes da Dra. Nise da Silveira, uma psiquiatra da Seção de Terapêutica Ocupacional do Centro Psiquiátrico Pedro II, do Rio de Janeiro, com obras que retratavam imagens instigantes, vivas, afetuosas, serenas e marcantes, frutos de uma população, até hoje, muitas vezes, excluída da sociedade.

Entre várias obras, as de Arthur Bispo do Rosário (1909-1989) levaram muitos olhares a refletir e pensar sobre a beleza, a ousadia e a organização em suas elaborações estéticas, extrapolando limites, segregações e descréditos.

O artista esteve a maior parte de sua vida internado na Colônia Juliano Moreira e, durante esse longo tempo, organizou um acervo de objetos de seu cotidiano: papelão, madeira, talheres, fivelas, pistão, linhas, tesoura, panos, cadarços, entre outros, que foram sendo utilizados em suas composições. Utilizou também lençóis velhos e linhas extraídas dos uniformes dos internos para bordar suas obras.

A tese de doutorado da professora Maria Heloisa Corrêa de Toledo Ferraz, "Arte e loucura: limites do imprevisível" cita o trabalho do médico psiquiatra, músico e crítico de arte Dr. Osório Cesar, que analisou trabalhos de artes plásticas de pacientes internados no Hospital do Juqueri, em São Paulo, Município de Franco da Rocha. O médico escreveu vários artigos e o primeiro livro sobre "A arte dos alienados", com ilustrações de desenhos, pinturas, esculturas e poesias, considerada a maior e mais importante obra sobre a questão da arte dos loucos. Nesse livro, ele compara as obras dos pacientes à produção artística das crianças e dos povos primitivos.

Após vários anos, a Dra. Heloisa Ferraz organizou todo o material ainda existente e construiu o Museu Osório Cesar, abrigando peças históricas e obras plásticas dos pacientes-artistas do Juqueri, com linha museográfica e museológica de caráter documental e estético.

No texto de apresentação do catálogo, a professora fez uma reflexão interessante sobre a imagética dos doentes mentais e as fronteiras da expressividade (Ferraz, 1998):

> Convém lembrarmos que na produção plástica dos doentes mentais, o imaginário (com o qual todos os seres humanos se debatem incansavelmente), torna-se mais evidente pela finalidade com que a sua evocação é trabalhada. Como os aspectos doentios afetam a linguagem, o produto é sem dúvida alguma alterado significativamente. Toma-se conhecimento de um universo inquietante onde a imagética transborda os limites conhecidos.

Tratando-se de inclusão, negação das possíveis diferenças humanas, a arte representa um espaço aberto e significativo no exercício da cidadania, do respeito a si e ao outro, da alteridade. Esse lugar possibilita o exercício do olhar coparticipante da construção, independentemente de limites, regras e transgressões. É o momento de desvelar um olhar com vistas à elaboração de um projeto sem barreiras, colocando todos na mesma linha de igualdade.

Atualmente, os museus também estão atentos para criar facilidades e acolher corretamente todas as pessoas portadoras de deficiência. Trata-se de derrubar as muralhas de acesso a essa parcela da população que tem garantido seus direitos iguais em relação à acessibilidade, ao desenvolvimento dos aspectos cognitivos, afetivos e criativos, usufruindo e se apropriando da produção cultural existente.

Outro tópico em que a arte tem possibilitado a abertura de canais expressivos é a questão da ética, da cidadania, valores que o homem contemporâneo está buscando avidamente, uma vez que muitos deles foram se perdendo ao longo do tempo. Nos projetos interdisciplinares, esses valores devem ser enfocados.

Ao abordar a interdisciplinaridade, porém, é fundamental refletir sobre o enfoque de Fazenda (1992, p.8). Para ele, é uma questão de atitude, uma atitude diferente a ser assumida frente ao problema do conhecimento, ou seja, é a substituição de uma concepção fragmentária para unitária do ser humano. Portanto, é preciso ter clareza do papel fundamental que cada área educacional tem nesse contexto, papel que complementa, enriquece e disponibiliza os diversos aspectos a serem trabalhados, em uma interação entre eles.

A ARTE E O MEIO AMBIENTE

A arte e a cultura permitem a ampliação de novos horizontes, trilhados por caminhos diversos, tornando-se corresponsável pela construção de um mundo mais justo, igualitário, fraterno e respeitoso com a natureza em suas diversas interfaces, com ações que tenham como foco a conscientização da sociedade na preservação do ambiente e, consequentemente, do planeta.

Fayga Ostrower (1990) faz uma reflexão importante sobre como crescemos e amadurecemos, caminhando, vencendo desafios e obstáculos que, muitas vezes, colocam a qualidade de vida em risco.

> O caminho não se compõe de pensamentos, conceitos, teorias, nem de emoções... embora seja resultado de tudo isso. Engloba antes uma série de experimentações e de vivências onde tudo se mistura e se integra e onde a cada decisão, a cada passo, a cada configuração que se delineia na mente ou no

fazer, o indivíduo, ao questionar-se, se afirma e se recolhe novamente nas profundezas de seu ser. O caminho é um caminho de crescimento. Seu caminho, cada um o terá que descobrir por si. Cada um parte de dados reais, apenas o caminho há de lhe ensinar como os poderá colocar e com eles lidar. Caminhando saberá...

Nessa mesma linha de pensamento, precisamos refletir e sistematizar de forma clara e concisa a maneira pela qual podemos utilizar a arte aliada à multiculturalidade de nosso país, para colaborar de maneira interdisciplinar com a mudança de atitude de nossos educandos frente ao mundo em que vivem. Temos forte convicção de que a arte, alicerçada dessa maneira, caminhará de forma transversal, despertando os alunos para um mundo, muitas vezes, desconhecido.

Jorge Larrosa (2007), em seu livro *Habitantes de Babel: políticas e poéticas da diferença*, coloca que a arte transforma as pessoas e o mundo, pois são processos interligados que despertam na emoção e na razão aspectos culturais enriquecedores, aguçando olhares, pensamentos e ideias, com a abertura de novas formas de apreensão e cuidado com o mundo.

Esses são vértices importantes da utilização da arte, como instrumento significativo, permitindo o diálogo discursivo, imagético, sonoro e gestual, além de ocupar um espaço de interlocução, mediando problemas, amenizando tensões e possibilitando o equilíbrio do grupo de trabalho. O processo de reflexão sobre a própria cultura e história permite que todos se tornem protagonistas de ações que possam melhorar e ampliar a preocupação da sociedade frente à destruição da Terra.

A partir dos anos 1970, junto a novas expressões, a arte ambiental despontou com a utilização de elementos da paisagem natural, esculturas e *performances*, com o intuito de chamar a atenção da sociedade para os problemas do mundo.

Projetos sobre esses temas são extremamente necessários para que os educandos possam ser conscientizados do dever de abraçar a causa comum do planeta: sua proteção e repúdio a qualquer ação que ameace o equilíbrio do meio ambiente.

Com o advento das tecnologias, avanços muitas vezes mal planejados e irrefletidos sobre diversos fatores acabaram causando um desequilíbrio, degenerando o ecossistema e, com isso, influindo na qualidade de vida do ser humano.

O mundo precisa, urgentemente, reencontrar a harmonia entre a natureza e a humanidade. Nesses aspectos, a parte artística tem um papel importante ao sensibilizar as pessoas para a importância do respeito e da preservação ou, então, da recuperação do que já foi destruído.

O livro de Barbosa, *Tópicos e utópicos* (1998), relata experiências em que o Museu de Arte Contemporânea (MAC) de São Paulo promoveu curso sobre o meio ambiente, para educadores, debates, reflexões e visitas monitoradas de educandos, em parceria com algumas secretarias municipais. A autora conta que, nessa época (1989-1991), a Secretaria Municipal de Educação de São Paulo tinha como secretário o educador Paulo Freire, que elaborou um programa de férias escolares, no qual os alunos escolheram ir ao museu. Dessa maneira, foram ao MAC e participaram de atividades relacionadas com a natureza, começando com observação e brincadeiras nas árvores, passando a seguir por uma experiência com o artista Octavio Roth, com a instalação de uma árvore com folhas pintadas por eles, em seguida apreciaram paisagens abstratas de canaviais e cafezais. A atividade, segundo Iavelberg (2003), contou com os três saberes: saber fazer, saber apreciar e saber refletir, ficando evidente o papel da arte na construção de conhecimentos dessas crianças.

Muitas obras de arte têm exaltado a diversidade da natureza no Brasil, retratando sua fauna, flora e tipos brasileiros. Artistas de séculos passados mostraram a pureza das florestas, a beleza e a diversidade das flores e frutos, rios e céus azuis e, nem de longe, imaginaram que um dia a devassidão e a poluição iriam tomar conta de todo esse esplendor.

Entre esses artistas temos o holandês Frans Post que, deslumbrado com a natureza do Brasil, pintou várias paisagens. Albert Eckhout, artista e botânico, retratou com esmero plantas, animais, cores e costumes brasileiros. Debret, francês, na época da colonização documentou o dia a dia da nobreza, dos escravos e índios, e as paisagens com árvores, flores e frutos.

Se, por um lado, nessa época eram mostradas as belezas, atualmente várias obras têm relatado o outro lado da natureza: sua devastação, a destruição ambiental, social, política e cultural do país. O alemão Baumgarten retratou em suas telas o extermínio dos índios Ianomanis na Amazônia e o chileno Alfredo Jaar retratou, com muita ênfase, a vida miserável e desumana dos garimpeiros nas florestas brasileiras, mostrando ao mundo os problemas sociais, políticos e ambientais delatados por meio das artes visuais (Barbosa, 1998, p.115).

Junto a esses temos o polonês Krajcberg, artista contemporâneo que atualmente mora na Bahia e recria artisticamente elementos da natureza com a utilização de variadas técnicas e de materiais orgânicos e minerais: cipó trançado, fibras de plantas, troncos de árvores, terras coloridas e pigmentos extraídos de rochas e terra. O mais importante nesse trabalho é a coleta de objetos da natureza mortos quando coletados, porém, em seguida, ressignificados, subvertendo sua função, e, com isso, transformando-os em arte. Os troncos e galhos são provenientes de florestas devastadas pelas queimadas, ou tirados de mangues, já mortos pela ação de parasitas.

Outra artista que utiliza oferendas da floresta amazônica para compor suas telas é Eli Tosta que, em um perfeito ritual indígena, coleta sementes, raízes, folhas, cascos, troncos, areias do fundo dos rios. Na região do rio Negro, a artista trabalha com índios e com a população ribeirinha, conscientizando os últimos da importância de se conservar a floresta e estabelecer perfeita comunhão da ética com a estética.

Interessante é que, no processo de criação artística, reciclar ou dar novos significados a esses materiais não só proporciona aos objetos uma nova dimensão social, individual e pessoal, como também leva os indivíduos a transformarem seus hábitos e atitudes em relação à natureza. É um processo que permite repensar os valores, questionar a melhoria da qualidade de vida do planeta, preservar o que existe ou recuperar o que já foi alterado.

Um projeto interdisciplinar, que inclui a educação ambiental, além de priorizar a articulação com as demais áreas do conhecimento, integrando os diferentes saberes, deve possibilitar a pesquisa por meio de fotos, mapas, vídeos, internet e excursões a diferentes locais escolhidos pelos educadores, comparando obras de arte de diferentes épocas e regiões. É o caso, por exemplo, das pinturas de Tarsila, que exaltam a natureza forte e intacta, e das esculturas de troncos e raízes devastadas pelas queimadas, apresentadas por Krajcberg.

Durante as excursões aos locais de pesquisa, os educandos poderão levar um caderno de registro, com itens para observação ou não, fazer um diário de viagem, ou mesmo registros informais por meio de escrita, desenhos ou ambos. Esse material servirá de suporte para as demais atividades e permitirá registrar a história daquela região e daquele momento reflexivo sobre a natureza.

A disciplina da arte deverá atuar no projeto por meio do desenvolvimento de seus conteúdos próprios, enfatizando as diferentes áreas: visual, musical, literária, corporal e teatral, com a utilização de estratégias pertinentes ao assunto. Trata-se de um método que deve levar os educandos a um processo de observação, compreensão, busca e construção de novos saberes, articulando a expressão, imaginação, emoção, sensibilidade e reflexão.

No transcorrer do processo, os alunos poderão produzir trabalhos em grupo e individuais, caminhando por culturas de distintos povos no sentido de conhecer, apreciar, desfrutar e avaliar a riqueza do patrimônio da humanidade.

ESTRATÉGIAS

Linguagem Visual

A linguagem visual é uma das áreas da arte. Ela se apresenta de diferentes formas: por meio das pinturas, das gravuras, dos desenhos, das esculturas, dos artefatos, do *design*, da fotografia, do cinema, do vídeo, da computação, instalação, entre outros.

O desenho permite a expressão das ideias, pensamentos, ações, organizando e representando as imagens mentais. A atividade poderá ser individual, em grupo, desenho de painel, desenho com intervenção, desenho de observação e cego (não é desenhar de olhos fechados, mas sim observando somente o objeto a ser desenhado), desenho de uma releitura divergente de obras apreciadas e refletidas, desenho de histórias.

Essa atividade é inerente ao ser humano, o educador deve, porém, conhecer a gênese do desenvolvimento gráfico do indivíduo para poder instrumentalizar o processo dos educandos. Alguns teóricos, como Luquet (1913), Rhoda Kellogg (1969) e Lowenfeld (1977), enfatizam esse desenvolvimento.

O quadro apresentado a seguir faz um paralelo da pesquisa desses teóricos.

Quadro 20.1 – Desenvolvimento gráfico.

Luquet	Lowenfeld	Rhoda Kellogg
Realismo fortuito (garatuja com significação)	Garatuja: desordenada; Ordenada: longitudinal; circular nomeada	Rabiscos básicos; Formas diagramais emergentes; (combinações de rabiscos básicos) Diagramas (retângulo, oval, triângulo, cruz grega, cruz diagonal, forma irregular)
Realismo fracassado/gorado (incapacidade sintética)	Pré-esquema (primeiras tentativas de representação)	Combinados (2 diagramas colocados juntos); Agregados (3 ou mais diagramas); Mandalas e radiais
Realismo intelectual (sem perspectiva visual)	Esquema (conquista da forma)	Pictóricos: Sóis; Humanos; Animais; Construções; Vegetais; Transportes.
Realismo visual (ênfase na disposição e proporção)	Realismo (idade da turma)	Nessa fase a arte se torna empobrecida
	Pseudonaturalismo (idade do racionalismo)	
	Arte do adolescente (período de decisão)	

O trabalho de Luquet, atualmente muito discutido e utilizado no aporte teórico das hipóteses da escrita, inicia as fases do grafismo infantil com realismo fortuito, que são os primeiros rabiscos, depois o realismo gerado com os arremessos figurativos, por fim o realismo intelectual, que é a representação de como são as coisas e o realismo visual, que é a representação mimética da realidade.

Lowenfeld, ao contrário de Luquet, condiciona o desenvolvimento das etapas do desenho à idade da criança, indo da garatuja desordenada (por volta de 2 anos) até a arte do adolescente.

Rhoda Kellogg, na sua pesquisa com desenhos de crianças de diferentes regiões do mundo, chega à conclusão que existem representações familiares em todo o universo, como a figura humana, casas, transportes, plantas, animais; o que difere, porém, é a forma de expressão dada às diferentes influências culturais.

Outros teóricos enfatizam a necessidade da criança estar em contato com imagens, símbolos visuais, ilustrações de revistas, livros, vídeos, televisão e outros meios de produção existentes que são assimilados conscientemente ou não, mas que, de qualquer maneira, servirão de referencial para o alargamento do repertório individual e cultural de cada um. Portanto, o desenho evidencia o estágio de elaboração mental da criança destacando o nível de desenvolvimento intelectual, emocional e perceptivo.

A pintura propicia a exploração tátil, quando é feita com o corpo, trabalhando as questões espaciais, cores, nuances, transparências, veladuras, texturas, possibilitando a elaboração das tintas ou mesmo pesquisando suportes da própria natureza, como folhas, troncos, pedras, cipós etc. Diferentemente do desenho, na pintura o traçado é elaborado com a cor, invadindo espaços, preenchendo lacunas e construindo pictoricamente a obra.

O recorte e a colagem possibilitam e incentivam a pesquisa de materiais e colas para serem utilizados na estrutura do trabalho. O movimento com papéis de várias formas, texturas e cores aguça a observação e as combinações possíveis, levando à descoberta do imaginário e do sensível.

A arte da gravura possibilita a busca do equilíbrio entre o preto e o branco, com um processo de inversão que acaba gerando grandes surpresas aos iniciantes no produto final. A matriz da gravura pode ser de madeira, metal, placa de parafina, barro, isopor, fórmica ou vidro nas monotipias e o linóleo etc.

A técnica da "papietagem", conhecida também como *papier mâché*, envolve um processo interessante, no qual o ato de rasgar o papel e de colar várias camadas possibilita a experimentação e a descoberta do volume, permitindo a comparação entre uma obra bidimensional e uma tridimensional.

O mosaico, técnica antiga da época bizantina, é feito de vários fragmentos de papel, pastilhas, vidro, cerâmicas, justapondo as peças em um ritmo equilibrado e lúdico, trabalhando com diferentes formas, cores e texturas.

A modelagem feita com argila permite que as pessoas percebam as diferentes sensações de calor, frio, umidade. O poder de transformação da matéria, que é utilizada desde as primeiras civilizações, faz com que os movimentos de esfarelar, bater, enrolar, alisar e modelar se tornem prazerosos

570 | EDUCAÇÃO AMBIENTAL E SUSTENTABILIDADE

e importantes no contato com esse material ligado ao nascimento, à vida. Além da argila, podem-se usar massas caseiras ou sintéticas, massa de vidraceiro e outras.

Essas são algumas técnicas que dão suporte ao fazer artístico. Não se pode deixar de lembrar, entretanto, que deverão estar sempre contextualizadas e ligadas ao conhecimento, à reflexão e à apreciação de obras de artistas, trabalhos de artesãos e dos próprios alunos.

No trabalho da arte ligado à educação ambiental podem-se utilizar diferentes técnicas e materiais, além de possibilitar a elaboração de tintas e suportes extraídos da natureza.

Com o advento das novas tecnologias e avanços da química, as tintas de hoje são brilhantes e apresentam coloridos exuberantes; muitas delas, porém, são tóxicas e exalam cheiro forte. Com isso, a abertura de canais para a pesquisa de pigmentos e experimentações precisa ser intensificada e incentivada, possibilitando novas descobertas e respeito frente à flora brasileira.

Se o educador aliar esse processo de pesquisa à construção de um olhar atento às belezas, aos sons e a textos literários, a sintonia será perfeita.

Em uma das cartas de Van Gogh a seu irmão, ele faz uma descrição poética e perfeita do quadro de Jules Dupré, dando uma lição de teoria das cores:

> Aqui uma marinha com os mais tênues verdes – azuis e azuis quebrados e toda espécie de tons nacarados. Lá, uma paisagem de outono com uma folhagem que vai do vermelho profundo borra de vinho até o verde violeta, do laranja pronunciado até o sombrio havana, tendo ainda outras cores no céu, cinzas liláses, azuis brancos, que também contrastam com as folhas amarelas. Ainda mais adiante um pôr-do-sol em preto, em violeta, em vermelho vivo! E, ainda mais fantástico como um verde pronunciado, um vermelho vivo, e depois ainda um azul-escuro, um castanho-verde betuminoso e um amarelo--claro. Cores que realmente conversam entre si (Van Gogh 1991, p. 115).

Após a leitura e o entendimento dessa visão de Guimarães Rosa, é possível que o aluno esteja em condições de iniciar a coleta dos materiais que estão disponíveis na natureza e partir para a química das tintas.

Os dois componentes básicos da tinta são: pigmento e aglutinante. O pigmento é o agente responsável pela coloração e o aglutinante dá liga, por exemplo, as ceras e colas. A extração dos pigmentos vegetais é feita por maceração com álcool ou água e extração por fervura. As raízes, troncos e cascas oferecem maior quantidade de tinta do que as folhas e frutos. Porém, essas tintas, com o passar do tempo, a umidade, o calor e a poluição se deterioram e, às vezes, tornam-se opacas. Para melhor fixação nos tecidos e papéis, pode-se colocar um pouco de sal grosso ou de cozinha.

Os pigmentos minerais, como é o caso da terra de variadas cores, não devem ser misturados com os vegetais; a cola que irá servir como aglutinante poderá ser a goma arábica ou a cola branca.

Em relação à têmpera, a tinta mais antiga que o homem conhece é feita com a mistura de cola orgânica (pode ser a gema do ovo misturada com um pouco de água) e um pigmento. Assim também os guaches podem ser obtidos com a mistura de goma arábica, pigmento e um pouco de mel ou glicerina para dar mais plasticidade.

Existe uma quantidade enorme de frutas e árvores em nossa flora. Portanto, é importante aguçar o olhar e pesquisar, descobrindo novos materiais para serem utilizados nas artes visuais. Manuel Botelho de Oliveira, em seu poema *Frutas do Brasil* (Ashcar, 2001), retrata em alguns trechos, como o relatado a seguir, a fidelidade das cores, o gosto e o cheiro de nossas maravilhosas frutas.

"As pitangas fecundas
são na cor rubicundas;
e no gosto picante comparadas
são d'América ginjos disfarçados

As pitombas douradas, se as desejas,
São de gosto melhores que as cerejas;
E para terem o primor inteiro,
A vantagem lhes levam pelo cheiro.

A mangaba mimosa
salpicada de tintas por formosa
tem o cheiro famoso
como se fora almíscar oloroso."

Para a linguagem visual, estas são algumas plantas que fornecem corantes:

- Vermelho: pau-brasil, tanino, flores de cipó de São João, sementes de urucum, barbatimão.

- Amarelo: raiz de genciana, amoreira, folhas de arruda, flores amarelas, raiz de quaresmeira, açafrão (estames das flores), azedinha, casca de cebola e pessegueiro.
- Azul: folhas de anileiro, flores azuis, película da uva vermelha, madeiras azuis.
- Verde: clorofila, hastes e folhas verdes, quaresmeiras e hibisco, malva, loureiro, cavalinha.
- Amarronzado: cascas de árvores fervidas.
- Violeta: anileiro misturado com madeiras vermelhas.
- Marrom amarelado: acácia, azedinha, cebola, musgos e liquens.
- Marrom: barbatimão, ferrugem, casca de acácia.
- Laranja: flor de girassol, casca do coco fibrosa.

Da mesma maneira, estes são alguns ingredientes para a composição dos materiais da linguagem visual: especiarias, condimentos, frutas e chás utilizados como corantes.

- Especiarias: alecrim, anis, baunilha, canela, cravo, manjerona, menta, pimenta, sálvia, tomilho, estragão, citronela, cominho, orégano e outros.
- Frutas: abacaxi, framboesa, cereja, ameixa, uva, damasco, manga, pêssego, jabuticaba, laranja, melancia, açaí e outras.
- Chás: preto, mate, camomila, frutas silvestres, erva-doce, morango e outros.

A quantidade de elementos corantes é bastante significativa. Com isso, a pesquisa nos locais e nos livros de botânica que contêm desenhos e pinturas maravilhosas da flora irá ajudar na descoberta de pontos para a real transformação de elementos da natureza em materiais pictóricos.

Linguagem Musical

A música, assim com a linguagem visual, esteve sempre presente na vida dos homens. Sua presença está aliada aos rituais, às tradições e às culturas. Hoje, com o avanço tecnológico, não se pode deixar de lado os recursos audiovisuais: CDs, televisão, computador, cinema, animações publicitárias e outros meios que podem ser levados ao espaço da escola para serem ouvidos, apreciados e conhecidos. São recursos que irão permitir aos alunos aprimorarem suas escutas tornando-se mais críticos e seletivos em relação ao patrimônio musical.

Audição, interpretação, composição e improvisação possibilitam que todos se tornem ouvintes sensíveis, participando e entendendo os momentos variados da incursão da música na sociedade.

No trabalho com as questões relacionadas ao meio ambiente, essa linguagem está presente em todos os aspectos da natureza: barulho do vento, folhas, ramos rachando, frutas caindo, areias e terras escorregando pelas encostas, pássaros cantando ou em revoada, animais famintos em busca de novas presas, ou esticados ao sol, roncando. Essa é a melodia da mãe natureza, que ensinou os primeiros habitantes a imitarem seus barulhos, iniciando a comunicação por meio da voz, corpo, materiais sonoros disponíveis e gestuais.

Linguagem Teatral

O teatro foi usado pelos povos primitivos em rituais e encenações religiosas, tornou-se arte no momento em que a civilização grega organizou e elaborou suas apresentações.

Dramatizar permite que o indivíduo estabeleça relações consigo mesmo e com o outro. Ensina a ouvir, a esperar e a respeitar as diferentes opiniões e, dessa forma, ir se integrando ao grupo. É uma atividade socializadora que dá liberdade para o convívio democrático, estabelecendo uma organização estética.

O acesso a vídeos, a apresentações teatrais, a literatura, a exercícios gestuais, mímicas e a jogos corporais deverá fazer parte desse universo, pois permite a aprendizagem e a elaboração de um juízo crítico.

Atividades como improvisação e dramatizações com textos jornalísticos, artigos de revistas, temas oferecidos, poesias, objetos, máscaras, imagens, sons e situações do cotidiano, poderão permear o trabalho com as diferentes disciplinas.

Existem variadas maneiras que podem ser desenvolvidas com temas para dramatizações, jogos teatrais, fantoches e máscaras: pesquisa de histórias, lendas, fábulas, "causos", parlendas, trava-línguas, literatura de cordel etc.

CONSIDERAÇÕES FINAIS

A arte e a educação ambiental têm, portanto, objetivos em comum: manter o indivíduo atento, descobrindo a cada instante novos pedaços de mundo e olhar o mundo sempre como se fosse pela primeira vez. Na trama do conhecimento, as diferentes áreas educacionais se cruzam, entrelaçando saberes, com firme convicção da necessidade premente de se preparar cidadãos éticos e conscientes de suas trajetórias na transformação da realidade que os circunda.

Refletindo sobre as duas áreas educacionais, o texto a seguir, sobre o movimento de um caleidoscópio, retrata a importância do trabalho, na descoberta de novos olhares, de novos saberes da vida.

Um simples movimento aliado a uma atento olhar e eis que surgem... borboletas, estrelas, flores, triângulos e as mais variadas cores e nuances. A cada girar do pequeno cilindro, pedrinhas se aglutinam fazendo com que os olhos desvelem novos horizontes, novas formações, tramas, tamanhos, formas, combinações, perspectivas, sobreposições... É um mundo de surpresas expandindo e projetando nosso interior por meio do olhar... olhar intenso, infinito e persecutório que nos dá a liberdade de unirmos ou separarmos o núcleo, moléculas que rapidamente se formam mostrando-se atrevidamente como se quisessem dizer: educador, faça, investigue, construa e humanize o mundo e a vida que pede intervenções adequadas e refletidas.

O trabalho com a arte e o meio ambiente requer, como o caleidoscópio, um olhar atento, desafiador e instigante, descobrindo novos horizontes, novas formas de interagir e de girar a roda da arte, cultura e natureza.

Em outras palavras, faz-se necessário e urgente implantar uma proposta de arte, educação e meio ambiente em toda prática pedagógica.

Segundo Boff (2001), "morrem as ideologias e envelhecem as filosofias, mas os sonhos permanecem. São eles o húmus que permite continuadamente projetar novas formas de convivência social e de relação para com a natureza".

E é justamente nesse caminho dos sonhos que o trabalho com a arte e cultura ajuda no resgate da vida, por meio da construção de valores, respeito e ética, tendo como meta acabar com o individualismo, desinformação, empobrecimento cultural, discriminação e violência contra o ambiente e a natureza.

Pensando então na arte e na cultura, com fios condutores de um processo de humanização da vida e de acolhimento, a diretriz é permitir que cada um aprenda consigo e com o outro, respeitando suas singularidades, visões de mundo e problemas.

Entendemos que as estratégias artísticas e culturais estimulam as habilidades cognitivas e motoras, além de enriquecerem o autoconhecimento, a compreensão do outro, culminando com grandes mudanças estruturais e do próprio ambiente.

É importante o indivíduo perceber que viver é seguir um fio de vida tramado com muitos outros simultâneos, que só se tornam visíveis no decorrer de cada trajetória. A arte e a cultura propiciam esse movimento, pois também não se fecham em um único fio, mas precisam de múltiplas ressignificações e criações.

REFERÊNCIAS

ASHCAR, R. *Brasilessência: a cultura do perfume*. São Paulo: Nova Cultural, 2001.

BARBOSA, A.M. *A imagem do ensino da arte*. São Paulo: Perspectiva, 1991.

_____. *Tópicos e utópicos*. Belo Horizonte: CI Arte, 1998.

_____. (org.). *Inquietações e mudanças no ensino da arte*. São Paulo: Cortez, 2002.

BERNARDINO, A. *Coleção contos de mitologia*. São Paulo: FTD, 1997.

BOFF, L. *Casamento entre o céu e a terra*. Rio de Janeiro: Salamandra, 2001.

CASSIRER, E. *Ensaio sobre o homem: introdução a uma filosofia de cultura humana*. São Paulo: Martins Fontes, 1994.

FAZENDA, I. *Integração e interdisciplinariedade no ensino brasileiro: efetividade ou ideologia*. São Paulo: Loyola, 1992.

FERRAZ, M.H.C.T. *Arte e loucura: limites do imprevisível*. São Paulo: Lemos Editorial, 1998.

FREIRE, M.; DAVINI, J.; CAMARGO, F. et al. *Observação-registro-reflexão: instrumentos metodológicos*. São Paulo: Espaço Pedagógico, 1996. (Série Seminários).

FREIRE, P. *A pedagogia do oprimido*. Rio de Janeiro: Paz e Terra, 1983.

IAVELBERG, R. *Para gostar de aprender: sala de aula e formação de professores*. Porto Alegre: Artmed, 2003.

KELLOGG, R. *Analysing children's art*. Palo Alto, California: Mayfield Publishing Comp, 1969.

LARROSA, J. *Habitantes de Babel: políticas e poéticas da diferença*. Belo Horizonte: Autêntica, 2007.

LEVY, P. *O que é o virtual*. São Paulo: Editora 34, 1996.

LOWENFELD, V.; BRITTAIN, W.L. *O desenvolvimento da capacidade criadora*. São Paulo: Mestre Jou, 1977.

LUQUET, G.H. *Les dessins d'un enfant: étude psychologique*. Paris: Librairie Felix Alcan, 1913.

[MEC] MINISTÉRIO DA EDUCAÇÃO E CULTURA/Secretaria de Educação Fundamental. *Parâmetros Curriculares Nacionais*. Brasília (DF), 1998.

OSBORNE, H. *Apreciação da arte*. São Paulo: Cultura, 1970.

OSTROWER, F. *Acaso e criação artística*. Rio de Janeiro: Imago, 1990.

ORTHOF, S. *Coleção Bota História Nisso*. São Paulo: FTD, 1996.

PARSONS, M. *Compreender a arte: uma abordagem à experiência estética do ponto de vista do desenvolvimento cognitivo*. Lisboa: Presença, 1992.

RIOUX, G. *Dessin et Structure Mentale*. Paris: Presses Universitaire de France, 1951.

Bibliografia Consultada

BARBOSA, A.M. *Arte educação no Brasil: das origens ao modernismo*. São Paulo: Perspectiva/Secretaria da Cultura, Ciências e Tecnologia do Estado de São Paulo, 1978.

_____. *Recorte e colagem: influências de John Dewey no ensino da arte no Brasil*. São Paulo: Cortez/Autores Associados, 1982.

BARBOSA, A.M.; SALE, H.M. (orgs.). *O ensino da arte e sua história*. São Paulo: MAC/USP, 1990.

FERRAZ, M.H.; FUSARI, M.F. *Arte na educação escolar*. São Paulo: Cortez, 1992.

FERREIRA, J.H. *Materiais populares na educação artística*. Belo Horizonte: Fundo de Incentivo Cultural do Governo do Estado de Minas Gerais, 1993.

FREIRE, P. *A importância do ato de ler*. São Paulo: Cortez, 1995.

KELLOGG, R. *Análisis de la expresión plástica del preescolar*. Madrid: Cicel, 1987.

LOWENFELD, V.; BRITTAIN, W.L. *Desenvolvimento da capacidade criadora*. São Paulo: Mestre Jou, 1977.

LUQUET, G.M. *O desenho infantil*. Barcelona: Porto Civilização, 1969.

[MEC] MINISTÉRIO DA EDUCAÇÃO E CULTURA. *Referencial curricular nacional para a educação infantil*. Brasília (DF): MEC/SEF, 1988.

OSTROWER, F. *Criatividade e processos de criação*. Petrópolis: Vozes, 1978.

PERRENOUD, P. *Construir as competências desde a escola*. Porto Alegre: Artmed, 1999.

PILLAR, A.D. (org.). *A educação do olhar no ensino das artes*. Porto Alegre: Meditação, 1999.

RODRIGUES, A. *Escolinha de arte do Brasil*. Rio de Janeiro: EAB, 1978.

Sugestões de Livros para Serem Usados com Crianças e Adolescentes em Arte-Educação

ACEDO, R. *Encontro com Portinari*. São Paulo: Projeto Portinari/Minden, 1995.

_____. *Encontro com Segall*. São Paulo: Minden, 1999.

BANYAI, I. *Zoom*. Rio de Janeiro: Brinque Book, 1995.

BERNARDINO, A. *Coleção contos da mitologia*. São Paulo: FTD, 1997.

BOJUNGA, L. *O meu amigo pintor*. Rio de Janeiro: José Olympio, 2001.

BRAGA, A. *Tarsila do Amaral*. São Paulo: Moderna, 1998.

_____. *Antonio Francisco Lisboa: o Aleijadinho*. São Paulo: Moderna, 1999.

BJORK, C. *Linéia no jardim de Monet*. Rio de Janeiro: Salamandra, 1992.

CANIZO, J.A.D.; GABAN, J. *O pintor de lembranças*. Porto Alegre: Projeto, 1995.

CANTON, K. *Maria Martins: mistério das formas*. São Paulo: Paulinas, 1997.

_____. *Brasil, olhar de artista*. São Paulo: DCL, 2001.

_____. *Espelho de artista*. São Paulo: Cosac & Naify Edições, 2001.

_____. *O trem da história: uma viagem pelo mundo da arte*. São Paulo: Companhia das Letrinhas, 2003.

FETH, M. *O limpador de placas*. São Paulo: Brinque Book, 1997.

FITTIPALDI, C. *Série morena*. São Paulo: Melhoramentos, 1986.

GIRARDET, S. *A arte de Leonardo*. São Paulo: Companhia das Letrinhas, 1996.

_____. *Os quadros de Pablo*. São Paulo: Companhia das Letrinhas, 1996.

GULLAR, F. *Um gato chamado Gatinho*. Rio de Janeiro: Salamandra, 2000.

HART, T. *Coleção crianças famosas*. São Paulo: Callis, 1994.

IACOCCA, L. *Eu, você e tudo o que existe: fábula ecológica*. São Paulo: Ática, 1991.

LEITÃO, M.M. *Uma aventura no mundo de Tarsila*. São Paulo: Editora do Brasil, 1999.

_____. *Um fotógrafo diferente chamado Debret*. São Paulo: Editora do Brasil, 1996.

LOUMAYE, J.V.G. *Um toque de amarelo*. Rio de Janeiro: Salamandra, 1990.

MACHADO, A.M.P. *Desenhos e pinturas Candido Portinari*. São Paulo: Mercuryo Jovem, 2003.

MANGE, M.D. *A arte brasileira para crianças*. São Paulo: Martins Fontes, 1996.

MELLO, R. *Cavalhada de Pirenópolis*. Rio de Janeiro: Agir, 1998.

MICKIETHWAIT, L. *Meu primeiro livro de arte*. São Paulo: Manole, 1994.

ORTHOF, S. *Coleção bota história nisso*. São Paulo: FTD, 1996.

PALO, M.J. *Histórias em Hai-Kai*. São Paulo: Santuário, 1992.

PINTO, Z.A. *Flicts*. São Paulo: Melhoramentos, 1987.

ROCHA, R. *Boi, boiada, boiadeiro*. São Paulo: Quinteto Editorial, 1987.

ROSA, N.S.S.R. *Tarsila do Amaral*. São Paulo: Callis, 1998.

_____. *José Ferraz de Almeida Junior*. São Paulo: Moderna, 1999.

_____. *A arte de olhar crianças*. São Paulo: Scipione, 2002.

ROSS, T. *Coleção minhas primeiras descobertas em arte*. São Paulo: Melhoramentos, 1996.

SANT'ANNA, R. *De dois em dois: um passeio pelas bienais*. São Paulo: Martins Fontes, 1996.

VENEZIA, M. *Coleção desafios: mestre das artes*. São Paulo: Moderna, 1996.

VIANNA, V.A. *Picasso*. São Paulo: Paulinas, 1992. (Coleção Lua Nova).

YAMÃ, Y. *Puratig: o remo sagrado*. São Paulo: Peirópolis, 2001.

[SESC] SERVIÇO SOCIAL DO COMÉRCIO São Paulo. *100 Anos de cordel*. São Paulo: Sesc, 2001.

O Vídeo: Reflexões sobre a Linguagem e o seu Uso na Educação

22

Clarissa de Lacerda Nazário
Socióloga, Secretaria Municipal de Saúde de São Paulo

No campo da educação discute-se frequentemente a utilização dos meios de comunicação. Sua presença é uma realidade que a escola e outras instituições que visam a um trabalho educativo não podem ignorar. "A onipresença da imagem [....] é uma das características mais singulares e importantes do mundo atual" (Gutiérrez, 1978, p.16).

Existe ampla literatura, tanto na área da comunicação quanto na da pedagogia, que analisa o uso dos recursos audiovisuais na educação, provenientes ou não dos meios de comunicação de massa. Há também autores que abordam questões relativas à leitura dos meios de comunicação. Moran (1993, p.11) propõe uma educação para a comunicação entendida "como intervenção organizada na sociedade para conseguir percepções mais coerentes da interação comunicação-sociedade, com metodologias que deem conta de níveis abrangentes das relações focalizadas".

Outros autores buscam entender a estrutura das imagens e mensagens (Giacomantonio, 1981), visando a compreender os processos de codificação e decodificação, com ênfase no processo perceptivo (Gutiérrez, 1978). Existem publicações que abordam questões mais técnicas relacionadas com o tema (Ferreira e Silva, 1986; Longhi e Ewert, 1987; Serra, 1986), apresentando informações sobre como produzir e utilizar os recursos audiovisuais. Outros autores abordam o processo de comunicação sob pontos de vista sociológico e político.

Ao inserir a discussão da comunicação como uma questão da cultura, ressaltam-se não apenas os meios e as tecnologias, mas também as mediações que se estabelecem por meio da cultura, segundo os significados que aí configuram e condicionam os processos de comunicação (Barbero, 1997).

As mensagens transmitidas por meio das imagens propiciam formas variadas de leituras, em função das experiências de vida de cada um.

> O indivíduo permanece, às vezes, insensível a certos elementos que para outros são importantes, e capta e cataloga como importantes aqueles que sua sensibilidade soube abstrair do conjunto. Entretanto, não se deve esquecer que as diferenças de leitura são tais, justamente porque existe uma linguagem padrão, que é a das imagens (Giacomantonio, 1981, p.39).

Essa sensibilidade de que o autor nos fala é condicionada tanto por vivências individuais como coletivas. Morin (1983, p.153), analisando o cinema, aponta que

> a imagem cinematográfica, à qual falta a força probatória da realidade prática, detém um tal poder afetivo que justifica um espetáculo. À sua realidade prática desvalorizada corresponde uma realidade afetiva eventualmente acrescida, realidade essa a que chamamos o encanto da imagem.

Uma das teorias utilizadas neste capítulo para descrição do produto comunicativo foi o modelo elaborado pelo linguista Jakobson (1969, p.123). Esse autor analisa as funções da linguagem verbal. Apesar dos produtos audiovisuais utilizarem outras linguagens além da verbal, utilizamos esse referencial para buscar compreender quais as funções predominantes que os vídeos possuem. Seus realizadores podem ter uma preocupação maior em reforçar o discurso de quem emite a mensagem, centrar na própria mensagem e em seu contexto, ou ainda buscar captar o interesse do espectador. Essas opções fazem com que o produto adquira diferentes funções em termos comunicativos. Dessa forma, a extensão do estudo das funções da linguagem para os produtos audiovisuais foi realizada somente com a finalidade de propiciar uma compreensão de sua intencionalidade. As funções da linguagem seriam, então:

- Referencial: denotativa ou cognitiva; a linguagem orienta-se para o contexto da mensagem; como exemplo, tem-se o discurso científico.

O VÍDEO: REFLEXÕES SOBRE A LINGUAGEM E O SEU USO NA EDUCAÇÃO | **581**

- Emotiva: a atitude do sujeito falante diante do objeto da mensagem; visa a uma expressão direta da atitude de quem fala em relação àquilo que está falando; por exemplo: discurso amoroso.

- Conativa: o objetivo é conseguir uma reação do destinatário da mensagem; como exemplo tem-se a propaganda publicitária na qual a comunicação é imperativa.

- Fática: visa a captar e manter a atenção, prolongar ou interromper a comunicação; no texto esta é a função exercida pela pontuação.

- Metalinguística: o discurso focaliza o código de comunicação, fornecendo informações sobre ele.

- Poética: visa à produção estética, com um enfoque na configuração da própria mensagem; não está limitada somente à poesia.

O produto audiovisual necessita ser pensado como um recurso comunicativo, no qual a ênfase a ser dada não deve ater-se apenas ao contexto da mensagem. É importante que haja uma preocupação com a configuração da mensagem e com o destinatário. Sua linguagem visual e sonora precisa ser trabalhada tecnicamente; não se pode pensar só no "que dizer", mas no "como dizer". O tipo de linguagem pode ser mais leve e os recursos precisam ser elaborados, dando um espaço maior para a criatividade, podendo entrar em cena também a criação artística, cuja função predominante é a poética.

É fundamental pensar na função emotiva na configuração dos materiais, pois, desta forma, a partir da expressão do conteúdo emocional por parte dos emissores da mensagem, pode-se estimular a identificação, sensibilizar o público por meio de suas próprias emoções e suscitar discussões a respeito de conteúdos não racionalizados.

Os recursos audiovisuais possuem um poder de comunicação que necessita ser conhecido para ser utilizado. Giacomantonio (1981) distingue três níveis de atenção dos indivíduos com relação à imagem: o instintivo depende basicamente da percepção de cores, formas, expressões, constituindo elementos emotivos por excelência; o descritivo capta a descrição de objetos, ambientes e individualização do assunto; finalmente, o simbólico supõe um nível de abstração da leitura da imagem.

O termo "linguagem audiovisual" diz respeito aos elementos e recursos de expressão articulados de forma a dar sentido a uma mensagem. O conhecimento deles é importante no sentido de que podem propiciar uma compreensão mais global da configuração dos materiais audiovisuais.

Os elementos de linguagem mais significativos são:

- O roteiro.

A partir de uma ideia e da forma com que se pretende abordá-la e traba-lhá-la constrói-se uma estrutura; é a concepção do trabalho que se pretende realizar, no qual estão articulados a imagem e o áudio (músicas e falas), assim como a forma e a ordem com que eles irão aparecer (p. ex.: locução em *off*[1], plano geral de uma escola, *close* de uma criança etc.).

- O movimento de câmera.

Permite a realização de movimentos de aproximação e distanciamento do objeto filmado (Betton, 1987), visões panorâmicas (quando a câmera desenvolve um movimento circular), acompanhamento da cena (*travelling*), quando a câmera descreve um movimento etc. De acordo com Comparato (1983), a maneira como trabalhamos os movimentos de câmera revelam detalhes que não nos são revelados na vida cotidiana. Segundo Betton (1987, p.36-7),

> um movimento de câmera não tem uma função unicamente descritiva. Pode também ter uma função psicológica ou dramática, particularmente ao exprimir ou materializar a tensão mental de um personagem. Finalmente, pode ter também uma função rítmica. Os movimentos de câmera conduzem o olhar do espectador precisamente para onde se deseja, contribuindo, juntamente com os recursos de edição ou montagem, para criar o clima do programa ou filme. Movimentos de câmera rápidos geram um clima agitado e inquieto, muito utilizados em programas voltados para público jovem;

- Enquadramento.

Informa o centro de interesse na imagem (Longhi, 1987) e diz respeito aos planos e ângulos de tomada. De acordo com Passarelli (1999), com relação aos planos, tem-se:

- O plano geral: no qual nenhum elemento possui destaque; mostra-se todo o espaço da ação.

---

[1] *Off*: recurso pelo qual um texto é falado por um locutor que não aparece, enquanto outras imagens são apresentadas.

- O plano médio: principalmente em interiores, mostra um conjunto de elementos (figuras humanas e cenário) envolvidos na ação.
- O plano americano: em que figuras humanas são mostradas até a cintura.
- O primeiro plano, ou *close*: em que temos o detalhe de um corpo ou objeto; e o primeiríssimo plano onde temos um maior detalhamento.

O *close* "possui um grande valor expressivo e valoriza o assunto, possibilitando captar os matizes" (Giacomantonio, 1981). Aumont (1995) analisa os modos de visão dos objetos no espaço, citando a visão de perto – chamada de polo háptico (ou tátil) – e o seu oposto que seria o polo óptico, ou a visão em perspectiva. Na visão em detalhe quase se pode sentir os objetos, possibilitando, desse modo, criar uma maior intimidade com as personagens ou situações apresentadas. Os ângulos ou a perspectiva segundo a qual a câmera "olha" para o objeto filmado são:

- O ângulo normal, no qual a câmera é mantida horizontalmente na altura da pessoa.
- O ângulo de cima para baixo (câmera alta), cujo efeito criado é de esmagamento, sufocamento, sujeição.
- O ângulo de baixo para cima (câmera baixa), cujo efeito evoca a superioridade, o poder, o triunfo, o orgulho, a majestade, ou, senão, a tragédia e o pavor (Betton, 1987, p.34-5).

O enquadramento – ou o desenquadramento – traduz o ponto de vista, seja ele entendido como o local a partir do qual uma cena é olhada, seja como uma forma específica de se encarar e considerar uma questão ou acontecimento (Aumont, 1993).

- Montagem ou edição

A montagem é o procedimento utilizado no cinema, enquanto no vídeo é a técnica de edição, realizada eletronicamente. Pode-se alterar as cenas, realizando-se inserções, efeitos, fusões etc. Machado (1988) afirma que a forma de trabalhar as imagens de uma maneira mais fragmentada é mais adequada ao vídeo do que planos gerais e cenas com longa duração. Os recursos tecnológicos de edição permitem que se altere o tempo real, podendo-se acelerar ou retardar o movimento, gerando efeitos cômicos ou de uma maior densidade psicológica. Pode-se intervir, também, concentrando-se ou dilatando-se o tempo e, entre outras coisas, fundindo-se duas temporalidades como nos chamados *flashbacks*[2] (Betton, 1987).

* Sonoplastia

Compreende o material sonoro, incluindo as músicas e os ruídos. Pode-se realizar combinações entre o som e a imagem que sejam complementares, redundantes, contraditórias ou em contraponto. "O som e a imagem são, alternadamente, fonte de informações específicas que remetem umas às outras" (Betton, 1987, p.40). Esse autor levanta pontos importantes a respeito das características do som das vozes, elemento este sobre o qual também se deve ater ao elaborar um material audiovisual. O autor afirma que:

> A simples audição de uma voz pode dar uma imagem incrivelmente exata da maior parte das características físicas e mentais de uma pessoa, e particularmente de um ator. O poder de convencimento da palavra humana não está unicamente nas palavras pronunciadas e nas ideias que estas sugerem: ele reside também no próprio som da voz, e esta não somente tem um poder de sugestão, mas também um valor psicológico incontestável (ele exalta a emotividade). Na verdade, a entonação, o ritmo e o timbre são mais importantes que a sintaxe (Betton, 1987, p.44).

Esse mesmo autor cita Merleau-Ponty para afirmar que "a prodigalidade ou avareza de palavras, sua plenitude, ou seu vazio, sua exatidão ou sua afetação fazem sentir a essência de uma personagem de forma mais segura do que muitas descrições" (Betton, 1987). É importante que essas questões sejam levadas em conta ao utilizar, por exemplo, a voz em *off*. Geralmente, quando se escuta uma voz, imagina-se o corpo; no momento em que se força uma impessoalidade, é como se a voz não tivesse corpo. É possível que isso cause uma dificuldade na interação do espectador com aquilo que é exibido, pelo menos com relação ao seu envolvimento emocional com a questão. A ideia do som nos materiais audiovisuais é estimular a imaginação, para não quebrar a riqueza e abertura da imagem em fornecer vários significados. Ao utilizar-se de um discurso muito diretivo, que é o que ocorre normalmente quando se utiliza o texto em *off*, aciona-se primeiramente o envolvimento intelectual do espectador com o vídeo. De

---

[2] *Flashbacks*: recurso utilizado para mostrar cenas de acontecimentos passados

acordo com Betton (1987), ao fazer o caminho inverso, permite-se que se acione primeiro a afetividade do receptor e só depois a sua inteligência.

Alguns autores citam ainda outros elementos de linguagem, como o cenário, a iluminação, a cor, a profundidade de campo – importante no cinema, mas não na televisão – e a representação dos atores.

Machado (1993, p.6), referindo-se ao vídeo, coloca questões específicas a respeito do tipo de discurso criado:

> Sabemos pelo simples exame retrospectivo da história desse meio de expressão, que o vídeo é um sistema híbrido, ele opera com códigos significantes distintos, parte importados do teatro, da literatura, do rádio e mais modernamente da computação gráfica [....] O discurso videográfico é impuro por natureza, ele processa formas de expressão colocadas em circulação por outros meios, atribuindo-lhes novos valores, e a sua especificidade, se houver, está, sobretudo na solução peculiar que ele dá ao problema da síntese de todas essas contribuições (Machado, 1993).

Em consequência disso e das características tecnológicas do meio, pode-se identificar algumas tendências na linguagem específica do vídeo. A primeira é o uso de primeiros planos ou *closes*, mais adequados em função da baixa definição da imagem que dificulta a compreensão de cenas com excesso de informações e detalhamentos.

> Multidões em plano geral são motivos pouco adequados ao vídeo, assim como são inadequados os cenários amplos e decorações muito minuciosas, pois todos esses motivos se reduzem a manchas disformes quando inseridos na tela pequena. (Machado, 1993, p.7).

Segundo o autor, outra tendência é de que o roteiro e a edição busquem a justaposição de planos singelos, visando à articulação de sentido por intermédio do uso de metáforas. Uma terceira característica é que, em função das condições de recepção – ou seja, a de que o vídeo é assistido em meio a outras atividades – sua informação deve ser do tipo "recorrente, circular, reiterando ideias e sensações a cada novo plano, ou então quando ela assume a dispersão, organizando a mensagem em painéis fragmentários e híbridos, como na técnica da *collage*" (Machado, 1993, p.10).

A abordagem acima se coloca na linha de investigação dos autores que estudam as relações entre tecnologia e linguagem. A reflexão sobre a relação entre a linguagem e as características tecnológicas dos vários meios de comunicação (televisão, cinema, vídeo) são úteis como pontos de referência para a análise dos limites de cada um desses meios e das possibilidades de exploração de suas capacidades.

As condições de recepção do vídeo nas situações de ensino-aprendizagem colocam-se como um meio-termo entre as condições de recepção da televisão e do cinema. Assiste-se ao vídeo em uma sala clara, porém, a situação é diferente daquela quando se assiste à televisão em casa, pois não há situações perturbando a atenção. Há condições para maior concentração e interiorização, possibilitando que se acione o que Morin (1983) denomina de mecanismo de projeção-identificação, mecanismo desencadeado nas exibições cinematográficas. Esse autor explicita tal mecanismo, esclarecendo como as necessidades, as aspirações e os desejos projetam-se sobre situações e personagens apresentados na tela, fazendo com que a participação do espectador se interiorize, absorvendo o mundo representado, incorporando o meio ambiente (cenário, personagens) integrando-os afetivamente, originando o que ele denomina de "participação afetiva" (Morin, 1983).

Tais afirmações podem ser acrescidas pelas considerações de Aumont (1995, p.110) que, ao citar Metz, ressalta que o cinema apresenta um fator positivo que é a sua imaterialidade, a qual favorece a participação afetiva; esta, por sua vez, faz com que o espectador esteja mais investido psicologicamente na imagem.

Landowiski (1996, p.39) aponta que a relação corporal do espectador com a obra colabora na apreensão do sentido das mensagens:

> [....] certa emoção ou determinada sensação sendo experimentada e figurada pelo outro no seu corpo, ao encontrar reexperimentada pelo e no corpo do próprio espectador, o efeito de contágio não se distingue da apreensão de uma significação; nesse gênero de transmissão corpo a corpo, o que imediatamente 'se sente' é o 'sentido' mesmo. O sentido é sentido (Landowiski, 1996).

As situações de recepção dos vídeos fogem um pouco da situação do cinema, comprometendo, provavelmente, o investimento emocional do espectador; porém não se pode descartar a possibilidade de que esse seja um mecanismo que atue, mesmo que de forma mais superficial. O fato de a exibição dar-se na tela pequena de um aparelho de televisão pode também dificultar esse processo. É preciso considerar, por outro lado, que uma boa parte dos materiais é construída com códigos provenientes da lingua-

O VÍDEO: REFLEXÕES SOBRE A LINGUAGEM E O SEU USO NA EDUCAÇÃO | **587**

gem televisual, condicionando também a sua recepção. Nesse caso, deve-se atentar para os processos – analisados por Machado (1988, p.61-2) – que ocorrem na recepção dos sistemas de alta e baixa definição, como o cinema e a televisão:

> [....] isso significa que, nos processos figurativos de alta definição, a articulação do sistema se dá à custa da acomodação e do anestesiamento do decodificador, que já recebe a informação pronta e carregada de módulos de ordem, aos quais é impossível resistir [....] Inversamente, nos processos de baixa definição, o espectador coloca sua energia a serviço da decodificação, o que significa atividade e participação [....] A verdade é que a imagem de vídeo, pequena, estilhaçada, sem profundidade, pouco realista e de efeito ilusionista extremamente precário, não pode fascinar o espectador a ponto de fazê-lo perder a vigilância sobre suas próprias sensações; pelo contrário, a precariedade dos meios serve-lhe de distanciamento crítico e de estímulo para a intervenção no universo simbólico (Machado, 1988).

Esses são alguns dos fatores que influenciam as questões relativas à percepção e precisam ser levados em conta para se avaliar as possibilidades de trabalho com os conteúdos percebidos. Há dúvidas, entretanto, quanto à possibilidade de atividade participativa na decodificação de programas com um padrão televisual muito tradicional, ou seja, quando as reportagens e entrevistas são estruturadas, por exemplo, da forma que vemos nos vários telejornais.

É necessário considerar que o efeito educativo dos meios de comunicação de massa é, muitas vezes, não intencional e assistemático. Esse tipo de comunicação é unidirecional, sem um *feedback* sobre o impacto do processo, diferenciando-se fundamentalmente da comunicação interpessoal. Levando-se em conta essas limitações, recomenda-se que, ao elaborar materiais educativos, os especialistas tenham um conhecimento das características da audiência, de forma mais segmentada possível, para que possam adequar o texto, as imagens e os cenários à realidade desse público. Com essa finalidade realizam-se pesquisas e testes. Quanto mais amplo e diversificado for o público a ser atingido, menos especificidade deverá ter a mensagem, pois para atingir um maior número de pessoas deve-se ter uma mensagem com um maior nível de generalização. Por outro lado, quanto mais especificidade puder ter a mensagem, maior será o efeito em termos qualitativos. Os meios de comunicação de massa podem incrementar conhecimentos e gerar uma resposta rápida e emocional. Além disso, podem contribuir para propiciar mudanças societárias, apesar de não garanti-las. Um aspecto importante abordado por alguns autores é que esses produtos são mais eficazes quando fazem parte de uma campanha integrada a outras formas de comunicação. À utilização dos meios de comunicação de massa deve-se somar também a educação face a face, para que possa gerar mudança comportamental e ter maior probabilidade de ser mantida ao longo do tempo.

Os meios de comunicação de massa têm como limitação o fato de não poderem veicular informações complexas, nem ensinar habilidades. Devem, portanto, ater-se a mensagens simples para não gerar ruídos na comunicação. Além disso, já se disse, não geram, isoladamente, mudanças de comportamento. É importante que essas limitações sejam levadas em conta para que seja possível utilizar adequadamente esses meios, sem superestimar um poder que, na realidade, não têm.

Com relação aos materiais de comunicação não dirigidos à grande massa, ou seja, materiais elaborados para grupos específicos, considera-se que eles são coadjuvantes de ações educativas e devem ser acompanhados por outras formas de intervenções. Dessa forma, é importante avaliar as características de cada um dos recursos para que estes cumpram melhor a sua função. Tão importante quanto isso é o modo de utilização desses recursos, que poderá garantir um bom desempenho educativo. Na literatura são descritos critérios para avaliar esses tipos de materiais (Ewles e Simnett, 1992), como se apresenta a seguir:

- Se o material é adequado aos objetivos – um exemplo diz respeito aos materiais produzidos para lidar com a questão do tabagismo: se o público-alvo for constituído por jovens não motivados para parar de fumar, um vídeo sobre como parar de fumar ou as vantagens de parar não irá atingi-los; provavelmente seria mais adequado utilizar um vídeo que propiciasse e levantasse discussões, para que eles se conscientizassem de suas motivações.

- Meio de comunicação mais adequado – o vídeo é útil, pois pode ser editado; a fotografia é mais barata; o cartaz também; às vezes pessoas reais, ao vivo, contando suas experiências, são mais estimulantes do que filmes ou vídeos; tudo precisa ser avaliado antes da escolha do tipo de recurso que se quer usar.

O VÍDEO: REFLEXÕES SOBRE A LINGUAGEM E O SEU USO NA EDUCAÇÃO | **589**

- É importante que o material seja consistente e coerente com os valores e com o tipo de abordagem que se quer dar ao problema: os autores colocam que não se deve culpabilizar a vítima, nem permitir mensagens que tenham conotações racistas.

- Deve-se prestar atenção à relevância do tipo de abordagem ou do tipo de linguagem utilizada para um público específico, pois um erro pode inviabilizar a comunicação; é importante, portanto, prestar atenção às diferenças culturais.

Entre os vários tipos de recursos que podem ser utilizados nas ações educativas, o vídeo apresenta algumas vantagens, por exemplo, a possibilidade de um maior realismo e a capacidade que tem de atingir mais de um sentido, facilitando a apreensão, a facilidade com que se pode passar informações, discutir problemas, demonstrar habilidades e propiciar discussões. Com vídeos pode-se atingir pequenas e médias audiências. Algo, porém, que os educadores precisam questionar é a sua utilização isolada. Para se obter melhores resultados, torna-se necessário associar o uso de programas em vídeo a atividades educativas mais amplas, não encarando a exibição como um fim em si mesmo.

Estudos que avaliam os efeitos do uso dos meios de comunicação analisam também como esses meios atingem a audiência, tentando explicar as razões da aceitação ou rejeição das informações e dos valores veiculados (Naidoo e Wills, 1994). Uma das teorias é a *hypodermic syringe* que considera a audiência como passiva e passível de manipulação. Outra teoria é a de "estágios", que aborda a importância do papel dos formadores de opinião, valorizando as interações pessoais. Apesar de representar um avanço com relação à primeira, ainda é um tanto simplista. O modelo dos "usos e gratificações" pressupõe que os meios sejam utilizados para gratificações pessoais. Dessa forma, a aceitação ou rejeição se daria por motivos pessoais. O modelo dos "efeitos culturais" vai um pouco além, pois supõe que os conteúdos veiculados são filtrados segundo padrões culturais e não só individuais.

Aumont (1993), baseado em estudos de Gombrich, ao referir-se às questões relativas à percepção da imagem, aponta dois elementos: o reconhecimento e a rememoração. O reconhecimento se dá pela função representativa da imagem, que permite reconhecer as características visuais do mundo real e as imagens, propiciada pela relação de semelhança em um maior ou menor grau com a realidade visível. A rememoração permite que, por meio da função simbólica, o ato de ver seja o de "comparar o que esperamos à mensagem que nosso aparelho visual recebe" (Aumont, 1993, p.87).

Dessa forma, ao fazer intervir seu conhecimento prévio, o espectador da imagem supre o não representado, as lacunas da representação, fazendo com que a imagem seja, tanto do ponto de vista de seu autor quanto de seu espectador, um fenômeno também ligado à imaginação (Aumont, 1993). O olhar sobre uma imagem é modificado, portanto, pelas informações que o indivíduo tem, fazendo com que a trajetória do olhar deixe de se encaminhar simplesmente àquelas áreas com mais informação, que permitem reconhecer as imagens em uma segunda apresentação, para ser guiado por outras ordens (Aumont, 1993).

Santaella e Nöth (1997) analisam a questão da imagem por intermédio da abordagem semiótica. Os autores colocam questões comuns, tais como a imagem como percepção e imaginação e a percepção da forma como um processo não só de recepção, mas de coordenação entre o percebido e as formas internalizadas. Apontam para questões importantes como a influência da linguagem verbal sobre a imagem, o papel da contextualização com outras imagens, a função dos sons, da música etc:

> A concepção defendida de que a mensagem imagética depende do comentário textual tem sua fundamentação na abertura semiótica peculiar à mensagem visual. A abertura interpretativa da imagem é modificada, especificada, mas também generalizada pelas mensagens do contexto imagético. O contexto mais importante da imagem é a linguagem verbal. Porém, outras imagens e mídias, como, por exemplo, a música, são também contextos que podem modificar a mensagem da imagem [....] o contexto da imagem não precisa ser necessariamente verbal. Imagens podem funcionar como contextos de imagens. Entretanto, num sentido semiótico mais geral, no qual as imagens são um dos tipos possíveis, não há signo sem contexto, visto que a mera existência de um signo já evidencia o seu contexto (Santaella e Nöth, 1997, p.53-7).

Esses autores explicam como a imagem nos atinge, colocando algo de certa forma semelhante a Aumont. Afirmam que, sem memória e antecipação, nenhum reconhecimento e identificação são possíveis: "onde quer que o ser humano ponha seu olhar, esse ato estará irremediavelmente impregnado de temporalidade" (Santaella e Nöth, 1997, p.87). Esse tempo, porém, está além de um tempo cronológico, um tempo constituído por meio de um processo histórico e cultural.

É importante que a construção das imagens seja pensada levando em conta a sua função simbólica. Com relação a produtos audiovisuais, ressaltamos uma questão levantada por Aumont (1995) que, citando Vanoye, fala sobre

> como certos filmes administram melhor o ciclo emocional, ao permitirem ao espectador acesso à integração ou à elaboração de sua experiência emocional por domínio da configuração narrativa [....] Segundo o autor [....] o que comove é a participação em um mundo ficcional, a relação com personagens, o confronto com situações (Aumont, 1995, p.123).

Assim sendo, a construção da narrativa com a escolha de imagens e sons, utilizando diversos recursos de linguagem, pode colaborar para que a administração desse ciclo emocional seja encaminhada de uma maneira mais completa.

Várias produções brasileiras em vídeo estão inseridas na chamada comunicação popular. Organizações da sociedade civil, movimentos populares etc. utilizam o vídeo como recurso comunicativo visando a um trabalho educativo, configurando uma tendência observada desde o início dos anos de 1980. O termo vídeo popular insere-se na chamada comunicação popular, configurando uma produção com uma formatação específica por opção dos realizadores, em função da realidade social vivenciada.

De acordo com Santoro (1989, p.59-61):

> O vídeo chega aos grupos e movimentos populares como mais um componente de luta e, por suas características técnicas, adapta-se bem a projetos de comunicação popular que têm os diferentes grupos sociais como público-alvo, prestando-se desde a simples exibição de programas pré-gravados até programas originais [....] Tudo isso é, para nós, o vídeo popular. Uma definição abrangente, que tem como referência primordial a prática do uso do vídeo pelos movimentos populares, o volume dessa produção, o seu teor, os grupos que são responsáveis por ela e a exibição de programas comprometidos com a realidade social.

É claro que as produções mais atuais têm uma formatação diferente dos materiais daquela época. Porém, pode-se notar que as suas concepções influenciaram muito o tipo de comunicação audiovisual realizada atualmente.

A respeito da experiência de vídeo independente no Brasil, Machado (1996) coloca várias questões importantes ao procurar ver as singularidades dessas experiências em relação às da televisão comercial. As inovações e rupturas na estrutura da linguagem dão-se, por exemplo, com relação às entrevistas, momento em que se dá a intervenção popular. Nas empresas televisuais, a intervenção costuma ser breve e lacônica, para apenas endossar o que o apresentador afirmou; nestas experiências, porém, busca-se uma outra abordagem:

> Uma forma de perfurar todos estes esquemas viciados é reinventando inteiramente a instituição da entrevista. O Olhar Eletrônico[3] enfrentou este desafio através de suas perguntas 'impossíveis' e inesperadas, que estimulam respostas pouco convencionais e barram qualquer recurso ao repertório de chavões (Machado, 1996, p.267).

Além dos vídeos populares podem ser citadas as produções elaboradas com objetivos estéticos e cuja função predominante é a poética. Dentro dessa categoria são encontrados os materiais de ficção que podem também ser utilizados em ações educativas, visando principalmente à sensibilização dos participantes sobre algum tema. O fato de não ser um vídeo de natureza educativa e informativa não compromete o seu uso. Ao discorrer sobre o componente poético e estético em obras literárias, Balogh (1996) utiliza o conceito de Jakobson sobre a função poética da linguagem, ressaltando as características de ambiguidade e plurissignificação. Traçando um paralelo com as produções audiovisuais, pode-se afirmar que os materiais criados com uma preocupação e um objetivo estéticos – mesmo que não seja o principal – possuem uma riqueza maior justamente por essas características, podendo propiciar uma gama maior de leituras e interpretações. Quando o vídeo é construído buscando uma forma mais equilibrada, mais harmônica, ou seja, com uma preocupação com a beleza, pode propiciar ao público uma fruição que vai além do interesse pelo científico.

Desse modo, consideramos importante ficar atento para a seguinte questão: que o educativo no trabalho com audiovisuais se refere muito mais ao processo de utilização do material do que simplesmente características de sua formatação ou do seu conteúdo. Pode-se, por exemplo, utilizar uma novela ou uma campanha publicitária como material educativo. Por

---

[3] Olhar Eletrônico: produtora de vídeos de São Paulo.

outro lado, percebe-se que, em alguns casos, vídeos concebidos como educativos possuem uma formatação tão rígida e estereotipada que não permitem uma utilização educativa mais participativa. Muitas vezes, a preocupação é que esses materiais descrevam e demonstrem certos fatos, seguindo um esquema tradicional de aula, sem considerar as características do meio e descuidando-se do conceito de participação da população-alvo. Isso pode derivar, em parte, da dificuldade de transpor os conceitos científicos para a linguagem audiovisual. Tal fato ocorre em função da preocupação de que as informações veiculadas sejam cientificamente corretas e que a função da linguagem seja prioritariamente referencial. Isso acaba por fazer com que os realizadores se apeguem a formas conhecidas e às vezes desgastadas.

Segundo Machado (1988, p.94),

> programas dissertativos ou narrativos que consistem na ilustração de um tema concorrem para eliminar a intervenção do espectador, impondo-lhe a evidência de uma demonstração em vez do processo de reconhecimento e, nesse sentido, participam dos interesses de centralização de que o veículo é vítima.

Em artigo sobre comunicação para promoção da saúde, Don Palmer (1992) menciona que os programas televisivos sobre saúde, por buscarem transmitir comportamentos e atitudes corretas e saudáveis, de uma forma excessivamente rígida, correm o risco de se tornarem algo previsível ao qual falta drama, diversão e alegria. Acreditamos que, se não houver uma atenção a essas questões, esse risco pode comprometer os vídeos educativos no geral, não só na área da saúde. É essencial ter em mente que o vídeo não precisa dizer tudo; existem conteúdos que podem ser abordados após a sua exibição, visando a complementar o processo educativo.

Quando se planeja realizar um vídeo, é importante que se esteja atento a várias questões para que a produção possa atender tanto às necessidades dos realizadores quanto do público e ser um material comunicativo eficaz. É de fundamental importância que o público seja visto como um sujeito do conhecimento e não apenas como um objeto a respeito do qual se fala. Para isso é necessário conhecer suas percepções sobre o tema a ser desenvolvido, pois, dessa forma, os conteúdos abordados serão mais adequados à sua realidade, adquirindo um maior significado.

Esse levantamento e a construção do roteiro fazem parte da fase que é chamada de pré-produção. A partir de uma discussão sobre a problemática a ser abordada e a definição dos objetivos é que o roteiro será elaborado. É importante que as cenas a serem gravadas sejam precedidas pelo roteiro, pois os enquadramentos, os movimentos de câmera e outros elementos, devem ser pensados e executados a partir de uma concepção global do material. Assim sendo, evita-se o risco de se gravar imagens para, por exemplo, simplesmente *ilustrar* um depoimento ou uma entrevista.

Outro ponto importante a ser levado em conta é o recurso financeiro e material com o qual se poderá contar, pois isso irá condicionar o tipo de produção, seu nível de complexidade, os recursos a serem utilizados etc.

A fase de produção inclui a organização da equipe, contatos, autorizações para realização de gravações, contratação de atores, se for o caso, cenários, e as gravações das cenas propriamente ditas com o equipamento de imagem (câmeras), som (microfones) e iluminação escolhidos.

Na pós-produção o material – de imagens e áudio – é editado utilizando os recursos de uma ilha de edição. Concluído esse processo, são feitas as cópias para serem distribuídas e veiculadas. Alguns vídeos utilizados em educação são acompanhados de um roteiro de utilização, constituindo-se em um valioso instrumento que visa a garantir um trabalho que explore de uma forma mais consistente as diversas possibilidades do material.

O desenvolvimento da tecnologia digital, com a incorporação dos recursos de captação, de processamento e edição de imagens via computador, facilitou e ampliou o acesso para elaboração de vídeos e sua divulgação em DVDs e via internet. Essas tecnologias permitem a incorporação de diversos tipos de imagens, fotografias, animações, aos produtos videográficos. Esse processo que se desenvolve em um ritmo muito veloz traz a necessidade de reflexão sobre o que queremos delas e de que forma elas se relacionam ao processo cognitivo e pedagógico. É um horizonte que se descortina e possibilita uma abertura em termos de linguagem comunicativa – fragmentada e híbrida – que pode , e deve, se refletir na leitura que se faz do conteúdo apresentado.

Finalizando, é importante salientar novamente que a exibição de um vídeo deve fazer parte de um processo mais amplo e não ser uma atividade isolada, pois o objetivo é que ele seja um instrumento de sensibilização, um aprofundamento ou síntese do assunto a ser trabalhado. Antes de iniciar a exibição, é importante situar a temática, para que possam surgir comentários e funcionar como um aquecimento para o grupo. Entretanto, se o vídeo tiver o intuito de sensibilizar as pessoas, ou seja, despertar para um assunto ou trabalhar preconceitos e noções errôneas, pode-se deixar esse momento para depois da apresentação, para não dirigir demais a atenção ou quebrar o impacto. Após a exibição, fazer coletivamente a reconstrução do conteúdo mediante perguntas simples, procurando identificar partes relevantes para que todos tenham uma noção de conjunto, explicitando o discurso. A ideia é fazer com que os espectadores se tornem ativos e estabeleçam relações, em um processo de articulação de sentidos. Como o produto comunicativo é uma construção, no qual os elementos de linguagem são articulados de forma a configurar uma mensagem, é importante que as pessoas possam também refletir sobre isso. A reflexão sobre a mensagem apresentada é o momento no qual o grupo, auxiliado pelo coordenador, pode perceber os valores e significados mais profundos, assim como as mediações estabelecidas pelo meio tecnológico, no caso, o vídeo. Nesse instante, o "porquê" é fundamental. O grupo poderá também levantar situações semelhantes que tenham vivenciado, relacionadas ao que acabaram de ver, ouvir e discutir, propiciando um confronto entre questões subjetivas e sociais.

REFERÊNCIAS

AUMONT, J. *A imagem*. Campinas: Papirus, 1993.

_____. *A imagem*. Campinas: Papirus, 1995.

BALOGH, A.M. *Conjunções, disjunções, transmutações: da literatura ao cinema e à TV*. São Paulo: Annablume/ECA-USP, 1996.

BARBERO, J.M. *Os métodos: dos meios às mediações*. Rio de Janeiro: UFRJ, 1997.

BETTON, G. *Estética do cinema*. São Paulo: Martins Fontes, 1987.

COMPARATO, D. *Roteiro: arte e técnica de escrever para cinema e televisão*. Rio de Janeiro: Nórdica, 1983.

EWLES, L.; SIMNETT, I. *Promoting health: a pratical guide. Using and producing health promotion materials*. UK: Sartori, 1992. p.226-42.

FERREIRA, O.M.C.; SILVA JR., P.D. *Recursos audiovisuais no processo ensino-aprendizagem*. São Paulo: EPU, 1986.

GIACOMANTONIO, M. *O ensino através dos audiovisuais*. São Paulo: Summus, 1981.

GUTIÉRREZ, F. *Linguagem total*. São Paulo: Summus, 1978.

JAKOBSON, R. *Linguística e poética*. São Paulo: Cultrix/Editora da Universidade de São Paulo, 1969.

LANDOWISKI, E. Viagem às nascentes do sentido. In: IGNACIO, A.S. (org.). *Corpo e sentido: a escuta do sensível*. São Paulo: Editora da Universidade Estadual Paulista, 1996. p.21-43.

LONGHI, J.; EWERT, R.E.; EQUIPE JATALON. *Vídeo Independente*. São Paulo: Summus, 1987.

MACHADO, A. *A arte do vídeo*. São Paulo: Brasiliense, 1988.

_____. O vídeo e sua linguagem. In: *Boletim da Associação Brasileira de Vídeo Popular,* São Paulo, v.18, p.5-11, 1993.

_____. *Máquina e imaginário: a experiência do vídeo no Brasil*. São Paulo: Edusp, 1996.

MORAN, J.M. *Leituras dos meios de comunicação*. São Paulo: Pancast, 1993.

MORIN, E. A alma do cinema. In: XAVIER, I. (org.). *A experiência do cinema*. Rio de Janeiro: Graal-Embrafilme, 1983.

NAIDOO, J.; WILLS, J. *Health promotion: foundations for practice*. London: Ballière Tinall, 1994.

PALMER, D. Mass media for health promotion: health leninists or change agents? *Aust J Public Health.*, v.16 n.2 p.206-7, 1992.

PASSARELLI, C.A.F. Imagens em diálogo: filmes que marcaram nossas vidas. In: SPINK, M.J. (org.). *Práticas discursivas e produção de sentidos no cotidiano*. São Paulo: Cortez, 1999. p.273-83.

SANTAELLA, L.; NÖTH, W. *Imagem*. São Paulo: Iluminuras, 1997.

SANTORO, L.F. *A imagem nas mãos: o vídeo popular no Brasil*. São Paulo: Summus, 1989.

SERRA, F. *A arte e a técnica do vídeo: do roteiro à edição*. São Paulo: Summus, 1986.

Planejamento e Avaliação de Projetos em Educação Ambiental | 23

Carlos Malzyner
Arquiteto, Universidade de Guarulhos

Cássio Silveira
Sociólogo, Unifesp

Victor Jun Arai
Engenheiro agrônomo, Shen Estudos de Medicina Chinesa

O presente capítulo tem como objetivo expor, na forma de um roteiro básico, as temáticas do planejamento e da avaliação de projetos em educação ambiental. O roteiro está fundamentado nos princípios do Tratado de Educação Ambiental para Sociedades Sustentáveis e Responsabilidade Global, consignado no Fórum Internacional de Organizações não Governamentais (ONG) e Movimentos Sociais, por ocasião da Conferência das Nações Unidas sobre Meio Ambiente e Desenvolvimento no Rio de Janeiro, em 1992. De acordo com as diretrizes desse documento, o planejamento de projetos em educação ambiental se apresenta com as seguintes características: deve ter um enfoque interdisciplinar e holístico, ser um ato político, facilitar a cooperação mútua e equitativa nos processos de decisão, potencializar o poder das diversas populações na condução de seus próprios destinos e na resolução de conflitos de maneira justa e humana. Deve, ainda, estimular a adoção de projetos que formem sociedades socialmente justas, sustentáveis e ecologicamente equilibradas.

Antecedendo à abordagem desses temas, um primeiro item introdutório procura enfatizar a importância do planejamento, que se mostra cada vez mais importante na sociedade de hoje.

Há algumas décadas falava-se que o Brasil era o país do futuro. Será que já se alcançou esse futuro? Qual era o futuro que se sonhava? Como essa utopia seria construída? Essas questões remetem ao tema planejamento, porque falar de planejamento é falar tanto da realidade atual como do futuro desejado, assim como dos caminhos possíveis entre ambos.

Segundo Baptista (1991), planejamento é a maneira lógica como são analisados os problemas, estudadas as diferentes alternativas para solucioná-los e organizadas as ações necessárias. Da observação dessa prática, de sua análise e sistematização e da incorporação de alguns princípios desenvolvidos em diferentes áreas de conhecimento, resultaram a teoria e a prática do planejamento, tal como são conhecidas hoje, e aplicadas tanto na gestão governamental como nas atividades do setor privado.

A cada dia, as pessoas estão sempre planejando e tomando decisões sobre os passos a serem seguidos, mesmo sem terem consciência disso, pois esta é uma atitude racional, de indivíduos ou grupos que buscam atingir seus objetivos. Contraditoriamente, nem toda decisão que tomamos é planejada.

O planejamento não dispõe de fórmulas prontas para serem aplicadas com precisão em momentos ou situações predeterminadas. Existe uma ampla gama de metodologias e estratégias, cuja escolha e aplicação vão depender das circunstâncias e dos interesses, em constante mutação.

Por exemplo, quando se fala em planejamento participativo, planejamento estratégico ou planejamento sustentado, trata-se de aplicações dos mesmos princípios e metodologias consagrados na teoria e na prática do planejamento técnico normativo, tradicionalmente utilizado no âmbito estatal, mas adaptado às concepções contemporâneas de democracia, estratégia e sustentabilidade. Estas surgiram como respostas às mudanças da realidade que tornaram as velhas concepções e organizações ultrapassadas e, por isso mesmo, inadequadas às novas condições políticas, socioeconômicas, tecnológicas e ambientais hoje predominantes.

Outro exemplo está na variedade de contextos, escalas e de horizontes temporais que caracterizam o hodierno processo de planejamento. Tomando como referência o setor ambiental, existe o planejamento de obras, organizações, projetos educativos, campanhas etc. Toda essa diversidade responde à crescente complexidade e fragmentação da sociedade e de suas instituições, na busca de soluções para os problemas que se colocam como prioritários.

ASPECTOS HISTÓRICOS

O alcance do planejamento ambiental que se pratica hoje no Brasil, tanto no âmbito das políticas públicas governamentais como no das atividades do setor privado, está condicionado às tradições socioculturais, político-administrativas, jurídico-legais, formadas ao longo de cinco séculos de história. Nessa perspectiva, que analisa a evolução do planejamento a partir de seus determinantes históricos, parte-se de alguns pressupostos (Moraes, 1994), expostos resumidamente a seguir.

Desde seus primórdios, a formação colonial brasileira privilegiou as atividades econômicas vinculadas à demanda externa, com padrões de apropriação, extensivos do território e intensivos dos recursos naturais. A sociedade estruturou-se hierarquicamente com base em relações escravistas de trabalho e na diferenciação social. Esse contexto reservou à população um papel subordinado, de instrumento para a extração de riquezas, sem voz ativa na condução do processo. Este coube principalmente ao Estado, forte e ativo, guardião da integridade territorial, e não do bem-estar do povo. Na cultura política daí resultante, o poder associou-se à propriedade fundiária.

Esses determinantes históricos, originários do período colonial, continuaram sendo reiterados, direta ou indiretamente, até a atualidade. Nesse sentido, pode-se entender a modernização da economia e da sociedade brasileiras, desde o início da década de 1930 do século XX, como um processo em grande medida induzido pelo Estado, em um ritmo ditado pelas transformações econômicas internacionais. A introdução do planejamento e do plano como instrumentos de gestão e de intervenção sobre o território data dessa época, sendo referência obrigatória o planejamento técnico normativo, envolvendo ações integradas de diferentes setores da administração pública. O modelo foi seguido pelos três níveis de governo – federal, estadual e municipal – e, com maior intensidade, nos períodos de regime político autoritário.

Na segunda metade da década de 1970 desse mesmo século, a crise do petróleo provocou um reordenamento da economia internacional e uma desaceleração do crescimento econômico brasileiro, pela diminuição significativa do afluxo de recursos externos. Tais dificuldades geraram a crise do regime autoritário, iniciando uma fase de transição e de gradativa descentralização do poder. No que diz respeito ao planejamento, perdeu-se, então, a perspectiva de integração e articulação intersetorial, passando a predominar um planejamento setorizado e desarticulado.

A estrutura administrativa estatal ligada ao meio ambiente e seu arcabouço de atuação legal formaram-se na contramão dessa tendência geral. Sua expansão contrastou com o enxugamento dos demais setores governamentais. Inicialmente parcial e específico, o setor ambiental teve seu campo de atribuições muito ampliado a partir dos anos de 1980, acompanhando o amadurecimento do próprio pensamento ambientalista no país. Este superou os limites estreitos do conservacionismo e, com base na crítica ao modelo de desenvolvimento então vigente, fortemente poluidor e degradador dos recursos naturais, além de agravante das desigualdades sociais e regionais, estabeleceu os fundamentos de um novo paradigma, o do desenvolvimento sustentável.

A crescente importância dada às questões ambientais, no decorrer dessa mesma década, não foi prontamente acompanhada de transformações nos comportamentos individuais, nos comportamentos empresariais ou, mesmo, nas políticas públicas dos setores não ambientais. Essas mudanças só se generalizaram no final da década, quando o ambientalismo brasileiro deixou de ser restrito a pequenos grupos da sociedade civil e setores estatais ligados ao meio ambiente, para penetrar em outras áreas, como setores estatais não especificamente ambientais, outros movimentos sociais, ONGs, universidades, empresas etc. (Viola, 1997). Portanto, o planejamento e a execução das políticas ambientais são hoje concebidos não só como um setor de governo, mas também como um vetor internalizado nos programas estatais sobre o território, acabando por se constituir em elemento de articulação destes programas e possibilitando a retomada de um planejamento intersetorial no nível da administração pública. Além disso, os temas ambientais passaram a fazer parte das estratégias de desenvolvimento institucional das empresas (por meio do chamado Terceiro Setor), proporcionando novas interfaces com a sociedade civil e seus movimentos sociais e com o próprio governo.

ALGUNS CONCEITOS

Em termos gerais, o planejamento pode ser conceituado como o processo de tomada antecipada de decisão, relativo a um conjunto de problemas interdependentes, com o objetivo de se obter um estado futuro desejável (Costa, 1986). Dessa afirmação deduz-se que, em virtude dos problemas raramente ocorrerem de maneira isolada, o planejamento não se restringe à solução de problemas isolados, mas deve ter um enfoque holístico, procurando suas causas e inter-relações em uma perspectiva sistêmica, em um contexto social e histórico.

Quanto ao processo de tomada de decisão, algumas questões iniciais relevantes devem ser respondidas:

- Para que o planejamento?
- Como se deve desenrolar o processo?
- Quem deve participar e de que forma deve ser envolvido?

Na tentativa de responder essas perguntas emerge uma questão de fundo que é a participação social no planejamento, ou seja, o planejamento participativo. Inúmeros estudos de avaliação de projetos demonstram que, se as comunidades e grupos não se sentem envolvidos nas ações dos programas e projetos, a sua sustentabilidade – manutenção e desenvolvimento – fica comprometida. Nesse caso, o benefício do planejamento não seria somente a obtenção de um plano de ações, mas o próprio envolvimento no processo. E ninguém pode planejar para o outro, já que envolvimento implica um compromisso na realização de um desejo, próprio e dos outros. Deve-se lembrar que "planeja quem executa e executa quem planeja" (Silva, s/d.). Dentro desse contexto, o planejamento pode ser concebido como um "instrumento de construção do futuro pelos atores sociais organizados como exercício do poder (da sociedade) sobre o futuro" (Lars Ingestam, apud Buarque, 1999, p.69).

O conceito adotado de atores sociais é o de que são grupos e segmentos sociais diferenciados na sociedade, que constituem conjuntos relativamente homogêneos, segundo sua posição na vida econômica e na vida sociocultural, e que, por sua prática coletiva, constroem identidades, interesses e visões do mundo convergentes procurando espaços de influenciação no jogo de poder (Buarque, 1999).

Podem ser comunidades locais, indivíduos, grupos, organizações comunitárias ou instituições governamentais e não governamentais.

Assumir a participação social em um processo de planejamento supõe a expressão das diversas demandas dos diferentes atores sociais, a garantia do acesso à informação, a existência de diálogo, a negociação e o estabelecimento de acordos. Dentro desse processo pode haver a busca pelo poder e a luta pelos interesses dos diversos atores sociais envolvidos. Alguns desafios políticos do planejamento nesse sentido são:

- Negociação de interesses entre as gerações atuais e futuras (quem representa as gerações futuras?).

602 EDUCAÇÃO AMBIENTAL E SUSTENTABILIDADE

- Articulação entre as necessidades imediatas e as de longo prazo.
- Conflito entre as decisões políticas e a racionalidade técnica.
- Multiplicidade e diversidade dos atores sociais e seus interesses.

Esses desafios implicam que, durante o processo, haja um elevado grau de flexibilidade, tolerância e capacidade na negociação de conflitos e diferenças de ponto de vista. Os conflitos, assim como a dinâmica por ele imprimida que traz à tona diferenças ou desigualdades constituídas socialmente, podem, dessa forma, criar a possibilidade de um aprendizado geral das pessoas envolvidas, já que se criam espaços de diálogo nos quais as ideias são expostas, discutidas, amadurecidas.

Um outro conceito que emerge desse aspecto é que o planejamento é um "espaço de negociação entre os atores sociais confrontando interesses e alternativas" (Buarque, 1999).

Termos como política, gestão, gerenciamento e planejamento vêm sendo utilizados quase como sinônimos, quando, na verdade, correspondem a conceitos bem distintos. Tomando por referência o setor ambiental, Frank (1995) atribui-lhes as seguintes definições:

- Política ambiental é o conjunto consistente de princípios doutrinários que conformam as aspirações sociais e/ou governamentais no que concerne à regulamentação ou modificação no uso, no controle e na proteção do ambiente.

- Planejamento ambiental é um estudo prospectivo que visa à adequação do uso, controle e proteção do ambiente às aspirações sociais e/ou governamentais, expressas formal ou informalmente em uma política ambiental, por meio da coordenação, compatibilização, articulação e implementação de projetos de intervenções estruturais e não estruturais.

- Gerenciamento ambiental é o conjunto de ações destinado a regular uso, controle e proteção do ambiente e a avaliar a conformidade da situação atual com os princípios doutrinários estabelecidos pela política ambiental.

- Gestão ambiental é o processo de articulação das ações dos diferentes agentes sociais que interagem em um dado espaço com vistas a garantir a adequação dos meios de exploração dos recursos ambientais – naturais, econômicos e socioculturais – às especificidades do meio ambiente, com base em princípios e diretrizes previamente definidos.

ETAPAS E DIMENSÕES DO PROCESSO DE PLANEJAMENTO

Todo processo de planejamento deve ter necessariamente quatro etapas:

- O conhecimento da realidade.
- A concepção de um plano.
- A execução do plano.
- O acompanhamento, o monitoramento e a avaliação das ações.

Na prática, essa sequência é um ciclo continuado, com o acompanhamento reordenando a concepção e a execução do plano. Essas etapas se integram, envolvem-se e ocorrem simultaneamente. O conhecimento da realidade é um processo permanente, como representado esquematicamente na Figura 23.1.

Figura 23.1 – Representação das fases de um ciclo de ação planejada.

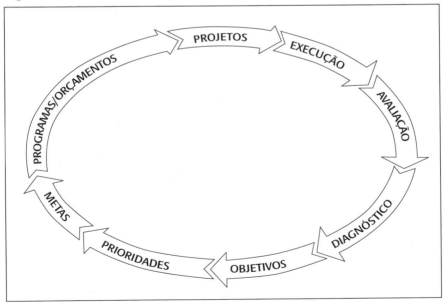

Essa estratégia de planejamento em que há necessidade de um ajuste contínuo, envolvendo uma sucessão de mudanças incrementais, permitindo que, a cada passo, se possa aprender a partir das consequências das decisões anteriores, denomina-se "incrementalismo disjunto". Se, em conjunto com esse ajuste contínuo, ocorrer um processo de aprendizado participativo em que as ações de diversas partes do sistema social sofram uma mudança na direção da colaboração, essa estratégia passa a ser denominada "incrementalismo articulado" (Costa, 1986). Nessa concepção, o futuro estado desejável pode ser modificado, pois a transformação de um sistema social é gradual e cada mudança real que ocorre no sistema modifica a definição do futuro estado desejado.

O processo de planejar sempre envolve um conjunto de aspectos considerados intrínsecos ao seu desenvolvimento. São as dimensões racional, política, valorativa e técnico-administrativa (Baptista, 1991).

- Dimensão racional – Nela, o pensar e o agir ganham um modelo próprio no encaminhamento do processo de planejamento, o qual procura dirigir, por meio do controle calculado, cada passo tomado nos rumos do processo de intervenção, isto é, na maneira de agir, tendo em vista a resolução de problemas.

- Dimensão política – Essa dimensão mantém a perspectiva de conceber os sujeitos da intervenção como sujeitos ativos e determinantes do processo, com posições e desejos diferenciados, intenções momentâneas, ou mesmo interesses pragmáticos que interagem com o grupo, elaborando e/ou implementando o processo de planejamento.

- Dimensão valorativa – Nessa dimensão considera-se uma análise crítica do significado e das ocorrências das novas propostas para os envolvidos na situação, identificando, por um lado, postulados, ideias preconcebidas e reais intenções por parte de quem planeja; por outro lado, identificando expectativas, reais possibilidades de participação nas decisões, conflitos mapeados dos diversos interesses daqueles que querem ter seus problemas resolvidos. Nessa dimensão devem ser consideradas as intenções ocultas de todos os participantes envolvidos nesse processo.

- Dimensão técnico-administrativa – Valoriza a competência técnico-administrativa dos responsáveis pela execução das políticas públicas. Se, de uma parte, essa dimensão é fundamental para viabilizar uma estrutura organizacional definindo funções, para instituir uma hierarquia de autoridade, para distribuir responsabilidades e definir um sistema de informações que tanto irá alimentar as decisões, assim como possibilitará pensar no controle do processo e na avaliação dentro do planejamento, de outra parte corre-se o risco de ignorar as outras dimensões.

Considerando-se tais dimensões, alguns desafios que permeiam o processo de planejamento são:

- Combinação dos aspectos técnicos com o processo político de negociação dos diversos atores sociais envolvidos, incluindo o processo participativo de explicitação das demandas, sistematização das informações e escolha das prioridades a serem trabalhadas.
- Integração e valorização do produto e do processo, este último entendido como um processo permanente e continuado de envolvimento de todas as forças sociais na formulação, execução e avaliação de um plano coletivo. O produto pode ser considerado o plano de ações ou os resultados advindos de sua execução.
- Abordagem sistêmica com o entendimento de que a realidade é formada do somatório de diferentes subsistemas e percepções, sendo muito mais complexa do que pode ser imaginado e, ao serem criadas possibilidades de observá-la, descrevê-la e interpretá-la, deve-se ter em mente que as intervenções planejadas precisam agir sobre a maior amplitude desses subsistemas e percepções. Cada ator terá uma percepção diferenciada sobre uma realidade, de acordo com seu conhecimento, seus interesses e sua experiência de vida.

Conhecimento da Realidade

De um ponto de vista didático, a etapa de conhecimento da realidade pode ser subdividida nas seguintes subetapas:

- Delimitação e apreensão do objeto – definição da área geográfica que será objeto do planejamento (uma região, um município, um bairro etc.) ou grupo/comunidade que será envolvido.
- Diagnóstico – análise do processo de evolução recente da realidade, que sintetiza a história referente à área e ao público que será envolvido

EDUCAÇÃO AMBIENTAL E SUSTENTABILIDADE

e os fatores – endógenos (de origem interna) e exógenos (de origem externa) – que explicam a situação atual. Algumas questões relacionadas com a etapa de diagnóstico:

- Em que situação se está?
- Como e por que se chegou a essa situação?
- O que está acontecendo e amadurecendo na área envolvida pelo planejamento?
- O que está acontecendo e amadurecendo no contexto externo à área envolvida?
- Quais são os principais problemas nesse local?
- O que o público envolvido não aceita e pretende modificar na realidade?
- Quais são as grandes potencialidades e condições da localidade para a resolução dos problemas?

- Definição de prioridades – escolha de prioridades entre os problemas ou potencialidades para a elaboração de planos, projetos ou programas. As questões relacionadas com essa etapa são:

  - Quais são os problemas e potencialidades a serem priorizados do ponto de vista político na perspectiva dos diversos atores sociais?
  - Quais são os problemas e potencialidades a serem priorizados do ponto de vista técnico?

- Prognóstico – exercício de antecipação de futuros possíveis, prováveis e desejáveis (ou seja, futuro que pode acontecer, futuro que provavelmente acontecerá e futuro que desejamos que aconteça em função de valores e prioridades). As questões relacionadas com o prognóstico são:

  - Qual é a mudança que se deseja face às situações indesejadas?
  - Onde se está situado e para onde se está indo?
  - Quais são as oportunidades futuras que o contexto abre e apresenta para o desenvolvimento do plano, projeto ou programa?
  - Quais os fatores externos futuros que podem constituir uma ameaça ao desenvolvimento do plano, projeto ou programa?

Durante a formulação do plano e sua execução podem ocorrer imprevistos. O prognóstico serve para que eles possam ser previstos, caso seja feita uma análise mais criteriosa da realidade. Afinal, planejar significa também prever os imprevistos.

Delimitação e Apreensão do Objeto

Neste item é importante considerar dois aspectos que devem ser definidos no processo de planejamento. O primeiro diz respeito ao público-alvo/população-alvo. Esse público pode ser um bairro, um conjunto de sócios de uma associação de moradores, um grupo de alunos e professores de uma escola ou, mesmo, um conjunto de moradores de um município. O envolvimento e a caracterização desse público vão ficando mais definidos à medida que o projeto é desenvolvido.

O segundo aspecto a ser considerado é a delimitação geográfica de abrangência do planejamento. Essa área a ser delimitada pode consistir em uma região, um município, um bairro, uma rua, uma escola, ou qualquer outro espaço geográfico.

Alguns autores preferem utilizar o termo "universo do planejamento" (Sthephanou et al., 2003) por julgar que o termo público-alvo considera o grupo envolvido com uma certa passividade em relação à participação desse grupo. Por sua vez, o termo "área de abrangência" possui um sentido muito geográfico. Nesse caso, o universo do planejamento combinaria a população e o local onde se desenvolverão as ações.

Diagnóstico

Existem muitas metodologias e métodos de diagnóstico e de planejamento participativo. O quadro a seguir mostra algumas metodologias, que foram desenvolvidas para uso especialmente no meio rural desde a década de 1970.

Quadro 23.1– Abordagens participativas desenvolvidas desde a década de 1970.

ARP	Aprendizagem Rural Participativa
CEFE	Competency Based Economies Through Formation of Entrepreneurs
DELTA	Development Education Leadership Teams
DPP	Diagnóstico Participativo da Pobreza
DRPPA	Diagnóstico Rápido Participativo de Agroecossistemas
DRP	Diagnóstico Rural Rápido
DRP	Diagnóstico Rural Participativo

(continua)

Quadro 23.1 – Abordagens participativas desenvolvidas desde a década de 1970.
(continuação)

ER	Estimativa Rápida
FSR	Farming Systems Research
GRAAP	Groupe de recherche et d'appui pour l'auto-promotion paysanne
	Inventário de Conflitos Sociais
ITOG	Investimento, Tecnologia, Organização e Gestão
MAC	Mudança de Atitudes e Comportamentos
MAIP	Método Acelerado de Investigación Participativa
PAR	Participatory Action Research
REA	Rapid Etnographic Assessment
REFLECT	Regenerated Freirian Literacy Through Empowering Community Techniques
SEP	Seguimiento y Evaluación Participativa
TFD	Theatre for Development
TFT	Training for Transformation

Fonte: Adaptado de Conwall et al. (1993 apud Chambers, 1995).

Não se pretende entrar no detalhamento de cada uma dessas abordagens participativas, mas entre as metodologias de diagnóstico e apoio à gestão local, que estimulam a participação social, a pesquisa-ação participativa constitui-se em uma metodologia relativamente simples e tem apresentado bons resultados.

A pesquisa-ação participativa é uma ferramenta metodológica, que pretende avançar de forma simultânea na investigação de situações em que vive a população, a sistematização e produção em torno delas – integrando elementos do saber popular –, a ciência e a tecnologia. O produto do novo conhecimento elaborado constitui a base de uma ação organizada, que mobiliza diversos recursos da comunidade e técnicos para melhorar as condições de vida (OMS/OPS 1999).

Podem ser utilizadas diferentes técnicas em experiências de pesquisa-ação participativa:

• Observação.
• Análise de documentos e dados estatísticos.

- Entrevistas semiestruturadas com informantes-chave.
- Entrevistas para histórias de vida.
- Grupos focais e grupos de discussão.
- Técnicas de trabalho grupal.

Essas técnicas podem ser empregadas durante todo o processo de planejamento, já que a etapa de conhecimento da realidade permeia todas as demais etapas.

Nas entrevistas semiestruturadas, não há a imposição de uma ordem rígida das questões e o entrevistado discorre sobre o tema proposto de acordo com as informações que ele detém (Lüdke et al., 1986).

Os grupos focais são grupos dirigidos de discussão, que visam a produzir informação sobre um tema específico a partir de um grupo selecionado da população. O critério para a seleção dos integrantes (idade, sexo, grupo social, educação etc.) do grupo é determinado pelos objetivos do estudo (Ward et al., 1991).

O grupo focal é coordenado por um moderador capacitado, que deve propor uma série de questões por intermédio de um roteiro preestabelecido. Entretanto, a discussão é espontânea e os participantes são estimulados a discutir livremente suas opiniões e sentimentos sobre o tema proposto. O moderador é responsável por manter o debate focado no tema em estudo, mas pode permitir o desvio do roteiro se os participantes trouxerem outros temas relacionados com o assunto. A informação obtida do grupo é analisada para fornecer um panorama de como a população em questão percebe os assuntos propostos. Esse tipo de análise indica as principais tendências nas atitudes e comportamento, porém, não produz resultados quantitativos.

Um exemplo de técnica participativa, utilizada para o levantamento de problemas e potencialidades/sonhos de uma comunidade é a chamada Oficina do Futuro. Trata-se de um exemplo que pode ser incluído entre as técnicas de trabalho grupal.

Essa técnica apresenta as seguintes características:

- A ideia básica é, a partir do levantamento de problemas e sonhos da comunidade local, construir, de modo participativo, uma agenda de prioridades e ações locais.

610 | EDUCAÇÃO AMBIENTAL E SUSTENTABILIDADE

- Alguns dos elementos em que se baseia o enfoque são: visualização móvel mediante o uso de tarjetas (que permite a movimentação das tarjetas conforme o desenvolvimento da discussão), problematização (que permite, por meio de questionamentos, definir se o item é ou não um problema), alternância entre plenária e trabalho individual ou em grupo, avaliação contínua, ambiente adequado, registro e documentação.

A Oficina do Futuro fundamenta-se nos princípios da pesquisa-ação-participativa (Viezzer, 1994), da intervenção educacional por intermédio de projetos para solução de problemas (Tassara, 1996) e no Tratado de Educação Ambiental para Sociedades Sustentáveis e Responsabilidade Global (1992). Considera-se a intervenção educacional, uma forma de ação visando à resolução de problemas por meio dos quais é possível adquirir-se um aprendizado.

Antes da realização da oficina devem-se considerar alguns aspectos importantes: quem convidar? Como convidar as pessoas? Qual o local onde realizar a oficina? Qual o horário mais apropriado para as pessoas? A garantia de que as pessoas estejam presentes na oficina depende da eficácia das respostas dessas questões.

O procedimento básico da Oficina do Futuro é o seguinte:

- Construção do chamado "muro das lamentações"; cada participante escreve ou desenha em uma tarjeta algum problema referente ao local onde mora e, em seguida, fixa a tarjeta no muro.
- Problematização, que consiste na formulação de perguntas por parte do moderador para mobilizar ideias, experiências e conhecimentos de todos os participantes, a fim de revelar a complexidade dos problemas.
- Agrupamento dos problemas semelhantes, constituindo-se alguns conjuntos de problemas afins.
- Escolha dos problemas prioritários a serem trabalhados.
- Construção da "árvore da esperança", que segue os mesmos passos do "muro das lamentações"; porém, em vez de problemas, são escritos ou desenhados os sonhos nas tarjetas.

Posteriormente, essa oficina deve ter continuidade por intermédio de outras oficinas, prevendo a determinação das causas dos problemas e responsabilidade dos atores sociais envolvidos, o detalhamento das inter-relações entre atores e o estabelecimento de um plano de ações.

Atingir o maior grau possível de participação durante a oficina e a criação de situações de intercâmbio adequadas depende basicamente:

- Da composição do grupo de participantes e da sua capacidade de comunicação.
- Da forma como a equipe de moderação desempenha o seu papel.
- Da aplicação dos elementos básicos e das técnicas para motivar os participantes e estimular seu envolvimento no grupo.
- Do detalhamento da preparação e da flexibilidade na organização.

Para a oficina ser bem-sucedida, o moderador (facilitador) tem um papel primordial, pois qualquer técnica depende da postura de quem trabalha com ela.

"O moderador ajuda o grupo a formular seus objetivos, desejos e a elaborar soluções. É catalisador no processo de aprendizagem e da tomada de decisão". (Krappitz et al., 1988)

Dentro de um evento grupal em um enfoque participativo, o moderador deve assumir as seguintes funções:

- Mobilizar a energia criativa do grupo e os conhecimentos dos participantes, abrindo espaço para uma interação ativa de todos.
- Escolher técnicas apropriadas para orientar o conteúdo do evento em relação aos problemas dos participantes; ser flexível para adaptar o programa de acordo com as necessidades dos participantes.
- Colocar perguntas relevantes ao grupo e não interferir no conteúdo das discussões, para manter o processo em marcha.
- Criar um ambiente agradável e informal e tentar ganhar a confiança do grupo.
- Provocar discussões para que se revelem conflitos latentes, mas facilitar a solução deles no decorrer dos debates, quando necessário.
- Introduzir técnicas de trabalho e regras de jogo, submetendo suas propostas à aprovação do grupo.
- Nunca reagir, diretamente, à crítica e/ou conflitos, mas retransmiti-los ao grupo, submetendo-os à discussão.

> O que se escuta, se esquece.
> O que é visto, se recorda.
> O que é executado, se compreende.
> O que se sente, fica para o resto da vida.

Definição de Prioridades

A etapa do conhecimento da realidade e sua análise constitui-se como um dos alicerces dos passos posteriores, já que subsidia as tomadas de decisão referentes à elaboração do plano. Após um levantamento dos principais problemas e potencialidades de um determinado espaço geográfico, é imprescindível selecionar quais problemas e potencialidades são de maior relevância para a determinação do futuro do ponto de vista dos atores sociais envolvidos. Nessa etapa, é fundamental que se distingam as emergências e urgências de curto prazo daquelas prioridades em uma perspectiva de resolução dos fatores causais daqueles problemas no médio e longo prazos.

Por isso, é necessário que se identifiquem os fatores determinantes dos problemas e das potencialidades a médio e longo prazos. De um modo geral, os casos mais urgentes não são os mais relevantes em termos de resolubilidade de seus fatores causais. Por outro lado, os problemas mais indesejáveis são, de um modo geral, aqueles em que ocorre maior pressão do público-alvo para que sejam solucionados. O ideal, quando se considera um planejamento estratégico participativo, é que em um primeiro momento se diferenciem os problemas urgentes – indesejáveis e de necessidade imediata – daqueles importantes – relevantes para a resolução dos fatores causais.

Em um contexto de educação ambiental essas distinções são fundamentais, pois definem quais problemas devem ser prioritariamente trabalhados a curto, a médio e a longo prazos. Ações educativas podem enfrentar problemas importantes, causadores de outros problemas e, de um modo geral, visam a mudanças de comportamento. Porém, essas ações podem surtir efeitos a longo prazo, até mesmo em um prazo indefinido. Por isso é interessante a combinação de algumas ações que procurem a resolução de problemas mais urgentes, trazendo resultados mais imediatos.

A Figura 23.2 apresenta o gráfico que demonstra a diferença entre o urgente e o importante, e as urgências apresentam-se no eixo das abscissas e as questões importantes no eixo das ordenadas. Após uma discussão dos diversos atores (lideranças, técnicos etc.), é possível determinar em qual quadrante se encaixam os problemas, de forma que se orientem a seleção dos principais problemas a serem trabalhados ao longo do tempo.

Figura 23.2 – Urgência e importância

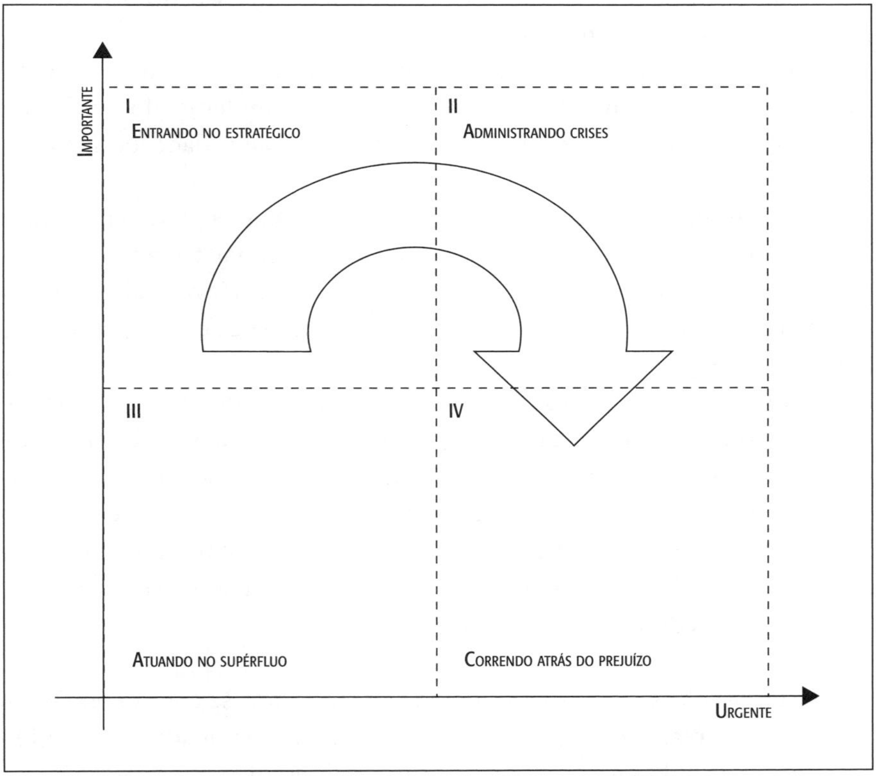

Fonte: Buarque (1999).

Os problemas que se encontram no quadrante I têm alto grau de importância e baixo grau de urgência, podendo ser enfrentados com certa calma e uma visão de médio e longo prazos. Nele se concentram os problemas que também são causas dos problemas dos outros quadrantes. As ações estratégicas devem concentrar-se nesses problemas. Os problemas do quadrante II têm alto grau de importância e de urgência. Em geral, têm origem em questões não resolvidas do quadrante I que resultam em problemas mais graves e inadiáveis. É necessário que se administrem as crises decorrentes de problemas passados. No quadrante III encontram-se os problemas de menor importância e menor urgência. São questões supérfluas do ponto de vista de prioridade nas ações. No quadrante IV encontram-se os problemas de menor importância e alto grau de urgência que, em geral, representam demandas da população local, mas que são decorrentes de problemas dos outros quadrantes.

Em muitas situações, apesar da maior importância do ponto de vista estrutural dos problemas dos quadrantes I e II, os problemas do quadrante IV devem ser considerados por causa da pressão da sociedade local em sua resolução.

Para a tomada de decisão, quanto às prioridades a serem desenvolvidas no planejamento como um todo, podem-se mencionar técnicas de sistematização e análise de relevância, como a matriz de relevância, e técnicas de análise de consistência, como o diagrama influenciação-dependência, descritas na sequência.

Para a identificação dos problemas e das potencialidades de maior determinação da problemática ou potencialidade geral da área de intervenção, pode-se utilizar a "matriz de relevância". A matriz de relevância é um recurso técnico que procura apresentar as relações de causa e efeito por meio do cruzamento dos problemas entre si em uma matriz, definindo-se pesos que estabelecem uma ordem de grandeza da correlação entre eles.

O procedimento básico consiste em:

*   Listar todos os problemas (e potencialidades) que se considerem existentes na realidade e organizá-los em uma matriz quadrada, repetindo-os nas linhas e nas colunas, conforme exemplo.

Quadro 23.2 – Exemplo de matriz de relevância.

Problemas	Problema A	Problema B	Problema C
Problema A			
Problema B			
Problema C			

- Definir pesos (em uma escala arbitrada pela equipe) que explicitem a influência que cada problema (potencialidade) tem sobre os outros, a partir da percepção e do bom senso do grupo de trabalho, distribuindo esses valores nas células da matriz que cruza problemas com problemas (com que força o problema A influencia os outros? Repetindo a pergunta para todos os problemas e suas interações e influências, expressando o grau de influência pelo peso). Deve-se destacar a relação entre os problemas, e não a gravidade ou a intensidade que cada um deles, isoladamente, apresenta na realidade.

Por exemplo, se determinarmos que para um alto grau de influenciação o peso é 2, para um baixo grau de influenciação o peso é 1 e para um grau inexistente de influenciação o peso é 0, determinaríamos com que força o problema A influencia o problema B e o problema C. Vamos supor que o problema A tenha um alto grau de influência em relação ao problema B, então o peso será 2; se o problema A tiver um fraco grau de influenciação em relação ao problema C, o peso será 1. Depois somamos todos os pesos da linha relativa ao problema A e obtemos o valor 3. Em seguida mantemos o mesmo procedimento em relação às linhas do problema B e do problema C.

Quadro 23.3 – Exemplo de matriz de relevância.

Problemas	Problema A	Problema B	Problema C	Peso
Problema A		2	1	3
Problema B				
Problema C				

- Somar os pesos (individualizados) de cada problema. A última coluna vai expressar o peso total que cada problema (potencialidade) tem sobre o conjunto dos outros problemas (potencialidades) do município – poder de influenciação.
- Somar os pesos (individualizados) de cada coluna. A última linha vai indicar uma hierarquia de grau de dependência de cada problema (potencialidade) em relação aos outros, isto é, em que grau cada problema (potencialidade) depende dos outros.

Depois de se obter os valores numéricos que expressam o grau de influenciação de cada problema (potencialidade) e seu grau de dependência, é possível expressá-los em um "diagrama de influenciação/dependência" utilizando-se esses resultados. Os maiores valores da última coluna representam em síntese os problemas (potencialidades) de maior grau de influenciação e os maiores valores da última linha representam os problemas (potencialidades) de maior grau de dependência. Para construí-lo, basta plotar os resultados da última coluna e da última linha da matriz de relevância no eixo de ordenadas e abscissas do diagrama respectivamente. O diagrama de influenciação/dependência apresenta uma estrutura equivalente ao gráfico de urgência e importância, pois os problemas mais influentes são aqueles mais importantes e os problemas de maior dependência são aqueles mais urgentes.

Levando-se em conta os desafios e as várias dimensões do processo de planejamento, pode-se considerar que a matriz e o diagrama de influenciação e dependência constituem-se em técnicas que permitem:

- A participação dos diversos atores sociais no processo de tomada de decisão quanto às prioridades a serem desenvolvidas.

- A visualização daqueles problemas (potencialidades) de menor relevância.

- Por outro lado, é uma técnica de relativa complexidade, que pode demandar certo conhecimento técnico dos problemas (potencialidades) abordados.

Prognóstico

O meio ambiente, entendido como um conceito que abrange a totalidade dos componentes físicos, biológicos, sociais e econômicos que cercam o ser humano, não raro se manifesta em uma situação de abundância rumo à escassez de recursos naturais. Em virtude de tal condição, exige tomadas de decisão que interferirão na qualidade de vida e, até mesmo, na sobrevivência das gerações futuras. É uma contingência que nos impõe a necessidade de utilização de métodos de prognóstico para a tomada de decisão na pesquisa e gestão ambiental.

O prognóstico, ao tratar do futuro, caminha no terreno da conjunção de sonhos, utopias, certezas e incertezas da atual e futura geração.

Alguns povos tradicionais tomam suas decisões baseando-se nas consequências que afetarão suas próximas seis gerações. Em nossa civilização ocidental algumas decisões não consideram sequer a geração presente. Muitas das decisões das gerações atuais resultarão em um estoque reduzido de capital natural para gerações futuras que não têm a possibilidade de influir nesse processo.

Mas é possível prever o futuro? Talvez não se possa prevê-lo com uma infalível certeza; todavia, certamente é possível desejá-lo (futuro desejável) e perceber suas tendências (futuro possível e futuro provável).

Entre as técnicas e métodos que podem ser utilizados na etapa de prognóstico, ou antecipação de futuro, podem-se citar, por exemplo, a Oficina do Futuro – já detalhada no item anterior –, a Roda do Futuro e a Valoração Econômica dos Recursos Ambientais (Vera).

A Roda do Futuro é uma técnica que trabalha com as possíveis consequências de um evento, ideia ou tendência. Seu foco é a natureza problemática da previsão do desconhecido e as variáveis envolvidas e possíveis inter-relações entre consequências de ordem secundária, terciária etc.

A Valoração Econômica de Recursos Ambientais (Vera) é um método que estima o valor monetário de um recurso natural em relação aos outros bens e serviços disponíveis na economia. Por exemplo, por meio de procedimentos econômicos, é possível avaliar se uma floresta deve ser preservada ou derrubada do ponto de vista econômico.

Não é objetivo deste capítulo, contudo, detalhar todos os procedimentos econométricos e estatísticos que o método exige; isso demandaria um estudo um tanto pormenorizado somente para expor princípios básicos de cálculo e estatística. Neste capítulo pretende-se apenas citar alguns dos métodos e técnicas para prognosticar o futuro.

Concepção de um Plano

A etapa de conhecimento da realidade é permanente. Entretanto, assim que o grupo de planejadores considerar que já existem informações suficientes sobre os problemas e suas causas, e sobre as potencialidades e sonhos dos atores sociais envolvidos, é o momento da concepção e elaboração de um plano.

Nesse momento, cabe reforçar a importância da participação de todos os atores sociais envolvidos (grupo beneficiário, instituições implementadoras e colaboradoras) na formulação do plano. O grau de vínculo dos participantes com o plano definirá o grau de acatamento e implementação das suas ações.

Os principais elementos da etapa de concepção de um plano são:

- Os objetivos.
- Os resultados.
- As atividades.
- Os recursos necessários.
- Os prazos.
- Os responsáveis.
- A avaliação.

A avaliação tanto é mencionada na fase de concepção do plano – já que deve estar incluída como um dos seus elementos – quanto será descrita como uma das etapas do processo de planejamento por sua extrema importância.

O eixo central dessa etapa é o estabelecimento dos objetivos. É a nova situação, estado ou qualidade que se deseja para o grupo beneficiário, por intermédio das ações do plano. Objetivos comuns materializam o desejo maior de um ator social porque unem um determinado grupo de pessoas. Algumas vezes confunde-se o plano com o projeto. Nesse sentido, o plano gera os projetos que são empreendimentos com objetivos explícitos, atividades, durabilidade, área de abrangência e recursos necessários delimitados. Os projetos não geram planos, mas se esgotam neles.

Outro aspecto a ser salientado é a importância da articulação entre a etapa de conhecimento e a análise da realidade, da concepção de um plano e de sua avaliação. A definição de objetivos, por exemplo, não se encerra com a etapa de elaboração do plano. Eles podem ser revistos e, se necessário, redefinidos em função da avaliação da execução do plano e do surgimento de novos dados da realidade vivenciada.

Avaliação

A avaliação pode ser definida, genericamente, como um processo de determinação qualitativa e quantitativa, por meio de métodos específicos e apropriados, do valor de alguma coisa ou acontecimento (OMS/OPS, 1999). Em outras palavras, avaliar significa qualificar e quantificar os impactos das ações sobre a realidade e os aspectos positivos e as insuficiências dos desempenhos dos participantes, face ao planejado. Desse confronto surgem as pistas dos problemas reais que necessitam ser resolvidos e as propostas com os insumos para a revisão das ações, a reelaboração do plano e a geração de novas ações.

Em projetos de educação ambiental, as decisões mais importantes para a avaliação – quais atividades avaliar, quem avalia, com que periodicidade, com quais critérios, com quais instrumentos – são resultantes da constante análise e reflexão acerca de fatos e percepções, por todos os atores, agentes e demais parceiros que participam do planejamento e da implementação das intervenções. Esse caráter coletivo e aberto dos debates, das decisões e dos esforços é essencial para o fortalecimento do processo e a sua continuidade.

A avaliação tende a privilegiar alguns fatores cujas características revelam, de forma mais explícita, os acertos e os desacertos provocados pela implementação das ações. São, portanto, pontos focais da avaliação, listados a seguir de modo bastante abrangente:

- A adequação dos objetivos do plano à situação-problema.

- As etapas de planejamento e as técnicas previstas para a sua implementação.

- Os fatores atinentes à execução: organização, procedimentos, recursos.

- Os fatores que facilitam e os que dificultam o desempenho dos participantes.

- Os resultados das ações.

Na ilustração a seguir estão assinalados, de maneira esquemática, alguns elementos importantes de uma avaliação. Nela estão representados três horizontes: a situação atual ou inicial (A), por definição, insatisfatória; a situação ideal, ou planejada (B), expressa nos objetivos do plano; e a situação alcançada (B'), resultante da intervenção. A avaliação busca comprovar se houve alguma defasagem entre elas e, em caso positivo, determinar o tamanho dessas defasagens entre A (inicial), B (planejada) e B' (alcançada), especialmente as discrepâncias entre A e B' (b), bem como B e B' (c). A defasagem entre A e B (a) já é dada pelos objetivos de planejamento.

Figura 23.3 – Ilustração esquemática de uma avaliação.

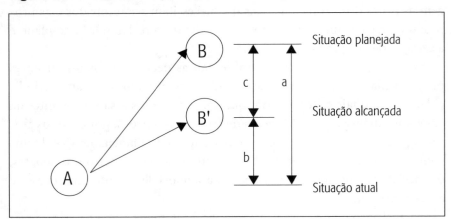

Modalidades de Avaliação

A avaliação, dependendo do momento em que é executada e da sua periodicidade, apresenta modalidades bastante distintas, tanto pelas abordagens utilizadas como pelos resultados produzidos. Foram pesquisadas definições de diversos autores, arroladas a seguir, como forma de ilustrar a riqueza do tema.

Acompanhamento, Monitoramento ou Controle

É um processo sistemático que ocorre no contexto de um programa, ou da implementação de um projeto, que tem como objetivo produzir informações a respeito dos progressos obtidos para:

- Ajudar a tomar decisões, especialmente a curto prazo, de modo a aumentar a eficácia do projeto.
- Assegurar o controle de todos os níveis da hierarquia do projeto – desde a comunidade local até a agência financiadora – especialmente no que diz respeito a questões financeiras.

Registro Sistemático e Análise Periódica de Informações. (Davis-Case, 1990)

É a fase em que se processa o acompanhamento, a mensuração e o registro do trabalho executado, tendo em vista:

- A verificação de sua correspondência com o planejado, em termos de meios e de produto.
- A identificação e a correção de desvios e bloqueios na execução, em relação ao estabelecido no planejamento.
- O fornecimento de subsídios para avaliação e para replanejamento da ação (Baptista, 1991).

Avaliação Propriamente Dita

É um conjunto de procedimentos para apreciar os méritos de um programa e para fornecer informações a respeito do alcance de seus objetivos, atividades, resultados, impacto e custo/benefício (Fink e Kosenkoff, 1978).

A avaliação faz parte integrante de qualquer planejamento. Consiste em analisar o desempenho das atividades planejadas. Especificamente, ela procura determinar se os objetivos e metas propostos no planejamento foram de fato alcançados. Assim, o seu objetivo direto consiste em determinar a defasagem entre o planejado e os resultados alcançados. Além disso, ela visa a analisar o próprio processo de ações, no sentido de verificar a eficiência delas (Pasquali, 1996).

Revisão ou *Feedback*

A fase de revisão, ou de realimentação do processo de planejamento, traduz-se em novas políticas, em novos planos, com base nas evidências percebidas a partir do acompanhamento do progresso da intervenção e da análise dos resultados obtidos (Baptista, 1991).

Instrumentos de Avaliação

A avaliação, em suas diversas modalidades, é parte integrante do planejamento e perpassa todas as etapas do processo. Por esse motivo, existe uma ampla gama de instrumentos e técnicas à disposição de atores, agentes e demais participantes. Estão listados, a seguir, alguns instrumentos mais comumente utilizados em avaliação – vários deles já haviam sido anteriormente citados como instrumentos de planejamento participativo –, e que servem como referência da amplitude metodológica que caracteriza o tema. Contudo, não se pretende aprofundar a análise e operacionalização dessas técnicas no âmbito do presente capítulo.

- *Ex Post Facto*: Avaliação posterior ao fato.
- *Antes e depois*: Antes —> a 2 grupos (experimental e controle).
  Depois —> a 2 grupos (experimental e controle).
- *Estudo de caso:* história de vida.
  Questionários abertos ou fechados.
  Observação estruturada/não estruturada.
  Entrevista estruturada/semiestruturada/aberta.

Etapas da Avaliação

Um roteiro genérico de avaliação deve considerar algumas questões básicas, expressas nos seguintes passos:

- Definição dos objetivos.
- Definição do objeto – estrutura, processo ou produto.
- Determinação dos parâmetros de comparação a serem usados e dos indicadores a serem levantados.
- Análise e explicação das causas, problemas e efeitos das ações executadas.

Objetivos da Avaliação

A adoção de procedimentos avaliatórios pode ser justificada de inúmeras maneiras, tais como:

- Testar propostas inovadoras.
- Pretender replicar uma proposta.
- Determinar quanto um programa/projeto precisa ser modificado.
- Conseguir maior participação dos atores/parceiros e apoio das autoridades.

Objetos da Avaliação

A avaliação pode ser classificada conforme sua perspectiva operacional:

- *A estrutura* é constituída pela organização físico-administrativa da atividade que se pretende avaliar. A avaliação de estrutura visa a verificar a existência e a disponibilidade de recursos físicos e humanos adequados a uma dada demanda a ser atendida ou objetivo a ser alcançado.

- *O processo* diz respeito ao desempenho obtido na operacionalização de uma atividade planejada. A avaliação de processo tem em mente verificar os aspectos técnicos da qualidade dessa atividade, especialmente quanto à eficiência de seu desempenho, isto é, o tempo despendido e a relação custo-benefício para a conclusão da tarefa.

- *O resultado (impacto)* mostra as mudanças decorrentes da execução de um dado projeto. A avaliação de impacto procura estabelecer se a obtenção das metas propostas no projeto de fato modificou para melhor a situação-problema original, isto é, visa a medir a eficácia do projeto.

Critérios de Avaliação

- *Eficiência* – são critérios relacionados com o rendimento técnico e administrativo da ação: o uso ótimo dos recursos disponibilizados, a qualidade da coordenação das ações, o desempenho da equipe de execução etc.

- *Eficácia* – é analisada a partir do estudo da adequação da ação para o alcance dos objetivos previstos no planejamento e o grau em que foram alcançados.

Parâmetros e Indicadores

A avaliação de um plano deve considerar os parâmetros de análise e os indicadores de situação como insumos básicos para o processo de decisão. Eles podem ser qualitativos e/ou quantitativos, subjetivos e/ou objetivos, conceituais e/ou práticos. Qualquer que seja sua natureza, porém, é desse confronto entre parâmetros e indicadores que se tornam mais explícitas as diversas dimensões do impacto das ações executadas e o desempenho dos atores e agentes responsáveis. O acompanhamento constante de um plano desde seu início e as avaliações periódicas possibilitam a montagem de um sistema de informações e percepções, que serve de base para a análise e as decisões relacionadas com o aperfeiçoamento ou com a reformulação do processo.

Pode-se definir parâmetros como medidas-padrão (se expressões numéricas), ou referências, das variáveis consideradas características de uma situação determinada. Já indicadores são índices relativos a situações determinadas, que servem para a percepção e medição (se quantitativos) das mudanças ocorridas. Ambos devem atender às seguintes condições:

- Válidos – são capazes de medir o que se pretende.
- Fidedignos – produzem resultados similares quando uma mesma situação é avaliada repetidas vezes.
- Objetivos – produzem os mesmos resultados quando a medida de uma mesma realidade é feita por pessoas diferentes.
- Específicos – referem-se exclusivamente a mudanças ocorridas na situação em estudo.
- Viáveis – de fácil medição e custo economicamente factível.

REFERÊNCIAS

BAPTISTA, M.V. *Planejamento: introdução à metodologia do planejamento social.* São Paulo: Moraes, 1991.

BUARQUE, S.C. *Metodologia de planejamento do desenvolvimento local e municipal sustentável.* Brasília: IICA, 1999. p.69-125.

CHAMBERS, R. Paradigm shifts and the practice of participatory research and development. In: NELSON, N., WRIGHT, S. *Power and participatory development: theory and practice.* London: Intermediate Technology Publications, 1995. p.30-42.

COSTA, L.R.F. Estratégias de planejamento. *Ciência e Cultura*, v.38, n.8, 1986. p.1366-1373.

DAVIS-CASE, D. *The community's toolbox: the ideas, methods and tools for participatory assessment, monitoring and evaluation in community forestry.* Roma: Food and Agriculture Organization of the United Nations, 1990. p.24-5.

FINK, A.; KOSENKOFF, J. Constructing evaluations designs. In: *An evaluation prime.* Beverly Hills: Sage, 1978. p.13-24.

FRANK, B. *Uma abordagem para o gerenciamento ambiental da bacia hidrográfica do Rio Itajaí, com ênfase no problema das enchentes.* Florianópolis, 1995. Tese (Doutorado). Universidade Federal de Santa Catarina. Disponível em: http://www.eps. ufsc.br/teses/beate/capit_1/cp1_beate [1995 out]. Acessado em: mar. 2000

KRAPPITZ, U.; ULLRICH, G.J.; SOUZA, J.P.de. *Enfoque participativo para o trabalho em grupos: conceitos básicos e um estudo de caso.* Recife: Fundação Friedrich Naumann/Assocene, 1988.

LÜDKE, M.; ANDRÉ, M. *Pesquisa em educação: abordagens qualitativas*. São Paulo: EPU, 1986.

MORAES, A.C.R. Condicionantes do planejamento no Brasil: uma pontuação genética das dificuldades para a gestão ambiental. In: *Meio ambiente e ciências humanas*. São Paulo: Hucitec, 1994. p.13-27.

[OMS/OPS] ORGANIZACIÓN MUNDIAL DE LA SALUD. ORGANIZACIÓN PANAMERICANA DE LA SALUD. *Planificación local participativa: metodologías para la promoción de la salud en América Latina y Caribe*. Washington (DC), 1999.

PASQUALI, L. *Teoria e métodos de pesquisa em ciências do comportamento*. Brasília: UnB Instituto de Psicologia/INEP, 1996.

SILVA, M.J.P. *Onze passos do planejamento estratégico participativo*. Campo Limpo: Centro de Direitos Humanos e Educação Popular, s.d.

STHEPHANOU, L.; MÜLLER, L.H.; CARVALHO, I.C.M. *Guia para elaboração de projetos sociais*. Porto Alegre: Sinodal, 2003.

TASSARA, E.T.O. *Intervenção social e conhecimento científico: questões de método na pesquisa social contemporânea*. São Paulo: s.ed., 1996. 1v.

Tratado de Educação Ambiental para sociedades sustentáveis e responsabilidade global. In: *Fórum Internacional de Organizações não Governamentais e Movimentos Sociais*. Rio de Janeiro: s.ed.,1992.

VIEZZER, M.L.; OVALLES, O. (orgs.). *Manual latino-americano de educação ambiental*. Trad. de Moema Viezzer e Raquel Trajber. São Paulo: Gaia, 1994.

VIOLA, E.J.; LEIS, H.R.; FERREIRA, L.C. Confronto e legitimação In: SVIRSKY, E.; CAPOBIANCO, J.P.R. (orgs.). *Ambientalismo no Brasil: passado, presente e futuro*. São Paulo: Instituto Socioambiental/Secretaria do Meio Ambiente do Estado de São Paulo, 1997. p.27-35.

WARD, V.M.; BERTRAND, J.T.; BROWN, L.F. *The comparability of focus group and survey results: three case studies*. Evaluation Rev., v.15, n.2, 1991. p.266-283.

Bibliografia Consultada

BROSE, M. (org.). *Metodologia participativa: uma introdução a 29 instrumentos*. Porto Alegre: Tomo Editorial, 2001.

WESTPHAL, M.F.; BÓGUS, C.M.; FARIA, M. DE M. *Grupos focais: experiências precursoras em programas educativos em saúde no Brasil*. Bol Oficina Sanit Panam., v.120, n.6, 1996. p.472-482.

DEMO, P. Participação e avaliação: projetos de intervenção e ação. In: SORRENTINO, M. (org.). *Ambientalismo e participação na contemporaneidade*. São Paulo: Fapesp/Educ, 2001. p.163-84.

JARA, C.J. *Planejamento participativo da sociedade local sustentável: um modelo interativo*. Teresina: IICA, 1999.

JUNQUEIRA, R.G.P. Planejamento Estratégico. In: *Gestão Intersetorial das Políticas Sociais do Município de São Lourenço da Serra*. Relatório Final da Fase 1. Vol.2. Parte 2. Anexo. Pontifícia Universidade Católica de São Paulo. Julho 2000.

MAY, P.H.; ANDRADE, A.G.de; PASTUK, M. Custos e benefícios da recuperação ambiental em morros favelados: o Projeto Mutirão, reflorestamento em São José Operário economia ecológica: In: MAY, P.H. *Economia ecológica: aplicações no Brasil*. Rio de Janeiro: Campus, 1996. p.149-79.

MOTTA, R.S. *Manual para valoração econômica de recursos ambientais*. Brasília (DF): Ministério do Meio Ambiente, dos Recursos Hídricos e da Amazônia Legal, 1998.

PIKE, G.; SELBY, D. *Educação global: o aprendizado global*. São Paulo: Texto Novo, 1999. (Série Educação Global, 1)

SANTOS, J.E.dos; SATO, M. (orgs.) *A contribuição da educação ambiental à esperança de Pandora*. São Carlos: RiMa, 2001, 2003.

SILVEIRA, C. O processo de construção de projetos de educação ambiental: as dimensões do planejamento e da avaliação. In: PHILIPPI JR, A.; PELICIONI, M.C.F. (eds.). *Educação ambiental: desenvolvimento de cursos e projetos*. São Paulo: Signus, 2000. p.198-212.

VASCONCELLO, C.S. *Planejamento: plano de ensino-aprendizagem e projeto educativo*. 3.ed. São Paulo: Libertad. Centro de Formação e Assessoria Pedagógica, 1995.

Métodos e Técnicas de Pesquisa em Educação Ambiental | 24

Antonio Carlos Gil

Sociólogo e pedagogo, Universidade Municipal de São Caetano do Sul

A IMPORTÂNCIA DA PESQUISA NA EDUCAÇÃO AMBIENTAL

Uma disciplina atinge o *status* de ciência quando se define claramente o seu objeto de estudo e se identificam os métodos a serem adotados em sua investigação. Pelo menos é o que tem ocorrido na história da ciência, desde os tempos de Galileu, quando a Física assumiu o *status* de ciência experimental.

Entretanto, com a multiplicação das ciências e com o aparecimento das chamadas áreas interdisciplinares, essa tarefa tornou-se mais complexa. Definir o objeto de estudo, delimitar a área de abrangência e, sobretudo, definir procedimentos metodológicos passaram a ser algo extremamente crítico nessas áreas.

Nas ciências ambientais, talvez mais do que em outras áreas, essas questões tornam-se bem evidentes. Para começar, as ciências ambientais abrangem ampla gama de objetos: rochas, solo, atmosfera, água, organismos vivos e as relações entre estes fatores e as atividades humanas. O que significa que as ciências ambientais envolvem tanto as chamadas ciências físicas quanto as biológicas e sociais.

Pode-se falar, no entanto, das ciências humanas que tratam do meio ambiente. A Geografia tem na relação homem-natureza um de seus mais clássicos temas de reflexão. A História, segundo algumas de suas perspectivas, como a de Braudel, enfatiza as técnicas de domínio do espaço. A Sociologia e a Antropologia enfocam a relação dos grupos humanos com o meio e os processos de exploração dos recursos da natureza. A Economia, desde os tempos dos fisiocratas, aborda a utilização dos recursos naturais. A Administração contemporânea tem, na gestão ambiental, uma de suas mais fortes preocupações.

Mas entre as diversas ciências humanas que envolvem a questão ambiental, a educação constitui, possivelmente, a que mais tem sido requerida para oferecer contribuições nesse campo. Tanto é que o Clube de Roma, em 1972, mediante a publicação de seu relatório *The Limits of Growth*, reconheceu o desenvolvimento da educação ambiental como o elemento crítico para o combate à crise ambiental.

A educação ambiental, de acordo com a Comissão Interministerial, reunida no Rio de Janeiro em 1972, para preparar a Conferência das Nações Unidas sobre Meio Ambiente e Desenvolvimento (Dias, 1993),

> se caracteriza por incorporar as dimensões socioeconômica, política, cultural e histórica, não podendo basear-se em pautas rígidas e de aplicação universal, devendo considerar as condições e estágio de cada país, região e comunidade sob uma perspectiva histórica. Assim sendo, a educação ambiental deve permitir a compreensão da natureza complexa do meio ambiente e interpretar a independência entre os diversos elementos que conformam o ambiente com vistas a utilizar racionalmente os recursos do meio na satisfação material e espiritual da sociedade no presente e no futuro.

Isso significa que a educação ambiental precisa ser entendida como uma disciplina em constante aperfeiçoamento. Daí a necessidade do permanente desenvolvimento de pesquisas científicas com vistas a subsidiar tanto os conteúdos programáticos a serem oferecidos quanto as estratégias para seu desenvolvimento.

Essa preocupação com a pesquisa não se manifestava há algum tempo. Tanto é que Tanner (1978), analisando pesquisas em educação ambiental, afirma que:

> Felizmente o progresso da educação não repousa totalmente sobre os resultados de tais pesquisas. Um crítico ressalta que é melhor envolver-se numa 'elaboração curricular total' do que fazer 'pesquisa real'. No primeiro proces-

MÉTODOS E TÉCNICAS DE PESQUISA EM EDUCAÇÃO AMBIENTAL | **629**

so as ideias e o material de ensino são desenvolvidos numa base intuitiva. São então experimentados, revistos, e novamente experimentados por professores, até que surja algo que pareça funcionar. A elaboração de currículos depende com menor frequência deste tipo de processo do que de uma aplicação direta de resultados de pesquisa.

A Conferência Intergovernamental sobre Educação Ambiental aos Países Membros, realizada em Tbilisi, na Geórgia, em 1997, tendo como pressuposto que as mudanças institucionais e educacionais necessárias à incorporação da educação ambiental aos sistemas nacionais de ensino não devem basear-se unicamente na experiência, mas também em pesquisa e avaliações que tenham por objetivo melhorar as decisões da política de educação, recomenda aos governos que:

- Tracem políticas e estratégias nacionais que promovam os projetos de pesquisa necessários à educação ambiental e incorporem seus resultados ao processo geral de ensino por meio dos cursos adequados.
- Efetuem pesquisas sobre:
  - As metas e os objetivos da educação ambiental.
  - As estruturas epistemológicas e institucionais que influem nas necessidades ambientais.
  - Os conhecimentos e atitudes dos indivíduos, com o objetivo de precisar as condições pedagógicas mais eficazes, os tipos de ações que os docentes devem desenvolver e os processos de assimilação do conhecimento por parte dos educandos, bem como os obstáculos que se opõem às modificações dos conceitos, valores e atitudes das pessoas e que são inerentes ao comportamento ambiental.
- Pesquisem as condições em que poderia fomentar o desenvolvimento da educação ambiental visando, sobretudo, a:
  - Identificar os conteúdos que poderiam servir de base aos programas de educação ambiental destinados ao público do sistema formal e não formal de ensino, bem como aos especialistas.
  - Elaborar os métodos que permitam a melhor assimilação dos conceitos, valores e atitudes idôneas em relação à temática ambiental.
  - Determinar as inovações que deverão ser introduzidas no ensino do meio ambiente.

- Empreendam pesquisas destinadas ao desenvolvimento de métodos educacionais e programas de estudo, a fim de sensibilizar o grande público, dando particular atenção ao emprego dos meios de informação social e à preparação de instrumentos de avaliação que possam medir a influência desses programas de estudo.

- Incluam nos cursos de formação inicial, e nos destinados ao pessoal docente em exercício, métodos de pesquisa que permitam projetar e elaborar os instrumentos com os quais se alcancem eficazmente os objetivos da educação ambiental.

- Empreendam pesquisas para a elaboração de métodos educacionais e materiais de baixo custo que facilitem a formação dos educadores, ou sua própria reinserção formativa.

- Tomem medidas para promover o intercâmbio de informações entre os organismos nacionais de pesquisa educacional, difundir amplamente os resultados de tais pesquisas e proceder a avaliação do sistema de ensino.

Os participantes da Primeira Conferência Nacional de Educação Ambiental, reunida em Brasília no ano de 1997, demonstraram sua preocupação com o pequeno número de pesquisas nessa área. Tanto é que, em seu documento final, Declaração de Brasília para a Educação Ambiental (1997), reconhecem que:

> A falta de pesquisa na área de educação ambiental inviabiliza a produção de metodologias didático-pedagógicas para fundamentar a educação ambiental formal, e resgatar os valores culturais étnicos e históricos das diversas regiões, incluindo a perspectiva de gênero.

PARADIGMAS DE PESQUISA EM EDUCAÇÃO AMBIENTAL

Embora a pesquisa seja constituída um conjunto de procedimentos técnicos, não há como deixar de reconhecer que a visão de mundo do seu autor interfere na formulação do seu problema, no delineamento da pesquisa e também no processo de análise e na interpretação de seus resultados. É algo que se torna muito evidente na pesquisa social, pois o pesquisador participa da sociedade que investiga, tornando-se impossível uma objetividade absoluta. Daí a necessidade de considerar os diferentes paradigmas de pesquisa em educação ambiental.

Essa necessidade foi apresentada de forma veemente na Conferência Anual da Associação Norte-Americana para a Educação Ambiental, em 1990, no simpósio denominado "Contestando paradigmas na pesquisa em educação ambiental". Esse seminário foi caracterizado pela crítica ao paradigma positivista, que havia dominado a pesquisa em educação ambiental desde o surgimento dessa disciplina.

Embora o paradigma positivista ainda seja o dominante nas ciências sociais, o estado da arte das pesquisas em educação ambiental indica um número crescente de pesquisas conduzidas segundo outros enfoques. Assim, pode-se afirmar que as pesquisas nesse campo distribuem-se segundo os paradigmas: positivista, crítico e interpretativista.

Paradigma Positivista

As primeiras pesquisas no campo da educação ambiental – assim como no âmbito das ciências humanas de modo geral – foram conduzidas principalmente segundo o enfoque positivista. O que pode ser facilmente explicado, pois o modelo positivista de pesquisa é não apenas o mais antigo, mas também o mais estruturado entre todos os modelos. Por essa razão, os manuais de pesquisa tendem a enfatizar os procedimentos metodológicos coerentes com o modelo positivista.

Cabe ressaltar que esses procedimentos não seguem rigidamente as orientações propostas pelos fundadores do positivismo. Primeiramente, porque a experimentação – definida como método de padrão ouro pelos positivistas – é de difícil aplicação no campo da educação ambiental. Depois, porque a mensuração dos fenômenos geralmente não ultrapassa o nível das escalas nominais. E, principalmente, porque é pouco provável que um pesquisador nesse campo do conhecimento se proponha a tratar os fenômenos ambientais como coisas, conforme a proposta de Durkheim (1999).

As pesquisas realizadas segundo a abordagem positivista têm adotado o método indutivo como fornecedor da lógica-base para os procedimentos, e os métodos experimental, observacional, comparativo e estatístico como fornecedores dos meios técnicos da investigação. Entretanto, após a difusão das ideias de Karl Popper (1972), expressas em *The Logic of Scientific Discovery*, nota-se a preocupação com a adoção do método hipotético-dedutivo.

O método hipotético-dedutivo prevê que as hipóteses selecionadas como supostas respostas aos problemas de pesquisa devem ser passíveis de refutação por meio da experimentação ou da observação. Como, porém, as hipóteses elaboradas no âmbito das ciências humanas nem sempre apresentam a condição de falseamento, fica difícil a adoção desse método no campo da educação. Por essa razão, a adoção do enfoque positivista no campo da educação ambiental – como em qualquer outro campo da educação – tem se caracterizado pela adoção de método indutivo.

É pouco provável que encontrem muitos educadores ambientais que se definam como positivistas. No entanto, torna-se possível identificar em muitas pesquisas nessa área a adoção de procedimentos que, de certa forma, podem ser caracterizados como de inspiração positivista, tais como: formulação clara, precisa e objetiva do problema, operacionalização das variáveis, seleção de amostras representativas do universo, construção de instrumentos padronizados de coleta de dados e análise quantitativa.

Embora o paradigma positivista tenha sido hegemônico no campo da educação ambiental realizada nos Estados Unidos até a década de 1980, no Brasil – onde a pesquisa se desenvolveu mais tardiamente –, os pesquisadores brasileiros nunca demonstraram grande afinidade com esse modelo. Um estudo realizado por Pato, Sá e Catalão (2009) indica que, entre os trabalhos apresentados nas reuniões anuais da Associação Nacional de Pós-Graduação em Educação Ambiental, no período de 2003 a 2007, apenas três informaram ter utilizado métodos quantitativos.

A rejeição do paradigma positivista deve-se, em boa parte, à sua associação com uma visão conservadora de mundo. O que naturalmente não agrada a pesquisadores no campo da educação ambiental, muitos dos quais com histórico de participação em lutas sociais. Mas é preciso considerar também que a realização de uma pesquisa segundo os princípios positivistas caracteriza-se pelo rigor e pela objetividade, requerendo a construção de instrumentos reconhecidamente válidos e fidedignos e amostras consideráveis. O que requer do pesquisador consideráveis recursos para sua execução.

Paradigma Crítico

O paradigma crítico fundamenta-se na crença de que a pesquisa em educação ambiental deva ser utilizada com o propósito de emancipar as pessoas por meio da crítica às ideologias que promovem a iniquidade e de promover mudanças no conhecimento e nas ações das pessoas com vistas à melhoria das condições sociais.

Os fundamentos do paradigma crítico são encontrados na visão dialética de mundo, segundo a qual os objetos e os fenômenos apresentam contradições internas, pois todos têm um lado positivo e um negativo. Esses opostos não se apresentam simplesmente lado a lado, mas em um estado constante de luta. Essa luta dos opostos, por sua vez, constitui-se na fonte do desenvolvimento da realidade. Ainda, de acordo com a dialética, as mudanças quantitativas graduais geram mudanças qualitativas e esta transformação se opera por saltos. Também se constitui em um princípio básico da dialética que o novo, ao negar o velho, retém e desenvolve aspectos do velho, o que faz com que o desenvolvimento ocorra em espiral, com a repetição em estágios superiores de certos aspectos e traços dos estágios inferiores (Konder, 2004).

Quando se adota o enfoque dialético, tende-se a enfatizar a mudança, a identificar as contradições que ocorrem nos fenômenos. Assim, mediante a abordagem dialética, a questão ambiental passa a ser encarada como uma manifestação de processos sociais pelos quais uma dada sociedade organiza o acesso e uso dos recursos naturais disponíveis. A questão ambiental será, pois, avaliada no contexto do modo de produção dominante na sociedade, na contradição entre as formas produtivas e as relações de produção. Assim, o ambiente será entendido como recurso, condição de produção, mercadoria etc. (Moraes, 1994).

Paradigma Interpretativista

A perspectiva interpretativista surgiu como reação à ideia difundida pelos positivistas de que os métodos das ciências sociais devem ser os mesmos das ciências naturais (Willis, 2007). Para os intepretativistas, enquanto as ciências naturais procuram explicar os fenômenos, as ciências humanas e sociais visam à sua compreensão. Dessa forma, os pesquisadores no campo das ciências naturais estariam mais preocupados com o estabelecimento de relações entre variáveis, com o estabelecimento de regularidades e a construção de leis. Já os pesquisadores no campo das ciências sociais estariam mais voltados para a interpretação da realidade vivenciada pelos indivíduos. Como o objeto da investigação é a ação humana, sua explicação deveria ser procurada mais no significado de que as pessoas lhe atribuem do que nas similitudes das condutas observadas.

Os interpretativistas propõem, então, a adoção de métodos e técnicas de pesquisa que diferem significativamente dos adotados na pesquisa no campo das ciências naturais. Assim, os procedimentos sugeridos pelos interpretativistas privilegiam mais a qualidade do que a quantidade. Voltam-se mais para a compreensão dos significados atribuídos pelos indivíduos que propriamente para a explicação causal. Também atribuem ao contexto um papel determinante na constituição dos fenômenos sociais. A objetividade, por fim, é procurada nessa perspectiva mediante a identificação dos significados subjetivos que a ação social tem para o seu protagonista.

O paradigma interpretativista vem sendo adotado com frequência cada vez maior no campo da educação ambiental. Como consequência, amplia-se o número de pesquisas de cunho qualitativo, que se mostram mais coerentes com essa perspectiva. O que também deve ser encarado com preocupação, pois muitas das pesquisas ditas qualitativas são executadas com pouco rigor metodológico, já que é comum a escolha de métodos qualitativos por não exigirem grandes amostras nem sofisticados procedimentos estatísticos.

MODALIDADES DE PESQUISA

A adoção de diferentes paradigmas na pesquisa em educação ambiental conduz a uma grande quantidade de delineamentos possíveis, tais como: pesquisa experimental, levantamento, estudo de caso, pesquisa-ação, pesquisa participante, pesquisa etnográfica e teoria fundamentada nos dados.

Pesquisa Experimental

A pesquisa experimental exige a reprodução dos fenômenos em condições controladas. Por isso é pouco frequente no âmbito da educação ambiental. O grande número de variáveis a serem consideradas, o caráter histórico dos fatos sociais e, sobretudo, as implicações éticas da experimentação tornam esse delineamento inviável na maioria dos casos.

Levantamentos (*Surveys*)

O levantamento se caracteriza pela interrogação direta das pessoas cujo comportamento se deseja conhecer; constitui-se em uma das modalidades mais utilizadas de pesquisa, visto que possibilita obter respostas acerca do que as pessoas sabem, fazem, creem, temem, desejam, amam etc.

De modo geral, os levantamentos valem-se dos procedimentos de amostragem e utilizam técnicas padronizadas de coleta de dados, tais como o questionário, a entrevista e a observação sistemática.

Os levantamentos são muito valorizados porque possibilitam o conhecimento direto da realidade, a obtenção de dados com economia e rapidez e a sua quantificação. Contudo, tendem a ser criticados em virtude de sua baixa profundidade, da ênfase nos aspectos perceptivos e, principalmente, da sua limitada capacidade de apreensão do processo de mudança.

Estudo de Caso

O estudo de caso é caracterizado pelo estudo profundo e exaustivo de um ou de poucos objetos, de maneira a permitir seu conhecimento amplo e detalhado; tarefa praticamente impossível mediante os outros delineamentos considerados.

Esse delineamento fundamenta-se na ideia de que a análise de uma unidade de determinado universo possibilita a compreensão da generalidade deste ou, pelo menos, o estabelecimento de bases para uma investigação posterior, mais sistemática e precisa.

A possibilidade de generalização dos resultados obtidos com o estudo de caso representa séria limitação desse tipo de delineamento. Todavia, o estudo de caso é muito frequente em virtude da sua relativa simplicidade e economia, já que pode ser realizado por um único investigador e não requer a aplicação de técnicas de massa para coleta de dados, como ocorre nos levantamentos.

Pesquisa-ação

A pesquisa-ação, segundo Thiollent (1985):

É um tipo de pesquisa social com base empírica que é concebida e realizada em estreita associação com uma ação ou com a resolução de um problema coletivo e no qual os pesquisadores e os participantes representativos da situação ou do problema estão envolvidos do modo cooperativo ou participativo.

EDUCAÇÃO AMBIENTAL E SUSTENTABILIDADE

Essa modalidade de pesquisa é considerada alternativa, pois não se enquadra como procedimento rigidamente científico, de acordo com o modelo clássico de ciência. Mostra-se, no entanto, muito útil para a pesquisa em educação ambiental, uma vez que tem, frequentemente, como objetivo a solução de um problema prático ou o desenvolvimento de um projeto educativo. Além disso, a pesquisa-ação, por requerer o envolvimento dos participantes representativos das organizações sociais ou da comunidade, favorece o trabalho posterior de implementação das ações.

Pesquisa Participante

A pesquisa participante apresenta pontos de semelhança com a pesquisa-ação. Sua aplicação, entretanto, aparece associada a uma postura comprometida com a conscientização popular. Tanto é que Fals Borda (1993) a define como a pesquisa

> que responde especialmente às necessidades de população que compreendem operários, camponeses, agricultores e índios – as classes mais carentes nas estruturas sociais contemporâneas – levando em conta suas aspirações e potencialidades de conhecer e agir. É a metodologia que procura incentivar o desenvolvimento autônomo (autoconfiante) a partir das bases e de uma relativa independência do exterior.

A pesquisa participante vem sendo valorizada por educadores ambientais latino-americanos que evidenciam a necessidade de propostas alternativas de sociedade para solucionar os problemas ambientais. Para esses educadores, essas propostas devem incluir formas diferentes de fazer a pesquisa científica.

Para Viezzer e Ovalles (1995),

> não podemos mais nos limitar à utilização dos métodos clássicos de pesquisa que acabam ignorando a capacidade e o poder de decisão dos cidadãos e cidadãs comuns, concentrando o poder da informação e da análise somente em equipes de profissionais não envolvidos diretamente com os destinos das comunidades.

Esse tipo de pesquisa resgata para a comunidade o poder de pesquisar-se a si mesma. Ela pode, portanto, ser entendida como um desafio à autoridade científica, já que tende a permitir que as comunidades possam sistematizar e analisar todo o conteúdo empírico das situações com que se confrontam e conseguir criar instrumentos para a mudança.

Pesquisa Etnográfica

A pesquisa etnográfica tem origem na antropologia, sendo utilizada tradicionalmente para a descrição dos elementos de uma cultura específica, tais como comportamentos, crenças e valores, baseada em informações coletadas mediante trabalho de campo. Foi utilizada, originariamente, para a descrição das sociedades sem escrita. Seu uso, no entanto, foi se difundindo e, nos dias atuais, é utilizada também no estudo de organizações e sociedades complexas. Assim, o uso da pesquisa etnográfica vem se tornando cada vez mais constante no campo da educação ambiental.

A pesquisa etnográfica tem como propósito o estudo das pessoas em seu próprio ambiente mediante a utilização de procedimentos como entrevistas em profundidade e observação participante. Como envolve uma detalhada descrição da cultura como um todo, os pesquisadores – que geralmente são pessoas estranhas à comunidade – tendem a permanecer em campo por longos períodos de tempo. Há relatos de pesquisadores cujo trabalho demandou anos. Como consequência, muitos relatos de pesquisa etnográfica são constituídos por extensas descrições das comunidades em que foram realizadas (Beaud; Weber, 2007).

A pesquisa etnográfica apresenta uma série de vantagens em relação a outros delineamentos. Como ela é realizada no próprio local em que ocorre o fenômeno, seus resultados costumam ser mais fidedignos. Já que não requer equipamentos especiais para coleta de dados, tende a ser mais econômica. Uma vez que o pesquisador apresenta maior nível de participação, torna-se maior a probabilidade de os sujeitos oferecerem respostas mais confiáveis.

Mas a pesquisa etnográfica também apresenta desvantagens. De modo geral, sua realização requer mais tempo do que outras modalidades de pesquisa, como o levantamento, por exemplo. A pesquisa etnográfica fundamenta-se em um pequeno número de casos, não se tornando apropriada pra promover generalizações. O pesquisador, por sua vez, precisa participar ativamente de todas as etapas da pesquisa, já que não há como atribuir a outros a tarefa de coleta de dados. E como, na maioria das vezes, os dados são coletados por um único pesquisador, existe risco de subjetivismo na interpretação dos resultados da pesquisa.

Teoria Fundamentada nos Dados (*Grounded Theory*)

A teoria fundamentada em dados (*grounded theory*) tem sua origem nos trabalhos desenvolvidos por Barney Glaser e Anselm Strauss (1967), com o objetivo de proporcionar uma alternativa ao processo de geração dedutiva de teorias sociais. Esses dois sociólogos consideraram que as grandes teorias, sobretudo no campo da sociologia, eram muito abstratas e, portanto, difíceis de serem testadas empiricamente. Propuseram, então, um método de pesquisa que facilitasse a explicação da realidade social mediante a construção de teorias indutivas, baseadas na análise sistemática dos dados.

Na *grounded theory*, o pesquisador, mediante procedimentos diversos, reúne um volume de dados referente a determinado fenômeno. Após compará-los, codificá-los e extrair suas regularidades, conclui com teorias que emergiram desse processo de análise. Tem-se, pois, uma teoria fundamentada (*grounded*) nos dados. O propósito do pesquisador não é, pois, testar uma teoria, mas sim entender uma determinada situação, como e por que os participantes agem dessa maneira e por que essa situação se desenvolve daquele modo.

A teoria que emerge dos dados revela o comportamento das pessoas em situações específicas. Não podem, portanto, ser entendidas como representativas de uma realidade objetiva, externa aos sujeitos. São, a rigor, reconstruções da experiência. O pesquisador, em conjunto com os sujeitos da pesquisa, reconta suas experiências por meio de uma teoria. Assim, essa modalidade de pesquisa é, pois, de grande importância para a educação ambiental, pois interessa dispor de teorias que possibilitem identificar conhecimentos, atitudes e valores dos educandos a partir de sua própria expressão.

O PROCESSO DE PESQUISA

Pode-se definir pesquisa como o processo que tem como objetivo proporcionar respostas aos problemas propostos mediante procedimentos científicos. Pode-se, também, dizer que pesquisa nada mais é do que a operacionalização do método científico. Como processo, a pesquisa envolve diferentes etapas intimamente relacionadas entre si: planejamento, coleta de dados, análise e interpretação dos resultados e redação de relatório.

O planejamento consiste na previsão das atividades a serem desenvolvidas ao longo do processo de pesquisa, bem como na tomada de providências para que elas ocorram de maneira adequada. O planejamento tem, pois, como finalidade fornecer respostas às questões: o que pesquisar, como, quando, onde e por que.

Assim, no planejamento procede-se às seguintes etapas: formulação do problema, construção de hipóteses (se for o caso), operacionalização das variáveis, construção dos instrumentos de coleta de dados, estabelecimento do cronograma de pesquisa, especificação dos recursos humanos, materiais e financeiros requeridos etc. Todas essas etapas, por sua vez, integrarão o projeto de pesquisa, que é o documento que apresenta as decisões a serem tomadas ao longo da pesquisa.

A coleta de dados faz-se mediante a aplicação dos instrumentos à população que constitui o universo da pesquisa. Essa coleta pode ser feita por meio de observação, entrevistas, questionários etc.

Formulação do Problema

O primeiro passo em qualquer pesquisa consiste na formulação do problema, tarefa bem mais difícil do que geralmente se supõe, a ponto de alguns autores considerarem que, após um problema bem formulado, já se tem "meio caminho andado".

Ocorre que, frequentemente, a palavra problema vem associada à noção de algo que provoca insatisfação, incômodo ou mesmo sofrimento. No entanto, para fins de pesquisa, considera-se problema tudo aquilo para o qual não se tenha ainda fornecido uma resposta. Tem-se, pois, um problema quando se deseja conhecer, por exemplo, o nível socioeconômico dos membros de uma determinada comunidade, o número de moradores de rua de uma cidade, os fatores que levam um adolescente a delinquir ou o grau de satisfação dos trabalhadores de uma empresa, entre outros.

Nem todos os problemas são passíveis de verificação científica. Por isso, sugere-se que sejam:

- Expressos de maneira clara, precisa e concisa.
- Delimitados a uma dimensão viável.
- Circunscritos no tempo e no espaço.
- Passíveis de verificação.

Esses são os critérios clássicos de verificação científica, segundo o paradigma positivista. Daí a dificuldade que encontram muitos pesquisadores orientados pelo paradigma positivista para sua observância. Assim, nas pesquisas qualitativas, o problema tende a ser formulado de maneira bem mais ampla, já que sua delimitação poderia dificultar a obtenção de dados em profundidade. Tanto é que muitos são os pesquisadores que dão preferência à formulação de questões de pesquisa para orientar a coleta de dados.

Os problemas podem apresentar diferentes níveis de complexidade. Assim, pode-se definir que alguns problemas condizem a pesquisas descritivas, que têm como objetivo a descrição das características de uma população ou de um fenômeno. Por exemplo:

- Qual a percepção da população Y acerca da contribuição da fumaça do cigarro para a degradação da qualidade do ar no ambiente de trabalho?
- Quais as características socioeconômicas dos habitantes de região X?

Outros problemas condizem a pesquisas explicativas, que objetivam informar a respeito das causas ou dos fatores que influenciam na ocorrência de determinado fenômeno. Por exemplo:

- Que fatores influenciam a percepção dos alunos da Escola X quanto ao papel das queimadas na degradação do meio ambiente?
- Qual a influência das estratégias de ensino na adoção de atitudes orientadas à busca de melhoria e elevação da qualidade de vida nos alunos da Escola Y?

Construção de Hipóteses

Quando um problema é formulado de forma a conduzir à identificação dos fatores que o determinam ou contribuem para sua ocorrência, torna-se necessário construir hipóteses.

Considere-se, por exemplo, o problema:

- Que fatores interferem na adoção de condutas orientadas à preservação do meio ambiente entre estudantes de ensino médio?

Para solucioná-lo poderão ser construídas hipóteses. Uma delas poderá ser:

- A adoção de condutas orientadas à preservação do meio ambiente é influenciada pelo nível de conhecimento sobre o assunto.

Também poderão ser consideradas outras hipóteses relacionando a conduta dos estudantes com outros fatores, tais como sexo, idade, local de residência, nível de escolaridade dos pais etc.

Identificação das Variáveis

As hipóteses podem ser entendidas como o estabelecimento de uma relação potencial entre duas ou mais variáveis. Uma delas, conhecida como variável independente (y), é constituída pelo problema que está sendo investigado. As outras, conhecidas como variáveis dependentes (x1, x2, ..., xn), são fatores capazes de contribuir para a ocorrência do fenômeno.

Assim, as hipóteses consideradas podem ser apresentadas segundo o esquema:

É importante identificar as variáveis, pois são elas que serão efetivamente pesquisadas. Os instrumentos de pesquisa, como os questionários, serão elaborados tendo em vista sua mensuração.

Coleta de Dados

Os propósitos das pesquisas em educação ambiental podem ser os mais variados. Por isso é que, nesse campo, elas costumam valer-se de múltiplas técnicas de coleta de dados. As mais usuais, entretanto, são: observação, entrevista, questionário e história de vida.

Observação

A observação pode ser entendida como o procedimento fundamental de coleta de dados em qualquer pesquisa empírica. Os demais procedimentos, a rigor, nada mais seriam do que derivados da observação.

Por outro lado, por constituir-se a observação de um procedimento tão natural ao ser humano, torna-se difícil para muitas pessoas reconhecê-la como procedimento científico.

De fato, a observação é para as pessoas uma atividade tão natural como falar. No entanto, para que seja entendida como procedimento científico, a observação precisa apresentar algumas características: deve servir a um objetivo claro, ser planejada e executada de maneira sistemática e ser submetida a controles.

Observação Espontânea

É a modalidade mais simples de observação. Por meio dela, o observador, permanecendo alheio à comunidade, ao grupo ou à situação que pretende estudar, observa os fenômenos que aí ocorrem. Apesar de sua informalidade, ela se coloca em um plano científico, pois vai além da constatação dos fatos, na medida em que é seguida de um processo de análise e interpretação. Sua utilização é recomendada nas fases iniciais da pesquisa, com a finalidade de obter elementos para sua delimitação e construção de hipóteses.

Observação Participante

Na observação participante, o pesquisador participa da vida da comunidade, do grupo ou da situação. Nesse caso, ele assume, até certo ponto pelo menos, o papel de um membro do grupo.

A técnica de observação participante foi introduzida na pesquisa social pelos antropólogos no estudo das chamadas sociedades primitivas. A partir daí, eles passaram a utilizá-la também nos estudos de comunidades e subculturas específicas. Mais recentemente passou a ser adotada nas pesquisas participantes, sendo muito valorizada no processo de transformação social.

A observação participante apresenta, em relação às outras modalidades de observação, algumas vantagens:

- Facilita o rápido acesso a dados sobre situações habituais em que os membros da comunidade se encontram envolvidos.
- Possibilita o acesso a dados que a comunidade ou grupo considera de domínio privado.
- Possibilita captar as palavras de esclarecimento que acompanham o comportamento dos observados.

As desvantagens, por sua vez, referem-se especialmente às restrições determinadas pela assunção de papéis pelo pesquisador. Este pode ter sua observação restrita a um estrato da população pesquisada. Em uma comunidade rigidamente estratificada, o pesquisador, identificado com determinado estrato social, poderá experimentar grandes dificuldades ao tentar penetrar em outros estratos. Mesmo quando consegue transpor as barreiras sociais de uma camada a outra, sua participação poderá ser diminuída pela desconfiança, o que implica limitações na qualidade das informações obtidas.

Observação Sistemática

A observação sistemática é frequentemente utilizada em pesquisas que têm como objetivo a descrição precisa dos fenômenos ou o teste de hipóteses. Nas pesquisas desse tipo, o pesquisador sabe quais os aspectos da comunidade ou grupo que são significativos para alcançar os objetivos pretendidos.

Entrevista

Pode-se definir entrevista como a técnica em que o observador se apresenta diante do investigado e lhe formula perguntas, com o objetivo de obter os dados que interessam à investigação. A entrevista é, portanto, uma forma de interação social. Mais especificamente, é uma forma de diálogo assimétrico em que uma das partes busca coletar dados e a outra se apresenta como fonte de informação.

A entrevista é uma das técnicas de coleta de dados mais utilizadas, não apenas para o desenvolvimento de pesquisas, mas também para fins de diagnóstico e orientação.

Como técnica de coleta de dados, é bastante adequada para conseguir informações sobre o que as pessoas sabem, creem, sentem ou desejam, pretendem fazer, fazem ou fizeram, bem como acerca das suas explicações ou razões a respeito das coisas precedentes (Selltiz et al., 1967).

Muitos autores consideram a entrevista como técnica por excelência na investigação social, atribuindo-lhe valor semelhante ao tubo de ensaio na química e ao microscópio na microbiologia. Por sua flexibilidade, é adotada como técnica fundamental de investigação nos mais diversos campos; pode-se mesmo afirmar que parte importante do desenvolvimento das ciências sociais nas últimas décadas foi obtida graças à sua aplicação.

A intensa utilização da entrevista na pesquisa social deve-se a uma série de razões, entre as quais cabe considerar que:

- Possibilita a obtenção de dados referentes aos mais diversos aspectos da vida social.
- É uma técnica muito eficiente para a obtenção de dados em profundidade acerca do comportamento humano.
- Os dados obtidos são suscetíveis de classificação e quantificação.

Se comparada com o questionário, que é outra técnica de largo emprego nas ciências sociais, apresenta outras vantagens:

- Não exige que a pessoa entrevistada saiba ler e escrever.
- Possibilita a obtenção de maior número de respostas, posto que é mais fácil deixar de responder um questionário do que se negar a ser entrevistado.
- Oferece flexibilidade muito maior, uma vez que o entrevistador pode esclarecer o significado das perguntas e adaptar-se mais facilmente às pessoas e às circunstâncias em que se desenvolve a entrevista.
- Possibilita captar a expressão corporal do entrevistado, bem como a tonalidade de voz e ênfase nas respostas.

A entrevista apresenta, no entanto, uma série de desvantagens, o que a torna, em certas circunstâncias, menos recomendável que outras técnicas. Suas principais limitações são:

MÉTODOS E TÉCNICAS DE PESQUISA EM EDUCAÇÃO AMBIENTAL | **645**

- A falta de motivação do entrevistado para responder às perguntas que lhe são feitas.

- A inadequada compreensão do significado das perguntas.

- O fornecimento de respostas falsas, determinadas por razões conscientes ou inconscientes.

- Inabilidade, ou mesmo incapacidade, do entrevistado para responder adequadamente, em decorrência de insuficiência vocabular ou de problemas psicológicos.

- A influência exercida pelo aspecto pessoal do entrevistador sobre o entrevistado.

- A influência das opiniões pessoais do entrevistador sobre as respostas do entrevistado.

- Os custos com o treinamento de pessoal e a aplicação das entrevistas.

Todas essas limitações, de alguma forma, intervêm na qualidade das entrevistas. Todavia, em função da flexibilidade própria de uma entrevista, muitas dessas dificuldades podem ser contornadas. Para tanto, o responsável pelo planejamento da pesquisa deverá dedicar atenção especial à capacitação dos entrevistadores, já que o sucesso dessa técnica depende fundamentalmente do nível da relação pessoal estabelecido entre entrevistador e entrevistado.

Questionário

Pode-se definir questionário como a técnica de investigação constituída por um rol de perguntas apresentadas por escrito às pessoas que se deseja pesquisar.

Alguns autores preferem designar essa técnica como questionário autoaplicado, distinguindo-o do questionário aplicado mediante entrevista. Outros, no entanto, preferem considerar o questionário como instrumento autoaplicável. A outra modalidade – com entrevista – é designada preferencialmente como formulário.

O questionário apresenta uma série de vantagens. A relação que se segue indica algumas delas, que se tornam mais claras quando o questionário é comparado com a entrevista:

- Possibilita atingir grande número de pessoas, mesmo que estejam dispersas em uma área geográfica muito extensa, já que o questionário pode ser enviado pelo correio.

- Implica menores gastos com pessoal, posto que o questionário não exige o treinamento dos pesquisadores.

- Garante o anonimato das respostas.

- Permite que as pessoas o respondam no momento em que julgarem mais conveniente.

- Não expõe os pesquisadores à influência das opiniões e dos aspectos do entrevistado.

O questionário, como técnica de pesquisa, apresenta algumas limitações, tais como:

- Exclui as pessoas que não sabem ler e escrever; o que, em certas circunstâncias, conduz a graves deformações nos resultados da investigação.

- Impede o auxílio ao informante quando este não entende corretamente as instruções ou perguntas.

- Impede o conhecimento das circunstâncias em que foi respondido, o que pode ser importante na avaliação da quantidade das respostas.

- Não oferece a garantia de que a maioria das pessoas devolva-o devidamente preenchido, o que pode implicar a significativa diminuição da representatividade da amostra.

- Envolve, geralmente, número relativamente pequeno de perguntas, porque é sabido que questionários muito extensos apresentam alta probabilidade de não serem respondidos.

- Proporciona resultados bastante críticos em relação à objetividade, pois os itens podem ter significado diferente para cada sujeito pesquisado.

Apesar de suas limitações, o questionário é uma das técnicas de pesquisa mais utilizadas, pois possibilita de forma rápida o conhecimento de opiniões, crenças, sentimentos, interesses, expectativas, situações vivenciadas etc.

História de Vida

A história de vida é constituída pelo relato pessoal dos informantes acerca de situações pelas quais passaram ao longo de determinado período de tempo. Trata-se, por conseguinte, de uma técnica de natureza essencialmente qualitativa, que costuma formar a base para delineamentos do tipo estudo de caso.

As histórias de vida são muito valorizadas, tanto pelos pesquisadores, orientados pelo paradigma crítico, quanto pelo interpretativista. Com efeito, a história de vida, como técnica de coleta de dados, encontra-se na confluência do social com o psicológico. Ao mesmo tempo em que favorece a obtenção de dados em profundidade, possibilita resgatar o processo histórico, que é fundamental para o entendimento da realidade social.

A Análise e Interpretação dos Dados

Após a coleta de dados, a fase seguinte da pesquisa é a sua análise e interpretação. Esses dois processos, apesar de conceitualmente distintos, aparecem sempre estreitamente relacionados. A análise tem como objetivo organizar e sumariar os dados, de forma tal que possibilitem o fornecimento de respostas ao problema proposto para investigação. Já a interpretação tem como meta a procura do sentido mais amplo das respostas, o que é feito mediante sua ligação a outros conhecimentos anteriormente obtidos.

Os processos de análise e interpretação variam de modo significativo em função do plano de pesquisa. Nos delineamentos experimentais ou quase experimentais, assim como nos levantamentos, constitui tarefa simples identificar e ordenar os passos a serem seguidos. Já nos estudos de caso e na pesquisa participante não se pode falar em um esquema rígido de análise e interpretação.

A despeito da variação das formas que podem assumir os processos de análise e interpretação, é possível afirmar que, em boa parte das pesquisas sociais, são observados os seguintes passos:

- Estabelecimento de categorias.
- Codificação.
- Tabulação.

- Análise estatística dos dados.
- Avaliação das generalizações obtidas com dados.

O aspecto mais crítico da análise costuma ser o tratamento estatístico dos dados. Ocorre com frequência que o pesquisador, ao chegar a essa fase, não se encontra muito seguro a respeito do que deverá fazer. E, como consequência, têm-se relatórios de pesquisa em que a seção de análise dos dados é constituída por um certo número de tabelas sem que seus dados recebam qualquer tratamento analítico.

Situações como essa decorrem quase sempre de falhas no planejamento da pesquisa, pois a definição acerca dos procedimentos a serem adotados na análise de dados se constitui em um dos passos do planejamento, que deve ocorrer logo após terem sido definidos os objetivos da pesquisa e as técnicas de coleta de dados. Se a pesquisa for de cunho exploratório, é pouco provável que sejam requeridos procedimentos estatísticos. Se for uma pesquisa descritiva, deverão ser utilizados procedimentos oferecidos pela estatística descritiva, tais como medidas de tendência central e dispersão. Caso a pesquisa tenha um caráter explicativo, será necessário o auxílio da estatística inferencial, notadamente de testes de hipóteses.

Nas pesquisas de natureza qualitativa não são naturalmente utilizados procedimentos estatísticos. Isso não significa, porém, que a análise possa restringir-se à apresentação dos dados coletados. Os dados precisam ser efetivamente analisados e interpretados. A rigor, nessa modalidade de pesquisa, o processo de análise e interpretação inicia-se com a própria coleta de dados, que, por sua vez, tende a se alterar à medida que os primeiros resultados forem sendo analisados.

Recomenda-se, no entanto, que a partir de determinado momento na pesquisa qualitativa o pesquisador defina como encerrada a etapa de coleta de dados. Aí, passa à seleção de todo o material reconhecido como relevante, que pode ser constituído por transcrições de entrevistas, notas de campo ou documentos. A seguir, procura identificar os enunciados significativos e a definir códigos para cada um deles. Esses códigos – que tendem a ser em grande número – são então agrupados em categorias. Passa-se, então, à descoberta de padrões de comportamento. Da análise desses padrões poderá emergir até mesmo uma teoria.

A Redação do Relatório

O relatório se constitui na finalização do trabalho de pesquisa e deve conter informações suficientes para esclarecer sobre o problema pesquisado e os resultados obtidos. Deve, também, indicar os procedimentos adotados para coleta e análise dos dados, bem como informar acerca das fontes compulsadas.

A estruturação e a apresentação gráfica do relatório devem levar em consideração a natureza da pesquisa e o público a que se destina. Todavia, de modo geral, os relatórios devem considerar os tópicos abaixo:

- Problema: envolvendo o seu enunciado claro, sua delimitação espacial e temporal, a justificativa de sua realização e a apresentação das hipóteses, se for o caso.

- Metodologia: abrangendo o tipo de pesquisa, a amostragem, as técnicas de coleta de dados, os procedimentos adotados para análise etc.

- Resultados: esta é a parte mais extensa e pode ser subdividida em diversos capítulos. Deve conter a descrição e a análise dos dados, valendo-se de tabelas e gráficos, quando for o caso. Deve envolver, da mesma forma, a interpretação, ou seja, a apresentação do significado mais amplo dos resultados obtidos, mediante sua ligação a outros conhecimentos.

- Conclusões: sua finalidade é ressaltar o alcance e as consequências dos resultados obtidos.

Para que possa cumprir seus objetivos, o relatório precisa ser redigido em linguagem técnica. Isso significa que deve ser expresso em termos claros e precisos e que as frases devem apresentar a maior concisão possível.

É importante, igualmente, considerar que, na redação, devem ser observadas as normas para citações e referências bibliográficas.

ed
REFERÊNCIAS

BEAUD, S.; WEBER, F. *Guia para a pesquisa de campo: produzir e analisar dados etnográficos*. Petrópolis: Vozes, 2007.

BRASIL. Declaração de Brasília para a educação ambiental. In: *Conferência Nacional de Educação Ambiental*. Brasília (DF), 1997. Disponível em: http://www.mec.gov.br/sef/ambiental/declar01.htm. Acessado em: 2 jul. 2001.

DIAS, G.F. *Educação ambiental: princípios e práticas e caderno de atividades*. São Paulo: Global, 1993.

DURKHEIM, É. *As regras do método sociológico*. 2.ed. São Paulo: Martins Fontes, 1999.

FALS BORDA, O. Aspectos teóricos da pesquisa participante: considerações sobre o papel da ciência na participação popular. In: BRANDÃO, C.R. *Pesquisa participante*. São Paulo: Brasiliense, 1993. p.15-50.

GLASER, B.G.; STRAUSS, A.L. *The discovery of grounded theory: strategies for qualitative research*. Chicago: Aldine Publishing Company, 1967.

KONDER, L. *O que é Dialética*. 28.ed. São Paulo: Brasiliense, 2004.

MASINI, E. *Enfoque fenomenológico de pesquisa em educação*. 3.ed. São Paulo: Cortez, 1989.

[MEC] MINISTÉRIO DA EDUCAÇÃO E CULTURA/Secretaria de Educação Fundamental. *Algumas recomendações da Conferência Intergovernamental sobre Educação Ambiental aos Países Membros* (Tbilisi, CEI, de 14 a 26 de outubro de 1977). Disponível em: http://www.mec.gov.br/sef/ambiental/tbilis09.htm. Acessado em: 2 jul. 2001.

MORAES, A.C.R. *Meio ambiente e ciências humanas*. São Paulo: Hucitec, 1994.

PATO, C.; SÁ, L.M.; CATALÃO, V. Mapeamento de tendências na produção acadêmica sobre educação ambiental. *Educ. rev.* [online]. v. 25, n.3, p.213-233, 2009.

POPPER, K.R. *The logic of scientific discovery*. London: Hutchinson, 1972.

SELLTIZ, C.; TAHODA, M.; DEUTSCH, M. *Métodos de pesquisa nas relações sociais*. São Paulo: Herder, 1967.

TANNER, R.T. *Educação ambiental*. São Paulo: Summus/Edusp, 1978.

THIOLLENT, M. *Metodologia da pesquisa-ação*. São Paulo: Cortez, 1985.

VIEZZER, M.; OVALLES, O. *Manual latino-americano de educação ambiental*. São Paulo: Gaia, 1995.

Bibliografia Consultada

BICUDO, M.A.V. *Pesquisa qualitativa em educação.* Piracicaba: Unimep, 1994.

BRANDÃO, C.R. *Pesquisa participante.* 3.ed. São Paulo: Brasiliense, 1983.

CANTRELL, D.C. *Alternative paradigms in environmental education research: the interpretive perspective.* Disponível em: http://www.edu.uleth.ca/ciccte/naceer.pgs/pubpro.pgs/alternate/pubfiles/08.Cantrell.fin.htm>. Acessado em: 25 ago 2001.

DONAIRE, D. *Gestão ambiental na empresa.* São Paulo: Atlas, 1995.

GIL, A.C. *Como elaborar projetos de pesquisa.* 3. ed. São Paulo: Atlas, 1991.

_____. *Métodos e técnicas de pesquisa social.* 5.ed. São Paulo: Atlas, 1999.

HAYNES, R. (ed.). *Environment science methods.* London: Chapman and Hall, 1982.

ROBOTTTON, I.; HART, P. *Research in environmental education.* Victoria: Deakin University, 1993.

ROBOTTON, I.; MALONE, K.; WALKER, R. *Case studies in environmental education: policy and practice.* Geelong: Deakin University Press, 2000.

WILLIS, J. *Foundations of qualitative research: interpretive and critical approaches.* Londo: Sage, 2007.

A Construção de Projetos em Educação Ambiental: Processos Criativos e Responsabilidade nas Intervenções

25

Cássio Silveira
Sociólogo, Unifesp

A discussão presente neste texto pretende mostrar, por meio da exposição de noções e alguns exemplos práticos, o processo de construção dos projetos de intervenção em educação ambiental. Tem por finalidade evidenciar aspectos técnicos e lógicos de elaboração e execução. Abre, ainda, a discussão para o processo de sua construção e as transformações que dele decorrem, em uma perspectiva tanto dos educadores quanto daqueles que são os sujeitos da intervenção, decorrentes desse processo.

A elaboração de um projeto de intervenção normalmente gera uma série de dificuldades que devem ser enfrentadas pelos que se propõem a realizá-lo. Mesmo que o termo projeto possa parecer claro e óbvio em seu sentido mais comum, ou seja, de um modelo idealizado sobre algo que se quer construir ou modificar na realidade, sempre acaba por trazer dúvidas sobre a sua elaboração e execução. É o que acontece principalmente quando se observam os aspectos metodológicos que permitem traçar os caminhos entre o objeto de intervenção e aqueles que promovem o planejamento e a organização de sua execução.

É preciso, pois, ter clareza e percepção aguçada na elaboração do projeto. Primeiro, entendê-lo como um documento vivo, isto é, um conjunto metodologicamente articulado entre um problema, o diagnóstico e a proposta de intervenção e avaliação, os quais põem em evidência um conjunto de demandas expostas segundo as percepções e os critérios de quem solicita uma intervenção educacional. Por outro lado, não perder de vista que aqueles que se propõem ao trabalho de intervenção são motivados por valores que, por sua vez, formam a base de compreensão dos problemas demandados, assim como os que demandam a intervenção também têm seus interesses inseridos na discussão sobre o projeto.

Desse modo, o ato de compreensão do problema demandado por um segmento da população ou por uma instituição deve ser submetido a uma rígida e constante crítica dos responsáveis pela elaboração e execução do projeto. Deve-se, portanto, considerar que a precisão nas definições conceituais, por exemplo, permitem esclarecer a interpretação do problema e suas possíveis soluções. Tome-se, como exemplo, a noção de exclusão social em voga nos tempos atuais. É um termo quase comum, ou seja, de fácil apreensão, mas que também escapa a uma definição mais precisa que permita definir os parâmetros de uma intervenção. Exclusão pode ser entendida como a experiência de não compartilhar dos bens produzidos socialmente, em geral ocasionada pela exclusão do mercado de trabalho, exclusão da distribuição das riquezas materiais produzidas socialmente ou, até mesmo, exclusão do acesso aos bens culturais. De forma complementar, pode também ser entendida como um conjunto de representações produzidas e levadas à prática por segmentos sociais não interessados na promoção de ações contrárias aos processos de exclusão. É o caso, por exemplo, da conivência de boa parte da população à ação dos grupos de extermínio de crianças de rua ou o apoio a setores governamentais que mantêm os segmentos indesejados pelas classes médias e elites afastados do convívio social. Nesse caso, um exemplo típico na sociedade brasileira é a existência de camadas pobres da população que acabam por habitar as cercanias das áreas de conservação ambiental ou, então, dentro de determinados espaços, como é o caso das populações litorâneas que habitam há séculos áreas sob controle público. São fatos que normalmente fazem surgir um campo de conflitos entre o setor público, representado pelos técnicos que atuam no controle dessas áreas, e os habitantes invasores das áreas destinadas à visitação pública ou mesmo à conservação. Tal problema não implicaria somente uma intervenção de caráter pontual, mais imediata, como levar noções de conservação do meio ambiente, entre outras, mas conduziria, necessariamente, os educadores a cercar o problema com definições teórico-conceituais que possam interpretar em profundidade e com precisão as reais condições de vida de um determinado segmento da população, suas formas de pensar, seus processos de interação social, a ocupação do espaço físico, entre outras ações sociais, que estariam dessa forma bem explicitados. Isso garantiria um conjunto de conhecimentos fundamentados e coerentes com o propósito de qualquer intervenção: propor ações educacionais tendo como ponto de partida as necessidades sentidas por meio de sucessivas aproximações junto à realidade social.

O exemplo citado anteriormente confere à discussão sobre a elaboração de um projeto de intervenção a responsabilidade de estar inserido no campo das práticas de intervenção social, o que, por conseguinte, lhe confere também a marca de sempre ter de esclarecer suas intenções. Um aspecto importante nessa discussão é a dicotomia muitas vezes criada entre projetos acadêmicos e projetos de ações práticas imediatas. Essa é uma afirmação que, na maioria das vezes, carece de uma fundamentação mais precisa nos seus aspectos teóricos e metodológicos, já que toda e qualquer reflexão da qual se parte para a elaboração de um projeto pressupõe um detalhado e cuidadoso processo de construção do saber ouvir os maiores interessados, o que se faz por meio de formas apuradas de observação, intervenção e avaliação do processo. É o ponto de partida que permitirá aos autores ter clareza em suas posições e, o que é muito importante, deixar claro aos mais interessados na proposta de intervenção os princípios que norteiam sua realização. Em uma palavra, não basta desejar fazer o projeto ou, o que é pior, supor que ele seja suficiente aos interessados na intervenção. Ele deve ser construído segundo os interesses das partes envolvidas.

A fundamentação teórica e a justificativa prática das intervenções andam sempre juntas e permitem a realização de um trabalho de intervenção consistente em suas intenções e, sem dúvida alguma, eficiente na realização de seus objetivos.

PROJETO DE INTERVENÇÃO: ALGUMAS DEFINIÇÕES NECESSÁRIAS À SUA ELABORAÇÃO

Há pelo menos duas noções de projeto de intervenção: uma que compreende a totalidade de um trabalho de intervenção, incluindo desde o seu princípio, quando um problema é identificado, passando pelo processo de intervenção educacional, estendendo-se até a avaliação. Da concepção à execução do projeto, percebe-se a dinâmica de transformação que o envolve dentro de uma cronologia estabelecida em seu planejamento.

Outra noção é aquela que identifica o projeto como o primeiro documento elaborado pelos envolvidos no processo de intervenção educacional. Nesse caso, ela é configurada como um protocolo inicial de intenções, o qual deverá esboçar o problema, apresentar um diagnóstico das necessidades educacionais, a proposta de intervenção educacional e a forma de avaliação, a serem executados dentro de um cronograma preestabelecido. Deve ser constituído como um protocolo bem articulado, logicamente ordenado e coerente na relação que existe entre sua justificativa e seu desenho metodológico, além de esboçar um planejamento que permita vislumbrar as ações propostas e discutir a sua realização.

As duas noções não se excluem. E, por não haver negação da totalidade do processo, tomemos a noção de projeto como documento que explicita uma proposta inicial de intervenção educacional para entender seu processo de construção e os aspectos metodológicos que envolvem sua discussão.

Primeiramente, um aspecto importante a ser salientado diz respeito à clareza que se deve ter do campo epistemológico em que se está imerso. O campo teórico das questões ambientais, de forma mais precisa, tem sua especificidade na educação ambiental. Espera-se, portanto, que os que desejam construir um projeto tenham um domínio razoável das discussões teóricas da área, conheçam tecnologias de intervenção, tenham noções de metodologia de pesquisa para a composição de diagnósticos e procurem participar de experiências de intervenção para conhecer o trabalho na área e adquirir experiência. Enfim, espera-se que o educador tenha conhecimentos mais sólidos dos referenciais teóricos e saiba articulá-los com as observações realizadas.

Em síntese, construir projetos não é uma questão exclusivamente técnica. Pelo contrário, o esforço de compreensão dos fenômenos em sua totalidade é que permite criticar, rebater, ou até mesmo reforçar posicionamentos dos educadores. Permite pensar de maneira ampliada, aprofundando possibilidades de conhecer e intervir de forma ética e responsável, e realizar intervenções que amadureçam não só o pensar e o agir de quem intervém, mas principalmente daqueles que recebem os processos de intervenção.

Se, por um lado, o domínio dos conceitos e das metodologias é crucial ao bom desenvolvimento de um projeto de intervenção em educação ambiental, por outro lado, um aspecto importante a ser salientado na sua elaboração é a participação dos sujeitos da intervenção, sejam eles representantes de um segmento da população ou de uma organização que demanda algum tipo de intervenção. São várias as implicações dessa participação, mas, seguramente, deve-se evidenciar em primeiro lugar aquela que diz respeito à participação dos sujeitos como parceiros do projeto, e não somente como elementos passivos do processo de intervenção.

As demandas sociais são normalmente urgentes, cabendo aos educadores as definições sobre as possibilidades concretas de sua execução. Ocorre que, mesmo havendo demanda espontânea, há que se considerar o conflito político existente no contexto de atuação do projeto. Por exemplo, a demanda pode surgir de um grupo que não represente os interesses de todos; por outro lado, os educadores podem evidenciar expectativas do poder público no período de uma determinada gestão, ou mesmo a descontinuidade de políticas sociais na administração pública no país, o que pode paralisar ou mudar os rumos de projetos em andamento; ainda, pode ocorrer do viés ideológico, ou representação de grupos com interesses específicos, não contemplar uma reflexão e consecução de um projeto que perceba e trabalhe as diferenças, as divergências de posturas etc. (Demo, 2001).

Nesse sentido, a prática da participação confere características de uma intervenção que assegure princípios e exigências de uma vida em sociedade, tais como ter direito a opinar, exercitar sua liberdade de escolha dentro dos limites de uma convivência saudável e, fundamentalmente, o exercício da autonomia que pressupõe a criação de espaços para cultivar o diálogo, a compreensão das diferenças e a criação de canais que permitam a expressão dos posicionamentos e desejos das coletividades.

A CONSTRUÇÃO DO PROJETO DE INTERVENÇÃO

Os projetos surgem das mais variadas formas. Mas o empenho pessoal de educadores nem sempre é suficiente para poder desenvolvê-los em sua plenitude. Daí ser importante pensar no desenvolvimento deles inseridos em organizações que legitimem, divulguem e viabilizem sua execução. Nesse sentido, podem ser pensadas as relações existentes entre instituições governamentais e não governamentais no desenvolvimento de projetos de intervenção educacional, em particular aqueles de educação ambiental, e os vários segmentos da população que, de uma forma ou de outra, necessitam de projetos educacionais.

Pensando assim, ampliam-se as possibilidades de se refletir sobre os projetos dentro de uma perspectiva que privilegie a dimensão pública da vida, afirmativa da qual se podem depreender as responsabilidades que são assumidas pelas instituições, assim como seus técnicos nas intervenções. A dimensão pública da vida requer, portanto, cuidados diferenciados, já que, por princípio, precisa reconhecer as carências de todos os cidadãos, ao mesmo tempo em que deve identificar necessidades mais urgentes ou diferenciadas.

Da afirmativa exposta pode-se deduzir o seguinte: as escolhas, as definições dos sujeitos e dos objetos das intervenções sempre serão escolhas políticas. Isso significa afirmar que o plano da reflexão sobre os valores (políticos, morais, éticos, religiosos etc.), os quais norteiam as decisões tomadas nos processos de intervenção, são escolhas nem sempre revistas ou refletidas criticamente, isto é, deve-se ter em mente o contexto institucional e social que influencia diretamente a tomada de decisões.

Por exemplo, uma organização não governamental normalmente tem seus princípios fundados em interesses particulares, ou seja, de grupos específicos. Sua finalidade é pública, mas seu interesse é particular no sentido de beneficiar segmentos específicos da população. Por outro lado, o setor público governamental tem por princípio constitucional o dever de promover ações públicas de caráter irrestrito, contemplando necessidades identificadas. Tanto em um caso quanto no outro, o controle sobre as decisões deve estar estabelecido como princípio organizacional e ético.

Tal afirmação remete ao comentado anteriormente: é sempre esperada em trabalhos desse tipo a construção de uma relação dialógica com os mais interessados nas intervenções, a população-alvo dos projetos. Sucessivas aproximações, sejam elas realizadas diretamente, por intermédio de contatos, conversas informais ou sistematizadas, ou indiretamente, buscando informações em fontes que possam esclarecer uma determinada realidade de uma população, constituem os primeiros passos para o reconhecimento de quem intervém, têm a responsabilidade de responder por uma demanda particular e, a partir daí, transformá-la em um problema que requeira soluções que se mantenham dentro dos parâmetros ditados pelos princípios da vida pública. Resumindo, cabe ao diagnóstico cumprir um papel fundamental, que é indicar com precisão e acuidade as necessidades demandadas pela população.

A FASE DIAGNÓSTICA: CONHECIMENTOS CONSTRUÍDOS

Nessa fase, procura-se levantar informações acerca das necessidades educacionais dos sujeitos da intervenção. Tal tarefa só pode ser realizada se

A CONSTRUÇÃO DE PROJETOS EM EDUCAÇÃO AMBIENTAL | **659**

estiver estruturada na forma de pesquisa; isto é, elaborada sob bases metodológicas e viabilizada por instrumentos de pesquisa que permitam coletar as informações e analisá-las com a finalidade de produzir conhecimentos que levem a refletir, *a posteriori*, sobre as possibilidades de concretizar uma proposta de intervenção educacional.

Portanto, a construção da proposta de intervenção tem suas referências imediatas nos conhecimentos elaborados a partir do diagnóstico, fruto do conjunto de transformações sofridas pelos educadores no decorrer do processo, as quais permitem pensar propostas bem elaboradas, envolvidas no conjunto de atividades que promovem sucessivas aproximações e verificações junto à população, identificando seus anseios e expectativas. Enfim, procura identificar demandas na medida em que se aproxima da população e cria canais de diálogo com ela.

A exposição clara e precisa dos principais aspectos que envolvem o projeto só é possível ser realizada à medida que o diagnóstico aponte as possíveis hipóteses que expliquem um conjunto de demandas e necessidades existentes em um determinado contexto social. Intervir em educação ambiental requer, portanto, o mínimo de conhecimento entre pensamentos e práticas de um determinado grupo social. Sem esses conhecimentos, entendidos como as vias de acesso à proposta, não é possível encontrar soluções razoáveis aos problemas detectados. Enfim, a constatação de um problema demandado só tem sua compreensão mais abrangente quando estiver envolvido em análises que permitam compreendê-lo dentro de seu contexto social. A partir delas, é possível inferir hipóteses que expliquem uma determinada situação e indiquem caminhos possíveis à continuidade do projeto.

Assim, os conhecimentos sobre pesquisa dos que se propõem a intervir devem ser colocados em prática, organizando processos de observação bem delineados em busca da compreensão das percepções e concepções que permeiam o conjunto de representações existentes nos mais variados segmentos da sociedade. Nesse caso, podem ser pensadas e colocadas em prática linhas de pesquisas mais voltadas às metodologias qualitativas, o que não exclui, de forma alguma, pesquisas cujas bases estão assentadas em métodos quantitativos (Silveira, 2000). Por exemplo, é perfeitamente possível, e esperado, considerar a realização de um levantamento de percepções sobre a produção e a destinação do lixo em condomínios de população de baixa renda, juntamente a uma pesquisa que crie condições de se aprender o perfil socioeconômico e cultural da mesma população. Esse exemplo expõe, resumidamente, a complexidade da vida social, considerando que vários são os fatores que influenciam a formação de valores e a prática cotidiana da existência humana.

UMA PROPOSTA DE MODELO DE PROJETO DE INTERVENÇÃO

A proposta apresentada a seguir não consolida, obviamente, um modelo definitivo de projeto de intervenção em educação ambiental. É tão somente uma sugestão de apresentação da sequência de tópicos considerados essenciais à composição de um documento que deve explicitar com clareza e precisão os seguintes elementos: a demanda e os demandantes; a problemática construída por meio do diagnóstico; as justificativas teóricas e práticas da realização de uma intervenção; o modelo de intervenção, seus objetivos e os recursos didáticos a serem mobilizados; a proposta de avaliação da intervenção; e, por fim, uma projeção no tempo de sua execução, assim como os custos de sua realização.

Apresentado dentro desses parâmetros, é possível que, primeiramente, o modelo seja entendido em sua amplitude, não restando dúvida quanto ao alcance pretendido com a intervenção e os interesses que ela representa. Ainda, quando apresentado em seus detalhes que explicitam formas e conteúdos, é possível alcançar uma extensão em sua comunicação, resultando, por exemplo, em sua aprovação pelos sujeitos da intervenção ou na aprovação de pedidos de financiamento bem-sucedidos.

Quanto à última afirmação, é comum às agências de financiamento, principalmente as organizações com estatuto jurídico de fundação, associação ou sociedade – públicas não governamentais, nacionais ou internacionais – exigirem projetos mais *enxutos*. O itálico é proposital, já que o entendimento da prática pressupõe, minimamente, a construção de um conjunto de ideias estudadas, pensadas e debatidas. Por exemplo, concepções sobre ambiente, meio ambiente, educação, educação ambiental não podem ser dadas como construídas *a priori*, seja pelos que se propõem a intervir, seja pelos interessados na intervenção. Desse modo, aconselha-se a construção de projetos completos, os quais possam explicar e propor soluções fundamentadas em procedimentos metodológicos que estejam embasados em sistemas teóricos. No caso de pedidos de financiamento com projetos mais enxutos, torna-se muito mais fácil reelaborar aquilo que já foi pensado e escrito, dando-lhe a formatação padronizada segundo os critérios de cada organização.

A seguir, são apresentados os tópicos para a composição de um projeto de intervenção. A ordem de apresentação desses tópicos segue a formatação geralmente utilizada na bibliografia existente.

Título

O título de um projeto deve expressar os conteúdos mais importantes do trabalho de intervenção. Escrito na forma de sentença afirmativa, o título deverá explicitar a relação existente entre um segmento populacional que deseja transformar algo na sua realidade e esse algo que é transposto pelos autores para o campo da reflexão, que será explicitado para indicar qual o problema concreto vivido pelos demandantes.

É possível encontrar projetos cujos títulos contenham frases metafóricas, nomes de grupos de trabalho ou de organizações, às vezes até na forma de sigla. Não há proibição quanto ao uso desses recursos de linguagem, mas o que deve ser ponderado é a necessidade de indicar com clareza e precisão a essência dos conteúdos desenvolvidos pelo projeto, já que este deverá circular socialmente. Ou melhor, é de se esperar que o documento circule em várias instâncias sociais, principalmente entre organizações que apoiem os projetos, o que, em geral, ocorre em uma formatação padronizada por meio de indexações dos sistemas de documentação. Quando isso ocorrer, é aconselhável colocar um título duplo, apresentando a metáfora ou o nome da sigla, seguido de uma sentença que indique com precisão o objeto específico do projeto.

Geralmente, o título é a última parte a ser redigida no projeto. É claro que se pode tê-lo esboçado logo no início do trabalho; todavia, não esquecer que a construção de um projeto obedece a um tempo determinado, que é aquele disponível à compreensão do problema detectado e, obviamente, delimitado pelo planejamento. Portanto, o título pode e deve ser redigido por último na proposta de intervenção.

Resumo

O resumo tem por finalidade traçar um panorama geral do projeto de intervenção. Seu conteúdo obedece a uma sistematização muito precisa, oferecida ao leitor em um texto conciso e indicado pela seguinte sequência: população-alvo, problema levantado, forma de realização do diagnóstico e síntese dos resultados, características gerais da proposta de intervenção, além da avaliação proposta pelo projeto.

Sua finalidade maior é facilitar o acesso dos leitores ao projeto. É, na verdade, uma apresentação dos principais elementos componentes do projeto que, ao mesmo tempo em que serve como "porta de entrada" aos leitores, também possibilita obter a sua exata documentação junto a bibliotecas ou arquivos.

Assim como o título, o resumo só é redigido no final da elaboração do projeto. Ou seja, quando seu corpo estiver completo e o(s) autor(es) puderem vislumbrá-lo em sua totalidade, resumindo-o em suas principais partes.

Introdução

Esse tópico não necessariamente precisa ter esse subtítulo. A criatividade dos autores levará a uma composição que conjugue a apresentação do texto com sequência lógica, clareza na ordem estabelecida de apresentação e dos tópicos subsequentes. Cada qual cria de acordo com seu estilo próprio. O importante é manter-se dentro dos parâmetros de um texto dissertativo que contemple todos os elementos necessários para esgotar o assunto proposto no início.

O tema é o primeiro elemento dessa parte do projeto. É apresentado inicialmente, pois indica os principais elementos envolvidos no trabalho, explicitando as variáveis observadas até o momento. Abre caminho para apresentar o problema abordado pelo projeto, relacionando, por um lado, a população-alvo, que poderá ser um segmento da população (moradores de um bairro ou região, trabalhadores institucionalizados etc.) e, por outro, um ou mais termos que definam o problema. Em essência, o problema amplia as perspectivas do leitor, lançando-o em uma discussão mais profunda, mais abrangente sobre a temática. O tema destaca aquilo que se observou e será fruto de intervenção futura, interesse maior do projeto; possibilita um entendimento dos problemas concretos apontados pelos interessados na intervenção, mas construindo um percurso que aponte um conjunto de problematizações que são conduzidas pelos autores no percurso de elaboração do projeto.

Na sequência, são indicados os conceitos principais que permitirão aprofundar o debate e possibilitar um encaminhamento sustentado em conhecimentos já elaborados anteriormente. Esse é o momento de trazer à tona os posicionamentos teóricos assumidos pelos que têm a intenção de elaborar o projeto, tarefa que só pode ser realizada mediante um levantamento bibliográfico, leituras sistematizadas e sínteses produzidas anteriormente. O conjunto de pensamentos constituídos no processo do trabalho intelectual tem por finalidade expor o problema de forma abrangente, procedimento esperado dos que se propõem a pesquisar junto à população-alvo suas necessidades em educação e possíveis soluções apresentadas pelo projeto.

Diagnóstico

O diagnóstico, por sua vez, diz respeito às sondagens realizadas com o objetivo de conhecer uma dada realidade. Sondagens que têm por finalidade precisar e aprofundar o conhecimento sobre a população-alvo, utilizando as técnicas de coleta de dados, conforme o tipo de problema observado.

A determinação do tipo de pesquisa a ser realizada deve ter por suposto a adequação da forma mais adequada de observação. Haverá, portanto, variação, já que os segmentos populacionais (institucionalizados ou não) demandam problemas muitas vezes distintos. Se tomado como exemplo um grupo populacional que habita em uma unidade de conservação, criada e protegida por um código de leis, cuja necessidade mais urgente é a instalação de infraestrutura sanitária (água potável e rede de coleta de esgoto) para conter a transmissão de doenças infecciosas, tem-se como prioridade um levantamento técnico das reais condições e das possibilidades de viabilizar projetos técnicos na localidade. Como abordagem complementar, pode-se afirmar que uma intervenção em educação ambiental é fundamental, porque irá contribuir em muito com o desenvolvimento local, ampliando horizontes já desenvolvidos, ou levando a novas formas de pensar e praticar.

No exemplo citado, o diagnóstico em educação pode contribuir, primeiramente, com uma caracterização socioeconômica-cultural dos habitantes da localidade. Em seguida, pode-se aprofundar nos conhecimentos e nas práticas cultivados na localidade, levantando informações que possibilitem entender o que as pessoas pensam sobre o uso da água e do solo, como percebem a transmissão das doenças e sua relação com as reais condições de suas existências. Enfim, é possível, e esperado, que o diagnóstico possa conter o máximo de informações possíveis para se conhecer e, assim, poder pensar uma possível intervenção.

Quanto aos recursos metodológicos a serem disponibilizados no desenvolvimento do diagnóstico, os autores do projeto deverão ter a sensibilidade de perceber as qualidades do problema apresentado como demanda. A sensibilidade requerida significa tanto um conhecimento anterior sobre pesquisa (procedimentos, definição do delineamento e escolha das técnicas), quanto o desenvolvimento de um acurado e constante estado de observação permanente, tomando ciência dos detalhes que envolvem o problema, recolhendo informações pertinentes, ou mesmo utilizando o recurso da comparação com casos semelhantes (Marconi e Lakatos, 1990; Lakatos e Marconi, 1992; Rizzini et al.; 1999).

Assim, para efeito de apresentação, o texto do projeto deve conter, em linhas gerais, a forma como o diagnóstico foi realizado para, em seguida, serem apresentados os resultados atingidos com o trabalho de pesquisa. A apresentação precisa ser criteriosa e estar em constante sintonia com as perguntas iniciais que motivaram a pesquisa, já que a intenção aqui é descrever em detalhes tudo o que possa elucidar dúvidas e viabilizar conhecimentos que definam as reais necessidades de uma população investigada.

Por fim, as conclusões do diagnóstico devem expor claramente, mas em linhas gerais, as conclusões alcançadas pelos resultados. É, na verdade, uma síntese dos resultados, só que construída de maneira a viabilizar a indicação de uma ou mais hipóteses. Ou seja, é a construção de um pensamento hipotético, fundamentado em evidências e pressupostos teóricos, que conduz o pensamento daqueles que idealizaram o projeto a uma definição mais abrangente e precisa do problema investigado.

Tais conclusões permitem a passagem para a elaboração de uma outra etapa do projeto: a proposta de intervenção educacional, desde que ela seja justificada.

Justificativa

Quando da elaboração de um projeto de intervenção, pressupõe-se que aqueles que demandam expõem suas necessidades e sabem, melhor que ninguém, o que realmente precisam para resolver seus problemas. Por outro lado, aqueles que promovem a intervenção devem ter por princípio uma postura ética em relação aos demandantes; isso pode ser alcançado por meio de atitudes responsáveis atentas ao contexto maior que cerca e envolve um determinado segmento da população, seja ele institucionalizado ou não. Respeito, reconhecimento dos limites e potencialidades, entre outras atitudes, devem ser consideradas.

Sendo as desigualdades sociais, muitas vezes, fator determinante em vários problemas enfrentados pela população, os projetos precisam conter uma discussão sobre as relações sociais mais imediatas daqueles que demandam. Por exemplo, situação de ocupação do espaço, inserção no mercado de trabalho, políticas públicas que servem a um determinado grupo etc. são elementos sempre fundamentais na análise de qualquer situação que envolva a construção de um projeto de intervenção.

Há de se considerar, portanto, a importância social do projeto. É o que justifica sua realização, pois, se ele não satisfizer os interesses dos envolvidos, perderá seu sentido mais imediato de promoção de um conjunto de atividades de intervenção e, consequentemente, de possibilidade de promover mudanças. E sendo os interesses quase sempre formadores de campos de conflitos, deve-se supor que a negociação entre os envolvidos é o melhor caminho a ser seguido na elaboração e intervenção.

Assim, espera-se que a redação de um projeto de intervenção contenha uma justificativa prática, tópico que tem por finalidade explicitar a importância social da realização do trabalho, indicando não só possíveis aspectos positivos pressupostos pelos que elaboram o projeto, mas, fundamentalmente, demonstrando ter sido incorporado por meio do senso crítico às contradições presentes entre as partes envolvidas na formação do processo de intervenção. Note-se que, para se justificar o projeto dentro dessa perspectiva, é necessário realizar um diagnóstico que crie no interior do processo uma reflexão sobre ele. Não é mera formalidade indicar a justificativa prática do projeto; é um tópico essencial, já que estabelece um nexo entre o diagnóstico e a proposta de intervenção, demonstrando necessidades, conflitos e consensos atingidos com o trabalho anterior.

De forma complementar, a justificativa teórica vem fundamentar o pensamento reflexivo dentro do projeto. Possibilita aos autores um descolamento do plano concreto tomado como experiência nos contatos anteriores com a população, conduzindo o pensamento às possibilidades teóricas. Espera-se desse momento que haja um salto de qualidade, o qual irá perfazer a ponte entre a justificativa e o plano de intervenção educacional. A conexão desse tópico, assim como dos anteriores, só é possível ser realizada porque se abre um leque de alternativas para se compreender determinada realidade. Obviamente, isso traz à tona algumas possibilidades de interpretá-los dando sentido aos problemas construídos inicialmente, assim como as soluções que podem ser oferecidas pela intervenção.

A discussão teórica, nesse caso, diz respeito às possibilidades de vislumbrar processos educacionais que contribuam com o desenvolvimento e a emancipação daqueles que demandaram. Trata-se, pois, da tomada de um posicionamento dos autores. Um posicionamento que explicitará as intenções da intervenção educacional, seus limites e potenciais ao encaminhamento de soluções possíveis aos problemas objetivados pelo projeto.

Plano de Intervenção Educacional

A realização, nos tópicos anteriores, da apresentação de algumas considerações acerca dos sentidos da intervenção, tanto aponta para a definição do que se pretende fazer como indica também aquilo que foi possível de ser atingido em termos de conhecimentos, aproximação da população, ou seja, a formação de um conjunto de pensamentos que explicam e tornam possível a aplicação de um projeto educacional criado no processo.

O projeto educacional, como documento final que explicita e justifica as razões da intervenção, deve apresentar um plano de intervenção estruturado metodologicamente, conforme as discussões feitas até aqui.

Em primeiro lugar, explicitam-se os objetivos educacionais, indicando a finalidade que se quer atingir no processo de intervenção. Os objetivos colocam os caminhos a serem seguidos em um plano lógico articulado com as considerações feitas antes. Ou seja, o diagnóstico indica um ou mais problemas a serem superados, os quais acabam por corroborar a justificativa que fornece as razões à intervenção. Por sua vez, os objetivos educacionais poderão completar um ciclo iniciado dentro de um conjunto de dúvidas que passam a constituir conhecimentos mais seguros e apropriados sobre o problema inicial.

Para cada objetivo definido, uma ou mais estratégias devem ser estabelecidas. Indicar o tipo de abordagem e os recursos humanos e materiais envolvidos permite estabelecer os meios necessários para a realização dos objetivos. É, na verdade, a concretização do idealizado anteriormente.

Observada de maneira acurada, a intervenção apresenta-se quase sempre com um movimento cíclico. Não um movimento cíclico que retorna ao mesmo lugar, mas um que conduz a lugares diferentes, possibilitando conhecer a si mesmo no processo, como os outros elementos que o compõem. É o que se deve pensar a respeito da avaliação, tópico fundamental em qualquer projeto de intervenção. A avaliação permite compreender o processo, captando-o no momento da intervenção, ou mesmo em um tempo após a sua realização.

Deve-se considerar a avaliação como uma postura assumida pelos que elaboram e executam projetos de intervenção. Uma postura crítica que permite rever posicionamentos, retomar questões importantes, compreender e aceitar a necessidade de mudar os rumos da intervenção, enfim, uma atitude de vigilância constante obtida pelo diálogo existente entre as partes envolvidas no projeto. Atingir os objetivos educacionais não significa, necessariamente, cumpri-los à risca. A realidade é muito mais rica e dinâmica do que nossa imaginação.

Por fim, o cronograma estabelece prazos a serem cumpridos. Não se trata de uma rigidez administrativa, e sim de cumprir prazos a cada etapa, caminhando no sentido de executar o projeto em sua totalidade. O formalismo administrativo também existe e tem sua importância, já que a quase totalidade dos projetos só é realizada com o apoio de instituições e por meio delas, uma vez que são elas que financiam, dão suporte material e humano, abrigam ideias e criam possibilidades de encaminhamento dos projetos.

Aconselha-se a forma de quadro sinóptico para a apresentação dos tópicos já explicitados (Quadro 25.1). Além de contemplar uma formatação mais adequada do ponto de vista gráfico, o que facilita sua leitura e compreensão, é importante ter sempre em mente que um projeto deve deixar claras as conexões entre as suas partes. Nesse caso, significa reafirmar a importância da discussão teórica exposta nos tópicos iniciais e na justificativa. São elas que possibilitam amarrar as ideias, criar nexos entre as partes e fornecer ao projeto uma forma de conjunto.

Quadro 25.1 – Exemplo de quadro sinóptico para apresentação da proposta de intervenção educacional.

Objetivos	Estratégias	Avaliação	Cronograma
Sensibilizar as crianças para os problemas da produção e do destino do lixo residencial.	Aula expositiva e dialogada. Uso de material audiovisual (vídeos e imagens fotográficas).	Aplicação de questionário individual para verificar a apreensão dos conceitos. Avaliação em grupo sobre a atividade realizada.	Atividade de aula teórico-expositiva: 20 horas-aula. Atividades práticas: 8 horas-aula. Avaliação: 3 horas-aula.

Custos

Neste tópico, recomenda-se a utilização de planilhas de orçamento que, quando bem estruturadas, não deixam dúvidas em relação aos custos que envolvem o projeto. É sempre bom lembrar que os recursos humanos e materiais a serem disponibilizados constituem parte fundamental de sua execução. O detalhe na apresentação e a justa adequação daquilo que realmente é necessário são condições essenciais na formulação do quadro de custos.

O exemplo a seguir explicita os principais elementos de sua composição (Quadro 25.2). Ele poderá ser elaborado subdividindo-se o quadro geral pelas atividades a serem desenvolvidas, ou ser apresentado como orçamento geral, conforme o exemplo a seguir. Não há uma apresentação dos valores, mas somente de alguns indicativos de recursos necessários ao desenvolvimento de um projeto de intervenção. Cada projeto tem suas particularidades e indica as suas necessidades em recursos (Bomfim, 2001).

Quadro 25.2 – Exemplo de quadro de custos de um projeto de intervenção educacional.

Recursos	Custos	Total (R$)
1. Pessoas	2 educadores ambientais* 2 auxiliares de ensino	
2. Instalações	2 salas	
3. Equipamentos	Televisor Videocassete Computador	
4. Material	Lousa Canetas coloridas	
5. Outros	Transporte	
Total geral		

* Além da remuneração paga aos profissionais, acrescentar os valores dos encargos sociais.

Referências Bibliográficas, Bibliografia e Anexos

Estes últimos tópicos encerram o documento denominado projeto, apresentando todas as fontes que contribuíram com a formação de uma base de pensamentos na elaboração do projeto.

Por referências bibliográficas compreende-se uma sequência de textos (livros, artigos, revistas, apostilas etc.) citados no corpo do projeto. Apresentadas em ordem alfabética, as referências são importantíssimas, pois informam ao leitor o conjunto de ideias e informações consideradas mais importantes para a formação do conjunto expresso no documento. Permitem ao leitor perceber, também, parte da trajetória intelectual dos autores do projeto, já que indicam autores e conceitos, pesquisas e resultados que perfazem a totalidade do projeto elaborado.

Não se trata somente de indicar os autores por uma questão de direito autoral. Trata-se de esboçar o quadro de referências, os critérios estabelecidos e, inclusive, a temporalidade das discussões, pensando que os autores têm de, necessariamente, estar atualizados na produção científica na área.

A bibliografia, por sua vez, é apresentada em um tópico separado. Ela permite apresentar todo o material que foi pesquisado e, de forma indireta, serviu à composição do projeto. Aparece, portanto, como tendo um caráter mais geral, dimensionando o quadro geral de conceitos, tendências do pensamento ou do desenvolvimento de tecnologias. Da mesma forma, é apresentada em ordem alfabética e dentro do rigor estabelecido pelas normas de citação bibliográfica. As páginas da internet merecem um destaque e, por constituírem fontes distintas das publicações indexadas e/ou com referências editoriais, têm sido apresentadas em uma listagem logo após as referências bibliográficas.

Quanto a outros materiais que podem ter sido consultados ou utilizados, tais como, vídeos, coleções de artes plásticas, coleções de fotografias e outros materiais, é interessante citá-los em um tópico à parte. Além de ficar bem organizado, o documento ainda apresenta uma formatação gráfica mais interessante ao seu entendimento.

Por fim, os anexos devem obedecer a uma sequência numérica e são apresentados como última parte do trabalho. Normalmente, são apresentados no corpo do projeto pelo indicativo Anexo I, Anexo II, e assim por diante, sem que as páginas estejam numeradas. Podem ser lançados nos anexos: cópias de documentos, cartas, questionários, enfim, tudo que for pertinente ao trabalho e, obviamente, tenha sido referido antes no corpo do texto. Não é raro uma sequência de fotografias ou cópias de folhetos de eventos serem anexadas ao projeto. Tudo que tenha contribuído, ou já se constitua como produto desenvolvido durante a elaboração do projeto, deve ser apresentado aos leitores.

REFERÊNCIAS

BOMFIM, L. *Elaboração e gestão de projetos sociais orientados pelo enfoque do marco lógico*. São Paulo, 2001. [Apostila do curso Elaboração e gestão de projetos sociais orientados pelo enfoque do marco lógico. Polis Consultoria em Projetos Sociais].

DEMO, P. Participação e avaliação: projetos de intervenção e ação. In: SORRENTINO, M. (coord.). *Ambientalismo e participação na contemporaneidade*. São Paulo: Educ/Fapesp, 2001, p.163-84.

LAKATOS, E.M.; MARCONI, M.A. *Metodologia científica*. 2.ed. São Paulo: Atlas, 1992.

MARCONI, M.A.; LAKATOS, E.M. *Técnicas de pesquisa*. 2.ed. São Paulo: Atlas, 1990.

RIZZINI, I.; CASTRO, M.R.; SARTOR, C.D. *Pesquisando: guia de metodologias de pesquisa para programas sociais*. Rio de Janeiro: Editora Universitária Santa Úrsula, 1999.

SILVEIRA, C. O processo de construção de projetos de educação ambiental: as dimensões do planejamento e da avaliação. In: PHILIPPI JR, A.; PELICIONI, M.C.F. (eds.). *Educação ambiental: desenvolvimento de cursos e projetos*. São Paulo: Signus, 2000, p.198-212.

Bibliografia Consultada

CHIZZOTTI, A. *Pesquisa em ciências humanas e sociais*. 2.ed. São Paulo: Cortez, 1995.

LEFF, E. *Epistemologia ambiental*. São Paulo: Cortez, 2001.

LÜDKE, M.; ANDRÉ, M.E.D.A. *Pesquisa em educação: abordagens qualitativas*. São Paulo: EPU, 1986.

MACHADO, N.J. *Educação: projetos e valores*. São Paulo: Escrituras, 2000.

Educação para o Ecodesenvolvimento: Monitoramento de Indicadores Socioambientais

26

Isabel Jurema Grimm
Bacharel em Turismo, Universidade Federal do Paraná

Carlos Alberto Cioce Sampaio
Administrador de empresas, Universidade Regional de Blumenau

Cristiane Mansur de Moraes Souza
Arquiteta e urbanista, Universidade Regional de Blumenau

Luzia Neide Coriolano
Geógrafa, Universidade Estadual do Ceará

A problemática ambiental tem gênesis no processo de expansão do modo de produção capitalista, com padrões tecnológicos que maximizam lucros em curto prazo gerando, além de impactos ambientais, efeitos econômicos, ecológicos e culturais desiguais na sociedade (Leff, 2006). O modelo de desenvolvimento excludente, com industrialização e diferentes processos produtivos e crescimento exponencial dos recursos tecnológicos produziu uma sociedade alicerçada na racionalidade instrumental individual, levada ao extremo, com lógica economicista, utilitarista e consumista (Sampaio, 2005).

Para sustentar o ritmo do desenvolvimento econômico visando ao progresso e à satisfação das necessidades criadas no mundo atual, grandes esforços são requeridos e quase nenhuma atenção é dada às limitações que o meio ambiente determina, tornando as relações de apropriação da natureza insustentável. A educação ambiental é exemplo do que é realizado para incorporar valores relacionados às mudanças no desenvolvimento socioambiental, dando à sociedade oportunidade e informação para tomar decisões com responsabilidade, pautadas na ideia de território solidário. No entanto, para que as informações necessárias possam chegar aos atores sociais é preciso que esse conhecimento seja construído participativamente. Sauvé (2005, p. 317) ressalta que a educação ambiental não é simplesmente uma ferramenta para a resolução de problemas ou de gestão do meio ambiente, trata-se de uma dimensão essencial da educação fundamental que diz respeito à esfera de interações, que estão na base do desenvolvimento pessoal e social e da relação com o meio em que se vive.

Educação constitui processo contínuo, em que indivíduos e comunidades envolvidas tomam consciência das questões socioambientais e absorvem conhecimentos, valores, habilidades e experiências que os tornem aptos a agir, individual e coletivamente. A educação ambiental implica o processo de ensino e aprendizagem, no qual estabelece a indissociabilidade entre sistemas culturais e ecológicos, trata do consumo responsável, solidariedade intergeracional, uso e acesso a recursos naturais. Barcelos (2012) destaca que a contribuição da educação ambiental na edificação da justiça social e ecológica, desafia inventar novas metodologias em espaços de convivência, a partir da solidariedade e cooperação entre indivíduos.

Assim, este capítulo contribui para o debate da educação e do ecodesenvolvimento, a partir de reflexões oriundas da metodologia desenvolvida no sudoeste da Microbacia do Rio Sagrado, município de Morretes (PR), constituída pelas comunidades rurais de Canhembora, Brejumirim, Candonga e Rio Sagrado de Cima. Inserida parcialmente na Área de Preservação Ambiental (APA) de Guaratuba e na Reserva da Biosfera de Floresta Atlântica (ReBIO), a microbacia incita debates sobre sustentabilidade, educação ambiental, prevenção de desastres naturais e impactos sobre o ambiente natural e o espaço vivido. Instiga produção de políticas que promovam sustentabilidade ao território aliado à participação comunitária.

Desse modo, foi construída uma metodologia de seleção, monitoramento e avaliação de indicadores socioambientais participativos, realizada a partir do conhecimento local – de moradores da Microbacia do Rio Sagrado – e do conhecimento científico de inspiração interdisciplinar de pesquisadores da Universidade Regional de Blumenau (Furb) e da Universidade Federal do Paraná (UFPR) que contribui para a construção do conhecimento sobre educação e ecodesenvolvimento. Os resultados indicam que os membros das comunidades do Rio Sagrado estão sensibilizados, sobretudo aqueles envolvidos com projeto de uso e manejo dos recursos naturais, uso e ocupação do solo e ações e procedimentos necessários caso ocorram no território acidentes ambientais como movimentos de massa e inundações. Um dos resultados significativos do trabalho foi a elaboração de uma cartilha sobre riscos ambientais, como medida preventiva ao combate dos impactos.

A organização dos temas é apresentada em grupos: primeiramente contextualiza a área de pesquisa da Microbacia Hidrográfica do Rio Sagrado, adotando como unidade de análise quatro comunidades rurais ao Sudoeste da Microbacia; no segundo momento descreve o Programa de Honra em Estudos e Práticas em Ecossocioeconomia, que tem como objetivo principal aproximar a universidade da realidade socioambiental territorial e a comunidade da universidade; no terceiro momento destaca a Zona de Educação para o Ecodesenvolvimento (ZEE), versando sobre educação, aprendizagem, construtivismo, ecodesenvolvimento e educação ambiental; em seguida apresenta a metodologia interdisciplinar e participativa destacando a organização das oficinas, as caminhadas geoambientais, o monitoramento dos indicadores socioambientais e a avaliação cursiva do ganho de conhecimentos. Finalizando, mostra a construção da Cartilha de Monitoramento de Desastres Naturais.

CONTEXTUALIZAÇÃO DA MICROBACIA DO RIO SAGRADO

O estado do Paraná conta com 66 unidades de conservação estaduais, que somam 1.198.593,70 hectares de áreas conservadas, das quais 43 são unidades de conservação de Proteção Integral[1] e 23 unidades de conservação de uso sustentável[2] (IAP, 2009). A área em estudo situa-se à sudoeste da Microbacia Hidrográfica do Rio Sagrado e é composta pelas comunidades do Rio

---

[1] As unidades de proteção integral têm como objetivo básico a preservação da natureza, sendo admitido o uso indireto dos seus recursos naturais, com exceção dos casos previstos na Lei do Sistema Nacional de Unidades de Conservação (SNUC).

[2] As unidades de uso sustentável têm como objetivo básico compatibilizar a conservação da natureza com o uso direto de parcela dos seus recursos naturais, ou seja, é aquele que permite a exploração do ambiente, porém mantendo a biodiversidade do local e os seus recursos renováveis.

Sagrado de Cima, Canhembora, Brejumirim e Candonga, zona rural do município de Morretes, PR (Figura 26.1).

Figura 26.1 – Mapa temático das comunidades do Rio Sagrado.

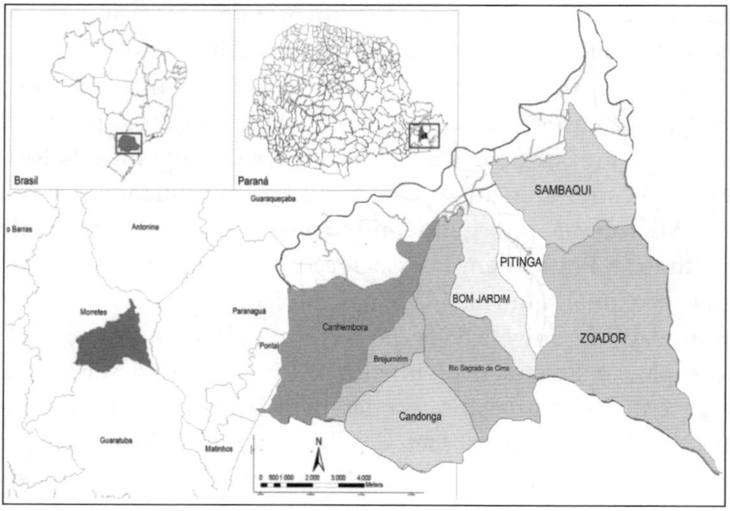

Fonte: adaptada de Feuser (2010); Braguirolli (2010).

A microbacia possui uma área de 137,7 km² e um perímetro de 71,8 km protegida pela Serra do Mar, que separa a costa do primeiro planalto do Paraná e está parcialmente inserida na APA de Guaratuba e na ReBIO. A APA de Guaratuba é uma unidade de conservação estadual de uso sustentável instituída pelo Decreto Estadual n. 1.234 de 27 de março de 1992 (IAP, 2009). Em relação aos aspectos socioculturais e socioétnicos, a etnografia de Alvarez (2008) mostra que o território no passado possibilitou modos de vida às comunidades indígenas de Tupis, Guaranis e Carijós, de descendentes de africanos e europeus.

A APA de Guaratuba teve plano de manejo concluído em 2006, contudo a aplicação e a fiscalização não são evidenciadas. De acordo com o Plano de Manejo da APA de Guaratuba, a unidade de estudo da região de Morretes apresenta condição especial por fazer limite com regiões propícias para o planejamento de ações subsequentes. Destaca-se o processo de expansão da atividade agrícola para dentro dos limites da APA; a elevada pressão promovida pela expansão demográfica; o estabelecimento de atividades ligadas ao turismo e chácaras de lazer em substituição à agricultura tradicional; a ocupação das porções mais privilegiadas, sob o ponto de vista agronômico, pela agricultura comercial.

Há limitações no modelo atual de agricultura familiar tradicional em garantir a sobrevivência dos agricultores e de suas famílias. Fazem-se necessárias políticas públicas que promovam a sustentabilidade do território, aliada à participação comunitária, que pode conduzir seus interesses sociais e econômicos congregados à educação ambiental com vistas à preservação do meio ambiente.

O território do Rio Sagrado apresenta paisagem natural de surpreendente beleza cênica com destaque para o Salto do Sagrado, como importante atrativo turístico. A valorização social, cultural, ambiental e espacial demonstra que existe uma estética socialmente estabelecida e preservada que desperta interesse dos visitantes. Outro fator determinante do potencial paisagístico do território é a Floresta Atlântica que abriga mais de 65% das espécies de mamíferos e quase 50% das espécies de aves identificadas no Paraná (Miranda e Urban, 2007).

As comunidades estão organizadas em duas associações: Associação de Moradores do Rio Sagrado (Amorisa), responsável pela gestão do abastecimento da água, e a Associação Comunitária Candonga, responsável pela agroindustrialização de produtos *in natura* na sede, e que dispõe de cozinha e biblioteca comunitária e desenvolve ações de defesa dos interesses sociais, culturais e econômicos das famílias associadas. As comunidades contam com o barracão São Francisco de Assis, vinculado à comunidade católica, onde se realiza a principal festa religiosa: a de São Francisco. No local encontram-se 520 famílias, das quais 270 são consideradas residentes e 250 possuem propriedades de lazer para finais de semana. Algumas das famílias residentes são pequenos produtores rurais que exercem pluriatividades.

A atividade produtiva básica é de pequena produção agroindustrial da cana-de-açúcar, mandioca, frutas e verduras e é organizada pelos socioempreendimentos localizados na região. A abundância de banana faz da fruta importante matéria-prima para produção de doces, balas e para o artesanato produzido com fibra da bananeira. Na cozinha comunitária algumas famílias preparam compotas e conservas de frutas típicas do local, bala de banana, bolachas e *chips* de mandioca e de banana. A produção do artesanato é frequente e os produtos podem ser adquiridos diretamente com produtores da comunidade ou na Hospedaria Montanha Beija-Flor Dourado, que expõe produtos artesanais para os hóspedes. Há ainda a possibilidade de compra do artesanato na Feira de Morretes, que acontece no centro da cidade, onde um grupo de moradores das comunidades da Microbacia expõe e vende seus produtos.

As características produtivas existentes na região sudoeste da microbacia do Rio Sagrado e nas suas comunidades se constituem em arranjo produtivo local inserido no território, onde isolamento, dificuldade de acesso, falta de sinalização e inviabilidade de transporte não permitem que se produzam e distribuam produtos em larga escala. Mesmo bem localizada (próxima da BR 277), a inexistência do amparo estatal na comunidade faz com que moradores se organizem solidária e cooperativamente com auxílio de técnicos e estudantes de instituições de ensino superior de maneira a constituir no local os arranjos produtivos de base comunitária capazes de garantir e viabilizar a sobrevivência socioeconômica das comunidades.

O turismo comunitário acontece na localidade e, segundo Sampaio e Coriolano (2009), trata-se de projeto de desenvolvimento territorial sistêmico em que a comunidade promove a convivencialidade entre população originária residente e visitante. Sendo de base comunitária, os promotores do turismo fomentam a relação social entre modos de vida distintos, resgatando e reconstruindo o interesse pelo outro, pelo diferente, pela alteridade, pelo autêntico, oferecendo aos visitantes novas experiências com atividades denominadas vivências[3]. A infraestrutura para turismo ainda é modesta, contudo, no local é possível desfrutar de momentos agradáveis, pois na comunidade está disponível uma série de vivencialidades capazes de ocupar de forma prazerosa o tempo dos visitantes.

O PROGRAMA DE HONRA EM ESTUDOS E PRÁTICAS DE ECOSSOCIOECONOMIA

Uma análise crítica sobre o modelo de desenvolvimento mostra preocupação pelas assimetrias entre competitividade e sustentabilidade. O desenvolvimento consumista tem gerado impactos e sugere que se promova um desenvolvimento sustentável com preocupação com os aspectos econômicos, ambientais e sociais com eficaz utilização dos recursos naturais.

---

[3] Vivências são nomeadas as atividades oferecidas aos visitantes adeptos do turismo comunitário, que são convidados a fazer parte do trabalho diário das comunidades, fomentando as relações de proximidade entre visitante e visitado, despertando percepção de realidades distintas, a partir da cotidianidade vivida com a produção, o artesanato, o espaço e o ambiente natural (Grimm e Sampaio, 2012).

EDUCAÇÃO PARA O ECODESENVOLVIMENTO | **677**

Realidades socioculturais são construídas a partir de arranjos sociopolíticos partindo de iniciativas que se convertam em estratégias de viabilização para "uma outra economia", isto é, experiências significativas de práticas educativas que conduzem a outra economia, "constituindo uma verdadeira enciclopédia do cotidiano, ambiente no qual emerge a ecossocioeconomia" (Sachs, 2007). A ecossocioeconomia privilegia experimentações e complexidades do cotidiano que possibilitem pensar o ecodesenvolvimento em outra economia, em que sejam superadas as contradições inerentes à mudança paradigmática que se deseja, especialmente quanto ao utilitarismo econômico, sob a lógica que privatiza lucros de curto prazo e socializa prejuízos socioambientais de médio e longo prazo (Sampaio, 2010).

O termo ecossocioeconomia surge na obra do economista ecológico Karl William Kapp (1963). O prefixo "eco" (*oikos* = casa) refere-se à ecologia e reforça que o segundo prefixo "eco" já deveria fazê-lo; contudo, este foi banalizado ao longo da história remetendo o significado ao que Aristóteles denunciava como crematística[4]. Kapp foi pioneiro na abordagem das relações entre desenvolvimento e meio ambiente. Segundo Sachs (2007), ao politizar a questão ambiental, Karl William Kapp cunhou o termo "ecossocioeconomia" ou economia socioecológica, para definir um novo paradigma para o desenvolvimento econômico, com base na convergência entre antropologia cultural, ciência política, ecologia e economia.

A ecossocioeconomia está imbricada na discussão sobre o ecodesenvolvimento, surgido na década de 1970 e renomeado desenvolvimento sustentável nos anos 1980. Considerado um paradigma sistêmico, compreende princípios da ecologia profunda como proposta de repensar os atuais estilos de vida; da economia social no sentido de ponderar sobre as consequências sociais na ação econômica; da economia ecológica, quando se calculam custos ambientais na ação econômica; e da ecologia humana, principalmente baseada na premissa da inseparabilidade dos sistemas sociais e ecológicos. Segundo Sampaio (2010), merece destaque ainda a questão democrática, principalmente por meio de processos participativos, viabilizados por instrumentos como o planejamento participativo. Pode-se dizer que enquanto o ecodesenvolvimento privilegia o enfoque epistemológico teórico, a ecossocioeconomia privilegia o enfoque metodológico-empírico.

---

[4] Aristóteles estabelece distinção fundamental entre economia e crematística. A economia é uma ciência prática, um saber relacionado com a ação (*praxis*), enquanto crematística é uma arte poética ou produtiva, de classe inferior, relacionada com a produção (*poiesis*).

A ecossocioeconomia se dá no mundo da vida, nos domicílios, em organizações e comunidades, isto é, no território onde os problemas e suas soluções acontecem, mesmo que poucas vezes sejam devidamente qualificados (Sampaio, 2010). Contrapõe-se aos modos de produção e de gestão utilitarista, economicista, incrustados nas cadeias produtivas da economia e nos arranjos institucionais políticos, sugere iniciativas individuais que superam a lógica utilitarista e releva usos de tecnologias apropriadas aos territórios.

O Programa de Honra foi instituído para oferecer combinação de conhecimentos, entre saber popular e científico à população rural para melhor diagnosticar problemas e solucioná-los. Fundamenta-se na aproximação da universidade com a realidade socioambiental territorial, conecta conhecimentos tradicionais e científicos na busca por soluções integrais aos problemas do dia a dia, muitos deles inerentes à sociedade complexa em que se vive.

No Brasil, a educação de honra permite práticas alternativas para a educação ecodesenvolvimentista e tem sido possibilitada em função do financiamento do Edital n. 23/2008 lançado pelo Conselho Nacional de Desenvolvimento Científico e Tecnológico (CNPq) juntamente do Ministério da Ciência e Tecnologia (MCT), o Fundo Setorial do Agronegócio (CT-Agronegócio) e Ministério do Desenvolvimento Agrário (MDA), edital este encampado pela Furb e apoiado pela UFPR.

Comunidades do Sudoeste da Microbacia do Rio Sagrado participam do projeto Zona de Educação para o Ecodesenvolvimento[5] sob diretriz do Programa de Honra. Desde então, o tema tem sido objeto de incessantes estudos no sentido de compreender as dinâmicas socioambientais e socioeconômicas de comunidades, privilegiar um desenvolvimento que seja traduzido em planejamento participativo, integrado e sustentável para territórios. Exige que se aprenda a discutir, escutar, argumentar, convencer e construir conhecimento a partir de diálogo entre saberes de diversos tipos – científicos, de experiência, tradicionais (Sauvé, 2005, p. 319). Por meio da ação prática, com estímulo à descoberta, à experimentação e ao debate, o trabalho realizado junto ao Programa de Honra busca transição de paradigma, desenvolvimento da capacidade de observação do participante, estimula o senso crítico, desperta a consciência ambiental e incentiva a participação ativamente de todos no programa na busca de alternativas para melhoria da qualidade de vida. Comenta Leff (1999, p.112):

---

[5] Uma ZEE é um espaço de estudo, pesquisa e práticas que alimentam a perspectiva interdisciplinar rumo à transdisciplinaridade, propondo bases filosóficas que repensem a ética e a epistemologia, envolvendo participativamente a comunidade em processo emancipatório rumo a um outro (des)envolvimento.

Esta mudança de paradigma social leva a transformar a ordem econômica, política e cultural, que, por sua vez, é impensável sem uma transformação das consciências e dos comportamentos das pessoas. Nesse sentido, a educação se converte em um processo estratégico com o propósito de formar os valores, as habilidades e as capacidades para orientar a transição na direção da sustentabilidade.

As práticas educativas desenvolvidas por facilitadores, em sua maioria estudantes de graduação, pós-graduação e professores das diferentes áreas do conhecimento, interagem com a população local, a partir de visão interdisciplinar de maneira a indicar problemas e alternativas de soluções. As temáticas são desenvolvidas contemplando conteúdos, sobretudo relacionados à educação ambiental, turismo comunitário, associativismo, saúde e cultura. A educação ambiental é compreendida como práxis: ação associada a processo constante de reflexão crítica e as oficinas participativas preparam a comunidade para identificar problemas socioambientais e buscar soluções.

EDUCAÇÃO PARA O ECODESENVOLVIMENTO: CONSTRUINDO CONHECIMENTO

Em 1973, foi lançado o conceito de ecodesenvolvimento, termo proposto por Maurice Strong depois da I Conferência de Meio Ambiente e Desenvolvimento realizada em Estocolmo (Suécia) em 1972. Apesar de proposta por Strong, o economista Ignacy Sachs ampliou o conceito durante as décadas seguintes, incorporando, além das questões ambientais, as questões sociais, de gestão participativa, a ética e a cultura.

Para Sachs, os caminhos do desenvolvimento seriam seis: satisfação das necessidades básicas; solidariedade com as gerações futuras; participação da população envolvida; preservação dos recursos naturais e do meio ambiente; elaboração de um sistema social que garanta emprego, segurança social e respeito a outras culturas e programas de educação. Esses princípios faziam referência principalmente às regiões subdesenvolvidas, envolvendo uma crítica à sociedade industrial (Sachs, 1997).

Além de criticar o desenvolvimento sustentável como sinônimo de crescimento, o ecodesenvolvimento denuncia que esse modelo tem implicado a transferência de recursos dos países subdesenvolvidos para os desenvolvidos, na lapidação do potencial natural, na uniformização dos processos produtivos, na degradação progressiva dos solos tropicais e na redução da produtividade desses países (Leff, 2002). Foram os debates em torno do ecodesenvolvimento que abriram espaço ao conceito de desenvolvimento sustentável, condicionando o crescimento presente ao não comprometimento do crescimento futuro.

A proposta do ecodesenvolvimento tem sido de oferecer alternativas de enfrentamento à problemática socioambiental, calcadas em uma abordagem complexa e sistêmica (Vieira, 2001), cujo princípio constitui um processo que ainda está em maturação, mas que engloba necessariamente duas dimensões, a saber: a difusão integrada dos saberes científicos e tradicionais acumulados; a modificação das percepções e comportamentos cotidianos por meio da experimentação criativa (Vieira, 1999).

Da mesma maneira, a educação para o desenvolvimento local deve vincular-se à necessidade da formação de pessoas que possam participar de forma ativa das iniciativas capazes de transformar seu território, e não apenas capacitá-las para emigrarem quando o território não atende às expectativas desejadas. O trabalho educativo estimula autonomia a partir de situações que propiciem e encorajem o indivíduo a pensar por si mesmo, buscar nas teorias e práticas educacionais a emancipação e aprendizagem significativas (Dowbor, 2006).

Favorecer o desenvolvimento da autonomia a partir de situações que facilitem e encorajem o indivíduo a pensar por si mesmo, que busquem nas teorias e práticas educacionais a emancipação popular e a real aprendizagem, leva a abordagem da chamada epistemologia genética ou teoria psicogenética de Jean Piaget. O foco de suas preocupações foi explicar a passagem da evolução biológica, principalmente psicológica do ser humano para a construção das matemáticas, das ciências formais em geral.

Na concepção construtivista da formação da inteligência, Piaget (1971) explica que desde o nascimento o indivíduo constrói conhecimento. A concepção construtivista piagetiana leva o aprendiz a realizar aprendizagens significativas, não apenas memorizar informações. Privilegia a autonomia, liberdade com responsabilidade, trabalho coletivo e individual sendo a aprendizagem um processo ativo.

Vygotsky (1989) sugere que se aprende a partir da linguagem, na interação do indivíduo com o meio e vice-versa. Entende aprendizagem como capacidade de estabelecer relações de novos conhecimentos com conceitos já adquiridos, como metáforas.

Freire (1983) adverte que é ingenuidade pensar que o conhecimento do mundo pode ser tomado como algo que deve ser transferido, depositado no educando. Este é um modo estático, verbalizado de entender o conhecimento, que desconhece a confrontação com o mundo como a fonte (gnosiológica) verdadeira do conhecimento, nas fases e níveis diferentes, não só entre homens, mas também entre os seres vivos em geral.

No processo de aprendizagem, só aprende aquele que se apropria do aprendido, transformando-o, sendo capaz de aplicar o aprendido às situações existenciais e concretas (Freire, 1983). Prima-se pela noção qualitativa que preza a apreensão crítica e reflexiva do conhecimento e que permite o desenvolvimento de habilidades e competências necessárias à cidadania. Formando pessoas autônomas, emancipadas que se identifiquem e transformem o território, como evidencia Freire (1983).

Trabalhos realizados na ZEE configuram-se como oportunidade de construir juntos – moradores locais e comunidade acadêmica – o conhecimento sobre problemas comuns de seu território e alternativas de potenciais soluções. No entanto, a tomada de consciência é, a priori, processo livre de imposições, o educador tem direito a suas opções, o que não tem direito é de impô-las.

A ZEE da Microbacia do Rio Sagrado parte da premissa de que os recursos naturais são finitos. Evidencia-se o respeito na relação humana com a natureza, e ponderam-se as concepções científicas e tecnológicas quando estas não são apropriadas pelo território, no sentido de perda de autonomia e autossuficiência. Acredita-se conforme Sachs (1997) que problemas ambientais e educação devem ser vistos como um processo de tomada de consciência para agir e resolver questões ambientais presentes e futuras. É justamente isso que se propõe quando a educação baseia-se na construção do conhecimento que privilegia novos cenários e novas experiências, por meio do saber individual e da formação integral do ser humano. Dentro da perspectiva interdisciplinar a ZEE privilegia a transversalidade, aborda o ecodesenvolvimento visto de acordo com Vieira (2001), como tentativa de situar a relação sociedade-natureza a partir da crítica à dicotomia antropocêntrica e biocêntrica, ou seja, homem e natureza não se encontram separados como propõe os enfoques tradicionais, privilegia-se, nesse sentido, a visão ecocêntrica.

> Para a posição ecodesenvolvimentista, o comportamento humano surge como a expressão de um conjunto de interdependências tecidas entre a base biológica-genética dos sistemas orgânicos e seu processo de aprendizagem social, adquirida historicamente em contextos socioambientais específicos. (Vieira, 2001, p. 76)

A dimensão ambiental como potencial pouco conhecido ou recurso pouco explorado para a satisfação das necessidades humanas passa a ter escopo de direito universal como garantia de vida no presente e no futuro a todos os seres humanos. Assim, a educação ambiental, enquanto educação emancipatória, estimula os indivíduos a reivindicarem justiça social, cidadania e ética na relação sociedade-natureza, e que tomem consciência, de acordo com Fernandes e Sampaio (2008, p.89), de que há de se respeitar dois pressupostos básicos para manter a dinâmica natural: não retirar dos ecossistemas mais do que sua capacidade de regeneração e não lançar aos ecossistemas mais do que a sua capacidade de absorção. Nesse sentido a ZEE configura-se como instrumento de emancipação da comunidade, e segundo Sampaio (2010), há muito que se aprender com modos de vidas tradicionais, com agricultores familiares, por exemplo, já que a crise ambiental não é provocada por esse modo de vida, senão pelos que o circundam: urbano, industrial e consumista. A educação ambiental torna cidadãos participativos nas discussões e decisões, processo educativo esse que não separa a arte da ciência e situa o ser humano não apenas no território, mas no universo. A educação ambiental proposta por Mendes Filho et al. (2013), procura estimular a consciência crítica e a sensibilidade, para entender a diversidade cultural na busca de estratégias de desenvolvimento adequadas a cada realidade, evitando a aculturação.

Para Leff (2002, p. 124):

> A educação ambiental traz consigo uma nova pedagogia que surge da necessidade de orientar a educação dentro do contexto social e na realidade ecológica cultural. [...] a partir da experiência concreta com os meio físicos e sociais, buscar soluções aos problemas ambientais locais [...], propiciando aos alunos o pensamento crítico, criativo e prospectivo, capaz de analisar as complexas relações entre os processos naturais e sociais para atuar no ambiente com uma perspectiva global.

A educação ambiental, na proposta ecodesenvolvimentista, colabora para a compreensão da relação e da interação do homem com o ambiente e promove a ética ambiental, o respeito ao equilíbrio ecológico e a qualidade de vida, desperta nos indivíduos e nos grupos sociais o desejo de participar na construção da cidadania. A ZEE do Rio Sagrado estimula esses grupos a pensarem e construírem propostas ecodesenvolvimentistas, orientadas para a satisfação das necessidades básicas e autonomia das populações envolvidas no processo de tomada de decisão. Promove conservação dos modos de vida das populações voltada à preservação da biodiversidade, baseando os processos educativos formais no pensamento crítico e criativo de modo que contribua para soluções dos problemas socioambientais identificados na comunidade. Leff (1999) destaca que a educação ambiental ainda está muito longe de penetrar e trazer novas visões de mundo ao sistema educativo formal e que os princípios e valores ambientais enriquecidos com a pedagogia da complexidade induz multicausalidades e inter-relações que geram pensamento crítico e criativo baseado em novas capacidades cognitivas.

Nesse contexto, a ZEE vem se congregando em espaço de estudo, pesquisa e práticas que alimentam a perspectiva interdisciplinar, propondo bases filosóficas que repensem a ética e a epistemologia, envolvendo participativamente a comunidade em processo emancipatório rumo a outro (des)envolvimento, a partir da complementaridade do saber tradicional e do conhecimento científico.

ESTRATÉGIA METODOLÓGICA PARTICIPATIVA E INTERDISCIPLINAR: ALGUNS RESULTADOS DO TRABALHO[6]

A emergência da questão ambiental como problema do desenvolvimento e a interdisciplinaridade como método para conhecimento integrado são respostas complementares à crise da racionalidade da modernidade (Leff, 1999). A questão ambiental torna-se problema quando é tratada de maneira disciplinar. Faltam pesquisas e estudos aplicáveis que ofereçam resultados associados entre as várias áreas do conhecimento, subsidiando a planificação e a execução de planos, programas e projetos que respeitem as especificidades dos sistemas culturais e naturais dos territórios. Para Mendes Filho et al. (2013), são necessários estudos de práticas de docência que permitam o diálogo entre saberes. Para Philippi Jr. et al. (2000), a interdisciplinaridade é vista como um elemento de futuro, objetivando superar uma das grandes dificuldades científicas de nosso tempo, qual seja, a excessiva especialização do saber científico.

---

[6] Metodologia desenvolvida a partir da elaboração da dissertação de mestrado em Desenvolvimento Regional pela Furb (Grimm, 2010).

A tentativa de estabelecer relações entre disciplinas de maneira a responder problemas complexos atuais é ambiente propício para pensar a interdisciplinaridade. Esta funciona como eixo articulador ou elo entre disciplinas que atendem a demanda de informações capaz de abranger as fissuras existentes no conhecimento. O desafio da interdisciplinaridade inclui implicitamente nova postura do conhecer, mudança de atitude e busca de unidade do pensamento, com equipes multidisciplinares de trabalho que utilizem a teoria científica aliada ao saber tradicional para a construção de novos conhecimentos. Leff (2006) argumenta que a interdisciplinaridade teórica pode ser entendida como a construção de um novo objeto científico, a partir da colaboração de diversas disciplinas e não somente como o tratamento comum de uma temática. Philippi Jr. et al. (2000) complementa que:

> De um lado, muitos problemas teóricos e práticos serão contornados pela perspectiva interdisciplinar. Mas, por outro lado, as próprias disciplinas se enriquecerão, dilatando suas fronteiras, ampliando seu poder explicativo, aumentando suas interfaces com a sociedade contemporânea, renovando seus próprios paradigmas, por um diálogo com o pensamento e a pesquisa interdisciplinares.

A interdisciplinaridade supõe abertura de pensamento, curiosidade, diálogo, pois o que se busca a partir do saber científico e popular é a construção de um novo conhecimento que leve os envolvidos a refletir acerca das soluções para os problemas existentes. Portanto, a metodologia aqui mostrada privilegia a participação da comunidade em cooperação com a universidade, ajuda a interação de conhecimentos em diferentes áreas, seja turismo, arquitetura, geografia, geologia, biologia, engenharia ambiental, entre outras, com o conhecimento autóctone. O processo interdisciplinar evoca espaço comum, coesão entre saberes diferentes, pois, para Leff (2006), cada especialista aporta conhecimento útil à gestão ambiental.

Constituída como exercício interdisciplinar, a metodologia utilizou-se de estratégias participativas para construção do saber a partir de oficinas de troca de conhecimento entre comunidades e acadêmicos, a realização de caminhadas geoambientais e o monitoramento de indicadores socioambientais participativos. As informações socioambientais coletadas na localidade serviram para auxiliar na prevenção de risco de desastres naturais – que ocorrem na região de sensível formação geológica – e na tomada de consciência dos impactos gerados ao meio ambiente.

Entendendo que educação para o ecodesenvolvimento converge "para a conservação da biodiversidade, autorrealização individual e comunitária e autogestão política e econômica, através de processos educativo-participativos que promovam a melhoria do meio ambiente e da qualidade de vida" (Sorrentino, 1998, p. 30), a metodologia previu a participação da comunidade, na qual selecionou indicadores a serem monitorados, pois se configuraram preocupações em relação ao meio ambiente. Esteve pautada em dois eixos do conhecimento: o científico (acadêmico) e a sabedoria popular, tradicional (comunidades). A proposta surgiu para minimizar os impactos da dinâmica socioprodutiva provocados nos modos tradicionais de vida e no meio ambiente. A seleção dos indicadores serviu de instrumento para monitorar as condições socioambientais na Microbacia do Rio Sagrado, culminando na construção da Cartilha de Monitoramento de Desastres Naturais.

A pesquisa participante envolveu pesquisadores e membros das comunidades impactadas, envolvendo processo de investigação, educação ambiental e ações conjuntas, como propõe Haguette (2003). O método participativo ocorreu com escolha de indicadores socioambientais territoriais que foram monitorados ao longo do processo da pesquisa com participação de especialistas e membros da comunidade. As informações coletadas serviram para elaboração da cartilha com informações ao uso adequado de recursos, prevenção de riscos e indicação de procedimentos a serem adotados para evitar desastres em relação a movimentos de massa, inundações e degradação do espaço. A metodologia foi implementada a partir de três oficinas de trabalho, monitoramento participativo e seis caminhadas geoambientais.

OFICINAS DE INDICADORES SOCIOAMBIENTAIS TERRITORIAIS

As várias oficinas aconteceram nos meses de janeiro, julho e novembro de 2010. Em cada etapa abordaram-se temas relevantes aos problemas socioambientais existentes na comunidade do Rio Sagrado e identificados pelos próprios moradores.

A segunda etapa do Programa de Honra em Estudos e Práticas em Ecossocioeconomia foi realizada na Furb, complementando a primeira oficina de indicadores socioambientais com destaque para a participação dos jovens do lugar. As oficinas foram inovadoras com troca de conhecimento e grande aproximação e vivência entre pesquisadores e pesquisados.

A trajetória teórica da construção do conhecimento faz perceber que a realidade social é dinâmica, assim como os significados produzidos a partir dela. Cabe à ciência e ao cientista explicar os fatos a partir de cognições, mas sabe-se que a solução dos problemas reais da sociedade só acontecerá com a participação comunitária. Nas oficinas participativas que compreenderam espaço de 22 horas/aula, foram utilizados métodos lúdicos. Técnicas variadas de modelagem, recorte, colagem, pintura, reciclagem, palestras e debates possibilitaram identificar situações socioambientais vividas no território a partir do olhar dos moradores, dos quais resultou a seleção de indicadores para serem monitorados. Identificados e selecionados os indicadores socioambientais relevantes para o território, foram monitorados pelos moradores com orientação dos pesquisadores: lixômetro para medir a produção de lixo mensal/família; movimento de massa; mata ciliar/nativa; volume da água do Rio Sagrado; bioindicadores e índice pluviométrico.

Ribeiro e Heller (2009, p. 3) afirmam que o primeiro passo para a construção de indicadores deve ser a identificação dos impactos ambientais significativos, que se constituam base para sua definição. Indicadores socioambientais não devem se restringir apenas para medir impactos sobre o meio ambiente, mas expressões que contenham informações sobre condições ambientais e locais. O termo socioambiental refere-se à relação sociedade-natureza, entendido que problemas ambientais são eminentemente sociais. A finalidade da oficina foi iniciar o processo de formação de consciência na comunidade a respeito da sensibilidade geoambiental da Microbacia Hidrográfica do Rio Sagrado.

Na segunda oficina realizada, em julho de 2010, na biblioteca comunitária do Rio Sagrado, os temas versaram sobre qualidade de vida, produção e consumo. A qualidade de vida foi abordada levando em conta percepção individual e itens considerados essenciais para o bem viver: lazer, família, educação, amigos, paz, alimento, moradia, saúde, trabalho e segurança. Considerados idade, gênero e grau de instrução do participante, as percepções apresentaram diferentes posições na escala hierárquica, o que se traduz em conceito subjetivo do que é qualidade de vida.

Em novembro de 2010, no município de Matinhos (PR), na UFPR setor Litoral, aconteceu a terceira e última oficina devolutiva[7] dos traba-

---

[7] Devolutiva é o retorno dado à comunidade do Rio Sagrado quanto aos resultados da pesquisa, garantindo direito de acesso às informações, tendo em vista a importância do fechamento de um processo com apresentação/compartilhamento das conclusões do trabalho realizado.

lhos. Apresentou-se a cartilha e os participantes puderam colaborar nas correções e adequações dos conteúdos. Ao final dos trabalhos solicitou-se aos multiplicadores a sensibilização sobre possíveis áreas de risco. Espera-se que estes divulguem e multipliquem as ações nas escolas e em casa e que saibam agir e defender em situações de risco quanto aos eventos climáticos, tais como chuvas excessivas, deslizamentos ou pesadas estiagens. Para essa ação, os multiplicadores podem fazer uso da cartilha elaborada participativamente. Com as oficinas buscou-se iniciar um processo de tomada de consciência dos moradores sobre os problemas socioambientais do território e sensibilizar os jovens para o monitoramento dos indicadores socioambientais.

CAMINHADAS GEOAMBIENTAIS E MONITORAMENTO DOS INDICADORES

Após a primeira oficina iniciou-se o processo de monitoramento dos indicadores socioambientais do território para avaliação das mudanças decorrentes da ação e do comportamento da população local, ou seja, da relação sistema social e ecológico. A utilização de indicadores socioambientais fornece caminho mais seguro para tomada de decisões, no que concerne à utilização, à exploração e ao aproveitamento dos recursos naturais disponíveis. Os indicadores identificam danos e ameaças à saúde humana e aos ecossistemas e constituem instrumentos para tomada de decisão e formulação de políticas. Servem ainda para avaliar os objetivos de programas; informar o público sobre questões ambientais, de forma não técnica ou de fácil entendimento, e, sobretudo responde ao direito de informação do público a respeito do estado do seu meio ambiente. As informações obtidas a partir do monitoramento dos indicadores colaboraram na construção da cartilha sobre riscos ambientais. Portanto, o estudo realizado criou área de cooperação entre ciência social e natural pelo aprofundamento das relações.

No monitoramento foram levantados dados empíricos para subsidiar os resultados do trabalho e a formatação da cartilha. Durante o período de fevereiro a outubro de 2010 foi possível desenvolver a metodologia de caminhadas geoambientais para análise das condições locais por meio da observação, apontamento e registro fotográfico, metodologia originariamente conhecida como transecto (Seixas, 2005, p. 56). No território do Rio

Sagrado essas ações se desenvolveram integrando comunidade e universidade, unindo esforços e fazendo o trabalho interdisciplinar com participação de todos na solução dos problemas socioambientais, onde, de acordo com Leff (1999, p. 115):

> A interdisciplinaridade foi um ponto de referência constante dos projetos educativos, sobretudo no âmbito universitário. [...] Sem dúvida, os avanços teóricos, epistemológicos e metodológicos no terreno ambiental foram mais férteis no terreno investigativo que eficazes na condução de programas educativos.

Caminhadas geoambientais possibilitam mensurar as condições do meio ambiente mediante observações sistemáticas dos elementos formadores da paisagem. Paisagem constitui importante categoria de análise, possibilitando o entendimento da organização espacial, oferece aporte ao estudo e encaminhamento dos problemas ambientais. É também importante atrativo turístico. Para Bertrand (1972, p. 52) a definição da paisagem remete à escala, assim, estudar a paisagem implica delimitá-la e dividi-la em unidades homogêneas e hierarquizadas. A paisagem é o conjunto de forma que, em dado momento, exprime heranças que representam sucessivas relações localizadas entre homem e natureza. Cada vez que a sociedade passa por um processo de mudança, a economia, as relações sociais e políticas também mudam, em ritmos e intensidades distintos. A mesma coisa acontece em relação à paisagem que se transforma para ser adaptada às novas necessidades da sociedade, passando a ser apropriada para o turismo (Coriolano, 2005).

A mensuração de informações durante as caminhadas de reconhecimento de dada área se dá mediante observações sistemáticas da topografia dos recursos e atividades que ali se desenvolvem. O produto dessa temática é a representação gráfica de uma linha que corta uma parte da área de estudo, contendo informações diversas. Durante o transecto, o coletor de dados é acompanhado por um ou mais informantes conhecedores do local. Por meio de conversas informais, coletam-se nomes de lugares, plantas, animais, atividades humanas, problemas sociais e ambientais, entre outros. O plano de coleta leva em conta espécimes de plantas e animais e amostras de minerais e solos para posterior identificação científica (Seixas, 2005 p. 92). A caminhada foi realizada utilizando como base a cartografia existente e uma maquete (1:10.000) para planejar incursões a campo, para levantar e correlacionar informações. Esse método envolveu a sabedoria tradicional dos informantes, pessoas da comunidade. O pesquisador é apenas um facilitador, coordena e fornece os meios para o trabalho (Seixas, 2005). Essa metodologia facilita a compreensão e visualização das dinâmicas locais, porque envolve as pessoas que vivem no território.

Com o intuito de observar as condições geológicas, geomorfológicas, paisagísticas e as ações sociais realizou-se trabalho de campo com fotointerpretação – uso de mapas e GPS – e análise visual *in situ*. O território foi dividido em áreas de altitude, aquelas consideradas de risco a desastres naturais e aquelas com maior concentração populacional. Durante as caminhadas foram coletados por meio de conversas informais nomes de lugares, atividades humanas, problemas sociais e ambientais, bem como suas causas e possíveis soluções. O plano de coleta leva em conta espécimes de plantas e animais, e amostras de minerais e solos para posterior identificação científica. A caminhada contribuiu também para a elaboração de um transcecto (Figura 26.2) que permitiu a construção do perfil geológico das comunidades do Rio Sagrado.

Figura 26.2 – Percursos dos transcectos para construção do perfil geológico (linhas tracejadas correspondem aos percursos).

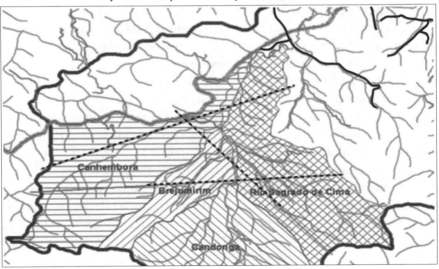

Fonte: Mansur et al. (2011b).

O trabalho possibilitou aos pesquisadores familiaridade com a área, criou oportunidades para interação das discussões sobre problemas locais envolvendo o grupo e oportunizou informações e conversas com pessoas encontradas ao longo do caminho. Verificou-se que a região apresenta altas declividades variando de 10,1° até 45°, e altitude que varia de 25 m a 1.400 m em relação ao nível do mar. Durante as caminhadas, o percurso alcançou altitude de até 330 m. Nas altitudes mais elevadas prevalecem depósitos de encosta e na planície prevalecem sedimentos aluviais. Os depósitos coluvionares estão presentes e são misturas de argilas, areias e blocos de rochas que rolaram por força da gravidade e instabilidade, principalmente quando localizados em encostas muito íngremes ou próximos das vertentes. Essas áreas são altamente vulneráveis a movimentos de massa e os desmatamentos podem induzir a ocorrência de erosão e grandes escorregamentos, colocando em risco propriedades situadas à sua jusante.

No Rio Sagrado, de acordo com Aumond et al. (2010)[8], o zoneamento geoambiental das cicatrizes de movimento de massa é importante para a identificação das porções geopedológicas mais suscetíveis à ocorrência desses processos, porque fornece informações relativas à localização espacial de cada cicatriz, bem como a correlação com os atributos do meio físico (geologia, geomorfologia, pedologia e vegetação) e as ações antrópicas (atividades econômicas). Para o autor, os processos de esculturação das encostas por meio de escorregamentos são naturais, no entanto, eles podem ser acelerados pela ocupação humana. Na Microbacia do Rio Sagrado constatou-se a ocorrência de escorregamentos de dimensões gigantescas que ocorreram no passado, mesmo antes da ocupação humana. Estes se deslocaram até a planície aluvionar indicando a intensidade.

Durante a caminhada observaram-se áreas de fragilidade ambiental com ocupações irregulares à montante da bacia. Ao longo do leito do Rio Sagrado, a extração de cascalho e areia altera a dinâmica dos processos geomorfológicos fluviais, gerando alteração na profundidade do rio, inclusive em áreas utilizadas para banho pela comunidade local. Foram observados também áreas de desmatamento, ocupações de risco, postes de energia e árvores inclinadas, matacões ao longo do leito dos rios, agricultura em locais muito íngremes. A agricultura é compatível com o relevo relativamente plano das planícies, o que permite o cultivo em maior escala com uso de

---

[8] Aumond é geólogo e orientou o grupo de pesquisadores e informante da comunidade durante as caminhadas, prestando informações técnicas e orientações importantes sobre a problemática geoambiental das localidades da microbacia do Rio Sagrado.

máquinas agrícolas. Registrou-se o uso de agrotóxicos na produção de bananas e principalmente das hortaliças que abastecem o mercado consumidor de Curitiba. Fatores como a ausência de mata ciliar, abertura de trilhas e estradas secundárias em áreas de preservação permanente, aplicação de defensivos químicos, introdução de banana e palmeira-real (espécies exóticas), agricultura de subsistência, plantio de ornamentais para comercialização, criação de búfalos e solo erodido vêm alterando a dinâmica local, deixando o território suscetível a situações de risco ambiental.

O monitoramento dos indicadores da qualidade da água e do ar foi realizado a partir da observação de alguns bioindicadores. Cada ser vivo é um bioindicador, pois a resposta (reação) a fatores externos (a ação) é um dos atributos da vida em si (Klumpp, 2001). Para Arndt et al. (1995), os bioindicadores são definidos como organismos ou comunidades de organismos que reagem a alterações ambientais com a modificação de suas funções vitais normais e/ou da sua composição química, permitindo assim tirar algumas conclusões a respeito das condições ambientais. Muitas plantas e animais são usados para bioindicação. Selecionados na primeira oficina, os bioindicadores sugeridos foram líquens, libélulas e sapos.

Os resultados mostraram que a grande quantidade de líquens no local caracteriza boa qualidade do ar. A presença de anuros sensíveis aos impactos em nascentes e alguns pontos de leito dos rios indica boa qualidade da água fluvial e somente em pontos próximos às residências com maior concentração humana apresentam grau de poluição; as libélulas encontradas frequentemente nas nascentes demonstram boa qualidade da água, contudo à jusante já começam a ser percebidas alterações nessa qualidade.

O monitoramento dos indicadores pluviométrico e hidrológico foi realizado por moradores da localidade junto dos pesquisadores, no período de março a outubro de 2010. Os índices obtidos estão dentro da média histórica de chuva prevista para o período. O mês de novembro apresentou a maior precipitação, 270 mm, e os meses de junho e julho, o menor, isto é, 72 mm. Contudo, a quantidade e a distribuição das chuvas apresentam variações temporais e espaciais, dependendo da evapotranspiração, da energia solar disponível, da natureza, da vegetação e das características do solo. Depende ainda da interação dos organismos vivos, incluindo a microfauna e a microflora. Qualquer alteração do clima ou da paisagem alterará a quantidade e a qualidade da água e, por sua vez, o fluxo da água e suas características no canal do rio. De acordo com moradores, em janeiro de 2010, uma forte chuva ocorreu na região fazendo subir rapidamente o leito do Rio Sagrado, trazendo grandes transtornos à comunidade. Ainda segundo moradores, nunca se observara outras enxurradas como esta que pudessem constituir-se em emergências ou desastre: quedas de pontes, inundações de casas e escolas, alagamento e interdições de vias de acesso e deslizamentos.

O cruzamento das informações geológicas e geomorfológicas (Mansur et al., 2011a) evidencia que as áreas ocupadas correspondem àquelas de maior instabilidade do ponto de vista de escorregamento de terra e enxurradas. O fato das áreas se situarem nas encostas da serra agrava ainda mais as possibilidades de escorregamentos, podendo gerar outras tragédias ambientais graves com perdas de vidas humanas e de materiais. Isso ocorreu após a confecção da cartilha, em março de 2011, quando a população residente nos municípios do litoral paranaense foi surpreendida com um grande volume de chuvas, que deixou inúmeros desabrigados e desalojados. O município de Morretes (Figura 26.3) decretou estado de calamidade pública na tarde de 13 de março de 2011, registrando cerca de 8.000 desalojados e 15.178 pessoas atingidas, de acordo com a Defesa Civil do Estado.

Figura 26.3 – Município de Morretes (Paraná), março de 2011.

Fonte: RPC TV (2011).

A lama cobriu a rua principal, boa parte da cidade ficou submersa e houve ocorrência de deslizamentos em vários pontos. A localidade de Floresta (distrito do município de Morretes) ficou praticamente destruída por deslizamentos e enxurradas de chuvas, e a maior parte das casas destruídas era de agricultores.

CONSTRUÇÃO DA CARTILHA DE MONITORAMENTO DE DESASTRES NATURAIS

Comunidades, organizações sociais, universidades, setor público e privado aliaram esforços com objetivo de proteger o território e consequentemente melhorar as condições de vida das populações. Compartilharam preocupações similares na construção de espaços socioambientais saudáveis, para as atuais e futuras gerações. Durante o processo de seleção e monitoramento dos indicadores socioambientais do Rio Sagrado, várias circunstâncias de ordem social e ambiental foram percebidas. Essas situações fizeram emergir a necessidade de informar a situação de risco das famílias em virtude da fragilidade geoambiental e aquela provocada pela ocupação do território. Portanto, movimentos de massa e inundações foram analisados na cartilha (Figura 26.4) para orientar as comunidades do Rio Sagrado quanto aos procedimentos necessários na eminência de riscos ou ocorrências de desastres naturais.

Figura 26.4 – Parte da Cartilha de Monitoramento de Desastres Naturais.

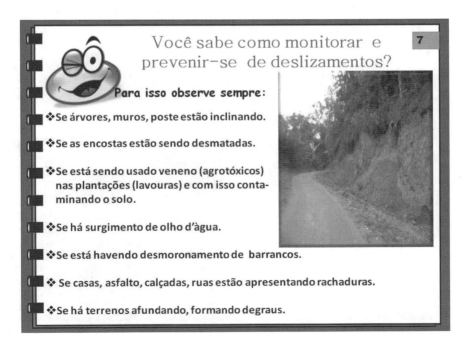

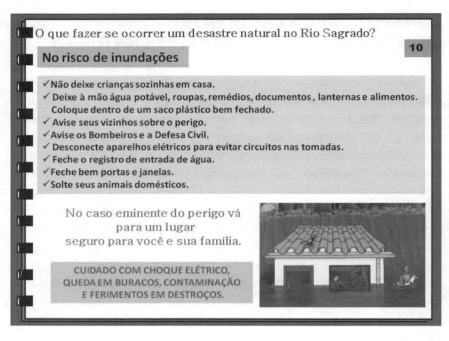

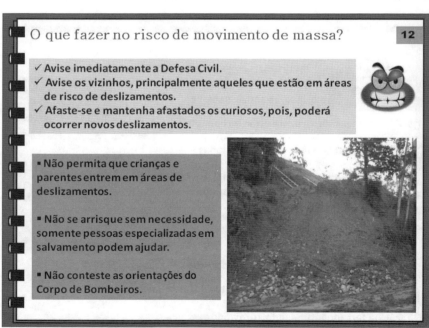

Fonte: Grimm (2010).

De acordo com as necessidades da comunidade, direcionou-se o conteúdo para o monitoramento, procedimentos e ações importantes que devem ser tomadas no caso de um desastre natural que possa ocorrer no território do Rio Sagrado ou em suas mediações, ficando a cartilha constituída das seguintes informações:

- Você sabe o que é um desastre natural?
- Você sabia que o Rio Sagrado é uma microbacia hidrográfica?
- O que é um movimento de massa?
- E uma inundação, o que é e como ocorre?
- Quais as causas dos movimentos de massa?
- Você sabe como monitorar e prevenir-se de deslizamentos?
- O que fazer para reduzir os riscos de acidentes?
- O que fazer se ocorrer um desastre natural no Rio Sagrado?
- O que você deve fazer depois de uma inundação?
- O que fazer no risco de movimento de massa?
- Mudando de hábitos para proteger o Rio Sagrado.
- Telefones úteis e glossário.

A apresentação das informações foi abordada de forma sintética, didática e exigiu planejamento adequado e adoção de cuidados para obtenção de um bom produto final. Os textos na cartilha são sucintos, possuem linguagem simples, adequadas ao nível de instrução dos leitores (comunidades do Rio Sagrado), além de introduzir termos técnicos em medida apropriada.

UMA AVALIAÇÃO CURSIVA DO GANHO DE CONHECIMENTOS

A interpretação integrada dos resultados das oficinas, os indicadores socioambientais territoriais, as caminhadas geoambientais, o monitoramento e a construção da cartilha confluem para a conservação da biodiversidade e para autorrealização individual e comunitária. O trabalho aplicou metodologia de abordagem complexa de saberes locais, isto é, das compreensões distintas sobre o mundo natural (Toledo e Barrera-Bassols, 2009). Essa compreensão emerge do contexto da crise paradigmática da ciência moderna e da necessidade de abertura ao diálogo com outros saberes. Trata-se da construção de metodologia de seleção, monitoramento e avaliação de indicadores socioambientais participativos, que propõe a aprendizagem e o compartilhamento entre conhecimentos tradicionais e científicos, sendo estratégia particularmente apropriada na educação para o ecodesenvolvimento (Sauvé, 1996, p. 89). Esse processo está em curso na ZEE do Rio Sagrado. A ZEE é um espaço de educação e prática de projetos em torno do conceito de ecodesenvolvimento, que prioriza o art. 127 da Constituição Federal, que obedece ao princípio de indissociabilidade entre ensino, pesquisa e extensão.

Na educação para o ecodesenvolvimento procura-se integrar o saber local e conhecimento científico, tomando por base o indivíduo em constante processo de maturidade, para torná-lo consciente de seu protagonismo na história. Nesse processo, o que o mais tem importado para a comunidade e para professores/pesquisadores é o desenvolvimento da autonomia dos atores locais, membros comunitários que participam das atividades e mostram o entrelaçamento dos resultados obtidos. Destacam-se indicadores pluviométricos e hidrológicos, dos quais o monitoramento foi retomado em 2011. Dessa forma, a metodologia e os resultados cumprem o que preconiza a educação para o ecodesenvolvimento. Conforme Freire (1983), só é considerado aprendido aquilo que se apropria do aprendido, sendo capaz de aplicar o aprendido às situações existenciais e concretas.

Priorizou-se o desenvolvimento humano, tanto do educando como do educador. Acredita-se que os membros comunitários que participaram do processo aprenderam uma forma de redescobrir a realidade local, usando para tanto a troca de saberes e o diálogo. Eles se convenceram da relevância do tema, pela análise dos fatos, como a enchente de março de 2011. Para a equipe de professores envolvidos no projeto do Programa Honra, destaca-se a aprendizagem e a vivência como parte do processo mais amplo da educação e entende-se que esta não pode ser unidirecional, nem domesticadora, mas libertadora (Freire, 1976). Assim, transita em ambos os sentidos, dialeticamente, de tal maneira que o educador, além de ensinar, passa a aprender, e o educando, além de aprender, passa a ensinar. Surge assim, segundo Becker (2010, p. 17), não mais um educador do educando, mas um educando do educador; um educador-educando com um educando-educador.

CONSIDERAÇÕES FINAIS

O modelo de desenvolvimento tecnológico globalizado impacta a dinâmica dos sistemas naturais – nos ciclos de água, ar e solo, interfere na qualidade de vida dos seres humanos e demais espécies. A educação ambiental torna-se indispensável e a abordagem na perspectiva interdisciplinar possibilita sensibilizar e mobilizar grupos sociais na busca de soluções aos problemas comuns relacionados à natureza e à sociedade. Modos de vida tradicionais ajudam a entender a natureza e a selecionar o uso de técnicas mais apropriadas ao território, isto é, mais conectadas com as dinâmicas ambientais.

Pensar o desenvolvimento traz benefícios para todas as pessoas, estimula a equidade social, econômica e ambiental. Todos têm o direito de ter boas condições de vida. Faz-se necessário relevar práticas ambientais e, ainda, articular o saber empírico com o científico quando se diagnosticam problemas e sugerem-se alternativas de mitigação. O desenvolvimento deve ser necessariamente humanizado, baseado na autonomia dos sujeitos, oferecendo acesso a informação e possibilidade de conhecimento para melhor decidir o que se deseja. Exige iniciativas de ensino e aprendizagens emancipatórias que complementem a educação formal e promovam o ecodesenvolvimento. Um desenvolvimento deve ser feito com identidade, porém com diversidade, em que pessoas se reconheçam e se respeitem, com senso de pertencimento.

O presente artigo questiona as ideologias antropocêntricas, mostra o princípio da ecologia da ação necessária à construção de uma nova sociedade com modo de vida sustentável, de maneira que garanta o direito de uso do planeta às gerações futuras, assim como o direito de liberdade, de democracia. A felicidade não deve ser confundida com consumo, como pensam alguns, quanto mais consumo maior a chance de ser feliz. Há que se viver a sustentabilidade paradigmática e não apenas pensá-la.

Conhecer os problemas ambientais é estratégia da educação e produção do conhecimento, constitui importante ferramenta para o resgate dos valores que levam crianças, jovens e adultos a compreenderem a natureza e seus recursos, como bens de uso comum que devem ser compartilhados com responsabilidade.

De acordo com a concepção da sustentabilidade, não é suficiente verificar o estágio de desenvolvimento econômico, é preciso considerar os aspectos ambientais do desenvolvimento humano, adquirindo uma posição em que os seres humanos, a economia e a natureza são inseparáveis. Assim, o aspecto educativo, cujo enfoque é sensibilizar a comunidade sobre os problemas ambientais, promovendo a participação individual e coletiva, deve assegurar um desenvolvimento voltado aos aspectos da proteção e da preservação não só do meio ambiente, mas dos seres que dela dependem. O processo contínuo de aprendizado e evolução rumo à sustentabilidade do planeta necessita do entendimento e engajamento de todos.

No território ao sudoeste da microbacia do Rio Sagrado, a metodologia de monitoramento de indicadores socioambientais participativos sensibilizou a comunidade sobre a fragilidade ambiental e social do seu território. Apesar de se constituir em um espaço rural, a racionalidade econômica urbana já se expande, traduzindo-se em necessidade de aumentar os espaços para suportar o grau de consumo atual dos moradores. Assim, valorizar modos de vida tradicionais, fazê-los ver a riqueza do lugar onde vivem e a importância da participação de cada um na preservação é fundamental para reverter esse consumismo traduzido erroneamente como fonte da felicidade.

REFERÊNCIAS

ARNDT, U.; FLORES, F.; WEINSTEIN, L. *Efeitos do flúor sobre as plantas: diagnose de danos na vegetação do Brasil.* Porto Alegre: Editora da UFRG, 1995.

AUMOND, J.J.; SEVEGNANI, S.; BACCA, L.E. Condições naturais que tornam o vale do Itajaí sujeitos aos desastres. In: FRANK B.; SEVEGNANI, L. (Org.) *Desastre de 2008 no Vale do Itajaí: água, gente e política.* Blumenau: Graf. CEF., 2010.

BARCELOS, V. *Educação ambiental – sobre princípios, metodologias e atitudes.* 4.ed. Petrópolis: Vozes, 2012.

BECKER, F. *O caminho da aprendizagem em Jean Piaget e Paulo Freire: da ação à operação.* Petrópolis: Vozes, 2010.

BERTRAND, G. Paisagem e geografia física global: esboço metodológico. *Caderno de Ciências da Terra,* n.13, p.1-27, 1972.

CORIOLANO, L.N. *Turismo e geografia: abordagens críticas.* Fortaleza: Eduece, 2005.

DOWBOR. L. *Tecnologias do conhecimento: os desafios da educação.* Petrópolis: Vozes, 2006.

FERNANDES, V.; SAMPAIO, C.A.C. Problemática ambiental ou problemática socioambiental? A natureza da relação sociedade e meio ambiente. *Revista Desenvolvimento e Meio Ambiente* (UFPR), n.18, p.87-94, jul./dez. 2008.

FREIRE, P. *Pedagogia da autonomia: saberes necessários à prática educativa*. 2.ed. Rio de Janeiro: Paz e Terra, 1976.

_____. *Extensão ou comunicação?* Trad. Rosisca Darcy de Oliveira. 7.ed. Rio de Janeiro: Paz e Terra, 1983.

GRIMM, I.J. *Planejamento territorial: uma metodologia de monitoramento de indicadores socioambientais na Microbacia Hidrográfica do Rio Sagrado, Morretes (PR)*. Blumenau, 2010. 210p. Dissertação (Mestrado em Desenvolvimento Regional). Univerisade Regional de Blumenau.

GRIMM I.J.; SAMPAIO, C.A.C. Multiculturalismo, turismo e comunidades tradicionais: campo de coexistência e vivencialidade? III Congresso de Cultura e Educação para América Latina (CEPIAL), Curitiba, 2012. *Anais eletrônicos*. Curitiba, UFPR, 2012. Disponível em: http://cepial.org.br/inc/anais/eixo4/324_IsabelJuremaGrimm.pdf. Acessado em: 2 ago. 2012.

HAGUETTE, T.M.F. *Metodologias qualitativas na Sociologia*. 10.ed. Petrópolis: Vozes, 2003.

[IAP] INSTITUTO AMBIENTAL DO PARANÁ. Disponível em http://www.uc.pr. gov.br/arquivos/File/Plano_de_Manejo/APA_Guaratuba/Plano_de_Manejo_ APA_de_Guaratuba.pdf. Acessado em: 28 nov. 2009.

KLUMPP A. Utilização de bioindicadores de poluição em condições temperadas e tropicais. In: MAIA, N.B. et al. *Indicadores ambientais: conceitos e aplicações*. São Paulo: Comped/Educ/Inep, 2001.

LEFF, E. Educação ambiental e desenvolvimento sustentável. In: REIGOTA, M. (org.). *Verde cotidiano: o meio ambiente em discussão*. Rio de Janeiro: DP&A, 1999, p.111-129.

_____. *Epistemologia ambiental*. 4.ed. São Paulo: Cortez, 2006.

_____. *Saber ambiental: sustentabilidade, racionalidade, complexidade, poder*. Rio de Janeiro: Vozes, 2002.

_____. Análise ambiental integrada dos fatores físico-naturais da microbacia hidrográfica de Rio Sagrado, Morretes (PR). In: _____. *Turismo comunitário, solidário e sustentável: da critica às ideias e das ideias à pratica*. Blumenau: Edifurb, 2011b.

MANSUR, M.S. et al. Projeto de extensão análise socioambiental participativa da Microbacia hidrográfica do Rio Sagrado. In: SAMPAIO, C.A.C.; HENRIQUEZ, Z.; MANSUR, M.S. *Turismo comunitário, solidário e sustentável: da critica às ideias e das ideias à pratica*. Blumenau: Edifurb, 2011a.

MENDES FILHO, T. et al. O sentido da diversidade sociocultural na educação ambiental. In: MORALES, A.G.M. et al. (Org.). *Educação ambiental e multiculturalismo*. Ponta Grossa: Editora UEPG, 2013, p.25-35.

MIRANDA, N; URBAN, T. *Morretes, meu pé de serra.* Curitiba: Ed. do Autor, 2007.

PHILIPPI JR. A.; TUCCI, C.E.M.; HOGAN, D.J.; NAVEGANTES, R. Uma visão atual e futura da interdisciplinaridade em C&T ambiental. In: PHILIPPI JR. A.; TUCCI, C.E.M.; HOGAN, D.J.; NAVEGANTES, R. *Interdisciplinaridade em Ciências Ambientais.* São Paulo: Signus. 2000, p.269-79.

PIAGET, J. *A formação do símbolo na criança: imitação, jogo e sonho, imagem e representação.* Trad. Álvaro Cabral. Rio de Janeiro: Zahar, 1971.

RIBEIRO, J.C.F.; HELLER, L. Indicadores ambientais para países em desenvolvimento. 2009. Disponível em:http://www.sema.pr.gov.br/arquivos/File/livroindicadoresambientais.pdf. Acessado em: 4 maio 2010.

SACHS, I. *Estratégias de transição para o século XXI: desenvolvimento e meio ambiente.* São Paulo: Nobel, 1997, p.25-35.

_____. *Rumo à ecossocioeconomia: teoria e prática do desenvolvimento.* São Paulo: Cortez, 2007.

SAMPAIO, C.; CORIOLANO; L. Dialogando com experiências vivenciadas em Marraquech e America Latina para compreensão do turismo comunitário e solidário. *Revista Brasileira de Pesquisa em Turismo.* v.3, n.1, p.4-24, abr. 2009.

SAMPAIO, C.A.C. *Turismo como fenômeno humano: princípios para pensar a socieconomia e sua prática sob a denominação turismo comunitário.* Santa Cruz do Sul: Edunisc, 2005.

_____. *Gestão que privilegia uma outra economia: ecossocioeconomia das organizações.* Blumenau: Edifurb, 2010.

SAUVÉ, L. Éducation relative à l'environnement: pour un savoir critique et un agir responsable. In: TESSIER, R.; VAILLANCOURT, J. G. *La recherche sociale en environnement. Nouveaux paradigmes.* Montreal: Les Presses de l'Université de Montréal, 1996, p.89-106.

_____. Educação ambiental: possibilidades e limitações. *Educação e Pesquisa*, São Paulo, v.31, n.2, p.317-322, maio/ago. 2005.

SORRENTINO, M. A educação ambiental no Brasil. In: CASCINO, F. et al. (org). *Educação ambiental, meio ambiente e cidadania. Reflexões e experiências.* São Paulo: SMA/Ceam, 1998, p.27-34.

SEIXAS, C.S. *Gestão integrada e participativa de recursos naturais: conceitos, métodos e experiências.* Florianópolis: Secco/Aped, 2005.

TABOSA, A. O conceito de crematística in Aristóteles. In: *Revista Portuguesa de Filosofia.* Janeiro-Dezembro de 2009. Disponível em: http://www.jstor.org/discover. Acessado em: jan. 2012.

TOLEDO, V.M.M.; BARRERA-BASSOLS, N. A etnoecologia: uma ciência pós-normal que estuda as sabedorias tradicionais. *Revista Desenvolvimento e Meio Ambiente,* UFPR, n.20, p.31- 45, jul./dez. 2009.

VYGOTSKY, L.S. *Pensamentos e linguagem*. 2.ed. São Paulo: Martins Fontes, 1989.

VIEIRA, P.F. Repensando a educação para o ecodesenvolvimento. In: VIEIRA, P.F.; RIBEIRO, M.A. (Orgs). *Ecologia humana, ética e educação. A mensagem de Pierre Dansereau*. Porto Alegre: Pallotti e Florianópolis: Aped, 1999.

_____. Gestão patrimonial de recursos naturais: construindo o ecodesenvolvimento em regiões litorâneas. IN: CAVALCANTI, C. (Org.). *Desenvolvimento e natureza: estudos para uma sociedade sustentável*. 3.ed. São Paulo: Cortez; Recife: Fundação Joaquim Nabuco, 2001, p.293-322.

Planejamento Estratégico no Processo de Gestão | 27

Cláudio Gastão Junqueira de Castro
Médico sanitarista, Faculdade de Saúde Pública – USP

O CONCEITO DE PLANEJAMENTO

Conceituar planejamento significa identificar os elementos substantivos que possibilitem a compreensão do processo na dimensão ou na perspectiva de seu objeto e objetivo, fundamentalmente.

Assim, o planejamento deve ser entendido como um instrumento ou uma ferramenta no processo de gestão que busca mudanças de situações. Mudanças, evidentemente, em relação a uma determinada situação/objeto, que deverá sofrer um processo de intervenção por meio do uso e do emprego articulado de recursos de natureza econômica, técnica, administrativa e política, visando a alcançar uma outra situação/objeto, diferente e melhor do que a situação anterior.

Planejar significa, pois, intervir para mudar, objetivando alcançar determinados fins ou determinadas metas.

Há também, por outro lado, a conceituação de planejamento no sentido de ser ele considerado uma atividade intelectual inerente ao raciocínio humano. Ou seja, todos têm essa capacidade de planejar. É um raciocínio lógico e articulado que, no processo de gestão da vida cotidiana de cada um, todos estão aplicando diária e incessantemente.

É também, nesse sentido, um instrumento ou método que busca solucionar ou responder as questões que se colocam em nosso dia a dia, ou no processo de gestão de nossas empresas ou de nossos projetos.

É procurar resposta para saber: o que fazer? O que priorizar? Por que fazer? A quem fazer? Onde fazer? Quando fazer? Como fazer? Quem vai fazer? Quanto custa fazer? E assim por diante.

Dessa forma, o raciocínio do planejamento consiste em definir e priorizar necessidades ou problemas, formular respostas para resolvê-los, identificar, avaliar a disponibilidade desses recursos, criar condições para viabilizá-los e, quando necessário, avaliar a capacidade de uso e a utilização dos recursos viabilizados, bem como avaliar resultados, produtos e impactos de mudanças ocorridos, identificando e priorizando novas necessidades e problemas sucessivamente.

Planejar é Preciso

Atualmente não há dúvida da necessidade de se planejar. Principalmente nas áreas temáticas das políticas públicas ou políticas de natureza e interesse social, tais como a saúde, a educação e o meio ambiente, entre outras.

E essa responsabilidade de coordenar e conduzir o processo de planejamento, no sentido da formulação de uma política para determinado setor, é afeta ao Estado, por meio de suas instâncias de governança, compartilhada evidentemente com outros setores da sociedade organizada, não apenas o governo.

Não há como dispensar a presença de um ente interventor, fazendo a reitoria desse processo, como o Estado, na medida em que se trata de formular políticas públicas e sociais, que tratem de bens e valores de interesse de toda a sociedade.

Não é possível, por exemplo, na área da saúde ou do meio ambiente, delegar as determinações e as diretrizes à chamada "lei do mercado", para definir o que será produzido ou ofertado, tendo em conta apenas as demandas identificadas por ele. Pois, como se sabe, o mercado é cego e surdo às demandas que não estejam respaldadas por recursos financeiros que são detidos ou originários do consumidor.

Tratam-se, aqui, de valores, bens e direitos que procuram consubstanciar a condição da vida em cidadania, isto é, dos cidadãos e não do consumidor.

Assim, é necessário que o Estado seja proativo nessa dimensão, no sentido de, progressivamente, por meio de políticas apropriadas e oportunas, ir anulando as iniquidades, as diferenças e alcançando a condição da cidadania, na sua mais ampla conceituação, para cada um de todos os indivíduos da população.

Portanto, o planejamento estratégico situacional, como se verá, pode constituir-se em uma ferramenta adequada a esses propósitos e objetivos.

O Planejamento como Função do Processo de Gestão

A teoria clássica sobre a administração considera e dá bastante realce e importância para uma das funções principais do administrador que é a do planejamento (Almeida et al., 2001).

É jargão da linguagem dos administradores a máxima que diz que "planejamento é função que antecede as demais funções do administrador" (Almeida et al., 2001).

Apesar de clássica, essa afirmação no seu sentido tem confirmação e atualidade nestes tempos, sendo uma função essencial no processo de gestão, pois os produtos resultantes do processo de planejamento é que deverão orientar todo o processo gestacional no que tange ao desenvolvimento das demais funções inerentes a ele, ou seja, a organização, a direção, a supervisão e a avaliação e controle.

Toma-se, por exemplo, a questão da organização. A expressão da organização de uma empresa se confere pela sua estrutura existente em termos das instalações físicas e dos espaços de produção de bens e serviços, pelos seus equipamentos e materiais permanentes, pelos insumos que são utilizados, pelos recursos financeiros que são necessários ao seu custeio e eventuais investimentos e pelo quadro de seus recursos humanos, exercendo suas diferentes e respectivas profissões.

Além disso, a organização se expressa também nas relações que estão ou são estabelecidas (em termos de mando ou subordinação – relações hierárquicas) entre os diferentes níveis (departamento ou diretoria) e profissionais dentro dela.

Assim, uma mudança organizacional ou o desenvolvimento organizacional a serem empreendidos no âmbito de uma empresa, implicando em alterações de estruturas, quadro de recursos humanos, aumento de custeio e estabelecimento de novas relações, devem ser pautados por princípios e bases preestabelecidos. E estas bases deverão ser encontradas como produtos do processo de planejamento, no âmbito daquelas questões referidas no início do capítulo, e que deverão ser respondidas.

Nesse aspecto, o gestor tem uma orientação mais apropriada para o desempenho da atividade administrativa que uma empresa requer, de forma sistemática e contínua que é a organização ou o desenvolvimento organizacional.

E, em analogia também, o processo de planejamento deverá prover as diretrizes para a função de direção e os parâmetros para a função de avaliação e controle.

Não obstante, nas instituições, de modo geral, predomina uma cultura institucional, na qual o planejamento como função, quando incorporado ou assimilado, concentra-se na figura do planejador para a qual é criada uma estrutura e um cargo/função de planejamento, em que ele planeja tudo a seu modo, ritmo ou costume, e não um processo de planejamento exercido de forma compartilhada, com outros e diversos atores, que é necessário e fundamental.

Origem do Planejamento: Uma Visão Crítica do Normativo

A origem do planejamento, como uma disciplina de conhecimento com conteúdos temáticos próprios, remonta a épocas não tão distantes, mais propriamente à década de 1950, com uma especificidade própria, e posteriormente à década de 1960, conforme Uribe (1989), que sustentava que o pensamento cepalino[1], em termos de planejamento, pode ser desdobrado em dois momentos: o momento economicista, correspondente à década de 1950, e o momento sociopolítico (social), ou integrador (no que diz respeito à ideia de desenvolvimento), da década de 1960. O autor enfatiza que o crescimento econômico necessário para os países periféricos (América Latina) seria sustentáculo do desenvolvimento social. Na época, as economias dos países periféricos experimentavam muito pouco do processo de industrialização e tinham uma característica predominantemente agroexportadora.

A saída da condição de subdesenvolvimento era conferir, por intermédio do planejamento econômico, uma velocidade maior ao crescimento

---

[1] Refere-se ao Cepal (Centro de Estudos Econômicos para América Latina).

econômico. Essa característica, conferida por uma visão centrada no economicismo, excluía do processo categorias sociais e políticas, que são potencialmente conflitantes, no embate de defesa de seus respectivos interesses, o que iria resultar em um método eminentemente normativo do planejamento.

Essa tentativa dos países subdesenvolvidos de alcançar uma velocidade de crescimento econômico maior, por meio de planejamento, e de mudar o perfil econômico, com a substituição das importações, redundou em fracassos inquestionáveis, por uma série de razões, que não são apenas da metodologia do planejamento normativo.

Na década de 1960, o segundo momento do pensamento cepalino, houve, segundo Uribe (1989), uma situação paradoxal. Concomitantemente com a Cepal, foi formulada uma política sob a liderança dos Estados Unidos denominada Aliança para o Progresso, visando a uma tranquilidade social na América Latina, principalmente. A Aliança para o Progresso pretendia ser uma política que iria conferir uma linha de financiamento para os países pobres, e os recursos seriam obtidos por intermédio do planejamento do desenvolvimento econômico e social, com a formulação dos projetos que também enfatizassem o desenvolvimento social.

A questão do social era então colocada pelo gigantesco abismo existente entre condições de vida e saúde da população latino-americana em relação às condições materiais de vida e saúde que era experimentada pelo povo norte-americano. E essa instabilidade social, *per se*, agravava-se em função da Revolução Cubana de 1959, na qual o novo regime político implantado passava a criar uma instabilidade do poder hegemônico que os Estados Unidos exerciam na América Latina, no contexto da Guerra Fria que se estabeleceu no pós-Segunda Guerra Mundial.

O fato é que, sob o estímulo da possível ajuda financeira da aliança, a partir de 1965 foi sendo formulada e desenvolvida uma técnica de planejamento em saúde, por alguns autores, sob o apoio da Organização Pan-Americana da Saúde (Opas), no Centro de Estudos do Desenvolvimento da Universidade Central da Venezuela (Cendes), que foi denominada de técnica Cendes/OPS ou técnica de programação local de saúde ou planejamento normativo, no jargão da área de planejamento (OPS/OMS, 1965).

Na sua essência, essa técnica buscou a racionalidade econômica e se baseava na diminuição de custos e maximização dos resultados (eficiência), e com simplificação tecnológica, que era a base para a diminuição dos custos.

Entre outras, uma grande dificuldade encontrada no processo de formulação metodológica era a inspiração econômica que provia o planejamento em referência à sua operacionalização do social, na medida em que a definição de prioridades é orientada pela diretriz da análise do custo-benefício.

O uso e a aplicabilidade do método na América Latina de forma diversificada e incipiente se deve, principalmente, ao Ministério da Saúde, com o apoio da Opas.

Não obstante algumas virtudes ou méritos do método, o fato é que, por causa de uma série de insuficiências ou deficiências à sua aplicação, ele não teve o êxito que se esperava no sentido da mudança social com racionalidade.

Segundo Uribe (1989, p.27), "a falta de maior problematização dos aspectos políticos e macroinstitucionais envolvidos na tomada de decisão e na execução das diretrizes racionalizadas são, em consequência, uma das maiores causas do fracasso relativo do método".

A formulação teórica e analítica do Centro Pan-americano de Planejamento em Saúde (CPPS), criada em 1965, com apoio da Opas, encaminhou-se na direção de uma crítica à metodologia do planejamento normativo, considerando que a programação em saúde deve ser subordinada a uma definição política e não pode precedê-la ou ser descolada desta (Opas, 1975).

Em 1975, o CPPS apresentou o documento *Formulação de Políticas de Saúde*, que iria ser a base para o desenvolvimento de um novo método de planejamento para a formulação e a implementação de políticas públicas de contexto social.

O Planejamento Estratégico

O enfoque estratégico para o planejamento, que surgiu em função das insuficiências ou das deficiências do chamado planejamento normativo, se estribou em três grandes linhas no sentido de sua formulação teórico-metodológica, ou seja, os autores da Escola de Medellín, na Colômbia, ancoraram a proposta da Opas, no sentido do alcance da saúde para todos no ano 2000; no pensamento estratégico de Mario Testa (Opas, 1975) – aliás, este é um dos formuladores do planejamento normativo, e também um dos primeiros críticos dessa própria formulação – e do professor Matus (1996) com o planejamento estratégico situacional (PES). E é essa vertente, ou seja, do PES, que será objeto de análise mais ampla e profunda a partir daqui.

A Teoria da Ação Social e o Triângulo de Governo

Uma das categorias centrais que embasam a formulação de Matus (1996) reside na sua concepção de governo. A arte de governar é dirigida a uma finalidade que em resumo significa formular política, mobilizar recursos para se alcançar mudanças de estágio nas condições materiais da vida das pessoas. Assim, qualquer que seja o governo, ele deverá exercer o poder inerente a si, visando ao alcance dessa finalidade, para tanto é necessário que se tenha um projeto de governo ou um plano, além de se buscar viabilidade para esse plano, de se ter governabilidade.

Mas não basta, apenas, ter um bom plano e criar condições para viabilizá-lo, é preciso ter capacidade de fazê-lo, ter capacidade de governo. O projeto (plano), a governabilidade e a capacidade de governo constituem o que se denomina o triângulo de governo. O planejamento estratégico, como formulação metodológica, vem a ser uma ferramenta bastante útil, no sentido de dar conteúdo e sustentação a esses três vértices do triângulo, como se verá nas etapas ou nos momentos concebidos por Matus (1996) nessa metodologia. O produto final dos momentos explicativo e normativo é um plano de governo, o momento estratégico é concebido para a busca da governabilidade, assim como o tático-operacional procura conferir a capacidade de governo.

E ainda todo esse processo que deve ser dirigido e coordenado pelo governo deve ter a participação de outros atores sociais de forma compartilhada, que, para Matus, é a ação social.

Princípios e Fundamentos do Planejamento Estratégico Situacional

A Planificação Situacional refere-se à arte de governar em situações de poder compartido. (Matus, 1996, p.6)

Uma análise do que seriam os princípios e os fundamentos que regem o planejamento estratégico situacional poderia ser feita tendo como referência os princípios do chamado planejamento econômico, que se consagrou como o chamado normativo.

Assim, a principal insuficiência, como foi referido, que se constatou no planejamento normativo foi o reducionismo econômico, por ele adotado como eixo central de modo a conferir uma armadilha terrível ao planejador, quando o adotava, no seu processo de decisão ou formulação de políticas e projetos para as áreas sociais, tais como saúde, educação, meio ambiente, habitação etc., e não só a área econômica em senso estrito.

É inaceitável que se estabeleçam custos e comparabilidade para a saúde/doença das pessoas, de forma a vir a fazer a exclusão de uns para o favorecimento de outros, em função de perdas e/ou ganhos ou custos monetários. Que custos econômicos podem ser conferidos a uma degradação ambiental, que possam ser comparados e, daí, serem critérios para decisões políticas?

Não que o administrador das coisas e dos recursos públicos não deva buscar a racionalidade econômica no uso desses recursos. Isso é imperativo. Mas essa racionalidade não deve ser um fim em si mesmo, pois o que deve preceder e presidir a ação e o plano é um cálculo situacional, que deve ser feito por quem governa e por quem planeja. Esse cálculo situacional deve considerar toda a dimensão que afeta uma situação em que vivem os homens, com suas relações, necessidades, suficiências e insuficiências, valores, culturas, enfim, com suas esperanças e desesperanças, no contexto mais amplo possível, pois, de uma dimensão política.

Portanto, essa categoria de situação está presente no PES e era faltante no campo normativo, em função do reducionismo imposto pelo econômico, ou seja, a situação é uma realidade complexa de múltiplas dimensões, com variáveis que não são controláveis.

A arte de governo, como se verificou, é, em resumo, o desencadear de um processo de intervenção nessa realidade, para se conseguir mudanças (melhoria) nessa situação, de modo que venha a conferir maiores condições materiais, psicossociais e biológicas para a vida dos homens e para que possam ter maior longevidade e melhor qualidade de vida possível.

Portanto, quem governa planifica, mas não sozinho. Há que se identificar nessa situação outros atores, que deverão também, na dimensão do poder compartilhado, participar desse processo.

Assim, em relação ao planejamento estratégico situacional, surge uma categoria fundamental totalmente ausente no normativo, que é a do ator; isto é, se no planejamento normativo o responsável era o planejador – singular, técnico, economicista –, aqui, quem planeja é um conjunto de atores (políticos, administradores, técnicos) dentro de um processo sem regras próprias ou preliminares em uma dada situação concreta. Ator, pois, é definido como qualquer pessoa de natureza física ou jurídica que, naquela situação, detém algum recurso (poder) em referência ao tema (problema) que se está abordando, na perspectiva de intervenção para mudança.

Deve-se lembrar que planejamento e mudança são como corda e caçamba, e para mudar é preciso ter poder. É o conjunto de poderes acumulados que se constituirá na força, na energia capaz de provocar as mudanças desejadas.

Portanto, fica claro que, diferentemente do normativo, o estratégico amplia a sua análise de situação, incorporando, além do recurso econômico, também os recursos políticos (principalmente) bem como os técnicos e administrativos. E as pessoas que os detêm, de alguma maneira, são os atores na linguagem do PES.

A governabilidade, referida no triângulo de governo, é justamente alcançada de forma estratégica, em um processo articulado e desenvolvido por quem governa, no sentido de identificar esses atores, e procurar a sustentação de quem apoia o projeto, a adesão dos indiferentes e o convencimento dos que são contrários. Ou seja, é um processo de identificação, superação de conflitos, que são inevitáveis em processos sociais, dada a sua natureza.

Finalmente, vale destacar que a referida capacidade de governo, como um dos vértices do triângulo, diz respeito à necessidade de adquirir competência e habilidades para a formulação e a execução de um plano de intervenção para o alcance dos objetivos e das metas, com mudanças da realidade.

Nesse sentido, o plano deverá ter um caráter modular, tendo como base estruturante um conjunto de operações, ou seja, a unidade modular básica deve ser a operação. Essas operações, portanto, deverão ser concebidas a partir, ou tendo como referência, dos chamados nós críticos, que são as causas de maior amplitude e profundidade, sendo as raízes de problemas.

Aqui surgem também duas categorias importantes no PES: os problemas e a rede sistêmica de causalidade do problema, na qual se deverá identificar os nós críticos referidos.

Assim, para Matus (1996), um problema pode ser caracterizado como uma situação insatisfatória que vem ocorrendo há algum tempo (acumulada); é algo que causa mal-estar. Caso não haja nenhuma intervenção, essa situação tenderá à permanência da insatisfatoriedade ou poderá se agravar. Assim, a base do processo de planejamento deve ser definida por intermédio de uma atividade que consista na identificação, na formulação e na priorização de problemas existentes em uma determinada realidade situacional. A matéria-prima a ser processada por meio da metodologia do PES deverá ser constituída pelos problemas que foram identificados, formulados e priorizados na situação. Na sequência, o problema que for priorizado passa a ser caracterizado naquela situação, segundo algumas variáveis definidas em função da natureza do problema, por intermédio de um conjunto de indicadores, chamados vetores descritivos do problema (VDP).

A identificação das causas que contribuem para a manifestação do problema é o passo a seguir, de modo que este conjunto de causas que se inter-relacionam irá constituir a chamada rede sistêmica de causalidade. Desse conjunto de causas que constituem a rede, algumas têm potencialmente um maior peso ou influência na manifestação do problema e são denominadas nós críticos. Para se caracterizar como um nó crítico, essa causa deve se constituir como um centro prático de ação, isto é, ser passível de intervenção nas dimensões técnica, administrativa, financeira e política.

A identificação e a análise da rede sistêmica de causalidade do problema, com a escolha dos nós críticos, consistem em uma atividade fundamental dentro do processo e devem ser desenvolvidas com todos os cuidados e requisitos que se exigem, pois serão os nós críticos, a seguir, a base ou matéria-prima de referência para o desenho do plano modular de operações.

Vale lembrar que, qualquer que seja o problema ou a natureza e complexidade de uma operação, haverá sempre a exigência de recursos para a sua viabilização, que são de natureza econômica, técnica, administrativa e política. A variabilidade dessa exigência em relação aos recursos necessários irá depender da natureza da operação e das condições concretas da realidade em que se está operando.

O desenho ou a formulação das operações não pode prescindir dos conhecimentos técnicos e científicos que estão acumulados em relação ao problema e às próprias operações em si. O que significa que, no processo, devem ser requisitados, eventualmente, outros atores, detentores desse conhecimento técnico-científico, para participarem na formulação do plano

PLANEJAMENTO ESTRATÉGICO NO PROCESSO DE GESTÃO | 713

de intervenção, a ser formatado de forma modular. Lembrando que a finalidade ou o objetivo de uma operação ou de um conjunto de operações é impactar, eliminando ou atenuando aquelas causas (nós críticos) que estão levando à ocorrência do problema.

Os Momentos do Planejamento Estratégico Situacional (PES)

O PES, como um instrumento metodológico, que se referencia por uma sequência lógica de um raciocínio articulado, (que é a base conceitual da concepção do planejamento), vai apresentar também, como as outras metodologias, algumas etapas ou fases que, na linguagem do PES concebido por Matus (1996), são chamados de momentos.

Esses momentos são:

- Momento explicativo.
- Momento normativo.
- Momento estratégico.
- Momento tático-operacional.

Diferentemente das etapas concebidas na formulação do chamado planejamento normativo, que eram sequenciais e lineares, em que o encerramento de uma etapa dava início ao desenvolvimento da próxima e assim sucessivamente, aqui, na metodologia do PES, não é isso que ocorre. O desenvolvimento em um determinado tempo de um momento não exclui, necessariamente, a necessidade de se estar desenvolvendo paralelamente um outro momento. A característica, portanto, de exclusão, que era marcante nas etapas do planejamento normativo, aqui não se aplica.

Tendo-se como eixo de referência a variável tempo, pode-se dizer que a forma geométrica que se visualiza, em relação aos momentos em torno deste eixo é a forma de uma espiral ascendente, e não de uma linha retilínea, sequencial e excludente observada nas etapas do normativo.

Há sim, evidentemente, no PES, um certo predomínio ou hegemonia de determinado momento em relação aos demais, ao longo do processo, mas constantemente estará se retomando, em um mesmo tempo, os fazeres de outros momentos. O certo é que o desenvolvimento dos momentos

EDUCAÇÃO AMBIENTAL E SUSTENTABILIDADE

referidos consiste em ser uma atividade intelectual coletiva, que busque alguns produtos próprios, resultantes de seu desenvolvimento.

O Momento Explicativo

O momento explicativo busca a realização de um diagnóstico situacional, tendo como referência uma determinada área de uma categoria temática (saúde, educação, meio ambiente). Essa busca é presidida pela necessidade de se conhecer a realidade situacional e explicá-la, em termos de suas determinações causais. Busca-se identificar nessa realidade aquelas situações que incomodam, causam mal-estar, por meio de um processo de análise comparativa com outros lugares.

Enfim, um produto importante, resultante do desenvolvimento do momento explicativo, são os problemas existentes nessa realidade, que deverão ser identificados e corretamente formulados. A correta formulação do problema (no sentido de clareza e objetividade) é um pré-requisito fundamental na metodologia do PES. Por exemplo, afirmar que, em relação à saúde ou ao meio ambiente, o problema de um determinado município é de zoonoses é inadequado, pois carece de precisão e objetividade. Também é inadequado dizer, de forma genérica, que o problema de tal município é a hipertensão arterial. É necessário definir com clareza determinadas categorias em relação ao problema formulado, tais como tempo, lugar e o próprio problema.

Assim, uma formulação mais adequada em relação às zoonoses referidas no exemplo anterior poderia ser a alta incidência da raiva canina no município X, no ano Y, ou, em relação à hipertensão arterial, poderia ser, por exemplo, a alta taxa de mortalidade por agravos decorridos de hipertensão arterial em pessoas com menos de sessenta anos de idade. E assim por diante.

Esse processo compartilhado por diversos atores vai buscar, inicialmente, a identificação e formulação dos diversos problemas que estão presentes na realidade.

Cabe lembrar que, segundo a metodologia do PES, é necessário que se defina, no conjunto dos diversos atores que participam desse processo compartilhado, aquele que será o ator responsável, aquele que, em última instância, deverá responder pela direção e coordenação do processo em todos os seus momentos até o produto final, que deverá ser o plano modular de operações, sendo mediado pelas operações em andamento, conforme se estabeleceu ou vai se estabelecendo.

É preciso lembrar que, em relação aos demais atores, existem diferenças de natureza mais diversa possível, em função de interesses, conhecimento, ideologia, visão de mundo, corporação, local de residência, cultural, religiosa, política, enfim, tudo que está estabelecido e marcado no tecido social e nas relações entre as pessoas. Essas diferenças são fontes permanentes de conflitos e, portanto, de dificuldades para se obter o consenso nesse momento de identificação e formulação dos problemas.

Portanto, o uso das informações e/ou de indicadores de fontes secundárias será de grande utilidade para o estabelecimento dos problemas, fontes primárias poderão também ser utilizadas. Esses indicadores, além de confirmarem a efetiva existência do problema, possibilitam o seu melhor conhecimento, na medida em que, não só são capazes de conferir medidas quantitativas do problema como conseguem, muitas vezes, sua qualificação, por meio de algumas variáveis específicas, tais como a ocorrência em relação a tempo, lugar, sexo, idade, condição econômica, escolaridade, saneamento básico etc.

Na metodologia do PES, esses indicadores são chamados vetores de descrição do problema, ou, também, de descritores do problema. E, nesse sentido, um bom descritor deverá ter as mesmas qualidades referidas para ser considerado um bom indicador, conforme nos ensina a epidemiologia. Devem ser de fácil coleta, passíveis de monitoramento (quantitativo) e, portanto, comparáveis em relação às variáveis tempo e lugar.

É de se ressaltar que, em determinadas situações, dependendo da natureza do problema e do sistema de informações existentes (isto é, dos dados registrados e coletados), haverá precariedade de descritores do problema, o que não deve ser motivo para anular a sua existência. Como já foi referido nessa metodologia de planejamento, aceita-se que a percepção do problema, compartilhada por diversos atores, pode e deve ser acatada, não necessitando, naquele momento, de provas cabais e numéricas para a comprovação da sua existência.

Há que, no desenvolvimento do processo, ou seja, dos outros momentos do PES, se resgatar esse "fazer", próprio do momento explicativo, no sentido de se obter progressivamente dados e informações, que possam ser os descritores do problema. E quando analisados, confirmem a existência do problema e o seu modo de ocorrer naquela realidade.

Por exemplo, uma das operações, definida no plano modular para o enfrentamento do problema, foi a de melhorar o sistema de informação. O desenvolvimento dessa operação, viabilizada no momento estratégico e acontecendo no momento tático-operacional, dará como produto um conjunto de informações e, portanto, de novos descritores a serem apropriados e analisados. Essa é uma atividade própria do momento explicativo. Aqui, portanto, caracteriza-se a espiral referida anteriormente em relação aos momentos do PES.

Na sequência do desenvolvimento do momento explicativo, uma vez definidos e elaborados os principais descritores do problema (os VDPs), o passo seguinte consiste na realização da análise no sentido de se identificar as principais causas do problema, isto é, a construção da rede sistêmica de causalidade. Trata-se de identificar quais são os fatores e as condições que podem ser considerados causas diretas ou indiretas daqueles efeitos que foram qualificados e quantificados por intermédio dos descritores. É um processo analítico no qual se procura estabelecer o nexo entre a(s) causa(s) e o efeito.

É preciso lembrar que não se trata de um processo de adivinhação ou do chamado "achismo", pois, dependendo da natureza do problema formulado, há, para qualquer que seja, um conhecimento científico acumulado que deve ser apropriado e utilizado nessa formulação da rede de causalidade. Nesse sentido, a epidemiologia analítica e a epidemiologia social têm a capacidade de ancorar esse fazer, graças aos estudos e pesquisas epidemiológicas já desenvolvidos em relação ao problema (Dever, 1988).

No entanto, deve-se ressalvar que não se está trabalhando ou se processando um problema em uma realidade virtual ou em uma situação abstrata ou atemporal, mas sim em uma realidade concreta, ou seja, em um determinado lugar e em um determinado tempo, com suas características ou com uma estrutura epidemiológica própria e que deve ser considerada e conhecida. E, sendo assim, mesmo tendo como referência o amplo universo de causas que levam a um problema, estas deverão ser tais e quais em função do contexto em que se está analisando ou se processando o problema.

O professor Matus (1996) classificava as causas que contribuíram para a ocorrência do problema em dois grandes grupos (na perspectiva da governabilidade do ator): as causas estruturais e as causas conjunturais. Para Matus, as causas estruturais são aquelas que derivam ou se originaram das relações sociais que se estabeleceram ao longo da história de uma determinada sociedade. São causas de natureza política, social, econômica, cultural e religiosa. São causas que geralmente estão presentes na gênese, não apenas de um problema, mas de vários problemas de uma sociedade. A superação imediata dessas causas não está dada no escopo da governabilidade que o ator detém naquele momento.

Aqui, vale considerar a perspectiva revolucionária ou transformadora que o planejamento estratégico carrega em si. Na medida em que se avança no tempo, um determinado governo vai acumulando êxitos ou sucessos na superação ou na atenuação dos problemas de uma sociedade. Isso (os êxitos acumulados) leva a um acúmulo do poder (político), e esse poder crescente, em um determinado momento, vai ter a força, a energia ou a capacidade necessária para a superação das causas estruturais. E assim sucessivamente, por meio do ataque a ser feito nas causas conjunturais, para as quais o ator tem maior governabilidade naquele momento.

As causas conjunturais geralmente se referem às deficiências, insuficiências ou até mesmo ausências na organização e no funcionamento do(s) sistema(s) no(s) qual(is) o(s) problema(s) está(ao) sendo processado(s). São causas relacionadas com as insuficiências, nas dimensões das instalações físicas, equipamentos, material permanente, material de consumo, recursos humanos, e na dimensão das relações estabelecidas que confere a organização e o funcionamento do sistema.

Assim, nesse processo de conhecimento ou estabelecimento das causas, pode-se também verificar a posição do ator em relação a elas, em termos da governabilidade. Configuram-se três condições básicas:

- O ator detém total governabilidade em termos dos recursos necessários às operações necessárias à superação da causa.
- O ator tem governabilidade parcial, no sentido da superação da causa. Ou seja, não detém todos os recursos necessários, mas tem um mínimo de trânsito ou de capacidade de diálogo junto aos outros atores que são detentores dos demais recursos.
- O ator não tem nenhuma governabilidade dos recursos necessários à superação da causa. Geralmente, aqui são consideradas aquelas causas de naturezas estruturais.

Na metodologia do PES, esse balanceamento de governabilidade do ator é importante e se coloca na perspectiva estratégica para se avaliar a viabilidade do plano modular de operações e, portanto, da possibilidade de se estar impactando o problema.

Aqui merece uma reflexão no sentido de indicar que, no processo de gestão estratégica, uma das habilidades ou capacidades que o gestor deve buscar e adquirir é justamente esta, ou seja, a de buscar governabilidade, no sentido de adquirir poder e recursos para a superação das causas e a impactação nos problemas.

Por fim, vale lembrar também uma situação de caráter metodológico (operacional) que ocorre com bastante frequência na aplicação do método do PES, que é referente à dupla personalidade que determinadas causas podem experimentar. Isto é, dupla no sentido de que podem ser classificadas também como descritores e, daí para o estabelecimento do conflito (paralisante do processo) entre os atores participantes, é uma possibilidade concreta e frequente.

Essas situações ocorrem geralmente quando os problemas que estão sendo processados são classificados como intermediários, e não como potenciais. Ou seja, os problemas potenciais referem-se aos agravos da saúde ou agravos ambientais que incidem na população ou no meio ambiente, já aqueles (intermediários) referem-se à estrutura e à organização dos sistemas. Por exemplo, a deficiência na assistência hospitalar, em um município, é um problema de natureza intermediária. No processo de análise e formulação da rede sistêmica de causalidade, por exemplo, a falta de recurso leito hospitalar é causa e quando for feita a quantificação desta falta (faltam 20 leitos obstétricos para a cobertura de 100% dos partos esperados), essa formulação pode ser considerada um descritor do problema. Pode considerar-se, portanto, que, nessas situações, a causa quantificada pode vir a ser um descritor. De qualquer modo, em termos metodológicos, podem ser consideradas as duas situações, ou seja, tem-se uma causa, que é causa e também um descritor, quando se quantificar essa causa.

Deve ser lembrado que o plano de operações é referenciado na causa dos problemas, portanto, não é desejável omiti-la, pelo fato de ela já estar contemplada como um descritor.

A Identificação dos Nós Críticos

Geralmente, a maioria dos problemas tem uma grande variedade de causas que se inter-relacionam (daí a ideia de rede sistêmica de causalidade) e deverão ser a base, a matéria-prima a ser trabalhada no momento normativo, pois o plano modular de operações será concebido tendo como referência as causas que são a raiz do problema. Ou seja, anulam-se as causas e os efeitos serão anulados.

A metodologia do PES, em função da necessidade de restringir esse número muito grande de causas, pois, de certa forma, tornaria o processo de formulação do plano bastante difícil, complexo e confuso, criou a categoria chamada de nó crítico. A ideia é reduzir o número de causas por intermédio da identificação de algumas delas que são de maior relevância para a ocorrência do problema, sem perder o conjunto de rede de causalidade.

Portanto, o nó crítico é uma causa que, se superada, tem a capacidade de interferir em outras causas da rede, de tal forma que as operações concebidas no plano modular para essa causa (nó crítico) também deverão interferir em outras causas que na rede se relacionam com o nó crítico.

Do ponto de vista prático ou operacional, Matus (1996) define três condições básicas para se classificar uma causa como nó crítico:

- Todo nó crítico deve ser uma causa (nem toda causa é um nó crítico).
- O nó crítico deve ser um centro prático de ação.
- O nó crítico, como causa, deve ter uma forte presença ou concorrência na causação dos efeitos, ou seja, ele deve (se resolvido) impactar na mudança (redução ou aumento) dos descritores/indicadores.

A ideia de centro prático de ação é no sentido de que há disponibilidade de recursos – político, técnico, administrativo e financeiro – para se atuar no nó crítico, ou seja, na prática é possível atuar naquela causa.

O alto índice de incidência da leptospirose no Município de São Paulo, durante o verão, é um exemplo que pode ilustrar esse conceito. Não há dúvida de que o alto índice pluviométrico que acontece nessa estação do ano é uma das causas mais importantes dessa ocorrência, talvez até uma causa que transcenda todas as demais em termos de contribuir para a ocorrência do problema, até porque, quando da diminuição dos índices pluviométricos na cidade, a ocorrência da leptospirose diminui de forma significativa. É, portanto, uma causa (1ª condição), é uma causa que transcende (3ª condição), mas não é um centro prático de ação (2ª condição), e, portanto, não pode ser considerada um nó crítico. Não há recurso tecnológico e outros capazes de diminuir a ocorrência da chuva.

Uma vez estabelecido o conjunto de nós críticos, outro momento do PES que passa a ser desenvolvido é o momento normativo. Antes, porém,

720 | EDUCAÇÃO AMBIENTAL E SUSTENTABILIDADE

é recomendável que seja elaborada uma síntese de todo esse processo explicativo, por meio de um gráfico que é denominado de fluxograma situacional (FS). O FS é, portanto, uma figura que deve ser construída contendo algumas categorias na seguinte sequência:

- Área temática. Denominar a área a que pertence o objeto do planejamento (saúde, meio ambiente, educação, transporte etc.).

- O problema. É importante reiterar a necessidade de que a sua formulação deve ser clara, objetiva e se referir a que lugar (área/situação) e em que tempo.

- O ator protagonista. Quem é o ator responsável pelo processamento do problema. Não se deve confundir aqui a figura do ator com a do único planejador, pois o PES, como se viu, é processo caracterizado por uma ação social em que outros atores participam de forma compartilhada.

- A listagem dos vetores descritores do problema (VDPs). Indicadores formulados com os dados coletados (fonte primária ou secundária), que têm a capacidade não só de comprovar que efetivamente o problema existe, como também qualificá-lo, em relação a tempo, lugares e pessoas, segundo alguns atributos. É a aplicação dos fundamentos e da metodologia da epidemiologia descritiva que se utiliza como ferramenta para este fazer. Diz-se, na oportunidade, que, dependendo da natureza do problema e do sistema de informação existente, em algumas situações, a disponibilidade de dados registrados ou coletados é praticamente exígua, o que vai demandar outras operações para a construção desses indicadores (VDPs), de modo a permitir conhecer o problema na sua extensão e especificidade.

- Preenchimento do campo referente às consequências do problema. O passo seguinte na construção do gráfico do fluxograma situacional consiste em listar os tópicos referentes aos prejuízos decorrentes, se continuar a condição de permanência ou do agravamento do problema. Geralmente, esses tópicos são síntese das análises que devem ser feitas, tendo em conta os possíveis prejuízos que irão ocorrer em relação ao indivíduo, à família, ao sistema de saúde e à sociedade. Diga-se, a propósito, que esse fazer, próprio do momento explicativo, não deixa de ter uma perspectiva estratégica, pois o realce das consequências indesejáveis, com seus respectivos prejuízos inerentes, tem a capacidade ou a possibilidade de sensibilizar os outros atores no sentido de adesão, cooperação e apoio na sua solução. Ou seja, aqui já se está buscando a viabilidade.

- A construção da rede sistêmica de causalidade. Consiste em identificar e colocar de forma articulada entre si as principais causas que estão causando ou contribuindo para a ocorrência do problema. É certo que, dependendo da natureza do problema, os estudos e as pesquisas realizados no âmbito do método epidemiológico analítico (epidemiologia analítica) devem ser fontes de referência para esse fazer, embora não esgote por completo todo o conjunto de causas. Porém, a epidemiologia analítica, na medida em que procura estudar o nexo entre causas e efeitos, é um instrumento bastante útil nesse fazer. Outra consideração a ser feita em relação à rede de causalidade é a análise da consistência e coerência desta rede montada, que deve ser feita tendo como referência, principalmente, os indicadores (VDPs). Isto é, para cada indicador listado, deve haver uma ou mais causas que estão contribuindo para a sua ocorrência. Se isso não ocorrer, significa que a rede montada tem insuficiências ou deficiências, o que deverá ser revisto. Por isso que, na sequência de fases estabelecidas no método (embora não linear), é importante inicialmente identificar os efeitos indicadores e depois as suas causas. Se existirem causas que não levam a efeitos (indicadores), é possível dizer que o processo de identificação dos indicadores foi falho ou que aquela causa provavelmente pode não fazer parte da rede sistêmica de causalidade.

- A identificação dos nós críticos. Como já foi referido anteriormente, os nós críticos completam o gráfico do fluxograma situacional com os seus conteúdos de informações sintéticas mais importantes e fundamentais. A agregação de outras informações complementares no corpo do gráfico não é proibida, pode ser feita à medida que for considerada de relevância. Contudo, cuidados devem ser tomados no sentido da indesejável contaminação e poluição visual que pode ocorrer, descaracterizando, portanto, todo o objetivo do gráfico, que é apresentar resumidamente, ou seja, uma síntese de um complexo processo analítico, que é a análise de uma situação. O Anexo I representa um exemplo do fluxograma situacional de um problema que foi processado, sob super-

EDUCAÇÃO AMBIENTAL E SUSTENTABILIDADE

visão do autor, pela equipe de profissionais do Distrito Sanitário de Perus, no contexto do Curso de Capacitação de Gerentes de Unidades Básicas do Sistema Único de Saúde (SUS) (Ribeiro et al., 2003).

O Momento Normativo (o que deve ser)

A base ou matéria-prima a ser trabalhada no momento normativo deverá ser cada um dos nós críticos que foram identificados no momento explicativo. Aqui, a metodologia considera que cada um dos nós críticos deve ser pareado com um rol dos indicadores (VDP) listados para o problema, visando a relacioná-lo com aqueles indicadores. É uma relação para se estabelecer o nexo entre causa (nó crítico) e o efeito (indicador).

Isso posto, o passo seguinte é o estabelecimento dos objetivos e das metas para cada um dos descritores do subconjunto do nó crítico. Na linguagem do método significa estabelecer a situação objetivo para cada um desses VDPs (indicadores).

Pois, se na situação atual, descrita e analisada no momento explicativo, o valor do indicador é "X" e, portanto, no tempo de governo ou de gestão do ator propositivo, pretende-se a redução/aumento de "X". Esse valor "X" é a situação objetivo, que se pretende alcançar por intermédio do desencadeamento de uma série de operações do plano modular de intervenção.

A imagem objetivo, outra categoria referida no método do PES, significa estabelecer uma situação que seria ideal para o indicador, o VDP. E aqui a variável tempo é desconsiderada, como se considerou o tempo de gestão ou governo do ator propositivo, na definição da situação objetivo. Diz-se que a imagem objetivo é a situação utópica. Então, o produto do momento normativo básico é a definição das operações a serem desencadeadas no contexto de um plano de intervenção e referenciadas aos nós críticos. Há um gráfico que sintetiza, também, essa análise e elaboração, que é chamado de matriz de operações para os nós críticos.

E essa matriz deve conter alguns elementos/categorias fundamentais, a saber:

- O nome do problema, nos termos referidos no momento explicativo.
- O ator propositivo do problema.
- O nó crítico formulado.

PLANEJAMENTO ESTRATÉGICO NO PROCESSO DE GESTÃO | **723**

- As operações definidas para o nó crítico formulado; e, nesse sentido, é possível, dependendo da natureza do nó crítico e de outras variáveis, ter uma ou mais operações para cada nó crítico.

E, ainda, para cada operação formulada deve ser estabelecido o seguinte:

- O conjunto de atores que estão envolvidos de alguma maneira com a operação, isto é, aquele indivíduo (pessoa física) ou instituição (pessoa jurídica) que detém algum tipo de recurso ou poder (técnico, político, administrativo ou financeiro) que for considerado necessário para a operação acontecer ou ser desencadeada.
- Fazer uma identificação e um balanço dos recursos necessários em termos quantitativos para viabilizar a operação. Isso se explica porque, dependendo da natureza da operação, o tipo de recurso necessário será diferente. Ou seja, há operações que demandam muito recurso político e pouco recurso financeiro, outras demandam apenas recursos técnicos e administrativos e assim por diante. Esse balanço ou essa ponderação a ser feita permite uma aproximação preliminar no sentido de avaliar a viabilidade do plano e também identificar os movimentos estratégicos a serem desencadeados no momento seguinte (estratégico) para se conferir a viabilidade da(s) operação(ões) e, portanto, do plano.
- Deve-se também procurar identificar quem, no processo, será o responsável pela operação. Essa é uma recomendação enfática na metodologia do PES, pois coloca ou visa a garantir a viabilidade da operação, pois a responsabilidade a ser cobrada, no caso da não ocorrência da operação, deve ter nome e endereço certo. Nesse sentido, é recomendável que, preferencialmente, o ator responsável pela operação deva ser identificado no conjunto daqueles atores retrorreferidos que estão envolvidos com a operação. Ou seja, o ator deve deter algum recurso referente à operação e ter linha de mando ou, no mínimo, ter trânsito, isto é, ter relações transversais com os demais atores envolvidos referidos.
- A definição de prazos (tempo) e metas em relação à operação precisa ser estabelecida, bem como o(s) indicador(es) mínimo(s) e necessário(s) para o monitoramento da operação, ao longo da implantação do plano. Por fim, a eficácia do plano deve ser monitorada de forma sistemática ao longo do tempo, por meio do monitoramento e da análise

dos indicadores estabelecidos na situação-objetivo, para os descritores dos nós críticos.

O Anexo II representa um exemplo parcial da matriz operacional de um problema que foi processado, sob supervisão do autor, pela equipe de profissionais do Distrito Sanitário de Perus, no contexto do Curso de Capacitação de Gerentes de Unidades Básicas do Sistema Único de Saúde (SUS) (Ribeiro et al., 2003).

O Momento Estratégico

A análise estratégica deve responder a duas perguntas:

* Que operações do plano são viáveis agora?
* Posso construir viabilidade para aquelas operações inviáveis durante meu período de "governo"?

Aqui é importante ressaltar que a análise deve centrar-se no esforço para construir a viabilidade, mapeando todos os atores que possam cooperar ou se opor ao que está proposto, calculando o tipo de controle que cada um tem dos recursos essenciais ao plano.

Dentro do setor saúde, cada vez ganham mais espaço as possibilidades de gestão colegiada, os fóruns técnicos de intervenção, enfim, mais atores sociais assumem uma postura de parceria na construção do sistema de saúde local. Assim, sobressai a importância de mapeamento dessas possibilidades para garantir a viabilidade das operações propostas no plano.

Mais uma vez, a avaliação permeia todo o processo de planejamento e assume, nesse momento, uma grande importância. Há uma quebra da linearidade: planejar, fazer, avaliar, para colocar essas duas dimensões dentro do processo de construção do plano.

O momento estratégico, na verdade, deve ser operado ou desenvolvido ao longo de todos os momentos da explicação, da formulação e da execução do plano. Não há efetivamente um método ou receita própria para isso, diante da diversidade situacional de cada realidade. Contudo, para a construção da viabilidade do plano, que é a essência desse momento, é preciso que se realize tantas audiências quantas forem necessárias com os outros atores identificados no processo.

O Momento Tático-Operacional

Este momento reforça a necessidade de se submeter a ação diária à disciplina do planejamento. Ao mesmo tempo, sem relação com a ação, o plano é supérfluo ou mera pesquisa sobre o futuro. O momento tático-operacional se concretiza pelas funções administrativas de direção, coordenação, controle e avaliação.

Dentro do setor saúde, a obrigatoriedade de planos de intervenção municipais ou estaduais como pré-requisitos formais de algum processo administrativo é bastante frequente na história. Há uma tradição de planos feitos de forma fragmentada e que se empoeiravam nas gavetas depois de aprovados, sem nenhum impacto sobre a forma de organização das rotinas de trabalho. Assim, assumir de fato essa proposta estratégica de planejamento pode ser uma possibilidade de reorganizar a lógica da organização do trabalho, construindo, de fato, um esforço coletivo de mudança da realidade sanitária.

O fazer passa a ser considerado parte do plano e não uma etapa posterior. Quebra-se a lógica linear: planejar–executar–avaliar. O fazer é também recalcular o plano. O monitoramento das operações ajuda a redesenhá-las permanentemente e a avaliação contínua do impacto no processo de organização dos serviços e na realidade sanitária da população realimenta a leitura da realidade e da melhor forma de intervir nela.

Assim, retoma-se continuamente o momento explicativo, o normativo, o estratégico e a concepção de um processo permanente em espiral é radicalizada.

CONSIDERAÇÕES FINAIS

Como se pode verificar, a metodologia do planejamento estratégico pode ser considerada um instrumento imprescindível para o processo de gestão a ser exercido nas diversas áreas, no âmbito das políticas públicas. A base fundamental dessa metodologia é o indicativo de se planejar a partir dos problemas que são identificados e serão processados na dimensão técnica e política.

O plano modular, produto final do processo, não é final, pois ele é um plano para uma determinada situação e, como as situações nas áreas sociais estão em constante metamorfose, irá exigir, constantemente, rearranjos ou reformulação do plano.

A legitimidade que é requerida a qualquer plano de intervenção, na concepção da metodologia do PES, é conferida pelo caráter participativo que é inerente ao método. A condução do processo é daquele que tem poder (que é o governo, mas não é o único a ter o poder) e deve ser regido no sentido de se abrir a possibilidade da participação de outros atores no processo.

Finalmente, há de se considerar que, nas instituições que dirigem e coordenam os diversos sistemas que operam as políticas públicas, a postura do dirigente é fundamental, no sentido de que seja incorporada na cultura institucional a atitude proativa de todos os seus integrantes, visando buscar sempre as mudanças na perspectiva progressiva, e que sejam capazes de conferir melhores condições de vida material e psicossocial para as pessoas. Aliás, isso é, antes de tudo, uma questão de ética e compromisso de todos.

REFERÊNCIAS

ALMEIDA, E.S.; VIEIRA, C.A.; CASTRO, C.G.J. et al. Planejamento e programação em saúde. In: ALMEIDA, E.S.; WESTPHAL, M.F. (coords.). *Gestão de serviços de saúde: descentralização/municipalização*. São Paulo: Edusp, 2001.

DEVER, G.E.A. *A epidemiologia na administração dos serviços de saúde*. São Paulo: Pioneira, 1988, p.47-68.

MATUS, C. *O método PES: roteiro de análise teórica*. São Paulo: Fundap, 1996, p.6.

[OPAS] ORGANIZACIÓN PANAMERICANA DE SALUD. *Formulación de políticas de salud*. Washington (DC), 1975. Cap.3.

[OPS/OMS] ORGANIZACIÓN PANAMERICANA DE SALUD. ORGANIZACIÓN MUNDIAL DE SALUD. *Problemas conceptuales y metodológicos de la programación de la salud*. Washington (DC), 1965. (OPS-Publicación Científica,111).

RIBEIRO, A.M.; GINCIENE, A.R.; MELO, C.R. et al. *Planejamento estratégico situacional do Distrito de Perus*. São Paulo: Faculdade de Saúde Pública da USP/Secretaria Municipal de Saúde de São Paulo/Cefor, 2003.

URIBE, R.F.J. (org.). *Planejamento e programação em saúde: um enfoque estratégico*. São Paulo: Cortez, 1989.

Bibliografia Consultada

CHIAVENATO, I. *Administração: teoria, processo e prática*. São Paulo: McGraw-Hill, 1985, p.161-76.

HUERTAS, F. *Entrevista com Carlos Matus: o método PES*. São Paulo: Fundap; 1996, p. 12.

MATUS C. *Estratégia y plan*. México: Siglo XXI, 1968. Cap. 2.

ANEXO I
Fluxograma explicativo situacional
Problema: deficiência da atenção básica – DS Perus
Ator: Diretor DS Perus
Tempo de gestão: 1 ano e 8 meses

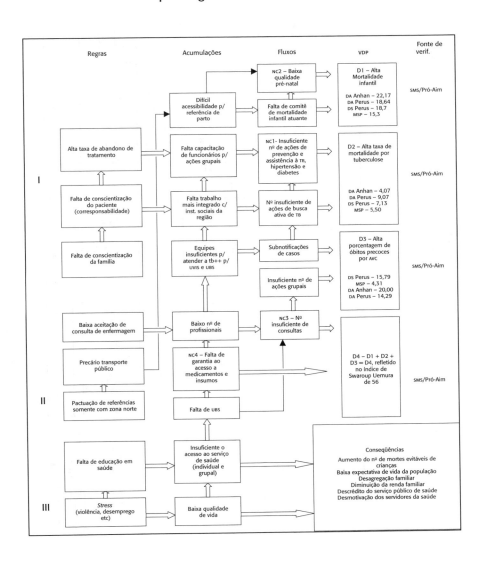

Anexo II

MATRIZ OPERACIONAL – PLANO DE AÇÃO DA COORDENADORIA DE SAÚDE DE PERUS

Problema declarado: A Deficiente Atenção Básica da Coordenadoria de Saúde de Perus
Ator social: Dr. Scandar – Coordenador de Saúde de Perus
Tempo de Gestão do Plano: 1 ano e 6 meses
Início do Plano: 01/06/2003

Nó crítico	Operações e ações	Atores	Impacto (A, M, B) (+)	Recursos (Po, Ec, Co, O) (a)	Viabilidade (+)	Ator responsável	Prazos	Indicadores	Conflitos
NC 1 – Insuficiente nº de ações de prevenção e assistência à tuberculose, diabetes e hipertensão	op1 – Adequar e implantar protocolo técnico/ Operacional dos Perus p/ atendimento aos hipertensos e diabéticos	Coord. de Saúde/ A. técnico = Maria Inês/Equipe de gerentes (b)	A+	O: RH	+	Maria Inês/A. Técnico	90 dias	Nº de unidades com protocolo implantado	Organizacional
	Ação 1 – Organizar cursos de capacitação p/ o protocolo de atendimento de hipertensão e diabetes					Tereza	60 dias		
	Ação 2 – Organizar implantação de protocolo nas unidades					Gerentes/UBS	90 dias		
	op2 – Implementar e ampliar grupos de hipertensão e diabetes	Coord. de Saúde/ A. técnico = Maria Inês/Equipes de Gerentes	A+	O: RH e Físico	+	Maria Inês/A. Técnico	90 dias	Nº de grupos efetivados	Organizacional (falta de insumos e medicamentos)
	Ação 1 – Implantar grupo p/ hipert. e diabéticos no P. M. Anhanguera, aos fins de semana					Maria Inês	60 dias		
	Ação 2 – Ampliar nº de grupos nas UBS					Gerentes/UBS	30 dias		
	op3 – Promover campanhas p/ detecção de hipertensos e diabéticos	Coord. de Saúde/ Coord. UVIS/ Equipes de gerentes	A+	Po – Subpref., Conselho Gestor, Adesão Pop./O: RH e Rec. Materiais	+	Coord. uvis/ Dra. Fátima	Out./2003 Maio/2004 Out./2004	Nº pessoas avaliadas % de hipert. e diab. detectados	Organizacional (falta de funcionários, insumos e medicamentos)
	Ação 1 – Organizar as campanhas					Flávia			
	Ação 2 – Sensibilizar e capacitar os funcionários para a ação					Flávia			
	Ação 3 – Divulgar campanha					Jô			

(a) Po = político, EC = economia, Co = Conhecimento, O = organizacional
(b) Os campos vazios das ações não foram considerados, pois são os mesmos das operações.

(continua)

MATRIZ OPERACIONAL – PLANO DE AÇÃO DA COORDENADORIA DE SAÚDE DE PERUS *(continuação)*

Nó crítico	Operações e ações	Atores	Impacto (A, M, B) (+)	Recursos (Po, Ec, Co, O) (a)	Viabilidade (+)	Ator responsável	Prazos	Indicadores	Conflitos
NC1 – Insuficiente nº de ações de prevenção e assistência à tuberculose, diabetes e hipertensão	op4 – Implementar equipes de vigilância nas unidades de UBS	Coord. de Saúde/ Coord. UVIS/ Equipe de gerentes	A+	O: RH/Co	+	Assist. téc. UVIS	90 dias	Nº de equipes atuantes/Nº prof. capacitados	Organizacional (falta de funcionários)
	Ação 1 – Definir equipe de RH da unidade					Gerente/UBS	30 dias		
	Ação 2 – Capacitar equipe					Flávia	60 dias		
	op5 – Busca-ativa de tuberculose	Coord. de Saúde/ Coord. UVIS/ Equipes de gerentes	A+	O: RH e administrativos	+	Dra. Fátima	permanentemente	Nº de ações/Nº de casos detectados	Organizacional (falta de viatura)
	Ação 1 – Ampliar grupos de busca-ativa					Edna	junho		
	Ação 2 – Capacitar equipe					Flávia	agosto		
	Ação 3 – Definir cronograma de ação					Edna	junho		

(a) Po = político, EC = economia, Co = Conhecimento, O = organizacional
(b) Os campos vazios das ações não foram considerados, pois são os mesmos das operações.

Informação em Saúde e Ambiente: Acesso e Uso

28

Angela Maria B. Cuenca
Maria do Carmo A. Alvarez
Alice Mari M. de Souza
José Estorniolo Filho
Bibliotecários, Faculdade de Saúde Pública da USP

Ontem, e mais ainda hoje, a informação publicada como base para a preservação do conhecimento tem a biblioteca como sua guardiã. Essa informação é divulgada sob vários formatos, seja impresso, seja por meio eletrônico. Mais recentemente, as bibliotecas virtuais permitem maior acesso a uma infinidade de conteúdos, em uma abrangência nunca imaginada.

Isso traz desafios para a organização da informação, levando à criação de sistemas de informação, de redes cooperativas, de consórcios e bases de dados de múltiplos materiais, entre outros. Toda essa organização está voltada para criar facilidades ao usuário, em qualquer lugar em que ele esteja. A forte tendência é não só facilitar o acesso, mas, também, não perder de vista a seleção e a qualidade da informação disponível.

Todo esse conjunto de informações disponíveis, devidamente registrado e organizado, contribui para o aprendizado de alunos de vários níveis, incluindo os de cursos de pós-graduação *lato sensu* e *stricto sensu*. O presente capítulo foi elaborado com base nesse enfoque, cujo objetivo é descrever os principais e mais importantes meios para atualização de temas de saúde e ambiente. Essa atualização servirá como ponto de partida não somente para aumentar e complementar o conhecimento dos estudantes, mas também para que eles produzam novos conhecimentos, enriquecidos com suas experiências profissionais.

Assim, os temas aqui abordados incluem a menção às mudanças com as novas tecnologias da informação e alguma orientação sobre as modalidades das várias categorias de publicações, os sistemas de informação e seus produtos e serviços, sobre a busca de informações, a normalização e citação bibliográfica, e a preparação de monografias acadêmicas.

Não se pretendeu, de forma alguma, esgotar esses assuntos. Procurou-se a objetividade calcada nos resultados esperados com os estudantes dos cursos de especialização em saúde e ambiente, ou seja, nas áreas de educação ambiental, gestão ambiental, saneamento básico e direito ambiental.

Cumpre salientar que o presente capítulo foi escrito com base na experiência de seus autores, adquirida em alguns anos de docência e na lida bibliotecária. Da mesma forma, baseou-se na bibliografia citada e nos *sites* de interesse indicados no final do capítulo.

A INFORMAÇÃO CIENTÍFICA E ACADÊMICA E OS AVANÇOS TECNOLÓGICOS

A mudança paradigmática da informação científica com a tecnologia da informação não mudou o papel da universidade de continuar na fronteira do conhecimento, pois é uma das principais fontes produtoras de pesquisa em um país. O que mudou foram os avanços tecnológicos que possibilitaram a potencialização do acesso e da disponibilização da informação, retroalimentando o desenvolvimento e a pesquisa em tecnologia da informação.

Em outras palavras, o desenvolvimento científico e tecnológico sempre ocorreu na interdependência do econômico. Assim, por exemplo, se, de um lado, a internet possibilitou um aumento na integração e na atualização da informação existente, potencializando os processos de tratamento, de disseminação e sua transferência, por outro lado, não ampliou na mesma relação o nível educacional ou de telecomunicações da população.

Entre as modificações verificadas, o aumento do acesso talvez seja o mais significativo, uma vez que hoje não é mais importante ser o centro armazenador da informação, mas, sim, ter o acesso privilegiado a esses centros. O avanço da comunicação por meio da internet possibilitou a integração às principais bibliotecas acadêmicas e especializadas, aos institutos de pesquisa do país e da comunidade internacional.

Outro aspecto comparável diz respeito à disponibilidade da informação, com a facilidade de se pesquisar em bases de dados bibliográficas, de texto completo, de se obter documentos por intermédio da comutação bibliográfica *online* e do implemento da comunicação científica. Entrando nos mais diferentes *sites* de instituições ambientais, todo tipo de documento está disponível online e estão sendo introduzidas novas formas de organizar e armazenar a informação eletrônica, como as bibliotecas virtuais, por exemplo.

Os avanços na tecnologia da informação induziram de forma globalizada esses investimentos em novas atividades e produtos, estimulando a competitividade e o planejamento, levando ao uso de novas estratégias organizacionais e a novas capacitações. É importante lembrar que só trarão resultados vantajosos se forem definidos objetivos claros e próprios para o uso da tecnologia da informação, pois, caso contrário, não haverá progresso científico algum.

MODALIDADES DE PUBLICAÇÕES

Os resultados do trabalho intelectual de estudiosos e pesquisadores, as ideias e descobertas, os dados e opiniões – comunicados geralmente por meio de algum tipo de publicação – são divulgados na forma de artigos de periódicos, anais de congressos, relatórios técnicos, teses e dissertações etc., que passam ao domínio público. O conjunto desses registros divulgados vai formar a denominada literatura científica.

Como parte de um sistema de comunicação, a literatura de uma determinada área sofre influência de vários fatores a ela inerentes. O primeiro desses fatores é a quantidade de pesquisas e outras atividades intelectuais desenvolvidas, com reflexo direto na literatura, causando a chamada "explosão bibliográfica". O segundo fator seria a rapidez das mudanças no mundo atual, tornando a literatura obsoleta muito rapidamente.

A interdisciplinaridade do conhecimento é outro fator que afeta principalmente a literatura científica, sobretudo as publicações periódicas, gerando problemas de dispersão de artigos e dificultando sua busca. A literatura é gerada em instituições acadêmicas – governamentais e privadas – e reflete claramente essa influência.

A diversificação das atividades científicas também exerce uma enorme influência na literatura especializada, hoje representada por uma grande variedade de tipos de material, originados das mais diversas fontes.

Há vários esquemas de estruturação da literatura especializada, sendo a maioria deles baseada no fluxo informacional, isto é, os diferentes tipos de documentos são classificados de acordo com a informação que contêm e o lugar que ocupam no fluxo da informação, que vai desde a sua geração,

EDUCAÇÃO AMBIENTAL E SUSTENTABILIDADE

passando pelo processo e pela divulgação realizados por serviços bibliográficos, até sua compactação em enciclopédias e manuais.

O que se considerou neste capítulo foi uma classificação baseada nas funções da informação contida nos diferentes tipos de documentos que, no conjunto, podem ser classificados em fontes primárias e secundárias.

Publicações Primárias e Secundárias

Literatura primária é aquela cujas informações são divulgadas na forma como são produzidas por seus autores. As mais importantes são livros, artigos de periódicos, *preprint*, anais de eventos, relatórios técnicos, normas técnicas, teses e dissertações etc. Como são dispersas, do ponto de vista de sua produção e controle, propiciaram o aparecimento das fontes secundárias, cuja função é justamente facilitar o uso do conhecimento disperso nas primárias. Elas apresentam a informação filtrada e organizada de acordo com um arranjo definido, dependendo da finalidade da obra. São representadas pelas bibliografias, enciclopédias, dicionários, manuais, revisões de literatura, livros didáticos, anuários, censos, diretórios, periódicos de indexação e resumo, guias de literatura, que não se limitam ao acervo de uma biblioteca, mas a todo o universo bibliográfico da informação.

Publicações Convencionais

Ou literatura convencional, é a que passou por um processo regular de seleção, estando disponível no mercado editorial. Entre as publicações convencionais no meio acadêmico-científico, os vários tipos existentes no mercado bibliográfico são:

Livros

Sua matéria trata de temas técnico-científicos, didáticos e de atualização. Os livros têm um papel muito importante nesse meio, pois sistematizam a informação acumulada, dispersa e divulgada por meio de outros veículos de publicação.

São imprescindíveis para nortear a realização de qualquer trabalho de natureza científica e didática, uma vez que fornecem os dados necessários para se conhecer o estado de arte de um tema e detectar lacunas no conhecimento. Constituem o ponto de partida para a realização de trabalhos.

Periódicos

O periódico é a publicação impressa ou eletrônica, editada em partes sucessivas numeradas e com o propósito de continuação sem fim predeterminado.

As funções do periódico científico são: registro público do conhecimento, função social, ou seja, confere prestígio e reconhecimento aos autores, editores, aos especialistas que julgam os artigos para publicação (*referees*) e até aos próprios assinantes. Também tem a função de disseminar a informação, pois é por meio do periódico que os pesquisadores tomam conhecimento das atividades desenvolvidas nas comunidades científicas.

Publicações Não Convencionais

São aquelas de circulação restrita, isto é, que não se encontram disponíveis por meio dos canais formais de venda com tiragem reduzida de exemplares para distribuição. Incluem-se nessa categoria:

Teses e Dissertações

São consideradas materiais não convencionais por não terem um sistema de publicação formal e comercial. Poucas são as que atingem o estágio da publicação convencional, embora sua publicação em forma compactada ou por partes, à maneira de artigo de periódico, venha sendo altamente estimulada, como meio de melhorar sua divulgação. O grau de detalhamento do assunto e a bibliografia consultada, geralmente extensa, são algumas características que tornam a tese ou a dissertação uma importante fonte de informação.

Relatórios Técnico-Científicos

São produtos característicos das instituições de pesquisa; seu estilo e métodos de publicação são os mais variados. Em geral apresentam os resultados de uma pesquisa, ou os progressos obtidos por ela, incluindo, usualmente, conclusões e recomendações, e que são submetidos à instituição para a qual o trabalho foi feito.

Anais de Congressos

Embora grande parte das atividades de um encontro científico seja realizada oralmente, os organizadores sentem a necessidade de atingir uma audiência mais ampla e, em consequência, publicam os trabalhos apresentados. O conjunto desses trabalhos recebe o nome de anais (*proceedings*). Pode haver demora na publicação desse tipo de material, embora, atualmente, muitos deles já estejam disponíveis no formato eletrônico durante a realização do evento. É possível também que nunca sejam publicados ou, se publicados, sejam distribuídos apenas aos participantes do evento, o que dificulta sua aquisição por parte de bibliotecas ou pessoas interessadas.

São publicados de forma bastante variada, sendo a mais comum a publicação independente, efetuada pela própria entidade organizadora do encontro. Caso sejam publicados por editoras comerciais ou como números especiais e/ou suplementos de periódicos, deixam de ser considerados não convencionais.

Publicações Governamentais e Oficiais

São publicações com embasamento técnico-científico, destinadas à divulgação de projetos e programas do governo, incluindo publicações normativas, manuais, guias, instruções etc. A maioria é de distribuição gratuita e, geralmente, está disponível *on-line* nos *sites* governamentais.

Publicações Eletrônicas

São aquelas geradas, mantidas, disseminadas e recuperadas por meio de recursos computacionais ou eletrônicos, disponíveis de forma *online*. Quanto ao conteúdo, enquadram-se nas mesmas modalidades dos documentos impressos, tanto primários quanto secundários, convencionais ou não convencionais. Ou seja, podem ser periódicos ou livros eletrônicos e informações contidas em *websites*, cuja credibilidade depende do seu autor ou da instituição geradora. Em consequência, esses documentos passaram a ser citados nos trabalhos acadêmicos.

A preocupação atual é quanto à garantia da permanência dos documentos eletrônicos na internet. Nesse caso, costuma-se imprimir ou gravar o documento, gerando segurança para quem precisa documentar textos. Uma solução seria o armazenamento dos documentos eletrônicos em repositórios institucionais.

CONTROLE E ACESSO DA INFORMAÇÃO

A produção bibliográfica brasileira em saúde e ambiente é gerada, principalmente, no meio acadêmico e de pesquisa, além de órgãos governamentais e empresas prestadoras de serviços; é veiculada por meio de publicações primárias ou secundárias, tanto convencionais como não convencionais.

A literatura especializada é controlada e divulgada por meio de bibliografias especializadas impressas, conhecidas como "índices e *abstracts*", e de bases eletrônicas de dados. Estas se dedicam a cobrir uma área do conhecimento, permitindo o controle da informação contida em diversos tipos de documentos, principalmente artigos de periódicos.

No Brasil, são poucas as áreas bibliograficamente organizadas que podem oferecer ao usuário acesso à informação produzida. Destaca-se a área da saúde, cuja literatura é atualmente controlada e divulgada pelo Sistema Bireme/Organização Pan-Americana da Saúde, com apoio de órgãos governamentais brasileiros.

O controle bibliográfico, portanto, visa ao domínio completo sobre os documentos que registram o conhecimento, para que possam ser identificados, localizados e recuperados.

Sistemas de Informação

Para atender às necessidades desse controle bibliográfico, surgiram as redes, os centros e os sistemas de informação. Eles têm como objetivo fornecer informação especializada para públicos distintos. Devem levar em conta não só a possibilidade de identificar a existência de um documento, como, de igual modo, de facilitar sua localização e obtenção. Com a internet tornando exequível a interatividade, a conectividade e a independência da localização geográfica, esses organismos tiveram maior facilidade para promover o controle e a disseminação de dados, documentos e serviços.

A informação bibliográfica organizada e disponível na área de meio ambiente, assim como nas demais áreas do saber, pode ser obtida pelos estudiosos por meio dos sistemas especializados. Estes oferecem aos seus usuários vários tipos de serviço e de mecanismos de busca. A seguir, foram elencados alguns dos mais representativos sistemas especializados da área e seus produtos e serviços.

Redes e Sistemas: Produtos e Serviços

Rede Pan-Americana de Informação em Saúde Ambiental (Repidisca)

Sistema regional de informação técnica, iniciada em 1981, que dissemina informações em saúde ambiental, epidemiologia ambiental, toxicologia ambiental, engenharia sanitária e do meio ambiente, água, resíduos sólidos, saúde ocupacional e materiais perigosos. Divulga, principalmente, documentos não convencionais produzidos na América Latina e Caribe. É coordenada pelo Centro Pan-Americano de Engenharia Sanitária e Ciências do Ambiente (Cepis), do Peru, e conta com 352 centros cooperantes em 23 países da América Latina e Caribe, além de abranger a Rede de Agricultura Urbana, subsidiados pelo Centro Internacional de Investigação para o Desenvolvimento (CIID), no Canadá. Produtos: base de dados Repidisca, destinada a manter informado o especialista sobre a documentação técnica publicada e facilitar a obtenção de cópia dos documentos nela indexados; Repindex – bibliografia eletrônica sobre temas diferenciados como: resíduos hospitalares, riscos ocupacionais, contaminação de águas residuárias etc. Estão disponíveis no *site* da Biblioteca Virtual de Desarrollo Sostenible y Salud[1] e na Biblioteca Virtual em Saúde da Bireme.

Centro Latino-Americano e do Caribe de Informação em Ciências da Saúde (Bireme)

Também conhecido pelo seu nome original, Biblioteca Regional de Medicina, foi estabelecido no Brasil pela Organização Pan-Americana da Saúde (Opas), desde 1967, com o objetivo de promover a cooperação técnica em informação técnico-científica em saúde, com os países e entre os países da América Latina e Caribe. Seu principal produto é a base de dados Lilacs – Literatura Latino-Americana e do Caribe em Ciências da Saúde, que abrange a produção bibliográfica da área da saúde de cerca de 60 países. Indexa cerca de 800 títulos de periódicos, dos quais 367 são brasileiros. Além de artigos de periódicos, indexa livros, capítulos, teses e documentos não convencionais, entre outros[2].

---

[1] A base de dados da Repidisca pode ser acessada em: http://dss.bvsalud.org e http://www.bvs.br.

[2] A Opas pode ser acessada em: http://new.paho.org/bireme.

Ministério do Meio Ambiente (MMA)

Fornece em seu *site* várias informações de interesse para os estudiosos na área ambiental. Na Secretaria de Articulação Institucional e Cidadania Ambiental apresenta projetos voltados à educação ambiental: Educação Socioambiental, Educação Ambiental em Unidades de Conservação, Sala Verde, Circuito Tela Verde, Agricultura Familiar e Educação Ambiental no Contexto das Mudanças Climáticas.

Especificamente para informação ambiental, pode ser acessado o Sistema Brasileiro de Informação em Educação Ambiental (Sibea), um espaço público para acessar informações sobre educadores ambientais e instituições ligadas à educação ambiental do Brasil. O Sibea oferece também um sistema de análise de rede e o cartograma de educação ambiental[3].

Environmental Protection Agency (EPA)

A Agência para a Proteção do Meio Ambiente dos Estados Unidos foi estabelecida em 1978 para proteger a saúde humana e o meio ambiente. Apoia projetos e pesquisas na área. Por intermédio de seu *site* podem ser obtidas informações sobre leis e regulamentos, programas desenvolvidos, recursos educacionais, oportunidades de negócios, fontes de informação e mecanismos externos de busca, inclusive sobre o Brasil[4].

SIBiUSP – Rede de Serviços do Sistema Integrado de Bibliotecas da Universidade de São Paulo

Com parceria e cooperação técnica de várias instituições, disponibiliza o acesso de mais de trinta bases de dados referenciais nas diversas áreas do conhecimento, algumas delas especializadas na área de meio ambiente, como Environmental Engineering Abstracts, BioOne e Embase (Environmental Health).

---

[3] O Sibea pode ser acessado em: http://www.meioambiente.gov.br.
[4] A Agência para a Proteção do Meio Ambiente dos Estados Unidos pode ser acessada em: http://www.epa.gov.

Bibliotecas Especializadas

Atualmente, as bibliotecas convivem com o tradicional e o eletrônico, resultado da fase de transição em que se encontram os formatos dos documentos, a disponibilização de catálogos e demais recursos utilizados pelas bibliotecas para facilitar a busca da informação pelo usuário. Prestam serviços como forma de atender às necessidades de informação de seus usuários, muitas atuando por meio da internet.

Há um novo paradigma se instalando no mundo da tecnologia da informação: as bibliotecas virtuais. As necessidades de informação sendo atendidas em um único espaço virtual – novos formatos, novas possibilidades de busca e um novo comportamento do usuário diante da informação.

As bibliotecas acadêmicas e especializadas são as que mais se destacam no uso das formas eletrônicas, porque atuam com o objetivo de facilitar o desenvolvimento das pesquisas científicas e da produção bibliográfica. Na área de meio ambiente, algumas se destacam:

Biblioteca/Centro de Informação e Referência em Saúde Pública – Biblioteca/CIR

A Biblioteca da Faculdade de Saúde Pública (FSP) da USP, criada em 1918, além de manter seu principal papel de biblioteca acadêmica especializada em saúde pública, incluindo meio ambiente, tem prestado relevantes serviços de informação demandados de usuários de todo o Brasil. Essas atividades levaram-na a atuar como um centro de informação e referência na área, consolidado em 1997. Seu acervo se compõe por cerca de 380 mil publicações (livros, teses, revistas), representado em bases de dados institucionais, disponíveis na internet. Oferece serviços à distância e presenciais. No seu *site*, o usuário pode consultar bases de dados nacionais e internacionais e de textos completos[5].

Biblioteca da Cetesb

A Biblioteca Prof. Lucas Nogueira Garcez, da Companhia Ambiental do Estado de São paulo (Cetesb), é uma das mais completas e especializadas em controle da poluição do ar. Coordena a Repidisca para o Estado de São Paulo e Região Sul do Brasil e atua como um *Centro de Informação* da

---

[5] A Biclioterca/CIR pode ser acessada em: http://www.biblioteca.fsp.usp.br.

Repamar. Entre seus produtos e serviços estão: catálogos *online*, relatórios de impacto ambiental (Rima) e pesquisa bibliográfica[6].

Biblioteca Virtual em Saúde – Desarrollo Sostenible y Salud

Projeto conjunto da OPS e Bireme para fortalecer e renovar a cooperação em informação científica e técnica na área. Trata-se de uma expansão da Biblioteca Virtual em Saúde Ambiental e informa técnicos e pesquisadores pelos serviços: busca bibliográfica, diretório de instituições e pessoas, indicadores ambientais, *sites* de interesse, notícias, eventos, cursos, materiais educativos, textos completos[7].

Biblioteca Virtual em Saúde Pública do Brasil

De acesso universal e equitativo, é um espaço comum de produtores, intermediários e usuários da informação em saúde pública relativa ao Brasil. Oferece ao usuário acesso a informações selecionadas de acordo com critérios de qualidade sobre: políticas públicas, literatura científica, textos completos de documentos, legislação nacional, indicadores de saúde, diretórios de instituições e especialistas, diretório de eventos e notícias, terminologia em saúde, *links* em saúde pública, além de responder às questões e sugestões de seus usuários.

A BV em Saúde Pública do Brasil é parte integrante da Biblioteca Virtual em Saúde coordenada por um Comitê Consultivo Nacional constituído pelas seguintes instituições: Ministério da Saúde, Fiocruz, Faculdade de Saúde Pública da USP, Instituto de Saúde Coletiva da Universidade Federal da Bahia, Abrasco, OPS – Brasília e Bireme. Destaca-se nessa biblioteca virtual o acesso à base especializada em Cidades Saudáveis (CidSaúde)[8].

Biblioteca/Centro de Referência da Coordenadoria de Educação Ambiental da Secretaria do Meio Ambiente do Estado de São Paulo

O acervo da biblioteca é composto por livros, periódicos, boletins, projetos, teses e obras de referência especificamente relacionados à educa-

---

[6] A Biblioteca da Cetesb pode ser acessada em: http://www.cetesb.sp.gov.br.

[7] A Biblioteca Virtual em Saúde – Desarrollo Sostenible y Salud pode ser acessada em: http://dss.bv.salud.org.

[8] A biblioteca virtual da BVS pode ser acessada em: http://saudepublica.bvs.br.

ção ambiental. A biblioteca apresenta também um guia bibliográfico com a sinopse de parte do seu acervo e publicações para *download* gratuito[9].

Consórcios

O acesso à informação e ao documento é de custo elevado, não somente para países desenvolvidos como também, e principalmente, para os países periféricos. Com a disponibilidade de acesso *online* à informação especializada e a textos completos, a solução encontrada pelas instituições acadêmicas e de pesquisa foi a realização de consórcios, em que os parceiros compartilham acesso e custos de informações especializadas.

Um produto de consórcios é o portal SciELO (Scientific Electronic Library Online), com textos completos de artigos de mais de 250 periódicos brasileiros. Fruto de cooperação entre Fapesp, Bireme e editores científicos[10].

Outro consórcio importante é o Portal de Periódicos da Capes, destinado a oferecer acesso à informação científica atualizada e de qualidade para a comunidade acadêmica brasileira. Disponibiliza mais de 26 mil títulos de revistas nacionais e estrangeiras, publicadas a partir de 1995, e permite a busca em cerca de 130 bases de dados referenciais. O acesso é gratuito aos professores, pesquisadores e alunos das instituições participantes de todo o país[11].

Busca de Informação

A busca de uma informação parece acontecer de forma natural e automática, principalmente no ambiente acadêmico. Porém, exige do usuário, além do conhecimento do assunto, o domínio das fontes de informação da área a ser pesquisada. Algumas etapas devem ser planejadas para a realização de uma busca bibliográfica, como:

---

[9] A Biblioteca/Centro de Referência da Coordenadoria de Educação Ambiental da Secretaria do Meio Ambiente do Estado de São Paulo pode ser acessada em: http://www.ambiente.sp.gov.

[10] O portal SciELO pode ser acessado em: http://www.scielo.org.

[11] O Portal de periódicos da Capes pode ser acessado em: http://www.periodicos.capes.gov.br.

Identificação da Informação e Desenvolvimento do Assunto

A primeira etapa de uma pesquisa bem-sucedida é caracterizar o tipo de informação que se busca. Questões simples do tipo autor/título, localização de documentos são respondidas com consulta aos catálogos (*online* ou impresso) de bibliotecas especializadas. Entretanto, para uma informação mais elaborada, o usuário precisa de uma boa estratégia de busca para um resultado pertinente: qual "termo" ou "palavra-chave" que melhor representariam o assunto? Em qual fonte de informação encontrar o assunto desejado? Qual a melhor sequência de termos (hierarquia de termos) para a fonte selecionada?

Termo Adequado

Para se obter um termo adequado para a busca, a consulta aos recursos dos vocabulários controlados ou *thesaurus* é o mais recomendável. Às referências de publicações, geralmente armazenadas em bases de dados, são atribuídos termos de indexação, de acordo com uma lista-padrão de vocábulos utilizados na área. Em uma base de dados da área de meio ambiente, por exemplo, o assunto "lixo" aparece no *thesaurus* como "resíduos sólidos". As bases de dados possuem esse recurso na própria lista de vocábulos. Vale lembrar que, além dos livros, a consulta a uma enciclopédia ou dicionário especializados é um bom recurso para a definição dos termos para a busca.

Abrangência Temática

Um resultado pertinente e eficaz de busca depende, além dos termos adequados, do delineamento do assunto. Uma precisa estratégia de busca geralmente se obtém após várias tentativas. Assim, por exemplo, se o assunto proposto para busca for "poluição ambiental", há que se determinar qual tipo de poluição: do ar ou da água? Também especificar o aspecto do termo: efeitos adversos, prevenção e controle, legislação, ética etc. Dessa forma, o assunto pretendido poderia ser, por exemplo, prevenção e controle da poluição do ar.

Período

Outro aspecto importante é a determinação do período da busca: últimos dois anos, cinco anos, dez anos? Há que se conhecer as tendências da

EDUCAÇÃO AMBIENTAL E SUSTENTABILIDADE

literatura publicada que acompanha a evolução do assunto, ora retirando termos até então usados, ora substituindo-os por outros, ora introduzindo termos novos. Em relação à saúde ambiental, por exemplo, o termo "exposição materna" começa a aparecer na base de dados Medline em 1995. Até 1994, esse conceito de "exposição materna" estava contido no termo mais amplo "exposição ambiental". Para uma simples atualização, talvez uma busca dos documentos publicados no último ano seja suficiente, mas, para uma revisão de literatura com a finalidade de pesquisa científica, há a necessidade de ampliar o período de busca.

Busca em Bases de Dados

As bases de dados são de várias categorias:

*   Bibliográficas – quando trazem a referência e, geralmente, o resumo do documento.
*   Referenciais – quando listam fontes e instituições que possuem a informação, podendo também trazer documentos visuais, mapas, fotografias, patentes etc.
*   Textuais – trazem o texto completo do documento ou parte dele.
*   Factuais – armazenam informações estatísticas, numéricas, séries cronológicas ou outro tipo de informação numérica.

A busca em bases de dados pode responder a questões não encontradas nas formas impressas (bibliografias, *abstracts*). Isso porque a busca informatizada permite o cruzamento de termos mediante a utilização da lógica booleana[12], a exclusão de sinônimos, a inclusão de variantes ortográficas, truncamento de palavras, além de estabelecer ligação entre os termos da linguagem natural e controlada.

Os operadores lógicos booleanos são empregados para relacionar os termos que representam conceitos presentes no enunciado de busca. São eles: *E/AND* (conjuntiva), *OU/OR* (aditiva), *NÃO/NOT* (substrativa). Sua função é sempre a mesma no contexto da busca, embora sua representação gráfica varie nos diferentes *softwares* (*, +,?, \$).

---

[12] Refere-se a George Boole, matemático inglês.

Figura 28.1 – Operador lógico de interseção (AND).

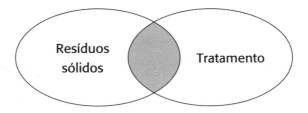

É o operador de interseção dos vários conjuntos de registros. No exemplo "tratamento de resíduos sólidos", esse operador recupera os registros que contêm ambos os termos: "resíduos sólidos" e "tratamento".

Uma estratégia de busca simples para esse assunto seria: "resíduos sólidos *and* tratamento".

Figura 28.2 – Operador lógico de união (OR).

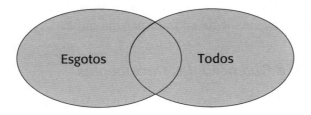

É o operador de união de conjuntos de registros. Assim, para trabalhos sobre lodos e também sobre esgotos, esse operador recupera todos os registros que contêm o termo "lodos", todos os registros que contêm o termo "esgotos", mais os que contêm ambos. Estratégia de busca simples: "lodos *or* esgotos".

Figura 28.3 – Operador lógico de exclusão (NOT).

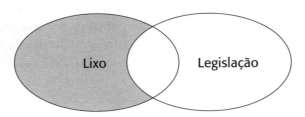

É o operador de exclusão de conjuntos de registros. No exemplo "lixo" exceto "legislação", o operador recupera os registros que contêm o termo "lixo", excluindo aqueles com a palavra "legislação". Estratégia de busca simples: "lixo *not* legislação".

A Internet como Fonte de Busca da Literatura Científica

Atualmente, o acesso à informação bibliográfica conta com um poderoso instrumento de busca, a internet, que derruba fronteiras e interliga acervos, facilitando o controle e a divulgação da produção bibliográfica da área.

Para localizar informações na *web* de uma forma mais organizada e pertinente existem mecanismos de busca, como Google Acadêmico, Bing, entre outros.

Para a busca por assuntos na internet, valem as regras da recuperação em bases de dados, ou seja, o uso da lógica booleana, a especificação de termos adequados para o assunto e o refinamento por área geográfica ou período abrangido. O interessado irá observar, nos itens de ajuda (*help*) dos buscadores, a simbologia utilizada para pesquisa.

Localização e Obtenção dos Documentos

Mesmo com as bibliotecas utilizando equipamentos e *softwares* para promover a busca da informação de forma pertinente e eficaz, há de se destacar que, em uma época de transição, na qual o impresso convive com o eletrônico, muitas vezes, a obtenção de informações contidas em documentos impressos depende da busca em estantes de bibliotecas e livrarias.

Nem sempre a internet ou as bases de dados propiciam a obtenção de um texto completo de um artigo, de uma tese ou outro tipo de documento. Uma das grandes decepções do pesquisador com a busca bibliográfica é, após um resultado perfeito de busca, não conseguir obter seus textos completos.

Há muitos anos, as bibliotecas oferecem o serviço de comutação bibliográfica para localização e obtenção de cópias de documentos, nos mais diferentes e especializados acervos de bibliotecas do Brasil e do mundo. Foi a solução encontrada para oferecer aos usuários o acesso aos documentos que não fazem parte de seus acervos.

Localização

Em âmbito local, os documentos podem ser localizados mediante consulta aos catálogos impressos e *online*, de acervo de bibliotecas. Em âmbito regional, consultam-se catálogos de acervos de bibliotecas de uma região, como o Dedalus (acervo das bibliotecas da USP)[13], Acervus (acervo das bibliotecas da Unicamp)[14], UnibibliWeb (acervo das bibliotecas da USP, Unicamp e Unesp)[15], Athena (acervo das bibliotecas da Unesp)[16], entre outros. Em âmbito nacional, no Brasil, conta-se com o CCN – Catálogo Coletivo Nacional de Publicações Seriadas do IBICT[17]. A localização de documentos em outros países é realizada por meio dos sistemas e das redes de informações, como o SCAD/Bireme – Serviço Cooperativo de Acesso a Documentos, na América Latina e Caribe, a National Library of Medicine, nos EUA e a British Library, na Inglaterra.

Obtenção

Os serviços de comutação têm propiciado facilidades de acesso ao documento, mesmo considerando a demora no recebimento/fornecimento da cópia, em virtude das várias etapas que o processo demanda: localização nos catálogos coletivos, solicitação dos documentos, fotocópia ou digitalização do texto impresso e envio por correio, fax ou endereço eletrônico.

Mais recentemente, artigos de vários periódicos especializados têm similares eletrônicos na internet, facilitando o acesso a esses documentos, por meio de iniciativas, como: SciELO e Portal de Periódicos da Capes, já mencionadas, BioMed Central[18] e DOAJ – Directory of Open Access Journals[19].

As bases de dados de textos completos são aquelas que, além da referência bibliográfica do documento, resumo e descritores, disponibilizam também o texto na íntegra. Entretanto, bases referenciais, como a Lilacs e

---

[13] Dedalus pode ser acessado em: http://www.dedalus.usp.br.

[14] O Acervus pode ser acessado em: http://acervus.unicamp.br.

[15] O acervo das bibliotecas da USP, Unesp, Unicamp pode ser acessado em: http://bibliotecas-cruesp.usp.br/unibibliweb.

[16] O acervo da biblioteca da Unesp pode ser acessado em: http:// portal.biblioteca.unesp.br/portal/athena.

[17] O Catálogo Coletivo Nacional de Publicações Seriadas do IBICT pode ser acessado em: http://www.ibict.br.

[18] Os artigos da Biomed Central podem ser acessados em: http://www.biomedcentral.com.

[19] Os artigos do Doaj podem ser acessados em: http://www.doaj.org.

PubMed[20], também incluem *links* para o texto integral das publicações de livre acesso.

Citação no Texto

As informações extraídas de outras fontes devem ser devidamente citadas e documentadas no texto de trabalhos acadêmicos e científicos. Essas informações no texto, denominadas citações, precisam seguir um padrão.

As citações no texto objetivam, sobretudo, colocar o trabalho no contexto da temática, fornecer histórico/problema, dar crédito ao trabalho consultado, conferir dados, fatos, argumentos e esquemas usados e registrar opiniões similares ou conclusões opostas.

Transcrição de Textos

As transcrições em trabalhos acadêmicos podem ser feitas de forma direta e indireta, seguidas da indicação da fonte bibliográfica de onde foram extraídas.

- Citação direta: é a transcrição literal de parte extraída de texto de outro autor, conservando-se a grafia, pontuação, entre outros. Usa-se quando há necessidade de provar autoridade, originalidade ou fidedignidade. As citações diretas devem ser apresentadas entre aspas; no caso de trechos que ultrapassem cinco linhas, apresentá-los recuados da margem, com corpo de letra menor que o utilizado no texto e sem aspas. Recomenda-se que as citações diretas sejam acompanhadas do autor e ano e indicação da respectiva página, adote-se ou não o sistema numérico.

Tomaz (1998, p.96) afirma que, "para minimizar as perdas na micromedição, deverão ser substituídos todos os hidrômetros com mais de 15 anos, instalados a partir de 1981".

ou

"Para minimizar as perdas na micromedição, deverão ser substituídos todos os hidrômetros com mais de 15 anos, instalados a partir de 1981" (Tomaz, 1998, p.96).

---

[20] Lilacs e PubMed podem ser acessados em: http://lilacs.bvsalud.org e http://ncbi.nlm.nih.gov/pubmed, respectivamente.

- Citação indireta : é a utilização de ideias e informações de outros autores (paráfrase), ou seja, as informações são citadas com palavras do próprio autor, mas respeitando as ideias originais do autor citado, sem distorções ou ênfases impróprias.

Exemplo do texto transcrito:

A poluição do ar acompanha o ser humano desde os mais remotos tempos, quando seus antepassados descobriram o fogo (ASSUNÇÃO E MALHEIROS, 2005, p.135).
O homem convive com a poluição do ar desde a descoberta do fogo (ASSUNÇÃO E MALHEIROS, 2005).

Pequenas alterações na transcrição de texto não configuram uma citação indireta, podendo ser até interpretadas como plágio.

Modalidades

Neste capítulo serão mencionadas duas modalidades: sistema autor e ano e sistema alfabético numerado. A adoção de uma ou de outra depende da orientação que foi dada à elaboração do trabalho acadêmico.

Sistema Autor e Ano

Nesse caso, as referências devem ser listadas em ordem alfabética, pelo sobrenome do primeiro autor. No texto, obrigatoriamente, autor e ano devem ser citados. O sobrenome do autor deve ser citado em letras maiúsculas para sua melhor visualização. Autor e ano podem ser parte integrante da frase ou intercalados no texto, entre parênteses. Observe os exemplos abaixo.

- Citação de um autor: citar o sobrenome conforme consta da lista de referências, seguido do ano da publicação.

Para a estimativa de similaridade empregou-se o quociente de Sorensen (SERVICE, 1996).

- Citação de dois autores: citam-se obrigatoriamente ambos, interligados pela conjunção "e":

Embora o método Kaiser seja pouco conhecido e utilizado, ele foi discutido há, aproximadamente, 25 anos (LÉBART e DREYFEIS, 1972).

- Citação de mais de dois autores: cita-se o primeiro, seguido da expressão "e colaboradores" (adotar a forma abreviada "e col."). Pode-se também adotar a expressão latina et al. (abreviatura de et alii).

A análise das causas múltiplas de óbito é necessária quando se deseja conhecer a real importância do diabetes como causa de morte (LAURENTI et al., 1982).

- Citação de mais de um autor com sobrenomes iguais: quando autores de dois ou mais trabalhos, publicados no mesmo ano, têm sobrenomes idênticos, as iniciais do prenome devem ser acrescentadas.

Trabalhos recentes (SILVA GM, 1996; SILVA RJ, 1996) têm apontado soluções importantes para [...].

- Múltiplas citações em uma mesma frase: quando dois ou mais trabalhos com autores diferentes são citados em relação a um mesmo tópico, eles devem ser mencionados em ordem cronológica crescente. Se houver coincidência de ano de publicação de um mesmo autor, adotam-se letras.

Com os avanços da antibioticoterapia no tratamento da doença meningocócica, as perdas se mantêm entre 5 a 10% nas últimas décadas (HALSTENSEN et al., 1987; JONES e ABBOT, 1987; TIKHDMIRON, 1987; BJUNE et al. 1991; WHALEN et al., 1995; TELEDON, 1998a).

- Citação de entidade: quando a responsabilidade de autoria for de uma entidade, cita-se o nome de acordo com a forma em que aparece na lista de referências, podendo ou não ser abreviada.

Um dos objetivos do governo dos EUA, na área da saúde, é a redução da prevalência do tabagismo entre mulheres em idade fértil para 12%, no ano 2000 (CENTERS FOR DISEASES CONTROL & PREVENTION, 1994).

- Citação de fonte não consultada: trata-se de citação de autor cujo original não pôde ser consultado. Nesse caso, indicar o autor do trabalho citado seguido da expressão "citado por" e do sobrenome do autor que o citou, com a respectiva página.

De acordo com SALVADOR (1977) citado por ANDRADE (1995, p.69), relatório é uma descrição objetiva de fatos, acontecimentos ou atividades, seguida de uma análise criteriosa, com o objetivo de tirar conclusões ou tomar decisões.

Sistema Alfabético Numerado

Nesse sistema, as referências devem estar organizadas em ordem alfabética e numeradas sequencialmente. As citações no texto devem ser identificadas pelo respectivo número da lista de referências, podendo este ser acompanhado do autor e/ou autor e ano. O número é citado em expoente.

Para a estimativa de similaridade empregou-se o quociente de Sorensen[41].

ou

(....) quociente de Sorensen (SERVICE[41], 1996).

ou

(....) quociente de Sorensen (SERVICE[41]).

*   Citação do mesmo autor com mais de um trabalho no mesmo ano: a citação do número resolve esta questão.

Em 1986 foram realizados estudos sobre doenças crônicas na população de idosos[10,11].

(....) doenças crônicas na população de idosos (KALACHE[10,11]).

ou indicar o autor e ano:

(....) doenças crônicas na população de idosos (KALACHE[10,11], 1986).

Notas de Rodapé

As notas de rodapé visam a transmitir informações complementares ao texto. São usualmente adotadas nas áreas de humanidades e ciências sociais. Na área de saúde e ambiente seu uso não é comum. Quando usadas, recomenda-se que:

- Sejam breves e indicadas por asterisco.

- Estejam separadas do texto por uma linha na horizontal e localizadas na própria página em que for feita a chamada, em caracteres menores do que os usados no texto.

- Quando bibliográficas, não devem dispensar a adoção das normas de citação e de referência.

Normas para Apresentação das Referências

Essas normas têm por objetivo estabelecer a forma pela qual devem ser padronizadas as referências em trabalhos acadêmicos e científicos.

Referência é um conjunto de elementos descritivos e essenciais que permitem a identificação e a localização de um documento ou parte dele, divulgado em diferentes suportes ou formatos.

O formato adotado é aquele proposto pelo Comitê Internacional de Revistas Biomédicas, conhecido como Grupo de Vancouver, um dos estilos de apresentação de referências utilizados pela Faculdade de Saúde Pública. Os modelos para alguns tipos de documentos, não contemplados pelas normas de Vancouver, foram adaptados das normas da Associação Brasileira de Normas Técnicas (ABNT).

Livros Referenciados no Todo

Autor. Título. Edição. Local (cidade): Editora; ano.

- Com um autor.

  Norel SE. Workbook of epidemiology. Oxford: Oxford University Press; 1995.

- Até seis autores.

  Citam-se todos.

  Vial SRM, Dias MTG, Oliveira PAB, Meneghel SN. Vigilâncias à saúde da população: ontem e hoje. Porto Alegre: Escola de Saúde Pública; 2008.

- Com mais de seis autores.

  Citam-se os seis primeiros seguidos da expressão et al.

  Polielo MMB, Gutierrez PR, Turini CA, Matsuo T, Mezzaroba L, Barbosa DS, et al. Valores de referência para plumbemia em população urbana. Rev Saúde Pública. 1997;31:144-8.

- Tipo editoria.

Publicações sob a responsabilidade de um especialista que pode atuar como: editor, organizador, compilador, coordenador etc., com vários colaboradores.

Marcondes E, Lima A, coordenadores. Dietas em pediatria clínica. 4. ed. São Paulo: Sarvier; 1993.

- Com autoria corporativa.

Ministério da Saúde, Coordenação de Saúde da Criança e do Adolescente. Tratamento de pneumonia em hospitais de pequeno e médio porte. Brasília (DF); 1997.

Universidade de São Paulo, Faculdade de Saúde Pública, Departamento de Saúde Ambiental. Saúde ocupacional. São Paulo; 1984.

Nos exemplos citados, o autor corporativo é também o responsável pela publicação do documento, motivo pelo qual não se repete o nome da instituição no campo da editora.

Partes de Livros e Publicações Similares

Autor(es) da parte referenciada. Título da parte referenciada.
In: Autor da publicação (ou editor etc.). Título da publicação.
Edição. Local (cidade): Editora; ano. paginação.

- Capítulo de livro de autor colaborador.

Dermeck AO. Bases do laboratório clínico. In: Marcondes M, Sustovich DR, Ramos OL, editores. Clínica médica, propedêutica e fisiopatologia. 3. ed. Rio de Janeiro: Guanabara; 1988. p. 134-7.

- Capítulo de livro cujo autor é o mesmo da obra.

Acrescentar à referência do livro o título do capítulo e a sua paginação. No caso de capítulo sem título próprio, acrescentar à referência o número e a paginação do capítulo.

Philippi Jr. A. Saneamento do meio. São Paulo: Fundacentro; 1982. Águas residuárias; p. 41-80.

EDUCAÇÃO AMBIENTAL E SUSTENTABILIDADE

Solomon KR, Stephenson GR, Corrêa CL, Zambrone FA. Praguicidas e o meio ambiente. São Paulo: ILSI; 2010. Capítulo 13; p. 309-26.

Artigos de Periódicos

Autor(es) do artigo. Título do artigo. Titulo abreviado do Periódico. Ano de publicação;volume:paginação do artigo.

Em relação à autoria obedecer às mesmas regras indicadas para livros e publicações similares. Para os títulos dos periódicos, adotar as abreviações da base de dados Medline da National Library of Medicine.

Allyne G. La salud y el desarollo humano. Bol Oficina Sanit Panam. 1996;120:1-10.

Silva LK, Russomano FB. Sub-registro da mortalidade materna no Rio de Janeiro, Brasil: comparações com dois sistemas de informação. Bol Oficina Sanit Panam. 1996;120:36-43.

Artigos em Jornais

Autor(es). Título do artigo.
Nome do jornal, ano mês dia; seção:paginação.

- Com autoria.

  Martins L. Avanço do HIV é ignorado por estatísticas. Folha de São Paulo. 1997 nov 7;cad 3:3.

- Sem autoria.

  Cidade tem trânsito caótico. Folha de São Paulo. 1997 nov 7;cad 3:3.

Não se recomenda a citação em trabalhos científicos de artigos publicados em jornais, a não ser que apareçam nas suas seções técnico-científicas.

Trabalhos Apresentados em Eventos

Se apresentados e publicados na íntegra ou em forma de resumo.

Autor. Título do trabalho. In: Título do evento; data; local de realização do evento. Local de publicação: Editora; ano de publicação. Paginação do trabalho.

Zioni F. Controle popular: discussões temáticas. In: Anais do 4º Congresso Paulista de Saúde Pública; 1993 jul 10-14; São Paulo, Brasil. São Paulo: Associação Paulista de Saúde Pública; 1995. p. 25-6.

Teses, Dissertações e Trabalhos de Conclusão de Curso

Autor. Título [Grau do trabalho]. Local: Instituição; ano.

Nunes MR. A atuação dos conselhos municipais do meio ambiente na gestão ambiental local [dissertação]. São Paulo: Faculdade de Saúde Pública da USP; 2010.

Legislação

Jurisdição. Título. Ementa (se houver). Título da publicação oficial. Data;Seção:paginação.

Brasil. Lei nº 6938, de 31 de agosto de 1981. Dispõe sobre a Política Nacional do Meio Ambiente, seus fins e mecanismos de formulação e aplicação, e dá outras providências. Diário Oficial da República Federativa do Brasil. 2 set 1981;Seção I:16509.

Documentos Eletrônicos

Os elementos que compõem a referência de um documento em formato eletrônico dependem do tipo de material referenciado (livro, artigo de periódico, teses etc.). São basicamente os mesmos componentes dos documentos impressos, acrescentando-se, porém, o tipo de documento ou suporte, entre colchetes, após o título. Para os documentos *online*, indicar a data de acesso e o endereço eletrônico. Exemplos: internet, *software, homepage*, base de dados, CD-ROM, DVD etc.

• Livro formato eletrônico.

Ministério da Saúde, Secretaria de Políticas de Saúde, Departamento de Ações Programáticas Estratégicas. Gestação de alto risco: manual técnico [internet]. 5. ed. Brasília (DF); 2010 [acesso em 15 jun 2011] . Disponível em: http://bvsms.saude.gov.br/bvs/publicacoes/gestacao_alto_risco.pdf

- Artigo de periódico em formato eletrônico.

Habermann M, Gouveia N. Justiça ambiental: uma abordagem ecossocial em saúde. Rev Saúde Pública [internet]. 2008 [acesso em 16 jun 2011];42(6):1105-11. Disponível em: http://www.scielo.br/pdf/rsp/v42n6/6968.pdf

Organização das Referências

Podem ser listadas em ordem alfabética (sistema de citação autor/ano) ou ordem alfabética numerada (sistema de citação alfabético numerado).

- Ordem alfabética (no texto, adotar sistema de citação autor e ano).

As referências são ordenadas alfabeticamente pelo sobrenome do primeiro autor, seguindo-se a ordem cronológica crescente de publicação, quando houver mais de uma referência do mesmo autor. Quando houver referências bibliográficas com autores e datas coincidentes, acrescentam-se letras junto ao ano de publicação.

Collins FH, James AA. Genetic modification of mosquitoes. Sci Med. 1996; 3(6):52-61.

Forattini OP. A tríade da publicação científica. Rev Saúde Pública. 1996; 30:3-12.

Forattini OP. A língua franca da ciência. Rev Saúde Pública. 1997a;31:3-8.

Forattini OP. O Brasil e a medicina social. Rev Saúde Pública. 1997b;31:116-20.

- Ordem alfabética numerada (no texto, adotar sistema de citação alfabético numerado).

As referências dos documentos são ordenadas alfabeticamente pelo sobrenome do primeiro autor e numeradas sequencialmente.

1. Fundação SEADE. Movimento do registro civil: 1993. São Paulo; 1995.
2. Patarra N. Transição demográfica: novas evidências, velhos desafios. Rev Bras Estud Pop. 1994;11(1):27-40.
3. Perez EA, editor. La atención de los ancianos: um desafio para los años noventa. Washington (DC): Organización Panamericana de la Salud; 1994.

Quando houver mais de uma referência do mesmo autor, sendo ele único ou com colaborador(es), as referências devem ser listadas em ordem alfabética pelo sobrenome do primeiro autor e na ordem cronológica crescente.

1. Veras RP. Crescimento da população idosa no Brasil: transformações e consequências na sociedade. Rev Saúde Pública. 1987;21:225-33.
2. Veras RP. País jovem com cabelos brancos: a saúde do idoso no Brasil. Rio de Janeiro: Relume Dumará; 1994.
3. Veras RP, Alves MIC. A população idosa no Brasil: considerações acerca do uso de indicadores de saúde. In: Minayo MCS, organizador. Os muitos brasís: saúde e população na década de 80. São Paulo: Hucitec; 1995. p. 320-37.

PREPARAÇÃO DA MONOGRAFIA

Após a redação do texto, será necessário preparar o trabalho para ser apresentado. Para tanto, devem ser elaboradas e acrescidas as partes que complementam e identificam o trabalho, como: título, autor, resumo, referências bibliográficas, figuras e tabelas, anexos.

Título

Deve focalizar o problema estudado e ser elaborado visando a transmitir, de maneira objetiva, os assuntos abordados. Embora o título definitivo seja decidido em último lugar, é desejável que o autor já tenha um antes de começar a redação do trabalho. O título é considerado o menor resumo de um trabalho.

A rigor, a escolha de um título não é uma tarefa fácil. Deve-se, ainda, lembrar que a indexação de um trabalho, muitas vezes, baseia-se nas palavras do título. Portanto, precisam ser evitadas palavras supérfluas, que nada acrescentam à sua compreensão.

Resumo

O resumo que acompanha uma monografia deve ser escrito pelo próprio autor. Sua função é sintetizar o conteúdo do trabalho. As frases devem ser curtas, mantendo a clareza e focalizando as partes principais.

Irá conter sinteticamente os motivos da realização do trabalho, a problemática básica estudada, o objetivo pretendido, a metodologia adotada para busca de informação (fontes consultadas, período, idioma etc.) e os limites do tema abordado. Devem-se destacar os principais problemas levantados e as situações encontradas, resultantes da bibliografia consultada e da experiência do autor.

Recomenda-se um número de palavras, entre 200 e 300. Palavras-chave podem ser indicadas para facilitar uma indexação mais correta.

Autoria

O nome do autor precisa ser grafado de acordo com a forma com que ele deve ser citado. O formato escolhido deve acompanhar todos os trabalhos que, por ventura, venham a ser publicados por ele.

As pessoas que colaborarem no trabalho, mas não o suficiente para serem consideradas autores, terão seus nomes citados nos agradecimentos. É importante saber que, para participar da autoria de um trabalho, é necessário ter condição de responder por ele publicamente.

A ordem de aparecimento dos autores no trabalho irá obedecer ao grau de importância da contribuição de cada um.

Referências Bibliográficas

Todas as referências citadas na introdução e no texto devem ser listadas e normalizadas de acordo com o padrão estabelecido pela coordenação do curso para o qual o trabalho será apresentado.

Caso haja publicações importantes que foram consultadas e de alguma forma influíram no texto, podem ser também citadas, mas separadamente. É fundamental que as referências estejam corretas e completas, sem omissão de dados essenciais, para que possam ser identificadas e recuperadas, caso desejado.

Tabelas e Figuras

Dependendo do tema da monografia, fundamentada em dados numéricos, tabelas e figuras são usadas visando a mostrar tendências, comparações, entre outros aspectos. Em geral, não se repetem dados de tabela em figuras. Deve-se optar por um ou outro formato de visualização dos dados.

As tabelas devem ser completas e autoexplicativas, o que significa a indicação de todos os elementos e a explicação de alguns no seu rodapé. Devem ser simplificadas, indicando somente os dados necessários.

As tabelas são construídas em várias partes para facilitar a ordenação lógica dos dados. Assim, cada uma deve conter número (quando mais de um) e título. A numeração é sequencial, por algarismos arábicos, e a menção no texto deve obedecer à ordem em que é referida. O título, colocado acima da tabela, deve ser sucinto e suficientemente informativo para mostrar ao leitor o conteúdo da tabela.

Para a construção da tabela deve-se seguir o manual adotado pela instituição onde será apresentado o trabalho acadêmico.

Existem três tipos mais comuns de figuras: aquelas que representam dados numéricos (gráficos de barra, gráficos *pizza* etc.), fotografia e diagrama, apresentados de maneiras diversas, dependendo da criatividade e necessidade de uma boa e clara comunicação. As figuras devem ser identificadas pelas suas respectivas legendas.

Da mesma forma que as tabelas, também a apresentação de figuras precisa seguir as orientações da instituição onde a monografia será apresentada. As figuras devem ser numeradas sequencialmente por algarismos arábicos e colocadas no texto logo após sua menção. O título, colocado abaixo da figura, deve ser sucinto e informativo.

Tabelas e figuras não relacionadas diretamente com a discussão dos resultados, mas necessárias à elucidação de partes do texto, devem ser colocadas em anexo.

Anexos

Sempre que necessário à elucidação do texto, documentos, figuras, questionários utilizados e outros documentos podem ser reunidos e anexados no final do texto propriamente dito, sob a denominação de anexos. Estes devem ser identificados com os respectivos títulos e numerados sequencialmente.

Os anexos devem aparecer relacionados no índice, com os respectivos títulos e indicação da paginação.

Apresentação Física do Trabalho Acadêmico

Além da redação, é necessário que o trabalho final seja bem apresentado em todos os seus aspectos, sendo aconselhável a utilização de um guia ou manual. É preciso cuidar para que não falte nenhum elemento na capa, na folha de rosto, nos índices etc.

Após esses cuidados, os seguintes aspectos devem ser observados:

* Formato.

O trabalho acadêmico deve ser apresentado em papel branco, digitado de um só lado, com espaçamento e margens padronizados. Recomenda-se que as margens superiores e inferiores tenham 3 cm, margem esquerda 3,5 cm e margem direita 3 cm.

* Fonte de letra.

Usar tipos legíveis, sem detalhes estéticos, para facilitar a leitura. Recomenda-se o uso do Times New Roman ou similar.

Quanto ao tamanho de letra, sugere-se: corpo 12 para o texto, corpo 14 para os títulos das páginas, corpo 13 para os subtítulos e corpo 10 para as notas de rodapé.

* Numeração e paginação.

A numeração das páginas deve ser sequencial, com algarismos arábicos e iniciada a partir da página de rosto.

SITES DE INTERESSE EM SAÚDE AMBIENTAL

Esta relação de sites de interesse (Quadro 28.1) procura apontar algumas das fontes de informação de maior importância para o tema, mas está longe de ser completa, principalmente porque no ambiente da internet a atualização e a proliferação de endereços é uma questão a ser constantemente lembrada.

Quadro 28.1 – Sites de interesse em saúde ambiental.

Site	Endereço
Anvisa – Agência Nacional de Vigilância Sanitária	http://www.anvisa.gov.br
Associação Interamericana de Engenharia Sanitária e Ambiental	http://www.aidis.org.br/htm/port_htm/index_port.html
Biblioteca da Faculdade de Saúde Pública da USP	http://www.biblioteca.fsp.usp.br
Biblioteca do Senado Federal	http://www.senado.gov.br/biblioteca
BioMed Central	http://www.biomedcentral.com
Biblioteca Virtual em Saúde	http://www.bvs.br
Biblioteca Virtual em Saúde – Saúde Pública Brasil	http://saudepublica.bvs.br
Biblioteca Virtual de Desarrollo Sostenible y Salud	http://dss.bvsalud.org
Bireme – Centro Latino-Americano e do Caribe de Informação em Ciências da Saúde	http://new.paho.org/bireme/
Centro de Referência em Educação Ambiental	http://www.ambiente.sp.gov/EA
Cetesb	http://www.cetesb.sp.gov.br
Conama – Conselho Nacional do Meio Ambiente	http://www.mma.gov.br/conama
Dedalus – Acervo das Bibliotecas da USP	http://www.dedalus.usp.br
DOAJ – Directory of Open Acces Journal	http://www.doaj.org
Embrapa	http://www.embrapa.br
Emplasa	http://www.emplasa.sp.gov.br
Environmental Health	http://www.ehjournal.net
Environmental Health Perspective	http://ehp03.niehs.nih.gov/home.action
EPA – Environmental Protection Agency	http://www.epa.gov

(continua)

Quadro 28.1 – Sites de interesse em saúde ambiental. *(continuação)*

Site	Endereço
Fiocruz – Centro Colaborador da OPAS/OMS em Saúde Pública e Ambiental	http://www.fiocruz.br/omsambiental
Fundação Florestal	http://www.fflorestal.sp.gov.br
Ibama	http://www.ibama.gov.br
Imprensa Nacional	http://portal.in.gov.br
Instituto de Botânica	http://www.ibot.sp.gov.br
Instituto Florestal	http://www.iflorestal.sp.gov.br
Instituto Geológico	http://www.igeologico.sp.gov.br
Instituto de Pesquisas Tecnológicas do Estado de São Paulo	http://www.ipt.br
International Institute for Sustainable Development	http://www.iisd.org
Lilacs – Literatura Latino-Americana e do Caribe em Ciências da Saúde	http://lilacs.bvsalud.org/
Ministério das Cidades	http://www.cidades.gov.br
Ministério do Meio Ambiente	http://www.meioambiente.gov.br
National Institute of Environmental Health Sciences	http://www.niehs.nih.gov
Organização Pan-Americana da Saúde – Saúde e Ambiente	http://www.opas.org.br/ambiente
Portal de Legislação – Senado Federal	http://www.senado.gov.br/legislacao/
Portal dos Periódicos da Capes	http://www.periodicos.capes.gov.br
Programa Ambiental A última arca de Noé	http://www.aultimaarcadenoe.com.br
PubMed – Literatura Científica em Medicina	http://ncbi.nlm.nih.gov/pubmed
Renima – Rede Nacional de Informação sobre o Meio Ambiente	http://www.ibama.gov.br/renima

(continua)

Quadro 28.1 – Sites de interesse em saúde ambiental. (*continuação*)

Site	Endereço
Secretaria de Saneamento e Recursos Hídricos do Estado de São Paulo	http://www.saneamento.sp.gov.br
Secretaria do Meio Ambiente do Estado de São Paulo	http://www.ambiente.sp.gov.br
Secretaria Municipal do Verde e do Meio Ambiente da Cidade de São Paulo	http://www.prefeitura.sp.gov.br/cidade/secretarias/meio_ambiente
SciELO – Scientific Electronic Library Online	http://www.scielo.org
Sistema Nacional de Informação sobre Meio Ambiente	http://www.mma.gov.br/sinima
SNIS – Sistema Nacional de Informações sobre Saneamento	http://www.snis.gov.br/
Unep – United Nations Environmental Programme	http://www.unep.org
Unicamp – Sistema Integrado de Bibliotecas	http://www.unicamp.br/bc
USP – Sistema Integrado de Bibliotecas	http://www.bibliotecas.usp.br
WHO – World Health Organization – Environmental Health	http://www.who.int/topics/environmental_health/en/index.html
WHO – World Health Organization – Environmental Health in Emergencies	http://www.who.int/environmental_health_emergencies/en
WHO – World Health Organization – Environmental Pollution	http://www.who.int/topics/environmental_pollution/en/
WWI-UMA – Worldwatch Institute – Universidade da Mata Atlântica	http://www.wwiuma.org.br

Atualmente, já existem ferramentas mais eficazes para o gerenciamento desse tipo de fonte de informação que não para de crescer. A Biblioteca/CIR está participando da implantação de uma dessas ferramentas, o Localizador de Informação em Saúde (LIS), e disponibilizará em seu site muito mais informações, constantemente atualizadas e com mecanismo de busca interno.

REFERÊNCIAS

[ABNT] ASSOCIAÇÃO BRASILEIRA DE NORMAS TÉCNICAS. *NBR 6032: informação e documentação – referências – elaboração*. Rio de Janeiro, 2002.

_____. *NBR 10520: informação e documentação – citações em documentos – apresentação*. Rio de Janeiro, 2002.

CAMPELLO, B.S.; MAGALHÃES, M.H. de A. *Introdução ao controle bibliográfico*. Brasília (DF): Briquet de Lemos, 1997.

CARVALHO, I.C.L.; KANISKI, A.L. A sociedade do conhecimento e o acesso à informação: para quê e para quem? *Ciênc Inf.*, v.29, n.3, p.33-9, 2000.

COUNCIL OF BIOLOGY EDITORS. *Scientific style and format: the CBE manual for authors, editors, and publishers*. New York: Cambridge University Press, 1994.

DARNTON, R. *A questão dos livros: passado, presente e futuro*. São Paulo: Companhia das Letras, 2010.

MEADOWS, A.J. *A comunicação científica*. Brasília(DF): Briquet de Lemos, 1999.

PATRIAS, K. *Citing medicine: the NLM style guide for authors, editors, and publishers* [internet]. 2.ed. Wendling DL, technical editor. Bethesda (MD): National Library of Medicine (US); 2007 [atualizado em 21 out 2009]. Disponível em: http://www.nlm.nih.gov/citingmedicine. Acessado em: 8 jun. 2011.

[USP] UNIVERSIDADE DE SÃO PAULO, Faculdade de Saúde Pública. *Guia de apresentação de teses*. São Paulo, 2006.

VOLPATO, G.L. *Pérolas da redação científica*. São Paulo: Cultura Acadêmica, 2010.

A Sustentabilidade é Sustentável? Educando com o Conceito de Risco

29

Renato Rocha Lieber
Engenheiro químico e ambiental, Faculdade de Engenharia de Guaratinguetá – Unesp

Nicolina Silvana Romano-Lieber
Farmacêutica, Faculdade de Saúde Pública – USP

O espaço e as condições próprias à vida na Terra vêm se degradando de forma universal e avassaladora. Ameaças à vida, de uma forma geral, geram crises e alargam o nosso entendimento da natureza. Mas, quando se percebe que as ameaças não vêm de forças tectônicas incontroláveis, nem mesmo de meteoros errantes, mas sim, pura e simplesmente, da prática de racionalidade humana, a crise torna-se uma crise de sentido. Crises de sentido impõem-se às convicções, às crenças e aos valores. Por isso, uma crise de sentido não pode ser ultrapassada com transigências ou com apelos para palavras fáceis, que se usam com pouco esforço, mas que são incapazes, por si mesmas, de mostrar o caminho da ação. Crises de sentido exigem esforço crítico, exposição de contradições e exame de possibilidades nem sempre imediatas.

Sustentabilidade vem se tornando um termo de uso genérico e irrestrito. Preservar a sustentabilidade, ainda que pouco entendimento se possa ter sobre todas as complexas implicações desse propósito, dá à ação o argumento da viabilidade intrínseca, a garantia da correção dos propósitos e a certeza de se poder superar qualquer colocação em contrário. Significados incontroversos aproximam-se perigosamente da condição indubitável, o que é próprio das ideologias e dos discursos de convencimento. E, como lembrou Berlin (2005), a história das ideias deixou tristes testemunhos, porque, para justificação das ideologias, nenhum sofrimento humano foi o bastante.

Na educação ambiental, a pesquisa não deixa de estar atenta a esse fato. Entre nós, alguns educadores têm destacado explicitamente a importância do posicionamento crítico, como Layrargues (2000), Jacobi (2003, 2005) e Sauvé (2005), entre outros. Para os primeiros, a crítica tem implicações práticas imediatas no processo educativo, ao distinguir uma educação presa à atividade-fim ou formal, de uma educação que se proponha como tema gerador ou não formal. Uma educação restrita à reprodução de valores, práticas e tecnologias seria incapaz de promover a cidadania que se espera no sujeito consciente. Deduz-se daí que o fomento da dúvida, por meio do discurso educativo crítico, rejeitando o conformismo e as determinações, vai possibilitar a emancipação, alargando o horizonte das possibilidades da escolha. É a educação que proporciona conhecimentos e permite a escolha responsável, mas é a dúvida sobre a suficiência desse conhecimento que potencializa a responsabilidade da escolha de cada um.

O objetivo deste capítulo é contrapor alguns fatos e argumentos à lógica da sustentabilidade, resgatar formas de dúvida, promover a incerteza e traduzir a condição de risco. Sem pretensão de se esgotar o tema, a exposição a seguir vai procurar mostrar alguns outros entendimentos para sustentabilidade, destacando seu paradoxo nas ciências naturais e os dilemas da sua condição amarrada às possibilidades de desenvolvimento. Boa parte do discurso dominante vem se atendo à proposição da ecoeficiência ou tecnologias verdes. Como a ciência da sustentabilidade entende que tal propósito se alcança, principalmente, com a adoção de novas tecnologias (Kates et al., 2001; Clark et al., 2003), são analisadas as implicações ambientais mais imediatas de algumas propostas configuradas nesse propósito. As incertezas explicitadas, decorrentes das proposições e dos processos, vão se prestar como argumento de educação ambiental, enfatizando-se a condição de risco e de precaução.

Todo entendimento, evidentemente, decorre de uma perspectiva assumida pelo autor. Nessa exposição, entende-se que a existência humana configura uma luta singular diante das necessidades impostas pela natureza. Ao homem, cabe ultrapassar suas necessidades e realizar seus desejos. Aquele que reduz a pessoa humana a um ser biológico, imerso em uma natureza repleta de necessidades, constrangimentos e equilíbrios, desumaniza o homem e esvazia a sua existência de um sentido. Nessa mesma aproximação fenomenológica, o conhecimento não pode ser entendido como algo dado, mas sim como decorrente desse movimento permanente do homem em superar a si mesmo.

SUSTENTABILIDADE E DESENVOLVIMENTO SUSTENTÁVEL

Conceituar adequadamente sustentabilidade tem sido um desafio imposto em diferentes disciplinas, não apenas na educação. Biólogos, sociólogos, antropólogos, economistas e mesmo linguistas, entre outros, vêm promovendo debates em diferentes condições, tanto em termos de intradisciplinaridade como de interdisciplinaridade. A questão se agrava quando a sustentabilidade se define como uma condição, como desenvolvimento sustentável, sem qualificar-se enquanto objeto. O argumento refere-se ao desenvolvimento econômico? Biológico? Social? Político? Cultural? (Osorio et al., 2005). Menos polêmico, e também bem menos resolutivo, é referir-se a tudo de uma maneira genérica. Essa estratégia, adotada pelos órgãos supranacionais, acabou resultando em múltiplas interpretações para a sua factibilidade e abriu espaço para contradições. Quando se adota que o desenvolvimento sustentável é ação em que "qualquer um deve satisfazer as suas necessidades do presente sem comprometer as futuras gerações" (WCED, 1987), sob a premissa da Unesco, lembrada por Solow (1993), na qual "todas as gerações devem deixar os recursos naturais – como água, solo e ar – tão puros e impolutos como se encontram na Terra", está-se diante de condições que, rigorosamente, jamais foram encontradas na natureza e sem qualquer paralelo na história da humanidade. Trata-se, portanto, de um extenso desafio a todas as disciplinas.

Educação Ambiental

Educadores ambientais vêm enfatizando o caráter de adoção de perspectiva para se entender sustentabilidade. Sauvé (1996) propôs uma abordagem sistemática, estabelecendo diferentes conceituações possíveis para educação ambiental, ambiente e desenvolvimento sustentável. Para este último, a autora identifica quatro proposições distintas. Pela primeira, o desenvolvimento sustentável pode ser entendido como "desenvolvimento contínuo voltado para a inovação e livre mercado". Nesse caso, supõe-se que a escala global de trocas irá favorecer o aumento contínuo das riquezas pelo uso das vantagens competitivas. Nesse processo competitivo, a tecnologia será aperfeiçoada, favorecendo o uso crescente de restrições para a preservação das condições ambientais. Outra corrente entende o "desenvolvimento como dependente da ordem mundial e dos modelos de produção". Assim, embora a economia de mercado gere riqueza e tecnologia, a sua distribuição não é equitativa. Em geral, é justamente entre os pobres que se dão, simultaneamente, os maiores impactos ambientais e maiores déficits na tecnologia empregada na produção. A terceira proposta é o "desenvolvimento alternativo". Nesse caso, a sustentabilidade estaria ligada não ao aumento da riqueza global ou do conhecimento tecnológico, mas ao seu contrário. As propostas econômicas deveriam estar voltadas para iniciativas locais, com aumento da autonomia e do uso de recursos regionais. A economia não deveria estimular o consumo, mas sim as relações sociais, fomentando uma clara distinção entre necessidades e desejos. Por fim, a proposta de "desenvolvimento autônomo ou indígena": seus pressupostos não apontam o desenvolvimento em si como alternativa, mas prescrevem a forma coletiva de subsistência e o caráter tradicional das práticas e do conhecimento. Seu propósito é a manutenção de formas de vida e de exploração tradicional de seus territórios.

Embora rico em possibilidades, o quadro mostra que a ideia de desenvolvimento sustentável, ou de como viabilizá-lo, não pode dispensar totalmente a teoria econômica, pelo menos nos três primeiros casos. A opção pelo "desenvolvimento autônomo ou indígena", por sua vez, afronta um dos impasses não resolvidos da modernidade ocidental. Se, por um lado, aos homens cabe o direito de expressar a sua identidade e autonomia, preservando suas tradições, teria o homem também o direito de, em nome dessa mesma tradição, promover a mutilação, a segregação e a iniquidade entre os seus semelhantes? Comunidades indígenas mantiveram-se viáveis graças ao infanticídio, às mortes pela fome, pelas guerras fratricidas e pela exposição às doenças. São, muitas vezes, essas restrições ao aumento populacional e as largas porções ocupadas no meio ambiente que vêm permitindo, às comunidades ainda isoladas, a recuperação ambiental nas interações predatórias da caça, coleta e agricultura de subsistência.

Outros educadores vêm colocando o entendimento do desenvolvimento sustentável dentro de uma perspectiva evolutiva. Para Jacobi (2003, 2005), desenvolvimento sustentável foi o resultado harmonioso de duas correntes contrárias, uma econômica e outra tecnocientífica, que se colocaram diante da crise do comprometimento ambiental e da impossibilidade de se generalizar desenvolvimento nos anos 1970. Pela perspectiva econômica, sistematizou-se o consenso do controle do crescimento populacional como imperativo (Clube de Roma). A lógica subjacente percebia que, sendo os recursos limitados, não haveria possibilidade de se generalizar os padrões de consumo na escala desejada. Pela lógica tecnocientífica, ao desviar-se do foco demográfico, formalizou-se a crítica aos próprios padrões de consumo, entendidos como predatórios e desarmônicos nas relações sociais e naturais (Conferência de Estocolmo). Nos anos 1980 e 1990, as argumentações convergiam para o desenvolvimento sustentável, encaminhando-se para um contexto lógico moral, ao enfatizar aspectos de responsabilidade, entre as gerações e nelas mesmas (Relatório Brundtland e Rio 92). Reunindo posições teóricas e políticas antagônicas, o consenso cedeu espaço aos diferentes objetivos sociais, ambientais e econômicos, ainda que alguns entendam que soluções tecnológicas são insuficientes.

(IN)SUSTENTABILIDADE DO CONSENSO

A perspectiva conciliadora resultante apresentou-se eivada por contradições de toda ordem. Lieber e Romano-Lieber (2001) expõem, por exemplo, as inconsistências nos argumentos expostos por Meadows em 1989 (SMA, 1999) que desconsideram relações naturais fundamentais – como a termodinâmica e a teoria de sistemas –, pregam valores ascéticos, evitam a denúncia das assimetrias, sacralizam a natureza, defendendo a Terra como organismo vivo, ignorando todas as colocações feitas em contrário, tanto empíricas quanto conceituais, nessa interpretação.

Além disso, a perspectiva conciliadora não foi, por si mesma, capaz de abarcar a realidade subsequente, em súbita transformação. Nas décadas seguintes, cresceu o declínio da legitimidade da ciência normativa em prol da ciência mais discursiva e democrática, e sistematizaram-se abordagens integrativas, como a economia ecológica. Ao mesmo tempo, exacerbaram-se as formas de mobilização social. Crenças fundamentalistas promovendo a rejeição da modernidade, por vezes de forma violenta, excluíram a separação entre fé religiosa, governo, economia e prática científica. Fatos, crenças, valores e políticas foram se tornando indistintos em alguns discursos e reflexões, ainda que marginais, abrindo espaço para oportunismos e para a justificação das iniquidades (Sneddon et al., 2006).

Simultaneamente, a teoria política e, em particular, a economia política são confrontadas com novos entendimentos para se estabelecer e medir desenvolvimento, como a proposta de desenvolvimento enquanto liberdade. Sen (2000), em 1999, resgata dos economistas dos séculos XVIII e XIX o valor da liberdade e propõe o desenvolvimento como resultado da expansão das oportunidades econômicas e dos direitos individuais, em vez de mera riqueza agregada. As condições de degradação ambiental, observadas nos países pobres, dão-se não apenas porque se faz, mas também porque não há liberdade para se fazer de outra forma.

A crítica, até então dirigida à ciência e à tecnologia, dada a incapacidade destas em darem solução efetiva para problemas convergentes de ordem social, econômica e ambiental, acaba se prestando para renovação de paradigmas. A percepção da natureza particular das interações complexas entre ambiente e sociedade e a necessidade de se levar em conta perspectivas diferentes na prática científica fez com que o Conselho Nacional de Pesquisas dos EUA, em 1999, propusesse a ciência da sustentabilidade. Programas de pesquisas passaram a ser redirecionados, não apenas na temática, mas nas formas de execução e proposição de uso de resultados (Clark et al., 2003). Para Kates et al. (2001), ciência da sustentabilidade seria uma convergência de disciplinas, capaz de possibilitar a expansão da capacidade mundial de obter novos conhecimentos. Alguns outros, contudo, percebem algo muito além da abordagem multidisciplinar. Osorio et al. (2005) lembram que os problemas, enquanto tratados por pressupostos de interação dinâmica, vão fazer uso de teorias diferentes, como a teoria da complexidade, trazendo novas implicações. Modelos de explicação com pretensões abrangentes (holistas), ao contraporem-se às interpretações tradicionais (reducionistas e deterministas), serão interpretados como resultado de uma prática de ciência pós-normal. Situações complexas são, por natureza, instáveis e precipitantes, geram a necessidade de uso de novos conceitos para se lidar com situações de incerteza e demandam a revisão de referenciais metateóricos, como a epistemologia (Osorio et al., 2005). De forma que a natureza do próprio conhecimento científico será objeto de questão da sustentabilidade, buscando-se direcionar a teoria econômica (Modvar e Gallopin, 2005; Mayumi e Giampietro, 2006) e debatendo-se suas implicações, como no uso do princípio da precaução para as condições de risco (Mckinney e Hill, 2000).

O Obstáculo Decorrente das Ciências Naturais

Ainda que a física quântica tenha revolucionado a forma de se entender o mundo físico, mostrando a física clássica como um caso particular de interpretação da natureza, as relações entre massas e energia estabelecidas nos séculos XVIII e XIX continuam ainda válidas nos dois casos. Tanto as relações no universo como a transformação de gasolina em movimento no automóvel estão sujeitas às mesmas leis da termodinâmica.

A primeira lei da termodinâmica estabelece o princípio da conservação da energia. Assim como não se ganha nem se perde matéria, a energia só pode ser transformada de uma forma para outra em termos equivalentes, como trabalho e calor e vice-versa. Como rigorosamente não se cria energia, pode-se contar apenas com a energia remanescente do universo. Na Terra, parte dessa energia vem do Sol e parte decorre do calor que restou durante a formação do planeta. Processos químicos e físico-químicos alocam uma fração dessa energia, organizam e desorganizam a matéria, possibilitando a vida. Produzir trabalho pressupõe, portanto, interferir em algum dos processos preexistentes, raptando a energia utilizada ou armazenada por eles. Tendo isso em mente, Huesemann (2003) argumenta que, sob o pressuposto da sustentabilidade, a única forma de energia que se poderia contar é a solar, que, a rigor, se presta à manutenção dos processos já existentes, tanto bióticos como abióticos, de forma que, qualquer apropriação de uma parte notável dessa energia implicará a depleção de parte dela disponibilizada aos processos. Em termos práticos, cobrir em larga escala um deserto com painéis solares ou uma extensão de terra com biomassa conversível em energia constituem interferências em processos estabelecidos. As consequências decorrentes da construção e operação de barragens têm mostrado, em pequena escala, o nível de comprometimento desse gênero de apropriação de energia. O autor conclui que a obtenção de energia não pode ser entendida como um processo rigorosamente sustentável. É fato, todavia, que há também uma fração de energia restituída ao espaço, assim como outra fonte primária importante, como a energia geotérmica, cujas implicações serão analisadas mais adiante.

A segunda lei da termodinâmica diz respeito à espontaneidade dos processos. Não é possível transferir energia de um corpo frio para um corpo quente sem interferência externa. Em condições espontâneas, dá-se o inverso. Quando um corpo quente está em contato com um corpo frio em um espaço fechado, com o transcurso do tempo, as temperaturas se tornarão iguais. Os físicos entendem que, nessa condição de equilíbrio, houve uma redução do ordenamento (frio de um lado, quente de outro) e denominam esse processo de desordenamento de aumento da entropia. Muito embora os processos bióticos reduzam a entropia, organizando a matéria, isso se dá graças ao uso da energia, dissipada por outros processos intermediários nos quais a entropia está em crescimento. Em outros termos, o equilíbrio espontâneo se dá aumentando a desordem. Para percorrer o caminho inverso, ou organizar algum processo, é necessário que outro processo se desorganize, produzindo a energia necessária para organizar aquele primeiro, conservando a energia (conforme a primeira lei). Em termos globais, a energia se conserva, mas, em termos particulares, parte dela é irremediavelmente perdida na forma de calor, reduzindo a eficiência nas transferências havidas. Como a maior parte dos processos é irreversível, a entropia vai aumentando cada vez mais. Em termos cosmológicos, entende-se, então, que a entropia do universo cresce continuamente.

Sendo assim, entende-se por que não se pode, por exemplo, obter gasolina ao se introduzir água e dióxido de carbono no escapamento de um carro e adicionar-se energia lançando-o ladeira abaixo. O processo não é reversível e dióxido de carbono e água (estados menos organizados) não podem ser convertidos em gasolina (um estado mais organizado da matéria) dessa forma. Um outro processo, exigindo mais energia do que aquela que foi produzida no movimento, compensará a energia (calor) que se perdeu quando o carro se locomovia. Em resumo, as intervenções, transformações, mudanças ou alocações que se possa fazer na natureza demandam necessariamente energia, resultam em formas menos organizadas e que não podem ser revertidas de maneira espontânea. Em termos práticos, um procedimento de reciclagem, quando possível, demanda diferentes níveis de energia (ou custos) nas suas diferentes etapas de processamento. De forma que é concebível converter vidro usado em garrafas, adicionando-se energia, mas não se concebe convertê-lo novamente em sílica cristalina, barrilha, calcário e seus outros componentes primitivos, pois são estados de baixa entropia (alto ordenamento). Em outras palavras, sistemas amplos não podem ser concebidos como sustentáveis, pois estão sempre sendo sustentados por alguma forma de energia e matéria preexistente, ambas em declínio por decorrência do aumento da entropia (segunda lei). Foram os processos geofísicos precedentes que disponibilizaram a matéria na Terra e são os processos de transformação subsequentes que vão desorganizá-la cada vez mais.

Alguns recursos naturais se apresentam em processos altamente reversíveis, como o ciclo do carbono, e são tidos como renováveis. Outros recursos, naturais e sintéticos, têm graus variados de reversibilidade. Quanto maior a taxa de reversibilidade possível, mais viável é a reciclagem sob um dado padrão de custo. A Tabela 29.1 pondera o grau de renovação de diferentes recursos em função da reciclagem, combinando possibilidades de reversibilidade e viabilidade econômica do processo.

Tabela 29.1. Classe de renovação de recursos naturais e sintéticos de acordo com as possibilidades de reciclagem.

Classe de renovação	Reciclagem		Exemplos
	Tecnicamente possível	Economicamente viável	
I	Sim	Sim	Maioria dos metais e elementos catalíticos
II	Sim	Não	Embalagens, elementos refrigerantes, solventes etc
III	Não	Não	Revestimentos, pigmentos, pesticidas, herbicidas, germicidas, conservantes, floculantes, anticongelantes, explosivos, propelentes, retardantes de chama, reagentes, detergentes, fertilizantes, combustíveis, lubrificantes etc

Fonte: conforme Ayres (1994) e adaptado de Huesemann (2003).

A viabilidade econômica de um processo decorre, evidentemente, de diversos fatores, mas dirigir o fluxo de energia entre processos é crucial. A partir da última década, estudos têm buscado melhorar o entendimento da sustentabilidade a partir do conceito de exergia, ou trabalho máximo que se pode transferir quando um sistema interage até equilibrar-se. Ecologistas, engenheiros e economistas, entendendo que a energia não pode ser inteiramente transformada (conforme a segunda lei da termodinâmica), buscam maneiras de entender em que condições os processos naturais e sintéticos maximizam a exergia, ao minimizar perdas e irreversibilidades (Rosen e Dincer, 2001; Wall e Gong, 2001). Dessa maneira, tem ficado mais claro o papel da complexidade. Interações simples, como produzir um produto a partir de reagentes, são dispendiosas sob o ponto de vista energético. Interações complexas, envolvendo múltiplas reações bioquímicas simultâneas em vários ciclos, como nos seres vivos, são mais eficientes, pois maximizam o uso da energia residual que se dissipa em cada ciclo.

Lições da Teoria Econômica

Embora alguns educadores rejeitem teorias econômicas para se entender sustentabilidade ou desenvolvimento sustentável, principalmente por decorrência do entendimento do que possa ser riqueza econômica, os economistas, pelo contrário, mantêm esses temas como objeto de estudo.

Economia é uma ciência que congrega vários campos de estudo e pensamento, buscando formas de se melhorar o bem-estar das pessoas pela produção e consumo de bens e serviços. Diferentes abordagens teóricas prestam-se para diferentes interpretações analíticas da realidade e, por conseguinte, proporcionam também diferentes proposições para se alcançar o ideal econômico, cuja qualificação nem sempre é resultado de consenso. Entre as diferentes abordagens para a sustentabilidade, merecem exame duas propostas, a interpretação neoclássica e a economia ecológica, além do entendimento original de Solow (1993) nessa questão.

A sustentabilidade, desenvolvimento sustentável ou, ainda, crescimento sustentável foi objeto de análise pelo Banco Mundial no início da década de 1990. Em uma abordagem neoclássica, Pezzey (1992) se depara com dificuldades conceituais, uma vez que ideias centrais no pensamento econômico, como estoque de capital, podem ou não distinguir os recursos naturais, foco da sustentabilidade. De qualquer forma, o autor entende que as forças de livre mercado, por si mesmas, não são capazes de proporcionar sustentabilidade. A análise dos seus modelos, declaradamente imperfeitos, busca então entender como as intervenções políticas podem favorecer ou dificultar a sustentabilidade. Se os recursos não renováveis são essenciais aos processos produtivos, é seu entendimento que técnicas inadequadas e o livre acesso a eles são as condições-chave para a insustentabilidade. Nesse caso, a intervenção do Estado é essencial, muito embora a promoção da sustentabilidade pela redução da depleção de recursos naturais possa, inicialmente, baixar o consumo e a utilidade (ou satisfação relativa). Sacrifícios iniciais são necessários e as políticas tradicionais, como taxação de poluidores, costumam ser insuficientes. As formas de controle devem incluir o estabelecimento de direitos de propriedade aos recursos naturais. Detendo esses direitos, os pobres podem reduzir a pobreza e melhorar o ambiente. Agregando-se restrições ao seu uso, o preço dos recursos sobe e estimula-se a preservação, traduzindo, a responsabilidade entre as gerações.

A abordagem neoclássica ancora-se em relações perfeitas e, consequentemente, promove interpretação pouco realista. Restrições de uso elevam o valor relativo por unidade de trabalho, atraindo a exploração predatória e, frequentemente, usurpando direitos dos menos favorecidos. A maior crítica ao enfoque neoclássico, contudo, é tratar os recursos ambientais, finitos por princípio, da mesma forma que os demais insumos que entram no sistema econômico.

Em contrapartida, a economia ecológica (Daly, 2006) pressupõe o capital natural, ou um conjunto de recursos que não podem ser substituídos, gerando um entendimento diferente de sustentabilidade. A economia neoclássica pressupõe que a utilidade, ou a satisfação relativa, deve ser sustentável. Isso quer dizer que a satisfação auferida pelo consumidor, decorrente do processo econômico, deve ser não declinante ao longo das gerações. Recursos naturais seriam permutáveis em busca desse propósito. O querosene substituiu o óleo de baleia como recurso de iluminação e a utilidade elevou-se. Por outro lado, a economia ecológica destaca não a utilidade, mas o ciclo de produção (*throughput*), como aspecto a ser mantido por um sistema sustentável. O sistema econômico apresenta-se sustentável, se a capacidade de receber os diferentes fluxos de demanda de matéria e energia no sistema natural se apresentarem como não declinantes.

Em outros termos, a economia ecológica reconhece o papel da entropia crescente dentro de sistemas, em que a energia não pode ser reciclada e a matéria se sujeita apenas em parte a esse fim. Se o fluxo de entropia (ou desordenamento) entre os ciclos de exploração dos recursos não for declinante, o capital natural se preserva. Por capital natural entende-se a capacidade de promover tanto os fluxos de recursos naturais como de atender às demandas de recepção dos dejetos. Se o capital natural for inteiramente preservado, entende-se que há sustentabilidade forte, em distinção à sustentabilidade fraca, na qual se mantém constante a soma do capital natural e o produzido pelo homem (Daly, 2006).

Com base nos princípios da economia ecológica, Daly (2006) vai mostrar contradições no pressuposto da sustentabilidade. Uma lógica de equilíbrio, em semelhança ao aparelho circulatório, domina a explicação clássica de processos econômicos, em contraposição a uma lógica de ciclos necessários para reduzir a entropia. De forma análoga a um sistema digestivo, o processo econômico se encontra, na verdade, preso do início ao fim ao meio ambiente. Como seres vivos, também as coisas, ou objetos da vida econômica, são mantidas contra as forças de entropia à custa dos recursos naturais, dos quais muitos não podem ser renovados. Por isso, sustentabilidade não pode ser entendida como algo para sempre, o próprio universo não é para sempre. Sustentabilidade refere-se, antes de tudo, a um caminho voltado à postergabilidade e à justiça. O crescimento envolve a adição de ciclos de produção, mas o ciclo de produção tem um custo, pois há limites ecológicos. E quando os custos são mais elevados que os benefícios, o crescimento é perdulário (*uneconomic*). Como os sistemas de elevada entropia resistem à adição de valor, o crescimento antieconômico dos países ricos força, inexoravelmente, os países pobres ao resultado econômico, ao fazer uso extensivo de recursos de baixa entropia, como os recursos naturais.

Em uma conferência, em 1991, Solow analisou a coerência econômica da proposta da sustentabilidade. Diante da vagueza do termo, sua primeira dedução foi aquela relativa às obrigações com o futuro. Todavia, para ele, ninguém pode ser obrigado a algo naturalmente impossível, no sentido de se deixar o ambiente absolutamente intacto durante a vida. Além disso, seria questionável impor a qualquer habitante atual das Américas, por exemplo, viver exatamente como viviam os antigos selvagens nessa parte do planeta. Mas cabe a cada um conduzir a sua vida de forma que, no futuro, haja capacidade de se estar tão bem como se está hoje. O desafio é conceber as expectativas e possibilidades que estarão presentes no futuro distante. Um homem, vivendo há cem anos, por exemplo, não poderia conceber as demandas, os problemas e as oportunidades desfrutadas no século XXI. É fato, porém, que gerações passadas deixaram um legado em termos de ambiente, não apenas natural, mas também um ambiente construído, além de conhecimento, cabendo a todos aumentar esse legado, sem restringir as possibilidades do futuro. Também para ele, o governo tem papel regulador preponderante, uma vez que o mercado não é capaz de representar adequadamente os interesses do futuro distante. Apesar de o mercado raciocinar, em termos de poupança e investimento, sua preferência é transferir encargos ao ambiente ou ao futuro. Por outro lado, garantir a capacidade do futuro não implica deixar de usar um recurso ambiental no presente. O compromisso com o futuro se traduz em explorar o recurso, de tal forma que o legado dessa exploração gere um valor para a posteridade. No seu entender, esse legado não precisa ser necessariamente material, nem se exclui o esgotamento do próprio recurso. Como exemplo, ele cita a exploração do petróleo no mar do Norte. Enquanto a Noruega decidiu poupar os recursos gerados para aprimorar ou gerar novos conhecimentos, de forma a habilitar a população em alternativas econômicas no futuro, a Inglaterra, sob a administração Thatcher (1979-1990), preferiu elevar o padrão de vida inglês, valorizando a moeda. Como nos países pobres a alternativa econômica do futuro é a força de trabalho dos próprios filhos, a pressão demográfica permanente eleva ainda mais o consumo, reduzindo a capacidade de poupança e investimento. Sustentabilidade não seria uma coisa que pudesse ser medida ou avaliada. Trata-se de uma diretriz política voltada ao investimento, à conservação e ao uso de recursos (Solow, 1993).

TECNOLOGIAS VERDES

O pressuposto da disponibilidade de conhecimento científico e tecnológico como precondição para a sustentabilidade e a consideração de que o conhecimento é, de uma forma geral, um ativo econômico ambientalmente limpo (Solow, 1993), vêm promovendo as tecnologias verdes. Tecnologia verde, ou tecnologia limpa, são termos sem definição precisa e, por isso mesmo, vêm se prestando a diferentes proposições. O entendimento compartilhado atribui à tecnologia verde formas de processo ou produtos que resultem em menor impacto ambiental, ao fazer uso mais restrito da energia e dos recursos naturais, protegendo o ambiente e a biodiversidade. Tecnologias verdes têm sido objeto de classificação. No início dos anos 1990, Harper (1993) sugeriu que as tecnologias verdes fossem subdivididas em verde-escuras e verde-claras. As primeiras seriam aquelas voltadas à redução da poluição nos processos existentes, enquanto tecnologias verde-claras seriam as propostas de uso de novas formas de obtenção de energia e de alocação dos recursos naturais[1]. A expansão das pesquisas trouxe novas áreas de conhecimento ao tema, como inovação, desenvolvimento, gestão e outras. A inovação em tecnologia verde, em particular, entende a tecnologia verde como resultado de inovações nos produtos, nos processos ou na organização. De forma análoga, na inovação dos processos distinguem-se as tecnologias terminais (*end of pipe*) das tecnologias de produção limpa (Oltra e Saint Jean, 2005). Evidências empíricas mostram que, de forma geral, as restrições legais estimulam as tecnologias terminais, muito embora aquelas de produção limpa sejam mais vantajosas sob o ponto de vista ambiental (Frondel et al., 2007). O melhor entendimento das razões para essa tendência requer o exame de algumas contradições.

---

[1] O fato decorre daquilo que os economistas chamam de "dupla externalidade" do impacto da produção no meio ambiente e deve ser destacado que a importância de uma não diminui a da outra. Sob o ponto de vista isolado do aquecimento global, por exemplo, uma usina nuclear seria uma "tecnologia verde".

Sob o ponto de vista de significados (particularmente em termos ontológicos) tecnologia e verde são proposições essencialmente contraditórias e irreconciliáveis (Heng e Zou, 2010). Embora o termo tecnologia admita diversas definições, seu significado associa-se ao conhecimento científico, à reprodução técnica e ao controle das forças naturais. A produção de uma metralhadora é resultado de tecnologia, mas a produção de uma vacina também é. Ainda que, nos dois casos, a tecnologia se apresente com propósitos absolutamente opostos, em essência, o seu emprego ceifa a vida nos dois casos. É repugnante matar seres humanos, mas é difícil condenar alguém que proponha a extinção completa de um ser vivo, como o vírus da varíola[2]. Assim, a ideia de uma tecnologia verde, ou o uso de conhecimento científico para preservar a natureza na sua forma ou essência, exige refutar o antropocentrismo que todos compartilham, para adotar o ecologismo. No limite dessa opção, a agricultura, a pecuária e até mesmo manter animais de estimação (Vale e Vale, 2009) resultariam em desequilíbrios ecológicos. Outro argumento frequente, como a necessidade de preservação da natureza para garantir a sobrevivência da espécie humana, é claramente utilitarista e antropocêntrico. Com isso, o desafio à tecnologia verde é estabelecer o limite do aceitável entre essas duas posições, o qual se condiciona por aspectos ético-morais e pela forma de produção de conhecimento.

Conhecimento de física, química e biologia, embora essenciais para a proposição de tecnologias verdes, são, por si mesmos, insuficientes. A aproximação ecológica necessária exige o entendimento da interação no tempo e no espaço, tanto para as forças envolvidas como para a interdependência de ciclos e repercussões entre os níveis tróficos, por vezes insuspeitos. Em outras palavras, como vem sendo amplamente destacado, a tradição do conhecimento disciplinar deixou um grande legado, próprio para se alcançar objetivos específicos, mas inadequado para a pretensão ecologista. O conhecimento, como um todo, não só é inadequado, como vem se mostrando, também, muito limitado, mesmo em sua especificidade, como mostram alguns casos analisados adiante.

Em suma, contornando o desafio ontológico, as inovações em tecnologias verdes, em qualquer tom, atendem o que se espera da tecnologia nas limitações ditadas pelo conhecimento disponível. Como resultado, tecno-

---

[2] A preservação dos últimos espécimes do vírus da varíola se dá hoje com propósitos estratégicos, principalmente militares.

logias verdes promovem adequação às restrições, elevam a produtividade e proporcionam o aumento do consumo, graças à redução de custos (Paradoxo de Jevons)[3]. Em última análise, a adoção de tecnologias verdes, voltada a minorar o impacto da tecnologia existente, promove o crescimento industrial com o acesso às novas ideias, alimenta a expansão econômica e a demanda por mais energia e recursos materiais escassos (Huesemann, 2003). Não surpreende, portanto, que, para alguns, tecnologias verdes nada mais são do que boas tecnologias (Allenby, 2000). Todavia, o novo não é necessariamente melhor, nem o mais seguro. Novas tecnologias, em um universo de conhecimento limitado, envolvem incertezas. Essas incertezas se traduzem em novos riscos para os trabalhadores envolvidos (Ellwood et al., 2011), além de impactos inusitados no ambiente, como se mostra em duas situações exemplares voltadas à sustentabilidade: obtenção de alimentos e produção de energia.

Obtenção de "Alimentos Verdes"

Garantia de acesso aos alimentos é um desafio permanente para todas as espécies vivas. Na espécie humana, a incerteza, decorrente das atividades predatórias, como caça e coleta, deu lugar à agricultura e ao pastoreio, interferindo no meio ambiente e na capacidade de sobrevivência das espécies vivas de interesse. O arroz, por exemplo, tornou-se uma gramínea incapaz de reprodução espontânea, pois a seleção da integridade das espigas elimina a queda das sementes ao solo e eleva a eficiência da colheita. A partir dos anos 1960, com a revolução verde, o processo de seleção e manejo vegetal proporcionou crescimento vertiginoso da produção de alimentos com importantes implicações no preço e no acesso, mas trazendo, também, consequências ao ambiente, como degradação dos solos, poluição química, depleção de aquíferos e salinização (Khush, 2001; Evenson e Gollin, 2003). A partir do desenvolvimento da pesquisa transgênica na área, nos anos 1990, a eficiência na produção de alimentos ganhou novo referencial. A plantação de espécies absolutamente sintéticas ganhou escala no século XXI, justificando-se o seu emprego justamente pela insustentabilidade das práticas convencionais e pela possibilidade de redução dos impactos ambientais

---

[3] Willian S. Jevons (1835-1882) observou, em 1865, que a melhoria da eficiência no uso do carvão, ao invés de reduzir, elevou o seu consumo pelo setor industrial inglês.

(Khush, 2001). As consequências de longo prazo ainda não podem ser estabelecidas. Produtos farmacêuticos, que também fazem uso de tecnologia transgênica, mostraram grave impacto na saúde humana, como no caso da eritropoetina sintética ou recombinante[4] (Bunn, 2002). A opção diametralmente oposta, como a difusão da agricultura orgânica, mostrou também outro sério impacto, quando 39 pessoas morreram e 780 ficaram gravemente afetadas em 2011 por decorrência da ingestão de alimentos orgânicos contaminados com *E. coli* na Alemanha (Payne, 2011).

Produção de "Energia Verde"

Energia verde, também denominada energia renovável, refere-se a propostas de obtenção de energia inovadoras ao dispensar o uso de combustíveis fósseis. Como, a rigor, a energia não pode ser produzida, essas propostas referem-se, fundamentalmente, às diferentes formas de captação da energia solar radiante. Nessa forma se inclui desde a captação direta, como em painéis fotovoltaicos, até as formas indiretas, como na conversão da biomassa e na exploração da movimentação de massas atmosféricas, no caso, energia hidrelétrica e eólica. A conversão de biomassa é a forma mais tradicional. Propostas de vanguarda incluem o uso de manipulação genética nas diferentes fases, assim como o uso de vastas porções do solo, competindo e compartilhando dos mesmos problemas da produção de alimentos. Dada a necessidade de fertilizantes, essa opção não pode ainda dispensar, de forma absoluta, o uso de combustíveis fósseis. Energia hidrelétrica apresenta limitações geográficas e gera impactos ambientais e sociais bem conhecidos. As captações de energia fotovoltaica e eólica, por sua vez, também não ficam isentas de problemas.

Os recursos técnicos necessários para captação eficiente de energia fotovoltaica e eólica fazem uso de materiais extremamente escassos na natureza, chamados terras raras. No caso da energia fotovoltaica, o silício purificado

---

[4] A deficiência desse hormônio, produzido nos rins e no fígado, é responsável pela baixa formação das hemácias (eritropoese). O tratamento com uso de eritropoetina recombinante prevê o uso do mesmo hormônio, porém, obtido de animais modificados geneticamente. Ocorre que há diferenças sutis no arranjo espacial da molécula produzida, de forma que o organismo passa a reconhecer o hormônio sintético como antígeno. A consequente produção de anticorpos acarreta a eliminação não só do produto sintético, mas também da pouca eritropoetina natural ainda produzida pelo sujeito doente (Bunn, 2002).

A SUSTENTABILIDADE É SUSTENTÁVEL? EDUCANDO COM O CONCEITO DE RISCO | **781**

deve ser dopado com gálio, índio, arsênio e titânio, entre outros, gerando efluentes com impacto relevante nos sistemas biológicos (Suzuki et al., 2007). Para captação de energia eólica são necessários conversores de energia mecânica em elétrica. Esses conversores eletromagnéticos também dependem de metais de terras raras, como lantânio, cério, praseodímio, itérbio, ítrio e outras. A obtenção de terras raras, necessárias para a produção desses e de outros produtos importantes, como lâmpadas econômicas, é estratégica e altamente poluidora. As concentrações baixíssimas de ocorrência exigem grandes barragens para efluentes ácidos e geralmente estão associadas à ocorrência de tório, um elemento radioativo (Rüttinger e Feil, 2010; Jacoby e Jiang, 2010; Schüler et al., 2011). Dado o monopólio chinês da produção, tem havido interesse em novas prospecções e a ocorrência em áreas oceânicas tem sido promissora (Kato et al., 2011), com consequências ambientais imprevisíveis. A produção do silício de qualidade eletrônica, por sua vez, envolve o uso de solventes orgânicos e inorgânicos, contaminação com as mesmas terras raras e uma massa de resíduos de sílica na forma de lama que alcança em torno de 50% da matéria utilizada (Ciftja et al., 2008). Células fotovoltaicas têm vida útil limitada, são de obtenção onerosa e exigem um balanço para as taxas de retorno energético (Keoleian e Lewis, 2003).

Também não está isenta de problemas a obtenção de energia geotérmica. A exploração da energia geotérmica é tradicional em países que apresentam atividades vulcânicas, onde a ocorrência natural (gêiseres, por exemplo) a torna quase imediata. Seu uso tem sido dirigido, principalmente, para recreação, calefação, mas também para a agricultura, indústria e geração de energia elétrica (Lund e Freeston, 2001). Com a atividade sísmica, as fraturas acabam preenchidas por água proveniente dos lençóis freáticos, e o aumento da pressão e da temperatura facilita a captação do fluido aquecido. Essas ocorrências são, evidentemente, casos particulares de um fenômeno mais geral, decorrente das altas temperaturas do magma no interior da Terra. Assim sendo, em tese, a energia geotérmica poderia ser buscada em qualquer parte do planeta. Nessa lógica, poços vêm sendo perfurados na Europa e nos EUA com o propósito de se gerar energia a partir do vapor, decorrente da água injetada neles. A iniciativa pioneira deu-se em Basel (Suíça), mas a atividade comercial de exploração desse poço teve que ser interrompida já no início, em virtude de milhares de microterremotos observados no local em decorrência do processo (Giardini, 2009). Pesquisas estão em andamento na Alemanha e na França. Em poço experimental na fronteira entre esses dois países, abalos sísmicos também vêm sendo observados e ácido clorídrico tem sido injetado concomitantemente no poço para dissolver carbonatos, aumentar a eficiência da troca térmica e controlar as acomodações súbitas (Portier, 2009). Nos EUA, as operações têm tido menos sucesso e vem ficando claro que o conhecimento é insuficiente para se prever os microabalos sísmicos nessas operações (Huang e Liu, 2010).

CONSIDERAÇÕES FINAIS

A promoção da sustentabilidade não pode excluir a racionalidade econômica, nem a lógica da inovação tecnocientífica, mas também não pode se limitar a elas. Referenciar a existência humana a partir de relações de equilíbrio, em uma expressão de pretensa harmonia, é reflexo da teoria econômica clássica, cuja proposição de perda zero (*win-win*) entre os agentes econômicos, na fantasia de um processo sem perdedores, esconde a assimetria das trocas e a apropriação desigual dos excedentes para formação do capital. Mas também é da teoria econômica a explicitação dos conflitos, das contradições e das crises inevitáveis no processo econômico de mercado, como mostrou Marx (1818-1883), assim como a superação dessas mesmas crises pela proposição de inovações, como deduziu Schumpeter (1883-1950). E mesmo as inovações em tecnologias verdes, como se expôs, não excluem possibilidades de comprometimento do meio ambiente. Pelo contrário, o uso de inovações tecnológicas, sempre dependentes de teorias científicas, resulta inevitavelmente em possibilidade de desastres, traduzindo o risco (Lieber e Romano-Lieber, 2005). Todavia, é na exposição aos riscos tecnológicos que a humanidade confronta os perigos naturais, cujas possibilidades (ou riscos) ameaçam a sua sobrevivência (Lieber e Romano-Lieber, 2002). Enchentes e inundações (riscos naturais) são enfrentadas construindo-se diques, soluções sempre imperfeitas e sujeitas a falhas (riscos tecnológicos). Nesse sentido, superar os perigos naturais, impondo-se à natureza, conflitando com ela, mostra a humanidade do homem, que insiste em tratar as doenças e proteger o mais fraco, refutando a lógica darwinista, que sujeita todas as espécies no mundo natural. Essa diferença crucial não pode ser ignorada pelo educador. O mundo ainda é um lugar onde grassa a fome decorrente das secas ou das inundações. No mundo natural, perecer nessas situações é natural, próprio do equilíbrio ecológico entre os seres vivos e o meio. Mas, para a espécie humana, morrer de fome decorre, pelo contrário, de desequilíbrio econômico, é inaceitável e deve ser reparado por formas de ajuda e assistência.

Como todo conhecimento é, por princípio, limitado, o resultado das intervenções humanas é também sempre incerto. Todavia, embora o homem não possa deixar de intervir na natureza, represando rios ou combatendo parasitas, ele pode agir com precaução. Na precaução, importa o reconhecimento da ignorância e releva-se, sobretudo, aquilo que ainda não se sabe. Mas essa opção, embora de aspecto objetivo indispensável, decorre necessariamente de escolhas, condicionadas de forma subjetiva (Lieber e Romano-Lieber, 2005). E se a escolha não pode ser feita sem julgamento, o julgamento não pode se dar sob referenciais do pragmatismo ou da otimização, próprios do fazer e não da relação entre os homens, como é o ato de julgar (Lieber e Romano-Lieber, 2003). Não é sem razão, portanto, que, para muitos que tentam entender a noção de sustentabilidade, o resultado se mostre mais como opção ética e menos como opção da lógica ou da técnica. Educar para a responsabilidade implica estimular a reflexão sobre as incertezas decorrentes das diferentes perspectivas possíveis, assim como sobre preferências que muitas vezes não podem ser objetivamente justificadas. Educar para a responsabilidade também é refutar as palavras fáceis, as panaceias, e lutar para que os desejos de cada um não se reduzam ao denominador comum da ideologia.

REFERÊNCIAS

ALLENBY, B.R. The Fallacy of "Green Technology". *Am Behav Sci.*, 44:213-28, 2000.

BERLIN, I. Meu caminho intelectual. In: HARDY, H. (org.). *A força das ideias.* Trad. R. Eichenberg. São Paulo: Cia das Letras, 2005. p.17-46.

BUNN, H.F. Drug-Induced Autoimmune Red-Cell Aplasia. *N Engl J Med.*, 346:522-3, 2002.

CIFTJA, A.; ENGH, T.A.; TANGSTAD, M. Refining and Recycling of Silicon: A Review. Trondheim, 2008. Apostila da Norwegian University of Science and Technology. Faculty of Natural Science and Technology. Department of Materials Science and Engineering. Disponível em: http://ntnu.diva-portal.org/smash/get/diva2:123654/FULLTEXT01. Acessado em: 30 jul. 2011.

CLARK, W.C.; DICKSON, N.M. Sustainability science: The emerging research program. *Proc Natl Acad Sci USA*, 100:8059-61, 2003.

DALY, H.E. Sustainable development: definitions, principles, policies. In: KEINER, M. *The Future of Sustainability*. Dordrecht: Springer Netherlands, 2006. p.39-54.

ELLWOOD, P.; BRADBROOK, S.; REYNOLDS, J. et al. Foresight of new and emerging risks to occupational safety and health associated with new technologies in green jobs by 2020. Phase 1 – Key drivers of change. In: BRUN, E. *European Risk Observatory. Working Paper.* Luxemburgo: European Agency for Safety and Health at Work, 2011.

EVENSON, R.E.; GOLLIN, D. Assessing the Impact of the Green Revolution, 1960 to 2000. *Science*, 300:758-62, 2003.

FRONDEL, M.; HORBACH, J.; RENNINGS, K. End-of-pipe or cleaner production? An empirical comparison of environmental innovation decisions across OECD countries. *Business Strategy and the Environment.*, 16:571-84, 2007.

GIARDINI, D. Geothermal quake risks must be faced. *Nature*, 462:848-9, 2009.

HARPER, S.; NIKKILA, N.; MOHIN, T.; LENHART, R.; BEN-DAK, J. Techology development and diffusion. Proceedings of The Clean Air Marketplace, 1993 Sept 8-9; Washington DC, EUA. Washington: United States Environmetal Protection Agency, 1993. p.159-76. Disponível em: http://www.epa.gov/nscep/index.html. Acessado em: 30 jul. 2011.

HENG, X.; ZOU, C. How can green technology be possible. *Asian Soc Science*, 6:110-4, 2010.

HUANG, S.; LIU, J. Geothermal energy stuck between a rock and a hot place. Nature, 463:293, 2010.

HUESEMANN, M.H. The limits of technological solutions to sustainable development. *Clean Techn Environ Policy*, 5:21-34, 2003.

JACOBI, P. Educação ambiental, cidadania e sustentabilidade. *Cad Pesquisa*, 118:189-205, 2003.

JACOBI, P.R. Educação ambiental: o desafio da construção de um pensamento crítico, complexo e reflexivo. *Educação e Pesquisa,* São Paulo, 31:233-50, 2005.

JACOBY, M.; JIANG, J. Securing the supply of rare earths. *Chem Eng News*, 88:9-12, 2010.

KATES, R.W.; CLARK, W.C.; CORELL, R. et al. Environment and development. Sustainability science. *Science*, 292:641-2, 2001.

KATO, Y.; FUJINAGA, K.; NAKAMURA, K. et al. Deep-sea mud in the Pacific Ocean as a potential resource for rare-earth elements. *Nat Geosci.*, 4:535-9, 2011.

KEOLEIAN, G.A.; MCD LEWIS, G. Modeling the life cycle energy and environmental performance of amorphous silicon BIPV roofing in the US. *Renewable Energy*, 28:271-93, 2003.

KHUSH, G.S. Green revolution: the way forward. *Nat Rev Genet.*, 2:815-22, 2001.

LAYRARGUES, P.P. Solving Local Environmental Problems in Environmental Education: a Brazilian case study. *Environmental Education Research*, 6:167-78, 2000.

LIEBER, R.R.; ROMANO-LIEBER, N.S. Causalidade e fatores de risco: transcendência e imanência na educação ambiental. *Educação Teoria e Prática*, 9:16-30, 2001.

_____. O conceito de risco: Janus reinventado. In: MINAYO, M.C.S.; DE MIRANDA, A.C. (orgs.). *Saúde e ambiente sustentável: estreitando nós*. Rio de Janeiro: Editora Fiocruz, 2002. p.69-111.

_____. Risco, incerteza e as possibilidades de ação na saúde ambiental. *Rev Bras Epidemiol.*, 6:121-34, 2003.

_____. Risco e precaução no desastre tecnológico. *Ciência Saúde Coletiva*, Rio de Janeiro, 13:67-84, 2005.

LUND, J.W.; FREESTON, D.H. World-wide direct uses of geothermal energy 2000. *Geothermics*, 30:29-68, 2001.

MAYUMI, K.; GIAMPIETRO, M. The epistemological challenge of self-modifying systems: Governance and sustainability in the post-normal science era. *Ecol Econ.*, 57:382-99, 2006.

MCKINNEY, W.J.; HILL, H.H. Of sustainability and precaution: the logical, epistemological, and moral problems of the precautionary principle and their implications for sustainable development. *Ethics and environment.*, 5:77-87, 2000.

MODVAR, C.; GALLOPIN, G.C. Sustainable development: epistemological challenges to science and technology. Santiago: Cepal – United Nations Publication, 2005. Disponível em: http://www.eclac.cl/publicaciones/xml/3/21103/lcl2273.pdf. Acessado em: 30 jul. 2011.

OLTRA, V.; SAINT JEAN, M. Environmental innovation and clean technology: an evolutionary framework. *Int J Sustainable Development*, 8:153-72, 2005.

OSORIO, L.A.R.; LOBATO, M.O.; DEL CASTILLO, X.A. Debates on sustainable development: towards a holistic view of reality. *Environment, Development and Sustainability*, 7:501-18, 2005.

PAYNE, D. Watching the detectives: tracking the source of Europe's latest *E coli* outbreak. BMJ, 342:d3737, 2011.

PEZZEY, J. Sustainable development concepts. An economic analysis. World Bank Environment Paper Number 2. Report n. 11425; 1992. Disponível em: http://www-wds.worldbank.org/external/default/WDSContentServer/WDSP/IB/1999/10/21/000178830_98101911160728/Rendered/PDF/multi_page.pdf. Acessado em: 03 ago. 2011.

PORTIER, S.; VUATAZ, F.-D.; NAMI, P.; SANJUAN, B.; GÉRARD, A. Chemical stimulation techniques for geothermal wells: experiments on the three-well EGS system at Soultz-sous-Forêts, France. *Geothermics*, 38:349-59, 2009.

ROSEN, M.A.; DINCER, I. Exergy as the confluence of energy, environment and sustainable development. *Exergy, An International Journal*, 1:3-13, 2001.

RÜTTINGER, L.; FEIL, M. Sustainable Prevention of Resource Conflicts: New Risks from Raw Materials for the Future? Case Study and Scenarios for China and Rare Earths. Section report 3.4. Berlim: Ed Adelphi, 2010. Disponível em: http://www.adelphi.de/files/de/news/application/pdf/rohkon_report_3.4_china.pdf. Acessado em: 03 ago. 2011.

SAUVÉ, L. Environmental education and sustainable development: a further appraisal. Can J Env Educ. 1996;1:7-34.

_____. Educação ambiental: possibilidades e limitações. *Educação e Pesquisa*, São Paulo, 31:317-22, 2005.

SCHÜLER, D.; BUCHERT, M.; LIU, R.; DITTRICH, S.; MERZ, C. Study on Rare Earths and Their Recycling. Final Report for The Greens/EFA Group in the European Parliament. Darmstadt, 2011. Disponível em: http://www.oeko.de/oekodoc/1112/2011-003-en.pdf. Acessado em: 03 ago. 2011.

[SMA] SECRETARIA DE ESTADO DO MEIO AMBIENTE. Conceitos para se fazer educação ambiental. (original de Meadows DH – Tradução de Penteado MJAC). 3.ed. São Paulo: Secretaria de Estado do Meio Ambiente, 1999.

SEN, A. *Desenvolvimento como liberdade*. Trad. L.T. Motta. São Paulo: Cia. das Letras, 2000.

SNEDDON, C.; HOWARTH, R.B.; NORGAARD, R.B. Sustainable development in a post-Brundtland world. *Ecol Econ.*, 57:253-68, 2006.

SOLOW, R.M. Sustainability: an economist´s perspective. In: DORFMAN, R.; DORFMAN, N. (eds.). *Economics of the Environment: Selected Readings*. New York: W.W. Norton & Company, 1993. p.179-87.

SUZUKI, Y.; WATANABE , I.; OSHIDA, T.; CHEN, Y-J; LIN, L-K; WANG, Y-H et al. Accumulation of trace elements used in semiconductor industry in Formosan squirrel, as a bio-indicator of their exposure, living in Taiwan. *Chemosphere*, 68:1270-9, 2007.

VALE, R.; VALE, B. *Time to eat the dog?: The real guide to sustainable living*. Londres: Thames & Hudson, 2009.

WALL, G.; GONG, M. On exergy and sustainable development-Part 1: Conditions and concepts. *Exergy, An International Journal*, 1:128-145, 2001.

[WCED] WORLD COMMISSION ON ENVIRONMENT AND DEVELOPMENT. *Our Common Future*. Oxford (UK): Oxford University Press, 1987. Disponível em: http://www.princeton.edu/~ota/disk1/1993/9340/934004.PDF. Acessado em 03 ago. 2011.

A Universidade Formando Especialistas em Educação Ambiental | **30**

Maria Cecília Focesi Pelicioni
Assistente social e sanitarista, Faculdade de Saúde Pública – USP

Mary Lobas de Castro
Bióloga e educadora ambiental, Universidade Mogi das Cruzes

Arlindo Philippi Jr
Engenheiro civil e sanitarista, Faculdade de Saúde Pública – USP

FORMAÇÃO EM EDUCAÇÃO AMBIENTAL

As constantes e aceleradas transformações por que passa o planeta Terra têm afetado significativamente o meio em seus aspectos físico, biológico, político e social, trazendo comprometimentos à qualidade do ambiente e de vida. Tal fato exige, cada vez mais, o desenvolvimento de ações efetivas e articuladas sobre as causas dos problemas.

Essas transformações, provocadas principalmente por um modelo de desenvolvimento econômico de caráter predatório, vêm despertando a consciência de um número cada vez maior de pessoas quanto à urgência de alterar o rumo desse processo.

Nos países em desenvolvimento, tal situação é agravada pelas precárias condições sociais e econômicas da maior parte da população. Isso gera constantes conflitos entre a necessidade de preservação das condições ambientais adequadas e a necessidade de sobrevivência.

Nessas circunstâncias, o principal e mais poderoso instrumento de intervenção de que se dispõe para resultados de médio e longo prazo é a educação ambiental. Ela poderá contribuir para o encaminhamento de soluções para os problemas – contando com o apoio da ciência e da tecnologia –, baseadas na ética, na igualdade, na justiça e na solidariedade.

Para tanto, é preciso contar com profissionais habilitados na formulação de políticas, planos, programas e projetos que atendam a esses objetivos e que contemplem as exigências de possuir os conhecimentos teóricos necessários sobre saúde, educação e meio ambiente, associados a práticas interdisciplinares compatíveis com a realidade e capazes de atuar em equipes multiprofissionais envolvendo diferentes setores, áreas e instituições.

Viabilizar a promoção da educação, da consciência política e do treinamento tem sido preocupação constante dos profissionais da área de meio ambiente. Desse modo, a Faculdade de Saúde Pública da Universidade de São Paulo, atendendo à necessidade de capacitar profissionais da área, tem oferecido desde 1994 cursos de especialização em educação ambiental, direito ambiental, engenharia de saneamento básico e em gestão ambiental.

Os cursos, no momento encerrados, procuram incorporar a percepção integrada da natureza em seus aspectos físicos, biológicos, econômicos e culturais, como também construir conhecimentos baseados em valores e comportamentos que permitam uma participação crítica, responsável e eficaz na solução de problemas ambientais e na gestão do meio ambiente.

Segundo Medina (2000, p.10),

> As propostas de educação ambiental pretendem aproximar a realidade ambiental das pessoas, conseguir que elas passem a perceber o ambiente como algo próximo e importante nas suas vidas; é verificar ainda, que cada uma tem um importante papel a cumprir na preservação e transformação do ambiente em que vivem. Levá-las a compreender que o futuro, como construção coletiva, depende das decisões políticas e econômicas que sejam definidas hoje, e que irão interferir nas possibilidades de definição de novos modelos de desenvolvimento, capazes de conciliar a justiça social e o equilíbrio ecológico, que permitam manter a base do rico substrato natural e cultural dos países, melhorando efetivamente a qualidade de vida da população.

O corpo docente dos cursos oferecidos contou com especialistas no tema provenientes de diferentes áreas e formações. O corpo discente, por sua vez, era multiprofissional e composto por técnicos de instituições municipais, estaduais, federais, empresas e organizações não governamentais. Tal fato permitiu a formação de uma massa crítica eficaz, levando à integração das ações de natureza técnica.

Para todos os cursos – cuja duração foi de quinhentas horas em média –, tornou-se obrigatória a apresentação de uma monografia na área ambiental. Especificamente para o curso de educação ambiental, foi obrigatória a realização de um relatório de projetos de pesquisa e intervenção referente a essa área.

A prática tem demonstrado enorme descompasso entre as questões teóricas e a atuação cotidiana dos técnicos de meio ambiente. Assim, a estrutura dos programas buscou contemplar mecanismos pedagógicos capazes de propiciar a inter-relação das informações e experiências trazidas pelos profissionais e pelos professores.

Os resultados das estratégias de trabalho adotadas nesses cursos têm sido bastante significativos, pois permitem aos alunos vivenciar a teoria e a prática, enfrentando situações concretas de aprendizagem, construindo e ampliando seus conhecimentos de forma participativa.

> A educação deverá liberar-se da fragmentação imposta pelo paradigma positivista, com sua racionalidade instrumental e econômica, e de seus estreitos pontos de vista, atualizar o atraso em relação ao conhecimento produzido por alguns importantes cientistas, artistas e humanistas de nossa época e unir forças com outras instituições sociais procurando a construção de um mundo mais humano e sustentável. A questão é: poderá e saberá fazê-lo, e quando o fará? (Medina, 2000, p.13)

Nos programas de capacitação, devem-se utilizar métodos práticos e interativos e incluir experiências de campo, além de possibilitar os conhecimentos necessários para o desenvolvimento profissional.

Entretanto, apesar dos avanços, do empenho e das experiências existentes, ainda há uma grande distância entre o conhecimento e a prática da maioria dos professores em exercício, e as novas concepções sobre o trabalho e a escola que esses movimentos vêm produzindo. Desse modo, é preciso construir pontes entre a realidade das práticas educativas e o que se pretende realizar.

A competência profissional exige mudanças estratégicas "no sistema e nas práticas de formação, incluindo a organização das instituições formadoras, a metodologia que orienta os processos formativos, a definição dos conteúdos e a formação dos formadores de professores" (Bicudo e Silva Jr. 1999, p.19).

Ruz Ruz apud Serbino et al. (1998, p.85), professor da Universidade Educares, de Santiago (Chile), considera necessária uma nova atitude formadora, pautada em cinco eixos e fios condutores do currículo de formação de professores: o técnico e o prático na formação; a integração de saberes; a preparação para a participação social; a atitude teórico-crítica e a prospectiva, isto é, deve transcender todas as formas de pedagogia ou aprendizagem da limitação ou autolimitação.

O educador, tanto quanto a escola, deve buscar produzir em seus alunos transformações em quatro campos interligados, a saber:

- *Domínio afetivo*: desenvolvendo atitudes positivas de tolerância, autoestima, identidade pessoal, superação da frustração e da incerteza, entre outras.

- *Domínio cognitivo*: procurando desenvolver capacidades de utilização de diferentes estilos, técnicas e estratégias de pensamento; saber buscar, processar e utilizar informações, e observar fenômenos a partir de múltiplas perspectivas.

- *Domínio metacognitivo*: de forma que possam aprender a aprender e, se necessário, a desaprender; observar e conhecer a si mesmo, compreender o caráter específico de cada tarefa ou problema, identificar quais instrumentos podem ser usados para seu enfrentamento e reconhecer as influências que perpassam as interações.

- *Domínio interpessoal*: que leva à aceitação da diferença e da crítica, à capacidade de resolver conflitos, às habilidades comunicativas que favorecem a adaptação e coesão do grupo, e à disposição para o trabalho em equipe (Ruz Ruz, citado por Serbino, 1998).

Desse modo, é preciso haver um novo equilíbrio ou convergência entre o técnico e o prático no campo da educação; reinserir o técnico no prático, ou seja, colocar as estratégias e os métodos a serviço dos valores. Isso implica reavaliar os perfis profissionais, os papéis do professor, os planos e programas de estudo, a relação teoria/prática da formação, chegando a uma nova leitura do campo educacional. A integração entre o saber elaborado, próprio da cultura erudita, dita universal, e o saber cotidiano da cultura popular ou da socialização vai favorecer não só a autonomia do educador, mas constituirá um avanço em direção à pertinência cultural do currículo de formação (Pelicioni, 2000).

É importante, como diz Freire (1998, p. 46), "teorizar a prática e construir a teoria, procurando articular a teoria e a prática, o saber e o fazer, o ensino e a pesquisa". A educação, portanto, assume um papel ativo de aprendizagem coletiva e de potencialização do desenvolvimento cognitivo.

O programa curricular é um processo de diálogo contínuo no qual, com a construção e a circulação do saber, surgem as oportunidades das relações interpessoais. Tópicos curriculares só têm importância se considerados num contexto amplo, como explicações de um todo. O que se espera socialmente é que os conhecimentos tenham relevância para os indivíduos, preparando-os para a tomada de decisões conscientes e de natureza ética, levando-os a agir como consumidores inteligentes e motivados para novas oportunidades de vida profissional (D'Ambrósio, 1998).

Assim, um currículo deve incluir conhecimentos atuais, definidos em um contexto amplo da sociedade moderna, embora se saiba claramente que sempre serão reduzidos em relação ao que se produz cientificamente hoje. Daí a importância de se definirem os conhecimentos básicos essenciais e oferecer uma boa formação em pesquisa, contextualizando o que cada indivíduo sabe, suas experiências anteriores de vida e de trabalho, capacitando-o para o acesso a outros conhecimentos por meio de literatura específica e outras estratégias participativas que envolvam seminários, vídeos, visitas técnicas, discussões em grupo, apresentação de projetos institucionais.

ESPECIALIZAÇÃO EM EDUCAÇÃO AMBIENTAL

Segundo a Constituição Brasileira de 1988, a educação ambiental é incumbência do poder público, que deve promover a conscientização social para defesa do meio ambiente. O cumprimento e a efetividade de tais dispositivos, porém, esbarram na carência de profissionais capacitados para desenvolver projetos de pesquisa e intervenção, bem como nas condições de preparar a sociedade para a construção de políticas públicas voltadas para a defesa do meio ambiente.

O curso de especialização em Educação Ambiental da Universidade de São Paulo, com interveniência do Núcleo de Informações em Saúde Ambiental (Nisam) preparou doze turmas até 2004. Seus objetivos foram instrumentalizar os profissionais e integrar conhecimentos sobre educação ambiental e meio ambiente que os capacitem a analisar criticamente as inter-relações entre o ser humano, a sociedade em que vive, sua cultura e o ambiente biofísico que o cerca. Da mesma forma, teve como meta experimentar métodos e técnicas educativas coerentes com abordagens teóricas de educação ambiental; incluir componentes educativos nos programas de preservação, conservação e recuperação ambiental; ter um bom desempenho ao exercerem atividades junto à comunidade ou a grupos específicos, como escolares e trabalhadores; e participar de equipe multidisciplinar no estudo de problemas relativos à educação ambiental.

A proposta resultante desse processo, composta dos elementos considerados necessários para capacitação de profissionais destinados a atuar em planos, programas, projetos e atividades em educação ambiental, incluiu quatro conjuntos de disciplinas e suas respectivas ementas distribuídas em módulos: fundamentação ambiental, fundamentação em educação ambiental, fundamentação metodológica e estudos aplicados à educação ambiental, conforme pode ser visto na Tabela 30.1.

Desenvolvido em onze meses e com uma carga horária de 480 horas-aula, incluiu aulas expositivas, trabalhos, projetos, seminários e visitas técnicas. As aulas foram ministradas à razão de 12 horas semanais.

Como metodologia, várias técnicas eram utilizadas: aulas expositivas, discussões em grupo, dramatizações, visitas monitoradas, seminários, mesas-redondas, estudos de caso, entre outros. Da parte prática, incluída no terceiro módulo, fez parte a elaboração de um projeto de pesquisa e intervenção em educação e meio ambiente, cujo tema, escolhido no início do curso, foi sendo desenvolvido com base nos módulos teóricos. Esse processo permitiu a visualização imediata da possibilidade de aplicação dos conceitos teóricos e sua utilidade na resolução dos problemas enfrentados no desenvolvimento da atividade profissional do especialista em educação ambiental, servindo como instrumento para a consecução dos objetivos propostos pelo curso.

Uma vez que o ser humano não aprende apenas aquilo que é ensinado pelo professor, mas também, e principalmente, na relação com o outro, a educação é uma estratégia de caráter social que leva os indivíduos a serem criativos e a desenvolverem suas capacidades, preparando-os ao exercício da cooperação na realização de ações comuns.

Não é, portanto, apenas o aprendizado dos conteúdos que liberta o ser humano. Segundo Freire (1998, p. 46),

> Essa é a dimensão política da luta. É pedagógico como reflexo, é pedagógico como consequência e não como fundamentação. É preciso que a educação vá além do pragmatismo, é preciso fazer a unidade dialética contraditória, ou

seja, estabelecer uma relação entre a leitura da palavra e a leitura do mundo. É preciso fazer a leitura do texto e do contexto [...]. Se somos educadores, somos políticos. Se somos educadores e, portanto, políticos, temos que ter certeza com relação à nossa opção. Enquanto educadores nosso sonho não é pedagógico, mas, político. As formas de trabalhar, os métodos utilizados nesse trabalho, têm muito de pedagógico, mas são eminentemente políticos.

Tabela 30.1 – Conteúdo programático e carga horária de um dos cursos de especialização em Educação Ambiental.

Abertura e integração (ABI) 4 h
Módulo I – Fundamentação ambiental 156 h
1. Introdução às Ciências Ambientais (ICA) 32 h 2. Introdução às Ciências Sociais e Meio Ambiente (CSA) 12 h 3. Saúde Ambiental (SAM) 24 h 4. Epidemiologia Ambiental (EPI) 16 h 5. Fundamentos do Controle Ambiental (FCA) 24 h 6. Política e Gestão Ambiental (PGA) 36 h 7. Avaliação de Impactos Ambientais (AIA) 2 h
Módulo II – Fundamentação em educação ambiental 144 h
8. Fundamentos Históricos e Filosóficos da Educação Ambiental (FHF) 40 h 9. Pedagogia Ambiental (PEA) 36 h 10. Participação Popular (PPO) 16 h 11. Comunicação e Meio Ambiente (COM) 12 h 12. Dimensões da Prática Ambiental (DIM) 40 h
Módulo III – Fundamentação medotológica 148 h
13. Planejamento em Educação Ambiental (PLA) 32 h 14. Metodologia de Pesquisa e Intervenção – 1 (MEP-1) 40 h 15. Metodologia de Pesquisa e Intervenção – 2 (MEP-2) 36 h 16. Estratégias em Educação Ambiental (EST) 40 h
Módulo IV – Estudos aplicados à educação ambiental 28 h
17. Seminários sobre Educação Ambiental (SEA) 28 h
Carga horária total 480 h

Por tudo isso, Silva (1992) considera que o educador precisa estar instrumentalizado não apenas com os recursos pedagógicos, mas com o exercício da prática política. Esta exige, por consequência, reflexão. E para a reflexão é necessário mesclar conhecimento e vivência, identificar o saber e a prática, entender a realidade em seus múltiplos aspectos e, para isso, aceitar a eliminação de barreiras entre disciplinas e entre pessoas na construção de novos campos do conhecimento.

Interessa, pois, destacar a necessidade de contar com profissionais habilitados para atender às necessidades dessa intervenção. Para responder a essa demanda, há que se formular programas que capacitem recursos humanos em condições de atender às exigências de conhecimento teórico associado à prática sobre a realidade, ou seja, a conjugação do saber com o agir, do texto com o contexto, e, todos, incorporando a prática da interdisciplinaridade com a ação interinstitucional (Philippi Jr, 2002).

Todas essas ideias, conceitos e ações têm constituído o referencial do curso especialização em educação ambiental realizado pela Faculdade de Saúde Pública da Universidade de São Paulo com o apoio de docentes dessa e de outras faculdades, bem como com a contribuição constante de profissionais de reconhecido saber de outras instituições.

Assim sendo, o curso tem procurado relacionar o conhecimento (o texto) com a realidade social (o contexto), os quais fornecem a matéria-prima para projetos de educação ambiental. A cada ano, portanto, tem sido repensado a partir do resultado das avaliações conjuntas de professores, alunos e profissionais envolvidos.

Com base na conclusão da especialização, os resultados esperados de cada turma não se limitam à aquisição de conhecimentos; espera-se principalmente a formação e a mudança de valores de cada um dos alunos. A educação ambiental, enquanto ação política, não deve ficar apenas no nível de consciência dos indivíduos; deve também dar origem a práticas efetivas de melhoria de qualidade de vida para toda a coletividade (Philippi Jr e Pelicioni, 2000).

Naturalmente, as experiências de prática profissional e acadêmica têm contribuído decisivamente para consolidar a estrutura de curso centrada nos quatro módulos anteriormente descritos, composto pelas disciplinas com espaço em suas ementas para adequações necessárias e compatíveis com as exigências colocadas pelos profissionais e instituições responsáveis por ações na área ambiental.

Cumpre salientar a necessidade de integrar conceitos e conhecimentos de caráter biogeofísico e ambiental com aqueles de caráter histórico, filosófico e cultural da educação ambiental, apoiando-se em metodologia de pesquisa e intervenção, métodos e estratégias em educação e meio ambiente. Tal necessidade reforça a visão interdisciplinar que deve ter o profissional dessa área, capacitando-o a analisar criticamente as inter-relações entre o homem e a sociedade em que vive, sua cultura e o ambiente que o cerca.

Foi muito importante nesses momentos utilizar como referência a Lei n. 9.795, de 27 de abril de 1999, que dispõe sobre a Política Nacional de Educação Ambiental Brasileira. Essa Lei traz, entre seus objetivos fundamentais, a necessidade do desenvolvimento de uma compreensão integrada do meio ambiente em suas múltiplas e complexas relações, envolvendo aspectos ecológicos, psicológicos, legais, políticos, sociais, econômicos, científicos, culturais e éticos; do estímulo e fortalecimento de consciência crítica sobre a problemática ambiental e social; do incentivo à participação individual e coletiva, permanente e responsável na preservação do equilíbrio do meio ambiente, entendendo-se a defesa da qualidade ambiental como um valor inseparável do exercício da cidadania; do fomento e fortalecimento da integração com a ciência e a tecnologia, bem como da cidadania, da autodeterminação dos povos e da solidariedade como fundamentos para o futuro da humanidade.

É importante considerar que esses objetivos foram atendidos pelo programa proposto pela Faculdade de Saúde Pública da Universidade de São Paulo desde o seu início, caracterizando uma importante contribuição para a sociedade. Realizar 12 cursos de especialização em educação ambiental significa preparar em torno de 400 profissionais de diferentes formações, provenientes de várias instituições. Cerca de cem projetos foram gerados pelos alunos, sob orientação dos professores, trazendo inúmeros benefícios à sociedade. Destaca-se, entre os temas selecionados pelos alunos, o desenvolvimento da educação ambiental em diferentes espaços:

- Escolas.
- Assentamentos habitacionais.
- Unidades de conservação.
- Instituições públicas.
- Instituições privadas.
- Empresas.
- Indústrias.
- Associações de bairro.
- Comunidades tradicionais.
- Cooperativas.
- Instalações comerciais.

A formação e a disponibilidade dessa massa crítica estão, em sua maioria, vinculadas a instituições com projetos de relevante interesse socioambiental. Com certeza, isso significa que, com a incorporação de novos valores, serão criadas novas visões, práticas, comportamentos e atitudes que permitirão o desenvolvimento de projetos baseados na interdisciplinaridade, na interatividade e na cooperação participativa. No curso houve uma grande preocupação em considerar e adotar, sempre que possível, as recomendações, as propostas e sugestões das conferências, seminários, encontros, reuniões e avaliações. Tal dinâmica propicia uma maior interação entre a teoria e a prática, valorizando o conhecimento científico, a experiência e a participação no processo de construção coletiva. Todo esse processo baseou-se no entendimento de que atitudes são formadas por condições que venham a atender às necessidades sentidas e dependem da vontade de cada indivíduo em incorporar ou não, em valorizar ou não, determinadas práticas.

Verifica-se aqui a clara inserção da Faculdade de Saúde Pública da USP e de seus parceiros na contribuição para a melhoria dos padrões de qualidade ambiental e de vida por meio do ensino e da pesquisa, da colaboração com entidades públicas e privadas e da difusão de ideias e conhecimento.

REFERÊNCIAS

BICUDO, M.A.V.; SILVA JR., C.A. (orgs.) *Formação do educador e avaliação educacional: avaliação institucional, ensino e aprendizagem*. São Paulo: Unesp, 1999. v. 4, p. 19-28.

CASTRO, M.D.L. *Educação ambiental, capacitação e participação na formulação de políticas públicas ambientais: o caso do conselho municipal do meio ambiente e desenvolvimento sustentável de São Paulo*. São Paulo, 2003. Dissertação (Mestrado). Universidade Presbiteriana Mackenzie.

D'AMBRÓSIO, U. Tempo da escola e tempo da sociedade. In: SERBINO, R.V.; RIBEIRO, R.; BARBOSA, R.L.L.; GEBRAN, R.A. (orgs). *Formação de professores*. São Paulo: Unesp, 1998, p. 243. (Seminário e Debates)

FREIRE, P. Novos tempos, velhos problemas. In: SERBINO, R.V.; RIBEIRO, R.; BARBOSA, R.L.L.; GEBRAN, R.A. (orgs.) *Formação de professores*. São Paulo: Unesp, 1998, p. 46. (Seminário e Debates)

MEDINA, N.M. Os desafios da formação de formadores para a educação ambiental. In: PHILIPPI Jr, A.; PELICIONI, M.C.F. (eds.). *Educação ambiental: desenvolvimento de cursos e projetos*. São Paulo: Signus, 2000, p. 9-27.

PELICIONI, M.C.F. *Educação em saúde e educação ambiental – estratégias de construção da escola promotora da saúde.* São Paulo, 2000. Tese (Livre-Docência). Faculdade de Saúde Pública da USP.

PHILIPPI JR, A. *O impacto da capacitação em gestão ambiental.* São Paulo, 2002. Tese (Livre-Docência). Faculdade de Saúde Pública da USP.

PHILIPPI JR, A.; PELICIONI, M.C.F. Recursos humanos em educação ambiental: o papel da Faculdade de Saúde Pública da Universidade de São Paulo. In: PHILIPPI Jr, A.; PELICIONI, M.C.F. (eds.) *Educação ambiental: desenvolvimento de cursos e projetos.* São Paulo: Signus, 2000, p. 36-43.

SERBINO, R.V.; RIBEIRO, R.; BARBOSA, R.L.L.; GEBRAN, R.A. (orgs.) *Formação de professores.* São Paulo: Unesp, 1998.

SILVA, J.I. *Da formação do educador e educação política.* São Paulo: Cortez, 1992. (Coleção Polêmicas do Nosso Tempo, 48)

PARTE V

Fundamentação Metodológica

Capítulo 31
Intervenção em Saúde, Educação e Meio Ambiente
Claudia Arneiro Gulielmino, Daniel Manchado Cywinski, Mariana Ferraz Duarte, Paula Schimidt Guolo, Ricardo Pasin Caparrós e Sandra Rodrigues Gaspar

Capítulo 32
Agenda 21 como Instrumento para Gestão Ambiental
Maria Claudia Mibielli Kohler e Arlindo Philippi Jr

Capítulo 33
Educação Ambiental em Unidades de Conservação
Renata Ferraz de Toledo e Maria Cecília Focesi Pelicioni

Capítulo 34
Alimentos e suas Relações com a Educação Ambiental
Pedro Manuel Leal Germano e Maria Izabel Simões Germano

Capítulo 35
A Educação Nutricional e a Pirâmide Alimentar
Sonia Tucunduva Philippi

Capítulo 36
Educação Ambiental para uma Escola Saudável
Maria Cecília Focesi Pelicioni

Capítulo 37
Responsabilidade Social da Gestão e Uso dos Recursos Naturais: o Papel da Educação no Planejamento Ambiental
Marcos Reigota e Rozely Ferreira dos Santos

Capítulo 38
Educação Ambiental para Promoção da Saúde com Trânsito Saudável
Sandra Costa de Oliveira e Maria Cecília Focesi Pelicioni

Intervenção em Saúde, Educação e Meio Ambiente[1]

31

Claudia Arneiro Gulielmino
Licenciada e Bacharel em Ciências,
Colégio Jardim São Paulo

Daniel Manchado Cywinski
Consultor em gestão, educação e comunicação ambiental

Mariana Ferraz Duarte
Engenheira Agrônoma,
Centro de Pesquisa e Documentação em Cidades Saudáveis

Paula Schimidt Guolo
Licenciada e Bacharel em Ciências,
Colégio Regina Mundi

Ricardo Pasin Caparrós
Biólogo, Centro Universitário Senac

Sandra Rodrigues Gaspar
Bióloga, Prefeitura Municipal de Santo André

SAÚDE, MEIO AMBIENTE E EDUCAÇÃO AMBIENTAL

Em meados da década de 1970, dois importantes fatores deram origem, após muitas reflexões e discussões, à introdução de um novo conceito no campo da saúde proposto pelos canadenses. De um lado a insatisfação

---

[1] Baseado em Gulielmino et al. (2000).

da esfera internacional, gerada pelas condições de vida e saúde da maior parte da população mundial; de outro, a ênfase do modelo biomédico – e suas consequências na prevenção e tratamento de doenças –, pautado por uma concepção de vida mecanicista, reducionista e cartesiana, que considerava apenas as explicações científicas, a etiologia das doenças, os diagnósticos clínicos e os prognósticos, não atendendo, portanto, às necessidades reais da população (Pelicioni, 1999).

Esse novo conceito admite que todas as causas das doenças e mortes decorrem de quatro fatores determinantes e inter-relacionados: (1) as características biofísicas do indivíduo; (2) seu estilo de vida e comportamento; (3) a poluição e problemas ambientais; (4) deficiências do serviço de saúde. Tais fatores deixam evidente a exigência de soluções integradas.

Segundo Pelicioni (1999), desse novo enfoque no campo da saúde, surgiu uma nova concepção de ser humano, totalmente integrado ao ambiente em que vive. Como consequência, esse novo conceito considera urgente a promoção da melhoria no seu ambiente e de mudanças em seu comportamento, visando à promoção da saúde física e mental dos indivíduos.

Atualmente, é cada vez mais perceptível a relação entre meio ambiente e saúde no cotidiano urbano, sobretudo nas grandes cidades. Isso porque os principais problemas ambientais afetam a população, tendo forte impacto sobre a qualidade de vida e, por conseguinte, sobre a saúde.

Segundo Jacobi (1998), a cidade de São Paulo é um dos exemplos de espaço urbano onde as políticas públicas implementadas não foram suficientes para prevenir a perversidade entre meio ambiente e saúde. Basicamente, não se desenvolveram a tempo ações efetivas de controle da qualidade do ar e das águas e de uma ocupação racional do solo. São conhecidos os problemas provocados pela indústria, pela crescente frota de veículos em circulação, pela inadequação e/ou carência absoluta de um sistema de esgotamento sanitário que acompanhasse a ocupação e o aumento da densidade demográfica.

Dessa forma, a insuficiência de políticas públicas, associada a fatores socioeconômicos como baixa renda, altas taxas de desemprego, moradia precária, entre outros, conduzem ao rebaixamento da qualidade de vida. Se existem problemas ambientais que afetam a população, existem também aqueles que causam mais impactos sobre determinadas localidades onde os serviços básicos (infraestrutura e saneamento) são extremamente precários ou inexistentes.

A situação socioeconômica, ao interferir drasticamente no meio ambiente, gera impactos que comprometem a qualidade de vida, sobretudo a saúde física e mental da população marginalizada dos núcleos urbanos. Por isso, não se pode esquecer esses fatores ao se analisarem as inter-relações entre a saúde e o meio ambiente. Assim, o atendimento às necessidades básicas de saúde e as ações preventivas para a proteção ambiental são fatores de melhoria da qualidade de vida que devem necessariamente caminhar lado a lado.

Para diminuir os riscos ambientais e o seu impacto sobre a saúde são necessários investimentos públicos que minimizem esses riscos e ações educativas que preconizem o engajamento da população, a fim de transformá-la em cidadãos sensibilizados, conscientes das questões ambientais e informados a respeito de seus direitos e deveres.

Fomentar o exercício da cidadania em todos os membros da sociedade é fundamental para a construção e ampliação da consciência sobre a importância e necessidade de prevenir desastres e problemas ambientais. É nesse contexto que a educação ambiental constitui uma importante ferramenta para abordar não só a temática do meio ambiente, como também a da saúde e a da cidadania. Por meio das suas ações, pode-se estimular a reflexão dos diversos atores sociais, contribuindo para a mudança de seus valores e atitudes. Pode-se, igualmente, estimular tanto a conscientização e o potencial de articulação de ações conjuntas como a lógica de corresponsabilização na solução de problemas ambientais no contexto urbano.

Assegurar e exercer o direito ao atendimento das necessidades básicas e do acesso à educação, à informação e à construção da cidadania é requisito básico para a preservação ambiental e melhoria da qualidade de vida nos centro urbanos.

O PROGRAMA SAÚDE DA FAMÍLIA EM SÃO PAULO

O Programa Saúde da Família (PSF) foi criado em 1994 pelo Ministério da Saúde, com o principal propósito de reorganizar a prática do atendimento à saúde em novas bases e substituir o modelo tradicional, levando a saúde para mais perto da família, e, com isso, melhorar a qualidade de vida dos brasileiros (Ministério da Saúde, 1997).

A estratégia do PSF incorpora e reafirma os princípios básicos do Sistema Único de Saúde (SUS) – universalização, descentralização, integralidade e participação da comunidade –, priorizando ações de prevenção, promoção e recuperação da saúde das pessoas, de forma integral e contínua. O atendimento é prestado na unidade básica de saúde ou no domicílio pelos profissionais que compõem as equipes de Saúde da Família. Tal procedimento torna de grande relevância a utilização do PSF para tratar dos problemas ambientais, uma vez que se estabelecem vínculos e criam-se laços de compromisso e de corresponsabilidade entre os profissionais de saúde e a população para a promoção da qualidade de vida.

O Projeto Qualidade Integral em Saúde (Projeto Qualis), sob responsabilidade executiva direta do governo do Estado de São Paulo, começou a ser operacionalizado em abril de 1996 como decorrência obrigatória do modelo assistencial promovido e implementado pela Prefeitura Municipal de São Paulo, o Programa de Atendimento à Saúde (PAS) – este fundamentalmente de caráter curativo e de prontoatendimento básico, incompatível com o sus (Ministério da Saúde, 1999; Capistrano, 1999). O Projeto Qualis permitiu uma forma de implementação do Programa Saúde da Família no âmbito municipal.

O Posto Qualis/PSF: Unidade Vila Reunidas

O Posto de Saúde Vila Reunidas foi inaugurado em 1998, fazendo parte do Projeto Qualis, desenvolvido em parceria com a Fundação Zerbini.

O desenvolvimento do projeto por meio de parcerias, como, neste caso, com a Fundação Zerbini, foi a solução encontrada para possibilitar a contratação, com salários diferenciados, de profissionais e de agentes comunitários de saúde, moradores das comunidades locais, de acordo com a Consolidação das Leis do Trabalho (CLT) e em conformidade com a proposta do Ministério da Saúde. Da mesma forma, permitiu uma imediata agilização na compra de equipamentos e insumos em geral.

O posto está localizado na subprefeitura regional (anteriormente conhecida por administração regional) da Vila Prudente (Zona Leste 1), da cidade de São Paulo, que também atende aos objetivos propostos pelo PSF.

Sua região de atuação está dividida em seis áreas, e cada uma delas é subdividida em seis microáreas. Cada área é identificada por um número e uma cor e conta com uma equipe multiprofissional composta por um médico, um enfermeiro, um auxiliar de enfermagem, seis agentes comunitários de saúde, um escriturário e auxiliares de serviço (Fundação Zerbini, 1997).

O Projeto Sauema – Saúde, Educação e Meio Ambiente

Público-alvo

O Projeto Sauema (Saúde, Educação e Meio Ambiente) direcionou seus estudos para os 36 agentes comunitários de saúde, uma vez que estes fazem a ligação das famílias com o serviço de saúde, visitando cada domicílio periodicamente, mapeando cada área, cadastrando as famílias e estimulando a comunidade para práticas que proporcionem melhores condições de saúde e de vida, representando, portanto, uma peça-chave para a promoção da saúde humana e ambiental.

Os agentes comunitários de saúde do posto Qualis – Unidade de Vila Reunidas moram no local há pelo menos dois anos, apresentam idades bastante distintas, entre 19 e 65 anos, dos quais apenas um é do sexo masculino, possuem o nível médio completo e dispõem de oito horas diárias para executar o trabalho.

Objetivo

O Projeto SAUEMA teve como objetivo elaborar e executar uma proposta educacional de capacitação para os agentes comunitários de saúde, para que pudessem, como agentes multiplicadores e transformadores do meio, desenvolver ações que buscassem a promoção da saúde humana e ambiental.

Diagnóstico

A metodologia empregada visou principalmente combinar os conteúdos e os temas com a integração e a interação grupal por meio da espontaneidade e da participação junto com a reflexão e a vivência de técnicas de dinâmica de grupo, permitindo que novos conhecimentos e experiências fossem adquiridos no fazer coletivo (Gonçalves e Perpétuo, 1998).

Buscou-se a construção e produção do conhecimento como processo interativo, invertendo a visão de que o conhecimento só é adquirido enquanto transmissão.

Para propor e elaborar uma proposta educacional de capacitação passível de ser executada e com grande probabilidade de resultados positivos, é fundamental que ela se baseie em uma possibilidade real de sensibilização e mobilização dos agentes envolvidos. Dessa forma, é necessário que a proposta seja adequada à realidade da área envolvida e ao perfil do público-alvo, devendo ser considerados, em seu escopo, o grau de conhecimento do grupo sobre os assuntos relacionados, as linguagens e estratégias de abordagem a serem adotadas e os principais problemas que afetam a região.

Por essa ótica, e buscando a sensibilização dos agentes comunitários de saúde para as questões de saúde e meio ambiente e suas várias relações, foi realizado um diagnóstico abrangendo as questões socioambientais que envolvem a região e as percepções dos agentes sobre o meio ambiente e a sua relação com a área da saúde.

Dados referentes aos aspectos históricos, físicos e econômicos da região, incluindo também dados sobre demografia, habitação, educação, saneamento, energia, saúde e meio ambiente, foram coletados em diversos órgãos públicos. Com base no delineamento da realidade local, esses elementos compuseram cenários reais que subsidiaram a estruturação das principais linhas de ação da proposta educacional de capacitação.

As informações sobre as percepções dos agentes comunitários de saúde foram obtidas por meio de técnicas de dinâmica de grupo, aplicadas durante dois encontros de três horas cada, na sala de treinamento do próprio posto de saúde. Tiveram como objetivo observar o grau de sensibilização sobre saúde e meio ambiente e as relações por eles estabelecidas entre essas duas áreas.

Para o levantamento das percepções sobre saúde e meio ambiente dos agentes comunitários de saúde, foram utilizadas cinco técnicas distintas de abordagem: questionário, composto de questões abertas e fechadas, sendo respondido individualmente, o que levantou o grau de sensibilização e percepção sobre as questões ambientais e de saúde pública; desenho livre, sobre o tema meio ambiente, feito individualmente em folha de sulfite A4, no qual foi solicitado que cada um expressasse de maneira espontânea o significado de meio ambiente; Teia da Vida, realizada em grupo com o intuito de estabelecer relações entre figuras (com os temas meio ambiente, cultura, lazer, esporte, educação, história, saúde, habitação, entre outros), utilizando um barbante; Oficina de Futuro (uma adaptação da Oficina de Futuro do Instituto Ecoar para a Cidadania), que objetivou o levantamento dos problemas ambientais de cada área de atuação dos agentes comunitários de saúde, expressos em cartelas de papel e afixados em um muro representativo (conhecido como Muro das Lamentações), e as sugestões de soluções, feitas em flores de papel, afixadas em uma árvore, igualmente representativa; e balão dos desejos, no qual foram colocados desejos e expectativas quanto à proposta educacional de capacitação, os quais foram revelados quando os balões foram estourados.

Resultados

O levantamento das informações socioambientais realizado junto aos órgãos públicos correlacionados apontou que, atualmente, a população do Parque São Lucas, dentro da região Leste 1, é o segundo distrito mais populoso, com 144.636 habitantes, perdendo apenas para Sapopemba. A população está distribuída em uma área de 9,9 quilômetros quadrados. O número de domicílios é de 41.211 e a média de moradores por domicílio é de 3,68. A renda média da população é US$ 446,95 ou 4,55 salários mínimos, conforme dados de 1997 fornecidos pelo núcleo 5-DIR I, presente no Projeto Qualis/PSF, subdistritos de Vila Nova Cachoeirinha, Parque São Lucas e Sapopemba.

A área é densamente construída, sua população encontra-se situada nas classes econômicas média/média e média/baixa, e 10% dos habitantes do Parque São Lucas residem em favelas. O bairro possui 27 escolas de ensino infantil a médio; apenas 3% dos habitantes na faixa entre 7 e 14 anos não frequentam as escolas; somente 1,55% dessa população é analfabeta. Neste último dado, a porcentagem aumenta quando remetida apenas à área de atuação do posto Qualis de Vila Reunidas, com 5,22% de analfabetos acima de 15 anos.

Constatou-se que 100% da área é servida por rede de abastecimento de água, 98,65% por rede de coleta de esgotos e 99,95% por coleta pública de lixo.

Por meio do levantamento das informações sobre as percepções dos agentes comunitários de saúde, pôde-se perceber que, quando questionados sobre o que é meio ambiente, os agentes responderam que é o lugar onde o ser humano está inserido e relacionado com fatores naturais. Os problemas ambientais e sua relação com a saúde foram os principais problemas cotidianos relacionados com o meio em que estão inseridos. As ações que pudessem ser desenvolvidas para a melhoria do meio ambiente local foram consideradas emergenciais para o meio em que vivem; os tipos de ações que eles poderiam desenvolver para a melhoria do ambiente local consistiram na identificação dos problemas ambientais e na sua minimização junto à comunidade. A correlação entre as doenças e os problemas ambientais foi feita de maneira direta. Foi interessante notar que só uma pequena parcela do grupo considerou os fatores urbanos como integrantes do meio ambiente.

Os desenhos retrataram situações cotidianas e a realidade vivida em sua própria região. Locais ideais também foram retratados, assim como o desejo do retorno ao passado. Uma certa dificuldade no estabelecimento das relações foi percebida ao longo da execução da Teia da Vida. Todas as figuras expostas estavam de alguma forma interligadas e a correlação poderia ser feita em vários níveis.

Já na Oficina de Futuro, os agentes comunitários de saúde levantaram os principais problemas ambientais de suas respectivas áreas, como também soluções. Depois de estourados os balões, foram lidos os desejos de cada um, e observou-se uma grande expectativa em relação aos trabalhos que seriam desenvolvidos.

Discussão e Considerações Finais

A partir dos resultados obtidos, foi possível estabelecer relações entre os diversos aspectos que compõem o cenário cotidiano dos agentes comunitários de saúde.

Embora a área apresente os problemas ambientais descritos a seguir, sua população é atendida de forma bastante satisfatória em serviços básicos, como abastecimento de água, energia elétrica e serviços de coleta pública de lixo, que atendem, praticamente, todas as famílias cadastradas pelo Projeto Qualis/PSF. O mesmo acontece com a rede de esgoto, uma vez que só uma pequena parcela da população (em torno de 1%) não é servida pelo sistema de esgotamento sanitário.

Os problemas e impactos ambientais locais são expressos nesse cenário: enchentes, córregos poluídos, esgoto a céu aberto, proliferação de vetores (ratos e baratas) e poluição de forma geral (visual, sonora e outras). Observou-se também uma grande quantidade de resíduos depositados em locais inadequados, como terrenos baldios e beira de córregos. A maioria desses resíduos constitui-se em móveis, utensílios domésticos e restos da construção civil, ante a inexistência de coleta pública desses materiais.

Por causa desse cenário urbano, a maioria dos agentes comunitários de saúde, quando questionados – embora consciente de que meio ambiente é tudo que os cerca –, explicitou desejo de cenários intocados, ambientes naturais preservados, dos quais o ser humano não faz parte (representando

17,3% das respostas do questionário), ou seja, conceitos distantes da atual realidade de vida de cada um. Tais conceitos podem ser corroborados por outros dados: 27,5 e 31%, respectivamente, não consideram construções, casas, prédios, fábricas ou ruas, calçadas e estradas como fatores componentes do meio ambiente. São dados que revelam uma dissociação conceitual entre o meio natural e o ambiente construído, tornando deficiente qualquer proposta de requalificar o espaço ocupado.

Esse ponto de vista restringe as possibilidades de trabalhos na área da saúde preventiva, uma vez que incorpora a ideia de que um ambiente é saudável apenas quando se trata do meio natural. Essa visão foi explicitada na técnica da Teia da Vida, no qual foram demonstradas dificuldades em estabelecer as relações entre fatores do ambiente natural e urbano, reforçada ainda pelas respostas do questionário sobre a relação entre os problemas ambientais e a saúde humana. Embora 75% apontem que um ambiente malcuidado influencia diretamente as condições de saúde de sua população, percebeu-se que essa associação se deu apenas com relação às doenças de maior recorrência na região (dengue, leptospirose, verminoses, diarreias, intoxicações, gripe, asma e bronquite). Em outras doenças, pouco frequentes na área (problemas gastrointestinais diversos, catapora, diabetes, reumatismo e outras), cerca de 96,6% dos agentes não estabeleceram as devidas relações, embora estas tivessem nexos causais diretos com as condições sociais, alimentares, habitacionais, educacionais, de saúde e de higiene.

É interessante notar os resultados da técnica da Oficina de Futuro, nos quais as questões canalização e limpeza de córregos, áreas verdes e de lazer, tratamento e disposição do lixo e conscientização da população constituíram elementos indicadores de ação, complementados pela sensibilização da comunidade para a solução desses problemas. Cerca de 71,4% dos agentes comunitários de saúde tiveram clareza de que poderiam contribuir significativamente nos processos de abordagem da comunidade e de desenvolvimento de atividades educativas.

Após analisar todos os dados levantados no diagnóstico, foram definidos os eixos temáticos da proposta educacional de capacitação para os agentes comunitários de saúde.

Proposta Educacional de Capacitação

A proposta educacional de capacitação em saúde, educação e meio ambiente para os agentes comunitários de saúde do Projeto Qualis de Vila Reunidas foi elaborada com base em detalhada análise e discussão dos resultados do diagnóstico, além de observações registradas durante a sua realização, a fim de atender às deficiências e expectativas apresentadas (Quadro 31.1).

Foram definidos oito módulos para a proposta educacional de capacitação, cada um deles com duração de três horas, a serem desenvolvidos no Posto de Saúde de Vila Reunidas. Uma das preocupações que permearam toda a elaboração da proposta educacional referia-se à multiplicação das informações e atividades desenvolvidas. Dessa forma, a cada atividade implementada, foram oferecidas aos agentes comunitários de saúde alternativas de execução e de linguagens a serem reproduzidas junto à comunidade. Isso ocorria dentro dos preceitos educacionais básicos, envolvendo também a preocupação com a limitação de recursos financeiros e equipamentos disponíveis para atividades e campanhas educativas.

A linha central de abordagem foi a interdisciplinaridade e a transdisciplinaridade, trabalhando todo o conteúdo de forma integrada. Em cada abordagem, foi estabelecida a relação com todos os módulos componentes dessa proposta educacional de capacitação entre saúde, educação e meio ambiente, além das perspectivas de atuação, para os agentes comunitários de saúde, interna ou externamente à sua comunidade.

As estratégias de abordagem dos temas foram delimitadas a partir do perfil do público-alvo, buscando implementar instrumentos de reflexão e discussão e envolvendo técnicas de dinâmica de grupo, oficinas, exposições dialogadas e atividades lúdico-pedagógicas.

Os recursos utilizados foram audiovisuais e materiais diversos de desenho e pintura, jogos e maquetes.

Quadro 31.1 – Proposta educacional de capacitação.

Módulos	Eixos temáticos
1	Noções gerais de meio ambiente; fauna/flora; poluição
2	Ocupação humana
3	Água e esgoto
4	Resíduos sólidos
5	Organização comunitária
6	Estratégias de didática e abordagem
7	Oficina de comunicação
8	Avaliação e encerramento

Módulos de Meio Ambiente e Saúde

Compreendendo os módulos 1, 2, 3 e 4, essa etapa teve por finalidade a implementação da visão global de meio ambiente e suas relações com a saúde, fornecendo elementos para a requalificação do espaço e para a melhoria da qualidade de vida local por meio da multiplicação de informações e da sensibilização dos agentes comunitários de saúde. Em razão da extensa carga de conceitos e informações referentes a esses temas, todo o conteúdo dos módulos foi trabalhado por meio de técnicas de dinâmica de grupo e atividades lúdico-pedagógicas.

Módulo 1

No primeiro módulo, os princípios básicos de meio ambiente foram desenvolvidos de maneira integrada. Foram apresentados os elementos que compõem o meio natural e o urbano, bem como foi estabelecida a relação desses elementos com a saúde. As principais formas de poluição do meio foram assim identificadas, como também suas causas e consequências.

Módulo 2

Nesse módulo, foi abordada a dinâmica do uso e ocupação do espaço urbano pelo ser humano, bem como suas implicações e impactos sobre o meio ambiente.

Módulo 3

O terceiro módulo procurou, de maneira ampla, abordar não só a importância da água para a vida planetária, como também os diversos fatores diretamente associados a ela. Consumo, desperdício, poluição, tratamento e enchentes foram alguns dos temas trabalhados.

Módulo 4

Os resíduos sólidos foram tratados nesse módulo, tendo como objetivo esclarecer todos os fatores e agentes envolvidos, além de apresentar alternativas de diminuição e manejo dos resíduos sólidos produzidos.

Multiplicação de Informações, Formação de Opinião e Instituição de Lideranças

Compreendendo os módulos 5, 6 e 7, essa etapa teve como objetivo qualificar e aprimorar os agentes comunitários de saúde como agentes multiplicadores e transformadores no desenvolvimento de ações de promoção da saúde humana e ambiental.

Essa fase do trabalho compôs, ainda, a identificação de potencialidades de cada indivíduo, o atendimento ao público, postura, estratégias de sensibilização e mobilização da comunidade, institucionalização de canais de intercâmbio de informações entre as áreas, discussão dos problemas comuns, formação de uma equipe uniforme em termos de conceitos e linguagens, além de parcerias para atuação.

Módulo 5

Promover o fortalecimento da atuação dos agentes comunitários de saúde nos processos de construção da cidadania e o aperfeiçoamento de suas ações como líderes comunitários. Esses foram os aspectos tratados nesse módulo, assim como a consolidação de sua imagem como referência na comunidade.

Módulo 6

Estratégias de didática e abordagem forneceram subsídios teóricos e práticos que possibilitaram aos agentes comunitários de saúde transmitir informações de forma mais eficiente e sistematizada para a população de sua área de atuação.

Módulo 7

Esse módulo apresentou a difusão de técnicas de comunicação verbal e não-verbal e objetivou auxiliar o trabalho dos agentes comunitários de saúde junto à sua equipe e comunidade.

Módulo 8

A avaliação era feita por meio de questionamentos orais ao término de cada módulo, levando em conta a integração e a participação de cada agente comunitário de saúde no decorrer das atividades. Terminados os sete módulos, aplicou-se um questionário a fim de verificar a efetividade da proposta educacional de capacitação e planejamento, e execução de uma atividade educativa conjunta aos agentes comunitários de saúde para incorporação prática dos conceitos desenvolvidos.

A análise dos dados da avaliação mostrou que eles ampliaram a compreensão inicial de meio ambiente, incorporando a ela outros elementos, como os processos de urbanização (ruas, casas, calçadas, entre outros), que não foram mencionados em valores expressivos nos dados obtidos no diagnóstico. A percepção da presença humana e das ações antrópicas também evoluiu de forma bastante relevante. O ser humano passou a ser visto como elemento constituinte do meio ambiente, cujas ações podem afetar diretamente a qualidade ambiental e, por consequência, sua própria qualidade de vida. Com relação aos problemas ambientais, os agentes comunitários de saúde em vários momentos incluíram os aspectos da proposta educacional de capacitação, abordados ao longo dos módulos, resultando, inclusive, num aumento expressivo do número de questões ambientais apontados por eles nos questionários.

Avaliação da Capacitação

Como profissionais atuantes na área da saúde, os agentes comunitários de saúde já apresentavam conhecimentos sobre a relação entre saúde e meio ambiente. Verificou-se que, ao final dos módulos, essa relação se apresentou de maneira muito mais clara e efetiva.

Ao longo do processo, e pela análise dos dados obtidos na avaliação, evidenciou-se o papel do agente comunitário de saúde como agente de mudança, uma vez que este se coloca como instrumento para mobilizar e integrar a comunidade no que diz respeito à solução dos problemas ambientais e à promoção da saúde por meio do estímulo à participação da comunidade na cobrança de órgãos competentes para a melhoria das condições de vida. Atuando como agentes multiplicadores e transformadores do meio, os agentes comunitários de saúde mostraram-se como figuras fundamentais para o desenvolvimento de ações com vistas à promoção da saúde do homem e do ambiente.

Tais ações só se tornaram viáveis à medida que os agentes comunitários de saúde tomaram como princípio que a transformação dos sistemas sociais só é possível mediante a transformação dos seres humanos que os configuram. O ser humano é um ser em transformação e ao mesmo tempo um agente transformador de sua realidade (Pelicioni, 1999).

814 | EDUCAÇÃO AMBIENTAL E SUSTENTABILIDADE

Com relação à forma de realização da proposta educacional de capacitação, a maior parte dos agentes comunitários de saúde avaliados (em um total de 36) considerou que os conteúdos ministrados e as formas de apresentação foram boas ou ótimas. Relataram, ainda, que os conteúdos abordados estiveram de acordo com suas expectativas e necessidades profissionais. Tal fato se deve à elaboração de uma proposta educacional de capacitação em que foram considerados os fatores mais relevantes para o trabalho desses agentes, tanto no aspecto teórico como no prático. Os dados obtidos no diagnóstico serviram como norteadores dessa proposta que se efetivou na forma de uma capacitação específica para o referido público-alvo.

Os critérios avaliados pelo questionário após o término da execução da proposta educacional de capacitação e os valores obtidos estão representados na Tabela 31.1.

Tabela 31.1 – Distribuição de porcentagem sobre avaliação da capacitação.

Avaliação da capacitação	Ótimo	Bom	Regular	Ruim	Péssimo
Conteúdo apresentado	49,2%	57,1%	0	0	0
Apresentação do conteúdo	61,9%	33,3%	4,8%	0	0
Distribuição da carga horária	15,0%	65,0%	15,0%	5,0%	0
Distribuição dos temas	43,0%	57,0%	0	0	0
Utilização de recursos audiovisuais	38,1%	42,8%	19,1%	0	0
Dinâmicas realizadas	71,5%	28,5%	0	0	0
Clareza nas explicações	100%	0	0	0	0
Expectativa do próprio agente	85,7%	14,3%	0	0	0
Integração dos agentes	19,1%	57,1%	23,8%	0	0
Desempenho dos agentes	19,1%	57,1%	23,8%	0	0
Desempenho do próprio agente	9,5%	76,2%	14,3%	0	0

REFERÊNCIAS

CAPISTRANO, D. O programa de saúde da família em São Paulo. *Estudos Avançados* v. 13, n. 35, p. 89-107, 1999.

[FUNDAÇÃO ZERBINI] FUNDAÇÃO EUCLIDES DE JESUS ZERBINI. *Projeto Qualidade Integral à Saúde/Saúde da Família* – Subdistrito de Vila Nova Cachoeirinha, Parque São Lucas e Sapopemba. São Paulo, 1997.

GONÇALVES, A.M.; PERPÉTUO, S.C. *Dinâmica de grupos*. Rio de Janeiro: De Paulo, 1998.

GULIELMINO, C.A.; CYWINSKI, D.M.; DUARTE, M.F.; GUOLO, P.S.; CAPARRÓS, R.P.; GASPAR, S.R. *Projeto Sauema – Saúde, Educação e Meio Ambiente. Proposta de intervenção para os agentes comunitários de saúde do Projeto Qualis/PSF – Unidade Reunidas*. São Paulo, 2000. Monografia (Curso de Especialização em Educação Ambiental/CEEA 6). Faculdade de Saúde Pública, Nisam, USP.

JACOBI, P. Educação ambiental e cidadania. In: CASCINO, F.; JACOBI, P.; OLIVEIRA, J.F. *Educação, meio ambiente e cidadania: reflexões e experiências*. São Paulo: Secretaria do Estado do Meio Ambiente; Coordenadoria de Educação Ambiental, 1998, p. 11-4.

MINISTÉRIO DA SAÚDE. Coordenação de Saúde da Comunidade. *Uma estratégia para a reorientação do modelo assistencial*. Brasília (DF), 1997. (Saúde da Família).

_____. Coordenação de Saúde da Comunidade. *Programa Saúde da Família*. Brasília (DF), 1999.

PELICIONI, M.C.F. As inter-relações entre a educação, saúde e meio ambiente. *O Biológico*, v. 61, n. 2, p.75-8, 1999.

Bibliografia Consultada

ANTUNES, C. *Manual de técnicas de dinâmica e grupo, de sensibilização, de ludoterapia*. 17.ed. Petrópolis: Vozes, 1999.

CAMPOS, D.M.S. *O teste do desenho como instrumento da personalidade*. Petrópolis: Vozes, 2000.

CASCINO, F.; JACOBI, P.; OLIVEIRA, J.F. *Educação, meio ambiente e cidadania: reflexões e experiências*. São Paulo: Secretaria de Estado de Meio Ambiente, 1998.

CENTRO DE ESTUDOS DE CULTURA CONTEMPORÂNEA. *Formação de agentes ambientais*. São Paulo: Cedec, 1998. Debates Socioambientais.

COHEN, E.; FRANCO, R. *Avaliação de projetos sociais*. 3.ed. Petrópolis: Vozes, 1993.

CORNELL, J. *A alegria de aprender com a natureza*. São Paulo: Senac, 1997.

DERÍSIO, J.C. *Introdução ao controle de poluição ambiental*. São Paulo: Cetesb, 1992.

DIAS, G.F. *Educação ambiental: princípios e práticas*. 5.ed. São Paulo: Gaia, 1998.

FRITZEN, S.J. *Exercícios práticos de dinâmica de grupo*. 28.ed. Petrópolis: Vozes, 1999a.

_____. *Exercícios práticos de dinâmica de grupo*. 29.ed. Petrópolis: Vozes, 1999b, v. 2.

_____. *Treinamento de líderes voluntários*. 8.ed. Petrópolis: Vozes, 1999c.

LEONARDI, M.L.A. A educação ambiental como um dos instrumentos de superação da insustentabilidade da sociedade atual. In: Cavalcanti C. *Meio ambiente, desenvolvimento sustentável e políticas públicas*. 2.ed. São Paulo: Cortez, 1999.

MERGULHÃO, M.C.; VASAKI, B.N.G. *Educando para a conservação da natureza: sugestões de atividades em educação ambiental*. São Paulo: Educ, 1998.

MINISTÉRIO DA SAÚDE. Coordenação de Saúde da Comunicação. *Saúde da Família: uma estratégia de organização dos serviços de Brasília*. Brasília, 1996b. [Documento Preliminar]

_____. *Programa Agentes Comunitários de Saúde: normas e diretrizes*. Brasília, 1994.

PELICIONI, A.C.; NETTO, F.S.; WIELICZKA, M.G.Z.; DANTES, V.M. Educação ambiental na formação de agentes comunitários. In: PHILIPPI JR, A.; PELICIONI, M.C.F (eds.). *Educação ambiental desenvolvimento de cursos e projetos*. São Paulo: Signus, 2000.

PELICIONI, A.F. *Educação ambiental na escola: um levantamento de percepções e práticas de estudantes de primeiro grau a respeito de meio ambiente e problemas ambientais*. São Paulo, 1998. Dissertação (Mestrado). Faculdade de Saúde Publica da USP.

SECRETARIA DE MEIO AMBIENTE. Coordenadoria de Educação Ambiental. *Educação, meio ambiente e cidadania: reflexões e experiências*. São Paulo, 1998.

SECRETARIA MUNICIPAL DO PLANEJAMENTO. Departamento de Informações. *Dossiê São Paulo*. São Paulo, 1996.

Agenda 21 como Instrumento para Gestão Ambiental[1]

32

Maria Claudia Mibielli Kohler
Bióloga, Centro Universitário Senac

Arlindo Philippi Jr
Engenheiro civil e sanitarista, Faculdade de Saúde Pública – USP

UM BREVE HISTÓRICO

Foi somente a partir da década de 1960 e do início dos anos 1970 que a questão ambiental tornou-se marcante no mundo. Tal fato levou à percepção da necessidade de mudar o modelo de desenvolvimento que vinha sendo adotado até então. A contaminação por mercúrio, na baía de Minamata (Japão), a contaminação do ambiente, resultante da má utilização dos pesticidas e inseticidas sintéticos – cujo alerta fora acionado por Rachel Carson no seu livro *Primavera silenciosa* (*Silent spring*), lançado em 1962 –, assim como os altos níveis de poluição e de degradação ambiental decorrentes de um processo predatório de industrialização, comprometedor do ambiente e da saúde, foram alguns dos mais significativos problemas que, em 1968, levaram o governo da Suécia a propor à Organização das Nações Unidas (ONU) a realização de uma conferência internacional para discutir esses problemas e sugerir princípios de solução (Pelicioni, 1998).

Em 1972, foi realizada, na Suécia, a Conferência das Nações Unidas sobre o Meio Ambiente Humano, mais conhecida como Conferência de

---

[1] Baseado em Kohler (2003).

Estocolmo, que reuniu 113 países e 250 organizações não governamentais (ONGs).

Os principais documentos desse encontro foram: a Declaração sobre o Ambiente Humano (ou Declaração de Estocolmo) e o Plano de Ações para o Meio Ambiente. O primeiro conclamava a humanidade para a necessidade de aumentar o número de trabalhos educativos voltados às questões ambientais; o segundo estabeleceu as bases para o bom relacionamento do desenvolvimento econômico com o meio ambiente. Essa conferência ressaltou também o conflito entre os países desenvolvidos e os não desenvolvidos. Segundo Barbieri (2000), os países desenvolvidos estavam preocupados com a poluição industrial, a escassez de recursos energéticos, a decadência de suas cidades e com outros problemas decorrentes dos seus processos de desenvolvimento. Já os países não desenvolvidos tinham suas preocupações dirigidas aos elevados níveis de pobreza e de desemprego e os baixos indicadores de qualidade de vida, além da necessidade de se desenvolverem nos moldes conhecidos até então, idealizados pelos países desenvolvidos e únicos modelos existentes (Barbieri, 2000).

Estocolmo foi um marco e um divisor de águas no processo de mudança que chega aos nossos dias. Significou um estímulo para o crescimento da temática ambiental, seja na sociedade civil, seja nas preocupações da ciência, seja na criação de instrumentos institucionais e de legislação apropriada para tratar dos problemas decorrentes do desequilíbrio ecológico e sua prevenção (Secretaria de Estado do Meio Ambiente, 1997, p.9).

Essa conferência foi, do mesmo modo, representativa na discussão do modelo de desenvolvimento existente no planeta. A partir desse evento, segundo Barbieri (2000), surgiu o neologismo "ecodesenvolvimento" que modelava o novo tipo de desenvolvimento desejado. Após o *Relatório Brundtland*, publicado em 1987 pela Comissão Mundial sobre Meio Ambiente e Desenvolvimento, o neologismo foi substituído pela expressão "desenvolvimento sustentável".

Passados vinte anos desde a Conferência de Estocolmo, houve a continuidade das negociações que já haviam sido iniciadas anteriormente em torno do conceito de desenvolvimento sustentável. Com o objetivo de transformar algumas propostas em instrumentos de ação, foi realizado no Rio de Janeiro, em 1992, a Conferência das Nações Unidas sobre Meio Ambiente e Desenvolvimento (Cnumad), conhecida por Rio 92. Durante dez dias, o evento reuniu representantes de 170 nações e cerca de 14 mil ONGs, cuja participação foi maciça nos encontros oficiais, fóruns e eventos paralelos. A conferência foi considerada a maior assembleia internacional já realizada sobre o meio ambiente. Cabe destacar o momento histórico singular em que ela foi realizada. Vargas (2002, p.12) mostra que

> O desabamento das diferenças ideológicas e as transformações geopolíticas, ocorridas no final dos anos 80, especialmente na Europa, concorreram para a convicção de que era imperativa a formação de um consenso capaz de reverter padrões insustentáveis de consumo e de produção, que agravavam as disparidades entre as Nações e comprometiam a própria estabilidade política do sistema internacional.

Nesse fórum mundial, diversos documentos foram assinados: a Convenção sobre Mudanças Climáticas, a Convenção sobre Diversidade Biológica, a Declaração do Rio sobre Meio Ambiente e Desenvolvimento, a Declaração de Princípios sobre Florestas e a Agenda 21.

A Convenção sobre Mudanças Climáticas teve como compromisso estabilizar as concentrações de gases do chamado efeito estufa na atmosfera, provenientes, basicamente, da queima de combustíveis fósseis (carvão, petróleo e gás natural), energia que faz parte do processo produtivo, conforme os padrões do modelo de desenvolvimento que vem sendo adotado desde a Revolução Industrial. Esses gases podem incrementar o aquecimento da Terra e do ar, causando o aumento do nível do mar, turbulências na atmosfera e maior ocorrência de furacões e de chuvas intensas.

Quanto à Convenção sobre Diversidade Biológica, trata-se de um instrumento de alcance internacional que definiu como objetivo compatibilizar a proteção dos recursos biológicos, frente ao desenvolvimento social e econômico. Esse documento estabeleceu também a relação entre a conservação da biodiversidade e o desenvolvimento da biotecnologia, além da obrigação de identificar e estimular a ampliação de mecanismos para a conservação, *in situ* e *ex situ,* do germoplasma, e a sua utilização em bases sustentáveis, incorporando-se os custos e benefícios decorrentes.

A Declaração do Rio de Janeiro sobre Meio Ambiente e Desenvolvimento é uma carta que contém 27 princípios e obrigações dos Estados, em relação aos princípios básicos do meio ambiente e do desenvolvimento. Tal documento estabelece que os Estados têm direito soberano de aproveitar seus próprios recursos, sem causar danos ao meio ambiente de outros Estados. Declara, ainda, que a plena participação das mulheres é essencial para se atingir o desenvolvimento sustentável. Do mesmo modo, afirma que a paz, o desenvolvimento e a proteção ambiental são obtidos por meio de um processo de interdependência recíproca.

No que diz respeito à Declaração de Princípios sobre Conservação e Usos Sustentáveis de Florestas, cabe destacar que, a exemplo dos demais documentos da Rio 92, é um documento que não tem força jurídica. Todavia, é o primeiro consenso mundial sobre o manejo, a conservação e o desenvolvimento sustentável das florestas. Da declaração, consta que todos os países precisam preservar, conservar e recuperar florestas, e que os países ricos devem garantir aos países em desenvolvimento recursos destinados à conservação das florestas.

Finalmente, a Agenda 21, o principal registro da Rio 92, consigna o compromisso assumido pelos 179 países participantes da conferência, contendo mais de 2.500 recomendações de ordem prática. Foi

> um programa recomendado para os governos, às Agências de Desenvolvimento, à Organização das Nações Unidas, e para grupos setoriais, independentes, colocarem em prática, a partir da data de sua aprovação, em 14 de junho de 1992, e ao longo do século XXI, em todas as áreas, onde a atividade humana incida de forma prejudicial ao meio ambiente (Secretaria de Estado do Meio Ambiente, 1997, p.9).

Tal documento resultou da consolidação de diversos relatórios, tratados, protocolos e outros documentos, elaborados durante décadas, na esfera da ONU. A Agenda 21 ampliou o conceito de desenvolvimento sustentável, buscando conciliar justiça social, eficiência econômica e equilíbrio ambiental. Trata-se de um documento que procurou os caminhos para concretizar tais conceitos, indicando as ferramentas de gerenciamento necessárias. Ofereceu, ainda, políticas e programas no sentido de se obter um equilíbrio sustentável entre consumo, a população e a capacidade de suporte do planeta (Sirkis, 1999).

A ESTRUTURA DA AGENDA 21

A Agenda 21 está dividida em quatro seções contendo quarenta capítulos, nos quais são também definidas 115 áreas prioritárias de ação. Seu preâmbulo traz os objetivos gerais e a importância de sua implementação em âmbito global.

A Seção I contém sete capítulos e refere-se às dimensões sociais e econômicas, tratando da relação entre meio ambiente e pobreza. Nela são abordados os seguintes temas: necessidade de mudanças nos padrões de consumo vigentes; promoção do desenvolvimento de assentamentos humanos sustentáveis; integração do meio ambiente e do desenvolvimento nos processos decisórios dos governos; implementação integrada de programas ambientais e de desenvolvimento no âmbito local, levando-se em conta os fatores e as tendências demográficas; proteção e promoção da saúde humana e combate à pobreza. Em tal seção, consagra-se a noção de que não é possível separar a problemática ambiental das questões sociais e econômicas. Destaca, também, a necessidade de discutir e propor planos nacionais e locais, que envolvam as questões socioeconômicas do desenvolvimento sustentável, como a cooperação internacional, o padrão de consumo, as populações e os aspectos relacionados com a saúde.

A Seção II contempla catorze capítulos, que abordam a conservação e o gerenciamento dos recursos para o desenvolvimento, indicando as formas apropriadas quanto ao uso dos recursos naturais, abrangendo a proteção da atmosfera e a abordagem integrada do planejamento e do gerenciamento dos recursos naturais. Salienta, ainda, o cuidado com os recursos florestais, o combate ao desmatamento e a promoção da agricultura e do desenvolvimento sustentáveis; a conservação da biodiversidade; a proteção dos oceanos e dos recursos hídricos; o manejo ambientalmente saudável da biotecnologia; a gestão responsável das substâncias químicas e tóxicas; e o manejo dos resíduos sólidos e de questões relacionadas aos esgotos.

Na Seção III, com nove capítulos, são apresentadas as diferentes modalidades de apoio aos grupos sociais organizados, que colaboram para se alcançar o desenvolvimento sustentável. Tendo em mira a sustentabilidade do desenvolvimento, são destacados o fortalecimento do papel das ONGs e as iniciativas das autoridades locais, assim como a participação das mulheres, das crianças, dos jovens, das populações indígenas, dos trabalhadores e dos sindicatos e empresários. Nessa seção, é ressaltada a governabilidade sustentável, ou seja, é necessária e importante a participação de todos os segmentos da sociedade para se chegar à gestão ambiental e social. Constam, ainda, referências sobre a participação e a organização da sociedade civil, como uma das formas de se reverter a pobreza e a destruição do meio ambiente, alcançando-se, assim, o modelo do desenvolvimento desejável.

A Seção IV refere-se aos meios de implementação da Agenda 21, orientando não só quanto aos recursos e mecanismos de financiamento para a sua implementação, como também dá prioridade ao papel institucional voltado para viabilizar as políticas de desenvolvimento, como a transferência de tecnologia e a educação, o treinamento e a circulação das informações necessárias no processo de tomada de decisão.

Cada capítulo, via de regra, consta de uma introdução ao problema referenciado e às áreas de programas de ação, com objetivos, atividades e meios de implementação, incluindo estimativas quanto aos recursos financeiros necessários à sua execução.

Além de abranger as mais variadas áreas – como saúde, educação, meio ambiente, saneamento, habitação e assistência social –, o documento fornece, igualmente, opções para o combate à degradação do solo, do ar e da água, bem como para a conservação das florestas e da biodiversidade. Refere-se aos problemas relacionados com a pobreza, com o consumo excessivo, com as questões de saúde e educação, tanto no meio urbano quanto no meio rural. Define, ainda, o papel dos atores sociais envolvidos nas ações e propostas estipuladas, ou seja, o papel dos governos, em seus diversos segmentos, do setor empresarial, dos sindicatos, dos cientistas, dos professores, dos povos indígenas, das crianças, dos jovens e das mulheres.

Dessa maneira, são fornecidos os princípios norteadores, capazes de orientar as iniciativas no sentido de obter melhores condições ambientais e de vida dos habitantes do planeta, traçando-se, da mesma forma, as diretrizes nas quais a humanidade deve basear-se para que sejam alcançados os objetivos do desenvolvimento sustentável.

CARACTERÍSTICAS DA AGENDA 21

A ampla participação pública na tomada de decisão é fundamental para se atingir o desenvolvimento sustentável, o fortalecimento da democracia, a formação da cidadania e, consequentemente, a efetivação da Agenda 21.

Para Born (2002, p.79),

Após 1992, a Agenda 21 Global incorporou algumas características que permitiram que esta fosse interpretada como produto de um processo participativo das ações e de políticas para a transformação do padrão de desenvolvimento e governança dos interesses e dos conflitos humanos, lastreados, no diálogo e no pacto entre atores sociais, inclusive, Governo e Parlamentares, com base no ideário da sustentabilidade.

Segundo um documento do Ministério do Meio Ambiente, dos Recursos Hídricos e da Amazônia Legal (2000), na Agenda 21, além dos problemas já citados, existem

Questões estratégicas, ligadas à geração de emprego e de renda; à diminuição das disparidades regionais e interpessoais de renda; às mudanças nos padrões de produção e consumo; à construção de cidades sustentáveis; à adoção de novos modelos e de instrumentos de gestão.

A Agenda 21 não tem somente objetivos ambientais nem representa um processo de elaboração de plano de governo. É um planejamento do futuro com ações concretas, a curto, médio e longo prazos, com metas, recursos e responsabilidades definidas. A sua implementação exige um planejamento estratégico e participativo entre o governo e a sociedade, obtido por acordos, a fim de garantir um mundo melhor para a humanidade de hoje e das próximas gerações.

No dizer de Born (1998/99, p.11),

A Agenda 21 é um processo voltado para a identificação, implementação, monitoramento e ajuste, de um programa de ações e transformações, em diversos campos da sociedade. Trata-se de um processo que resgata a raiz básica ao planejamento, ao apontar para cenários desejados e possíveis, cuja concretização passa pelo pacto de princípios, ações e meios entre os diversos atores sociais, no sentido de aproximar o desenvolvimento de uma dada localidade, região ou país, aos pressupostos e princípios da sustentabilidade do desenvolvimento humano. Portanto, deve ser um processo público e participativo, em que haja o envolvimento dos vários agentes sociais.

Assim sendo, o documento orienta os planejadores para um novo estilo de desenvolvimento: um crescimento econômico que seja ambientalmente saudável, humanamente justo e equitativo, garantindo, assim, o atendimento às necessidades das gerações atuais e futuras, diferentemente do modelo adotado até então pela maioria das nações do planeta.

No plano global, a Agenda 21 configurou-se como uma *soft law*, ou seja, um acordo que não cria vínculos legais que tornam sua implementação obrigatória nos países que a assinaram. Os chamados acordos *hard law* – aqueles que criam obrigações jurídicas para as partes – foram firmados pelos países

EDUCAÇÃO AMBIENTAL E SUSTENTABILIDADE

presentes à conferência, e se restringem à Convenção sobre Mudanças Climáticas e à Convenção sobre Diversidade Biológica. Tais acordos ofuscaram a visibilidade e a importância de outros resultados da Rio 92, também inseridos no conceito de *soft law*, como a Declaração do Rio de Janeiro sobre Meio Ambiente e Desenvolvimento e a Declaração de Princípios sobre Conservação e Usos Sustentáveis de Florestas (Born, 2002). Ferreira (1998) considera que, além de não ter a força de lei das convenções, necessita de substancial aporte financeiro para ser implantada, conforme ficou estabelecido na Rio 92. Sirkis (1999, p.195) destaca que "a comunidade global é um reflexo das tendências e escolhas feitas nas comunidades locais de todo o mundo. Em um sistema de ligações complexas, pequenas ações têm impactos globais em larga escala".

OS DESDOBRAMENTOS DA AGENDA 21

A Agenda 21 teve desdobramentos nas Agendas 21 nacionais, regionais e locais, uma vez que estas últimas são concebidas para criar planos de ação que, resolvendo problemas locais, por consequência, se somarão para ajudar a alcançar resultados em nível global. Em função desses desdobramentos e para pôr em evidência o seu caráter mundial, a Agenda 21 passou a ser também chamada de Agenda 21 global.

Para se elaborar uma Agenda 21 com enfoque nacional, regional ou local, é necessário compor uma comissão, ou fórum, na qual participem representantes dos setores do governo, do setor produtivo[2] e da sociedade civil organizada; a participação é condição essencial para a sua elaboração. Não há Agenda 21 de qualquer esfera administrativa sem a participação dos diversos atores sociais. O processo de criação é participativo e propositivo por excelência; não visa apenas a estabelecer diagnósticos, mas propostas, recomendações, sugestões de projetos e programas a serem implementados por todos os responsáveis e integrantes da sociedade. Os municípios deverão supervisionar o planejamento, oferecer a infraestrutura necessária, estabelecer as regulamentações ambientais e integrar-se à implementação de políticas nacionais.

---

[2] Aqui entendido como empresários, banqueiros, fazendeiros e industriais.

Cada Agenda 21 específica deverá ser revisada, avaliada e replanejada ao longo do século XXI, de acordo com o regulamento interno das comissões ou fóruns estabelecidos. Nesse sentido, ficou definido então que a cada cinco anos seriam realizados encontros para a avaliação da implementação e acordos efetuados na Rio 92.

A Rio+5

Em junho de 1997 foi realizada a Rio+5. Nessa oportunidade, 53 chefes de Estado reuniram-se em Nova Iorque para avaliar os progressos alcançados nos cinco anos após a Rio 92, em relação aos compromissos assumidos no Rio de Janeiro, além de acelerar a implementação da Agenda 21. Nesse encontro, foram reconhecidos o crescimento do processo de globalização, de mercados de capitais e o investimento externo. Foram constatadas, ainda, taxas menores de fertilidade e de crescimento populacional em todo o mundo. Ocorreram alguns avanços no desenvolvimento institucional, no consenso internacional, na participação pública e nas ações do setor privado (Kranz e Mourão, 1997). Por outro lado, entre os atrasos constatados, Kranz e Mourão chamam a atenção para a pobreza e os padrões de consumo e de produção, que permaneceram insustentavelmente altos. As desigualdades de renda se ampliaram entre as nações e dentro de cada uma delas, assim como a degradação ambiental em âmbito global.

Como balanço dos cinco anos, Kranz e Mourão (1997) destacam também que a Assembleia das Nações Unidas demonstrou preocupação com a falta de progressos na implementação da Agenda 21 – especialmente nos países menos desenvolvidos –, em virtude da falta de vontade política dos governos para mudanças.

Ainda quanto à Rio+5, o International Council for Local Environmental Initiatives (Iclei), organização não governamental canadense, referiu que, em pesquisa finalizada em novembro de 1996, cerca de 1.800 cidades, em 64 países, envolveram-se em atividades pertinentes à realização de Agendas 21 locais. O Iclei, igualmente, constatou que 933 cidades, em 43 países, já tinham estabelecido um processo de planejamento para o desenvolvimento sustentável, e que outras 879 estavam apenas iniciando a sua própria Agenda 21 (Ministério do Meio Ambiente, 2000). Tais iniciativas aconteceram em maior número nos países onde foram deflagradas campanhas nacionais, envolvendo governos locais e nacionais e ONGs.

A Rio+10

Vários países, na iminência de apresentarem algum resultado na Rio+10, declararam que vinham efetivamente realizando suas próprias agendas. Philippi Jr et al. (2001) destacam que, no panorama internacional, alguns deles se sobressaíram no processo de construção das Agendas 21 locais, tais como Alemanha, Grã-Bretanha, EUA, Brasil, Austrália, África do Sul, Canadá, Suíça, China, entre outros.

Passados outros cinco anos desde o fórum de 1997, reuniu-se em Johannesburgo (África do Sul), entre os dias 26 de agosto e 4 de setembro de 2002, a Cúpula Mundial sobre o Desenvolvimento Sustentável, também conhecida como Cúpula de Johannesburgo, ou Rio+10. Esse evento reuniu líderes governamentais de todo o mundo, além da intensa participação do setor produtivo e das autoridades locais e regionais. O principal intento foi definir os objetivos e prazos rígidos para a efetiva proteção do meio ambiente. O cenário histórico em que tal evento ocorreu foi bem diferente do panorama da Rio 92, quando o mundo tinha recém-saído da Guerra Fria. Foi marcado para reforçar a solidariedade internacional no combate às ameaças à segurança, que comprometiam uma efetiva sustentabilidade do desenvolvimento em escala global. O tema central da Rio+10, proposto nas reuniões preparatórias em 2001, foi "a busca de uma nova globalização que assegure um desenvolvimento sustentável equitativo e inclusivo" (Vargas, 2002, p.11).

A Cúpula Mundial sobre Desenvolvimento Sustentável, Rio+10, centrou suas discussões em três principais reuniões: reuniões em torno dos compromissos governamentais para reduzir a pobreza e proteger o meio ambiente em países pobres, implementar a Agenda 21 e transferir recursos e tecnologia; reuniões paralelas para discutir a proposta de conversão da matriz energética para 10% de fontes renováveis e políticas de proteção da diversidade biológica; e reuniões e eventos paralelos promovidos pelas ONGs, para discutir temas como pobreza, meio ambiente, questões de gênero e direitos humanos.

No seu principal documento, aprovado e assinado por 190 países, foram reafirmados os compromissos assumidos pelas nações, sem, todavia, a definição de datas e muito menos a obrigatoriedade quanto ao cumprimento das metas definidas na cúpula.

Entretanto, um dos pontos positivos firmado nesse fórum internacional foi a obrigatoriedade de reduzir à metade, nos próximos treze anos, o número de pessoas que moram sem condições adequadas de saneamento básico no mundo. Com isso, os países ricos assumiram o compromisso de contribuir para ampliar o acesso de cerca de 2 bilhões de pessoas à rede de esgoto e a servir-se de água potável na próxima década. Tal acordo representa significativa contribuição para minimizar o grave problema de saneamento básico vivido pelos países pobres, nos quais proliferam doenças que comprometem a qualidade de vida e a degradação ambiental. A reunião da cúpula também foi marcada pela crescente preocupação mundial com a necessidade de implementar fontes renováveis de energia, ou seja, aquelas fontes que são inexauríveis, como a energia solar. A matriz energética do carvão e do petróleo possui reservas finitas e degradam o meio ambiente. O álcool, por sua vez, obtido da cana-de-açúcar, também é um combustível de fonte renovável, porque o canavial de uma safra se reconstitui na safra seguinte, ainda que isso implique a destruição de floresta.

Passados mais de vinte anos da Conferência do Rio de Janeiro, ainda há muito a ser feito associado às diretrizes e propostas relacionadas às Agendas 21 em diferentes regiões do planeta.

A AGENDA 21 NO ÂMBITO INTERNACIONAL

Após a análise dos eventos posteriores à Rio 92 – a Rio+5 e a Rio+10 –, cabe destacar agora algumas experiências no âmbito internacional, levadas avante com o apoio dos governos nacionais e por eles desenvolvidas.

O levantamento sobre o estado da arte da Agenda 21 global elaborada pelos países, aqui intitulada Agenda 21 nacional, foi realizado pelo já citado Iclei no evento da Rio+10. Nessa ocasião foram avaliados os progressos e os resultados alcançados, passados dez anos da Conferência do Rio de Janeiro.

Entre os meses de novembro de 2000 e dezembro de 2001, o Iclei, em conjunto com o Secretariado do Encontro Mundial de Desenvolvimento Sustentável das Nações Unidas (Secretariat for the UN World Summit on Sustainable Development) e em colaboração com o Programa de Desenvolvimento da ONU, PNUD/Capacity 21, realizou um levantamento global, atualizando os progressos feitos na implementação da Agenda 21 local no mundo todo.

Nessa pesquisa, intitulada Second Local Agenda 21 Survey, foram obtidas as informações aqui descritas sobre os países que, na época, possuíam sua Agenda 21 nacional.

Esse levantamento destacou, da mesma forma, as dificuldades enfrentadas pelas autoridades locais, além de registrar o apoio necessário para que esses processos pudessem continuar em escala nacional e mundial.

A pesquisa coordenada pelo Iclei identificou dezoito países que desenvolviam Agenda 21 nacional, como pode ser observado no Quadro 32.1. Cabe aqui destacar que o Brasil foi também incluído entre os países, embora só tenha finalizado sua Agenda 21 nacional após a conclusão da pesquisa, totalizando, assim, dezenove países.

Após a observação desse quadro, torna-se possível tecer alguns comentários para cada uma das cinco regiões e para os dezenove países que possuíam a Agenda 21 nacional na época em que a pesquisa descrita foi realizada.

Quadro 32.1 – Países que dispunham de Agenda 21 nacional, em 2002.

Região	Países
África	África do Sul
Ásia-Pacífico	Austrália
	China
	Japão
	Coreia do Sul
	Mongólia
	Sri Lanka
Europa	Dinamarca
	Finlândia
	Irlanda
	Islândia
	Itália
	Noruega
	Reino Unido
	Suécia
Oriente Médio	Turquia
América Latina	Brasil*
	Equador
	Peru

Fonte: Adaptado de Iclei (2002). (*) Incluído pelos autores.

Na África, apenas a África do Sul possuía, na época da pesquisa, a Agenda 21 nacional, sendo igualmente o único país africano que estabeleceu uma campanha nacional para apoiar os governos locais na elaboração de suas agendas.

Na região da Ásia-Pacífico, seis países realizaram campanhas nacionais para a elaboração da Agenda 21, destacando-se a Austrália, a China, o Japão, a Coreia do Sul, a Mongólia e o Sri Lanka. De igual modo sobressaem as campanhas efetuadas na Austrália, no Japão e na Coreia do Sul. Essa região alcançou sucesso ao encorajar a elaboração de grande número de Agendas 21 locais, nos seus respectivos países.

Na Europa, as campanhas nacionais estimularam a construção da Agenda 21 em oito países: Dinamarca, Finlândia, Islândia, Irlanda, Itália, Noruega, Suécia e Reino Unido.

O Oriente Médio foi a região que menos apresentou países com Agenda 21 nacional concluída. Apenas a Turquia foi identificada por possuir uma Agenda 21 nacional. Viola e Leis (2002), em trabalho sobre governabilidade global, destacaram a Turquia como o único país islâmico, com um regime democrático estável; fato que pode ter auxiliado nas discussões sobre a Agenda 21 nacional.

Na América Latina, o Equador e o Peru responderam ao levantamento de dados do Iclei como se já possuíssem Agenda 21 nacional. O Brasil foi o último país a efetivá-la, lançando seu documento nacional, oficialmente, em julho de 2002, após a conclusão da pesquisa do Iclei.

O processo de implantação da Agenda 21 varia muito de país para país. Como já observado por Philippi Jr et al. (2001), em países ricos, onde há tradição democrática e participativa, o sucesso do documento é bem nítido, reforçando ainda mais a gestão ambiental participativa. Já nos países pobres e sem tradição democrática, Philippi Jr et al. (2001, p.8) consideram que a implementação da Agenda 21 tem sido mais difícil e indicam alguns obstáculos

> Por conta do conservadorismo das classes políticas, pouco interessadas em dividir o poder decisório como prescreve a Agenda 21, a alienação da maior parte da população, que apresenta grande dificuldade para organizar-se e a fazer valer seus direitos mínimos. O mesmo autor destaca que a Agenda 21 em países de terceiro mundo é um importante instrumento para estimular [....] questões essenciais como participação, democracia e defesa do meio ambiente.

830 EDUCAÇÃO AMBIENTAL E SUSTENTABILIDADE

A importância do governo nacional – na elaboração da Agenda 21 brasileira – é reforçada por Philippi Jr et al. (2001) quando destacam que existe a possibilidade, em futuro próximo, de a Agenda 21 tornar-se critério para a captação de recursos internacionais. Isso reforça, ainda mais, a necessidade de serem estimulados os processos de elaboração de Agendas 21 nacionais, principalmente nos países mais pobres, onde é maior a carência de recursos para projetos essenciais.

Ao analisar as experiências internacionais, as agendas nacionais não devem necessariamente repetir todos os tópicos da Agenda 21 global. Os países têm selecionado os temas que melhor refletem sua problemática social, econômica e ambiental, contribuindo, de maneira eficiente, para tornar efetiva a sustentabilidade, como estratégia de desenvolvimento.

A AGENDA 21 NO BRASIL

Agenda 21 Brasileira

Foi a partir do Decreto n. 1.160, de 21 de junho de 1994, que o governo brasileiro iniciou o compromisso assumido de executar a Agenda 21 global. Porém, a sua implementação só ocorreu em fevereiro de 1997, com a criação da Comissão Interministerial para o Desenvolvimento Sustentável (Cides), ligada ao Ministério do Meio Ambiente, cuja finalidade principal era "assessorar o Presidente da República na tomada de decisões sobre as estratégias e políticas necessárias ao desenvolvimento sustentável, de acordo com a Agenda 21" (Ministério do Meio Ambiente, 2002b).

Em virtude das pressões internacionais para a realização da Rio+5, e com algumas Agendas 21 locais em processo de discussão nas cidades de São Paulo, Rio de Janeiro e Santos, o Governo Federal extinguiu formalmente a Cides, em 1997, e em seguida, por decreto presidencial do dia 26 de fevereiro de 1997, foi criada a Comissão de Políticas de Desenvolvimento Sustentável e da Agenda 21 brasileira (CPDS). Essa comissão, subordinada à Câmara de Recursos Naturais da Presidência da República, tinha como finalidade propor estratégias de desenvolvimento sustentável e coordenar a elaboração e a implementação da Agenda 21 brasileira.

A CPDS, como ficou conhecida a referida comissão, começou a atuar um pouco antes da Rio+5, em junho de 1997. Esse colegiado era composto por dez membros representantes de áreas do governo federal e por setores da sociedade. Era o Ministério do Meio Ambiente que presidia a comissão. Integravam-na, também, o Ministério do Planejamento, Orçamento e Gestão; Ministério das Relações Exteriores; Ministério da Ciência e Tecnologia; Câmara de Políticas Sociais da Casa Civil da Presidência da República; Fórum Brasileiro de Organizações não Governamentais e Movimentos Sociais para o Meio Ambiente e Desenvolvimento; Fundação Movimento Onda Azul; Conselho Empresarial Brasileiro para o Desenvolvimento Sustentável; Fundação Getulio Vargas; e Universidade Federal de Minas Gerais.

Segundo Born (1998/99), as discussões para a elaboração da Agenda 21 brasileira iniciaram-se, de fato, depois da Rio+5. A partir de então, a CPDS discutiu a metodologia a ser nela aplicada, como a eleição de macrotemas, os termos de referência e a realização de seminários e audiências públicas, para análise dos estudos feitos pelos consultores contratados, de acordo com os temas escolhidos.

Os temas eleitos para o início da discussão sobre o documento brasileiro foram: Cidades Sustentáveis; Agricultura Sustentável, Infraestrutura e Integração Regional; Gestão dos Recursos Naturais; Redução das Desigualdades Sociais; e Ciência e Tecnologia para o Desenvolvimento Sustentável. São assuntos que se referem às principais questões nacionais, suas potencialidades e fragilidades, tendo em vista a implantação de um modelo de desenvolvimento sustentável no país.

A elaboração desses seis pontos temáticos se deu por intermédio de um processo de concorrência pública de âmbito nacional. Por meio dele foram selecionados cinco consórcios cujo objetivo era organizar uma consulta nacional e elaborar os documentos que serviriam de base para as discussões nos estados. Tais consórcios foram formados por empresas, instituições acadêmicas, ONGs e renomados consultores das respectivas áreas temáticas.

É interessante observar que, muito antes de as Agendas locais terem sido lançadas, já se falava de implementar a Agenda 21 nacional. Esse fato demonstrou a pouca importância dada pelo governo brasileiro com relação ao processo de implantação da Agenda 21.

No final de 1998 e início de 1999, a elaboração dos seis documentos temáticos foi concluída. Neles estavam contidas as propostas de estratégias e de ações, que constituíram um documento básico, intitulado Agenda 21 brasileira – Bases para Discussão, que serviu como subsídio aos debates setoriais que seriam iniciados no início de 2001.

Em meados do ano 2000, o documento foi apresentado ao então Presidente da República, Fernando Henrique Cardoso, iniciando-se, assim, a etapa de recebimento de emendas e sugestões, a partir das consultas aos estados. De junho de 2000 a maio de 2001, foram realizados 26 debates em 27 estados brasileiros. Apenas no Amapá o debate estadual sobre a Agenda 21 brasileira não foi realizado, uma vez que este estado já havia elaborado antecipadamente o Programa de Desenvolvimento Sustentável do Amapá (PDSA). Neste Programa, o conceito de desenvolvimento sustentável permeia a política de governo que incorporou a sustentabilidade socioambiental, econômica e cultural.

Os eventos estaduais tinham como objetivos ampliar as discussões sobre as propostas contidas no documento Agenda 21 brasileira – Bases para Discussão, conhecer a visão dos estados sobre desenvolvimento sustentável na Agenda 21 brasileira e afirmar os compromissos assumidos entre os diferentes setores da sociedade com as estratégias definidas na Agenda (CPDS, 2002). No entanto, cabe esclarecer que esses eventos foram muito pouco representativos pelo fato de que a divulgação foi muito pequena. As instituições de ensino, como as universidades, por exemplo, quase não participaram.

De junho a outubro de 2001 foi a fase de consolidação dos consensos e de explicar as prioridades, propostas específicas e eventuais dissensos em cada uma das cinco regiões do país, a partir da perspectiva regional, com base nas emendas apresentadas na etapa anterior (Born, 2002).

Segundo Born (2002), estima-se que 40.000 pessoas, que leram o documento Agenda 21 brasileira – Bases para Discussão, envolveram-se nas ações que marcaram essas etapas, ou seja, a discussão das propostas, em suas respectivas organizações e comunidades; a exposição pública de suas sugestões e emendas; o exercício do diálogo e das negociações, com vistas a um país sustentável e impulsionado pelas demandas e interesses específicos de cada segmento. Tratou-se de significativa experiência de participação civil, em processo nacional, para o estabelecimento de plano (política) nacional, com base nas realidades e perspectivas locais, regionais e globais.

A última fase na elaboração da Agenda 21 brasileira se deu em maio de 2002, com a realização de um seminário nacional constituído de cinco reuniões setoriais, a saber: executivo, legislativo, produtivo, academia e sociedade civil organizada. Nessas reuniões, a CPDS apresentou sua plataforma de ação, baseada nos subsídios da consulta nacional e definiu, com as lideranças de cada setor, os meios e compromissos de implementação.

Finalmente, em 17 de julho de 2002, o Presidente da República lançou a Agenda 21 brasileira, composta de dois documentos: a Agenda 21 brasileira – Ações prioritárias e a Agenda 21 brasileira – Resultado da consulta nacional. O primeiro estabelece os rumos para a construção da sustentabilidade do desenvolvimento brasileiro; o segundo registra os frutos das discussões estaduais, ao longo de quatro anos.

O lançamento da Agenda 21 brasileira finaliza a sua fase de elaboração e marca o início do processo de implementação, um desafio conjunto para a sociedade e o governo em instituir um modelo de desenvolvimento sustentável para o país. Tal documento representa um importante instrumento, tanto para o planejamento da gestão pública e privada do país quanto para os planos de desenvolvimento que forem implementados no futuro.

A partir de 2003, a Agenda 21 brasileira não somente entrou na fase de implementação assistida pela CPDS, como também foi elevada à condição de Programa do Plano Plurianual (PPA 2004-2007) pelo governo.

A importância da Agenda 21 como instrumento propulsor da democracia, da participação e da ação coletiva da sociedade foi reconhecida no Governo Lula, e suas diretrizes inseridas tanto no Plano de Governo quanto em suas orientações estratégicas.

Com a implementação da Agenda 21 brasileira, a utilização dos princípios e estratégias desse documento como subsídio para a Conferência Nacional de Meio Ambiente, Conferência das Cidades e Conferência da Saúde remeteu à necessidade de se elaborar e implementar políticas públicas nos município e nas diferentes regiões brasileiras.

O Plano Plurianual do Governo (PPA 2004/2007) amplia o alcance da Agenda 21 como política pública. O Programa Agenda 21 é composto por três ações estratégicas: implementar a Agenda 21 brasileira; elaborar e implementar as Agendas 21 locais; e a formação continuada em Agenda 21.

O plano tem como prioridade orientar a elaboração e implementação de Agendas 21 locais com base nos princípios da Agenda 21 brasileira, que reconhece a importância do nível local na concretização de políticas públicas sustentáveis. Depois de 2002, segundo informação contida no site do MMA em julho de 2011, já foram registradas mais de 544 processos de Agendas 21 locais em andamento no Brasil.

Agenda 21 Regional, Estadual e Local

A Agenda 21 no âmbito regional diz respeito ao documento que tem como objetivo principal a abordagem de espaços geográficos, que se assemelham entre si, para fins de planejamento e gestão ambiental. Dentro dessa perspectiva, pode-se incluir, por exemplo, uma bacia hidrográfica que engloba diversos municípios e, às vezes, mais de um estado, as regiões metropolitanas, as regiões conurbadas e as regiões com similaridades industriais, comerciais, agrícolas e de turismo. A Agenda 21 regional permite agregar valores à região envolvida e que seja objeto dessa agenda, mostrando a responsabilidade de cada território na atuação a favor do bem comum.

Nesse sentido, o Brasil, assim como outros países, também vem realizando experiências regionais, como acontece em algumas bacias hidrográficas e regiões metropolitanas. Essas experiências têm sido bastante significativas, pois são regiões que congregam situações similares, cujos problemas ambientais precisam de soluções conjuntas. Como exemplos, podem ser citadas as experiências que estão sendo feitas na bacia do Pirapama e na região de Aldeia, ambas no Estado de Pernambuco, no Vale da Ribeira, no Estado de São Paulo e no Consórcio Lambari, no Estado de Santa Catarina.

Entre os mecanismos de cooperação de municípios vizinhos na busca de soluções para problemas comuns, vale citar os Consórcios Intermunicipais (CIM), que têm demonstrado boas possibilidades de implementação dos princípios de sustentabilidade e da Agenda 21, pois proporcionam o espírito cooperativo e a participação de amplos setores da sociedade (Sirkis, 1999).

Já as Agendas 21 no âmbito estadual são as desenvolvidas pelo governo estadual, tendo nele o principal propulsor do processo de construção. O seu objetivo é incorporar, nas políticas de governo de cada estado, ações estratégicas nas esferas de governo e da sociedade, que atendam às diretrizes da Agenda 21 global, buscando o consenso voltado para um novo padrão de desenvolvimento do estado (Ministério do Meio Ambiente, 2002a).

Entretanto, ainda são poucos os estados brasileiros que iniciaram e consolidaram o processo de construção de suas Agendas 21 estaduais. Tais processos tiveram algum avanço após as discussões da Agenda 21 brasileira.

O Departamento de Articulação Institucional do Ministério do Meio Ambiente (DAI/MMA) cadastrou, por intermédio de questionários encaminhados aos estados e municípios, as experiências realizadas em todo o país. Foram relacionadas 204 experiências de processo de construção de Agenda 21; apenas uma dizia respeito à experiência concluída de Agenda 21 estadual, no Estado de Pernambuco (Ministério do Meio Ambiente, 2002c).

Entre os estados brasileiros que iniciaram o processo de elaboração de suas agendas estaduais, podem ser citados, de acordo com a pesquisa efetuada pelo Ministério do Meio Ambiente (2002a), os Estados de Pernambuco, Maranhão, Bahia, Alagoas, Rio Grande do Norte, Rio de Janeiro, Minas Gerais, Goiás, Mato Grosso, Mato Grosso do Sul, Pará, Rondônia, Acre, Roraima, Santa Catarina, Paraná e, mais recentemente, São Paulo.

A Agenda 21 no âmbito local vem ocorrendo de maneira bem diferente, uma vez que fica na dependência do contexto político de cada estado ou cidade e do nível de organização da população local. Born (2002) esclarece ainda que alguns municípios, entre os 5.507 municípios brasileiros (IBGE, 2000), desenvolveram ou iniciaram processos de Agenda 21 local, por vezes sequer identificada como tal, mas denominado Desenvolvimento Local Integrado e Sustentável, ou processo DLIS.

Um número expressivo de comunidades e de governos locais ainda desconhece completamente os compromissos assumidos pelo Brasil nos fóruns internacionais, quanto à implantação do desenvolvimento sustentável no país. Tal realidade ficou demonstrada por uma pesquisa levada a efeito pelo Ministério do Meio Ambiente em 1999 (Ministério do Meio Ambiente, 2000). Ressalte-se que um dos maiores obstáculos para a elaboração das agendas locais continua sendo a falta de informações sobre alguns conceitos básicos e o desconhecimento de metodologias de planejamento, voltadas para o modelo de desenvolvimento proposto.

Dessa maneira, torna-se urgente insistir na necessidade de divulgar os princípios e estimular o processo de construção da Agenda 21, de modo a garantir que o conceito de desenvolvimento sustentável seja incorporado e implementado cada vez mais pelo Poder Executivo local.

Como ficou registrado antes, a Agenda 21 local é um processo eminentemente participativo; processo no qual os vários setores interessados se comprometem a alcançar as metas estabelecidas na Agenda 21 global, mediante a preparação e prática de um plano estratégico a longo prazo, que aborde as preocupações prioritárias do desejado desenvolvimento em nível local.

Com essa finalidade, o Iclei (2002) estabeleceu os seguintes procedimentos:

- O compromisso dos múltiplos setores no processo de planejamento, por meio de um grupo local de interessados, que atuem como coordenador e agente formulador de políticas; tal compromisso permite avançar na proposta de desenvolvimento sustentável a longo prazo.

- A consulta aos integrantes da comunidade, por exemplo, grupos comunitários, ONGs, empresas, igrejas, órgãos governamentais, grupos profissionais e sindicatos; cria-se, então, uma visão compartilhada e são identificadas as propostas de ação efetivas.

- A avaliação participativa, na qual devem ser consideradas as necessidades sociais, ambientais e econômicas locais.

- O estabelecimento de metas em conjunto, em que deve ser priorizado um processo de participação, mediante a negociação dos segmentos envolvidos.

- A definição de um procedimento de monitoramento e elaboração de informações, tais como os indicadores locais, para acompanhar a evolução do plano e permitir que os participantes se tornem responsáveis por esse plano de ação de caráter comunitário.

A necessidade de elaborar a Agenda 21 local é reforçada na própria Agenda 21 global. Com efeito, no Capítulo 28, é enfatizada a importância do papel que os governos locais têm na implementação da política municipal em relação à sustentabilidade do desenvolvimento, conforme dá a entender o seguinte texto:

Como muitos dos problemas e soluções tratados na Agenda 21 têm suas raízes nas atividades locais, a participação e cooperação das autoridades locais será um fator determinante na realização de seus objetivos. As autoridades locais constroem, operam e mantêm a infraestrutura econômica, social e ambiental, supervisionam o processo de planejamento, estabelecem as políticas e regulamentações ambientais locais e contribuem para a implementação de políticas públicas ambientais nacionais e subnacionais. Como nível de governo mais próximo da população, desempenha papel essencial na educação, mobilização e resposta ao público, em favor de um desenvolvimento sustentável. (Secretaria de Estado do Meio Ambiente, 1997, cap.28, p.473)

A importância do âmbito local pode, da mesma forma, ser justificada quando se constata que são as cidades onde se manifestam mais claramente os problemas que afetam a qualidade de vida da população. É a população que vive nos centros urbanos a que mais se serve e precisa dos recursos da natureza para a sua sobrevivência. Tal fato leva a concluir que essas comunidades poderão ser mais facilmente conscientizadas e mobilizadas com maior eficácia para participar do processo da proteção e do manejo sustentável de seus recursos naturais.

Como não poderia deixar de ser, a Agenda 21 considera da maior importância a participação do poder público. Isso em função da legitimidade que detém e da grande diversidade de recursos que é capaz de disponibilizar. Por essa razão, o poder público deve ser estimulado a criar canais institucionais que tornem possível a implantação das agendas locais. Entre eles estão os fóruns da Agenda 21 local, concebidos como instrumentos de diálogo e de negociação das autoridades municipais com as instâncias legislativas e com a sociedade civil para se chegar ao desenvolvimento sustentável.

O Ministério do Meio Ambiente vem procurando sistematizar as ações da Agenda 21 local em todo o país. Em junho de 2000, foram lançados os resultados de pesquisa realizada pelo Departamento de Articulação Institucional e Agenda 21, com o objetivo de conhecer as experiências brasileiras de construção de agendas locais. Por meio de questionários encaminhados aos estados e municípios, foram cadastradas quinze experiências mais significativas em todo o país.

Entre as iniciativas municipais desse período, podem ser destacadas as Agendas 21 locais das cidades de Angra dos Reis (RJ), Joinville (SC), Rio de Janeiro (RJ), Santos (SP), São Paulo (SP), Vitória (ES), Volta Redonda (RJ), São Luís (MA) e Florianópolis (SC).

Em meados de 2001, esse mesmo órgão do Ministério do Meio Ambiente realizou outra pesquisa, identificando, então, que aumentou para 124 o número de experiências, e destacando a região Nordeste com mais de 50% de tais ações.

Outro levantamento, agora no ano de 2002, congrega 204 experiências, das quais cinco municipais se encontram prontas, segundo a terminologia do documento do Ministério do Meio Ambiente (2002c): Florianópolis e Joinville (SC); Serra e Vitória (ES); e Piracicaba (SP).

É importante lembrar que a Agenda 21 é o ponto de partida de um processo contínuo e que a elaboração de um documento local pode representar apenas um marco nesse processo, não o seu ponto de chegada (Ministério do Meio Ambiente, 2000). Portanto, uma Agenda 21, pelos seus princípios, nunca está concluída ou pronta; apenas algumas etapas é que podem ter sido realizadas. As outras 198 experiências restantes continuam em ritmo de elaboração, sejam estaduais, sejam regionais ou municipais, e sinalizaram um expressivo aumento dos processos da região sudeste (Ministério do Meio Ambiente, 2002c), conforme mostra a Tabela 32.1.

Tabela 32.1 – Experiência de Agenda 21 local por regiões do Brasil, em 2002.

Região	Número de experiências	Porcentagem
Nordeste	69	34%
Sudeste	72	35%
Sul	29	14%
Centro-Oeste	18	9%
Norte	16	8%
Total	204	100%

Fonte: Ministério do Meio Ambiente (2002c).

Para atualizar tais informações, uma nova pesquisa seria necessária, visto que o Ministério do Meio Ambiente criou a Secretaria de Articulação Institucional e Cidadania Ambiental.

O Ministério do Meio Ambiente credita o sucesso do aumento das iniciativas de Agenda 21 local à participação da sociedade e ao conhecimento dos conceitos do processo de elaboração de políticas para o desenvolvimento sustentável, na certa, divulgados com o grande avanço da etapa de discussão estadual e regional, durante a realização da Agenda 21 brasileira.

Para que o conteúdo da Agenda 21 local seja, de fato, utilizado pelo governo e pela sociedade civil para implementar ações voltadas ao desenvolvimento modelado pela Cnumad, a Rio 92, é fundamental conhecer os conceitos da Agenda 21, assim como as experiências relevantes, tanto internacionais, quanto nacionais, das cidades que já elaboraram, ou estão em processo de elaboração, de cada uma de suas agendas específicas.

REFERÊNCIAS

BARBIERI, J.C. *Desenvolvimento e meio ambiente: as estratégias de mudanças da Agenda 21.* Petrópolis: Vozes, 2000.

BORN, R.H. Agenda 21 Brasileira: instrumentos e desafios para sustentabilidade. In: CAMARGO, A.; CAPOBIANCO, J.P.R.; OLIVEIRA, J.A.P. (orgs.). *Meio am-*

biente Brasil Avanços obstáculos pós-Rio 92. São Paulo: Estação Liberdade/Instituto Socioambiental, 2002, p.79-97.

_____. Caminhos, descaminhos e desafios da Agenda 21 Brasileira. *Debates Socamb.*, v.4, n.11, p.9-11, 1998/99.

[CPDS] COMISSÃO DE POLÍTICAS DE DESENVOLVIMENTO SUSTENTÁVEL E DA AGENDA 21 NACIONAL. *Agenda 21 Brasileira: resultado da consulta nacional.* Brasília (DF), 2002.

FERREIRA, L. da C. *A questão ambiental: sustentabilidade e políticas públicas no Brasil.* São Paulo: Biotempo, 1998.

[ICLEI] INTERNATIONAL COUNCIL FOR LOCAL ENVIRONMENTAL INICIATIVES. *Local government's response to Agenda 21.* Toronto, 2002.

KRANZ, P.; MOURÃO, J. *Agenda 21: vitória do futuro.* Vitória: Secretaria Municipal de Meio Ambiente, 1997. v.1.

[MMA] MINISTÉRIO DO MEIO AMBIENTE. Departamento de Articulação Institucional e Agenda 21-DAI. *Construindo a Agenda 21 local.* Brasília (DF), 2000.

_____. *Processos em andamento com vistas à implementação de Agendas 21 locais, contatos e ações do DAI/SECEX/MMA.* Brasília (DF), 2002a.

_____. *Agenda 21 Local: exemplos em andamento no Brasil.* Brasília (DF), 2002b.

_____. *Agendas 21 locais: informe.* Brasília (DF), 2002c.

_____. *Agenda 21 brasileira: resultado da consulta nacional/Comissão de Políticas de Desenvolvimento Sustentável e da Agenda 21 Nacional.* 2.ed. Brasília: MMA, 2004. 1.580p.

PELICIONI, A. *Educação ambiental na escola: um levantamento de percepções e práticas de estudantes de 1º grau a respeito de meio ambiente e problemas ambientais.* São Paulo, 1998. Dissertação (Mestrado). Faculdade de Saúde Pública da USP.

PHILIPPI JR, A.; RODRIGUES, J.E.R.; SALLES, C.P. Agenda 21: algumas experiências internacionais como subsídio para o caso brasileiro. In: *21º Congresso Brasileiro de Engenharia Sanitária e Ambiental,* 2001; João Pessoa (BR). Rio de Janeiro: ABES, 2001, p.329-30.

SIRKIS, A. *Ecologia urbana e poder local.* Rio de Janeiro: Fundação Onda Azul, 1999.

[SMA] SECRETARIA DE ESTADO DO MEIO AMBIENTE. *Conferência das Nações Unidas sobre meio ambiente e desenvolvimento.* São Paulo, 1997.

VARGAS, E. Rio+10: parcerias entre Brasil e a Alemanha para o desenvolvimento sustentável. In: HOFMEISTER, W. (ed.). *Rio+10 = Johannesburgo. Rumos ao desenvolvimento sustentável.* Fortaleza: Fundação Konrad Adenauer, 2002, p.11-15. (Série Debates, 25).

VIOLA, E.; LEIS, H.R. Governabilidade global pós-utópica, meio ambiente e mudança climática. In: *De Rio a Johannesburgo – La Transición hacia el Desarrollo Sus-*

tentable: Perspectivas de América Latina y el Caribe, 2002 Mayo 6-8; México: Puma/Inesemarnat/Universidad Autónoma Metropolitana, 2002.

Bibliografia Consultada

KOHLER, M.C.M. *Agenda 21 Local: Desafios da sua Implementação. Experiências de São Paulo, Rio de Janeiro, Santos e Florianópolis*. São Paulo, 2003. Dissertação (Mestrado). Faculdade de Saúde Pública da USP.

Educação Ambiental em Unidades de Conservação[1]

Renata Ferraz de Toledo
Bióloga e educadora ambiental, Faculdade de Educação – USP

Maria Cecília Focesi Pelicioni
Assistente social e sanitarista, Faculdade de Saúde Pública – USP

As áreas de proteção ambiental tiveram origem a partir de atos e práticas das primeiras sociedades humanas que, reconhecendo valores especiais de determinados espaços com cobertura vegetal, tomaram medidas para protegê-los. As referências mais antigas são da Índia, Indonésia e Japão. Essas áreas estavam associadas à presença de animais sagrados, de fontes de água pura, à existência de plantas medicinais, mitos e fatos históricos. Outras eram criadas como reserva de caça para famílias reais (Miller, 1997).

Atualmente, o art. 2º, I, do Capítulo I da Lei Federal Brasileira n. 9.985, de 18 de julho de 2000, define unidade de conservação como

> o espaço territorial e seus recursos ambientais, incluindo as águas jurisdicionais, com características naturais relevantes, legalmente instituídos pelo Poder Público, com objetivos de conservação e limites definidos, sob regime especial de administração, ao qual se aplicam garantias adequadas de proteção. (Brasil, 2000)

---

[1] Este capítulo foi baseado na Dissertação de Mestrado *A Educação Ambiental em Unidades de Conservação do Estado de São Paulo*, defendida pela autora Renata Ferraz de Toledo, na Faculdade de Saúde Pública da USP, 2002.

A criação, nos Estados Unidos, em 1879, do Parque Nacional de Yellowstone, primeiro parque nacional do mundo, foi considerada um marco fundamental para o estabelecimento das primeiras áreas naturais protegidas. Sua criação tinha por objetivo o uso recreativo e a preservação das belezas cênicas (Brito, 2000).

Segundo McCormick (1992), existiam nessa época duas correntes influenciando a criação das áreas naturais protegidas. De um lado, os preservacionistas, representados por John Muir, que defendiam a proteção total dessas áreas, das quais o ser humano faria uso apenas temporário para atividades de recreação e educação. De outro lado, representados por Gifford Pinchot, estavam os conservacionistas, para os quais essas áreas poderiam ser exploradas, garantindo o uso dos recursos pelas gerações presentes e futuras, e evitando-se o desperdício.

Para os naturalistas, aqueles que defendiam a proteção total das áreas naturais, a única forma de proteger a natureza era afastá-la do ser humano, por meio de ilhas onde se pudesse admirá-la e reverenciá-la. Esses lugares paradisíacos serviriam também como locais selvagens para refazer as energias gastas na vida estressante das cidades e do trabalho monótono. Parece realizar-se a reprodução do mito do paraíso perdido, lugar desejado e procurado pelo ser humano depois de ser expulso do Éden (Diegues, 2000).

O ser humano é visto pela corrente naturalista não somente como um ser que não pertence à natureza, mas também como destruidor dela. Todos conhecem os inúmeros males causados à natureza pelo ser humano. Porém, não é necessário excluí-lo do contato, ou mesmo do convívio dela, para sua conservação. Isso de nada adiantaria para compreender e enfrentar os inúmeros problemas relacionados com o meio ambiente do qual ele, de qualquer maneira, faz parte.

No ano de 1937, por iniciativa do governo federal, foi criado o primeiro parque nacional brasileiro, o Parque Nacional de Itatiaia. Todavia, até meados da década de 1970, o Brasil não possuía nenhuma estratégia para selecionar e planejar as unidades de conservação, as quais se justificavam apenas pelas belezas cênicas que possuíam (Brito, 2000).

Segundo dados do Cadastro Nacional de Unidades de Conservação (CNUC), o Brasil possui cerca de 18% do seu território (área continental e marinha) dentro de áreas naturais protegidas (CNUC/MMA, 2011), e em 2002 foi criado o maior parque de floresta tropical do mundo, com 3,8 milhões de hectares ou quase 40 mil quilômetros quadrados – o Parque Nacional Tumucumaque, localizado entre os estados do Amapá e do Pará.

UNIDADES DE CONSERVAÇÃO

Um dos estados que mais investiu na criação de unidades de conservação foi São Paulo. Atualmente, o Instituto Florestal (IF) e a Fundação Florestal (FF), ambos vinculados à Secretaria Estadual do Meio Ambiente (SMA-SP), gerenciam juntos um total de 133 unidades de conservação (IF, 2011; FF, 2011), as quais estão concentradas principalmente ao longo da Serra do Mar e no vale do rio Ribeira de Iguape (Brito, 2000).

Aos poucos foram sendo estabelecidas inúmeras leis para regulamentar a criação das diferentes categorias de manejo. Atualmente, o Sistema Nacional de Unidades de Conservação (SNUC) (Lei n. 9.985/2000) fixa os critérios e as normas para a criação, implantação e gestão das unidades de conservação.

Entre os critérios, o SNUC/2000 determina que as unidades de conservação sejam divididas em dois grupos, de acordo com as categorias de manejo e segundo a sua utilização: unidades de conservação de proteção integral e unidades de conservação de uso sustentável.

As unidades de conservação de proteção integral, de uso indireto são: estação ecológica, reserva biológica, parques nacionais, estaduais e municipais, monumento natural e refúgio da vida silvestre.

As unidades de conservação de uso sustentável, de uso direto, desde que garantida a sua sustentabilidade, são: área de proteção ambiental, área de relevante interesse ecológico, floresta nacional, reserva extrativista, reserva de fauna, reserva de desenvolvimento sustentável e reserva particular do patrimônio natural.

Muitas das unidades de conservação de proteção integral foram criadas em regiões onde residiam ou residem inúmeras famílias, gerando sérios problemas e constantes conflitos.

De acordo com Machado (2002), a referida Lei n. 9.985/2000 deveria garantir meios alternativos de subsistência ou a justa indenização das populações tradicionais que dependem da utilização de recursos naturais existentes dentro das unidades de conservação; no entanto, a lei sequer definiu o que são populações tradicionais.

Para as populações com títulos de propriedade registrados, o maior problema está no custo das desapropriações. Mas a questão mais agravante acaba sendo as populações tradicionais, que podem ser definidas como aquelas que ocupam o espaço e utilizam os recursos naturais para subsistência, com mão de obra familiar e tecnologias de baixo impacto, derivadas de conhecimentos patrimoniais e de base sustentável (caiçaras, ribeirinhos, seringueiros, quilombolas). Essas populações vêm sendo afastadas dessas áreas naturais, muitas vezes sem poder contribuir na elaboração das políticas públicas regionais, e sem se beneficiar com as políticas de conservação. Tal fato acaba obrigando-as a ir para as periferias das cidades, agravando suas condições de vida ou, ainda, provocando maior degradação ambiental, já que se veem obrigadas a ocupar outras áreas ainda intactas, gerando também inúmeros conflitos e um descumprimento da legislação (Arruda, 1997).

Diegues (2000) lembra, ainda, que a criação de unidades de conservação de proteção integral, mantendo o que o autor chama de "neomito" (áreas naturais protegidas sem população, na busca pelo paraíso perdido), faz-se pela necessidade da criação de espaços públicos, porém, que acabam beneficiando apenas as populações urbano-industriais.

A concentração das populações nas cidades vem aumentando a cada dia, trazendo inúmeros problemas para seu funcionamento, principalmente com a falta de saneamento básico e áreas verdes que possibilitem lazer para as pessoas e minimizem a poluição do ar e sonora, entre outras. Doenças provocadas pela contaminação da água, do ar e do solo, têm sido responsáveis por inúmeras mortes. Dessa forma, a saúde humana e a qualidade de vida encontram-se constantemente ameaçadas pela deterioração ambiental das grandes cidades.

Parques Estaduais

Os parques estaduais são definidos pelo Regulamento dos Parques Estaduais Paulistas como áreas geográficas delimitadas, dotadas de atributos naturais excepcionais, objeto de preservação permanente, submetidas à condição de inalienabilidade e indisponibilidade no seu todo (São Paulo, 1986).

Os primeiros parques instalados no Brasil estavam voltados principalmente para pesquisas na área botânica. Hoje, as pessoas procuram os parques porque encontram neles espaços de lazer e sociabilidade entre diferentes classes sociais, de práticas esportivas e saudáveis, de valorização do ambiente natural e, principalmente, porque os veem como um local para escapar da realidade da vida cotidiana e estressante das grandes cidades (Schreiber, 1997; Serrano, 1997).

Segundo Bucci (2000), pesquisas realizadas pelo Instituto Florestal do Estado de São Paulo mostram que as unidades de conservação do estado de maior visitação pública são os parques estaduais.

Os parques estaduais paulistas tiveram um aumento no número de visitantes no final da década de 1980, culminando com o pico da visitação em 1992 e 1993, especialmente em virtude do crescimento do ecoturismo e da realização da Conferência das Nações Unidas sobre Meio Ambiente e Desenvolvimento em 1992, a Rio 92. É um dado que reflete um crescente interesse da sociedade por questões ligadas ao meio ambiente. Após esses anos, a visitação diminuiu parcialmente e adota hoje taxas de crescimento reduzidas, porém constantes, em decorrência, entre outros fatores, da falta de estrutura adequada ou dificuldade de acesso (Barros, 2000).

A EDUCAÇÃO AMBIENTAL EM UNIDADES DE CONSERVAÇÃO

Segundo o que estabelece o art. 4º, XII, do SNUC/2000, um dos objetivos das unidades de conservação é favorecer condições e promover a educação e interpretação ambiental, a recreação em contato com a natureza e o turismo ecológico (Brasil, 2000).

A educação ambiental, por sua natureza integradora – pois permeia inúmeras áreas do conhecimento –, pode ser trabalhada dentro dos mais variados contextos. Entre eles, destacam-se as atividades realizadas em áreas que permitem um contato direto com a natureza, como o estudo do meio, trilhas interpretativas e o ecoturismo, frequentemente realizadas tanto em unidades de conservação como nos parques estaduais.

A realização dessas atividades como instrumentos para o desenvolvimento da educação ambiental não deve ocorrer de forma pontual e caracterizada apenas pelos aspectos ecológicos. É necessário que ocorra como atividade permanente e que enfatize também aspectos econômicos, sociais, políticos, culturais e éticos, abrindo um espaço para a geração de novos valores de respeito aos seres humanos e à vida.

A educação ambiental deve ser um processo contínuo de construção da cidadania, possibilitando aos indivíduos e à coletividade atuar na busca de soluções para os problemas que afetam a todos. Para que isso ocorra, a capacitação técnica, por meio da construção de conhecimentos, da formação de atitudes e de habilidades, objetivos da educação ambiental, devem estar voltados para o desenvolvimento de ações que garantam a sustentabilidade.

Para Pelicioni (2000), a educação ambiental é uma ideologia que conduz à melhoria da qualidade de vida e ao equilíbrio dos ecossistemas para todos os seres vivos. Assim, mais do que instrumento de gestão ambiental, ela deve se tornar uma filosofia de vida, que se expressa como uma forma de intervenção em todos os aspectos sociais, econômicos, políticos, culturais, éticos e estéticos.

Conforme as diretrizes para o Programa de Uso Público dos Parques Estaduais gerenciados pelo Instituto Florestal do Estado de São Paulo, este programa deve propiciar lazer, recreação e educação ambiental à comunidade, bem como despertar uma consciência crítica para a necessidade de manutenção dos recursos naturais das unidades de conservação. Podem compreender os subprogramas de educação ambiental, interpretação da natureza, lazer, relações públicas e formação de pessoal para seu desenvolvimento (Cervantes et al., 1992). Para Andrade (1993), o turismo também deve ser considerado um subprograma do Programa de Uso Público.

Os subprogramas de educação ambiental, de maneira geral, envolvem as seguintes estratégias: realização de cursos, produção de materiais didáticos, itinerários e programas educativos com estudantes e com as comunidades do entorno, entre outras (Cervantes et al., 1992).

Barbieri (1997) lembra que as unidades de conservação são locais com inúmeros recursos para o desenvolvimento da educação ambiental. Assim, o subprograma deve utilizar, em suas atividades, estratégias variadas de acordo com os objetivos de conservação da unidade, sem deixar de lado, porém, os aspectos educacionais, para que não sejam apenas atividades esporádicas com caráter informativo e comunicativo.

Os subprogramas de interpretação da natureza têm compreendido as seguintes estratégias: percurso de trilhas interpretativas, centro de visitantes, viveiro de mudas, audiovisuais, exposições, datas comemorativas, palestras, entre outras (Cervantes et al., 1992).

Segundo Sharpe (1982), citado por Barbieri (1997, p.71), a utilização da interpretação no Programa de Uso Público traz alguns benefícios, tais como: contribuir diretamente para enriquecer a experiência do visitante; promover a conscientização do visitante sobre o seu lugar no ambiente, ao mesmo tempo que amplia seu horizonte para além dos limites da área protegida; e ajudar a promover a região quando o turismo é essencial para a economia do local.

Os subprogramas de recreação e lazer visam a utilizar as potencialidades da unidade, proporcionando oportunidades para os visitantes desenvolverem ações que atendam às suas necessidades físicas, culturais, sociais e intelectuais, tais como: fotografia da natureza, piquenique, *cooper*, ciclismo, canoagem, gincanas, entre outras (Cervantes et al., 1992; Barbieri, 1997).

A palavra lazer é frequentemente confundida com tempo livre e ócio. Se o tempo livre for gasto sem executar nenhuma ação, pode caracterizar o ócio. Todavia, o lazer caracteriza-se por atividades realizadas durante o tempo livre, que podem gerar comportamentos inovadores e criativos e auxiliar no desenvolvimento da personalidade (Rodrigues, 1998; Schreiber, 1997). Além disso, sabe-se que o lazer também é fundamental para se viver com boa qualidade.

O turismo é outro subprograma do Programa de Uso Público. Ele pode trazer inúmeros benefícios para as unidades de conservação e estão também, com frequência, relacionados com atividades de educação ambiental e de interpretação da natureza. Porém, alguns cuidados devem ser tomados para minimizar os impactos ambientais, tais como, o controle no número de visitantes, a fiscalização e, principalmente, o desenvolvimento de atividades adequadas à realidade daquela área natural protegida.

Nesse sentido, Barros II (1997) afirma que o turismo em unidades de conservação, se praticado de maneira inadequada, pode causar inúmeros impactos negativos, os quais se devem, de modo preponderante, à falta de informações sobre como agir corretamente nessas unidades. No entanto, o turismo responsável pode também trazer muitos benefícios para as áreas naturais protegidas. A título de exemplos: a geração de renda e empregos, a contribuição para os programas de conservação, o desenvolvimento econômico dessas áreas e comunidades vizinhas e o crescimento de uma conscientização ambiental, em que o turista desempenhará um papel ativo e interativo no processo de conservação.

Vasconcellos (1997, p.465) chama a atenção para o fato de que os subprogramas de educação ambiental, interpretação da natureza, recreação e turismo, mesmo sendo considerados distintas atividades de uso público, com objetivos e estratégias diferentes, frequentemente se inter-relacionam, fato que deve ser levado em conta no processo de planejamento das atividades. Nesse aspecto, o autor afirma que

> o turismo e a recreação requerem estruturas e meios comuns para a sua realização e podem ser um veículo para a educação ambiental; esta, por sua vez,

confunde-se com a interpretação da natureza. Na realidade, o praticante de cada uma destas experiências acaba sendo a mesma pessoa.

Para Delgado (2000), a interpretação ambiental se diferencia da educação ambiental porque, entre outras razões, propõe a preparação e a realização de atividades específicas, dirigidas a um público variado, durante o tempo de passagem pela área ou lugar, não necessariamente fazendo parte de um processo contínuo. Lembra, porém, que a interpretação ambiental pode ser um instrumento da educação ambiental, uma vez que também procura, entre outras coisas, construir conhecimentos novos e despertar valores de cuidado para com o ambiente, seja ele natural ou construído.

Programas de Educação Ambiental em Parques Estaduais

As atividades que permitem um contato direto com a natureza, seja para o turismo, estudo, lazer, seja para ações educativas, estão crescendo e se diversificando a cada dia. Muitos programas de educação ambiental vêm sendo desenvolvidos de diversas maneiras em unidades de conservação. No entanto, são poucos os estudos sobre tais atividades.

Considerando-se que a conservação das áreas protegidas igualmente depende das estratégias adotadas nos programas de educação ambiental, torna-se, então, de grande importância que eles sejam planejados e implementados adequadamente (Tabanez et al., 1997).

Foi a partir dessa preocupação que se decidiu investigar como tem se processado a educação ambiental em unidades de conservação do Estado de São Paulo.

Embora a educação ambiental seja considerada um subprograma do Programa de Uso Público, optou-se neste capítulo por mencioná-la como "programa" de educação ambiental, pois tal denominação é mais frequentemente utilizada nos parques estaduais paulistas.

Pelo exposto, o capítulo tem por objetivo constatar a existência dos programas de educação ambiental que são desenvolvidos nos parques estaduais paulistas e analisá-los por meio do conhecimento dos seus usuários e dos responsáveis pelos programas, identificando quais os objetivos, os temas abordados, as atividades desenvolvidas e os recursos utilizados. Da mesma forma, objetiva identificar as principais dificuldades e as represen-

EDUCAÇÃO AMBIENTAL EM UNIDADES DE CONSERVAÇÃO | **849**

tações de meio ambiente e de educação ambiental dos gestores dos parques e dos responsáveis pelos programas.

A população que deu base para a elaboração deste capítulo é constituída por gestores e responsáveis pelos programas de educação ambiental dos parques estaduais paulistas. Para o seu desenvolvimento foi feita uma pesquisa, utilizando-se a técnica *survey* – levantamento de opiniões que permite investigar e descrever uma situação –, e que pode ser utilizada em todas as áreas do conhecimento.

Para a coleta de dados nos parques estaduais que desenvolviam os referidos programas, utilizou-se o questionário como principal instrumento de pesquisa. O questionário continha questões abertas e fechadas que permitiram uma análise quali-quantitativa das informações obtidas, o qual foi submetido a um pré-teste em população semelhante para avaliar sua eficiência. Definida a versão final, ele foi enviado pelo correio, uma vez que os parques estaduais encontram-se em áreas geográficas dispersas no estado.

A análise dos dados foi feita pelo método de análise de conteúdo, desenvolvido por Bardin (1977, p.42) que, segundo a autora, é

um conjunto de técnicas de análise das comunicações visando obter, por procedimentos sistemáticos e objetivos de descrição do conteúdo das mensagens, indicadores quantitativos ou não, que permitam a inferência de conhecimentos relativos às condições de produção/recepção (variáveis inferidas) destas mensagens.

Para Triviños (1987), esse método tem algumas características peculiares, uma vez que permite o estudo das comunicações entre os seres humanos, enfatizando o conteúdo das mensagens. Privilegia, portanto, a análise das formas de linguagem escritas e orais, e nas escritas pode-se voltar ao material todas as vezes que for necessário.

A análise de conteúdo deve levar em conta as suas diversas significações e procurar conhecer aquilo que está por trás das palavras; ou seja, buscar realidades por intermédio das mensagens. Para isso, devem-se seguir as três etapas propostas no método: pré-análise, descrição analítica e interpretação inferencial (Bardin, 1977).

Na pré-análise faz-se uma leitura geral dos dados, seguida de uma organização do material coletado, por meio de algumas técnicas. Uma delas é a "leitura flutuante", que permite conhecer o material e estabelecer contato com ele mediante sucessivas leituras. Na descrição analítica, elabora-se um estudo aprofundado dos dados, orientado pelas hipóteses e referências teóricas. São também feitas, nessa etapa, a codificação e a categorização dos dados quando necessário, buscando-se sínteses de ideias coincidentes e divergentes. Na interpretação inferencial, faz-se uma reflexão dos dados com embasamento teórico, procurando estabelecer relações (Bardin, 1977).

Procurou-se, então, na análise dos resultados dessa pesquisa seguir essas etapas propostas pelo método. As questões foram descritas por meio das leituras flutuantes do material coletado, embasadas da mesma forma pelas referências teóricas. A interpretação do conteúdo de algumas questões permitiu o agrupamento das respostas em categorias, como propõe o método; outras serviram de base para algumas discussões e uma análise comparativa de questões.

Principais Resultados

A pesquisa realizada constatou que, dos 29 parques estaduais paulistas gerenciados pelo Instituto Florestal, da Secretaria Estadual do Meio Ambiente, seis não possuíam, até aquele momento, programas de educação ambiental, quatro não devolveram o questionário preenchido e um deles, logo de início, não teve autorização para a pesquisa. Dessa maneira, o material obtido e analisado correspondeu aos programas de educação ambiental de dezoito parques estaduais paulistas.

Na maioria dos parques, os visitantes que participavam com maior frequência das atividades dos programas de educação ambiental eram estudantes. Em alguns, o público em geral também era bastante frequente.

A pesquisa mostrou que, também na maioria dos parques, havia um conhecimento claro sobre o público-alvo usuário dos programas de educação ambiental. No entanto, algumas das respostas revelaram que não tinham conhecimento a respeito do número médio de visitantes, nem em relação à faixa etária média dos frequentadores, informações importantes para um adequado planejamento das atividades.

Os responsáveis por esses programas igualmente desempenhavam diversas funções, como coordenadores do programa de uso público, monitores, técnicos, entre outras. Dos que responderam à pesquisa, a minoria possuía curso superior completo e nenhum deles tinha formação específica em educação ambiental.

Reigota (2000) diz que toda pessoa interessada em praticar a educação ambiental deve ter um compromisso político relacionado com a possibilidade, mesmo utópica, de construir uma sociedade sustentável. Diz, da mesma forma, que, para atingir esse objetivo, é de fundamental importância a competência técnica, com aquisição de conhecimentos específicos sobre a problemática ambiental e a compreensão mais ampla possível das implicações sociais, culturais, econômicas e pessoais.

Essa perspectiva permite concluir que a atuação de profissionais capacitados, tanto no planejamento como no desenvolvimento das atividades dos programas, é muito importante.

Ainda ficou constatado que, em quatro parques, os responsáveis pelos programas de educação ambiental exerciam também a função de gestores das unidades de conservação, o que evidencia a falta de recursos humanos capacitados para atuar nos parques estaduais paulistas. Esse fato foi apresentado pelos respondentes como a principal dificuldade para o desenvolvimento dos programas de educação ambiental. A falta de recursos financeiros e de infraestrutura adequada também foi citada.

No decorrer dos programas, muitas são as dificuldades que surgem. Torna-se, então, importante a realização de um planejamento adequado, prevendo, até mesmo, os recursos necessários para o seu desenvolvimento, sejam recursos humanos, sejam financeiros ou materiais, para que muitos dos obstáculos possam ser previstos e, dessa forma, superados ou minimizados.

Os objetivos dos programas eram bastante abrangentes. Foram agrupados em nove categorias, incluindo as principais respostas obtidas:

- Preocupação em proteger a unidade de conservação e garantir uma adequada visitação.

- Envolver as comunidades locais e do entorno, bem como valorizar a cultura local.

- Proporcionar o contato direto dos visitantes com a natureza.

- Desenvolver uma postura crítica diante das questões ambientais para auxiliar na busca de soluções aos inúmeros problemas.

- Despertar o interesse pela proteção dos recursos naturais, especialmente a Mata Atlântica.

- Contribuir para o desenvolvimento de atividades com alunos e professores.

- Capacitar monitores, professores e a comunidade.

- Contribuir para a melhoria da qualidade de vida.

- Proporcionar o conhecimento e o exercício da cidadania.

Entre as repostas, a que mais se destacou foi despertar o interesse pela proteção dos recursos naturais. Isso porque esteve presente em maior número delas.

Formular os objetivos de um programa de educação ambiental não é tarefa fácil, mas são eles que irão definir as atividades a serem desenvolvidas no decorrer dos trabalhos. Assim, deve-se lembrar que, no caso do programa de educação ambiental, se trata de um processo educativo e, portanto, é preciso estar evidente quais os objetivos educacionais a serem atingidos a longo prazo, para que depois os objetivos mais específicos possam ser definidos; estes, por sua vez, devem apresentar-se de forma bastante clara e serem passíveis de realização e avaliação.

Sendo esses programas desenvolvidos em unidades de conservação, devem considerar a realidade local e as necessidades da população-alvo, que, na maioria das vezes, são variadas e nem sempre têm sido consideradas.

Os temas abordados, igualmente, foram agrupados em categorias, de acordo com as respostas. Os mais frequentes estavam relacionados com os recursos naturais, tais como: flora e fauna, biodiversidade, recursos hídricos, Mata Atlântica. Da mesma forma, relacionados com problemas ambientais, como extinção de espécies, devastação, poluição, lixo. Entre as respostas apareceram também temas pertinentes à unidade de conservação, como realização de discussões sobre sua importância e as normas para visita, desenvolvimento sustentável, conservação, preservação, entre outros.

A temática ambiental desenvolvida nos programas dos parques estaduais paulistas mostrou-se bastante ampla, sendo principalmente enfatizados os aspectos naturais e os desastres ecológicos, sem incluir, na maior parte deles, aspectos sociais, econômicos e políticos.

As atividades desenvolvidas nos programas de educação ambiental consistiam em palestras e atividades lúdicas, como desenhos, gincanas, colagens; trilhas interpretativas e estudo do meio; cursos de capacitação e eventos em datas comemorativas; projetos diversos, como coleta seletiva de lixo e produção de mudas; e atividades culturais, como visitas a museus e aquários. O atendimento a estudantes apareceu também em um representativo número de respostas. Entre elas, as que sobressaíram em maior número foram as palestras, as atividades lúdicas e o percurso de trilhas, todas frequentemente realizadas em diferentes subprogramas, porém com abordagem das mesmas questões.

Quanto às palestras, devem ser dinâmicas, interativas e muito bem elaboradas para não se assemelharem às que, em geral, são apresentadas no contexto da educação formal que, via de regra, acabam provocando uma certa resistência dos visitantes, principalmente quando há uma grande expectativa para entrar em contato com a natureza.

O percurso de trilhas interpretativas é um forte atrativo dos parques estaduais paulistas. A esse respeito, Vasconcellos (1997) lembra que, no passado, as trilhas eram utilizadas para atender às necessidades de deslocamento e que, nos últimos tempos, se transformaram em uma forma de entrar em contato com o ambiente natural e fugir da aglomeração das cidades, sendo um dos passatempos favoritos de grande número de pessoas.

Nos parques estaduais paulistas, mais do que um passatempo, as trilhas interpretativas foram, de igual forma, consideradas um importante instrumento para o desenvolvimento dos programas de educação ambiental, auxiliando na assimilação de conhecimentos sobre as relações que ocorrem na natureza e sensibilizando os visitantes acerca da importância das áreas e dos recursos naturais. Serve como uma atividade educativa de apoio, um reforço ao processo educativo desenvolvido.

Jogos e brincadeiras, oficinas, teatro, desenhos, gincanas, entre outras, também apareceram bastante como atividades desenvolvidas nos programas de educação ambiental.

Ao brincar e jogar, as pessoas e, principalmente, as crianças adquirem confiança para encontrar soluções diante dos problemas que são apresentados, já que a linguagem cultural delas é o lúdico (Bertoldo e Ruschel, 2000). Essas atividades, porém, quando utilizadas em programas de educação ambiental, devem ser contextualizadas de acordo com os propósitos educativos estabelecidos pela unidade de conservação.

De acordo com Philippi Jr e Pelicioni (2000), a realização de trilhas, hortas, palestras, plantio de árvores, confecção de cartilhas, jogos e vídeos, enquanto praticadas isoladamente como atividade educativa, é importante, porém, deixa de atingir os objetivos maiores da educação ambiental se dissociadas de um processo que exige planejamento contínuo de construção de conhecimentos, de formação de atitudes e de desenvolvimento de habilidades que resultem em práticas sociais positivas e transformadoras.

Na investigação constatou-se que, para auxiliar nas atividades desenvolvidas, eram utilizados recursos audiovisuais, material didático impresso, atividades e/ou jogos de sensibilização e técnicas de trabalho em grupo.

Entre os audiovisuais mais citados estavam o vídeo, o projetor de *slides* e o retroprojetor. Para Trajber e Costa (2001), a falta de comprometimento com a qualidade da informação presente nos materiais audiovisuais de educação ambiental e a existência de propagandas apelativas de fatos ambientais têm prejudicado o processo educativo.

O *folder* foi o material didático impresso mais utilizado, uma vez que era geralmente distribuído aos visitantes. Apostilas, cartilhas, jornais, entre outros, também apareceram nas respostas. Para a elaboração de materiais didáticos impressos de educação ambiental e/ou utilização dos já existentes, Trajber e Manzochi (1996) destacam que são precisos vários requisitos: definir muito bem o foco e o público-alvo a ser envolvido; definir os conceitos básicos que serão trabalhados; usar linguagem acessível; dar mais espaço para as dimensões de valores, habilidades e atitudes; valorizar o lúdico e o estético; promover uma visão do ser humano inserido na natureza; abrir maior espaço para a reflexão e a argumentação em torno das questões ambientais; preservar a essência educativa nos materiais, entre outras.

As atividades e/ou jogos de sensibilização mais frequentes foram os "jogos do Joseph Cornell"[2] e outros semelhantes, os quais trabalham conceitos ambientais e órgãos dos sentidos, dinâmicas, trilhas interpretativas, entre outras. Entre os trabalhos em grupos estavam técnicas de integração, dinâmica de grupo, reuniões participativas e discussões em grupo. A tal propósito, Silva (2000, p.61) lembra que

> a sensibilização é apenas o começo. Há que, sem dúvida, começar pelas emoções. Mas não se pode parar por aí, sob a pena de perder esta grande oportunidade histórica e civilizatória de trazer a discussão da sustentabilidade do desenvolvimento para o espaço da educação.

Os programas de educação ambiental dos parques estaduais paulistas, ao abordarem o meio ambiente com os visitantes, enfatizavam diversos aspectos, os quais foram agrupados em quatro categorias:

- Lugar onde vivemos.
- Integração do ser humano com a natureza.
- Aspectos naturais.
- Visão utilitarista.

---

[2] Joseph Cornell é autor de vários livros que trazem jogos e brincadeiras para serem desenvolvidos em contato com a natureza, tais como *Brincar e aprender com a natureza: um guia sobre a natureza para pais e professores* e *A alegria de aprender com a natureza: atividades ao ar livre para todas as idades*.

Algumas respostas que exemplificam essas categorias são descritas a seguir.

Na maioria dos programas, os respondentes procuraram mostrar que meio ambiente é também "o lugar onde vivemos", e não apenas os ecossistemas naturais. Percebe-se isso, por exemplo, na resposta: "não é só a Mata Atlântica, e sim o lugar onde moramos, estudamos, trabalhamos, nos divertimos e descansamos, ou seja, é o espaço onde se situa nossa casa, nosso bairro, cidade, estado, país". Enfocando sempre como cada um de nós pode contribuir para a preservação do meio onde vivemos.

A integração do ser humano com a natureza e as consequentes implicações dessa relação, da mesma maneira, foram enfatizadas na representação de meio ambiente trabalhada com visitantes em alguns parques estaduais paulistas, como mostra a resposta: "envolve aspectos bióticos, abióticos, suas inter-relações, o ambiente construído, os grupos sociais e suas inter-relações, a sociedade e a natureza que produzem".

Em alguns parques, entretanto, salientavam muito mais os *aspectos naturais* e a importância destes para a manutenção da biodiversidade, ao trabalhar o meio ambiente com os visitantes, como no exemplo: "o meio onde os seres vivos vivem". O meio ambiente natural é mais completo e dá condições para a existência de uma grande diversidade de espécies e deve ser conservado.

Em outros parques, a noção de meio ambiente estudada com os visitantes apresentava uma certa "visão utilitarista" dos recursos naturais, mostrando os benefícios da conservação destes para o ser humano. Percebe-se isso na resposta: "toda natureza que rodeia tem que ser preservada para o homem sobreviver".

O meio ambiente foi definido de diversas maneiras pelas pessoas que atuavam nos parques estaduais paulistas, caracterizando esse termo como uma representação social, na qual estão presentes os valores, as referências e as práticas cotidianas dos respondentes, diferenciados cultural e socialmente. Identificar tais representações das pessoas envolvidas nos programas de educação ambiental é fundamental para que as atividades possam ser planejadas e desenvolvidas adequadamente, de acordo com as necessidades de cada área natural protegida.

Constatou-se que, nas representações de meio ambiente da maioria dos gestores e responsáveis pelos programas, foram enfocados não apenas os aspectos naturais, mas também os sociais. Para a maioria dos respondentes, o meio ambiente não representa apenas o ambiente natural e seus recursos, mas, de igual modo, o ambiente construído pelo ser humano e tudo que está à sua volta.

Essas respostas vão ao encontro de Reigota (1995, p. 14) ao afirmar que

> meio ambiente é o lugar determinado ou percebido, onde os elementos naturais e sociais estão em relações dinâmicas e em interação. Essas relações implicam processos de criação cultural e tecnológica e processos históricos e sociais de transformação do meio natural e construído.

Nos parques estaduais paulistas, a educação ambiental foi representada de forma bastante abrangente; muitas vezes enfocava diversos aspectos em uma única resposta. Entretanto, uma análise comparativa permitiu a formação de seis categorias de respostas:

- Educação ambiental como instrumento de transformação social.
- Educação ambiental na busca de melhor qualidade de vida.
- Educação ambiental para valorização dos recursos e áreas naturais protegidas.
- Educação ambiental para integração do ser humano ao meio ambiente.
- Educação ambiental como processo educativo contínuo.
- Educação ambiental para o desenvolvimento de atividades.

Para o entendimento da formação dessas categorias, algumas respostas são transcritas a seguir.

Em alguns programas, a educação ambiental foi representada como um instrumento de transformação social, como na resposta: "é um instrumento pedagógico usado na transformação social, dando sustentabilidade ao planeta".

A busca por melhor qualidade de vida, da mesma maneira, foi enfatizada em determinadas respostas, como no exemplo: "é um instrumento pelo qual o cidadão adquire conscientização acerca do seu papel na melhoria da qualidade de vida".

Em alguns parques estaduais, a valorização dos recursos e das áreas naturais protegidas foi enfatizada, como no exemplo: "educação ambiental é educar para conservar, vivenciar a unidade de conservação com a finalidade de conservação do patrimônio natural".

A integração do ser humano ao meio ambiente também foi citada; assim: "educação ambiental é despertar o interesse dos visitantes pela temática ambiental e, principalmente, transmitir princípios que criem atitudes de respeito em relação ao ambiente que estão visitando e onde vivem".

Em algumas respostas apareceu ainda seu caráter educativo constante, como: "a educação ambiental é um trabalho contínuo, contextualizado e que valoriza o processo educativo".

Em outras respostas apareceram as atividades desenvolvidas nas unidades de conservação para representar a educação ambiental, como no caso: "visitação em trilhas e a museu, dinâmicas de grupo, trabalho em campo".

Assim como a expressão meio ambiente, a educação ambiental de igual forma não deve ser considerada apenas como um conceito científico, mas sim como uma representação social, já que as pessoas a definem de diversas maneiras de acordo com suas ideologias e experiências em um dado espaço e momento histórico.

Pode-se dizer, então, de forma resumida, que os respondentes consideravam a educação ambiental como um instrumento de busca de melhor qualidade de vida, de transformação social; pelo que registraram seu caráter contínuo e educativo juntamente à preocupação de conservar os recursos naturais e também os culturais, ao mesmo tempo propondo um desenvolvimento não apenas ecologicamente equilibrado, mas também socialmente mais justo.

Essa grande abrangência deve-se, principalmente, às diferentes concepções de educação e tendências pedagógicas que permeiam os projetos, gerando variadas propostas de trabalho, conforme as realidades e as prioridades de cada unidade de conservação.

Em alguns parques estaduais paulistas, as respostas apresentaram significativa consistência teórica. É muito importante considerar e respeitar essas diferentes concepções a respeito da educação ambiental. Como afirmam Philippi Jr e Pelicioni (2000, p.4), "a educação nunca é neutra, ela reflete necessariamente a ideologia de quem com ela trabalha, podendo ser reprodutora da ideologia dominante ou questionadora desta ideologia".

CONSIDERAÇÕES FINAIS

Uma vez verificada a existência de programas de educação ambiental em parques estaduais paulistas, a análise de seus objetivos e das práticas adotadas permitiu verificar que as atividades de educação ambiental, interpretação da natureza, de turismo e de lazer desenvolvidas, embora fossem consideradas atividades distintas no Programa de Uso Público, acabaram muitas vezes se sobrepondo, fato já identificado anteriormente por alguns autores.

Dessa forma, constatou-se que, nos programas de educação ambiental, são também realizadas atividades de interpretação da natureza, de lazer e até mesmo de turismo. Apesar de sua inquestionável importância, para serem consideradas atividades de educação ambiental não devem ser apresentadas de forma fragmentada, mas sim precisam fazer parte de um processo educativo.

Não há dúvidas de que as unidades de conservação têm se mostrado como lugares privilegiados para o desenvolvimento de programas de educação ambiental. Todavia, eles devem ser planejados, procurando atender às necessidades da população e tornando-se um espaço de reflexão disponível para a realização de encontros, seminários, cursos e atividades que envolvam grupos locais e dos arredores. Isso também poderá contribuir para suprir a formação de recursos humanos capacitados.

As ações desenvolvidas nos programas e o uso de recursos audiovisuais, materiais didáticos impressos, jogos de sensibilização, técnicas de trabalhos em grupo, entre outros meios, não devem ocorrer isoladamente; é necessário que façam parte de um processo de construção de conhecimentos, de desenvolvimento de atitudes e habilidades e de uma postura ética frente às questões ambientais. Para isso, é preciso que essas ações possam ser estabelecidas de acordo com as características da população usuária e de cada unidade de conservação. Da mesma forma, precisam estar integradas em um processo educativo constante, não se limitando a atividades esporádicas e pontuais – já que, geralmente, são realizadas em curtos espaços de tempo –, buscando superar os conteúdos puramente ecológicos.

Durante algum tempo prevaleceu uma visão fragmentada do meio ambiente, sendo enfatizados apenas os aspectos naturais. Essa visão está sendo superada pela maioria das pessoas dispostas a promover a educação ambiental. Uma compreensão integrada do meio ambiente é fundamental para buscar as raízes dos problemas socioambientais e para o desenvolvimento de programas de educação ambiental.

As representações de educação ambiental foram apresentadas de forma teoricamente consistente pela maioria dos respondentes. No entanto, grande parte das atividades desenvolvidas apresentava-se de maneira pontual, fracionada e desvinculada de um processo transformador da realidade, demostrando uma clara desarticulação entre a teoria e a prática.

A gravidade da problemática ambiental e social, enfrentada na atualidade, confirma cada vez mais a importância da educação ambiental na alteração desse quadro. Entretanto, as mudanças não ocorrerão apenas por meio da sensibilização das pessoas, é preciso formar cidadãos críticos e capacitados para buscar também soluções práticas, que possam alterar significativamente a realidade. Nesse particular, insistindo, as unidades de conservação se apresentam como um espaço com inúmeras condições para que essas mudanças ocorram.

REFERÊNCIAS

ANDRADE, W.J. *Programa de uso público.* São Paulo: IF, 1993. (Curso de Manejo de Áreas Silvestres, 1).

ARRUDA, R.S.V. Populações tradicionais e a proteção dos recursos naturais em unidades de conservação. In: *Anais do 1º Congresso Brasileiro de Unidades de Conservação,* 1997, Curitiba (BR): Secretaria Estadual de Meio Ambiente de São Paulo, nov. v.1, p. 351-68.

BARBIERI, M.G. *Análise de programas de uso público em unidades de conservação do Estado de São Paulo: revisão e estudo de caso para o Parque Estadual de Campos de Jordão.* São Paulo, 1997. Dissertação (Mestrado). Programa de Ciências Ambientais da USP.

BARDIN, L. *Análise de conteúdo.* Lisboa: Edições 70, 1977.

BARROS, M.I.A. Outdoor education: uma alternativa para a educação ambiental através do turismo de aventura. In: SERRANO, C. (org.). *A educação pelas pedras: ecoturismo e educação ambiental.* São Paulo: Chronos, 2000. p.85-110.

BARROS II, S.M. Turismo e unidades de conservação no Brasil. In: *Anais do 1º Congresso Brasileiro de Unidades de Conservação,* 1997; Curitiba: Secretaria Estadual de Meio Ambiente de São Paulo, nov. v.1, p.298-303.

BERTOLDO, J.V.; RUSCHEL, M.A.M. Jogar e brincar: representando papéis, a criança constrói o próprio conhecimento. *Rev. Professor,* v.16, n.61, p.10-13, 2000.

BRASIL. Decreto-lei n. 9.985, de 19 de julho de 2000. *Sistema Nacional de Unidades de Conservação.* Brasília (DF): Senado Federal, 2000.

BRITO, M.C.W. *Unidades de conservação: intenções e resultados.* São Paulo: Annablume/Fapesp, 2000.

BUCCI, L.A. Unidades de conservação e florestas. In: *1º Ciclo de Conferências sobre Direito e Política Ambiental,* 2000, São Paulo.

CERVANTES, A.L.A.; BERGAMASCO, A.; CARDOSO, C.J. et al. Diretrizes para o programa de uso público do Instituto Florestal do Estado de São Paulo – SMA. In: *Anais do 2º Congresso Nacional sobre Essências Nativas,* 1992; São Paulo: IF, mar.--abr., v.4, p.1076-80.

[CNUC/MMA] CADASTRO NACIONAL DE UNIDADES DE CONSERVAÇÃO; MINISTÉRIO DO MEIO AMBIENTE, 2011. Disponível em: http://www.mma. gov.br/areasprotegidas/cadastro-nacional-de-ucs. Acessado em: jul. 2011.

DELGADO, J. A interpretação ambiental como instrumento para o ecoturismo. In: SERRANO, C. (org.). *A educação pelas pedras: ecoturismo e educação ambiental.* São Paulo: Chronos, 2000. p.155-69.

DIEGUES, A.C.S. *O mito moderno da natureza intocada.* 3.ed. São Paulo: Hucitec, 2000.

[FF] FUNDAÇÃO FLORESTAL. Secretaria do Meio Ambiente do Estado de São Paulo. *Mapa das Unidades de Conservação Estaduais sob gestão da Fundação Florestal, 2008.* Disponível em: http://www.ffflorestal.sp.gov.br/media/uploads/pdf/ UCS_FF2009.pdf. Acessado em: jul. 2011.

[IF] INSTITUTO FLORESTAL. Secretaria do Meio Ambiente do Estado de São Paulo. *Áreas Protegidas do Instituto Florestal.* Disponível em: http://www.iflorestal. sp.gov.br/imagindex/areas_Protegidas_IF.pdf. Acessado em: jul. 2011.

MACHADO, P.A.L. Os tipos de unidades de conservação e a presença humana. In: PHILIPPI JR, A.; ALVES, A.C.; ROMERO, M.A. et al. *Meio Ambiente, direito e cidadania.* São Paulo: Signus, 2002. p.225-34.

McCORMICK, J. *Rumo ao paraíso: a história do movimento ambientalista.* Rio de Janeiro: Relume-Dumará, 1992.

MILLER, K.R. Evolução dos conceitos de áreas de proteção: oportunidades para o século XXI. In: *Anais do 1º Congresso Brasileiro de Unidades de Conservação,* 1997; Curitiba: Secretaria Estadual de Meio Ambiente de São Paulo, nov. v.1, p.3-22.

PELICIONI, M.C.F. *Educação em saúde e educação ambiental – estratégias de construção da escola promotora da saúde.* São Paulo, 2000. Tese (Livre-Docência). Faculdade de Saúde Pública da USP.

PHILIPPI JR, A.; PELICIONI, M.C.F. Alguns pressupostos da educação ambiental. In: PHILIPPI JR, A.; PELICIONI, M.C.F. (eds.). *Educação ambiental: desenvolvimento de cursos e projetos.* São Paulo: Signus, 2000. p.3-5.

REIGOTA, M. Educação ambiental: compromisso político e competência técnica. In: PHILIPPI JR, A.; PELICIONI, M.C.F. (eds.). *Educação ambiental: desenvolvimento de cursos e projetos.* São Paulo: Signus, 2000. p.33-5.

_____. *Meio ambiente e representação social.* São Paulo: Cortez, 1995.

RODRIGUES, A.B. Os lazeres urbanos. *Debates Socioamb.*, v.3, n.9, p.12-13, 1998.

SÃO PAULO (Estado). Decreto-lei n. 25.341, de 4 de junho de 1986. *Regulamento dos Parques Estaduais Paulistas.* São Paulo: Secretaria Estadual de Meio Ambiente de São Paulo, 1986.

SCHREIBER, Y. *Domingo no parque: um estudo da relação homem-natureza na metrópole paulistana.* São Paulo, 1997. Dissertação (Mestrado). Faculdade de Filosofia, Letras e Ciências Humanas da USP.

SERRANO, C.M.T. A vida e os parques: proteção ambiental, turismo e conflitos de legitimidade em unidades de conservação. In: SERRANO, C.M.T.; BRUHNS, H.T. (orgs.). *Viagens à natureza: turismo, cultura e ambiente.* Campinas: Papirus, 1997. p.103-23.

SILVA, D.J. Método da educação ambiental brasileira. In: PHILIPPI JR, A.; PELICIONI, M.C.F. (eds.). *Educação ambiental: desenvolvimento de cursos e projetos.* São Paulo: Signus, 2000. p.60-4.

TABANEZ, M.F.; PÁDUA, S.M.; SOUZA, M.G. et al. Avaliação de trilhas interpretativas para educação ambiental. In: PÁDUA, S.M.; TABANEZ, M.F. (orgs.). *Educação ambiental: caminhos trilhados no Brasil.* Brasília: Ipê, 1997. p.89-102.

TOLEDO, R.F. *A educação ambiental em unidades de conservação do Estado de São Paulo.* São Paulo, 2002. Dissertação (Mestrado). Faculdade de Saúde Pública da USP.

TRAJBER, R.; MANZOCHI, L.H. Avaliando materiais impressos de educação ambiental: o projeto. In: TRAJBER, R.; MANZOCHI, L.H. (orgs.). *Avaliando a educação ambiental no Brasil: materiais impressos.* São Paulo: Gaia, 1996. p.15-35.

TRAJBER, R.; COSTA, L.B. Avaliando materiais audiovisuais de educação ambiental. In: TRAJBER, R.; COSTA, L.B. (orgs.). *Avaliando a educação ambiental no Brasil: materiais audiovisuias.* São Paulo: Peirópolis: Instituto Ecoar para a cidadania, 2001.

TRIVIÑOS, A.N.S. *Introdução à pesquisa em ciências sociais: a pesquisa qualitativa em educação.* São Paulo: Atlas, 1987.

VASCONCELLOS, J. Trilhas interpretativas: aliando educação e recreação. In: *Anais do 1º Congresso Brasileiro de Unidades de Conservação*, 1997; Curitiba: Secretaria Estadual de Meio Ambiente de São Paulo, nov. v.1, p.465-77.

Bibliografia Consultada

BARBOSA, S.B. *Material Didático para um Programa de Educação Ambiental no Parque Municipal de Botucatu.* São Paulo, 1997. Monografia de Conclusão de Curso. Instituto de Biociências da Unesp, Campus Botucatu.

862 | EDUCAÇÃO AMBIENTAL E SUSTENTABILIDADE

CARVALHO, L.M. *A temática ambiental e a escola de 1º grau.* São Paulo, 1989. Tese (Doutorado). Faculdade de Educação da USP.

CORNELL, J. *A alegria de aprender com a natureza: atividades na natureza para todas as idades.* São Paulo: Senac, 1997.

_____. *Brincar e aprender com a natureza: um guia sobre a natureza para pais e professores.* São Paulo: Senac, 1996.

Alimentos e suas Relações com a Educação Ambiental | 34

Pedro Manuel Leal Germano
Médico veterinário, Faculdade de Saúde Pública – USP

Maria Izabel Simões Germano
Pedagoga, Faculdade de Saúde Pública – USP

Os alimentos constituem um elemento essencial à promoção da saúde dos indivíduos e das comunidades. Para sobreviver, o homem tem necessidade de alimentos, aí incluída a água, em quantidade suficiente para supri-lo em nutrientes essenciais. A fim de preservar sua saúde é necessário que os produtos alimentícios sejam de qualidade, de forma a evitar doenças transmitidas por alimentos (DTA). A educação em saúde voltada para as questões que envolvem os alimentos, desenvolvida mediante campanhas educativas ou ações de ensino formal, podem contribuir para uma melhor qualidade de vida das populações.

Por sua vez, os alimentos, ou a sua produção e comercialização, representam um fator estratégico do ponto de vista econômico, sobretudo para países como o Brasil, que possuem um extenso território, com diversidade climática e propício ao desenvolvimento de agricultura e pecuária bastante variadas, bem como do pescado, proveniente tanto das bacias hidrográficas quanto de origem marítima.

No mundo globalizado, entretanto, para viabilizar o livre comércio de exportação e tornar significativo o impacto na balança comercial, faz-se necessário produzir com qualidade, assegurando, sobretudo, produtos "ecologicamente" aceitáveis.

O DESENVOLVIMENTO INDUSTRIAL E A PRODUÇÃO DE ALIMENTOS

A principal consequência para a sociedade, ocasionada pelo desenvolvimento industrial, foi a migração do homem do campo para a cidade, em busca de melhores oportunidades. Dois fenômenos ocorreram de imediato; em primeiro lugar, o aumento progressivo da concentração de pessoas nas áreas urbanas, dando origem à favelização, e, em segundo lugar, a crescente demanda por alimentos. O impacto inevitável traduziu-se pelo alongamento da cadeia alimentar e todas as implicações dele decorrentes, notadamente as relacionadas com a segurança dos alimentos.

Até a metade do século XX, a produção de produtos vegetais, sobretudo verduras e legumes, dispersava-se em torno das grandes cidades, no denominado cinturão verde, a uma distância de poucas dezenas de quilômetros do centro urbano. Cinquenta anos depois, a urbanização desorganizada, principalmente no âmbito da periferia das cidades, estendeu os limites desse perímetro para muito além do dobro da distância original. Esse é um fenômeno global e, em muitos países, independentemente do grau de desenvolvimento econômico, os limites geográficos das principais cidades confundem-se com os dos municípios vizinhos, com evidente prejuízo para as áreas cultiváveis.

Quanto mais distante a zona produtora de alimentos dos grandes centros consumidores, maiores devem ser os cuidados, sobretudo com as matérias-primas, sejam de origem vegetal ou animal. Nesse contexto, o transporte de víveres assume capital importância, uma vez que deve evitar a deterioração – responsável por perdas econômicas consideráveis – e garantir a segurança dos alimentos, prevenindo a ocorrência de DTA. Por sua vez, a diversificação das fases intermediárias de processamento foi a solução encontrada, no âmbito industrial, para preservar a qualidade dos alimentos e garantir maior tempo de vida dos produtos. Como decorrência do aprimoramento dos processos tecnológicos, desenvolveram-se alternativas importantes, capazes de garantir a qualidade nutricional e a segurança dos produtos alimentícios, possibilitando a redução de perdas por deterioração, tanto na esfera da produção agrícola quanto da própria pecuária.

A indústria de alimentos, em particular, tem sido sensível às necessidades prementes da sociedade, entre elas as decorrentes do menor tempo de preparação de refeições no domicílio, em virtude do fato de as mulheres participarem de quase todas as atividades produtivas, até passado recente, reservadas aos homens. A resposta foi o desenvolvimento de inúmeros produtos alimentícios de preparo rápido ou dos pré-preparados, dos prontos para consumo (*ready-to-eat*), congelados, liofilizados, enlatados, entre outros. De maneira geral, pode-se afirmar que, em decorrência da modificação das necessidades dos grandes centros urbanos, a sociedade, como um todo, tornou-se mais consumista e exigente e adotou substanciais alterações dos hábitos alimentares.

Ao lado desses fatos incontestáveis, a globalização favoreceu os modismos, alguns de caráter efêmero e outros que se incorporaram em definitivo à cultura da sociedade. É o caso da vulgarização, nas sociedades ocidentais, do hábito de comer pescado cru, o qual é tradicional nas culturas orientais. Do mesmo modo, banalizaram-se os chamados produtos *diet*, *light*, *slow-fat* e congêneres, destinados, originalmente, a pessoas com tendência à obesidade ou portadoras de doenças que têm de consumir produtos dietéticos com baixas calorias. De origem mais recente, têm-se os alimentos funcionais, cuja finalidade maior é a de, em muitas circunstâncias, poder substituir drogas medicamentosas, ou, no mínimo, reduzir sua dose, prevenindo possíveis efeitos colaterais indesejáveis.

PERIGOS E CONSEQUÊNCIAS DOS ALIMENTOS

Os principais perigos oferecidos pelos alimentos podem ser de ordem biológica, química ou física. De acordo com dados oficiais dos principais laboratórios de saúde de diferentes países, os perigos biológicos são os de maior ocorrência e os responsáveis pelos números mais elevados de casos nas estatísticas anuais de DTA. Esses perigos são provocados por diferentes espécies de microrganismos e por suas toxinas, produzidas nos alimentos ou no organismo das vítimas. Ao tratar dos perigos biológicos, deve-se ressaltar a importância dos manipuladores de alimentos, ou seja, todas as pessoas que podem entrar em contato com um produto comestível em qualquer etapa da cadeia alimentar, desde sua fonte até o consumidor (OMS, 1989); bem como da correspondente necessidade de educá-los para minimizar os possíveis agravos à saúde.

Alguns fatores podem ampliar o risco de contrair uma DTA, entre eles destacam-se os microbiológicos relacionados ao tipo e à quantidade de patógeno ingerido. Outros referem-se, diretamente, ao hospedeiro, tais como: fatores ligados à idade, menores de cinco anos, cujo sistema imune ainda não está completamente desenvolvido e a dose infectante requerida é menor, ou maiores de sessenta anos, quando podem ocorrer falhas no sistema imune, sobretudo produzidas pela presença de doenças crônico-degenerativas; grávidas; pessoas hospitalizadas ou expostas a outras infecções concomitantes; indivíduos que fazem uso prolongado de antibióticos que provocam alterações na flora intestinal; portadores de problemas hepáticos (alcoólatras e outros); pessoas imunocomprometidas, em tratamento de quimio ou radioterapia, portadores do HIV/Aids, receptores de transplantes de órgãos, pacientes com leucemia e outros; pessoas sob estresse com organismo debilitado; e aqueles que vivem sob condições de higiene deficiente e, portanto, têm maior probabilidade de ingerir patógenos.

Salientam-se, também, fatores relacionados à dieta, tais como ingestão de alimentos de baixa qualidade nutricional, sobretudo idosos e aqueles que não têm condições financeiras de adquirir alimentos saudáveis; aqueles que consomem excesso de antiácidos (aumentando o pH do estômago); os que ingerem muita água; e os que comem alimentos muito gordurosos (chocolate, queijo, hambúrguer e outros). Finalmente, referem-se fatores decorrentes da exposição geográfica a endemias, locais em que há dificuldade de acesso a alimentos e água, bem como a maior ou menor presença de patógenos no solo e na água de determinada região.

De acordo com a Secretaria de Vigilância em Saúde do Ministério da Saúde, registraram-se no Brasil, no período de 1999 a 2004, 3,4 milhões de casos de DTA internados em serviços de assistência médica. Entre os surtos investigados, em 40% (1.520/3.737) não constava o agente causal do episódio, mas, mesmo assim, foi possível, por meio de análises laboratoriais e clínicas, determinar que os patógenos envolvidos, com maior frequência, foram a *Salmonella spp* (34,7%) e o *Staphylococcus aureus* (11,7%), seguidos por outros patógenos, como apresentados adiante: cólera, febre tifoide e paratifoide, shigelose, amebíase e outras doenças intestinais causadas por protozoários. Em 67% dos 2.494 surtos investigados predominaram os alimentos preparados à base de ovos e maionese, o que justifica *de per si* a maior incidência de salmonelose. Complementarmente, as refeições servidas nos ambientes domiciliares foram as maiores responsáveis pela ocorrência de surtos, ou seja, 48,5% dos 3.337 estudados.

No Brasil, em particular no período de 1978 a 1999, a Secretaria de Estado da Saúde do Paraná, investigou 1.781 surtos de DTA, constatando que 62,2% (1.107) haviam sido provocados por perigos biológicos, no caso bactérias, enquanto apenas 3,5% (62) tinham sido causados por agentes químicos. Essa diferença de resultados deve-se ao fato de que as manifestações clínicas da maioria das DTA provocadas por perigos biológicos apresentam curto período de incubação, em média entre poucas horas e três dias após a ingestão do alimento infectante, e são de caráter agudo, comumente caracterizadas por vômitos, diarreia, dores abdominais, febre e desidratação.

Os quadros clínicos provocados pelos perigos químicos, ao contrário, na maior parte das vezes, apresentam período de incubação longo, podendo demorar até alguns anos para que a doença se manifeste, e são resultantes da ingestão de doses mínimas (ppm ou ppb) continuadas do agente tóxico e de seu efeito cumulativo no organismo dos expostos. Apenas nos envenenamentos agudos, por doses elevadas do agente químico, é que as possibilidades de notificação aumentam, sobretudo quando estão envolvidas muitas vítimas. Deve-se ressaltar, entretanto, que em 34,4% (612) dos surtos estudados não foi possível determinar o agente causal, o que é perfeitamente aceitável, uma vez que nem sempre é possível isolar o agente etiológico a partir dos doentes ou dos alimentos suspeitos.

Entre as substâncias químicas capazes de provocar DTA, podem-se destacar: os metais pesados, como mercúrio, chumbo, cádmio e arsênico; substâncias tóxicas presentes no ambiente das cozinhas comerciais, industriais e hospitalares, ou, como são mais conhecidas, das unidades de alimentação e nutrição (UAN), por exemplo, desinfetantes impróprios para uso em alimentos, óleos e lubrificantes de equipamentos, inseticidas, raticidas e qualquer outro tipo de substância venenosa; e, por fim, resíduos de agrotóxicos, dioxinas, migrantes de embalagens plásticas de alimentos e uma infinidade de carcinógenos químicos, sobretudo micotoxinas.

Por sua vez, os antibióticos, largamente utilizados nas práticas da pecuária, como agentes terapêuticos, contra inúmeras enfermidades infecciosas, sobretudo no tratamento das mastites, podem provocar aumento da resistência de inúmeras cepas bacterianas a esses produtos. Na população humana, isso leva à diminuição da resposta antimicrobiana frente a antibióticos anteriormente considerados eficazes. O mesmo raciocínio se aplica quando os antibióticos e hormônios são utilizados, indiscriminadamente, nas rações, com o objetivo de engordar animais destinados à produção de carnes (bovinos, suínos e aves), que serão consumidas pelos homens.

Os perigos físicos são representados por corpos estranhos presentes nos alimentos, como espinhas de peixes, fragmentos de ossos e de cartilagens das carnes brancas e vermelhas, peças metálicas originadas de máquinas industriais, pedaços de plástico, farpas de madeira, pedras, entre outros. Esse tipo de perigo constitui muito mais um acidente de natureza individual do que um surto propriamente dito, em que várias pessoas são envolvidas. A notificação dos casos determinados por perigos físicos é ainda mais baixa do que aqueles provocados pelos demais perigos: a notificação acontece, geralmente, quando envolve algum produto industrializado de renome ou quando a pessoa é atingida com gravidade.

Perigos Biológicos

De acordo com dados da Organização Mundial da Saúde (OMS), no âmbito mundial, são registrados por ano mais de um bilhão de casos de diarreia aguda, provocando um total de 2,2 milhões de óbitos, dos quais 1,8 milhões são crianças, indubitavelmente as maiores vítimas. A contaminação bacteriana é a causa mais frequente e, portanto, constitui o principal perigo para a saúde pública. Em particular, as DTA atingem, anualmente, um número variável de 1 até 100 milhões de pessoas, sendo as refeições e a própria água as vias de transmissão preferenciais. A razão desses valores serem tão vagos está relacionada com o fato de o número real de DTA ser subestimado, pois se acredita que menos de 10% dos casos sejam notificados.

Na verdade, a ocorrência de DTA vem aumentando em escala mundial e mesmo os países desenvolvidos padecem enormemente com o problema. Assim, todos os anos são contabilizadas centenas de mortes, milhares de hospitalizações e um número desconhecido de sequelas, das quais podem ser apontadas: infecções localizadas, artrite, aborto, septicemia, meningite e meningoencefalite, síndrome de Guillain-Barré e síndrome urêmico-hemolítica. No Quadro 34.1 são referidas as principais sequelas observadas em casos de DTA e os microrganismos responsáveis.

Entre os agentes etiológicos de DTA identificam-se, na atualidade, três grupos distintos de patógenos: os clássicos, identificados clínica e epidemiologicamente e que são de caráter endêmico; os emergentes, recém-associados a surtos de origem alimentar; e os reemergentes, diagnosticados no passado e considerados controlados, mas que ressurgiram recentemente, muitos até com maior virulência. No Quadro 34.2 são apresentados os principais agentes etiológicos da maior parte das DTA, destacando bactérias, protozoários, vírus e helmintos, clássicos, emergentes e reemergentes.

Em relação aos surtos de toxinfecções de origem alimentar, propriamente ditos, de acordo com estudos realizados pela vigilância sanitária no Estado do Paraná, de 1978 a 1999, é o *Staphylococcus aureus* que detém o primeiro lugar como agente mais frequente, cerca de 40% das vezes, aparecendo em seguida a *Salmonella* spp., responsável por 30% das ocorrências. Outros microrganismos aparecem com percentuais variados, destacando-se, entre outros, os *Clostri-*

dium sulfito redutores, o *Bacillus cereus*, a *Escherichia coli* e a *Shigella* spp. É importante referir que o *S. aureus* está associado intimamente aos manipuladores de alimentos, enquanto a *Salmonella* spp. diz respeito, na maioria dos episódios, à contaminação das matérias-primas. Vale destacar, por outro lado, de acordo com o mesmo estudo, que 50% das notificações de surtos identificam os domicílios como local da ingestão do alimento infectante. Corroborando essa informação, na Polônia, entre 1990 e 1992, 71,4% dos surtos também ocorreram nos domicílios. Por outro lado, os fatores contribuintes associados a esses surtos apontam, como causa primordial, a contaminação bacteriana da matéria-prima antes do processamento em 80% das vezes.

Quadro 34.1 – Sequelas principais de doenças transmissíveis por alimentos e respectivos agentes etiológicos.

Sequela	Agente etiológico
Artrites	*Campylobacter jejuni*
	Salmonella spp.
	Shigella spp.
	Yersinia enterocolitica
	Brucella melitensis
	Streptococcus spp.
Aborto	*Brucella melitensis*
	Brucella abortus
	Listeria monocytogenes
Meningite e meningoencefalite	*Listeria monocytogenes*
	Campylobacter jejuni*
	Escherichia coli *
	Streptococcus spp.*
	Brucella spp.*
Síndrome de Guillain-Barré	*Campylobacter jejuni*
Síndrome urêmico-hemolítica	*Escherichia coli O157:H7*

* Têm sido, também, envolvidos.

Fonte: adaptado de Satin, 1999.

Quadro 34.2 – Principais agentes etiológicos de doenças transmissíveis por alimentos.

BACTÉRIAS CLÁSSICAS	BACTÉRIAS EMERGENTES
Bacillus cereus	*Aeromonas hydrophila*
Clostridium botulinum	*Campylobacter jejuni*
Clostridium perfringens	*Escherichia coli* entero-hemorrágica
Escherichia coli enteropatogênica	*Escherichia coli* enteroinvasiva
Escherichia coli enterotoxigênica	*Listeria monocytogenes*
Salmonella enteritidis	*Plesiomonas shigelloides*
Salmonella typhi	*Pseudomonas aeruginosa*
Shigella spp.	*Streptococcus* spp.
Staphylococcus aureus	*Vibrio vulnificus*
Vibrio cholerae O1	
Vibrio cholerae não O1	**BACTÉRIAS REEMERGENTES**
Vibrio parahaemolyticus	*Brucella abortus*
Yersinia enterocolitica	*Mycobacterium bovis*
PROTOZOÁRIOS CLÁSSICOS	**PROTOZOÁRIOS EMERGENTES**
Acanthamoeba spp.	*Cyclospora cayetanensis*
Cryptosporidium parvum	
Entamoeba histolytica	
Giardia lamblia	
Toxoplasma gondii	
VÍRUS CLÁSSICOS	**VÍRUS EMERGENTES**
Hepatite A	Hepatite E
	Norwalk
HELMINTOS CLÁSSICOS	**HELMINTOS EMERGENTES**
Ascaris lumbricoides	*Anisakis* spp.
Diphyllobothrium spp.	*Nanophyetus* spp.
Eustrongylides spp.	
Trichuris trichiura	**HELMINTOS REEMERGENTES**
	Taenia solium
	Cysticercus cellulosae

Fonte: Adaptado de Silva Jr., 2001.

Do mesmo modo, são relevantes a conservação inadequada pelo frio, acima de 10°C; o tempo muito longo entre o preparo e o consumo, superior a duas horas entre 20 e 50°C; o processamento inadequado pelo calor, abaixo dos 60°C; e o reaquecimento inadequado, abaixo dos 70°C. Mas, também, são apontados com frequência os manipuladores de alimentos infectados ou com hábitos de higiene pessoal precários e a má qualidade dos fornecedores de matérias-primas e ingredientes (Satin, 1999). Outro fator de relevância e que propicia a contaminação de alimentos, sobretudo nas UAN, é a contaminação cruzada (Satin, 1999), oportunidade em que produtos com altas cargas bacterianas são manipulados ou cortados sobre superfícies comuns a produtos de origem animal e vegetal, sem higiene adequada entre os procedimentos. É o caso da desossa de um frango cru, descongelado *over night* à temperatura ambiente, com alta carga contaminante, sobre uma placa de altileno ou de madeira, cuja higiene é precária, servindo em seguida para o processamento de vegetais destinados a salada e que serão servidos crus ou para desfiar o mesmo frango, agora cozido e sem carga bacteriana. Nessas circunstâncias, o risco de toxinfecção é grande para os consumidores do prato elaborado com a carne do frango, bem como da própria salada. A prosmicuidade entre utensílios, a utilização indiscriminada de panos multiuso e a não higienização das mãos são fatores que favorecem enormemente a contaminação cruzada nas UAN.

Perigos Químicos

O número de substâncias tóxicas que podem ser veiculadas por intermédio da alimentação é muito grande (Quadro 34.3). Do ponto de vista didático, os agentes tóxicos podem ser classificados como: naturalmente presentes nos alimentos, fazendo parte deles em condições naturais ou por tornarem-se componentes integrantes; contaminantes diretos, quando não são componentes naturais dos alimentos, mas passam a fazer parte deles durante sua produção, processamento e/ou armazenamento; contaminantes indiretos, correspondendo a agentes não aplicados diretamente sobre os alimentos ou que são transferidos por migração a partir de embalagens; e carcinógenos químicos, isolados ou associados, presentes em diversos tipos de alimentos.

O consumo de alimentos contendo substâncias químicas tóxicas pode provocar diferentes tipos de manifestações prejudiciais à saúde. De acordo com Midio e Martins (2000), os efeitos tóxicos podem ser: leves, moderados ou severos; agudos, subagudos, subcrônicos ou crônicos; imediatos ou retardados; locais ou sistêmicos; por adição, sinergismo, potencialização ou antagonismo; idiossincráticos; por hiper-reatividade e/ou adverso; carcinogênicos e/ou mutagênicos; teratogênicos, embriotóxicos e fetotóxicos; e por exacerbação. É importante ressaltar que os efeitos, entre muitos fatores, dependem: da concentração do agente químico no alimento; do período ou frequência de exposição; da interação do agente tóxico com outros componentes químicos

872 EDUCAÇÃO AMBIENTAL E SUSTENTABILIDADE

do próprio alimento; do patrimônio genético e da suscetibilidade individual; da fase da gestação em mulheres grávidas; e de doença preexistente.

Quadro 34.3 – Principais agentes tóxicos, direta ou indiretamente, encontrados em alimentos.

AGENTE TÓXICO	ALIMENTOS ENVOLVIDOS
Naturalmente presentes	
Glicosídeos cianogênicos	Mandioca, sorgo, amêndoas, cerejas
Glicosinolatos	Nabo, repolho, brócolis, couve-de-bruxelas, couve, couve-flor, mostarda
Glicoalcaloides	Diversas variedades de batatas
Oxalatos	Espinafre, ruibarbo, beterraba, cenoura, feijão, alface, amendoim, cacau, chá
Nitratos	Hortaliças frescas
Produtores de flatulência (rafinose e estaquinose)	Leguminosas
Carcinógenos (substâncias alcaloídicas, glicosídicas e fenólicas)	Plantas (confrei e pimenta-preta)
Contaminantes diretos	
Aflatoxinas	Amendoim, cereais, amêndoas, castanhas, coco, sementes de algodão, leite
Zearalenona	Milho
Patulina	Maçã, frutas em geral, trigo
Tricotecenos	Cereais (grãos, em geral)
Ocratoxina A	Cereais
Ácido penicílico	Cereais
Esterigmatocistina	Cereais
Rubratoxina A e B	Cereais
Citroveridina	Arroz
Fumonisinas	Milho, arroz
Compostos N-nitrosos – nitratos e nitritos	Alimentos de origem vegetal, água e alguns produtos de origem animal (peixes e frutos do mar e leite e produtos derivados)
Metais tóxicos não essenciais (arsênico, cádmio, chumbo e mercúrio)	Produtos de origem vegetal e animal
Aditivos intencionais	Produtos industrializados

(*continua*)

Quadro 34.3 – Principais agentes tóxicos, direta ou indiretamente, encontrados em alimentos. *(continuação)*

AGENTE TÓXICO	ALIMENTOS ENVOLVIDOS
Contaminantes indiretos Promotores do crescimento animal Antibióticos Praguicidas Migrantes de embalagens plásticas	Produtos de origem animal Produtos de origem animal Produtos de origem vegetal e em menor nível nos de origem animal Produtos alimentícios industrializados e *in natura* embalados
Carcinógenos químicos	Produtos alimentícios industrializados e *in natura*

Fonte: Adaptado de Midio e Martins, 2000.

Até o modo de preparar as refeições pode favorecer a formação de princípios tóxicos. É o caso daqueles que consomem grandes quantidades de peixe defumado contendo nitrosaminas, formadas durante o processo de defumação (Satin, 1999). Ao contrário, a cocção e a fritura, em determinados casos, podem reduzir a quantidade de agentes tóxicos nos alimentos, como acontece com os glicosídeos cianogênicos, no caso particular da mandioca. Deve-se destacar que a importância dos perigos químicos decresce à medida que as pessoas adotam regimes alimentares variados e balanceados.

Aditivos

Os aditivos intencionais constituem perigos químicos reais, na medida em que são adicionados aos alimentos com propósitos variados, incluindo-se o nutricional, o sensorial, o conservante e o auxiliar no processamento. Apesar das acusações que pesam contra os aditivos em alimentos, a maioria sem qualquer fundamento científico, sua utilização trouxe muitos benefícios para a sociedade como um todo, pois, no mínimo, aumentou o denominado tempo de prateleira (*shelf life*), diminuindo, drasticamente, as perdas por deterioração. Por outro lado, trouxe, como benefício maior, o desenvolvimento, por parte das indústrias, de uma enorme gama de produtos com baixas calorias, complementos e substitutos alimentares, entre outros.

O incômodo que os aditivos oferecem à sociedade diz respeito à continuada ingestão desses agentes e de seus possíveis efeitos tóxicos, a médio e longo prazos, notadamente um eventual potencial cancerígeno. Os problemas identificados com maior frequência, geralmente de natureza aguda, são resultantes da hipersensibilidade de determinados indivíduos expostos, por isso, a necessidade imperativa de que, nos rótulos dos alimentos industrializados, conste o tipo de aditivo utilizado no processamento do produto. Deve-se destacar que essas reações acontecem como resposta a quantidades do aditivo dentro dos limites legalmente aceitos. A preocupação com as manifestações crônicas relaciona-se aos possíveis efeitos cancerígenos ou teratogênicos, apesar de que não há evidência epidemiológica direta associando essas patologias ao consumo de aditivos.

Segundo Midio e Martins (2000), os aditivos podem ser divididos em: nutricionais, que permitem a obtenção de alimentos mais nutritivos, sendo os melhores exemplos as vitaminas, os sais minerais e os aminoácidos; sensoriais, pois promovem considerável aumento nas características organolépticas dos alimentos, como cor (corantes), sabor (flavorizantes) e odor (aromatizantes); conservantes (antimicrobianos e antioxidantes), que possibilitam a obtenção de produtos alimentícios mais seguros do ponto de vista da contaminação biológica – bactérias, fungos e toxinas; e auxiliares no processamento dos alimentos. Os aditivos podem ser divididos, também, de acordo com o risco que podem provocar à saúde dos consumidores: geralmente reconhecidos como seguros (Gras) sem limites de utilização e Gras para os quais são estabelecidos limites máximos permitidos (LMP) e ingestão diária ou semanal aceitável (IDA ou ISA).

É indiscutível que a utilização de aditivos na indústria de alimentos proporcionou o barateamento dos custos de produção e a redução de desperdício por deterioração e por contaminação biológica, principalmente bolores e produção de toxinas, de alto risco para a saúde dos consumidores. É claro que o ideal seria a produção de alimentos livres de substâncias estranhas à sua composição original, todavia, seu processamento elevaria o custo a valores muito superiores aos praticados para os produtos preparados com aditivos, dificultando sua aquisição por grande parte da sociedade.

É necessário enfatizar que, à luz dos conhecimentos atuais, os aditivos são indispensáveis à indústria alimentícia e, implicitamente para a população, além do que, até onde se conhece, não têm sido responsáveis pela incidência de DTA de natureza tóxica, quando utilizados dentro dos limites legalmente aceitos. Contudo, a sociedade deve estar alerta para produtos industrializados de procedência duvidosa, pois a má utilização de determinados aditivos, seja por incompetência técnica, seja por falhas de tecnologia ou, simplesmente, por fraude – mascarar a má qualidade de um produto ou utilizar substâncias proibidas –, pode acarretar sérias consequências aos consumidores. Nesse sentido, os órgãos de defesa do consumidor têm um papel relevante, tanto no sentido de informar a população quanto de reivindicar, junto às autoridades, a rotulagem adequada dos produtos.

Agrotóxicos

No Brasil, a Lei federal n. 7.802, de 11.07.1989, regulamentada por meio do Decreto n. 98.816, no seu art. 2º, I, define o termo agrotóxico como

> Produtos e componentes de processos físicos, químicos ou biológicos destinados ao uso nos setores de produção, armazenamento e beneficiamento de produtos agrícolas, nas pastagens, na proteção de florestas nativas ou implantadas e de outros ecossistemas e também em ambientes urbanos, hídricos e industriais, cuja finalidade seja alterar a composição da flora e da fauna, a fim de preservá-la da ação danosa de seres vivos considerados nocivos, bem como substâncias e produtos empregados como desfolhantes, dessecantes, estimuladores e inibidores do crescimento.

Por sua vez, a Lei federal n. 9.974, de 06.06.2000, altera o documento anterior, dispondo sobre:

> A pesquisa, a experimentação, a produção, a embalagem e a rotulagem, o transporte, o armazenamento, a comercialização, a propaganda comercial, a utilização, a importação, a exportação, o destino final dos resíduos e embalagens, o registro, a classificação, o controle, a inspeção e a fiscalização de agrotóxicos, seus componentes e afins, dando outras providências.

Os agrotóxicos, também denominados praguicidas ou pesticidas, largamente utilizados nas práticas agrícolas, são agentes tóxicos não seletivos, que podem matar qualquer forma de vida a eles exposta, sejam seres vegetais ou animais. A finalidade precípua do seu uso diz respeito à necessidade de eliminar pragas, destacando-se entre elas ervas daninhas, artrópodes, fungos e roedores. De modo prático, dada a diversidade de produtos, próximo de 300 princípios ativos e mais de 2 mil fórmulas comerciais diferentes no país, é importante conhecer a classificação dos agrotóxicos, de acordo com o modo de ação e o grupo químico de que fazem parte. A seguir são apresentados os principais agrotóxicos de uso na agricultura:

- Herbicidas para combate a ervas daninhas, pertencentes a vários grupos químicos: paraquat (Gramoxone); glifosato (Roundup®); pentaclorofenol; derivados do ácido fenoxiacético, diclorofenoxiacético (2,4 D) e triclorofenoxiacético (2,4,5 T). O agente laranja, largamente utilizado durante a Guerra do Vietnã como desfolhante corresponde à mistura do 2,4 D e 2,4,5 T (Tordon); e dinitrofenóis (Dinoseb e DNOC).
- Fungicidas para combate a fungos, pertencentes a quatro grupos: etileno-bis-ditiocarbamatos (Maneb, Mancozeb, Dithane etc.); trifenil estânico (Duter e Brestan); captan (Ortocide e Merpan); e hezaclorobenzeno.
- Inseticidas para combate a insetos, larvas e formigas, pertencentes a quatro grupos químicos diferentes: organofosforados, derivados do ácido fosfórico, do ácido tiofosfórico ou do ácido ditiofosfórico (Malation, Diazinon®, Rhodiatox® etc.); carbamatos, derivados do ácido carbâmico (Carbaril, Zectran®, Furadan®, Temik® etc.); organoclorados, derivados do clorobenzeno, do ciclo-hexano ou do ciclodieno (Aldrin®, Endrin®, BHC®, DDT®, Lindane® etc.) cujo uso tem sido restringido progressivamente ou mesmo proibido; e piretroides, compostos sintéticos com estrutura semelhante à piretrina encontrada nas flores do *Chrysanthemun (Pyrethrum) cinenariaefolium*, tais como a aletrina, resmetrina, decametrina, cipermetrina e fenpropanato (Decis®, Protector®, K-Otrine® e SBP®).
- Raticidas para combate a roedores, pertencentes ao grupo dos dicumarínicos.
- Fumigantes para combate a insetos, bactérias: fosfetos metálicos (fosfina) e brometo de metila.

Outros agrotóxicos importantes, utilizados para combater diversos tipos de pragas são: os acaricidas para o combate a várias espécies de ácaros; os nematicidas para o combate de nematoides; e os moluscicidas empregados no controle dos moluscos, hospedeiros intercalados do agente da esquistossomose, *Schistosoma mansoni*.

Em virtude do perigo que representa para o ambiente e para as lavouras, além dos riscos para o próprio homem e para os animais, de um modo geral, os agrotóxicos estão sendo lentamente substituídos por produtos biológicos, por oferecerem maior segurança do que os pesticidas químicos clássicos. Nesse grupo encontram-se, por exemplo, os feromônios e determinados agentes microbianos.

É um fato consumado que frutas, legumes e hortaliças, nas diferentes fases de produção, são tratados com os mais variados tipos de agrotóxicos, com a finalidade de combater ervas daninhas, doenças, insetos e fungos, e, consequentemente, aumentar a produção. Contudo, sempre que se utilizam praguicidas na lavoura, há a possibilidade de se obter produtos com resíduos tóxicos em quantidades indesejáveis, capazes de provocar intoxicação nos consumidores. Para que isso não ocorra, é necessário que sejam utilizados apenas produtos licenciados pelas autoridades sanitárias nas concentrações indicadas pelos fabricantes e seguindo suas recomendações. Do mesmo modo, devem ser respeitadas as indicações do praguicida quanto às espécies que devem ser tratadas, por exemplo, os produtos indicados para aspersão em laranjais não podem, necessariamente, ser utilizados nos cultivos de morango, ou aqueles destinados a rebanhos animais serem empregados em vegetais.

Um levantamento sobre resíduos de agrotóxicos em frutas, legumes e verduras, apresentado em junho de 1999 à Coordenadoria de Desenvolvimento dos Agronegócios da Secretaria de Agricultura e Abastecimento (Codeagro/SAA), do Estado de São Paulo, como resultado do grupo de trabalho criado por solicitação da Câmara Setorial de Hortaliças, revelou que, de 1.439 amostras analisadas, apenas 1,4% apresentaram resíduos acima dos limites máximos de tolerância, mas 14% continham resíduos de praguicidas não permitidos para utilização em cultivos agrícolas. Esses resultados evidenciam que, no mercado de produtos para a área agrícola, é possível adquirir agrotóxicos sem registro, consequentemente, de uso proibido para aquelas culturas nas quais foram detectados.

O monitoramento de resíduos de agrotóxicos em produtos de origem vegetal, e mesmo de origem animal, nos países não industrializados é uma tarefa difícil de ser cumprida, por causa dos elevados custos com as provas de laboratório, que exigem técnicas complexas e equipamentos caros e de manutenção dispendiosa. Por outro lado, é notório que, quanto menor o conhecimento técnico do agricultor, menos apropriada é a utilização de praguicidas na propriedade, seja sobre os cultivos de produtos vegetais seja nos rebanhos animais. Sob o foco da segurança dos alimentos, seria desejável que nenhuma das amostras de produtos vegetais, colhidas para pesquisa de resíduos de agrotóxicos, fosse apresentada acima dos limites máximos de tolerância permitidos.

Dioxinas

Dioxina é um termo genérico utilizado para descrever mais de uma centena de compostos químicos, altamente persistentes no ambiente. São, em essência, produtos tóxicos resultantes da combustão de compostos químicos clorados com hidrocarbonetos. No ambiente, 95% das dioxinas encontradas são provenientes da incineração de refugos clorados. São igualmente subprodutos indesejáveis de certas indústrias que utilizam procedimentos químicos, como acontece nas fábricas de papel, que empregam cloro no processo de branqueamento da celulose, e naquelas envolvidas com a produção de plásticos de PVC (cloridrato de polivinil), além das indústrias de pesticidas. Podem, ainda, ser resultantes dos gases provenientes dos veículos automotores, da combustão da madeira, do leite, da carne e de bebidas, além do próprio cigarro.

As dioxinas são consideradas os compostos químicos mais tóxicos que se conhece, e a 2,3,7,8-tetraclorodibenzo-p-dioxina (TCDD) é a que apresenta o maior grau de toxicidade, sendo considerada carcinógeno Classe 1, ou seja, carcinógeno humano reconhecido. A Environmental Protection Agency (EPA), dos Estados Unidos, após estudos minuciosos, confirmou que a dioxina constitui perigo de câncer para os seres humanos. A exposição ao agente pode, também, causar severos distúrbios de reprodução e de desenvolvimento, além de lesões no sistema imune, provocando imunossupressão, e interferir com os hormônios reguladores.

Para o homem, a maior fonte de dioxina é a dieta alimentar. Como o agente é solúvel em gorduras, bioacumula-se na cadeia alimentar superior, sendo encontrado, sobretudo, (97,5%) em carnes bovina, suína, de aves e de peixes, bem como em produtos lácteos, queijo, ovos, entre outros. O homem não consegue livrar-se da dioxina, a não ser deixando-a esgotar-se sob os efeitos do seu próprio metabolismo; as mulheres, por outro lado, podem eliminar a dioxina de seus organismos durante a gestação, por meio da placenta e, posteriormente, na fase de lactação, por intermédio do leite, o que significa que o recém-nascido é exposto ao agente durante sua vida intrauterina e, em seguida, quando lactente.

Em janeiro de 1999, na Bélgica, uma cisterna de estoque de gordura animal foi pesadamente poluída com dioxina, proveniente da combustão de resíduos químicos nas proximidades da indústria, e, mesmo assim, foi comercializada em nove fábricas e destinada à produção de ração animal, o que propiciou altos níveis do agente nas aves poedeiras e nos ovos produzidos, com perigo real para os consumidores. Contudo, só em abril as propriedades que utilizaram a ração tiveram a comercialização das criações afetadas e sua produção impedida e foram colocadas sob vigilância. Esse episódio, ocorrido em um país da Europa, considerado desenvolvido, revela que o ambiente está em permanente ameaça e que, mesmo com monitoramento adequado, é possível a ocorrência de acidentes dessa natureza e magnitude.

De acordo com o exposto, a presença de dioxinas no meio ambiente é muito mais comum do que se pode imaginar. Assim, dados epidemiológicos evidenciam que a saúde pública tem sido afetada de modo considerável nos últimos cinquenta anos, em função das dioxinas presentes nos alimentos, conforme revelam as seguintes estatísticas: os valores do espermatograma diminuíram, ao longo desse período, em todo o globo, em torno de 50%; a incidência de câncer dos testículos triplicou, enquanto o de próstata duplicou nesses anos; a endometriose, antes uma condição considerada rara, na atualidade, só nos Estados Unidos, acomete 5 milhões de mulheres (não há estimativas para outros países); e a probabilidade de uma mulher contrair câncer do seio durante toda a sua vida, que na década de 1960 era de 1 em 20, hoje aumentou para 1 em 8.

A presença de dioxinas na natureza, sobretudo na população animal, coloca em perigo direto a dieta dos seres humanos, por mais variada e rica que ela seja. De certo modo, o consumo de produtos de origem vegetal, em relação às dioxinas, oferece maior segurança; assim, frutas, legumes e verduras, deveriam ser consumidos em quantidades maiores, principalmente em substituição às gorduras de origem animal.

Promotores do Crescimento Animal

Entre os inúmeros compostos químicos, empregados com o objetivo de promover a aceleração do crescimento e a engorda dos animais de criação, devem ser considerados por sua banalização e importância os seguintes grupos: agentes quimioterápicos e/ou ainti-infecciosos, em que se destacam principalmente os antibióticos; esteroides e corticosteroides, indicados para a promoção do crescimento; e hormônios anabolizantes, que atuam sobre o metabolismo, elevando a taxa de crescimento e melhorando a qualidade das carcaças. Muitos desses compostos têm seu uso vetado ou restrito à aplicação em animais destinados ao abate, como bovinos, ovinos, suínos e aves, por causa das consequências em saúde pública de seus resíduos nos produtos cárneos. No caso dos resíduos de anti-infecciosos, em particular, salienta-se o aumento da resistência de inúmeras espécies ou cepas bacterianas a determinados antibióticos. De outra parte, resíduos de hormônios, tanto os naturais quanto os sintéticos, em alimentos, são altamente prejudiciais ao organismo humano, em função do elevado potencial carcinogênico que apresentam.

A utilização desses compostos, contudo, nem sempre é proscrita por parte dos criadores, pois, a curto prazo, os resultados práticos de crescimento e aumento de peso dos animais são deveras compensadores, gerando lucros substanciais, em virtude do fato dos rebanhos poderem ser enviados para o abate com idade precoce, possibilitando maior rotatividade dos plantéis e, implicitamente, diminuição dos custos com sua nutrição.

Muitos desses compostos nem são comercializados no Brasil, mas a importação por vias ilegais possibilita sua introdução no país, alimentando o comércio clandestino de drogas proibidas. Por outro lado, ao se considerar que o monitoramento de resíduos desses compostos é altamente dispendioso e que a rede de laboratórios credenciados é insuficiente para atender as necessidades do país, seguramente, apenas uma pequena parcela amostral dos animais abatidos em estabelecimentos fiscalizados pelo Serviço de Inspeção Federal do Ministério da Agricultura é que são submetidos a este procedimento.

Além disso, no território brasileiro, o comércio clandestino de produtos de origem animal ainda é muito grande, estimado em algumas regiões como superior a 40% do total abatido, ou seja, corresponde a um contingente enorme de animais, que são enviados para o comércio varejista nacional diariamente, sem serem submetidos a qualquer procedimento de inspeção sanitária, e, é claro, muito menos a qualquer tipo de monitoramento. E é exatamente esse grupo o que oferece maior risco à saúde pública, pois em muitas localidades do país os consumidores não têm opção para adquirir proteína de origem animal de procedência segura.

Metais

No organismo humano, a maioria dos metais essenciais ou não essenciais é proveniente da dieta, contudo, as quantidades que serão absorvidas e retidas pelo organismo, humano ou animal, dependem das características físico-químicas da substância, da composição dos alimentos, do estado nutricional e de fatores genéticos do indivíduo exposto.

Entre os 22 metais essenciais para os mamíferos, considerados micronutrientes, destacam-se: cobalto, cromo, ferro, manganês, molibdênio, níquel e selênio. Os denominados metais não essenciais, considerados tóxicos, por não possuírem características benéficas nem essenciais para os organismos vivos, são: arsênico, cádmio, chumbo e mercúrio. Este último grupo produz feitos prejudiciais para as funções metabólicas normais, mesmo quando presentes em ínfimas quantidades (Midio e Martins, 2000). Mesmo os micronutrientes, quando em quantidade excessiva, podem tornar-se tóxicos para o organismo dos indivíduos expostos.

A presença de metais nos alimentos, sejam de origem vegetal ou animal, ocorre em função das características do ambiente onde se dá a produção, das técnicas empregadas no processamento e dos métodos de armazenagem. Alimentos de origem marinha, por exemplo, podem apresentar variações intensas no teor de determinados metais, na dependência do tipo de efluentes lançados próximo aos seus viveiros naturais; já o beneficiamento do arroz, pode, em algumas circunstâncias, reduzir até à quarta parte o teor de cromo/kg do produto.

Os produtos vegetais podem acumular maior ou menor concentração de metais em seus tecidos, na dependência da natureza da planta, tendendo a concentrar-se, em primeiro lugar, nas raízes, para depois atingir porções mais altas; de fatores relacionados ao solo; de fatores climáticos, como temperatura, umidade e luminosidade; e da aplicação de produtos agrícolas, sobretudo fertilizantes.

As rações, água e pastagens constituem as principais fontes de metais para os animais de criação, acumulando-se em seus tecidos e transferindo-se, posteriormente, para o organismo do homem, quando transformados em alimentos. Embora os metais ocorram de forma natural no ambiente, geralmente em concentrações abaixo de níveis tóxicos, o problema maior reside na poluição do ambiente provocada pelos mais diversos tipos de indústrias ou pela própria atividade agropecuária, com a ampla e variada gama de agrotóxicos utilizada, sobretudo os fertilizantes. Em ambas as situações, tanto o solo quanto o ar são os principais objetos da poluição ambiental, em que as águas superficiais desempenham relevante papel ao disseminar os elementos tóxicos a longas distâncias. A infiltração dos tóxicos acumulados no solo, por meio das chuvas, por outro lado, propicia que os lençóis freáticos sejam alcançados, aumentando o teor em metais tóxicos dessas águas que, cedo ou tarde, serão utilizadas pelo homem e por animais, a partir de poços artesianos.

Portanto, o modo mais adequado de evitar a poluição por metais pesados, diminuindo sua concentração nos alimentos e na água, e, consequentemente, reduzir os prejuízos à saúde, é por meio de ações de educação ambiental.

Radiações

Desde as primeiras experiências atômicas, que culminaram, em 1945, com o lançamento de duas bombas sobre cidades do Japão, com resultados assombrosos, que o homem convive com o perigo nuclear e suas consequências sobre o ambiente, as quais se refletem diretamente na saúde pública, por meio do aumento da incidência das doenças cancerígenas e dos efeitos mutagênicos. A proliferação de usinas nucleares é outro exemplo que causa constante apreensão, notadamente a partir do acidente na Rússia, em Chernobyl, com os malefícios que acarretou para o ambiente e para as populações humana e animal. Mas, em fevereiro de 2011, após a ocorrência de um *tsunami*, o qual varreu a costa nordeste do Japão, e o subsequente terremoto de nível 7,1 graus na escala Richter, detectado pelo Centro de Pesquisa Geológica dos Estados Unidos, acabaram provocando a explosão da central nuclear de Furuskima I, de nível 4, em uma escala de 1 a 7, situada a 240 quilômetros ao norte de Tóquio. Desde os acidentes nucleares registrados em 1979, na usina de Three Mile Island, de nível 5, nos Estados Unidos, na Pensilvânia, por perda do sistema de refrigeração, que provocou o derretimento do núcleo do reator; e, em 1986, na usina nuclear de Chernobyl, de nível 7, na antiga União Soviética, o qual lançou na atmosfera uma nuvem radioativa de cem milhões de curies (nível de radiação 6 milhões de vezes maior do que o que escapara da usina americana), principalmente, iodo e césio, cobrindo todo o centro-sul da Europa, sobretudo Ucrânia, Bielorússia e o oeste da Rússia, o mundo não assistia a um acidente nuclear dessa gravidade.

Por outro lado, os acidentes despertaram a atenção de cientistas, políticos e do público em geral para a segurança das usinas, provocando, como reação imediata, a desativação das mais problemáticas e o aperfeiçoamento técnico das demais. De qualquer modo, pode-se considerar que a energia atômica trouxe alguns benefícios, tais como o fato do arsenal de armas nucleares funcionar como fator de dissuasão, mesmo entre os países mais beligerantes, embora as armas clássicas continuem matando centenas de pessoas diariamente no mundo todo. Outro benefício que pode ser apon-

ALIMENTOS E SUAS RELAÇÕES COM A EDUCAÇÃO AMBIENTAL | **883**

tado refere-se à produção de energia como fonte substitutiva daquela gerada por outros recursos finitos.

O estudo das radiações ionizantes, desde as primeiras pesquisas com substâncias radioativas, previu inúmeras aplicações, sobretudo no campo das ciências biológicas, que, na área da diagnose, atingiu alto grau de desenvolvimento, embora continue sendo uma constante ameaça para o meio ambiente, por causa do perigo dos resíduos radioativos e dos próprios componentes dos equipamentos.

Na área da alimentação, as pesquisas iniciaram-se na década de 1950, nos Estados Unidos, mas, somente a partir de 1960, é que se permitiu o uso da radiação em batatas e trigo. A partir de então, o espectro da irradiação de alimentos aumentou substancialmente e, na atualidade, existem tabelas disciplinando seu uso para quase todos os tipos de produtos alimentícios. Na verdade, a radiação de alimentos é uma tecnologia baseada na necessidade, mas não pode ser aplicada a todas as espécies de alimentos.

O principal benefício da irradiação de alimentos consiste, fundamentalmente, no aumento do tempo de prateleira (*shelf life*), desinfestação de insetos e eliminação de microrganismos patogênicos e parasitas, assegurando a redução das perdas após colheita/produção, contribuindo, decisivamente, para a redução da fome e da má nutrição. E propicia, ainda, a abertura de novos mercados para exportação.

Em termos de saúde pública, como resultado da melhor qualidade higiênico-sanitária, constata-se a redução dos custos médico-hospitalares decorrentes da diminuição das taxas de DTA e de todas as demais despesas intercorrentes.

Apesar das vantagens apontadas, deve-se enfatizar que a irradiação dos alimentos não pode corrigir falhas operacionais advindas da manipulação dos produtos, pois não é capaz de realçar qualidades sensoriais, nem prevenir a contaminação posterior, propiciada pela má preparação ou pela conservação deficiente, nem tampouco eliminar resíduos de substâncias tóxicas, como pesticidas e metais pesados, entre outros.

Em relação aos possíveis efeitos deletérios ao organismo dos consumidores, a OMS, em 1992, declarou que o alimento irradiado, produzido sob boas práticas de fabricação, deve ser considerado seguro e nutricionalmente adequado, pois a irradiação:

*   Não produz alterações na composição do alimento, que possam causar efeitos de natureza tóxica.

- Não favorece modificações na microflora do alimento, que poderiam aumentar o perigo microbiológico.
- Não favorece perdas nutritivas, que poderiam impor efeitos adversos ao estado nutricional individual ou populacional.

Isso se deve ao fato de que o cobalto-60, elemento químico exclusivamente usado no processo de irradiação de produtos alimentícios, com produção de energia de radiação de elevado poder penetrante, não torna os alimentos radioativos nem favorece a presença de resíduos prejudiciais ou tóxicos, o que confere alta eficiência ao método.

No que concerne ao meio ambiente, em particular, os cuidados principais referem-se, especialmente, ao transporte e ao manuseio do material radioativo, o qual deve seguir os procedimentos-padrão internacionais, que incluem a utilização de cápsulas de aço inoxidável resistentes a colisões, fogo e pressões. Quanto aos locais para irradiação, têm de ser resistentes a terremotos e outros fenômenos naturais. Assim, a fonte de radiação ionizante deve ser contida em uma câmara no interior de um labirinto com blindagem suficiente para proteção do pessoal técnico, sendo operada por intermédio de um painel de controle associado a um circuito de televisão fechado que permite a observação da área: quando o sistema é acionado, automaticamente, há o impedimento físico de acesso ao labirinto, evitando possíveis acidentes.

De maneira geral, as indústrias especializadas em irradiação de alimentos não acarretam danos ao ambiente e são seguras, tanto para os operadores quanto para a população da circunvizinhança, pois o cobalto-60 não é um produto residual e não pode ser usado para fabricação de armas nucleares, além de que não origina fluidos quentes, gases explosivos ou mesmo radioativos, nem substâncias líquidas ou sólidas que, acidentalmente, possam se disseminar pelo ambiente.

Embora esteja amplamente comprovado que os alimentos irradiados não oferecem perigo maior à saúde, é importante que suas embalagens sejam identificadas convenientemente, de modo a permitir que os consumidores saibam o que estão adquirindo, até porque ainda existem recalcitrantes que não querem admitir as vantagens do tratamento, nem tampouco acreditam na sua inocuidade. Portanto, nos rótulos das embalagens dos alimentos irradiados, deve constar a mensagem que o produto foi "tratado por irradiação ou tratado com irradiação" acompanhada pelos respectivos símbolos internacionais.

Embalagens

A função primordial das embalagens é proteger e evitar perdas. A industrialização e a comercialização de alimentos utilizam um alto percentual de embalagens em virtude da necessidade de armazenar, transportar e conservar os produtos da origem até o seu local de consumo, seja no domicílio ou em estabelecimentos comerciais. Apesar de essenciais, as embalagens podem constituir um sério problema para o meio ambiente, pelo fato de nem sempre serem degradáveis. Por outro lado, as embalagens consomem substâncias finitas provenientes da natureza, tais como celulose, petróleo e inúmeros minerais.

As embalagens empregam diversos tipos de materiais: papel, papelão, juta, algodão, vidro, plástico, alumínio, folhas cromadas, madeira, entre outras. Do ponto de vista do meio ambiente, esses materiais podem ser altamente poluentes; alguns, como as embalagens Tetra Pak, por sua dificuldade de degradação, outros pelo uso que o próprio homem faz, descartando-os na natureza, permitindo o acúmulo de detritos nas pastagens, provocando entupimento de esgotos e assoreamento dos rios, ou, ainda, propiciando abrigo para pragas, como roedores e outros insetos.

Vale lembrar que as embalagens podem contaminar os alimentos pela liberação de substâncias tóxicas oriundas de seus constituintes. Na maior parte das vezes, não se observam manifestações patológicas a curto prazo, todavia, após longos períodos de ingestão, podem aparecer sintomas de intoxicação, por causa do efeito cumulativo de determinados agentes tóxicos.

Outro aspecto a ser considerado, no que concerne à segurança dos alimentos, diz respeito à rotulagem das embalagens, na qual é possível identificar o produto, conhecer o prazo de validade, os componentes nutricionais e os cuidados na conservação, além de possibilitar sua rastreabilidade.

Para minimizar a problemática relativa às embalagens é importante que se desenvolvam ações educativas e intervenções voltadas para a reciclagem desses materiais, preservando o meio ambiente e propiciando atividade lucrativa para uma parcela da população socialmente excluída. Tais ações constituem alvo de programas de educação ambiental.

PERIGOS E CONSEQUÊNCIAS DA ÁGUA

A água constitui elemento essencial aos seres vivos. No que concerne ao homem, exceto o ar, é a substância mais importante para sua preservação. Entretanto, as gerações futuras estão ameaçadas em virtude da escassez e da contaminação das fontes hídricas do planeta. Do ponto de vista da saúde, ações educativas voltadas para a conservação e o uso adequado da água podem minimizar muitos problemas. As principais fontes de contaminação da água referem-se a:

* Esgotos sem tratamento, pois, no Brasil, 92% do esgoto doméstico não recebe tratamento.
* Aterros sanitários que contaminam os lençóis freáticos.
* Defensivos agrícolas usados indiscriminadamente.
* Garimpos, nos quais o uso de mercúrio para cada quilo de ouro extraído corresponde a três quilos de mercúrio.
* Indústrias que destinam resíduos tóxicos sem tratamento aos mananciais.
* Cemitérios, por causa da contaminação por microrganismos por meio do necrochorume.

A demanda de água pelo homem vem crescendo constantemente. Como causa desse fenômeno pode-se citar o aumento da população mundial e, em especial, a concentração populacional nas cidades. A urbanização tem como consequências o desenvolvimento das indústrias e a expansão da agropecuária intensiva, para satisfazer as necessidades cada vez maiores dos habitantes das cidades.

A satisfação da demanda de água representa um grave problema, pois, além do enorme volume consumido e desperdiçado, nem sempre a restituição do produto ao meio natural, sem tratamento prévio, está isenta de riscos à saúde e ao próprio ambiente. É o que acontece com a contaminação e a poluição provocadas pelos efluentes domésticos, públicos e industriais, lançados diretamente nos cursos de água. O mesmo se aplica para os resíduos químicos provenientes de adubos, defensivos agrícolas e inseticidas, comumente utilizados nas práticas agrícolas e pecuárias, e que, mediante as precipitações pluviométricas, alcançam, por escoamento, os lençóis freáticos, os rios e os lagos naturais ou artificiais, colocando em risco a sobrevivência de qualquer forma de vida nesses ecótopos.

Assim, os recursos hídricos e os ecossistemas relacionados que os mantêm estão ameaçados pela poluição e pela contaminação, pelo uso insustentável, pelas mudanças no uso do solo e pelas mudanças climáticas, entre outras, tal como expressado na Declaração Ministerial de Haia sobre Segurança

Hídrica no Século XXI. A água, portanto, é um problema de segurança nacional e, como tal, merece a adoção de estratégias direcionadas para cada um de seus aspectos particulares, todos eles de relevância para o desenvolvimento social e econômico dos povos, aí compreendida a saúde pública.

Nos países desenvolvidos, considera-se água limpa e segura como ato de doação, e o procedimento usado para tratamento da água, para fornecimento da população, constituiu um dos cinco empreendimentos topo de linha do século XX. Contudo, na última década, vários surtos de doenças veiculadas pela água sugerem que a prevalência dessas doenças pode ser dramaticamente subestimada nos países desenvolvidos e que a rotina endêmica de exposição pode ocorrer com mais frequência do que o originalmente percebido. A diversidade de fatores emergentes – demográficos, sociais, ambientais e fisiológicos – provavelmente, desempenha papel crítico, aumentando a frequência de transmissão de patógenos para os hospedeiros. Nos países menos desenvolvidos, a falta de dados epidemiológicos atualizados permite cogitar que a situação pode ser ainda mais grave.

Doenças de Veiculação Hídrica

Nos últimos anos, têm ocorrido muitos incidentes relacionados à qualidade da água nos países desenvolvidos, que têm mostrado falta de atenção quanto à segurança dos suprimentos de água de beber e ao gerenciamento dos sistemas. Uma análise dos surtos de doenças veiculadas pela água revelou algumas das falhas que causaram surtos e alguns resultados sobre o papel da qualidade do monitoramento da água de beber para a proteção da saúde pública. As experiências têm demonstrado que os surtos de doenças veiculadas pela água, em países ricos, poderiam ter sido evitados e, em muitas circunstâncias, as soluções para garantir a segurança, a partir da água de beber, não são complexas e são confiáveis, não tanto pela implementação de rigor dos padrões da qualidade da água, mas como consequência do aperfeiçoamento dos sistemas de gerenciamento e operação dos sistemas de abastecimento.

Por outro lado, a maioria dos fornecedores de serviços de saúde nos Estados Unidos da América, por exemplo, contam com profissionais que têm recebido treinamento limitado no reconhecimento e na avaliação das doenças veiculadas pela água e defrontam-se com muitos desafios significativos e numerosas barreiras para o diagnóstico de doenças veiculadas pela água e os efeitos colaterais da poluição em seus pacientes.

Os agentes biológicos continuam sendo os fatores mais importantes de contaminação da água, assim como dos alimentos. Bactérias, protozoários, vírus e helmintos originam-se, sobretudo, na contaminação fecal humana ou animal, das águas destinadas ao consumo ou às atividades recreacionais.

A contaminação da água, no aspecto macroambiental, pode ocorrer na fonte, durante a distribuição ou nos reservatórios. No âmbito dos conjuntos populacionais, as causas mais frequentes de contaminação dizem respeito às caixas de água abertas ou mal fechadas e, sobretudo, à carência de hábitos de higiene pessoal e ambiental.

As doenças de veiculação hídrica transmitem-se por meio da ingestão de água contaminada por microrganismos patogênicos, eliminados nas fezes do homem e/ou dos animais, notadamente onde as condições de saneamento básico são precárias. Nesses casos a ingestão pode ser:

- Direta, por intermédio da água usada para beber (potável).
- Indireta, por alimentos ou bebidas preparados com água contaminada.
- Acidental, durante atividades recreacionais (natação e outros esportes aquáticos).

Essas doenças compreendem uma variada gama de patologias gastrointestinais, como disenteria, giardíase, hepatite A, rotaviroses, além das infecções epidêmicas clássicas, como cólera e febre tifoide. O resultado de sua elevada endemicidade constitui ônus elevado para os países em desenvolvimento, nos quais seus efeitos são contundentes para a saúde pública, atingindo, em muitos desses países, 50% da população.

O Impacto sobre a População Infantil

Pode-se afirmar com segurança que as doenças transmitidas pela água são uma das mais graves ameaças para a população infantil, particularmente da América Latina e do Caribe. Esse grupo de doenças encontra-se entre as cinco causas principais de óbito nos indivíduos de 1 a 4 anos de idade. As crianças, nessas circunstâncias de vida, registram, em média, três episódios diarreicos por ano, mas, em certas zonas, o quadro patológico pode se repetir nove vezes ao ano. A morbidade e a mortalidade são mais altas entre as crianças menores de dois anos de idade; estima-se que até 90% dos que morrem por diarreia pertençam a esse grupo etário.

A *causa mortis* principal dessas doenças, sobretudo nas crianças do grupo etário de maior risco, é a desidratação, em virtude da perda brutal de líquidos e de eletrólitos, provocada pelo quadro diarreico, primariamente, e pelas complicações intercorrentes, como má nutrição e pneumonias.

Vale enfatizar que, em saúde pública, a endemicidade das doenças de veiculação hídrica, em altos níveis, é extremamente prejudicial para o desenvolvimento da população infantil. Sucessivas crises de diarreia, nas primeiras idades, durante a fase mais importante da vida, são altamente prejudiciais, pois conduzem à desnutrição, por diminuição do apetite e pela diminuição da capacidade de absorção intestinal. A manutenção do permanente estado de doente, ao longo do tempo, determina o atraso do crescimento e dificulta o desenvolvimento mental.

As Consequências em Saúde Pública

A maioria das infecções intestinais é assintomática, o que se torna patente quando se considera a idade dos acometidos. A partir dos dois anos de vida, e à medida que aumenta a idade, a resposta imune aos agentes agressores vai se tornando mais evidente e, como consequência, diminui substancialmente a manifestação clínica da infecção. Todavia, o estado de portador assintomático, que pode persistir por até semanas, é muito importante na epidemiologia das gastroenterites infecciosas, uma vez que a eliminação dos agentes patogênicos no ambiente propicia a contaminação da água e dos alimentos. Por outro lado, os indivíduos nessas condições, desconhecendo o perigo que representam para a sociedade, não adotam qualquer precaução higiênica para evitar a contaminação ambiental.

Entre os principais microrganismos infecciosos, de ampla distribuição geográfica, encontrados com maior frequência como contaminantes de água potável, têm-se:

- Bactérias, como *Escherichia coli*, *Salmonella* spp., *Shigella* spp., *Yersinia enterocolitica*, *Vibrio cholerae* e *Leptospira* spp.
- Vírus compreendidos nos grupos das adenoviroses, picornaviroses (enterovírus – vírus da hepatite A), reoviroses (reovírus e rotavírus) e na família Norwalk.
- Protozoários, como *Cryptosporidium parvum*, *Giardia lamblia*, *Entamoeba histolytica* e *Cyclospora cayetanensis*.

- Helmintos, como *Ascaris lumbricoides, Trichuris trichiura, Ancylostoma duodenale, Taenia solium e Strongyloides stercoralis.*

As doenças passíveis de serem provocadas pela ingestão de água contaminada são muitas e variadas, bem como suas manifestações e repercussões em saúde pública. Cabe lembrar que, além das crianças com idade inferior a dois anos, são suscetíveis as maiores; e correm risco de vida, quando acometidos, os idosos, os convalescentes e, especialmente, os imunocomprometidos, aí incluídos os portadores do vírus da imunodeficiência adquirida (HIV).

Aspectos Bioéticos

A bioética propõe uma reflexão crítica e sistematizada sobre o comportamento humano observado à luz dos valores e princípios morais; segundo Segre (1995), "é parte da ética, ramo da filosofia, que enfoca as questões referentes à vida humana (e, portanto, à saúde). A bioética, tendo a vida como objeto de estudo, trata também da morte (inerente à vida)".

Nota-se, assim, a relevância do ponto de vista bioético ao tratar da questão desse precioso recurso que constitui a água. Segre refere, ainda, o caráter multiprofissional da discussão bioética, o qual, nesse caso em particular, é imprescindível. Desse modo, Anjos (1997), citando Reich, afirma que a bioética deve incluir temas relativos à saúde pública, ao meio ambiente sanitário, às práticas e tecnologias reprodutivas, à saúde e bem-estar animal e semelhantes, entre outros.

Nenhum ser vivo sobrevive sem acesso à água. Do ponto de vista da saúde, conforme mencionado anteriormente, a água pode veicular inúmeras doenças. Salienta-se que a água constitui fator de risco relevante para toda a sociedade, por estar poluída e/ou contaminada, quer pela atividade humana, sobretudo a industrial e a agropecuária, quer pela própria condição social do homem, que não tem informação suficiente ou desdenha a sua segurança assim como a de outrem.

No que concerne ao exercício das atividades produtivas, a avidez por lucro leva a abrir mão da utilização racional dos recursos hídricos, de forma a poder reaproveitá-los. Faz-se, portanto, necessário estabelecer procedimentos que exerçam monitoramento eficaz que evite poluição, contaminação e desperdícios.

Em relação aos indivíduos, cabe educá-los com o emprego de todos os meios disponíveis (instituições formais e informais de educação e campanhas públicas) para quebrar a cadeia de transmissão de doenças, pela má utilização dos cursos de água e dos lençóis freáticos.

Desafios para Alcançar a Segurança Hídrica

O tema água é bastante complexo e merece inúmeras reflexões, sobretudo do ponto de vista da segurança nacional. Na verdade, a água pode constituir um risco considerável para a sociedade, não apenas no que tange ao aspecto higiênico-sanitário, mas como recurso natural estratégico para assegurar a geração de bens econômicos. A água, como geradora de energia, constitui um bem essencial para a indústria e é extremamente importante para a conservação de alimentos (refrigeradores, câmaras frias e outros), todavia, as barragens e hidrelétricas podem afetar diretamente o meio ambiente.

Entre os inúmeros desafios com que as sociedades se deparam, no sentido de buscar a segurança hídrica, é importante:

- Reconhecer que o acesso à água em quantidade e qualidade, bem como o saneamento, são necessidades humanas básicas indispensáveis à saúde e ao bem-estar.
- Assegurar o fornecimento de água de boa qualidade higiênico-sanitária, para a produção de alimentos, contribuindo para a sua segurança.
- Proteger os ecossistemas, assegurando sua manutenção por meio de gestão sustentável dos recursos hídricos.
- Promover a cooperação e desenvolver ações simultâneas para o múltiplo uso da água nas bacias hidrográficas, sempre que as condições político-econômicas e ambientais o permitirem.
- Dispor de medidas de segurança contra efeitos provocados por desastres ecológicos, como enchentes ou secas, e contra atividades causadoras de poluição ou contaminação e outros eventos críticos relacionados à água.
- Gerenciar racionalmente os recursos hídricos, de modo que haja o envolvimento da população, mediante o atendimento de seus interesses e necessidades.

Perspectivas de Solução

Tudo o que concerne à água, do ponto de vista político, está contido no Capítulo 18 da Agenda 21, sobre Proteção da qualidade e do abastecimento dos recursos hídricos: aplicação de critérios integrados no desenvolvimento, manejo e uso dos recursos hídricos, firmada pelo Brasil durante a Conferência das Nações Unidas sobre Meio Ambiente e Desenvolvimento, realizada no Rio de Janeiro, em 1992.

De acordo com o Ministério do Meio Ambiente, a Agenda 21 (1992) significa a construção política das bases do desenvolvimento sustentável, cujo objetivo é conciliar justiça social, equilíbrio ambiental e eficiência econômica. Essa posição do governo foi reiterada na Conferência Ministerial de Haia sobre Segurança Hídrica no Século XXI, quando do pronunciamento do chefe da delegação brasileira, o qual afirmou que a Agenda 21 continua sendo reconhecida pelo governo brasileiro como documento único que contém diretrizes para ação da comunidade internacional, adotadas por unanimidade, sobre a questão dos recursos hídricos.

A Agenda 21, da maneira como foi idealizada, motivou mudanças importantes em alguns locais, mas elas foram acompanhadas de desafios ainda maiores, uma vez que, nos últimos vinte anos, a produção e o consumo no mundo e os níveis populacionais com crescimento exponencial proporcionaram grande impacto sobre a humanidade, gerando escassez de água e de alimentos, poluição ambiental e diminuição da sanidade ambiental. Assim, as emissões prejudiciais à saúde subiram, a biodiversidade foi reduzida e há, cada vez mais gente, passando fome.

Este cenário enseja a necessidade de se voltar a questionar as prioridades de investimentos mundiais para pensar um novo modelo econômico e a plena revisão das agendas inaptas.

A água é imprescindível para a sobrevida do planeta Terra. As questões a ela relacionadas implicam mais do que decisões políticas individuais dos governos membros das Nações Unidas, requerem negociações que viabilizem o atendimento dos prazos estabelecidos nos acordos já firmados, visando à consecução das metas propostas.

A água é considerada como um nutriente essencial em virtude do fato do organismo não poder produzir suficiente quantidade por ele próprio, pelo metabolismo do alimento, para preencher suas necessidades. Quando a quantidade ou qualidade da água é inadequada, resultam problemas de saúde, notadamente desidratação e diarreia. Como resultado de água contaminada e higiene precária, são relatadas, ainda, infecções, como um sério problema de saúde pública, com ênfase nas primeiras idades.

Água potável é aquela destinada para o consumo humano, cujos parâmetros microbiológicos, físicos, químicos e radioativos atendam ao padrão de potabilidade e que não ofereça perigo à saúde. Quando uma água destinada ao consumo humano não se enquadra nos padrões de potabilidade, deve ser submetida a um tratamento que remova não só as inconveniências que ela apresenta, mas, também, proteja essa água, após o tratamento, contra novas contaminações. No Brasil, a Portaria n. 518/2004 do Ministério da Saúde estabeleceu os procedimentos e as responsabilidades relativos ao controle e à vigilância da qualidade da água para consumo humano e seu padrão de potabilidade, além de dar outras providências.

A pobreza e a ignorância levam à doença e contribuem diretamente para a sua perpetuação em um ecossistema. Ambas as condições levam à degradação do ecossistema por: acúmulo de lixo e entulho, propiciando abrigo e alimento a roedores e artrópodes; destinação inadequada de excretos, favorecendo a contaminação ambiental, da água e do solo; utilização de águas sem tratamento conveniente, mananciais poluídos e/ou contaminados. A pobreza conduz, também, diretamente à alimentação inadequada, fator de desnutrição e quebra de resistência orgânica, predispondo a população, ainda mais, a agentes de doença. Intervenções para melhorar a qualidade da água, particularmente quando organizadas no âmbito domiciliar, são meios efetivos para prevenção de doença diarreica endêmica, principal causa de mortalidade e morbidade no mundo em desenvolvimento.

ALIMENTOS TRANSGÊNICOS

Sempre que progressos tecnológicos são alcançados com sucesso, quase imediatamente é iniciado um processo de questionamento sobre os reais benefícios para a sociedade e quais os possíveis efeitos prejudiciais para o homem e para o ambiente. Nunca esse cenário foi tão verdadeiro quanto o que concerne à biotecnologia e, particularmente, ao desenvolvimento dos alimentos transgênicos. Em alguma extensão se poderia lembrar, por exemplo, as reações de diferentes segmentos da sociedade da Europa e das Américas contra as campanhas de vacinação em massa, promovidas pelas autoridades de saúde pública, para erradicar doenças infecciosas que assolavam a maioria dos países desses continentes. Na época, os manifestantes contrários a essas campanhas proclamavam, entre outras opiniões, que as vacinas seriam altamente prejudiciais à saúde dos vacinados e que muitas pessoas morreriam em decorrência do processo.

As descobertas biotecnológicas, especificamente na área dos alimentos, permitiram que determinados cultivos agrícolas tivessem sua própria proteção contra insetos e doenças, além de poderem se desenvolver com menor necessidade de produtos químicos, diminuindo o impacto ambiental acarretado pelo uso exagerado e indiscriminado de pesticidas. Ao lado desses benefícios, refere-se, também, o aumento de produtividade das plantações, com melhor qualidade dos produtos, com maiores níveis de nutrientes, que poderiam, entre outros, reduzir o risco de doenças cardíacas e determinados tipos de câncer, por liberarem maiores concentrações de vitaminas C e E. O mesmo se aplica para determinadas culturas, como a produção do denominado arroz dourado (*golden rice*), importante no combate à deficiência por vitamina A, em nações em desenvolvimento, por liberar altos teores de betacaroteno e ferro. Poderia mencionar-se, ainda, um tipo de batata com menor habilidade de absorver óleo, propícia para dietas com baixos teores de ácidos graxos. Referem-se, também, o desenvolvimento de produtos transgênicos, como amendoim e arroz, livres de fatores alergênicos, e trabalhos experimentais com bananas, para avaliar as possibilidades de liberação de vacinas contra hepatite B e outras doenças fatais.

De modo objetivo, pode-se dizer que a biotecnologia permite a identificação e a transferência de genes específicos, que criam características desejáveis entre plantas, ou seja, oferece uma via mais precisa para produzir vegetais com determinados propósitos benéficos. Os produtos assim obtidos são chamados de organismos geneticamente modificados (OGM).

Produção Mundial

No campo dos alimentos transgênicos, Estados Unidos e Canadá adotaram sua produção em grande escala, sem maior repercussão na sociedade, apesar das manifestações de alguns grupos ambientalistas. Contudo, nos países-membros da Comunidade Europeia, as demonstrações contrárias têm sido mais intensas e já repercutem em vários setores políticos e governamentais, dificultando sua adoção definitiva nas práticas agrícolas e, até mesmo, proibindo as importações de produtos procedentes de países onde não existem restrições à sua produção. No Brasil, a polêmica é muito grande, alguns estados da Federação são contra o plantio de sementes transgênicas, enquanto o Ministério da Agricultura adota política favorável, incentivando sua utilização, objetivando o aumento da safra, notadamente de grãos, para atender às necessidades nutricionais do país.

No ano 2000, Estados Unidos, Argentina, Canadá, China, África do Sul e Austrália, por ordem de tamanho de área plantada com sementes transgênicas, haviam semeado um total de 109 milhões de acres. O cultivo mais importante para os três primeiros países mencionados é o de soja. Outros cultivos transgênicos importantes são o milho, o algodão e a canola; áreas menores são dedicadas a batatas, abóbora e papaia. A maioria desses cultivos inclui sementes com genes responsáveis pela tolerância a herbicidas de amplo espectro contra ervas daninhas, ou seja, capazes de eliminar quase todas as espécies vegetais, exceto aquelas com tolerância adquirida por meio da biotecnologia.

No Brasil, segundo a consultoria Céleres, especializada em agronegócio, o total da área plantada com cultivos geneticamente modificadas em 2013, já alcançou 37,1 milhões de hectares, ou seja, 4,6 milhões de novos hectares dedicados a variedades transgênicas (Pappon, 2013).

De fato, é incontestável que os apelos da biotecnologia são múltiplos, constituindo uma poderosa ferramenta para o melhoramento da produção agrícola e industrial, assim como dos produtos da área farmacêutica, fornecendo um amplo espectro de benefícios, em âmbito global, para a sociedade.

Vantagens e Desvantagens

Mas, deixando-se de lado as polêmicas, as sementes de vegetais transgênicos obtiveram, em princípio, boa aceitação por parte dos produtores, pois podem-se obter plantas mais resistentes ao frio, a herbicidas e a pesticidas, além de produtos que tenham período de amadurecimento retardado. Na mesma linha de raciocínio, também os consumidores têm vantagens ao adquirir: produtos oleaginosos com teores de ácidos graxos não prejudiciais à saúde; vegetais com aminoácidos adequados às dietas vegetarianas; produtos com melhores preços graças à grande produção; e alimentos de origem vegetal com menores resíduos de agrotóxicos. Finalmente, também, a indústria se beneficia, pois passa a obter matéria-prima a preços módicos para a produção de óleos e outros alimentos.

Apesar de todas as vantagens oferecidas pelos alimentos transgênicos, não se pode deixar de mencionar as preocupações de diversos setores da sociedade. Assim, na 12th Annual Scientific Conference of the International

Federation of Organic Agriculture Movements (IFOAM), realizada em 1999, os delegados de sessenta países assinaram uma declaração contra o uso de OGM na produção de alimentos, apontando as seguintes razões:

- Impactos ambientais negativos e irreversíveis.
- Liberação de organismos impossíveis de recolher.
- Supressão do direito de escolha de produtores e de consumidores.
- Violação dos direitos fundamentais de propriedade dos agricultores e colocação em risco de sua independência econômica.
- Práticas incompatíveis com os princípios da agricultura sustentável.
- Riscos à saúde pública inaceitáveis.

Outros riscos apontados por diversas organizações ambientalistas destacam: a queda da biodervisidade, o aumento da poluição ambiental por agrotóxicos, o desenvolvimento de pragas resistentes, a criação de microambientes favoráveis para fungos, a maior concentração de metais tóxicos por causa da utilização de fertilizantes à base de esgotos, a diminuição do valor nutricional de alguns vegetais e a codificação de novas proteínas indesejáveis, provocando efeitos tóxicos ou reações alérgicas.

Em relação ao meio ambiente, existem muitas perguntas que afligem os militantes na área, por exemplo:

- Os cultivos desenvolvidos a partir de biotecnologia podem prejudicar outras plantas e mesmo animais silvestres?
- Plantações de milho transgênico podem afetar determinadas espécies de borboletas?
- Batatas desenvolvidas por biotecnologia podem de fato causar danos à saúde de animais de laboratório e por extensão ao homem?
- A tolerância a herbicidas e pesticidas por parte de plantas transgênicas pode favorecer o aparecimento de superervas daninhas?

Pesquisas têm respondido negativamente a essas questões, incluindo a mais polêmica de todas, concernente à possibilidade de batatas transgênicas causarem distúrbios intestinais em ratos, a qual se comprovou infundada e, quando publicada, como artigo científico, na revista britânica *The Lancet*, foi acrescentada uma observação de que "o estudo provou não haver relação entre esse tipo de batatas e os problemas intestinais". Mesmo em relação às borboletas, diversos estudos de campo comprovaram que o pólen proveniente das plantações transgênicas não era capaz de matar coleópteros por menores que fossem as espécies consideradas. De acordo com numerosas pesquisas, a partir do momento em que se desenvolvem plantas mais resistentes a pragas e doenças, menor a quantidade de agrotóxicos lançados nos cultivos, diminuindo a carga poluente no ambiente.

Perspectivas Futuras

De acordo com estatísticas demográficas, em 2050, a população do globo saltará dos atuais 6 bilhões para 9 bilhões de habitantes. Isso quer dizer que, quanto maior a população do planeta, maior a quantidade de alimentos que terão de ser providos. Ao mesmo tempo, o espaço destinado para plantações está limitado, a não ser que mais florestas valiosas sejam destruídas e substituídas por cultivos agrícolas. Acreditam os cientistas que a fome mundial, apesar de ser uma questão bastante complexa, pode encontrar sua resposta na biotecnologia.

Como o emprego da biotecnologia é extremamente dispendioso para o seu desenvolvimento e manutenção, as técnicas são muito caras e os equipamentos altamente onerosos, sem levar em consideração a necessidade do alto nível de capacitação dos cientistas e dos técnicos envolvidos, as pesquisas dependem de investimentos elevados que, na maior parte das vezes, só podem ser atendidos pela iniciativa privada, mais especificamente, pelos grandes grupos industriais, com todas as implicações daí decorrentes. Esse é um fato que incomoda muitos segmentos da sociedade e mesmo os governos de muitos países, com dificuldades para acompanhar o ritmo da evolução tecnológica. Assim, a militância de determinadas organizações não governamentais, de extremo radicalismo, complicam ainda mais o quadro das polêmicas, com relação aos alimentos transgênicos, afirmando que "é o poder econômico dos mais ricos impondo o que os outros devem praticar, colocando em risco a saúde do planeta, para obter benefícios incomensuráveis".

Deve-se enfatizar que, do ponto de vista científico, os produtos alimentícios transgênicos não têm trazido problemas de saúde mais sérios à sociedade como um todo. O que existe contra esses alimentos está muito mais no campo da histeria coletiva do que na realidade dos fatos. A partir do momento em que não existem provas de cunho científico de que os alimentos transgênicos são prejudiciais à saúde pública, é difícil aceitar o ponto de vista dos opositores e considerá-los com a devida seriedade. Atualmente, há mais pesquisas comprovando os benefícios dos alimentos transgênicos do que trabalhos dignos de crédito mostrando seus efeitos nocivos. Todavia, os produtos transgênicos devem ser identificados, claramente, quando comercializados, para que os consumidores saibam o que estão adquirindo e possam ter a liberdade de opção de aceitá-los ou rejeitá-los.

Não há dúvida a respeito da necessidade de continuar a investigar os possíveis efeitos dos alimentos transgênicos no organismo humano, a médio e longo prazos, porém, condená-los por antecipação é muito perigoso, pois, ou se aumenta a produção global de alimentos, dentro dos padrões de segurança dos alimentos e em quantidade suficiente, ou a desnutrição será a maior ameaça à paz mundial.

Leis, portarias, códigos, recomendações, protocolos e outros tipos de documentos legais, contribuem para a segurança dos OGM, pois disciplinam desde a aquisição das sementes até a geração do produto final. Ao lado das instruções documentais é fundamental dispor de técnicas capazes de analisar os riscos, sobretudo gerados pela transgressão às normas vigentes, assim como é indispensável monitorar as lavouras que adotaram a biotecnologia como procedimento de rotina.

COMÉRCIO AMBULANTE DE ALIMENTOS

A venda de produtos alimentícios nas vias públicas remonta há muitos anos e constitui hábito cultural disseminado em todas as regiões do planeta, todavia, o agravamento da crise social, a superurbanização e o desemprego têm provocado um aumento significativo do número de pessoas que se dedicam a este tipo de comércio para prover sua sobrevivência e a de seus familiares, gerando inúmeros empregos diretos e indiretos. Tal atividade merece especial atenção, pois, ao que tudo indica, continua em franca expansão.

A comida de rua – ou seja, alimentos e bebidas prontos para o consumo, preparados e/ou vendidos nas ruas e outros lugares públicos similares, para consumo imediato ou posterior, mas sem etapas de preparo ou processamento adicionais – pode representar importante fator de risco para a saúde pública. Por um lado, contabilizam-se os problemas decorrentes da falta de conhecimentos sobre higiene, por parte dos manipuladores de alimentos, aliados à baixa escolaridade de parte significativa desses trabalhadores, como fator de risco aos consumidores. Por outro lado, a ausência de infraestrutura adequada, em que predominam a falta de água tratada, dos meios para manter os alimentos a temperaturas adequadas à sua conservação, além da ausência de local para dispor o lixo, agravam ainda mais a chance de ocorrência de doenças.

Assim, por desconhecimento e, de maneira geral, de forma não intencional, aos produtos alimentícios comercializados nas vias públicas são adicionados, por exemplo, metais pesados provindos dos escapamentos dos veículos automotores, ou microrganismos contidos na água ou nas mãos dos manipuladores que não foram corretamente higienizadas.

Nota-se que raramente são identificados surtos de DTA relacionados ao consumo de comida de rua. Tal fato pode ser explicado em virtude dos comensais residirem em pontos geograficamente dispersos da cidade, dificultando a identificação da origem comum da doença.

Não se deve deixar de levar em conta que, em decorrência do custo mais acessível dos alimentos vendidos por ambulantes e pela facilidade de acesso para aqueles indivíduos que trabalham e necessitam fazer suas refeições próximo ao local de trabalho, a comida de rua constitui a única opção para uma parcela menos favorecida da população.

Do ponto de vista legal, a normatização desse tipo de comércio encontra-se em variados estágios de regulação nos diferentes países. Salienta-se que, apesar de causar ônus para as municipalidades, em decorrência, sobretudo, do aumento no recolhimento de lixo e na necessidade de fornecimento de água, essa atividade movimenta grandes quantias de dinheiro e, portanto, gera recursos por meio dos impostos advindos, particularmente, das matérias-primas empregadas.

A tentativa de eliminar esse comércio pode causar um impacto social com repercussões importantes, daí a necessidade de regulamentar a atividade, buscando estabelecer padrões mínimos de funcionamento que garantam a qualidade dos produtos, procurando, igualmente, exercer uma supervisão ou monitoramento adequados que preservem a segurança dos consumidores, bem como evitando a poluição ambiental resultante da disposição dos detritos, entre outros fatores. Como parte integrante de tal regulamentação, é imprescindível estabelecer programas educativos para os manipuladores de alimentos e alertar a população sobre os aspectos higiênico-sanitários a serem observados quando do consumo de comida de rua.

PREJUÍZOS ECONÔMICOS

É muito difícil estimar, em bases financeiras, os prejuízos causados pelas DTA, até porque sua incidência real é desconhecida, por causa da subnotificação da maioria dos casos. Nos Estados Unidos, que mantêm uma rede nacional de informações sobre segurança dos alimentos bem organizada e o nível de integração dos laboratórios nacionais de saúde é bastante elevado, estima-se que o dispêndio com as DTA seja superior a 25 bilhões de dólares anuais. Essa cifra inclui tanto as despesas médicas quanto os gastos decorrentes da diminuição da produtividade das pessoas envolvidas. De acordo com Satin (1999), os custos globais das DTA, diretos ou indiretos, são compostos pela somatória das despesas das indústrias de alimentos, dos consumidores e dos serviços públicos de saúde.

No âmbito da indústria de alimentos, os custos são decorrentes de vários aspectos: necessidade do recolhimento (*recall*) imediato do produto, no comércio varejista, do produto sob suspeita ou confirmado como prejudicial à saúde; publicidade negativa que exige gastos suplementares com explicações pela mídia, na tentativa de atenuar o impacto do episódio; perda da reputação no mercado interno e externo; queda vertiginosa nas vendas de todos os produtos da empresa; custos adicionais com correções e modificações dos processos de produção; despesas jurídicas por causa de ações de ordem legal, pelos agravos provocados à saúde dos consumidores; e pagamento de indenizações, além da perda do alimento propriamente dito.

Porém, a indústria pode ser afetada, também, quando seus empregados são vítimas de surtos de DTA e deixam de comparecer ao trabalho por períodos variáveis de tempo, provocando diminuição da produção e a necessidade de substituição provisória, com custos adicionais para e empresa, aí incluídos os encargos sociais e burocráticos da esfera administrativa.

Os consumidores constituem o grupo "vítima", sendo atingidos com toda a intensidade pelos episódios, padecendo de sintomas que, na maioria das vezes, lhes causam dor e sofrimento. As DTA provocam, entre outros problemas: diminuição do poder aquisitivo por perda de rendimentos ao não poder trabalhar; gastos com serviços médicos e com a aquisição de medicamentos; perda de oportunidades de serviços e promoções; necessidade de retreinamento em função de longos períodos de afastamento das atividades profissionais; necessidade de reabilitação física ou tratamentos de longa duração por causa de sequelas; e, até mesmo, despesas com óbito.

Os custos dos serviços públicos de saúde incluem as despesas concernentes a trabalhos de campo, investigações dos episódios, colheita de amostras e exames laboratoriais, além da manutenção de estatísticas sobre a ocorrência das DTA e todos os gastos administrativos decorrentes dos procedimentos de vigilância epidemiológica. Outras despesas relacionadas, que podem ser contabilizadas, dizem respeito à inspeção das empresas comerciais e às indústrias envolvidas nos episódios, à adoção de medidas de vigilância sanitária e de educação, e aos custos com ações judiciais e com campanhas informativas de esclarecimento à população no âmbito local, regional ou nacional.

No aspecto médico, em particular, contabilizam-se as despesas com: visitas a profissionais, incluindo transporte dos pacientes, honorários, provas diagnósticas, medicamentos e outras; hospitalizações, incluindo a remoção de pacientes por ambulâncias e suas equipes, taxas, encargos dos profissionais, ônus dos laboratórios e dos equipamentos especializados, preço dos medicamentos e da alimentação normal ou parenteral; convalescença, quando os pacientes são submetidos a terapêuticas prolongadas e/ou a procedimentos de tratamento intensivo, como diálise, dieta especial e enfermeira particular, entre outros; casos fatais, destacando-se os encargos decorrentes dos serviços de autópsia, necrotério, atestado de óbito, sepultamento ou cremação.

O surto de *Escherichia coli* entero-hemorrágica, possivelmente uma variante da O157:H7, de grandes proporções, registrado na Alemanha em junho de 2011, provocando mais de 3.800 vítimas, 45 óbitos e centenas de sequelas, das quais a maioria com necessidade de hemodiálise e até de transplante renal, até o presente momento tem origem ignorada. A fonte de contaminação, inicialmente, foi associada com pepinos importados da Espanha, depois a acusação recaiu sobre rabanetes e, finalmente, observou-se ampla contaminação de brotos de feijão, cultivados em propriedade agrícola especializada em cultivos orgânicos, situada do norte da Saxônia, região agrícola da própria Alemanha. Todas essas acusações iniciais, sem fundamento científico, provocaram um grande incidente diplomático no âmbito da Europa, com enorme dano aos agricultores que tiveram seus produtos de exportação considerados sob suspeita de estarem contaminados com o agressivo patógeno, causando prejuízos econômicos da ordem de bilhões de euros, a serem ressarcidos como indenização, pela Alemanha, de onde se originaram as falsas acusações e em que a ética institucional de suas agências ficou seriamente comprometida, sobretudo sua idoneidade científica.

Na realidade, depois de muitas pesquisas sobre o grave incidente que atingiu proporções internacionais, a cepa de *Escherichia coli*, responsável pelo surto, foi identificadas como 0104:H4, rara e altamente virulenta, detectada em um pacote de rebentos vegetais, proveniente de uma exploração em Gärtnerhof, em Bienenbüttel, no norte da Alemanha, agora fechada. A epidemia, segundo dados oficiais (Jornal de Notícias, 2013), matou 33 pessoas, na Europa, e mais de três mil casos da infecção foram confirmados.

O custo global das DTA, como se pode depreender, depende de numerosos fatores, diretos ou indiretos, bastante amplos e complexos, justificando plenamente as estatísticas financeiras, que estimam os gastos anuais na ordem de bilhões de dólares. Infelizmente, dor, angústia e constrangimento não podem ser mensurados quantitativamente, mas o impacto social das DTA é muito grande e começa a ser encarado de modo menos complacente do que em outros tempos, notadamente a partir do reconhecimento de que muitas dessas doenças são capazes de causar sequelas de longa duração, podendo causar sérias consequências à saúde, inclusive risco de vida.

Ressalta-se que os possíveis agravos à saúde provocados pela ingestão de alimentos contaminados são mais importantes em idosos, em crianças e nos imunocomprometidos.

O PAPEL DA PROMOÇÃO E EDUCAÇÃO EM SAÚDE

Qualidade é um termo bastante utilizado e refere-se às propriedades de um produto que lhe conferem condições de satisfazer as necessidades do consumidor, sem causar agravos a sua saúde. A segurança constitui, portanto, uma característica da qualidade dos alimentos; conforme afirma Panetta (1998, p.3)

> alimento seguro é aquele que além de apresentar as propriedades nutricionais esperadas pelo consumidor, não lhe causa danos à saúde, não lhe tira o prazer que o alimento deve lhe oferecer, não lhe rouba a alegria de alimentar-se correta e seguramente.

Pressupõe, portanto ausência de contaminações que possam afetar a saúde dos consumidores.

Educação e participação são dois pilares essenciais às estratégias voltadas para a segurança dos alimentos, bem como para a prevenção das DTA. No que concerne à educação, salienta-se a relevância de metodologias visando a explorar o papel e as responsabilidades dos consumidores e dos manipuladores de alimentos, em especial.

Intervenções educativas que buscam a promoção da saúde dos indivíduos e das comunidades no âmbito dos alimentos e dos aspectos relacionados ao meio ambiente são essenciais para a sobrevida do ser humano. Entendendo-se promoção da saúde como a capacidade de fortalecer as pessoas para exercerem seus direitos e responsabilidades, modelando ambientes, sistemas e políticas que conduzam à saúde e ao bem-estar.

No presente texto, entende-se promoção da saúde na área de alimentos como o conjunto de ações dos setores público e privado, de indivíduos e grupos, que tenham por finalidade garantir a segurança dos alimentos; e a educação em saúde constitui um dos caminhos pelos quais a promoção da saúde se torna viável, pois permite, entre outros fatores:

- Desenvolver habilidades pessoais.

- Estimular o diálogo entre diferentes saberes.

- Conscientizar as pessoas de suas necessidades de saúde e dominar os instrumentos para expressá-las.

- Fornecer elementos para a análise crítica e o reconhecimento dos fatores determinantes de seu estado de saúde.

- Decidir sobre as ações mais apropriadas para promover a própria saúde e a de sua comunidade.

- Buscar o aprimoramento profissional e a reformulação dos serviços de saúde.

A educação em saúde deve buscar, portanto, desenvolver a autonomia dos indivíduos submetidos a processos educativos, bem como ensiná-los a aprender. Dessa forma, contribui para a formação de cidadãos mais conscientes e com melhor qualidade de vida.

Os recursos naturais, aí incluídos água e alimentos, por serem finitos, requerem a constante atenção do homem para sua conservação. A crescente necessidade desses recursos, devida ao crescimento populacional, exige cada vez mais esforços no sentido de aumentar a produção sem provocar o esgotamento do solo e dos recursos hídricos, principalmente.

EDUCAÇÃO AMBIENTAL E SUSTENTABILIDADE

São imperativas ações de toda a sociedade – governo e particulares – visando a conscientizar os cidadãos de suas responsabilidades com o meio ambiente. O incentivo a atividades de coleta seletiva de lixo e de reciclagem são exemplos de algo que pode ser feito por todo e qualquer indivíduo, independentemente de sua condição social, idade, motivação política etc. Assim, campanhas educativas utilizando tanto os recursos da mídia quanto das instituições organizadas (escolas, igrejas, associações de bairro, entre outras) podem contribuir para a mobilização das comunidades.

A participação popular, devidamente esclarecida – não pretendendo impor o simples "fazer", mas explicitando o "por que fazer", constitui um passo importante na preservação ambiental.

A própria legislação pode transformar-se em importante fator de educação da população. Dessa maneira, a título de exemplificação, pode-se mencionar o *Codex Alimentarius*, essencial para os países-membros da Organização Mundial do Comércio (OMC), cujas diretivas para o livre comércio de alimentos, devidamente observadas, constituem fator gerador de divisas essenciais à balança comercial dos países em desenvolvimento e com potencial para produção de alimentos.

Para ilustrar outro aspecto concernente à legislação, tem-se, no Brasil, o Código de Defesa do Consumidor, Lei n. 8.078, de 11.09.1990, a partir da qual os consumidores passaram a ser mais exigentes e criteriosos quanto à aquisição e consumo dos produtos em geral e dos alimentos, em particular.

Dessa forma, são ainda necessárias ações que propiciem educar e conscientizar as pessoas da relevância de se conservar o ambiente, mediante o melhor aproveitamento dos alimentos e a correta destinação de seus detritos, evitando toda e qualquer poluição.

CONSIDERAÇÕES FINAIS

No campo dos alimentos, em se tratando de prevenção, a única saída viável é a educação em saúde; não existe, no momento, e dificilmente existirão, no futuro, vacinas capazes de proteger os indivíduos contra as DTA.

Compete às autoridades adotarem medidas, visando a passar do mero reconhecimento da importância da segurança dos alimentos à atuação efetiva nessa área, com ênfase na educação em saúde, ainda extremamente incipiente; além de estabelecer estratégias, faz-se mister introduzir procedimentos de avaliação, no sentido de aferir o resultado dos programas implementados, prio-

-rizando a disseminação das respostas obtidas, de maneira a subsidiar outras intervenções. Cabe superar a fase de iniciativas locais e caminhar para o estabelecimento de verdadeiras redes de troca de informações e apoio mútuo.

É imprescindível esclarecer à população em geral e a todos aqueles que exercem atividades relacionadas à produção ou comercialização de alimentos – desde o homem do campo até os empresários – dos verdadeiros riscos que podem constituir, por exemplo, a utilização de aditivos, de fertilizantes ou dos alimentos geneticamente modificados. Deve-se evitar o sensacionalismo, frequentemente divulgado pela mídia, buscando informar os fatos, comprovados cientificamente, em linguagem acessível, salientando a responsabilidade de cada cidadão, para o acesso a alimentos saudáveis e a um meio ambiente preservado.

REFERÊNCIAS

AGENDA 21: The Rio Declaration on Environment and Development. In: *The United Nations Conference on Environment and Development*, 1992 jun 3-14; Rio de Janeiro (BR). Rio de Janeiro; 1992. Disponível em: http://habitat.igc.org/agenda21/rio-dec.htm. Acessado em: 25 jul. 2001.

JORNAL DE NOTÍCIAS. *Alemanha confirma que surto de Escherichia coli foi causado por rebentos de vegetais*. Publicado em 11/06/2011. Disponível em: http://www.jn.pt/PaginaInicial/Sociedade/Interior.aspx?content_id=1876056. Acessado em: 11 jul. 2013.

MACÊDO, J.A.B. *Águas e águas*. São Paulo: Varela, 2001.

MIDIO, A.F.; MARTINS, D.I. *Toxicologia de alimentos*. São Paulo: Varela, 2000.

[OMS] ORGANIZACIÓN MUNDIAL DE LA SALUD. Métodos de vigilancia sanitaria y de gestión para manipuladores de alimentos. Ginebra: OMS, 1989. (Serie de informes técnicos, 785)

PAPPON, T. Pela 1ª vez, transgênicos ocupam mais da metade da área plantada no brasil. *BBC Brasil* em Londres. Disponível em: http://www.bbc.co.uk/portuguese/noticias/2013/02/130207_transgenicos_cultivo_tp.shtml. Acessado em: 11 jul. 2013.

RODRIGUES, R.S.M. Alimentos transgênicos. In: GERMANO, P.M.L., GERMANO, M.I.S. *Higiene e vigilância sanitária de alimentos*. São Paulo: Varela, 2001.

SATIN, M. *Food alert! The ultimate sourcebook for food safety*. New York: Facts On File, 1999.

Bibliografia Consultada

ANJOS, M.F. Bioética: abrangência e dinamismo. *Mundo Saúde*, 21, p.4-12, 1997.

ATTWOOD, C.R. *La dioxina: peor aún de lo que pensábamos*. EVU News 1997, 4 [online]. Disponível em: http://www.ivu.org/evu/spanish/news/news974/dioxin.html. Acessado em: 6 jul. 2001.

[BARC] BHABHA ATOMIC RESEARCH CENTRE. *Food Techology Division. Food preservation by radiation processing*. Disponível em: http://www.barc.ernet.in/web-pages/organization/foodtd_home_page/rpf1.html. Acessado em: 27 jul. 2001.

BELGIQUE. MINISTÈRE DE L'AGRICULTURE. *Contamination par la dioxine*. Disponível em: http://belgium.fgov.be/pb/pbh/frbh24.htm. Acessado em: 13 jun. 1999.

BOROOAH, V.K. On the incidence of diarrhoea among young Indian children. *Economics and Human Biology*. v.2, n.1, p.119-138, 2004.

BOURNE, L.T.; HARMSE, B.; TEMPLE, N. Water: a neglected nutrient in the young child? A South African perspective. (Special Issue: Food-based dietary guidelines for infants and children: the South African experience.). *Maternal and Child Nutrition*, v.3, n.4, 303-311, 2007.

BRASIL. Portaria 2.619/11. SMS. Publicada em DOCM. 06/12/2011, p.23.

BRENNAND, C.P. Ten most commonly asked questions about food irradiation: food fact safety sheet. Food irradiation. *Radiation Information Network's*. Disponível em: http://www.physics.issu.edu/radinf/food.htm. Acessado em: 27 jul. 2001.

CENTER FOR LIFE SCIENCES AND DEPARTMENT OF SOIL AND CROP SCIENCES AT COLORADO STATE UNIVERSITY. *Transgenic crops: an introduction and resources guide*. Fort Collins; 1999-2001. Disponível em: http://www.colostate.edu/programs/lifesciences/TransgenicCrops/current.html. Acessado em: 31 jul. 2001.

CLASEN, T.; NARANJO, J.; FRAUCHIGER, D.; GERBA, C. Laboratory assessment of a gravity-fed ultrafiltration water treatment device designed for household use in low-income settings. *American Journal of Tropical Medicine and Hygiene*, v.80, n.5, p.819-23, 2009.

[EPA] UNITED STATES ENVIRONMENTAL PROTECTION AGENCY. Office of Pesticide Programs. *Biopesticides*. Washington (DC), 2001. Disponível em: http://www.epa.gov/pesticides/citizens/biopesticides.htm. Acessado em: 26 jul. 2001.

_____. Office of Pesticide Programs. *What is a pesticide*. Washington (DC), 2001. Disponível em: http://www.epa.gov/pesticides/whatis.htm. Acessado em: 26 jul. 2001.

FORD, T. Emerging issues in water and health research. (Special Issue: Critical questions in research on drinking water and health.). *Journal of Water and Health*, 4: Supplement 1, p.59-65. 21, 2006.

FOX, M.W. *Will genetically engineered crops mean adultered and toxic food, bodies, and ecosystems?* Washington (DC): Progress Report. Disponível em: http://www.progress.org/archieve/gene10.htm. Acessado em: 31 jul. 2001.

GELDREICH, E.E. La amenaza mundial de los agentes patógenos transmitidos por el agua. In: GUNTHER, F.C.; CASTRO, R. *La calidad del agua potable en América Latina: ponderación de los riesgos microbiológicos contra los riesgos de los subproductos de la desinfección química.* Washington (DC), 1996. p.21-49.

GERMANO, M.I.S.; GERMANO, P.M.L.; CASTRO, A.P. et al. Comida de rua: prós e contras. *Hig. Aliment.,* 77, p.27-33, 2000.

GERMANO, P.M.L.; GERMANO, M.I.S. *Higiene e vigilância sanitária de alimentos.* 4.ed. Barueri: Manole, 2011.

_____. Water and health in the tropics and subtropics a challenge for the survival of the human species. In: BILIBIO, C.; HENSEL, O.; SELBACH, J.F. (Org.). *Sustainable water management in tropics and subtropics and case studies in Brasil.* 1ed. Jaguarão/RS: Fundação Universidade Federal do Pampa, 2012, v.3, p.103-128.

_____. *Sistema de gestão: qualidade e segurança dos alimentos.* Barueri: Manole, 2013.

GORENSTEIN, O. *Uma abordagem sobre resíduos de agrotóxicos em alimentos frescos.* São Paulo: Instituto de Economia Agrícola, 2000. Disponível em: http://www.iea.sp.gov.br/residuos.htm. Acessado em: 27 jul. 2001.

HARCOURT COLLEGE PUBLISHERS. Detection of genetically modified (transgenic) foods. *Interactive biochemistry: hot topics.* 1999. Disponível em: http://www.harcourtcollege.com/chem/biochem/GarretGrisham/HotTopics/GMDetect. Acessado em: 31 jul. 2001.

MACPHERSON, C.N.L. Human behaviour and the epidemiology of parasitic zoonoses. (Special issue: Parasitic zoonoses - emerging issues.). *International Journal for Parasitology*, v.35, n.11/12, p.1319-1331, 2005.

MANZ, F. Hydration in children. *Journal of the American College of Nutrition*, v.26, n.9005, p.562-69, 2007.

MEINHARDT, P.L. Recognizing waterborne disease and the health effects of water contamination: a review of the challenges facing the medical community in the United States. *J Water Health.,* 4 Suppl 1, p.27-34, 2006.

[MS/SVS] MINISTÉRIO DA SAÚDE, SECRETARIA DE VIGILÂNCIA EM SAÚDE. Vigilância epidemiológica das doenças transmitidas por alimentos – Boletim eletrônico epidemiológico de doenças transmitidas por alimentos – DTA. SVS Secretaria de Vigilância em Saúde, Ano 5 n. 06, 28.12.2005. Disponível em: http://portal.saude.gov.br/portal/arquivos/pdf/ano05_n06_ve_dta_brasil.pdf. Acessado em: 23 jun. 2011.

[MSU] MICHIGAN STATE UNIVERSITY. *The promise of biotechnology*. Disponível em: http://www.msu.edu/user/maleszew/web1/promise.html. Acessado em: 31 jul. 2001.

_____. *Transgenic foods: frequently asked questions*. Disponível em: http://www.msu.edu/user/maleszew/web1/faq.html. Acessado em: 31 jul. 2001.

MURATA, L.T.F.; NUNES, M.C.D.; ALCÂNTARA, M.R. da S. et al. Embalagens destinadas a alimentos. In: GERMANO, P.M.L.; GERMANO, M.I.S. *Higiene e vigilância sanitária de alimentos*. São Paulo: Varela, 2001.

NEUMANN, N.F.; SMITH, D.W.; BELOSEVIC, M. Waterborne disease: an old foe re-emerging? *Journal of Environmental Engineering and Science*. v.4, n.3, 155-171, 2005.

NUCLEAR ACCIDENTS. WVU Extension Service Disaster and Emergency Management Resources. Section 11.2 Page 2. Sem Data. Disponível em: http://www.wvdhsem.gov/WV_Disaster_Library/Library/WVU%20Disaster%20Resources/11.2%20Nuclear%20Accidents.pdf. Acessado em: 24 jun. 2011.

OLIVEIRA, C.A.F.; GERMANO, P.M.L. Aflatoxina M_1 em leite e derivados: ocorrência no Brasil e aspectos relativos à legislação. *Hig Aliment.*, v.11, n.48. p.22-5, 1997.

_____. Aflatoxinas: conceitos sobre mecanismos de toxicidade e seu envolvimento na etiologia do câncer hepático celular. *Rev. Saúde Pública*, v.31, n.4, p.417-424, 1997.

[OPS] ORGANIZACIÓN PANAMERICANA DE LA SALUD. *Educación permanente de personal de salud*. Washington (DC), 1994. (Desarrollo Recursos Humanos, 100).

PANETTA, J.C. O caráter educativo da vigilância sanitária. *Hig Alimentar*, 12, p.3, 1998.

_____. Responsabilidades dos serviços de vigilância alimentar. *Hig alimentar*, 1, p.86-9, 1982.

PELICIONI, M.C.F. As inter-relações entre a educação, saúde e meio ambiente. *Biológico*, 1, p.75-8, 1999.

PEREIRA, A.P.B.; GERMANO, M.I.S.; GERMANO, P.M.L.; SOTO, F.R.M.; BERNARDI, F.; TELLES, E.O. et al. Monitoramento da qualidade microbiológica e fatores de risco de contaminação da água de consumo de creches de um município da região oeste de São Paulo. *Higiene Alimentar*, v. 22, p. 17-21, 2008.

PEREIRA, I.M.T.B.; PENTEADO, R.Z.; MARCELO, V.C. Promoção da saúde e educação em saúde: uma parceria saudável. *Mundo Saúde*, 24, p.39-43, 2000.

POLLONIO, M.A.R. *Manual de controle higiênico-sanitário e aspectos organizacionais para supermercados de pequeno e médio porte*. São Paulo: Sebrae, 1999.

PORTUGAL, G. *Dioxina: um alerta*. Disponível em: http://www.gpca.com.br/gil/art96.htm. Acessado em: 7 jun. 2001.

PRADHAN, B.; GRUENDLINGER, R.; FUERHAPPER, I.; PRADHAN, P.; RIZAK, S.; HRUDEY, S.E. Achieving safe drinking water - risk management based on experience and reality. *Environmental Reviews*, v.15, p.169-74, 2007.

PRESCOT, L.M.; HARLEY, J.P.; KLEIN, D.A. *Microbiology*. 4.ed. Boston: WCB/McGraw-Hill, 1999.

RODRIGUES, R.S.M. Alimentos transgênicos. In: GERMANO, P.M.L.; GERMANO, M.I.S. *Higiene e vigilância sanitária de alimentos*. Barueri, São Paulo: Manole, 2011.

ROSE, J.B.; MASAGO, Y. A toast to our health: our journey toward safe water. (Special issue. Insights into water management: lessons from water and waste water technologies in ancient civilizations.). *Water Science and Technology: Water Supply*, v.7, n.1, 41-48, 2007.

SEGRE, M. Definição de bioética e sua relação com a ética, deontologia e diceologia. In: SEGRE, M.; COHEN, C. (orgs.). *Bioética*. São Paulo: Edusp, 1995. p.23-9.

[SESA/ISEP/CSA] SECRETARIA DE ESTADO DA SAÚDE DO PARANÁ. INSTITUTO DE SAÚDE. CENTRO DE SAÚDE AMBIENTAL. *Definição e classificação dos agrotóxicos*. Curitiba, 1997. Disponível em: http://www.saude.pr.gov.br/Saude_ambiental/Agrotoxicos/definicao.htm. Acessado em: 26 jul. 2001.

SHINOHARA, E.M.G.; GERMANO, M.I.S.; GERMANO, P.M.L. Contaminação de alimentos por chumbo. *Hig Aliment.*, v.5, n.18, p.29-31, 1991.

SILVA JR., E.A. *Manual de controle higiênico-sanitário em alimentos*. 4.ed. São Paulo: Varela, 2001.

SPOLAORE, A.J.G.; GERMANO, M.I.S.; GERMANO, P.M.L. Irradiação de alimentos. In: GERMANO, P.M.L.; GERMANO, M.I.S. *Higiene e vigilância sanitária de alimentos*. São Paulo: Varela, 2001.

TALARO, K.; TALARO, A. *Foundations in microbiology*. 3.ed. Boston: WCB/McGraw-Hill, 1997.

THOMAS, J. *Food: radiation and irradiation*. [Book excerpt from Young again: how to reverse the aging process]. Disponível em: http://www.leadingedgenews.com/radfood.html. Acessado em: 27 jul. 2001.

TRAVERSO, H.P. Agua y salud en América Latina y el Caribe: enfermedades infecciosas transmitidas por el agua. In: CRAWN, G.F.; CASTRO, R. *La calidad del agua potable en América Latina: ponderación de los riesgos microbiológicos contra los riesgos de los subproductos de la desinfección química.* Washington (DC), 1996. p.51-62.

TRAVERSAY, C. de; BOURNY, C.; BOUCHERIE, C.; DJAFER, M.; CAVARD, J. Challenging drinking water disinfection: how to face up to emerging waterborne pathogens? *Water Practice & Technology,* v.1, n.2, p.30, 2006.

TREVETT, A.F.; CARTER, R.C.; TYRREL, S.F. The importance of domestic water quality management in the context of faecal-oral disease transmission. *Journal of Water and Health,* v.3, n.3, p.259-270, 2005.

VIEIRA, J.M.P. Water safety plans: methodologies for risk assessment and risk management in drinking water systems. In: FERREIRA L.; VIEIRA J. (eds.). Water in Celtic countries: quantity, quality and climate variability. IAHS Publication 310, p.57-67, 2007.

WEARE K. The contribution of education to health promotion. In: BUNTON, R.; MACDONALD, G. *Health promotion: disciplines and diversity.* London: Routledge, 1992. p.66-85.

[WHO] WORD HEALTH ORGANIZATION. *Food borne desease: focus for health education.* Geneva, 2000.

A Educação Nutricional e a Pirâmide Alimentar | 35

Sonia Tucunduva Philippi
Nutricionista, Faculdade de Saúde Pública – USP

A Nutrição é a ciência que estuda a relação do homem com o alimento e seus nutrientes, assim como a sua ação, interação e balanço em relação à saúde e à doença, além dos mecanismos pelos quais o organismo ingere, absorve, transporta, utiliza e excreta esses nutrientes. Os indivíduos consomem a dieta, constituída de alimentos provenientes do meio ambiente, e só subsistem e propagam sua espécie porque mantêm com o seu meio, de maneira constante, uma alimentação equilibrada, com benefícios para a manutenção da saúde.

Pode-se dizer que, do ponto de vista nutricional, o ser humano é biologicamente frágil e, ao mesmo tempo, exigente, pois só tem saúde se as condições do meio forem propícias (Fisberg et al., 2002). A busca do homem por uma alimentação equilibrada é antiga, porém, é recente a preocupação com uma alimentação segura e saudável e integrada ao meio ambiente sustentável.

A sustentabilidade, entendida como a preservação do capital ambiental oferecido pela natureza, definida como os possíveis usos ou funções de nosso entorno físico, traz à discussão uma agricultura sustentável, como forma de subsistência. Também indica o desejo social de sistemas produtivos que, simultaneamente, conservem os recursos naturais e forneçam produtos mais saudáveis, sem comprometimento dos níveis tecnológicos alcançados de segurança alimentar. Na verdade, há uma tendência no aumento das pressões sociais por alimentos saudáveis e por maior respeito à natureza, auxiliando na busca de soluções sustentáveis (Bezerra e Veiga, 2000).

De acordo com a primeira Conferência Nacional de Segurança Alimentar, realizada em Brasília em 1994, segurança alimentar é um conceito para ser colocado em prática, um direito a ser conquistado pelos indivíduos e significa:

> Garantir a todos, condições de acesso a alimentos básicos de qualidade e em quantidade suficiente, de modo permanente e sem comprometer o acesso a outras necessidades essenciais, com base em práticas alimentares saudáveis, contribuindo assim para uma existência digna, em um contexto de desenvolvimento integral da pessoa humana. (Rebidia, 2003)

Esse conceito poderia ser ampliado e completado com a explicitação da necessidade da sustentabilidade do meio ambiente.

A promoção de hábitos e práticas alimentares saudáveis tem início na infância, com o incentivo ao aleitamento materno; faz parte da adoção de estilos de vida saudáveis e é um componente importante na promoção da saúde (Ministério da Saúde, 2010). O resgate dos hábitos alimentares regionais saudáveis, dos alimentos de elevado valor nutritivo, baixo custo e boa disponibilidade são medidas necessárias e devem ser implementadas para pleno e eficaz desenvolvimento dos processos educativos.

Dessa forma, a segurança alimentar pode ser conseguida quando a família garante para si uma quantidade de alimentos suficiente e de boa qualidade, assegurando saúde a todos seus membros e, por consequência, melhor qualidade de vida. Na esfera doméstica, a prática e o exercício da segurança alimentar precisam envolver os seguintes aspectos: aquisição, forma de preparo, conservação e distribuição dos alimentos na família; incentivo ao consumo de alimentos regionais; qualidade de acesso à água e ao saneamento, que influenciam na qualidade e no preparo dos alimentos; nível de escolaridade, particularmente das mulheres, que determina fortemente a capacidade de melhorar o nível de nutrição da família; a renda familiar, que interfere diretamente no acesso aos alimentos; tipo e qualidade do trabalho da mulher, que pode influenciar a disponibilidade e a qualidade dos cuidados infantis e da família; consciência dos riscos à saúde e ao meio ambiente, atingindo toda a cadeia alimentar, desde o plantio do alimento até o seu consumo final, riscos estes ocasionados e aumentados por hábitos e práticas alimentares inadequadas.

Tem sido um constante desafio tecnológico a produção de alimentos, em qualidade e em quantidade, para alimentar todas as pessoas do planeta. Esse desafio consiste em reduzir o uso de agrotóxicos, melhorar o valor nutritivo e proteger o meio ambiente. O aparecimento de diversos tipos de alimentos para consumo humano tem despertado a curiosidade e maior interesse sobre valor nutritivo e possíveis benefícios dos alimentos para a saúde.

Os alimentos chamados "probióticos" são aqueles que contêm microrganismos vivos que atuam, como as fibras, no intestino, promovendo o equilíbrio da flora microbiana intestinal. Essas espécies estão nos iogurtes, produtos lácteos fermentados ou nos suplementos alimentares. Os probióticos ainda não estão com o mecanismo de ação totalmente comprovado, mas existem fortes evidências de que podem inibir a proliferação de organismos patogênicos (Colli et al., 2002).

Os alimentos "transgênicos", isto é, aqueles que possuem em sua composição organismos geneticamente modificados (OGM), têm sido motivo de intensa discussão no Brasil (Abia, 2002). Para a produção de alimentos geneticamente modificados são utilizadas tecnologias inovadoras; mas, ao longo do tempo, o processo está sendo acompanhado de pesquisas para avaliar o impacto desse tipo de alimento para a saúde humana e para o meio ambiente. Nesse sentido, a biotecnologia apresenta-se, de acordo com Rodrigues (2001), como o futuro do sistema agroalimentar. A engenharia genética vem pesquisando, por exemplo: vegetais modificados geneticamente para melhor resistir a herbicidas ou pragas, plantas imunizadas contra doenças, frutas e cereais com melhor qualidade nutritiva e tecnológica.

Para entender o cenário da alimentação atual, alguns conceitos são importantes. O conceito de alimento funcional, que também pode ser chamado de nutracêutico, alimentos de desenho, alimentos para uso médico, alimentos para uso saudável (Colli et al., 2002). Entra em cena a funcionalidade dos alimentos, propriedade que vai além de sua qualidade de fonte de nutriente. O consumo de alimentos funcionais vem aumentando como decorrência de uma preocupação cada vez maior dos indivíduos com a saúde. A legislação brasileira não define, segundo Torres (2002), o que vem a ser um alimento funcional; ela prefere definir o que é uma alegação de propriedade funcional. A definição de alimento funcional, de acordo com a Resolução ANVS/MS n.18/99 (Ministério da Saúde, 1999), considera como de alegação de propriedade funcional

> Aquela relativa ao papel metabólico ou fisiológico que o nutriente ou não nutriente tem no crescimento, desenvolvimento, manutenção e outras funções normais do organismo e alegação de propriedade de saúde aquela que sugere, afirma ou implica a existência de relação entre alimento ou ingrediente com doença ou condição relacionada à saúde.

Como exemplo, têm-se os peixes, as algas marinhas, os óleos (soja, girassol, oliva), cujos nutrientes ácidos graxos ômega 3 e 6 têm por função a intervenção na coagulação do sangue e o possível controle de processos inflamatórios. Ainda, como exemplos, podem ser citados o feijão, a soja e também os cereais que, por conterem fitoestrogênios, isoflavonas e ligna- nas, reduziriam o nível do estrogênio, atuando na prevenção do câncer de mama (Colli et al., 2002).

A seleção dos alimentos e a adoção de hábitos alimentares saudáveis, frente às questões de biossegurança e bioética alimentar, passam a ser um desafio, não só para os indivíduos que consomem alimentos, mas também para os profissionais que trabalham com o diagnóstico e a intervenção nos diferentes problemas de saúde e nutrição.

Com a intenção de se ter uma nutrição adequada, os indivíduos necessi- tam de uma variedade de alimentos. Para que isso ocorra, é importante que adquiram o hábito e a capacidade de consumir substâncias comestíveis que são encontradas no ambiente. Dessa forma, o aprendizado e a experiência desem- penham papéis centrais na formação dos padrões de aceitação de alimentos (Mela, 1999).

EDUCAÇÃO NUTRICIONAL

A educação é um processo de transformação do sujeito que, ao trans- formar-se, modifica seu entorno e vice-versa. Uma das formas de preservar uma qualidade de vida saudável é introduzir a noção de educação ambien- tal em um processo de ensino-aprendizagem para o exercício da cidadania e da responsabilidade social e política (Philippi Jr e Pelicioni, 2000). A ela cabem a construção de novos valores e de relações sociais e a formação de atitudes dentro de uma nova ótica: a melhoria de vida para todos os seres.

A educação nutricional deve fazer parte de um processo de ensino-apren- dizagem que adote os pressupostos da melhoria de vida por meio da cons- trução e da adoção de novos valores, tanto com relação aos indicadores de saúde, quanto aos socioeconômicos, demográficos, culturais e religiosos. Entretanto, também envolve aspectos do comportamento e dos hábitos ali- mentares. Objetiva a prevenção, a manutenção e a recuperação da saúde, apoiada nos princípios da segurança alimentar e do desenvolvimento sus- tentável do meio ambiente. A educação nutricional pode ter, da mesma forma, um sentido amplo e político, uma vez que envolve, ainda, aspectos como políticas de alimentação e nutrição do país; recomendações nutricionais; guias alimentares próprios; programas de intervenção alimentar, públicos ou privados, para populações em risco nutricional.

Os indivíduos sadios, em geral, ou com patologias específicas, deve ser alvo da educação em nutrição. Todavia, as ações educativas devem ser focadas prioritariamente nas pessoas e nas famílias consideradas em risco nutricional, as quais, seja por carência alimentar, seja por excesso, não estão conseguindo atender aos requisitos mínimos da manutenção da saúde. Entre esses grupos estão crianças, gestantes, nutrizes, adolescentes, idosos, pessoas desempregadas e doentes de qualquer natureza.

A promoção de uma alimentação saudável deve sempre ser o objetivo de programas de orientação alimentar. Entende-se por alimentação saudável aquela planejada com alimentos de todos os tipos, de procedência conhecida, de preferência, naturais, e preparados de forma a preservar o valor nutritivo e os aspectos sensoriais. O conhecimento de que os alimentos precisam ser qualitativa e quantitativamente adequados, do hábito alimentar, consumidos em refeições/dia, em ambientes calmos, visando à satisfação das necessidades nutricionais, emocionais e sociais, para promoção de uma qualidade de vida saudável, de igual modo são pontos importantes para uma abordagem educativa adequada (Philippi et al., 2000).

Comumente, existem referências à reeducação alimentar como forma de educação que pressupõe mudança de comportamento e adesão à dieta orientada. Por vezes, são encontradas situações em que se coloca demasiada e equivocada expectativa na chamada reeducação. Na realidade, o uso de tal terminologia é inadequado, porque pressupõe que o indivíduo já tenha recebido uma educação alimentar anterior, o que nem sempre é verdade. Seria melhor denominar orientação nutricional, pois abrangeria aspectos gerais da nutrição e da alimentação.

Sabe-se que toda mudança é gradual e lenta, necessitando tempo e consciência para que as novas orientações ou o seu reforço possam ser incorporados como novos hábitos e comportamentos. O ser humano é, todo ele, constituído de hábitos e costumes; suas atitudes ou valores são consagrados pela tradição, são impostos ao indivíduo ou ao grupo e transmitidos por gerações e séculos. Com relação aos hábitos alimentares, os elos com o passado e as heranças são muito fortes. Há o relato de muitas práticas alimentares que se traduzem não só nas dietas habituais, como também na forma de seleção, de preparo e consumo de alimentos.

De acordo com Diez-Garcia (2011), o processo de mudança da alimentação envolve o questionamento dos padrões alimentares e a viabilização de opções que podem não encontrar suporte nas normas sociais.

A mudança na alimentação deve estar em função da necessidade da melhoria do estado de saúde, em que a variável alimentação pode não ser a única causa dos problemas. Fatores como história familiar, estresse, ausência de atividade física, doenças associadas a hábitos alimentares indesejáveis, problemas psicossomáticos podem agravar situações de saúde. As orientações nutricionais precisam ser parte de um conjunto de informações a serem transmitidas por uma equipe multidisciplinar, na qual o nutricionista é o responsável pelo plenajamento da dieta, seja para os indivíduos enfermos, seja para os saudáveis.

Os guias alimentares são instrumentos que visam a promoção da saúde e de hábitos alimentares saudáveis. Devem ser representados por grupos de alimentos e baseados na relação existente entre os alimentos, a saúde e a qualidade de vida dos indivíduos. (Philippi, 2012)

A orientação nutricional realizada por meio da transmissão de mensagens sobre como promover e manter uma alimentação saudável é uma das principais ferramentas para a melhoria dos padrões alimentares, uma vez que pode propiciar autonomia nas escolhas alimentares dos indivíduos e permitir o desenvolvimento de habilidades individuais. Existem métodos individuais e em grupo para o atendimento nutricional e a respectiva orientação. As anamneses alimentares aplicadas aos pacientes contêm questões sobre hábitos e comportamentos, que subsidiam não só o diagnóstico, mas também as formas de intervenção e de orientação nutricional. Dependendo dos objetivos, as orientações em grupo são utilizadas em comunidades e em serviços de saúde, abordando de forma dinâmica e interativa os temas sobre alimentação e nutrição. Podem ser utilizadas diferentes estratégias para a transmissão dos conteúdos, como a exposição oral, trabalhos em grupo, experiências práticas, dramatização, utilização de mídias e redes sociais, filmes, oficinas culinárias e outros. Qualquer que seja a estratégia adotada, deve ser planejada adequadamente para que se alcancem os objetivos e as mudanças desejadas (Philippi et al., 2009).

GUIA ALIMENTAR

Para a orientação nutricional e alimentar podem ser utilizados os guias alimentares disponíveis para a população. O guia alimentar deve ser entendido como um instrumento educativo que, baseado nas recomendações nutricionais e nos hábitos e comportamentos alimentares, traz informações qualiquantitativas sobre os alimentos necessários, sobre a forma de seleção e preparo mais adequados (Philippi, 2006) para, assim, conseguir--se uma boa saúde.

A pirâmide alimentar foi a forma escolhida e adaptada para representar o guia alimentar para a população brasileira (Philippi et al., 1999b). Apresenta uma variedade de alimentos, a quantidade recomendada de calorias, macro e micronutrientes necessários para a manutenção do peso ideal, constituindo-se em um guia flexível e pessoal. É importante destacar que o uso da pirâmide alimentar possibilita a socialização do conhecimento da nutrição e da alimentação capaz de permitir à população brasileira a seleção de uma alimentação mais saudável. Isso porque a pirâmide leva em consideração as diferentes realidades sociais, culturais e econômicas das famílias. Os hábitos alimentares devem ser sempre respeitados, uma vez que são as preferências alimentares que compõem a cultura de um povo. São estabelecidos na infância e tornam-se comuns no decorrer da vida.

Para um guia alimentar, de acordo com os hábitos da população brasileira, foi proposta uma dieta de 2.000 kcal, baseada nos oito grupos de alimentos e com o estabelecimento de porções alimentares. Para o cálculo do valor calórico total foram consideradas variáveis como idade, sexo, peso, estatura e nível de atividade física (Tabela 35.1).

Tabela 35.1 – A dieta da pirâmide alimentar (2.000 kcal), de acordo com os grupos de alimentos e o número de porções.

Grupos de alimentos	DIETA (2.000 kcal) porções
Pão, massas, batata, mandioca	6
Verduras e legumes	3
Frutas	3
Leite, queijo, iogurte	3
Carnes e ovos	1
Feijões e oleaginosas	1
Óleos	1
Açúcares	1

Os alimentos dos diferentes grupos estão apresentados na pirâmide, em número de porções, de forma a facilitar não só a transmissão da orientação como também o entendimento por aquele que está recebendo a informação. A porção de alimento expressa a quantidade, na forma em que a pessoa costuma consumir o alimento (unidade, xícaras, fatias, colheres etc.) ou em gramas. Essa quantidade é estabelecida a partir das necessidades nutricionais, das dietas específicas e dos grupos de alimentos. Por exemplo, uma porção do grupo dos pães tem 150 quilocalorias (kcal), e uma porção do grupo das frutas equivale a 70 kcal.

Na base da pirâmide, no grupo dos cereais, representado por alimentos como arroz, pão, massas, batata, mandioca, foram definidas seis porções, o que significa, por exemplo, 4 colheres de sopa de arroz, 4 colheres de sopa de macarrão, 1 pão francês, 2 ½ colheres de sopa de farinha de mandioca, 1 ½ batata cozida e 1 fatia de bolo durante o dia, compondo suas refeições. A mesma metodologia foi adotada para todos os demais grupos da pirâmide.

A apresentação dos alimentos na pirâmide, em grupos e porções, possibilita associar facilmente os alimentos por meio dos nomes populares e das respectivas quantidades das porções (unidades ou medidas usuais de consumo). Por exemplo: grupo das frutas, fonte de vitaminas e minerais: uma laranja, cujo peso médio corresponde a 137g, com 70 kcal.

Os alimentos estão distribuídos na pirâmide em oito níveis, de acordo com o nutriente que mais se destaca na sua composição: arroz, pão, massa, batata, mandioca (fonte de carboidratos); verduras, legumes e frutas (fonte de vitaminas e minerais); carnes e ovos (fonte de proteínas, ferro, vitaminas); feijões e oleaginosas (fonte de proteína vegetal); leites, iogurtes e queijos (fonte de proteínas, cálcio e vitaminas); óleos e gorduras (fonte de gorduras) e açúcares e doces (fonte de carboidratos). Os óleos e açúcares estão no topo da pirâmide, recomendando-se cautela no consumo, pois também estão presentes na composição e na forma de preparar os alimentos.

Para cada um dos níveis da pirâmide foram estabelecidas as porções dos alimentos e os equivalentes em energia (kcal), obtidos do *software* VirtualNutriPlusWEB (Philippi, 2012).

Recomenda-se que os alimentos que pertencem a um grupo não sejam substituídos por alimentos de outros grupos, uma vez que possuem funções diferentes, sendo todos importantes e necessários. Por exemplo: 1 copo de leite que possui 120 kcal equivale a 1 copo de iogurte ou 1 fatia de queijo minas que possuem, aproximadamente, o mesmo total calórico.

Quadro 35.1 – Pirâmide alimentar brasileira: grupo dos alimentos, número de porções e equivalentes.

Grupo do arroz, pão, massa, batata, mandioca: 1 porção = 150 kcal 1 pão francês 1 fatia de pão integral 4 colheres de sopa de arroz ou macarrão 4 biscoitos salgados
Grupo das verduras e dos legumes: 1 porção = 15 kcal 15 folhas de alface ou 2 folhas de acelga 2 colheres de sopa de cenoura ralada 1 tomate
Grupo das frutas: 1 porção = 70 kcal ¾ un. banana nanica 1 fatia de abacaxi ou ¾ copo de suco de laranja 1 maçã
Grupo do leite, queijo e iogurte: 1 porção = 120 kcal 1 copo de leite 1 copo de iogurte 1 fatia de queijo minas
Grupo das carnes e ovos: 1 porção = 190 kcal 1 posta de peixe assado 1 filé de frango grelhado 1 ovo
Grupo dos feijões e oleaginosas = 55 kcal 4 colheres de sopa de feijão 2 colheres de sopa de grão-de-bico 2 unidades de castanha-do-brasil
Grupo dos óleos e gorduras: 1 porção = 73 kcal 1 colher de sopa de óleo de milho 1 colher de sopa de azeite ½ colher de sopa de margarina
Grupo dos açúcares e doces: 1 porção = 110 kcal 1 colher de sopa de açúcar 2 ½ colheres de sopa de mel

Considerando-se o caráter educativo dos guias, tanto o ícone (pirâmide) como as mensagens devem ser simples; isso possibilita um bom entendimento dos conceitos e das recomendações nutricionais pela população, mesmo de diferentes segmentos culturais e socioeconômicos. A pirâmide alimentar precisa ter figuras ilustrativas dos alimentos, os nomes dos grupos dos alimentos e a quantidade das porções. Deve-se evitar a "poluição" da imagem com informações que possam ser veiculadas de outra forma ou em outro local. As demais orientações necessárias, como tabelas de equivalência, exemplos das dietas, modo de preparo dos alimentos, atividade física e outras, podem compor um material complementar à pirâmide.

Visando a complementar as orientações, e com base na pirâmide, foram definidas algumas recomendações básicas para uma alimentação saudável:

- Escolher uma dieta variada, com alimentos de todos os grupos da pirâmide.
- Consumir grãos integrais (arroz, farinha, pães).
- Dar preferência aos vegetais, como frutas, verduras e legumes.
- Consumir alimentos com baixo teor de gordura, dando preferência às gorduras insaturadas (óleo vegetal e margarina), leite desnatado e carnes magras.
- Usar com moderação açúcar, doces, sal e alimentos ricos em sódio.
- Dar preferência aos alimentos em sua forma natural, às preparações grelhadas, assadas e cozidas em água ou vapor, para garantir melhor valor nutritivo.
- Ler os rótulos dos alimentos industrializados para conhecer o valor nutritivo e escolher melhor o alimento que será consumido.
- Se fizer uso de bebidas alcoólicas, faça com moderação.
- Beber, no mínimo, de seis a oito copos de água por dia.
- Mudar gradativamente os hábitos alimentares indesejáveis, pois medidas radicais não são recomendadas.
- Considerar sempre o estilo de vida para atingir o peso ideal: planejar a dieta adequadamente e fazer regularmente atividade física, cerca de trinta minutos ao dia.

As mensagens sobre alimentação no guia devem ser claras, simples e sempre testadas para se conhecer o nível de entendimento das pessoas, respeitando-se as realidades locais, diferenças geográficas, culturais, hábitos alimentares regionais e as especificidades dos grupos a serem atingidos (Philippi, 2008).

A utilização do ícone da pirâmide alimentar tem se apresentado como excelente ferramenta de apoio às atividades de educação nutricional desenvolvidas em grupo ou individualmente, permitindo dinâmicas interativas e de fácil fixação do conteúdo em alimentação. Também apresenta-se como um referencial teórico-prático para o planejamento dietético e para a avaliação nutricional de indivíduos e grupos populacionais.

Figura 35.1 – Pirâmide alimentar.

Fonte: Philippi (2012).

REFERÊNCIAS

[ABIA] ASSOCIAÇÃO BRASILEIRA DAS INDÚSTRIAS DA ALIMENTAÇÃO. *Alimentos geneticamente modificados: segurança alimentar e ambiental.* São Paulo, 2002.

[ANVISA] AGÊNCIA NACIONAL DE VIGILÂNCIA SANITÁRIA. *Manual de orientação às indústrias.* [online]. Brasília (DF), 2001. Disponível em: http://www. anvisa.gov.br/rotulo/manual_industria. Acessado em: 12 maio 2001.

BEZERRA, M.C.L.; VEIGA, J.E. *Agricultura sustentável.* Brasília (DF): Ministério do Meio Ambiente/Ibama, 2000.

COLLI, C.; SARDINHA, F.; FILISETTI, T.M.C.C. Alimentos funcionais. In: CUPPARI, L. *Guia de nutrição: nutrição clínica no adulto*. São Paulo: Manole, 2002. p.55-70. (Guias de Medicina Ambulatorial e Hospitalar)

DIEZ-GARCIA, R.W.; CERVATO-MANCUSO, A.M. *Mudanças alimentares e educação nutricional*. Rio de Janeiro: Guanabara Koogan, 2011.

FISBERG, R.M.; VILLAR, B.S.; COLUCCI, A.C.A. et al. Alimentação equilibrada na promoção da saúde. In: CUPPARI, L. *Guia de nutrição: nutrição clínica no adulto*. São Paulo: Manole, 2002. p.47-54. (Guias de Medicina Ambulatorial e Hospitalar)

MELA, D.J. Food choice and intake: the human factor. *Proc Nutr Soc.*, v.58, p.513-521, 1999.

[MS] MINISTÉRIO DA SAÚDE. Comissão Intersetorial de Alimentação e Nutrição, Coordenação geral da Política de Alimentação e Nutrição. Relatório Final do Seminário Nacional de Alimentação e Nutrição no SUS PNAN 10 anos, junho, 2010.

[MS/ANVISA] MINISTÉRIO DA SAÚDE/AGÊNCIA NACIONAL DE VIGILÂNCIA SANITÁRIA. Resolução n. 18, de 30 de abril de 1999. Aprova o regulamento técnico que estabelece as Diretrizes Básicas para Análise e Comprovação de propriedades funcionais e/ou de Saúde Alegadas em rotulagem de alimentos. Diário Oficial da República Federativa do Brasil, Brasília, 3 de maio de 1999, Seção 1-E, p.11.

PHILIPPI JR, A.; PELICIONI, M.C.F. *Educação Ambiental: desenvolvimento de cursos e projetos*. São Paulo: Signus, 2000.

PHILIPPI, S.T. Guia alimentar para a população brasileira e o uso da pirâmide. In: WAITZBERG, D.L. (org). *Nutrição oral, enteral e parenteral na prática clínica*. 4.ed. São Paulo: Atheneu, 2009, v.1, p. 605-18.

_____. Alimentação saudável e a pirâmide dos alimentos. In: PHILIPPI, S.T. (org.). *Pirâmide dos alimentos: fundamentos básicos da nutrição*. Barueri: Manole, 2008. p.1-30.

_____. Guias alimentares para a população brasileira. In: ASBRAN Artmed/org.). *Programas de Atualização em Nutrição Clínica (Pronutri)*. Porto Alegre: Panamericana, 2012.

_____. *Tabela de composição de alimentos: suporte para decisão nutricional*. 3.ed. São Paulo: Manole, 2012.

_____. *Nutrição e técnica dietética*. 2.ed. São Paulo: Manole, 2006.

_____. *Virtual Nutri Plus WEB (software) Versão 1 Keeple*. São Paulo: s.e., 2012.

PHILIPPI, S.T.; LATTERZA, A.R.; CRUZ, A.T.R. et al. Pirâmide alimentar adaptada: guia para escolha dos alimentos. *Rev Nutr Campinas,* v.12, n.1, p.65-80, 1999b.

PHILIPPI, S.T.; LEAL, G.V.S.; TOASSA, E.C. Programa de atendimento em grupo e prevenção de doenças crônicas não transmissíveis. In: AQUINO, R.C.; PHILIPPI, S.T. (orgs.). *Nutrição clínica: estudos de casos comentados*. Barueri: Manole, 2009.

[REBIDIA] REDE BRASILEIRA DE INFORMAÇÃO E DOCUMENTAÇÃO SO-BRE INFÂNCIA E ADOLESCÊNCIA. *Segurança alimentar: um conceito a ser posto em prática, um direito a ser conquistado.* Curitiba, 2003. Disponível em: http://www.rebidia.org.br/seguralim/conceito.htm. Acessado em: 5 jul. 2003.

RODRIGUES, R.S.M. Alimentos transgênicos. In: GERMANO, P.M.L.; GERMA-NO, M.I.S. *Higiene e vigilância sanitária de alimentos: qualidade das matérias-pri-mas, doenças transmitidas por alimentos, treinamento de recursos humanos.* São Paulo: Varela, 2001. p.515-41.

TORRES, E.A.F.S. *Alimentos do milênio: a importância dos trangênicos, funcionais e fitoterápicos para a saúde.* São Paulo: Signus, 2002.

Educação Ambiental para uma Escola Saudável[1]

36

Maria Cecília Focesi Pelicioni
Assistente social e sanitarista, Faculdade de Saúde Pública – USP

A ESCOLA PROMOTORA DA SAÚDE

O movimento município/cidade saudável não pode prescindir da participação das instituições educativas, reconhecidos espaços de mobilização da comunidade, para atingir os objetivos que se propõe a realizar.

A promoção da saúde no âmbito escolar parte de uma visão integral, multidisciplinar do ser humano, que considera as pessoas em seu contexto familiar, comunitário e social. Procura desenvolver conhecimentos, habilidades e destrezas para o autocuidado da saúde e a prevenção das condutas de risco em todas as oportunidades educativas; fomenta uma análise crítica e reflexiva sobre valores, condutas, condições sociais e estilos de vida, buscando fortalecer tudo aquilo que contribui para melhoria da saúde, da qualidade ambiental e do desenvolvimento humano. Facilita a participação de todos os integrantes da comunidade educativa na tomada de decisões, colabora na promoção de relações socialmente igualitárias entre as pessoas, na construção da cidadania e democracia e reforça a solidariedade, o espírito de comunidade e os direitos humanos (OPS, 1996).

---

[1] Este capítulo foi baseado na tese de livre-docência *Educação em saúde e educação ambiental: estratégias de construção da escola promotora da saúde*, defendida pela autora na Faculdade de Saúde Pública da Universidade de São Paulo, 2000.

Durante algum tempo, a educação na escola centrou a sua ação nas individualidades, tentando mudar comportamentos e atitudes sem, muitas vezes, levar em conta as inúmeras influências provenientes da realidade socioeconômica, política e cultural na qual as crianças estavam inseridas.

É necessário compreender a variedade de fatores que podem afetar a saúde, o meio ambiente e, consequentemente, a qualidade de vida das pessoas. Essas devem ser as bases para que a educação e a promoção da saúde sejam colocadas em prática (Ministerio de Educación, 1995).

O princípio da Organização Mundial da Saúde (OMS), de pensar globalmente e agir localmente, passou também a adequar-se à escola promotora da saúde, levando à adoção de ações necessárias para a promoção da saúde no ambiente escolar e ações de proteção, conservação e recuperação do meio ambiente que a circunda, do bairro em que está inserida, da comunidade, da cidade em que está localizada, e assim por diante.

A motivação das crianças e dos jovens pelos temas ambientais tem se mostrado importante para que o conceito da escola saudável seja implementado, sem tratar a saúde como uma questão unicamente individual, mas como resultante de um meio ambiente saudável, biofísico e social.

Cada vez mais tem sido aceito que crianças saudáveis aprendem melhor e que professores saudáveis ensinam melhor. No entanto, a escola promotora da saúde não pode ser vista apenas como um sistema muito eficiente para produzir educação, mas como uma comunidade humana que se preocupa com a saúde de todos os seus membros: professores, alunos e pessoal não docente, incluindo todos os que se relacionam com a comunidade escolar e com a qualidade do meio em que vivem. Dessa forma, todas as escolas podem, potencialmente, promover a saúde e a proteção do meio ambiente.

A escola saudável deve, então, ser entendida como um espaço vital gerador de autonomia, participação, crítica e criatividade, para que o aluno tenha a possibilidade de desenvolver suas potencialidades físicas, psíquicas, cognitivas e sociais (WHO/Europe, 1995).

Mediante a criação de condições adequadas para a construção do conhecimento, recreação, convivência e segurança, e apoiada pela participação da comunidade educativa, poderá favorecer a adoção de estilos de vida saudáveis e condutas de proteção ao meio ambiente, de acordo com a Secretaria Distrital da Saúde de Santa Fé de Bogotá, mas, além disso, deve principalmente contribuir para a formação de cidadãos críticos e aptos para lutar pela transformação da sociedade e pela melhoria das condições de vida de todos.

A ideia de uma escola que seja promotora da saúde é o reconhecimento implícito de que a educação em saúde e ambiente não se faz somente por meio do currículo explícito, como parte do programa escolar, mas a partir de ações pedagógicas, de prevenção e promoção da saúde e conservação do meio ambiente dirigidas à comunidade, bem como pelo apoio mútuo entre a escola, as famílias e a comunidade, a partir do conceito ampliado de educação. No entanto, se o que se ensina não tiver como base os valores e a prática diária das escolas ou da comunidade, as mensagens se enfraquecerão e não alcançarão seus objetivos. Para se levar a proposta da escola promotora da saúde à frente, deve-se dar atenção à forma como se ensina e se participa da vida da escola.

Teoricamente, as escolas promotoras da saúde são aquelas que contam com um edifício seguro e confortável, com água potável, instalações sanitárias adequadas e atmosfera psicológica positiva para a aprendizagem; são aquelas que possibilitam um desenvolvimento humano saudável, estimulam relações humanas construtivas e harmônicas e promovem atitudes positivas, conducentes à saúde (OPS, 1998). Na prática, entretanto, nem sempre isso ocorre.

Uma parte significativa da função dessas escolas é oferecer conhecimentos e competências que promovam o cuidado da própria saúde e ajudem a prevenir comportamentos de risco e gerar aqueles que impeçam a degradação ambiental. Esse enfoque facilita o trabalho conjunto de todos os integrantes da comunidade educativa, unidos sob um denominador comum: melhorar a saúde e a qualidade de vida das gerações atuais e futuras.

As escolas não podem ser mudadas da noite para o dia, mas é preciso ser constante no trabalho empreendido. As pequenas mudanças vão se somando e, aos poucos, transformam-se em grandes mudanças.

Três tarefas a serem realizadas são muito importantes e servem como ponto de partida para o processo:

- Desenvolver um plano escolar de educação e promoção da saúde e educação ambiental que inclua:
  - O desenho de um currículo especial flexível, de forma que os temas saúde e meio ambiente, ensinados transversalmente, respondam às necessidades específicas dos alunos daquela localidade.
  - A capacitação dos docentes e demais funcionários da escola nos objetivos, conteúdos e métodos da educação e da promoção da saúde e da educação ambiental.

- O desenvolvimento de um sistema de valores coerente com o conceito de escola promotora da saúde, de forma a contribuir para a criação e a execução de políticas públicas adequadas.

- Estabelecer uma relação estreita com as famílias, procurando:
  - Consultar os pais sobre assuntos de particular interesse e relevância, principalmente os relacionados com as áreas de saúde e meio ambiente.
  - Informar sobre as finalidades e objetivos que a escola pretende atingir.
  - Envolver os pais no processo de ensino-aprendizagem de seus filhos, utilizando materiais e estratégias cuidadosamente preparados que possibilitem o diálogo, assim como a realização de atividades conjuntas.

- Integrar a escola com a comunidade, de modo a:
  - Incluir o pessoal dos serviços de saúde e de meio ambiente locais no planejamento e na execução de programas escolares para a promoção e educação em saúde e educação ambiental, e nas ações preventivas a serem desenvolvidas a partir da escola.
  - Divulgar o trabalho escolar na comunidade, contatar pessoas para troca de experiências.
  - Mobilizar recursos que existam na comunidade.
  - Envolver o pessoal não docente, porteiros, merendeiras, os agentes comunitários e as lideranças locais.

A aquisição de conteúdos relativos à saúde e ao meio ambiente, o ensino de procedimentos e a formação de valores são essenciais para preparar os alunos para a tomada de decisões racionais e efetivas para a manutenção de uma vida saudável. Assim, é necessário não apenas oferecer informações verdadeiras, atuais e confiáveis, mas promover um processo de assimilação dessas informações.

Qualquer conhecimento será mais facilmente incorporado se for resultado de discussões sobre questões solucionadas pelos próprios estudantes e sobre as ações por eles sugeridas. Isso vai permitir que os alunos passem a se responsabilizar e a viver essa experiência. Por essa razão, é preciso enfatizar os enfoques de ensino que se baseiem na participação dos estudantes como sujeitos ativos da sua aprendizagem, requisito imprescindível para a construção de conhecimentos.

A informação, por si só, não leva as pessoas a adotarem estilos de vida saudáveis, a lutar pela melhoria de suas condições de vida e do meio ambiente, ou a modificar práticas que conduzam à doença. A informação é um aspecto imprescindível da educação, mas deve permitir a promoção de aprendizagens significativas para que funcione.

As atividades das escolas promotoras da saúde se orientam para a formação de jovens com espírito crítico, capazes de refletir sobre os valores, a situação social e os modos de vida que favoreçam a saúde, o desenvolvimento humano e mantenham íntegro o meio ambiente (Pelicioni e Torres, 1999).

O desafio da educação, então, é o de propiciar bases para compreensão da realidade, a fim de que se possa transformá-la.

Segundo Focesi (1990, p.19), a função da escola é principalmente criar condições para que o escolar realmente esteja motivado a se educar, colaborando no desenvolvimento de capacidades que lhe permitam atuar como cidadão na luta para a transformação e melhoria de vida.

Os programas de saúde escolar, muitas vezes, têm falhas e carências, não se adequando às prioridades e oportunidades concretas de cada escola. É preciso, portanto, que essas instituições elaborem planos de estudo de acordo com as necessidades locais existentes, que contem com professores capacitados e atentos e com serviços de apoio adequados, além de um processo de ensino-aprendizagem que ocorra em ambiente saudável e motivador (Pelicioni e Torres, 1999).

As áreas de educação, saúde e meio ambiente devem fortalecer-se mutuamente, não somente no ensino formal, mas, também, no ensino informal, podendo atuar como uma poderosa força para promover essas ideias.

A saúde é o resultado das condições de vida, dos cuidados que cada pessoa dispensa a si mesma e aos demais, da capacidade de tomar decisões e de controlar a própria vida e da garantia de que seja oferecida a todos os membros da sociedade a possibilidade de usufruir um bom estado de saúde e de ter acesso aos serviços de saúde e às formas de prevenção já existentes.

De acordo com a Carta de Ottawa (Ministério da Saúde, 1996), resultante da I Conferência Internacional sobre Promoção da Saúde, realizada no Canadá, a saúde se cria e se vive no dia a dia dos centros de ensino, trabalho e lazer.

Assim, a escola é um espaço importante de ensino-aprendizagem, convivência e crescimento, onde se adquirem valores vitais fundamentais.

É o lugar ideal para desenvolver programas de promoção e educação em saúde e de educação ambiental, de amplo alcance e repercussão, já que exerce uma grande influência sobre as crianças e adolescentes nas etapas formativas mais importantes de suas vidas.

É nas idades pré-escolar e escolar que as crianças adquirem as bases de seu comportamento e conhecimento, o senso de responsabilidade e a capacidade de observar, pensar e agir.

A partir desse período, a criança adota hábitos higiênicos que duram por toda a vida; descobre a potencialidade de seu corpo e desenvolve habilidades e destrezas para cuidar de sua saúde e do meio ambiente e colaborar no cuidado de sua família e comunidade. Isso mostra a importância de elaborar um novo modelo conceitual que, ampliando a ideia da educação básica, inclua, como valores fundamentais, as noções e as habilidades relacionadas com o cuidado da saúde pessoal e o ensino da convivência harmônica, bem como o respeito aos valores e às formas de vida diferentes dos seus e ao meio.

Uma parte essencial desse processo é o reconhecimento de que existe uma grande diversidade de enfoques para tratar os problemas, sendo necessário analisar as circunstâncias em que ocorrem e procurar solucioná-los de forma participativa e democrática.

Esse novo modelo educativo deve alcançar todos, igualmente, sem exclusão de raça, sexo, deficiência física ou mental, situação econômica ou localização geográfica, procurando reduzir as desigualdades de acesso que existem.

Cada escola é uma combinação particular de elementos físicos, culturais, emocionais e sociais que lhe outorgam um caráter especial e que definem o processo de ensino-aprendizagem a ser desenvolvido, determinando a qualidade da educação que se pretende (Pelicioni e Torres, 1999).

A função das escolas promotoras da saúde não se limita aos aspectos preventivos, pois deve também estabelecer um sistema de referência para atendimento de casos de doenças, fazendo alianças com as famílias, a comunidade e o setor público, colocando em prática estratégias comuns.

É igualmente importante considerar que a preocupação com o meio ambiente deve ultrapassar, como já foi dito, os aspectos físicos e os limites da escola, assim como o seu entorno, incluindo os problemas regionais, nacionais e globais que interferem, e muito, na qualidade de vida de cada cidadão.

As técnicas preferidas para atingir os objetivos da escola saudável são as participativas, que envolvem discussões em grupo, estudo de caso e projetos de trabalho comunitário, entre outros, que vão além do âmbito da sala de aula e que implicam necessariamente a integração da escola com os serviços de saúde e de meio ambiente.

Enfim, uma escola promotora da saúde pretende prevenir enfermidades físicas e mentais, produzir maior rendimento escolar, fomentar adequadas relações interpessoais na comunidade educativa, contribuir para que o meio ambiente se torne agradável e saudável e reduzir os gastos sociais e econômicos no sistema educativo. Mas, além disso, e principalmente, a proposta das escolas saudáveis é formar gerações de cidadãos éticos, com conhecimentos, habilidades e destrezas necessários para promover e cuidar de sua saúde, sua família e comunidade, assim como criar e manter ambientes de vida, estudo e convivência saudáveis (OPS, 1996).

Tem sido sempre enfatizada a necessidade de dar um enfoque integral e utilizar estratégias mais inovadoras que correspondam a novas dinâmicas sociais, políticas e econômicas, entre as quais, investir na capacitação e na atualização dos professores, alunos, pais e comunidade; organizar os serviços de saúde de acordo com as reais necessidades e interesses da população escolar, promover hábitos saudáveis, alimentação nutritiva nas cantinas escolares e usar metodologias educativas dirigidas para a formação de novas habilidades e destrezas, transformando a vida escolar em uma oportunidade para o desenvolvimento humano, a paz e a equidade (OPS, 1996).

A implementação de uma iniciativa de promoção da saúde no âmbito escolar, nos moldes da escola promotora da saúde, possibilitará detectar e oferecer assistência às crianças e aos jovens, evitando que continue aumentando o número de estudantes que adquirem condutas de risco para a saúde, como hábito de fumar, consumo de bebidas alcoólicas e abuso de substâncias aditivas, doenças de transmissão sexual e gravidez precoce. Fenômenos como a exploração do trabalho infantil (o que provoca a evasão escolar), o *bullying* e a violência, que se tornam crescentes em muitas cidades do continente americano, podem ser prevenidos com ações que gerem, nas escolas e a partir delas, condições para a convivência, sem discriminação, por meio da promoção de relações harmônicas entre os gêneros e a partir da resolução e do gerenciamento de conflitos.

Desse modo, a promoção da saúde no âmbito escolar é uma prioridade impostergável. Assegurar o direito à saúde, ao meio ambiente saudável e à educação na infância é responsabilidade de todos, e cada sociedade deve investir de forma a gerar, por meio da capacidade criadora e produtiva dos jovens, um futuro social e humano sustentável.

A EDUCAÇÃO CONTINUADA NA ESCOLA PROMOTORA DA SAÚDE

A formação, assim como a capacitação e a atualização de docentes por meio de uma educação continuada, são os fatores mais importantes para o sucesso de um programa de implementação da escola promotora da saúde.

É importante contar, para isso, com a participação das universidades, das instituições responsáveis pela formação de professores e organizações não governamentais (ONG). Nos programas de capacitação devem-se utilizar métodos práticos e interativos e incluir experiências de campo, além de possibilitar os conhecimentos necessários para o desenvolvimento profissional.

É necessário preparar professores para que sejam capazes de levar a cabo, de forma adequada e eficaz, a educação em saúde e ambiental nas escolas; dar apoio técnico às suas instituições formadoras, a fim de garantir o desenvolvimento de recursos humanos inovadores; promover a investigação da realidade e avaliar o processo e o impacto das ações educativas no âmbito escolar, verificando se os objetivos propostos para transformar a instituição em uma escola saudável e promotora da saúde para a comunidade estão realmente sendo atingidos (OPS, 1998).

A pesquisa científica, desenvolvida pelos próprios educadores, é fundamental para garantir um planejamento pedagógico que atenda às necessidades reais dos alunos.

De acordo com a Organização Pan-Americana da Saúde (OPS, 1998, p.14), as investigações devem centrar-se nos seguintes temas:

- Diagnóstico da situação de saúde das comunidades, dos sistemas educacionais e sanitários do ambiente (das escolas e da qualidade dos serviços de saúde) e das condições de saúde de crianças e adolescentes, assim como de seus conhecimentos, práticas e valores relacionados à saúde.
- Desenvolvimento de instrumentos que permitam traçar um diagnóstico rápido dos comportamentos de risco, de acordo com cada grupo etário.
- Estudo do impacto das ações desenvolvidas.

Se a participação de estudantes nas investigações enriquece o seu conhecimento, da mesma forma, sempre que possível, é interessante incluir os pais e professores nessa atividade.

Os resultados obtidos podem ajudar a colocar as áreas da educação em saúde e ambiente na agenda governamental e a fortalecer o apoio da comunidade para as metas pretendidas no âmbito escolar.

Quando se pretende formar crianças, como cidadãos e cidadãs capazes de se realizar como pessoas, mas, também, como seres sociais que se identificam com o seu grupo em um dado contexto histórico, percebe-se que os desafios são muito grandes. As dificuldades também aparecem na hora de decidir sobre o conteúdo de um programa disciplinar que considere as necessidades ou os problemas a serem enfrentados pelos alunos, ou sobre quais valores, atitudes e comportamentos devem ser estimulados para permitir que convivam harmoniosamente com pessoas diferentes em raça, crença, religião, orientação sexual e ideia.

Para Alonso (1999, p.10),

> esse é o grande paradoxo com o qual os educadores se defrontam por causa de sua frágil e ultrapassada formação [...] o maior problema talvez seja a sua visão um tanto idealista, ou mesmo ingênua do trabalho educativo, uma ideia que tem pouco a ver com a realidade de nossos dias e com as dificuldades próprias da situação de ensino, que nos dias atuais se tornaram muito maiores.

Segundo a autora, os professores se veem diante de uma situação totalmente nova e, ainda que reconheçam a necessidade de redimensionar o seu trabalho e buscar novas bases para o ensino, encontram-se despreparados, mal informados e sem condições de sozinhos enfrentarem tantos desafios.

A função da escola na sociedade contemporânea, além do desenvolvimento pessoal dos alunos, é prepará-los para a vida em comum, ou seja, para a sua socialização e trabalho, tornando-os aptos a compreender a dinâmica da sociedade e conseguir desenvolver mecanismos efetivos de participação social.

Nesse período de transição pelo qual a sociedade está passando, debates nacionais e internacionais têm sido realizados a respeito da concepção da educação, da função da escola, da relação entre o conhecimento escolar e da vida sociocultural, do perfil e do trabalho profissional do professor.

Um novo papel do professor está sendo "gestado a partir de novas práticas pedagógicas, da atuação da categoria e da demanda social" em diferentes instituições (Laranjeira et al., 1999, p.18).

Entretanto, apesar dos avanços, do empenho e das experiências existentes, segundo esses autores, ainda há uma grande distância entre o conhecimento e a prática da maioria dos professores em exercício e as novas concepções de trabalho e de escola que esses movimentos vêm produzindo. Desse modo, é preciso "construir pontes" entre a realidade das práticas educativas e o que se pretende realizar. Isso não está ocorrendo apenas no Brasil.

A competência profissional exige mudanças estratégicas no sistema e nas práticas de formação, incluindo a organização das instituições formadoras, a metodologia que orienta os processos formativos, a definição dos conteúdos e a formação dos formadores de professores (Bicudo e Silva Jr., 1999, p.19).

Se a escola, enquanto instituição, não cumpre seu papel de preparar os indivíduos como atores sociais, toda a sociedade se ressente. Assim, a formação dos professores precisa assumir a realidade inteira, sem parcelamento, desenvolvendo todos os segmentos sociais.

O ensino teórico deve partir dos problemas reais, considerando que os alunos vêm de estratos variados e sofrem influências culturais diferentes.

Para Habermas (1993), o paradigma positivista da ciência tem negado a reflexão do sujeito que conhece. No entanto, é preciso ter uma atitude teórica baseada em uma ciência capaz de refletir sobre si própria e, ao mesmo tempo, retraduzir, em termos de referências práticas para a vida social, a realidade por ela objetivada e manipulada.

De acordo com Paulo Freire (apud Serbino et. al., 1998), é importante teorizar a prática e construir a teoria, procurando articular teoria e prática, o saber e o fazer, o ensino e a pesquisa. Somente assim, a educação poderá assumir um papel ativo na aprendizagem coletiva e na potencialização do desenvolvimento do conhecimento.

As mudanças decorrentes de todos os níveis e tipos de atividades de nossa época também repercutem na educação. Há novas formas de saber e de cultura aparecendo. Isso vai transformando o homem e, ao mesmo tempo, vai transformando sua realidade.

Assim, torna-se urgente revisar as práticas que têm caracterizado a formação dos professores, a fim de prepará-los para um mundo que está por vir, no qual as formas de pensar estão harmoniosamente relacionadas com a afetividade e são consideradas mais importantes que os conteúdos; em que é preciso superar a ação autoritária na educação.

Laranjeira et al. (1999, p. 21) reafirmam essas ideias e consideram que a escola, ao assumir compromissos em favor da cidadania e da democracia, torna-se responsável por criar condições para que todos os alunos desenvolvam suas capacidades, adquiram subsídios necessários para compreender a realidade e atuar sobre ela e sejam capazes de participar de relações sociais cada vez mais amplas e diversificadas. Para esses autores, "a defesa de uma educação escolar de qualidade é, portanto, a defesa do direito de todo brasileiro ao desenvolvimento de suas capacidades cognitivas, afetivas, físicas, éticas, estéticas, de inserção social e de relação interpessoal".

Atingir esses objetivos implica investir tanto em recursos materiais – em construção, melhoria e manutenção de creches e escolas – como também na formação continuada dos profissionais, dos quais depende a educação brasileira, o que se constitui, sem dúvida, em uma das mais importantes entre as políticas públicas para a educação. Desse modo, se, por um lado, isso é insuficiente para garantir uma aprendizagem escolar de melhor qualidade, por outro, é condição *sine qua non*.

No Brasil e em vários outros países da América Latina, a preparação para o exercício do magistério tem características similares, principalmente em relação à inexistência de um sistema articulado de formação inicial e continuada. Isso tem conduzido às práticas compensatórias de formação em serviço que assegurem o desenvolvimento de diferentes competências profissionais, na tentativa de cobrir parte da ineficácia dos cursos de formação inicial (Bicudo e Silva Jr., 1999; Queluz e Alonso, 1999; Serbino et al., 1998).

A formação, como processo contínuo e permanente de desenvolvimento, implica ensinar a aprender, como foi dito anteriormente, mas também que o professor tenha disponibilidade para essa aprendizagem e o sistema escolar dê condições para que, como profissional, ele continue aprendendo.

A educação continuada não é eventual nem apenas um instrumento destinado a suprir deficiências de uma formação inicial de baixa qualidade, mais do que isso, deve fazer parte integrante do exercício profissional do professor.

Conforme Bicudo e Silva Jr. (1999, p. 28), a formação continuada nas escolas de educação básica (de educação infantil, ensino fundamental, educação de jovens e adultos) pode acontecer tanto no trabalho sistemático, dentro da escola, como fora dela, mas sempre com repercussão em suas atividades.

O desenvolvimento das competências necessárias ao exercício profissional requer atitudes investigativas e reflexivas que constituam instrumentos para a construção de conhecimento das pessoas [...] [Isso só é obtido] por meio da prática do questionamento, da argumentação, da fundamentação, do manejo crítico e criativo da informação disponível, entre outros procedimentos.

É no contato direto com os alunos que os professores redefinem o seu conhecimento e transformam as ideias em ação, conferindo-lhes um significado.

Para Queluz e Alonso (1999, p.15-6), o professor necessita de muito mais do que a intuição para proceder à reflexão sobre a sua prática,

ele precisa estar mais preocupado com o aluno do que com o conhecimento a ser transmitido, com suas reações frente a esse conhecimento, com os seus propósitos em termos de ensino e aprendizagem e estar consciente de sua responsabilidade nesse processo [...]. O professor terá de se colocar em uma posição de pesquisador (deixando de lado a sua participação como ator do processo), que busca compreender e analisar os fenômenos que observa, com o objetivo de encontrar não só respostas às perguntas que ele se faz e possíveis encaminhamentos, como também soluções para as dificuldades constatadas.

De acordo com esses autores, a prática reflexiva tem sido amplamente estudada e é hoje uma das proposições mais aceitas em termos de formação de professores, principalmente quando tomada em confronto com as condições sociais efetivas em que se dá o trabalho educativo.

A formação para a prática reflexiva implica, necessariamente, educação política.

Política, aqui, é entendida como uma "posição ideológica a respeito dos fins do Estado" (Ferreira 1995, p.515), ou seja, um sistema de regras que diz respeito à direção dos negócios públicos.

A educação política prepara o cidadão para dizer como o Estado deve se conduzir em relação a determinadas questões: econômicas, sociais, de saúde, ambientais, entre outras. Leva as pessoas a se posicionarem para dizer como elas querem que a sociedade seja, já que o Estado é o regulador das relações sociais e tem como atribuições garantir direitos e deveres. Assim, a educação política cria condições para que as pessoas possam se mobilizar diante de questões fundamentais, por exemplo, reinvindicando um Estado mais ou menos intervencionista.

OBJETIVO

Reconhecendo a necessidade crescente de envolvimento da área da saúde pública com as questões ambientais e objetivando a melhoria das condições de vida e a criação de novas perspectivas intersetoriais de políticas saudáveis, decidiu-se desenvolver ações de capacitação junto ao sistema oficial de ensino do Município de Vargem Grande Paulista, a pedido da Secretaria da Educação. Buscou-se promover a educação em saúde e ambiental articuladas com outros projetos, a fim de contribuir para tornar as escolas municipais cada vez mais saudáveis.

Identificados os recursos humanos que seriam convidados a participar e as escolas-piloto em que a proposta seria iniciada, definiram-se as datas possíveis para o desenvolvimento de uma capacitação, considerada necessária para e pelos professores. Cinco escolas foram selecionadas, tendo em vista o critério de polo difusor, já que se situavam em pontos estratégicos do município, para facilitar a multiplicação das ideias para as escolas próximas. A população-alvo foi, portanto, constituída por professores provenientes dessas escolas da Secretaria Municipal de Vargem Grande Paulista.

METODOLOGIA DE TRABALHO

Realizou-se um levantamento para investigar os conhecimentos, as necessidades, os interesses, as dificuldades, as percepções e as práticas dos professores que aderiram ao projeto. Para isso, foi então utilizado um estudo baseado em um modelo pré-experimental, de acordo com a classificação de Campbell e Stanley (1979), que pressupõe a realização de um pré e um pós-teste para comparar a situação inicial e final, por meio de mensuração quantitativa e análise qualitativa.

O instrumento de investigação dos dados foi um questionário, contendo perguntas abertas e fechadas sobre as áreas de educação, saúde e meio ambiente, seguido da técnica de grupo focal. O questionário utilizado com os professores continha questões que visavam a caracterizar seu perfil: idade, sexo, tempo de serviço, local de moradia, suas aspirações profissionais; e incluíram, ainda, suas percepções sobre a nova proposta dos parâmetros curriculares nacionais (PCN) e a possibilidade de sua implementação.

O grupo focal, técnica de pesquisa quantitativa que utiliza sessões grupais, é um dos fóruns facilitadores da expressão de percepções, crenças, valores e atitudes sobre uma questão específica (Iervolino e Pelicioni, 1998).

Após a conclusão do diagnóstico situacional, de características qualiquantitativas, em função dos instrumentos utilizados, tornou-se evidente a necessidade de capacitação dos professores envolvidos, nas áreas de educação, saúde e com ênfase maior para a área ambiental. Iniciou-se, então, a implementação de um processo de educação continuada junto a professores e coordenadores pedagógicos da Secretaria Municipal de Vargem Grande Paulista nas áreas de educação, saúde, meio ambiente e em metodologia de pesquisa como estratégia de construção da escola promotora da saúde.

O DESENVOLVIMENTO DO PROCESSO DE EDUCAÇÃO CONTINUADA EM VARGEM GRANDE PAULISTA

O processo teve, na sua primeira etapa, em 1998, a duração de um ano, com atividades de capacitação teórica e prática sobre temas na área de saúde e na área de meio ambiente.

Esses temas foram selecionados e priorizados pelos próprios professores, com apoio da equipe da Faculdade de Saúde Pública da Universidade de São Paulo, de acordo com as necessidades identificadas no levantamento dos educadores ou em sugestões baseadas em interesses por eles expressos.

Após um ano, na segunda etapa, com a mesma metodologia usada para o diagnóstico inicial, avaliou-se o trabalho, aplicando novamente os mesmos questionários, complementados com grupos focais para aprofundar e compreender melhor os resultados obtidos que indicaram a necessidade de continuar o processo educativo nas áreas de saúde e meio ambiente.

Com a aprovação, ao final de dezembro de 1998, do projeto de capacitação enviado para a Fundação de Amparo à Pesquisa do Estado de São Paulo (Fapesp), e consequente financiamento, oportunizando concessão de bolsas por um ano aos professores interessados, começou o processo de capacitação teórica e prática em metodologia de pesquisa qualitativa e quantitativa.

No segundo semestre, o investimento em capacitação foi contínuo, envolvendo todo o professorado da rede municipal. Nessa ocasião, os professores participantes passaram a divulgar, como multiplicadores, as informações adquiridas para os outros professores do município, que não faziam parte do grupo inicial.

Procurou-se conseguir livros, que foram oferecidos para a formação de uma pequena biblioteca para uso dos professores, dos quais muitos artigos foram selecionados para discussão em grupo, foi-lhes dado, também, um microcomputador e uma impressora.

Quando a capacitação ocorria aos sábados e domingos, a Secretaria da Educação oferecia almoços comunitários, o que permitia intensificar as relações interpessoais, tanto entre os professores quanto entre estes e a equipe da faculdade. Ao final de cada semestre, realizavam-se avaliações do trabalho.

A capacitação em pesquisa foi realizada usando como referência diferentes autores, assim mesmo, optou-se por escrever um texto de apoio resumido, utilizando uma linguagem mais clara para reforço das ideias que haviam sido construídas nas reuniões.

RESULTADOS DO PROCESSO DE EDUCAÇÃO CONTINUADA

O diagnóstico preliminar mostrou que:

- A maioria dos professores era constituída por mulheres. Os professores se encontravam na faixa etária de 19 a 25 anos (55%); 20% estavam entre 26 e 32 anos de idade, os demais tinham de 33 a 54 anos.

- O grupo era constituído por pessoas formadas entre 1 e 30 anos, sendo pouco mais da metade formada entre 6 e 8 anos. Em relação ao exercício profissional, havia professores que estavam trabalhando há apenas 1 ano, e outros há 18 anos; pouco mais da metade trabalhava na profissão há menos de 6 anos.

- Quanto à formação acadêmica, apenas três participantes haviam concluído a graduação. Todos declararam ter feito cursos de capacitação promovidos pela Secretaria Municipal de Educação de Vargem Grande Paulista.

- Os maiores problemas da escola, por eles citados, foram: o fato dos alunos serem carentes; o analfabetismo dos pais; a falta de saneamento básico, principalmente de água; dificuldade de acesso e a falta de espaço para a recreação.

- Entre os problemas do bairro no qual a escola se localiza, os mais citados foram: a questão da falta de saneamento básico, principalmente água e esgoto a céu aberto, além de lixo jogado pela rua e falta de asfalto; a precariedade do atendimento do posto de saúde, do transporte urbano; e o desemprego e a violência.

- Entre os problemas ambientais da cidade, foram citados, mais uma vez, a ausência de saneamento básico, a coleta de lixo irregular, as áreas verdes usadas como lixão, a poluição dos rios, o desmatamento e as enchentes. Destacaram, ainda, a desinformação da população e dos políticos e a saída da cidade da área de proteção ambiental, o que não deixa de ser consequência da desinformação dos moradores.

- A percepção dos maiores problemas ambientais do Estado de São Paulo reproduz a situação já citada anteriormente em relação ao município: a poluição, os loteamentos clandestinos, o desmatamento, a falta de preservação e de saneamento básico, a destruição da Mata Atlântica. Quanto aos problemas ambientais do Brasil, além dos já citados, incluíram ainda: a falta de moradia, as secas, a saúde precária e a destruição da Floresta Amazônica.

- Com relação à saúde, predominava a ideia de que saúde é ausência de doença, ou bem-estar físico, mental e social, ou, ainda, corpo em ótimo funcionamento, corpo saudável, livre de qualquer problema.

- A educação em saúde na escola apareceu relacionada a noções básicas de higiene transmitidas com a função de educar os alunos para obter saúde, mudando comportamentos, com forte conotação de vigilância das ações. Isso acabava por dar origem a ações de educação em saúde punitivas. Os pais eram considerados ignorantes e culpabilizados pelas intercorrências que as crianças apresentavam. As atividades educativas eram realizadas exclusivamente por meio de conversas com os alunos. A situação socioeconômica, política e cultural e sua influência sobre as crianças e suas famílias não eram levadas em consideração.

- Alguns professores, que já haviam sido capacitados por profissionais do município ou do estado, tinham uma visão um pouco mais ampla de educação em saúde ligada a *screening* visual e auditiva, e a outras formas de prevenção, tais como aplicação de flúor e escovação de dentes, campanha de vacinação, entre outras.

- Todos concordavam sobre a importância de trabalhar educação em saúde na escola para prevenir doenças e viver melhor.

- Houve algumas queixas em relação ao fato de que os professores não conseguiam trabalhar as questões de saúde de forma integrada com os outros profissionais da escola, não se referindo, porém, aos profissionais de saúde de unidades básicas próximas.

- Mais de 50% dos professores disseram que os alunos apresentavam problemas em sala de aula ligados a: desnutrição, falta de higiene, falta de interesse, desânimo, resfriado, preguiça, febre, vômito, mal-estar, problemas de dicção e audição, palidez, vermes, falta de orientação dos pais, absenteísmo. Nesses casos encaminhavam para atendimento nas Unidades Básicas de Saúde (UBS) – (Secretaria Municipal de Saúde), sem se preocupar com o controle sistemático dessas intercorrências.

- Os mais antigos na função consideravam-se preparados para observar as crianças e conheciam a rotina para encaminhamento aos serviços de saúde.

- Metade dos respondentes não conseguia identificar situações de risco nas suas escolas, embora estas tivessem sido documentadas por meio de algumas fotografias feitas na ocasião. De maneira geral, não percebiam a prevenção de acidentes como parte integrante da educação em saúde dos alunos nem como responsabilidade da equipe da escola, mesmo tendo citado algumas ocorrências com os alunos.

- Relataram grande dificuldade e medo diante dessas ocorrências e sentiam-se despreparados para lidar com elas. A única unidade de atendimento de emergência da cidade de Vargem Grande Paulista ficava distante e nas UBS nem sempre contavam com a presença de profissionais qualificados.

- Em relação à saúde ocular, achavam que a detecção precoce de sinais e sintomas, bem como os testes de acuidade visual de Snellen deveriam ser feitos por profissionais da UBS, por representar para eles uma sobrecarga de trabalho.

Conforme relatado anteriormente, depois de um ano de trabalho utilizou-se o mesmo questionário e novo roteiro de grupo focal, para avaliação diagnóstica da capacitação dos profissionais e aprofundamento dos resultados obtidos.

Nessa nova avaliação, a descrição dos maiores problemas das escolas na qual trabalhavam foi mais rica do que na primeira fase, incluindo detalhes relacionados aos temas discutidos ao longo da capacitação. Citaram, por exemplo, o espaço inadequado para atividades pedagógicas e de lazer, o armazenamento precário do lixo, o fato de o banheiro ser comum às crianças e aos adultos da escola, situações de risco de acidentes (barranco, escadas), merenda mal preparada, falta de água constante, falta de especialistas e/ou de capacitação para lidar com as crianças especiais e falta de interação entre os funcionários que trabalhavam na escola.

- Entre os maiores problemas do bairro relatados, quase todos se mantiveram iguais, tendo sido acrescentados: a pobreza, a falta de infraestrutura urbana, telefone e iluminação pública e vandalismo.

- Os problemas ambientais da cidade tiveram como acréscimo: as queimadas, falta de áreas de lazer, a manutenção da saúde e a falta de preservação das áreas verdes, além dos anteriormente descritos. Os maiores problemas ambientais de São Paulo foram descritos também da mesma forma, tendo sido incluídos, novamente, as queimadas, as enchentes, o lixo e a ausência de ações preventivas de saúde, situações acompanhadas no dia a dia diretamente ou por meio de divulgação dos órgãos de comunicação.

- Ao citarem os problemas ambientais do Brasil nessa segunda fase, os professores só acrescentaram o lixo, demonstrando uma ampliação de visão para uma questão vista anteriormente apenas como local.

- Mais da metade dos professores continuaram a achar que os políticos não têm preocupação, nem interesse em resolver os problemas citados, no entanto, entendiam que os cursos de capacitação oferecidos aos professores constituíam uma ação positiva das autoridades.

- Com relação ao conceito de saúde, passou a ser encarado de forma ampliada, dependente de uma somatória de fatores palpáveis e concretos relacionados à melhoria da qualidade de vida e ao atendimento às necessidades básicas do ser humano. A educação em saúde passou a ser vista como parte de um processo planejado, que conduz ao controle da própria saúde pelo indivíduo e capacita para sua manutenção, promoção e prevenção de doenças. Apenas um dos professores ainda não estava realizando atividades de educação em saúde na escola, os demais citaram que, além da higiene, estavam trabalhando alimentação saudável, prevenção de acidentes e riscos à saúde, cuidados com o patrimônio público, com o meio ambiente e o incentivo à imunização.

- A grande diferença na segunda fase, em relação à educação em saúde, é que houve um amadurecimento em relação ao tema, percebendo que não é possível conseguir realizar um bom trabalho na escola promotora da saúde sem envolver os pais e a comunidade nesse processo.

- Aqueles que estavam atuando há mais tempo na rede municipal de ensino consideravam que educação em saúde implica necessariamente trabalhar com higiene, teste de acuidade visual, teste fonoaudiológico, aplicação de flúor e escovação de dentes, campanhas de vacinação, ou seja, com ações de saúde que eram desenvolvidas em programas de saúde escolar de outros municípios do Estado de São Paulo há muito tempo. Isso mostrou a necessidade de investir em uma construção mais intensa dos princípios e das ideias que embasam a concepção de escola promotora da saúde, sem minimizar a necessidade de realizar ações preventivas já incorporadas.

- Na primeira fase, os professores não realizavam nem registravam a observação feita sobre sinais, sintomas e alteração de comportamentos dos alunos, no entanto, na segunda fase, isso passou a ocorrer.

- Com a integração realizada pelo grupo de trabalho da faculdade com os profissionais da Secretaria da Saúde de Vargem Grande Paulista e os das escolas, e a partir das orientações recebidas, os participantes mais bem capacitados para realizar encaminhamentos dos escolares às UBS passaram a ter um retorno sobre os casos atendidos, o que antes não ocorria. Esses profissionais passaram também a contribuir sistematicamente na capacitação dos temas sobre saúde, tendo o grupo passado a contar, para isso, com a participação de uma médica da Secretaria Municipal de Vargem Grande Paulista.

- Um quarto dos professores não tinha conseguido ainda identificar situações de risco de acidentes para as crianças, os professores e os funcionários na escola, o que era bastante preocupante, pois essa identificação já poderia ter minimizado grandes agravos. Isso implicou visitas e atenção especial do grupo de trabalho a essas escolas, bem como realização de novas discussões sobre o tema. Na segunda fase, notou-se uma alteração na visão dos professores, que começaram a se preocupar com a prevenção de acidentes também de trânsito e, portanto, com as ocorrências fora do espaço da escola, o que significava um avanço.

- Um modelo-padrão de caixa de primeiros socorros foi proposto e adotado por todas as escolas da rede municipal e o material para reposição foi incluído no planejamento anual financeiro da Secretaria Municipal de Educação.

- Quanto à saúde ocular, o teste de Snellen continuava sendo reconhecido como importante na prevenção de doenças, tendo sido adotado como atividade sistemática dos professores.

A análise dos dados dos questionários aplicados com os professores e coordenadores pedagógicos, (na primeira e segunda fases – partes A e B) antes e depois do desenvolvimento do processo de educação continuada, demonstrou como se pode perceber algumas alterações positivas nos aspectos teóricos e conceituais (aspectos cognitivos). As discussões dos grupos focais, também realizadas em duas fases, evidenciaram algumas mudanças de atitude e de práticas, que se traduziram em maior responsabilidade em relação às questões de saúde e meio ambiente, bastante incrementadas após a experiência do grupo de professores adquirida no campo com as pesquisas feitas com pais e alunos.

Algumas competências foram formadas por meio de diferentes estratégias educativas usadas, tais como: discussão em grupo, realização de encontros, seminários, demonstração de práticas, entre outras já descritas, e serviram para incentivar o autocuidado em relação à própria saúde e o cuidado com a saúde das crianças e com o meio ambiente.

Essas técnicas contribuíram positivamente para a aquisição de aptidões específicas, tais como: a observação do escolar, a observação do ambiente local e do entorno; o encaminhamento imediato para os recursos pertinentes sempre que se fizesse necessário; o atendimento de eventuais intercorrências e acidentes; a verificação da situação vacinal das crianças; e a manutenção do meio ambiente saudável, entre outros.

Depois do segundo ano de capacitação, pode-se constatar que os participantes foram, aos poucos, desenvolvendo uma visão crítica sobre o meio ambiente natural e construído, em sua totalidade, sobre a saúde relacionada à qualidade de vida e resultante do meio ambiente, bem como sobre as inter-relações obrigatórias e inevitáveis entre as duas áreas.

Efetivou-se uma percepção mais acurada das condições do ambiente local e seu entorno, assim como do ambiente psicossocial da escola, das interações estabelecidas entre eles e o restante da comunidade escolar, procurando evitar atitudes discriminatórias, preconceituosas, hostis e de alienação.

Evidenciou-se uma postura diferenciada quanto ao entendimento que os professores tinham sobre saúde, agora relacionada à necessidade de prevenção, promoção e educação, deixando de lado a abordagem higienista, antes incorporada, e a ênfase dada à doença.

Percebeu-se um crescimento na sensibilidade dos educadores em relação à sua atuação junto aos alunos e pais, bem como um aumento de conhecimentos, incluindo uma compreensão básica em relação ao meio ambiente em geral e aos problemas decorrentes da presença e interferência do ser humano, e às condições de vida e saúde de seus alunos (as) e da comunidade em geral, relacionadas a problemas ambientais, principalmente, quanto às suas causas e consequências.

Houve a incorporação de novos valores sociais ligados às ideias discutidas – por exemplo, a urgência de diminuir o consumismo, manter o equilíbrio na utilização de recursos, reaproveitar e reciclar materiais sempre que possível –, e reforço dos valores positivos já existentes, bem como uma vontade de participar ativamente na melhoria da qualidade de vida da comunidade. Foi notado, também, um crescente sentimento de responsabilidade e consciência quanto à premente necessidade de transformação das escolas em ambientes mais agradáveis e promotores da saúde.

Os professores-pesquisadores, por meio de investigação da realidade e da obtenção de aptidões necessárias para identificar percepções, interesses e opiniões de pais e alunos das escolas de Vargem Grande Paulista, tornaram-se capazes de desenvolver investigações quantitativas, criar e aplicar instrumentos, tabular e interpretar dados.

O processo de educação continuada teve ainda, como resultado, a contribuição para a formação de cidadãos conscientes de seus direitos e deveres. Tornaram-se mais preocupados com a saúde individual e coletiva da comunidade escolar e com a conservação dos ecossistemas, traduzida em práticas de proteção, controle e manutenção dos recursos naturais compatíveis com o desenvolvimento sustentado. Isso só foi conseguido por meio do desenvolvimento das potencialidades dos professores no campo cognitivo, afetivo e psicomotor dentro das áreas de educação em saúde e ambiental.

REFERÊNCIAS

ALONSO, M. Formar professores para uma nova escola. In: QUELUZ, A.G.; ALONSO, M. (orgs.). *O trabalho docente: teoria e prática.* São Paulo: Pioneira, 1999. p.9-18.

BICUDO, M.A.V.; SILVA JR., C.A. (orgs.). *Formação do educador e avaliação educacional: avaliação institucional, ensino e aprendizagem.* v.4. São Paulo: Unesp, 1999. p.19-28.

CAMPBELL, D.T.; STANLEY, J.C. *Delineamentos experimentais e quase experimentais de pesquisa.* São Paulo: EPU/Edusp, 1979.

FERREIRA. A.B. de H. *Dicionário Aurélio básico da língua portuguesa.* São Paulo: Folha de São Paulo/Nova Fronteira, 1995.

FOCESI, E. Educação em saúde: campos de atuação na área escolar. *Revista Brasileira Saúde Esc*olar, v.1, p.19-21, 1990.

FREIRE, P. Novos tempos, velhos problemas. In: SERBINO, R.V.; RIBEIRO, R.; BARBOSA, R.L.L. et al. *Formação de professores.* São Paulo: Unesp, 1998. p.41-7.

HABERMAS, J. *Passado como o futuro.* Rio de Janeiro: Tempo Brasileiro, 1993.

IERVOLINO, S.A.; PELICIONI, M.C.F. A utilização do grupo focal como metodologia qualitativa na promoção da saúde. In: *Anais do 50º Congresso Brasileiro de Enfermagem*, 1998 set 20-25; Salvador (BR). p.88.

LARANJEIRA, M.I.; ABREU, A.R.; NOGUEIRA, N. et al. Referências para a formação de professores. In: BICUDO, M.A.V.; SILVA JR., C.A. (orgs.). *Formação do educador e avaliação educacional: formação inicial e contínua.* São Paulo: Unesp, 1999. v.2. p.17-50.

MINISTERIO DE EDUCACIÓN Y CIENCIA; MINISTERIO DE SANIDAD Y CONSUMO. Promoción de la Salud de la Juventud Europea. *La educación para la salud en el ámbito educativo: manual de formación para el profesorado y otros agentes educativos.* Madrid, 1995. p.21-33.

[MS] MINISTÉRIO DA SAÚDE. *Promoção da saúde: carta de Ottawa, declaração de Adelaide, de Sundsvall e de Bogotá.* Brasília (DF), 1996. p.19-26.

[OPS] ORGANIZACIÓN PANAMERICANA DE LA SALUD. *Memoria Primera Reunión y Asamblea Constitutiva: Red Latinoamericana de Escuelas Promotoras de Salud.* San José, 1996. Promoción de la salud mediante las escuelas; iniciativa mundial de la salud escolar, p.22-5.

_____. *Escuelas promotoras de la salud: entornos saludables y mejor salud para las generaciones futuras.* Washington (DC), 1998. (Comunicación para la Salud, 13).

PELICIONI, M.C.F.; TORRES, A.L. *A escola promotora da saúde*. São Paulo: Faculdade de Saúde Pública da USP, 1999. (Séries Monográficas, 12)

QUELUZ, A.G.; ALONSO, M. (orgs.). *O trabalho docente: teoria e prática*. São Paulo: Pioneira, 1999.

SERBINO, R.V.; RIBEIRO, R.; BARBOSA, R.L.L. et al (orgs.). *Formação de professores*. São Paulo: Unesp, 1998.

[WHO/EUROPE] WORLD HEALTH ORGANIZATION/REGIONAL OFFICE FOR EUROPE. *The overall progress of the ENHPS Project*. Geneve, 1995. p.21.

Bibliografia Consultada

PELICIONI, M.C.F. *Educação em saúde e educação ambiental: estratégias de construção da escola promotora da saúde*. São Paulo, 2000. Tese (Livre-docência). Faculdade de Saúde Pública da USP.

Responsabilidade Social da Gestão e Uso dos Recursos Naturais: o Papel da Educação no Planejamento Ambiental

37

Marcos Reigota
Biólogo, Universidade de Sorocaba

Rozely Ferreira dos Santos
Bióloga, Unicamp

Nenhum planejamento de caráter ambiental se efetiva, verdadeiramente, sem a participação popular e sem uma forte proposta de educação ambiental. Porém, para se atingir tais premissas, é necessário responder questões básicas essenciais, tais como: quais são os grupos sociais prioritários no processo de planejamento? Qual o conteúdo específico para cada grupo social? Qual o caminho metodológico? Quais são as estratégias adequadas para atingir tais propostas? Quais as estratégias de tempo e continuidade do processo?

Expressamos, neste capítulo, um conjunto de ideias que objetiva fornecer elementos para que as respostas possam ser dadas, por meio da apresentação de dois estudos de caso: "Reabilitação do Sistema Produtor Baixo Cotia" e "Plano de Manejo do Parque Nacional da Serra da Bocaina". São estudos que pretenderam relacionar conservação do meio com educação ambiental.

A educação ambiental tem sido considerada fundamental e complementar nos projetos de planejamento. As experiências nessa área têm procurado relacionar os problemas ambientais prioritários com as possibilidades de participação de diferentes grupos sociais, na busca de alternativas para a solução destes problemas.

EDUCAÇÃO AMBIENTAL E SUSTENTABILIDADE

A produção teórica contemporânea em educação em geral, e em educação ambiental em particular, enfatiza que no processo pedagógico, como ponto de partida, devem-se abordar as representações dos atores (professores, alunos, técnicos, comunidade) sobre os temas em questão.

Com isso, procura-se verificar, discutir e estimular as possibilidades de mudanças de hábitos, comportamentos, opinião e práticas cotidianas, em um complexo contexto político, econômico, cultural, social e ecológico.

PRIMEIRO ESTUDO DE CASO: DIAGNÓSTICO DO SISTEMA PRODUTOR BAIXO COTIA

Com base na fundamentação teórica acima referida, no diagnóstico ambiental realizado em Cotia, nas informações obtidas com os técnicos e profissionais, nas publicações da Companhia de Saneamento Básico do Estado de São Paulo (Sabesp) e em visita ao local, procuramos elaborar cenários do processo de educação ambiental junto aos grupos sociais apontados como prioritários.

Na construção dos cenários, foram considerados: as prováveis representações presentes nos grupos, as características socioculturais dos participantes no processo educativo inicial, os conteúdos e temas básicos a serem trabalhados, as parcerias a serem buscadas e os eventuais conflitos a serem analisados.

Grupos Prioritários

Os grupos sociais apontados para o início do processo de educação ambiental, no município de Cotia, foram os seguintes:

- Moradores dos condomínios e das áreas consideradas nobres.
- Agricultores e hortifrutigranjeiros.
- Moradores próximos da Reserva do Morro Grande.
- População flutuante.

Cada um desses grupos apresenta características sociais e culturais específicas e relacionamentos diferenciados com a problemática da cidade. Assim, de início, a educação ambiental deve considerar as particularidades de cada grupo, procurando, posteriormente, ampliá-las para o contexto geral.

CENÁRIOS

Educação Ambiental com os Moradores dos Condomínios e Áreas Consideradas Nobres

Pelos dados e informações obtidos com o diagnóstico, esse grupo, que apresenta características econômicas e culturais da elite brasileira, foi apontado como o grupo prioritário para o início do processo educativo. Essa indicação tem um caráter inovador e desafiador, uma vez que as tendências educacionais predominantes no Brasil procuram priorizar as ações junto às comunidades populares.

Como hipótese de trabalho, devemos considerar (e verificar sua pertinência) que esse grupo tem uma representação social de qualidade de vida relacionada com um imaginário muito frequente no senso comum; ou seja, relaciona qualidade de vida com um certo isolamento dos conflitos cotidianos de metrópole. No grupo se destacam a busca de segurança e proteção frente à violência, a proximidade de áreas verdes, o ar puro, a água de qualidade, a ausência de doenças epidêmicas, entre outras. Essa representação pode contar outros componentes que fazem com que o grupo social invista altos valores econômicos para obtê-la e mantê-la.

O valor simbólico (*status* e capital simbólico) dessa conquista é tão alto quanto o investimento econômico feito. Este é socialmente legitimado pela opinião pública em geral, pelos meios de comunicação de massa, pelas campanhas publicitárias, pelas construtoras e imobiliárias e pelos próprios componentes do grupo, que têm interesses em difundi-lo.

No entanto, diante dos dados técnicos apresentados no diagnóstico ambiental, essa representação de qualidade de vida é colocada em questão. Ou seja, a aparente alta qualidade de vida está assentada em parâmetros simbólicos e não técnicos, os quais mostram que esse grupo é o que está mais exposto aos problemas ambientais da região.

Dessa maneira, o processo educativo precisa ser cauteloso, já que deverá desconstruir representações, apontando os seus equívocos e paradoxos, cujos valores subjetivos e econômicos são de grande importância para quem os possui. Será inevitável e incontornável, em um verdadeiro processo de educação ambiental, não haver confronto de opiniões e valores que estão cristalizados no imaginário das pessoas que compõem o grupo.

Além disso, esses moradores dos condomínios e áreas consideradas nobres são proprietários de casas e/ou apartamentos que, até o momento, encontram-se em crescente valorização no competitivo mercado imobiliário de alto padrão.

Para participar das atividades de educação ambiental, devem ser identificadas pessoas que possam fazer parte de um pequeno grupo inicial, não só dispostas a discutir e rever as suas representações de qualidade de vida, mas também que possam atuar como multiplicadoras junto a seus próximos e ampliar a base de discussão. O objetivo é a participação em ações efetivas, com pressupostos menos subjetivos e mais realistas.

Por tratar-se de um grupo com alto índice e nível de escolaridade, a proposta pedagógica deve pautar-se em aspectos da produção e consumo de bens culturais e simbólicos, participação social e responsabilidades globais.

O pequeno grupo a ser definido precisa contar com a presença de diferentes gerações, com especial atenção para pessoas da terceira idade, com experiência associativa e disponibilidade de tempo. As principais parcerias podem ocorrer com clubes de serviços (Lions e Rotary) e associações de profissionais e moradores.

Nesse cenário de educação ambiental não devem ser esquecidos os complexos conflitos de interesses, relacionados com imobiliárias e proprietários que não querem ver os seus bens desvalorizados, assim como com os produtores de representações sociais, como jornalistas, políticos, professores universitários, profissionais liberais, entre outros, cuja influência junto à opinião pública é significativa.

Agricultores e Hortifrutigranjeiros

Pela proximidade com o centro urbano e com o estilo de vida metropolitano, esse grupo, no qual podemos incluir os floricultores, provavelmente apresenta características socioculturais bem particulares que precisam ser estudadas. Qualquer atividade pedagógica com os agricultores, com os hortifrutigranjeiros e floricultores de Cotia exige, inicialmente, um estudo prévio dessas características e de suas representações sociais a respeito da problemática ambiental.

A agricultura e outras atividades próximas do meio rural, embora praticadas em pequena escala e com tendência a serem substituídas a médio e longo prazos, apresentam forte impacto ambiental pela utilização de agrotóxicos e pela poluição dos cursos de água.

Abordar temas complexos como o uso de agrotóxicos implica também discutir as alternativas agrícolas e econômicas viáveis que possam, a médio prazo, substituir essa prática. Em relação à poluição da água, deve-se buscar mudanças de práticas que são habituais e comuns, oferecendo também alternativas técnicas e não dispendiosas para o grupo.

A discussão das alternativas pode ser feita com a utilização do histórico, da herança e da pertinência das associações e cooperativas agrícolas iniciadas em Cotia e que tiveram grande influência no Brasil, procurando resgatá-las na perspectiva da sustentabilidade.

O processo de educação ambiental com esse grupo e com essa temática (agrotóxicos, poluição da água, cooperativismo) tem condições de ser realizado com a parceria das escolas de ensino fundamental e médio, das associações de produtores e sindicatos.

Porém, repetimos que qualquer proposta de educação ambiental junto a esse grupo deve ser elaborada com base em dados socioculturais a serem levantados. Uma possibilidade, nesse sentido, seria a realização de um estudo com a participação de estudantes e professores das escolas da região sobre o histórico das atividades agrícolas no município, dando ênfase às histórias de vida e à memória histórica dos agricultores, hortifrutigranjeiros e floricultores.

Moradores Vizinhos da Reserva do Morro Grande

Esses moradores, segundo os indicadores técnicos, são os que desfrutam de uma ótima qualidade ambiental e consomem água de boa qualidade.

Apesar de ser uma população de baixa renda, eles têm uma qualidade de vida privilegiada, ao contrário da população de alta renda que reside nos condomínios e nas áreas consideradas nobres de Cotia.

As questões que devem permear o processo de educação ambiental nesse grupo são: como fazer para que a população tenha consciência desse privilégio e sinta-se responsável pela sua preservação? Como evitar que essa população, com menores recursos econômicos e com bons parâmetros ambientais, não seja expulsa da área pelo possível aumento do valor imobiliário das suas propriedades?

O processo de educação ambiental deve enfatizar os aspectos globais, regionais e locais. O primeiro está relacionado com a informação e com a construção de valores simbólicos e científicos, sobre a necessidade de preservação da reserva e a importância do seu significado histórico, ecológico e cultural reconhecido pela Unesco.

O aspecto regional ou intermediário relaciona-se com a importância da área para o ecossistema São Paulo (Sabesp, 1996). O aspecto local deve estar veiculado com o cotidiano da comunidade e suas relações (impactos, influências, responsabilidades) com os aspectos globais e regionais.

É preciso dar a devida atenção às possibilidades de abordagem histórica que a antiga ferrovia oferece. A preservação do patrimônio histórico é um dos objetivos de fundamental importância no processo de educação ambiental.

Com o grupo de moradores vizinhos da reserva, são vários os cenários de atividades educacionais. Para a população de forma geral procura-se enfatizar as possibilidades de lazer e alternativas econômicas (ecoturismo) que a preservação da área oferece e permite. Nesse caso, seria indicado que o processo de educação ambiental envolvesse os pequenos comerciantes instalados no local e contasse com o apoio de associações comerciais e grupos ambientalistas.

Pode-se pensar, também, em envolver grupos de mulheres, que poderiam explorar comercialmente negócios e artesanatos relacionados diretamente com a preservação da reserva e que contribuíssem com o aumento da renda familiar.

As escolas de ensino fundamental e básico podem priorizar o estudo do conteúdo escolar, em uma linguagem adequada para estes níveis de ensino, com base nos dados apontados no diagnóstico e incluir, de forma sistemática, participativa e criativa a temática sobre a importância global, regional e local da Reserva do Morro Grande.

Os cenários possíveis para o início do processo de educação ambiental, junto a essa população, podem ser pensados em conjunto com estratégias de comunicação nos momentos em que esta abordar os aspectos da importância, global, regional e local, mencionados acima.

Um dos principais problemas que poderão surgir a partir dessas atividades (educação ambiental e estratégia de comunicação) é a possibilidade de atrair a especulação imobiliária de alto luxo para a região. Portanto, não devemos perder de vista o risco de expulsão dos moradores de baixa renda, o que fere completamente os objetivos e princípios éticos da educação ambiental.

População Flutuante

Esse grupo é composto de proprietários de chácaras de lazer, caracterizado por visitas esporádicas. No entanto, não é um grupo isento de responsabilidades, já que polui os cursos de água, nem de interesses, uma vez que procura, em Cotia, áreas consideradas saudáveis para o seu descanso.

É sabido que o processo de educação ambiental necessita de tempo e de continuidade. Considerando-se que esse grupo se caracteriza pela presença esporádica e descontínua, torna-se inviável um trabalho educativo.

O mais indicado seria identificar indivíduos com espírito de colaboração para acatar uma proposta de educação ambiental nos outros grupos. Uma estratégia de comunicação direcionada para a população flutuante poderá fazer com que indivíduos procurem atuar em atividades educacionais coletivas e específicas junto aos demais proprietários.

COMENTÁRIOS

O processo de educação ambiental tem como objetivo fazer com que a população participe da busca de soluções para os problemas ambientais que vivencia. Dessa forma, é necessário que, inicialmente, se identifiquem quais são esses problemas e quais as representações que a população, nos seus diferentes segmentos, tem a respeito desses problemas.

Uma região como Cotia apresenta áreas com grandes diferenças sociais, culturais e ambientais, formando grupos com poucos espaços de comunicação e de diálogos entre si. Nesse sentido, os cenários de educação ambiental aqui esboçados têm o objetivo de intercambiar experiências, estimular o debate da problemática específica e as possibilidades de ação de todos os grupos sociais e não o de aumentar e legitimar as diferenças entre cada um deles.

O processo de educação ambiental deve procurar abrir e construir espaços de diálogo entre os grupos que vivenciam de modo diferente a mesma problemática. Isso implica a necessidade de aprofundar o debate democrático de diferentes ideias e de representações de diferentes grupos em busca de um consenso mínimo entre eles, que possibilite ações concretas conjuntas.

O segundo momento (das ações concretas conjuntas) do processo educativo tem como perspectiva a ampliação do consenso e das alternativas para problemas cada vez mais complexos e não limitados aos espaços (geográficos e subjetivos) de um único grupo social. Aos grupos iniciais devem ser incluídos outros, com outros problemas e representações, em um processo contínuo de participação e negociação, de troca de experiências, de ações concretas e sua avaliação.

Não se deve, então, esperar da educação ambiental resultados fixos, definidos e mensuráveis; a expectativa é que seja um processo aglutinador, dialógico, participativo, democrático e autônomo.

Dessa forma, fica completamente descartada a perspectiva educacional de transmissão, por técnicos e/ou professores, de conteúdos e conceitos científicos à população. Embora os conhecimentos científicos sobre a problemática específica sejam importantes e relevantes, eles devem entrar em cena apenas quando solicitados e em momentos definidos no próprio processo pedagógico.

Tanto nas fases preliminares quanto na continuidade do processo de educação ambiental há necessidade do seu acompanhamento por parte de uma equipe técnica, com profissionais de diferentes origens acadêmicas, familiarizados com a fundamentação teórica, cujos princípios básicos são: participação social; dialogicidade de conhecimentos e representações; busca de alternativas de sustentabilidade possíveis de serem realizadas a curto, médio e longo prazos.

Essa recomendação pressupõe que, se não existe uma equipe com tais características, ela deve ser formada, antes de ir a campo.

SEGUNDO ESTUDO DE CASO: DIAGNÓSTICO DO PARQUE NACIONAL DA SERRA DA BOCAINA

A presente proposta foi elaborada a partir dos dados obtidos da seguinte maneira: reuniões realizadas com a coordenação do plano de manejo do Parque Nacional da Serra da Bocaina, consulta aos documentos técnicos disponíveis, análise da literatura especializada em educação ambiental e visita ao parque nacional.

Os dois conceitos norteadores do trabalho foram: a noção de sustentabilidade – entendida como uma proposta política que procura preservar os recursos naturais, estimulando o desenvolvimento econômico, social e cultural das camadas mais pobres da população – e a educação ambiental, como educação política que visa à participação e à intervenção social.

Primeiras Impressões

O Parque Nacional da Serra da Bocaina chama a atenção pelas suas dimensões e pelos desafios políticos e ambientais a serem enfrentados em diferentes espaços de tempo, ou seja: de imediato e a médio e longo prazos.

Trata-se de um parque com aproximadamente 110 mil hectares. Dentro de seus limites devem habitar cerca de novecentas famílias, situado em dois estados (Rio de Janeiro e São Paulo); fronteiriço das cidades de turismo de alto luxo, como Angra dos Reis e Parati e próximo de uma das regiões mais industrializadas do país, assim como das vulneráveis usinas nucleares. Está inserido em um contexto histórico que reflete os modelos predatórios de utilização dos recursos naturais e das relações sociais, políticas e econômicas perversas entre os que detêm a posse da terra e os meios de produção, a influência e o poder político, assim como o poder e o prestígio do capital simbólico das elites. Ao procurar incluir a educação ambiental no plano de manejo, deve-se ter claro que ela não pode estar fundamentada apenas nas atividades de interpretação da natureza aos turistas e visitantes esporádicos e, muitos menos, aos moradores; seus fundamentos são desafiadores conflitos sociais, políticos, econômicos, culturais e ecológicos presentes no interior do parque e nas suas zonas de influências.

Nesse sentido, as primeiras perguntas que devemos procurar responder são:

- Por que fazer educação ambiental?
- Qual é o público prioritário?
- Quais são os objetivos da educação ambiental com os diferentes grupos sociais?
- Quais são as metodologias mais adequadas?
- Quais são as parcerias possíveis?

Algumas Tentativas de Respostas

Chamamos a esse item de algumas tentativas de respostas para deixar clara nossa posição de que elas devem ser feitas pelos grupos sociais e pelas instituições envolvidas no plano de manejo. Tentativas de respostas por um coletivo social precisam ser entendidas como atividade básica, primordial e fundamental em uma proposta de educação ambiental.

As nossas tentativas de resposta devem ser recebidas como as de profissionais com olhar clínico e, em hipótese alguma, como um projeto de educação ambiental a ser aplicado sem que se considerem o envolvimento e os interesses das partes em litígio.

Por que Fazer Educação Ambiental?

Primeiramente, precisamos procurar identificar o que os funcionários do parque, do Instituto Brasileiro do Meio Ambiente e dos Recursos Naturais Renováveis (Ibama) e das organizações não governamentais (ONGs) que atuam no local entendem por educação ambiental. Temos observado que a perspectiva de educação ambiental para os parques adota uma linha americana de cunho preservacionista e comportamental, desprovida dos mais elementares fundamentos sociais.

Pensamos que cada espaço educativo específico (nesse caso, o Parque Nacional da Serra da Bocaina) deve procurar identificar as suas características básicas (a problemática que pretende apresentar alternativas) e, a partir daí, definir o projeto (político-pedagógico) da educação ambiental.

Observamos que a relação da população do parque e da sua administração imediata com o Ibama é, de maneira geral, uma relação de conflito de interesses, de diferentes e antagônicas representações do uso dos recursos naturais e dos impactos da presença humana no local.

Dessa forma, um projeto de educação ambiental deve ser proposto tendo em vista sua discussão e o levantamento dessas diferenças antagônicas ou conflituosas posições, tendo como objetivo básico solucionar ou diminuir o conflito e estabelecer um consenso mínimo entre as diferentes partes envolvidas nele. Por meio do processo pedagógico da educação ambiental, tentaríamos obter uma parceria com as partes envolvidas que possibilitasse a aplicação do plano de manejo, baseada tanto nos objetivos de preservação do parque (objetivo do Ibama) quanto na permanência no local das famílias (que vivem ali há, pelo menos, três gerações) por meio de desenvolvimento de atividades econômicas de baixo impacto.

No entanto, as regras que governam os parques nacionais não permitiram a implementação dessas propostas. Isso porque a diretriz das autoridades é deslocar todas as famílias para além dos limites do parque. Dessa forma, nossa proposta reduziu-se a uma medida de curto prazo, com readequação à medida que as famílias fossem reassentadas nos limites exteriores ao parque.

Qual é o Público Prioritário?

Devemos considerar os moradores do parque como o primeiro público prioritário. Entre eles, principalmente os moradores com pouca ou nenhuma escolaridade, que vivem do trabalho de subsistência e que apresentam características de liderança.

As atividades de educação ambiental com esse grupo devem pautar-se pelos princípios do desenvolvimento com prioridade para os menos favorecidos da população. Com esse grupo, será necessário estabelecer onde, como e quando ocorre o processo educativo.

Nesse caso específico, a educação ambiental deve estar intimamente relacionada com uma proposta de alfabetização de adultos. Nela, as questões do cotidiano serão estudadas e discutidas juntamente aos temas relacionados com a possibilidade de atividades econômicas sustentáveis na borda do parque. Para tanto, é importante que deva ser coordenada por um profissional da educação (pedagogia) com prática em alfabetização de adultos e, se possível, familiarizado com as alternativas econômicas sustentáveis.

Os participantes, após terem cumprido uma carga horária a ser estipulada, atuariam nos limites do parque como agentes educadores e multiplicadores da proposta de conservação e de sustentabilidade junto aos outros moradores.

O objetivo final do processo é fazer com que os moradores se organizem em uma associação, que deverá defender e garantir a sua permanência nos limites do parque, desde que desenvolvam atividades econômicas que garantam as suas necessidades básicas e a preservação dos recursos naturais.

Se o grupo dos moradores do parque é considerado aqui como grupo prioritário, pensamos que, a médio prazo, também deve ser elaborado um projeto de educação ambiental para os funcionários e para os moradores de pouca ou nenhuma escolaridade que vivem fora dos seus limites, na zona de fronteira. Nesse estudo de caso eles são o segundo grupo prioritário.

A educação ambiental com os funcionários deve ter como objetivo a desconstrução das belicosas relações que, na sua grande maioria, mantêm com os moradores. Esses funcionários precisam aprofundar os seus conhecimentos sobre as questões sociais e ecológicas da área, assim como de seus conflitos, para não atuarem com base nas suas representações sobre o problema e questões que desconhecem.

O terceiro grupo prioritário é o dos moradores (principalmente jovens) que vivem nas imediações, mas que estão desprovidos de escolaridade e de perspectivas. O processo de educação ambiental com eles deve ter como objetivo imediato suprir essas carências e, na medida do possível, a médio e longo prazos, tê-los como parceiros e agentes para a preservação do ambiente em que vivem.

Quais São os Objetivos da Educação Ambiental com os Diferentes Grupos Sociais?

Em resumo, os objetivos da educação ambiental no contexto do plano de manejo do Parque Nacional da Serra da Bocaina são os seguintes:

- Moradores: alfabetização, regularização da moradia e das atividades econômicas, organização social, formação de agentes e multiplicadores da perspectiva de preservação segundo o plano de manejo; atenuam os conflitos com a administração pública local e federal.
- Funcionários: aprofundar os conhecimentos dos problemas sociais e ecológicos da região, ocorridos ao longo da história; atenuar os conflitos entre a administração pública e os moradores.
- Moradores da zona de influência: alfabetização e escolaridade dos jovens, busca de alternativas econômicas sustentáveis, formação de futuros agentes e multiplicadores da proposta de preservação.

Quais São as Metodologias Mais Adequadas?

É evidente que cada grupo específico requer uma metodologia; porém, o que deve ser considerado como indicação metodológica comum para os três grupos é o levantamento das representações sociais sobre as questões relacionadas com a preservação do parque.

Essa metodologia sugere que os participantes do processo devem, inicialmente, expor por meio dos depoimentos, colagens, teatro, conversas, entre outros, o que pensam e como vivenciam as situações conflituosas.

Todas as representações iniciais são possíveis de serem discutidas, analisadas e questionadas; sendo, assim, passíveis de serem desconstruídas e reconstruídas ao longo do processo pedagógico. A reconstrução pressupõe que, a partir do processo pedagógico, poderemos construir representações qualitativas mais elaboradas do que as representações iniciais.

Com essa proposta pedagógica, ficam excluídas as atividades de transmissão de conhecimentos, da forma como as conhecemos no ensino tradicional. Os momentos de transmissão de conhecimentos de um tema específico ocorrerão quando os alunos e os professores considerarem o momento conveniente. Para a aplicação da metodologia aqui proposta é necessário um conhecimento aprofundado das tendências pedagógicas contemporâneas, principalmente as relacionadas com a pedagogia dialógica, conforme preconizava o educador Paulo Freire.

Quais as Parcerias Possíveis?

São inúmeras as parcerias possíveis para a proposta de educação ambiental com essas características. Isso porque devemos considerar que o parque se encontra no limite de vários municípios e que todos eles devem ser convocados a participar, oferecendo recursos básicos como, por exemplo, transporte e/ou espaços para as atividades e financiando etapas do processo.

As ONGs, por meio dos seus voluntários, podem atuar como intermediadores entre os moradores, os municípios e o Ibama.

Instituições de ensino superior da região devem ser convidadas a participar da elaboração dos projetos com o envolvimento de estudantes que queiram estagiar nessa área.

Todas as multas aplicadas no parque e imediações devem ser direcionadas ao fundo de sustentação das atividades de educação ambiental.

OUTRAS SUGESTÕES

Contar com a participação ativa de moradores e funcionários que conheçam a história, a cultura e o folclore da região.

Os fazendeiros com propriedades nos limites do parque podem ser convidados a colaborar, oferecendo os espaços das escolas existentes nas suas propriedades e fora de uso para as atividades de educação ambiental nos finais de semana, ou em outros períodos mais convenientes.

Por fim, precisa ficar claro que o processo de educação ambiental, ao nortear a proposta do plano de manejo, deve ser elaborado com a participação e a boa vontade de profissionais de cada área do conhecimento (pedagogia, história, biologia, geografia, agronomia, entre outras), se, de fato, a intenção é garantir a execução do projeto por parte da população local fixa ou transitória.

Nesse sentido, é recomendável que o Ibama realize parcerias com instituições reconhecidas e respeitadas na área, de forma contínua e duradoura.

REFERÊNCIAS

[SABESP] COMPANHIA DE SANEAMENTO BÁSICO DO ESTADO DE SÃO PAULO. *Ecossistema São Paulo: abastecimento de água na região metropolitana*. São Paulo, 1996.

Bibliografia Consultada

BARCELOS, V.; NOAL, F.; REIGOTA, M. (orgs). *Tendências da educação ambiental brasileira*. Santa Cruz do Sul: Edunisc, 1999.

FREIRE, P. *Pedagogia da esperança: um diálogo com a pedagogia do oprimido*. Rio de Janeiro: Paz e Terra, 1992.

GUIMARÃES, M. *A dimensão ambiental na educação*. Campinas: Papirus, 1996.

MERGULHÃO, M.C.; VASAKI, B.N.G. *Educando para a conservação da natureza: sugestões de atividades em educação ambiental*. São Paulo: Educ, 1998.

PÁDUA, S.M.; TABANEZ, M.F. *Educação ambiental: caminhos trilhados no Brasil*. Brasília: Ipê, 1998.

PEDRINI, A.G. (org.). *Educação ambiental: reflexões e práticas contemporâneas*. Petrópolis: Vozes, 1998.

PHILIPPI JR., A.; PELICIONI, M.C.F. (eds.). *Educação ambiental: desenvolvimento de cursos e projetos*. São Paulo: Signus, 2000.

REIGOTA, M. *O que é educação ambiental*. São Paulo: Brasiliense, 1994.

_____. *Meio ambiente e representação social*. São Paulo: Cortez, 1995.

_____. *Ecologia, elites e intelligentsia na América Latina: um estudo de suas representações sociais*. São Paulo: Annablume, 1999.

_____. *Verde cotidiano: o meio ambiente em discussão*. Rio de Janeiro: DP&A, 2001.

_____. *A floresta e a escola: por uma educação ambiental pós-moderna*. São Paulo: Cortez, 2002.

RODRIGUES, V. (org.). *Muda o mundo Raimundo! Educação ambiental no ensino básico*. Brasília: WWF/Ibama/MMA/Unesco, 2002.

SANTOS, R.F.; REIGOTA, M.; RUTKOWSKI, E. Educação e planejamento ambiental: uma relação conceitual. In: SATO, M.; SANTOS, J.E. (orgs.). *A contribuição da educação ambiental à esperança de Pandora*. São Carlos: Rima, 2001, p.225-42.

SANTOS, R.F.; RUTKOWSKY, R.E.; REIGOTA, M. Projeto, educação e planejamento ambiental: uma relação conceitual. In: *Anais do II Congresso Iberoamericano de Educacion Ambiental*. Guadalajara, 1997.

SILVEIRA, L.M. *Representações sociais de meio ambiente em crianças de um centro urbano*. Campinas: Unicamp, 1997. Dissertação (Mestrado). Programa de Pós-graduação em Saúde Mental da Unicamp.

SLOCOMBE, D.S. Environmental planning, ecosystem science and ecosystem approaches for integrating environment and development. *Journal of Environmental Management.*, n. 13, p. 289-303, 1993.

ZEPPONE, R.M.O. *Educação ambiental: teoria e práticas escolares*. Araraquara: JM, 2001.

Educação Ambiental para Promoção da Saúde com Trânsito Saudável

38

Sandra Costa de Oliveira
Administradora hospitalar, Faculdade de Saúde Pública – USP

Maria Cecília Focesi Pelicioni
Assistente social e sanitarista, Faculdade de Saúde Pública – USP

Diferentes ações para a promoção da saúde e para a prevenção de doenças têm sido desenvolvidas em diversos países, desde a década de 1970, objetivando a obtenção de um nível melhor de saúde para todos.

Na primeira Conferência Internacional sobre Promoção da Saúde, realizada em 1986, no Canadá, os profissionais reunidos aprovaram a Carta de Ottawa, que foi considerada um importante documento por contribuir, fundamentalmente, para o marco conceitual da promoção da saúde, como paradigma válido e alternativo aos enormes problemas de saúde da população e ao seu sistema de atenção.

Nela, a promoção da saúde foi vista como o processo de capacitação da comunidade para atuar na melhoria da sua qualidade de vida e saúde, incluindo uma maior participação no controle desse processo, considerando que, para atingir um estado de completo bem-estar físico, mental e social, os indivíduos e grupos deverão saber identificar aspirações, satisfazer necessidades e modificar favoravelmente o meio ambiente.

A segunda Conferência Internacional foi realizada em Adelaide, Austrália, em 1988, além de algumas regionais intensificando as discussões sobre ações prioritárias para a promoção da saúde propostas em Ottawa.

Do mesmo modo, na terceira Conferência Internacional sobre Promoção da Saúde, realizada em 1991, em Sunsdwall, Suécia, concluiu-se que os temas saúde, ambiente e desenvolvimento humano não podem ser tratados separadamente, pois desenvolvimento implica a melhoria da qualidade de vida e saúde, assim como a preservação e sustentabilidade do meio.

No Brasil, em 2006, foi promulgada a Política Nacional de Promoção da Saúde, que tem como objetivos: "promover a qualidade de vida, reduzir a vulnerabilidade e riscos à saúde, condições de trabalho, habitação, ambiente, educação, lazer, cultura, acesso a bens e serviços essenciais" (Ministério da Saúde, 2006, p.13).

Melhorar a qualidade de vida da população tem sido um dos maiores desafios da humanidade nesse século. As diferenças sociais e econômicas entre os países têm dificultado o encaminhamento de soluções para as questões relacionadas a um desenvolvimento justo e ambientalmente sustentável. Novos paradigmas, em especial nas áreas de saúde e meio ambiente, vêm surgindo a fim de contribuir para a transformação da sociedade, por meio de uma distribuição equitativa dos recursos existentes, mantendo a diversidade ecológica, biológica e cultural dos povos (Pelicioni, 2000).

Entre esses desafios, evidencia-se a poluição do ar, fenômeno que decorre, principalmente, da atividade humana em vários setores, agravada pelo crescimento populacional e econômico, pelas grandes inovações tecnológicas e pela rápida industrialização, que a tornaram uma preocupação crescente.

A poluição do ar acompanha o ser humano desde os mais remotos tempos, quando seus antepassados descobriram o fogo. O uso controlado do fogo talvez tenha sido sua primeira grande intervenção ambiental, pois, ao prover calor para seu conforto e proteção, gerava, em seu abrigo, uma atmosfera tóxica (Assunção e Malheiros, 2005, p.135).

Estudos arqueológicos mostram que o uso do fogo nas cavernas oferecia um maior risco de exposição aos homens pré-históricos, uma vez que se tratava de ambientes confinados (WHO, 1999).

A utilização intensiva do petróleo nas indústrias de carvão, nas termelétricas e no transporte automotivo constitui-se, atualmente, na grande fonte móvel de poluição atmosférica dos centros urbanos, contribuindo para o aumento dos riscos para a saúde da população e para o meio ambiente em geral.

Na América Latina merece destaque a poluição do ar da Cidade do México, das cidades de São Paulo, Rio de Janeiro e Santiago do Chile, que é causada, entre outras coisas, pelo excesso de veículos automotores que circulam diariamente pelas rodovias e estradas das cidades.

POLUIÇÃO DO AR

Atualmente, a poluição do ar é um problema mundial, ocasionando concentração de poluentes na atmosfera que ultrapassa o limite da capacidade de autodepuração do ecossistema, causando problemas como o efeito estufa e a redução da camada de ozônio.

A população da cidade de São Paulo tem sido, portanto, exposta a altos índices de poluição do ar, principalmente durante os meses de inverno (maio a setembro). A análise de catorze anos de medições realizadas pela rede de monitoramento automático da Companhia Ambiental do Estado de São Paulo (Cetesb) mostra que, nesse período, o monóxido de carbono e as partículas inaladas têm atingido, frequentemente, altas concentrações na atmosfera. Em episódios agudos constatam-se efeitos nocivos à saúde, sobretudo de parcela da população portadora ou suscetível a determinadas doenças do aparelho respiratório e cardiovascular, principalmente crianças e idosos (SMA, 1997).

Definida pela Cetesb (1995), a poluição é qualquer tipo de alteração do meio natural capaz de causar prejuízos à saúde humana, à fauna, à flora e aos recursos naturais em geral. Os efeitos da poluição dependem, basicamente, dos tipos e da quantidade de poluentes presentes no meio ambiente e do tempo em que aí permanecem.

A poluição do ar ocorre quando a alteração da composição da atmosfera resulta em danos reais ou potenciais. Dentro desse conceito, pressupõe-se a existência de níveis de referência para diferenciar a atmosfera poluída da não poluída. Sob o aspecto legal, é denominado de qualidade do ar o nível de referência utilizado no Brasil.

Poluição ambiental é a alteração desfavorável do meio, causada pelos subprodutos e resíduos que resultam da atividade do homem e, às vezes, de fenômenos naturais. Essa alteração pode implicar mudanças na transferência de energia, no nível de radiações, na composição física e química do meio e na abundância de certos organismos. As mudanças podem afetar o homem direta ou indiretamente, por intermédio da água, do ar, dos alimentos, ou, ainda, interferir nas suas oportunidades de recreação e apreciação da natureza (SMA, 1996, p.5).

Para Guimarães (1982 apud Pelicioni e Philippi Jr, 2000, p.291), a poluição do ar é o resultado da alteração das características físicas, químicas ou biológicas normais da atmosfera, de forma a causar danos ao ser humano, à fauna, à flora, aos materiais ou a restringir o pleno uso da propriedade, afetar negativamente o bem-estar da população; ou seja, a poluição ocorre quando a alteração resulta em danos reais ou potenciais.

A partir da Revolução Industrial, em meados do século XVIII, com a introdução da máquina a vapor pelo inglês James Watt, tornou-se mais intenso o uso de combustíveis, passando-se da utilização da biomassa para o carvão mineral.

No entanto, o problema da poluição atmosférica começou a ser sentido de forma acentuada quando as pessoas começaram a viver em assentamentos urbanos de grande densidade demográfica, com o crescimento acelerado da população mundial, indo de 1,5 bilhões de pessoas, no início do século XX, para seis bilhões de pessoas no fim desse mesmo século. Com relação às inovações tecnológicas, ocorridas principalmente nesse último período, merecem destaque como agentes poluidores os processos industriais, a metalúrgica e o automóvel (Assunção e Malheiros, 2005, p.136).

Segundo a Resolução Conama (1990, p.1), um poluente atmosférico é qualquer forma de matéria ou energia com intensidade em quantidade, concentração ou características em desacordo com os níveis estabelecidos e que tornem ou possam tornar o ar:

- Impróprio, nocivo ou ofensivo à saúde.
- Inconveniente ao bem-estar público.
- Danoso aos materiais, à fauna e flora.
- Prejudicial à segurança, ao uso e gozo da propriedade e às atividades normais da comunidade.

A variedade de substâncias que podem estar presentes na atmosfera é muito grande. No entanto, em relação à sua origem, os poluentes podem ser classificados em:

- Poluentes primários – aqueles emitidos diretamente pelas fontes de emissão. Exemplos: CO, SO_2, NO.

A emissão desses poluentes para a atmosfera pode desencadear a formação de outros poluentes, em virtude de determinadas reações com as variáveis meteorológicas: radiação solar, temperatura e umidade.

- Poluentes secundários – aqueles formados na atmosfera por meio da reação química entre poluentes primários e/ou constituintes naturais na atmosfera. Exemplos: O_3, NO_3.

Quase toda massa da atmosfera, cerca de 90%, localiza-se nos primeiros 30 km de altitude, dos quais 50% estão concentrados nos primeiros 5 km (Ribeiro et al., 2000).

A atmosfera é uma espessa camada de gases que contém líquidos em suspensão e partículas sólidas que envolvem completamente a Terra, e junto a esta formam um sistema ambiental integrado (Kemp, 1994).

O mesmo autor descreve que a região mais próxima à superfície da Terra é chamada troposfera, sendo uma camada de ar estreita e densa que contém praticamente toda a massa gasosa da atmosfera (75%), além de quase todo vapor d'água e aerossóis. É a zona na qual ocorre a maioria dos fenômenos atmosféricos e onde a manifestação dos problemas ambientais globais – chuva ácida, turbidez atmosférica e aquecimento global – tem sua origem e alcança sua maior extensão, em virtude do nível de intervenção humana a que está submetida.

A camada seguinte, a estratosfera, é mais seca e contém grandes quantidades de ozônio, tendo uma importância científica grande em função dos processos de absorção e dispersão dos raios solares que ali incidem.

Acima da estratosfera estão as regiões quimiosfera (mesosfera) e ionosfera (termosfera), que influenciam diretamente na quantidade e na distribuição espectral da energia solar e nos raios solares cósmicos que alcançam as camadas inferiores. Essa estrutura vertical da atmosfera, sua delimitação em várias camadas sobrepostas, está baseada no perfil de temperatura traçado na medida em que varia a altitude, conforme mostra a Figura 38.1.

Figura 38.1 – A estrutura vertical da atmosfera.

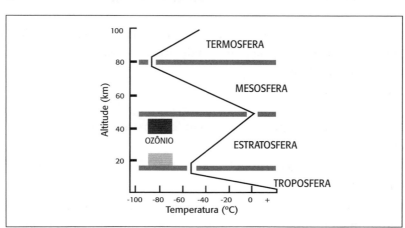

Fonte: Kemp (1994).

Os efeitos da poluição atmosférica são diversos e apresentam diferentes graus de risco, estendendo-se dos toxicológicos aos econômicos. Além dos seres humanos, outros animais, materiais e plantas podem ser afetados por esses efeitos.

No período de inverno, estação em que há pouco vento e quase não chove, ocorre com mais frequência o fenômeno da inversão térmica, o que agrava a situação. O nível de sujeira no ar ultrapassa os limites considerados suportáveis para a saúde da população.

Em entrevista concedida ao Jornal Diário do Comércio datada de 02.08.2011, p.11, o patologista Paulo Nascimento Saldiva ressaltou que a "emissão dos mais variados poluentes somados à pouca dispersão dos gases tóxicos no inverno resulta em um problema de saúde bem conhecido do morador paulistano: as moléstias do aparelho respiratório" problema que vem se agravando anualmente.

Saldiva ainda citou que, em 2010, tendo o número de pessoas que moram na cidade superado o daquelas que vivem no interior,

> essa concentração resultou em grandes problemas, muitos deles ambientais. Consumimos muita energia, produzimos nosso ambiente e isso é um problema para o homem urbano [...] o que significa que é preciso discutir a saúde e o meio ambiente com mais profundidade.

Agravos à Saúde pela Poluição do Ar

Cada vez mais a mídia vem noticiando em jornais, revistas e pela TV os problemas provocados pela poluição do ar, com destaque para os agravos à saúde da população.

Esses efeitos podem ser:

- Biológicos – efeitos prejudiciais à saúde humana, dos animais e sobre as plantas.
- Físicos – redução da visibilidade, sujidade, aquecimento do planeta, entre outros.
- Químicos – corrosão e deterioração de materiais, incluindo objetos culturalmente importantes, como estátuas e monumentos, erosão de superfícies, entre outros.

Eventos de grandes consequências, ocorridos principalmente no século XX, demonstraram que a poluição do ar constitui uma séria ameaça à saúde pública. Tais eventos, denominados episódios agudos de poluição do ar, caracterizam-se pela pequena duração, de minutos a alguns dias, e por provocar problemas graves. Muitos desses episódios ocorreram como resultado da permanência de condições desfavoráveis à dispersão dos poluentes por vários dias, como inversão térmica, ausência de chuvas, ventos calmos, aliados à emissão contínua de poluentes e topografia desfavorável – um vale, por exemplo. Entre esses eventos, um importante foi o de Londres, Inglaterra, em dezembro de 1952, com duração de cinco dias, que resultou em cerca de quatro mil mortes, principalmente na faixa etária dos idosos. Esse incidente ocorreu em razão da presença de altas concentrações de fumaça (*smoke*) e dióxido de enxofre na atmosfera, e também por causa de condições meteorológicas desfavoráveis, tais como inversão térmica, calmaria e neblina (*fog*). Ocorreram ainda outros episódios agudos em Londres, ocasionando a morte de centenas de pessoas. Em 1957, morreram oitocentas pessoas e, em 1962, setecentas pessoas foram a óbito (Guimarães, 1992).

Para Assunção (2000), esses agravos podem ir desde o desconforto até a morte, passando pelo aumento da taxa de morbidade (doenças); aumento de procura ao sistema de saúde (centros de saúde, hospitais, prontos-socorros); maior número de absenteísmo no trabalho; além de sintomas, tais como: irritação dos olhos e das vias respiratórias, redução da capacidade da atenção, dor de cabeça, alterações motoras e alterações enzimáticas, doenças do aparelho respiratório (asma, bronquite, enfisema, edema pulmonar, pneumoconiose), danos ao sistema nervoso central, efeitos teratogênicos, alterações genéticas e câncer. Mais recentemente, têm sido realizados, também, muitos estudos sobre a associação da poluição do ar com a mortalidade intrauterina, com as doenças cardiovasculares, perturbação da visão, diminuição dos reflexos, abortos e até mesmo com a síndrome de morte súbita infantil (Willes, 1997, p.17).

A revista *Veja*, na edição n. 17, de 29 de abril de 2009, trouxe outra entrevista com o já citado Paulo Saldiva, que afirmou que

> a exposição prolongada a esse tipo de ambiente, situação cada vez mais frequente pelos congestionamentos da cidade, nos expõe a um risco que não podemos evitar e no caso das partículas finas, a exposição a altas quantidades,

EDUCAÇÃO AMBIENTAL E SUSTENTABILIDADE

ainda que por curtos períodos, é suficiente para desencadear muitos problemas de saúde.

Pesquisas realizadas nos anos 2000 e 2001 pelo Laboratório de Poluição Atmosférica Experimental da USP, onde esse pesquisador trabalha, mostraram isso claramente. Após submeterem 48 trabalhadores de trânsito saudáveis (conhecidos como marronzinhos) a exames, os pesquisadores concluíram que duas horas de trabalho em avenidas de grande fluxo foram suficientes para aumentar a pressão arterial do grupo estudado.

Os veículos são as principais fontes de partículas finas – responsáveis por 37% do total. Caminhões e ônibus movidos a diesel poluem seis vezes mais que motos e carros.

As partículas finas causam doenças ao organismo humano:

- Com um vigésimo da espessura de um fio de cabelo, essas partículas são facilmente inaladas pelo homem. Por meio das vias aéreas (brônquios) chegam ao pulmão. Lá, elas se alojam nos alvéolos, a porção mais delicada do órgão, responsável por levar oxigênio à circulação.

- A disposição desse material deflagra um mecanismo de defesa: os músculos que envolvem os brônquios se contraem para evitar que novos poluentes sejam inalados. Tal efeito acaba prejudicando o caminho do ar, o que dificulta a respiração e provoca tosse, asma, bronquite e rinite.

- Parte dos poluentes segue o caminho do oxigênio, dos alvéolos e cai na circulação. Como são tóxicos para as paredes dos vasos sanguíneos, provocam inflamação e colaboram para o processo de obstrução das artérias, o que leva às doenças cardiovasculares.

- Substâncias resultantes da inflamação são absorvidas pelas células e atuam no DNA, provocando alterações genéticas que podem levar ao câncer e à infertilidade.

- Em contato com os olhos e com a pele, o material particulado provoca lacrimação, alergias e propicia infecções.

Os efeitos da poluição do ar se caracterizam tanto pela alteração de condições consideradas normais como pelo aumento de problemas já existentes que ocorrem nos âmbitos local, regional e global.

Nessas últimas décadas, enquanto se conseguia controlar a emissão de poluentes das indústrias, crescia assustadoramente outro fator de poluição do ar, constituído pelos veículos automotores.

Poluição e os Veículos Automotores

Atualmente, o problema que precisa ser enfrentando é, principalmente, o da poluição causada por veículos automotores, visível em parte nas estradas e em parte na cidade, sob a forma de fumaça preta que sai dos canos de escapamento. Existe, ainda, uma grande parcela invisível: trata-se da mistura de gases sem cor que os veículos movidos a álcool e a gasolina lançam diariamente sobre São Paulo. São gases tóxicos que envenenam o ar. E como o número de carros nas ruas cresce diariamente, cresce também a poluição do ar (Assunção e Malheiros, 2009). Respirar na cidade torna-se, pois, um risco constante.

De acordo com a Secretaria de Estado do Meio Ambiente de São Paulo (1997), as principais fontes de poluição do ar nas regiões urbanas são os veículos automotores, complementados pelo processo industrial de geração de calor, queima de resíduos, movimentação e estocagem de combustíveis.

O automóvel, hoje, é um dos meios de transporte mais utilizados para o deslocamento de pessoas, por causa das facilidades de acesso para sua aquisição. Desse modo, observa-se uma elevação do número de veículos que trafegam pelas estradas, avenidas e rodovias com o mínimo de aproveitamento do espaço disponível, tendo em vista que a maioria deles é conduzida pelo motorista, que apenas repete diariamente o mesmo trajeto para o trabalho, para as escolas, para a universidade, entre outros.

De acordo com matéria publicada na revista do Jornal Folha de São Paulo, do período de 7 a 13.08.2011, p.44, a cidade de São Paulo recebe em suas ruas 700 veículos novos por dia. Em 1977, havia 4,7 milhões de carros, hoje, eles passam de 7 milhões.

Como consequência do modo como são projetados e construídos, dependendo do combustível que utilizam, e até da maneira como são mantidos e dirigidos ou, ainda, em virtude de sua quantidade, os veículos automotores, por sua vez, tornaram-se e continuam sendo a maior fonte de poluição do ar também na Região Metropolitana de São Paulo (RMSP). De fato, diariamente uma enorme frota de aproximadamente três milhões de veículos lança na atmosfera toneladas de gases, vapores e material particulado, poluentes que comprometem seriamente a qualidade do ar que respiramos (Cetesb, 1995).

Os veículos têm contribuído com cerca de 98% da emissão de monóxido de carbono, 97% dos hidrocarbonetos e 96% do óxidos de nitrogênio e são os principais responsáveis pela emissão de dióxido de enxofre e material particulado inalável (Assunção e Malheiros, 2009, p.162).

No que se refere à emissão de gás de efeito estufa (GEE), o transporte rodoviário no Município de São Paulo pode ser caracterizado a partir dos combustíveis utilizados: gasolina, gás natural veicular e óleo diesel. A gasolina é utilizada pelos automóveis e ciclomotores no transporte individual; o gás natural é usado principalmente nos veículos leves de passageiros e o óleo diesel é usado nos veículos pesados, como ônibus e caminhões, conforme apresentado no Quadro 38.1.

Quadro 38.1 – Distribuição de combustíveis utilizados na cidade de São Paulo, em 2007.

TIPOS	2007
Álcool (automóveis, camionetas e caminhões)	686.049 litros
Gasolina (automóveis, camionetas e caminhões)	3.624.838 litros
Flex (automóveis, camionetas e caminhões)	340.510 litros
Diesel (automóveis, camionetas e caminhões)	282.440 litros
Motos (automóveis, camionetas e caminhões)	560.597 litros
TOTAL	5.494.434 litros

Fonte: Prefeitura Municipal de São Paulo.

Como se pode perceber, na maioria dos veículos foi utilizada a gasolina como combustível. Os carros a álcool e a gasolina (motor do ciclo Otto) são importantes emissores de monóxido de carbono, óxidos de nitrogênio e hidrocarbonetos, enquanto os veículos com motor de ciclo diesel, em especial os caminhões e ônibus, são emissores de óxidos de enxofre, de nitrogênio e material particulado (fuligem), mas também, em menor grau, monóxido de carbono e hidrocarbonetos. Um exemplo do conjunto de emissões dos poluentes clássicos se apresenta no Quadro 38.2.

Quadro 38.2 – Fontes e poluentes clássicos emitidos na Região Metropolitana de São Paulo, no ano de 2000 (mil toneladas).*

Fonte	MP	SO_x	CO	HC	NO_x
Escapamento de veículos a gasolina	4,8	9,6	787,8	198,9	48,1
Escapamento de veículos a álcool	-	-	209,5	24,5	13,0
Escapamento de veículos a diesel	19,0	10,4	417,2	68,0	304,7
Escapamento dos táxis	0,5	0,3	11,2	1,3	1,2
Escapamento das motocicletas	0,5	0,9	197,5	40,1	1,0
Outras fontes relacionadas a veículo	7,7	-	-	15,2	-
Fontes industriais**	31,6	17,1	38,6	12,0	14,0
Total	64,1	38,3	1.661,8	376,7	382,0
Participação dos veículos (%)	50,7	55,4	97,7	96,8	96,3

Fonte: Cetesb, 2001 (dados de 1990 para CO, HC e NO_x e dados de 1998 para SO_x e material particulado).

* MP = material particulado; SO_x = óxido de enxofre; CO = monóxido de carbono; HC = hidrocarbonetos; NO_x = óxidos de nitrogênio.

** Emissões das fontes mais importantes, as quais representam aproximadamente 90% do total de emissões.

O Quadro 38.2 mostra que os veículos automotores são os principais emissores de material particulado e monóxido de carbono, poluentes responsáveis por parte dos problemas respiratórios que a população sofre.

As partículas sólidas ou líquidas emitidas por fontes de poluição do ar, ou mesmo aquelas formadas na atmosfera, como as partículas de sulfatos, são denominadas material particulado e, quando suspensas no ar, são denominadas aerossóis (Assunção, 2010).

O mesmo autor diz que as partículas de maior interesse para a saúde pública são as chamadas partículas inaláveis, ou seja, com diâmetro aerodinâmico equivalente (diâmetro que incorpora a densidade da partícula pela comparação com a velocidade de queda de uma partícula de densidade 1 g/cm³), menor que 10 micrômetros.[1]

---

[1] 1 micrômetro é igual a 1 milionésimo do metro.

O material particulado pode ser classificado, segundo o método de formação, em:

- Poeiras: de cimento, amianto, algodão, rua.
- Fumos: de chumbo, alumínio, zinco, cloreto de amônia.
- Fumaça: partículas da combustão de combustíveis fósseis, materiais asfálticos ou madeira, fuligem, partículas líquidas e, no caso de madeira e carvão, uma fração mineral (cinzas).
- Névoas (partículas líquidas).

O monóxido de carbono (CO) é um gás levemente inflamável, incolor, inodoro e muito perigoso em virtude de sua grande toxicidade. É produzido pela queima em condições de pouco oxigênio (combustão incompleta) e/ou alta temperatura de carvão ou outros materiais ricos em carbono, como os derivados de petróleo (Assunção, 2010).

Segundo estudos realizados pela Fundação Seade (2009), o número de veículos na cidade de São Paulo cresceu quatro vezes mais do que a população paulista no período de 2002-2006.

As mesmas tendências, indicadas anteriormente, também foram registradas na Região Metropolitana de São Paulo, com diferentes intensidades: 23% de aumento na frota de veículos e 72% na frota de motocicletas, entre esses anos (Prefeitura de São Paulo, 2009).

Pode-se perceber que tudo isso leva à destruição do ecossistema, gerando não só danos para o meio ambiente como para a saúde do indivíduo e das populações que nele vivem.

O que define um ecossistema é o equilíbrio, uma harmonia relacional entre os diversos grupos de seres vivos que dele fazem parte, bem como entre eles e o meio ambiente: o chamado equilíbrio ecológico, que é bastante delicado, pois pequenas alterações podem provocar grandes efeitos. Recentemente, o homem descobriu que a Terra é um grande ecossistema, e que alterações ambientais produzidas em um local podem afetar todo o planeta.

A EDUCAÇÃO DA POPULAÇÃO

Nessas circunstâncias, um dos principais e mais poderosos instrumentos de intervenção de que se dispõe, para obtenção de resultados a médio e longo prazos, é a educação da população.

EDUCAÇÃO AMBIENTAL PARA PROMOÇÃO DA SAÚDE COM TRÂNSITO SAUDÁVEL | **977**

A educação é um processo político.

Se somos educadores e, portanto, políticos, temos que ter certeza com relação à nossa opção. Enquanto educadores, nosso sonho não é pedagógico, mas político. As formas de trabalhar, os métodos, têm muito de pedagógico, mas são eminentemente políticos. (Paulo Freire apud Gadotti, 1981, p.16, citado por Pelicioni, 2000)

Segundo Pelicioni (2000), a educação, como prática político-pedagógica, determinada histórica e socialmente, pretende possibilitar o desenvolvimento e a escolha de estratégias de ação, que venham contribuir para a construção do processo de cidadania e para a melhoria da qualidade de vida da população, nesse caso, a redução da poluição pela adoção de atitudes que possibilitem promover a saúde.

Registros, estudos e denúncias de problemas ambientais decorrentes da ação antrópica vêm acontecendo desde a Antiguidade, acompanhados pela instituição de leis, decretos, normas de caráter proibitivo ou disciplinar da interferência humana sobre o ambiente (McCormick, 1992).

A educação poderá contribuir para o encaminhamento de soluções para os problemas – contando com o apoio da ciência, da tecnologia e da legislação –, mas, para tal, deve ter como base a ética, a igualdade, a justiça e a solidariedade.

Em 1999, instituiu-se a Política Nacional de Educação Ambiental, pela Lei Federal n. 9.795, a qual foi regulamentada pelo Decreto n. 4.281, de 25 de junho de 2002. Segundo a lei, entende-se por educação ambiental

os processos por meio dos quais os indivíduos e a coletividade constroem valores sociais, conhecimentos, habilidades, atitudes e competências voltadas para a conservação do meio ambiente, bem de uso comum do povo, essencial à sadia qualidade de vida e sua sustentabilidade. (Brasil, 1999, Cap.I, art. 1º)

Embora o estabelecimento da Política Nacional de Educação Ambiental no Brasil represente um avanço para a discussão dessa temática, essa definição apresenta certa fragilidade, uma vez que enfatiza apenas a conservação do meio ambiente e não aborda aspectos relacionados ao caráter político da educação ambiental e de seu potencial transformador de sujeitos e realidades (Toledo, 2006).

De acordo com a Comissão Interministerial, reunida em 1972 no Rio de Janeiro para preparar a Conferência das Nações Unidas sobre Meio Ambiente e Desenvolvimento, a educação ambiental

> se caracteriza por incorporar as dimensões socioeconômica, política, cultural e histórica, não podendo basear-se em pautas rígidas e de aplicação universal, devendo considerar as condições e estágio de cada país, região e comunidade, sob uma perspectiva histórica. Assim sendo, deve permitir a compreensão da natureza complexa do meio ambiente e interpretar a interdependência entre os diversos elementos que o conformam, com vistas a utilizar racionalmente os recursos existentes na satisfação material e espiritual da sociedade, no presente e no futuro. (Dias, 1993, p.27)

Durante algum tempo perdurou uma visão fragmentada do meio ambiente, que enfatizava apenas seus aspectos físico-naturais e/ou ecológicos, o que se refletia nos programas de educação ambiental, porém, essa visão parece estar sendo superada, ao menos nas discussões teóricas. Sabe-se que uma compreensão integrada do meio ambiente é fundamental para buscar as raízes dos problemas socioambientais e para o desenvolvimento de programas com essa preocupação (Toledo, 2002).

A educação ambiental deve ser um processo contínuo de construção da cidadania, possibilitando aos indivíduos e à coletividade conscientes atuar na busca de soluções para problemas que afetam a todos. Para que isso ocorra, a capacitação técnica, por meio da construção de conhecimentos, da formação de atitudes e de habilidades, objetivos da educação ambiental, deve estar voltada para o desenvolvimento de ações que garantam a sustentabilidade (Philippi Jr e Pelicioni, 2005, p.753).

De acordo com Reigota (1997), citado por Castro e Canhedo Jr. (2009), a educação ambiental, como educação política, visa à participação do cidadão na busca de alternativas e soluções aos graves problemas ambientais locais, regionais e globais. Não se deve perder de vista os inúmeros e complexos desafios que há pela frente, seja no momento presente, seja no futuro, sob uma visão de médio e longo prazos. O aspecto político da educação ambiental envolve o campo da autonomia, da cidadania e da justiça social, cujas metas não podem ser conquistadas em um futuro distante, mas devem ser construídas no cotidiano das relações afetivas, educacionais e sociais.

Quando afirmamos e definimos a educação ambiental como educação política, estamos dizendo que o que deve ser considerado, prioritariamente, na educação ambiental, é a análise das relações políticas, econômicas, sociais e culturais entre a humanidade, tendo em vista superar os mecanismos de controle e de dominação que impedem a participação livre, consciente e democrática de todos (Reigota, 2009).

Na educação ambiental, não basta avaliar danos e riscos ou voltar-se apenas para ações corretivas, mas, sobretudo, investir na reconstrução de valores para a transformação da realidade como um todo.

Considerada fundamental e complementar nos projetos de planejamento, as experiências nessa área têm procurado relacionar os problemas ambientais prioritários com as possibilidades de participação de diferentes grupos sociais na busca de alternativas para a solução desses problemas (Reigota e Santos, 2009).

Para Sauvé (2003), citada por Toledo (2006), a educação ambiental visa à reconstrução de relações entre as pessoas, o grupo social e o meio ambiente, o que inclui: a natureza a ser respeitada; os recursos naturais a serem compartilhados; um sistema de relações para a tomada de decisões adequadas; a biosfera como um todo, na qual se possa viver por muito tempo ainda; e, principalmente, nosso ambiente habitual a ser reordenado.

Gomide e Serrão (2004, p.12) dizem que a educação ambiental pode ser considerada um instrumento de promoção da saúde,

capaz de criar condições à participação dos diferentes segmentos sociais, tanto na formulação de políticas, quanto na aplicação das decisões que afetam a qualidade do meio natural e social e, consequentemente, influenciem as condições de saúde.

Medina (2000) destaca que

as propostas de educação ambiental pretendem aproximar a realidade ambiental das pessoas, conseguir que elas passem a perceber o ambiente como algo próximo e importante nas suas vidas; é verificar, ainda, que cada um tem um importante papel a cumprir na preservação e transformação do ambiente em que vivem. Levá-las a compreender que o futuro, como construção coletiva, depende de decisões políticas e econômicas que sejam definidas hoje, e que irão interferir nas possibilidades de definição de novos modelos de desenvolvimento, capazes de conciliar a justiça e o equilíbrio ecológico, que permitam manter a base do rico substrato natural e cultural dos países, melhorando efetivamente a qualidade de vida da população.

A educação depende de adesão voluntária, para formar e preparar cidadãos para a reflexão crítica e para uma ação social corretiva ou transformadora do sistema, de forma a tornar viável o desenvolvimento integral dos seres humanos. Isso é fundamental visto que, infelizmente, é no trânsito que algumas pessoas descarregam suas frustrações e problemas pessoais.

Entre algumas das possibilidades já existentes, como: rodízio de veículos, uso de bicicletas e melhoria do transporte público – incluindo metrô, ônibus e trem –, para diminuir a poluição do ar em grandes cidades, deve-se investir também no uso compartilhado de automóveis, o que exige um bom trabalho voltado para a educação ambiental dos usuários.

Podem-se citar, também, como necessidades urgentes para a melhoria da mobilidade na cidade de São Paulo, reorganizar a rede ferroviária, rodoviária e hidroviária, além de construir mais ciclovias para bicicletas e aumentar a malha metroviária.

O intenso uso de veículos automotores nos grandes centros urbanos com suas sérias consequências gerou a ideia do uso do transporte/carona solidária que deve ser feito de forma constante e sistematizada.

Acredita-se que a educação ambiental dos motoristas e dos passageiros, visando à sua mudança de atitude, vai contribuir para que passem a aderir a programas de carona solidária, diminuindo o número de carros nas ruas. Essa tem sido uma boa alternativa, entre outras, que podem minimizar o problema da poluição do ar nas grandes cidades.

O Programa de Carona Solidária

Carona solidária (em língua inglesa, *carpool* ou *carpooling*) é o uso compartilhado em alternância de um automóvel particular por duas ou mais pessoas, para viajarem juntas durante o horário de *rush*, economizando nas despesas de viagem, colaborando para a redução do congestionamento de veículos e diminuindo a poluição do ar e a emissão de gases de efeito estufa.

Rush é uma palavra inglesa que, no Brasil de décadas atrás, referia-se aos horários de pico no trânsito – o começo e o fim do dia. O *rush*, pela quantidade de carros e morosidade de trânsito, fazia com que, naquela época, uma pessoa chegasse quinze minutos mais tarde a qualquer lugar. Esses quinze minutos eram sinal de que as coisas não iam muito bem. Falar em atraso semelhante, hoje, equivale a dizer que quase chegamos na hora, quase conseguimos ser pontuais. O tempo gasto para locomoção nos grandes centros urbanos tem piorado a cada ano (*Vida Simples*, edição 105, maio 2011, p.19).

O programa de carona solidária já é utilizado há muitos anos em países como: França, Alemanha, Inglaterra, Canadá e Estados Unidos, com bastante sucesso. A adesão dos participantes nesses países foi bem mais rápida e intensa, tendo em vista que a segurança das pessoas lá é maior.

Além de problemas de segurança física dos usuários, fator que tem contribuído muito para a falta de adesão imediata das pessoas à carona solidária, estão também aí relacionadas as questões culturais de cada país, incluindo os hábitos, valores, representações sociais e costumes adquiridos pelos indivíduos.

Uma das primeiras preocupações dos estudiosos com relação à cultura refere-se à sua origem. Em outras palavras, como o homem adquiriu esse processo extrassomático que o diferenciou de todos os animais e lhe deu um lugar privilegiado na vida terrestre.

De acordo com Tylor (1832-1917), citado por Laraia (2009, p.25), o vocábulo inglês *culture*, tomado em seu amplo sentido etnográfico, é todo o complexo que inclui conhecimentos, crenças, arte, moral, leis, costumes ou qualquer outra capacidade ou hábitos adquiridos pelo homem como membro de uma sociedade. Para esse autor, cultura é todo o comportamento aprendido, tudo aquilo que independe de transmissão genética.

Para Geertz (1989), cultura é a teia de significados que o homem teceu, a partir da qual ele olha o mundo e na qual se encontra preso.

Segundo Kroeber (1950), citado por Laraia (2009 p.48-9), a cultura, mais do que a herança genética, determina o comportamento do homem e justifica as suas realizações. É o meio de adaptação aos diferentes ambientes ecológicos. Em vez de modificar, para isso, o seu aparato biológico, o homem modifica o seu equipamento superorgânico. Em decorrência da afirmação anterior, o homem foi capaz de romper as barreiras das diferenças ambientais e transformar toda a Terra em seu *habitat*. O autor termina dizendo que a cultura é um processo acumulativo, resultante de toda a experiência histórica das gerações anteriores. Esse processo limita ou estimula a ação criativa do indivíduo.

Adquirindo cultura, o homem passou a depender muito mais do aprendizado do que de agir por meio de atitudes geneticamente determinadas, ficando, muitas vezes, dependente de conhecimentos adquiridos por outros para tomar suas próprias decisões.

Uma pesquisa realizada por Oliveira e Pelicioni (2010) teve como objetivo verificar o que os alunos de um curso de especialização de uma universidade pública da cidade de São Paulo conheciam sobre os sites de carona solidária existentes na cidade e se participariam de algum programa desse tipo. Para o levantamento dos dados foram utilizados dois questionários.

O estudo revelou que, entre os entrevistados, 59% conheciam diferentes programas de carona solidária, mas não participavam de nenhum, até aquele momento, por medo e insegurança, os outros 41% desconheciam o assunto.

Em relação às questões de segurança, 44% mostraram-se preocupados, o que representa um número muito grande.

Sabe-se que, como toda ideia nova, a questão da carona solidária não seria aceita de imediato. Primeiro, porque os problemas ambientais, de modo geral, não têm sido relacionados, pela maioria das pessoas, com os agravos à saúde. Além disso, por causa dos aspectos culturais que envolvem essa questão, isto é, possuir e sair com um carro novo, do ano, ainda é um valor para uma parcela significativa da população. Pegar ou dar carona para quem não conhece, ou ainda sem saber como o outro irá se comportar, torna a decisão mais difícil.

Talvez, com o passar do tempo, consiga-se obter mudanças de atitudes das pessoas que, por perceberem os benefícios trazidos com essa prática ao ambiente e à sua qualidade de vida, conseguirão superar o seu medo e aderir mais facilmente à proposta.

Conforme citado anteriormente, alguns países têm encontrado na carona solidária mais uma alternativa, entre as inúmeras já existentes, para amenizar os problemas de poluição atmosférica derivados do excesso de automóveis nas ruas.

Um programa brasileiro situado na cidade de São Paulo, denominado Eco-carroagem acabou por se sobressair dos demais, justamente porque oferece mais segurança na adesão. Implica tudo que se conhece sobre a carona convencional, além da obrigatoriedade de divisão de todas as despesas (gasolina, pedágio e outros) no mesmo trajeto, cotizada entre todos os ocupantes do automóvel, inclusive o motorista. É usada tanto na cidade e seus arredores, para ir e vir diariamente, como para viagens esporádicas com distâncias variadas (englobando todas as cidades do país).

Para as empresas que se interessarem em aderir ao programa Eco-carroagem, de carona solidária, é oferecido um sistema personalizado de implantação corporativa.

Seu sistema de cadastro é estritamente individual. O usuário que emprestar sua identificação será responsabilizado em todos os aspectos cabíveis.

Os dados cadastrados são mantidos em sigilo e divulgados somente entre os usuários os campos de cor verde no *site*, constituídos pelos seguintes itens: apelido, sexo, cidade e celular, a fim de que as pessoas possam se comunicar.

Para que o usuário possa se sentir mais seguro, foram criadas algumas categorias, na hora de fazer esse cadastro. Por exemplo, em relação ao estado de emprego/desemprego, o usuário deverá se encaixar dentro de algumas categorias: a) trabalho, b) autônomo, c) estudante e d) aposentado.

A garantia de segurança dos usuários, a partir do preenchimento do cadastro, apresenta um diferencial, conforme pode-se perceber pelos passos discriminados a seguir:

- Ao se cadastrar, o usuário só se tornará ativo no *site* após a confirmação de seus dados pela própria empresa onde trabalha.
- Uma outra facilidade, não encontrada nos demais *sites*, é que, ao optar pelo trajeto, o usuário pode escolher entre: a) todas as cidades ou b) cidades e seus arredores.

Apesar dos avanços verificados nas últimas décadas, no que se refere à redução da emissão de poluentes atmosféricos, ainda há muito a fazer. Hábitos, costumes e valores, como dito anteriormente, estão muito enraizados na cultura das pessoas. E, para que elas possam aceitar alterações nas suas ações cotidianas, é preciso que estejam conscientes e esclarecidas sobre as vantagens que essas mudanças trarão. Assim, uma das vocações da educação ambiental será contribuir com subsídios que levem as pessoas a repensar suas atitudes, visando a um ambiente melhor e mais sustentável.

REFERÊNCIAS

ASSUNÇÃO, J.V.; MALHEIROS, T.F. Poluição atmosférica. In: PHILIPPI JR, A.; PELICIONI, M.C.F. (eds.). *Educação ambiental e sustentabilidade*. Barueri: Manole, 2009. p.135-136, 162.

BRASIL. Lei Federal n. 9.795, de 27 de abril de 1999. Dispõe sobre a Política Nacional de Educação Ambiental, a qual foi regulamentada pelo Decreto 4.281, de 25 de junho de 2002.

EDUCAÇÃO AMBIENTAL E SUSTENTABILIDADE

CASTRO, M.L. DE; CANHEDO JR., S.G. Educação ambiental como instrumento de participação. In: PHILIPPI JR, A.; PELICIONI, M.C.F. (eds.). *Educação ambiental e sustentabilidade*. Barueri: Manole, 2009. p.406.

[CETESB] COMPANHIA AMBIENTAL DO ESTADO DE SÃO PAULO. Informativo Cetesb, São Paulo, 1995.

DIAS, G.F. *Educação ambiental: princípios e práticas e caderno de atividades*. São Paulo-SP: Global, 1993. p.27.

_____. *Educação ambiental: princípios e práticas*. 5.ed. São Paulo: Gaia, 1998.

GEERTZ, C. A transição para a humanidade. In: TAX, S. (org.). *Panorama da antropologia*. Rio de janeiro: Fundo de Cultura, 1996.

GOMIDE, M.; SERRÃO, M.A. A educação ambiental e a promoção da saúde. *Cad. Saúde Coletiva*, v.12, n.1, 2004, p.69.

GUIMARÃES, F.A. Poluição do ar. In: PHILIPPI JR, A. *Saneamento do meio*. São Paulo: Fundacentro, 1992. p.155-93.

KEMP, D.D. *Global Enviromment Issues – A Climatological Approach*. 2.ed. USA: Routledge, 1994.

KROEBER, A. (1950). In: LARAIA, R.B. *Cultura: um conceito antropológico*. Rio de Janeiro: Zahar, 2009. p 48-9.

MCCORMICK, J. *Rumo ao paraíso: a história do movimento ambientalista*. Rio de Janeiro: Relume-Dumará, 1992.

MEDINA, N.M. Os desafios da formação de formadores para a educação ambiental. In: PHILIPPI JR, A.; PELICIONI, M.C.F. (eds.). *Educação ambiental: desenvolvimento de cursos e projetos*. São Paulo: Signus, 2000.

[MS] MINISTÉRIO DA SAÚDE. Portaria n. 687, de 30 de março de 2006. Política Nacional de Promoção da Saúde. p.13.

OLIVEIRA, S.C.; PELICIONI, M.C.F. *Educação ambiental com vistas a um trânsito saudável*. São Paulo, 2010. Trabalho de Conclusão de Curso. Faculdade de Saúde Pública da USP.

PELICIONI, M.C.F. *Educação em saúde e educação ambiental – estratégias de construção da escola promotora da saúde*. São Paulo, 2000. Tese [Livre-docência]. Faculdade de Saúde Pública da USP.

PHILIPPI JR, A.; PELICIONI, M.C.F. (eds.). *Educação ambiental e sustentabilidade*. São Paulo: Manole, 2005.

PHILIPPI JR, A. *Saneamento, saúde e ambiente: fundamentos para um desenvolvimento sustentável*. São Paulo: Manole, 2005.

[PMSP] PREFEITURA MUNICIPAL DE SÃO PAULO. *Projeto ambientes verdes e saudáveis*. São Paulo, 2009. p.111-2.

REIGOTA, M. *O que é educação ambiental.* São Paulo: Brasiliense, 2009 (Coleção Primeiros Passos).

SALDIVA, P.H.N. Ambiente e Saúde. *Almanaque Dante,* São Paulo, Ed.4, p.20, 2008.

[SMA] SECRETARIA DE ESTADO DO MEIO AMBIENTE. Documento discussão pública: por um transporte sustentável. São Paulo, 1997.

TOLEDO, R.F. DE. *Educação ambiental em Unidades de Conservação do Estado de São Paulo.* São Paulo, 2002. Dissertação [Mestrado]. Faculdade de Saúde Pública da USP.

_____. *Educação, saúde e meio ambiente: uma pesquisa-ação no Distrito de Iauaretê do Município de São Gabriel da Cachoeira/AM.* São Paulo, 2006. Tese [Doutorado]. Faculdade de Saúde Pública da USP.

TYLOR E. In: LARAIA, R.B. *Cultura: um conceito antropológico.* Rio de Janeiro: Zahar, 2009. p.25.

[WHO] WORLD HEALTH ORGANIZATION. *Air quality guidelines* [online]. Genebra, 1999. Disponível em: htpp://www.who.int/peh/air/airindex.htm. Acessado em: 4 ago. 2001.

VIDA SIMPLES, Ed 105, Maio p.19, 2010.

Índice Remissivo

A

Abordagem educativa 403
Abordagem neoclássica 774
Abordagem psicossocial 403
Agente 99
Agentes comunitários 804
Agricultura orgânica 780
Água 16, 18
Alteridade 389
Ambientalismo 415, 419, 422, 425,
    427-8, 432-3, 435, 438, 442
Ambientalista 415, 419, 422, 426
Ambiente 99
Anais de congressos 736
Antropocentrismo 778
Aprendizagem 681
Aproximação fenomenológica 766
Atividade sísmica 781
Autodepuração natural 17

B

Bases de dados 744
Bioimperialismo 139

C

Camada de ozônio 22
Capital natural 775
Causalidade 130
Chuva ácida 17
Ciclo de produção (*throughput*) 775
Cidadania 309, 329, 345, 358, 361, 383
Cidades 29
Cidade saudável 370, 386
Ciência da sustentabilidade 770
Ciências naturais 766, 770
Citação no texto 748
Complexidade 773
Comunicação 388, 579
Concepção construtivista 680
Condição de risco 766, 770
Conferência das Nações Unidas sobre o
    Meio Ambiente Humano 426
Conferência de Estocolmo 422, 427,
    429, 432, 435, 769
Conferência de Tbilisi 430-1
Conferência de Tessalônica 436
Conferência Intergovernamental sobre
    Educação Ambiental 430

988 | EDUCAÇÃO AMBIENTAL E SUSTENTABILIDADE

Conhecimento 373, 376
Consciência ecológica 307, 329
Conservacionismo 417
Conservacionistas 417-8, 427
Consumismo 369
Consumo 357, 359
Conteúdos 391
Conversão de biomassa 780
Correntes filosóficas 386
Crescimento antieconômico 776
Crescimento industrial 779
Crítica 766, 770, 775

D

Declaração dos Direitos do Homem 327
Deontologia 373
Desenvolvimento 367-9, 766, 767-9
Desenvolvimento econômico 307-9, 315, 320, 323, 767
Desenvolvimento humano 327-8
Desenvolvimento sustentável 307, 310-1, 313-5, 317-22, 324, 327-8, 330, 332, 767-8
Diálogo 389
Dimensão biofísica 361, 366, 376, 383, 385
Dimensão interativa 361, 366, 375, 385
Dimensão íntima 361, 365, 375, 385
Dimensão social 361, 366, 375, 385
Dimensões 360
Dimensões de mundo 360, 361, 383
Direito adquirido 337
Diretividade 398
Discussão em grupo 395
Doenças infecciosas 109
Doenças não infecciosas 111

E

Ecodesenvolvimento 672
Ecologia 312, 316, 332
Economia 312, 316, 319, 324, 327, 331, 768, 769, 774
Economia ecológica 769, 774, 775

Economia neoclássica 775
Economia política 769
Econômico 307-9, 312-3, 315-6, 318-20, 322-3, 328
Ecossistemas 357
Ecossocioeconomia 673
Educação 358, 373, 672
Educação ambiental 344-6, 428-39, 442, 672, 801
Educação nutricional 914
Efeito estufa 23
Energia eólica 781
Energia fotovoltaica 780
Energia geotérmica 781
Ensino 372
Entropia 771-2, 775-6
Epidemiologia 85-9, 93, 94-6, 100, 105-7, 109, 115, 123-30, 132-3, 138, 141-3, 145
Epidemiologia descritiva 128
Epistemologia genética 680
Equilíbrio 399
Espaço de vida 403
Estratégias de intervenção 403
Exergia 773

F

Feedback 393

G

Geração de eventos 364
Globalização 359
Gravosas 340

H

Hábitos de consumo 307, 325
História natural da doença 107
Holístico 137
Hospedeiro 98

I

Imagem 579

Incerteza 766
Incidência 131
Inclusão 358
Indicadores socioambientais 684
Indústrias 149
Informação 375
Inovação 777
Interdisciplinaridade 683
Irreversibilidades 773

L

Liberdade 358, 769, 770
Licenciamento ambiental 338, 340
Liderança 398
Linguagem 388
Linguagem audiovisual 581
Livre mercado 774
Livros 734

M

Maturidade 398
Mediosfera 389
Megacidades 369
Megaprojetos 367
Meio ambiente 307-8, 310-3, 315-7,
    319, 322-3, 325-6, 328-9, 332,
    335, 337-8, 341-5, 348-9, 351-2,
    801
Meio biológico 102
Mensagem 388
Mercado 368
Método epidemiológico 126
Metodologia de discussão 396
Modelo ecossistêmico 361, 365, 405
Modelo não ecossistêmico 362
Movimento ambientalista 307, 417
Movimento de retorno à natureza 416

N

Nicho sociocultural 375, 389, 390, 393,
    399, 402

O

Objetos intermediários 376

P

Papéis de liderança 398
Paradigmas 368, 372
Paradoxo de Jevons 779
Participação comunitária 675
Paz 399
Periódicos 735
Perspectiva evolutiva 768
Pesquisa 372
Pirâmide alimentar 917
Planejamento urbano 347
Poluição 336, 338, 342, 349, 351, 802
Poluição ambiental 308
Poluição atmosférica 31
Poluição do ar 21
Poluição hídrica 32
População 403
Precaução 766
Preservacionismo 417
Preservacionistas 417
Prevalência 126
Prevenção primária 108
Prevenção secundária 111
Prevenção terciária 114
Primeira Conferência das Nações
    Unidas sobre Meio Ambiente e
    Desenvolvimento 435
Princípio da precaução 770
Problemas ambientais 802
Processo de mudança 371
Processo educativo 378
Processo industrial 307
Processos 391
Processos heurístico-hermenêuticos
    377
Produção 357
Programa de Honra 678
Programa Saúde da Família 803
Projeto de vida 370

Projeto educativo 382
Projeto Qualidade Integral em Saúde
  (Projeto Qualis) 804
Promoção à saúde 108
Proposta educacional 809
Proteção à saúde 336, 343
PSF 803
Psicologia social 381, 382
Publicações 734
Publicações eletrônicas 736
Publicações governamentais e oficiais
  736
Publicidade 380

Q

Qualidade de vida 361, 364, 370, 377

R

Reciclagem 772
Recursos naturais 307-8, 315, 318-9,
  325, 327
Rede multicausal 95
Relatório Brundtland 769
Relatórios técnico-científicos 735
Resíduos sólidos 33
Reuniões em grupo 391
Reversibilidade 772
Rio 92 434-5
Risco relativo 131
Riscos naturais 782
Riscos tecnológicos 782

S

Saúde 358, 370-1, 801

Segurança alimentar 912
Seminário de Belgrado 429
Seminário Internacional sobre
  Educação Ambiental 429
Sentido das mensagens 389
Sequelados 115
Silício purificado 780
Sistemas de informação 737
Sistema Único de Saúde (SUS) 803
Sociedade 360
Sociedades assimétricas 367
Solo 24, 25
Subculturas de pobreza 380
Sustentabilidade 369

T

Tecnologias verdes 766, 777-8, 782
Tecnologia transgênica 780
Termodinâmica 769, 771, 773
Terras raras 780, 781
Teses e dissertações 735

U

Universidade 373
Uso dos recursos audiovisuais 579

V

Valores 358, 372, 386, 387
Vantagens competitivas 767
Vírus da varíola 778

Z

Zoneamento 337-8, 341, 342, 351

ANEXO

Dos Editores
e Autores

Dos Editores

Arlindo Philippi Jr – Engenheiro civil (UFSC), engenheiro sanitarista e de segurança do trabalho (USP), mestre e doutor em Saúde Pública (USP). Pós--doutor em Estudos Urbanos e Regionais (Massachusetts Institute of Technology – MIT, EUA). Livre-docente em Política e Gestão Ambiental (USP). É professor titular da Faculdade de Saúde Pública da USP. Exerce atualmente a função de presidente da Comissão de Pós-Graduação da Faculdade de Saúde Pública e de pró-reitor adjunto de pós-graduação da USP.

Maria Cecília Focesi Pelicioni – Assistente social; educadora de Saúde Pública e Ambiental; mestre e doutora em Saúde Pública; livre-docente em Educação em Saúde e em Educação Ambiental. Exerceu funções técnicas e de direção nas Secretarias de Educação e Bem-Estar Social, da Saúde, do Verde e do Meio Ambiente da prefeitura do município de São Paulo. Professora do departamento de Prática de Saúde Pública da FSP/USP. Pesquisadora e coordenadora dos cursos de especialização em Educação Ambiental da FSP/USP.

Dos Autores

Alice Mari M. de Souza – Bibliotecária coordenadora do Serviço de Comunicação e Marketing da Biblioteca/CIR da Faculdade de Saúde Pública da USP. Especialista em Saúde Pública (FSP/USP).

André Francisco Pilon – Professor associado da Faculdade de Saúde Pública da USP; psicólogo judiciário da Vara da Infância e da Juventude do Tribunal de Justiça do Estado de São Paulo. Diretor da Divisão de Educação Sanitária, do Ministério da Saúde, como editor-chefe da revista cultural e científica *Academus*.

Andréa Focesi Pelicioni – Administradora (FGV) e geógrafa (FFLCH/USP); especialista em Educação Ambiental (FSP/USP); mestre e doutora em Saúde Pública (FSP/USP) com doutorado sanduíche realizado na Macquarie University (Sydney, Austrália). Docente das Faculdades Metropolitanas Unidas (FMU) e especialista em Meio Ambiente na Secretaria Municipal do Verde e do Meio Ambiente do Município de São Paulo.

Angela Maria B. Cuenca – Bibliotecária. Professora doutora da FSP/USP em Informação e Comunicação Científica em Saúde Pública.

Antonio Carlos Gil - Graduado em Ciências Sociais (Faculdade de Filosofia, Ciências e Letras Nossa Senhora Medianeira), em Ciências Políticas e Sociais (Universidade Municipal de São Caetano do Sul), e em Pedagogia (Faculdade de Filosofia, Ciências e Letras Professor Carlos Pasquale); mestre em Ciência Política e Sociologia (Fundação Escola de Sociologia e Política de São Paulo); doutor em Saúde Pública (USP). Atualmente é parecerista da *Revista de Administração Mackenzie* e professor da Universidade Municipal de São Caetano do Sul.

Arlindo Philippi Jr – Engenheiro civil (UFSC), engenheiro sanitarista e de segurança do trabalho (USP), mestre e doutor em Saúde Pública (USP). Pós-doutor em Estudos Urbanos e Regionais (Massachusetts Institute of Technology – MIT, EUA). Livre-docente em Política e Gestão Ambiental (USP). É professor titular da FSP/USP. Exerce atualmente a função de presidente da Comissão de Pós-Graduação da Faculdade de Saúde Pública e de pró-reitor adjunto de pós-graduação da USP.

Attilio Brunacci – Graduado em Teologia e em Filosofia (PUC-SP). Atualmente é consultor do Departamento de Saúde Ambiental. Tem experiência na área de Administração Hospitalar.

Carlos Alberto Cioce Sampaio – Graduado e mestre em Administração; doutor em Engenharia de Produção com estágio saunduíche em Economia Social. Pós-doutorado em ecossocioeconomia e cooperativismo corporativo. Professor do curso de Turismo, do programa de pós-graduação em Gestão Urbana da PUC-PR, e do programa de pós-graduação de Desenvolvimento Regional da Furb. Coordenador adjunto da área de Ciências Ambientais da Capes.

Carlos Malzyner – Graduado em Arquitetura e Urbanismo (FAU/USP); mestre em Administração Pública (EAESP-FGV); doutor em Saúde Pública e especialista em Educação Ambiental (FSP/USP). É professor titular do curso de Arquitetura e Urbanismo da Universidade de Guarulhos. Trabalha na Secretaria Municipal de Desenvolvimento Urbano da Prefeitura de São Paulo.

Carmen Beatriz Taipe-Lagos – Bióloga; microbióloga (Universidade Nacional São Cristobal de Huamanga, Perú); especialista em Saúde Pública; mestre e doutora em Saúde Pública (FSP/USP). Professora doutora e coordenadora do curso de licenciatura e bacharelado em Ciências Biológicas do Centro Universitário Fundação Santo André (CUFSA). Professora da Fatec-SP e do MBA em Gestão Ambiental do CUFSA.

Cássio Silveira – Graduado e mestre em Ciências Sociais (PUC-SP); doutor em Saúde Pública (FSP/USP). Professor adjunto e pesquisador do departamento de Medicina Social da Faculdade de Ciências Médicas da Santa Casa de São Paulo; técnico em Assuntos Educacionais da Universidade Federal de São Paulo (Unifesp).

Clarissa de Lacerda Nazário – Bacharel e licenciada em Ciências Sociais (PUC-SP), com especialização em Educação em Saúde Pública (Centro Universitário São Camilo) e mestrado em Práticas em Saúde Pública (FSP/USP). Coordenou o Núcleo de Multimeios do Centro de Formação dos Trabalhadores da Saúde (Cefor) da Secretaria Municipal de Saúde de São Paulo (atual Escola Municipal de Saúde) e trabalha atualmente na Coordenadoria de Epidemiologia e Informação (CEInfo) da Secretaria Municipal de Saúde de São Paulo.

Claudia Arneiro Gulielmino – Bacharel e licenciada em Ciências (Universidade Presbiteriana Mackenzie); especialista em Educação Ambiental (FSP/USP). Editora assistente externa da Editora FTD e colaboradora técnico-pedagógica de livros didáticos do ensino fundamental e médio e de sistema de ensino. Coordenadora de Biologia do Colégio Jardim São Paulo. Professora do ensino médio da rede particular de ensino.

Claudio Gastão Junqueira de Castro – Médico, mestre e doutor em Serviços de Saúde Pública (USP). Professor doutor do Departamento de Prática de Saúde Pública de Políticas, Planejamento e Administração em Saúde da FSP/USP.

Cristiane Mansur de Moraes Souza – Arquiteta e urbanista (UFSC); mestre em Urban Design Ma (Oxford Brookes University); doutora em Interdisciplinaridade em Ciências Humanas (UFSC). Professora permanente do Programa de Pós-Graduação em Desenvolvimento Regional/mestrado e doutorado e do curso de Arquitetura e Urbanismo (Furb). Atua como líder do grupo de pesquisa Análise Ambiental cadastrado no CNPq. Coordena o subprojeto Educação para o Ecodesenvolvimento com enfoque interdisciplinar pertencente ao Projeto Institucional Novos Talentos (Furb).

Daniel Luzzi – Licenciado em Ciências da Educação (Universidade de Buenos Aires); especialista em Planejamento Social para a Luta contra a Pobreza (Organização dos Estados Americanos – OEA); mestre em Gestão Ambiental (Universidad Nacional de San Martín); doutor em Educação (Faculdade de Educação da USP).

Daniel Manchado Cywinski – Administrador de empresas (PUC/SP) e pós-graduado em Educação Ambiental (FSP/USP). Consultor em estratégias e projetos de responsabilidade social e desenvolvimento sustentável da empresa Estúdio Brasileiro. Consultor em gestão, educação e comunicação ambiental em comunidades de baixa renda e na implantação e coordenação de projetos de inclusão sociocultural.

Delsio Natal – Biólogo, doutor e livre-docente (FSP/USP). Professor aposentado do Departamento de Epidemiologia da FSP/USP. Orientador nos programas de mestrado e doutorado do referido departamento. Colabora nos projetos de pesquisa dos laboratórios de Entomologia em Saúde Pública (FSP/USP) e presta consultorias na área de ecologia de vetores.

Edson Vanderlei Zombini – Médico (Fauldade de Medicina de Botucatu, Unesp); residência médica em Pediatria (Unesp); mestre e doutor em Ciências (FSP/USP). Médico pediatra do Hospital Infantil Cândido Fontoura (HICF). Médico do Centro de Controle de Doenças da Secretaria Municipal da Saúde de São Paulo. Foi professor assistente da Faculdade de Medicina da Universidade Nove de Julho.

Eliane Aparecida Ta Gein – Arte-educadora (teatro e dança oriental), graduada em Filosofia com especialização em Saúde Ambiental; pós-graduada em Gestão da Inovação em Saúde e em Gerenciamento Municipal. Atualmente estuda Engenharia Ambiental (Faculdades Oswaldo Cruz).

Elvino Antonio Lopes Rivelli – Bacharel em Direito (FMU); especialista em Derecho Penal Comparado (Universidad Catolica de La Plata); pós-

-graduado em Direito do Trabalho e Direito Processual do Trabalho (PUC--SP) e em Docência do Ensino Superior (Centro Universitário Senac). Atualmente é advogado especialista em Direito Ambiental e Urbanístico do escritório Rivelli Advogados.

Fabiola Zioni – Socióloga, doutora e professora (FSP/USP). Na Université Bordeaux II, onde realizou seu pós-doutorado, participou de pesquisa sobre o tema em bairros periféricos da cidade. Na área ambiental integrou grupo interdisciplinar de pesquisas sobre representações sociais do meio ambiente. É coautora de livros sobre pesquisa social.

Helena Maria Campos Magozo – Psicóloga (PUC-SP); especialista em Educação Ambiental e mestre em Saúde Pública (FSP/USP). Assistente técnica de Saúde e Meio Ambiente da Secretaria Municipal da Saúde de São Paulo; diretora do Departamento de Participação e Fomento a Políticas Públicas da Secretaria Municipal do Verde e do Meio Ambiente de São Paulo.

Isabel Jurema Grimm – Doutoranda em Meio Ambiente e Desenvolvimento (UFPR); mestre em Desenvolvimento Regional (Furb); especialista em Didática e Metodologia de Ensino (Unopar-Londrina) e em Administração do Desenvolvimento da Atividade Turística em Núcleos Receptores (USP). Graduada em Turismo (Faculdade de Ciências Socias Aplicadas de Foz do Iguaçu – Unioeste); cursou Administração Hoteleira em Mallorca (Espanha).

Ivan Carlos Maglio – Engenheiro civil; doutor em Saúde Ambiental (FSP/USP); especialista em Impacto Ambiental (Universidade de Aberden, UK), e em Gestão Ambiental (TUFTS University, Massachussets, Estados Unidos). Professor de cursos de Gestão Ambiental e Fortalecimento Institucional. Atualmente é consultor ambiental da Prime Engenharia Ltda. e diretor da Empresa PPA Política e Planejamento Ambiental Ltda.

João Vicente de Assunção – Engenheiro químico e sanitarista; MSc em Higiene, área Poluição do Ar (Graduate School of Public Health, University of Pittsburgh, EUA); doutor e livre-docente em Saúde Pública (USP). Professor titular do Departamento de Saúde Ambiental da FSP/USP. Trabalhou na Cetesb por 14 anos e atuou como consultor *ad hoc* da Organização Mundial da Saúde, do Programa das Nações Unidas para o Meio Ambiente (Pnuma) e do Banco Mundial.

José Estorniolo Filho – Graduado em Biblioteconomia (USP) e em Engenharia Civil (Unesp). Bibliotecário coordenador do Serviço de Acesso à Informação e do Programa Educativo/Treinamentos em Bases de Dados da Biblioteca/CIR da FSP/USP.

José Luiz Negrão Mucci – Biólogo; mestre em Ecologia Geral (Instituto de Biociências da USP); doutor em Saúde Pública (FSP/USP). Professor livre-docente do Departamento de Saúde Ambiental da FSP/USP. Pesquisador na área de Limnologia Sanitária.

Júlio Cesar Rosa – Bacharel em Ciências Biológicas (Universidade de Guarulhos – UnG); especialista em Vigilância Sanitária, mestre e doutor em Saúde Pública (FSP/USP). Professor dos cursos de Gestão Ambiental, Engenharia Ambiental, Administração de Empresas e Engenharia de Produção do Centro Universitário Estácio Radial, Faculdade Estácio Cotia e Faculdade Estácio Euro-Panamericana de Humanidades e Tecnologias.

Lineu José Bassoi – Engenheiro civil (Faculdade de Engenharia de Bauru – Unesp) e pós-graduado em Engenharia Ambiental (FSP/USP). Foi professor colaborador de cursos de especialização em Controle de Poluição, Gestão Ambiental, Saneamento Básico e Educação Ambiental da FSP/USP, da FAAP, da Faculdade Oswaldo Cruz e da Faculdade de Tecnologia da USP. É professor em cursos sobre tratamento de efluentes líquidos no Instituto de Pós-Graduação, no Pece/USP e na Universidade Federal de Goiás. Funcionário da Companhia Ambiental do Estado de São Paulo (Cetesb), onde foi Diretor de Engenharia, Tecnologia e Qualidade Ambiental.

Luzia Neide Coriolano – Licenciada e mestre em Geografia (Universdade Estadual do Ceará – Uece), doutora em Geografia (Universidade Federal de Sergipe). Coordenadora do Programa de Pós-Graduação em Geografia e do Laboratório de Estudos do Turismo e Território da Uece. Pesquisadora do CNPq.

DOS AUTORES | 1001

Marcos Reigota – Biólogo (FFCLFB-SP), mestre (PUC/SP), doutor em Educação (Université Catholique de Louvain, Bélgica) e pós-doutor (Université de Genève, Suíca). Bolsista da Capes e do CNPq.

Maria Cecília Focesi Pelicioni – Assistente social; educadora de Saúde Pública e Ambiental; mestre e doutora em Saúde Pública; livre-docente em Educação em Saúde e em Educação Ambiental. Exerceu funções técnicas e de direção nas Secretarias de Educação e Bem-Estar Social, da Saúde, do Verde e do Meio Ambiente da prefeitura do município de São Paulo. Professora do departamento de Prática de Saúde Pública da FSP/USP. Pesquisadora e coordenadora dos cursos de especialização em Educação Ambiental da FSP/USP.

Maria Claudia Mibielli Kohler – Graduada em Ciências Biológicas (Universidade Santa Úrsula); especialista em Gestão Ambiental e mestre em Saúde Pública (FSP/USP). Cursou especialização em Ética, Valores e Cidadania na Escola (Universidade Virtual do Estado de São Paulo/USP). Leciona nos cursos de pós-graduação do Senac-Santos e na Fundação Escola de Sociologia e Política de São Paulo.

Maria do Carmo A. Alvarez – Bibliotecária, chefe técnica da Divisão de Biblioteca/CIR da Faculdade de Saúde Pública da USP (FSP/USP) e doutoranda em Saúde Pública (FSP/USP).

Maria Helena da Cruz Sponton – Graduada em Arte Educação, Pedagogia e pós-graduada em Psicopedagogia. Atuou na Secretaria do Bem-Estar Social e na Secretaria de Saúde com a implantação de projetos especiais e humanização. Professora convidada da FSP/USP. Atualmente coordena o Centro Integrado de Humanização do Instituto do Câncer do Estado de São Paulo.

Maria Izabel Simões Germano – Pedagoga (PUC-SP), mestre e doutora em Saúde Pública (FSP/USP). Coautora dos livros *Higiene e vigilância sanitária de alimentos* e *Sistemas de gestão: qualidade e segurança de alimentos*; autora do livro *Treinamento de manipuladores de alimentos: fator de segurança alimentar e promoção da saúde*.

Mariana Ferraz Duarte – Engenheira agrônoma (Esalq/USP), pós-graduada em Educação Ambiental e mestre (FSP/USP).

Mary Lobas de Castro – Bióloga, especialista em Educação Ambiental (FSP/USP); mestre em Educação, Arte e História da Cultura (Universidade Presbiteriana Mackenzie). Foi coordenadora e docente do curso de especialização em Educação Ambiental da FSP/USP; docente do curso de Gestão Ambiental e Relações Internacionais da FMU e docente convidada do curso de especialização em Saúde Coletiva da FMU. Atualmente é docente da Universidade Mogi das Cruzes – *Campus* Villa Lobos.

Nicolina Silvana Romano-Lieber – Farmacêutica; especialista, mestre e doutora em Saúde Pública (FSP/USP); livre-docente em Vigilância Sanitária (FSP/USP). Professora associada do departamento de Prática de Saúde Pública da FSP/USP.

Paula Schimidt Guolo – Licenciada e bacharel em Ciências (Universidade Mackenzie) e pós-graduada em Educação Ambiental (FSP/USP).

Paulo Roberto Urbinatti – Biólogo (Unesp); mestre e doutor em Saúde Pública (FSP/USP). Pesquisador do Laboratório de Entomologia em Saúde Pública da FSP/USP.

Pedro Manuel Leal Germano – Médico veterinário (Faculdade de Medicina Veterinária e Zootecnia/USP); especialista, mestre e doutor (FSP/USP). Professor titular da FSP/USP. Coodenador do curso de especialização em Vigilância Sanitária de Alimentos da FSP/USP. Coautor dos livros *Higiene e vigilância sanitária de alimentos* e *Sistemas de gestão: qualidade e segurança de alimentos*.

Renata Ferraz de Toledo – Bióloga (Unesp); educadora ambiental, mestre e doutora em Saúde Pública (FSP/USP). Pós-doutoranda (Faculdade de Educação da USP). Editora executiva da revista *Ambiente & Sociedade*.

Renato Rocha Lieber – Engenheiro químico e ambiental; mestre e doutor em Saúde Pública (FSP/USP). Professor doutor do Departamento de Produção da Faculdade de Engenharia de Guaratinguetá da Unesp.

Ricardo Pasin Caparrós – Bacharel em Biologia Marinha; licenciado em Ciências Biológicas; especialista em Educação Ambiental (FSP/USP); mestre em Educação (Universidade Metodista de São Paulo). Coordenador de projetos do Instituto Fernand Braudel de Economia Mundial; Professor titular da cadeira de Gestão do Meio Ambiente do Centro Universitário Senac.

Rosely Ferreira dos Santos – Bióloga, mestre e doutora em Ciências (USP). Pós-doutora e livre-docente em Engenharia civil (Unicamp). Professora da FEC/Unicamp.

Sandra Costa de Oliveira – Mestre em Ciências; especialista em Administração Hospitalar e em Saúde Pública (FSP/USP). Possui graduação em Administração com habilitação em Hotelaria e Turismo (Universidade de Taubaté – Unitau). Foi assessora de gabinete na Prefeitura Municipal de Ubatuba. Atualmente integra a comissão científica da Associação Paulista de Saúde Pública (APSP).

Sandra Rodrigues Gaspar – Licenciada e bacharel em Ciências Biológicas (Centro Universitário São Camilo), pós-graduada em Educação ambiental (FSP/USP). Mestre em Administração e Gestão da Regionalidade (Instituto Municipal de Ensino Superior de São Caetano do Sul). Consultora em meio ambiente, saneamento e saúde.

Sidnei Garcia Canhedo Jr. – Biólogo; especialista em Gestão Ambiental e mestre em Saúde Pública (FSP/USP). Pós-graduado em Administração e Marketing (Australia Pacific College). Consultor em Saúde Ambiental; foi docente do curso de especializacão em Gestão Ambiental da USP. Atualmente é gerente de atendimento ao cliente da Optalert Pty, em Moçambique.

Silvio de Oliveira Santos – Educador de Saúde Pública. Mestre e doutor (FSP/USP). Bacharel em Comunicação social – Rádio e Televisão (ECA/USP). Foi professor das seguintes instituições: Universidade Bandeirantes de São Paulo, Instituto Metodista de Ensino Superior, Faculdade de Educação Campos Salles, Faculdade São Camilo, Universidade Cruzeiro do Sul, Faculdade Auxilium, Instituto de Pesquisas Hospitalares.

Sonia Tucunduva Philippi – Nutricionista, mestre e doutora em Nutrição (USP). Docente e pesquisadora do Departamento de Nutrição da FSP/USP. Coordena e participa de projetos de pesquisa na área de Nutrição, Alimentos, Consumo Alimentar e seus Determinantes, Guias Alimentares, Transtornos Alimentares, DCNT, Tabelas de Alimentos e Informatização. Foi presidente da Associação Paulista de Nutrição, da diretoria da Asbran e do conselho consultivo da Sban.

Tadeu Fabrício Malheiros – Engenheiro ambiental (USP); mestre em Resources Engineering (Universitat Karlsruhe, Alemanha); doutor em Saúde Pública (USP). Atualmente é professor na Escola de Engenharia de São Carlos da USP e coordena o Núcleo de Pesquisa e Extensão em Sustentabilidade (Nups). Tem focado suas atividades de pesquisa e extensão na área de Engenharia Ambiental, com ênfase em Saúde Ambiental e Sustentabilidade.

Victor Jun Arai – Graduado em Engenharia Agronômica (Esalq); mestre em Saúde Pública (USP); especialista na Análise de Usos e Conservação de Recursos Naturais (Unicamp); especialista em Acupuntura (Shen Estudos de Medicina Chinesa).

Wanda Maria Risso Günther – Engenheira civil e socióloga; especialista, mestre e doutora em Saúde Pública. Professora e pesquisadora da FSP/USP. Consultora do Banco Mundial, do Banco Interamericano de Desenvolvimento e da Organização Pan-Americana de Saúde. Coordenadora do curso de especialização em Engenharia de Controle da Poluição Ambiental na FSP/USP.

Títulos Coleção Ambiental

Educação Ambiental e Sustentabilidade (2.ed. revisada e atualizada)
Arlindo Philippi Jr e Maria Cecília Focesi Pelicioni

Curso de Gestão Ambiental (2.ed. atualizada e ampliada)
Arlindo Philippi Jr, Marcelo de Andrade Roméro e Gilda Collet Bruna

Indicadores de Sustentabilidade e Gestão Ambiental
Arlindo Philippi Jr e Tadeu Fabrício Malheiros

Gestão de Natureza Pública e Sustentabilidade
Arlindo Philippi Jr, Carlos Alberto Cioce Sampaio e Valdir Fernandes

Política Nacional, Gestão e Gerenciamento de Resíduos Sólidos
Arnaldo Jardim, Consuelo Yoshida, José Valverde Machado Filho

**Gestão do Saneamento Básico: Abastecimento de Água
e Esgotamento Sanitário**
Arlindo Philippi Jr, Alceu de Castro Galvão Jr

**Energia, Recursos Naturais e a Prática do
Desenvolvimento Sustentável (2.ed. revisada e atualizada)**
Lineu Belico dos Reis, Eliane A. F. Amaral Fadigas, Cláudio Elias Carvalho

**Energia Elétrica e Sustentabilidade: Aspectos
Tecnológicos, Socioambientais e Legais**
Lineu Belico dos Reis e Eldis C. Neves da Cunha

Curso Interdisciplinar de Direito Ambiental
Arlindo Philippi Jr e Alaôr Caffé Alves

**Saneamento, Saúde e Ambiente: Fundamentos para um
Desenvolvimento Sustentável**
Arlindo Philippi Jr

Reúso de Água
Pedro Caetando Sanches Mancuso e Hilton Felício dos Santos

**Empresa, Desenvolvimento e Ambiente: Diagnóstico e
Diretrizes de Sustentabilidade**
Gilberto Montibeller F.

Gestão Ambiental e Sustentabilidade no Turismo
Arlindo Philippi Jr e Doris van de Meene Ruschmann